# 动机研究黄金期的需要思想

张排房◎著

（上册）

新　华　出　版　社

**图书在版编目（CIP）数据**

动机研究黄金期的需要思想：上下 / 张排房著 . --
北京：新华出版社，2020.10

ISBN 978-7-5166-5442-2

Ⅰ . ①动… Ⅱ . ①张… Ⅲ . ①动机 – 研究 Ⅳ .
① B842.6

中国版本图书馆 CIP 数据核字（2020）第 204221 号

**动机研究黄金期的需要思想：上下**

作　　者：张排房

责任编辑：蒋小云　　　　　　　　　封面设计：刘　伟

出版发行：新华出版社
地　　址：北京石景山区京原路 8 号　　邮编：100040
网　　址：http://www.xinhuapub.com
经　　销：新华书店
购书热线：010-63077122　　　　　中国新闻书店购书热线：010-63072012

照　　排：黄双双
印　　刷：河北盛世彩捷印刷有限公司
成品尺寸：240mm×170mm
印　　张：59　　　　　　　　　　字　　数：900 千字
版　　次：2020 年 10 月第一版　　　印　　次：2020 年 10 月第一次印刷

书　　号：ISBN 978-7-5166-5442-2
定　　价：198.00 元（全 2 册）

排房对心理学的学习和钻研精神深深地打动了我们。

排房从山东矿业学院毕业，当过学校的老师，下海经过商，创办过企业，算是成功人士。但他的兴趣是学习和研究心理学。他积累的财富，凡是能用到自己身上的，都买了书、付了学费。能利用的时间，都用到学习和研究心理学上面。他参加过自学考试，取得了北京大学心理学本科毕业证书和理学学士学位；参加了中国科学院心理研究所举办的高级研讨班。在南开大学学习期间获得了工商管理硕士学位。为了阅读英文原著，他又刻苦学习英语。现在不仅能顺利阅读原著，还翻译了两本有关需要的经典著作。他积极参加中国心理学界的学术活动，在2007年中国心理学家大会暨首届应用心理学大会上，他提交了学术论文"需要概论"。今天他又出版了专著《动机研究黄金期的需要思想》，一个非心理学科班出身的人，靠自己的努力走到今天的高度，取得了如此丰硕的研究成果，难能可贵，怎么能不被感动，不令人佩服呢。

20世纪80年代末开始，云鹏在北大兼管校外学历教育的工作，北大是北京市高等教育自学考试心理学专业的主考学校。排房就是通过这条道路系统地学了心理学，取得优异成绩的。十几年前在天津讲课期间，排房找到云鹏，说明了他对心理学的兴趣和付出的努力，并诚恳地希望我们对他的学习和研究工作给予指导和帮助。我们从事了几十年的心理学研究和教学工作，遇到这么热爱心理学的学生当然非常高兴，自然也就应允了排房的请求。只是排房搞心理学理论研究，我们是搞心理学实验的，对他研究的领域不太熟悉。帮助是有限的，只能尽力而为吧。

需要是心理活动的内在动力，因此，需要的理论是心理学最基础的理论，无论心理学发展过程中哪一个学派或思潮的理论，都有自己对需要的见解，有自己的理论体系。随着心理学的发展，对需要的研究也会不断深入，有关的著作层出不穷。要研究需要的理论，厘清需要理论发展的脉络，就要弄清各个理论派别的理论观点，找出他们之间的联系和区别。这相当于要研究整个现代心理学理论的发展史。体量之大，难度之深，可想而知。排房志向所在，他不惧道路的漫长和艰辛，也不在乎需要付出多大的努力。二十多年来，他利用可能利用的全部时间，读了大量的心理学书籍，包括大量的英语原著，梳理了有关需要的理论，以及需要理论发展的脉络。

研究需要的理论及其发展，这个课题太大。从事这项研究一定要有自己的观点和特色，也就是要找出一个研究的切入点，站在新的高度去概括以往的理论，总结各家研究的成果，以及这些理论之间的内在联系，并对需要的本质、它在人的心理活动中是怎么起作用的，做出合理的解释。三年前云鹏在中科院心理所讲授"心理学研究方法"时，排房又从天津来听课。他告诉我们说他已经写出了书的初稿。后来他把书稿发了过来，我们看了书稿非常满意，觉得书稿不仅内容丰富、重点突出，而且条理清晰，正适合我们对这本书的希望。我们也只能在写作技巧上提了些意见。这些意见他很重视，此后的两年他又对自己的著作做了认真的修改和整理。今天呈现在大家面前的就是他花费二十多年心血铸就的成果，难能可贵，值得庆贺。

这部九十余万字的学术专著《动机研究黄金期的需要思想》，抓住了需要理论发展前后三个黄金期（二十世纪三四十年代是第一个黄金期，六七十年代是第二个黄金期，八十年代是第三个黄金期），介绍了各个时期有代表性的理论，阐述了它们之间的联系，厘清了需要理论发展的脉络。这部著作以严密的结构和层次，深入浅出的清晰论述，说明了需要理论发展的过程。无疑，它会给心理学家研究需要理论提供一个新的视角和思路；本书概括了百年来浩如烟海的需要理论著作的观点，这也为心理学爱好者认识需要理论发展开辟了捷径，铺平了道路。

20世纪五六十年代以来，顺应世界科学发展的需求，在心理学中兴起了认知心理学，它逐渐发展成了心理学研究的新方向和主流。对需要的研究与此相适应，也从机械观过渡到了认知观，这是需要理论发展的飞跃。在这一历史潮流的推动下，排房的下一部著作《认知需要探索》就借鉴了前人的相关研究成果，在概述自己的需要心理学观点的基础上，对认知需要进行了全面、深入、系统的分析与探讨。

我们衷心祝贺排房这部著作的问世，也祝贺他在科学探索的道路上不畏艰辛、坚持不懈的努力取得了辉煌的成果，为心理学的发展做出了积极贡献。也祝愿排房继续努力奋斗，再接再厉创造出新的成果。

高云鹏　连书兰

2020.8.10.北京

　　需要心理学就是以需要为研究对象，以需要是人类个体、团体、社会乃至环境客体发生、发展的内在动力为基本假设，对需要相关的内容进行深入探索和分析，构建的以需要为核心的一种心理学理论体系。

　　笔者深入研究了历史上曾出现过的许多比喻性理论模型，如人是机器，人是决策的制造者，人是科学家，人是评判的法官等，提出了可塑管理者的比喻性理论模型。笔者认为人是具有多种发展可能性的可塑的管理者，人是在复杂的需要的动力系统中由合力推动着，在不断地流动中，逐步塑造出来的；人具有能动性，可以管理自我及与环境的关系，反作用于各种力量，并整合进适合自己的方向。在变动的动力场中逐步稳定起来的个体需要结构决定了主体的自我特征，而环境需要特别是社会需要的个体化结构决定了主体的角色特征，即其情境面具或社会面具。不同个体其具体的自我特征和角色特征各不相同，从而形成了大千世界色彩缤纷的芸芸众生，为便于理论分析，将特征相近的个体进行归类，可以进行人格类型的划分。

　　以交互合成论为可塑管理者需要理论的基石框架。交互合成论以交互合成的方法来解释主体的行为与主体及环境的关系。主体的行为是由主体的内部因素，特别是需要这个源动力，和主体所存在于其中的环境因素以及行为本身（包括相关行为模式及行为反馈等）共同作用下，以主导因素所决定经主体管理的合力的方向来决定行为取向、性质的，以合力的大小来决定其行为反应程度的。

这里的主体既包括个体又包括团体组织。

主体与环境交互作用，以需要为源动力，共同产生了行为；行为反馈又对环境与主体产生反作用力，使主体做出相应的调整，环境发生相应的改变。作为管理者的主体，对其需要、行为可进行自我管理，对环境则加以关系管理。于是主体虽然身处多方力量角逐的急流之中，受到合力主导倾向的驱动；但主体既可以管理自身内部的各种力量，还能主动调节外部环境中的各种相关力量，将它们都整合进主体所意图的方向。

管理者有正常管理者、异常管理者和失自我管理者的区分，正常管理者因管理水平的不同，可分为卓越管理者、普通管理者和基础管理者，异常管理者则有问题管理者和病态管理者的区别。失自我管理者包括暂时和长期失去自我管理的人们。

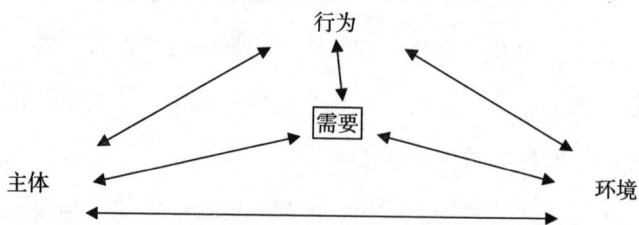

**主体、环境与行为交互影响示意图**

环境遵循自身存在与发展的规律，并要求在其中生存的主体也必须服从，具有必然性。而主体在综合内外部力量时具有相当的能动性，主体对局势的认识、管控与努力，作为一种整合力量，以自我管理和关系管理的方式，能动地参与到主体与环境由各自需要所调动起力量的相互作用中。主体根据对局势的判断，调整对局势管控的策略，特别是自我管控策略，在整合各方力量的基础上，做出有利于主体自我价值与社会、自然价值最大化的努力。当主体能够管控局势时，一般可做出积极主动的努力。当主体无法管控局势时，也可尽力逃避；实在无路可逃时，也可选择破坏敌对力量甚至与之同归于尽，或者被动顺从。

在起作用的各种要素中，其核心要素为需要，以特定主体为研究对象的要素间的相互作用力图示如下：

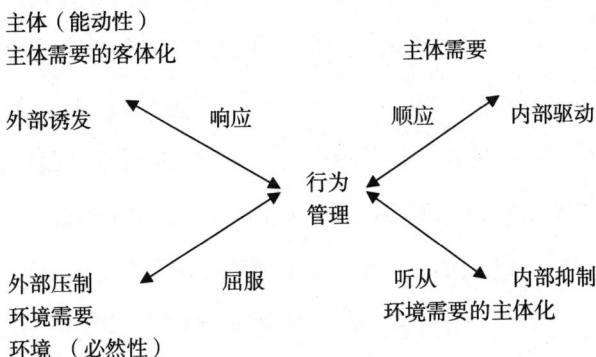

主体（能动性）
主体需要的客体化　　　　　　　　　　主体需要

外部诱发　　　　响应　　　顺应　　　内部驱动

　　　　　　　　　　行为
　　　　　　　　　　管理

外部压制　　　屈服　　　听从　　　内部抑制
环境需要　　　　　　　　环境需要的主体化
环境 （必然性）

**主体需要、环境需要及其对象化与行为交互作用示意图**

在源于主体、环境的 4 种力量交互作用的框架内，由一种主导的力量代表了总体的趋势，从而凝聚、转化各种力量形成合力，产生的整体力量称之为势能，由主导力量形成的势能就叫作主导势能。主体对主导势能因势利导的管理，会有效地调整合力的方向与强度，从而决定个体或个别团体的主要行为。

需要心理学围绕需要从 3 个方面展开论述：需要总论；需要的类型与层次；需要间的关系及需要与其他心理要素间的关系。

## 一、需要总论

需要总论主要阐述了需要的概念、性质、水平、状态、构成要素、品质、启动及施动原则、实现过程、实现方式等。

需要就是主体生而就有的或随着成熟而自然发展起来的必须通过采取相应

的心理活动或外显行为加以实现才能维持主体正常存在与发展的内在规律性的必然要求，是主体行为的源动力。狭义的主体指作为研究对象的人类个体或群体，广义的主体还包括自然物和人工制品。当主体采用广义概念时，其外延由人类个体或群体扩大至自然物和人工制品。相应的需要概念也采用广义，可以这样表述：需要就是主体生而就有的或随着成熟而自然发展起来的必须通过采取相应的运动加以实现才能维持主体正常存在与发展的内在规律性的必然要求；是主体运动的源动力。当主体指的是研究对象时，那么客体指的就是此研究对象外的其他人类个体、群体或物体。一般情况下，主体指人类个体或群体，客体指自然物和人工制品。

需要具有遗传性、内在性、实现性、方向性、持续性等属性。

需要的发展水平包含三大阶段：潜意识阶段表现为欲望；意识阶段表现为意愿、空想和梦想；动机阶段表现为志愿、兴趣和理想。

潜意识阶段的需要指在主体还没有意识到的状态下就发生作用的需要，称作欲望。欲望是指在潜意识状态中发生作用，并靠本能行为加以满足的需要，处于潜意识水平的阶段。

意识阶段的需要指主体已意识到其内容，但仅限于在意识状态中获得满足的需要，包括意愿、空想和梦想。

意愿指主体已意识到其有达到某种目的的愿望，但仅此而已。可借助于想象在意识中满足而上升到空想或梦想水平，也可借助于意志在现实中满足而上升到志愿水平。

空想是指内心盼望达到某种目的，而靠在想象中得以实现的需要，处于意识水平的阶段。空想是一种缺乏依据的幻想，期望值远大于可能性判断。其推动力是微弱的，达不到采取行动的水平。

梦想是指因现实条件不具备，主体不得不暂时放弃的，却在梦境中得以实现的需要。指主体能回忆起的梦，处于意识水平的阶段。

动机阶段的需要指已萌动，并足以引发主体采取行动的需要。动机指推动和维持主体采取现实行动的一种内部状态，是主体对其进入施动状态的需要的一种体验。也就是说，动机是处于施动状态的需要，动机概念包含在需要概念之内。动机阶段的需要主要有志愿、兴趣和理想。

志愿是指在意识状态中发生作用，靠意志行动加以满足的需要。处于动机水平的阶段。

兴趣是指以积极的态度，通过有意注意与主动探究或自觉行动来加以满足的需要。处于动机水平的阶段。

理想是指主体倾其毕生精力刻意追求的最高人生目标；是在当前条件下无法实现，只有通过艰苦长久的努力才能得以实现的最高水平的需要。处于动机水平的阶段。理想以对未来的满足情景的想象为表现形式。以现实的条件与对发展的预测以及合乎规律的可能性判断为前提条件。有很高的期望值和可能性，具有强劲而持久的推动作用。

需要有未成熟状态与成熟状态之分。成熟状态又分为潜伏状态、启动状态、施动状态和满足状态。

需要有三大基本构成要素：目标、源动力和响应能量。目标又由媒介、对象、满足途径和满足方式共同组成。另外有信心、心态、胆量、行为预期、行动计划等要素。

需要的品质表现为如下几个方面：广度、深度、实现速度、转移速度、创新程度、精细度、反馈程度等。

需要的启动原则包括程度原则和地位原则。需要的施动原则包括能量并用原则、能量定位原则、相容并进原则、相斥互损原则和按序实施原则等。

一个高级需要的完备的实现过程大致有如下步骤：需要的萌动和诱导；需要的感知；目标的确认；选择满足方式并确定行动方案；意志的参与；能量调动；积储条件；实施方案；情感反应；形成兴趣；矫正方案。简单的需要则可省掉许多步骤。

需要的实现方式包含需要的满足方式和需要的满足途径两方面。

需要的满足方式分现实满足方式与意识满足方式。在每种基本方式中，根据实现方向的不同，又可分为成就方式和保全方式。现实的成就方式有创造、交换、模仿、偷盗、霸占等；现实的保全方式有逃避、防御、攻击、重建等。意识的成就方式有幻想、观察、回忆等；意识的保全方式有回避、排斥、压抑等。

需要的满足途径根据基本方向的区别可分为需要的保全途径和需要的实现途径。根据满足途径的存在状态还可分为需要的意识满足途径、行为满足途径和实体满足途径。两者结合起来可分为：需要的意识保全途径、行为保全途径、实体保全途径和需要的意识实现途径、行为实现途径、实体实现途径。

## 二、需要的类型及层次

### （一）需要的基本类型

根据主体性质的不同而分为两类：主体需要与环境需要。当需要的主体是人类主体时，这种需要便称为主体需要。当需要的主体是人类以外的环境时，这种需要便称为环境需要。为满足众多主体的主体需要，而对环境提出的要求，便称作主体需要的客体化。为满足环境需要，而对主体提出的要求，就叫作环境需要的主体化。

主体需要的类型，从性质上可将需要分为缺失性需要、成长性需要和功用性需要。

主体需要根据主体类型的不同而分为三大类：个体需要、个别团体需要和社会需要。当需要的主体是人类个体时，这种需要便称为个体需要。当需要的主体是人类个别团体时，这种需要便称为个别团体需要。当需要的主体是人类集合体时，即包括许多个体与团体，这种需要便称为社会需要。根据个体与团体的相互作用，又分别有个体需要的团体化、个体需要的社会化，团体需要的个体化和团体需要的社会化，社会需要的个体化和社会需要的个别团体化。

1. 个体需要

个体需要可分为五大类：生物性即生理需要、情感性即感情需要、认知性即认知需要、本体性即自我需要、社会性即关联需要。

生理需要是指人类个体为维持正常的生存和发展而必须满足的生理方面的要求。根据功能或器官的不同又区分为如下类型：机体存活需要、生殖需要、呼吸需要、营养需要、排毒需要、恒温需要、机体保全需要、机体健康需要、运动需要、休息需要和长寿需要等。

情感需要是指主体与其他个体或社会组织的交往过程中，交流感情、表达情绪的需要。情感是与情绪相关的对主体内部状态的知觉及外部流露。情绪是一种被激起的主体的内部状态，包含主观体验、生理唤醒和表情行为三种成分。主观体验就是主体对自身情绪状态的感受知觉。生理唤醒指的是与情绪一致的神经生化反应在内的所有生理变化。表情行为是指情绪在身体姿势、面部表情上的外在流露。感情是一种长期的，稳固的具有某种倾向性动力驱使作用的意识过程与状态。它既不同于情绪的短期性、易变易逝性，也不同于心境的弥散性、背景性；它是集中性的，处于前台演出位置的，但它可由同质的情绪逐步发展演化而成，根据内容的不同可区分为感情需要、心境需要和情绪需要。

感情需要是指主体与其他个体或社会组织的交往过程中，交流感情的需要。根据内容的不同又可分为爱心需要、同情需要和回报需要。爱心需要是主体对其他个体或社会组织的友爱之情的需要或对能引发主体爱恋的客体表达爱意的感情需要。根据对象的不同主要有以下区分：有针对异性的爱情（向异性表达爱恋的感情需要），针对血缘之亲的亲情（有血缘关系的个体间的感情需要），针对朋友的友情（有互相合作关系的个体间的感情需要），针对家乡的乡情（与养育自己的乡土间的感情需要），针对组织的爱集体之情，针对民族的爱民族之情，针对祖国的爱国之情，针对广泛对象的博爱等。同情需要一方面是指怜悯弱者并力图帮助他的感情需要或对没有能力拯救自己的个体提供帮助的感情需要；另一方面是指主体自身陷入困境时，要得到他人怜悯与帮助的感情需要。

回报需要指的是主体得到帮助或遭到伤害时，以同样的方式回应施予者的感情需要。

心境是一种弥散性、持续性、背景性、低强度的情绪状态，是各种基本情绪最弱的表现形态。在心境方面的需要就包括摒弃消极心境的需要、保持平和心境的需要和追求积极心境的需要。

情绪是主体在需要的实现过程中，根据对预估或实际满足状态的评价而引发的包括主观体验、生理唤醒和表情流露在内的综合性反应，包括预估性情绪和反应性情绪。预估性情绪就是指主体在预期时，预估到需要的相应满足状态时所体验的情绪状态，包括积极的驱动性情绪和消极的压抑性情绪。驱动性情绪促使主体采取满足需要的行为，压抑性情绪压制主体的满足行为，致使主体取消满足需要的行为。反应性情绪是指在需要的实现过程中，随着对需要满足状态的跟踪性评价而进行反应的综合性体验。情绪需要就包括运用驱动性情绪需要、消解压抑性情绪需要和释放反应性情绪需要。

认知需要是指主体感知刺激，通过思维进一步加工，并加以储存运用的心理需要。从认知过程来分，有输入性认知、加工性认知、运用性认知和选择性存弃及表达性（输出性）认知。输入性认知包括感觉输入、知觉输入。

加工性认知即思维包括感性加工和理性加工，感性加工包括直观行动思维和形象思维，表象、联想和想象是形象思维的主要成分，想象有再造性想象和创造性想象之分。理性加工则包括分析、综合、抽象、概括、推理和创造性思维等抽象逻辑思维。推理包括归纳推理和演绎推理。

运用性认知需要包括理解、评价、认同、接纳、相信、归因、预测和整合等不同认知过程的认知需要。

选择性存弃即记忆需要和遗忘需要。

表达性需要即将内在的认知成果输出的需要。

认知需要按内容分，有为认知而认知的自为性需要与为满足相关需要而进行认知的他为性需要之分。

　　一般性意义的认知需要指自为性的认知需要。根据认知对象的不同可分为客体认知需要和自我认知需要。客体认知需要有包括自然客体认知需要和社会客体认知需要，社会客体认知需要中除对社会客体的整体的综合的认知外，还有针对具体的社会他人的认知和社会团体的认知。

　　他为性认知需要又称作功能性认知需要，即此种认知需要是以服务于其他需要的满足为前提的，即为了满足某种需要而调用主体的认知功能，通过认知活动来配合此种需要的实现。

　　功能性认知需要根据其服务功能的不同可以分为信息收集整理，信息功效的评价（尤其是价值判断，如对主体产生威胁还是有益的判断），行为的预期，计划的制定（包括目标的确认，实施方案的选择等），行为监控及反馈（对实施行为的监督、控制及与方案对比分析后的评判反馈），实施方案的调整，（根据反馈信息对计划的调整），行为后果的认知评价。

　　自我指的就是主体自身及其自我意识，自我主体是指主体真实的自我，代表主体最真实的核心人格。自我意识则是主体对自我的认知，包括记忆、感知、评价等全部认知功能，即是以自我为对象的认知。

　　自我需要是指向于自我的心理需要。自我需要包括两个方面，一方面是有关真实自我的实际需要，另一方面是有关自我意识的认知需要，而有关自我意识的认知需要与认知需要形成一个交集，是以自我为对象的认知需要。

　　自我需要可分为总体性自我需要和要素性自我需要。总体性自我需要是本体性的自为性自我需要，又称作自我管理需要，包括自我设计需要、自主需要、自我调节需要、自我实现需要（个别充分发展）和自我完善需要（全面发展），5 个相互联系的过程性需要。

　　要素性自我需要又可区分为认知性自我需要、情感性自我需要和功能性自我需要。认知性自我需要又叫作自我认知需要，是以自我为认知对象的认知需要，包括自我感知、表达需要，和自我评价需要、自我认同需要、自我接纳需要与自我信任需要（自信）。情感性自我需要又叫作自我感情需要，是指向于自我的感情需要。包含自我独立需要（自立）、自我尊重需要（自尊）、自我赏识需要（自赏）、自我重视需要（自重）和自我关爱需要（自爱）。功能性自我需要为能力性自我需要，还可称为自我效能需要，可分为本能成长需要、能力习得需要、潜能开发需要、能力运用需要和自我效能感需要。

关联性需要是指主体在与外部客体交互作用中得以保存并发展的需要，根据相关客体性质的不同，可以分为环境关联性需要和社会关联性需要。

环境关联性需要是指主体与生存于其中的外部环境相互作用的关联性需要，主要包括适应环境的需要、控制环境的需要、调节环境需要、利用环境的需要和保护环境需要。

社会关联性需要是指主体与生存于中的社会团体及相关的社会他人相互作用并保持一定水平的稳定的社会联系的关联性需要，主要包括社会团体关联性需要和社会他人关联性需要。社团关联性需要可区分为认知性社团关联需要、情感性社团关联需要和行为性社团关联需要。社会他人关联性需要也可区分为认知性社会他人关联需要、情感性社会他人关联需要和行为性社会他人关联需要。

2. 团体需要

团体需要根据视点不同可以分为组织需要和元素需要。组织需要包括体制需要、结构需要和文化思想需要。元素需要包括员工需要、资金需要、物质需要和信息需要。

3. 社会需要

社会是众多个体和团体的集合，当需要的主体是人类集合体时，即包括许多个体与团体，这种需要便称为社会需要。

（二）需要的发展层次

依据个体需要的满足主要是为了个体的存在还是发展，可以划分出两个阶段，即存在阶段和发展阶段。存在阶段就是主体对其本来面目在适宜环境中的自然保持时期。包括生存层次的存在、安全层次的存在、健康层次的存在 3 个不同的满足水平。发展阶段就是主体对其先天潜力的自然成熟或对适宜环境的更好适应时期，包括成就层次的发展和完善层次的发展两种满足水平。这样，作为每一种具体需要，根据所追求的不同的满足水平就可以区分为 5 种不同的层次：生存层次、安全层次、健康层次、成就层次、完善层次。

生存层次的存在是指只求此种需要得以保持基本存在以维持个体最低限度存在的满足水平。安全层次的存在是指在生存层次得以实现的基础上，进一步追求实现需要相关要素得以保全的需要满足水平。健康层次的存在是指在安全层次得以实现的基础上，进一步追求实现需要相关的各组成要素都能正常完好无损地存在且功能良好的满足水平。成就层次的发展是指在健康层次得以实现的基础上，进一步追求主要目标得以实现且取得一定成就的发展水平。完善层次的发展是在成就层次得以实现的基础上，进一步追求需要指向的各种目标及相关需要的目标都和谐统一地得到最大限度满足的发展水平。

## 三、需要间的关系及需要与其他心理要素的关系

### （一）需要间的关系

需要间的关系包括不同状态下的需要间的关系和同一状态下的需要间的关系两方面。

一般而言，施动状态下的需要的力量大于启动状态下的需要力量，更大于潜伏状态下需要的力量。

同一状态下的需要间的关系则会遵循需要的启动和施动原则来理顺相互间的关系。

### （二）需要与其他心理要素的关系

需要与其他心理要素的关系主要论述需要与意识、需要与能力、需要与技能、需要与表象、需要与联想、需要与想象、需要与学习、需要与记忆、需要与言语、需要与情绪、需要与行为、需要与行为动力、需要与动机、需要与

人格。

以上内容构成了需要心理学的主体，它是笔者在纵观人类有关需要研究的整个思想发展史的基础上，进行深入分析与科学综合的结晶，在将要出版的《认知需要探索》一书中有更为全面、细致的阐述。

这些观点是在研究心理学史上有关需要思想的结晶，同时也提供了审视心理学前辈有关需要思想的角度与框架，并据此进行分析与评价。在分析思想家的成果时，重点就放在了与需要相关的内容上，为保持其思想的整体性，可能还会介绍一些必要的组成部分，但是基本没有多少关系的内容就不再涉及。由于需要的主体包括个体与团体，环境既有自然环境，又含社会环境，而文化、制度、法律、道德、政治、经济等都是社会环境的主要内容，所以分析的内容其实是非常宽广的。对思想家的评价是紧紧围绕需要思想而进行的，主要衡量对于需要思想的功与过。笔者才学疏浅，可能会有失偏颇，敬请谅解。

张排房

2020 年 5 月于津泽兰湾

# 目 录
CONTENTS

# 绪 论

自 20 世纪三四十年代以来，对动机问题的研究越来越受到心理学家们的广泛关注，并取得了显著的进展，迎来了动机问题研究历史上的第一个黄金时期，使得动机研究成为心理学研究的一个重要领域。这一时期的主要成果有新行为主义者托尔曼的目的论、赫尔的驱力论与斯金纳的诱因论，新精神分析学派的思想，日内瓦学派皮亚杰的发生认识论以及人本主义的学说。

## 一、新行为主义的形成原因

20 世纪 30 年代到 60 年代，早期行为主义心理学经变革后所形成的体系统称为"新行为主义"。它的产生，就内因来说，早期行为主义心理学的固有缺陷为新行为主义的诞生提供了必要性，而美国机能主义心理学的发展则为其创造了可能性；就外因来说，主要是操作主义思潮与逻辑实证主义对其产生了重大影响。

华生倡导的行为主义心理学尽管创造了辉煌，成为心理学的第一大势力，然而存在明显的缺陷。这主要表现在：第一，因意识难以客观研究与证实，而加以全盘否认，排除在心理学的研究对象之外。第二，忽视对机体内部条件的研究，贬低神经系统在心理活动中的作用，造成心理学出现"无头脑"的倾向，把人的心理活动降低到动物的水平。第三，过分强调外部刺激对于行为的意义，忽略了人的主观能动性和行为动机的复杂性，从而过于简单地理解行为。为摆脱这些缺陷给心理学带来的困境，新行为主义者从内部进行了变革。

机能主义心理学重视对心理活动的研究，探索意识是如何活动和为什么活动的，推崇研究动物心理并取得丰盛成果，在研究对象与方法上对新行为主义者产生了启示。机能主义心理学接受了生物进化论思想，把心理看成是有机体适应环境的机能，而环境适应的过程就是一种学习，强调心理学的应大力研究学习。在此影响下，托尔曼、赫尔或斯金纳等新行为主义者，都用对动物学习的研究来推断人的学习。

操作主义的始作俑者为美国物理学家布里其曼，他在 1927 年出版的《现代物理学的逻辑》一书中提出了操作思维的方法。他认为探讨有关科学概念的精确定义标准应该是科学家的主要任务，操作正是所有概念的基础。他把操作看成是最原始、最基本、非分析的概念，是客观且能够观察到的事实。这种操作主义观点对新行为主义心理学的兴起发挥了重要的推动作用，正是站在操作主义的立场上，新行为主义者才能面对意识、情感与动机等早期行为主义者所刻意回避的概念与事实。

行为主义心理学的共同哲学基础就是实证主义，孔德的第一代实证主义和马赫的经验实证主义，都遵循可观察证实的基本原则。逻辑实证主义在坚持这一实证主义基本原则的同时，更加强调对经验进行逻辑分析的方法。首先把命题分解为概念，然后将具体概念归结为更基本的概念，把具体命题归结成更基本的命题，最后检验命题是否能为经验所证实。当直接证实难以办到时，也能够采取间接证实的方法。比如可以通过逻辑推理把原命题演绎成另一个能直接证实的问题，然后对后一命题加以证实。逻辑实证主义打开了早期行为主义向新行为主义转变的方便之门。

## 二、新精神分析的思想渊源

新精神分析在这里指的是，在基本概念、原则与方法上没有脱离弗洛伊德的理论体系，但对正统精神分析又有所变通、修正与扩展的理论。新精神分析学派是继早期精神分析学家之后的新精神分析学家，主要包括精神分析的自我心理学学派、客体关系学派、社会文化学派、存在主义学派和结构主义学派。

新精神分析学说的思想渊源，一方面来自弗洛伊德古典精神分析的理论局限，另一方面又受到时代思潮的冲击，并在临床诊疗实务新发现的基础上发展起来的。

弗洛伊德的潜意识学说开创了对无意识的研究，却过分夸大了无意识的力量，认为心理与行为的最终决定力量是无意识中的本能冲动。从而对意识的地位与作用加以忽视与贬低，陷入了非理性主义的倾向之中。弗洛伊德早期片面强调性驱力的作用，将其作为正常与变态行为的主要动力。后来虽然放弃了性创伤导致神经症的观点，却仍然强调本能的驱动作用，而对环境的影响有所忽视。早期的精神分析理论家荣格把力比多看成一种普遍的生命能量，而不仅仅是性本能，并提出了集体潜意识理论。然而荣格的理论充斥着神秘主义色彩，缺乏理论的精确性与可测验性标准。阿德勒则发现社会力量决定了人的行为，以此来反对弗洛伊德的生物决定论。阿德勒重视儿童早期经验对性格形成的作用，但他所强调的社会力量主要局限于家庭环境。为修正精神分析早期理论的不足，新精神分析学家纷纷从自我心理学、客体关系及社会文化的角度，提出了各具特色的理论。

哲学、社会学和人类学的进展，作为新的时代思潮，影响了精神分析运动的方向。哲学中的人格主义重视人格在社会演变过程中的决定性作用，存在主义则从一个新的角度对心理现象加以哲学解释。促进了新精神分析学派中存在主义和结构主义理论的创建与发展。

自 20 世纪 30 年代中期开始，新精神分析学家在临床治疗实践中，越来越发现治疗者与神经症患者间相互影响的重要性，意识到要在人与人及人与社会的关系中探究神经症和人格发展的原因。并且在治疗过程中，应与患者协同努力以矫正早期形成的不良人际关系。尽管新精神分析学家在各自的研究领域及理论重点都有所不同，却都从不同方面对早期精神分析理论进行了修改、补充与完善。

### 三、皮亚杰发生认识论的产生背景

在 20 世纪 50 年代，瑞士心理学家皮亚杰（Jean Piaget，1896—1980）创立了日内瓦学派（Geneva school），又称皮亚杰学派（Piagetian school），成为

当代儿童心理学和发展心理学中的主要学派之一。该学派的主要基地是日内瓦大学及发生认识论国际中心，这一学术共同体以儿童的认知发展为主要研究内容。

20 世纪 20 年代皮亚杰在巴黎比纳实验室进行有关儿童智慧的研究，就开启了其最初的活动。皮亚杰在日内瓦大学卢梭学院任实验心理室主任与院长期间，就把一批志同道合者集结起来，组成了该学派的基本队伍。1950 年他出版了三卷集的《发生认识论导论》，标志着构建起了发生认识论（genetic epistemology）的理论体系。1955 年在日内瓦大学建立发生认识论国际中心以后，更有来自世界各国的大批知名学者，进行跨学科实验研究，探索分析儿童的科学概念、心理运算（operation）的起源，特别是智慧形成与认知机制的发生发展规律。

皮亚杰发生认识论的形成是有其历史背景的，主要包括哲学、自然科学、心理学背景。

### （一）哲学背景

首先，皮亚杰非常明显受到康德哲学的影响。皮亚杰承认自己是在把康德范畴的全部问题加以重新审查后，形成了发生认识论这门新学科。其次，结构主义对皮亚杰的影响也很深。结构主义为 19 世纪 60 年代在西方兴起的一种方法论思潮。皮亚杰的思想受到索绪尔（Ferdinand de Saussure，1857—1913）、布卢菲尔德（Leonard Bloomfield，1887—1949）的结构主义语言学和乔姆斯基（Noam Chomsky，1928— ）的转换生成语言学等的影响。所以，他自称为一名结构主义者。

### （二）自然科学背景

首先，皮亚杰受生物学的影响很深。他以生物学家开始其学术生涯。其全部研究中的一条红线，就是力图寻找一种能够说明生物适应与心理适应间连续性的模式。同时，他还一直致力于探索架设一条从生物学通向认识论的桥梁。他将理论生物学中的渐成论推广到认知领域，并提出认识结构的建构论与"智慧胚胎学"。渐成论是一种关于胚胎发育的理论，它强调基因型同环境间的相互作用。皮亚杰坚持生物学与认知在结构与功能上同构的立场，把认知功能的发展视为渐成论的一部分。

其次，皮亚杰也接受了来自布尔代数、符号逻辑与控制论的影响。皮亚杰在形式运算结构模型中运用了布尔代数中的群（group）、格（lattice）等概念；其认知结构的基本元素采用了现代符号逻辑中的运算概念；其认知发展最重要因素平衡化（equilibration）的调节机制是用控制论的模型来解释的。

### （三）心理学背景

首先，欧洲机能主义心理学思想对皮亚杰产生了深远的影响。欧洲机能主义心理学坚持心理、意识为有机体适应环境的产物。日内瓦大学教授克拉帕雷德（Edouard Claparede，1973—1940）坚持机能主义观点，在对智力与思维问题的专门研究上，有着明显的生物学倾向。他主张人的意识是由需要产生的，也就是说，只有当人感到有作为适应原因的需要时，才会引起对于原因的意识。"适应"问题就是由他提出的。皮亚杰作为其继承者明确地表示：克拉帕雷德帮助他用机能与本能观点来考察事实，缺乏这两种观点，儿童活动中埋藏最深的"发条"就会遭到忽视。

其次，完形学派与精神分析对皮亚杰也有着重要影响。皮亚杰学说与完形理论之间有一些共同点：①主张不仅研究行为，还要研究意识；②强调心理活动与结构的整体性，反对元素论与还原论；③主张已构成的主体认识结构为认识活动的前提；④他们的认识活动公式比较类似，完形学派与皮亚杰的公式分别是"刺激丛—组织作用—对组织结果的反应"和"刺激—同化—反应"。但皮亚杰认为其运算结构根本不同于完形学派那种静止、凝固的"完形"，其智慧心理学为欧洲机能主义心理学同完形心理学相结合的产物。

皮亚杰早年学过精神分析学说，读过弗洛伊德的著作，听过荣格讲的课。精神分析对皮亚杰的影响，表现在他吸收了如"自我中心倾向""自恋"等一些精神分析概念，还在他比较重视心理发展阶段论的思想上有所表现。不过，精神分析以情意为划分发展阶段的标准，而皮亚杰则是根据智慧。

此外，符茨堡学派对皮亚杰也有影响。符茨堡学派的思维心理学及法国的比纳等人反联想主义的立场，都在某种程度上为心理学引入了"结构"的概念，这些思想对皮亚杰的新结构主义也产生了一定影响。

## 四、人本主义心理学的背景及研究对象

人本主义心理学（humanistic psychology）是 20 世纪 50 年代在美国兴起的西方心理学思潮与革新运动，成为西方心理学发展史上的一种新取向。人本主义心理学反对作为西方心理学第一势力的行为主义的环境决定论，和作为西方心理学第二势力的精神分析的生物还原论思想，主张研究人的本性、潜能、经验、价值、创造力以及自我实现等有关人类进步的现实，产生了比较大的影响，被称作西方心理学的第三势力。主要代表人物有马斯洛、罗洛·梅和罗杰斯。

### （一）人本主义心理学的背景

1. 社会背景

人本主义心理学绝非偶然地产生在美国，而是有其特殊的社会背景的。

首先，人本主义心理学所探讨的诸如人性、价值、意义与自我实现等主题，正反映了第二次世界大战后，经济繁荣的美国物质生产高度发展的社会需要。

其次，在物质繁荣的情形下，美国社会的内部矛盾与不安因素的日益加剧，又导致了各种严重的精神裂变现象。不仅失业、犯罪、吸毒、精神疾病与道德坠落等社会问题依旧非常严重，人受物役的现象又出现了新的发展。"人们不时地发出'19 世纪上帝死了，20 世纪人死了'的感叹。这种'人性萎缩''人性异化''人的死亡'的论调已经渗透到人类崇高的文化科学事业和广泛的精神生活之中，导致人们由孤独而忧伤、由空虚而颓废、由仇恨而谋害、由绝望而自杀。特别是 50—60 年代，国际上军备竞赛、核战争的威胁对人们心理产生很大压力，美国社会出现反主流的文化运动，广大的青年对社会不满，开展争取公民权利的运动，反对美国在越南的战争，对教育以及大学改革的呼吁，对环境污染的抗议等，这一切表明单凭经济繁荣、科技进步甚至民主政治还不足以解决人类精神生活和价值追求的问题，必须引起全社会对人的尊严及内在

价值的重视，进一步由'外部空间'的开拓转向'内部空间'的探索，充分发展人的潜能，促使人性的完满实现。以探索心理生活的'内部空间'为己任、强调对人自身价值与意义认识的人本主义心理学，正是适应这一社会需要应运而正是适应这一社会需要应运生。"[1]

2. 哲学背景

人本主义心理学的思想、渊源与哲学基础，不仅与继承人道主义和人性论的传统有内在联系，又同西方现代哲学中的存在主义和现象学思潮有密切联系。

人道主义和人性论的传统被人本主义心理学继承了下来。

14世纪欧洲文艺复兴时期，人道主义（humanism）作为当时的思潮与理论产生于意大利，后又辗转从西欧传播到世界各地。它把人性作为衡量历史和现实的准则，重视个人价值，维护个人尊严与权利，主张个性解放，让个人得到充分而自由的发展。反对禁欲主义的人本主义心理学，继承了人道主义传统，主张解放人性，强调对人的价值和尊严的关心，促进人的充分发展。

人性论（theory of human nature）也是人本主义心理学的重要思想渊源。"所谓人性，指一切人所共同具有的特点。对人性问题，西方哲学和伦理学一直存在两种基本观点。一种是柏拉图、康德、歌德、卢梭的观点，以及文艺复兴以来的西欧人道主义的传统，认为人具有潜在的善性，主张设计一种理想的社会通过教育使人格得到发展。另一种是亚里士多德、马基雅弗利（Nicolo Machiavelli，1469—1527）、霍布斯和边沁（Jeremy Bentham，1748—1832）的观点，认为人性是由生物本能所决定，不可能有很大改变；人只有通过法律的约束、文明的行为，才能维持社会秩序。以马斯洛、罗杰斯为代表的大多数人本主义心理学家的思想可以追溯到第一种哲学人性观，主张人性本善，且具有建设性，而恶则来自社会或文化。唯独罗洛·梅有所不同，认为人性中有内在恶的因素，如不正视这种恶的倾向或仅把恶归之于环境都是有害的。"[2]

现代西方有两种比较大的哲学思潮：一为包括孔德实证主义、马赫主义和

[1] 车文博. 西方心理学史［M］. 杭州：浙江教育出版社，1998年5月第1版，538页。
[2] 车文博. 西方心理学史［M］. 杭州：浙江教育出版社，1998年5月第1版，539页。

逻辑实证主义等的科学主义；另一就是人本主义或称作非理性主义，主要包括意志主义、生命主义、存在主义与法兰克福学派人本主义等。

存在主义是一种被称为生存哲学的人生哲学。它是 20 世纪西方哲学中影响最广泛的主要流派之一，也是现代西方人学思想中一种最重要的主脉。存在主义对人本主义心理学产生了很大的影响，它不仅是人本主义心理学家灵感的一个主要源泉，还是人本主义心理学内部的一种主流的哲学取向。罗洛·梅被看作人本主义心理学中存在主义倾向的主要代言人。他在 50 年代末就把存在心理学与精神病学引进到了美国，他与安格尔、艾伦贝尔格合编的《存在：精神病学与心理学的一种新维度》一书被视为存在心理学在美国诞生的标志。克尔恺郭尔（Soren Aabye Kierkegaard）、海德格尔（Martin Heidegger）和萨特都不同程度地影响了人本主义心理学家，但是产生更直接影响的是 50 年代后存在主义在美国的风行。其中，对美国人本主义心理学影响更大的是美国存在主义哲学家布伯和蒂利奇。

人本主义心理学与现代存在主义平行发展，它们的基本精神是完全一致的。

首先，人本主义心理学和存在主义在研究对象和宗旨上是一致的。人的自由、选择与价值是存在主义的中心主题。马斯洛等人本主义心理学家也强调心理学的研究对象应为独特的个人及其尊严与成长，并且对于个人的主体体验、自由选择、创造与责任等的强调，也与存在主义是完全相符的。

其次，人本主义心理学家和存在主义者在研究方式及其相关问题上的观点也基本相同。比如他们都批评了僵死的方法论及对某些预定领域与模式的闭锁性研究，都把注意力人集中在了对人的存在的体验上。他们都用现象学方法来记录研究主体的直接经验和进行内省报告。存在主义哲学家对人的理解有很多涉及心理学问题，已被人本心理学家所继承和发挥。例如，19 世纪的克尔恺郭尔曾反对把人视为被动的参与者，对人内部经验的价值加以强调，用一系列必需的抉择来理解人的存在。海德格尔提出了"自为存在"（dasein）的概念，强调人具有通过反思自身、他人和自然界而达到高水平意识和独特性的能力。

人本主义心理学家对于存在主义的反科学性和反生物性的问题也进行了批

评。两者之间的主要区别在于：一是人本主义心理学认为人性中具有一种先于存在的本质或者生物学内核，认为人人都有生物学上的潜能与价值，萨特则主张"存在先于本质"，他对人的生物本性及全人种的价值存在都加以否认，把人视为是一种老断电、没有价值目标选择的产物；二是人本主义心理学对人类前途命运基本上报以乐观态度。德国与法国的存在主义则过分关注绝望、虚无、荒谬，用悲观主义态度看待人性和人类前景。

现象学是人本主义心理学所采用的一种重要哲学方法论。"现象学的基本特征，就是现象学方法论原则以及建立在此原则之上的反科学主义的人道主义。因为现象学哲学是以人为目标的崇高事业，它通过对'纯粹意识内的存在'的研究，进而揭示人的生活界的本质，从纯粹主观性出发进到'交互主观性'的世界。现象学的方法和人学的观点，不仅为存在主义哲学家所接受，而且成为现代西方许多人文科学的基本方法论。存在主义哲学和人学创始人海德格尔是现象学大师胡塞尔的弟子。存在主义直接来源于现象学，并成为现象学发展的一个新阶段，因而现象学直接或间接地对人本主义心理学发生重要的影响。其一，人本主义心理学创立者们经常把现象学看作是一种研究主体的直接经验和内省报告的方法，强调心理学研究应该从'回到事物本身去'为开端，把人的心理活动和内部体验作为自然呈现的现象看待，重在现象或直接经验的审视和描述而不是因果分析和实证说明。其二，人本主义心理学也非常重视作为欧洲现象学的核心主题的意向性（intentionality）问题。奥尔波特把意向界定为'个体试图去做的'或'个体努力的方向'，并以主观价值观的态度为其基础。和罗洛·梅一样，布根塔尔也认为意向性是人类存在的一个基本成分，包含着我们的愿望、需要和意志的完全参与，要求行动，获得实现。它是一个人完全为自己的行动负责的过程。显然，在这里，人本主义心理学家也突显了人的心理活动的主观性和意识指向性的特点。"[1]

由此可见，存在主义与现象学是人本主义心理学的主要理论支柱。

---

[1]　车文博.西方心理学史［M］.杭州：浙江教育出版社，1998年5月第1版，541页。

### 3. 自然科学背景

在达尔文提出进化论以后，生物学在一个多世纪以来有了很大的发展，已经为人本主义心理学研究人类特性的形成过程从生物进化的视角准备了必要条件。20 世纪 50 年代中期，已经把整体主义思想传播到了实验室，并且对许多科学都影响广泛。研究生物与其环境间相互关系的生态学，把有机体视为一个多层次结构的统一整体的机体整体学，和以人类生活、家庭、社会、习俗、伦理、价值、宗教和艺术等为研究内容的文化人类学，都进一步用事实证明了自然界内部的有机联系、物种之间的相互关系，以及生态系统自身的完整性。

随着这些学科的发展，人本主义心理学通过科学调整和临床研究表明，一种自然主义的价值体系的构建，不必依赖于超人的力量，而是应该发掘人类自身本性中的潜能与价值。人本主义心理学代表了西方哲学的一种较为现代的新趋势，力图把人性与科学、价值与知识、"应该"与"存在"在较高层次上整合起来，发展成为一种科学的、现实的人本主义心理学。所以，生态学、机体整体学和文化人类学的科学背景，使得人本主义心理学与思辨性的人本主义哲学区别开来。

### 4. 心理学背景

人本主义心理学产生于批判行为主义与精神分析的基础之上的，并且在德国整体心理学、完形心理学和美国人格心理学的影响下得以形成。

行为主义是 20 世纪 60 年代以前美国乃至整个西方心理学的主流，为心理学的第一势力。人本主义心理学家主要从下述 4 个方面对行为主义展开了批评：①批评行为主义者对刺激—反应的机械观，坚持刺激—中介变量—反应的观点，特别重视诸如动机、兴趣、态度、价值观等中介变量的功能；②批评行为主义者绝对客观化的研究原则，反对他们过分强调客观的、量化的、可验证的方法及动物模型，批判他们对非器质性的、非物理性的人类本性研究的否定；③批评行为主义者对于行为控制的环境决定论，反对他们对于人类本质过分消极的看法，批判他们对人内在潜能的忽视及对人积极主动性、创造性的否认；④批评行为主义者关于人类只能对刺激做出反应的生物学化的思想，和对人的自我同一性、内在整体性的否认。

行为主义者由于在心理学中坚持机械论的、绝对客观性的原则，过分注重研究可观察到的外部行为，过分讲求以自然科学的客观研究方法为中心，不仅导致对人的内部心理过程研究的抛弃，而且还导致了对于人的尊严与价值的贬低和人的潜能与自主权的丧失，极大缩小了科学心理学的研究范围。人本主义心理学就是在这种对于行为主义的批判中应运而生的。

对于心理学中第二势力的精神分析，人本主义心理学家的态度，是既有肯定与继承，又有否定和批评。

首先，人本主义心理学家肯定了古典精神分析在发现潜意识、引入动机论和保护自我概念等三方面的贡献。但也批评了弗洛伊德精神分析的潜意识决定论、性恶论和悲观主义的宿命论。

其次，新精神分析者中有些就是人本主义心理学联盟的成员，对人本主义心理学产生了如下 3 个方面的重要影响：一是在自我心理学思想的影响下，人本主义心理学家沿着其"功能自主性"的方向继续发展，形成了自我实现、自我选择等一系列新的自我心理学理论；二是受到动力心理学思想的影响，对于精神分析的动机论人本主义心理学家做了继承与发展，突出了对人类独有的高级动机的研究；三是在心理治疗方法上的影响，如在重视改进医患关系的兰克的关系治疗法（relationship therapy）的基础上，罗杰斯发展出以患者中心的当事人中心疗法（client-centered therapy）。

整体心理学（holistic psychology）是研究心理现象的一种方法论与理论取向。"它认为人的心理现象是对事物整体的反映，而非单纯决定于个别刺激物的总和；人的行为也不是决定于个别刺激物的性质，而是决定于对事物整体的反映。"[1]

整体心理学对人本主义心理学产生的重要影响，主要体现在人格心理学（personality psychology）和机体论心理学（organismic psychology）两个领域。在德国迪尔泰（Wilhelm Dilthey）的理解心理学、斯特恩（Wiuicm Stern）的人

[1]　车文博.西方心理学史［M］.杭州：浙江教育出版社，1998年5月第1版，544页。

格心理学、斯普兰格（Edward Spranger）的结构心理学等人格心理学思想的影响下，人本主义心理学强调用整体分析与经验描述来取代元素分析与实验说明，并继承和发扬了其人格类型理论与价值等级结构学说。另外，美国人格心理学家奥尔波特（Gordon Willard Allport）、墨菲（Gardner Murphy）、默里（Henry Alexander Murray）、凯利（George A. Kelly）等人的思想对人本主义心理学产生了更为直接的影响，特别是他们的自我理论、需要理论、动机学说和人格结构理论产生了更加显著的影响。

德国的机体论心理学（organismic psychology）思想是人本主义心理学的一个重要影响源。德裔美籍精神病学家戈尔德施坦（Kurt Goldstein）既是机体论心理学的创始者，同时还是人本主义心理学的一位先驱者。戈尔德施坦在其名著《机体论》（1934）中自创了"自我实现"一词，阐述了机体在力求自我实现的过程中生成与重新创造自己的思想。他主张人格是不可分割的统一的整体。启发了马斯洛的整体动力学取向，奠定了他自我实现概念的理论基础。罗杰斯也公开承认其"实现倾向""成长假设"等概念，就非常类似于戈尔德施坦的机体论思想。

完形心理学的整体论对人本主义心理学产生了很大并相当直接的影响。人本主义心理学先驱奥尔波特在德国与完形心理学家韦特海默、苛勒和勒温等有过直接交往，马斯洛也把韦特海默视为他最尊敬的两位导师之一，他对没有把完形心理学整合到主流心理学之中作了强烈批评。马斯洛明确地指出，他把完形心理学的整体论思想具体运用在了人本主义心理学，并进行了开拓性的发展，将其与精神分析的动力论和机能心理学一起整合进了他的健康与成长心理学。

### （二）人本主义的研究对象

人本主义心理学家在心理学研究对象上，虽然在细节上存有分歧，但大多数人都有比较一致的主张。

1. 心理学应该研究心理健康的人

在 20 世纪中叶前，行为主义心理学在主流学院心理学中占据支配地位，精神分析心理学则主导着心理治疗领域。对于行为主义以动物为研究对象，并把其结果强行推广到人类的做法，人本主义心理学家持强烈反对的态。他们认为这种研究方式抹杀了人与动物之间的本质区别，降低了具有自主性和创造性的有意识的人的地位。他们主张心理学应该以心理健康的人为研究对象，才能真正产生出关于有尊严的人的心理学。

把人作为研究对象的精神分析，却大多数研究的是有心理障碍的病人。人本主义心理学家深为不满于弗洛伊德从中得出的结论，即把人的行为看作是由潜意识的性本能冲动所驱使的。马斯洛指出："我们关于人类动机的大部分知识并非来自心理学家，而是来自治疗病人的心理治疗师。这些病人既是有用资料的来源也是引起误解的来源，因为他们显然代表了人口中质量较低的部分。甚至在原则上也应该拒绝让神经症患者的动机生活成为健康动机的范例。健康并不仅仅是没有疾病。任何值得关注的动机理论，除讨论有缺陷者的防御手段外，还必须讨论健康、强健的人的最高能力。同时，还必须解释人类历史上最伟大、最杰出人物全部最重要的考虑。"[1]

为避开行为主义和精神分析研究的弊端，人本主义心理学明确提出心理学的研究对象是心理健康的人，即使是对于心理不健康的病人，也要努力发现其健康的内在本性。马斯洛对新近发展起来的心理健康概念明确地做了说明："第一，最重要的是这样一个强烈的信念：人类有自己的基本天性，即某种心理结构的框架，可以像对待人体结构那样来研究和讨论，人类有由遗传决定的需要、能力和倾向性，其中一些跨越了文化的界线，体现了全人类的特性，另一些为具体的个人所独有。一般看来，这些需要是好的或者中性，它们不是罪恶的。第二，我们的新概念涉及这样一个概念：全面的健康状况以及正常和有益的发展在于实现人类的这种基本天性，在于充分发挥这些潜力，在于沿着由这个隐藏而模糊不清的基本天性所控制的轨道，逐渐发展成熟。这是内在的发展，而不是被外界所塑造的过程。第三，现在可以清楚地看到，一般的心理病理学现象是人类的基本天性遭到否定、挫折或者扭曲的结果。根据这个观点，无论什

---

[1] ［美］亚伯拉罕·马斯洛. 动机与人格（第三版）［M］. 许金声等译. 北京：中国人民大学出版社，2013年9月第1版，14页。

么事物，只要有助于向着人的内在天性的实现方向发展，就是好的；只要阻挠、阻挡或者否定基本人类天性，就是坏的或变态的；只要干扰、阻挠或者改变自我实现进程，就是心理病态。"[1]

关注心理健康的基本倾向在其他人本主义心理学家那里也有不同方式的表达。奥尔波特强调对于健康人格与动机力量的研究；罗杰斯认为心理学应关注"充分发挥作用的人"的自我实现倾向；罗洛·梅认为一个健康的人就是正在成长过程中的一种存在，他能够自我觉知并具有自我核心感，可以自由地做出符合其本性的自我选择。

2. 心理学应该研究人的内在意识经验

人本主义心理学家认为，通过研究意识经验能够得到许多重要的信息，可以深入人的内心，对那些最有益于人类、关于人本性的信息加以了解，并感受其此时此刻的内在体验。"因此，在人本主义心理学会创立之初，学会所确定的基本原则中的第一条就是'心理学主要研究的应当是经验着的个体。'这种经验不是用'刺激—反应'的行为主义模式所能了解的，也不是精神分析的潜意识推论所能说明的。它是人对自己当前存在状态的一种内在体验，用马斯洛的话说是一种高峰体验，用罗洛·梅的话说就是一种存在感的自我体验。"[2]

人本主义心理学家都强调研究人的意识经验，重视意识经验的整体性，看重它与过去、将来，特别是与现在的关系，对它与社会生活的必然联系格外加以强调。人本主义心理学从行为主义对外在行为的研究，转向对人类意识经验的研究，大大扩展了心理学的研究领域。

3. 心理学应研究人的潜能和价值

人本主义心理学家深信人类具有大量生而就有的、尚未加以开发利用的潜能。"根据人本主义心理学，所有的个体都持续不断地向他们力所能及的方向成长。他们选择自己生活的方式，为自我承担责任，接受他们的存在。为了达

［1］［美］亚伯拉罕·马斯洛. 动机与人格（第三版）［M］. 许金声等译. 北京：中国人民大学出版社，2013年9月第1版，124页。

［2］杨韶刚. 人本主义心理学概述［M］//龚浩然. 心理学通史 第五卷 外国心理学流派（下）. 济南：山东教育出版社，2000年10月第1版，236页。

到他们能够达到的最高层次，他们必须'功能自主'（按照奥尔波特的观点）或自我觉醒和自我中心（根据罗洛·梅的观点）。马斯洛认为自我必须自发整合，然后通过推动其前进的'似本能'（instinctoid）实现它的潜能。似本能是一种生物潜能，只有通过创造性的过程，才能发现它并将它变为现实（Maslow，1968）。"[1]马斯洛通过研究他认为是最优秀的人类代表，发现开发利用这些潜能体现了人类的最终价值观。马斯洛明确指出："每一个人都具有自我实现（self-octualization）的先天倾向。自我实现这种人类的最高需要涉及能力和品质的积极使用，以及潜能的发展和实现等。"[2]

　　人本主义心理学家研究人的潜能和价值，不仅拓展了心理学的研究领域，而且结合社会实际问题进行心理学研究，寻找现代人类价值观丧失所引发的社会心理问题的解决之道。

　　人本主义心理学对于人的尊严与价值予以强烈关注和重视，关心人们潜在天性的发展。其核心要点是，每个人都要发现自己的存在，及其与他人、与社会群体的关系。人本主义心理学家大声疾呼要摆脱行为主义所倡导的外在价值论，主张通过开发自身的潜能，从而实现人的内在价值。人本主义的心理治疗也是在帮助患者解除那些阻挡其潜能实现的心理障碍，从而对潜在于其自身中经验的可能性加以充分地体验。人本主义心理学家开展了心理治疗、教育理论、人性观、伦理学说以及动机理论等多方面的研究，都是围绕着人类潜能开发与价值实现而进行的，因此人本主义心理学思潮又被称为人类潜能运动。

---

［1］［美］史密斯. 当代心理学体系［M］. 郭本禹等译. 西安：陕西师范大学出版社，2005年10月第1版，103页。

［2］［美］杜·舒尔兹，西德尼·埃伦·舒尔兹. 现代心理学史（第八版）［M］. 叶浩生译. 南京：江苏教育出版社，2011年2月第2版，386页。

# 第一章 新行为主义代表人物的需要思想

20 世纪 30 年代以后美国新发展起来的一种行为主义心理学理论体系就是新行为主义。它是当时美国社会历史条件与行为主义自身发展的产物。其主要特征包括：①不再排除意识经验，承认有机体内部活动所发挥的作用，重视对动机与认知机制进行研究，提出并且使用了中介变量的概念；②主张整体行为观（molar behavior approach），更多地使用块状概念来分析由多种动作所组成的结构，以改变华生把行为归结为肌肉运动简单组合的局部性的分子行为观；③重视客观的操作分析方法，力图用科学操作来客观化心理学术语，对那些不能进行客观观察或科学论证的问题就加以摆脱。

新行为主义的主要代表人物有托尔曼、赫尔、斯金纳。

## 第一节 托尔曼的目的论

托尔曼（Edward Chase Tolman，1886—1959）是新行为主义的重要代表之一，是目的行为主义（purposive behaviorism）的创始人，也是认知心理学学习理论的先驱。他生于美国马萨诸塞州的一个上等阶层家庭。1906 年在马萨诸塞州理工学院学电子化学，1911 年获得学士学位。后入哈佛大学师从耶基斯（R.M.Yerkes）和闵斯特伯格（H.Münsterberg）学习心理学，1915 年获得哲学博士学位。毕业后，任教于西北大学。三年后，转任加利福尼亚大学柏克莱分校比较心理学教授，并从事教学研究。其间去德国留学得到完形心理学家考夫卡的指导，深受其格式塔心理学思想的影响。1950 年转至哈佛大学，1953 年又转到芝加哥大学任教，当年又重返加利福尼亚大学，直到退休。

1937 年任美国心理学会主席，并于 1954 任第 14 届国际心理科学联合会主席。1957 年获美国心理学会授予的杰出科学贡献奖。托尔曼虽然早期就已经成为一个行为主义者，但是他对其他学派的理论也持博采众长的态度，使得他的理论与华生的行为主义、麦独孤的策动心理学及动力心理学和格式塔心理学都有着复杂的联系。他在长期动物学习实验的基础上建立起目的行为主义，后来又改称符号学习论（sign learning theory）或符号完形论（sign-Gestalt theory），以强调其理论的认知性质。因此，他的理论又被称为认知行为主义（cognitive behaviorism）。其主要心理著作包括：《目的与认知：动物学习的决定者》（1923）、《行为主义和目的》（1925）、《动物和人的目的性行为》（1932）、《战争的内驱力》（1942）、《需要的性质和机能作用》（1949）和《托尔曼自传》（1952）等。另外，他的学生们还选辑出版了《托尔曼论文集》（1951）。

## 一、整体行为及其目的性

托尔曼主张心理学应该研究行为。他把行为分为分子行为与克分子行为两种。分子行为又称局部行为（molecular behavior），指的是个体表现出的局部性动作。例如声、光等物理刺激所引发的肌肉收缩与腺体分泌的反应。克分子行为也叫作整体行为（molar behavior），是指个体在活动中所表现的大单元或者整体性的行为。如实验情境中动物的跑迷津，儿童去学校上课、游泳或做游戏等行为。托尔曼在如此区分的基础上，指出心理学的研究对象是克分子行为而不是分子行为。

托尔曼概括出克分子行为的 3 个描述性特征："就我们意义上的行为而言，似乎总是具有'趋向'（getting-to）或'离开'（getting-from）一个特定目标物（goal-object）或目标情境（goal-situation）的特征。……关于行为—活动的第二个描述性特征，我们还注意到这样一个进一步的事实，即这样一种'趋向'或'离开'的行为，不仅以目标物的特性和趋向它或离开它的坚持性为特征，而且还以下述事实为特征，即行为—活动总是涉及一种特定的模式，也即与如此这般的中介手段—对象（intervening means-objects）进行交流（commerce-with）、往来（intercourse-with）、相约束（engagement-with）、相沟通（communion-with），作为趋向或离开的一种方式。……关于行为—活动的第三个描述性特征，我们发现，通过与这样那样的手段-对象进行交流而实现'趋向'特定目标物或'离开'特定目标物，行为—活动表现为这样一个特征，也就是对容易的（较短的）手段—活动具有有选择的更大准备性（selectively greater readiness），而不采取较长的手段—活动。"[1]托尔曼把选择较容易的手段—活动的倾向称为最小努力原则（principle of least effort）。他还发现克分子行为不是机械的、固定的，而是可以具有"可训性"（docility）的，能通过接受教育而发生变化。

托尔曼注意到了整体行为的目的性，并给行为目的下了一个客观定义："我们在这里坚持的学说是，不论何处，只要一种反应表现出与某种目的相关的可训性——只要一种反应易于：①投入尝试和错误的系列；②逐步地或突然地选择与达到该目的有关的、更加有效的尝试和错误反应——这样一种反应便表明和解释了某种东西，为了方便起见，我们称之为一种目的。不论何处，只要出现了这样一组事实，我们就把为了方便而称之为'目的'的东西客观地表达出来，并予以界定。"[2]

托尔曼还发现了整体行为的认知性，他指出："偏爱路径的特定模式，以及鉴别任何一种特定的行为—活动的交流模式，就下列三点而言是表现出可训性的，而且同时可以被说成是认知地断言：①目标物的性质；②该目标物相对于实际的手段—对象和可能的手段—对象的初始'位置'；③能够支持这种和那种交流的专门呈现的手段—对象的性质。因为，如果这些环境实体（environmental entities）中的任何一个实体不能证明为如此这般，那么特定的行为—活动将会被分解并表现出分崩离析的状态。随之而来的是行为的改变。因此，任何一种特定的行为—活动能否继续进行，取决于环境的性质是否果真如同所证

[1]［美］爱德华·托尔曼.动物和人的目的性行为［M］.李维译.北京：北京大学出版社，2010年12月第1版，8、9页。

[2]［美］爱德华·托尔曼.动物和人的目的性行为［M］.李维译.北京：北京大学出版社，2010年12月第1版，11页。

明的那种样子，这一事实规定了那个行为的认知方面。"[1]

## 二、中介变量

1932 年，托尔曼为了弥补华生的刺激——反应公式的不足，提出要注意有机体的内部因素在行为中的作用，从整体水平上分析行为时推论出中介变量（或中介变项）（intervening variable，简称 I.V.）的概念。他把中介变量看作是介于刺激与反应之间的内部觉知，即因外部刺激而引起的内部变化过程。中介变量虽然难以直接观察，但是能够依据引起行为的先行条件及最终的行为结果而推断出来。这些中介变量是行为的实际决定因素。他为了规定行为的最初原因及行为本身，提出自变量（independent variable）和因变量（dependent variable）的概念。他认为行为的最初原因由 5 种自变量所组成，它们包括：环境刺激（S）、生理内驱力（P）、遗传（H）、过去经验或训练（T）以及（A）年龄。用 B 代表因变量（行为），就可以用下面的公式表达二者之间的函数关系：

$$B = fx\,(\text{S.P.H.T.A})$$

意思是：行为是环境刺激、生理内驱力、遗传、过去经验或训练以及年龄等的函数。即有机体的行为随着这些自变量的变化而变化。

自变量的变化为什么会引起行为的变化呢？托尔曼认为，这些自变量与行为之间的中介变量才是行为的直接决定者，是引发反应的关键。所以，必须把行为主义的公式 S（刺激）—R（反应）变成 S－O－R，O 就是中介变量，是在有机体内部正在进行的活动。只有把中介变量弄清楚，才能理解为什么一定刺激情境会引起一定的反应。

托尔曼在初期提出了动物和人类具有的两种主要的中介变量，即需求变量和认知变量。①需求变量，实质上就是指动机，包括性欲、食欲、安全欲和休息欲等，它们能回答行为的为什么问题。②认知变量，包括对客体的知觉、动

---

[1]　[美] 爱德华·托尔曼. 动物和人的目的性行为 [M]. 李维译. 北京：北京大学出版社，2010年12月第1版，13、14页。

作与技能等，它决定与行为相关的知识与能力，回答行为是什么的问题。

后来，托尔曼在格式塔学派勒温的影响下，1951年又进行了修改与补充，把中介变量修改为三种主要范畴：①需求系统（need system），指有机体的生理需求或内驱力情况；②信念价值动机（beliefvalue motivation），指的是有机体选择某种目的物的那种欲望的强度，和这些目的物对于需求满足的相对力量；③行为空间（behavior space），指有机体所知觉的在一定时间内存在于不同地点、距离与方向的各种事物。其中，有些事物具有积极的吸引力，即有正效价；而另一些物体则因消极价值而让人拒斥，也就是具有负效价。

### （一）需求系统

托尔曼对需求系统做了分析与总结：

（1）可以把构成一切行为基础的基本内驱力或动机构想为某些与生俱来的一般的生理需求，以及对如何满足这些需求的多少有些模糊的符号—格式塔—准备状态。学习对这些符号—格式塔—准备状态会产生很大影响，然而其核心被认为是与生俱来的。（2）这些基本内驱力可再细分为爱好和厌恶两个类别。"（3）爱好由三个组成方面：a.一种最初的生理状态，以循环形式出现，受新陈代谢的制约，当它出现时便引起；b.对特定的生理静止状态的需求，加上c.对如何达到这种静止状态的或多或少有点模糊的符号—格式塔—准备状态，也就是对追求的和已经进行交流的完美刺激物，以及为了获得这种追求的完美物体而探索已经交流的物体的一种或多或少有点模糊的准备状态。（4）厌恶也有三个组成方面：a.一种最初的生理状态，对任何特定的有机体来说比较持久且强度不变，而且，无论何时，只要这种情况继续存在，就会引起；b.与一种特定的生理扰乱相对抗的需求，加上c.对这些'威胁到'扰乱的'回避物'的或多或少有点模糊的符号—格式塔—准备状态。"[1]

他列举了一些常见的基本内驱力，如食物欲、性欲、接触欲、排泄欲、休息欲和感觉—运动欲（也称审美欲和游戏欲）等爱好；以及避免伤害的恐惧和

---

[1]［美］爱德华·托尔曼.动物和人的目的性行为［M］.李维译.北京：北京大学出版社，2010年12月第1版，201页。

避免干扰的好斗等厌恶。

他进一步指出："二级内驱力大致上可以被描述为要求趋向或离开某些相对来说一般的情境（situations），加上某些或多或少特定的符号—格式塔—准备状态，也就是关于如何趋向和离开的准备状态。此外，二级内驱力还可以由这样一种事实来描绘，即从长远观点看，这些需求的或回避的一般情境，作为通向一级的爱好和厌恶的手段，很可能被证明是有用的。因此，作为这些二级内驱力的例子，我们可以引述下面几种：好奇心、合群性、专断（self-assertion）、自卑（self-abasement）和爱模仿。"[1]

**（二）行为空间**

托尔曼把自己关于认知地图的思想与勒温的场论相融合，提出了行为场或行为空间的概念。他在实验中发现老鼠或多或少地表现出一种迹象，并称之为目标期望的空间方向（spatial-direction of the goal-expectation），它们在这种空间方向中，表现出去选择空间上指向那种一般方向的通道时具有一种更大的准备状态，而不指向那种一般方向的通道则不予选择。另外，它们将学会回避这样一条通道，即"感知"到该通道会引到像门这样的次级回避方向。如果老鼠在迷津的所有选择点上都能够建立起一个完整的符号—格式塔（sign-gestalt），托尔曼就认为这个老鼠形成了认知地图（cognitive map）。认知地图概念原本具有真实的物理空间特性，后来在勒温的启发下，托尔曼主张认知地图不仅具有真实的空间特性，它也可以与社会情境有关，是一种生活或行为空间。托尔曼把学习的本质看作是形成认知地图，它是在动物头脑中产生的一种类似现场地图的东西。形成认知地图就表明动物已获得了对环境的整体认识，有机体就可以运用这张地图在环境中自由地行走。

托尔曼在认知地图概念内涵扩大的基础上，进一步提出了行为场的概念。他把行为场视为有机体在当前情境下对将要发生的一组行为的直接记录，并指出："老鼠（显然在某种程度上还包括其他更低等的动物）不仅期望诸如距离、

----

[1]　[美]爱德华·托尔曼. 动物和人的目的性行为[M]. 李维译. 北京：北京大学出版社，2010年12月第1版，213页。

简单的方向和层次等手段—目的—关系，而且还期望这样一些更一般的关系，例如'共同的最后通道；多重痕迹；在可供选择的通道之间的相反方向；在遭遇相反的两端时同一条弯路的同一性（identity）；一条完整通道连续部分的关闭和组合'，等等。当然，进一步的实验无疑会发现更多的其他一些场关系补充到这份清单上来，甚至在老鼠的情形中也是如此。

"手段—目的—关系基本上是场关系。此外，上面列举的特征不应被想象为完全分离的一些项目，恰恰相反，应当是互相协调的一些原则，每一原则或多或少涉及所有其他的原则。至于涉及手段—目的—准备状态和手段—目的—期望的任何一种有机体的行为，除了线状距离、序列和方向这些简单的方面以外，肯定在某种程度上还涉及其他一些补充方面。手段—目的装置（means-end setup）不是单一的线状装置，而是一种场装置。除了简单的线状关系以外，我们能发现的关系（即特定有机体行为中内在的东西）越多，那么我们可以说有机体的手段—目的—场就越加丰富和复杂。"[1]

托尔曼还应用勒温拓扑学说的思想来解释行为空间中各种力的组织形式。他认为一个能吸引或满足个体需要的目标，就会吸引该个体趋向于它，从而具有积极的诱发力；与之相反，一个对个体构成伤害的目标，就会导致该个体对它的逃避，因而具有消极的诱发力。同时，个体对所追求需要的理解也推动行为自我趋向目标，而个体需要又受到其历史、腺体、营养、过去经验及特定时间等一系列附加物的影响。于是，目标、需要与各种附加物就共同构成了个体的行为空间。托尔曼还认识到，是环境中的刺激和有关的生理活动引发个体行为空间活动的，而个体在行为空间中的相应活动最终使其与环境保持平衡。

### （三）学习理论

托尔曼的学习理论在其理论体系中占据着非常重要的地位，被称作早期认知学习理论，与刺激—反应学习理论并称为西方的两大学习理论。

托尔曼提出的符号学习理论（或符号—格式塔—期望理论）（sign-Gestalt-

---

[1]　［美］爱德华·托尔曼. 动物和人的目的性行为［M］. 李维译. 北京：北京大学出版社，2010年12月第1版，130、131页。

expectancy theory），是其学习理论的核心内容。托尔曼依据一系列的动物实验结果，论证了动物在迷津中的学习行为。他指出："首先将记得的食物（或一定距离的迷津特征）称作表示物（signified-objects），或意义（significates）。其次，我们将把直接的迷津特征，现在重现的刺激称作符号物（sign-objects）或符号（signs）。最后，在先前的场合，与符合的交流导致了与意义的交流，以此方式表现出来的方向—距离—关系，我们称之为'有意义的手段—目的—关系'（signified means-end-relations）。于是，学习任何特定迷津的过程是建立起（或者更加确切地说，是精练和纠正对这些特定整体）符号、意义和有意义的手段—目的—关系的期待，或者如我们以后称呼它们的，对符号格式塔的期望。"[1]

托尔曼区分出三种类型的符号—格式塔—期望，包括刺激呈现于眼前的知觉、刺激已过去的记忆术和只有符号刺激的推论。他还对老鼠在迷津中学习现象进行总结：

（1）老鼠的学习似乎首先涉及由一般的符号—格式塔—准备状态向精确的记忆符号—格式塔—期望的转化。这种一般的符号—格式塔—准备状态由老鼠随身携带，作为很可能在何处发现食物的天生才能与先前经验的结果。

（2）普通迷津的学习好像也与在这种符号—格式塔—期望中建立整合的链状或层次相关。

（3）在符号—格式塔中出现的符号看似至少可能具有暂时的次级目标特性。

（4）新的符号—格式塔—期望还倾向于对符号—格式塔—准备状态发生作用，即老鼠会把这种准备状态随身带往新的迷津或其他类似的问题中去。这种携带改变了的符号—格式塔—准备状态形成了迁移现象。

（5）固着是一种与符合—格式塔—期望或符号—格式塔—准备状态相对立的现象。看来固着发生于老鼠学习的某些情境中，它盲目、相当机械，因而是不可训的，并对于特定手段—对象的类型有所依恋。

---

[1] ［美］爱德华·托尔曼. 动物和人的目的性行为［M］. 李维译. 北京：北京大学出版社，2010年12月第1版，99页。

"（6）延迟反应的学习意味着三种东西：a.作为单一符号的展示结果引起整个符号—格式塔—期望的能力；b.将这种符号—格式塔—期望保持一段时间的能力，在这段强制延迟的时间里，不允许这种期望变成实际行为；c.在这段延迟时间以后，这种符号—格式塔—期望能够在原始符号的一个部分的基础上，也即在'浓缩符号'的基础上，变成实际行为。实际的实验结果似乎表明老鼠不可能做到所有这三件事，或者在最佳情况下，在延迟之前，有某种程度的机会让期望的符号—格式塔实际地被尝试一番和直接地被体验一番，老鼠方能够做到所有这三件事。"[1]

托尔曼还提出了潜伏学习（latent learning），它指的是尚未表现在外显行为上的学习。也就是说有机体在学习过程中，实际上每一步都在学习，只是某些阶段的学习效果没有明确显示出来，这时的学习活动处于潜伏状态。托尔曼等人1930年进行在了一个实验，研究白鼠学习迷津过程中强化物对学习的作用。他们把白鼠分成三组：甲组不给食物，为无食物奖励组；乙组每天给食物，是有食物奖励组，甲、乙两组都是控制组。丙组是实验组，头10天没有食物奖励，从第11天开始给予食物奖励。结果显示，乙组因为有食物奖励，错误减少得比甲组快，但实验组丙组自从有了食物奖励后，错误下降得比乙组还要快。托尔曼得出结论：丙组在头10天的练习中虽没有食物奖励，但是在每次练习中同样地对迷津进行了探索，并且形成了认知地图，不只过没有在外部行为中表现出来而已。托尔曼就把这种学习现象称作潜伏学习，其效果正是有机体在追求目的时运用已有认知的证明。

### （四）托尔曼对需要心理学的贡献与其局限

托尔曼发现了整体行为的目的性和认知性，比拒不研究意识的传统行为主义前进了一大步，在行为主义刺激—反应的公式中引入了中介变量。他明确了中介变量对于行为的决定作用，肯定了其中的需求系统的驱动性。他还把基本内驱力区分为爱好与厌恶两种类型，在爱好中主要列举了一些生理需要，也有

---

[1] ［美］爱德华·托尔曼.动物和人的目的性行为［M］.李维译.北京：北京大学出版社，2010年12月第1版，119、120页。

审美欲和游戏欲等心理需要。二级驱力则被看作是实现爱好与厌恶的手段，主要引述了好奇心和好模仿、合群性、专断与自卑，分别属于认知需要、关联需要和自我需要。

托尔曼提出了符号学习理论，这种早期的认知理论主张，白鼠学习任何特定迷津的过程是建立起符号、意义和有意义的手段—目的—关系的期待，强调了学习过程中目的与认知的重要性。他还研究了潜伏学习现象，结合认知地图概念，指出这种学习效果证明了在目的行为中对于已有认知的运用。

托尔曼的目的行为主义与麦独孤的策动心理学有所不同。麦独孤的目的属于主观的精神活动的性质，而托尔曼的目的则是一个纯粹客观规定的变量，是对不涉及主观意义的客观行为的描述。把用白鼠作为研究对象得出的结论推广到人身上，注定只适用于低级行为。所以他眼中的驱力主要来源于生理需要，而把其他高级需要看作是满足基本驱力的手段，没有意识到它们其实也是自为的独立需要。

## 第二节　赫尔的驱力论

赫尔（Clark Leonard Hull，1884—1952）是美国新行为主义的重要代表人物。他生于美国纽约州的阿克隆的一个农场中，1913 年毕业于密西根大学，1918 年获威斯康星大学哲学博士学位。此后 11 年间他在该校先后任心理学助理教授、副教授和教授。1929 年应聘为耶鲁大学人类关系研究所教授。他专注于从事关于概念形成、能力倾向测验和催眠与受暗示等的研究。三四十年代，他因提出一套新的行为理论而出名。在该校任教 23 年中，培养了一大批心理学人才。著名心理学家彭斯（Kenneth Wartenbe Spence，1907—1967）、米勒（Neal Elgar Miller，1909— ）、吉布森（Eleanor J.Gibson，1910— ）等人，都曾跟随赫尔做过研究。1936 年任美国心理学会主席。其主要著作有：《心理、机制和适应性行为》（1937）、《机械学习的数学演绎论：科学方法论研究》（与人合著，1940）、《行为的原理：行为理论导论》（1943）、《行为要义》（1951）、《行为体系》（1952）等。

赫尔对华生的 S—R 公式和托尔曼的行为的目的性与认知性持反对态度，但同意托尔曼的中介变量和整体行为的观点，重视需要与驱力的概念，构建起一套假设—演绎行为主义（hypothetico-deductive behaviorism）的理论体系。

赫尔把自然科学研究中的假设演绎方法运用于心理学中的行为研究，并把这种以假设的演绎为核心的方法系统，叫作假设—演绎系统（hypothetico-deductive systems），概括出 3 个特征：①建立起一套表述清晰的公设，对一组重要概念给予明确具体的操作性定义；②从前述公设出发，根据最严格的逻辑，演绎出一系列相互关联的涉及重要具体现象的定理与推论；③用实验或观察的客观事实来验证其结论，证实并且在实验结果和新观察事实的基础上不断进行修正。

## 一、驱力理论

赫尔提出了由生理缺陷或需要驱使有机体采取某些行为，来补偿这些需要的观点。可见，驱力是动机或需要状态的特性，会引起生理的不平衡，从而促使有机体力争重新回到平衡状态。总之，由需要所产生的动力是生存下去所必需的。1943 年，赫尔把自己的观点做了如下总结：

"由于一种需要，不论是现时的还是潜在的，通常伴随着有机体的行动，人们常说，需要激起或发动与其相关的活动。需要的这种动机性特征，可以视作主要的引起动物的驱力。重要的基本需要……包括对各种食物的需要（饥饿），对水的需要（渴），对空气的需要，回避肢体伤害的需要（疼痛），保持最佳温度的需要，排泄的需要，休息的需要（过度活动之后），睡眠的需要（长时间清醒状态之后）和活动的需要（长时间静止的状态之后）。"[1]

赫尔提出的需要与驱力之间关系的概念如下：

操作前提→需要→驱力

赫尔除坚持这个立场外，达尔文关于行动适应生存的观点也对他产生了极

---

[1]［美］伯纳德韦纳. 人类动机：比喻、理论和研究［M］. 孙煜明译. 杭州：浙江教育出版社，1999年12月第1版，75、76页。

大影响。例如，他认为，当有机体处在需要状态时，它的活动就具有维持生存的意义。在有机体获得满足后，它就不愿意去寻找食物。可见，当且仅当在需要没有得到满足的条件下，有机体才会表现出满足需要的适当行为。

## 二、学习理论

赫尔最先用内驱力下降来解释强化是影响学习的基本因素。他指出，所有导致内驱力下降的事件都会强化刺激—反应的联结。因此，赫尔的学习理论也常常被称作内驱力降低说（或需要减弱理论）（drive-reduction theory）。赫尔与托尔曼一样都重视中介变量，但赫尔因倾向联想论而与托尔曼倾向于完形论的认知学习理论区别开来。

赫尔的学习理论是他根据假设—演绎模型构建的一种行为原理。首先，赫尔主张学习就是有机体自动去获得有适应性作用的感受器—效应器的联结。有机体在进化过程中，会形成两种不同的行为适应手段：一种是神经组织所固有的，不学就会的感受器与效应器间的天赋联结。他用 S — R 来加以表示，它是有机体在应激状态时采用的顺应机制，是一种比较简单的反应。另一种就是学习，即有机体自动获得有适应价值的感受器—效应器的联结。

其次，赫尔提出了其学习理论中的一个中心概念——习惯强度（habit strength，简称 sHR 或 H）。指传入与传出神经冲动之间的动力关系的强度，也称作习惯反应的力量。赫尔认为，时间接近是学习的一个必要条件。如果效应器与感受器的活动在时间上紧密接近，那么从感受器产生的传入神经冲动在此后经过足够的重复，就能够加强引起效应器反应的倾向。赫尔称两者间的联结关系为习惯，而用习惯强度来称谓联结的力量或持续性。他指出，习惯强度的形成不仅受到刺激与反应在时间上接近的影响，而且还受到强化的强度、强化与反应之间的时间间隔所制约。习惯强度是随强化而增长的，两者存在函数关系。表现为强化次数愈多、质量愈高，那么习惯强度的上升曲线也愈高。但是强化与反应之间的时间间隔和习惯强度则负相关，也就是说，强化延迟的时间越长，其效应也越弱。由此可见，学习的基本条件就是在强化下的刺激与反应的接近，这也是赫尔学习理论的核心。

### 三、驱力与习惯的整合体

因为有机体与刺激相关的需要已经满足时，就不再对这个刺激做出反应。赫尔宣称，联想或刺激—反应连接，为行动提供了方向而非动力。为了显现出先前所建立起来的联系，必须存在某种未获得满足的需要。另外，由于行为的无方向性的能量源就是驱力，因此不管这个联想连接是最有可能唤起的，还是有机体习惯结构中的最高水平，它可被任何现存的需要所激活，而驱力并不一旦表现出外部的行为活动。在引发恐惧的情境中，如果颤抖是有机体占支配地位的习惯，那么增大驱力，只不过会增加颤抖反应的强度或力量。

此外，赫尔还详细说明了决定行为的驱力（能量）和习惯（方向）之间的数学关系[1]：

$$行为 = 驱力 \times 习惯$$

总的来说，赫尔的动机理论可以作下列图解：

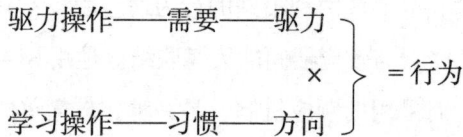

$$
\left.
\begin{array}{l}
驱力操作 \text{——} 需要 \text{——} 驱力 \\[2em]
学习操作 \text{——} 习惯 \text{——} 方向
\end{array}
\right\} \times = 行为
$$

驱力与习惯相乘的一个重要含义就是，任何一项为零，整个等式就是零。由此赫尔预言，如果所有驱力都得到满足的话，就不会再产生行动。

### 四、反应势能说

赫尔根据假设—演绎模型建构了一种反应势能（reaction potential，简称 $R_p$）的行为原理。它是指个体在一定刺激作用下可能产生某种反应倾向的能量，对驱动个体在一定方向的行动发挥作用。赫尔用反应势能来解释行为的动力机制。

内驱力和习惯强度两个因素的交互作用决定了反应势能。作为一切行为反

---

[1]［美］伯纳德韦纳. 人类动机：比喻、理论和研究［M］. 孙煜明译. 杭州：浙江教育出版社，1999年12月第1版，76、77页。

应原动力的内驱力，让有机体处于驱动状态。R 发生的稳定方向与方式。两者结合起来就决定了反应趋向的大小。因此，一个习得反应发生的可能性，即反应势能，就是内驱力与习惯强度共同作用的递增函数。用 $sE_R$ 代表反应势能，$D$ 代表内驱力，$sHR$ 代表习惯强度，其公式可表示为：

$$sE_R = D \times sHR$$

此公式表示反应势能是由内驱力和习惯强度的乘积决定的。如果内驱力为零，反应势能也会是零；反应势能随内驱力增大而增高，其增高的数量取决于习惯强度。

赫尔还指出了反应势能以外的一些影响反应发生的因素或变量。

**（一）抑制**

如果一个习得反应在不给予强化的情况下被重复引起，它将会逐渐削弱，以至于完全消失。这种抑制作用包括反应性抑制（reactive inhibition，简称 IR）和条件性抑制（conditioned inhibition，简称 SIR）两种方式。反应性抑制是指个体对某刺激重复多次反应后，即使可以连续获得强化物，其反应强度也会由于多次反应而趋于降低。比如疲劳所产生的抑制作用。条件性抑制指的是本来已经引起个体反应的条件刺激，重新对个体产生了另外一种条件作用，使得个体习得了对该刺激不再发生反应。或者可以表述为，一个本来是中性的刺激，由于曾伴随反应性抑制而产生作用，从而获得了抑制力量，削弱了原来的反应。这样，一个反应发生的实际可能性，就是反应势能与抑制之差。

**（二）反应阈限（response threshold）与不相容反应（incompatible responses）**

这是两个支配反应发生的重要变量。反应阈限是指刚好能够引发某种反应的临界状态。反应势能只有在阈限以上时，反应才会发生。不相容反应指的则是个体无法同时加以表现的两种反应。在同时存在几个不相容反应的情形中，只有在反应势能大于不相容反应的时候，这个反应才能够发生。

由此赫尔试图建立统摄性的单一理论，用 Rp 代表反应势能，K 代表诱因，D 代表驱力，V 代表刺激强度，H 代表习惯强度，I 代表抑制力，用单一等式来解释人与动物的所有行为：

$$Rp=D \times H \times D \times V - I$$

这个公式表明，产生一个反应，主要是驱力与诱因、刺激强度、习惯强度和抑制力交互作用的结果。

### 五、赫尔对需要心理学的贡献与其局限

赫尔同意托尔曼的中介变量与整体行为的观点，构建起一套假设—演绎行为主义的驱力理论。他发现需要未得到满足的不平衡状态产生驱力，促使有机体采取适当行为来满足需要，从而恢复平衡状态。也就是意识到了需要对于行为的驱动作用。赫尔的学习理论常常被称为内驱力降低说或需要减弱理论，其理论的核心就是把强化卜刺激与反应的接近看作学习的基本条件。可见需要在学习过程中具有重要的作用。赫尔先后用驱力与习惯的整合体和反应势能说来解释行为的动力机制，后者把有机体的行为反应看成是驱力与诱因、刺激强度、习惯强度和抑制力交互作用的结果，从而构建出一个解释行为的单一理论。

不过，作为赫尔驱力理论基础的需要主要包括一些基本的生理需要，大量的高级需要都没有包含在内，使得其行为公式的适用范围大幅收窄，解释力也明显下降。

## 第三节　斯金纳的诱因论

斯金纳（Burrhus Frederick Skinner, 1904—1990）是美国新行为主义最重要的代表人物，行为主义最坚决的捍卫者，操作条件作用学习理论的创始人。他开创了行为矫正术，被认为是当代最著名的心理学家之一。他生于宾夕法尼亚州萨斯奎汉纳，父亲是个律师。1922年进纽约哈密尔顿学院主修英国文学，毕业后曾尝试当一名作家。1928年入哈佛大学，跟随著名心理学家波林（Edwin Garrigues Boring）学习心理学。1931年获得哲学博士学位。此后留校从事了五年的研究工作。1936—1945年在明尼苏达大学任教。第二次世界大战期间曾在美国科学研究和发展总署服役，以操作条件作用的方法训练鸽子，用来控制飞弹与鱼雷。1945年曾担任印第安纳大学心理学系主任，1947年重返哈佛大学，

在该校任心理系终身教授，直到 1970 年退休。1958 年获美国心理学会杰出科学贡献奖，1968 年美国政府授予他最高科学奖—国家科学奖，1971 年美国心理学基金会赠给他一枚金质奖章。

斯金纳的主要著作有：《有机体的行为：一种实验的分析》（1938）、《科学与人类行为》（1953）、《自由与人类控制》（1955）、《言语行为》（1957）、《强化的程序》（1957）、《行为分析》（1961）、《强化列联：理论分析》（1969）、《超越自由与尊严》（1971）、《关于行为主义》（1974）、《关于行为主义和社会主义的沉思》（1978）等。

斯金纳在实证主义哲学与巴甫洛夫条件反射学说的深刻影响下，结合了物理学的操作主义和生物学的进化论，构建起一种排除内在心理历程，只研究可观察测量的外显行为的操作行为主义（operant behaviorism），又称作描述行为主义（descriptive behaviorism）或激进行为主义（radical behaviorism）。显然，他的理论与华生思想更为密切，而与托尔曼的认知行为主义、赫尔的逻辑行为主义有着明显的区别。

## 一、对行为的操作主义分析

斯金纳坚持华生的 S（刺激）—R（反应）公式，把心理学看作是描述行为的科学，指出心理学的研究对象就是行为本身。斯金纳对反射与行为加以区分，认为咳嗽、打喷嚏、膝跳反射等仅仅是反射，而不是行为。他概括出行为的 3 个典型特征：①行为是有机体作用于外部世界或者与外界打交道的那部分机能；②可以被另一个有机体观察到的机体正在做的事情；③由一定的情境所引起，代表刺激与反应之间的关系，没有中介变量。

他用 R=f（S）来表示先行条件（用 S 表示，也就是自变量）与后继行为（用 R 表示，指的是因变量）之间的关系。他指出，反应就等于刺激的函数，了解反应只要看刺激就可以了。

斯金纳把刺激和反应之间的有机体的内部过程不纳入研究的范围，因为它们不可观察。在他的心理学体系中，包括意识、动机、情感、态度等一切内部因素，都是观察不到的假说，而排除在研究之外。但是斯金纳后来也发现，确实有些条件（用 A 来表示），能够改变与之间的函数关系。例如，饥饿就是可直接影响白鼠操作行为的另外一种条件。他把这些条件看作是第三变量，尽管貌似托尔曼的中介变量与赫尔的驱力概念，但是斯金纳认为是与之不同的，它纯粹是有机体的一种客观操作，是能够观察到的。从而把上述公式改变为：R=f（S、A）。

斯金纳与华生有所不同，他更重视对反应的研究，而不是关注刺激与反应间的联结。他区分出两种行为，即应答性行为（respondant behavior）和操作性行为（operant behavior）。前者是指某种特定刺激所引起的行为，比如柠檬汁引发唾液分泌行为。这种行为是巴甫洛夫的主要研究对象。后者指的是个体操作其所处环境的行为，例如人散步、鸽子啄地的行为。构成操作性行为的反应是自发的，不确定哪种刺激引起了这一反应。具有这些特征的操作性行为是动物与人类中最多的，也是斯金纳心理学所研究的主要对象。其操作主义的特征就明显表现在对操作行为的研究与分析上。

## 二、操作性条件作用

斯金纳根据运用自己创制的斯金纳箱（Skiner box）研究动物行为的实验结果，提出了操作条件作用（operant conditioning）的理论。斯金纳箱是一种动物学习实验的自动记录装置。它是一个约 0.3 立方米的箱子，内部设置杠杆和与食物储存器相连接的食物盘。把一只饥饿的白鼠放入箱内，开始时它有些胆怯，反复探索后，迟早会按压杠杆。只要白鼠按压了杠杆，就会有一粒食物丸滚入食物盘，它就会食用而得到奖励。若干次以后，这只饿鼠就形成了按压杠杆取得食物的条件反射，斯金纳把它叫作操作性条件反射。它区别于经典条件反射，比较能够发挥出白鼠的主动作用，可通过实验环境中的操作性活动形成条件反射。由于它把有机体的行为当作获得奖赏和逃避惩罚的手段或工具，所以又称作工具性条件作用（instrumental conditioning）。并且他主张人的行为就主要是由操作性条件作用所构成的。

斯金纳归纳出一个操作性条件作用的基本原理："一个伴随着强化物的反

应将会被增强,进而更有可能再次出现。"[1]能让反应发生的频率增加的刺激或者事件就是强化物(reinforcer),而强化(reinforcement)指的是在一个反应之后呈现强化物的做法。

"有的刺激物被称为负强化物(negative reinforcer)。任何降低这样一种刺激的强度——或终止该刺激——的反应,在该刺激重现时都更可能出现。……负强化物通常是有机体想要'摆脱'(turn away from)的东西,从这个意义上,负强化物又被说成是让人厌恶的(aversive)。'摆脱'这个词表明了一种空间上的分离——离开或逃避某种事物——但本质的关系是时间性的。"[2]

他认为:"好的东西通常都是正强化物。尝起来美味的食物会强化我们的进食行为。摸起来让人感觉舒服的东西会强化我们的触摸行为。而那些看起来漂亮的东西则会强化我们的观赏行为。当我们随口说'去弄点'这样的东西来,我们其实表现出的是一种经常受到这些东西强化的行为。(同样,我们认为不好的东西也不具有共同的属性。它们都是负强化物,当我们逃离或避开它们时,我们的行为就会受到强化。)"。[3]

而他所谓好的东西就是具有正强化作用的事物,坏的东西就是具有负强化作用的事物。他推测事物好坏的原因,很可能就是人类在长期进化过程中出现的各种生存性相倚联系。他以食物为例,认为那些具有强化作用的食物有着明显的生存价值,从而促使人们学会寻找、采摘、种植、捕获或驯养这些食物。斯金纳的正强化物就是提供的具有强化作用的刺激,负强化物就是消除的厌恶性刺激,它们的强化作用都是提高反应概率。

斯金纳把对动物具有生物学意义,而具有天然强化作用的刺激,看作原始强化物。许多中性刺激本来没有强化作用,通过与强化刺激的反复匹配,从而

[1]　[美]简妮·爱丽丝·奥姆罗德.学习心理学(第6版)[M].汪玲,李燕平,廖凤林,罗峥译. 北京:中国人民大学出版社,2015年4月第1版,44页。

[2]　[美]B·F·斯金纳.超越自由与尊严[M].方红译.北京:中国人民大学出版社,2018年1月 第1版,29页。

[3]　[美]B·F·斯金纳.超越自由与尊严[M].方红译.北京:中国人民大学出版社,2018年1月 第1版,113页。

具有了强化作用，它们就成了条件强化物，由它们所发挥的强化作用就称作条件强化。条件强化物的强化力量与其匹配原始强化物的次数成正比。当一个条件强化物与多个原始强化物形成联系，从而具备了多方面的强化作用时，就成为一种概括强化物。常见的概括强化物有母亲的微笑、他人的关注与情感，由于金钱充当一般等价物，而具有广泛的强化作用，是最为典型的概括强化物。

斯金纳指出运用操作性条件作用塑造行为的过程就是一种学习过程。与经典性条件作用的学习不同，"操作性条件作用的形成是由于一个反应之后跟随着一个强化刺激（我们用 $S_{Rf}$ 来表示）。在这种情况下，有机体是将反应与某个特定的结果相联系，进而形成'反应→强化物'联结（$R \rightarrow S_{Rf}$），而不是'刺激→反应'联结（$S \rightarrow R$）。如此习得的反应是有机体有意识而为之的结果，也就是说，有机体完全能控制某种反应是否发生。斯金纳使用操作一词意在说明，有机体是在有意地进行控制，并能够对环境造成影响"。[1]

斯金纳发现了影响操作性条件作用出现可能性的 3 个重要条件："1. 强化物必须在反应之后出现。2. 理想情况下，强化物应紧随反应之后呈现。3. 强化物必须与反应相倚。"[2]

斯金纳重视强化的作用，不仅提出了强化的基本原理，还区分了不同的强化程式。他指出，按照合乎要求的反应次数及各次强化间的时距的适当组合而做出的各种强化安排就是强化程式（schedules of reinforcement）。他认为，强化程式的变化对行为的形成会产生较大的影响。他把强化程式先区分为连续强化和间歇强化两大类，两者在抵抗非强化条件下反应的消退方面存在很大差异。

连续强化的行为比较容易消退，而间歇强化的行为则保持得相当稳定且非常难以消退。间歇强化要优于连续强化，能够产生比较稳定、一致的效果。间歇强化又可以再分为固定时距强化、固定比率强化、变化时距强化和变化比率强化 4 个类型。

---

［1］［美］简妮·爱丽丝·奥姆罗德. 学习心理学（第6版）［M］. 汪玲，李燕平，廖凤林，罗峥译. 北京：中国人民大学出版社，2015年4月第1版，46页。

［2］［美］简妮·爱丽丝·奥姆罗德. 学习心理学（第6版）［M］. 汪玲，李燕平，廖凤林，罗峥译. 北京：中国人民大学出版社，2015年4月第1版，45、46页。

它们会影响反应速率，固定比率强化一般比固定时距强化时反应的速率要高一些。固定时距强化是指间隔固定时距而进行的强化，变化时距强化则是变动间隔时距的强化。固定比率强化程式（fixed-ratio schedule of reinforcement），是根据做出反应的一定标准次数而实施的强化，如在计件工资激励制度中，工人每完成一定数量的工作，就能够得到相应的报酬。变化比率强化程式（variable-ratio schedule of reinforcement）则是在保持强化比率平均值不变的情况下，在比率有相当变化的范围内实施的强化，它是赌博系统的核心奖励机制。赌徒只要下注，就能获得酬金。只是前期下注与赢钱的平均比率有利于赌徒，越往后，这种比率就会不断地被拉伸，以至于赌徒开始输钱了还要继续赌下去。

斯金纳还认为，增加操作性条件作用的速率，练习固然重要，强化却是关键的变量。因为练习不会提升反应速率，只是为进一步的强化提供机会。斯金纳与巴甫洛夫对强化的理解是不同的，它指的不是条件刺激之后（或同时）呈现非条件刺激的过程，而是指在操作性反应出现后，随即呈现强化刺激或者奖赏的过程。

### 三、强化原理的应用

斯金纳根据操作性条件作用和积极强化原理，对传统的教学方法进行批评，认为它们在强化的方法、强化出现的时间、强化间的关系及强化的数量等各方面处理得都不恰当。他依据其行为主义理论设计出了程序教学（programmed instruction，简称 PI）。认为学习就是一种行为，可以把任何学习甚至最复杂的学习都分解、编制成详细的行为目录，据此采取连续渐进法教学。

他主张利用机器装置辅助教学，他亲自设计、制造了一种台式教学机器，内置所学内容的教学程序。它是把学科内容分解成一系列有逻辑联系的知识点，以问题的形式，按照由浅入深、由易到难的顺序渐次排列。学生通过了前面的问题，才能进入下一个问题。斯金纳的教学机器取得了巨大成功，集中运用了优势教学资源，提高了教学效果。然而他把来自动物学习的外显反应和即时强化规律引入机器教学中，并以此作为程序教学的根本特征，忽略了社会语言等因素对人的复杂影响，而受到了人们的质疑与批评。

斯金纳还根据行为控制的规律，运用操作性条件作用的建立和分化、消退的原理，创造了一套行为矫正术（behavior modification），广泛应用于各种社会机构，特别是在学校、精神病院、弱智儿童教养所、工业管理等的心理矫治上，取得了显著成效。

## 四、对自由与尊严的操作主义解释

莱布尼茨关于自由是为所欲为或想获其所能获得权力的观点，斯金纳对此进行了操作主义解释，认为如果一个人想获得什么，一旦出现机会，他采取获得的行动。他进一步指出："自由是一个强化性相倚联系的问题，而不是相倚联系所产生的感觉。……人类的自由之战并非出于一种自由意志，而是源于人类有机体所持有的某些行为过程，这些行为过程的主要效应在于回避或逃避环境中所谓的'令人厌恶的'特征。物理技术和生物技术主要涉及的是自然的厌恶性刺激，而自由之战涉及的是他人蓄意安排的刺激。自由文献已经确定出这些他人是谁，并提出了一些方法来逃离这些人，来削弱或摧毁这些人的力量。自由文献已经成功地减少了蓄意控制中所使用的厌恶性刺激，但却错误地根据心理状态或情感界定自由，因而未能有效地处理那些不引起逃避行为或反抗行为，但却产生了厌恶性结果的控制技术。自由文献被迫将所有控制都打上错误的烙印，因而曲解了许多从社会环境中获得的益处。它的下一步行动不是要让人类摆脱控制，而是去分析和改变他们所遭受的种种控制。它还没有为这下一步的行动做好准备。"[1]

斯金纳认为尊严（dignity）与正强化有关，当某人的行为方式被发现具有强化作用时，就会得到赞扬。他总结道："我们因一个人的所作所为而给予他奖赏，意味着我们认识到了他的尊严或价值。而我们所给予的奖赏的量通常与他的行为原因的明显性成反比。如果我们不知道一个人为何会如此行事，那我

---

[1]　[美] B·F·斯金纳. 超越自由与尊严［M］. 方红译. 北京：中国人民大学出版社，2018年1月第1版，40～45页。

们就会把他的行为归因于他自身。我们常常会掩饰自己以某些特定方式行事的理由，或者声称自己之所以如此行事，是因为一些不那么有说服力的原因，试图以此为自己赢得更多的奖赏和赞誉。我们以一些不被人察觉的方式控制他人，也是为了避免侵犯他人应得的赞誉。我们如果不能解释他人的行为，就会羡慕他们，因此，'羡慕'一词的含义是'惊叹'。我们所说的有关尊严的文献，关注的是如何维护赢得的奖赏和赞誉。它可能会反对技术领域的进展，包括行为技术领域的进展，因为这些进展会破坏人们受到羡慕的机会；另外，它也反对基础的科学发现，因为对于个体在此之前一直受到奖赏和赞誉的行为，这种分析提供了一种不同的解释。所以说，有关尊严的文献阻碍了人们取得更进一步的成就。"[1]

## 五、斯金纳对需要心理学的贡献与其局限

斯金纳的主要研究对象就是最普遍的操作性行为，提出了操作条件作用的理论，概括出强化的基本原理，并区分了不同的强化程式。斯金纳把对动物具有生物学意义，而具有天然强化作用的刺激，看作原始强化物。它们其实就是用来满足人生理需要的东西。中性刺激通过与强化刺激的反复匹配，而变成条件强化物。与多个原始强化物形成联系的一个条件强化物，就成为一种具有多方面强化作用的概括强化物。他所列举的常见概括强化物如母亲的微笑、他人的关注与情感，实际上属于情感需要的内容；而具有广泛强化作用的金钱这个最为典型的概括强化物，其实已经变成能满足人们众多需要的现实社会工具，而演化为人们在现实中普遍追求的金钱动机。可见，虽然他没有明确承认，但他强化理论的基础明显就是需要，特别是基本的生理需要。

斯金纳依据操作理论与积极强化原理设计出程序教学，提高了教学效果，但也受到人们的质疑与批评。他还创造了一套行为矫正术，广泛应用到各种社

---

[1]　[美] B·F·斯金纳. 超越自由与尊严 [M]. 方红译. 北京：中国人民大学出版社，2018年1月第1版，63、64页。

会机构，成效卓著。他对自由与尊严也进行了操作主义解释，尽管有些牵强。

但是他排除内在心理历程，坚持只研究可观察测量的外显的操作行为，认为心理学的唯一任务就是致力于对行为进行实验分析，描述由实验控制的刺激条件和有机体反应之间的函数关系。他坚持描述性的严格的行为主义立场，主张在经验性资料的基础上，运用归纳法逐步加以科学概括。

# 第二章　精神分析自我心理学的需要思想

弗洛伊德逝世后，正统的精神分析运动的新发展是由精神分析的自我心理学代表的。弗洛伊德理论体系中所蕴含的自我心理学思想，经过安娜·弗洛伊德的过渡，由哈特曼建立起来，并通过艾里克森等人的发展，逐渐形成了精神分析的自我心理学理论。自我心理学最初在德国产生，第二次世界大战爆发后，转移到美国继续发展。

## 第一节　自我心理学的起源与演变

### 一、弗洛伊德的自我心理学思想

弗洛伊德的精神分析理论大致经过了创伤范式、内驱力范式和自我范式 3 个发展时期。从中能够理清弗洛伊德自我心理学思想的发展线索。

在精神分析运动最初十年的创伤范式时期，弗洛伊德于 1894 年所写的《神经——精神病症》一文中，首次提出了"防御"概念，这是后来自我心理学中的"自我防御"概念的先导。

约从 1897 年开始，弗洛伊德放弃了创伤范式，而进入长达四分之一世纪的内驱力范式时期。弗洛伊德强调潜意识中的本能驱力尤其是性本能的作用，试图用力比多能量来解释人的一切心理活动。自我在他看来也是一种本能。他于 1911 年在《关于心理机能的两条原则的系统论述》一书中，提出自我本能概念。于 1914 年在《论自恋》一书中又提出自我内驱力和自我力比多学说。他认为，自我本能与性本能一样具有欲望，追求自身的满足。他视自恋为自我本能欲望的一种表现，并把这种满足自恋的行为称作"自体性欲满足"（autoerotism）。自我一方面根据快乐原则，表现为趋乐避苦的自我；另一方面又依据现实原则，表现出现实的自我。由于自我本能经常处在现实环境的压制下，使得自我有时不得不放弃某种追求快乐的行为，以延缓满足过程，甚至暂时忍受一些痛苦，等待在更适合的机会出现时获得最后的满足。自我经常受到这种训练，就会让自我本能的行为变得合理，不再受快乐原则的盲目支配，而是更可能按照现实原则行动。但是，在内驱力范式时期，弗洛伊德认为自我本能是从属于性本能的，并且还要性本能供给它能量。这时弗洛伊德仍然把自我看成一种内驱力，其自我思想还是一种本能理论。这在他后来提出的伊底、自我、超我人格结构中对应于伊底部分，所以也被称为伊底心理学。

弗洛伊德从1923年发表《自我与伊底》一书开始，其理论从内驱力范式转到自我范式，也标志着其自我心理学思想取得了重大发展。弗洛伊德开始在人格结构中赋予伊底、自我与超我三种成分各自独立的地位。他不再把自我看作是简单的本能力量，而把它看作是人格结构中的一个相对独立的组成部分。它遵循着现实原则，其内部存在着一系列的防御机制，以处理力比多与现实的关系。这样，弗洛伊德就从本能理论转到了结构理论，这也是精神分析从伊底心理学迈向自我心理学的非常重要的一步。

他指出："自我是通过知觉意识的中介而为外部世界的直接影响所改变的本我的一个部分；在某种意义上它是表面分化的扩展。而且，自我企图用外部世界的影响对本我和它的趋向施加压力，努力用现实原则代替在本我中自由地占支配地位的快乐原则。知觉在自我中所起的作用，在本我中由本能来承担。自我代表可以称作理性和常识的东西，它们与含有感情的本我形成对比。"[1]超我则代表本我与内部世界同自我相对照，从而自我与超我的冲突反映了现实与心理、外部世界与内部世界间的悬殊。"但是，从另一个观点来看，我们把这同一个自我看成一个服侍三个主人的可怜的造物，它常常被三种危险所威胁：来自外部世界的，来自本我力比多的和来自超我的严厉的。三种焦虑与这三种

[1]［奥］西格蒙德·弗洛伊德. 自我与本我［M］. 林尘，张唤民，陈伟民译. 上海：上海译文出版社，2011年9月第1版，213页。

危险相符合，因为焦虑是退出危险的表示。自我作为一个边境上的造物，它试图在世界和本我之间进行调解，使本我服从世界，依靠它的肌肉活动，使得世界赞成本我的希望。从实际出发，它像一个在分析治疗中的医生一样地行动着：带着对真实世界的关注，自我把自己像一个力比多对象那样提供给本我，目的在于使本我的力比多隶属于它自己。它不仅是本我的一个助手；而且还是一个讨到主子欢喜的顺从的奴隶。它任何时候都尽可能力求与本我保持良好的关系；它给本我的无意识命令披上它的前意识文饰作用（rationalizations）的外衣；事实上甚至在本我顽固不屈的时候，它也借口说本我服从现实的劝告；它把本我与现实的冲突掩饰起来，如果可能，它也把它与超我的冲突掩饰起来。处于本我和现实之间，它竟然经常屈服于引诱而成为拍马者，机会主义者，以及像一个明白真理，却想保持被大众拥戴的地位的政治家一样撒谎。"[1]

弗洛伊德还对他以前理论中与自我心理学相矛盾的一些内容进行了修正。例如他于 1926 年出版《抑制、症状和焦虑》一书，修正了其焦虑理论。他放弃了早期的第一焦虑理论，即认为焦虑是对不可发泄的性紧张的一种有害反应，而提出第二焦虑理论，他主张焦虑是自我发出的一种危险到来的信号。这与整个自我心理学的发展方向也是一致的。在这本书里，弗洛伊德列举了诸如压抑、退化、认同、固着等自我的一些防御机制。

尽管弗洛伊德在 20 年代后，逐步增加了自我在其理论中的重要性，但是他仍然坚持自我能量源于伊底。可见，弗洛伊德初步为自我心理学勾画了一个轮廓，奠定了一个基本雏形，指明了一个继续发展的方向。其女儿安娜·弗洛伊德直接继承了他的自我心理学思想。

## 二、安娜的自我心理学思想

安娜·弗洛伊德（Anna Freud，1895—1982）为弗洛伊德最小的女儿。她的父亲有意让其成为精神分析的传人。从 1918 年起，安娜就参加维也纳精神

---

[1]　[奥]西格蒙德·弗洛伊德. 自我与本我［M］. 林尘，张唤民，陈伟民译. 上海：上海译文出版社，2011年9月第1版，213页。

分析学会的星期三讨论会，1923 年起就开始了精神分析的医疗实践。1925 年—1938 年担任维也纳精神分析学会主席。1938 年随父亲由奥地利迁到伦敦，后来成为一位著名的儿童精神分析学家。自 1947—1982 年，安娜一直主编她与哈特曼等人创办的《儿童精神分析研究》。先后获得过美国杜克大学（1950）、奥地利维也纳大学（1972）和英国剑桥大学（1980）授予的名誉博士学位。此外，美国政府授予她"麦迪逊奖"，英国政府也授予她大英帝国骑士爵位。安娜一生发表了 100 多篇论文，出版了 10 余部著作，主要著作有：《儿童精神分析技术导论》（1928）、《自我与防御机制》（1936）、《战争与儿童》（1943）、《对儿童发展的观察》（1951）、《儿童的正常与病理：发展的评估》（1965）、《儿童分析的主要任务》（1978）等。

### （一）自我的作用

安娜在弗洛伊德生命的最后 16 年间，一直陪伴在父亲的身边。因此，她深知弗洛伊德晚年的工作意图，进一步继承与发展了他后期的自我心理学思想。安娜接受了弗洛伊德关于由伊底、自我和超我这三部分组成的人格结构学说。只是在怎样看待自我作用的问题上，父女俩各有不同的见解。弗洛伊德始终最重视伊底的作用，认为伊底给自我提供能量。自我仅仅是伊底与外界环境间的中介，伊底只是通过自我来对付外界环境。安娜对自我的作用则更为重视，她反对伊底对心理活动具有绝对支配作用的观点。她强调研究伊底及其活动方式是永远达不到目的的，因为始终如一的目的就是矫正异常的心理，恢复自我的统一性。安娜指出，人们不能直接观察到伊底和超我，而观察到的只能是自我。人们只有在伊底、超我与自我不一致时，才能间接了解到这两种心理组织。因此人们只能试图通过观察自我这个媒介，来了解伊底与超我的情况。

与弗洛伊德伊底控制自我的主张不同，安娜认为是自我约束伊底。安娜则彻底逆转了其父亲以分析伊底作为治疗和理论的起点，而是把解决所有精神分析问题的起点确定为分析自我。在自我心理学发展史上这可以说是一个巨大的进步，从此，自我就成了精神分析的一个合法的研究对象，自我心理学获得了精神分析运动中的合法地位。

### （二）自我防御机制

安娜进一步系统总结与扩展了其父亲对自我防御机制的研究。她运用临床案例解释了弗洛伊德提出的十种防御机制，包括压抑、投射、内射、反向形成、隔离、抵消、退行、转向自身、置换、升华。

压抑指或者把潜意识中不见容于社会习俗、伦理和法律的本能冲动阻挡于意识之外，或者把意识中的痛苦经验逐出意识，使其退到潜意识。弗洛伊德称前者为原始压抑，将后者叫作真正的压抑。原始压抑是在个体尚未意识到某些内容之前，就把它们驱赶回潜意识之中。对于已乔装改扮进入意识中的本能冲动，真正的压抑就迫使其退回无意识。通过否认或歪曲内部或外部的对自我的威胁以克服焦虑，才是真正的压抑的目的。压抑作为一种最基本的防御机制，是其他防御机制的前提条件。

投射是指把自己内心违背社会道德规范的、使人痛苦的冲动与行为归咎于他人，也就是把这些不可接受的冲突变得外在于自我。其作用就是打破自我的理想代表与危险的本能冲动之间的联系，通过把本能推动下令人不快的想法转移到外部世界，而阻止它被感知到。内射就是把外部事物或可敬的特征融入自己的行为与信念之中。反向形成是指用一种相反的方式来代替受压抑的欲望，用对立面来掩藏某种本能于无意识之中。也就是把不可接受的东西转化成它的反面，而变得能够接受。隔离属于过度强制型神经病的特征，在不可接受的本能冲动进入意识后，采取一种隔离手段，使之不带有情绪色彩，并且把与它相联系的思想分开。抵消指的是以象征性的行为或事情来抵消已经发生了的不愉快的事实，似乎根本就没有发生这样的事，从而减轻或补救心理的不安与痛苦，有时也用来消除内心的罪恶感、内疚感和邪恶的念头。

退行指的是个体遭受挫折时，就返回到某个早期发展阶段，用其间曾出现过的、较幼稚的行为方式来应付现实中的困境，以博取他人的同情，从而降低焦虑。弗洛伊德发现了两种退行，一种是对象退行，如果个体不能满足于某个对象，就会转向以前曾经获得过满足的对象；另一种是驱力退行，如果一种驱力的满足受挫，便转而追求早期曾获得过满足的某种驱力。转向自身就是把内在的冲动转化为反对自己，不是对外界事物而是对自我进行反对与束缚，在表现自己情感时常常使用受虐狂的方式。置换就是无意识地把指向某一对象的情绪、意图或幻想转移到另一个对象或者可替代的象征物上，用来减轻精神压力，换取心理上的安宁。升华指的是把本能冲动转移到为社会所赞许的、具有社会意义的对象或活动上去，即转化成社会能够接受的形式。

安娜·弗洛伊德重点补充了自己提出的 6 种防御机制，包含否认、回避、与攻击者认同、利他主义、禁欲作用、理智化，对此她都通过案例进行了明确的解析。否认指的是个人拒绝承认引起自己痛苦、焦虑的事件的实际存在。即通过否定与可怕冲动相联系的刺激，而把它们排除出去。否认在幻想、言语或行为的帮助下翻转无法忍受的事实。回避也称自我限制，这种防御机制适合在无法避免的痛苦情境下运用。为避免对痛苦感受的觉察，而选择不去面对危险的外部环境。也就是说，自我潜逃以回避让人不快的场合。

与攻击者认同是指选择那些可怕的人或物，对其加以认同或自居。通过模仿攻击者，接收其特征或仿效其攻击行为，从而把自己从受威胁者变成威胁者。自我运用与攻击者认同来应对与权威的斗争，或对抗恐惧的客体。它是内射与投射的特殊结合形式，一方面使用认同代表超我发展的初级阶段，另一方面又运用投射而成为偏执状态发展的中间阶段。"自我在防御机制的帮助下完成了这一特殊的发展过程，内射批判的权威形成超我，将自我被禁止的冲动向外投射。在严厉对待自己之前，自我不宽容地对待外在世界。它学会了什么应该得到批判，而通过防御机制来保护自己免受不愉快的自我批评。对别人的不当行为的强烈愤慨，是内疚的前身和替代品。当内疚感不断增加，自身的愤怒也会自动增加。这一阶段的超我发展阶段是一种道德形成的初步阶段。当内化为对自我批评的超我要求和自身过失的感受相一致时，真正的道德就开始了。从那一刻起，超我的严厉性就变成了向内，而不是向外，对外界的不宽容性也减弱。但是，一旦它发展到了这个阶段，自我就不得不忍受因自我批评和愧疚感所引起的更为尖锐的不愉快。"[1]

---

[1]［奥］安娜·弗洛伊德. 自我与防御机制［M］. 吴江译. 上海：华东师范大学出版社，2018年11月第1版，86页。

利他主义是一种不明显的投射形式，是对他人本能冲动的"利他性让渡"。通过在他人那里所投射愿望的实现，来代理性地缓解自身本能的克制状态。将自身愿望让渡给替代客体，并监视其相应愿望满足状况，这种旁观者式的防御功能具有双重性。"当它出现时，它不仅仅是为他人的本能满足提供善意，即使存在超我的禁止，也允许间接的本能享受；同时，它解放那些被压制的行动来保障基本愿望的行为和攻击性。"[1]个体有时会放弃自己的理想，而促进更优秀的他人去加以实现。面对危险，个体并不为自身而感到恐慌，反而对所爱客体的安全过度担心与焦虑。在极端情形下，个体甚至能够为保护投放自身本能愿望的替代者而牺牲。因为不能看到替代者的死亡，这意味着所有可能实现的希望彻底破灭。

青春期的禁欲主义在表现形式与范围上，类似于明显的神经症症状，还达不到宗教虔诚者的禁欲主义。青春期对本能的否定以本能生活中特殊的禁止中心为起点，也会以日益增多的手淫行为或青春前期乱伦幻想为起点。表现为害怕本能的数量，对本能享受普遍不信任，从拒绝真实的本能欲望扩展到日常生活中的身体需要。为保护自己甚至拒绝所有与性相关的需求与快乐，回避同龄人群体，避免接触音乐、舞蹈以及任何娱乐活动，而且不寻求替代满足或进行妥协，以至于造成不必要的健康损害。但在本能放弃与本能过剩间会出现有规律的摇摆，突然不管外部限制，而允许发生先前禁止的事情。

青春期的理智化表现在突出发展的理解能力，对抽象问题进行思考的显著兴趣，和仅仅从单纯的探究、推测与讨论中获得满足，而并不尝试运用它们去解决其现实中的问题。他们的理智化仿佛就是在做白日梦，并不打算将其变成现实。他们对于本能冲突及内外危险的透彻思考，只是停留在理智的层面。其思索似乎是对内在内部活动的过度警觉，并且把他们所感知到的进行抽象思维转换。

安娜·弗洛伊德总结了防御机制的功能："压抑的功能是排除本能及其衍

---

[1]［奥］安娜·弗洛伊德.自我与防御机制［M］.吴江译.上海：华东师范大学出版社，2018年11月第1版，94页。

生物的影响，而否认则是排除外在世界的刺激。反向形成确保了内在压抑冲动的回归，相反事实的幻想保证了对外界干扰的否认。对本能冲动的抑制，对应于对自我的限制，避免了外部来源的不快。本能过程的理智化作为内在危险的预防，类似于自我对外界危险的警觉。所有其他的防御过程，如在本能变化过程中存在的反转或转向自身，都是自我通过积极的干预改变外在世界的尝试。"[1]

### （三）发展线索

安娜在儿童分析工作中，提出了发展线索的概念。她长期观察儿童的成长过程，发现在伊底与自我交互作用的过程中，他们逐渐增强对于外界的信赖，终于成长出自我对内外现实的控制能力。"安娜划分了儿童的六条发展线索：①从依赖他人到情绪上的自信；②从吮吸动作到正常的饮食；③从大小便不能自控到能自控；④从对身体的管理不闻不问到负起责任；⑤从关注自己的身体到关注玩具；⑥从以自我为中心到建立友谊关系。"[2]

### （四）安娜对需要心理学的贡献与其局限

安娜发现了自我对本我的约束作用，重视对自我的分析。她使得自我成为精神分析的合法的研究对象，自我心理学获得了在精神分析运动中的合法地位。她对防御机制的研究促进了自我心理学的发展，自我在需要心理学中既是自我需要的承载者，又是自身各种需要和外部环境对自身要求的管理者。虽然自我具有很多功能，但主要的却是应对本能冲动与超我压力的防御功能。它们直接密切相关于自我的强度和性质，在临床上有重大意义。自我的发展总是离不开防御机制的，在防御机制的活动中能够看到自我的影子。实际上，自我就是在运用防御机制抵挡本能与超我的双重攻击下，逐步成长起来的。

安娜对自我心理学的另一个贡献就是将精神分析法用于儿童心理治疗，她

---

[1] [奥]安娜·弗洛伊德.自我与防御机制 [M].吴江译.上海：华东师范大学出版社，2018年11月第1版，128、129页。

[2] 郭本禹，郭慧，王东.自我心理学：斯皮茨、玛勒、雅可布森研究 [M].福州：福建教育出版社，2011年6月第1版，6、7页。

提出的这个发展线索概念是比较重要的，自我适应生活要求的能力成为她的重点，从而促使精神分析在摆脱单纯受内部本能冲动的支配上迈出了重要的一步。然而安娜并没有真正解决其父亲思想中关于自我两种机能间的不协调的问题，即在与本能的冲突中所产生的防御和在与环境相互作用中所形成的适应间的矛盾。她对自我的研究没有摆脱自我与伊底的冲突，即没有完成让自我脱离伊底这个自我心理学的关键任务，从而只能是一个自我心理学发展中的过渡人物，而真正建立起自我心理学的则是哈特曼。

### 三、自我心理学的历史演变

精神分析几乎从一开始，就显现出自我心理学的萌芽。著名的自我心理学家拉波帕特（David Rapaport）最早概括了精神分析的自我心理学的历史演变过程。他于 1959 年发表《精神分析的自我心理学的历史概略》一文，把自我心理学的发展史划分为 4 个阶段：1886 年—1897 年为第一阶段，其间弗洛伊德提出了最初的防御概念。1897 年—1923 年是第二阶段，弗洛伊德视自我为一种本能，并提出了自我的本能、内驱力与力比多学说。1923 年—1937 年为第三阶段，弗洛伊德把人格结构划分为伊底、自我和超我三种成分，给了自我一个相对独立的地位。安娜则进一步对自我的作用加以强调，并具体阐述了自我的防御功能。1937—1959 年是第四阶段，哈特曼于 1937 年在维也纳精神分析学会发表《自我心理学与适应问题》的著名演讲，这标志着自我心理学真正建立起来了。从此自我心理学成了现代心理学的一个重要流派，进入了一个崭新的历史发展时期。自我心理学家布兰克夫妇（G. Blank & R. Blank）在《自我心理学：理论与实践》（1974）一书中，延伸第四阶段的后限到 1975 年，以马勒发表《人类婴儿的心理诞生》一书为标志。1986 年在《超越自我心理学》一书中，他们又称前述的第三阶段为早期的自我心理学，第四阶段为后期的自我心理学。

# 第二节 哈特曼与自我心理学的建立

哈特曼（Heinz Hartmann，1894—1970）出生于德国几个世纪以来频频取得较大科学和学术成就的名门望族。他是第二次世界大战后精神分析学派最著名的理论家之一，被尊称为"自我心理学之父"。哈特曼早期除了主修医学课程外，还选修了许多哲学与社会科学课程，并与著名社会学家韦伯共过事。哈特曼凭借其优越的家庭和个人背景，经常接触当时一些杰出的科学家与学者。他取得医学博士学位以后，到维也纳跟随安娜学习精神分析；二战爆发后移居美国，主办《儿童精神分析研究》杂志，并且致力于创立精神分析的自我心理学；分别担任过纽约精神分析学会会长、国际精神分析协会主席。哈特曼发表了一系列关于自我心理学的论文。他把在维也纳精神分析学会上所作的演讲概括成《自我心理学与适应问题》（1939）一书，它能够与弗洛伊德的《自我与伊底》（1923）相提并论，被誉为"自我心理学发展的第二块里程碑"。1964年，他出版了《自我心理学文集》。

## 一、没有冲突的自我领域

哈特曼主张自我是一种人格的亚结构，是由其机能所规定的潜意识活动。它具有不同的等级，既不是与经验客体相对应的主体，也不能等同于所意识到的自己。为自我划定一个独特的研究范围是创立自我心理学的一个首要任务。哈特曼把这一范围称为"没有冲突的自我领域"（the conflict-free sphere），它与本能的研究有所不同，并且体现出了自我特殊的心理规律及其主动性的特点。他指出，古典精神分析的最大毛病就是对没有冲突的心理学领域的忽视，而只是把冲突作为唯一的研究任务。他认为揭示自我的各种没有冲突的活动，应该是下一步扩大精神分析范围的任务。

哈特曼认为自我不必在与伊底和超我的冲突中成长，对个体来说，可于经验上存在心理冲突之外的过程。诸如知觉、记忆、思维、语言、创造力的发展及动作的成熟与学习等自我的适应机能，就不是自我与伊底相互作用的产物，它们是在没有冲突的领域中发展起来的。没有冲突的自我领域并不是指空间的领域，而是指在既定时间内于心理冲突的范围外发挥作用的一套心理机能。哈特曼的整个自我心理学体系都围绕着没有冲突的自我领域展开，没有冲突的自我领域的提出，标志着哈特曼真正建立了精神分析的自我心理学。他明确地把这个概念纳入精神分析，拓展了精神分析的范围，引发精神分析产生了实质性变化。

## 二、自我的起源及其自主性的发展

哈特曼主张，自我与伊底这两种心理机能是同时存在的，自我与本能冲动各自独立，又同时发生发展。自我与伊底都是从同一种先天的生物学的禀赋——"未分化的基质"（the undifferentiated matrix）中分化出来的。这种未分化的基质的一部分生物学禀赋演化成伊底的本能驱力，另一部分则演变为自我先天的自主性装备（the apparatuses of ego autonomy）。换言之，在自我与伊底没有分化前，既不存在自我，也不存在伊底。两者同样都是先天遗传的、分化的产物，自我并不是伊底的副产品。

哈特曼在自我起源问题上的这一修改，标志着自我心理学取得了最重要的进展，具有极其深远的意义。由于这一修改承认了自我和伊底起源于共同的先天禀赋，从而让自我在起源上摆脱了伊底，具备了显著的独立性。自我的独立扩大了精神分析的研究范围，使其可以包括记忆、思维、想象与学习等普通心理学的问题。从起源上把伊底与自我区分开来，有利于人们对自我主动性的认识，揭示出人类与动物相区别的特点。

既然自我在起源上独立于伊底，那么自我在发展上也是与伊底的本能发展相独立的，哈特曼把它称作自我的自主性发展。他把自我自主性区分为原始自主性（primary autonomy）和继发自主性（second autonomy）。那些先天地独立于伊底的没有冲突的自我机能就是原始自主性。一旦从未分化的基质中分化出来这种自我机能，它就开始发挥对环境的适应作用。哈特曼重视作为现实的自我发展部分的知觉、思维与运动机能，主张它们都有自己独特的结构和发展规律，可独立于直接的需要来应用这些机能，它们与外界刺激的关系则更加分化。

这些处于现实与本能驱力的影响外的自我特点及其成熟，都源自遗传的生物学禀赋，哈特曼就称之为自我的原始自主性因素。

在个体心理的发展过程中，这种初级自主性主要表现为自我机能的成熟过程。婴儿在出生后的最初几个月中，其心理还处于未分化状态，不仅自我与伊底浑然一体，婴儿与环境也是部分不开的。比如吃奶时，婴儿就把母亲看作是自己的一部分。在大约五六个月时，婴儿开始了自我的分化。本能驱力依据自身区位的成熟而继续发展，与此同时，自我也根据其固有的发展程序分化出来。从半岁到 1 岁，自我的初级自主性开始日渐成熟，主要包括知觉、运动、记忆、学习、抑制等机能的成熟。这些成长性变化让婴儿可以更好地控制自己的身体，对生活空间中的非生命客体能部分地加以掌握，从而形成一定的预测能力。总之，哈特曼自我原始自主性机能的提出，使得自我与一般的心理过程建立了联系，促进了精神分析从病理范围向正常心理范畴的转变。

从伊底的冲突中发展起来并成为健康地适应生活工具的那些自我机能就是继发自主性，也即由最初服务于防御机制逐渐演变成一种独立的结构而摆脱了冲突的领域。哈特曼指出，存在于本能中的防御机制后来可以为自我服务，并且演化成自我用来应付伊底的手段。理智化（intellectualization）就是自我的次级自主性的一个典型例子。"理智化本是防御机制的一种，是指人们为了防御不可接受的动机，而故意用智力活动压抑它，如小孩子可借助看小人书而压抑恋母情结。最初，理智化是解决冲突、反对本能的防御机制，发生在本能水平上，但在这一过程中，理智化在自我结构的组织和利用下可以演化成一种高超的智力成就。理智化具有与现实环境相互作用的方面，体现人们对现实的认识，可以转化为人的思维、记忆等智力活动。"[1] 这实质上是一个机能转变的过程，即最初从某一冲突领域起源的活动形式，在发展过程中转变为一种全然不同的无冲突心理领域，产生了不同的作用。在该例子中，理智化由一种防御机制变成了作为适应的自我的继发自主性。哈特曼指出了自我的继发自主性对于进一

［1］ 郭永玉本卷主编，车文博、郭本禹总主编，弗洛伊德主义新论 第二卷［M］．上海：上海教育出版社，2016年12月第1版，377、378页。

步理解防御、适应与自我作用所具有的重大意义，同时也对他在自我心理学理论上的妥协性一面作了说明。虽然继发自主性也是一种自我机能，但是它仍然起源于本能，这说明继发自主性仅凭借自身的力量是难以完成整合使命的，还必须从伊底中获得能量。实际上，这等于是承认自我的继发自主性起源于伊底，它是伊底能量的改头换面，而不是自我本身所固有的。由此可以看出哈特曼的保守性立场。

### 三、能量的中性化

弗洛伊德主张，伊底的力比多能量是心理能量的主要来源，是一切心理活动的动力源泉。伊底提供自我的能量，也令自我受制于它。因此，哈特曼必须修正和扩展弗洛伊德的心理能量概念，才能促使自我彻底离开伊底，从而赋予自我以自主性。他发现，如果服务于自我的能量过于接近本能，就会对自我的机能造成妨碍，所以必须让本能的能量中性化（neutralization）。哈特曼指出，把本能能量改变成非本能模式的过程就是能量中性化。一旦自我机能从伊底中解脱出来，而服务于自身时，就产生了能量中性化的过程。3个月的婴儿就多少具有了一些让内驱力能量中性化的能力，如当他饥饿的时候，他就能由饥饿感觉联系起过去得到满足的记忆，于是会发出哭声来呼唤母亲。这时的婴儿已经把新生儿的无目的哭声转变成了有目的的。在饥饿内驱力与呼唤母亲的联系中产生了能量中性化的过程。自我在反抗伊底的斗争中，让本能能量中性化，从而转变成服务于自我的能量，脱离并控制本能的能量，实现其自主性机能，以达到适应环境的目的。

能量的中性化的概念是哈特曼所首创的，但是中性化的思想早就发端于弗洛伊德的思想中了。弗洛伊德指出，自我形成后便可以直接实现力比多能量的非性欲化，比如升华作用，它能够把直接的性冲动通过某种高尚的社会行为转变成可以为社会所接受。通过这种本能的替换作用，可以让自我得到变相的、象征性的满足。哈特曼吸收了升华作用的思想，他的中性化概念对其又有所发展。升华作用仅仅是改造力比多能量，而中性化则包含了两种本能的非本能化。哈特曼指出，本能不仅指性欲，还包括含有大量能量的攻击性。自我既可以通过力比多的非性欲化获得能量，也能够通过攻击性的非攻击化来获得能量。由于弗洛伊德的非性欲化概念无法囊括全部能量的改造，所以哈特曼提出可以表述两种能量改造过程的能量的中性化概念。他主张，能量的中性化是一个持续的过程，本能驱力在此期间发生了质的改变，而不是像升华作用那样仅仅把本能目的暂时转变成社会可接受的目的。而且，能量的中性化也有等级之分，它存在一个从完全本能化到完全中性化的等级序列。特别重要的是，在心理发展过程中，自我能够储存中性化的能量，把具体特殊的中性化及其等级化摆脱掉，从而形成了自我本身的目的与机能。换句话说就是，自我储存起来的中性化能量是一种不带有本能痕迹的纯粹的中性能量，能够随时被自我自由地支配与使用，而不像升华作用那样依赖于直接的能量转化。可以说中性化的能量已经发生了质的改变，从某种意义上来看，它不再是本能的能量而是成了自我的能量。由此，哈特曼把自我的独立性又往前推进了一步，使自我的中性化能量更加远离本能，并且不再具有本能的形态，只是在根源上属于本能，可见这种能量对本能的归属仅仅是名义上的了。总之，在哈特曼的自我心理学体系中，中性化概念用途十分广泛，决定了所有的自我次级自主性。他设想通过把本能能量进行中性化改造，增加自我能量上的力量，从而让自我更好地适应环境。

### 四、自我的适应过程

哈特曼指出，产生能量的中性化的过程，也就是自我适应的形成过程。适应实质上就是自我的初级自主性与次级自主性相互作用的结果，或者可以说，一旦自我装备取得与环境间的平衡就形成了适应。研究没有冲突的自我领域，就必然要求探索与完成现实任务密切相关的机能，即自我的适应机能。适应作为精神分析的一个核心概念，可以集中许多深入探讨的问题。他认为适应就是一种有机体与环境交互作用的过程，它不是静态的产物，而是一种不断与环境相协调的连续运动。哈特曼为解释个体对环境的适应活动，借用了亚历山大的自体形成（autoplasty）与异体形成（alloplasty）的概念。自体形成活动就是个体通过改变自己去适应环境，异体形成活动则是通过改变环境使之更适合于自己。哈特曼主张，人类的适应包含两个过程，一方面人类通过活动使环境适应人的机能，另一方面又去适应自己所创造的环境。所以，自体形成与异体形成都是很有价值的适应活动，自我的高级机能决定在既定的环境中选择哪种适应活动更恰当。此外，哈特曼又增加了第三种适应的形式，它是一种个体对有利于生存的新环境作出选择的新的适应途径，有着极其重要的生存意义。

哈特曼还进一步深入研究了人类适应的操作手段与适应过程之间的关系。他指出了两种在前提与结果上都有所不同的适应："一种为前进的适应（progressive adaptation），另一种为倒退的适应（regressive adaptation）。前者与心理发展的方向一致；后者的情况较为复杂，是指为了将来或者整体上能适应环境而暂时表现出的倒退与不适应，即通过倒退而迂回前进。"[1]哈特曼认为适应现实是一种最高度分化器官的机能，它无法单独保证有机体的完善。因此在适应过程中，还必须考虑有机体的整体适应（fitting together）的重要作用。

一般情况下，某一适应在整体上是前进的，体现了有机体对环境的适应。但个别的组织过程可能是不适应的、倒退的。为了保证整体适应，个别心理组织必须暂时表现出不适应。这种整体适应表现为自我的整合机能（synthetic function）。这种整体适应表现为自我的整合机能（synthetic function）。它体现了自我的本质特点和适应的最高成就。它并非是自我的一个独立机能，而是自我机能的统合。整合机能使人类区别于动物，使自我能够衡量各种利弊，比较长远和短近的利益，进行正确的选择。

哈特曼认为，适应过程受到生理心理组织与外部环境的共同影响。他提出了"正常期待的环境"（average expectable environment）的概念。"这一环境是冲突环境的反面，是指人的正常适应和正常发展所面临的环境，是正常人可以期待和想象的环境。正常人一生的大部分时间都处于正常期待的环境中，其个人发展要求与环境要求是吻合的。哈特曼承认，一旦环境阻碍人类的发展，其破坏性将无法估量，但人的心理发展主要发生在没有冲突的领域，只有在异常情况下人们才受到环境的压抑。而正常期待的环境不仅不会妨碍心理的进步和

---

[1] 郭永玉本卷主编，车文博、郭本禹总主编，弗洛伊德主义新论 第二卷［M］．上海：上海教育出版社，2016年12月第1版，370页。

本能的满足，反而会促进这种发展和满足。"[1]正常期待的环境首先开始于对儿童发生重要作用的母亲与其他家庭成员，然后逐渐扩大到与其联结的整个社会关系。对一个健康的新生儿来说，这种平时正常期待的环境就是最适合于婴儿自我的环境。在这种正常期待的环境中，婴儿借助其自我调节机能去影响环境，而环境又反过来会影响婴儿的自我。正是在这种交互作用的关系中婴儿的自我螺旋式地逐步向前发展，并保持着与环境平衡。

### 五、哈特曼对需要心理学的贡献与其局限

哈特曼的主要贡献表现在两个方面，一是他澄清了弗洛伊德理论体系中关于自我心理学的一些模糊认识，创建了自我心理学理论体系。另一是他把精神分析中的研究内容恰当地纳入普通心理学的范畴，把自我从伊底的束缚中解脱了出来，赋予了自我明显的独立性。这样实际上就扩大了精神分析的研究范围，把精神分析从古典的研究本能冲突的病态心理，转到了新的对自我适应的正常心理的研究。

哈特曼的自我心理学重视自我与环境的调节作用，从伊底心理学的理论框架中把精神分析解放出来，走向了正常的发展心理学，这显然是一个巨大的进步。自我的自主性和整合机能说明，适应并非是被动的过程，而是一种克服困难，改造环境的能动活动。这与自我需要及主体能动性的思想是比较一致的。但是把自我与环境的交互作用都看作适应，就使得适应的内涵过于宽广，除了个体通过自我调整适应环境以外，个体改造环境与选择新环境这两种自我主动的形式都包括在了适应之内。与在环境的影响下，个体不得不去适应环境要求的基本含义出现了分歧。

---

［1］　郭永玉本卷主编，车文博、郭本禹总主编，弗洛伊德主义新论　第二卷［M］．上海：上海教育出版社，2016年12月第1版，373、374页。

# 第三节 自我心理学的发展

在哈特曼的自我心理学体系创建后的数十年间，西方涌现出许多新的自我心理学家。以哈特曼的自我心理学为出发点，并建立起各自的自我心理学理论的代表人物有斯皮茨、玛勒和雅可布森等人。

## 一、斯皮茨的自我心理学

勒内·阿帕德·斯皮茨（Rtné pád Spitz，1887—1974）生于维也纳一个富裕的犹太家庭。1910 年获匈牙利皇家大学医学博士学位，后来又分别获布拉格和美国纽约大学的医学博士学位。他的老师、匈牙利著名精神分析学家桑多尔·费伦茨（Sándor Ferenczi）支持他对精神分析的兴趣，并于 1911 年把他引荐给弗洛伊德，此后他接受了弗洛伊德的一年的教导分析。在第一次世界大战期间，他应征入伍后暂时中断了精神分析工作，在奥地利军队中从事医疗服务工作。1922 年，他恢复了与维也纳精神分析研究所的联系，1924 年发表其第一篇精神分析文章。1930 年加入柏林精神分析协会，1933 年—1938 年任职于巴黎精神分析研究所。1938 年移居美国，两年后任教于纽约精神分析研究所，长达 18 年，并先后做过纽约市立大学和科罗里达大学的临床精神学客座教授。1950 年—1952 年被选为纽约精神分析协会副主席。主要著作有：《否与是：论人类交往的发生》（1957）、《自我形成的发生场论：对病理学的意义》（1959）和《生命的第一年：客体关系的正常与异常发展的精神分析研究》（合著，1965 年）等。

斯皮茨在自我心理学的理论与实践上都有所建树。他主要研究关于发展的问题，他采用一种微观研究策略处理发展过程中的复杂性，对生命第一年的发展情况进行了重点分析。他倡导直接对婴儿与儿童进行观察，并把观察资料拍摄成电影，这为研究与教学贡献了一种重要的方法，成为使用这种方法的先驱。斯皮茨的研究重点为自我形成的发生场理论，他在哈特曼的自我心理学理论基础上，阐明了从新生儿开始的亲子关系中构建的自我的发展过程。

### （一）3个心理指征与3个组织者

斯皮茨所重视的婴儿的3个心理指征包括：微笑反应、8个月的焦虑、15个月的摇头。

微笑反应指的是，婴儿到3个月大时，就会对人脸或类似人脸的物体发出微笑的现象。斯皮茨发现微笑反应的两个必备条件是：成人的脸要正对着婴儿，以便能让婴儿看见两只眼睛；成人的脸必须处于活动之中。他推论引发婴儿微笑反应的是人脸的构形，它以眼睛为中心，由前额—眼睛—鼻子的部分组成了一个人脸格式塔。人脸的运动使它能从背景中分离出来，从而为婴儿所注意。斯皮茨总结了微笑反应的5种含义："首先，它标志着初级自我发展的形成；第二，它标志着心理的第一个组织者的诞生；第三，它标志着前客体的形成；第四，它标志着婴儿从完全的被动到获得主动的转变；第五，它激发了婴儿社会关系的开始，是所有后继社会关系的原型和前提。"[1]

斯皮茨借用格洛弗的自我内核（ego nuclei）概念来说明自我的作用，他指出3个月大的婴儿就会把先前分离的原始的自我内核聚集起来，整合成一个有复杂结构的初级自我，这样就诞生了第一个心理组织者，自我从此以后就逐步成为组织、调节与整合的中心，使得众多自我内核合力指向一个共同的目标，促进自我的力量日益提升。

随着婴儿可辨别的知觉能力的形成，6到8个月时，婴儿对他人的行为出现重大变化，他们只对熟悉与喜欢的人微笑，而陌生人则会引起不同程度的不愉快反应。特别是在陌生人接近婴儿时，婴儿一般会产生焦虑与抗拒反应。斯皮茨根据这种焦虑出现的平均年龄是8个月左右，就把该现象称为8个月的焦虑，又称陌生人焦虑（the stranger anxiety）。他认为这是婴儿第一次表现出真正的焦虑，是因为母亲不在场而带来的不愉快。它表明此时的婴儿已能够分清熟人与陌生人了，从而标志着他们在客体关系上向前迈进了一大步。

出现8个月的焦虑标志着第二个心理组织者形成了，自我的功能由此进入

---

[1] 郭本禹，郭慧，王东. 自我心理学：斯皮茨、玛勒、雅可布森研究 [M]. 福州：福建教育出版社，2011年6月第1版，66页。

一个更高级、更理智的发展水平，开启了一个新阶段。这时的婴儿能更加具体地感知与识别引发不愉快感受的刺激，他们已经能够调整应对与控制环境的方式。开始形成了一些自我防御机制，如认同就是婴儿最早所表现出的一种防御机制。斯皮茨强调在 8 个月大小婴儿的身上，发展的作用首次超越了成熟的作用。记忆、知觉、思维等自我系统与空间理解、社会姿势、活动能力等自我机制都促进了自我的有效性和复杂性，到这时，就已经形成了真正的自我。不过，对婴儿的心理产生影响的因素就会更加多变，使得第二个心理组织者比第一个更容易受到攻击，也更为脆弱。如果发展上出现偏离，易引发心理疾病。

15 个月的婴儿会出现有意义的摇头动作，来表达他们"不"的想法，这是第一个可被成人理解的具有符号意义的婴儿的身体姿势。摇头动作是婴儿的第一个具有象征意义的表达，它是婴儿早期最令人瞩目的理智和语言进步的标志。伴随着这个进步，婴儿形成了符号操作能力和判断及抽象思维能力。

摇头反应和说"不"代表着婴儿已经建立起了第三个心理组织者。这种姿势和语言是婴儿拒绝与判断的语言表达，也是他们形成的第一个抽象概念，并且是成人心理意义上的概念。鉴于符号是语言交流的起源，这种符号的使用就意味着婴儿开始了有目的、有指向的信息交流。从此，婴儿的心理出现了巨大的变化。在适应与控制过程中，运用了一些更加高级的理性功能，特别是可逆性、语言发展和包含抽象在内的思维过程。

### （二）客体与客体关系

斯皮茨主张，婴儿形成客体和客体关系有一个过程，在此过程中，婴儿能够在外部活动中看到各个不同的指征（indicators）。指征就是内部变化所发生的外部信号，自我构造中就相应地出现了不同的精神构造者（organizer of the psyche）。他从胚胎学中借用来精神构造者的概念。原义指的是在胚胎发展中一个散发着影响的中心点，在构造者没有出现之前，移植组织采用周围组织的特性；在出现构造者之后，移植组织就获得了构造起的同一性，也就是可以采用自己的独特形式了。

斯皮茨从微笑反应的实验结果进行推论，因为不同的人可以引发婴儿的微笑，说明婴儿还不能识别个体的面孔，所以此时的对象不是真正的客体，而是婴儿从对事物的知觉到建立客体间的过渡。斯皮茨把它称作前客体（preobject），微笑反应代表着婴儿建立起了前客体，标志着由被动的知觉向主动的客体关系的转变。但还要有4到6个月的时间才能形成真正的客体。

婴儿是在与成人特别是母亲的双向交往中形成前客体的。识别格式塔符号和人脸这种先天功能，只有在交往中才能变成现实。情感在这个过程中扮演了重要角色，它在从无意义事物中选择有意义实体并建立格式塔符号的学习过程中，提供了最有力的学习动机。婴儿体验到某种需要，就会产生相应的情感与行为变化，被成人觉察后，便来满足其需要，用情感与行为加以回应。正是由于这种情感的交互作用，才形成了前客体。

8个月的焦虑标志着婴儿已经建立起了真正的客体关系，这时的婴儿能够辨别清母亲的脸，并赋予其独特的地位与属性。他偏爱母亲的脸而拒绝与之不一致的脸，他把母亲当成了爱的客体。建立客体与客体关系的条件就是婴儿能够识别对他一直投注力比多的人，这个人就是他的母亲，同时，他也向母亲投注力比多能量。这样，母婴间就形成了一种爱的关系，这是两者间的一种特别的纽带，它让母亲拥有了在婴儿世界中至高无上的地位，并且使得客体关系得以牢固地建立和快速发展起来。

斯皮茨还从动力学的角度分析了客体关系的建立。他对力比多驱力和攻击驱力同等重视。刚出生的婴儿，驱力还没有分化。在前3个月中，在母婴的交流过程中，才逐渐实现了驱力的分化。母亲成了力比多驱力与攻击驱力共同投注的对象，只不过此时的母亲并没有被作为整体一致的人来看待，而是既是"好的"客体，又是"坏的"客体。在大概6个月时，经过母婴不断重复的交往，才把好的客体与坏的客体汇合起来，建立起一个整合的母亲客体形象。这个过程也依赖于婴儿自我的记忆系统，随着其记忆保持力的日渐增强，在自我整合倾向下，母亲成了一个整体而不再是单独情境中的某个方面。因为母亲好的方面远超过坏的方面，婴儿对其所投注的力比多驱力也多于攻击驱力，从而占主导的是好的客体。当这两种驱力都指向同一个单独的客体，并在其上投注强烈的情感时，就建立起力比多客体，形成了真正的客体关系。好的客体带来的奖励能够补偿坏的客体所造成的损失，这种补偿促使婴儿能抵抗较大的挫折，而对挫折的承受能力正是现实原则的起源。它们不仅让满足的延迟变得可以忍受，还变成了一种奖励。

斯皮茨重视导致摇头反应的复杂的动力过程。母亲所表现的每一个"不"，对婴儿来说都意味着一次情感挫折。从而与之相伴随的禁令与姿势都产生了挫折的意义。而禁令的本质就是对婴儿主动性的干扰，使其由主动变被动。此时的婴儿已出现了大量外部指向的活动，他们不再能够不加抵抗地忍受被迫重返被动之中。此外，伴随挫折的不快情感引发了源于伊底的攻击力量，关于禁令的记忆痕迹在自我中被投入攻击驱力。由此，婴儿陷入了冲突之中，一方是与母亲的力比多关系，另一方是对母亲所带来挫折的攻击。此时刚出现的认同就是婴儿在两者间所选择的一种妥协方法。对力比多客体同时又是攻击者的认同，使得婴儿对外部世界展开攻击。15 个月大的婴儿的攻击形式就是通过摇头表达"不"。

### （三）心理发展的阶段

斯皮茨根据 3 种心理指标划分出 3 个心理阶段：第一阶段是从出生到 3 个月的微笑反应，第二个阶段是 3 个月到 8 个月的焦虑，第三个阶段是从 8 个月到 15 个月的摇头。

1. 第一阶段：从未分化阶段到建立第一个组织者

婴儿出生伊始，其知觉、行为与机能还不足以形成一个单元。斯皮茨把这个时期称作"非分化阶段"（nondifferentiated stage）或"无客体阶段"（objectless stage）。他指出，新生儿虽具有一些先天能力与倾向，但其机体还缺乏意识、感觉和知觉等心理机能，各种功能、结构甚至本能驱力都尚未从整体中分化出来。他们分辨不清自己的身体与外部事物，不能把自己与环境区分开来，把乳汁和母亲的乳房都看作是自己的一部分。这是由于为了保护自己不受外部世界的伤害，新生儿的感官设置了极高的刺激壁垒，以阻止他们在出生几周或一个月内感受外部刺激。

"斯皮茨把婴儿刚出生时就拥有的感觉称为通感组织（coenesthetic

organization）。这是一种广泛的感觉，基本上是本能的，其中心处于自主神经系统中，以情绪的形式表现出来。经过一段时间后，一部分通感组织发展成为微感组织（diacritic organization）。微感组织通过外周感官产生知觉，其中心处于脑皮层，以认知加工的形式表现出来。随着婴儿的成长，通感组织的操作逐渐转入潜意识，在身体内部悄悄地运行。尽管成人意识中的通感组织变弱了，但它在人的一生中都发挥着作用，是生命的泉源，且与微感组织之间一直存在着通路。通感组织和微感组织的加工与弗洛伊德所说的思维初级过程和次级过程相对应。对于微感组织如何从通感组织中发展而来，斯皮茨认为，在婴儿刚出生时，内部感觉与一些外周感觉模块相连，如皮肤表层。除此之外，还有一些区域和感官在外周感官和内脏器官之间、体外与体内之间进行调节，斯皮茨称之为'过渡器官'。其中一个区域是内耳。另一个区域是口部区，包括咽喉、软腭、舌头、嘴唇、下巴、鼻子和面颊。斯皮茨把这一区域称为原腔（primal cavity）。它们担当了通感组织与微感组织之间的桥梁，使后者逐渐从前者中发展出来。嘴唇和口腔从婴儿一出生起就在运作，对嘴巴及其周围部分的外部刺激会引起婴儿的觅食反射（rooting reflex），即婴儿将头转向刺激的方向并伴随着嘴巴的吮吸运动。这种反射是一种先天的机制，具有生存的价值。但先天的机制还需要得到后天的强化。当乳头放入婴儿的嘴中，他们吮吸并咽下母乳后，婴儿内部和外部的感受器同时受到了刺激。这种复合的刺激加固了婴儿的吮吸反应。也正是因为口腔中同时拥有内部和外部两种感受器，因此，位于口腔的反射是最为专门化的和可靠的。斯皮茨由此判断，原腔是生命中第一个用来进行触知觉和对世界探索的身体部位。它充当着内部接收与外部知觉之间的桥梁，因此，所有的知觉都开始于原腔。"[1]

　　新生儿开初只有混沌的一般机体感觉，随着母亲奶头的得到与失去、满足与挫折的不断体验，开始形成了初步的辨别性感觉。他们所接受到的刺激对其感觉模块来说都是新异的，他们通过与母亲的互动完成了把这些刺激转化成有

---

[1]　郭本禹，郭慧，王东.自我心理学：斯皮茨、玛勒、雅可布森研究［M］.福州：福建教育出版社，2011年6月第1版，73页。

意义经验的过程。母婴的交流创造了一个属于婴儿自己的独特世界、独特的情感氛围。婴儿通过母婴关系中行为—反应—行为的循环逐渐把无意义的刺激转换成了有意义的符号。婴儿在不断增加这些符号的过程中，逐步建立起了对于世界的连贯意象。可见，知觉不是先天就有的，而是婴儿从客体关系的经验中习得、整理与综合而来的。

2. 第二阶段：从第一个组织者过渡到第二个组织者

微笑反应后，随着婴儿的认识能力持续发展，在母婴的互动交往中，他开始认识了自己的母亲，母亲成了他的力比多客体。婴儿已能够通过把本能转化为有目标的活动，而完成有组织的行为。他们经过进一步探索外部世界，而使其心理边界逐渐得到扩展。同时，也进而不断发展了自我的结构、有效性与力量。自我逐步具备了掌控外部刺激的能力，由于它会影响自我建构与组织的方式，并最终作用于人格，而使得这种掌控能力有了非同寻常的意义。为避免这一过程中失误或缺陷所导致的发展受挫，婴儿发展出一些适应机制加以应对。8 个月焦虑标志着婴儿的客体关系达到新的水平，获得了第二个心理组织者的指征。

该阶段是婴儿习得语言的重要时期。习得语言是一个包括知觉与能量释放的复杂过程，婴儿通过语言实现了从被动状态到主动状态的完全转变。婴儿最初为释放紧张而发声，伴随其发声能力的持续提高，发声就逐渐演变成一种游戏，婴儿会不断重复与模仿其所发出的声音。3 个月大的婴儿意识到能听到自己发出的声音，并注意到自己的发声与外界的声音是不同的。虽然他无法影响外部的声音，但是能用自己有趣的发声与停止来自娱自乐。这种语言练习活动让婴儿第一次体验到自己的能力，发声带给婴儿一种新的快乐：主宰某种声音的产生，并在听觉中感受为一种刺激。一般 3 个月后，婴儿就会咿呀学语，这时的发声大多是重复的、有节奏的。他们仔细倾听自己的发声并且一种重复，这是他们第一次模仿声音。6 个月后的婴儿就会模仿母亲的发声。这标志着婴儿从以自己为客体的自恋层面过渡到了真正的客体关系层面。

3. 第三个阶段：从第二个组织者过渡到第三个组织者

出现 8 个月焦虑后的数周，婴儿最重要最明显的变化是表现出了新的社会关系形式。这体现在婴儿对社会姿势的理解与应用中，特别是是对禁令与命令的理解和反应中，在参与互动的社会游戏中。比如，扔给婴儿一个球，他会把球扔回来；伸手给婴儿并说"你好"，他就会握手；摇头向婴儿说"不"，他就会停止不让做的活动。这说明婴儿开始理解成人的行为所含有的符号意义。在12个月时这种能力达到了高峰。婴儿与物质环境的关系在此期间也发生了重大改变。例如，在没有建立第二个组织者之前，婴儿在空间中的定位似乎局限在了他所躺的婴儿床内，他只抓握床栏里的玩具。不过，8个月后的两三周时，他会突然把手伸出栏杆够外面的玩具。另外，婴儿还提高了辨认事物的能力。婴儿能区分开母亲与他人两个月后，就能够把两个不同的玩具辨别出来。婴儿也逐渐开始理解事物之间的关系。

　　婴儿在建立了第二个组织者以后，逐渐表现出大量的模仿与认同行为。母亲的情感对这种模仿与认同影响很大，关爱的情感起促进作用，消极的情感则造成阻碍。婴儿通过模仿母亲，能够完成先前为其所做的事情，从而自主性日益增长。在刚建立第二个组织者之时，母婴间开始了有目的、主动的相互交往，虽然婴儿在此过程中是活跃的，但还未运用身体语言。以后才逐步使用身体姿势，日后又把它们转化成语言。随着婴儿叫出来"妈妈"这个包含着复杂的感情词汇，第一次用说"不"这个字，并伴随摇头动作，表达其抽象的思想。这标志着第三个组织者的建立，从此语词成了母婴交往的主要工具。婴儿的语言带来了客体关系的性质发生根本的转变，自我发展也出现了及其重要的转折。斯皮茨把婴儿的这种语言叫作"语言姿态"（verbal gestures）。

　　总之，斯皮茨主张，新生儿自我的正常发展就是3个心理组织者依次序不断构造的过程，儿童的客体关系与自我逐渐在人类和社会的方向上发展起来。

### （四）心理发展的动力

　　斯皮茨立足于古典精神分析的基础，把哈特曼的驱力中性化思想吸收进来，并接受将驱力与客体联系起来的客体关系学派的做法，重视驱力在心理发展过程中的作用，强调驱力的融合与分化。特别是对于攻击驱力，他论述地更为深入具体。

他认为，新生儿还没有分化出力比多驱力和攻击驱力。刚出生的婴儿尚处于原始自恋阶段，所有能量都用在了生存所必需的加工上，绝大多数反应与活动都针对内部刺激而不是外部刺激。两个月后，随着婴儿情感表现的日渐清晰，力比多驱力与攻击驱力也明显地表现了出来。两者是基于不同的机能从原始自恋阶段分化而来。刚开始分化的驱力投向前客体，对于环境刺激自我与驱力共同产生反应，这些反应方式决定了婴儿未来的发展及反应模式。

在婴儿可以完成有目的活动时，就能有限地表现攻击驱力了。3～4个月大的婴儿，失去伙伴就会愤怒地哭泣或尖叫。不过，这时的攻击驱力还不是具体化的。婴儿6～12个月时，破坏性活动就会日益增多。他们对人或物常常踢、咬、抓、打、拉等，这些动作尽管有不同的目的，主要还是知觉定位与主导控制。尤其重要的是，婴儿通过攻击客体，与客体间建立起了客体关系。据此，婴儿区分开自我和非自我，又辨别出生物与非生物，最终把朋友与陌生人、力比多客体与其他客体区别出来。

斯皮茨在解释驱力的变迁时借用了哈特曼的能量中性化概念。起初并非中性的本能能量，是在人格发展的过程中转化为中性能量的。现实原则是实现这种中性化的基础。婴儿产生驱力后，就把它疏导至某个器官或某种活动中。虽然获得满足或避免痛苦为其目标，但是结果可能失败也可能成功。经过多次失败后，他们意识到，即时目标可能没法实现或导致痛苦。自我就会悬置本能驱力，延迟满足。这样，自我遵循现实原则，拥有了这种整合能力，开始了驱力能量的中性化。也就是说，驱力不再只是用来满足即时的本能目标。

斯皮茨进一步指出了实现驱力中性化的前提条件是安全的情感氛围。这是因为婴儿放弃即时目标时的挫折与失望可由安全的情感氛围来补偿，它促使婴儿进行更多尝试，从而不再视本能满足为唯一的目标。建立起真正的力比多客体是形成安全的情感氛围的标志，因为婴儿情感上的需要可由确定的客体关系加以满足，其自主性也能通过组织化的自我得以增强，从而使其可放弃一些无关于目标的活动。斯皮茨发现驱力的中性化如现实原则一样发挥着迂回的作用，因而也具有防御功能，被其看作是一种防御机制。

### （五）心理机制的生理原型

斯皮茨把人的成长看作是先天与后天、成熟与发展、遗传与环境共同作用的结果，在心理机制的发展过程中，经验在个体与环境的交流，经验与机体内部的互相作用两方面产生影响。婴儿的心理操作与先天生理原型间的相互作用包含于后者之中，对于后者的作用斯皮茨特别予以重视，他认为心理结构就是由这些先天的生理原型发展而来的。

### 1. 自我形成的早期原型

斯皮茨通过收集实验数据来探索生理原型，分别从睡眠和深度睡眠、微笑与躁乱4个方面来论证其观点。斯皮茨用脑电图等仪器记录与睡眠相关的一系列数据，与成人的快速眼动睡眠（rapid eye movement sleep，简称 REM）不同，新生儿的快速眼动出现在许多不同的情境中，包括睡眠时、昏昏欲睡时、吮吸乳汁时、躁乱或哭泣时，斯皮茨分别把它们叫作：睡眠 REM、昏沉 REM、吮乳 REM、躁乱 REM 与哭泣 REM。其中昏沉 REM、吮乳 REM、躁乱 REM 与哭泣 REM 斯皮茨统称为非分化的状态，它们在婴儿 3 个月后，随非分化状态的结束而消失。REM 睡眠也由不稳定转变为稳定，以非 REM 状态开始的睡眠模式从此持续终生。非 REM 状态的宁静睡眠就是深度睡眠，在该睡眠阶段呼吸均匀，很难被人叫醒。非 REM 睡眠时的脑电图波形相比于 REM 睡眠更加规律、缓慢，振幅也较高。斯皮茨发现，在早期脑电图发展中，有 4 个标志着中枢神经系统成熟新阶段的发展点：4 ~ 6 个月大时初现睡眠纺锤波（sleep spindles）；3 个月时出现有大量睡眠纺锤波的时相 II；3 个月后未分化的 REM 状态消失，入睡 REM 为成熟的非 REM 所取代；5 ~ 6 个月时发展 K 复合波（K-complexes）。斯皮茨把婴儿的微笑区分为内生微笑（endogenous smiling）与外生微笑（exogenous smiling）两种。内生微笑指的是由脑干调节而与大脑组织无关的微笑。即这种微笑跟外部环境没有关系，而是其自身生理节奏的产物。新生儿的微笑都是内生微笑，记录显示，100 分钟内平均有 11 次内生微笑。躁乱有皱眉与疝痛等多种表现形式。皱眉也有受脑干调节的内生皱眉与受大脑调节的外生皱眉的区分，前者没有心理意义，而后者一般是心理压力的表现。疝痛是一种极端的躁乱，表现为持续的肚子疼。8 ~ 10 周的婴儿，内生微笑与内生皱眉出现的次数迅速减少。8～12 周的婴儿，外生微笑越来越具有更多的社会意义，躁乱状态也与之类似。3 个月大的婴儿，会迅速消失躁乱状态，并再也难以出现。

斯皮茨用 REM 状态、睡眠、微笑和躁乱的生理变化来暗喻婴儿心理系统的发展。它们的共同特征都是从非分化状态转变为分化状态、由简单结构演变成复杂结构、从完全被动到自主性的增加、由纯粹的生理现象到发展出一定的心理意义。婴儿形成自我、建立人格也都遵循着一样的路线，自我也是从非分化的最初状态中逐步分化出来的。因为婴儿自我的发展是在潜意识中进行的，很难直接理清其发展轨迹。然而，通过对这些生理原型的了解，可以间接推导出婴儿自我的形成与发展的模式。

2. 自我防御的生理原型

斯皮茨认为生理原型类似于心理机制的模式，也有适应性的面对威胁和伤害时的防御机制。他主要论述了 8 种常见的防御性生理原型。

（1）压抑。斯皮茨与哈特曼一样，主张婴儿的刺激壁垒是压抑的生理原型。缺乏贯注是两者的共同之处，刺激壁垒是没有得到贯注；压抑则是先有贯注，然后回撤贯注而形成反贯注。

（2）否认。斯皮茨把闭眼睛看作是否认的原型之一。两者都出现一致的结果，都是把对外部的知觉加以关闭。也就是说，婴儿可以通过选择不知觉来防御不愉快的情绪。

（3）投射。斯皮茨视反刍与呕吐为投射的生理原型。投射是由于内在兴奋引发过度不愉快，倾向于认为是外部环境引起的不愉快，从而把防御转向外部。反刍与呕吐类似于投射，通过吐出里面的东西，而把内部刺激转化成外部的。

（4）隔离。为保护自我不忍受痛苦，而把原先连在一起的观念与情感分离开来就是隔离。婴儿从整体知觉中区分出"我"与"非我"是隔离的原型。通过把其他人和物排除在自己的小土地之外，婴儿能够获得一种心理上的安全感。

（5）抵消。补偿过去的不正当行为是抵消的目的，其原型之一就是重复性冲动。与排除和释放困扰自己的事情的抵消，有异曲同工之处的是，释放驱力也是重复性冲动的最终目的。

（6）对立。驱力的原始中性是对立的原型，这种尚未分化的原始中性是心理矛盾的前身。几个月后才逐步分化出力比多驱力与攻击驱力，其间的区别也日益明显起来。对立就是从某种中性的事物中逐渐演化出两种不同性质的事物，它们相互对抗并彼此关联。

（7）自我约束。冲动不是指向外部对象，而是往内转向自我就是自我约束。其原型是婴儿自我惩罚的动作。这是由于婴儿的未分化状态使其不能辨别自己与外界，而导致形成了对抗自己的防御机制。如常见到1岁大的婴儿在遭受挫折时，转而会弄疼自己。

（8）睡觉。它是一种最原始、最理想与最有效的防御机制，也是所有防御机制的一个共同的原型。它能够让婴儿脱离不愉快状态，而退回到原初状态。

睡觉、闭眼睛、刺激壁垒、"我"与"非我"的分化过程等大多数生理原型，都发生于非分化的阶段，后来就发展成无冲突的自我领域。在客体关系的作用下，自我的形成过程与其紧密联系起来。所以，生理原型及早期防御机制在形成心理结构的过程中发挥着重要作用。

3. 情绪的原型

斯皮茨沿用弗洛伊德关于情绪的本质是为意识所知的观点，也认为情绪必须具备意识的属性。鉴于新生儿没有意识与潜意识之分，还未形成自我与记忆，所以不存在真正的情绪，有的只是一种兴奋。斯皮茨指出婴儿的两种情绪原型是消极的兴奋与安静，由此发展成积极的情绪与消极的情绪。通过面部表情、动作与声音可以表现出这两种情绪原型。新生儿占主导的是代表不愉快的消极兴奋，安静这个积极情绪的原型表现则不明显，其较为主动的积极表现就是对刺激的关注。

新生儿表情的含义是不稳定的，对于同一刺激的反应可能常常发生变化，引发相同反应的刺激也是各种各样的。婴儿在第一年中，逐步固定下来情绪的表现方式，并且同某些情绪经验联系起来。

新生儿出生时的兴奋是释放生理紧张，是一种无导向的反射行为，没有心理意义。出生后的几个星期中，新生儿的消极兴奋表现出了具体的含义。最典型的就是婴儿在饥饿或身体不舒服时，发出表示不愉快的声音。而基本不存在代表愉快的声音。斯皮茨推断，消极兴奋是天生的，可能是由于它具有更大的生存价值。一般在喂食的时候可观察到的关注反应，是安静的一种表现，是婴儿最初的积极行为模式，对于婴儿的生存也是有价值的。

3个月大的婴儿，出现了第一个心理组织者，形成了初级自我，建立了前客体。此时，婴儿已能觉察到自己的情绪，并且可以把情绪表现与刺激接受及感受体验联系在一起。即婴儿出现了自我能意识到的真正的情绪。其关注的表现也发展成与成人交流的微笑反应，这表明其积极情绪的表现进展很大。只是这时婴儿的情绪表现还没有特殊性，还必须放在产生它的情境中才能得以理解。

获得对刺激的知觉是情绪表现的首要条件，情绪发展的过程也类似于知觉的发展。始于打破刺激壁垒，婴儿情绪的发展经历了3个阶段：前3个月，婴儿有着非具体、非定向的情绪反应；3~6个月，婴儿逐步把情绪反应的面部表情与行为表现整合起来，并变成能与外界进行交流的工具；6~9个月，婴儿建立起感受情绪与表达情绪间的确切联系。体验情绪属于自我的功能，表现情绪则标志着个体与外界的交流。

斯皮茨重视预期功能，认为在情绪的生理机制向心理机制转化的过程中，预期发挥了桥梁的作用。他强调客体关系在情绪表现的发展过程中发挥着重要的推动作用。情绪表现与微笑反应的发展阶段有一致的顺序，知觉到人脸而产生微笑反应比身边的人离开而表现出不愉快反应大约早一个月。即在客体关系作用下形成前客体后，婴儿才会预期到前客体失去的结果。情绪表现有着同8个月焦虑共同的发展方向，婴儿具体出现焦虑的时间取决于客体关系的性质。8个月是客体关系正常时焦虑出现的平均时间，如果客体关系较差，焦虑出现推迟的可能性就很大，甚至可能根本就不出现。

### （六）斯皮茨对需要心理学的贡献与其局限

斯皮茨通过深入描绘儿童自我的发生发展过程，有力推动了自我心理学的发展。他提出了自我形成的发生场理论，视自我发展为一种在场中由不稳定到稳定的进步。他把婴儿第一年中的微笑反应、陌生人焦虑和摇头说不这3种新的情感表达看作心理组织者，这3个组织者依次构造的过程形成了婴儿自我的正常发展。他还进一步把能量的中性化过程加以细化，将自我的非冲突领域进行扩大，对自我的适应作用做出强调，让人们对于环境的兴趣得以增强。他的理论体现出了精神分析理论的一种整合趋势。他继承并修正了许多古典精神分析理论的概念，吸收了精神分析客体关系学派的一些观点，把它们融入自我心理学之中。他主张自我是在驱力与环境的交互作用下发展起来的，使得他的理论在精神分析运动中起到了承上启下的桥梁作用。这对主体与环境交互作用框架下的需要理论是有启示意义的。

当然，他的理论也有一些不足之处，表现为理论前提存在一些生物性与先天性问题，研究对象局限于生命前一两年的婴儿，用几条简单线索串起全部理论而显得片面、单纯等。

## 二、玛勒的自我心理学

玛格丽特·舍恩伯格·玛勒（Margaret Schoenberger Mahler，1897—1985）是一位重要的自我心理学家，出生于匈牙利西部距离维也纳很近的一个小镇。她于 1916 年进入布达佩斯大学学习儿科与精神分析，3 年后转入慕尼黑大学举行临床实践。1920 年因犹太籍身份被捕，出狱后到耶拿大学跟随伊布拉希姆（Ibrahim）学习儿科，几经周折后终于获得慕尼黑大学的文凭。1921 年毕业后在维也纳在奥地利最负盛名的大小附属儿童诊所皮奎特（von Pirquet）诊所工作，后独立开办了自己的诊所。几年后她在治疗中加入了精神分析工作，逐渐从儿科转向了儿童病理学与精神分析。她还加入了维也纳精神分析协会，进入了维也纳精神分析圈。1938 年她辗转移居美国纽约，加入卡罗琳人类发展研究协会，并在纽约精神分析协会的邀请下做儿童咨询工作。1949 年她加盟纽约爱因斯坦医学院，主持儿童精神病研讨会，从事儿童精神病研究，并兼任费城精神分析研究所儿童精神分析部主任。1959 年，在费城她建立了马斯特斯儿童中心（Master Children's Centre），提出了由母亲参与的三方治疗模式。她的主要著作有《论人类共生和个体化的变迁》（合著，1968 年）和《人类婴儿的心理诞生：共生和个体化》（合著，1975 年）。

### （一）理论的核心概念

玛勒在哈特曼理论的基础上进一步深入研究，以分离—个体化为线索阐述了婴儿自我发生发展的过程，提出了一些核心概念。

1. 心理诞生

玛勒理论的着眼点与落脚点是心理诞生（the psychological birth），这是其主要研究目标。与直接看得到的生理诞生不同，心理诞生要通过外显行为逐步揭示出来。她认为，心理诞生是婴儿借助和母亲的分离与个体化成为独立个体的过程，也就是自我形成与确立的过程。

2. 客体关系

经典精神分析认为客体关系就是指个体赋予另一个人客体力比多，玛勒主张在心理诞生的过程中客体关系起到了必不可少的推手作用。根据客体关系的不同发展阶段，她提出了几个相应的客体概念：无客体（objectless）、前客体（preobject）、部分客体（part-object）、爱的客体（love object）与力比多客体（libido object）、过渡性客体（transitional object）等。无客体是客体关系完全没有建立起来的阶段。在前客体阶段出现了客体关系的萌芽，只不过还不是真正意义上的客体。即婴儿只是与人有了一定关系，但尚未赋予特定的人以特定的意义。后来，玛勒把前客体概念替换为部分客体。爱的客体与力比多客体具有一样的含义，都是用来指婴儿与母亲为代表的客体间建立起的真正客体关系，它们都强调母婴间积极的情感关系。过渡性客体的概念源自温尼科特，与前面几种指人的客体有本质的不同，它指的是物，是没有生命的物体。但是，婴儿把积极的情感投注于这些物体，赋予了它们人的含义，从而使其具有了客体的部分性质。但它毕竟不是客体关系发展的最终形式，只能称作过渡性客体。玛勒还提出了情感客体永久性的概念，用来表示儿童获得了稳定的客体表象与客体关系。这一概念源于皮亚杰的理论，与皮亚杰的客体永久性不同，它不是对物的认知，而是对人，特别是对身边最重要的人的认知。在客体永久性前面再加上情感，意在强调儿童与客体间爱的关系。

3. 共生、分离和个体化

玛勒借用生物学概念共生（symbiosis）来指称婴儿与母亲尚未分化时的内

部心理体验。在生物学上，共生指两个生命或有机体紧密相连、相互依存、一起发挥作用、彼此优化对方，朝着一个共同的利益方向发展的现象。玛勒用来指婴儿的自我与客体密切相连共同出现的心理现象。可以把共生理解为一种合一感，也就是新生儿体验到与母亲融合在一起，产生与母亲合二为一的意象。玛勒指出，婴儿在共生期形成与母亲这个爱的客体的二元统一体（dual unity），它是一种母婴间结成的极为亲密的关系。婴儿在幻觉中把母亲当成了自我的一部分，即视母亲与自我是一体的，有着相同的边界，它融合了母亲的意象与自我的意象。

共生期正常会过渡到分离—个体化阶段。儿童达成一种与母亲分离开的内部意识就是分离。儿童通过分离可以了解到与母亲间的界限和区别。分离与确立自我感和实现个体化相伴随，"我是"（I am）的感觉就是自我感与个体化，它是一种意识到的存在感、觉察到的实体意识感。分离与个体化并非依次进行，而是两种相互关联又互补的发展轨迹。分离过程涉及与母亲从共生融合到分化再到脱离，个体化则是儿童精神内在自主性的演化，使其凭借它能成为独特的存在。分离与个体化的最终结果都是建立起清晰的与客体表象有区别的分化的自体表象。母亲在这个过程中扮演辅助自我（auxiliary ego）的角色，帮助儿童在自我尚不完备的情况下对抗内外部刺激。

4. 存在感和同一性

玛勒从哈特曼的理论中借来了存在感（entity）与同一性（identity）的概念。她用存在感来表示自我边界的确立，儿童的自我表象随其心理的发展，越来越与客体表象分离开，并且内容也愈加清晰，这时的儿童就建立起了明确的自我界限，也就是获得了一定程度的存在感。玛勒更多采用哈特曼关于同一性的观点，即个体对自身及其生活目标的意识。

5. 相互给线索

相互给线索（mutual cuing）指的是母婴间一种互动的形式，继续发展就成为相互的语言沟通。婴儿发出需求、紧张或愉快的暗示，母亲对其中的一些线索选择性地进行反应。婴儿又依据母亲的反应，逐渐改变自身行为以回应母亲。母亲的潜意识需求会激发婴儿某些方面的潜在特质，从而逐步表现出独一无二的特性。在婴儿成长的过程中，母亲提供了一种如镜像反射一样的参考框架，婴儿的原始自体据此得以调适。婴儿在与母亲的互动循环中，相互给线索，使得母亲的潜意识与婴儿的回应彼此加强，进而形成婴儿独特稳定的特质。

### （二）心理发展阶段

玛勒在长期观察的基础上，积累了大量论据，制定出一个儿童常规发展阶段的序列，提出了儿童发展阶段理论。她把婴儿头 3 年的发展划为 3 个阶段，包括正常的自闭期、正常的共生期、分离—个体化时期。

1. 正常的自闭期

出生后的头几周（0 ~ 1 个月）为正常的自闭期（the normal autistic phase），新生儿在一种原始混沌的幻觉性定向不清状态中度过，其主要任务就是达到体内平衡，以满足生理需要为主。自闭主要是心理意义上的，更多的指新生儿的心理体验及其与环境的关系。他们绝大部分时间都是在睡眠中度过的，醒来不过是由于饥渴或不快的紧张状态。此时，新生儿具有封闭性与全能感的特点。封闭部分是因为这时婴儿的刺激壁垒还很高，所以对于外界的刺激很不敏感。在自在神经系统的机能作用下，泛化地认识环境，并用情绪表现出来。与后来由外周神经器官和大脑皮质产生的知觉根本不同。然而这种相对隔绝的状态有益于新生儿的生理成长和实现体内平衡。

新生儿把母亲知觉为自己的一部分，所以会以为是自己提供了自身需要的满足，心理停留在一种幻觉与原始自恋的状态。玛勒又区分出绝对的原始自恋（absolute primary narcissism）和模糊意识（dim awareness）两个阶段，在前一个阶段婴儿对母亲毫无察觉，在后一个阶段婴儿了解到不是自己，而是外界满足了自己的需要。玛勒还分别称呼两个阶段为绝对或无条件的幻觉全能感和有条件的幻觉全能感，并指出在原始自恋阶段，母亲的任务就是无条件地满足新生儿的需要，并建立起亲切、友爱的情感关系。

2. 正常的共生期

玛勒用共生这一比喻来表示一种未分化的、与母亲融合的状态。这时的婴儿还没有分离出"我"与"非我"，但会逐渐感觉到内外部的区别。随着婴儿开始区分快乐与痛苦的体验，在其能模糊地意识到满足需要的对象时，就开始了共生阶段。该阶段的基本特征就是婴儿幻想与母亲表象完全身心融合，特别是幻想两个体共享同一个边界。玛勒又把共生期（2～4个月）划分为两个亚阶段，即共生期的开始（the beginning of symbiotic phase）和正常的共生期（the normal symbiotic phase）。

在共生期的开始亚阶段，婴儿走出了相对封闭的世界，能模糊地觉知满足其需要的客体，一度坚固的刺激壁垒开始破裂。与此同时，开始形成一个不同的心理壳或心理膜，它在心理层面上把婴儿与母亲包裹起来，构成了一个二元统一体。婴儿在这层膜上投注力比多，赋予其积极的心理能量，从而能够替换刺激壁垒发挥保护作用。从此开始了共生状态。婴儿绝对地依赖于共生伙伴，母亲对于婴儿的需要则是相对的。

知觉的发展在共生期中发挥了极大的作用，特别是触觉，它促进了共生关系的建立。在此基础上逐步产生了身体自我的表象。它包括两种自我表征：与心理自我（ego）相对的一种是身体意象的核心，它的边界指向身体内部；与环境相对的一种是感官记忆痕迹的累积，身体自体（body self）的边界就是由它构成的。身体意象产生了两个方面的重要作用：一方面，婴儿把能量投注从内感受转到外感受，标志着前进了重要的一步；另一方面，婴儿开始形成自我内核，并在以后逐渐发展出自我同一性。同时，婴儿的原始自恋（primary narcissism）也被次级自恋（secondary narcissism）所取代。

正常的共生期亚阶段（3～5个月）的标志是婴儿逐步增加对外界刺激的知觉与情感投注。他们能意识到刺激来自外界，但不清楚具体来源；能对内外部刺激做出不同的反应；开始形成记忆岛，还没有清晰地意识到内部与外部、自身与他人的区别。婴儿对外部现实，特别是母亲的投注日益提高。他们能把一些记忆与情感体验融合起来，逐步形成爱的客体与心理自我的意象。在此阶段，母亲发挥着部分客体的作用，婴儿能更加清晰地意识到母亲是自身之外的满足来源。

玛勒认同斯皮茨关于3个月微笑的看法，并指出微笑反应还标志着婴儿开始了社会活动，标志着他们进入了满足需要的客体关系阶段。需要促进了婴儿对母亲的力比多投注，从而推进了共生关系的稳固发展。玛勒用"助产士"来形容母育在婴儿心理诞生中的作用，指出母亲的"抱持行为"有力地推动了共生关系的发展。不过婴儿在母亲对其各种需求的控制下，不断经历愉快与痛苦的经验，从而开始对自己的身体的感觉与外界客体的感觉加以区分。出现了本体感觉，意味着婴儿形成了自我内部核心。虽然此时的婴儿还不能完全辨析内外部的区别，但其对自我与他人分离的意识在日渐加强，从而可以稳步提高其对于自我、客体与世界的意识。如果此阶段建立起的共生关系恰当而健康，婴儿就能够达到身心平衡并产生原始分离，从而顺利进入分离—个体化阶段。

3. 分离—个体化时期

玛勒对分离—个体化时期（separation-individuation phase）（5 月 ~ 3 岁）的陈述最为详尽，该阶段的婴儿开始能在自身意义上与母亲和外部客体分离开来，实现独立的个体化。这就是说婴儿心理诞生的开始、分离并非所谓生理上的分离，而是指婴儿心理上的分离。玛勒后期主要从事该阶段的观察研究，所提出的分离—个体化理论成为其自我心理学思想的核心内容。她进一步划分出4 个亚阶段，包括身体意象的分化与发展、实践、和解与个体性的巩固和情感客体永久性的开始。

（1）身体意象的分化与发展亚阶段

玛勒称分离—个体化的第一个亚阶段为身体意象的分化与发展亚阶段（5 ~ 9 个月）。婴儿在此阶段逐渐把母亲看作不同于他人的特别存在，同时也感到自己对母亲来说与他人不同，婴儿能够从与母亲的共生中分化出自己的身体表象。玛勒把这种意识的发展叫作"孵化过程"（hatching process），这是一个逐步提高感知觉的过程，也是一个逐渐发展情感与认知模式的过程。

玛勒观察到，婴儿大约从第 6 个月起，表现出各种分离—个体化的尝试活动，如通过抓母亲的头发、耳朵与鼻子，或从母亲的怀抱中挣脱等，来拉开与母亲的距离以更清楚地观看母亲及其周围环境，这是婴儿尝试与母亲分离的明确信号。婴儿六七个月时触摸母亲的脸庞，达到用触觉与视觉探索的高峰。他们注意到母亲身体有被衣服遮挡的部位，并对母亲的饰物产生了兴趣。喜欢与母亲玩藏猫游戏，当尚处于被动角色。到了 7 或 8 个月，婴儿开始比较母亲与其他人和物，表现出一种新的核查模式（the checking-back pattern）。当看到不是母亲而是不能带来快乐体验的陌生人时，就会产生一种陌生人的焦虑。那些已经形成了基本信任感（basic trust）的婴儿，会产生好奇、想了解陌生人的反应。核查模式的出现标志着婴儿开始了身体心理的分化，该阶段的主要成就是开始发展起积极的分离机能。

（2）实践亚阶段

实践亚阶段（10～16个月），又可细分为早期实践期与正式实践期。婴儿在早期实践期表现出握、抓与爬等动作，在正式实践期主要表现为自由地直立运动。

早期实践期的婴儿，在身体上与母亲分化提速并形成生理上的分离感，已把母亲看作是另一个与自己不同的人，并与其形成了特殊纽带，而且其自主性自我机制已接近母亲的功能。这些进步促使婴儿把兴趣从专注于母亲转移到玩具、奶瓶等无生命的物体上，通过感官赋予它们过渡性客体的意义。随着运动协调能力的逐渐发展，婴儿可以探索的范围得到了拓展。他们掌握了随时拉开与母亲距离的主动权，通过探索建立对世界的熟悉感。那些敢于探索距离母亲较远环境的婴儿，能够与母亲保持更好、更健康的关系。

正式实践期的婴儿，伴随着自我意识与认知能力的发展，特别是直立行走能力的提高，开始在人类个体化的征程上迈步前进。这时的婴儿表现出3个方面的主要特征：首先，婴儿的力比多投注增长迅速，自主性机能也成长地比较快。他们在自主性机能与对环境的探索中投注了大部分的力比多，乐于持续地练习运动机能，并为扩展环境而兴奋不已。其次，婴儿陶醉于自我世界中的自恋达到了顶峰。他们自以为能够主宰一切，把客体对其需要的满足也当作了自己全能感的一部分。他们不再恐惧于暂时与母亲分离，能够接受比较熟悉的成人来作为替代。最后，随着婴儿自由行走能力的日益成熟，会越来越远离母亲，在集中注意力于自身活动时就忘记了母亲。当然，他们要周期性地返回母亲身边，进行情感上的"再充电"（refueling），显示了与母亲的亲近。

（3）和解亚阶段

儿童在和解亚阶段（16个月～2岁）更能觉察到与母亲的分离，试图再次回到母亲身边，达到与母亲复合。在此期间，儿童会获得独立个体的存在感与初步的同一性。他们认识到在征服世界中所遭遇的障碍，意识到了母亲的辅助作用，发现了自己是不能面面俱到的。从而在此过程中，出现了客体表象与自我表象的分离，并且能清晰地区分开来。此时的儿童是矛盾的。一方面随着认知能力和运动能力的不断提高，儿童想避开母亲寻求独立，造成客观上与母亲越来越多的分离；但另一方面，儿童对于外部环境的兴趣又让步于对母亲的需要，对于亲密感的需求日益增长。随着个体化进程的发展，儿童会运用各种方法避免与母亲日益增加的分离。

玛勒又把和解亚阶段区分为和解期的开始（15～20个月）、和解期的危机（18～24个月）和危机的解决（21～24个月）3个时期。

婴儿在和解期的开始时，与母亲的关系发生了质变，不仅视母亲为满足需要的港湾，更加乐于同母亲分享发现的喜悦。婴儿的全能感因意识到母亲的意愿并非与其保持一致而受到威胁。他们的愉悦感也逐步从独立运动与探索转移到了人际交往方面。他们开始向母亲表达"不"的言行，积极发展同父亲的关系，并喜欢与其他小朋友交往。

儿童在和解期的危机阶段表现出3个特征：第一，害怕失去爱的客体。对于母亲儿童犹豫不决，一会儿要离开，一会儿又想返回母亲身边。似乎他们又会再次出现"陌生人焦虑"，对于陌生人显示出羞怯腼腆的情感，能友好地接近，只是一靠得比较近，就跑回母亲身旁。第二，扩展了情感范围，出现了同情心。除快乐与不快之外，这时的儿童还体验到难过、愤怒、失望、妒忌、犹豫等多种情绪。在发现其他小朋友哭时，他们常常难以忍受并试图进行安慰。第三，儿童对于分离的反应。儿童在母亲离开后，会有想念的表现，然后就去找能代替母亲的其他成人，而且还会赋予一些过渡性客体积极的意义。成长到一定程度后，儿童能积极主动地离开母亲，独立探索外部环境。

在危机的解决期，一方面，儿童的全能控制、强烈的分离焦虑、极力的自主要求等都在消退。另一方面，随着儿童的成长取得了如下许多重大进展。首先，儿童的语言进步迅速，命名事物与表达愿望大大增强了他们对环境的控制力。其次，儿童通过认同作用，一天比一天更完善地内化好的父母和规则，开始形成超我。再次，儿童运用象征性游戏表达希望与幻想。伴随着这些进步，儿童寻找与母亲的最佳距离，既在母亲附近还能自主地活动，并开始了性别同一性，表现出明显的性别差异。

（4）个体化的巩固与情感客体永久性的开始亚阶段

2～3岁的儿童处于个体化的巩固与情感客体永久性的开始亚阶段，这是一个儿童内部心理发展非常重要的时期，其存在感与性别同一性得到巩固而稳定起来。他们致力于获得情感客体永久性，并巩固个体化。

母亲的表象作为一个外在的爱的客体而获得，并把客体好的与坏的方面融合为一个整体的表象，在儿童的心理上逐渐得以巩固。与此同时，儿童的个性随着认知能力的提高而开始出现。儿童用语言这个交往工具表达自己的愿望，考察与母亲内部心理的冲突。他们喜欢幻想性游戏和角色扮演游戏，更加具有想象性、目的性和建设性。儿童也有了时间概念，能忍受满足的延迟及与母亲的分离。形成情感客体永久性以后，儿童能够更好地维护自尊，形成区别于客体表征的整合的自我表象，奠定自我存在感的基础，大力发展自我机能，使得超我也初具雏形。

总之，儿童在分离—个体化阶段形成了自我概念，产生了具有稳定意义的一个"客体我"，即达到了自我同一性。玛勒主张，儿童在发展过程中，既要能够分离出来成为一个自主的动因，又要利用母亲这个有力的辅助者认识外界事物，否则，就会使儿童的自我出现病态现象。

**（三）玛勒对需要心理学的贡献与其局限**

玛勒与同事在长期观察研究的基础上，提出了关于婴儿自我发生发展的模式，翔实可信，对自我发展心理学做出了很大贡献，促进了精神分析从驱力模式转变成自我模式。她重视母婴关系的研究，促进了精神分析关系学派的发展。她特别强调异常与正常儿童的比较研究，扩展了对这两个领域的深入理解，促进了对儿童的精神分析研究。玛勒的理论填补了精神分析理论与实际之间的裂隙，充实了精神分析关于婴儿生命头三年的发展理论。

但玛勒却没能对以后自我的发展进行如此翔实的分析。她的理论因与传统驱力理论过于紧密地结合，而没有从根本上突破驱力理论的限制。她临床医生的职业，使其理论不可避免地具有浓厚的生物学倾向。

## 三、雅可布森整合的自我观

艾迪斯·雅可布森（Edith Jacobson，1897—1978）生于德国的一个犹太家庭，是精神分析自我心理学的重要发展与整合者。1917 年进入耶拿大学的医学院学习儿科医学，1918 年转到海德堡大学。1920 年至 1922 年在慕尼黑学习内科学。20 世纪 30 年代她在德国接受精神分析训练，并成为柏林精神分析学会的成员。1935 年她曾被关进纳粹监狱，不久因病侥幸被释放。随后她逃离德国，并于 1938 年移居到美国，1940 年在纽约开办了自己的私人诊所。1944 年担任培训分析师，并在纽约精神分析研究所主持工作。1954 年加入美国教育委员会。她最重要的精神分析研究是在 40 年代到 60 年代进行的。其主要著作有：《自己和客体世界》（1964）、《精神病冲突和现实》（1967）、《忧郁症：正常、神经症、精神病状态的比较研究》（1971）等。

### （一）整合的自我观

雅可布森分析了儿童自我的形成，阐述了儿童心理结构的发展过程，提出了一个把精神分析、自我心理学与客体关系理论相整合的自我模式。保留了古典精神分析传统的伊底—自我—超我的结构，把它们放在客体关系中进行考察，在坚持驱力理论的同时，关注儿童自我与超我的形成和发展，重视本能与客体关系和伊底—自我—超我结构间的相互作用，在自我心理学的框架中，用婴儿对母亲的体验把驱力模式与客体关系模式连接起来。

雅可布森对自我（ego）、自体（self）和自体表象（self representation）做了明确界定。自我是指一种心理结构，一种有着各种机能的心理系统。自体则是个人身心的总和，是个人作为一个主体而与客体世界相区别。而自体表象是自体在自我这个心理结构中的反应或称作"内心表象"（endopsychic representation）。这个自体表象有时是个人能意识到的，有时则意识不到。

雅可布森通过在自我模式下建立自体和客体表象与驱力间的联系，把驱力与客体关系联系起来。她修正了弗洛伊德的自恋与受虐概念。弗洛伊德把自恋看作是心理能量的向内投入，也就是对自我的贯注。婴儿在向环境中的客体投注力比多之前是被隔离的。雅可布森主张在生命伊始，心理能量被投注到一个融合的自体—客体表象（self-object representation）之中，即自恋是未分化的力比多与攻击驱力贯注于自体—客体表象。把古典精神分析理论与客体关系理论间的缺口很好地弥合起来。弗洛伊德把受虐视为攻击力比多指向自我的投入，雅可布森则修改为是对自体—客体表象的投注。她既承认弗洛伊德的驱力概念，又认为在这个融合表象中自体与客体密不可分，从而调和了传统精神分析理论与客体关系理论的矛盾，并让两者联系起来。

雅可布森认为婴儿的自我是在驱力的影响下产生的，从与母亲的关系中发展起来。当婴儿的驱力分化为力比多与攻击时，就投注、融合并中性化到自我与超我中。通过在母婴关系中经验满足与挫折，婴儿的自我形成了被满足与被剥夺的自体表象。此时，婴儿在发现客体世界的过程中，把自体与客体区分开来，从而有助于建立独立于客体的自我。婴儿在母亲的自我的外部支持下，修正自我的经验，并部分地节制驱力。

婴儿的驱力通过向自体与客体投注心理能力而促进自我的发展。雅可布森重视父母的爱在形成儿童健康的关系及认同方面的作用，认为父母可促使婴儿的力比多稳定地向自体和客体投入，并帮助其克服早期的一些欲望。儿童在经历挫折与失望后，会产生矛盾感。自我在成长的过程中，最初想把快乐的事情归功于自体，将不快乐的事情归咎于外界的客体。即把力比多指向自体，将攻击转向产生挫折的客体。这非常有助于自体与客体的分化。在自我的形成过程中，认同会发生重要影响。初级认同包含融合的自体与客体意象。当自我日渐成熟，自体与客体间出现界限时，还会有一些与客体的融合，或自体与客体表象再次融合。持久、连贯并有选择性的认同会逐步整合成自我的一部分，并持续修正自我的结构。如此，不管外界怎样变化，儿童都能意识到所拥有的自体保持着一致性。

自我的成长得益于同一感的发展，两岁的儿童才能发现自己的同一性，也就是体验到"我是我"（I am I）。儿童发现自己的同一性，与其第一个爱的客体有关，并且只有在其形成了作为一个实体的自体概念时，才能够发现这种同一性，使得这种高度个人化而一致的实体，在其发展的各个阶段都能保持方向性与连续性。

### （二）超我的形成

雅可布森在精神分析文献中对超我进行了最为综合的探索。她主张在自我的形成过程中伴随着超我的发展，自我目标与自我理想融入超我的形成之中并成为超我的一部分，超我作为一个统一的系统，对自体表象的力比多与攻击能量的投注进行修正。在这种反应过程中，超我由一些不连续的成分与过程逐步形成。具有同一性的超我，维持力比多、攻击与中性化能量之间的平衡，以维护道德原则与自我表现间和谐的方式来约束自尊，并制约心境，指示与调节自我的状态。雅可布森还把古典精神分析理论中属于自我的一致、连贯的防御组织机能赋予超我。较为适度与现实的功能在超我的形成过程中，会逐步取代成熟的恐惧和作为超我前身的古老意象。

雅可布森指出，大体在 3 个层面上形成了超我这个心理结构，即施虐惩罚层面、理想化层面、整合内化层面。

施虐惩罚层面是第一个也是最深的一个层面，包含施虐的古老意象与惩罚的客体表象。该阶段约在 1 岁末至 2 岁初，儿童尚未把自体表象与客体表象清晰地区分开来，力图恢复与母亲的共生关系，并再次与母亲融合。这时会形成一些原始的超我前身，它们体现了对于幻想的、施虐禁忌的、惩罚的客体意象的内化或者融合的自体—客体表象。这些表象是"坏的"，被投射到产生挫折的母亲及其他客体身上。这些超我前身主要集中在肛门期反应形成期间，使得儿童把攻击从客体转向自体。儿童在如厕训练中建立的第一个价值感是超我形成的开始。儿童为躲避惩罚接受父母保持清洁的要求，并在失控时产生羞耻感、做到时体验到自豪感。儿童更强烈地专注于自己的身体，促使其更能觉察自己，并为获得同一性铺平了道路。这时的儿童已从一个被动的接受者转变成积极的给予者。儿童不再仅仅关注于快乐，围绕着力量、控制与洁净等方面的价值系统在逐步形成。

　　儿童由于自体与客体表象间缺乏界限，两者很容易再度融合，从而把恐惧与攻击归结于父母。认为带来挫折感的父母具有威胁性，是阉割恐惧的来源，会惩罚与报复儿童。因此，父母攻击性与理性化的意象会被儿童内化。在这个层面，父母所造成的这些挫折、失望与所谓的惩罚，会促进儿童对于外部与内部现实的检验，有助于他们逐渐放弃对爱的客体和自己的虚假幻想，促使超我系统发展起来。

　　自我理想的整合构成了超我形成的理想化层面，这个整合是建立在融合的理想自体表象与理想客体表象的基础之上的。客体关系随儿童的成熟日渐现实与完整，儿童逐步醒悟到父母不再是万能的夸大客体。心理能量在自体与客体表象间摇摆不定的儿童深感矛盾，以至于形成了由理想化的父母与自体表象构成的自我理想，也形成了自体与客体的现实表象。这种理想化帮助儿童建立客体关系，在形成超我时，就从理想化的人延伸到抽象的价值、观念和理想。理想化的父母与自体意象能分别阻止对父母的攻击和自我贬低。因而，"理想化的过程不仅保护婴儿的客体关系，还有助于治愈儿童的自恋伤口。理想化的客体和自体意象最终构成自我理想，使儿童逐渐降低幻想并接受现实。自我理想作为超我的一部分而建立，它是自我的导航员。这时，成长的自我可以调节现实原则，使得儿童对自己以及父母的态度变得比较现实、适度"。[1]正常发展的理想化到形成超我有一段很长的路要走。在这个方向上，婴儿的自我现实检验功能区分开父母的真实与理想意象，并把父母的理想意象逐步转化为自我理想。同时，中性化的力比多提供给理想化进程，超我的方向指引、自我批评、约束和强化等功能则由中性化的攻击提供动力。

　　儿童在六七岁时，形成超我的第三个层面，即整合内化层面。这时的儿童结束了俄狄浦斯期，内化已较为缓和与现实，并把构成超我的不同元素组织整合成一个稳定的功能体系，也就是说建立起超我。此时，儿童的自我已经成熟并具备了现实检验能力，能现实而完整地感知父母，成熟起来的认同在超我的

---

[1]　郭本禹，郭慧，王东.自我心理学：斯皮茨、玛勒、雅可布森研究［M］.福州：福建教育出版社，2011年6月第1版，300页。

形成中发挥了重要作用，促使儿童接受并且内化父母教导的道德准则、指示与评价及其要求和禁忌。儿童把自我批评的理想与标准也加以内化，从而通过这些内化能够较好地控制本能。超我在潜伏期和青春期得到进一步的成熟与完善。超我只有成功解决了青春期的冲突，用合理的目标与理想替换不合适的想法或幻想后，才能达到超我与自我的完全成熟。此后稳定的超我能确保个体正常地生活，并且持续地修改完善，甚至直到生命终结。

### （三）心理发展阶段

雅可布森主张心理发展从未分化、未成熟的形式前进到分化并明显区分的形式。她借鉴了弗洛伊德、斯皮茨、玛勒与埃里克森等人关于心理阶段的术语，加以综合后把个体心理发展划分为 5 个阶段：婴儿早期、前俄狄浦斯期、俄狄浦斯期、潜伏期和青春期。

1. 婴儿早期（生命最初几周）

雅可布森指出，婴儿生命最初几周的内部心理生活就是开始于未分化的基质，她称这种基质为原始的心理生理自体（primay psychophysiological self）。在这种身心基质中包含着自我与伊底的源本，力比多和攻击这两种未分化的内驱力也包含在其中。她把这一融合自体—客体表象之前的短暂时期称为前共生阶段。这时，婴儿的内部心理过程由机体的各种因素共同决定着。大部分时间都处于睡眠或半睡眠状态中的婴儿，其驱力只能通过生理渠道静悄悄地向内部贯注。婴儿指向自体的生理释放是其最早的驱力释放模式。愉快的情感是该阶段的第一个外显表现。未分化的心理生理自体是自体表象与客体表象始发点的标志，力比多能量同时贯注于自体和客体。她认为，如果这种内部心理结构倒退或衰退就会产生自闭性综合征。

2. 前俄狄浦斯期（1 岁）

在母婴关系的影响下，1 岁的婴儿逐步形成了一种融合不分的自体—客体表象（self-object representation）。这时婴儿开始诞生第一个内部生理结构，从而进入心理发展的第二阶段，相当于玛勒的共生期概念。这个阶段很重要，必须在这一心理发展的基础上，婴儿才能把自体和客体世界区分开来。植根于母婴共生关系的与母亲融合的幻想，是婴儿客体关系的前身，也是第一个较为积极的初级认同类型，它源于婴儿对于爱的客体的模仿。

婴儿首先用口与手来发现客体世界及自己的身体，逐步建立起自体意象，并视母亲为其外部的延伸。母亲的爱抚、哺育、对婴儿动作的训练，促进了婴儿自我的发展。积极认同母亲的婴儿，可构建起积极的自体感觉。3个月大时，婴儿能觉察出母亲客体与自体间的不同，表现出第一个"非我"（non-I）指征。约8个月大时，婴儿能区分出母亲与父亲及陌生人等不同的客体。在1岁末，儿童可表现出活动、拥有、嫉妒等矛盾现象，并很快引起指向父亲、同伴或其他客体的竞争感。这使得儿童首先辨别出自己的需要及其满足与挫折，然后再与他人的相区分。这些经历让儿童学会区分真实的自体与客体表象。因此，爱与敌对因素都可促进儿童同一性感的产生和对其内外部现实的检验，并在此基础上加以认同并建立客体关系。

雅可布森指出，如果这一阶段长期地或病理性地停滞下去，就有可能导致儿童的共生性精神病或忧郁性精神病，也会导致成人期的精神分裂症。

### 3. 俄狄浦斯期（2～5岁）

婴儿随着机体的成熟，其内驱力能量就分化出力比多和攻击内驱力，并且这些能量向外发泄的通路也逐渐敞开。如果未分化的自体表象投入攻击驱力，就会与投入力比多驱力的自体表象产生对立。正是在这个意义上，客体关系的内部世界包含了"好的"与"坏的"客体表象。儿童在成长过程中，总是通过心力的内射和对外投射过程，力求保持自体表象与客体表象之间好的或理想的关系，而把自体表象与客体表象之间坏的关系排斥与投射出去，这样就进入了心理发展的第三阶段。在此阶段中，特别是2～3岁的儿童，还会发展出一套理想化的自体表象与客体表象。这是由于其自体表象与客体表象逐渐更现实化时，经受到各种挫折，并进一步把一些好的和坏的自体表象与客体表象加以整合，建立起理想化的自体表象与客体表象，进而把自己从客体中分化出来，促进婴儿自我的自主性。儿童的自恋努力变成了寻求真实的成就，但由于本能冲突的影响，这些努力很快变得非常富有攻击性，并且日益增长地表现在与爱的客体，尤其是与竞争者的斗争中。"当出现这些情况时，儿童试图维持爱的客体的一部分，但儿童不再想让他们成为自体的部分，而是逐渐渴望真正与他们相同。这种新认同表明儿童需要维持共生情境，需要倚靠爱的客体来调解依赖与独立之间的冲突。在俄狄浦斯期竞争者的影响下，这种冲突将达到第一个高潮，直至俄狄浦斯期结束时通过超我的形成来解决，但它在青春期将会复活，并达到顶端。在俄狄浦斯阶段初期，儿童的同一性形成从渐增的生殖器兴趣中获得强大的动力，将自体和客体导向的贯注转向他人和自己的生殖器官意象。这些贯注导致性别同一性的发现，这是个人同一性最重要的组成成分。雅可布森认为，如果俄狄浦斯期发展正常的话，理想化过程就会使幼儿向超我形成迈进；如果误入歧途，就会导致忧郁性心理病理症状的出现。"[1]

4. 潜伏期（4～13岁）

4～5岁开始的第四阶段以客体恒常性为标志。该阶段的儿童会修正早期夸大和赞颂父母的倾向，转变为指向真正理想化的父母客体，并把赞颂和理想化从爱的客体转回到自体。理想化过程既保护客体关系，又能促进自恋创伤的愈合。理想化了的自体表象与客体表象最终被整合成为自我理想，而自我理想还包括真实的自我目标及自体与客体表象，这部分自我接受了现实原则。自体的另一部分则没有放弃幻想，可能产生伊底中的虚假意象与概念残留。超我认同接受并内化父母传授的道德指示、批评与标准，完成内化的自我理想与道德准则的转换，使得自我理想成为超我的一部分。这时，自我和超我才真正分化开来，从而确立了自我、伊底和超我的三分结构。而且，正是由于自体表象与客体表象的分化，使得自我与外界现实和伊底的界限日益巩固，从而自我的界限就更加分明。随着儿童身心的成长，自恋贯注扩展到整个身心自体表象及自我功能上，使其体验到自体是一个复合的、一致的同一性。超我所提供的时间感更促进了同一性感受的发展，并在学校教育的支持下，有助于儿童形成一种属于其年龄团体的感受，使其接受当下的状况，并认同自身的局限，接纳同伴间的个体差异，促使其参加团体，形成团体归属感与价值感。从儿童对男孩团

---

[1]　郭本禹，郭慧，王东. 自我心理学：斯皮茨、玛勒、雅可布森研究［M］. 福州：福建教育出版社，2011年6月第1版，316页。

体与女孩团体的区别拓展到其他团体的分化，逐步延伸到社会、文化、种族、国家团体间的区分。团体经验，在自我与超我的形成过程中，使得接受与发展团体标准成为可能。团体归属感的获得与团体标准的构建又有助于儿童进一步检验内部现实，并且确定当前的自体及其状态。

雅可布森指出，此阶段已基本形成了自我与超我这两个心理系统，超我与自我中的客体投入及各种认同只有是和谐、整合与有组织，才能保持人格的一致及其目标正确。然而心理系统难免产生冲突，严重时甚至会导致自我紊乱，由于不可调和的矛盾而使得超我与自我打败对方。为处理心理冲突，必须在心理系统内进行组织或者再组织，并一直持续到青春期。

5. 青春期（13～17岁）

进入青春期的青少年，必须摆脱对于儿童期最重要的人的依恋，并尽快放弃先前的快乐与追求。他们要求追求成人的性、爱与责任，寻求崭新的人际关系，追寻新的价值、标准与目标。这需要重新定向，以迈向作为一名成人的未来生活。

"青春期男孩第一次射精通常导致手淫，所以射精可能恢复阉割恐惧并激起内疚冲突。女孩月经的开始激起潜在的甚至危险的冲突，因为生殖器流血会恢复生殖器是被阉割的这一信念。许多女孩拒绝接受月经，试图否认并隐藏它，在月经期伴有禁止的身体活动。但许多女性相互公开谈论月经，甚至和成人谈，而男孩试图隐藏青年期的生理展现并只秘密地彼此谈论。对青春期生理表现的焦虑而矛盾的反应会导致向身体、心理和智力的显著变化的转移，这些是青少年成熟过程的结果。这些变化对青春期的自我和超我的修正施加显著的影响，并因此影响同一性感的形成。如果男孩感到内疚，并对射精感到羞耻，他会在身体和阴茎的成长中获得更多骄傲。他迫不及待要看到第二性特征的出现，即胡须和声音的变化。这些变化的来临会再次激起羞耻而不是混合的骄傲感。女孩因乳房的长大、腋下和阴毛的出现以及女性曲线的发展而感到骄傲，这些骄傲通常与羞耻感混合在一起。粉刺的出现也让青少年烦恼，它强化青少年的羞耻反应，因为粉刺可能被认为是由手淫所导致的。"[1]

青少年要重建、重组并重新巩固已崩溃了的防御系统，放弃乱伦的性与敌意的欲望。他们必须从父母的情感纽带中解脱出来，从而允许朝向同代人的重新定向，允许正常调整到成人的社会现实。超我的形成有助于青少年解决心理冲突，他们能否成功解决心理冲突，对于形成同一性与发展人格会产生作用影响。雅可布森指出，对于青少年的最终分离，如果父母拒绝接受，就会慢性致病，使得青少年形成自恋型人格。在此发展过程中如果存在一些障碍，会导致不同程度的抑郁症。

### （四）雅可布森对需要心理学的贡献与其局限

雅可布森的主要理论贡献有，扩展了自我心理学的理论内涵，特别是对超我的形成进行了深入探讨，提出了一个具有较大包容性的整合的自我模式，对客体关系理论的发展产生了推动作用，对抑郁症的系统研究与治疗做了开创性的工作。

她的理论局限体现在，没有摆脱弗洛伊德的生物学倾向，依赖于成人的回忆来推导个体的早期发展，由临床经验推断正常儿童的心理发展路径等。尽管如此，雅可布森的思想对同时代及后来的许多精神分析理论家都产生了深远的影响。

## 四、埃里克森的自我心理学思想

爱利克·埃里克森（Erik Homburger Erikson，1902—1994）出生于德国的法兰克福，仅接受过大学预科教育。1933年参加维也纳精神分析学会，并随安娜·弗洛伊德从事儿童精神分析工作，同年到美国波士顿开业进行精神分析。1936年—1939年任职于耶鲁大学医学研究院精神病学系。在此期间，先后结识了心理学家亨利·默里、库尔德·勒温等人和人类学家鲁恩·本尼迪克特、米德等人。1939年—1944年参加利福尼亚大学伯克莱分校儿童福利研

---

[1] 郭本禹，郭慧，王东. 自我心理学：斯皮茨、玛勒、雅可布森研究 [M]. 福州：福建教育出版社，2011年6月第1版，321页。

究所的纵向"儿童指导研究"。20世纪40年代，他曾到印第安人的苏族和尤洛克部落从事儿童的跨文化现场调查。1950年，因拒绝在忠诚宣言上签名，离开加利福尼亚大学。1951年—1960年任匹茨堡大学医学院精神病学教授。1960年—1970年任哈佛大学人类发展学教授，直到退休。埃里克森的主要著作有：《儿童与社会》（1950，1963）、《同一性与生命周期》（1959）、《理解与责任》（1964）、《同性：青春期与危机》（1968）、《新的同一性维度》（1974）、《生命历史与历史时刻》（1975）、《游戏与理由》（1977）、《生命周期的完成》（1982）等。

埃里克森重视社会环境对自我的作用，从生物、心理与社会环境3个方面来考察自我的发展，强调自我及其同一性，坚持人格发展的渐成论原则，提出了人格发展的8个阶段。

### （一）自我及同一性

埃里克森热烈拥护弗洛伊德学说，赞同弗洛伊德把人格结构划分为伊底、自我与超我，但他对自我的理解与弗洛伊德是不同的。埃里克森视自我为一个独立的力量，而不是伊底与超我压迫的产物。他认为自我是包含着人的意识活动且能加以控制的心理过程。他把自我看作是人的过去经验与当前经验的综合体，并能够把人的内部发展与社会发展综合起来，引导心理性欲朝着合理的方向发展，能够决定个人的命运。自我过程已不再具有重要的防御性，表现出带有自主性的游戏、言语、思想与行动等，能够适应内外部的力量。

埃里克森赋予自我许多弗洛伊德从未提到的积极特点，诸如信任与希望、独立性与意志、自主性和决心、勤奋和胜任、同一性和忠诚、亲密与爱、创造与关心、统整与智慧，等等。他认为，健康的自我具有这些特性，它有助于创造性地解决人生发展每一阶段所产生的问题。

他认为自我的同一性起源于婴儿期，要到青春期才能正式形成。他非常重视同一性，并对个人同一性与自我同一性进行了区分。"具有一种个人同一性的意识感基于两种同时进行的观察：一个人对在时空中存在的自我一致性和连续性的知觉以及别人认识到一个人的一致性和连续性这一事实的知觉。而我所说的自我同一性，其所牵涉的不仅仅是存在的事实，而且是这种存在的自我品质。因此自我同一性就其主观性方面而言，乃是对于这一事实的觉知，即自我的进行综合的方法亦即一个人个性的风格存在着一致性和连续性；而且这种风格是与一个人在本社区内在意义上与其有密切关系的别人的一致性和连续性是相符合的。"[1]

他认为，健康自我具有建设性的机能，必须保持自我同一性感或心理社会同一性感。这一复杂的内部状态包含 4 个方面：①个体性（individuality），指个体所意识到的一种独特感，是不同的、独立存在的实体；②整体性与整合感（wholeness and synthesis），指产生于自我的潜意识整合作用下一种内在的整体感，儿童在成长中形成许多零碎的自我表象，健康的自我将它们整合成一种有意义的整体；③一致性与连续性（sameness and continuity），指潜意识地追求过去、现在与未来之间的内在一致和连续感，在一个生命连贯性的感受中朝着有意义的方向前进；④社会团结性（social solidarity），指具有团体的理想及价值的内在团结感，能够感受到社会的支持与认可。他指出，在错综复杂的人类社会中，如果没有自我同一性感就会缺乏生存感。剥夺同一性会导致残杀。同一性混乱或角色混乱是与同一性相反的极端，即通常所说的同一性危机。它指的是只有内在零星的少量的同一性感，或感受不到个体生命是向前发展的，不能按一种满意的社会角色行事，或得不到职业所提供的支持。

### （二）人格发展的渐成性原则

埃里克森认为人格的发展是遵循渐成性原则（epigenetic principle）的。这个原则借用了有机体在子宫内生长的概念。他概括道："这个原则表明，任何生长的东西都有一个基本方案，各部分从这个方案中发生，每一部分在某一时间各有其特殊优势，直到所有部分都发生，进而形成一个有功能的整体为止。"[2]

[1] ［美］埃里克·H·埃里克森.同一性：青少年与危机［M］.孙名之译.北京：中央编译出版社，2017年2月第1版，30页。
[2] ［美］埃里克·H·埃里克森.同一性：青少年与危机［M］.孙名之译.北京：中央编译出版社，2017年2月第1版，63页。

他视个人的发展为一个逐步进化的过程，把人的一生看作一个生命周期，并划分出 8 个阶段。这些阶段是由遗传因素所决定的，以不变的序列逐渐展开，并且普遍存在于不同的文化中。但每个阶段能否顺利地度过则取决于社会环境，在不同的社会文化中，各阶段出现的时间可能是不一致的。在个体发展过程中，以自我为主导，按照自我成熟的时间表，把内心生活与社会任务相结合，形成了一个既有阶段性又有连续性的心理社会发展过程，从而区别于弗洛伊德的心理性欲发展过程。

埃里克森主张，人格发展的每个阶段都是由一对冲突或者两极对立所组成的，并且形成一种危机。这里所谓的危机不是指一种灾难性的威胁，而是指人格发展过程中的一个重要转折点。积极解决危机，就能增强自我的力量，使得人格健全发展，有助于个体适应环境；消极解决危机，则会削弱自我的力量，导致人格的不健全，阻碍个体去适应环境。而且，前一阶段危机得到积极解决，会提高后阶段危机积极解决的可能性；前一阶段危机进行了消极解决，则会降低后阶段危机积极解决的可能性。每一次危机的解决都存在积极与消极因素，依据哪种因素占优势而称积极的解决或消极的解决。积极因素所占的比率大时，危机解决起来就顺利，消极因素多时则与之则相反。发展健康的人格，必须把每一次危机的正反两个方面都加以综合，否则就会产生弱点。比如，在成长过程中存在一点不信任等消极因素，不能就认为是完全不利的。埃里克森还指出，不仅所有的发展阶段都是依次相互联系的，而且最后一个阶段与第一个阶段之间也是相互关联的。例如，老人对死亡的态度会直接影响到其身边儿童的人格发展。如果老人不害怕死亡，这个儿童就不会惧怕生活。人格的发展阶段以一种循环的形式相互联系，环环相扣形成一个圆圈。

### （三）人格发展的 8 个阶段

埃里克森认为人格的发展经历了 8 个发展阶段，它们并没有严格的时间限制。每一阶段都对人的整个人格的发展做出贡献，其所发挥的作用都符合"后成原则"，包含特殊时期的每一阶段组成了整个生命周期，只有这些阶段都按照次序产生后，才能形成完整的人格。他把弗洛伊德的心理性欲发展理论修正为人格的心理社会发展理论，在心理与社会的交互作用中分析自我，重视社会环境在自我形成与发展中的作用，详述了人格每一发展阶段的普遍问题，和所涉及的冲突与危机，使自我心理学提升到了一个新的高度。

他还用"仪式化"来解释每一个阶段。他把"仪式化"看作礼节与即兴行为的混合物，就像人际间的适应性互动，指的就是儿童在日常的生活中按照社会所要求的方式，或者按照与社会相一致的方式去活动，其目的就是让个体成为社会的一员。仪式化相当于主体接受社会的具体要求并据此采取行动。他进一步指出，最佳状态下的仪式化在可行的文化背景下代表了一种创造性的形成，它可帮助人们避免冲动性的过剩、强迫性的自制、社会失范与道德胁迫。他把仪式化的作用归结为如下几个主要方面：

仪式化可以把对即时需要的满足提升到社会现实之中。所以，当它固着于目前尚不稳定的自我中心感之中，使个体认为自己处在团队或自然与精神世界的中心时，仪式化也给顺从的渴望之类升华心理提供了一些本能行为。

仪式化在传授采用一些社会认可的方法去做一些简单的日常事务时，把婴儿的全能感转化为与之相关的宿命感。

仪式化能够将个体的无价值感转移到个体所处的文化之中或者局外人的身上，这些局外人并不知道怎样正确地处理事情。

仪式化可以利用人们不断发展的用以辨别群体与事物好坏的认知能力，让新兴起的认知模式服务于一个团体的共同愿景。

仪式化在每个连续的发展阶段帮助儿童发展所有仪式感中的重要部分，这些重要部分在成人仪式中也是重要的元素。

仪式化把社会分化的经历发展成了所有功能性社会里的主要机构都不可缺少的部分。社会分化的经历指的是规范行为与罪疚行为间的区别，在成年期这些行为就会处于法律情境之下。

"最后，仪式化为独立人格的逐步发展建立了一个社会心理基础。在青少年时期，这个独立人格被局限于各种'确定'（confirmation）仪式之中。这是一个'二次诞生'的过程。这样的'二次诞生'能够把整个童年时期的身份认同整合到一个世界观和信仰系统之中，同时把所有的希望和想象——这些希望和想象逐渐变得令人生厌，会让个体想起比人类'低级'的物种——标志为

'异于他人'。"[1]

1.基本信任对基本不信任（0～1岁）

这一阶段相当于弗洛伊德的口唇期，它的中心问题是"我生下来是什么样子"。婴儿开始出现同一性的最早期感觉，此感觉在婴儿与其母亲接触的过程中产生。此时婴儿都是以母亲为媒介同外界发生作用的，在母亲喂养、搂抱满足其各种需要的过程中，婴儿产生了一种对自己与世界的基本态度。如果母亲能够对婴儿的哭闹及时作出心甘情愿的反应，婴儿就会感觉到世界是安全的，形成一种基本信任的态度。

埃里克森指出："社会信任在婴儿身上的首次显现体现在他是否容易被喂养、是否入睡和肠道是否容易放松。他们关于与日俱增的接受能力和养育技巧相互调节的经历，帮助他们平衡体内不成熟造成的不适。在逐渐增加的清醒时刻，他们发现越来越多的冒险唤醒了一种熟悉感，与内心的善良感一致。舒适的形式，对婴儿来说如同肠道的不适一般熟悉。接着，婴儿的首次社会成就，便是自愿让母亲远离视线，不会带着过度焦虑或者愤怒，因为母亲已经变成一种内心确证的存在和外在可预见性的存在。这种具有连贯性、持续性以及一致性的经验提供了一种基本的自我同一性，我认为这种观念基于某种认可，是记忆中以及期望的感觉和图像的内在总体，同熟悉以及可预见的人与事物的外在总体有稳固的联系。"[2]

当父母限制、反对婴儿某一方面的需要时，这种基本信任感就会破裂。婴儿认为这个世界是不可信任的，并产生一种基本的不信任感。这是一个接受和获取的阶段，被剥夺、被分裂与被遗弃都留下了基本不信任的痕迹。由于父母要按照社会的标准来要求孩子，这种基本的不信任感就是不可避免的，同时它对于人格的形成也是很重要的。

基本信任与基本不信任并存。当两者的比例适当时，婴儿产生此时期的良

---

[1]［美］爱利克·埃里克森.游戏与理智［M］.罗山译.北京：世界图书出版有限公司北京分公司，2017年1月第1版，61、62页。

[2]［美］爱利克·埃里克森.童年与社会［M］.高丹妮，李妮译.北京：世界图书出版有限公司北京分公司，2018年1月第1版，227页。

好品质，即一种优越的愿望，也是最早的不可或缺的美德。此阶段人格的一个重要特征是愿望的形成。愿望产生的基础与可信任的父母相联系，任何愿望都是在这个母婴世界产生的。随着经验的积累，婴儿又形成新的愿望，并且练就了一种放弃旧愿望的能力，学会了分析哪些愿望可能指导将来的活动。

婴儿自我的首要任务，与所有母性关怀的首要任务，就是确立基本存在中基本信任与基本不信任之间的核心冲突解决的持久模式。源于婴儿早期经验的信任取决于其与母亲关系的品质，母亲把信任的观念留在婴儿心中的方式，结合了对婴儿需要的敏锐关注与个人信任感及其所处文化的信任结构，而这又构成了婴儿身份感的基础。

埃里克森认为信任会变成信仰能力，即人们必须发现在制度上得到确认的重大需要。他指出："当宗教丧失了它的实际存在力量时，一个时代似乎必须为从共同世界意象中获得活力的生命，寻找其他共同敬畏的形式。因为只有一个合情合理的连贯世界，才能提供一种信仰，由母亲以注入希望活力的方式传递给婴儿，这种希望也就是一种持久的心理倾向，相信主要的欲望可以不顾混乱的冲动和依赖性的愤怒而终究可以得到实现。最早儿童期的同一性获得的最简短的公式可以很好地表达为：我就是我所希望自己占有的和给予的。"[1]

该阶段的仪式化是有关神圣因素的。埃里克森认为仪式化的首要功能就是克服不确定性。这个时期的婴儿会产生一种无法被定期的亲密与互动所能平衡掉的被隔离、被抛弃的感觉，这种原始而模糊的确认有一种神圣感，它为制定人类仪式贡献了一种普适因素，埃里克森称其为神圣要素。宗教就宣称对这种神圣要素能全部掌握。教徒们相信，通过一些特定手势可表明对神明的臣服，对天真信念的探寻；献祭就能保证得到神的庇佑。神圣要素可确保人们的超然独立，并肯定其独特性，从而给予人们的自我感一个特定基础，在所有"我"的相互确认中不断更新这种自我感。

---

[1]［美］埃里克·H·埃里克森.同一性：青少年与危机［M］.孙名之译.北京：中央编译出版社，2017年2月第1版，74、75页。

2. 自主对羞愧、怀疑：（1～3岁）

该阶段相当于弗洛伊德的肛门期，它的中心问题是"我将要成为什么样"。这时的儿童逐步明白自己的期望是什么，懂得自己的责任与权力，弄清自己所受的限制。此时期存在的一种矛盾现象是儿童在生理限制下还不能独立活动，但他们有强烈的独立活动的愿望，要去抓或拿，独立地来回走动，依靠自己站立起来。正是在这些自愿的活动中，儿童要求能够自我控制。这样，父母一方面要鼓励孩子独立活动，让其学会自我控制，并且形成一种自主感；另一方面要照顾活动中的孩子，对其提出一些要求，让其按照社会规范活动，于是儿童会感到自己的渺小与软弱，从而产生羞愧与怀疑。羞愧指的是个体在没有准备的情况下引起了他人的注意，并意识到自身完全暴露在了他人面前。怀疑依赖于正反两方面的意识，特别是会被他人支配与侵占的身体背面。此时如果父母对孩子的要求过于严厉，即消极解决该阶段的危机，儿童就会感觉到失去了自我控制或被过度控制，体验到强烈的羞耻感，从而怀疑自己的能力与外部世界。

三者对于人格的形成都是很重要的，影响了爱和恨、合作与任性、自由表达和压抑的占比。如果积极解决了该阶段的危机，使三者间达到恰当的比例，会让儿童从自控、自尊中获得持久的意志与骄傲，形成一种意志品质，即一种好的意志力、一种自我控制的能力。意志成为此时的基本力量，儿童在有利环境中可愉快地表达自己的意志，并能对其加以合理的利用。这就是人类自由意志的个体发生起源。父母对儿童所表现出来的理智、容忍性与在现实中的坚强性，会让形成有理智的自我容忍与坚定的人格特征。

这个阶段的仪式化让儿童形成了一种区分善恶的能力，包括公正（judicious）要素和守法主义（legalism）。公正结合了"法律"与"文字"的意思。通过表达赞成与不赞成的语言文字，把对与错、干净与肮脏间的区别和外部法规及内在良知联系起来，演变成人类所有仪式中能反映制裁者与越界者之间区别的这个重要方面。这时儿童明确了哪些是社会许可的，哪些是越轨的活动。在此之前，儿童行为的好坏都是由父母来判定的。但到了这个阶段，儿童已能够自我审视，根据自己的意志做出正确的选择，并学会照顾好自己。埃里克森指出："在我们的一生当中，在成人世界的司法仪式中达到顶峰的好与坏、干净与肮脏之间的界限建立构成了所有仪式化的标准：有意义的规整；从细节到全程的礼节性注意；超越了每个参与者或者行为本身的象征意义；所有相关人士（包括忏悔的被告）的相互鼓励；一种不可或缺的感觉。因为这个公正要素也是人类的系统发生适应以及个体发生发展中不可或缺的。"[1]这期间仪式化的第二个要素就是守法主义，它毫无悔恨之心地展示正义，或者不顾及对罪犯还是他人有利，一味地坚持曝光与孤立罪犯。

3. 主动对内疚：（3～5岁）

3～5岁的儿童发展到一个新阶段，这时的中心问题是"我能把自己想象成为什么样子"。儿童产生了"自己是一个人"的强烈感觉，发现了自己是怎样一种人。决定与父母哪一方是自己认同的对象是此时儿童的关键问题。除恋亲驱力外，儿童自身活动范围的扩大、对语言的理解与运用和想象的扩张，这三方面的变化构成了新的危机。

该阶段相当于弗洛伊德的性器期，其典型特征是发展了自主的创造性活动能力，会产生新奇的想法，出现不可思议的幻想，产生一种作为现实主义野心感与目的感基础的主动感。在前两个阶段形成的信赖与自主基础上，儿童在此阶段，还增加了承担、计划与执行任务的品质，使其能预期自己创造活动的结果，显得活跃和处于行动之中。他们仅允许自己的兄弟姐妹或其他孩子进入自己的小天地。男孩要求得到母亲更多的照料与注意，而把父亲看作竞争对手。然而父亲是强有力的，因此他便内化这种想象，并以父亲的角色自居。女孩则与之相反。

此时的危险在于，儿童因在预期目标及发起的行为中享受新的运动能力与精神力量而产生一种内疚感。带有侵略性与强迫性的行为远超过身心的实践能力，所以要遏制自己的主动性。他们还会有关于生殖的、攻击性的想象及其实现方法的想象。因为这些想象不能为人们所接受，从而会有一种负罪感。

主动和内疚间的冲突的积极解决，会产生目的性这种良好品质。目的就是

---

[1]　[美]爱利克·埃里克森.游戏与理智[M].罗山译.北京：世界图书出版有限公司北京分公司，2017年1月第1版，74、75页。

鼓励人们追求有价值目标的力量，而这种有价值的目标是不会被失败的幻想、负罪感、对惩罚的恐惧所阻止的。随着儿童把外界标准内化为自己的伦理道德的指南，他们就形成了自己的目标，并能够为实现这些目标而制定计划。如果消极解决两者间的冲突，就会产生自卑感。

埃里克森强调："主动性的伟大统治者是良心。我们说儿童现在不仅感到害怕被揭露而受到惩罚，并且还可以听见自我观察、自我指导和自我惩罚的'心声'，它使儿童内心产生了彻底的分裂：一种新而强有力的疏远。这是道德的个体发生学基础。但是从人的活力观点来看，如果性情太急的成人给这个伟大的成就增加了过分的负担，则可使精神和道德两受其害。因为儿童的良心可以是原始的、残酷的、不可调和的，如我们在一些情况中看到的那样，有时儿童学会了约束自己且已到了全部抑制的程度；有时他们所表现的顺从实际上超出了父母希望的程度；有时产生深刻的退化和持久的怨恨，因为父母自己并没有在儿童心中培养出良心。人生最深刻的冲突之一是由对父母的恨所引起的。父母最初充当模范和良心的执行者，但是后来却被发觉他们偷偷想做成的事情正是儿童本身不能容忍的违法事件。所以儿童开始觉得，整个事件并不是一个普遍的德行，不过是一种专横的力量。超我的'不全则无'这一性质应用于猜疑和推诿，使说教者对自己和同伴都造成了极大的潜在危险。道德可以变成报复性和压制别人的同义词。"[1]

该阶段对以后同一性发展的重要贡献，明显表现在解放儿童的主动性与目的感，允许运用各种能力去完成成人的任务。儿童牢固建立起坚持成长不惧罪疚的信念："我就是自己所想象的能够成为的我。"

这个时期仪式化的要素是戏剧化。儿童主动参加各种游戏活动，他们穿上各式服装把自己装扮成各类人或动物，模仿成人的人格特征。他们可以利用玩具创造出连贯的场景，其中含有冲突转变和各种解决办法。游戏中通常都有包含自我理想的自我形象，儿童在幻想的世界中想象自己是理性场景里的理智角

---

[1]［美］埃里克·H·埃里克森.同一性：青少年与危机［M］.孙名之译.北京：中央编译出版社，2017年2月第1版，84页。

色，能相应地惩罚那些没有达标的自我。这会大大地促进以后儿童对社会仪式规则的理解与掌握。自我谴责会导致真正的内疚感，在游戏中所表达出的这种无法逃离的内疚感正是戏剧要素在个体身上得以发生的基础。所有仪式化行为的另一个主题，也是这时期儿童游戏的一个共同主题就是内疚感，相当于弗洛伊德所命名的俄狄浦斯（Oedipus）情结。在所有主动儿童游戏期虚幻生活的首创精神中，禁止任何取代而非模仿同性别父母的想法，这是构建其他想象力更加丰富的角色所要付出的代价。过度内疚会导致精神上的压抑，并且抑制首创精神。

埃里克森指出："仪式化的要素通过人们的角色扮演而走进了人们的生活，同时给人类建立了一个特殊而普遍的仪式主义形式，即在现实和历史的舞台上进行模仿和角色扮演的形式。关于这个'立场'（stance）的模仿，我们指的不是去模仿一些更有才华的、更有趣的戏剧性行为。即是说，人类需要体验站在舞台中央的感觉，或者不在中心、处于边缘、无名（nameless）的感觉。"[1]

4. 勤奋对自卑：（5~12岁）

这一阶段相当于弗洛伊德的潜伏期，其中心问题是"我要成为我所学习的那个样子"。儿童必须忘掉昔日的期望与心愿，用包括减量化、再利用、再循环的"3R"原则在内的客观法则，限制其生机勃勃的想象力，开始进入学校接受正规的教育。他们发现通过坚持不懈的勤奋努力，学会因制作而赢得奖励。原先对玩具与游戏的兴趣，逐渐转移到对生产性情况和工作工具的兴趣，为能圆满地完成自己的工作而感到欣喜。此时的儿童调整自我来适应工具社会的人造法则，形成一种勤勉的感觉并发展勤奋的理念。

该阶段的危险是儿童会产生自卑感，即产生对自己与其任务的疏远。一个儿童无论是在家里还是在学校，对自己的技能与所用工具，或伙伴中的地位感到失望，因自己的学业或制作常遭到老师与父母的指责，就会认定自己能力不足或是平庸之辈，丧失勤奋感而形成一种自卑感。

---

[1]　[美] 爱利克·埃里克森. 游戏与理智 [M]. 罗山译. 北京：世界图书出版有限公司北京分公司，2017年1月第1版，80、81页。

　　另一方面，由于勤奋意味着与他人一起做事，会最初意识到劳动分工与机遇差别，产生对技术理念的意识，是一个在社交上最具决定性的阶段。但是如果人们过于勤奋，就会过高估计工作的意义，无视其他重要的需要，甚至把工作看成唯一的义务，使自己成为技术与压迫者的没有思想的奴隶，变得一味服从、墨守成规。

　　勤奋感一般优于自卑感且两者间比例适当，人格就会出现能力这种重要美德。能力是在此期间儿童的自卑感所阻止不了的，是在完成任务时自如地运用灵巧与智力。埃里克森认为，通过前面几个阶段的发展，儿童拥有了愿望、意志和目的等品质，使得儿童形成对自己将来要从事工作的基本看法，现在儿童需要有实现其目标的方法，想学会使用各种工具的方法，发展工作时所需的智力与能力并形成技巧，通过运用这些能力可消除或减弱自卑感。

　　此时还是一个在社会意义上最具决定性的阶段，儿童在学习活动中会发展起一种最初分工与机遇不同的感觉。有意义的学校生活，支持儿童心中自由运用技巧与智力的胜任感。在讨论该阶段的同一性问题时，埃里克森指出："因为随着与技巧和工具世界以及与教授和应用它们的人建立起一种牢固的初步关系，随着青春期的开始，儿童期本身已告结束。又因为人不仅是学习的，而且是传授的，而归根到底是工作的动物，于是在校时期对于同一感的直接贡献可以用这样一句话来表达：'我就是我所能学会进行工作的我。'（I am what I can learn to make work.）可以很明显地看出，对于任何时候的绝大部分人来说，这不仅是他们的同一性的开始，而且是一种限制。更恰当地说，大多数人已围绕着他们的技术和专业能力巩固了自己的同一性需要，只让一些特殊的集体（在出生、选择或选举和天资方面表现特殊的）去建立和保存那些'较高级'的公共机构。没有这些结构，人的日常生活即使不是一件苦事，甚至应该咒骂，也是一种不适当的自我表现。"[1]

　　这个时期人格仪式化的要素是正式要素，可为前期要素提供一个具有约束

[1]［美］埃里克·H·埃里克森.同一性：青少年与危机［M］.孙名之译.北京：中央编译出版社，2017年2月第1版，90页。

力的规则，以便将其放到适当行为与整体技术质量的时间序列之中。制造事物与事实的强烈精神与情感渴望让儿童知道能利用它们做些什么，从而创造出一些永恒的形式，并在学龄期发展成熟。这种方法性的仪式化是指在工作学习中都要运用一定的方式、方法，学习那种取得较好效果的正确的操作方法与技巧，使得儿童在学校中变得真正具有合作性，在规定性任务中学到一些对经济技术性系统来说非常重要的基本技术。这种方法性的仪式化还必须与一个功能性与理想化的生活方式紧密联系起来。

5. 自我同一性和角色混乱：（12～26岁）

青春期是一个用来整合此前儿童期的同一性各成分的合法延缓期（moratorium）。完整而健康的自我同一性要在以前形成完整的同一性的基础上来完成。第一、第二阶段完成了机体的同一性；第三、第四阶段完成了社会角色的同一性。只有这两种同一性形成后，才有可能完成本阶段的同一性。

这个时期的同一性感觉是青年感觉到自己是特殊的个体，能够适应一定意义上的社会角色。不管是适应性还是创造性的角色，青年开始意识到自己的遗传特征，能预见个人将来的奋斗目标，能预测自己实现目标的力量及对该目标控制的程度，可评估个人此时的现状，还能确定未来的变化，同时也在制定个人的职业发展计划。青春期的自我形成一种认同环境的能力，要学会确定什么样的角色对其来说最合适、最有效。所有这些自我选择的特征整合起来就构成了个体的心理社会同一性。

埃里克森指出："这种以自我同一性的形式存在的身份整合远大于个体在童年时期获得的各种身份的简单相加。这是一种自我将所有身份同性欲的变迁、后天能力以及社会角色所提供的机遇整合为一体的经验的积累。自我同一性是一种因个体内在的一致性和持续性与他人对他的一致性和持续性的看法相匹配而产生的自信，这在切实的'职业'承诺中得到了证实。"[1]

这是一个从童年转变到成年的时期，这是一种不易完成的转变。由于社会

[1]　[美]爱利克·埃里克森.童年与社会[M].高丹妮，李妮译.北京：世界图书出版有限公司北京分公司，2018年1月第1版，241页。

历史的变化，及个体同一性形成往往遭受到磨难，就可能出现角色混乱的危险。这种危机状态导致青年感觉到一种疏离，形成焦虑与空虚感。他们感到必须做出某种重要的决断，但由于缺乏做决断的能力他们自己无法做到这一点。他们要成为某种社会角色也难以实现，没有能力获得职业身份会困扰年轻人。尤其是当他人与社会做某种决断时，他们就会更加反感。他人对于作为青年人个体自身的看法受到其深深的关注，从而使其非常容易陷入极端的困境之中。

由于自我同一性的混乱，青年人感到自己不是在发展，而是回归到了童年，其行为由于这种混乱的状态而变得很不一致，甚至是不可预测的。他们可能非常保守，为了防止他人的反对而不愿接近任何人。他们也可能过度认同大众英雄，甚至在表面上完全丧失个性。角色混乱还会导致产生消极的同一性。这是一种对自己坏的、无价值特征的感觉。人们往往把消极同一性投射到他人身上，而产生如偏见、犯罪和歧视他人的社会病理现象。

解决青年同一性的危机问题就是要理顺这种转化，防止角色混乱，促使其形成稳定的自我同一性，产生该阶段的优良品质——忠诚。这时的青年性生理已经成熟，并在许多方面产生了责任感，但并不急于为人父母。年轻人一方面力图把自己同化到成年生活类型中；另一方面又反对如成人般的性自由，其行为会出现摆动的现象，时而会有不理智的冲动行为；有时则抑制这种行为，以寻求关于自己的内在认识与理解。总而言之，年轻人形成了忠诚这种特殊的价值。他们通过确定自己的信念、认识真理与发展友谊等来完善这种忠诚。

青春期是思想意识的仪式时期，与包含自我和真相的理想要素有关。为年轻人所掌握的思想意识综合了各种信念，把以前阶段所形成的仪式化要素与理想要素也结合起来，并把所有自我怀疑都投射到别人身上。尽管有种类繁多的自我矛盾形象，但青年会设想一个最让人安心的工作角色。青少年往往通过自发性仪式将其相互间的关系仪式化，并把自己这一代与拥有一切的成人和一无所有的婴儿区分开来。他们或者转向正式惯例与仪式，正是由于这些认可、毕业和入职的正式承诺，才让青少年成为社会中负责任的一员。年轻人会想象自己的未来，并在这种想象中成为后代的仪式化典范。除非广泛或强烈地有一种迫切要求更新的自我感，否则只有坚定的信念才能把仪式化在系统发生过程中所形成的各种要素，在能提供一致想法与理想的一个世界观中结合起来。

埃里克森把为青年人所保留的仪式要素称作极权主义，指的是一种在一个观念系统中绝对理想的狂热而独特的偏见，有时可能是一种盲目的先入为主的偏见，但自认为其观点无疑是正确的。这非常匹配于年轻人特有的自恋心理和意识形态的理想建构趋势。"此外，身份认同阶段会融合进亲密阶段中。这也是工作、友情和爱情的亲和需要中的一种连续的相互关系。这也给仪式化增添了一些情感要素。从仪式化的方面来说，它是一种共同的自恋心理，常常以特别团体中精英主义的形式出现。最明显的是，共同爱好和嗜好的示范，热情建议和严厉批判的示范，都普遍存在于年轻人在爱情、工作、友情或是意识形态中的交流和行为中。这些示范使得人类的内在结合得以完善，而内在结合在人类的婚礼仪式中得到了确认。通过问候仪式，我们便可以知道，对于鸟儿来说，婚礼仪式就意味着它们很合得来，能够一起繁殖后代。在人类的生活中，婚礼仪式就意味着各自的个性相似（或者互补），能够让两个人走到一起，并且一起生活，生育后代。"[1]

6. 亲密对孤独（20～24岁）

这个时期的年轻人渴望自己的同一性与他人的同一性产生共鸣，力图寻求亲密接触，准备好了与他人建立具体的依附与伙伴关系并发展出要做出牺牲与妥协的遵守承诺的道德力量。尽管在此以前，人们为了寻求自己的同一性会限制自己的性生活，如今年轻人在生活中第一次与自己的伴侣发生了性接触。他们想去爱别人并让别人爱自己，致力于同自己信任的人建立亲密的关系。青年必须现在成为器官模式与核心冲突的主人，从而能在性行为的联合中，在亲密友谊及身体对抗和新发展的经验中，让个体能够面对自我受损的恐惧。但是如果害怕失去自我而逃避，就会使亲密感受阻，而出现本阶段的危机，即形成一种深切的孤独感和情感内投。虽然这是人格中必要的组成部分，但是过度的孤独感会导致人格变态。

---

[1]　［美］爱利克·埃里克森. 游戏与理智［M］. 罗山译. 北京：世界图书出版有限公司北京分公司，2017年1月第1版，87页。

真正的生殖力在此期间得到完全发展，经常把生殖性描述为一种性爱互惠的永恒状态。埃里克森指出："为了具有永恒的社会意义，生殖力的理想国应当包括：①性高潮的相互关系；②和相爱的伴侣一起；③和另一性；④希望并能够同对方相互信任；⑤希望并能够同对方一起调节：工作、生育、娱乐；⑥为了使子孙安全，所有阶段必须实现令人满意的发展。"[1]

爱是这个时期所形成的优良品质，这种品质在其他阶段也有所发展，比如儿童对于母亲的爱，青年人的友情，及成人对他人的关心。然而真正的爱的品质是在青年以后才形成的，抑制内在分裂机能基础上的相互献身才是真爱。青年的同一性有赖于自己的伴侣，他们相亲相爱，并准备养育自己的孩子。他们发展出的这种选择性的相互忠诚的爱情，服务于共享同一性，能克服性欲与官能的分化中所固有的对抗性，可为年轻的成人维持生命的活力。现在青年依据"我们是我们所爱的"，来增强其同一性。

该阶段的仪式化是交往的仪式化，年轻人希望与同伴一起工作，在交往中发展友谊与爱情。

7. 繁衍对停滞：（25～65岁）

这个时期相当于成年中期，其突出的特点是成人对自己所生产东西的关心，如自己的子孙与思想等，特别是关注成长着的下一代。"繁衍，首先意味着生育和指引下一代，尽管有一些个体因为不幸或者在其他方面存在特殊的天赋而不愿把繁衍的动力用于生育后代。繁衍还意味着生产能力和创造能力，但这些都不能代替繁衍。"[2]个体灵魂与身体的碰撞会产生对自我兴趣的逐渐扩展，并在繁衍出的事物上投入精力。这种具有社会价值的繁衍对于人格的心理性欲和心理社会方面的发展都是很重要的。但如果这时自己的产品弱小到不能表现出来，或繁衍性受到压抑，就会产生对伪亲密感的强迫性需求和一种普遍的停滞感与贫瘠感。

---

[1]［美］爱利克·埃里克森. 童年与社会［M］. 高丹妮，李妮译. 北京：世界图书出版有限公司北京分公司，2018年1月第1版，245页。

[2]［美］爱利克·埃里克森. 童年与社会［M］. 高丹妮，李妮译. 北京：世界图书出版有限公司北京分公司，2018年1月第1版，246页。

这个阶段所形成的优良品质是关心。它表现于成人对他人尤其是对需要照料的人的关心爱护上，表现在与其他人共享自己的知识和经验，还表现在成人要求被别人需要，要求得到他人的指引，要求从其所生产出来、必须接受照料的对象那里得到鼓励。这种品质通过成人对孩子的养育、教导与监督等活动来形成与体现。作为一个物种的人类有教育下一代的需要，人们为能够教育自己的孩子及他人而得到满足，甚至因自己能训练一种动物而深感充实。成人在人生历程中学习了许多知识经验，适应了自己习得的生活方式，他们乐于将其保留下来并传给下一代，以满足关心和教导下一代这种社会文化延续的需要。

埃里克森认为："无论成年期的仪式需要个体的祖先，还是需要文化英雄、精神寄托、神灵、国王、宪法的认可，他们首先需要做的都是回应和确认儿童期和青春期的非正式的仪式化。这是文化的整合。这些非正式的仪式化也支持着成年期，因为成熟的需要包括在仪式化的角色中被强化的需要，这就意味着要作好准备成为下一代人眼中的精神典范，也意味着我们要扮演惩恶法官的形象，成为理想观念的传播者。因此，我将仪式化中存在于成年期的要素成为繁衍要素。它包括一些附加仪式，例如养育和说教，生育和治疗，等等。当一个成年人穿上了权威的斗篷，他必须要告诉自己'我知道我在干什么'。"[1]该时期的仪式化就是接代的仪式化。成年人要做父母，要养育孩子，担任把理想价值传递给下一代的中介。与之相反的便是自以为是的权威主义。

8. 整合对绝望：（65岁以后）

成人约从65岁开始进入成年晚期，即通常所说的老年期。此时最突出的特点是产生个人整合的完整感。这是当个体观察到自己的事物、人际、产品与思想等时所出现的一种状态。纵观其前7个阶段所取得的成就，老人感到自己的生活是有序的，具有一定的意义，就会产生一种整合的感觉。整合是对于自我的自恋式热爱，是不计代价地传达出的对某些世界秩序与精神意识的体验。整合意味着接纳自己唯一的生命周期，并把它看作是不得不存在且不允许有任

---

[1]［美］爱利克·埃里克森. 游戏与理智［M］. 罗山译. 北京：世界图书出版有限公司北京分公司，2017年1月第1版，88页。

何替代的事物。虽然整合的人意识到生活方式的相对性，却能为捍卫自己生活方式的尊严而准备对抗所有的威胁。这样的老人能明白，个人的日常生活都是其特定生命阶段与特定历史时期的巧遇，并知道自身的整合成为人类整合的一部分。这种整合在其所处的文化或文明中得到发展，最终变成一种灵魂遗产，使得死亡也不再制造痛苦。

但是如果整合不足或缺乏，个体就会惧怕死亡，不再视唯一的生命周期为生命的终极意义。这样的老人在生命即将结束时，就会产生一种绝望的感觉。这种绝望意味着个体深感生命苦短，短到来不及开启另一段人生旅程，并尝试选择一条通往整合的新路。又让老人产生一种对社会、历史的失望感，有时还会引起死亡就要来临之际生活已毫无意义的感觉。但是个人完整的感觉如果能够超过此时的绝望感，个人整合的体验就更加深刻。

这个阶段所形成的优良品质就是智慧，此时老人每日的生理和心理活动都变得越来越慢，这种智慧是人们在生命临近结束时对生活本身的强烈关注，维持着在前几阶段积累下来的整合感。"最终的关怀，不管如何深厚，都可以引导个人，即作为一个心理社会动物的人，在他的生命晚年面临一种新的同一性危机形成，我们可以把它表述为：'我就是我能活过来的我。'因此，从生命的各阶段，诸如信仰、意志力、有目的性、胜任、忠诚、爱情、照料、智慧——有生命力的个人力量的所有这些标准——也流入了各种制度的生命之中。没有它们，制度就要衰败。但是在照料和爱情、教育和训练的模型当中，如果缺乏贯注于其中的制度精神，在前后相继的世代中也就没有力量可言了。"[1]

老年人的仪式化是整体的智慧象征，在老年人的智慧品质上得以反应，有时甚至是不明智地装作无所不知。老年人通过仪式化的方法，把死亡看成了其现实性中一个有意义的界限。

埃里克森主张："仪式化和仪式并没有什么规则，这是因为：远远不止重复性或是熟悉性，任何真正的仪式化都弥漫着惊奇的自发性（the spontaneity of

---

[1]　[美]埃里克·H·埃里克森.同一性：青少年与危机[M].孙名之译.北京：中央编译出版社，2017年2月第1版，100页。

surprise）。它是潜在混乱中可识别顺序的一个意外更新。因此，仪式化取决于惊喜和识别的混合（这种混合是创造性互动的灵魂）、内在混乱的重生、身份认同混乱以及社会失范。"[1]

### （四）埃里克森对需要心理学的贡献与其局限

埃里克森的自我心理学思想重视社会环境对自我的作用，从生物、心理与社会环境3个方面来考察自我的发展，强调自我及其同一性，主张健康自我具有建设性的机能，对自我同一性感进行了解析。自我的整合与统一是自我完善需要的基本原则，自我同一感是自我完善感的基础。他还坚持人格发展的渐成论原则，依据人生不同时期必须解决的主要冲突与危机提出了人格发展的8个阶段，分析了各自的特征以及相应的仪式化，从而把自我心理学理论提升到一个新的水平。他所说的每个阶段都必须完成的心理社会任务，其实质就是为满足当时占主导地位的个体需要与社会需要个体化而必须解决的问题，对需要心理学的发展阶段理论有重要启示。

埃里克森理论中包含许多抽象而界定不够清晰的概念，论述中思辨性比科学性更明显，使其理论体系严密性不足。他在考察自我发展3个方面因素时，社会环境主要局限于家庭，在心理方面对于理性的作用有所忽视，主要还是强调生物性，没能摆脱生物化学观点的束缚。

---

［1］［美］爱利克·埃里克森. 游戏与理智［M］. 罗山译. 北京：世界图书出版有限公司北京分公司，2017年1月第1版，90页。

# 第三章　精神分析客体关系学派的需要思想

以弗洛伊德对"本能的对象"的论述为基础，精神分析的客体关系学派把客体关系（即人际关系）尤其是亲子关系置于理论与临床的视野中心，从而形成了独特的客体关系理论。该学派产生并发展于英国，最初由梅兰妮·克莱因（Melanie Klein）创立，英国的费尔贝恩（william Ronald Dodds Fairbairn）、温尼科特（Donald Woods Winnicott）等人为其发展作出了相应的贡献。英国的客体关系理论于 20 世纪 60 年代，经南美洲传播到北美地区，又产生了以美国的科恩伯格（Otto Kernberg）为代表的客体关系理论，并与美国的精神分析自我心理学由彼此对立逐渐走向相互融洽。

## 第一节　精神分析客体关系学派的形成

### 一、弗洛伊德的客体关系观

弗洛伊德在驱力模式下，把力比多看作人的生物本能的体现，它给所有心理活动提供能量并成为其目标。弗洛伊德基本上视人格与心理病理的所有方面都为驱力及其转化形式的一种机能和衍生物，个体与他人的关系也起源于驱力自身的演变。尽管人们通常称弗洛伊德的精神分析为本能理论或驱力结构模式理论，但是在某种程度上，它又带有关系心理学的性质，也就是说它蕴含着客体关系理论的萌芽。

弗洛伊德在论述婴儿焦虑的起源时，已经隐约意识到了客体关系的重要性。例如，儿童害怕待在黑屋子里。他认为实际上儿童害怕的不是黑暗，而是害怕所爱之人的离去。因而只要他证实其所爱的这个人出现了，就能真实地体验到一种确定感与安全感。该观点最早出现于其《性学三论》（1905）一书的脚注中，表明与他人的关系对儿童焦虑的起源产生了影响。

弗洛伊德在形成伊底、自我与超我的人格结构观之后，开始关注自我问题及其与外部世界和他人的关系，真正接触到对于客体关系的描绘。依据人格结构观，自我处在伊底与超我的夹缝中，按照现实原则协调人格结构中各部分间的关系，同时协调机体与环境间的关系，以保持心理结构的平衡。三者的关系实际上是通过力比多能量的流变来实现的。当伊底向客体发送能量时，这部分能量就成为客体力比多，自我认同这个客体，使得客体力比多转变成自我力比多或者自恋力比多。自我力比多放弃性目标而升华为自我理想，也就是超我善的方面。超我接收原来的客体力比多或性力比多中解脱出来的死亡本能或破坏性冲动，以良心的方式来对抗自我。可见，弗洛伊德主要是用驱力的释放来理解客体关系。

弗洛伊德在精神分析的临床实践中，提出了移情、阻抗与反向移情等核心概念，说明他思考临床情境时已重视分析者与被分析者关系的视角。只是由于他在理论上更加关注心理结构的封闭系统，形成了一种单体理论模式，因而情境分析的双体模式不仅没有得到发展，反而与其理论有些矛盾。

总之，弗洛伊德虽然意识到了客体关系的重要性，但并没有把它发展成一个完善的客体关系理论。与弗洛伊德同时代的费伦茨、亚伯拉罕和琼斯等人，在驱力模式下，将其客体观从不同角度进行了发展，并且启发了克莱因与费尔贝恩等人，从而由驱力结构模式转变到关系结构模式。

## 二、其他早期精神分析学家的思想启示

匈牙利著名医生和精神分析学家桑多尔费伦茨（Sándor Ferenczi）对于教育、儿童分析的兴趣，启发了他的学生梅兰妮·克莱因，并成为指引她走上儿童精神分析道路的第一位导师。与弗洛伊德不同的是，费伦茨把注意力由本能转向关系，他首次强调了分析者的人格与行为会严重地影响病人所体验到的与分析者关系的性质，并通过治疗产生影响。他重视分析过程中分析者与病人的交互作用，提出了一种积极疗法或称作母爱式的治疗技术。分析者以和善的态

度，通过充分表现自己的情感，给予患者一种情感上的支持。尽管这种方法后来为其本人和克莱因所否定，但他关于分析者与病人间互动关系的见解，却对后来的客体关系理论家具有启发意义。

影响客体关系理论最大的当推德国精神分析学家卡尔·亚伯拉罕（Karl Abraham）。他不仅引导、鼓励克莱因开展儿童精神分析，而且他的某些研究成果就是客体关系理论的重要组成部分。他对前生殖欲发展阶段的研究是对精神分析做出的最主要也是最基本的贡献。他将弗洛伊德所划分的口唇欲与肛欲阶段又分别细分出两个子阶段。口唇欲阶段再分为第一口唇欲阶段、第二口唇欲阶段。第一口唇欲阶段是前矛盾性的吮吸阶段，婴儿既没有爱也没有恨，其目标就是吮吸。儿童在第二口唇欲阶段，与乳房的关系处于一种矛盾的状态，即希望咬住它并且把它吞没。肛欲阶段再分为第一肛欲阶段、第二肛欲阶段。儿童在第一肛欲阶段具有逐出性和施虐欲；在第二肛欲阶段是保持性和控制性的，这时紧随其后的施虐欲，会把吞没的客体变成粪便排出体外。儿童在第二肛欲阶段开始关注客体的出现，尽管仍施虐性地控制着客体——大便，但仍有保留它的愿望。亚伯拉罕把前生殖欲阶段的客体看成是"部分客体"，它们代替父母解剖学上区分两性特征的部分之间的关系。

弗洛伊德也曾描述过某些与部分对象的关系，例如，婴儿对于乳房的原始欲望反映出，婴儿的第一个客体关系就是与母亲乳房的关系。但弗洛伊德并没有对此予以重视。亚伯拉罕则详细研究了与部分客体的口唇欲和肛欲形式的关系，比如与"部分客体"乳房及其转化形式"部分客体"大便的关系。亚伯拉罕还第一个描述了内部对象在此过程中的丧失，把排便体验为失去了一个内部对象。此外，他关注于口唇欲发展阶段，比弗洛伊德更重视婴儿与母亲间的矛盾关系。亚伯拉罕的这些思想，特别是其关于部分对象与内部对象的观点，对克莱因创立客体关系理论产生了重要的启示作用。

恩斯特·琼斯（Ernest Jones）既是客体关系理论的伯乐，又为客体关系理论做出了直接贡献。他一方面认识到克莱因与费尔贝恩等人研究的重要性，从物质和精神上为他们提供支持，使得英国成了精神分析客体关系理论的发源地。另一方面，对于早期的焦虑——形势问题、由犯罪感引起攻击倾向的意义和女性性欲发展早期阶段进行研究，奠定了克莱因等人的客体关系理论的基础。

### 三、由驱力结构模式向结构模式的转变

克莱因被认为是第一个提出彻底的客体关系理论的人，她跟从费伦茨获得早期分析经验，并将亚伯拉罕提出的内部对象概念化，主张人的正常发展与病理心理都可归因于婴儿的自我与内外部客体间的相互作用，她相对更加重视内部对象经验对于婴儿心理发展的意义。在克莱因提出的对象关系理论中，把自我与客体的关系作为关注的焦点，认为对于发展具有核心意义的就是自我及其内部对象间的关系经验。然而克莱因并为完全抛弃弗洛伊德的驱力理论，而且试图从中客体关系理论寻求支持，相信这些关系中的问题与力比多能量的变迁相关联。可见，克莱因是本能理论、传统的自我心理学和客体关系理论间的一个重要枢纽性人物，其理论发挥了传统的驱力结构模式和后来的关系结构模式间的重要桥梁作用。

与克莱因不同，费尔贝恩则彻底抛弃了弗洛伊德的本能理论，重视客体关系的原发性与动力性。他从人格的核心出发，描绘了自我在竭力达到一个可以求得支持的客体的过程中的奋斗与挣扎。其理论的本质特征，就是把自我看成自身能量的源泉，而驱使自我发展的动力主要是寻求与客体的关系而不是快乐。费尔贝恩拒绝弗洛伊德的心理结构三分法，而是把自出生时就统一的自我概念化，并陈述了对象与自我的分裂及内部心理结构中的冲突。

克莱因与费尔贝恩建立了关系结构模式，他们在客体关系的基础上，视自我为人格内在的一种统整力量，致力于揭示儿童精神结构化的图景。此后，在某些特殊问题上修正、补充、发展客体关系理论的有英国的温尼科特、图特里普与鲍尔比等人。温尼科特考察自我的出现，提供了一个发展理论的基础，它与弗洛伊德和克莱因这些先驱者的发展理论迥然不同。对费尔贝恩与温尼科特的观点，图特里普进一步做了阐明、论证与深化，并首次注意到客体对于自我发展的重要作用。鲍尔比对力比多驱力的中心性予以反驳，在其提出的依恋理论中坚称，中心性的动机就是与特殊人物建立牢固情感联系的倾向，健康心理的形成主要取决于抚育者适当地理解和对儿童的特殊依恋需要加以反应的能

力，而失败的抚育则会造成病态的心理。

伴随日益丰富的客体关系理论研究，客体关系作为一个学派首先出现在英国，继而影响到其他国家与地区的精神分析研究，并且在美国出现了融合自我心理学的趋势，科恩伯格的客体关系研究代表了这一整合的理论。

## 第二节　克莱因与客体关系学派的建立

梅兰妮·克莱因（Melanie Klein，1882—1960）为德裔英国著名儿童精神分析学家，精神分析客体关系学派的创建者，被誉为"客体关系之母"。她于1900年左右在维也纳大学学习艺术和历史。早年有志于学医，由于过早结婚而作罢。1914年初次接触弗洛伊德的著作，对精神分析产生了非常大的兴趣。1917年接受了费伦茨的分析治疗，在其鼓励下立志从事儿童精神分析工作。1921年应亚伯拉罕之邀担任柏林精神分析研究所儿童治疗专家。1922年加入柏林精神分析学会。1924年—1925年跟随卡尔·亚伯拉罕学习精神分析，因亚伯拉罕的去世而被迫中断学习。1925年应琼斯之邀赴伦敦讲学，于第二年移居伦敦，并在英国精神分析学会一直工作到1960年去世。从1926年至1938年弗洛伊德全家居住在伦敦近13年的时间里，正是克莱因创造力旺盛的时期，也是巩固其在英国精神分析学会地位的时期。30年代中期，在克莱因周围形成了一个分析者团体。英国精神分析学会经过1941年至1945年的对立性大讨论之后，分裂为3个学派：以克莱因为首的"客体关系学派"、以安娜为代表的"维也纳学派"、以温尼科特为代表的"中间小组"。克莱因学派一度成为英国精神分析学的主流。克莱因的客体关系理论在欧洲和拉美产生了巨大影响，其后继者被称作"后克莱因学派"。

她的主要著作有：《儿童精神分析》（1932）、《对精神分析的贡献，1921—1945》（1948）、《精神分析的进展》（合作主编，1952）、《精神分析的新方向》（合作主编，1955）、《感恩与嫉妒》（1957）、《儿童分析记事》（1961）和《我们成人的世界及其他论文》（1963）。1975年，出版克莱因全集（4卷本），包括《爱、犯罪与修复及其他：1921—1945》（卷1）、《儿童精神分析》（卷2）、

《嫉妒与感恩及其他：1946—1963》（卷 3）、《儿童分析记事——从对于一个
10 岁男孩的治疗中分析儿童精神分析的行为》（卷 4）。

　　克莱因的理论观点基本上都是围绕客体关系展开的。她的客体关系学说把
儿童期的自我发育说成取决于各种能引起驱力的客体。儿童在发育早期，先是
与母亲的乳房这样的部分客体而后是与母亲这个整体客体发生联系。婴儿从出
生到 1 岁左右，逐渐形成两个重要的心理构造，她称之为偏执—分裂样心态与
抑郁性心态。它们不仅是焦虑、防御和客体关系的集合，而且成功地组织起了
儿童的内部世界，并在整个发展过程中不断地出现。她观察到，"大约六个月
至三周岁之间是早期俄狄浦斯冲突和超我的形成时期。在这个阶段，正常情况
下，婴儿吮吸（oral sucking）愉悦逐渐被嘴咬（oral-biting）愉悦代替，吮吸愉
悦缺乏导致嘴咬阶段愉悦体验的要求加强"。[1] 这样就比弗洛伊德认定的时间
提前了许多。而是否能得到足够的吮吸愉悦则取决于儿童的喂养方式，儿童精
神疾病与发展缺失的一个最重要的原因就是不恰当的喂养方式。她认为恐惧和
攻击倾向也是在这个阶段出现的，而且它们对于儿童心理的影响，比弗洛伊德
所规定的心理性欲阶段的作用要大得多。她发现，儿童的犯罪感和焦虑、爱与
恨及儿童的内部与外部世界，是复杂地交织在一起的。不同于弗洛伊德，她认
为，即使很小的婴儿也不得不面对爱与恨的对立情感。由于幼儿难以使用自由
联想，克莱因在治疗儿童精神病时，创造性地运用游戏分析治疗技术来揭示儿
童的潜意识动机。之后，游戏疗法在世界范围内得到广泛使用。

## 一、客体及客体关系

　　克莱因理论的核心与特色就是客体关系，其研究集中在母婴关系中较早期
突然发生的冲突，与母亲这一客体的特殊关系影响着婴儿的心理发展。克莱因
把客体关系看作客体间相互联系的方式，或者说"我"与外在的"非我"之间
的联系。这个客体可能是外部的真实客体，也可能是外部客体的内在心理表征，

---

[1]　［英］梅兰妮·克莱因. 儿童精神分析［M］. 徐晴，陈红，陈伦菊译. 北京：九州出版社，
　　　2017年5月第1版，127、128页。

还可能是从儿童自身分离出去并被客体化的一部分。婴儿最早面对的客体就是其母亲，因此与母亲的关系成为一切客体关系的基础。

儿童与母亲的客体关系可分为部分客体关系与整体客体关系两个阶段。儿童先是内投母亲的乳房这种部分客体，然后内投母亲这个整体客体。内投的同时伴随着分割，即把客体分为好客体与坏客体。比如满足其需要的乳房，就属于"好的"客体，而不能满足他的乳房，则被看作"坏的"客体。在婴儿的早期幻想中，母亲的意象就分裂成好坏两部分，并对这两部分客体分别投射爱或破坏性的本能冲动。在客体分裂的同时，自我也分化成"好的"自我与"坏的"自我。例如爱着好母亲或好乳房的好婴儿与仇恨坏母亲或坏乳房的坏婴儿，就可能被婴儿知觉为两个截然不同的人。

克莱因主张，婴儿与母亲乳房的关系这种部分客体关系，是整个客体关系的开端。它始于口唇期的吮吸阶段，婴儿把母亲的乳房内投在幻想中，并依据是否满足了吮吸需要将其区分为好乳房与坏乳房。断乳所引起的施虐幻想是儿童的兴趣由部分客体转向母亲的身体这整个客体的关键。克莱因指出："儿童不断增长的'口腔施虐'趋势在断奶后到达了一个最高点，并且导致施虐的全面爆发，进而发展为各种来源的种种施虐趋势。他的'口腔施虐幻想症'似乎完成了'吮吸'和'嘴咬'两个阶段的完全连接，它具备非常确定的特征并且包含意义：通过吮吸和吃奶，他占用母亲的全部乳房。这个针对母亲的乳房吮吸和吃奶的欲望，很快变成对她的身体进行施虐的欲望。"[1]母亲的身体在儿童的幻想中包罗万象，它充满丰富的乳汁、食物、有魔力的粪便与新生婴儿等。儿童企图掏空母亲的躯体并把其中的财富据为己有。因而儿童对于这整个客体满怀爱与恨、嫉妒和攻击的矛盾情感。

克莱因把潜意识幻想（phantasy）、内投、投射及分裂等观点紧密地联系在一起，并且赋予潜意识幻想特别重要的地位。弗洛伊德把儿童的潜意识幻想看成是较晚出现的心理产物，当建立起现实原则而继续以分裂的方式操作快乐原

[1]　[英]梅兰妮·克莱因. 儿童精神分析 [M]. 徐晴，陈红，陈伦菊译. 北京：九州出版社，2017年5月第1版，132、133页。

则时，才出现潜意识幻想。而克莱因在研究幼儿时却发现，很早就出现了动力性的、普遍存在的潜意识幻想，它影响儿童所有的知觉与客体关系。因而她对弗洛伊德的幻想（fantasy）观进行了发展，主张儿童经由潜意识幻想与整个世界保持联系。她发现每一种潜意识幻想都联系着一种知觉，也就是说潜意识幻想是从外部现实建构起来的，同时知觉主体的感觉和已有信念及知识又对其加以修正，从而形成个体的内部客体世界。内部客体这种幻想世界是在外部客体内投的基础上建立起来的。她宣称：关于个体内部客体世界状态的幻想与焦虑是其行为、情绪和自我潜意识的潜在基础。

克莱因所说的客体，不仅是本能驱力的客体，还是相对于婴儿自身的客体，是婴儿心灵中具有可依赖性、爱、贪婪、仇恨与嫉妒等特征的人格。它虽与内部的客体表征一样是幻想的产物，但其所言的客体更加具体。而且客体的这些特征对部分客体和整体客体都适合。这种带有人格特征的对于客体的知觉，则起源于婴儿融合了其对于母亲人格的体验及自己投射给客体的某些特征。

## 二、儿童发展观

克莱因主要在其儿童发展观中具体论述了客体关系。她通过对分析儿童患者的幻想内容，推断出两岁前婴儿心理的结构与动力特征。

### （一）偏执—分裂样心态和抑郁性心态

克莱因在修正弗洛伊德的心理性欲发展"阶段观"（stage）的基础上，提出了自己的"心态观"（position）。依据弗洛伊德的阶段观，儿童的原始兴趣按照从口唇欲到肛门欲，再到生殖欲这种完全限定好的顺序发展着。虽然她同意这种发展顺序，但是她认为，这些阶段在发展过程中不仅具有连续性而且是可以反复的。因此，她用"心态观"取代了弗洛伊德的过于局限的"阶段观"。她主张儿童并不是从那些阶段发展来的，而是源自偏执—分裂样心态（paranoidschizoid position）和抑郁性心态（depressive position）两种心态。两者间存在连续的张力（tension）。人们在一生中，反复地从一种心态转化到另一种心态。克莱因的心态观强调所描述的现象不仅是像口唇期这样简单的过渡阶段，而且暗含着特殊的结构，包含贯穿个体一生的客体关系、焦虑与防御。换言之，个体在后期所遇到如俄狄浦斯情结、焦虑和神经症防御等问题，都能够在偏执—防御和抑郁性的关系模式中找到根源。

偏执—分裂样心态出现于婴儿达到客体的一致性之前，从出生到三四个月。这时婴儿同母亲的乳房这种部分客体建立了关系，将其强烈的力比多冲动和攻击性冲动都投射到乳房上。从而把母亲的乳房分裂为"好"与"坏"两种客体。当它可带来满足和愉快时，就是好的、可爱的乳房，会引起生的渴望；当它带不来满足且让人失望时，就变成了坏的、可恨的乳房，成为死亡本能的基础。与这种客体的区分相联系，自我也相应地分裂为"好我"与"坏我"。在这个时期，"好"与"坏"的方面彼此分离，不能破坏好的客体；但是婴儿害怕自己被坏的客体所毁灭，从而会产生迫害性焦虑。此时，破坏性冲动与迫害性焦虑占据主导地位，婴儿惧怕迫害性的客体会毁灭好的自我或好的客体。

克莱因主张生命本身在其最早期处在毁灭幻想的威胁下，要求把好的和坏的东西区分开来。在该阶段，辨别好与坏是一件重要的事情，而把两者混淆就会带来危险。她指出分裂（splitting）是此时一种重要的防御机制，它发生在幻想中，可用于分开整体的事物。例如，婴儿关于乳房的爱、哺育、创造与好的幻想，从一开始就需要与对乳房的咬、伤害和可怕迫害的幻想严格地加以区别。缺乏这种分裂，婴儿可能无法完全地区分爱与残酷，就不能放心大胆地吃奶。这个时期婴儿偏执—分裂样心态的特征是，还没有"人"的意识，其客体关系是与部分客体的关系，分裂过程与偏执焦虑是占据优势的机制。

经历过偏执—分裂样心态后，婴儿随着感知功能的日益完善，开始可以内投完整的客体，能够更好地适应现实生活。从第五或第六个月至一岁左右，婴儿表现出抑郁性心态。此时婴儿把母亲作为一个与自身不同的人进行全面地理解或认识，在这个完整的客体身上，既可爱地让其满足，又可恨地使其受挫，从而汇聚着好的与坏的两个方面的特征。儿童开始体验到矛盾情绪并产生了犯罪的动因。他一方面不仅需要母亲而且完全依赖她，他深爱自己的母亲。然而母亲不能总是满足其愿望，有时就会对母亲萌生强烈的恨。于是力比多冲动与破坏性冲动指向了整体的母亲这同一个客体。这种恨意和破坏性冲动使得婴儿惧怕自己会毁坏母亲而失去她，因此陷入抑郁性的心态。抑郁性情感与犯罪感引起保存和复活所爱客体的渴望，从而导致对破坏性冲动与幻想的修复。通过诸如防御性倒退和否认自己的攻击性等防御机制的修复作用，与抑制攻击性冲动，儿童形成了责任感，克服焦虑并安定下来，因而与母亲建立了爱的客体关系。

儿童在其爱的补偿性能力中成长着的自信心就是这种内部同一性的黏合剂。克莱因主张，在抑郁性心态中整合客体关系的方式是人格结构的基础。开始于抑郁性心态的整合过程继续发展，就会减少焦虑，精神病与神经症的防御机制可逐渐被修复、升华与创造性倾向所取代。抑郁性心态概念改变对早期发展阶段时间上的界定，还增进人们了解幼儿的情感生活，因而最终会影响人们对于整个儿童发展的理解。儿童抑郁性心态的特点是，开始把母亲作为一个独立的完整客体来知觉，此时的客体关系是与整个客体的关系，占优势的机制是整合、矛盾、抑郁性焦虑与犯罪感。

### （二）超我与俄狄浦斯情结的发展

在克莱因之前，人们普遍接受了弗洛伊德关于俄狄浦斯情结的观点，认为它在三四岁时出现，6 岁时达到顶峰。然而克莱因在临床观察中发现，2 岁半儿童就已表现出俄狄浦斯幻想与焦虑，并显然已经有了一段时间。同样，超我不仅很早就出现了，而且比通常所想的更加复杂。她指出超我不是俄狄浦斯情结过后的沉淀物，而是俄狄浦斯情结的组成要素。

1933 年，克莱因在论文《儿童良心的早期发展》中首次直接阐明了其超我形成观。她认为儿童将其攻击性冲动投射给他的内部客体，使它变得具有惩罚性，从而变成了超我。因此，超我是作为一个内部的幻想客体被了解到的，它最早产生于前生殖欲期，而通常所说的生殖欲阶段的超我仅仅是复杂发展的后期阶段。克莱因还主张，与真实的父母相比而言，超我更多受到儿童自身本能驱力的影响。

克莱因指出："根据我的观察，超我的形成是一个更简单和更直接的过程。俄狄浦斯冲突和超我在性前器冲动的绝对控制下进入。已经被内射进口腔施虐阶段的客体——最开始的客体贯注和认同，形成超我的早期阶段。超我的形成并制约超我最早期阶段的是破坏冲动和其引发的焦虑感。在我的观念中，客体的意义对于超我的形成完全有效。但是，如果我们视个人冲动为超我形成的根本原因，超我将以另外的方式出现，比如儿童最早期对客体的认同是一个非真实的和扭曲的客体形象。"[1]

超我的根源最初可以追溯到口唇欲阶段，因而它带有非常原始的口唇欲、尿道欲和肛欲的特点。婴儿在口唇—施虐欲阶段，如果母亲的乳房不能满足其需要，就会以抓、咬等方式攻击乳房。婴儿在幻想中认为乳房会野蛮地报复，也就是说婴儿把乳房内投为一个迫害性与破坏性的对象。克莱因视其为超我的迫害性与施虐欲特征的最早根源。类似地，当婴儿处在爱与满足状态时，就会内投理想的可以爱和被爱的乳房，这成了超我的自我—理想方面的根源。由此可见，对于坏与好的乳房的内投分别形成了超我迫害、施虐和自我理想两个方面的特征。

婴儿的施虐欲冲动紧密相连于超我的严厉性。在与乳房这一部分客体关系中的挫折与焦虑的影响下，婴儿把所幻想的贪婪、带有嫉妒性的攻击延伸到了母亲的整个躯体及其内部包含的所有物体。一方面，在贪婪的力比多欲望与幻想下，婴儿想掏空并吞没母亲内部的客体；另一方面，在仇恨和嫉妒的影响下，攻击性地幻想着噬咬、撕裂和摧毁母亲体内的物品。尿道施虐欲期的幻想带有淹没、割断与燃烧的特点，而肛门施虐欲阶段则具有爆炸、控制和有毒的特征。婴儿把自己的攻击性内投到了作为内部客体的坏母亲身上，使得儿童将它幻想成一个充满摧毁性与报复性客体的可怕地方。从而把母亲的身体看成了恐惧的对象。克莱因主张，儿童对父母的幻想施虐性越强，父母的意象就更可怕，会愈加感到要迫使这些情感远离好的父母，因而越发试图再次把那些好的外在父母进行向内投射。

克莱因在分析儿童的焦虑情境对自我发展的影响时指出："起源于儿童心理原因的焦虑被置换到外部世界，这个置换伴随自我破坏本能的外部偏向的发

---

[1]　[英]梅兰妮·克莱因. 儿童精神分析［M］. 徐晴，陈红，陈伦菊译. 北京：九州出版社，2017年5月第1版，141页。

生。置换具有增加客体重要性的效果，因为它与那些客体或者它们的替代物发生了联系，这种联系的积极应对趋势同时得到确认，客体因此变成儿童危险的来源。但是，客体如果以友好的样子出现，它们就代表了对改善焦虑的一种支持。……通过置换，儿童能够发现外部环境的本质，并且检测自己采取的应对办法是否可行，因此真实的外部危险更容易被解决。现实检测是一项有力的激励措施，它促进儿童发展渴求知识的本能和开展其他行动，所有的行动都帮助儿童保护自己免受危险，哪些行动击退恐惧，哪些行动确保个体对客体做出补偿修复。所有这一切都以相同的方式（它们作为冲动的早期表现）起到克服焦虑的作用，对抗既来自自身内部有来自真实世界和幻想的各种危险。"[1]

克莱因认为："吸收某种好的东西，以增加内在舒适的感觉与我们称之为内射的心理过程联结在一起。内射与投射是相关联的，投射是把任何我们在自己内心感觉到的坏和危险的东西驱逐到外在世界的心理过程。"[2]内射与投射间是一个互动的过程，并与超我形成和客体关系之间的互动相对应，使得儿童找到排斥惧怕外部世界的方法，并且可以内射真实良好的客体用来缓解焦虑情绪。儿童恐惧内在的危险会增强其对母亲的固着，并大量提高对于爱和帮助的需要，然而存在真实良好的客体，能够减少儿童对内射客体的恐惧及其罪疚感。

克莱因把焦虑激发自我发展作为讨论的出发点，认为儿童在克服焦虑的努力过程中，召唤自我支持建立与客体及现实的关系，以适应现实和自我发展的需要。"幼儿的超我和客体并不是一致的，但是超我持续不断地做出努力，使得它们的角色可以互换。这样做的部分原因是减少对超我的恐惧，部分原因是能更好地满足真实客体的需要（真实客体的需要不与内射客体的幻想要求重合），因此幼儿的自我负担了超我和自我的冲突，而超我包含了互相冲突的各种意象（在发展过程中形成的）的要求。除了这些以外，幼儿必须应付超我要求和真实客体的要求，结果，幼儿总是在内射客体和真实客体之间——在幻想

---

[1]［英］梅兰妮·克莱因.儿童精神分析［M］.徐晴，陈红，陈伦菊译.北京：九州出版社，2017年5月第1版，184页。

[2]［英］梅兰妮·克莱因，琼·里维埃.爱·恨与修复［M］.吴艳茹译.北京：中国轻工业出版社，2017年2月第1版，22页。

世界和现实世界之间摇摆不定。"[1]

　　克莱因认为，当幼儿与"整体的客体"建立了关系时，也就是在抑郁性心态阶段，就开始形成了俄狄浦斯情结。因此，俄狄浦斯情结的历史是可以追溯到前生殖欲期的。前生殖欲倾向与生殖欲倾向一样，不仅出现在俄狄浦斯期的相关幻想中，而且对俄狄浦斯冲突与俄狄浦斯情结的产生发挥着重要的作用。无论男孩还是女孩的俄狄浦斯情结都开始于前生殖欲期对母亲的依恋关系。作为内部对象的超我最终促进了俄狄浦斯情结的形成和发展。

　　关于女性的俄狄浦斯情结，克莱因与弗洛伊德主要在两个方面存在分歧。一是她不同意弗洛伊德对于女性性欲的看法，二是对阳具期的重要性加以否认。她认为，小女孩就像小男孩一样，由母亲的乳房转向整个躯体，幻想着掏空她并把其中的东西据为己有，特别是在母亲体内的父亲的阳具及其婴儿。然而，正如小男孩一样，在小女孩的幻想中也存在着矛盾，母亲体内的东西既可以是好的也可以是坏的。在女孩的力比多和攻击性驱力的双重作用下，母亲的躯体不仅成为欲望与嫉妒的特定对象，而且还是仇恨和恐惧的特定对象。克莱因称女孩体验到的恐惧为迫害性焦虑，它等同于男孩的阉割焦虑。婴儿为应付这种偏执性焦虑，发展出了多种防御机制，如分裂与理想化真实的父母；幻想修补和修复母亲的躯体；兴趣转移，即从引发众多焦虑的母亲躯体转移到周围世界，发展出一种对于外部客体的兴趣。

　　在男孩的俄狄浦斯情结方面，克莱因的观点也有一个重要的改变，她特别强调男孩早期与母亲的依恋关系，也就是男性的女性心态。如女孩一样，小男孩也经历了一个认同欲望与嫉妒的母亲躯体再到欲望父亲阳具的阶段，克莱因将其称作男孩的女性心态。从很早的时候开始，小男孩就展开了女性心态与男性心态间的斗争。男孩在女性心态中，希望认同父亲并且欲望其母亲。克莱因指出，男孩的阉割焦虑源自两个方面，一是由其对父亲的俄狄浦斯敌意所引发的焦虑，二是惧怕他早期对于母亲的躯体及她体内父亲阳具的幻想性攻击所招

_____

[1]　[英]梅兰妮·克莱因. 儿童精神分析［M］. 徐晴，陈红，陈伦菊译. 北京：九州出版社，2017年5月第1版，186页。

致的报复。同样，俄狄浦斯情结力量的减弱不仅源于男孩的阉割焦虑及其对父亲的爱和愧疚感，而且，父亲在好的方面是一个独立的力量源泉，是其寻求保护与指导的朋友和榜样，所以男孩感到必须把父亲作为一个内部与外部人物加以维护。

克莱因主张，超我先于并促进俄狄浦斯情结的发展。由内化的坏人物所引发的迫害性焦虑，使得儿童更加义无反顾地寻求与作为外在客体的父母间的力比多接触。占有母亲躯体的欲望不仅是出于力比多与攻击性目的，而且是由于焦虑，儿童企图通过真正的生殖活动来修补与修复真实的母亲，以弥补在幻想中母亲所受到的伤害。同样地，真实的父亲及其阳具是对抗内投而来的内在阳具与父亲的保障。于是，由内部客体产生的焦虑压力驱使儿童发展出一种与真实父亲的俄狄浦斯关系。克莱因指出，只有儿童开始认识到其生物学上的性别时，生殖欲倾向才能真正发挥作用。从此，传统精神分析理论所描述的俄狄浦斯阶段就开始了运行。

克莱因在总结儿童与成人分析经验的基础上，用客体关系的术语来说明俄狄浦斯情结和超我的最早阶段，并强调焦虑、防御、客体关系、部分和整体客体等概念，她还借此说明了象征——形成在儿童发展中的重要作用。她主张，儿童的幻想与潜意识焦虑及象征——形成在儿童与外在客体的关系中是特别重要的。儿童处在口唇矛盾的高潮时，用幻想穿透并攻击母亲的躯体及其内容物，往往把她的躯体变成一个焦虑的对象，迫使自己将兴趣由母亲的躯体转移到周围的世界。于是，通过象征把对母亲躯体的兴趣扩展到外部的整个世界。适度数量的焦虑是对这一发展的必要刺激。然而过度的焦虑，则会导致象征——形成整个过程的停滞。她在这方面的研究对于后来关于精神病性质的研究产生了根本性的影响。

### （三）情感分析

克莱因分析了日常生活中常见的情感表现，指出"这些熟悉的情感表现的两个根本来源是人类的两种原始本能：饥饿和爱，或者说自我保存和性的本能。本质上我们的生活都致力于一个双重的目标：确保生存的'养料'来源，并从中获得愉悦。我们知道，这些目标引发深刻的情感，并可成为极大的幸福或不幸的缘由"。[1]

她提醒人们必须牢记："一般而言，恨是破坏性的、瓦解性的力量——导向匮乏和死亡；而爱是和谐、统一的力量——导向生命和愉悦。但这需要马上加以限制：因为与恨紧密结盟的攻击，无论是在目标还是在功能上，都绝不是完全破坏性的或使人痛苦的；而源于生命力量的爱紧密地与欲望联结在一起，在行为表现中可以是具有攻击性甚至是有破坏性的。生活的根本目的是活着并且愉快地活着。为了达到这个目的，我们每个人试着去处理和除掉自身的破坏性力量，发泄、转移和合并它们，以获得生活中所能够有的最大限度的安全和愉悦。我们通过无穷多的、微妙且复杂的适应达成了这个目的。每个个体的不同表现主要是两种不同因素作用的结果：爱与恨的倾向（这是在我们每个人身上的情感力量）的力度和环境在生活中对我们的影响，这两个因素从出生到死亡在不断地相互作用着。"[2]

她认为，攻击本能至少在防御方面，为人类及大部分动物所固有。她还把攻击冲动看作是人类心理的根本与基础的因素。遭受攻击带来损害会激起人们的攻击性，内心足够强烈的未能满足的欲望会产生丧失感与痛苦，从而引发攻击性。人们对环境和所爱之人的依赖关系，虽然可增加共同的安全性，却可能带来个体安全性的损失，因而容易激发反抗与攻击性的情感。

通过拒绝并离开母亲，或通过分割目标并分配到其他地方，对于食物和性愉悦的需要就与母亲分离开来，经过一个缓慢的渐进过程，婴儿才能成长为男人或女人。离开所需之物以在别的地方更容易找到替代物，是人类心理成长的一个基本机制。

轻蔑的反应可由失望所致的报复欲望引起来，从而成为生活中各种背叛、遗弃的主要根源。这些适应不良行为背后的无意识目的就是处理并排除危险与

————————

[1]［英］梅兰妮·克莱因，琼·里维埃.爱·恨与修复［M］.吴艳茹译.北京：中国轻工业出版社，2017年2月第1版，2页。

[2]［英］梅兰妮·克莱因，琼·里维埃.爱·恨与修复［M］.吴艳茹译.北京：中国轻工业出版社，2017年2月第1版，2、3页。

破坏性的情感，并尽力获得安全感和愉悦。克莱因认为，情场上的"唐璜"和工作中不安心的人，都是由于过分贪婪的渴望使得他们不满足于任何收获，从而惧怕依赖、报复与攻击，并使其自身安全与心灵的平静受到了威胁。他们内心仇恨、贪婪与报复性失望等邪恶的冲动，都在心理上被驱逐到了曾有过较高期望的人或工作上，然后就理所当然轻蔑地离开那个人或那份工作，开始新的寻求。

　　人们为保障自身免于内在或外在的丧失，或者避免陷入危险的境地，而去累积、储存能抓到的好东西，然后在欲望、挫折与仇恨的不断循环的模式中，通过与他人进行比较，对获得多的人产生妒忌。这是一种自然或难以避免的情感，而强烈的妒忌则只是一些人的特征。真正善妒的人，总是处在不满足的不安与受难的状态，时时与他人进行比较，老想着还未得到的事物，尽管在物质上可能比周围人已丰裕许多，却常常宣称自己一无所有。他们已经无法享受财富所带来的满足与安全，不为自己的贪婪，和通过掠夺他人致富而内疚。还有一种常见的善妒者，从不努力获得任何东西和成功。他们病态地用没拿别人的东西，来抵御恐惧的安全感。他们在感受被剥夺和受伤害中是没有直接享受可言的，只能有一些间接的享受。他们在贬损或怀疑拥有比自己更多的人时，会间接地表达出一种攻击性施虐的快感。他们在不去获得任何美好的事物，约束自己的愿望与妒忌中，包含着一种十分隐秘的、歪曲了的爱。在无意识中，人们都有一定程度对异性的妒忌，实际上是想拥有异性的性别优势。在合理限度内，能促进个体的全面成长。过分的异性妒忌，则会形成病态反应。

　　竞争冲动起源于自我保存、性与攻击等相对交互作用的因素，一定程度的竞争性是正常的、有助于个体成长的建设性因素。对它的严重抑制，会在人内心深处形成失败主义的心态。使其不信任自己，并认为因竞争而胜过他人，会给这些人造成不可弥补的伤害，自身也会因此而受到严厉的惩罚。竞争性过度发展尽管可取得相当成就，却会导致巨大的心灵痛苦，和人际关系中的不和谐。

　　权力欲或热衷于权力的心态包含了显著的攻击性，它因企图控制内心的危险而产生，是一种比投射或逃离更直接的机制。无助地面对内在的欲望与冲动是最令人恐惧的，而拥有无所不能的力量，是用以控制所有潜在痛苦并得到所渴望之物的一种安全的方法。全能感在幻想中能够带来安全，玩火是获得安全的一种全能形式，正如以危险为试验品，来检测自己逃脱的能力。实质上，这些人无意识中最为害怕的是，曾因贪婪而伤害过的所爱或所恨的人对其加以惩罚。权力欲在本质上是自私自利的，由于无力承担对他人的奉献，或不能忍受对他人的依赖，而直接产生了对权力的需要。正是这种根本的无能感，使得任何借助过分的全能来实现表面上建设性目标的尝试总是错误的，因为这只是通过欺骗或暴力来取得虚假的成功。

争风吃醋是嫉妒的典型表现，可把嫉妒归结到俄狄浦斯情结，并认为它起源于童年期最早的性竞争经历。这样的解释是正确的，但还不够充分。从嫉妒是对丧失或丧失的危险而形成的仇恨与攻击性反应来说，它是简单、原始和难以避免的。由于嫉妒会伤害个体的自信心与安全感，所以总是伴随羞辱感。嫉妒者不可避免地会有受羞辱感和自卑感，并常常无意识地产生无价值、沮丧和内疚感。这是因为他令人讨厌、不值得爱，从而被所爱的人抛弃或忽视。这种想法激起嫉妒者抑郁和面对危险的无助感，并且伴随着对孤独的恐惧，让其难以忍受。嫉妒使人痛苦，嫉妒者企图通过谴责、憎恨他人来缓解，毫无顾忌地仇恨充满邪恶与破坏性的竞争者，而不必觉得内疚。

寻求自身价值的保障及爱和性的欲望在婚姻中都在发挥作用。"真正的爱是两个因素融合在一起并且难分难解的状态。在这当中，祥和之心与幸福源于个体本身充满了爱，能够满足自身和他人的需求。成熟的爱对伴侣双方都是一种保障。伴侣的爱，加上自身的爱，使得幸福加倍了；而且，通过满足双方的性需求，每个人把对方的性欲望从一种潜在的痛苦和破坏性之源，转化成为完全的愉悦和幸福之源。通过这种在爱中的伴侣关系，和谐统一的生的本能——自我保存和性——得到了满足；防御破坏性冲动、丧失的危险，孤独和无助的安全保障也增加了。由此人们达成了一个带着最少量的贫乏和攻击性，洋溢着欢乐的良性循环，依赖的优势也在此发挥到极致。而且人们还在安全中获得相当的愉悦，也能把攻击性用在建设性的形式上。当太多的投射带来强烈的焦虑和对人的不信任时，婚姻中的依赖将带来恐惧和憎恨的升级，这会破坏所有良性循环的可能性，并再次建立起一个贪婪、挫折和破坏瓦解的恶性循环。"[1]

克莱因认为超我就是人们内心的原则与标准，由其规定人们的大量行为，并且严厉地调整个体，让其行为适当。克莱因把人们对自己身上这部分及其影响的认识称作良知，并指出它的唯一原则，就是做有建设性的事情，不做破坏性的事情。也就是说，通过自我控制，在自我与利他主义，爱与恨之间达到良好的平衡。

克莱因指出人们内心都存在如外部现实一样的内部现实，人们对自己的冷酷与贪婪以及爱与被爱的需求，都进行压制，没有诚实地加以承认。内心诚实与美好善良作为内在情感现实的一部分，是情感安全的稳定来源。人们还忽视了与爱不可分离的内疚，及源于内疚的良知和道德的标准。克莱因强调能够抵御内心仇恨与破坏性所带来焦虑的最强大保障就是爱，倡导要重视爱及其统一的力量，为其提供合适的出口，并建设性地加以使用。

在婴儿对母亲的爱与照料的回应中，自发地、直接地产生了爱与感恩的情感。保存生命的爱的力量与破坏性冲动并存于婴儿身上，从对母亲乳房的依恋发展到对母亲整个人的爱。婴儿在爱与恨的冲突中迈步前进，害怕失去爱的客体的内疚与痛楚成为爱固有的一部分，并对爱的质量与数量产生深刻的影响。强烈的牺牲欲望与无意识破坏性冲动共存，以帮助并修复幻想中伤害或毁灭的爱的客体。让所爱者幸福的强烈愿望和对其的责任与关心的深沉情感联结起来，表现在真诚同情和设身处地理解他人的能力上。

她说："真正地体谅人，意味着我们把自己放在别人的位置上：我们'认同'了他们。这种与其他人认同的能力在一般的人际关系中是一个非常重要的因素，而且是真正、强烈的爱的情感的条件。如果我们有能力认同所爱的人，就能够忽视或在一定程度上牺牲自己的感情和欲望，在一定时间里把其他人的兴趣和情感放在第一位。因为在他人认同的同时，我们分享了我们给予他们的帮助与满足，在一个方面重新获得了在另一个方面所牺牲的。根本上，在为所

---

[1]　[英]梅兰妮·克莱因，琼·里维埃.爱·恨与修复[M]吴艳茹译.北京：中国轻工业出版社，2017年2月第1版，39、40页。

爱者做出牺牲和认同所爱者时，我们扮演了好的父母的角色，以我们当初感受到的父母对待我们的方式或我们想要的方式来对待现在的所爱者。同时我们扮演了父母的好孩子的角色，这是我们在过去希望做到而现在加以实现的。由此，通过倒转情境，即以好的父母的角色来对待另一个人，我们重新创造并享受了所渴望的父母之爱和仁慈。但是以好的父母的角色来对待他人也可能是处理过去的挫折和苦楚的一个方法。因父母使我们受挫而导致的对他们的不满，由不满而产生的恨与报复的情感，以及由于恨与报复所产生的内疚和绝望感——因为我们伤害了我们同时爱着的父母——所有的这一切都可以通过同时扮演亲爱的父母和亲爱的孩子的角色在回溯中抵消（去除了一些恨的缘由）。与此同时，在我们的无意识幻想中，我们修复了幻想中所做的伤害，为了这些伤害我们仍然无意识地感到非常内疚。"[1]

克莱因把进行修复看成是爱与所有人际关系的一个基本要素。

男女之间稳定满意的爱的关系，存在于幸福的婚姻中。它意味着深厚的依恋和相互奉献的能力，以及对痛苦与喜悦、兴趣与性的分享。彼此性满足与爱的关系意味着重新创造了早年家庭生活的快乐，并且更加完美，还会通过他们与孩子的养育关系而延伸这种放心和安全的链条。

学校生活比狭小的家庭圈子为爱恨的更大分离提供更多可能性，与同学建立的友情有助于解决儿童早期的情感困惑，修复的意向有了更广的空间，能减轻内疚感，证明自己能爱且可爱，增强对自己与他人的信任。成功友谊的基础是平衡的情感氛围，而占有欲和委屈不平则会干扰友谊。

把爱从最初所珍视的人那里置换到他人的过程开始于童年期向物体的扩展，人们就是运用这种方式发展兴趣爱好，并在这些活动中注入给予人的爱的。婴儿可用身体的一部分来代表另一部分，一件物品能够代表身体的某部分或某个人。婴儿借助这种象征性方式，在无意识中可能用任何周围的物体来代表母亲的乳房。经过一个渐进的发展，任何看作美好善良的东西，所有能带来满足

---

[1]　[英] 梅兰妮·克莱因，琼·里维埃. 爱·恨与修复 [M]. 吴艳茹译. 北京：中国轻工业出版社，2017年2月第1版，59、60页。

和愉悦的物品，都能在无意识中替代恒久丰足的乳房及整个母亲。祖国在无意识中就代表母亲，人们如同对待母亲一般热爱自己的国家。在这些愉悦的新客体成为与母亲相连接的最初享受的替代品的过程中，与毁灭所爱者的幻想联结起来的无意识的内疚感产生了根本性的作用。婴儿在贪婪与怨恨中幻想毁灭母亲，而导致内疚与悲伤，从而启动治愈想象中的伤害与修复的驱力。由于内疚而引发对依赖母亲的恐惧，儿童担心会失去所爱的人。对依赖的恐惧推动与母亲分离，并转向其他人与物，从而扩展兴趣范围。修复的力量能够牵制内疚感所导致的绝望，儿童会产生希望，并把爱与修复的欲望无意识地传递到新的感兴趣的客体。在新的人际关系与建设性的兴趣活动中，儿童能够再次发现或者重新创造母亲。这样，作为爱的能力本质因素的修复就扩大了范围，稳定地提高了儿童接受爱和从外界通过各种方式摄入仁慈的能力。从而逐步具备给与取之间令人满意的平衡这个更大幸福的首要条件。

克莱因总结道，包括人与自己、人与自然的关系在内，"任何欢乐、美和富足（无论是内在的还是外在的）的来源都被无意识地感觉为母亲充满爱的、给予的乳房和父亲的创造性的阴茎，两者在幻想中有着类似的性质——在根本上，是仁慈和慷慨的父母……没有一个孩子的心是免于恐惧和怀疑的，但是如果我们与父母的关系建立在信任和爱的基础上，我们就能在心中牢牢地树立他们引导和帮助的形象。这是安慰与和谐的源泉，也是以后生活中所有友好关系的原型……总之，与我们自己的良好关系是爱他人、宽容他人并明智待人的前提。如我所竭力表明的，与自己的良好关系部分地从对他人——即那些在过去对我们意义重大的人——的友好、爱和体谅的态度中发展而来，而且我们与这些人的关系已经成为我们心灵和人格的一部分。如果在无意识深处我们能够在一定程度是清除对父母的怨恨感觉，并原谅他们让我们忍受了挫折，那么我们就能与自己和谐相处，并能够在真正意义上热爱他人"。[1]

---

[1]　［英］梅兰妮·克莱因，琼·里维埃. 爱·恨与修复［M］.吴艳茹译.北京：中国轻工业出版社，2017年2月第1版，92～101页。

## 四、克莱因对需要心理学的贡献及其局限

克莱因的客体关系理论对精神分析的理论与实践产生了革命性影响。她宣称"精神分析可被描述为对人类行为动机的研究"[1]，对需要心理学影响深远。

她从古典精神分析的驱力结构模式出发，重新定义驱力的基本性质，把客体关系置于其理论与临床研究的中心，视客体关系的组织与内容为经验和行为的主要决定因素，尤其重视与复杂变动的内部客体世界的关系。她修正了弗洛伊德的本能理论，架起了精神分析运动向关系模式转变的桥梁。使得其后的客体关系理论不仅成为英国精神分析的主流，也是国际精神分析运动的一支重要力量。

她把客体关系区分为与内部虚幻的客体世界和外部真实的客体世界的关系，其主要成就就是对儿童客体关系内心世界的理解。她发展了内部客体的概念，创造出专有名词——部分客体与整体客体。这与需要心理学的概念是相一致的。只是克莱因的客体关系主要指的是人与人之间的关系，在需要心理学框架内，客体是与主体相对应的主体以外的各种人与物，包括外部真实的客体及其在主体头脑中的反映。外部客体从小处说包含个别他人和团体，从大处说就是环境，又包括自然环境和社会环境，而经济、政治、文化都属于社会环境的范畴。经济包含各种产业结构与技术，各种商品的生产与贸易等，政治包括政党、政权、法律和军事等，文学艺术、教育、习俗等都在文化的范围之内。主体对外部客体的认识就构成了内部客体世界，除了直接表征外部客体外，还有主体对客体的想象和幻想。克莱因比较强调儿童对客体幻想的作用，并把幻想看作一种本能。她继承了弗洛伊德对于本能的强调，但她理解的本能与客体关系具有内在联系，从而使得内驱力有了关系的性质。自生命伊始，冲动就发生在客体关系的演化过程中，而且是由客体关系定向的。也就是说，她同时强调内驱力与客体关系两个方面。

对客体的认知是一个方面，重要的是对客体需要的认知，尤其是对客体需

---

[1]［英］梅兰妮·克莱因，琼·里维埃.爱·恨与修复［M］.吴艳茹译.北京：中国轻工业出版社，2017年2月第1版，8页。

要主体化的认知更加至关重要。克莱因在谈到来自他人和社会的要求时，认为是超我的功能，其实说的就是社会环境中的客体需要的主体化，而自然环境中的客体需要的主体化则没有进行分析。客体需要的主体化指的是主体认识到的客体需要对于自身的要求，即主体通过自身努力来满足源于客体需要的针对性要求。还有一个方面是对主体自身的需要及主体需要客体化的认知，所谓主体需要的客体化是指主体需要对客体所提出的要求，即通过指向的客体来满足主体相关的需要。这方面的内容在克莱因的客体关系理论中，也没有加以论述。

## 第三节 费尔贝恩的客体关系理论

费尔贝恩（William Ronald Dodds Fairbairn，1889—1964）为英国著名精神分析学家、客体关系理论的重要代表。先在爱丁堡学习哲学与神学，到 1926 年完成医学和精神病学训练，后来转向精神分析研究与实践。其精神分析背景主要受到克莱因和弗洛伊德的影响。从 20 世纪 30 年代后期到 50 年代早期，费尔贝恩撰写了一系列论文，表达其对精神分析基本问题的看法。这些论文后来收录进《人格的精神分析研究》（1952）一书中，该书 1963 年再版时更名为《人格的客体关系理论》。他的追随者于 1991 年编辑出版了《从本能到自我：费尔贝恩论文选》。

在所有的客体关系理论家中，费尔贝恩提出的客体关系模式可能是最为纯粹的。该模式脱离生物学因素的约束，强调纯粹的心理方面。就发展纯在的人格心理模型这点而言，他比克莱因离弗洛伊德的本能驱力说更远，并进一步由驱力结构模式转向关系结构模式。

### 一、人格结构

费尔贝恩宣称，弗洛伊德对于动机与人格结构的解释并不是唯一的。他基于内化的观点，阐明了其有关自我的动力结构理论——内心结构理论。他首先明确指出，自我是出生时就存在的最初的心理统一结构，与自己的力比多能量整合在一起。自我与力比多寻求的是与客体的联系，而不是追求快感。自我分裂为与客体不同方面相关的 3 个方面，形成他所谓的"自我的动力性多重亚结构"，并将其视为"内源心理状态"（endopsycho situation）。

正常的心理状态会推动婴儿内部结构的发展。然而，婴儿不可能总是处在一种安全完美的状态。从而受挫在构建这些内部结构中扮演了基本的角色。不完美的生活状态会扰乱母婴间的力比多关系，促使婴儿形成一系列防御机制，进而产生内部结构。婴儿所体验到的受挫从情绪的观点来看，就是缺少爱或者被母亲拒绝。婴儿想表达对母亲的恨时就会变得危险，因而遭到母亲更多的拒绝。如此婴儿却不能表达对母亲的需要，是由于导致的结果会让孩子感到耻辱与毁谤。婴儿对受挫的反应就是攻击，从而内化有问题的客体。

客体的内化其实是一种防御措施，是在客体不能令人满足时儿童最初用来应付原始客体——母亲及其乳房的措施。费尔贝恩不同于克莱因的是，他认为只有坏客体与客体关系才会被儿童内化，客体的内化不仅是一个从口唇结合客体幻想的产物，而且是独特的心理过程。内化客体的分裂引起自我的分裂，由此形成一种比抑郁心态更为根本的内部分裂状态，出现力比多自我与反力比多自我共存的局面。费尔贝恩认为自我还会认同客体，并将之区分为原始认同（primary identification）和次级认同（secondary identification）。前者是对还未与投注的主体区分开来的客体的投注，后者指与有了一定程度区分的客体建立起一种关系。

下图展示的婴儿的内心（endopsychic）结构是这样建立起来的：

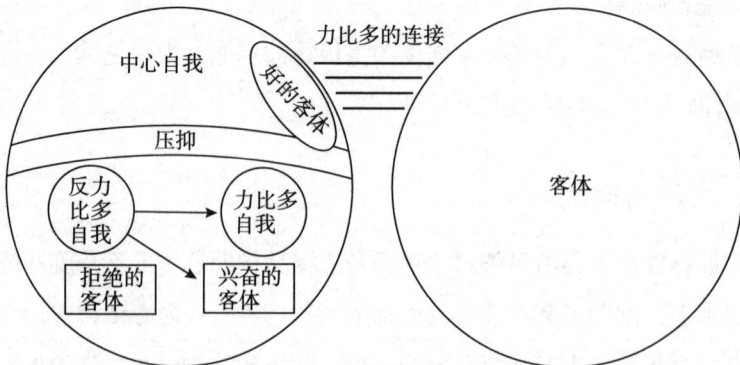

图 3-1　状态问题

"这个图示试图生动地表明费尔贝恩的关于婴儿怎样建立内部结构的想法。婴儿将坏的痛苦的客体带进他的内部世界，但是坏的客体是具有吸引力的同时也是有破坏性的；婴儿一直需要这个客体，所以将内部坏的客体分离成兴奋的（或被需要的）的客体以及受挫的（或拒绝的）客体，然后婴儿压抑这两个客体。与这两个内部客体相连的是自我分离和压抑的部分，也就是力比多自我和攻击的自我（或内部破坏者）。力比多自我是自我贫穷的部分，被吸引到刺激的客体上面；攻击的自我是自我的一部分，这部分是与拒绝的客体认同或与拒绝客体相联系的。内部迫害者的功能类似于弗洛伊德的超我，具有攻击性和侵略性，特别是朝向自体贫穷那部分（力比多自我）。"[1]

但是被内化客体的核心并没有受到压抑，它被描述为理想客体或自我理想，扮演着压抑的代理人。由于力比多客体和反力比多客体都被贯注到原始的自我，结果导致"自我结构被分裂为3个部分，每一个部分与客体的不同方面相关。中心自我或者'我（I）'与环境有关，并包含意识和无意识。为了防御，中心自我攻击性地将一些附属的自我从中切断，去压抑他们。两个附属的自我，是力比多自我和内部攻击者。力比多自我，是感到贫穷并且被攻击和迫害的。内部攻击者（反力比多和攻击自我）在一些方面，类似于超我，并且是具有攻击性的，特别是朝向贫穷的自我部分（力比多自我）。这些附属的自我的每一个方面，是与内化的客体的一些方面相联系的。这样，内部的活跃的客体激起力比多的需要，被拒绝的客体与内部迫害者相联系，力比多自我认同和被拒绝的客体结合在一起，在惩罚的方面，攻击力比多自我"。[2]

对于内心结构中的作用机制，除了前已述及的内化、认同、分裂和攻击外，费尔贝恩对压抑有独到的见解。他主张："被压抑的既不是'坏'的冲动，也不是痛苦的记忆，而是不能容忍的被内化的坏客体。他特别指出，在本质上被压抑的是一种结构。压抑可以分为直接压抑（direct repression）和间接

[1]　[美] 克莱尔. 现代精神分析"圣经"——客体关系与自体心理学 [M]. 贾晓明，苏晓波译. 北京：中国轻工业出版社，2002年1月第1版，74页。

[2]　[美] 克莱尔. 现代精神分析"圣经"——客体关系与自体心理学 [M]. 贾晓明，苏晓波译. 北京：中国轻工业出版社，2002年1月第1版，76页。

压抑（indirect repression）两种。直接压抑是中心自我对被内化的坏客体及其所依附的自我部分进行的压抑。从本质上说，压抑是指向于客体的，但由于客体与自我是相关的，使自我也不可避免地受到了牵连。但是，自我所受的压抑要远远小于被内化的坏客体所受的压抑。因此，直接压抑又可分为两类：直接的主要压抑（direct primary repression）和直接的次要压抑（direct secondary repression）。直接的主要压抑是中心自我对令人兴奋的客体和令人拒绝的客体的压抑；直接的次要压抑是中心自我对力比多自我和反力比多自我的压抑。一旦内心结构建立起来，另一种压抑也随之产生——反力比多自我以一种无妥协的敌对态度指向于力比多自我和与之相联系令人兴奋的客体，这就是间接压抑。"[1]

## 二、发展阶段与客体关系

费尔贝恩对客体关系的发展进行了深入考察，即探究了个体对一系列发展水平上的客体所改变特性的寻求。与人这个客体的关系包含一些种类的附属物，费尔贝恩在其发展模型中就考虑了内部客体上的个体附属物的特性。发展看成是从母亲乳房这个部分客体上的附属物，到具备性特征的完整的人这整个客体上的养育附属物。成长则视为从只是获取的婴儿心态，到较为成熟的、在两个不同个体间给予和接受的心态。费尔贝恩强调客体的自然属性与关系的性质，弗洛伊德所重视的力比多的满足则退居第二位。

费尔贝恩提出客体关系有 3 个发展阶段。第一个阶段是婴儿依赖阶段，是最初对于客体的认同，并经由口部吞并或吸取心态表明其特点。婴儿同化客体最早的方式就是口部吞并，他认同的客体就变成了被吞并客体的同等物。乳房这个被吞并的客体与母亲这个可见客体形成对照，由于受挫或缺乏，可见的客体就会取代被吞并的客体。

第二个阶段属于中介和过渡阶段，可扩展儿童与客体的关系。不过，儿童

---

[1] 徐萍萍，王艳萍，郭本禹. 独立学派的客体关系理论：费尔贝恩、巴林特研究［M］. 福州：福建教育出版社，2010年9月第1版，66、67页。

会体验到日益增长的强烈地要放弃与客体认同的婴儿心态和退行地极力保持这种心态之间的冲突。只要这种冲突得不到解决，儿童就会防御措施来处理这一冲突。

第三个阶段是成熟的关系阶段，暗示在独立的、两个完全不同的不同个体间的关系中，个体具有支配的能力。这种成熟的关系包含给予和接受两个层面，它们被置于两个可以表达其两性关系的不同的个体之间。最初是关系的特质，至于怎样用力比多把关系表现出来，仅具有第二位的重要性。

费尔贝恩的发展模型显示了这种趋势，也就是婴儿从基于认同的客体关系，发展到同整个有差异的个体间构建起成熟的客体关系。该发展过程预示个体与客体间的区别在增加，与此同时在渐进性地减少个体对于客体的认同。力比多的目标或获取安全的途径也随之改变，进入一种从给予到付出的状态。

### 三、费尔贝恩客体关系理论对需要心理学的贡献及其局限

费尔贝恩反对弗洛伊德的本能与内驱力的动机理论，明确提出了客体、结构与发展的概念。他不同意弗洛伊德的快乐原则和本能能量的观点，用动力的"客体—寻找"和"结构—人"来加以取代。他指出，弗洛伊德的本我是无结构的能量，而自我则是缺乏能量或动机的结构。费尔贝恩的动力结构理论，把本我与自我的元素结合成最初的自体（self），这个结构寻找客体并非仅仅为了满足。他用发展模型解释了这个最初自体或自我（ego）的发展过程，它在婴儿出生时就存在了，包括体验坏客体与分裂过程的结构化（structuralization）是一个连续的过程。不能让人满意的客体关系导致原始自我分化为 3 个动力性结构，儿童内化的不仅是客体，还是客体关系。处于内部关系的自体与客体成分都是活跃的动力性结构。

费尔贝恩的内心结构代表一种基本的分裂心态，它比克莱因描写的抑郁性心态还要彻底：反力比多自我，借助其客体的依附，采取一种对力比多自我不可调和的态度，由此就强有力地强化了中心自我施加给力比多自我的压抑。基于这一解释，弗洛伊德的超我实际上是由理想客体或自我—理想，反力比多客体或反力比多自我构成的复杂结构。费尔贝恩的这些思考构成了一种以客体关

系观点来考察的人格结构理论的基础，它与持本能及其变化的观点的古典精神分析人格理论相对立。他的主要贡献就在于确切证明了幼儿期显现的自体不是起源于非人格的本能，而是由被内化的客体关系抚育出来的。

但是费尔贝恩内化的客体仅限定为坏的客体，而把对好客体的内化排除在外，从而使对主体有益的经验在内心没有了位置。另外，由于过于注重内心结构的分裂状态，而忽视了自我结构的整体统一性。

## 第四节　温尼科特的客体关系理论

温尼科特（Donald Woods Winnicott，1896—1971）是英国著名的儿科医生与精神分析学家。1914 年进入剑桥耶稣学院攻读医学，因第一次世界大战爆发而中断。战后在伦敦的圣·巴赛洛缪医院，继续其医学培训。1923 年获儿童医学会诊医师证书，并定居于伦敦。先后工作于哈克利的女王儿童医院、伦敦城市议会风湿病和心脏病临床医院、帕丁顿·格林医院，并在后一所医院退休。1923 年起，接受斯特拉奇长达 10 年的精神分析，随后又接受瑞韦尔近 5 年的分析。先后在 1956—1959 年和 1965—1968 年两度担任英国精神分析学会主席。1968 年获得斯彭斯儿科学奖章。其主要著作有：《关于儿童期精神紊乱的临床笔记》（1931）、《儿童与家庭：第一关系》（1957）、《儿童与外部世界：发展中的关系研究》（1957）、《儿童、家庭和外部世界》（1964）、《家庭与个体发展》（1964）、《游戏与现实》和《儿童精神病学诊断建议》（1971）。分别于 1958 年和 1965 年出版两卷本精神分析文集《文集：从儿科学到精神分析》和《成熟过程与激励性环境：情绪发展理论研究》。

最初温尼科特的研究受到克莱因的影响，后来在克莱因与安娜的对立中他选择了折中的立场，试图寻求独立发展自己的理论。他特别关注母婴关系，认为联系婴儿需要的母亲的护理功能是决定儿童心理是否健康的最重要因素。

### 一、真实自体与虚假自体的人格结构

温尼科特认为真实自体（true self）形成于一种与足够好的母亲之关系中，

这样的母亲既能认识到婴儿的本能需要，还了解其创造性，并且尊重他的边界，能够直觉地认识到他对于转换对象的需要，知道转换现象象征着他试图平衡其虚幻与幻灭的经验。但是缺乏这种了解，婴儿有可能会出现精神障碍或心理紊乱。真实自体包含每个人独特、原创性的成分，具有如下特征："①它是一个理论的出发点，自发性动作和个人思想皆出自于它。自发性动作（spontaneous gestere）是行动中的真实自体。②真实自体是一个人身上的真实性东西的源泉。只有真实自体能有创造性，只有真实自体能有真实感。③真实自体与身体的活力联系在一起。④真实自体从一开始就不属于对外部刺激做出的反应，而是一种原初的存在（existing）。⑤真实自体是创造性的身体。"[1]

同样，如果父母采取过度保护性的教养方式，也不利于儿童的正常成长。儿童或将拥有一种打上虚伪事实烙印的性格，也就是形成虚假自体（false self）。这种按照环境需要进行活动并建立非真实关系的虚假自体有3种功能：照顾自己的母亲、借助顺从环境要求来掩藏与保护真实自体、替代环境不具备的护理功能。依据程度的不同，可划分为极端的、不太极端的、趋向健康的、接近健康的和健康的虚假自体。

真实自体与虚假自体之间要通过巧妙的调适以保持平衡，在现实环境中既不能完全没有虚假自体，否则就无法适应社会制度、法规、习俗与禁忌等；又不能过于在意，而可能丧失真实自体。

温尼科特把破坏性看成是客体关系崩溃的一种反应，并重视它对于儿童发展的作用。婴儿隐藏一种基本的无怒气的破坏性是有重要意义的，因为它的表达能使婴儿发现是母亲令它存在的，从而能够把母亲体验为一个独立于他自己的完整客体。

### 二、婴儿的情感发展

温尼科特深入研究婴儿的情感发展，指出婴儿的情感发展自出生时就已开

---

[1]　郭永玉本卷主编，车文博、郭本禹总主编，弗洛伊德主义新论　第二卷［M］．上海：上海教育出版社，2016年12月第1版，741页。

始。在生命第一年的后半年，正常婴儿会产生关心的能力或体验内疚感的能力。这部分取决于婴儿的人格整合成一个统一体及其可对本能的整体幻想负责。而母亲或其替代者的持续在场，是完成这一相当精细发展的前提条件。母亲要为将要看到的做好准备，要接受婴儿为有所贡献而付出的幼稚努力，也就是说要去修复，建设性地去爱。婴儿则伴随着成长，"词语'爱'的意义会发生改变，或者说进入了新的元素：爱意味着存在，呼吸，活着，被爱；爱意味着胃口，没有关注，只有被满足的需要；爱意味着与母亲充满情感的接触；爱意味着本能体验的客体与母亲充满情感的接触相整合（在婴儿这一部分），给予开始与摄取相联系，等等；爱意味着坚持对母亲的所有权，强迫性贪婪，强迫母亲为她负有责任的剥夺（这是无法避免地）做出补偿；爱意味着关心母亲（或替代客体）就像母亲关心婴儿一样——这是成人责任感的预览"。[1]

## 三、过渡客体

温尼科特认为在克莱因所提出的内部世界与外部世界之间，还存在称为潜在或过渡空间的第三个精神世界。外部世界是个体外部充满无数真实他人的现实生活，内部世界是内化的客体关系，过渡空间则是经验的中间区域，存在于现实与幻想之间，诸如游戏、创造力、幻想、想象与错觉都属于其范畴。对应于过渡空间，温尼科特提出了"过渡客体"的概念。它是婴儿从完全的主观向完全的客观过渡时的中介，不是一种内在的精神客体，而是一种具体的外在物体。然而对于婴儿来说，它还不算是一种外在客体，而是存在于其过渡的神奇世界中。因此，过渡客体是婴儿从其丰富的玩具世界中，为自己挑选的第一个"不完全是我"的所有物。

"儿童可能会对某件特殊的物品非常着迷。这个特殊的物品可能是曾经的被子、尿布、母亲的围巾或玩具娃娃，这些东西可能在孩子某一生日的前后，尤其在过渡的时候第一次成为对他很重要的物品，正如从清醒到睡眠的过程中。

---

[1] ［英］温尼科特. 家庭与个体发展［M］. 卢林，邬晓燕，吴江译. 北京：北京大学医学出版社，2016年4月第1版，19页。

这极其重要，这些物品受到了特殊的对待，甚至会有气味。很幸运的是，孩子使用的是这些物品，而不是母亲本身或母亲的耳朵和头发。这一物品和孩子一起体验外在或共享的现实。它既是孩子的一部分，也是母亲的一部分。有这样物品的孩子可能并不会真的用到它，也可能会一天到晚抱着它。"[1]

它可替代母亲，相当于婴儿饥饿时母亲的乳房，是婴儿的第一个玩伴，总之是其重要的安慰者。儿童的游戏场所就是一个过渡空间，在此他可逐渐发展出人际交往的能力。显而易见的是，婴儿手中的玩偶自发地象征着部分自体与部分环境。严重剥夺过渡客体可能会导致使用能力的丧失，从而缺乏安定与无法入睡。年长的被剥夺儿童还有可能丧失情感能力，在临床上表现出反社会倾向。

## 四、独处能力

温尼科特把独处能力看成是情绪发展过程中成熟的一个最重要标志。他用"自我—关联性"（ego-relatedness）这一术语来解释母亲在场情形中婴儿独处的体验，它指两人间这样一种关系：在两个人之间有一人独处，或两人都独处，只是其中一人的在场对于另一人至关重要。他指出："个体的独处能力取决于他（她）处理被原初情景所唤起的各种感受的能力。在原初情景中，儿童感知（到）或想象到了父母之间的兴奋关系。健康的孩子能够接受这种兴奋关系，能够掌握他的恨意，并将这种恨意整合，以供自慰之用。在自慰中，作为三元关系或三角关系的第三者，个体儿童接受了意识或潜意识幻想的全部责任。在这些情况下，能够独处意味着性欲发展的成熟，意味着达成了一种生殖器潜能或者与之相称的女性容受性；这也意味着攻击冲动（或想法）与爱欲冲动（或想法）的融合，也意味着对矛盾两价性的容忍；与此同时，就个体来说也自然地发展出了与父亲或母亲某一方认同的能力。"[2]

---

[1]［英］温尼科特. 家庭与个体发展［M］. 卢林，邬晓燕，吴江译. 北京：北京大学医学出版社，2016年4月第1版，56页。

[2]［英］温尼科特. 成熟过程与促进性环境：情绪发展理论的研究［M］. 唐婷婷等译. 上海：华东师范大学出版社，2017年11月第1版，19页。

温尼科特又运用克莱因的术语对独处进行了分析，他认为："独处的能力取决于个体心理现实中好客体的存在。好的内在乳房或阴茎，或者好的内在关系一定要很好地被建立，并被保护，这才能让个体（至少暂时性的）对现在和未来产生自信感。个体与其内在客体的关系，加上个体对于这种内在关系的信心，让个体的自然生存感到游刃有余，以至于即使在外部客体和刺激缺席的情况下，个体也能暂时得到满意的休息。成熟与独处的能力意味着，个体已经通过足够好的照护建立了对于良性环境的信念。这种信念的建立是通过不断重复令人满意的本能满足而实现的。"[1]

温尼科特强调个体独处的能力就是建立在他人在场时的独处体验。如果这种体验不够充分，个体就不会发展出独处的能力。婴儿在很早的时期就可发生他人在场下的独处，这时尚未成熟的自我自然地由母亲提供的自我—支持（ego-support）所平衡。随着时间的进展，婴儿就会内射这个自我—支持性的母亲，并且在独处的时候能借助这种方式，而不必频繁地触及外部母亲及其象征。这种自我—支持性环境逐渐被内射进个体内部，并成为个体人格的一部分，从而发展出个体真正的独处能力。

温尼科特非常重视自我—关联性，并认为它是构成友谊的基石，也可能成为个体将来移情的基质（matrix of transference）。个体只有处在自我—关联性的框架内，才能使得所发生的本我—关系（id-relationship）可加强自我。婴儿只有在他人在场的独处的时候，才会探索并发现自己的个人生命。"而病理性的选择则是一个建立在疲于应付外部刺激的各种反应上的虚假生命。只有在独处时，而且唯有在我们前面所描述的真正意义上的独处时，婴儿才能体验等同于成年人的'放松'状态。此时，婴儿才能够允许自己处于非整合状态，处于无方向状态，才能够尽情地折腾，或者才能够让自己处于这样一种时间状态当中：自己既不用成为一个外界侵入刺激的应付者，也不用成为一个具有某种兴趣或运动导向的活动者。此发展阶段是专门为本我体验（id experience）而设置

---

[1] ［英］温尼科特. 成熟过程与促进性环境：情绪发展理论的研究［M］. 唐婷婷等译. 上海：华东师范大学出版社，2017年11月第1版，20页。

的。随着时间的推移，会到达一种感受或冲动的体验阶段。只有在这种设定之中，这些感受和冲动才算得上是真实感受和真切的个人体验。现在我们知道了为什么旁边有个人在场是如此的重要，有个人在场，只需要存在，不需要她说什么或做什么；当冲动出现的时候，本我体验可能是丰富和充实的，而满足本我——冲动的客体可能是在旁边的照护者（即母亲）的一部分或者全部。只有在这些条件下，婴儿才能拥有一种感觉真实的体验。大量的这种类似体验便构成了个体生命的基础，这样的生命内部才具有现实性而不是无聊和无意义的。已经发展出独处能力的个体，能够不断地重新发现自己的个人冲动，而这种个人冲动也永远不会被落空和废弃，因为独处状态其实就意味着（尽管看似矛盾）总有一个他人陪在场的状态。"[1]

## 五、依赖的类型

温尼科特把满意的父母养育区分为 3 个有所重叠的阶段，即抱持阶段，不了解父亲功能的母婴生活在一起的阶段，父母与婴儿三人都在一起生活的阶段。在自我逐步从未整合向结构化整合状态转变的抱持阶段，婴儿表现出最大限度地依赖。温尼科特划分出 3 种类型的依赖：

"绝对依赖（Absolute Dependence）。这种状态下，婴儿还完全没办法理解母性养育，此时的母性养育更多起到的是预防作用。婴儿自己没办法控制养育的好与坏，他只能处在一个被动获益或遭受扰乱的位置上。

"相对依赖（Relative Dependence）。这时的婴儿开始变得能察觉到自己对母性养育细节的需要，也能够越来越深地把这些细节与个人的冲动联系在一起，长大以后，在精神分析治疗中，还能在移情中重现它们。

"迈向独立（Towards Independence）。婴儿发展出了不依靠实际养育的行事方法。不过要实现这一点，婴儿靠的是养育记忆的积累、个人需要的投射以及对养育细节的内射，同时还要发展出对环境的信心。此外必不可少的要素是智

---

[1]［英］温尼科特. 成熟过程与促进性环境：情绪发展理论的研究［M］. 唐婷婷等译. 上海：华东师范大学出版社，2017年11月第1版，20页。

力性理解及其巨大的影响作用。"[1]

### 六、游戏与心理治疗

温尼科特主张不应只注意游戏的内容，更应该关注游戏中的儿童，对游戏本身要加以正视。他指出："游戏，也正是游戏，是普遍的，它属于健康范畴：游戏促进生长，因而有利于健康；游戏带动团体关系；在心理治疗中，游戏可以形成交流沟通；最后，精神分析在服务于自己和他人的沟通过程中，已经发展成为高度特殊的游戏形式。"[2]他强调游戏是一种创造性的体验，这种在时空连续统一体中的体验是一种生存的基本状态。但是由于游戏总是处于主观与客观构想间的理论线上，所以表现出不确定性。

温尼科特概括了游戏的一些特征：

1. 游戏中的孩子与成人都处于全神贯注的状态，在几乎脱离现实的注意力高度集中的情形下，不容易离开这个区域，也不允许遭受侵犯。

2. 游戏区域不属于内在心理现实，但也不是外部世界，而是个体之外的一种存在。

3. 孩子在游戏中搜集客体与外部世界的现象，用它们来服务于源于内部或个人现实的样本。带着并非幻觉的梦的样本，生活在从外在现实所选择的片段环境中。

4. 通过操纵外在现象以服务于梦，把梦的意义与情感表现于外部现象之中。

5. 从过渡性现象到游戏，再到分享游戏，一直发展到文化体验。

6. 游戏属于婴儿与母亲角色间有信任暗示的潜在空间，几乎处于绝对依赖状态的婴儿理所当然地认为母亲角色具有适应性功能。

7. 由于游戏是对客体的操纵，且某类强烈兴趣与身体兴奋的某些方面相关，使得游戏是涉及身体的。

――――――――――

[1]［英］温尼科特. 成熟过程与促进性环境：情绪发展理论的研究［M］. 唐婷婷等译. 上海：华东师范大学出版社，2017年11月第1版，33页。

[2]［英］温尼科特. 游戏与现实［M］. 卢林，汤海鹏译. 北京：北京大学医学出版社，2016年9月第1版，52页。

8. 性感区的身体兴奋常常会威胁到游戏，进而威胁到孩子作为一个独立个体存在的感觉。本能对于游戏如同自我一般是主要的威胁，性诱惑会破坏孩子的个体意识，而无法再进行游戏。

9. 游戏在本质上是让人满意的，即使它有时会引发高度的焦虑。但是焦虑如果达到无法承受的程度，就会把这个游戏毁灭。

"10. 游戏中的愉快元素暗示，本能的唤起并不会过分。本能的唤起超过某临界点后必然会导致：（1）高潮；（2）失败的高潮和精神错乱的感觉及身体上的不舒适，只有时间能修补；（3）替代的高潮（例如挑衅父母或社会反应、愤怒等）。可以说，游戏能到达其自身的饱和点，即能容纳体验的能力。"[1]

11. 游戏原本是令人兴奋与不确定的。此特点并非源于本能的唤起，而是来自孩子心灵的交互影响，即被主观构想与被客观觉知之间的交互影响。

温尼科特把游戏本身就看作是一种心理治疗，主张在游戏治疗中尤其要关注儿童自己的成长过程，并消除其发展上的障碍。给儿童安排的游戏应该是其力所能及的，以积极的态度来对待游戏，普遍地将游戏应用于心理治疗。儿童在自发游戏中感到惊奇的时刻，是治疗过程中的重要时刻，它并不是治疗师提供清楚解释的时刻。

## 七、温尼科特对需要心理学的贡献与其局限

温尼科特把弗洛伊德和克莱因的一些传统巧妙地融入自己的客体关系理论。他开创性地研究了母婴相互作用，深入分析了真实自体与虚假自体的人格结构，考察了婴儿的情感发展，指明了爱的意义。他将婴儿的依赖分为3种类型，提出了过渡客体概念，并把独处能力看成是婴儿情绪发展过程中成熟的一个最重要标志，对于情感需要在婴儿期的发展做出了理论贡献。

他对游戏有独到的见解，并积极地将其运用于心理治疗。令人满意是游戏本质的论断，其实就是在承认游戏是需要的一种满足方式，是在社会认可其为

---

[1]［英］温尼科特. 游戏与现实［M］. 卢林，汤海鹏译. 北京：北京大学医学出版社，2016年9月第1版，66页。

一种游戏的前提下，把一些内在梦想在现实中象征性地部分得以实现。既没有对社会的明显危害，也没有实质性的功利目的，只是游戏而已。它是一种参与性的实际活动，而不同于用来欣赏的虚拟性的艺术。

他善于运用案例来进行分析，但因此导致其理论缺乏系统化的陈述。他过于强调个体发展过程中的环境作用，而没有发现个体的责任。对于交互作用中来自家长的影响，他只重视母亲，而忽视了父亲。

## 第五节　克恩伯格的客体关系理论

克恩伯格（Otto Kernberg，1928—　）为 20 世纪 60 年代以来美国著名的精神分析学家。他生于奥地利，先在智利接受教育，后来于美国堪萨斯的门宁格诊所接受精神病学训练。纽约是其主要的临床和研究活动基地。曾担任门宁格纪念医院院长，托皮克精神分析研究所指导教师，门宁格基金会心理咨询研究项目主任。后任纽约医院康奈尔医学中心主任，康奈尔大学医学院精神病学教授，兼任纽约州立精神病研究普通临床服务中心主任，哥伦比亚大学内外科学院的临床精神病学教授。其主要著作有：《心理治疗与精神分析：最后的报告》（合著，1972）、《边缘状态和病理性自恋》（1975）、《对象关系理论和临床精神分析》（1976）、《内部世界与外部现实》（1980）、《严重的人格障碍：心理治疗的策略》（1984）。

### 一、整合性客体关系理论

克恩伯格有两个试图完成的理论目标：一是把客体关系理论与精神分析的传统本能理论整合起来；二是借助于这一整合概念模式理解边缘状态。他从一般意义上界定客体关系理论，认为它是有关人际关系的精神分析研究，分析内部心理结构是怎样从内化过去与他人的关系中成长起来的。他还分别从广义和狭义上规定了这个一般性定义，从广义上说，客体关系理论是指通过人际关系经验影响心理结构的普遍性理论；从狭义上讲，客体关系理论是精神分析的一种较为慎重的方法，其重点在于从内部客体建立结构，即构建自体表象（self-representations）与客体表象（object-representations）的联系。他把克莱因、费尔贝恩及其本人都视为狭义上的客体关系理论家。

### （一）自体表象与客体表象

克恩伯格所使用的术语客体，通常指的是带有情感的人性对象（human object），是个体内部关于一个人富有情感色彩的心理表象（mental representation）。他将人际关系视为过去或现在个体间的相互作用与经验，而客体关系则是对现实世界中人际互动内化的派生物，属于自我内部的成分，包括客体表象、自体表象及联结两者的情感。客体表象与自体表象都是在自我中形成的，分别是个体知觉、加工与内化早期人际关系经验的产物过去各种自体概念的产物。

他和雅可布森都认为："自体意象和客体意象都是从原始未分化的自体意象和客体意象中分化而来，随着自体意象和客体意象的分化，作为本能的原始自恋也在发生分化，分别形成了力比多和攻击性驱力，力比多和攻击性驱力各自分别投注于自体和客体表象，于是形成了4种形式的内部表象：负荷着力比多的自体表象和客体表象、负荷着攻击性驱力的自体表象和客体表象。与此同时，自我也随着内部的自体表象和客体表象及附着其上的驱力的分化而不断发展。"[1]

他把心理结构看成是持久的心理模式，这些模式是婴儿内化与环境中他人，特别是母亲的关系的结果。这种内化的客体关系会向内、向外扩张，扩大与自体之外他人的更复杂关系就是向外扩张所造成的，向内扩张可发展出原我、自我与超我的心理结构。他的自体发展观可以这样理解："自体是一种心理结构，是由许多成分自体（component self）经过整合而构成的，而根据投射于这些成分的自体的本能驱力（力比多或攻击性驱力）的不同，可以将成分自体分为两类，一类是投注力比多驱力的成分自体，另一类是投注攻击性的成分自体，自体的形成包括这两类成分自体的整合以及相伴随的力比多即攻击性驱力派生物

---

[1]　林万贵.精神分析视野下的边缘性人格障碍：克恩伯格研究［M］.福州：福建教育出版社，2008年1月第1版，98页。

的整合。当充分整合的自体形成时，两种驱力即力比多以及攻击性驱力也实现了充分的中和，自体整合的过程发生的同时，也在发生能量的中性化。"[1]

### （二）情感的作用

克恩伯格不仅主张客体关系单位是心理结构的建筑材料，而且认为客体关系单位还帮助形成内驱力。在此过程中，情感发挥了重要作用。他主张原始情感在整合的内部客体关系背景下进行加工与修正，经浓缩与聚合形成爱欲和仇恨。这两种重要的情感体验都属于心理发展的动力，爱欲等同于爱的情感和力比多情感，仇恨则等同于攻击性情感。也就是说，他相信在内驱力之前就出现了指向客体的爱与恨的情感，并由此构成了内驱力。累积起好的情感体验可成为力比多内驱力，而攻击性内驱力的基础则是坏的情感体验。因而，他的先天反应与关系塑造人的倾向，是与弗洛伊德的内驱力先天论截然相反的。

他深刻地认识到，产生性兴奋的生理结构是爱欲产生的基础。仇恨则是在原始愤怒情感的基础上所形成的复合情感。愤怒作为一种基本情感，是先天固有的一种心理生理反应，在内化迫害性的、全坏的客体关系过程中，这种先天的生理反应会产生仇恨。仇恨的情感包含着客体并总是指向客体，而愤怒只是无客体的一种心理生理反应。因此，愤怒为先天的，仇恨则是后天发展起来的。在死亡驱力中，仇恨是其最复杂、最核心的情感部分。其复杂性表现为：仇恨不仅包含着指向外部的破坏客体之欲望，还包含着指向内部、自我毁灭的倾向，即破坏觉知所仇恨客体的欲望，更深刻地来讲，还包含毁灭自体（作为体验仇恨的器官）的欲望。原始的仇恨与爱欲浓缩在一起往往表现出施虐性愉悦，趋向自体消灭与完全消灭自体觉知的原始欲望之性欲化则表现为受虐愉悦。

"概括来说，内化的客体关系基本单位包含着构成驱力的情感成分，情感附着在自体和客体表象上，在自体和客体表象之间起着联结作用，并构成了客体关系的基本单位。性兴奋是力比多的核心情感，原始的仇恨是死亡驱力的核心情感。在这种模式中，伊底被当成受压抑的原始客体关系的总和。对迫害性、

---

[1]　林万贵. 精神分析视野下的边缘性人格障碍：克恩伯格研究［M］. 福州：福建教育出版社，
　　　2008年1月第1版，99页。

理想化、禁止性、必须性的内在客体关系的各个层面进行不断地整合，就成为原始超我的一部分。而那些用于防御的内在客体关系合并成为自我内部的一个整合的自体结构。简而言之，伊底、超我或自我都是由不同群集的内在客体关系构成的。"[1]

他重视分裂（splitting）的防御机制，视其为个体发展过程中出现的正常功能。个体通过分裂可以找到自身与客体间的区别，通过其所包含的一种潜意识幻想，分裂出自体中不必要的部分，或者把威胁性的客体分裂成几个易于控制的部分。为理解婴儿早期破碎、不协调的体验，克恩伯格指出："好的体验可以产生好的感觉岛，进而能够以非常复杂的方式连接和组织起来，以便可以帮助形成自我和超我的结构。相反，坏的体验继续产生挫折性感觉。分裂防御可以使坏的感觉彼此分离，以便在这一破碎的内在世界中，让焦虑不至于污染儿童的全部体验、不至于毁灭那些正要连接在一起的好的感觉岛。过多的焦虑将会妨碍组织与协调心理结构的形成过程，以至于使这个人将在人格的关键结构其他部分隔离的情况下发育。像这样的一个人的内心世界，将很容易被破碎为不同的经验岛、不同的自我状态以及不同的亚自我（subselves）。"[2]

## 二、内化过程

克恩伯格在克莱因的内射、分裂和内部客体概念的基础上发展了自己的内化观。他称内化为婴儿与外在世界的关系导致心理结构发生变化的过程，随着婴儿年龄的增长这一过程会日益复杂。内化过程从出生直到2～3岁，经历内射（introjection）、认同与自我同一性3个阶段。内射是建构人格及心理结构的最早阶段，婴儿在与环境交互作用的过程中，将其中一些与人的联系通过感觉与记忆摄取进来。在此阶段，婴儿的记忆痕迹包含3个基本元素：客体表象、自体表象及联结两个表象的感觉或特定的情感倾向（affect disposition）。自体

---

[1]　林万贵. 精神分析视野下的边缘性人格障碍：克恩伯格研究［M］. 福州：福建教育出版社，2008年1月第1版，103、104页。

[2]　［美］克莱尔. 现代精神分析"圣经"——客体关系与自体心理学［M］. 贾晓明，苏晓波译. 北京：中国轻工业出版社，2002年1月第1版，165页。

表象与客体表象在最早的内射单位中尚未彼此分化，在感觉上原始而强烈。借助于分裂机制，自体与客体表象逐步分化并定型为清晰的组分。克恩伯格认为，力比多驱力寻求快乐，能够带来与正向感觉或情感有关的生理反应，而与攻击驱力有关则大多是负向的感觉或情感。客体表象和自体表象间的情感色彩，受制于二者互动时所呈现出的驱力，即婴儿记忆中的客体关系与当时的心情有关。当婴儿3个月大时，依据情感状态的两极性，客体关系会有了好和坏的区分，就是这种分裂开启了精神的整合过程。内射在自我形成过程中发挥着关键性作用。感知与记忆的自我功能，自生命初期就已存在。婴儿借助感知与记忆，内化客体关系，将其作为自我的前体，担任早期的心理结构。围绕着这些积淀的客体关系单位，巩固、统一起自我内核。为防御内射的敌意感，自我保持在分裂的状态中，积极内射的力比多合并成原始自我的内核。相似的好的内部客体融合、分化、再融合，统一为复合自我。逐渐联合统一起来的自我，就会显现出其他功能，特别是防御功能。

认同阶段出现在一岁后期至两岁，婴儿随着知觉与认知能力的发展，就已经能够辨认出人际关系中的角色层面。克恩伯格指出，认同意味着社会角色的内化，角色概念可以表明社会承认的功能。在实际的客体关系中，认同让个体体验为自己是与他人相互作用的主体。在其中，婴儿能觉察和学习到自己在回应他人角色时所采取的某些角色，如相对于喂养者来说，他就是被喂养者。只是这时婴儿的内部世界尚处于分裂状态，只有成长到自我同一性阶段，内部的客体世界才逐渐得到整合。

自我同一性是内化的最高级阶段，它涉及组织内射与认同的整合功能。自我的组织统一了自我结构，产生了自体连续性的感觉。从内化的客体关系中演绎出世界的表征，它内在地代表一致、整体的外部客体世界，它只是近似于真实的现实世界，带有早期强烈的客体表象色彩。没有修正的原始客体表象被压抑在潜意识中，大部分客体表象则可联合成较为高级的自我与超我结构，如自治性的自我功能与自我理想。自我同一性是由选择性认同形成的，仅仅内化那些与个体认同形成和谐的客体关系就是选择性认同，它针对的是个体以现实的方式爱与羡慕的人。这使得个体与他人互动时，产生了前后一贯的感受。这种互动的一致性能够从个体所处的环境中辨认出来，可以了解个体的特性，个体也通过环境确认自己的感受。

克恩伯格指出，自我同一性开始发展于生命的第一年之内，在随后的两三年中，内在世界会进一步加以整合。然而，受过创伤及被剥夺了亲情的儿童，则只能修正部分的成长与整合。他们经常处在恐慌的状态中，表现出破坏和混乱的行为，自我同一性不明显。他们成年后，常处于精神病的边缘，他称其具有"边缘性人格"。

克恩伯格是当今对边缘性人格障碍研究作出最大贡献的精神分析理论家与临床家。他概括了边缘性人格障碍患者的特征，区分了神经症性、边缘性和精神病性人格组织，提出了治疗边缘性人格障碍的独到见解。"克恩伯格认为，边缘性人格组织是一种特定的心理结构，是一种独立的临床实体，它有着自己独特的起源于婴儿早期并以紊乱的内在客体关系为主要特征的心理病理。它是指一种性格病理学。这种性格病理，有明显的身份认同紊乱，分裂成为自我的主要防御机制，是分离一个体化过程受阻的产物，是由于前俄狄浦斯期遭受强烈攻击性的作用导致了自我整合性的缺陷。边缘性人格障碍与边缘性人格组织这两个术语内涵既有重叠之处，又有不同之处。边缘性人格障碍是一种描述性术语，它是指一组特定的精神病综合征的症状，如：混乱的冲动性、慢性的愤怒、不稳定的人际关系、身份认同紊乱、空虚感、弥漫性的烦躁感和自我破坏性的见诸倾向等；而边缘性人格组织是一种心理动力学术语，它是一种人格结构，是大多数人格障碍的人格基础。"[1]

### 三、发展阶段

克恩伯格把心理结构的发展划分为如下的 5 个阶段：

第一个阶段为正常"自闭"或原始未分化阶段，是在生命的第一个月之内。在此阶段，很少发生对于人格结构建构的影响，逐渐形成未分化的自体与客体

---

[1]　林万贵. 精神分析视野下的边缘性人格障碍：克恩伯格研究［M］. 福州：福建教育出版社，2008年1月第1版，120页。

表象。没有分化意味着自体与客体表象融合在一起，在自体与任何客体之间感受不到区别。该阶段的问题，表现为自体与客体表象发展不足，及随之而来无法正常地建立与母亲之间亲密的共生关系，非常严重的就称为"孤独性精神病"（autistic psychosis）。后来，克恩伯格又提出，在此阶段婴儿处于自闭与共生的摇摆状态。

2个月至8个月的婴儿处于第二个阶段，属于原始的自体—客体表象未分化阶段，好的自体—客体表象单位的构建与统一为本阶段的特点。婴儿在此期间，与母亲互动产生愉快满足的体验，构成了融合客体表象的自体表象，而且这些表象联结着愉快感。围绕着它们，好的未分化的自体—客体表象将形成自我。同时，挫折性体验也在构筑坏的自体—客体表象，它伴随着痛苦与愤怒感。借助分裂机制，好的与坏的表象彼此分离。在好的自体—客体表象内分化出与客体表象相分离的自体表象，此时就结束了这一阶段。他们偶尔会再度融合为自体—客体表象，然后再次分化开来。坏的的自体—客体单位在此阶段不分化，婴儿将其推向心理体验的外围，成为自体外部世界的第一感觉。

第三阶段开始于6～8个月，在18～36个月时结束，为自体表象与客体表象分化的阶段。自体与客体表象及自体与非自体定界的分化，是该阶段的标志。好的与坏的的自体表象及好的和坏的的客体表象，开始时是分别共存的，然后再各自结合起来。这一阶段就结束于好的与坏的自体表象联结为一个自体概念（self-concept）的时候。好的与坏的客体表象也综合成一个总的客体表象，意味着完成了客体恒定（object constancy）。

在该阶段，正常儿童会使用分裂机制保持好的与坏的分离，但会逐渐减少其使用频率。而边缘人格的儿童会继续运用分裂机制，从而保护其脆弱的自我避免遭受瓦解性焦虑。自体与客体表象的分化应归功于建立起自我界限，不过，这时的自我界限仍然脆弱和易于变化，还没有形成一个综合、完整的自身感或者他人的综合概念。因此，这仍属于部分客体阶段。

第四阶段从第三年的下半年开始，持续到第六年，是自体表象与客体表象整合及内部心理结构发展的阶段。部分表象整合成整体表象为本阶段的特征。儿童把伴随愉悦感的好的自体表象与伴有攻击性的坏的自体表象，结合成一个完整的自体系统。类似地，伴随愤怒感的好的客体表象与体验到愉悦的好的客体表象合并起来，形成一个完整的极为现实的母亲客体表象。

原我、自我与超我在此阶段统整为一个内部结构，建立起了自我同一性这个认同和内射的完整组织。客体的内部世界更有组织和易于理解，儿童形成了兄弟姐妹与叔叔婶婶的概念。压抑是自我在本阶段的主要防御机制，通过压抑作用从自我中分离出了原我，并开始作为一种心理结构而存在。这种起源于一个共同母体，特别是自我先于原我的观点，与经典的精神分析理论截然相反。在原我较有组织时，其中可达到意识水平的原始成分，就被压抑并保存于其潜意识部分。压抑下来的一些强烈感觉，和无法接受的、内化的客体关系促进了原我的综合。甚至一些紊乱的自体与客体表象及与之相伴的破裂感也包含在原我之中。

超我这时也作为一个独立的心理结构而出现。克恩伯格追随雅各布森设计出超我的三级轮廓。"最早的超我结构起源于敌意的、不现实的客体意象的内化。这些施虐性的超我前体，与克莱因的原始施虐超我以及费尔贝恩的抗力比多客体相当。如果一个儿童较早地体验到挫折和攻击，这个儿童将有较强的较施虐性的超我前体。超我结构的第二层，来自自我理想的自体表象与客体表象。儿童的超我必须把这些愿望性的、不可思议的愉快表象，与比较具有攻击性和施虐性的前体综合起来。这些综合，修整和缓和了这些绝对、幻想性的原始理想以及施虐性的前体。它与自我开始修正和综合原始力比多与攻击性的内化了的客体关系的性质的过程相平行。超我形成的第三级包括，比较现实的要求和俄狄浦斯双亲的禁令的内化与综合。"[1]

第五阶段开始于完成超我综合的童年晚期。自我与超我间的对抗逐渐减少，经过改善的自我同一性进一步得到综合与加强。在依据内部客体表象改变与外部客体体验的过程中，持续发展自我同一性，而且，反过来根据对外部真实人的体验也会使这些内部客体表象产生变化。这些体验又会促进自体概念的改变。

---

[1]　[美]克莱尔. 现代精神分析"圣经"——客体关系与自体心理学[M]. 贾晓明，苏晓波译. 北京：中国轻工业出版社，2002年1月第1版，165页。

## 四、克恩伯格对需要心理学的贡献与其局限

克恩伯格超越了传统的精神分析理论与纯粹的客体关系理论，提出了将两者结合起来的整合性的客体关系理论。他重视情感的作用，主张心理结构中客体关系、情感与驱力3种成分几乎是三位一体的，并且每种成分都含有心理与生理、意识与潜意识、先天与养育等多方面的维度。他承认客体关系、情感也与力比多和攻击性驱力一样具有动力作用，其实客体关系的力量来自关联性需要，情感的力量源于情感需要。他的理论能以更宽广的视野看待人内部心理世界的发展，因而可以在更广阔的范围内更好地解释心理现象，其理论的综合性、系统性与合理性也更加显著。

克恩伯格对内化过程与心理发展阶段的论述，更深化与细化了他的整合性客体关系理论。他的超我三级层次论明确把现实要求和双亲禁令作为超我的最高层次，符合需要心理学将环境需要和环境需要的主体化形成超我的思想。但是需要心理学并不完全同意超我的第二层次来自自我理想的自体表象与客体表象，而是认为自我理想的自体表象与客体表象是自我与超我的交集，即它因组成了理想自我而属于自我，又因其理想性对自我产生约束而属于超我。另外需要心理学还主张客体关系也是超我的重要组成部分。

克恩伯格开创性地提出了边缘性人格组织理论，创建了用于治疗边缘性人格障碍的方法，而成为这个领域的集大成者，是当今对边缘性人格障碍研究作出最大贡献的精神分析理论家与临床治疗家，在临床上产生了广泛而深远的影响。

# 第四章　精神分析社会文化学派的需要思想

精神分析社会文化学派于 20 世纪 30 年代末开始酝酿。其主要代表人物有霍妮、沙利文、卡丁纳和弗罗姆。霍妮于 1937 年出版《现代人的神经症人格》，1939 年出版《精神分析新道路》，强调社会文化因素在神经症形成中的重要作用，并修正了弗洛伊德的许多基本观点。沙利文于 1938 年创办《精神医学》杂志，传播其人际关系理论，他把心理疾病归结为人际关系的失调，而不是性本能和社会的冲突。卡丁纳于 1939 年出版《个人及其社会》，公布了他通过人类学研究所得出的不同于弗洛伊德的结论。弗罗姆于 30 年代发表了一系列论文，力图用历史唯物主义来修正精神分析。进入 40 年代初，正式形成了精神分析社会文化学派。霍妮于 1941 年被纽约精神分析研究所开除后，迅速成立了美国精神分析研究所并自任所长，这一事件标志着精神分析社会文化学派已经完成与正统精神分析从思想体系的分裂到组织上的正式分裂。同年，弗罗姆出版《逃避自由》，形成了与弗洛伊德从本能寻找战争心理根源的鲜明对照。他致力于从社会学与人本主义哲学的取向上修正经典精神分析。

精神分析社会文化学派组织较为松散，其主要代表人物在理论上各有侧重，观点也时有分歧。但他们在同属一个学派基础的许多基本观点上是一致的："①都继承了弗洛伊德的潜意识、动机和人格的动力学观点，并以此为基础形成了各自的人格心理学和社会心理学；②都继承了弗洛伊德重视童年经验或亲子关系的传统，但抛弃了本能决定论、婴儿性欲论和人格结构（本我、自我、超我）论；③都强调社会文化因素对人格的影响，将微观的家庭环境与宏观的社会环境结合起来研究人，反对弗洛伊德的生物学化的倾向和女性心理学；④都受过传统精神分析正规训练，掌握了精神分析治疗技术，并以此为基础形成了各自的人格心理学、心理治疗学或社会心理学；⑤都抛弃了弗洛伊德关于人和社会的悲观主义态度，相信人的潜能具有建设性，相信通过改变社会生活条件、改变不合理的人际关系可以实现健康的人的生活。因此他们不仅在治疗上，而且在关于人和社会的信念上都是乐观主义的。"[1]

## 第一节　霍妮社会文化的神经症理论

霍妮（Karen Horney，1885—1952）是生于德国汉堡附近一个小村庄的犹太人。1906年，考入柏林大学医学院。霍妮在大学期间，对精神分析产生了兴趣，毕业后用3年时间钻研精神医学。1915年，获得柏林大学医学博士学位。1914年—1918年，在柏林精神研究所接受精神分析训练，得到弗洛伊德的著名弟子亚伯拉罕的指导，1917年发表其第一篇精神分析论文《精神分析的治疗技术》。1918年—1932年，任教于柏林精神分析研究所，并开办了一间私人诊所。

霍妮为逃避纳粹对犹太人的迫害，于1932年接受美国芝加哥精神分析研究所的邀请，赴该所担任副所长。她两年后移居纽约，创办了一个私人诊所，并任职于纽约分析研究所，边行医，边执教，边著述。由于霍妮的主张与弗洛伊德的经典理论分歧越来越大，1941年被纽约精神分析研究所解聘。她随即建立起美国精神分析研究所，并且担任所长直到1952年去世。

其主要著作有：《现代人的精神症人格》（1937）、《精神分析的新道路》（1939）、《自我分析》（1942）、《我们内心的冲突》（1945）、《神经症与人的成长》（1950），和由其弟子整理出版的《女性心理学》（1967）。

### 一、神经症的文化观

霍妮是围绕神经症（neurosis）的病理学开展研究的。霍妮把神经症区分为情境神经症（situation neuroses）和性格神经症（character neuroses）两种类型。

---

[1]　郭本禹.心理学通史 第四卷 外国心理学流派（上）[M].济南：山东教育出版社，2000年10月第1版，576、577页。

前者仅仅是患者对特定的困境暂时缺乏适应能力，还没有表现出病态的人格；后者则源自变态的性格，也就是说病人有某种神经症的性格，而这种性格结构又往往逐渐形成于童年时代。后者是霍妮所关注的，并且她经常把性格神经症简称为神经症。她将神经症的症状比作火山爆发，而潜藏于人内心深处的病态性格结构就好比是火山本身。

霍妮认为神经症的病因在于人格结构，而个人的生活环境则决定了其人格结构。只有了解文化环境与个人的生活环境，才能了解其人格；只有了解患者的人格，才能诊断和治疗其神经症。

首要的问题是确定神经症的标准，也就是确定心理常态与病态的标准，而这种标准则取决于为其成员规定行为模式的社会文化。霍妮指出："我们关于正常的观念，就是通过认可在一特定团体之内的某种行为和情感标准而获得的。这个特定团体把这些标准加诸其成员的身上。但是这些标准因文化、时代、阶级和性别的不同而大异其趣。"[1]神经症患者只不过是偏离了社会文化所规定正常行为模式的人。

霍妮主张要从社会文化中寻找神经症的根源。存在于文化中的某些固有的典型困境，作为各种内心冲突反映在个体的生活中，经过日积月累，就可能会形成神经症。现代文化建立在经济上相互竞争的原则之上，个体不得不与他人进行竞争，一个人得到的利益往往就是他人的损失。这种处境的心理后果就是增强了人与人之间的潜在敌意。每个人都是他人现实或潜在的竞争对手，竞争与敌意已渗入各种社会关系中。它妨碍了在同一性别内建立真正可靠的友谊，不管风度、才能、魅力还是别的什么成为竞争的焦点。它也妨碍了两性间的关系，不仅体现在选择伴侣上，还体现在跟伴侣争夺优越地位的斗争中。它渗透到了学校生活，特别是渗入家庭生活之中。父子、母女，及子女之间，都存在着竞争。弗洛伊德看到了这种竞争，但没有意识到它为特定文化条件的产物。竞争性刺激可以说无处不在，一个人从摇篮到坟墓都会不断地受到这一病毒的

---

[1]　[美]卡伦·荷妮著，陈收译，我们时代的病态人格［M］.北京：国际文化出版公司，2001年1月第1版，5页。

影响。竞争造成人际关系的紧张，产生恐惧，让人害怕遭受报复，惧怕失败。

现存文化的矛盾是神经症患者产生内心冲突的社会文化基础。第一个矛盾是竞争与成功和友爱与侮辱，这种文化对个人提出了两方面相互矛盾的要求。第二个矛盾是不断激起的需要与满足过程中实际遭受挫折之间的矛盾。第三个矛盾是所追求的个人自由与实际生活中的各种限制间的矛盾。这些矛盾性的社会文化困境，让人们陷进难以调和的内心冲突之中。

在这种文化中，面对这些困境大多数人都会产生内心冲突，正常人与神经症患者仅仅在程度上有区别。神经症患者只是由于其特殊的个人处境，尤其是童年经历等原因，对这些困境和冲突产生了过分强烈的体验。神经症可以说是时代与文化的副产品。

神经症患者有僵化的行为反应，也就是缺乏依据情境的变化而选择适当反应的灵活性。他们在可能与现实间存在差异，却总固执于自己的思想而无法自拔。霍妮指出："神经症是由恐惧和防御恐惧并试图找到解决冲突倾向所产生的心理困扰。基于实际的理由，我们最好只有在这种心理困扰偏离了特殊文化中的共通模式时，才称之为神经症。"[1] 她把恐惧与防御看成是神经症患者的动力中心之一，把矛盾冲突的倾向视为另一种本质性特征。神经症患者的冲突虽然非常强烈，自己却毫无察觉，而是自动地以病态的方式试图加以调和或解决，不仅结果无法让人满意，还往往会损害完整的人格。

## 二、神经症病理学

### （一）神经症的基本成分

霍妮认为神经症基本结构的两种主要成分是基本焦虑和敌视的态度。

1. 基本焦虑

霍妮视焦虑为神经症的动力中心，并对恐惧与焦虑做了区分。"恐惧和焦虑都是对危险的不当反应，在恐惧的情形中，危险是一种透明的、客观的东西，

---

[1] ［美］卡伦·荷妮著，陈收译，我们时代的病态人格［M］. 北京：国际文化出版公司，2001年1月第1版，13页。

而在焦虑的情形中，危险是一种深藏不露的、主观的东西。这也即是说，焦虑的强度取决于处境对某人的意义，对于神经症患者来说，他为什么焦虑他本人根本就不知道。……在恐惧的情形下，危险是实实在在地存在的，对这种危险的无助感是由现实决定的，在焦虑的情况下，危险是由心理因素造成的或想象出来的，这种无助也是由个人自身的态度决定的。"[1]

霍妮分析了在现代社会文化中4种逃避焦虑的方法，即理性化、否认、麻痹、回避可能会产生焦虑思想、感受与冲动的情景。第一种逃避焦虑的方法是把焦虑转化为理性恐惧的理性化，理性化是逃避责任的最好解释，借此把责任转嫁给外部世界。如恐惧疾病、灾祸和贫困等，莫不如此。第二种逃避焦虑的方法是否认其存在，即把它从意识中排除出去。正常人可通过忽视而摆脱恐惧，神经症患者摆脱的仅是一种特殊情形下的焦虑。第三种逃避焦虑的方法是麻痹，如可通过酗酒或吸毒，投身于社会活动，沉溺于工作，或过度睡眠和性活动，来排遣焦虑。第四种逃避焦虑的方法最极端，回避一切可能引发焦虑的情境、想法或感觉。其实这种自发起作用的逃避是禁止现象。霍妮指出："所谓禁止，包括不能去做、感受或思考某种事情。它的功能乃是逃避那些为去做、去感受或去思考某种事时就会产生的焦虑。人们意识不到这种焦虑，而且无法通过有意识的努力来克服这种禁止。这种禁止作用在功能性的歇斯底里丧失中，以最为引人注目的形式表现出来：歇斯底里的失明、失语或四肢瘫痪。在性欲范围内，性冷淡和性无能是这种禁止的典型代表，尽管这种性欲禁止的结构可能非常复杂。在心理范围内，常见的禁止现象包括注意力不集中，不能形成和表达自己的意见，不能与他人交往，等等。"[2]

2. 基本敌视

霍妮把社会文化的矛盾所造成的人际关系困难看作神经症形成的决定性因素，而在全部环境因素之中，一个孩子成长于其中的人际关系是性格形成的最

---

[1] ［美］卡伦·荷妮著，陈收译，我们时代的病态人格［M］.北京：国际文化出版公司，2001年1月第1版，24～37页。

[2] ［美］卡伦·荷妮著，陈收译，我们时代的病态人格［M］.北京：国际文化出版公司，2001年1月第1版，31页。

主要因素。因此这种困境往往首先存在于神经症患者童年的家庭成员之间，尤其是亲子关系之间。满足和完全为儿童的基本需要，但是儿童必须在成人的帮助下才能满足这些需要。如果父母不能真正地关爱儿童，就会使得儿童产生不安全感，霍妮把父母的这类行为称作"基本罪恶"（basic evil）。她指出父母的不良态度可能有："管制、过分保护、威胁、恼怒、过严、溺爱、怪癖、偏爱其他的孩子、矫情、冷漠，等等。"[1]如果一个儿童的父母经常表现出此类行为，就会使得儿童产生敌意，霍妮将其称作"基本敌意"（basic hostility）。儿童因此陷入一种既依赖父母又敌视父母的痛苦处境中。霍妮认为，产生神经症的主要原因是各种各样的敌意冲动。因为无助、恐惧、关爱和负罪感，儿童必须压抑其敌意。由于儿童从生理到心理必须依赖周围的环境，特别是自己的父母，靠他们来满足其需要，从而有一种无助感。因为需要父母，儿童必须压抑自己的敌视。从威胁、恐吓、禁止、惩罚及暴力情境中，能够直接引发恐惧。由于害怕父母，儿童不得不压抑自己的敌意。如果缺乏父母真正的关爱，儿童就会抓住父母自诩的关爱。因为害怕失去爱，儿童不得不压抑其敌视。为了避免敌意所导致的负罪感，儿童不得不压抑这种敌意，因为如果他感受到敌意，就被认为是一个坏孩子。

霍妮认为早期经验和家庭环境是非常重要的，但仅是形成神经症的必要条件，后期社会环境的影响也不容忽视。有些敌视和焦虑反应可局限于使其得以产生的环境，而基本敌意则较易于泛化到外部世界和一般人，使其感到世间的一切人和事物都潜伏着危险。压抑敌意本身就足以产生焦虑，更何况个体会把敌视冲动投射到外部世界中的对象身上，认为破坏性冲动来自对方而非自身。而对他人以其人之道还治其人之身的报复的恐惧，会加强这种焦虑的情感。

霍妮把基本敌意及其压抑所导致的焦虑，称之为基本焦虑（basic anxiety）。它除了在程度与强度有所不同之外，在所有方面或多或少都是一样的。它是不知不觉在内心积累并到处蔓延渗透的一种自觉渺小感、无足轻重感、没有依靠

[1]［美］卡伦·荷妮著，陈收等译，神经症与人的成长［M］.北京：国际文化出版公司，2001年1月第1版，2页。

的无助感、被抛弃与遭受威胁的体验，一种源于欺诈、嫉妒、怨恨、背叛和攻击的情感。它是有可能滋生神经症的肥沃土壤，在神经症形成中起着根本性作用。基本焦虑与基本敌意难以分割地交织起来，并形成相互加强的恶性循环，导致神经症的产生。

### （二）神经症需要

基本敌意与焦虑导致深切的不安全感与沉重的痛苦，为减轻这些根源性的焦虑，个体会形成一些防御性策略。霍妮把这些防御机制所构成的一些潜意识驱动力量称作"神经症需要"（neurotic need）。她对以下 10 种常见的神经症需要做了分析。

1. 对关爱或认可的神经症需要

病态关爱需要的第一个特征是强迫性，神经症患者出于深切的必要性，在强烈焦虑的驱使下丧失自主性与灵活性。他们完全依赖于他人的关爱，不加区别地希望获得任何人的爱与认可。他们感到在世界上漂泊无依，任何一种人际关系都意味着安慰。为满足有他人在场的愿望，获取他人的关爱，他们不惜任何代价。以屈服的态度，不加选择地取悦、迎合、赞赏他人，把他人的意见与愿望看得高于一切，而不敢批评与反对他人。

不满意感是病态关爱需要的第二个特征，它表现为一般人格上的贪婪。贪吃、疯狂购物或逛商店及缺乏耐心为其具体表现。贪婪可能是冲破长期压的突然爆发。霍妮区分出 3 种类型的神经症患者在关爱上的不同态度：不满于关爱；将关爱的需要转变成一般的贪婪；没有明显的关爱需要，只有一般的贪婪。这 3 种类型表明了焦虑与敌意的依次增加。对关爱的不满主要表现在嫉妒和对无条件之爱的需要。正常人的嫉妒是面对丧失他人之爱危险时的一种充分的反应。病态的嫉妒大大超出了危险的程度，总是唯恐丧失对他人或他人爱的占有，从而导致他人感兴趣的任何其他事物都成为其潜在的威胁。

霍妮指出："对关爱的不满足感比嫉妒感要强烈，这一说法乃是表明对无条件之爱的追求。这种需求经常出现在意识心灵中的形式就是：'我要因我之所是而非我之所为而被爱。'到目前为止，我们可能会认为这种需求稀疏平常。

的确，希望别人只是爱我们本身，是我们每个人都有的愿望。然而，对无条件之爱的病态需求不同于正常人的需求，它无所不在，而且表现为一种不可能实现的一种极端的形式。它要求的是没有任何条件、没有任何保留的关爱。首先，这种需求包括不考虑任何挑逗行为的被爱这样的一种愿望。……其次，对无条件之爱的病态需求包括：需求一种没有任何回报的被爱。……第三，他的需求包括：为人所爱却从不为他人着想的愿望。……最后，对无条件之爱的需求还包括：不惜一切牺牲赢得被爱的愿望。……这种对无条件之爱的追求，其内涵上包括对他人的无理及残忍的忽视摒弃，最为清楚地显现出对关爱的病态需求中潜藏的敌视。"[1]

霍妮发现，病态关爱需要的全部特征都基于一个共同的事实，即神经症患者自身的冲突倾向使其不能获得所需要的关爱。由各种病态关爱需要的不同内涵形成的恶性循环，一般来说，成为神经症最重要的过程。可大致区分为如下几种："焦虑，对关爱的过分需求，包括对独一无二的和无条件之爱的需求；如果这些需求没有实现的话，他们就感到受到了冷落；带着强烈的敌视来回敬这种冷落；需要压抑这些敌视，因为害怕失去关爱；一种扩散式愤怒的紧张状态；增长的焦虑；对安全感的迫切需求……所以，用来抵制焦虑的方法再度产生新的敌视和新的焦虑。"[2]

霍妮列举了4种获得关爱的方法，包括贿赂、乞求怜悯、寻求公正、威胁。贿赂就是通过自己的深爱来获得对方同样的爱，另外还可以通过理解、帮助他人的方式来获得其关爱。乞求怜悯指的是通过张扬自身的痛苦或无助来理所当然地获取他人的关爱。寻求公正即慷慨付出的一切都期望得到他人的回报。威胁就是以威胁伤害自身或他人为策略而得到他人的关爱。

2. 对掌控其生活的伙伴的神经症需要

这类神经症患者完全以伙伴为中心，仿佛这个伙伴能够满足他对生活的所

---

[1]　［美］卡伦·荷妮著，陈收译，我们时代的病态人格［M］.北京：国际文化出版公司，2001年1月第1版，85～87页。

[2]　［美］卡伦·荷妮著，陈收译，我们时代的病态人格［M］.北京：国际文化出版公司，2001年1月第1版，91页。

有期望，为其承担责任，并以成功地操纵他为主要任务。他们过高地估计爱的力量，把爱看作解决一切问题的法宝。他们害怕被抛弃，对孤独满怀恐惧。

3. 把自己的人生限制于狭窄范围的神经症需要

这种神经症患者无奢望，极少有要求，易于满足，压制自身抱负与物质欲望。他们常常保持沉默，甘居不显眼的次要位置。他们还视谦虚为最高价值，对自己的才能与潜力加以贬低。极其节俭，多储蓄少花费。不敢提出任何要求，惧怕产生并表达扩展性愿望。

4. 对权力的神经症需要

对权力的病态追求可防止无助，成为预防危险感或被轻视感的庇护所。神经症患者对力量有一种非理性的理想，这一理想使其相信应能把握任何环境。故而害怕失去对局面的控制，害怕自己表现出不光彩的软弱无力。他们渴望在控制自己的同时支配他人，倾向于任何时候都要求自己准确无误，如果出错就会异常恼怒。渴望我行我素，仅仅关心他人的服从，根本就不尊重他人的个性、尊严与感情，对他人不能达到自己的期望极其恼怒。他们还绝不屈服，在内心坚信世界会来适应他，而不是去适应世界。希望自己能主宰一切，强迫性地进行统治，无法保存平等的关系。他们要独领风骚，否则就感到失败与无助。他们特别独断专行，任何无法控制的事物，都意味着自己的失败。

霍妮又进一步将对权力的神经症需要区分出两个类型：①通过理性和预见控制自我和他人的神经症需要，患者"相信才智与理性的无限能量；拒绝情感动力的力量并轻视它们；赋予远见和预见极端价值；在与预见有关的方面具有凌驾他人之上的感觉；蔑视自身所有落后于优秀才智形象的东西；因理性力量的局限而恐惧认识事物；恐惧'愚蠢'和错误判断"。[1] ②相信愿望具有全能力量的神经症需要，这类患者"因相信愿望的魔力而感觉到坚韧（如拥有一个许愿戒指）；对任何愿望的挫折产生孤寂的反应；因为恐惧'失败'而放弃或

---

[1]　[美]卡伦·霍妮著，徐娜译，自我分析［M］.北京：世界图书出版有限公司北京分公司，2016年3月第1版，37页。

限制愿望并撤回兴趣的倾向；恐惧认识纯粹意志的任何局限"。[1]

5. 利用、剥削他人的神经症需要

追求财富可使人在现代社会中免受无助、轻视和侮辱之苦，可让人摆脱对贫困的恐惧。追求财富不仅指向金钱和物质，还表现为防护丧失关爱的对他人的占有态度。在追求财富时，常采用剥夺他人的形式表现出敌意。神经症患者从充满情绪的剥夺中获得的成功，来源于感到比他人更聪明，及已经对他人造成了伤害。他们一般意识不到在有目的地剥削他人，而且这种剥削倾向伴有一种不痛快的嫉妒情绪，他们往往把嫉妒放在合情合理的基础上来掩饰该态度的丑恶面。这类人剥削利用的对象除利益及利益的可能性之外，还包括性、思想与感情。他们以他人能否被利用看作评价别人的主要根据，以巧妙地利用别人为豪。他们可能有较强的赚钱能力，乐于讨价还价，甚至达到入迷的程度。但是，由于在赚钱方面有许多禁止作用，他们常常无法独立自处，而过着一种依赖他人的寄生虫式的生活。而且，这类人惧怕被欺骗或剥削，无休止地担心被他人利用。

6. 对社会承认和声望的神经症需要

追求声望的神经症患者为赢得他人的尊重与称赞，强烈地幻想给他人留下美德、智慧或杰出成就的印象。他们评价自己完全依靠公众接受的情况，其整个自尊都立于赞扬的基础之上。如果不能得到称赞，就会变得畏首畏尾。可能陷入恶性循环，即自尊受损产生一种被侮辱感，其内心的敌视促使对他人加以侮辱，因担心报复而对侮辱过分敏感，导致侮辱他人的欲望更加强烈。他们通常会把这种侮辱的倾向深深地压抑下去，或者将其隐藏在赞誉倾向的背后。他们对于一切人或事物都仅仅根据其社会声誉来评价，常常以传统或反叛的方式激起羡慕或赞扬，而且总是害怕失去现有的社会地位，并视之为一种耻辱。

7. 对个人崇拜的神经症需要

自恋者总是沉溺于言过其实地炫耀自我，其目的是为了保护自己免遭轻视

---

[1] ［美］卡伦·霍妮著，徐娜译，自我分析［M］.北京：世界图书出版有限公司北京分公司，2016年3月第1版，38页。

与侮辱，以恢复崩溃了的自尊。当志大才疏间的差距变得无法忍受时，就要求从内心用幻想来弥补。神经症患者会越来越多地用夸大的观念来替代能够达到的目标。这些幻想对其来说具有显著的价值：可掩盖一事无成的无法忍受的感觉，可阻止进入竞争，不去冒险而感到自身的重要性，允许建立远超过任何可实现目标的自大妄想。因钻牛角尖比走大路有更为便利的条件，这种自大妄想对神经症患者来说具有牛角尖的价值，却充满了危险。这些夸大自我估价的幻想带来情感上的现实价值，成为其自信心赖以依存的支柱，不得不紧密地依赖于它们。

8. 对个人成就和野心的神经症需要

超越他人的野心不加区别地应用到每一个人身上，从而损害或丧失真正的兴趣。神经症患者的野心不仅是要取得大于他人的成就，更要独领风骚，其目标总是要超人一等。这样的野心有时会集中于某个特殊的目标，有时则分散到所有行为中，不得不在其所接触的所有领域中都成为顶级高手。敌视包含于神经症患者的野心之中，他们不仅要成为最佳者，更要击败他人。他们会不分青红皂白地在盲目的、强迫性冲动的驱使下去挫败、伤害他人。不能成为自己眼中最好的，就会怨恨。非常惧怕丢脸的失败。

9. 对自足和独立的神经症需要

不需要他人，不屈从于任何影响，不受任何事物的束缚，不卷入有被奴役危险的亲密关系。疏远与分离是其获得安全感的唯一来源。害怕向他人求助，惧怕被人约束，对爱和亲密关系恐惧。

10. 对完美无瑕的神经症需要

残酷地追求完美；对可能出现的失误进行反思和自责；因为完美而高人一等；恐惧在自我中发现缺点或犯错误；恐惧批评或责备。[1]

上述需要从其本来意义上来说并不是神经症的，正常人对于关爱、认可、伙伴、权力、声望、成就、完美等也有一定程度的需要，但是神经症患者盲目

---

[1]［美］卡伦·霍妮著，徐娜译，自我分析［M］. 北京：世界图书出版有限公司北京分公司，2016年3月第1版，40页。

地偏执于一种或少数几种需要，强迫性地、不自主地在潜意识中追求极端的满足，不能随着现实客观条件的变化，而主动选择适当的力所能及的目标。霍妮将这些神经症需要叫作"神经症倾向"，并指出："神经症的追求几乎是对与它们相似的人类价值的讽刺。它们缺少自由、自发性和意义。它们都经常包含虚幻成分。它们的价值仅仅是主观的，存在于它们具有的，或多或少对安全性和解决一切问题的不顾一切的许诺中。……神经症倾向不仅缺乏它们模仿的人类价值，而且，它们甚至不代表病人的需要。……神经症倾向如何以及在何种程度上，可能决定病人的人格并影响他们的生活。……每一种神经症倾向生成的不仅是一种特定的焦虑，还有特定类型的行为、特定的自我形象和他人形象、特定的骄傲、特定种类的脆弱和特定的抑制。"[1]

### （三）神经症人格

霍妮继承了弗洛伊德人格动力学的观点，认为个体的需要决定其人格，"神经症的实质是神经症人格的结构，而结构的重点是神经症倾向。每一个重点都是人格内部一个结构的核心，每一个这样的底部构造与其他底部构造以多种方式相互联系。……神经症人格的结构多少有些刻板，但也脆弱而不稳定，因为它有很多弱点——它的虚假、自欺欺人和幻觉性"。[2] 也就是说，神经症倾向为神经症的中心，决定了神经症患者的人格，形成相应的行为方式。有 3 种解决内在冲突的方法，包括夸张法（expansion）、自谦法（self-ef-facement）和退却法（resignation）。她区分出 3 种主要的神经症人格类型，分别采用与之相符的解决冲突的方法。这 3 种解决内在冲突的方法分别对应于 3 种对待他人的行为方式，即接近人、对抗人、回避人。

1. 顺从型

顺从型（the ormpliant type）神经症患者的行为方式是接近人的。这种人的

［1］［美］卡伦·霍妮著，徐娜译，自我分析［M］. 北京：世界图书出版有限公司北京分公司，2016年3月第1版，42～46页。

［2］［美］卡伦·霍妮著，徐娜译，自我分析［M］. 北京：世界图书出版有限公司北京分公司，2016年3月第1版，47页。

神经症需要包括关爱、赞许、伙伴或把自己的生活限制在狭窄范围内。其主要特点有：甘居从属地位，常有渺小可怜感；总认为他人都比自己强；潜意识地倾向以他人的眼光来评价自己，自我评价随他人的褒贬的变化而起伏不定。其安全感所建立的逻辑是：如果我顺从，就不会受到伤害。他们采用自谦的解决冲突的方法。

自谦型的神经症患者倾向于屈服、依赖和取悦他人，培养、夸大自己的无助与痛苦，渴求他人的帮助、保护与溺爱。他极力贬低自己，常有广泛的失败感，从而有更强烈的自恨与自卑。他否认和抛弃骄傲的意识，用自我牺牲来压制任何野心、获胜、报复和谋私利的企图。他对别人有着强迫而广泛的需要，一刻也无法独处，要求有人相伴，想要与人交往，易于产生失落感。其自信与价值都依赖于他人，希求得到帮助，为自己的付出而要求回报。在潜意识中用痛苦来宣称其要求，得不到满足就会产生受虐待感，认为有权要求他人为其伤害进行弥补。他自我折磨，有更为强烈的自辱感。抱怨不公平的待遇，惧怕做错事而觉得自己是受害者。通过痛苦表达报复性憎恨，这种痛苦是对他人的控告和对自己的饶恕，并让其保全面子：如果没有病痛的折磨，自己完全有可能取得非同一般的成就。颓废在其沮丧之际可能有极大的吸引力，使其放弃反抗，任由自毁的力量蔓延。他感觉到在冷血世界的攻击下，他的最终胜利就是瓦解自己，他因只能头戴殉道者的桂冠走向衰亡而宽恕自己。

2. 攻击型

攻击型（the hostile type）的患者采用对抗人的行为方式。这类人的神经症需要包括权力、剥削、声望、个人崇拜、成就和野心等。其主要特征有：把生活看作一场搏斗，适者生存，必须控制他人以掌握主动权。一心想超越众人，凡事都追求成功以至功名显赫。千方百计地利用他人给自己谋利益，好斗却输不起，努力工作但不真喜欢工作。压抑情感，不愿在感情上浪费时间。外表彬彬有礼，内心隐藏着老谋深算的狠毒。其安全感建立在这种逻辑上：如果我拥有权力，就无人能够伤害我。

夸张型的神经症患者用夸大的自我来鉴定自己，美化的自我就是所谈及的自己。这种解决方法所伴随的强烈优越感，会对其整体行为、努力及生活态度产生重大决定性影响。主宰一切为其乐趣之所在，从而导致他决心克服一切障碍，应该能战胜命运中的任何逆境。主宰一切的反面就是恐惧所有预示无助的事情，这对他来说是最为痛切的。从表面上看，他通过智力与意志力来主宰生活以实现理想化自我，并且在自我美化、追求野心与报复性胜利上表现得高效而专注。实质上，他压制所憎恨与厌恶的自欺倾向，固执地坚持强迫性的夸张倾向，以佯装出一种主观的统一感，维持优人一等、主宰一切的主观信念。由于无人能实现的应该意识会引发罪恶感与卑鄙感，他会尽其所能地否认自己的失败，想方设法在内心维护一个引以为傲的自我形象。

可进一步把夸张型细分为自恋型、完美主义型和自负—报复型。自恋型的个体对自己的伟大与独特丝毫也不怀疑，对自我的评价需要持续用崇拜、热爱的方式加以肯定，坚信自己无所不能、无人不胜而产生主宰一切的感觉。其计划往往过于庞大，常常高估自身能力，过于不同的追求容易导致失败。在乐观的表面下，潜藏着绝望与悲观。完美主义者的行动方向就是完美主义，把自己当成标准典型。因品德高尚、智力超群而自以为优人一等，要求自己出类拔萃、完美无瑕，在内心把标准与事实等同起来。并要求他人也达到其完美标准，否则就鄙视他人。任何降临的不幸，对自己所犯错误或失败的认识，及对自己深陷应该矛盾之中的意识，都是可摧毁他的崩溃点。自负—报复型的个体以自负的报复为发展方向，报复式胜利是其生活中的主要动力。他无法容忍任何对其优越性的威胁，强迫性地获取胜利，极富竞争性，不由自主地去击败对手。发作暴怒是其报复心理最明显的表现，即使不爆发时也会弥漫渗透于对他人的态度之中。他坚信人性险恶，往往狂妄自负、待人粗暴无礼，经常羞辱、剥削他人，成为摧折他人的老手。因否定积极情感和伴随无法满足的骄傲，而保持冷漠超然。他深信自己不可侵犯或者不易受到伤害，具有免疫和免罚的能力，并以之为傲。其脆弱性尽管达到不堪忍受的程度，也绝不允许感受到伤痛。其自恨和自卑心理到了令人震惊的程度，鄙视所有的自谦倾向。无情地摧残自己，并外移自挫冲动，强制、惩罚、震慑他人。

3.退缩型

退缩型（the detached type）神经症患者的行为方式是回避人。这类人有自足自立、完美无缺的神经症需要。其主要特征包括：离群索居以逃避与他人的紧张关系，与他人保持距离，不与他人发生任何感情上的联系，不管是爱情、合作，还是争斗、竞争，就像在自己周围画了一个任何人不得侵入的魔圈。其标志性的表现就是总在房门上挂着"请勿打扰"的牌子。他不介入别人的生活，还远离自我，对自身也持旁观者的态度。他限制自己的需要，自立自强，事事力图完美，回避他人的帮助或指责。其安全感得以建立的逻辑是：如果我离群索居，就没有什么能伤害我。

退却型的神经症患者退出内心冲突的战场，以一种满不在乎的态度宣布自己毫无兴趣。放弃意味着不再抗争与奋斗，而接受一种逃避冲突的宁静，它是一种收缩、限制、减少生活和成长的过程。这种放弃的基本特征有一种受限、受规避、不被需要、不受照顾的气氛，从而与其他类型的神经症患者的放弃区分开来。他是自己和他人及其生活的旁观者，是其退出内心战场的直接表现，他为缓和内心紧张而超然度外。他极力躲避，以不让自己看到面临任何冲突的危险。他拒绝追求成就并厌恶努力，对不参与做事的理由特别敏感。与之相伴的是他缺乏目标与计划，限制自己的愿望是其放弃的本质。在悲观主义的交叉影响下，只要求自己过一种轻轻松松、无痛苦、不必努力、不受干扰的生活。不参与的原则作用于人际关系时表现出超然度外的特征，也就是说，在感情方面与他人拉开距离。避免卷入与他人的摩擦，害怕与他人有情感上的牵连。他还高度敏感于任何影响、威胁、压力或者束缚，厌恶所有新事物和变化，而宁可忍受命中注定的现状。退却解决法的本质就是从积极的愿望、计划、生活、努力和奋斗中退出，患者表现出全部放弃的态度，他却自以为是高超的智慧。放弃者从扩展与自谦驱力间的冲突中撤退，消除两者中的积极成分，还冻结真我，抑制其自我实现的自然驱力，把情感保留在内心，避免与他人发生融合。放弃的负面性和静止性就是由这个冻结过程赋予的。对他有吸引力的是不受他人干涉的自由，他痛恨并反抗严格管制，力图内心的完整与独立，以保持内心生活不受玷污、不晦暗。放弃者习惯于独处，独享个人的情感，感觉普遍撤销所有愿望才最安全，从而消耗其活力，损害他的方向感。他无声地抵抗所有应当做的事情，把活动限制到最少，产生广泛的惰性，使其无效力、易疲惫。

退却型神经症患者在放弃的过程中，形成了 3 种迥然不同的生活方式：第一种是永久放弃，即一直执行放弃及其结果。用有所限制的日常活动消除独处时的无用感，不知怎样打发空闲时间，没有乐趣，喜欢独处而无效率。惰性扩展会扼杀其生机，使其情感麻木，甚至死亡。第二种是更加积极的反叛类型，它是通过自由的吸引力改变消极抵抗而成的。既反抗不满的环境，也反叛内心的专横。第三种是肤浅的生活，它由恶化过程获取而产生。这种人以离心的方式脱离自己，从而失去了情感的深度与强度，对于他人的态度也丝毫没有区别。享乐、兴趣都变得肤浅，而失去了对本质的感受。

正常人可以根据条件的改变而变化地采用这 3 种行为方式，既可以顺从，又会反抗，还能够回避，相辅相成地综合使用三者。但是神经症患者没有变通的能力，他仅仅运用其中一种方式来应对一切生活困境。结果不仅焦虑得不到克服，反而陷入更为深切的焦虑之中而不能自拔。

### （四）神经症的自我

霍妮不赞同弗洛伊德的由本我、自我和超我组成的人格结构理论，而视人格为完整动态的自我（self）。它指的是人自身，而不是弗洛伊德的看作人格某一部分的自我（ego）。霍妮把自我区分为真实自我、理想化自我、现实自我 3 种基本存在形态。

#### 1. 真实自我

真实自我（real self）也称为真我。霍妮指出："所谓真我，就是我们身上存在的、独特的、人格的中枢；是唯一'能够'而且'希望'成长的部分。"[1] 它是个体在某一特定时间内所拥有或者表现出的一切的总称，包括身体的与心理的，既有正常的，也有异常的。它是个体发展的潜能，人的一切能力与成就等，都源自真我这种人类共有的原始力量。它是自发情感、兴趣与精力的源泉，是个体产生愿望与意志的能力，是个人成长、扩展与自我完善的内在力量。它具有建设性，强烈、积极的真我能让人们做出决定并为此而负责。它能形成真

---

[1]［美］卡伦·荷妮著，陈收等译，神经症与人的成长［M］．北京：国际文化出版公司，2001年1月第1版，149页。

正的整合，产生实实在在的一体感。不仅使得个体的身心、行为与思想或情感协调一致，而且能够各司其职也不发生严重的心理冲突。尽管在每个人的真我表现各不相同。只要个体身体机能正常，所处的环境适宜，就有可能发展出健全的人格。故而，霍妮把真实自我又称为"可能的自我"，把脱离真我核心部分的现象称作"脱离自我"，即神经症患者离开了作为生命力中枢的真我，远离了自身的愿望、情感、信仰和精力，主宰自己生活和自身是一个有机整体的感觉都已经丧失，健忘、个人自我感消失与陷入空幻的情感状态为其典型表现。

脱离自我部分是神经症进展的必然结果，特别是神经症患者身上一切强迫性的结果。由于自认为是被驱使者，患者的全部强迫性因素必然会完全剥夺其自主性与自发性。而且，其整合性、决定和驾驭能力也遭到了冲突性强迫驱力的破坏。一种类似强迫的过程造成了对真我的脱离，追求荣誉的驱力驱使个体去做自以为应该却力所不能及的事情，病态要求使得个体舍弃自发的精力，不再运用其建设性的能力，而放弃对自身生活的决定。病态自负则由于对实际自我感到可耻而更加远离自己，主动撤除对自身的兴趣。如自恨中所表现出来的一般，主动地反抗自我。因为成为自己对神经症患者来说是可憎可怕的，他们通常用让自己消失来抵抗这种恐惧。不仅模糊自己的真实性，还削弱其是非观念。所有以上步骤都会让神经症患者产生自我被逐出的主观感觉，造成自我感消失、生命力减退的自我脱离。

霍妮指出，神经症似乎都有的一个共同特征，就是自负系统决定了情感的意识、情感的力量及种类。也就是说，情感由自负所支配。阻抑或者削弱自我的真实情感，使得它有时竟然会消失掉。其结果导致神经症患者的感情生活普遍贫乏，体现在递减的真诚、自发性和感情的深度等方面，或者可能情感的有限范围内。真我被放逐后，还会造成方向感不足，缺乏自我负责的能力，自发的整合力也处于低潮之中。

霍妮认为尽管自己在理论上与弗洛伊德有明显差异，却都得出了自我柔弱的假定。"就弗洛伊德而言，'自我'就像个雇工，会做工但没有主动性、没有实施权；就我而言，真我是情感力量、建设性的精力以及引导权和审判权的源泉。然而，就算真我具有这些潜能，而这些潜能在正常人身上也产生了实际作用，就神经症患者来说，我的立场观点与弗洛伊德的立观点有什么大的差异呢？一方面，自我被病态过程所削弱、所麻痹、所'驱逐出境'，而另一方面，自我本来就不是一种建设性的力量；就临床目的来说，无论哪方面还不都是一样吗？"[1]

2. 理想化自我

理想化自我（idealized self）指个体凭想象在头脑中日积月累创造出的一种自我理想形象，由于赋予自己无限力量与崇高能力而变成不可能实现的一种纯粹虚幻的形象，又称为"不可能的自我"。霍妮指出："自我理想化总是包含着一种普遍的自我美化，从而给个体一种对重要性和凌驾于他人之上的优越感的过分的需求感。但它绝不是盲目的自我夸大。每个人都是从他自己特殊的经验的材料中，从他早年的幻想、他特殊的需求以及他天生的才能中建立自己的理想形象的。如果它不符合自己的形象特征，他就不会有认同感和归属感。他开始时将他解决冲突的特殊方法加以理想化：妥协变成了善良、爱和神圣；进攻性变成了力量、领袖感、英雄主义、全能感；冷漠变成了智慧、自我满足、独立感。按照他特殊的解决方法，那些看起来是短处或缺点的东西，总能加以隐藏和修正。"[2]

个体会用上述3种方法中的一种来处理其矛盾倾向。这些矛盾倾向处在暗地里，有可能受到称赞；还可能在内心中是孤立的，而不再构成困扰的冲突；并且可能被提升为积极的能力，取得让人瞩目的成就。于是，个体就会把自己与其理想、完美的形象等同起来。个体不再是暗中怀有这个虚幻形象，自己在不知不觉中成了这一形象，即理想的形象变成了理想化的自我。由于这种理想化的自我更具有吸引力，更能满足其各种迫切的需要，而比其真正的自我还要真实。这种转变是一种没有可察觉外在变化的内在过程，是个体存在内核的变化，为其自我感觉的改变。从此，个体开始放弃朝向真实自我的健康过程，而

---

[1] ［美］卡伦·荷妮著，陈收等译，神经症与人的成长［M］. 北京：国际文化出版公司，2001年1月第1版，169页。

[2] ［美］卡伦·荷妮著，陈收等译，神经症与人的成长［M］. 北京：国际文化出版公司，2001年1月第1版，6、7页。

是依据理想化的自我来呈现其能成为和应成为什么样的人。它充当了展望自身前景和自我测量的尺度。

自我理想化成了包治百病的解决方法，且个体不得不依附于这一解决方法，而使其具有了强迫性。自我理想化既是早期发展的逻辑结果，又开启了未来的发展。个体追求自我理想化的精力在其发展过程中转化成了去实现理性自我的目的，从而对整个人格施加可改变性质的影响。它最直接的作用就是阻挠自我理想化总是停留于内在过程，强迫它进入个体生活的整个循环中。个体被迫表达自己，就意味着要表现其理想化的自我。让其在行动中得到证实，使其渗入个体生活的一切方面，而不可避免地成为一种更具有广泛性的驱力，霍妮称之为探求荣誉。其核心部分是自我实现，其他要素还包括追求完美、病态的野心和对报复性胜利的需要。

霍妮认为对完美的需要是最根本的一种实现理想化自我的驱力，其目标就是把整个人格塑造成理想化自我。个体试图通过一种由应该与禁忌组成的复杂系统来修正自己，把自己重新塑造成按照理想化特征所描述的特别完美的形象。

作为追求外在成功驱力的病态野心，是探求荣誉中最明显、最活跃的因素。尽管这种驱力在现实中具有普遍性，致力于事事卓越，但通常应用在最易于取得卓越的事情上，所以雄心的内容在个体一生中会几经变化。不过，所改变的只是航向而已，雄心之船仍在破浪前行。可见，病态雄心与所做事情的内容往往没有关联，卓越本身才是最为重要的。然而为补救个体起初对荣誉幻想的追求，其实际取得的财富、荣誉和权力，无论多么大，都不能让他得到更多内心的安宁，享受更多生活中的乐趣，而仍然陷入于一如既往的内心痛苦之中。所以，对有病态野心的人来说，任何对成功的追求从本质上来说都是不现实的。

追求报复性胜利的驱力是探求荣誉各要素中最具有破坏性的。它与追求现实成功的驱力可能密切相关，这样其主要目的就是用自己的成功来侮辱或打败他人；或借助卓越获取权力，而给他人施加痛苦。另一方面，力图卓越的驱力有可能降低成为幻想，而报复性胜利的需求在人际关系上，可能主要表现为让他人遭受挫折、欺骗或失败的往往不可抗拒、大多无意识的冲动。

有很多证据显示，探求荣誉是一个广泛而连贯的统一体。上述倾向在一个人身上会不断同时出现，当然，其中一个倾向可能会发挥主导作用。而且这些倾向会紧密联系在一起，尽管其主导倾向有时会发生变化。另外，强迫性与想象性是这些倾向都具有的两个基本特征。

强迫性首先是基于自我理想化为一种病态解决方法的事实。霍妮指出："自发性驱力与强迫性驱力之间的区别就是'我要'与'我必须做以便我逃避某些危险'之间的不同。尽管个体可能会感到他的雄心或他的完美标准是他想要达到的，但实际上，他是被迫要达到它，对荣誉的需求控制了他。"[1]强迫性的另一个标准就是其不加区别性，无论情势如何，个体都要争当第一名。强迫性还表现在追求荣誉上的不满足，个体无论如何都要无休止地追求更多的权力、金钱或胜利等，而永不知足。在对于挫折的反应上也能表现出强迫性，越是迫切的需求，对挫折的反应就越强烈。

在神经症患者的自大计划和自夸幻想中可以看出，他们比常人具有更加丰富的想象力，且更容易迷失方向。"像在正常人身上，神经症患者的想象力也发挥同样的作用，但是，除此之外，它还具有正常人所不具有的作用。它被用来满足病态的需求。在心理学文献上，对现实作想象性的扭曲被称之为'欲望思维'。到现在为止，它仍然是一个行之有效的词语，但是它是一个不确切的词语。因为，它的含义太狭窄了，一个正确的语词不仅应该包括思维，而且应该包括'欲望'的观察、信任，尤其是感觉。而且，它不仅是一个由我们的欲望决定的思维或情感，而且是我们的需求决定的思维或情感。正是这些需求的影响力赋予想象力在神经症中的固性和力量，这些需求使得想象力极为丰富——然而又没有任何建设性。"[2]

想象力可改变神经症患者的信念，他要相信他人的杰出或邪恶。想象力还能改变其情感，消除其痛苦，放大其所需要的深刻的情感，如爱、信仰、同情感和苦难感等。神经症患者容易将其心理过程看作是唯一有价值的现实。病态

---

[1]［美］卡伦·荷妮著，陈收等译，神经症与人的成长［M］.北京：国际文化出版公司，2001年1月第1版，15页。

[2]［美］卡伦·荷妮著，陈收等译，神经症与人的成长［M］.北京：国际文化出版公司，2001年1月第1版，18页。

想象者则还没有失去所有的现实感，对于外在世界及自己在其中的地位仍然非常关心，在外部世界中尚有较大的方向感，只是其想象翱翔的高度却没有止境。实际上，探求荣誉有一个最明显的特征，就是可以进入幻想，进入有着无限可能性的领域。

"追求荣誉的驱力都有一个共同的特点，那就是：追求比人类天生所具有的更多的知识、更高的智慧、更完美的美德、更大的权力；它们的一切目的都是绝对、无限、没有止境。除了绝对的勇敢、绝对的胜利、绝对的神圣之外，没有任何东西可以吸引被追求荣誉所困扰的神经症患者。"[1]虔诚的教徒相信上帝是万能的，神经症患者则认为自己才是万能的。他深信自己的意志力具有神奇的力量，其推理绝对可靠，预见应完美无缺，知识应包罗万象。他正如签订魔鬼协议的浮士德一样，虽然知识渊博，却必须认识一切。追求荣誉驱力背后的需求力决定了翱翔于无限领域中的想象力，极为急迫的追求绝对与无限的需求力，凌驾在平时阻止想象力脱离现实的禁锢之上。让个体的思维与情感主要集中于无限与全能的幻想，从而失去具体此时此地的知觉，失去在当前瞬间生活的能力。他再也无法屈从于自身贫乏与任何人类缺陷，其想法变得过分抽象难解，成为人类自我浪费产物的残酷性知识。

霍妮认为，健康的驱力源于人类所固有的发展天赋潜能的习性，成长的内在冲动用活生生的力量推动真实自我朝向自我理想化。另一方面，探求荣誉来自对实现理想化的自我的需求。由于所有其他的区分都依循这个区分，所以这一区分是根本性的。自我理想化本身即为一种病态的解决方法，而且本身就带有强迫性，因此由它产生的任何驱力也必然都具有强迫性。病态的人只要依附于他对自我的幻想，而认识不到各种局限性，那么他对荣誉的探求就会变得没有止境。由于获得荣誉为其主要目的，他就不会感兴趣于按部就班地学习、工作与获得成就的过程，实际上，他有蔑视这一过程的倾向。他并不愿意攀登高山，却想在山巅站立。虽然他可能会侃侃而谈进化与成长的意义，但是他并不

---

[1]　［美］卡伦·荷妮著，陈收等译，神经症与人的成长［M］.北京：国际文化出版公司，2001年1月第1版，21页。

真正地去追求。最后，由于只有在牺牲自我的情况下才有可能创造理想化自我，因此，它的现实化就会进一步扭曲真我，而想象力就心甘情愿地成了实现这一目标的奴仆。在此过程中，他便或多或少地丧失了对真我的兴趣，丧失了何者为真或假的意义。特别是，这成了一种损失，此损失表明了他难以区别其自身与他人间的情感、信仰之真实与虚假的差异。其重点也就从存在转向了表象。

"于是，探求荣誉的正常驱力与病态驱力之间的不同是自发性与强迫性之间的不同；认识界限与否认界限之间的不同；集中于辉煌的最终结果这一幻想与感受进化之间的不同；表象与存在之间的不同；幻想与真实之间的不同。所以这里所说的差异与一个相对健康的人和一个病态的人之间的差异并不相同。前者既不能全力以赴地致力于实现他真正的自我，后者也不能全部驱使着去实现他理想化的自我。"[1]

霍妮认为追求荣誉所引起的病态过程，可以用魔鬼协定故事中的观念化内容给予最恰当的象征。魔鬼引诱受精神或物质困扰的人，为其提供无限的权力，条件则是出卖灵魂或下地狱。所有人都会受此诱惑的吸引，因为涉及对无限和脱离烦恼的便捷路径这两种强烈的需求。也就是说，通往无限荣誉的便捷之道与通往自卑、自苦的内心地狱之路，实际上是一条路，走上它，个体就不可避免地会丧失真正的自我，即丧失自己的灵魂。

3. 现实自我

现实自我（actual self）指个体在此时此地身心存在的总和，包括生理和心理的、健康或病态的、意识和潜意识的自我。

霍妮通过分析真我、理想化自我和现实自我之间的关系，揭示了神经症形成与变化的过程。她研究神经症人格的3种类型时着重分析了神经症患者与他人关系的失调，她研究自我则是为了重点分析神经症患者与自我关系的失调。正常人的理想与真我、现实自我之间是和谐一致而不能分离的，这种理想符合客观现实又具有推动力，有助于个体的自我实现。但是神经症患者的理想化自

---

[1]［美］卡伦·荷妮著，陈收等译，神经症与人的成长［M］.北京：国际文化出版公司，2001年1月第1版，25、26页。

我与真我、现实自我之间是冲突的，它脱离了真我所提供的可能性，以一种幻想中的完美形象去贬抑、痛恨现实自我。

当神经症患者被理想化自我所控制时，就会把自己塑造成至高无上的人物，而被冠以"应该"的内心指令所驱使。这些内在指令包含一切应该的事情和所有不应该的禁忌，由于它坚决不变，霍妮称之为"应该之暴行"。她列举了一些可以理解，但过于艰难与严厉的内心指令："他应该是最诚实的、最宽宏大量的、最体贴入微的、最有正义感的、最有自尊的、最勇敢的、最大公无私的人。他应该是个完美的情侣、丈夫、教师。他应该能够忍受一切事情，应该喜欢每个人，应该爱他的父母、他的妻子、他的国家；或者，他不应该依附任何人、任何物，他应该对一切无所谓，他绝不应该感到受他人伤害，他应该总是安详而平静。他应该总在享受生活；或者他应该超越快乐和享乐。他应该随心所欲；他应该总是控制他的情感。他应该知道、理解、并预见到一切事情。他应该能立刻解决他自己的和他人的每一个问题。当他一遇到困难时，他应该能够立即克服它们。他应该永不疲倦、永不生病。他应该随时能够找到一份工作。他应该能够在一个小时内做完需要两三个小时才能做完的事情。"[1]

这些内在指令的共同特征是不顾其可行性，它们有的十分荒诞，无人能够实现。有的对自我的需求本身不怎么荒诞，却无视实现它们的客观条件。有的无视自己的心理状况及当前所做的一切。应该具有惊人的盲目性，其运作的前提就是，没有应该不可能的事情。内在指令是更为根本的维持理想化自我的方法，却并不希求真正的改变，而是即时且绝对的完美，以消除不完美性为目的。"应该"为加强其病态荣耀而充满自大精神，缺乏真正道德的严肃性，只是一般道德的病态赝品。"应该"具有强制性的特征，无论多么艰苦，都要竭尽全力去完成。"应该"总会产生强迫的情绪，越想实现这些"应该"，强迫感就会越大。最为重要的是，"应该"对于愿望、情感、思想与信仰的自发性会产生进一步的损害。在个体内心实现理想自我的驱力占据的优势越大，"应该"就

---

[1]　[美]卡伦·荷妮著，陈收等译，神经症与人的成长［M］.北京：国际文化出版公司，2001年1月第1版，55页。

越会成为转变、驱策其付诸行动的唯一动力。而潜伏在"应该"背后的惩罚性自恨的威胁，使"应该"的统治变得更加恐怖。

### （五）基本冲突

神经症的基本特征就是存在内心冲突，神经症患者不可避免地是受苦的人，因为其内心世界处于矛盾之中。霍妮将神经症患者于基本焦虑基础上形成的内在冲突称为"基本冲突"（basic conflict）。综观其理论，霍妮主要分析了 3 种类型的基本冲突：第一种是存在于各种神经症需要之间的冲突。神经症患者为克服焦虑强迫性地追求一种或少数几种需要，并压抑其他需要，从而加强了本就有矛盾的需要间的冲突。第二种是三类对待他人的行为方式之间的冲突。神经症患者会不自觉强制性地使用一种方式，而压抑其他两种方式。在上述两种情形中，所追求的需要和使用的行为方式，都不是自发做出的适当选择，但是其他需要或行为方式可能会自发地发挥作用，而神经症患者的人格又与它们互不相容，于是对其施以压抑，压抑则会导致冲突。第三种是理想化自我与真我和现实自我间的冲突，其核心是真我的建设性力量与理想化自我的障碍性力量之间的冲突。

前已述及解决冲突的三种夸张型解决方法，霍妮认为其目的都是要主张生命。这是他们用来制服恐惧与焦虑的方式，他们由此得到生活的意义与对生活的兴趣。为了主宰生命，他们试图采取不同方式：自我崇拜和运用魅力、用其高标准来强制命运、力求不可战胜，并在征服生命的过程中怀着报复性胜利的心理。

"与此一致，其情感气氛也有显著差异：从偶发的热心和生活乐趣到冷淡，最后到刺骨的冰凉。特定气氛主要取决于他们对其积极情感的态度。在情感奔放的时候，自恋型在某些情况下友善而慷慨，尽管其产生基础一部分是虚伪的。完美主义者也会显得友善，因为他'应当'友善。而自负报复型倾向于压制友善并鄙弃之。三者都有着强烈的敌意，但自恋型可以慷慨而压制它；而完美主义者因为'应当'没有敌意，所以也顺服了；对于自负报复型，因为讨论过的原因，敌意要更为公开、更具潜在破坏性。他们对他人的期望，一种是需求忠诚与容忍，一种是需求尊重，一种是服从。在潜意识中，他们对生活所提的要求，一种是基于对伟大的'纯真'信仰，一种是极端小心地'对付'生活，一种是因受伤而得到补偿的感觉。"[1]

### 三、霍妮对需要心理学的贡献及其局限

霍妮作为精神分析社会文化学派的开创者，为精神分析的发展开辟了新道路，最早构建起社会文化视角的精神分析基本框架。她依据社会文化条件的变化创建了一套新的神经症理论，该理论的总体思路是：个体生活在充满矛盾的社会文化和失调的人际关系之中，会缺乏安全感从而产生基本焦虑，为了克服焦虑导致神经症需要的产生，进而形成与之相应的行为方式，并使得不同自我处于冲突之中，于是再寻找解决冲突的方法，结果又陷入新的焦虑与冲突。并且这种恶性循环是在无意识中进行的。她强调由片面追求极端而不顾客观实际所产生的神经症需要，及其在神经症性格中的核心作用，使需要心理学思想扩展到精神疾病领域，并且验证了需要在病理中与在正常范围内有过之而无不及的动力性。只是由于她从致病的角度论述需要，给读者一种难以保持需要的正常发展及其所产生的良性影响的印象。

她对自我不同组成部分的分析，丰富了对自我的认识。特别是对理想化自我的深入论述，增强了读者对偏执于理想化自我酿成恶果的觉悟，只不过让人觉得实现自我理想似乎有病态倾向之嫌，要进一步对理想化自我和正常的能够实现的自我理想加以辨别。尽管相比于弗洛伊德的悲观主义，霍妮注重自我实现的自然倾向，有一定乐观主义的建设性，但是总体上与弗洛伊德殊途同归，都得出了自我弱化的结论。再加上，其研究对象是神经症患者，所以将其成果推广到健康人身上有很大困难，扩展范围也有限。还要以健康个体为研究对象，如马斯洛一样概括自我实现者的人格特征。

---

[1]　[美]卡伦·荷妮著，周朗等译，神经症与人的成长[M].北京：国际文化出版公司，2001年1月第1版，210、211页。

## 第二节　沙利文精神医学的人际理论

沙利文（Harry Stack Sullivan，1892—1949）生于美国纽约州的一个农家，是美国著名的精神医学家、精神分析社会文化学派的主要代表人物。1917 年获得芝加哥内外科医学院的博士学位，在校期间接触并研究了精神分析。1922 年进入华盛顿圣伊丽莎白医院，担任美国著名医学家怀特的助理。1923 年至 30 年代初，任马里兰大学医学院副教授，同时服务于一家医院。在此期间，沙利文逐步成为治疗精神分裂症方面的权威。他离开马里兰后，在纽约开设了一家私人诊所，继续从事精神病的研究和治疗工作。1933 年组建怀特基金会，并且担任第一任会长至 1943 年。1936 年创办《精神医学》杂志，以推广其人际关系理论。第二次世界大战期间，他担任美国选拔委员会顾问，参与选拔军人的工作。战后参与制订联合国教科文组织的"紧张计划"，涉及国际间普遍存在的人的紧张与应激问题。1949 年 1 月 14 日，他在去阿姆斯特丹出席国际心理卫生联合会的执行委员会议返程途中，在巴黎突然死于脑出血。

沙利文界定精神医学为研究人际关系的科学，非常重视人际间的相互作用对于人格的影响，因此他的理论被称为"精神医学的人际理论"。他生前只出版了一部著作，即《现代精神医学的概念》（1947）。他去世后，其同事与学生根据手稿和听众的笔记整理出版了 5 本书：《精神病学的人际理论》（1953）、《精神病学的会谈方法》（1954）、《精神病学的临床研究》（1956）、《作为人的过程的精神分裂症》（1962）、《精神病学与社会科学的结合》（1964）。

### 一、人际关系与精神疾病

沙利文作为一位精神医学家，是从精神疾病的病理学角度开展研究的。他非常重视人际关系对人格的影响，并在人际关系方面寻找精神疾病的根源。他所采纳的精神病学的定义是："把精神病学视作一门正在发展中的科学，它涉及各种事件或过程，精神病学家作为一名观察人员参与这些事件或过程。精神病学作为一门科学而组织起来的知识，并不产生自精神病学家所处理的数据，而是产生自精神病学家参与其中的活动或操作。是精神病学的信息得以形成的活动或操作是人际领域的事件，这些人际领域包括精神病学家本身。这些事件为精神病学的发展和精神病学的理论提供了信息，它们是精神病学家参与其中的一些事件，而不是精神病学家在象牙塔中俯视着的一些事件。在精神病学家参与其中的所有活动或操作中，那些从科学上讲具有重要意义的活动或操作，是伴随着概念的图式或理智的构思的，它们可以交流。这些东西反过来说是那些相对精确和明确的活动或操作——其意义不可能是含糊不清或模棱两可的。"[1]他认为精神病学是关于人格与以生物学和文化为条件的独特人际过程的科学研究，把精神病学应用于阐释人际关系。他所说的人际关系既包括现实中与他人的关系，也包括想象中的、小说中的人物、古代英雄、祖先或尚未出生的子孙间的关系。而且个体的心理过程也具有人际性。由于梦往往反映做梦者与他人的关系，所以做梦也具有人际关系的特性。此外，人际关系还包括与人所创造的传统、习俗、发明与制度等文化因素之间的相互作用。于是，人际关系概念就有了广泛的社会文化含义。沙利文认为，当个体内心世界的人际关系脱离了现实，由这种虚幻的想象支配其生活，从而破坏正常的现实人际关系时，就形成了精神疾病。

## 二、以人际关系为中心的人格理论

### （一）人格

沙利文是在人际关系中来研究人格的。他强调人格不能与个人生活及其人际关系的背景相脱离，人格就是在人际情境中形成与表现出来的。他把人格定义为周期性人际情境中相对持久的模式，独立个体的人际间相互联系反复出现，成为其生活的一种特性。即人格指的是个体在与他人相处的社会情境中经常采取的生活方式，实际上人格与人际关系的发展史是同一的。研究人格不能仅仅重视个体内部，还应该注重个体与他人之间的关系。

---

[1]　［美］哈里·斯塔克·沙利文.精神病学的人际理论［M］.韦子木，张荣皋译.杭州：浙江教育出版社，1999年11月第1版，13、14页。

### （二）经验

沙利文提供了对经验的限定性陈述："经验是生活过的、经历过的任何东西。经验是有机体所参与的事件的内化成分。也就是说，作为有组织的实体参与其中。经验的有限特征取决于有机体的种类，取决于经验到的事件的种类。"[1]他把经验看成是源自环境的、在有机体的功能活动中产生了有效持久的变化。他根据经验的内容，区分为能量转化的经验和张力的经验。

他认为儿童经验的发展要依次经过 3 种模式：①未分化的经验模式（prototaxic mode of experience）。婴儿原始的感觉经验是笼统的、粗糙简单的，却可能是一种经验最丰富的模式。他不能把自己与外界区分开来，尚不能使用语言，不会知觉时间。至少在生命的前几个月，能把这种模式看作敏感的有机体瞬间状态的分离系列，特别是涉及同环境相互作用区域的分离。②不完善的经验模式（parataxic mode of experience）。儿童随着成长，开始能够把自己与外界区分开来，并且能感知到事件间的关系，但他对于事物间因果关系的认识还缺乏逻辑性；虽然可以使用语言，但是在用语言符号进行交流时有困难。这种经验缺乏逻辑的联结，只能是部分经验。它们并不依赖于环境，或者碰巧在一起发生。也就是说，这时的经验并不是按有序的方式联结的，可以看作是相伴生的，把所经验的事物看成是自然发生的，缺乏反映与比较。因为没有构建起联系，就形成不了逻辑思维活动。此时的经验被体验为一瞬即逝的未联结的存在状态。一些成人的思维方式尚停留在这个水平，早期人类和现代精神病患者的经验就属于不完善的经验模式。③综合的经验模式（syntaxic mode of experience）。个体发展进入该阶段就能运用具有一致性效度（consensually validated）的语言符号进行思考与交流，参加人际交往活动，积累社会经验，发现事物间的逻辑关系。沙利文非常重视语言符号与逻辑规则在人格发展上的重要意义。

---

[1]［美］哈里·斯塔克·沙利文. 精神病学的人际理论［M］. 韦子木，张荣皋译. 杭州：浙江教育出版社，1999年11月第1版，26、27页。

### （三）动力机制

沙利文正如大多数学者一样，假设能量是宇宙中的终极现实，所有的物质客体都是能量的表现，能量的动力反映在一切活动之中。有机体的整个动力机制（dynamisms）包含许多次级动力机制（sub dynamisms），研究有机体的终极实体就是细胞这种有生命的动力机制。相对持久的能量转换模式就是动力机制，由于它反复出现而成为有机体的生存特性。他把动力机制看作是描述个体行为或人格的基本单位。他所关心的人际关系领域的动力机制，指的就是个体在人际情境中经常表现出来的能量转换模式。人际情境中的能量转换就是人际间相互作用的行为。既有外显的行为，也有内隐的行为。个体身上反复出现某种行为模式，就说明这个人具有了某种动力机制，它可体现个体处理人际关系的特点。比如害怕陌生人的小孩，就具有恐惧动力机制；对他人处处提防或经常跟人过不去的个体，就具有敌意动力机制。所有人都有类似的基本动力机制，但由于个体生活经验与人际关系的差异而有所区别。沙利文区分出两种对精神病学特别有益的动力机制，一是表现为整合、分离和孤立的各种张力的动力机制，二是涉及特定相互作用区能量转化的动力机制。

### （四）张力

绝对的欣快症和绝对的张力（absolute euphoria and absolute tension）是沙利文提及的人类行为中的绝对现象，他把绝对的欣快症界定为一种极端健康的状态，而绝对的张力则是与之相对的另一极。生命的特征就是欣快水平与张力水平相联系，而且两者变化的方向相反。在现实生活中，单纯处于一极的并没有，大多数人都处于中间状态，既有张力，又有欣快症。

张力在人格与文化领域，是作为活动或能量转化的一种潜在可能性，是一种能够感觉或者注意到的存在状态。人其实是一种在性质上与物理学的能量相同的系统，张力就是由能量的积累所导致的，而能量转化的功能在于削弱张力。可把张力区分为需要、焦虑与睡眠。

沙利文认为婴儿欣快症水平的降低，会导致生物上的不平衡状态，这种人与环境特别是人际情境的能量失衡所产生的张力就是需要。它是感觉到不平衡的难受，或欣快症中预见出特定张力的减弱，推动有机体通过能量转化恢复平衡，是一种整合倾向。沙利文发现婴儿在与物理化学世界共存中所产生的第一批需要，包括"对特定需要的满足"（satisfaction of the specific need）和"温柔的需要"（need for tenderness）。减缓缺乏氧气、糖、水或适当的体温而引起的张力，就是对特定需要的满足。他是这样界定"满足"的："婴儿以其特定的活动，也就是说婴儿以其能量转化，来弥补那种生物上的不平衡。换言之，当一种需要从广义的生物意义上讲不平衡时，这种需要便从活动或能量转化中获得其意义，从而导致满足。"[1]沙利文把婴儿的需要所引发的抚育者身上的张力，叫作"温柔"（tenderness），减弱婴儿身上这组一般的张力，要求抚育者的合作，沙利文将此称作"温柔的需要"。生理需要的满足主要是通过肌肉紧张的消除来实现的，但是人类寻求满足的方式却受到社会文化的制约，因而追求生理满足就不单纯是一种生物学的过程，它离不开与之密切相关的人际情境的。人们还有追求人际安全的需要，其实也可以说成是消除焦虑的需要。

沙利文还做了一般需要与区域需要（zonal needs）的划分。一般需要就是诸如水、食物和氧气等整个机体的需要，而区域需要又称特殊相互作用区（particular zone of interaction）的需要，指特定相互作用区所需转化能量的数量大于此区域对于一般需要的需求量，这种超额用来维持满足一般需要之余的活动。如口腔区的吮吸活动所转化的能量大于吸奶本身所要求的能量，其超额部分就用于对吮吸这一动作的需要。

焦虑的张力与需要的张力是相反的，儿童在满足需要的过程中可能遭到父母的限制甚至谴责，这会让儿童感到自身安全受到威胁，并且担心失去父母的爱，从而引发心理上的紧张，这种张力体验就是焦虑。焦虑产生于人际关系之中，最初可能来自作为抚育者焦虑的母亲。具有人际交往功能的婴儿能够感应母亲的焦虑，由于对抚育者的依赖，婴儿又无法逃避母亲的焦虑，从而自己就陷入于焦虑之中。随着年龄增长和生活领域的扩大，个人会感受到更多的焦虑。

---

[1]［美］哈里·斯塔克·沙利文. 精神病学的人际理论［M］. 韦子木，张荣皋译. 杭州：浙江教育出版社，1999年11月第1版，39页。

焦虑是人际关系中的一种分离倾向，改变个体的能量转化活动，从而回避与需要相一致的人际情境。焦虑几乎总是分解有利于满足需要的人际情境的主要因素，有证据显示，焦虑的不测事件只会加剧需要的张力。没有人际安全感就会导致焦虑，但是当事人往往对焦虑的对象缺乏清晰的意识，也就是说他并不知道焦虑的原因。相比于恐惧，焦虑具有更多的弥漫性与模糊性，却降低了机体满足生理需要的效率，妨碍正常的思维与人际交往，甚至可造成思维混乱或者人际关系的失调。所以，必须削弱与避免焦虑。

睡眠是一种生命状态，对于人类十分重要。睡眠与清醒这两种生命时相的交替变化对于延续生命是必要的。需要睡眠（needs sleep）是一种特殊的张力状态，它是通过睡眠来缓解或者补救的状态失衡（disequilibrium），是与需要和焦虑这两种张力状态无关的第三种张力。未满足的需要与焦虑的张力，都会干扰婴儿生理上必需的睡眠，为了不至于死亡，婴儿不得不额外增加睡眠时间。从清醒到睡眠时相的变化保护了婴儿，让需要与焦虑不再递增而变得漠然。

### （五）自我系统

自我系统是个体为了消除焦虑，而形成的一种具有防御功能的自我觉知系统或一套衡量自身行为的标准体系。可在儿童与母亲或其他抚育者的关系中追溯自我系统的形成。在这种人际合作关系中，儿童需要的满足必须依赖母亲等抚育者的帮助，所以会特别关注于母亲的赞许或责难。从而使得人际合作的3个方面，逐步形成自我认识的3个方面的人格化，即"好我"（good-me）、"坏我"（bed-me）和"非我"（not-me）。

"好我"是由自我接受得到赞许的行为而形成的，可减弱需要的张力；而自我禁止所反对的行为就形成"坏我"，可避免因惩罚而导致的焦虑。沙利文指出："好我"这种最初的人格化组织着使满足得以提高的经验，也就是说对于事情的进展哺育者感到愉悦，由此给予爱抚来奖励婴儿，使婴儿得到满足提高的体验。哺育者在某种程度上是自由的，她常常主动表达出对婴儿的慈爱。关于"我"的讨论主题就是好我的终极发展。

"另一方面，'坏我'则是组织不断增长的焦虑经验的最初人格化，这种不断增长的焦虑在或多或少被明晰理解的人际环境里，是与哺育者的行为相联系的。也就是说，坏我是以不断增长的焦虑梯度为基础的，而且在生活的这一阶段，依次有赖于能够诱发焦虑的某人对婴儿行为的观察。婴儿一方的某种行为与母亲一方不断增强的张力和日益明显的禁止之间的对应关系，便是这种经验的源泉，它被组织成我们可用'坏我'来标志的未成熟的人格化。"[1]

在1岁或1岁多儿童的交际思维中，这两种人格化是其组成部分。也就是说，在自我系统这个心理组织中包括好我与坏我。因此，自我系统是在人际关系情境中，由评价他人对"我"的反应而逐渐形成的，是"我"在同重要他人交往期间，从他人对"我"的反应中所产生的映像。自我系统的主要功能就是满足需要的张力和消除焦虑。它就像一个过滤器或者选择器，使个体自动地忽视与回避易于引发焦虑的经验，吸收并保存那些受到赞许的经验。那些可能导致严重焦虑的体验会与其他经验分离开来，成为自我系统拒绝注意的部分，沙利文将这种人格化称之为"非我"。它是一种演进得极其缓慢的人格化，依据原始的经验方式，使用非同寻常的简单粗糙的象征符号加以组织，片面地抓住生活中可怕的方面而不放，以后会分化成伴有敬畏、惧怕、厌恶或担忧的事件。它掺和着所看到的母亲的严禁姿势与婴儿自身高度焦虑的体验，是一种具有不可思议的情绪特征的经验组织。这种明显的非我人格化，大多数人可在有痛苦情感爆发的噩梦中遇到，不少人以间接显现（分裂行为）的形式得以表现，特别突出地为正经历严重精神分裂症事件的人所碰到。

沙利文在分析自我系统的动力机制时指出："根据成为'好我'的基本愿望，根据微增的焦虑所预示的日益增强的能力（它涉及日益变得有意义的他人情境），一种极其重要的次级动力机制（secondory dynamism）出现了，它纯粹是由满足一般的需要和区域的需要时所遭遇的焦虑引起的人际经验的产物。我把这一次级动力机制称作'自我系统'（self-system）。作为一种动力机制，就其不具有任何特定的相互作用区而言，或者说就其不涉及任何特定的生理装置

---

[1]　［美］哈里·斯塔克·沙利文. 精神病学的人际理论［M］. 韦子木，张荣皋译. 杭州：浙江教育出版社，1999年11月第1版，160页。

而言，它是第二位的，或次级的。但是，它确实使用所有的相互作用区，确实使用从人际角度来说所有整合的、有意义的生理装置。我们发现，它的触角遍及一切与焦虑纠缠在一起的人际关系。"[1]

自我系统的防御功能主要通过自我动力机制实现。自我动力机制就是在认可和反对、奖励与惩罚经验的基础上形成的人际行为模式。儿童在与身边的重要成人交往时，逐渐明白什么行为能得到认可或奖励，什么行为会遭受反对或惩罚，从而谨慎地表现那些不会引发焦虑的行为。社会文化的非理性特征（irrational character）是自我系统的根源，作为坏母亲人格化改善的哺育者的禁止姿势是自我系统的起始点。受教育的经验形成了自我系统，既包含奖励成分，又包括极其重要的梯度焦虑（graded anxiety）成分。自我系统因极不合意、特别难受的焦虑经验而被组织起来，其组织的方式就是回避或尽量降低现有或预见的焦虑。自我系统对于回忆和预见（recall and foresight）也发挥着作用，其中的烦恼经验和联结焦虑梯度的经验，引起有广泛影响的回忆，让自我动力机制对于生活的干预等同于预见焦虑。这种意味着明显焦虑的对于焦虑的警告，确实是一种使焦虑变得更加严重的警告。通过"选择性忽视"（selective inattention）自我系统能让个体自动地回避焦虑，但是注意与忽视的界限很可能妨碍必要的生理满足与安全感。并且这种界限难以总是维持得那么明晰，一旦破坏或超越该界限，就会产生焦虑，甚至可能造成精神疾病。

### （六）人格化

人格化（personification）是沙利文人格理论中的另一个重要概念，指个体在追求满足需要与降低焦虑的经验中，所形成的对于自己、他人及各种事物具有一定态度倾向性的形象。主要包括：①对自我的人格化，就是把"好我""坏我"与"非我"综合起来而形成的关于自我的整体形象。②对他人的人格化，能给个体带来满足或安全感的他人在其头脑中的形象就是好的，导致个体痛苦或焦虑的他人的形象就是坏的。同一个人因对个体造成的影响有不同的方面，

---

[1]　［美］哈里·斯塔克·沙利文.精神病学的人际理论［M］.韦子木，张荣皋译.杭州：浙江教育出版社，1999年11月第1版，162页。

其形象可能既有好的也有坏的。婴儿的母亲，在带来满足与安全时就是好母亲，在引发焦虑时就是坏母亲，把好母亲与坏母亲结合起来的人格化，就是复合的人格化。③对事物的人格化，是把自然现象、所有物、社会组织或国家制度等非人的事物，当作人一样对待，使其具有某些人的特征。④对观念的人格化，是把观念中的事物看成像人一样，如上帝或神的形象就属于观念的人格化。个人与自己、他人及事物间的关系，往往就是个人与其人格化形象之间的关系。然而人格化的形象常常并不正确，如果它脱离客观实际太远，就会扭曲现实中真正的人际关系。

### （七）人格发展阶段

沙利文把人格发展的启发性分类（heuristic classification of personality development）划为 8 个阶段：

1. 婴儿期——从出生到显现发音清晰的时期

新生儿面临的首要危险是氧气剥夺所导致的细胞组织缺氧症，其他诸如干渴、食物匮乏、过度寒冷、身体大规模损伤，以及各种生命要素的削弱或者衰退等危险，都会导致婴儿产生不同程度的恐惧，即对有机体生物整合（biological integrity）方面的危险表达出的一种紧张感。沙利文把婴儿在未满足需要时所引发的保护性动力机制称之为"情感淡漠"（apathy）。个体在反应默然时，能显著减弱所有需要的张力。这样，情感淡漠有助于可以把恐惧降低到不再阻挠生命，从而挽救婴儿的生命。然而，过度应用情感淡漠的动力机制，则可能导致婴儿因各方面严重匮乏而死亡。"嗜眠超脱"（somnolent detachment）是沙利文对由焦虑引起的保护性动力机制的称谓，它产生于无法避免且持久存在的焦虑，在安全的动力机制的干预下，使婴儿的紊乱状态减弱到意识状态发生变化的程度，也就是他入睡了。这是一种降低人际焦虑敏感性的安全方法。

沙利文用整合倾向（integrating tendencies）来指称整合适当的与必要的人际情境（interpersonal situation），需要的张力就被婴儿感知为整合倾向，它产生并维持一种人际情境。相反，焦虑则体验为一种人际关系中的分离倾向（disjunctive tendency）。口腔是婴儿与环境相互作用的区域，从乳头处得到的满足或焦虑经验的人格化，就成为"好乳头"或"坏乳头"的形象，并进一步形成"好母亲"或"坏母亲"的形象。在自我系统中，开始形成"好我""坏我"与"非我"的人格化。婴儿逐步把自己与环境区分开来，开始发展并使用自己的"我向"（autistic）语言，在18个月时开始显现可称为沉思过程的迹象，这种非言语的指向过程将会持续终生。婴儿在18个月或20个月时，能很容易地作出符号的和非符号的（symbolic and nonsymbolic）次级抽象，如从乳房汲取营养就是婴儿所进行的非符号活动。其经验的发展从未分化的进入不完善的模式，在语言上则表现出"综合方式的经验"（experience in the syntaxic mode）。以焦虑梯度为基础的学习，是婴儿的主要学习方式。为缓解需要的张力，还采用操作性的"尝试和成功"（trial and success）的技术，另外还有通过榜样而进行的试误学习，以及关系推断（eduction of relations）的学习。

2. 儿童期——从有能力发出清晰的语音到学会寻找游戏伙伴

养育者的双重人格化（double personification）在婴儿学习语言的过程中，于童年早期表现出人格化的融合（fusion of personifications），这种融合还不能当作综合的经验模式。婴儿这时已经能使用语言符号进行思维与交往，开始出现对游戏伙伴的需要。儿童自我系统的结构趋于明确，并且能够发挥防御焦虑的功能。沙利文提出了自我系统这个时期所遵循的"逃避的原理"（theorem of escape）："根据自我系统的本质——它的相互环境因素，组织和功能活动——自我系统往往凭借与现行的组织和功能活动不相宜的经验来逃避影响。"[1]据此，自我系统有一种不从经验中获益的倾向。沙利文还提出了一种适用于人际关系的"交互情绪的原理"（the theorem of reciprocal emotion），又称为"交互的动机模式"，即"人际情境中的整合（integration）是一个交互过程，其中：互补的需要（complementary needs）得以解决或得以加剧；活动的交互模式得以发展或得以瓦解；对满足或拒绝相似需要（similar needs）的预见得以促进。"[2]

---

[1]　[美]哈里·斯塔克·沙利文. 精神病学的人际理论［M］. 韦子木，张荣皋译. 杭州：浙江教育出版社，1999年11月第1版，188页。

[2]　[美]哈里·斯塔克·沙利文. 精神病学的人际理论［M］. 韦子木，张荣皋译. 杭州：浙江教育出版社，1999年11月第1版，188页。

为避免遭受惩罚，儿童可能升华某些欲望改进相应行为，以寻求社会的接纳或赞许。如果在人际关系中产生过多焦虑而且得不到缓解，儿童在焦虑的重压下就会出现行为模式与外显过程模式的"瓦解"（disintegration）。隐瞒所做的坏事、欺骗权威人物等导致儿童产生受到孤立的感觉，形成生活在敌人中间的基本恶意态度。这一儿童期人格发展的最大灾难，严重扭曲了儿童基本的人际交往态度，是儿童顺利成长的重大障碍。

3. 少年期——从步入学校生活到与同性伙伴建立亲密关系

少年的生活范围从家庭扩大到社会，在模仿同性别权威人物及社会性别期望的影响下，开始喜欢同龄同性别的伙伴，与其进行真正合作的活动。少年更多地参与集体活动，提高了社会化程度，竞争意识较强，懂得了怎样与人妥协；能够习惯性地运用自我系统在支配行为过程中避免焦虑。在学校环境中，少年纠正或改变了人格演化过程所出现的不幸倾向，在其成长上有助于体验社会服从（social subordination）和社会适应（social accommodation）。少年会服从一些随教育而来的新的权威人物，并在与同龄人交往中提高社会适应性。

各种教育影响让少年将先前的横向思维从其思维与行为中排除出去，通过不断增加对中心意识（focal awareness）这一自我系统的控制力量，而放弃童年期的想法与活动方式。这种力量源于其他少年所作的十分直接、原始和关键的反应，也来自成人权威相对程式化和预言性的表示。换句话说，少年有各种机会去学习许多安全的行为方式与摆脱焦虑的方法。根据他们可理解的道德约束（sanctions）与其违纪行为加以比较，能够实现这种学习。由于避免焦虑的道德约束与行为方式具有一定的意义，并且最终能得到证实，所以自我系统可有效地控制中心意识，以便不去特别地注意那些没有意义的东西。即显然焦虑制约着意识的有效表示，而且或多或少是用综合模式加以表现的。这种综合模式为一种经验模式，它为预言这部人生小说以及真正的人际交流提供了某种可能性。

"对中心意识的控制导致选择性忽视（selective inattention）的适宜运用和不适宜运用两者的结合。在适宜的运用中，对于不成问题的事情无须操心，因为这是一些无论如何没有问题的事情。可是，在许多情形里，存在一种不适宜运用选择性忽视的情况。在这一运用过程中，一个人对确有问题的事情反而疏忽起来。由于他找不到处理这些事情的办法，于是便尽可能长期地把它们排除在意识之外。无论在上述哪种情形里，少年时代的自我系统充分地控制了意识内容——也就是说，自我系统控制了我们知道我们正在考虑的事情——认同我们通常称呼的那样，这种控制达到了十分惊人的程度。"[1]

少年在生活中获得成功的教育过程，主要表现为行为模式与内隐过程的升华重组，其大量学习从属于竞争或妥协的操作方式，用来保存某种程度的自尊，也就是个人价值的感觉。少年社会因各种差异而区分为若干团体，建立其内群体（in-groups）与外群体（out-groups），有些少年会被排斥在群体之外，在与其他伙伴的关系中往往处于劣势地位。少年在熟悉周围社会现实中会出现其他人所指称的人格模式的成长，在许多情形中，这就是实际的定型（stereotypes）。在少年时代铭刻的大量定型，这些刻板行为成为未来生活麻烦的根源。

少年最幸运的经验就是在自我系统中出现"监督模式"（supervisory patterns），它们相当于次级人格（sub-personalities），即始终与少年在一起的虚构的人们。他们是自我想象中讲话的听众、表演的观众和作品的读者，提出警告与改进建议，以维护个人价值感与自尊，并赢得他人的尊重。在少年时代，特别是在少年时代临近结束时，少年会面对社会判断与怀疑判断的问题，大多涉及少年的个人声誉，还存在与家庭外权威、与同伴在一起时的声望与家庭生活中的声望不一致问题。社会处境中的不利条件也会让少年在发展人际交往能力方面位于劣势。少年学会轻视与诋毁任何表现突出的人，妨碍其正确鉴别个人价值能力的健康成长。

少年时代接近尾声时，如果少年足够幸运，会发展到"生活定向"（orientation of living）的程度。"一个人在生活中被定向到这样的程度，即他已经将生活公设化，或者可以容易地被导向公设化，系统地阐释生活或洞察生活。以下是一些类型的资料：整合倾向（integrating tendencies）或整合需要，

---

[1]　[美]哈里·斯塔克·沙利文. 精神病学的人际理论[M]. 韦子木，张荣皋译. 杭州：浙江教育出版社，1999年11月第1版，232、233页。

它们通常构成一个人的人际关系的特征；适合于满足上述倾向或需要的环境，以及相对来说摆脱焦虑的环境；或多或少长远的目标，为了接近这一目标，一个人将走在间发性机会的前面，以满足或提高个人的威望。"[1]

4. 前青春期——从亲近同性伙伴到明显地对异性感兴趣

儿童在 8 岁半至 12 岁进入前青春期，显著特征是出现了结交同性挚友的新兴趣，标志性特征是产生了整合倾向。这些倾向的成分发展就是对他人有实际感受性与敏感性的"爱"，或者说成对于人际亲密关系的需要。沙利文所说的亲密指的是某种器官接近外的"关系亲密"，它涉及两人之间的情境，容许在"协作"（collaboration）中证实个人价值的所有组成部分。协作就是个体行为根据另一个人表示出的需要系统地调整或适应，及其保持类似的安全操作（security operations），持续地追求同一的满足（identical satisfactions）为其目的，即愈发地接近共同或彼此的满足。视挚友为知己，相互交流内心的隐秘，能彼此关心、体谅、相互帮助。这期间的团体主要有"两人团体"和"三人团体"，领导——被领导关系（lesdership-led relationships）的发展模式为其人格发展的重要部分。

如果这一阶段不能满足与同伴亲切交流的需要（the need for intimate exchange），即没有建立起良好的亲密关系，与满足和安全相关的最亲密的交流受到阻碍，个体就会陷入很深的孤独。真正孤独的经验在婴儿期的成分，表现在接触需要（need for contact）和"温柔需要"（need for tenderness）中的相互依赖性。它于童年期在需要成人参与的活动中得以表现，主要形式有表达性游戏（expressive play）与言语性游戏（verbal play），使得儿童学会了合作，并逐渐地发展言语的一致性效度。在少年时代，对同龄伙伴需要的过程中，经历对于"接纳的需要"（need for acceptance），可从中看到孤独的成分，少年可能体会到"害怕排斥"。在前青年期，才会出现孤独的现象，并且在此期间达到孤独的顶峰。个体感到孤独时就要寻找伙伴，而丧失伙伴关系后在整合这一情境

---

[1]　[美]哈里·斯塔克·沙利文. 精神病学的人际理论［M］. 韦子木，张荣皋译. 杭州：浙江教育出版社，1999年11月第1版，244、245页。

时，往往存在强烈的焦虑，并出现个人定向（personal orientation）方面的严重缺陷。

5. 青年早期——从情欲感受到性行为的定型

这个时期的个体生理上急剧变化，性机能快速发育成熟，但是性要求常常得不到满足，又难以升华，从而产生激烈的冲突甚至偏激行为。随着进入青年期，亲密关系需要的对象（object of the need for intimacy）出现了变化，发生了从"同质选择"（isophilic choice）向"异质选择"（heterophilic choice）的转化。沙利文把"情欲"（lust）界定为在整合倾向中能够感觉到的组成成分，它们属于生殖的相互作用区，是可以感觉到的生殖内驱力，寻求一种渐进的累积感觉，达到性高潮而宣告结束。他区分出错综复杂混杂在一起，又相互矛盾的 3 种需要："个人安全的需要，也就是摆脱焦虑；亲密关系的需要，也就是与他人协作；情欲满足的需要，也就是在性高潮时与生殖器活动有关的一种需要。"[1]

情欲的动力机制从心理生物学的角度可以分解为三种整合装置（integrating apparatus）：自体有效物质系统（autacoid system）即内分泌腺或无管腺系统、自主神经系统和中枢神经系统。整合指的是把心理生物上的有机体包容在一个有机统一体内的组织和功能的结构。沙利文还分析了作为相互作用区系统和作为内隐或外显的象征性事件模式的情欲动力机制，然后，视其为一种整合倾向的系统，即这是一种精心制作的、涉及与他人的关系或回避他人的动机系统。

情欲动力机制为一种具有整合倾向的系统：

（1）属于这种整合倾向系统的、无法加以分析的成分，在个体发展的较早阶段就已经成熟，由于满足或焦虑的体验而使其得到修改，或两者兼而有之，而在某些情形中，还出现分解变化的迹象。

（2）在此系统中，由于不适当的文化情结，及家庭与学校对这些成分的强调，以焦虑为标志的一些成分会因人而异。

（3）属于该系统的有些成分，在西方文化中，几乎始终未能将其作为中心

---

[1]　[美]哈里·斯塔克·沙利文. 精神病学的人际理论 [M]. 韦子木，张荣皋译. 杭州：浙江教育出版社，1999年11月第1版，269页。

意识来表征，而不管缺乏这种表征的原因是选择性忽视，伪装或掩饰过程，还是曲解或自我中心分离过程的表现。

（4）这一系统常相关于生活中持久的定向障碍（disorientation），而且还同灾难性失调的自尊有关。

（5）该系统在残疾人身上，部分地为满足各种其他的整合倾向可能会开辟出一些渠道。因此，有可能被视为超乎自然地重要。

"（6）属于这种整合倾向系统的反复发生的部分满足，以满足方式将残余的动机留下，以便在睡眠中，以及在醒着的梦幻过程中获得释放，这种方式包括逐渐损害自尊，或者要求防御过程，或者保持社会距离——此类情况反过来严重地减少了生活中获得幸运经验的机会。"[1]

6.青年晚期

个体在青年晚期开始形成自己所喜欢的生殖行为模式，使之适合于后来的生活，并能够与特定异性建立稳固的关系；经过多种教育，从占据主导地位的婚姻、家庭生活，朝职业及其他社会生活等人际关系、人际积储的方向发展，使得人际经验逐步成熟。正常情况下，经验会以综合的方式稳步增长，权力、义务和责任意识日益增强。

青年晚期的自我系统渐趋稳定，倾向于不再发生变化。另一方面，还要考虑其生活自由的限制（restrictions in freedom of living）。这指的是产生自个体内部的各种限制性，或者源于其过去的障碍。表现为个体以复杂的方式部分满足其限制所防御的东西，以睡眠失调或诸如此类的形式，释放积蓄起的危险张力。既有与他人接触的限制，也有自我限制，主要形式是兴趣限制。礼仪性回避和礼仪性偏见属于生活限制的另一方面，以回避某种特定领域来获得安全。

7.成人期或成熟期

沙利文把亲密关系需要的出现与增长看作是迈向人格成熟的最后一个发展，它表现为与另一个体的合作，并优先考虑与更多他人加以合作。在此过程

---

[1]［美］哈里·斯塔克·沙利文.精神病学的人际理论［M］.韦子木，张荣皋译.杭州：浙江教育出版社，1999年11月第1版，299、300页。

中，个体对他人的需要和人际间的安全或他人没有焦虑的情形持有十分生动的敏感性。经过上述 6 个阶段的演进，个体就进入成人期，发展为一个真正成熟的人。

沙利文推导出："所谓成熟应该是对令人们触动并与之打交道的局限性、兴趣、可能性和焦虑等等持有相当同情的理解。从中可以确切地推断出来的另一件事是，不论是向外扩展的兴趣还是向内扩展的兴趣，或者是两者兼而有之，所谓成熟的生活——远非单调乏味或者令人厌烦——需在一切重要的方面得到增长。没有任何理由去怀有这样的想法（哪怕是瞬间的念头也不行），即变得成熟起来是一件十分糟糕的事情，因为到了那时，人们会更加烦恼；事实恰恰相反。对一个人来说，无论他是成熟的抑或是患有疾病的，都无法避免焦虑或恐惧的可能性，无法构成生活特征的任何需要。但是，成熟度越大，焦虑对生活的干扰就越小，一个人对自己和他人的消极评价也越少。因此，在我们今天所了解的世界里，当一个人成熟时，与生活的复杂性相近似的任何东西都不应该使他感到厌烦。"[1]

### 三、沙利文对需要心理学的贡献及其局限

沙利文的人际理论突破了经典精神分析的生物化学倾向，把研究重心转移到了社会学方向，强调人际关系的重要性是其对于精神病学的最大贡献，其研究成果是对人际领域关联需要的证明。他虽然承认遗传与成熟及早期经验的重要作用，但是更强调人际关系在人格发展中的重要性，以及人的可塑性。他从不同方面对人格加以揭示，将需要、焦虑和睡眠的张力看作人格发展的动力。他把动力机制视为描述个体行为或人格的基本单位。他所关心的人际关系领域的动力机制，就是指个体在人际情境中经常表现出来的能量转换模式。他把人格中的自我评价系统称为"自我系统"，把世界在个体心中的形象称为"人格化"，把个体对世界的认知方式称为"经验模式"，并且按照年龄阶段对人格成

---

[1] ［美］哈里·斯塔克·沙利文. 精神病学的人际理论［M］. 韦子木，张荣皋译. 杭州：浙江教育出版社，1999年11月第1版，269页。

长的历程加以描述。

沙利文从能量平衡及其转化的高度解释张力，是难能可贵的。他创造了一系列术语，但是有些晦涩难懂且不常用，个别概念之间的关系让人费解。尽管能够看出他向系统理论努力的倾向，但该理论的组成部分虽涉及很多内容，有的部分还需要进行深入、系统的分析，才能使其得以完善。

## 第三节　卡丁纳的精神分析文化人类学

卡丁纳（Abram Kardiner，1891—1981）生于美国纽约，为精神分析社会文化学派的主要代表。1921—1922 年，他在维也纳接受弗洛伊德的精神分析训练，回纽约后从事精神分析治疗工作，热情地传播精神分析学说，训练精神分析专业人员。他先后任职于纽约精神分析研究所、康奈尔大学和哥伦比亚大学。1933 年，他在纽约精神分析学会组织弗洛伊德社会学著作研讨班，学员多为人类学者，其中林顿、杜波伊丝等人后成了著名人类学家。1937 年，卡丁纳与林顿受聘于哥伦比亚大学人类学系，从此开启了他们的合作研究。他们继续举办研讨会，一般都是先让某位人类学家介绍其曾从事过现场研究的那一种文化，卡丁纳再加以阐释，然后大家对此展开讨论。卡丁纳把这些研究结果加以总结，写成《个人及其社会》（1939），并与林顿、杜波伊丝等合著《社会的心理疆界》（1945）。

### 一、文化与人格的相互作用理论

#### （一）文化习俗与人格

卡丁纳主要关心的是文化和人格的相互作用，他不仅重视文化对人格形成所发挥的作用，还重视人格对文化变迁产生的影响。研究文化人类学首先要界定文化这一概念。他把文化描述为在有组织的社会中形成的习惯化了的规范，个体获取物质生活资料的技术，人们对待出生、成长、发展、意志、死亡的习惯化态度等。文化就是这些具备了持续性和传播性的规范和技术态度。一切文化都具有如下成分："某种形式的家庭组织；某种类型的团体组织；以家庭、血缘或共同目标为基础的大团体；获取生活资料的技术；激励或控制人的需要的基本规范；控制或调节个人或团体彼此间矛盾的规则；使个人聚集在团体之中的心理力量；社会成员共同的生活目标。"[1]

卡丁纳主张使用习俗（institution）这一术语以使文化概念具体化、操作化。社会成员所共有的思想或行为的固有模式就是习俗，包括传统、信仰、规范、法律、谋生和养育方式，等等。人们普通认可、接受、传递它，而违背或偏离它就会导致个人或团体内部的失调。由于习俗都试图满足成员的某些需要，因此不同的文化可能有类似的习俗，但是许多文化都有适合其环境的独特习俗。简而言之，习俗就是人们彼此影响及人与环境相互作用的固有模式。

基本人格结构（basic personality structure）是卡丁纳研究中的一个核心概念，他将其定义为："'个人在与同一习俗的相互作用中形成的心理特征和行为的集合'（Kardiner，1939，p.12）。它包括思维模式和观念的集合，超我的构成和对超自然现象的态度，因而能够区别不同文化成员的那些人格背景。"[2]它是生活在某一特定社会中的每个人都共同具有的、有效的适应工具，是同一文化中的个体所具有的共同人格特征，而不同文化中的个体其基本人格结构是有区别的。基本人格结构与性格（character）不同，性格是指同一文化中个体间的人格差异。

卡丁纳指出不同的人格结构是由不同的习俗所造就的，但并不是所有社会习俗都能够决定基本人格结构，为此他辨别开初级习俗（primary institution）与次级习俗（secondary institution）。"前者是指儿童出生时就面临的最基本行为规则的总和，包括家庭组织、团体模式、基本规范、喂养、断奶、父母对儿童的关注或忽视的态度、排便训练的时间和方式、性禁忌、生存方式等，它是形成个人基本人格结构的文化基础，且不会随社会经济条件的改变而轻易变化。

---

[1] 郭本禹.心理学通史 第四卷 外国心理学流派（上）[M].济南：山东教育出版社，2000年10月第1版，603页。

[2] 沈德灿.精神分析心理学 [M].杭州：浙江教育出版社，2005年5月第1版，382、383页。

次级习俗是个人基本人格结构的投射物，它包括禁忌系统、宗教、仪式、民间故事和思维方式。次级习俗并不是初级习俗的直接衍生物，而是通过它在个人身上所形成心理特征的投射物。"[1]所以，基本人格是初级习俗和次级习俗之间的一个具有能动作用的中介环节。后来在《社会的心理疆界》一书中，卡丁纳承认有许多习俗无法明确地划归为初级习俗，还是次级习俗。

### （二）习俗与基本人格结构的形成

卡丁纳接受了弗洛伊德早期经验决定论的信念，认为对基本人格结构的形成起着关键作用就是人的早期经验，初级习俗正是通过影响个体的早期经验，从而进一步塑造其基本人格结构的。它是个体在童年期就面对的基本规范，被社会成员当作像呼吸一样的自然物来接受。但对于儿童来说初级习俗可能十分严厉，个体必须以某种方式适应初级习俗，从而形成基本人格结构。卡丁纳提出的基本假设是：个体的早期经验持久地影响其人格的发展；相似的早期经验所形成的人格也相似；一定社会养育儿童的方式是模式化的；因此，一定社会内成员之间的早期经验存在许多相似，同一社会的成员就有许多共同的基本人格结构。一个社会大多数成员所共同具有的基本人格结构，是其所具有的共同早期经验的结果。与喂奶断奶、排泄训练、性的禁忌等有关的早期经验，是卡丁纳所最为关心的。

父母是初级习俗的主要执行者，按照这些习俗的要求训练儿童，采用奖赏或惩罚的训练策略，儿童就是在这种赏罚基础上形成基本人格结构的。这些训练必然导致儿童在满足某些需要时遭到挫折，他们对待挫折的反应方式就构成了基本人格结构。这些反应方式不同，是形成的基本人格结构也就有所区别。例如对延迟喂奶的反应方式有两种：哭闹等攻击性反应可能形成攻击性人格，而吮吸手指等替代性方式则可能形成忍耐性人格。

卡丁纳既视人格为文化的产物，又把人看作文化的创造者。他主张基本人格结构能创造与影响次级习俗或适应性的文化，它虽然不能决定某种文化的所

---

[1]　沈德灿.精神分析心理学［M］.杭州：浙江教育出版社，2005年5月第1版，383、384页。

有变迁，却为其提供了方向，规定了适应性文化变迁的发生方式。

卡丁纳认为通过投射作用（projection）基本人格结构可产生出神话、宗教等次级习俗。主体潜意识地把自身过失或未满足的欲望归咎于客体，以减轻内心焦虑的过程就是投射作用。也就是说挫折可引起投射。人格就是个体对于挫折的反应，而这些挫折经验又是经由投射创造出次级习俗，从而能够在想象中满足需要并缓解紧张。因此次级习俗是挫折经验潜意识中的派生物，是对人主观愿望的曲折反映。卡丁纳用先民的祈雨仪式为例来说明这个过程。长期干旱威胁到人的生存需要，要缓解这种焦虑与紧张，无能为力的先民，只好求助于所信仰的万能的神，就像无能为力的儿童只能依赖于父母。先民将自己的愿望投射到神的身上，自己做不到的事，万能的神却做得到。于是，祈雨仪式就缓解了焦虑与紧张。群体与神的关系在此正如儿童与父母的关系，不仅完全依赖而且充满敬畏。因此，宗教的心理根源就是人在受挫后倒退到童年时代，亲子关系的原型是群体与神的关系的基础。

于是，卡丁纳在习俗与基本人格结构之间建立起一种辩证关系。"即：习俗决定个人对它们的反应形式，这种反应形式形成基本人格结构；反之，过去形成的基本人格结构又创造新的文化因子或促使既存文化发生变迁。特定文化因子（习俗）的改变导致基本人格结构的改变；反之，基本人格结构的改变又导致现存习俗的修正。这样，在一个特定的社会发展链条内，个人首先被文化所塑造，然后又塑造或创造其他文化因子。因此，这种交互作用表现为一种永恒的动态过程。"[1]

## 二、卡丁纳对需要心理学的贡献与其局限

卡丁纳发展了文化模式的理论架构，提出了基本人格结构理论。他强调文化因素对于人心理发展的影响，主张文化与社会的变化为检验与发展人格理论提供了良好的自然主义背景。其理论的独特贡献在于，他力求确定社会习俗与人格之间交互作用的影响方式。他提出初级习俗塑造着儿童对于父母的基本态

[1] 沈德灿.精神分析心理学［M］.杭州：浙江教育出版社，2005年5月第1版，386页。

度，是塑造社会成员的基本人格结构的工具，而基本人格结构反过来又会通过投射系统塑造次级习俗。他把文化与社会习俗作为一种对人格产生重要影响的因素来看待，是对经典精神分析重视生物因素的有力补充，并且注重两者间的相互作用。这种交互影响扩展到环境与个体之间，就成了需要心理学理论的基本框架。只是，他对于文化与习俗的辨析还有待清晰、透彻。

卡丁纳的理论力图解释一个社会系统中文化组成、文化传统的传递、延续及发展的心理过程，人格在文化创造与变迁中的能动作用得到了强调，个人既被看作是文化的产物，又是文化的创造者，重视人格结构与文化习俗间辩证的动态过程。但是他在划分社会习俗、基本人格及论述它们之间的相互作用时遇到了困难，使他不得不在论证上附加各种条件，从而削弱了其基本观点的效力。另外，尽管他注意到了社会结构，但是他的立足点放在了个体上面，从而试图把基本人格作为社会变动、发展的一个常量，这种研究方法为许多人类学家所质疑。

## 第四节　弗洛姆的人本精神分析学

弗洛姆（Erick Fromm，1900—1980），20世纪美国著名心理学家、社会学家、哲学家，对现代人的精神生活影响最大的精神分析社会文化学派代表人物，出生于德国法兰克福一个犹太商人家庭。22岁在海德堡大学获得哲学博士学位，在柏林精神分析研究受过正规训练。1925年加入国际精神分析学会。1930年在弗洛伊德主办的《意向》杂志上发表长篇论文，阐述对于基督教教义的演变及宗教的社会——心理功能的精神分析。1934年随法兰克福大学社会研究所一起离开纳粹德国，迁往纽约，并加入美国籍。他在美国从事了广泛的教学、理论研究及精神分析实践活动。他先后任教于哥伦比亚、耶鲁等大学，还担任过怀特精神医学研究所主任。1951年到墨西哥国立大学医学院精神分析学系任教授。1957年回到美国，任密歇根州立大学、纽约大学教授。

他著述丰盛，主要有：《基督教义的演变》（1931）、《逃避自由》（1941）、《为自己的人》（1947）、《健全的社会》（1955）、《爱的艺术》（1956）、《马克思关于人的概念》（1959）、《弗洛伊德的使命》（1959）、《超越幻想的锁链》（1962）、《人之心》（1963）、《精神分析与宗教》（1967）、《精神分析的危机》（1969）、《对人的破坏性的分析》（1973）、《占有还是存在》（1976）、《弗洛伊德的贡献与局限》（1980）、《人心：善恶天性》（1984）等。

## 一、人的处境

弗洛姆指出："一个人代表整个人类。他是人种的特例。他就是'他'，同时他等于'一切'；他是有特性的个体，而且在这一点上是唯一的，同时也是人类所有特性的典型。他的人格是由一切人所共有的人类存在特性而决定的。"[1]在论述人格之前，他先探究人的处境，其思想体系的逻辑起点就是关于人的处境的学说，从以下两个方面加以分析。

### （一）人在生物学意义上的弱点

人类作为进化程度最高的动物，缺乏适应环境的本能调节。一般动物都依靠本能来适应周围的环境，它们不会改变环境，却为了适应不断变化的环境而自动改变其本身。如果它们的本能已不再适合于圆满应付瞬息万变的环境时，就会导致物种的灭绝。

然而本能越不健全、越不固定的动物，大脑却变得越发达，从而学习能力则更强。人类已进化到本能适应力在所有动物中是最低限度的，尤其在刚出生时是最无能的，而且婴儿对父母的依赖时间最长。人类的本能适应性不足以保障自身的生存，不过这种生物学上的弱点成了人类力量的源泉，促使人类发展出不同于其他动物的新特质：他知晓自己是独立的个体，能够记忆过去、展望将来，会用符号表征事物与运动，靠理性认识与描绘世界，并具有超越理性的想象力。

### （二）人存在的与历史的矛盾性

人的自觉、理性与想象力使其成为宇宙的奇物，作为自然一部分的人类，

---

[1]　[美]艾·弗洛姆.自我的追寻[M].孙石译.上海：上海译文出版社，2013年3月第1版，33页。

受到自然法则的支配却无力改变，但是凌驾于自然界其他部分之上，这种既属于自然又超越自然的状况让人陷入了一系列困境。由于这些困境以人的存在为根源，弗罗姆称之为存在的矛盾性。

他分析了三种存在的矛盾性：第一，个体化与孤独感的矛盾。人类超越自然的过程就是发展自我意识、理性与想象力的过程，也就是使人的独立性和力量感日益增强的"个体化"（individuation）过程。他在一个偶然的时间来到这个世界，又偶然地被迫离开。他意识到自身的无能与各种生存限制，看到了终有一死的结局，清楚尽力也难达到忘我，活着就无法摆脱其躯体。理性既是人的福荫又是祸源，它迫使人无休止地去解决无法解决的矛盾问题。

人的存在与其他生物的存在有明显区别，就是经常处于难以避免的失衡状态。人必须依靠自己而不是重蹈人类覆辙地活下去，人是唯一会感到厌烦、不满与未达到安乐的动物，人还是唯一自以为本身存在有问题的动物，并且必须解决这不能回避的问题。人必须发挥理性，直到可以成为大自然与其自身的主宰。人不断地寻求发展以创造出属于自己的世界，让自身与同伴都在此感觉安适自在。然而每达到一个阶段都会出现不满与窘困，从而又被驱策去追寻新的解决方法。与此同时，人与自然、他人及真实自我的关系却日益疏远，如流浪汉一般越来越感到孤立无助。人持续地求知，要了解自己及其存在的意义。人被驱动去克服内在的人性分裂，是因为渴望绝对与别样的和谐，这是一种能够消除人与自然、同胞及自身隔绝之祸源的和谐。

第二，生与死的矛盾。人能意识到死亡是无法改变的客观事实，对生命的必然结局的一切认识，都改变不了死亡与存活相反，且不是生命中有意义部分的事实。人类无可奈何，对于最终会死亡的事实只能接受。人必有一死，这不能不说是生命的失败。眷恋生命与恐惧死亡折磨着人，促使人类一向都试图用意念否认死后就结束生命的悲惨事实，如永生观念就是对灵魂不死的假定。

第三，人的潜能实现与生命短暂之间的矛盾。每个人都具有一定的潜能，但在短暂的生命中即使最有利的环境也不容许其全部潜能的完全实现。个体生命开始与结束只是人类进化过程中的一瞬间，这与实现其一切潜能的主张是相矛盾的。只能在意理上调和或否定自认为能实现和实际上能实现潜能间的矛盾，个人生活中的合理化与社会活动中的意识形态就具有调和与消除矛盾的功能。因为遭遇矛盾后，人就会致力于解决这种矛盾而行动，从而促成了人类的一切进步。

根植于人存在本身的存在的矛盾，是无法得到解决的。历史的矛盾则属于人为的，即使出现的时候不能解决，也可以于历史的稍后阶段加以解决。例如当代人掌握的在物质上得到满足的许多技术与无力将其专用于人类和平与福祉间的矛盾，就是由于人缺乏勇气与智慧所致的不必要的矛盾，是能够解决的。也就是说，人可以用行动来消除历史的矛盾。

但是，无论采取多种方式，却无法消除存在的矛盾。所以，人的存在的矛盾是人更深层次的处境。其中个体化与孤独感的矛盾最具有实质性，这一观点成为弗洛姆全部理论的基石。他主张解决人存在的矛盾的唯一方法："那就是面对真理，了解他在对其命运漠不关心的宇宙里所陷入孤独和寂寞的基本原因，去体认世界上没有比他更大的力量能够为他解决问题。人必须负起自己的责任并且接受只有以他自己的力量才能够使生命富有意义的事实。但意义并不含有确定性；诚然，寻求确定性会阻碍对意义的追求。不定性才是使人发挥其力量的真正条件。假如他面对着真理而不恐慌，他将会体认到除非人能借发挥他的力量和过着有创造性的生活而赋予他生命以意义，除此之外生命是没有意义的；同时只有经常警觉、活动和努力才能使我们达成关系重大的一项任务——在我们生活法则所定的限制范围内充分发挥我们的力量。人的困窘、好奇和发掘新问题是毫无止境的。只要他能体认人的情境、他存在的二律背反以及他发挥力量的能力，他才能达成任务；信赖自己、为着自己以及实现他独有的特质——理性、爱及创造才能，以达到幸福的境地。"[1]

## 二、人的需要与感情

弗洛姆认为人的基本需要除生理需要外，都源自人所特有的矛盾处境。人类存在所特有的基本矛盾产生于生物学上的分裂，即本能的丧失与自觉的获得。

---

[1]　[美]艾·弗洛姆.自我的追寻[M].孙石译.上海：上海译文出版社，2013年3月第1版，38页。

人的存在冲突产生人所共有的基本心理需要，弗洛姆把这些需要称为"存在需要"。存在需要驱策人恢复自己与本性间的统一与平衡，逼迫人去克服因隔离、无能和失落而产生的忧虑与恐惧，去寻找与世界关联、让自己感到自在的新方式。在各种条件的复杂作用下，不同个体满足存在需要的方式有所区别。这些方式既有健康的，也有病态的。以下列举了几种基本需要及其互反的满足方式。

### （一）与他者关联与自恋的需要

人为了摆脱从与自然原初合一状态中分离后所产生的孤独，就必须同其他生命体建立联系，结合在一起。这种人类迫切需要的满足是人精神健全的前提条件，它推动着所有人际间的亲密关系与最广泛意义上的爱的感情。爱是人随年龄增长逐步发展起的与他人、他物相关联的健康情感，它在与自身外的他者结合时，仍能保持自我的独立与完整。实际上，爱正是在分离与结合的两极中诞生，并得以再生的。个体性的存在由于主动与人共享和互爱的现实得到了超越，并同时体验到自己能主动产生爱的力量。而顺从与统治的超越个体存在分离性的方式，则属于共生关系，会导致个体失去自身的完整性与自由。

为实现与他者的统一，还可以通过纵欲、创造性劳动及同一化。纵欲可在短暂的极度兴奋中，让世界及与世隔绝的感觉消失片刻，具有强烈、全身心投入和不断重复的特征。创造者在自己计划、进行并见到成果的创造性劳动过程中，可以与劳动对象合二为一，与周围世界达成一致。与一组人相结合的同一化是当今西方社会克服孤独感的最常用方法，却以牺牲大部分个性为代价。弗洛姆认为："通过创造性的劳动达到的统一不是人与人之间的统一。通过纵欲达到的统一是暂时的。通过同一组人同一和适应这一组人达到的统一是一种假统一。对人类存在问题的真正和全面的回答是要在爱中实现人与人之间的统一。"[1]

弗洛姆进一步指出："爱是我们所说的能动性的一个方面：人与他人、与自己、与大自然的那种主动的、富于创造性的关系。在思维王国，这种能动性

---

[1]　[美]艾·弗洛姆.爱的艺术［M］.李健鸣译.上海：上海译文出版社，2008年4月第1版，16页。

表现为用理性恰当地把握世界。在行动王国，这种能动性表现为创造性工作，最典型的便是艺术和工艺。在情感王国，这种能动性表现为爱——在保持自身的完整与独立的条件下，与另一个人、与所有人、与大自然相结合。在爱的经验中出现了一个看似矛盾的情形：两个人合二为一，与此同时，却仍然是独立的两个个体。从这个意义上讲，爱绝不会只针对一个人。如果我只爱一个人，不爱其他人，如果我对一个人的爱使我与我的同胞更加疏远，那么，我可能在所有方面依恋这个人，但并不是在爱。如果我说'我爱你'，我的意思是说：'我爱你，因此我爱整个人类，爱所有有生命的东西；我爱你，因此我也爱我自己。'这个意义上的自爱是自私的反面。自私实际上是对自己的过度关注，它产生的原因是缺乏对自己的真正的爱，它给予这种缺乏以某种补偿。爱似乎表现出某种矛盾。一方面，它使我更加独立，因为它使我更坚强、更幸福；另一方面，它使我与我所爱的人结合成一体，在那一时刻，我的个体性不复存在。在爱中，我体会到'我便是你'，你是被爱的人，你是陌生人，你是一切有生命的事物。在爱的体验中，我们找到了'什么是人'的唯一答案，找回了健全的精神。"[1]

爱首先不是与某一具体对象的关系，而更多表现为一种态度，一种性格上的倾向。该态度决定了个体与整个世界的关系，而不仅仅是同爱的唯一对象间的关系。为便于论述，弗洛姆根据爱的对象，主要分析了博爱、父母之爱、性爱、自爱与神爱。

博爱是一切形式的爱的基础，指的是对于所有人都有的一种责任感，对他人关心、尊重与了解，及乐于提高他人的生活情趣。在博爱中是没有独占性的，凝聚着与所有人的结合，表现出人的团结和统一。人人平等，爱穷人、陌生人和需要帮助的人是博爱的基础。博爱开始发展于爱与自己利益无关的人，和对需要帮助者产生同情的过程中。

母爱就其本质而言是无条件的，只要是母亲的孩子就会得到母爱。不必为

---

[1]［美］艾·弗洛姆. 健全的社会［M］. 孙恺祥译. 上海：上海译文出版社，2018年1月第1版，24、25页。

得到它而付出努力，不必赢得，也没有办法赢得。但这种无条件的爱不仅对于无助的婴儿来说是生存所必需，也是每个成人内心最深的渴求。母亲就是故乡、大地与海洋，是人的自然渊源，是原初纽带曾经存在的地方。而父爱则是一种有条件的爱。"父亲的原则是：'我爱你，因为你符合我的要求，因为你履行你的职责，因为你同我相像。'正如同无条件的母爱一样，有条件的父亲有其积极的一面，也有其消极的一面。消极的一面是父爱必须靠努力才能赢得，在辜负父亲期望的情况下，就会失去父爱。父爱的本质是：顺从是最大的道德，不顺从是最人的罪孽，不顺从者将会受到失去父爱的惩罚。父爱的积极一面也同样十分重要。因为父爱是有条件的，所以我可以通过自己的努力去赢得这种爱。与母爱不同，父爱可以受我的控制和努力的支配。"[1]

性爱是指向一个人的排他性的爱，通常是对其有吸引力的异性。这是一种与异性实现合二为一、达到完全融合的强烈欲望。"性爱是具有独占性，但同时也是通过爱一个人，进而爱全人类，爱一切生命。性爱的独占性只表现在我只同一个人完全地、即在灵魂和肉体上融会为一体。性爱只有在性结合这点上，在生活的全部范围彻底献身这一点上排斥他人，而不是在一个更深的博爱意义上。"[2]

一切有爱的能力的个体，原则上爱他人与爱自己是平行存在的，两者密不可分。真正的爱表现出了包含关怀、尊重、责任与了解诸因素的内在创造力，它积极地追求所爱者的发展与幸福，无论是他人还是自己。然而，自爱并不等同于利己。一切皆为我所用的利己者，感兴趣的只有自己，是否对自身有利为其判断人与物的标准。一心只想"得"，而无力体验"给"的愉悦，从根本上来说是缺乏 爱的能力。利己与自爱根本就不是一回事，实际上相互矛盾。利己的人并不是过于爱自己，而是很不爱自己。缺乏对自己的爱与关心表明其内心缺乏生命力，并因此而感到空虚与失望。这个不幸与胆怯的人必要时会通过各

---

[1]［美］艾·弗洛姆. 爱的艺术［M］. 李健鸣译. 上海：上海译文出版社，2008年4月第1版，40页。

[2]［美］艾·弗洛姆. 爱的艺术［M］. 李健鸣译. 上海：上海译文出版社，2008年4月第1版，51、52页。

种其他满足来弥补其失去的幸福。他看似特别关心自己，实际上只是试图通过关心自己来掩盖和补充自爱能力的缺乏。弗洛伊德认为利己者就是自恋者，将对他人的爱用到了自己身上。利己者缺乏爱别人的能力是对的，只是他们同样也没有能力来爱自己。而一无所求的"忘我"者似乎就是为了别人而活着，并且由于不重视自己而感觉值得自豪。然而，精神分析却表明，这其实是一种病症。患者实际上缺乏爱的能力，也无法使自己快活起来，敌视生活，隐藏在"忘我"后面的是强烈而往往不自觉的自私性，是没有创造力的表现。

对于神的爱从心理学的角度来看，也是源于消除隔膜、追求统一。从对自然物的崇拜、对所制造成果或偶像的崇拜，到赋予所敬仰的神以人的形象，都是特定历史阶段的人对自身最高力量的体验，表达了人们追求真理与统一的努力。弗洛姆指出："在占统治地位的西方宗教中，对神的爱基本上就是相信神，相信神的存在，相信神的正义和神的爱。对神的爱基本上是一种思想上的体验。在东方宗教中和在西方的神秘主义中，对神的爱是一种对统一和爱的强烈感情体验，这种体验同生活中的每一种爱神的表现不可分割。"[1]

弗洛姆总结道："在现代宗教中，我们可以看到宗教的全部发展阶段——从最早、最原始的阶段到最高级的发展阶段。'神'这个词既意味部落的首领，也意味着'绝对虚无'，同时每个人也以同样的方式——如弗洛伊德指出的那样在他的潜意识中保留各个阶段继续发展的可能性。问题只在于他的发展达到了哪一个高度。但是有一点是肯定的：他对神的爱的本质符合他对人的爱的本质——因为这种本质被掩盖起来而且被越来越先进的爱情理论合理化了。此外对人的爱虽然直接表现在同家庭的联系上，但最终还是由人所生活的社会的结构所决定。"[2]

没有发展爱这种情感或再次丧失该能力的自恋者，总是按照自己的主观臆断而不是依据客观现实本身去对待外部世界。他们的唯一现实就是有关自己的

---

[1]　[美]艾·弗洛姆. 爱的艺术［M］. 李健鸣译. 上海：上海译文出版社，2008年4月第1版，73页。

[2]　[美]艾·弗洛姆. 爱的艺术［M］. 李健鸣译. 上海：上海译文出版社，2008年4月第1版，74、75页。

思想过程、情感和需要的现实，不能对外部世界进行客观地体验或感知，即外部世界在其眼中不是按照自身运行方式、条件和需要而存在的。这种与正常儿童的原始自恋不同的，爱的退化或发展滞后的继发自恋，是与爱、客观与理想相对的另一个极端。

### （二）超越的需要——创造与破坏

人与一般生物一样不由自主偶然被抛入这个世界，又身不由己地被从这个世界清除出去。不过人是能够意识到这一点的，但又不甘心居于生物的被动状态。这就是人作为被造物又要超越其被动存在状态的需要。人凭借着天赋的理性与想象力，不满足于担当被动角色和处在听任摆布的地位。这种需要强烈地驱使着人超越被造物的角色及其存在的偶然与被动性，而成为具有建设性的"创造者"。这种对于超越的需要是产生爱、艺术、宗教和物质生产的根源之一。活力与关心是创造的前提条件，人只有爱所创造的东西，才能够有创造活动。当无法实现创造的愿望时，破坏的意志可能就会抬头，由爱转为恨，从而采取毁灭的方式来超越自我。然而，创造带来的满足会产生幸福感，毁灭导致的却是痛苦。

### （三）寻根的需要——友爱与乱伦

人的诞生与成长，意味着脱离自然的家，割断与自然的联系。孩子与其母亲的关系是最为根本的自然关系，是所有让人产生根基感和所属感的自然血缘关系的最基本形式，在其生命中具有决定意义的前几年里，孩子体验到"母亲是生命的源泉，是无所不包的、保护的、滋养的力量。母亲就是食物，就是爱，就是温暖，就是大地。得到母亲的爱意味着生命的活力、扎根的土地，以及安全和自在"。[1]

婴儿的出生意味着脱离了子宫的全方位保护，成长则必须走出母亲的保护范围。然而失去根基却是非常可怕的，必须找到新的"根"才能安心。个人为

---

[1]　［美］艾·弗洛姆. 健全的社会［M］. 孙恺祥译. 上海：上海译文出版社，2018年1月第1版，30页。

了建立自己的生存根基，往往要依恋母亲及母亲的象征物，如家庭、氏族、民族、国家和教会等能依赖的团体。虽然依恋母亲能产生对于生命、自由和平等的肯定感，但是过于依恋母亲及其象征物，却会束缚人个性与理性的发展，甚至陷入乱伦的精神病态。因此，自原始社会起，乱伦禁忌就已普遍存在。"乱伦禁忌是人类发展的必要条件，这并不是由于它的性的方面，而是由于它的感情的方面。人要诞生，要进步，就必须割断脐带，克服想同母亲保持联系的强烈愿望。乱伦的欲望不是源于母亲对他的性吸引，而是源于一种根深蒂固的渴求，渴求留在或者回到安全的子宫，或者返回滋养一切的胸膛。这种乱伦禁忌不是别的，正是那两个手持燃烧着的宝剑的天使，他们守卫着天堂的入口，阻止人返回成为独立的个体之前那种与大自然合为一体的生存状态。"[1]

成年人一般都渴望得到帮助、温暖与保护，寻求母亲曾经给予的安全感与实在感。另外，对于父亲的依恋也很重要。它能带来理性、纪律、良心与个性的积极影响，但要付出等级、压制、不平等与顺从的代价。

弗洛姆指出，在17、18世纪欧洲大革命后，向乱伦固恋阶段倒退的外显症状变成了民族主义与对国家的崇拜。只有当人成功地发展了理性，能更深更广地去爱时，只有当一个以人类团结和正义为基础的世界建立起来时，只有当人感到扎根在普遍的友爱经验之中时，他才能体验到一种新的人的根基感，才会将其所处的世界改造成真正的人类之家。

### （四）身份感需要——个性与从众行为

人在脱离自然与母亲原始纽带的过程中，知道自己是一个独立的实体，并且形成了自我意识。具有理性和想象力的人需要回答"我是谁"的问题，要求形成有关自我的概念。能够感到自己就是自身行动主体的身份感需要，对于独立的个体来说，是至关重要、不容缺乏的。自我意识健全的人能够感到"我"就是自己力量的中心与行动的主体，能够意识到自己的独特性并充分体验自己的个性。

---

[1]［美］艾·弗洛姆. 健全的社会［M］. 孙恺祥译. 上海：上海译文出版社，2018年1月第1版，31、32页。

人们在民族、宗教、阶级、职业中寻求到个人身份感的替身，这要求与群体认同，发展出一种以对群体无可置疑的归属感为基础的群体身份感。为了获得这种身份感，就要失去自我的独立性、舍弃个人的自由、思想与爱，以顺从的态度和从众行为，追求与群体的协调一致，从而成为这个群体中的一员。

### （五）对定位坐标系和信仰体系的需要——理性与非理性

具备理性与想象力的人需要理智地确定自己在这个世界上的位置，要能为自己确定一个具有某种思想体系和信仰的目标并且为之献身，从而赋予自身的存在及在世界中的位置以意义。越是理性的人所确定的目标越是符合实际，其定位坐标系就更加完善，更有意义。理性是人以事物的本来面目客观看待它们的能力，是以思想来把握世界的能力，而非借助思想操纵世界的智力。人获得真理的工具是理性，而不是作为操纵世界工具的智力。有的人相信图腾动物的力量或自己种族的优越性，从而为满足其对有意义图画的需要，而追求某种虚妄的非理性目标。

弗洛姆认为："人需要一个定位坐标系，这种需要包含两个层次。第一个层次，也是比较基本的，是要有某个定位坐标系，且不管它是真实的还是虚假的。除非有这种他主观上感到满意的定位坐标系，否则人无法精神健康地生活。第二个层次是，人需要以理性来接触现实，客观地把握世界。但是，发展理性的需要不及发展定位坐标系的需要急迫，因为对人来说，发展理性与他的幸福和宁静密切相关，而不是他的精神健康。"[1]

人满足定位坐标系和信仰需要的方式有许多种，泛灵论和图腾崇拜的原始系统，佛教类的非神论系统，如斯多葛主义一样的纯哲学系统，还有解答上帝概念的一神教系统。

### （六）效力——生效与无能

人为了在陌生、庞大的世界中，不被自己的无能感所淹没，需要发现自己

---

[1]［美］艾里希·弗洛姆. 健全的社会［M］. 孙恺祥译. 上海：上海译文出版社，2018年1月第1版，52页。

的效力。他要能成功地产生结果，感到自己是一个能做些事情、完成一些事情的生效的人。"能够生效，意味着自己是主动的，而不仅是被动的；是积极的，而不仅是消极的。最后，证明了自己是存在的。这个原则可以述之如下：我有效故我在（I am, because I effect）。"[1]

20 世纪初，格鲁斯（K.Groos）就把儿童做游戏的主要动机归结为"喜欢做一个起因"（joy in being a cause），并得出结论：人们需要知道什么会生效，并让自己成为这些效果的产生者。皮亚杰也观察到儿童特别喜欢因其活动产生效果的东西。怀特（R. W. White, 1959）主张"能力动机"是人的基本动机之一，他建议把那种为证明自身能力而出现的动机称作"生效动机"。

儿童哭闹、顽皮、发脾气以及与大人对抗，都是要求生效的明显表现，就是要通过其活动来表达自己的意志。被禁止和不可能的事情对人们都有吸引力，人们似乎被引着走向人、社会和自然的边界，被推动着去看看生存框架外是什么。这个冲动可能是促成伟大发现或滔天罪恶的一个重要因素。

成人也要靠能生效来肯定自身的存在。有许多方法可以达到效能感：让所抚养的婴儿露出满意的表情，让所爱者发出会心的笑容，使交谈的人产生兴致，和投身于工作之中，等等让人产生爱的建设性方法。另外的方式也能满足这个需要：用权威来压制他人，令别人感到恐惧；征服另一个国家；折磨他人或摧毁他人的产物，等等使人害怕、痛苦的破坏性方式。

### （七）兴奋与刺激

俄国的神经学家伊万·谢切诺夫（Ivan Sechenov）最先提出神经系统需要"运动"，即要求不低于某程度的兴奋状态。大量的实验研究和日常生活的观察都表明，无论人还是动物，都需要一定量的兴奋与刺激，并不得少于每个最低限度。单纯刺激引起的反应是单纯而直接的，几乎就是一种反射性反应，如逃跑、攻击或产生性兴奋。刺激者与被刺激者之间是一种机械的"刺激—反应"的单向关系。启发性刺激则让人主动地活动起来，如一本书、一首歌、一处风

---

[1]　[美]埃里希·弗洛姆. 人类的破坏性剖析[M].李穆等译. 北京：世界图书出版有限公司北京分公司，2014年6月第1版，213页。

光或一位所爱的人，就仿佛在发出邀请，引人主动加以回应，与其发生共鸣。启发性刺激引起了创造性反应，可谓日新月异。被刺激者赋予刺激者以生命，因总在其中发现新的层面，而让其出现变化，两者之间存在交互关系。

"单纯刺激制造驱力（drive），也就是让人被它所驱使；启发性的刺激则产生努力（striving），也就是使人积极地努力于一个目标。……以神经生理学和心理学的资料为基础，我们可以得出一个刺激定律：越是反射性的刺激，越需要在强度／或种类上常常变换；越是启发性的刺激，刺激性维持得越长久，在强度与内容上越不需要变换。"[1]

弗洛姆强调有机体对刺激与兴奋的需要是激起破坏性与残忍行为的众多因素之一，而且由愤怒、残忍或破坏的激情引发兴奋，远比用爱、创造性和积极的兴趣带来兴奋要容易。

## 三、社会性格论

以上论述了人在存在的困境下形成的与自然、他人及自我建立联系的各种基本需要，而满足这些需要的方式则是人的性格与潜意识。

### （一）性格的概念

弗洛姆指出："性格是由一切非本能的欲求所组成的相当持久的体系，人通过它与人类世界及自然世界进行关联。我们可以说，人类丧失了他的动物本能，却用性格来替代它们，性格是人类的第二天性。"[2]

他所说性格的根本基础就是人与世界的关系的类型，有同化（assimilation）和社会化（socialization）两种。就人与物的关系来说，人要获取物体就是同化。以人与人的关系而言，人用自己与他人发生的手段联系外界就是社会化。性格就是在同化和社会化过程中用来引导人的能量的较为稳定的式方。这里说的能

---

[1]　[美]埃里希·弗洛姆.人类的破坏性剖析［M］.李穆等译.北京：世界图书出版有限公司北京分公司，2014年6月第1版，218～220页。

[2]　[美]埃里希·弗洛姆.人类的破坏性剖析［M］.李穆等译.北京：世界图书出版有限公司北京分公司，2014年6月第1版，205页。

量并不是指力比多，而是指基于人的处境所产生的需要。

## （二）性格类型

性格体系可看作人类代替动物本能的机能，它由一系列性格特性组成，代表某种文化中多数人所共有的性格结构核心。弗洛姆把一些性格特性共同具有的倾向，称之为性格指向。个体的性格结构可能包含几种性格指向，通常依据占主导地位的性格指向来划分性格类型。

### 1. 同化过程中的指向

弗洛姆根据同化过程中的倾向是否具有自发创造性，把人的性格分为非自发创造性指向和自发创造性向。非自发创造性指向有接受、剥削、储积和市场4 种指向。接受指向的人感到好的东西都在外面，特别乐于从外面被动地接受所需要的，无论是物质的还是精神的。他们外表乐观、友善，经常寻求能提高帮助的人，易于陷入忠心与允诺的矛盾中，而更加依赖他人。剥削指向的人则通过强迫或诡诈手段从别人那里得到他所需要。他们有一张巧言令色的嘴，把每个人都当作榨取的对象，集猜疑、嫉妒、羡慕、尖刻于一身，态度敌对而含混。储积指向的人以储蓄和节约为安全感的基础，仿佛在自己周围建起防护墙，以尽力往这个坚强阵地内收纳东西并竭力防止东西外漏。他们常常嘴唇紧闭，姿势僵硬，态度萎缩、有条不紊，以强制性清洁来消除与外界的威胁性接触，用特别守时的方法来控制外面的世界，面对威胁时反应固执，秩序与安全是其最高的价值。市场指向的人善于随劳动力市场的变化而随机应变地成功出售自己的人格，他们本质上不会发展特别、持久的关系，唯一的特质是态度的可变性，其尽力发挥的是最适宜于销售自己的特质。

自发创造性指向的人关心的是实现其所特有的潜能。创造性是人用自身力量实现其固有潜能的能力，个体在创造性活动中体验到自己是力量的化身并且是行动者。自发创造性是人人都可具备的态度，这种健康的性格特征体现在同化过程中就是工作。自发创造性的工作不是为生存或强权所迫，也不是为了克服空虚与无聊，而是出于实现其自身的潜能。

### 2. 社会化过程中的指向

人在社会化过程中会形成不同的性格指向，包括受虐、施虐、破坏、冷漠

4 种不健康的性格指向，它们与同化过程中的 4 种非自发创造性指向是依次相对应的，如接受指向与受虐指向指的是同一类人在不同过程中的表现，后面的 3 种指向以此类推。

受虐指向与施虐指向同属于共生关系，这是一种通过牺牲自由与完整，而同对象接近和亲密的关系。受虐指向者为了逃避孤立无助的处境，而屈服于他人或诸如权威、国家、上帝等强大的外部势力，并成为这个势力的一部分，同时也能从中得到所需的依赖。受虐者深深地感到自卑、无能为力与自身的微不足道，常常贬低自己，沉溺于自我责备与批评，不敢伸张自我。

施虐者则通过迫使他人屈服与痛苦来达到完全控制的目的，同时从被统治者那里获取所需的力量。弗洛姆发现了 3 种或多或少纠缠在一起的施虐倾向："一是让别人依赖自己，以绝对无限的权力统治他们，以便让他们仅仅成为自己手中的工具，像'陶工手中的泥土'；二是不但有以这种绝对方式统治别人的冲动，而且还要剥削、利用、偷窃、蚕食别人，把别人吸净榨干，不但包括物质，而且还包括情感与智慧之类的精神方面；三是希望别人受磨难，或看别人受磨难。磨难也可能是肉体上的，但多数是精神上的折磨。其目的是主动伤害、羞辱他们，让他们难堪，要看他们狼狈不堪的窘相。"[1]

破坏指向者害怕自己营造的世界受到侵犯，而主动地非理性地去毁灭对象。破坏欲是退避威胁的一种积极形式，它是生命受挫的后果，个体生命的成长受阻程度似乎是与破坏欲的强弱成比例的。尽管破坏欲和施虐、受虐冲动往往交织在一起，却有着根本的区别。破坏欲的目的是消灭其对象，而不在于主动或者被动的共生。"但它的根源也在于难以忍受个人的无能为力与孤立。与自身之外的世界相比，我感到自己无能为力，为了避免这种感情，我可以摧毁世界。可以肯定，如果我成功地驱逐了它，我仍孤独、孤立，但我的孤立是光荣伟大的孤立，因为再没有我自身之外的强大权力会将我击碎。毁坏世界几乎是拯救自己不被击碎的绝望的最后一招，施虐狂的目的是吞并对象，破坏欲则欲除掉

---

[1]　[美]艾里希·弗洛姆.逃避自由[M].刘林海译.上海：上海译文出版社，2015年7月第1版，95页。

它；施虐狂欲借统治他人增大已然原子化的个人的力量，破坏欲则要消灭所有的外在威胁。"[1] 以上3种不健康的指向，却常常以爱、忠诚、责任、良心与爱国主义等合理化的形式表现出来，以掩人耳目。

冷漠则是疏远、退缩的消极形式，冷漠者表面上有与他人的接触与恋着，心底则与他人隔离。他们依据市场效应，放弃自己的个性，有意、无意地与他人趋同。

自发创造性指向的爱与理性是社会化过程中的健康性格。自发创造性的爱是在保持自我完整性与独立性的同时与他人结为一体，可借助爱的力量突破人际间隔离的屏障而理解他人。这种纯真的爱以创造性为源泉，其基本要素就是关照、责任、尊重与了解。健康的人在这种爱的实践中，还能体验到温柔、同情和兴趣等情感。

自发创造性的思维就是理性，能透过表面现象发现事物的本质、隐含的关系及其更加深邃的意义，能客观地看待世界与自身，并且能从整体上加以观察。个体可通过理性，积极地与目标物发生关系并抓住其精髓。"在创造性思想的过程中，思想者所起的动机，是由于他对客体的关切；他受客体影响而起反应；他表示关心而加以反应。但创造性思想的特征也是客观性、思想者对客体的尊重，以及他对客体真面目的了解能力。在客观性和主观性之间的这种统一性就是创造性思想的特性，因为一般来说，它是属于创造性的。"[2]

现实中单一指向的性格是极其少见的，人的性格往往混合多种指向，只是有一种指向占据了主导地位。非自发创造性指向的混合最常见的是接受指向与剥削指向的混合，弗洛姆把这种欺软怕硬的性格叫作"施虐—受虐性格"或"权威主义性格"。爱有权者、恨无权者是这种性格的典型特征，同时具有施虐和受虐冲动则是权威主义性格的本质。拥有和控制另一个人的无限权力为施虐冲动之目的，其中还夹杂着或多或少的破坏欲；将自己完全消解在一个强大

---

［1］［美］艾里希·弗洛姆.逃避自由［M］.刘林海译.上海：上海译文出版社，2015年7月第1版，118、119页。

［2］［美］艾·弗洛姆.自我的追寻［M］.孙石译.上海：上海译文出版社，2013年3月第1版，88页。

权力中则是受虐冲动之目的，并借此分享其力量与荣耀。施虐与受虐倾向的根源都在于个人无法忍受孤立，需要借共生关系克服这种孤独。而创造型性格倾向的人则充分体现了爱恋生命的特点。"这种人十分热爱生命，深深为一切领域内的生命发展过程所吸引，他宁愿创造，也不愿保存；宁愿看到新鲜事物，也不愿也不愿安安稳稳地寻求对旧事物的证明。他们充满了好奇心，喜欢冒险，而不喜欢过安稳的生活。这种人看到的是整体，而不是部分，是结构而不是结果。他要用爱情，用自己的行动和理智去改变和影响别人，而不是用暴力、肢解事物的方法，用官僚主义地操纵人、把人看成物的办法来影响别人。他们充分享受人生的一切乐趣，而不仅仅是兴奋。"[1] 当然，在个体的性格结构中可能既有自发创造性指向又有非自发创造性指向，只是某种倾向占优势而已。

3. 退化综合征与发展综合征

弗洛姆后来在《人心：善恶天性》（1984）中从病理学角度对人的性格做了进一步探究，提出退化综合征和发展综合征两种性格类型。前者是恋死、自恋、共生——乱伦的固着三种倾向的结合。后者则把爱生、爱人和独立性三种倾向结合起来。

具有恋尸症倾向的人特别感兴趣于所有无生命的事物，往往被腐烂、肮脏的东西、尸体、粪便所吸引，乐于谈论疾病、死亡与葬礼。"恋尸症的视线只停留在过去，却从未展望过将来。他们基本上都是些感伤的人，换言之，他们只回味着昨日的感受，或者只相信他们自己曾经历过的事。这些恋尸症患者的感情是冷漠的、疏远的，他们是'法律和秩序'的忠实信徒。他们的价值观恰恰与正常人的价值观相反：令他们激动和满足的不是生命而是死亡。"[2] 他们爱恋死亡与暴力，热衷于破坏，喜爱机械、不能成长的事物，喜欢对他物加以操控。他们真诚地倾心于强权，既爱慕杀人者，又鄙视被杀者。

爱生倾向的本质是爱恋生命，是体现在一个完整的人中的一种整体倾向和

---

[1]　［美］埃里希·弗洛姆. 人心：善恶天性［M］. 向恩译. 北京：世界图书出版有限公司北京分公司，2015年6月第1版，40页。

[2]　［美］埃里希·弗洛姆. 人心：善恶天性［M］. 向恩译. 北京：世界图书出版有限公司北京分公司，2015年6月第1版，32页。

整个存在的方式。具有爱生倾向的个体为生命和生命的成长过程所吸引，他们富于创造性，喜爱新生事物。"维持生命和反对死亡的倾向是爱生性倾向最基本的表现形式，也是一切生命的实体所共有的。就这种维持生命、反对死亡的倾向来说，这种表现形式也仅仅是生命冲动的一个方面。另一方面具有更积极的表现形式：一切生命的实体具有综合与统一的倾向；其目的在于把各种不同的对立的实体熔合在一起，并使其有规律地得到发展。综合和统一的发展是一切生命过程的特点——不仅细胞如此，一切感觉和思维也是如此。爱生倾向的最初表现形式是细胞和有机物之间的熔合，在动物和人中就表现为无性细胞同有性细胞的结合。在人那里，性的统一是以男女两性的互相吸引为基础的。男女两性成了性统一这种需求的本质——人类生命有赖于两性的这种统一。看来也正是由于这个原因，大自然才在两性的结合中给人以最大的快乐。从生物学的意义上来说，两性结合的结果便是一个新生命的诞生。生命的周期表现为结合、新生和成长——正如死亡周期是成长的中断、崩溃和衰落一样。"[1]

弗洛姆还着重提出了发展爱生性倾向所必要的特定条件：必须给婴儿期的孩子以温暖，使其亲近能够他人；不可随意威胁、恐吓他们，让其自由自在地活动；身传要重于言教，以帮助他们获得内心的和谐与力量；运用"生活的艺术"来指导他们，注意他人对孩子产生的影响及孩子对于他人的反映；培养他们过一种真正有意义的生活。而这些条件的反面，则会增强恋尸症的倾向：在爱恋死亡的人们中间生长；缺乏积极影响的、充满恐惧的、单调无趣的环境；人们直接所规定的秩序被机械的秩序所取代。

自恋者往往把自恋贯注于个性的某些方面，如荣誉、智慧、勇猛和美丽等，对自己评价过高，对于外部世界缺乏真正的兴趣，对于他人和世界给予过低的评价，并仇视一切持不同意见的人。因而自恋的实质就是不能客观地看待自己、他人与世界。自恋是可与生的欲望相比较的一种激情，通过把自己看得远比他人重要，从而可以调动起捍卫自我、维持生存、坚持自我主张的能量与兴趣，

---

[1] ［美］埃里希·弗洛姆. 人心：善恶天性［M］. 向恩译. 北京：世界图书出版有限公司北京分公司，2015年6月第1版，39页。

具有重要的生物功能。自恋在服务生存的同时，还会威胁生存。极端自恋者会严重阻碍整个社会生活，个体只有置身于群体之中才能生存。有两种方法可以解决这个矛盾。一种方法是用最理想而不是最全面的自恋来服务于生存，也就是说把生物上必要的自恋程度降低到能够与社会合作一致。另一种方法就是把个体自恋转变为群体自恋而得到"合理"的满足，即把自恋的对象转换成民族、宗教、国家或政治团体，为群体利益而服务。歪曲合理论断是自恋最危险的结果，自恋者的价值判断往往是带有偏见的。对任何所关注的自恋对象的批评进行情感反映，是自恋中一个更加危险的病理因素。在自恋遭到挫折时，会产生沮丧，及自恋创伤所导致的绝望。在病态自恋中可区分出有益的自恋和恶性的自恋。前者中的自恋对象为个体自身努力的成果，后者中的自恋对象则是其所占有的某物，而且恶性自恋缺乏自我限制。病态自恋最明显的常见症状就是缺乏客观性与合理性。

弗洛姆认为乱伦欲望是人的一种最基本情感，是人渴望获得保护、使其自恋得以满足的需要。人希望能从责任、自由与意识的危险中解放出来，渴望收获无条件的爱，却不必用自己的爱加以回报。这些在正常情况下存在于婴儿身上的需要，只有母亲能够满足。人自诞生之日起，"就为两种倾向所苦恼：一种走向光明，另一种是倒退到母体中去；一种是向往冒险，另一种是祈求安定；一种是争取独立而冒险，另一种则安于保护和依靠。"[1]母亲是遗传学意义上第一个维护与保证这种安定性力量的化身，随着儿童的成长，逐渐由家庭、民族等日益扩大的集体所代替。乱伦固着指一个人强烈地依恋于母亲，或诸如家庭、民族、国家、宗教、政治组织等母亲的象征物。

非病态性质的良性恋母情结的形式较为常见，有这种情结的男子，要求得到女人的安慰、爱与崇拜，需要得到关心、照顾与供养。如果这种情结不太强烈的话，不会损害男人的性欲或情感及其独立性与尊严。弗洛姆把恶性的乱伦固着称为"乱伦的依赖关系"，具有严重的神经症性质，是一种有害的形式，

---

[1]［美］埃里希·弗洛姆.人心：善恶天性［M］.向恩译.北京：世界图书出版有限公司北京分公司，2015年6月第1版，102页。

个体要求随时能获得一个如母亲一样可以无条件依靠的人，并且完全丧失自己的独立性。各种不同的依赖关系有一个共同的因素："有依赖关系的人，是他所依恋的那个'主人'的重要部分。没有那个'主人'，他就无法生存下去，如果这种关系受到威胁，他就会感到极度的忧虑和害怕（在接近于精神分裂症的病人中，隔离可能会导致精神分裂症的突然爆发）。"[1]

乱伦固着的症状随退化的程度而变化，退化越，依赖与恐惧就越强烈。乱伦倾向还会与理性和客观性相冲突，强有力的固着易于产生偏见和歪曲的评价。乱伦固着与人的独立性与完整性是背道而驰的。弗洛姆认为乱伦欲望首先不是性欲的结果，而构成了人的一种最基本倾向：希望保持与自己出身处的联系，惧怕自由，害怕其没有能力接近的形象会毁灭他本人，所以只得放弃所有独立性。

恋尸癖、自恋和乱伦固着三种倾向的极端形式混合在一起出现的综合病症，弗洛姆称之为就是"退化综合征"。患有这种病症的人最能显示其自身的场合就是战争和暴力的气氛，战争是退化综合征患者群体的大规模的发作。爱生性与恋尸症对立，与自恋相对立的是真正的人之爱，包括爱他人与爱自己，是建立在理性与平等基础上的爱。独立和自由与乱伦的依赖关系相对立。弗洛姆把这三种倾向的综合称作"发展的综合征"。大多数人的性格处在两种综合征之间，只是某一种倾向占据优势而已。

4. 重占有与重存在的生存方式

弗洛姆把人的生存方式区分为重占有和重存在。前者关注的是占有包括物质、精神与他人在内的对象。后者关注于生命的存在本身，在存在这种生存方式中，人并不占有什么，而且不希求占有什么，欢乐充满于心中，有能力创造性地发挥自己，以及拥有同世界融为一体的愿望。

弗洛姆认为："'占有'这一生存方式的本质根源于私有制的本质。在这种生存方式中，重要的是我获得财产以及保存已经获得的财产的无限权利。这一

---

[1]　[美]埃里希·弗洛姆. 人心：善恶天性[M]. 向恩译. 北京：世界图书出版有限公司北京分公司，2015年6月第1版，108页。

生存方式是排他的，就我个人方面而言，它不需要我做任何进一步的努力来维护我的财产或创造性地使用它。佛教把这种行为模式称为贪欲，犹太教和基督教称此为贪婪。它使每个人和每一件东西成为无生命的物，并使之从属于另一种力量。"[1] 而功能性占有（existential having）是为了生存，而对某些物品的占有、保留、维护与使用。如身体、食物、衣服、房屋与工具等，都是满足人基本需要的必需品。由于这些功能性占有扎根于人的存在之中，弗洛姆又将其称作存在性占有。把它看作是不会与存在发生冲突的合理的定向冲动，与对抗存在的重占有的性格不同。

弗洛姆指出："存在方式的先决条件是独立、自由和有批判理性。其基本特征是存在的主动性，这里不是指忙于事务的外在主动性，而是指内在的主动性，即创造性地使用我们人类的各种力量。主动，指表现一个人的能力、才干和天赋——每个人生来都拥有这一切，只不过程度不同而已。主动，也指自我更新、成长、释放、去爱、去翻越孤立自我的藩篱、对一切感兴趣、'能听取他人的意见'以及富有牺牲精神。然而，所有这些体验并非语言所能够充分表达。语词只不过是满载着人的体验的容器，但人的体验往往会溢出这些容器。因此，语词虽指某种体验，却不是体验。正当我想用思维和言语来表达我所体验到的一切的时候，这种体验就消失了：它枯萎了，它仅仅是一种无生命的、纯粹的思维。由此可见，存在是无法用语言来描述的，只有那些与我的体验相同的人才能够理解它。在'占有'这一结构中，无生命的语词占统治地位；在'存在'这一结构中，活生生的、不可言传的体验占统治地位（当然，在'存在'这一方式中，也有充满活力和创造力的思维过程）。"[2]

重占用的指向的人会害怕失去所占有的东西，终日生活在没有安全感的忧虑中。存在则会随着实践而与日俱增，存在的中心在于个体自身，其他人不会威胁其安全感与个性。对个体安全感的唯一威胁在于其自身，也就是对于生活

---

[1]　[美]埃里希·弗洛姆. 占有还是存在[M]. 李穆等译. 北京：世界图书出版有限公司北京分公司，2015年1月第1版，64页。

[2]　[美]埃里希·弗洛姆. 占有还是存在[M]. 李穆等译. 北京：世界图书出版有限公司北京分公司，2015年1月第1版，75、76页。

及其创造力缺乏信心、退化、懒惰及听任摆布的态度。重占有者的人际关系的特征是竞争、对抗与恐惧，而由这样的个体所构成的阶级间就一定有斗争，所组成的民族之间必然会发生战争。

重占有的生存方式可带来满足欲望的享乐，而在重存在的生存方式中则能体验到真正的快乐。弗洛姆指出："快乐是伴随创造性活动而产生的。它不是某种在达到顶点之后就戛然而止的'高峰体验'，而是一个高原，是伴随一个人创造性发挥自己的能力而出现的一种情感状态。快乐不是极度兴奋，不是瞬时即灭的火焰，而是存在本身所具有的持久的炽热。……快乐，就是我们在通向实现自我这一目标的道路上所获得的体验。"[1]

在分析罪恶与宽恕观念时，弗洛姆认为，在专制的结构中，即在重占有的生存方式中，不服从就是一种罪恶，其消除方式就是忏悔、惩罚与再次屈服。而在非专制的结构里，即在重存在的生存方式中，罪恶是没有消除的异化，解决方法是全面发展人的理性与爱，让人们能够结为一体。

可见，占有与存在这一对概念是从世界观上，特别是以价值观为标准，对人的性格类型所作的进一步分析。

### （三）社会性格

上述性格理论是弗洛姆社会性格理论的概念基础，从而也是其社会性格理论的有机组成部分。社会性格指的是某一文化中大多数社会成员所共同具有的核心性格结构。弗洛姆指出："社会性格的功能在于以这样一种方式对社会成员的能量加以引导：社会成员的行为是否遵从社会模式并非出自有意识的决定，而是他们想要按照他们必须遵从的模式行动，与此同时，他们也在按文化要求而行动的过程中得到满足。换句话说，社会性格的功能是，在特定的社会中锻塑及引导人的能量，目的在于保证社会的持续运行。"[2]

---

[1] ［美］埃里希·弗洛姆. 占有还是存在［M］. 李穆等译. 北京：世界图书出版有限公司北京分公司，2015年1月第1版，104~107页。

[2] ［美］艾·弗洛姆. 健全的社会［M］. 孙恺祥译. 上海：上海译文出版社，2018年1月第1版，64页。

弗洛姆概括了社会性格的一些基本特性：第一，它是一种群体心理，在不同场合指称不同群体的心理，有时指的是一定民族或阶级的心理。第二，社会性格是群体在共同的处境下，在类似的生活方式与实践活动的基础上形成的。第三，它是激发群体行为的一种共同内驱力。家庭是社会精神的代表，起着一种把社会要求传递到孩子们身上的作用。社会性格是经济、心理、意识形态力量3种因素交互作用的产物。它们在社会进程中是这样发挥作用的："人对变化的外在环境做出反应，改变自己，这些心理因素又反过来有助于塑造经济及社会进程。经济力量是强有力的，但不能把它们理解为心理动机，而应是客观环境；心理力量是强有力的，但必须把它们理解为本身是受历史条件限制的；思想是强有力的，但必须清楚它们是植根于某一社会群体成员的全部性格结构中的。虽然经济、心理、意识形态力量是相互依赖的，但却又有各自的独立性，在经济发展中尤其如此。经济发展要依靠自然生产力、技术及地理因素之类的客观因素，也要遵循自身的发展规律。至于心理力量，我们已经表明也同样如此，它们受外在生命环境的塑造，但也有自己的动力，也就是说，它们体现了人的需求，虽然可以被塑造成形，但不能被连根拔掉。在意识形态方面，我们发现，意识形态方面也有同样的自治性，它们植根于历史演化过程中的逻辑规律和获得的知识体系的传统。"[1]

弗洛姆认为马克思与恩格斯没有解释经济基础是怎样决定意识形态这一上层建筑的，他用社会性格概念来弥补这个不足，把社会性格视为联系经济基础与上层建筑的一种重要中介。一定社会的经济基础是造成这个社会中成员处境的决定性因素，在这种处境中形成了成员的社会性格。这些有类似社会性格的人就会形成一些共同的信念，其中的杰出人物就会作为代言人将其理念化，就产生了意识形态。也就是说，意识形态是根植于社会性格之中的，而社会性格又取决于经济基础。反过来，已形成的意识形态又易于被具有一定社会性格的人所接受，并且强化这种社会性格，从而通过社会性格对于经济基础发挥作用。

---

[1]［美］艾里希·弗洛姆. 逃避自由［M］. 刘林海译. 上海：上海译文出版社，2015年7月第1版，199、200页。

因此，社会性格一方面是经济基础决定上层建筑的中介，另一方面又是上层建筑反作用于经济基础的中介。这种中介作用不是被动的，而以一种能动的力量对社会进程产生着重要影响。

弗洛姆强调："社会性格源于人性对社会结构的动态适应。变化的社会环境导致社会性格的改变，即，新的需求和焦虑。新的需求产生新思想，并使人易于接受，这些新思想又反过来趋于稳定并强化新的社会性格，决定人的行为。换句话说，社会环境以性格为媒介影响意识形态；另一方面，性格并非对社会环境的消极适应，而是或者以人性中固有的生物天性，或者以在历史进化过程中成为人性固有组成部分的因素为基础的动态适应。"[1]

## 四、社会无意识

弗洛姆指出，弗洛伊德和荣格把无意识比作一座房子的地窖，在里面存放着罪恶或者智慧。他不同意这种实体性概念，而主张一种功能性概念。意识或无意识都是人的一种主观状态，包括经验、感情和欲望等。能够觉察到的就是意识，觉察不到的就是无意识。弗洛伊德对个人无意识和荣格对集体潜意识的揭示，都不能让弗洛姆满意，他认为只有研究社会无意识，才能达到解除压抑的目的。

一个社会的大多数成员共同存在的被压抑的内心现实就是社会无意识。这些共同的被压抑因素是一个具有特殊矛盾的社会所不允许其成员所意识到的内容。有史以来大多数社会都具有少数人统治并剥削多数人的特征，如果大多数人能够发现社会的不合理且充满怨恨情绪，觉察到某些社会想方设法不让其成员意识到的冲动，就足以引发"危险的"社会思潮或行为，从而可能威胁到现存的秩序。因此社会就会启动有效的审查机制，而且为防患于未然，必须将这些危险的意识加以压抑。个人因害怕受到孤立与排斥而只好接受抑制。

弗洛姆指出："社会无意识的内容因社会结构形式不同而大异其趣：冒进、

---

[1]［美］艾里希·弗洛姆. 逃避自由［M］. 刘林海译. 上海：上海译文出版社，2015年7月第1版，200页。

反叛、依赖、孤独、忧愁、厌倦，五花八门，不一而足。受压抑的冲动必须一直保持在压抑状态，并以否定的，或者肯定其反面的意识形态取而代之。在当今大工业社会里，意识形态教育那个倦怠的、烦躁的、苦恼的人，让其觉得自己是幸福的，生活充满乐趣。其他社会里，意识形态则教育那个被剥夺了思想和言论自由的人，让其觉得几乎已经处于最完美的自由状态，即使当时只有其领导才能以所谓的自由名义说话。"[1]

压抑的机制就是筛选经验的社会过滤器，任何社会都有一套决定成员认识方式的体系，这种体系就起到了一种过滤器的作用。除非经验能通过这个过滤器，否则就不能为人所意识。这个社会过滤器由3种要素组成：一是语言，同样的经验与现象，在一种语言中有丰富的词汇来表达，在另外的语言中却难以表达，这种难以用语言表达的经验与现象就不易变成明确的意识。二是逻辑，它在一定 文化中指导人们的思维，那些不合逻辑的经验就会被排斥在意识之外。但不同文化中的逻辑各有所区别，而在自己的文化中都被看成是毋庸置疑的。三是社会禁忌，它是最重要的因素。每个社会都会排斥某些思想与感情，不能思考、感受与表达它们。有些事情不仅不能去做，甚至连想都是不允许的。这个社会过滤器被合理化后的意识形态打扮起来，让人主观上觉得自己的体验是真实的。然而实际上，这些意识形态只是由社会所生产并共同分享的虚幻情境。

这样，除社会性格之外，社会无意识就成了另一个联系经济基础与意识形态的中介环节。发挥社会过滤器的压抑作用，把那些与一定经济基础不相符的经验排除出意识，将那些符合经济基础的经验上升为意识形态。这些意识形态反过来强化压抑过程，从而影响经济基础。社会性格与社会无意识都是人在一定处境下为满足与世界建立联系的需要而形成的，都是人为了逃避孤立与排斥而产生的心理机能。

---

[1]　[美]艾里希·弗洛姆.论不服从[M].叶安宁译.上海：上海译文出版社，2017年5月第1版，38页。

### 五、现代西方人的困境与精神危机

弗洛姆人本精神分析的核心问题就是现代西方人的困境、精神危机和出路。弗洛姆终身关切和研究在资本主义生产方式及其社会生活具体状况下的社会性格与社会潜意识。

#### （一）逃避自由

弗洛姆指出："人的行动总是由某些欲望引起的，这种欲望植根于（通常是无意识的）在他的人格中起作用的力量。如果这些力量达到一定的紧张状态，它们就会变得如此强烈，以至于不仅能引起人的欲望，而且亦能使人听命于它们的摆布——因此，人就没有选择的自由。但是，如果矛盾的欲望在人格中有效地发挥作用的话，那么，在这种情况下，人是有选择的自由的。这种自由被现存的现实可能性所制约，这种现实可能性又被整个形势所限制，人的自由表现为他在现存的现实可能性之间（两者择一）进行选择的可能性。从这个意义上来说，自由可以被定义为：在对选择及其后果的认识的基础上行动而不是根据'对必然性的认识'行动。"[1]

弗洛姆认为古代社会的生产方式与生活关系限制了个人自由，但人们却能感到安全。现代资本主义社会，人逐步摆脱各种束缚，通过自力更生使得独立和自由日渐增多。但是随着劳动手段的不断更新，社会变迁愈加频繁，竞争越发激烈，经济危机与战争越来越难以预料，人的孤独和不安全感与日俱增。因而这种自由是不安全的"消极自由"，所以人们就要力图逃避自由。而安全的"积极自由"，是一种主动自由，只有在未来健全的生活中才能够获得。

弗洛姆认为消极被动自由中的人们，已不堪忍受随之而来的孤独、恐惧与困惑等负担，只能尽力逃避这种自由。而逃避自由的主要社会途径在法西斯国家内就是向一位领袖臣服，在民主政治环境中则是强制性的千篇一律。他分析了3种源于孤立个人不安全感的逃避机制：权威主义、破坏欲、机械趋同。

---

[1]　［美］埃里希·弗洛姆. 人心：善恶天性［M］. 向恩译. 北京：世界图书出版有限公司北京分公司，2015年6月第1版，154、155页。

1. 权威主义

弗洛姆把非神经症患者的正常人身上的施虐—受虐性格称作"权威主义性格"，这种逃避自由的机制是"放弃个人自我的独立倾向，欲使自我与自身之外的某人或某物合为一体，以便获得个人自我所缺乏的力量。或者换句话说，欲寻找一个新的'继发纽带'，以代替已失去的始发纽带"。[1]渴望主宰或臣服的施虐—受虐性格为这一机制的更加明确的形式，其性格特征总是指对于权威所持的态度。权威主义者羡慕权威，并且想要臣服于它。但是，同时他自己又渴望成为一个得到别人臣服的权威。

对于权力的态度可表现出权威主义性格者的最重要的特征，有权的人或组织可自动激起他的爱、羡慕和欣然臣服，无权的人或组织则自动引发他的鄙视，挑起他攻击、统治与羞辱的冲动，而且对方越是无助，他越高兴这样做。弗洛姆指出："所有权威主义思想的普遍特征就是坚信生命是由自我、兴趣及愿望之外的力量决定的。唯一可能的幸福即在于臣服于这些力量。人的无能为力是受虐哲学的主旋律。"[2]

2. 破坏欲

根源于无法忍受个人无能为力与孤立的破坏欲，把毁坏世界几乎当作挽救自己不被外部强大权力击碎的绝望的最后一招，其目的就是除掉对象，消灭外在的所有威胁。弗洛姆主张个人整个生命受阻或未能实现就会产生破坏欲，而且生命受阻程度的大小似乎同破坏欲的强弱成比例。生命受阻越是轻微，破坏欲就越弱小；生命受到的阻碍越严重，破坏欲就越发强烈。破坏冲动滋生于压抑生命的个人与社会条件，而人敌视自己或他人的根源就是这些破坏冲动。

弗洛姆在《人类的破坏性剖析》一书中，把有意、无意产生损害的破坏性行为称为"侵犯"，并将其区分为良性侵犯与恶性侵犯。良性侵犯是生物学上合乎生存适应的、有益于生命的侵犯，恶性侵犯则是为破坏而破坏，以毁坏生

[1] ［美］艾里希·弗洛姆.逃避自由［M］.刘林海译.上海：上海译文出版社，2015年7月第1版，93、94页。

[2] ［美］艾里希·弗洛姆.逃避自由［M］.刘林海译.上海：上海译文出版社，2015年7月第1版，113页。

命为乐的、在生物学上不符合生存适应的侵犯。

弗洛姆用"伪侵犯"来指称那些并不是意在造成伤害，却可能带来伤害的行为，并辨别出 3 种伪侵犯：偶然侵犯、游戏侵犯、自我肯定性的侵犯。偶然性的、无意造成伤害的偶然侵犯是最明显的伪侵犯，如枪支走火而伤人。游戏侵犯的目的不是破坏，而是训练技术，也没有仇恨的动机，如运动比赛中的剑术与射击术。自我肯定性的侵犯是为了达到无意造成伤害的个人目的，却有时带来损害的行为，具有创造性功能。如在性行为中，外科医生及大部分运动员的行为中都有这种不屈不挠的侵犯。

防卫侵犯是最常见的人类侵犯冲动，是在生命、健康、自由或财产等人的生存利益受到威胁时，产生的攻击或逃避冲动。其目的是保卫生命，而不在于破坏。为保卫生命、自由与尊严而进行的革命性侵犯，是生物学上合理的正常人类行为。为捍卫个体自恋或团体自恋的象征，会导致报复性侵犯。服从性侵犯者除受到破坏欲驱使外，还把服从侵犯的命令当作自己的义务。工具性侵犯是为了得到必需或想要的东西，而发动的生存适应性侵犯。战争就是某团体为了得到财富、原材料、市场等，以及扩张与防卫领土，而采取的最重要的工具性侵犯。

弗洛姆把破坏性区分为自发的和构筑在性格里面的两种形式。前者是指由特殊环境激发的破坏性冲动，在此之前它是潜伏着的。后者则是性格里的一种破坏性特征，它是长久的、经常存在的，虽然表现得不一定频繁。

破坏性自行爆发的原因不外乎两种：一是外部创伤性条件的激发，如战争、政治或者宗教冲突、贫困及个人生活的极端无趣与无意义；二是主观原因，如民族、国家或宗教分子的极度团体自恋，所认同团体成员受到强烈而不公正伤害所引发的报复，类似催眠的狂欢状态。

3. 机械趋同

这是现代社会中大多数人所采取的逃避方式，它使得个人不再是其自己，而是把自己塑造成完全符合文化模式所要求人格的那种人，正如其他人所期望的，变得与其他人一样，从而消弭个人与世界间的鸿沟，让孤独感与无能感随之一同消失。该机制与某些动物的保护色有点类似，因与环境相像而难以辨认。

个人通过放弃自我，而成为与周围绝无二致的机器人、组织人或大众人，以此来摆脱孤独与焦虑。但付出的昂贵代价，就是再也找不到自我。

丧失自我后，只能用虚假的自我取而代之，因而置个人于一种极其不安全的状态。由于自己基本上成了他人期望的反映，而在某种程度上失去了个人的身份特征，所以会倍受怀疑的折磨。要想消除丧失个性带来的恐惧，却只能被迫与他人更加趋同，企图不停地经他人的认可与赞同，重新找回自己的身份特征。然而，这种自动趋同，却只会加剧本已不堪重负的无助感与不安全感。最后，就只好求助并臣服于貌似能为其提供安全的新权威，以替他摆脱怀疑的折磨。

### （二）性格变化

1. 量化与抽象化

现代企业的运营管理离不开资产负债表，衡量盈利与否靠的就是具体直接观察而来的各种数字。用货币价值来表示原材料、机器厂房、劳动力成本和销售的产品，所有的经济活动都能够用数字精确地进行量化。"这种从具体到抽象的转变已经大大超出了资产负债表以及生产领域中的经济活动的量化问题。现代社会的商人不仅要处理数以百万计的金钱，还得应付数以百万计的顾客，数以千计的股东，以及成千上万的工人、雇员；所有这些人都是一架庞大的机器的零部件，商人必须控制这架机器，计算其效能；每个人最终可以被看成是一个抽象的实体，一个数字。在此基础之上，商人计算其经济活动，预见经济趋势，作出决定。"[1]

资本主义生产中不断精细化的劳动分工，造成了生产的日益抽象化。现代产业工人只能作为流水线上的一个环节，而无法参与一个产品生产的完整过程，产品对他来说只是具有交换价值的抽象物。而且，这种抽象与量化的态度已远远超出了物的范围，扩展到人与自己、与他人的关系中，以及科技、经济、政治活动的方方面面。人忽略了物与人的具体性与独特性，而变得仅仅关注于物

---

[1] ［美］艾里希·弗洛姆. 健全的社会 ［M］. 孙恺祥译. 上海：上海译文出版社，2018年1月第1版，90页。

和人的抽象性质。在行为和目标与施动者越来越疏离的情形下，现代战争中一个人只消点一下按钮，就能够毁灭成千上万的鲜活生命，而他却不必目睹惨剧而自责。在这疯狂的抽象与量化的漩涡中，人们终日忙忙碌碌，却离具体的生活渐行渐远。

2. 异化

弗洛姆继承了马克思的异化概念，即异化是人本身的活动变成异己的、与其对立力量的一种状况，人驾驭不了这种力量，反而被它所压迫。他在马克思劳动异化理论的基础上，进一步研究了现代社会的异化。他指出："所谓异化，是一种经验方式，在这种经验中，人感到自己是一个陌生人。我们可以说，他同自己疏远了。他不觉得自己是他那小天地的中心，是他本身行为的创造者——他的行为及其后果反倒成了他的主人，他服从这些主人，甚至会对它们顶礼膜拜。异化了的人同自己失去了联系，就像他同他人失去联系一样。他感受自己及其他人的方式就像感受物一样，他有感觉，也有常识，可是他同自己以及同外界之间并不存在创造性的关系。"[1]

弗罗姆眼中的现代社会，异化可以说无处不在，它指的是人与自然、他人、真实自我的疏远与对立，人所创造的现代文明反而以强大的力量来压制人性。人对偶像的崇拜其实就是在顶礼膜拜自己的创造物，因为人自身的生命力以异己的形式呈现出来，投射到偶像身上。弗洛姆进一步总结道："偶像崇拜、对上帝的偶像崇拜、对某人的盲目崇拜式的爱、对政治领袖或国家的崇拜，以及对非理性情感的外化形式的偶像崇拜，凡此种种，有一个共通之处，即异化。事实是：人不再感到他是自己的力量和丰富品质的主动拥有者，他感到自己是一个贫乏的'物'，依赖于自身之外的力量，他把他的生存状况投射到这些外在于他的力量上。"[2]

资本主义的生产方式与分配方式决定了人不得不成为他人或自己经济利益

[1]　[美]艾里希·弗洛姆. 健全的社会[M]. 孙恺祥译. 上海：上海译文出版社，2018年1月第1版，97页。

[2]　[美]艾里希·弗洛姆. 健全的社会[M]. 孙恺祥译. 上海：上海译文出版社，2018年1月第1版，100页。

的工具，或者成为非人的庞大经济机器的奴仆。巨无霸企业和庞大的政府都是由职业管理机构来统治的，他们不可避免地会采取抽象化的做法，必须把人看成数字或物来进行操作，他们与人民之间没有个人感情，有的只是一种彻底的异化关系。人变得不再是以自身为目的，劳动已根本不是人的生命活动，而仅仅成为获得金钱的手段，金钱代表的却是抽象的劳动与努力。消费也是通过广告而人为刺激起来的、与人的真实需要相背离的活动，而且消费品的获取方式与使用方式也是分离的。由于不是真实具体的人在消费真实具体的物，现代社会的消费方式必然导致人们永不知足。资本主义社会的社会性格，在19世纪出现囤积倾向与剥削倾向的融合后，20世纪则变成了接纳倾向与市场倾向的融合。事实上，现代人最重要的动力已经变成了交换的需要。可以说，在商品经济发达的资本主义社会中，交换不再是达到某种经济目的的手段，而是它本身就变成了目的。

20世纪中期的权威，也由先前的理性或非理性的公开权威，异化成了匿名权威。它是利润、经济需要、市场和舆论，以及团体所想与所为，等等，它无名且不可见，因而其法则就像市场法则一样，是没有办法攻击的。一致性是匿名权威得以运行的机制，它还是人们获得身份感的唯一庇护所，使得用保持一致来顺从匿名权威的情况达到了无以复加的程度。

匿名权威与自动趋同作为大机器生产方式的产物，跟大规模消费结合起来，形成了现代人遵循不受挫原则的社会性格。也就是必须即刻满足每一种需要，所有愿望都不应该受到挫折。而无节制的欲望，和公开权威的缺乏，导致自我走向瘫痪，以至于最后归于毁灭。

工作的无意义与让人厌倦及在深层次上缺乏满足感的异化特性，导致工人产生两种反应：一是对彻底懒散的追求，二是对工作及其相关的任何人与物的敌意，尽管常常不自觉，但它却是根深蒂固的。

人们通常认为能适应社会的人就是健康的，根据这种逻辑，似乎资本主义社会中的现代人都是健康的。然而在异化世界范畴中被视为健康的人，按照人本主义的观点来看，却可能是病入膏肓之人；那些被异化社会看作病态的人，反倒是最为健康的。弗洛姆认为异化的人因缺乏自我而变得不健全，会产生普遍的有罪感，并由于缺乏来自同世界建立创造性联系的活力流，而变得不快乐。异化的人没有信仰，也听不到良心的呼唤。他虽然有操纵的智力，却没有洞察的理性。他深感困惑与不安，心甘情愿地遵奉提供完整解决方案的人为领袖。弗洛姆主张真正心理健康的人是富于建设建设、具有原创性格的人；是尊重生命、友好地联系他人与自己，体验并保持自我独立性的个体存；是凭借爱、理性与信仰来生活的没有异化的人；是一息尚存，就珍惜生命馈赠而不断追求自我完善的人。

他从人本主义立场总结出一些精神健康的特性："能够爱，能够创造，从家庭和自然的乱伦束缚中解脱了出来，将自己体验为自身力量的主体，他的身份感就建立在这种体验之上，他能够掌握内在和外在于自己的现实，也就是说，他的客观性与理性得到了发展。生命的目的就是认真地度过人生，完全地脱离母体，充分觉醒。脱离孩子气的宏大空洞的幻想，坚信自己有真正的力量，尽管这种力量十分有限；能够接受这样一个矛盾的事实：人是宇宙中最重要的东西，但同时又不比一只苍蝇或一片草叶更重要。能热爱生命，但同时能无畏地接受死亡；能承受那些生活要求我们面对的最重要的问题的不确定性，但同时又坚信自己的思想、感情，只要这些思想、感情确实是我们自己的。能够独立自处，同时又能同心爱的人，普天下的兄弟、所有生命的东西融为一体；听从良心的召唤，这种召唤令我们回到自身，但同时，在听不清良心的声音而无法遵从之时，不沉溺于个人的仇恨之中。"[1]

## 六、社会改革论

既然不健全的社会导致人产生心理疾病，就要改造这种病态的社会环境，把人天性中的力量发挥出来。为此，弗洛姆提出了一系列社会改革论。

弗洛姆理想中的健全社会是人本主义的社会主义，并以是否对人类关系有助益作为衡量理论与实践的标准。他指出，人在所有社会和经济活动中具有最

---

[1]［美］艾里希·弗洛姆.健全的社会［M］.孙恺祥译.上海：上海译文出版社，2018年1月第1版，168、169页。

高的价值；社会的目标是营造让人充分发展其潜能、理性、爱与创造力的各类环境；任何社会活动都一定要利于克服人的异化与缺陷，让人真正地实现自由和展现个性。社会主义致力于建立一种同盟，在此关系中，每一个人的充分发展为全民充分发展的前提条件。

把人置于物之上、生命置于财产之上、工作置于资本之上为社会主义的最高原则；它使得权力不再归属于财产，而是归属于创造；它让人去管理环境，而不是人受环境的支配。

每个人在人际关系中的存在本身就是其目的，绝不能被迫变成他人实现目标的工具。由此原则可衍生出另一原则：任何人都不应仅仅因为他人拥有资本，而被迫屈从于他。

"人本主义的社会主义扎根在世界大同和全人类团结这样一个理念中。它反对任何形式的国家崇拜、民族崇拜或阶级崇拜。人的最高忠诚应付诸人类，付诸人道主义的各项道德准则。人本主义的社会主义努力振兴那些在西方文明基础上建立的理念和价值观念。"[1]

人本主义的社会主义对任何形式的战争与暴力都持坚决的反对态度，主张和平不仅仅是没有战争，还作为人际关系的一种积极原则，让所有人都在自由合作的基础上共同获得利益。社会成员都感到既要为本国公民负责，又要为世界公民负责。

这个社会是在资本主义已取得成就的基础上而建立的，并力图克服资本主义的种种弊端，因而涉及要在社会的经济、政治和文化心理各个领域进行整体变革。在经济方面，在关乎国计民生的重要行业实行生产资料的公有制，但必须接受全体员工、消费者代表和工会参与的有效监控；在工业化体系中所要达到的目标是最高的人的生产力，而不是最高的经济生产力，应保证每个劳动者都成为生产与管理过程的积极负责的参与者。应把民主原则贯彻到社会生活的各个方面，在经济领域实行民主管理。生产与消费都必须服从于人类发展的需

---

[1]　[美]艾里希·弗洛姆.论不服从[M].叶安宁译.上海：上海译文出版社，2017年5月第1版，78、79页。

要，因而生产要在遵循社会效用的指导原则下进行，而不能受个人或公司物质
利益的操控。既要保障基本的物资供应，又要防范人为刺激物欲的企图。这个
社会是一个由人支配资本的系统，在该系统中，人尽其所能地管控环境；社会
成员根据计划进行生产，而不是依据非人力所能控制的市场规律，和要求利润
最大化的资本规律。社会必须保护个人，免遭生计无着而致恐惧的滋扰，不受
任何人的胁迫而屈从，为此必须向每位成员无偿提供生存所需的最低物质保障。
社会不阻碍个人财产的使用，不要求收入完全持平，主张个人收入应该同其努
力和技能挂钩，并适度限制收入间的差距。

在政治领域，把国家的功能、集权活动降到最低，最大限度地分散权力，
让公民自由合作的自愿活动成为社会生活的中心。在这个真正人性化的世界中，
社会的首要目标是生活的充实与个人的成长。不能把民主仅仅简单地理解为几
年一次的普选投票，而应该是扎根于工业化社会环境中的全人类人道主义传统
的民主。要实现这样的民主制度，不必依靠武力和对头脑的暗示力，而能够通
过改革试验和立法等途径来达到。无论采取什么方式，都应坚持把民主决策过
程转移到能表达其诉求的公民团体手里的中心原则。

在文化方面，要建立一种以人本主义心理学为基础的人本伦理学，把源远
流长的人本主义理想变成人们社会生活的具体准则，并让这些准则成为人们心
中的信仰。人本伦理"在形式上，它所根据的原则是只有人本身才能够决定德
性和罪行的标准，而不是由凌驾于人之上的权威来决定。在实质上，人本伦理
的原则是对人有好处的谓之'善'（good），对人有害的谓之'恶'（evil）；人的
幸福是伦理价值的唯一标准"。[1]人本伦理关注人的健康和原创性倾向的实现，
在这种以人为中心的伦理学的基础上，力图创建起一种人本主义的宗教。

现存教育培养的是异化社会所要求的合格劳动力，其目的是使受教育者更
好地适应社会，因此必须对现存教育加以改革。人本社会主义的教育应该帮助
个人发展批判思维的能力，提供使其能创造性地表达自己个性的基本条件。其

---

[1]［美］艾·弗洛姆. 自我的追寻［M］. 孙石译. 上海：上海译文出版社，2013年3月第1版，
10页。

教育目标是自由而充分地训练人的文理双科，培养有能力的参与者，让每个青少年都能用自己的双手与技艺制作出有用的物品，还要大力扩充现有的成人教育，让每个人都有能力改变职业或专业。

## 七、弗洛姆对需要心理学的贡献及其局限

弗洛姆在分析人类特有处境的基础上，提出了存在需要理论。他概括了 7 种源于人类生存条件的基本心理需要：与他者关联与自恋的需要、超越的需要、寻根的需要、身份感需要、对定位坐标系与信仰体系的需要、效力需要和兴奋与刺激需要。他在生理需要之外，扩展出心理需要，并大大丰富了心理需要的内涵，为需要心理学的创建产生了重要的启示作用。与他者关联与自恋的需要属于关联需要，分别相当于同他人的关联、与自我的关联。超越的需要、身份感需要和效力需要都属于自我需要，分别相当于自主需要、自我同一感需要和自我效能感需要。寻根的需要属于情感需要，包括对父母的血缘之情，对乡土的眷恋，对民族、国家的热爱。对定位坐标系与信仰体系的需要和兴奋与刺激的需要都属于认知需要，分别相当于理性认知需要、信仰需要和感性认知需要。

弗洛姆综合人本主义、精神分析和马克思主义，解析西方现代社会，提出了社会性格概念。他指出，社会性格的功能在于促使社会成员想做他必须做的事，并在符合其文化规范的情况下满足基本的心理需要。他深入剖析了西方社会中常见的社会性格类型，深刻批判了一些病态的性格指向，热烈宣扬了一些健全的性格特征。他还提出了社会潜意识概念，分析了它的运作机制。他在揭示畸形社会弊端的基础上，呼吁社会改革，并描绘了人本社会主义的理想蓝图。

然而，他的需要理论局限于以人类特有处境为根基的存在需要，而没有基于作为主体的人本身，及其与环境的相互作用，来全面分析人的需要。他过于重视社会文化环境对于人们心理的影响，把人的病态变化、人性的堕落归咎于社会，甚至归罪于技术的进步，而反对通过提高社会生产力来促进社会进步，留恋人没有被资本主义社会异化的部分中世纪的社会状态。

# 第五章　存在主义精神分析学的需要思想

存在主义的精神分析学简称存在分析学，是存在主义哲学与精神分析学相结合的成果。二者的结合表现在两个方面：一方面是精神分析观点与方法出现存在主义哲学化，另一方面是存在主义观点与方法发生精神分析心理学化。

在存在主义精神分析学中比较有代表性的有：宾斯万格和鲍斯的存在分析理论、弗兰克尔的意义治疗学和莱茵的存在精神病学说。

## 第一节　宾斯万格和鲍斯的存在分析理论

宾斯万格（Ludwig Binswanger，1881—1966）为瑞士著名精神病学家、欧洲存在分析学奠基人，生于瑞士克罗茨林根的一个犹太医生世家。早年分别在洛桑、海德堡和苏黎世受过良好的医学教育，1910 年获得苏黎世大学的医学博士学位。曾经跟随瑞士著名精神病学家布洛伊尔和精神分析学家荣格从事研究，并经由荣格接触了弗洛伊德的精神分析学说。他为弗洛伊德在瑞士最早的追随者之一，也是欧洲最初把精神分析应用于临床实践的几个精神病学家之一。1911 年他当选为瑞士精神分析学会的主席。后来他与弗洛伊德直接交往，且一直保持着友谊。因此，弗洛伊德的学说对宾斯万格的思想产生了很大影响。他也深受存在主义大师马丁·海德格尔的影响，并积极地把存在主义哲学引入精神病学。他还受到了胡塞尔现象学的影响。1911—1956 年接替父亲担任拜里佛疗养院医学主任。同时，他还兼任几十家医学院的正式院士与名誉院士。1956年宾斯万格获得普朗克精神病学研究所颁发的克雷佩林奖。其主要著作有：《普通心理学问题导论》（1922）、《对梦的解释和说明观点的变化》（1928）、《梦与存在》（1930）、《论意念飘忽》（1933）、《人类存在的基本形式与认识》（1942）、

《精神分裂症》（1956）。

鲍斯（Medard Boss，1903—1990）为瑞士著名精神病学家、存在分析学开创者之一，生于瑞士圣加仑，两岁时随父母移居苏黎世。1928 年在苏黎世大学获医学博士学位。他此前曾在巴黎和维也纳学习过，并且接受过弗洛伊德的分析。1928—1932 年在布格豪林泽里精神病医院做著名精神病学家布洛伊尔（Eugen Bleuler）的助手。随后两年，他前往英国与德国，师从如琼斯、霍妮和赖希等著名精神分析学家，并接受其督导与精神分析训练。完成学业后，鲍斯便被瑞士精神分析学吸纳为正式会员。1938 年在苏黎世成立的一个心理治疗研究所，他为创始成员之一。荣格也在该所主管委员会名单之列，鲍斯与荣格有长达 10 年的亲密合作。1946 年鲍斯结识海德格尔，此后保持了 30 多年的密切联系，促使鲍斯在心理学与心理治疗领域采纳存在主义观点。1954—1973 年担任苏黎世大学的心理治疗教授。鲍斯还担任国际医学心理治疗联合会主席和名誉主席，苏黎世心理治疗和心理躯体学的存在分析研究所所长。1971 年他获得美国精神病学会授予的"杰出治疗家奖"。其主要著作有：《性倒错的意义和内容》（1949）、《梦的分析》（1958）、《精神分析与存在分析》（1963）、《一位精神病学家所发现的印度》（1965）、《医学和心理学的存在主义基础》（1978）、《昨晚我梦见……》（1978）、《论心灵的飞翔》（1982）。

## 一、存在分析的基本观点与方法

存在分析学与其他心理学体系有许多不同的观点与方法。

存在分析学反对运用自然科学的方法及因果概念来解释心理现象。在宾斯万格和鲍斯的眼中，人的存在是没有任何因果关系的。虽然人的行为是有系列的，但是并不意味着可以从这种系列中推论出因果关系，不能把儿童期发生的事情作为后来成人行为的原因。他们通过拒绝自然科学因果概念，来反对心理学中的实证论、决定论与唯物论的倾向。他们认为，心理学是人文科学而不是自然科学，不应该以自然科学的自身后果论为研究模式。

心理学要有适合自己的方法与概念。如现象学和存在人类学的方法，"在世之在"、存在的方式、自由、成长、超越、空间与时间等概念。他们主张用动机来取代因果概念，而且不能把动机误解为因果关系。鲍斯曾用风和人关窗子的例子来说明因果与动机概念间的不同。风自动就引起了窗子的关闭，但人是在动力驱动下去关窗子的。因为他清楚如果关上窗子，外面的雨水就淋不到室内，或者就会减弱来自街道的噪音。人类存在的大量心理现象是不受因果规律制约的，而动机与理解才是对行为进行存在分析的重要操作原则。在存在分析学中秉承动机病因观，不以追溯病理现象的原因为目标，而是关注于发现那些让个体以某种方式行动，并在当下仍然驱动他持续以此方式行动的先前生活事件。也就是说，存在分析学要探询促使患者依旧生活在疾病存在模式中的过往生活事件是什么。分析学家试图探究的是，个体的经验是什么，并用所许可的精确性语言加以描述。

存在分析学反对主客观的二元划分，他们认为身心二元论导致心理学家根据环境刺激或身体状态来解释人的行为与经验。存在分析学强调个体的整体性，宾斯万格就主张人的本质就是人的完整性，认为不能把人的躯体与精神分开，并且人还必然受到外界的影响，人是在与世界中具体人或物打交道的过程中而存在的。显然，二元论破坏了这种整体性，是对人类经验的曲解。

存在分析学反对把个体当作像石头或树木一样的物体来看待，该观点不但妨碍心理学家以"在世之在"全面地理解人，而且还导致对人的疏远、异化与分离。一旦人被看作物，或被当作被管理、控制、改造与剥削的一种东西，就不再能以一个本真实的人的状态而生存。宾斯万格指出，人始终在选择是其遇到的唯一必然性，因而人是自由的，并独自为其存在负责。鲍斯主张，自由不为人类所占有，而就是人类的存在。

存在分析学反对依据自我、潜意识、能量、动力和原型等来解释人的存在。宾斯万格主张，现象学是直接允许现象显露自身的方法，而不能把现象看成其他事物的外观或者衍生物。心理学应尽可能细致而全面地对现象进行描述，心理学的目标是现象学描述，而不是因果解释或者证明。鲍斯指出，要注视呈现于面前的现象本身足够长的时间，以能够充分意识到现象直接表露的意义与本质。

存在分析学家还怀疑用不能看见的东西去产生可以看见东西的理论，在现象学方法中，只有能够看见或体验的东西才是真实的。真理是以现象本身的方式揭示出来的，现象学方法没有任何先决条件，任何认识论或本体论的预先假设都是揭示经验真理的阻碍物。存在分析学家研究行为的基本规定就是，对世界采取完全开放的态度来观察与聆听人在直观中的自然显现，不带任何偏见地去看待存在的现象。

## 二、存在的本质

存在分析学的基本概念就是"在世之在"（being-in-the-world），基于这个概念建构起人的存在的所有结构。在世之在就是人存在于世界之中，这个概念在宾斯万格看来，包含个体自身的世界及与其他人和物同时、同地的关系。在世之在不是个体的特征或属性，也不是如弗洛伊德的自我一般的存在某部分，而是一个人此时此刻的整体存在。在世之在直接表达了人基本与必然的存在条件。人与世界不可离开，否则就都不会存在。这个概念克服了主观与客观间的分裂，使人与世界的统一性得到了恢复。宾斯万格指出人的本质就是人的完整性，而人的在世之在就反映了这种完整性。

宾斯万格所理解的在世之在有两方面特点："①他把在世之在主要理解为超越自身而趋向世界（transcend itself toward the world）的主体；②他把在世之在描述为以实体的自我关注（ontic self-concern）为特征的个体存在（individual existence）。"[1] 人既拥有世界又渴望超越世界，但"超世之在"（being-beyond-the-world）并不意味着到达冥界（otherworldliness）或天国（Heaven），而是指个体超越其住所世界进入新世界的可能性。超世之在含有爱的意味，指人的存在超越关爱自己的那部分，以对整体的人加以补充。

鲍斯认为人类的本质就是在世之在，其基本前提就是把人类本身看成一个开放领域。在这个充满光明的领域中，人类可以把所遇到的各种存在者去蔽成其自身的本来面目。也就是说，人类具有基本的悟性（primary understanding），

---

[1] 任其平. 主体的在世之在：宾斯万格研究［M］. 福州：福建教育出版社，2009年9月第1版，77页。

能够在直观中领悟而理解事物与他人"是什么"。新生儿很快就能敏感地领悟到与母亲间爱的关系，理解母亲的意义。儿童则喜欢追问"是什么"的问题，长大后还反思人类的存在。"这些鲜活的经验都表明，我们对'是'（is-ness），即对'存在'（being-ness）有一种基本的意识，哪怕这种意识再怎么模糊不清，甚至无以言表，却也始终伴随着我们，并作为一个坚实的基础帮助我们揭示世间万物的意义。如果对'是'没有起码的意识，又怎能提出'是什么'的问题？鲍斯将这种悟性称为'对存在本身'的基本意识（the primary awareness of 'being-ness as such'），它是我们得以去蔽和理解万事万物的基本条件，是我们可以如此轻松地说出'这是什么''那是什么'的初始前提，并且也是任何自然科学都无法进行分析的人类本质。除人以外，没有其他存在者具有这种悟性，它们皆无法追问存在是什么。所以，人类在本质上就是这种照亮一切的基本意识或悟性，是一片充满光明的开放领域，光亮的天职就是疏明和去蔽。因此，人类在此基本悟性的基础上发展出各种官能，使我们可用多种具体的方式，如看、听、闻、想以及做梦等去蔽所遇到的人和物。"[1]

## 三、存在的方式

宾斯万格接受了海德格尔把世界区分为周围世界（Unwelt, around World）、共同世界（Mitwelt, with world）和自我世界（Eigenwelt, own world）的观点，并加以解读。"周围世界是指外界的物质环境和人的生物环境；共同世界是指一种人际环境，即社会联系以及人与人之间的相互交往的世界；自我世界是指一个人自己内部的主观世界。"[2]他认为这三种世界与人的意识都有关系，都是人的意识所感知和认识的对象。

宾斯万格十分重视共同世界，描述了其中的 4 种存在模式：①双重模式（dual mode）最为悦人，它是由两个相爱的人所建立起的一种关系。在该模

［1］ 孙平，郭本禹. 从精神分析到存在分析：鲍斯研究［M］. 福州：福建教育出版社，2011年5月第1版，91、92页。

［2］ 任其平. 主体的在世之在：宾斯万格研究［M］. 福州：福建教育出版社，2009年9月第1版，84页。

式中，每人都以"我们"，而不是隔离的个人来考虑自己，双方融入的这种关系是非常重要且相互满意的。它的特征是关注与体谅对方，相互挚爱，感兴趣于对方的思想、情感，并乐于分享。亲子关系、亲密友谊、挚爱关系等都属于这种模式。爱在这种关系中是强大而意味深长的，充满爱的内心世界超越了空间，把时空融合在一起，成为人正常存在经验的核心。②复数模式（plural mode）指与他人相关联的所有方式，人与人之间的正式关系就可以作为样例，包括竞争、服务、控制、屈从等关系。"你—我"之间的亲密性会形成双方合作性的共存，也可能产生两人相互争斗的存在。③单数模式（singular mode）指一个人与其自身关系的所有存在方式，包括对自己的身心进行反应与评价，做出叙述和鉴别。如精神分析中常见的自恋或自我惩罚的行为。④匿名模式（anonymous mode）是个体掩饰自我同一性，从而不必为其行为负责的存在方式。个体把自己隐藏在群体之中进行活动，从而淹没其个性。例如，一个被他不认识的人所杀害士兵，或这个士兵杀害了一个他所不认识的人。这样以匿名的方式执行任务，就不必作为一个身份确认的人来承担责任。

宾斯万格认为，正常情况下个体在共同世界中的模式不止一种。而且不是某种孤立的世界决定人的存在，这3种世界都在一起影响着个体的存在方式。人的"世界设计"就是由这3种世界共同构建起来的，它是个体存在于其中的"有意义"世界的总体背景，是个体对于世界的特殊理解与看法。宾斯万格主张引导患者单一的世界设计，使其尽力敞开自己，为其架设自我世界与共同世界间的桥梁，让病人体验在世之在的意义，以解决疾病的痛苦。

鲍斯把此在的人的基本特性称之为"存在性"（the existential）。此在最基本的存在性就是在世之在，其他重要的存在性包括：空间性、时间性、躯体性、共同世界中的存在、心境的协调性。

**存在的空间性**（existential spatiality）。就存在分析意义来说，不能把空间性混同于物理空间，不可用具体的距离来衡量存在的空间性，它是通过其他存在者对于此在的意义来决定的。人类存在空间性的真正本质是由开放性和清晰性构成的，个体存在的空间会拓展到所有在其开放性中所呈现出的存在者，也就是延伸至所有为其所去蔽的人和物上面个体人时刻怀念的人或物，对其来说意义重大，这种存在空间的"贴近"会让自己的身体尽快靠近牵挂的人或物，哪怕相隔千万里也难以阻挡这种始源性的贴近。

**存在的时间性**（existential temporality）。存在就意味着在时间基础上保持一种持续性，存在与时间是无法离弃的。人类作为时间性的存在者，其初始意义的时间性与物理意义上日常生活中的时间是不能混淆的。人类的时间性指的是自身存在的显现与展开，实质就是去蔽或关心与其一同存在的人或物。此在的时间总是以个人所愿望的方式使用，时间能展开或收缩，总是在个体有时间做什么的意义上存在的。

**存在的躯体性**（existential corporality）。存在的躯体性指人的存在所表现的身体范围，是人的存在所不可或缺的一部分，是存在的必要而非充分条件。躯体性作为人看得见摸得着的部分并不局限于皮肤之内，它伴随着此在延伸并参与到个人与世界的关系中去。鲍斯认为，人具有一种基本的开放性，也就是对于存在本身的始源悟性，它决定了人从开始起就与世界同在。他把躯体的外展视为人在世界中的存在方式，个体躯体性与其对世界开放性的界限是一致的。

**共同世界中的存在**（existence in the shared world）。共同世界中的存在并不是指两个人的身体一起存在于相同的特定三维空间中，而是指两个人总是共存于他们合力维持的世界开放性。两人相互开放，允许把同时照亮他们的现象以相同有意义的方式进行交流，彼此在同一世界中共享。这种此在与他人间不可割裂的始源关系，就是人在共同世界中的存在，它使得人在日常生活层面上的各种具体关系有了可能。

**心境的协调性**（attunement of mood）。这种鲍斯特别关注的存在性，可用来解释人的存在为什么会开放与收缩。个体所知觉或反应的东西，都依赖于当时的心境。人们的日常实际经验直接显示，情绪就是此在本身于某一时刻的具体形式，当人处于某种情绪状态时，其自身的存在事实上就变成了那种情绪状态。如一个充满强烈爱情的人，就会全心全意地关注所爱的人而忘了自己。如果个体的心境从希望变为失望，世界就会由明亮变得黑暗，其开放性就变成了收缩性。如把此在比喻成光明的领域，情绪就好比光亮的具体色调。人们对与色调相一致的事物更加敏感，有些色调让人开放，有些则使人收缩。此在去蔽与显明与其色调相符的事物，而且同一事物在不同色调下也会表现出相异的意义与性质。

## 四、存在的动力与发展

存在分析学拒绝因果关系，所以也很少使用动力概念。他们主张，行为的产生既不来自外部刺激，也不源于内部身体状况；个体不是环境或本能与驱力的产物。相反，个体有选择的自由，并独自对其自己的存在负责。如果人类选择的话，他们能够超越其物理环境及其生理躯体。人类的所作所为就是他们的选择，他们自己决定着他们将做什么。

宾斯万格认为此在就是作为完整的主体的生存（existence），指的是存在者的现实生活，人的在世之在为此在的基本生存状态，是此在的本真前提。本真就是个体依据内在准则调节其生活的一种方法，是逐步形成的最真实的自我。人只有实现此在朝向未来发展的可能性，才能达到本真的生存。如果其存在的全部可能性遭到否定或限制，或者允许自己直接被他人或环境所支配，那么所过的就是非本真的生活（inauthentic life）。

宾斯万格把超世之在看成是本真生存的特质，并明确指出："本真包括存在整体、与他人的联系以及处于共同的世界之中。本真就是'我们'的成功的'精神交流'，这是作为超世之在的此在存在的整体。"[1]

宾斯万格发现存在性焦虑对于人追求本真状态，实现建设性发展具有积极意义。他把存在性焦虑看成在世之在的焦虑，而不是一种情感，属于此在在世的一个内在的基本结构，也就是说，存在本身为这种焦虑的来源。他认为："人之所以产生存在性焦虑，主要是因为人能意识到会死亡，并且人要趋向死亡，这是真实的存在。在宾斯万格看来，只有对死亡的敬畏，才会真正体验到此在所焦虑的实质，才会有勇气将自己的存在独自承担起来，人的生命过程才富有

---

[1]　任其平.主体的在世之在：宾斯万格研究［M］.福州：福建教育出版社，2009年9月第1版，125页。

意义，人才会追求本真的生活。"[1]

人能够选择其生活的类型，但并不意味着可以不受限制地自由成长。人普遍受到的一种限制就是"被抛"（thrown）的存在基础。宾斯万格认为人被抛入未经选择的世间这一事实，对主体来说是不由自主的，另一方面这种被抛的境况还指人一出生就进入已预设好的社会，从而构成了人被决定的命运。这是一种非本真的存在，它导致个人自身脱离其生存的基础，从而处于被包围、被占有、被存在物强制的一种状态。而要过本真的生活，就要活在当下，直面现实的被抛状态，承担起自己的责任，协调好理想与现实间的平衡，逐步实现自我的潜在可能性。

人类要做到明智而自由的选择，就必须认识到其存在的可能性。开放性是公开的先决条件，而关闭则是隐蔽的根源。人能够超越儿童时代的创伤及其后来受到的伤害，也能够使自己从一个存在上病态的人恢复到健康的人。人有改变其存在、公开与揭示一个完整新世界的可能性。存在分析学把人类的存在看作是充满光明的开放领域，人的知觉与理解就是照亮涌现于其间的各种现象，让它们自身得以显现。鲍斯指出，人实际上是在按照存在的要求，完成存在看护者的任务。这意味着人必须负责任地实现其与世界发生关联的所有可能性，从而让为光芒所照亮的一切事物在此联结过程中最大限度地显现出来。也就是说，人与存在之间有一个基本的约定，人必须接受生命中的所有可能性，要摆脱"常人"狭隘心胸的束缚，能够拥有本真的自我。

"在因为人与存在之间拥有这样的基本约定，因此只要人在世上，其良心都会不停地提醒他这一约定的存在，从而使他产生罪责，进而促其去实现生命赋予他的各种可能性，去和世上的其他人和物产生联系。但由于人的每一次选择都意味着对其他可能性的放弃；又由于直到人之将死，未来的可能性都还等着他去实现。所以终其一生，人都会感到自己处于未竟之中，都会满怀着愧疚和罪责。这是人对于自身存在所抱有的基本亏欠，也是他的良心在呼唤着他去

---

[1]　任其平.主体的在世之在：宾斯万格研究［M］.福州：福建教育出版社，2009年9月第1版，
　　　147页。

实现生而为人必须要履行的约定。"[1]

可见，由于自由实质上总是与罪责连在一起，此在几乎一生都在为选择的自由而烦恼，这不是对外在道德标准而是对自己存在本身的罪责。"鲍斯将这种作为人类存在性之一的基本罪责称为'存在的罪责'（existential guilt）或'存在的亏欠'（existential being-in-debt）。这是一种生而为人必定承受的自我责难，也是此在在良知（conscience）的呼唤声中促使自己从'常人'的沉沦状态中返回至本己的自我拷问。"[2]

存在分析家不承认发生性解释，如童年经验引起成人的相关行为。他们对于个体成长事件的连续性也不加以强调，反而主张个体的完整性存在就是一种历史事件，这种历史事件就是人存在的各种可能性的表述。这种历史是由不同的存在方式所构成的，而不是由阶段组成的。

最重要的存在发展概念就是形成（becoming），因为存在从来都不是静止的，它总是处于形成某种新东西或者超越其自身的过程之中。其他的目标就是形成全面的人，即实现存在的一切可能性。形成是有方向和连续性的，但是方向能够发生改变，连续性也可出现暂时的中断。另外，个人的形成与世界的形成总是联系在一起的，它们是共同形成（co-be-coming）的。这之所以是必然的，是因为人的本质即在世之在。人通过世界解释了其存在的可能性，而世界又是经由存在其间的人来发现的。当个体成长与发展时，共存的他人也必须一起成长和发展。同样，如果一个人的发展停滞下来，共存的他人也会停滞发展。

## 五、存在分析学对需要心理学的贡献及其局限

宾斯万格把存在主义哲学引入精神分析，还借用现象学的方法与理念，对精神分析进行了存在主义与现象学的改造，创建了存在分析学这门经验科学，开创了一种新的研究取向。他秉持积极自主的人性观，假定人本质上独立并能

---

[1]　孙平，郭本禹.从精神分析到存在分析：鲍斯研究［M］.福州：福建教育出版社，2011年5月第1版，100页。

[2]　郭永玉本卷主编，车文博、郭本禹总主编.弗洛伊德主义新论（第三卷）［M］.上海：上海教育出版社，2016年12月第1版，397页。

负责任地自由选择。他强调人的自主选择与主动性，反对因果论、机械论与本能论和二分法，主张从整体上来理解人的经验。这其实就是在肯定人的主体性，人作为一个完整的整体，其身心是统一在主体之中的，主体是独立自主的，能够主动地进行自由选择，并为此而承担责任的。鲍斯也重视人的整体性，对身心二元论和主客二分论进行了批判。他们强调人与世界的联系，认为主体与客体是不可分割的，实际上就等于承认关联需要的不可或缺。

他们提出的在世之在的存在本质，事实上就是主体需要的前提与目标，正是为了主体的存在，主体才必须采取行动来满足这些内在的必要条件，而这些内在的必要条件就是主体的基本需要，满足这些主体基本需要的目标就是主体的正常存在。存在分析学是从主体的完整性和存在层面来研究人的，是需要理论的一个重要组成部分。

然而，他们又耽于强调人的存在而忽略了许多存在的动力。尽管他们主张用动机来取代因果概念，而且承认对存在可能性实现的动力性，以及追求本身生活与发展，这都属于自我实现需要的内容；人与存在的基本约定，相当于发现存在者的认知需要及责任。由于他们的用语有些晦涩，理解起来比较困难。虽然他们在人的整体性层面上肯定了这些存在的动力，但是他们反对本能论、驱力论，从而排斥了许多基本需要。

## 第二节　弗兰克尔的意义治疗学

弗兰克尔（Viktor Emil Frankl，1905—1997）为奥地利著名的神经病学家、精神病学家，意义治疗学（Logotherapy）创始人，出生在维也纳的一个犹太家庭。弗兰克尔中学毕业于著名的施帕尔中学（Sperläum），弗洛伊德与阿德勒都在此就读过。1924 年，他考入维也纳大学医学院，学习精神病学，先后结识弗洛伊德与阿德勒，受到他们较大的影响，也发现了他们各自的理论缺陷。1928—1929 年，他在维也纳及其他 6 个欧洲城市建立免费的青年咨询中心，以帮助经济萧条时期沮丧的失业青年。1930 年，获医学博士学位。1931—1937 年，先后任职于维也纳的玛丽亚·特蕾西亚-希若瑟尔医院（Maria Theresien-

Schlöessl Hospital）和斯坦霍夫精神病医院（Steinhof Psychiatric Hospital）。1940 年，担任维也纳罗思希尔德医院（Rothschild Hospital）神经病科主任。

　　1942 年 9 月—1945 年 4 月，弗兰克尔先后被囚禁于 5 个纳粹集中营，他以惊人的毅力，在炼狱般的日子里，在珍爱的研究手稿被没收后，一方面研究囚犯的心理，用专业所能帮助狱友；另一方面重写手稿，并热切地期盼与亲人团聚。他获释后，陆续得知入狱的妻子、母亲及哥嫂都已丧命，团聚的泡影破灭，悲痛欲绝。在好友的支持帮助下，他战胜了内心的绝望，以巨大的热情重写《心灵的疗愈》，并以这第三稿的出版获得教职资格，任教于维也纳大学医学院。他仅用 9 天就口述出《人对意义的寻求》（德文版）这部对后人影响最为深远的著作。1946 年，弗兰克尔被任命为维也纳神经病学门诊部（Vienna Neurological Policlinic）主任，直到 1971 年退休。次年，又被任命为维也纳大学精神病学和神经病学副教授。1948 年他以论文《无意识的上帝》获得哲学博士学位。1950 年他创立了奥地利心理治疗医学协会（Austrian Medical Society for Psychotherapy）。1955 年晋升为维也纳大学教授。自 1957 年起，他受哈佛大学、普林斯顿大学等邀请，先后到美国巡回讲学 30 余次。1970—1973 年担任美国国际大学意义治疗学教授，还先后做过哈佛大学教授、斯坦福大学等的访问教授。弗兰克尔的成就举世公认，他获得过 29 个荣誉博士头衔、临终关怀与家庭护理基金会终身成就奖、奥地利公众教育国家奖，及美国精神病学协会授予的奥斯卡普菲斯特奖等。

　　其主要著作有：《从死亡集中营到存在主义》（后改名为《人对意义的寻求：意义治疗学导论》）（1946）、《医生与心灵：从心理治疗到意义治疗》（1946）、《无意识的上帝：心理治疗与神学》（1948）、《精神障碍的理论与治疗：意义治疗与存在分析导论》（1956）、《心理治疗与存在主义：意义治疗学研究论文选集》（1967）、《潜意识的上帝；心理治疗学的基础与应用》（1967）、《追求意义的治疗：意义治疗学的基础与应用》（1970）、《对意义的无声呼唤；心理治疗与人道主义》（1978）、《无意义生活之痛苦：当今心理治疗法》（1985）、《维克多·弗兰克尔回忆录：自传》（1995）、《无意义之感：心理治疗与哲学的挑战》（2010）等。

## 一、意义治疗的理论基础

弗兰克尔的意义治疗学是一种心理治疗的理论与方法，把努力探索人生的意义看作人的原始动力，追求生命的意义为人的主要动机。其理论基础包括 3 个相互联系的基本假设，包括意志自由（will freedom）、意义意志（will to meaning）和生命意义（meaning of life）。这 3 个意义治疗学最根本的理论基石，是不可或缺的。意义自由是意义意志的必要前提，如缺乏意志自由，人就不能从态度上选择生活，而只会被动地受制于本能需要。意义意志为生命意义提供动力，只有在意义意志的动力基础上，才能实现人对生命意义的追求。人兼具意志自由与意义意志，人在运用二者追寻意义的过程中，就体现和充实了生命意义。

### （一）意志自由

弗兰克尔首先提出人是意志自由的理论假设，将其作为意义治疗理论的基石。他把意志自由看成是人类的一个基本特征，认为它属于人的经验所直接给予的东西。他指出："归根结底，意志自由的意思是人的意志的自由，而且，人的意志是一个有限存在的意志。人的自由并不是无条件的自由，而是无论他面对什么样的条件都能保持态度的自由。"[1]他认为，只有两种人的意志不自由：一那些幻想其意志与思想被他人操纵、控制的精神分裂症患者；二是相信宿命论的那些哲学家。

他又主张，人作为一种有限的存在，其自由也是会受到一些限制的。人不仅无法自由地控制其条件，而且个人自由还要受到命运的限制，同时生理、心理与社会因素都在制约着人。尽管人根本摆脱不了这些条件的限制，但由于人是唯一能反省自己、选择对自己态度的存在体，能够成为自身行为的裁判者，可以自由、负责任地形成自己的个性，因而能够自我超越，离开其生理与心理的平面而走向精神的空间，也就是达到弗兰克尔所称的精神（noological）维度

---

[1]［奥地利］维克多·弗兰克尔. 追求意义的意志［M］. 司群英，郭本禹译. 北京：中国人民大学出版社，2015年1月第1版，14页。

或纯理性现象（noetic phenomena）维度的境界。在这个人类特殊境界中，人就能超越一切制约，达到独立于任何境遇的意志自由，哪怕是如纳粹集中营一样极端恶劣的条件。具有意志自由的人就能选择、解决或拒绝其所面临的问题。

### （二）意义意志

弗兰克尔认为，人达到精神维度境界的过程实际上就是追求意义的过程。完整的人包含生理、心理和精神3个维度，其中精神维度就是人追求意义的意志。他发现，人长期缺少生理需要的满足就会导致身体疾病；长期不能满足心理需要就会导致人格障碍；而人缺乏意义意志，不理解自己存在的意义，就会导致存在挫败（existential frustration）和存在空虚（existential vacuum），其主要特征表现为人在精神上脱离自由与责任。

弗兰克尔指出，弗洛伊德的快乐原则实质上是一种自我挫败原则，因为越是以快乐为追求目标的人，他越会错过这个本是努力达成目标的意外结果。阿德勒所谓的权力意志也只是达到追求意义目标的手段，如财政权力乃是意义实现的不可缺少的前提。弗兰克尔把快乐驱力和权力驱力都看作是意义意志的纯粹衍生物，而意义意志就是人发现并实现意义与目标的基本努力，快乐不是努力的目标而是实现意义的结果，权力也仅是达到目标的工具而非目的本身。由于驱力是被动的，弗洛伊德和阿德勒都错误地认为人对快乐与权力的追求是被动的，而弗兰克尔则根据意志的主动性，主张人是主动地追求意义的。人在意义的拉动下，做出要去实现意义的决定。

为防止唯意志论的偏见，他还补充说明："我们也必须留意，以免陷入宣扬意志权力或者教授唯意志论之中。意志不能被要求、指挥或者命令。不能对意志行使意志。而且，如果意义意志被引发出来，那么意义本身必须被阐明。"[1]

弗兰克尔主张由实现意义所引起的适度紧张为人所固有，这种由趋向所产生的紧张是人最需要的，也是心理健康所必需的。他强调坚定不移的意义取向，在正常情况下即使不能保护生命，也会促进健康与延长生命，对于身心健康都

---

[1] ［奥地利］维克多·弗兰克尔. 追求意义的意志［M］. 司群英，郭本禹译. 北京：中国人民大学出版社，2015年1月第1版，35、36页。

是有益的。他宣称："人实际需要的不是没有紧张的状态，而是为追求某个自由选择的、有价值的目标而付出的努力和奋斗。他需要的不是不问代价地消除紧张，而是某个有待他去完成的潜在意义的召唤。人所需要的不是'内稳态'，而是我所谓的'精神动力'，也就是存在的动力处于一个紧张的极化区（其中一极代表有待完成的意义，另一极代表意义所期待的主体）。"[1]

### （三）生命意义

弗兰克尔坚信："存在不仅是意向性的，还是超越性的。自我超越是存在的本质。人类是指向自身之外的东西的。……在面对实现意义与实现价值时，人之为人意味着面对着要实现的意义和价值。它意味着处于现实与要实现的理想之间所建立的紧张这个极域之中。人靠理想与价值而活着。人类存在只有按照自我超越而活，它才是可靠的。"[2]也就是说，人必须超越自我的存在，趋向并追求其存在的意义。人最终是要面对意义的，一旦意义意志成熟与发展到面对意义时，人就要实现其责任，来完成他个人生命的特殊意义。自由与责任是人密切相关的两个本质特征，追求意义的意志成为人的一种基本动机，它表现在人对生活意义的理解与趋向之中。

弗兰克尔明确指出："意义就是所具有的含义，无论它是由向我提出问题的人所给出的，还是由也暗含问题并要求答案的处境给出的。……人可以自由地回答生命向他提出的问题。但是，这种自由一定不能与任意性相混淆。必须从责任这个方面来解释它。人负责给出问题的正确答案，负责发现处境的真正意义。而且，意义是被发现的东西，而不是被赋予的东西，是被找到的，而不是被创造出来的。"[3]

弗兰克尔相信，人一直都在寻求的生命意义是存在的，而且人可以自由地

---

[1]　[美]维克多·弗兰克尔.活出生命的意义[M].吕娜译.北京：华夏出版社，2010年6月第1版，127页。

[2]　[奥地利]维克多·弗兰克尔.追求意义的意志[M].司群英，郭本禹译.北京：中国人民大学出版社，2015年1月第1版，42、43页。

[3]　[奥地利]维克多·弗兰克尔.追求意义的意志[M].司群英，郭本禹译.北京：中国人民大学出版社，2015年1月第1版，52页。

寻求生活中的意义，同时每个人都有责任去探索并实现它。意义就包含在个人的特殊生活经验、特定境遇中。它要在良心的指引下被负责地发现，良心就是人发现其处境意义的直觉能力。生命对每个人来说都是有意义的，而且在任何条件下都具有意义，甚至生活中不可避免的苦难也不是没有意义的，其意义就在于通过对困境的态度而转变为成就。

弗兰克尔概括出发现生活中的意义三种方法。第一，通过创造新事物而产生绩效的行为，如工作、运动、爱好和养育等。要让日常活动变成有意义的绩效行为，人必须指向并投入于这一活动，因此而超越自己。只要在活动中考虑到他人的需要，都由于自我超越而产生意义。第二，经历某种事或与某人会心，即参与并体验那些丰富和提高人类经验的活动。例如欣赏自然之美、挚爱之人和美妙的音乐美。他认为爱极大地提高人对于价值的感受性，是具有最高价值的一种人类体验。第三，面对非人力所能改变的困境或厄运时，仍能采取自我超越的态度，并以此改变自身，化悲剧为胜利。

弗兰克尔从价值的角度进行了精辟的总结，他把价值"分类为创造的价值（creative values）、体验的价值（experiential values）和态度的价值（attitudinal values）。这个序列反映了人可以发现生命中的意义的3个主要途径。第一个是从他的创造来说他所给予这个世界的；第二个是从会心和体验来说他从这个世界所获取的；第三个则是，假如他必须面对他无法改变的命运，他对于困境所采取的态度。这就是为什么总是具有意义，因为，甚至被剥夺了创造的价值与体验的价值的人都仍然面临实现意义的挑战，也就是说，以受苦的直接方式面临权利中所固有的意义的挑战"。[1]

当然能避免的痛苦就要想方设法地避免，但痛苦的命运无法改变时，就必须正视并接受它，还要将其转变为有意义的成就。经历过纳粹集中营炼狱灾难的弗兰克尔相信，生活的意义不仅通可以过创造与体验来实现，也能够通过经受磨难来完成。如伟大的艺术家在经历外部痛苦时，却能体验并展现出内在的

---

[1]　[奥地利] 维克多·弗兰克尔. 追求意义的意志 [M]. 司群英，郭本禹译. 北京：中国人民大学出版社，2015年1月第1版，59页。

完满。痛苦、罪疚与死亡是人生的三大悲剧主题，意义都在于主体面对它们所采取的态度。

一个人在痛苦情况下，真正采取的是对待其命运的态度，否则受苦就产生不了什么意义。不过，一个人在罪疚情况下，所采取的就是对于自我的态度。更为重要的是，不能够改变命运；否则的话它就不再是命运。可是，人却完全能够改变自己，否则他就不成其为人。能够塑造并重塑自己，属于人的特权，是人类存在的重要组成部分。也就是说，人的特权是感到罪疚，其责任则是克服罪疚。

弗兰克尔假定悲惨处境也是有意义的，他还进一步"假定人的创造力会将生活中的消极因素转化为积极或建设性的因素。也就是说，重要的是如何充分利用任何给定的处境，面对灾难而保持乐观。人类总是有能力（1）将人生的苦难转化为成就；（2）从罪过中提炼改过自新的机会；（3）从短暂的生命中获取负责任的行动的动力"。[1]

弗兰克尔发现生命中真正短暂的是人的潜能，然而在实现潜能的那一刻，它就会被保存成历史而得到救赎，从而免除其短暂性。一旦选择哪些可能性并将其变成现实，就决定了这些已实现的潜能成了其存在的不朽的纪念碑。可以说，最为确定的一种存在就是曾经的存在。英雄人物的视死如归行为就是一种充满意义的行为，反之，那些发现不了生活中的意义，体验着存在空虚的个体，则往往因无法忍受这种空虚状态而自杀。

弗兰克尔毕生探索所得出的结论就是："从某种意义上，正是死亡本身让生命变得有意义。最重要的是，生命的短暂并不会抹杀它自身的意义，因为过去的事情并不意味着永久的消失，而是被保持起来——过往的一切在消逝之前，就被保存在了'过去'。我们的一切所作所为、所学所感，都被存放到'过去'之中，任何人、任何事都无法使它们从这个世界上消失。"[2]

---

［1］［美］维克多·弗兰克尔.活出生命的意义［M］.吕娜译.北京：华夏出版社，2010年6月第1版，174页。

［2］［奥地利］维克多·弗兰克尔.弗兰克尔自传：活出生命的意义［M］.王绚译.中国青年出版社，2016年1月第1版，19页。

## 二、意义治疗学的应用与技术

意义治疗就是帮助患者让其自己找回生命的独特意义，可用来治疗现代社会流行的存在空虚，及其由此而形成的心灵性神经症。弗兰克尔指出存在空虚的病因是如下事实的结果："与动物不同，没有驱力和本能告诉人必须做什么。第二，与以前的时代不同，没有习俗、传统和价值观告诉他应该做什么，而且，他甚至常常不知道他实际上想要做什么。相反，他想要做其他人做的事，或者他做其他人希望他做的事。也就是说，他成了墨守成规和极权主义的牺牲品，第一种人和第二种人分别代表了西方人和东方人。"[1]

弗兰克尔把神经症从病因的角度区分为心因性、体因性和心灵性神经症，并将心灵性神经症定义为由心灵问题、纯粹的超我与真正良心间冲突所引起的神经症，而存在空虚、存在挫败或意义意志的挫败形成了心灵性神经症的病因。

弗兰克尔发现因生命缺乏内容与目的而备受折磨的患者日渐增多，为解决他们的痛苦，兼收并蓄地运用了许多方法，矛盾意向法（paradoxical intention）、去反思法（de-reflection）和态度改变法（modification of attitudes）为其重要的意义治疗技术。

### （一）矛盾意向法

矛盾意向法是适用于治疗恐惧症和强迫症的一种主要的意义治疗技术，"矛盾意向的意思是，鼓励患者去做他所担心之事或者希望他所担心之事发生"。[2]

恐惧症患者因预期恐惧会重演而对所恐惧之事做出反应，使所恐惧的事情趋向于发生，而越发恐惧，形成症状与恐惧症相互促进加强的恶性循环。这样，逃离恐惧就成了一种致病模式。同理，争取快乐与对抗强迫为另外两种致病模式，即越是争取快乐，得到的快乐反而越少；越是对抗强迫，反而强迫行为越多。要打破这种恶性循环，就要用矛盾意向在心理极点（psychic pole）上进行

---

[1]［奥地利］维克多·弗兰克尔. 追求意义的意志［M］. 司群英，郭本禹译. 北京：中国人民大学出版社，2015年1月第1版，71页。

[2]［奥地利］维克多·弗兰克尔. 追求意义的意志［M］. 司群英，郭本禹译. 北京：中国人民大学出版社，2015年1月第1版，87页。

破坏。用矛盾希望来取代致病的恐惧或强迫，使得意向发生逆转。

矛盾意向法是运用人的自我分离能力（self-detachment）而实现疗效的，弗兰克尔建议尽可能以幽默的方式来表达矛盾意向。"幽默使人能够创造视角，使人自身能够与他所面对的东西保持距离。出于同样的原因，幽默使人能够自己与自己相分离，进而获得对自己最大可能的控制。"[1]

自我分离能力指的是，人从外部世界中或从自身分离出自我，并采取一定立场与态度有距离地看待外部世界或自己的能力。矛盾意向法就是运用自我分离能力在患者与其症状间创设距离，从而让患者能够发现新的意义，因此可以取得良好的疗效。但是矛盾意向法不是万能良药，对于精神病性抑郁症患者就应严禁使用。

### （二）去反思法

针对性神经症患者的过度反思（hyper-reflection）行为，弗兰克尔提出了去反思技术。过度反思意味着对于目标的过分关注，反而妨碍了个体的自主性与积极性。去反思技术就是运用人的自我超越能力，系统地改变指向自身症状的注意焦点，超越自己，将注意力从自己的问题转向他人或思想中的积极方面。也就是说，治疗师在治疗过程中，鼓励患者去想或做其问题之外的其他事情。

### （三）态度改变法

在面对命运无法改变、似乎没有意义的境遇时，弗兰克尔建议通过改变对其所持的态度，从而发现这种困境的意义。当患者对于自己和生活异常悲观失望时，就可以借助态度改变技术来修正其思维和态度，建立起积极乐观的生活态度，以取代无益的态度，引导患者自己发现不可避免之苦难的意义，重新确立适合自己的有益的生活目标。在运用这一技术时，要注意不能灌输价值观，不能直接提供新态度，而是帮助患者自己辨识旧态度的危害，自己探索可以取而代之的有意义的新态度。

---

[1]　[奥地利] 维克多·弗兰克尔. 追求意义的意志 [M]. 司群英，郭本禹译. 北京：中国人民大学出版社，2015年1月第1版，92、93页。

### 三、弗兰克尔对需要心理学的贡献与其局限

弗兰克尔在尊重人的完整存在的存在主义精神分析的立场上，提出了意志自由、意义意志和生命意义 3 个基本理论假设，主张实现意义的意志为人的主要动机，人能自由地选择对待生活的态度，并有责任寻找生命的意义。他发现了创造价值、体验价值和态度价值 3 个方面的生命意义，并把创造性的活动、爱与工作以及对待不可避免之苦难的积极态度，作为发现意义的 3 个重要途径。他强调人主动发现生命意义的重要性，并创建了意义治疗学说，发现并率先使用了矛盾意向法、去反思法和态度改变法等一系列意义治疗技术，为心理治疗做出了杰出的独特贡献。实际上，他对于责任、爱与工作、苦难等的重视，相当于强调了环境需要及环境需要的主体化，并将其作为生命意义的主要方面。这对于历来注重主体需要的心理学传统是一个非常有益的补充。

不过，弗兰克尔在突出外在意义重要性的同时，极力反对体内平衡原则指导下的传统动机理论。尽管他的主要出发点在于强调追求意义所伴随紧张的动力性，但不免矫枉过正，而到了忽视甚至否定主体内在需要的程度。外在的对于自然环境的自然价值和对于社会环境的社会价值，固然对存在空虚的个体来说是重要的。但对于过度忘我的个体来说，满足自身需要的主体价值就是非常重要的。也就是说，满足主体需要及主体需要客体化的主体价值，与满足环境需要及环境需要主体化的环境价值，都属于生命的意义。虽然对于不同的个体，依据其所主要缺乏的方面而各有侧重，但是不可因重视一个方面，而忽略另一个方面，出现有失偏颇的错误。另外，虽然弗兰克尔主张在进行意义治疗时，应注意引导患者自己发现意义，但在具体操作时，特别是患者看不到意义时，仍不免出现劝说、强行灌输等嫌疑。

## 第三节　莱因的存在精神病学

罗纳德·大卫·莱因（Ronald David Laing，1927—1989）为英国精神病学家、存在分析学家，生于苏格兰格拉斯哥的一个贫困工人家庭。他在家庭

的不幸与战争的阴影下度过了孤独的童年，1945 年考入格拉斯哥大学学习医学和精神病学，1951 年获得医学博士学位。曾在格拉斯哥与西苏格兰的神经外科医院做了半年的内科医生，结识被他称为"精神之父"的神经外科主任乔·修尔施泰因（Joe Schorstein），成为他哲学方面的良师，产生持久的影响。随后他应征入伍，1951—1953 年担任军队中的精神病医生。退役后，先在格拉斯哥加尔托纳韦皇家精神病院工作两年，后到格拉斯哥大学心理医学系，讲授了两年精神病学课程。1957—1961 年在伦敦著名的塔维斯多克门诊部工作，并接受英国精神分析学会为期 4 年的训练。1962—1965 年被任命为伦敦的兰厄姆诊疗所（Langham Clinic）院长。此外，1961—1967 年他还以精神病学研究基金会研究员的身份，兼职在塔维斯多克人际关系研究所从事家庭问题研究。1965 年，他与精神病学家大卫库柏等人一起成立费城协会（Philadephia Association）并担任主席，该协会是从事心理疾病行为的理论和实践研究的慈善团体，为处于危机中的人们提供精神病院之外的治疗。他与同事们还成立了一系列的治疗之家，为精神错乱的人提供庇护所。20 世纪 70 年代，他因创造力衰退而几乎放弃治疗实践，70 年代后期开始参与音乐与电影制作，80 年代后期遭遇从信誉、创造力到经济和婚姻等一系列危机。1989 年，身体已衰老的他在打网球时，突发心脏病而离世。

其主要心理学著作包括：《分裂的自我：对健全与疯狂的存在主义研究》（1960）、《自我与他人》（1961）、《理性与暴力：萨特哲学十年（1950—1960）》（1964 合著）、《健全、疯狂与家庭:第一卷，精神分裂性的家庭》（1964 合著）、《人际知觉——研究的理论和方法》（1966，合著）、《经验的政治学与天国之鸟》（1967）、《家庭的政治学》（1969）、《结》（1970）、《生活的真相》（1976）、《经验的声音》（1982）、《智慧、疯狂与荒谬》（1985）等。

## 一、精神病学的存在分析观

莱因认为，应以存在现象学的视角来理解精神病，力图刻画并理解精神病人对周围世界及自身之经验的性质。"精神正常和精神错乱，是由两人之间联系或者分裂的程度来决定的，在这两人之中，有一人被公认为正常的。把一位患者判断为精神病，其关键因素在于，判断和被判断双方之间存在分裂，缺乏协调。"[1]

莱因最初主张一个正常人会具有存在性安全感（ontological security）。这种人觉得自己在这个世界上是真实、有血有肉、完整统一的，并具有时间上的连续性、内在的一致性和实在性，以及空间上的扩张性。这样的人虽然也会受到各种问题的困扰，却能够切身进入世界与他人共处。在其经验中世界与他人也同样地真实、生动、完整与连续。"他对自己和他人的现实性和统一性，具有根本上是稳定的感觉，他会带着这种感觉遭遇到生活中一切事件：社会的、伦理的、精神的、生物的。这样的人不仅感到完整的自我身份和统一性，还感到事物的永恒性、自然过程的可靠性和实在性，以及他人的实在性。"[2]

莱因用精神分裂性来描述具有存在性不安（ontological insecurity）的个体，认为他们的经验整体主要表现为两种方式的分裂，即患者与周围世界的关系或与自身的关系出现了分裂。患者没有能力体验自己与他人"一起"，也没有能力"置身于"环境中来体验自己。他反而于绝望的孤独中来体验自己，并且把自己体验不是一个完整而是"分裂"了的人。换句话来说，具有存在性不安的精神分裂性个体尚处于正常状态，只是具备了患上精神分裂症的倾向。等到精神分裂性发展到一定程度，就会形成精神分裂症，从而进入疯狂状态。

所以，要把精神病患者的特殊经验置于"他整个在世的存在"（being-in-his-world）的背景之中来理解。医生要充分尊重患者在世之在的存在方式，通过了解早期生活经历，去理解患者看似不合理言行中所隐含的现实内容及其意义。患者存在状态的含义是通过活其生生的行为体现出来的，只有表现在生活中的真实，才是其存在的本真。治疗时既要帮助患者重建自己的生活方式，使其在自己的世界里作为自己而存在；又要帮助患者重建与他人的联系，使其与他人一起存在。

---

［1］［英］R·D·莱恩. 分裂的自我——对健全与疯狂的生存论研究［M］. 林和生，侯东民译. 贵阳：贵州人民出版社，1994年4月第1版，24页。

［2］［英］R·D·莱恩. 分裂的自我——对健全与疯狂的生存论研究［M］. 林和生，侯东民译. 贵阳：贵州人民出版社，1994年4月第1版，28页。

具有存在性不安全的个体"更容易感觉不真实；从一种严格的意义上来说，更容易觉得自己僵死而不生动；他会发现自己与周围世界的区别也是不确定、不安全甚至是危险的；以至于他的身份和意志自由也始终成了问题。他可能感觉不到自身在时间上的连续性，感觉不到稳固的内在一致性和内聚性，更容易感觉不到实在而不是相反，无法断定自己的禀赋和素质是真实的、美好的、有价值的。最后他会感到自身自我与身体在某种程度上的分离"。[1]

这样，他就不可能生活在一个"安全的"世界中，相反，生活在"他自身之内"倒是比较安全的，从而不能发展与他人的联系，并把自己与世界隔离开来；普通的生活环境都会威胁他低阈限的安全感，于是总是感到焦虑与恐惧，导致他坚持自我且固执己见。

莱恩认为，这种存在性不安的个体时常面临着吞没（engulfment）、爆聚（implosion）、僵化（petrification）3种形式的焦虑。个体畏惧与他人、他物甚至与自己的联系会导致丧失其身份和自主性的危险，由此而形成的焦虑即为吞没焦虑。爆聚是温尼科特所说的"现实冲击"（impingement of reality）的极端形式，是顷刻间发生的向内的爆炸。个体感到自己如同虚空一般，虽然他渴望这种虚空被填充起来，却惧怕现实进入虚空。因为他深感自己命中注定只能是无物无人的可怕虚空，从而害怕跟现实的任何"接触"，这种现实具有爆聚性的威胁，他意识到被现实填充的危险而恐惧不已。当现实使个体面临爆聚威胁时，就产生了爆聚焦虑。个体惧怕被非人化（depersonalization），变成没有行动自主性的石头或机器等物品，也就是说，变成失去主体性的一件东西。这种对自己被施行者否定自主性、摧毁内在生命、不当人看待、而变成一种物品的惧怕，就会产生僵化焦虑。

总之，这种三种焦虑都是存在性不安的产物，而存在性不安从婴儿期既开始形成，主要是"具有精神分裂症形成因子的母亲"（schizophrenogenic mother）所造成的。这样的母亲只是按照自己的需要塑造孩子，而不能对婴儿

---

[1]　[英]R·D·莱恩.分裂的自我——对健全与疯狂的生存论研究[M].林和生，侯东民译.贵阳：贵州人民出版社，1994年4月第1版，32页。

真正的需要与感情进行肯定或做出反应。因此阻止了孩子发展出存在性安全的自我意识，使其形成世界不适合他生存的经验，无法与他人共有一个类似的经验世界，只好规避到自身经验之内。但这样否定不了现实世界的存在，对他的影响不仅不会消失或减少，反而受到了扭曲与放大，驱使他更加局限在自身狭隘的经验世界之中，陷入更深的存在性不安之中。

## 二、自我的分裂

每个人都感到自己不可避免地被束缚在自己的身体之内，大多数人都会感到自己身体的真实、生动与实在，身体是其生活的起点及与人交往的基础，也就是说具有身体化的自我。然而，也有少数人的自我是非身体化的。

### （一）真实自我与假自我

莱因指出："在非身体化状态中，个体感到其自我或多或少与其身体分离。个体感到其身体是一个客体，与世界中其他客体一样，而不是自身存在的核心。身体不再是他真实自我的核心，而成为某个假自我（false self）的核心。在这种情形中，被分离的、非身体化了的、内在的、真正的、自我，有可能怀着温柔、体贴、有趣或厌恨的心情，观望着假自我。这样一种自我与身体的分离，使得非身体化的自我不可能直接参与现实生活的任何内容，因为，这些内容是身体知觉、感觉和运动（表情、姿势、话语、行动等等）之高度专一和深思熟虑的结果。因而，非身体化的自我作为所有身体行为的观望者，无法直接参与其中，它的作用只能是观察、控制和批评身体的经验和行为，从事那些通常所谓纯'精神'的活动。也就是说，非身体化的自我变成了一种过度意识（hyperconsious）。它试图安排自己在生活中的地位和形象。"[1]

在压力情境中自我与身体暂时分离的状态可看作是正常状态的产物，一旦解除了压力，这种反应就会消失而恢复正常的身体化状态。而精神分裂性个体，因为具有存在性不安感，并经常伴随着非存在性焦虑，便导致其自我与身体的

---

[1]　［英］R·D·莱恩.分裂的自我——对健全与疯狂的生存论研究［M］.林和生，侯东民译.贵阳：
　　贵州人民出版社，1994年4月第1版，59页。

持续性分离。而这种身心的持续分离成了他的基本生活定向，在他眼里，现实世界就是一个无形的囚牢、没有铁丝网的集中营。这种分离会进一步导致其自我的分裂。精神分裂性个体的自我分裂为非身体化的真实自我或内部自我，和非身体化的虚假自我或外部自我。这样，他的身体就不再是其真实自我的仪表，而是他虚假自我的载体。莱因建议用"假自我系统"或假人格系统来称呼分离出来的面具人格，并认为它可能存在于各种不同部分自我的混合体之中，并由一种没得到充分发展的部分构成了不具有自身综合性的整体。可观察到其行为中包含特别精心的人格模仿，及相伴随的强迫性行动。其身体是缺乏生命力的，只是在自己与他人间进行虚假的人格扮演，获得的知觉也是非真实的。

精神分裂性个体为了逃避外部危险，寻求存在性安全感，把真实自我封闭在虚假自我的内部，使得真实自我不再直接参与现实生活的任何内容，其身体的行动不让人感到是其真实自我的表达。自我寻求安全感的手段就是竭力用非身体化的存在来超越现实世界，在此过程中自我越来越所有的经验与行动。他只能借助幻想创造远离现实的形象，在自己内部创造与别人和物的关系，形成自己的小宇宙，一种纯"精神性"的存在。"进而言之，这一封闭的、孤立的自我无法通过外部经验丰富发展自己，因而，其整个内部世界将变得越来越贫乏，直至个体感觉自己全然是一团虚空。这也就是说，全能感和万有感，原来是无能感和虚无感的孪生物。表现在个体身上，在某一时刻，个体会感觉自己身在此地，内在充实而富有；相形之下，外在的生活在那儿运行，在他眼里是多么贫乏可怜。此时他感到自己的优越性，感觉自己超越于生活之上。可是，在某一时刻，个体又会渴望重新进入生活内部，渴望让生活进入自己内部。此时，个体会感到自己内在的死亡，会产生深深的恐惧。"[1]

精神分裂性个体面对现实中的危险因素与威胁性质，努力通过放弃自身存在基础并在不现实的超结构中寻求补偿性的安全感。在其整个存在得不到保护的情况下，就会沿着这个防卫路线一直退缩下去。而这种精神分裂性的防御现

---

[1]　[英]R·D·莱恩. 分裂的自我——对健全与疯狂的生存论研究 [M]. 林和生，侯东民译. 贵阳：贵州人民出版社，1994年4月第1版，66页。

实的机制，却会不断延续并强化现实中的危险，使得自我不得不把幻想与现实分离开来。"与世界的自发的、自然的、创造性的关系，是一种摆脱了焦虑之束缚的关系。一旦缺乏这种关系，个体的'内自我'就会产生一种全面的内在贫乏感；到最后，个体会感到自己的内在生活中充满了空虚、死寂、冷漠、枯燥、无能、荒凉、无意义等等。"[1]因此，精神分裂性个体从维护自我的存在出发，最终却带来了自我的终结。

　　假自我系统的职责就是建立与外部世界的直接关系。精神分裂性个体的假自我系统是一种身体化的外部自我，作为内部自我的互补而存在。其内部自我通过超越与非身体化的手段，专注于维护自己的身份和自由，而把其整个客观存在都看作是假自我的表达。个体的假自我系统，通过身体感知觉与运动来表达现实生活的各种内容。精神分裂性个体的假自我并没有作为实现与满足内部自我的工具，在假自我明显得到满足时，内部自我仍停留在根本的饥饿状态。假自我强迫性地顺从他人的意愿或期望。"这通常表现在，个体过分地追求'表现好'，绝不做没要求自己做的事，绝不'惹麻烦'，绝不坚持甚至也不流露自己的意志。然而，表现好，并非是按个体自身的主动意愿完成各种事情，被他人所称好；而是被动地与他人而非自己的标准协调，并且还受到下述担心的激励：如果在实际中一旦成为自己，那么会发生什么事情？因此，可以说，上述顺从，部分说来是对个体自身真实可能性的背叛。但总的说来，这是一种隐藏和维护自身真实可能性的手段，而这些可能性绝没有变为现实性的危险。这只要它们完全收缩到内自我之内就行了；对于这个内自我来说，一切事情在想象中都是可能的，但在现实中都是不可能的。"[2]此外，假自我还会袭取所顺从的人身上越来越多的性格特征，并可能进一步发展为对他人人格的全面扮演。这种假自我对他人的人格扮演，与对他人意志的顺从并不完全类似。这是由于，假自我在人格扮演中可以直接与他人意志相左。

---

[1]　[英]R·D·莱恩.分裂的自我——对健全与疯狂的生存论研究 [M].林和生，侯东民译.贵阳：
　　贵州人民出版社，1994年4月第1版，83页。
[2]　[英]R·D·莱恩.分裂的自我——对健全与疯狂的生存论研究 [M].林和生，侯东民译.贵阳：
　　贵州人民出版社，1994年4月第1版，91页。

　　人格扮演是自居认同的一种形式，通过这种形式，个体部分袭取了他人的人格身份。在人格扮演中，扮演者并不必整个地卷入其中。它通常是一种亚整体的自居认同过程，局限于对他人姿势、风格、表情、动作等部分行为特征的袭取。在整体性更强的对他人的自居认同过程中，人格扮演可能仅仅是其中的一个成分。然而人格扮演的功能实际上是防止发生范围更大的自居认同，因为那样的话就意味着更多地丧失个体的身份。精神分裂性个体的假自我对他人特征的袭取具有特别的持久性与强迫性，当然也会表现出反常行为，从服从、模仿、强迫等行为超过正常界限，转变到对于他人滑稽的讽刺与隐蔽的憎恨。某些精神分裂症患者的全部行为就是他人诸种行为特征的大杂烩，而且表现突出，并与其原来的背景不协调。

　　总之，莱因把真自我与假自我的分裂状态称作一种"杂乱无章的非存在"，这种分裂不是个体防御机制的产物，而是其存在基本动力结构的直接结果。

### （二）自我意识

　　莱因指出，自我意识通常有两种含义："其一是自己对自己的意识；其二是从他人的角度对作为客体之自己的意识。自我在第一种情况是自己眼中的客体，在第二种情况是他人眼中的客体。"[1]

　　这两种自我意识在精神分裂性个体身上，都得到了强化且具有强迫性。在始终被人注视或随时都可能被注视的感觉中，个体变得苦恼不堪。这种被强化的强迫性感觉作为先入之见，凝结成自己的精神自我是脆弱、易于为他人所看穿的想法。

　　自我意识在存在性不安个体的身上，具有双重作用。第一，意识到自己之存在，并知道：如果他人也意识到我自己的存在，那么他人就可以让我确信自己的生存，同时确信他人的生存。自我在时间上的连续性有不确定性，就力图通过依赖于空间的手段来确定自己。不能疏忽时间性自我，导致时间链条上出现缺环，而造成个体的极度不安。第二，意识到身处一个充满了危险的世界，

---

[1]　［英］R·D·莱恩.分裂的自我——对健全与疯狂的生存论研究［M］.林和生，侯东民译.贵阳：
　　　贵州人民出版社，1994年4月第1版，100页。

自己随时都可能被他人所注视的话，就意味着自己始终就暴露在危险面前。为了防止这种过于引人注目的危险，就必须不能让他人看到自己。试图融化于周围环境的非人化防御机制，就能通过"装傻"而让他人难以识别自己。如此一来，在个体内心虽然以为就是游戏或作假，却会丧失自主性身份而失落自己。

自我在既害怕有渴望现实生动性的矛盾中，依靠自我意识来帮助支持其风雨飘摇的存在性安全感。莱因指出："精神分裂性个体就是这样，生存于自我审视的黑太阳之下，那是一只苦痛而不祥的眼睛。自我意识的逼人目光毁灭了他的自发性和新鲜活泼的生机，毁灭了一切欢乐。一切都在那灼人的凝视之下凋谢枯萎；而在这同时，个体仍然强迫性地沉溺于对自身精神和肉体过程的顽强观察，尽管从深刻的意义上说个体并非处于自恋状态。……对他自己的意识始终是一种保证，使他能继续生存下去，虽然这种生存也许不得不是一种僵死的生存（death-in-life）。对外界客体的意识变得不那么危险了。这样，意识变成一架雷达、一架扫描装置。这样，个体感到客体是在自己的控制之下。这种意识发射死光，它具有两种能力：僵化的能力（把自己或他人变为石头，变为物体），以及透视的能力。于是，只要个体感觉到他人的注视，便会产生持续的畏惧与怨恨，害怕被变成他人拥有之物，害怕被他人洞穿自己，害怕被他人的力量所控制。这样的个体无法达到自由的境界。"[1]

为了预防以上所说的危险，个体也许会尝试把他人变成石头。不过，一旦个体将他人僵化为石头，自然就不能再继续注视。于是，唯独只有个体能看见自己了。这一过程达到极端之后，便会走向其反面，对于阴森、严酷的自我意识，个体就会焦急地渴望着能够摆脱；如果可以成为被他人洞穿与控制的被动之物，反而是一种拯救。个体处在这样的摆荡之中却别无选择，总是没有安宁的时候。

---

[1]　[英]R·D·莱恩. 分裂的自我——对健全与疯狂的生存论研究[M]. 林和生，侯东民译. 贵阳：贵州人民出版社，1994年4月第1版，106、107页。

### 三、人际知觉理论

莱因为进一步考察自我与他人相互作用的社会关系而提出了人际知觉理论。它关注于人与人之间的交流、体验和理解，人际含有两个存在内在关系的人，知觉则是体验与解释行为的过程。经验在人际知觉中发挥着重要作用，莱因这样对其加以界定："经验是某种起源于经验者的内部，但却指向外部某物的东西，经验预先假定一个经验着的主体和一个被体验的对象，这个被体验的对象可以是自己。"[1]

#### （一）经验

经验在经验者的内部，对他人来说是不可见的；但是经验却比任何事情都更加自明，人们可通过自己的推断，试图理解对方的经验，并以感受自身经验的方式去体验。莱因强调："经验不是'主观的'，也不是'客观的'；经验不是'内部的'，也不是'外部的'；不是过程（process）的，也不是实践（praxis）的；不是输入的，也不是输出的；不是心灵的，也不是身体的；不是从内省中追忆出来的一些可疑的资料，也不是从外化中得出来的资料。经验更不是'心灵内部的过程'。我们所假定的发生在两个人之间的交流，例如客体关系、人际关系、移情、反移情，不仅仅是空间中两个彼此都有内在心灵过程的客体的所谓的客观的相互作用过程，还包括知觉、想象、幻觉、幻想、梦、记忆等不同的经验模式的主体间的相互作用。"[2]

莱因认为人际经验有想象、知觉、记忆三种形式，而且人际知觉是有水平区分的。第一种水平的人际知觉是直接观点（direct perspective），指的是我对自己或他人的直接看法。第二种人际知觉水平是元观点（meta-perspective），是指我所认为的他人对我的看法，或者对其自身的看法。第三种水平的人际知觉是元—元观点（meta-meta perspective），指的是我认为他人如何看我对其的

---

[1]　王蕾，郭本禹. 存在精神病学：莱因研究［M］. 福州：福建教育出版社，2009年9月第1版，99页。

[2]　王蕾，郭本禹. 存在精神病学：莱因研究［M］. 福州：福建教育出版社，2009年9月第1版，100页。

看法。这样还可以进行元—元—元—观点（meta-meta-meta perspective）的无限扩展。而且，对人际经验想象、知觉与记忆的解释必然会扩展到与他人的全部关系之中。

### （二）人际经验的综合体形式

莱因分析了人际经验的几种常见的综合体形式，包括自我同一性（self-identity）、互补的同一性（complementary identity）、认可或不认可（confirmation/Disconfirmation）、共谋（collusion）、归因和指令（attributions and injunctions）、虚假和站不住脚的位置（false and untenable positions）。

#### 1. 自我同一性

个体的自我同一性需经由与他人的关系才能得以实现，即我对于自身的看法，不仅含有我看自己的观点，而且包括我认为他人看待我的观点和我对他人关于我的这些观点的重构与改变。自我同一性在更复杂与更具体的水平上，就是我看我自己和我认为他人看我之观点的综合体。不必被动地接受他人关于我的观点，但在发展我是谁的过程中也不能忽视他们。自我同一性也有水平之分，可区分为我的自我看法（my view of myself）、元同一性（meta-identity）和我对你对我的看法的看法（my view of your view of me），并在逻辑上也可以无限扩展。

#### 2. 互补的同一性

通过人际关系来实现或者完成他人的自我就是互补的同一性。如一个女人因丈夫而成为妻子，又因有了自己的孩子而成为母亲。自我同一性只能通过与他人的关系才能得以实现，互补的同一性说明的就是经由他人来实现和完成自我的个人关系的功能。每一种人际关系都意味着自我与他人的相互定义。

#### 3. 认可或不认可

他人对你所认为的你是谁的承认或否认就是认可或不认可。理想化的存在形式就是得到他人的完全认可，很少会出现这种情形。"任何的人与人之间的相互作用都暗含了一定程度的认可。认可和不认可的模式有很多，你可以通过对别人微笑（视觉的）、握手（触觉的）、说同情的话语（言语的）等来表示认可。认可也可以是不完全的，即不一定非要达成一致意见或产生让人满意或高兴的结果才是认可，拒绝也可以是一种认可。拒绝并不是冷漠和无动于衷的同义词。如果拒绝不是嘲笑，而是与问题相关的，那么这种直接的拒绝也是一种认可。"[1]

#### 4. 共谋

共谋不同于完全自我欺骗的错觉（de-lusion），和强大愿望下不完全自我欺骗的幻觉（il-lusion），它是由两个或更多人参与的假装欺骗自己的游戏，每个人都在可能没有意识到的情况下在玩别人的游戏，该游戏的本质特征就是参与者不承认它是一个游戏。当然，由操纵者和被动受害者组成的关系不属于共谋。共谋是参与者对于彼此幻想的相互肯定，在此过程中形成一个共享的幻想系统。

#### 5. 属性和指令

归属于个体的属性对自己做了清楚的规定，并将其放置于一个特定的位置，从而具有指令的效力，进而易于使人产生罪感、焦虑、愤怒或者怀疑。"因为他人明确或含蓄地归属于某人的属性必然对塑造他自己的行动感、知觉感、动机感、意图感，也就是对他的'同一性或身份'起决定性的作用。带有指令的归属会促进或毁坏自我的发展或现实感。"[2]莱因指出，认识到为自己的存在，而不必成为他人认为你应成为的样子，是一种成就。

#### 6. 虚假和站不住脚的位置或处境

人本身或人的存在与其行为之间的关系有本真、非本真的区别。当你的行为是在表达真实的自己时，就是忠于本真的自己，在过真实的生活。当你的行为在掩藏真实的自己时，就是不做本真的自己，用伪装来欺骗自己。当你知觉到的他人对你的知觉与你的自我知觉出现冲突时，可能会造成你不按自己的需要与感觉来活动，此时，你本真的自我，即你的存在就被摆放在虚假和站不住脚的位置上。

---

[1]　王蕾，郭本禹. 存在精神病学：莱因研究［M］. 福州：福建教育出版社，2009年9月第1版。104页。

[2]　王蕾，郭本禹. 存在精神病学：莱因研究［M］. 福州：福建教育出版社，2009年9月第1版。106页。

人人都需要进入他人的世界，并在他人的眼中找到自己立足的位置，这个位置构成了一个人的身份和人格。但是，如果这个位置是虚假和站不住脚的，就会处于一种绝望的异化状态。这个位置就仿佛流沙一样，越想逃离它，却会越陷越深。

### （三）双方的交互作用与交互经验

莱因区分了行为与经验，并指出行为与经验是函数关系，也就是说行为随经验变化而变化，并且行为与经验总相关于某人或某物，而不是自我。两个人之间的行为与经验相互作用，彼此对另一方的行为受到彼此对另一方经验的调节，而且彼此对另一方的经验也受到彼此对另一方行为的调节。为了促进双方间的交流，必须依据某个标准来感知与理解。只有知觉并解释他人的行为，才能将此行为变成自我经验的一部分。对他人的经验往往伴随着对他人行为的特定解释，在与他人行为的交流过程中，经验发挥着中介作用，也就是说，他人的行为要经过自我的感知与解释才能被体验到。而一个人的经验对另一个人也不会产生直接的影响，一个人的经验只有经过行为的调节，才能到达另一个人的经验。

### （四）螺旋形交互观

莱因发现两人在相互作用的情况下，其中一方或者双方同时都有可能螺旋上升至第三、第四甚至第五种元—观点的水平，并把这种形态的相互作用叫作"螺旋形交互观"。在此过程中，双方有时能彼此理解，有时则会有误解在其中推波助澜。

莱因认为："所谓理解就是一个人的元—观点与他人的直接观点相契合，即我认为他对我的看法与他认为他对我的看法一致。所谓被理解就是一个人的元—元—观点与他人的元—观点相契合，即我认为他认为我对他的观点与他认为我对他的观点一致。而被理解的感觉则是一个人的自己的直接观点与他自己的元—元—观点相契合。"[1]

---

[1] 王蕾，郭本禹. 存在精神病学：莱因研究［M］. 福州：福建教育出版社，2009年9月第1版。114页。

螺旋形交互作用的例子在实现生活中有许多，如人们在信任—不信任、冷漠—关心、给予—接受等方面，常常会导致很多的误解与麻烦。

## 四、家庭理论

莱因对精神分裂症患者的家庭关系进行了系统研究，发现精神分裂症患者的各种症状是由其家庭内部的混乱所导致的，患者表明上不合理的言行在其家庭中都能找到合理性。个体诞生于家庭，并由家庭而赋予身份。通过婚姻或血缘关系联系起来的家庭成员，要成为一家人必须首先从内心有同一个"家"的感觉，莱因称之为"家庭的内化"，并用"家庭"来表示内化的家庭，而且是对家庭这个时空关系系统的内化。家庭内部的子群体，会依据内心距离的远近区分出"我们"与"他们"。个体通过内化家庭这个物理形式的不同元素及元素之间的关系，逐步发展出"家庭"这个重要的心理结构。

### （一）映射

莱因主张，个体的身体、感知觉、想象、思想与梦，都会受到来自家庭各方面的各种方式的"映射"（mapping）。在莱因的家庭理论中，映射是一个重要概念，是一种社会化的过程。个体通过映射可获得身份，一个系统中的元素及元素之间的关系能够映射到另一个系统中的元素及元素间的关系上。莱因称发出映射的系统为领域（domail），而接受映射的系统为范围（range）。家庭兼为领域和范围，一方面它接受前代家庭的映射，另一方面又把自身映射到后代家庭之中，从而使家庭中的一系列模式一代代地传递下去。莱因发现精神障碍就具有代际传递的特征，许多冲突模式甚至能够追溯好几代。

### （二）共享的幻想

为了维持家庭的形象，家庭往往强求一致地要求其成员共享同样的"家庭"，莱因将其称为"共享的幻想"（shared phantasy）。身处其中的家庭成员，并没有意识到它是幻想，反而以为就是现实。这种共享的幻想会让其成员发展出一个虚假的现实，从而远离存在的现实与基础。当某个家庭成员试图离开这个幻想系统时，就开始出现危机。

### （三）无效化

另外，莱因认为家庭还是心理压抑与异化产生的根源。在家庭中有一些规则，它们规定家庭成员应该体验到什么和不该体验到什么。按照这种规则，使得个别家庭成员所体验到的真实情感受到否定、拒绝、塑造与改变，并且迫使其相信最初的体验不是真实的，莱因把这个过程称之为无效化（invalidation）。它使得这个家庭成员与自己真实的经验相分离，从而割断了其生命之源。

### （四）神秘化

神秘化（mystification）是另一种破坏个体的真实经验、使其偏离自己的本真并培植虚假存在的形式。神秘化这个重要术语既指神秘化的行为，也指神秘化后的状态。也就是说，既有主动意义上的神秘化，也有被动意义上的神秘化。主动意义上的神秘化或神秘化行为是指无论经验、行为还是其他方面发生什么情况，都要加以蒙蔽、掩饰，使其模糊不清。在发现不了真实发生、体验或做了什么之前，甚至在无法辨别实际的情况下混淆视听。一概用虚假的问题或解释来代替真实的问题或解释。被动意义上的神秘化或神秘化状态可能有也可能没有迷惑的感觉，如果不用对抗或压制的方式表达神秘化行为的话，只要被神秘化的人一直处于被神秘化的状态，就体验不到混淆感，不承认被神秘化，发现不了真正的冲突，却有可能体验到某种内部或人际冲突；也有可能体验不到，反倒体验到一种虚假的和睦与平静，或者对于虚假问题的不真实冲突与迷惑。如果被神秘化的个体对神秘化有所察觉，就能够注意到有某种类型的冲突被回避了。

一种神秘化的方法是在肯定他人经验内容的同时否定其经验的形态，另一种方法是不肯定他人经验的内容，同时却用自己对他人经验的归因来取代其内容。莱因把后一种方法称为"家庭中的催眠"，父母告诉孩子是什么或暗示其有怎样的感受，虽然从表面上来看似乎不是命令，实际上却是以催眠形式发出的有效力的命令，第三方在场会增强这种催眠的效力。神秘化在涉及权利与义务问题时，就会变得非常有效。

莱因指出，要探究神秘化，首先必须对于发生的"问题"去神秘化。而真正的问题就是如何界定真实的方向轴（axis of orientation），即明确看待世界的实际视角。在精神分裂症患者的家庭中，通常有一个固定的特别方向轴，以此在极端僵化的家庭系统中保持整个家庭的模式。应把人的知觉问题看作是家庭最重要的问题，确定具体问题的唯一方法就是把家庭所有成员对于"共享情境"（shared situation）的观点依次呈现出来，从中选出每位成员特定的方向轴。

莱因认为神秘化属于超个人的（transpersonal）的防御，其本质是人与人之间彼此发生作用，与个体对自己发生作用的内心防御是不同的。一个人如果不想知道或记得某事，不仅仅依靠自己压抑，还要让他人不予提醒。一个人在自己否认自己的一些事情之后，还要求别人与他一起否认。神秘化就是个体为了自己的安全感和防御，而对他人产生作用的这样一种形式。

"总之，神秘化是指一个人设法诱导他人，使他的整个经验、过程和行为发生混乱。被神秘化了的人不顾自己的真实感受，而按照给定他人的动机和意图替代之。被神秘化了的人一般不根据自己的观点去解释他的经验和行为，他无法识别出自己的自我感觉和自我同一性。因此，当神秘化出现时，不仅他的自我知觉和自我同一性被混淆，而且他对他人的知觉，他对他人如何感受自己，以及他认为他人认为他如何感受自己等等也必然同时遭受多重神秘化。"[1]

莱因主张保持现状是神秘化的主要功能，其职责就是保持固定的角色并且使得他人进入预置强求一致的模式中。父母严格地按照家庭生活本质的先入之见要求孩子与自己保持一致，而不受威胁其成见的景象和孩子情感需要的影响，并忽视、遮盖或隐藏家中的混乱情境。神秘化的伴随物就是不可渗透性与掩盖性。

莱因改造了西尔斯（Searles，1959）所描述的6种把人逼疯的疯狂模式，这些倾向于人—个人（p）破坏他人（o）情感反应和现实知觉方面自信的模式包括：

（1）p不断注意o自己几乎意识不到的他的那些人格领域，这些人格领域

---

[1] 王蕾，郭本禹. 存在精神病学：莱因研究［M］. 福州：福建教育出版社，2009年9月第1版。150页。

与o自己所认为的他自己所是的那个人格领域非常不同。

（2）p在不合适的情境下挑逗o，而对o来说，此刻寻求性的满足将会是一场灾难。

（3）p同时向o暴露出鼓励和挫折的信息。

（4）p在一个层面上与o发生关系，同时在另一个层面上与o没有联系（例如性上和思想上）。

（5）对同一个话题，p存在两种相对立的情绪（对同一个事物既"认真"又"好笑"）。

（6）当从一个主题变到另一个主题，p仍保持同样的情绪（例如，用与讨论最琐碎的事相同的态度讨论生与死）。[1]

莱因指出，这些分裂发生的模式各自都会引发受害者的困惑，但是对其所处的混乱却不一定能感知到。被神秘化的个体依据对他的错误定义来行事，却没能意识到这个定义，同时对于自己感到紧张与迷茫的原因也不理解。这个可能还自以为其经验与行为方式正确的个体，实际上已经处在了一个站不住脚的位置。他越试图逃离神秘化的情境和站不住脚的位置，却有可能导致更进一步的神秘化，从而陷入乔治·贝特森所说的"双重束缚"之中。处于一种不能拒绝却又必须进行回应的重要关系中的个体，接收到不同层次的两种相关但矛盾的信息，而无法判断其矛盾之处时，他就陷入了双重束缚，在这种进退两难的困境中，变得迷惑和疑心重重。

莱因认为主要有两方面的因素导致了精神分裂症：一方面，个体处在一个不适宜其生存的环境中，迫使个体在生活中使用假自我，把真实自我与外部世界的直接联系割裂开来，从而造成个体自我内部的分裂；另一方面，家庭分裂的关系结构经由内化，使得个体陷入无效、神秘化与双重束缚中，最后不得不以扭曲的态度、反常的行为，来规避危害、缓解焦虑，也就是说表现出精神分裂的症状。

---

[1] 王蕾，郭本禹. 存在精神病学：莱因研究［M］. 福州：福建教育出版社，2009年9月第1版。151页。

　　他把精神分裂性遗传家庭区分为"系列"家庭和"网络"家庭两个类型。前者的家庭成员没有感受到彼此的利益，仅仅关心于不让家丑外扬。相当大程度上成员共同的存在是建立于害怕他人会说什么的基础上。后者以害怕、焦虑和犯罪感来维持家庭的共同存在，借助于道德威胁、精神压力与恐怖来维持成员共同的生活。它类似于犯罪集团，其中的相互支持只不过就是相互威吓。

　　莱因从精神分裂症的家庭生成观，推论到整个的社会关系，提出"幻想的社会体系或关系"的概念。他主张人类社会普遍存在着一种"幻想体系"，每个社会集团都是通过该体系对自己的成员发生作用，而社会集团赋予的经验成为其自我幻想的主要原因，集团中社会代言人有意或无意的欺骗，经常让人陷入不合理的状态之中。每个成员都不能超越大家都接受的幻想体系的界限，否则就会因破坏集团统一，而被视为"疯子"。社会集团出于关心病人，而将其送进精神病院，使他恢复清醒后，再回归整个集团幻想体系中来。所以，精神病学就变成了社会集团驯服与惩罚"越界者"的工具。于是，莱因从对导致精神病家庭环境的考察转向批评整个社会，并且最终走向了反精神病学。

## 五、莱因对需要心理学的贡献与其局限

　　莱因提出了精神病学的存在分析观，分析了精神分裂性个体的存在性不安状态，从自我分裂的演化指明了向精神分裂症发展的过程，形成了自己独特的精神疾病诊疗观，阐发了人际知觉理论和家庭生成观，用生成现象学的方法深入理解精神分裂性个体和精神分裂症患者的内心世界。

　　莱因对真实自我与虚假自我分裂而导致精神分裂症发作的心理机制的揭示，警示我们自我只有保持内在的完整统一，才能保障精神的健康。也就是说，追求内在的完整与统一是重要的自我需要，如果长期匮乏到一定程度，就会出现精神病症状。

　　莱因通过分析精神分裂症家庭，认识到家庭及社会集团对于精神分裂性个体的致病影响，特别是对虚假自我乃过度顺从他人意愿之结果的论断，实际上说明了环境需要力量的强大。家庭和社会集团作为精神分裂性个体的环境，为维护自身之存在会要求作为成员的精神分裂性个体来满足其需要，或者说，为

了满足自身的需要，会对成员提出要求，也就是环境需要和环境需要的个体化。但是一味满足环境需要及环境需要的个体化，而不顾及自己的需要，特别是自我需要，就会塑造出一个虚假的自我，造成自我的分裂，并可能持续发展成精神分裂症患者。然而，莱因后期过于激烈，跨越了真理的边界，走向了反社会、反精神病学的路线。

# 第六章　马尔库塞辩证哲学精神分析的需要思想

赫伯特·马尔库塞（Herbert Marcuse，1898—1979）为美国著名的新左派哲学家，法兰克福学派左翼的主将，被称为"青年造反者之父"，出生于德国柏林的一个犹太家庭。1919 年就读与柏林洪堡大学，主修德国语言文学。1921 年转入弗莱堡大学，主修德国文学，辅修哲学与政治经济学，完成博士论文《德国艺术家小说》。1922 年获得文学博士学位，毕业后从事了 6 年目录研究和编纂工作。1928 年回到弗莱堡大学跟随马丁·海德格尔（Martin Heidegger）进行哲学研究，在其指导下完成《黑格尔的本体论与历史性理论的基础》，因与海德格尔政见分歧，1932 年在希特勒掌权前几天离开德国。1933 年成为法兰克福社会研究所的正式一员，从此以法兰克福学派主要代表的身份活跃于西方理论学术界。他于 1934 年移居美国，1940 年加入美国国籍。他在第二次世界大战期间，担任华盛顿战略服务局研究员和美国国务院情报研究处东欧科代理科长，还参与研究过社会批判理论。1951 年起先后执教于哥伦比亚大学（1951）、哈佛大学（1954）、布兰代斯大学（1954—1967）、加利福尼亚大学圣地亚哥分校（1967）。

其主要著作包括：《理性与革命》（1941）、《单向度的人》（1946）、《爱欲与文明》（1955）、《苏联的马克思主义》（1958）、《马克思主义的过时》（1967）、《论解放》（1968）、《从富裕社会中解放出来》（1969）、《自由和历史使命》（1969）、《反革命和造反》（1972）、《审美之维》（1977）等。

马尔库塞整合了马克思历史唯物主义的辩证法与弗洛伊德的精神分析法，在存在现象学的立场上，批判发达工业社会的文明，提出了单向度理论和爱欲解放论。

# 第一节  单向度理论

## 一、需要及其鉴别

马尔库塞指出，生物性需要之外人类需要的强度、满足程度与特征，及相关行为的可取性与必要性受到现存社会制度与利益这一先决条件的制约。人类需要在此意义上，是具有历史性的。社会要求抑制个体发展的程度，决定了个体需要及满足它的权利服从于凌驾其上批判标准的程度。

马尔库塞建议要辨别出需要的真实与虚假。虚假需要指的是为特定社会利益而从外部强加给个体的需要，它使得艰辛、痛苦、侵略与非正义变得永恒化。虽然这种需要的满足会让个体感到快乐，却阻碍认识社会的病态并把握医治弊害时机这种能力的发展，不值得维护与保障。虚假需要具有社会内容与功能，取决于个体无法控制的外部力量，其发展与满足受到外界的支配，它们始终是由要求压制的势力所统治的社会的产物。衣、食、住等生命攸关的需要是要求无条件满足的需要，是含粗俗和高尚需要在内的一切需要得以实现的先决条件。评价各种需要及其满足的优先标准是最充分地利用人类现有的物质和智力资源，促使个体与所有人获得最充分的发展，普遍有效的标准应该是普遍满足根本需要和逐渐减轻贫困。但作为历史的评价标准则因地区与发展阶段而异，并或多或少会同现行的标准相矛盾。

马尔库塞发现："个人需要和社会需要之间的不和谐，个人在其中为自己而工作、为自己而说话的代表制的缺乏，导致了诸如民族、政党制度、公司和教堂这些共相的实在——这种实在不同于任一特殊的、可以辨认的实体（个人、团体或机构）。这些共相表现了物化的不同程度和方式。尽管它们确实独立存在，但毕竟是虚假的独立，因为那不过是组织社会整体的特殊力量的独立。以消解共相的虚假实体为目的的再转译依然是一种迫切的需要——但它是一种政治上的迫切需要。"[1]

他指出将价值准则转换成需要是一个双重的过程：一方面是物质的满足，即自由的物化；另一方面是需要在满足基础上的自由发展，也就是非压抑的升华。在这个转化过程中，物质与精神能力同物质与精神需要间的关系经历了根本性变化。在实现人与自然和解的实存过程中，思想和想象的自由游戏发挥着一种合理的指导作用。于是，正义、自由与人性的观念，在其有可能拥有真理和良心的唯一基础上，获得了人物质需要的满足和必然领域的合理组织。

## 二、单向度的社会

### （一）控制的新形式

马尔库塞深入地分析发达工业社会后，精辟地概括道："发达工业社会的显著特征是它有效地窒息那些要求自由的需要，即要求从尚可忍受的、有好处的和舒适的情况中摆脱出来的需要，同时它容忍和宽恕富裕社会的破坏力量和抑制功能。在这里，社会控制所强求的正是对于过度的生产和消费的压倒一切的需要；对于实际上已不再必要的使人麻木的工作的需要；对于抚慰和延长这一麻木不仁状态的缓和方式的需要；对于维持欺骗性自由的需要，这些自由是垄断价格中的自由竞争，审查制度下的自由出版，以及商标和圈套之间的自由选择。……工业社会最发达的地区始终如一地表现出两个特点：一是使技术合理性完善化的趋势，一是在既定的制度内加紧遏制这一趋势的种种努力。发达工业文明的内在矛盾正在于此：其不合理成分存在于其合理性中。这就是它的各种成就的标志。掌握了科学和技术的工业社会之所以组织起来，是为了更有效地统治人和自然，是为了更有效地利用其资源。当这些成功的努力打开了人类实现的新向度时，它就变得不合理了。为了和平的组织不同于为了战争的组织；为生存斗争服务的制度不能为生存和平服务。作为目的的生活本质上不同

---

[1]　［美］赫伯特·马尔库塞. 单向度的人：发达工业社会意识形态研究［M］. 刘继译. 上海：上海译文出版社，2014年4月第1版，174页。

于作为手段的生活。"[1]

以技术进步为基础的抑制性社会管理下，人们丧失了反对现状的思想这个内心向度，这个拥有否定性思考力量即理性批判力量的家园。在发达资本主义的商品生产自动化持续推进的过程中，从事异化劳动的主体形成了一种单向度的思想与行为模式，在该模式中，只要其内容超越了既定的话语和行为领域的观念、愿望与目标，就会受到排斥，或者再退化回这个领域。既定制度的合理性及其量化延伸的合理性重新定义这些单向度的思想与行为，并由政策制定者与新闻信息提供者加以系统推进。在其话语领域充斥着自我生效的假设，不断重复这些被垄断的假设，就会最终变为让人昏昏欲睡的定义与命令。

最高的劳动生产率可能使得劳动永恒化，最有效的工业化则能服务于限制和操纵需要。掩饰在富有和自由下的统治可能扩展到私人与公共生活的所有领域，从而一体化所有真正的对立，同化一切的替代性限制。技术合理性呈现出政治特征，成为更加高效的统治工具，并且制造出一处实际上的极权主义领域，社会与自然、精神与躯体则为保卫该领域维持着长久动员的状态。

### （二）政治领域的封闭

在工业文明高度发达地区所形成的总体动员的社会，在生产联盟中有效结合了福利国家与战争国家的特征，表现出如下为人所熟悉的主要趋势："在作为促进性、支持性有时甚至是控制性力量的政府干预下，国民经济按照大公司的需要进行集中；这种经济与军事联盟、货币整顿、技术援助和发展规划的世界性体系相协调；蓝领工人和白领工人、企业中的领导和劳工、不同社会阶层的闲暇活动及愿望逐渐同化；学业成绩与国家培养目标之间的预定和谐得到促进；公众舆论的共同性侵入私人事务；私人卧室向大众传播媒介敞开。"[2]

社会政治的一体化利用作为统治手段的技术控制减少了内部冲突，有效地

---

[1] ［美］赫伯特·马尔库塞. 单向度的人：发达工业社会意识形态研究［M］. 刘继译. 上海：上海译文出版社，2014年4月第1版，8～16页。

[2] ［美］赫伯特·马尔库塞. 单向度的人：发达工业社会意识形态研究［M］. 刘继译. 上海：上海译文出版社，2014年4月第1版，18页。

遏制了社会变革和离心趋势，让受管理者感觉生活是舒适、美好的，而放弃自主自决的权利。这样就提供了对立面一致化和单向度政治行为的合理的物质基础，在此基础之上，社会内部的超越性政治力量受到抑制，只有来自外部的变革才能使之发生质变。

福利国家的要求包括：大幅度增加政府的开支、指导与计划，扩大对外援助，全面保障社会安全，大规模建设市政工程，甚至实现部分国有化，等等。然而福利国家的全面管理却顺理成章地限制了可获得的自由时间、能用来满足个体根本需要的商品与服务的质量和数量，以及理解与实现自主自决可能性的才智，从而看似合理的福利国家仍然是一种不自由的国家。

### （三）文化领域的俗化趋势

持续增长的技术生产力和对人与自然不断扩张的征服不仅带来发达工业社会政治领域一体化封闭，还造成了文化领域的一体化。技术进步提供了文化普及的物质基础，清除了曾经为极少数上层人士所享有的高层文化中的对立与超越性因素，从而出现了流行的俗化趋势。

马尔库塞深刻地认识到："艺术异化即是升华。在此过程中，艺术创造的种种生活形象与既定的'现实原则'不可调和；但作为文化形象，它们正在变得可以容忍，甚至富有启发性和用处。现在，这一意象是站不住脚的。它们同厨房、办公室、商店的结合以及为生意和娱乐所发布的商业版本，在某种意义上就是俗化——在即时满足的调节下进行的替代。但就社会而言，这是处于'强势地位'的俗化趋势，它可以比先前许可得更多，因为，一方面它的各种利益已变成其公民内心深处的动力，另一方面它所赋予的各种欢乐也能促进社会的凝聚和满足。"[1]

制度化的俗化趋势似乎是单向度社会征服超越性的又一成就，导致思维器官在把握矛盾与相反可能性方面出现退化的结果，并且，幸福意识在单向度的技术合理性中日益占据压倒性优势。

---

[1]［美］赫伯特·马尔库塞. 单向度的人：发达工业社会意识形态研究［M］. 刘继译. 上海：上海译文出版社，2014年4月第1版，62页。

"'幸福意识'，即相信现实的就是合理的并且相信这个制度终会不负所望的信念，反映了一种新型的顺从主义，这种顺从主义是已转化为社会行为的技术合理化的一个方面。它之所以是新型的顺从主义，是因为其合理性达到了前所未有的程度。它对这样一个社会起着维持作用，这个社会已经减弱了——而且在其最发达地区已经消除了——先前那些历史阶段所具有的更原始的不合理性，它比以前更有规律地延长和改善生命。毁灭性战争尚未爆发：灭绝人性的纳粹集中营已经荡然无存。'幸福意识'拒绝联想。严刑拷打只发生于文明世界边缘的殖民战争中才得以重新作为一种正常事情而出现。在那里，它的实施并不违背良心，因为战争就是战争。甚至连那种战争也只发生在发达国家的边缘——它只蹂躏'不发达'国家。与此相反，发达国家却过着太太平平的生活。"[1]

### （四）话语领域的封闭

社会效益与生产力的日益增长开脱社会对人的统治，而这个发展壮大的社会会同化所遇到的一切，在吞并对立面并利用矛盾的过程中显示其文化优势。对资源的破坏与扩大的浪费，同样表现这个社会富有的程度已经到了让人们无忧无虑的地步。

"这种建立在社会不幸基础之上的福利和生产结构，把自己的影响渗透到了在主人和其依附者之间其调解作用的'媒介'中。社会宣传机构塑造了单向度行为表达自身的交流领域。该领域的语言是同一性和一致性的证明，是有步骤地鼓励肯定性思考和行动的证明，是步调一致地攻击超越性批判观念的证明。"[2]

在语言上的全面管理，让功能化语言从结构与活动方面击败非顺从的要素。

在公众话语领域，包含自明分析性命题的新术语引发巫术仪式规程般的标

---

[1]　[美]赫伯特·马尔库塞. 单向度的人：发达工业社会意识形态研究［M］. 刘继译. 上海：上海译文出版社，2014年4月第1版，72页。

[2]　[美]赫伯特·马尔库塞. 单向度的人：发达工业社会意识形态研究［M］. 刘继译. 上海：上海译文出版社，2014年4月第1版，73页。

准化反应，在反复被强行嵌入的接受者的大脑中，产生将意义封闭于规则所给予条件许可范围内的效果。压抑性分析结构的句法，引发亲昵感的人格化语言，运用连字符的省略语，首字母缩略语等官方认可的术语，都是反映单向度思想的统一的功能性语言，它坚决地反批判与反辩证法。理性的超越性、否定性与对立元素在这种语言中，被操作的、行为的合理性所吞没。

　　功能性语言实现控制的途径包括：减少语言形式与表征反思、抽象、发展及矛盾的符号；概念为形象所取代；否定或者吞没超越性的术语；不去探究而只是确立真与假并将之强加于人。然而，它还不是恐怖主义话语，只是一种魔术—仪式性的语言。人们虽然不相信其操作概念的陈述，却在行动中让这种陈述得到了辩护。

## 三、单向度的思想

### （一）失败的抗议逻辑

　　亚里士多德的形式逻辑力图为思维规则提供普遍有效性，它的意图符合科学的有效性与精确性，作为对既定现实逻辑上的模拟，它所系统表达的思维规则与社会法规有着保护性的一致。当代数理逻辑和符号逻辑就激烈反对辩证逻辑的立场而言，与老形式逻辑都表达了同样的思想方式。"对既定现实的否认能力、欺骗能力和作假能力的经验，被从隐约弥漫在逻辑和哲学思想源头的那一'否定性'中清除了出去。随着这一经验的消除，维持'是'和'应当'之间的张力、以其自身真理的名义来颠覆既定话语领域的概念性努力，也同样从所有必须客观、精准、科学的思想中被消除掉。因为对直接经验的科学颠覆——把科学真理同直接经验的真理对立起来——并没有使那些自身含有抗议和拒绝的概念得到发展。同获得接受的真理相对立的新科学真理，自身并不含有抨击既定现实的判断。"[1]

　　而辩证逻辑却依然是非科学的，并由于受到真实事物的制约，只能是具体

---

[1]　［美］赫伯特·马尔库塞. 单向度的人：发达工业社会意识形态研究［M］. 刘继译. 上海：上海译文出版社，2014年4月第1版，119页。

的而非形式的。具有内在否定性的思想对象是作为本质与现象间活生生的矛盾而存在的，制约对象结构的矛盾要素同样制约着辩证思维的结构。辩证逻辑既取消了形式逻辑的抽象性，又否定了直接经验的具体性。辩证逻辑所把握的现实，是作为经验材料中现实的人类历史实践。辩证逻辑把矛盾理解为思想对象的本性，是一种非操作性的思维方式，同科学与一般意义下的操作主义格格不入。其历史具体性既对立于定量化和数学化，又跟实证主义、经验主义相对立。因此，辩证逻辑正如非科学、非经验的哲学一样，看上去仿佛就是过去时代的残余，在更加有效的理论与实践面前它们退却了。

### （二）技术合理性和统治的逻辑

马尔库塞发现，通过把人身依附逐步更换为依赖市场、经济规律等"事物的客观秩序"，筹划并实施对自然加以技术改造的社会改变了统治的基础。"可以肯定，'事物的客观秩序'本身是统治的结果；但同样真实的是，统治也在产生更高的合理性——这一合理性下的社会一边维护其等级结构，一边又变本加厉地剥削自然资源和智力资源，并在更大范围内分配剥削所得。这一合理性的限制及其有害力量，表现在生产机构日益增进的对人的奴役中，这种生产机构使人的生存斗争永恒化，并使它扩大到破坏这一生产机构的建造者和使用者生活的整个国际斗争之中。"[1]

马尔库塞分析了从否定性思维到肯定性思维的转变，和科学方法内在的工具主义特征，即科学成为社会控制与统治形式的技术学。并且明确指出："现代科学原则是以这种方式先验地建构起来的：它们可以为一个自我推进、有效控制的领域充当概念工具；于是理论上的操作主义与实践上的操作主义渐趋一致。由此，带来了对自然愈发有效的统治的科学方法，通过对自然的统治而开始为人对人愈发有效地统治提供纯概念和工具。保持纯粹和中立的理论理性已经开始参与实践理性的事业。合并已经证明对二者都是有益的。如今，统治不仅通过提高技术而且作为技术来巩固和扩大自身；而后者为扩张政治权力提供

---

［1］［美］赫伯特·马尔库塞.单向度的人：发达工业社会意识形态研究［M］.刘继译.上海：上海译文出版社，2014年4月第1版，122页。

了强大的合法性，这又同化了文化的各方各面。"[1]

政治内容渗透入技术进步的过程中，技术的逻辑转变为持续存在的奴役状态的逻辑。事物的工具化作为技术的解放力量，转而变成了解放的桎梏，出现了人的工具化。科学对于一种制度化的生活形式来说，其功能趋向于僵化、固定与保守。以致它最革命性的成就也只是与现实的特定经验及组织相协调的建设与破坏。

### （三）单向度的哲学

哲学分析具有一定的治疗功能，它对思想与言语中的反常行为加以纠正，把暧昧、幻想与怪癖的成分排除掉或至少是进行揭露。经过纠正与改进后，这种经验主义的分析以肯定而告终，也就是说，证明了自身属于肯定性思维。

语言分析如同任何名副其实的哲学一样是不言自明的，它定义了自己对待现实的态度。它把揭露超验的概念认定为自己的宗旨，将语词的日常用法和各种流行的行为宣称是它的参照系。它限制其立场于哲学传统之内，也就是限制在与一些思想方式不相容的立场上，这些思想方式在与流行话语和行为领域的张力甚至矛盾中来阐述其概念。

实证主义哲学在阻碍人们通往超越常识与形式逻辑的知识领域的过程中，为自己建立起一个封闭自足的世界，对于引起动乱的外部因素防守十分严密。无论证实的条件是数学的、逻辑命题的，还是习惯的、例行的都没有区别。预判任何谓词的可能意义，就像口语、词典或代码一样宽泛。人们一旦把它接受下来，就将其视为一种不可超越的先验经验。

当代实证主义忽视或消除非科学、思辨的特殊哲学向度，已使其走入一个空谈具体性的全面贫乏的世界，导致它所创造的虚假问题比所毁掉的还要多。在清除形而上学幽灵及神话与幻想所致混乱的过程中，分析哲学概念化了当下现实技术组织中的行为，并且接受该组织的裁决。

"理智地消除甚至推翻既定事实，是哲学得到历史任务和哲学的向度。科

---

[1]［美］赫伯特·马尔库塞. 单向度的人：发达工业社会意识形态研究［M］. 刘继译. 上海：上海译文出版社，2014年4月第1版，134页。

学方法也远远超出了事实的范围，甚至同直接经验的事实相反。科学方法是在现象同实在的冲突中得以发展的。但是，思想主体与客体之间的中介却截然不同。在科学上，中介是被剥夺了所有其他特性的观察、测量、计算和经验的主体；抽象的主体筹划并定义抽象的客体。与此相反，哲学思想的客体同一种意识相联系，这一意识使具体特性进入概念及其相互关系之中。哲学概念保存并解释前科学的中介（日常实践、经济组织工作和政治行为），这种中介造成了实际存在的客观世界——在这个世界上，一切事实都是一个历史连续体中的事件和事变。"[1]

发达工业社会在技术上对精神与物质生产的有效操纵，导致神秘化中心出现转移。这个社会中最有效的神秘化工具不是非理性，而是理性，是对国家机构实施的全面技术合理化。正是物质与精神机器的总动员在从事这项工作，并且将其神秘化能力加诸社会。

"说这个元语境（meta-context）即是'社会'（Society），就是要使整体优于部分而实体化。但这一实体化发生于现实之中，而且就是现实；只有通过认识它并理解它的范围和原因，才能在分析中克服它。社会的确是向个人实施其独立权力的整体，它不是无法辨认的'幽灵'。在制度的系统内它有它的经验硬核，即人与人之间既定的、固定的关系。从它之中进行的抽象，证明测量、询问和计算都是虚假的——不过是在这样一种向度中，此向度并不出现于测量、询问和计算之中，因此不与它们相冲突，更不妨碍它们的进行。它们仍然保存着它们的精确性，同时又正在它们的精确性中神秘化。"[2]

总之，单向度的社会及其意识形态塑造了单向度的人，他们丧失了否定、批判与超越的能力，没有能力追求、甚至想象与现实不同的另类生活，而心甘情愿地生活在极权主义的发达工业社会之中。

马尔库塞精辟地总结："发达的单向度社会改变着合理性与不合理性之间

---

［1］［美］赫伯特·马尔库塞. 单向度的人：发达工业社会意识形态研究［M］. 刘继译. 上海：上海译文出版社，2014年4月第1版，156、157页。

［2］［美］赫伯特·马尔库塞. 单向度的人：发达工业社会意识形态研究［M］. 刘继译. 上海：上海译文出版社，2014年4月第1版，161页。

的关系。与这一社会合理性奇异而又疯狂的面貌相对照，不合理性的领域成为真正合理性的归宿——成为可以'促进生活艺术'的那些观念的归宿。如果既定的社会控制着所有正常的传播工具，并根据社会需求来使之生效或失效，那么与这些需求相反的价值除了幻想这一不正常的传播工具，也许就不会有其他传播工具了。审美的向度还依然保留着一种表达自由，这种自由使作家和艺术家能够叫出人和物的名称——能够命名其他情况下不能命名的东西。"[1]

## 第二节　爱欲解放论

马尔库塞解析了弗洛伊德的本能理论，诠释了本能的历史变迁。弗洛伊德把人类历史看成是人类被压抑的历史，分别从个体发生与属系发生的角度深入分析压抑性心理机制。在被压抑个体从儿童向有意识社会存在的发展，和在压抑性文明从原始部落向完全有组织的文明国家的发展过程中，追求纯粹、自在满足的快乐原则对占统治地位的现实原则进行破坏与反抗。完全满足自己的各种需要是人的首要目标，文明则以彻底抛弃该目标为出发点。不仅人的社会生存与生物生存受到文化的压制，人的一般方面与本能结构也都受到文化的压制。而且恰恰是这种压制成了文化进步的前提，文化的自由是通过个体的不自由得以表现的。人让本能有效地屈服于压抑性控制，不仅有来自外部的压抑，还有失去自由的个体内投主人的命令而形成的内部压抑。这样被压抑个体将反自由的斗争作为了自我压抑而自我繁衍，这种自我压抑反过来却支持其主人及所属机构。这种心理原动力在弗洛伊德眼中就是文明的原动力。

### 一、额外压抑与操作原则

马尔库塞引入了额外压抑与操作原则概念。正如人类苦难可区分出生物学根源和历史根源一样，压抑也可区分为必然的基本压抑和额外压抑。社会统治

---

[1]［美］赫伯特·马尔库塞. 单向度的人：发达工业社会意识形态研究［M］. 刘继译. 上海：上海译文出版社，2014年4月第1版，207页。

所必不可少的约束就称作额外压抑，它就是为了让人类在文明中永远生存下去，而进行的对于本能的必要"变更"。额外压抑可看作是在被压抑人格的总结构内为特定统治利益而维持的特定社会条件之结果。其程度就是衡量压抑的标准，额外压抑的程度越低，该阶段文明的压抑性就越少。

"在文明发展过程中，自然的超然性和社会关系组织发生了根本的变化。因此，压抑的必然性及由此而来的受苦的必然性，与文明的成熟、与所获得的对自然和社会的理性支配的程度发生同步的变化。从客观上说，本能抑制和本能限制的需要取决于苦役和延迟满足的需要。在物质和精神的进步大大减少了克制和苦役需要的时候，在文明实际上有可能大规模地释放那些用于统治和苦役的本能能量的时候，规模同等甚至更少的本能管制在成熟的文明阶段确可以导致更高度的压抑。"[1]

马尔库塞把现实原则的现行历史形式称为操作原则，意在强调在现代社会的这种特定现实原则的统治下，社会依据其成员竞争性经济的操作活动而被区分为各个阶层。它是一个持续发展的、进取的对抗性社会的现实原则，其前提是统治将变得越来越合理，这是由于对于社会劳动的控制正以更大规模、更好条件把社会再生出来。在漫长的历史发展过程中，个体的需要与机能因合理使用生产设施而得到满足，从而让统治利益同整体利益汇合起来。

马尔库塞指出："弗洛伊德理论的核心是'统治—反抗—统治'这种周期性的循环。但第二次统治不是第一次统治的简单重复。这种循环运动是统治的前进运动。从原始父亲、经过兄弟宗族、发展到成熟文明所特有的机构化权力制度，统治变得越来越非个人化、客观化和普遍化，同时也变得越来越合理、有效和多产。最后，在充分发展的操作原则统治下，使人屈从的，似乎正是劳动的社会分工本身（尽管物力和人力仍是必不可少的手段）。于是社会表现为一个持久的、扩展的有用操作体系。等级制的功能和关系披上了客观合理的外

---

[1] ［美］赫伯特·马尔库塞. 爱欲与文明［M］. 黄勇，薛民译. 上海：上海译文出版社，2012年4月第1版，76、77页。

衣，法律和秩序成了社会的真正生命。"[1]

## 二、爱欲与死亡本能

弗洛伊德认为，文明的出发点是对主要本能的有条不紊的抑制。他区分出对性欲的抑制和对破坏本能的抑制两种主要的本能组织形式，前者将导致集体关系的稳定与发展，后者将产生对人与自然的控制以及个体的、社会的道德。当两者的结合愈加有效地维持了更大集体的生命时，爱欲就将其对手压倒了，死亡本能在社会的利用压迫下只好服务于生命本能。然而正是文明的进步扩大了升华与控制攻击的范围；这两方面的原因却削弱了爱欲，释放了破坏性。这表明，所谓进步依旧属于本能结构中的一种倒退趋向，即归根到底还是隶属于死亡本能，而文明的发展则受到了某种虽然是被压抑的，但却不达目的誓不罢休的、持久冲动的反抗。统治、权力与生产的加强经由破坏而超出了理性必然性的范围，追求解放在追求涅槃面前显得自惭形秽了。

"涅槃原则在文明中的持久力量，说明了对爱欲的文化建设力量所加的压制的范围。爱欲在与死亡本能的斗争中创造了文化，它努力要在更大、更丰富的规模上保存存在，以便满足生活本能，使之免受不能实现、甚至被灭绝的威胁。但正是爱欲的失败，在生活中的不能实现，提高了死亡本能的价值。形形色色的倒退，都是对过度的文明所作的无意识反抗，是对压倒快乐的苦役和压倒满足的操作所作的无意识的反抗。有机体有一种最深层的倾向，它妨碍支配文明的原则，坚持要求摆脱异化。死亡本能的派生物与爱欲的各种神经症的反常表现一起参与了这一反抗。弗洛伊德的文明理论一再指出了这些逆流。虽然在既存文化看来，这些逆流具有破坏性，但它们恰恰证明了它们所要破坏的东西即压抑才是破坏性的。它们的目的不只是反对现实原则，实现虚无，而且要超越现实原则，达到另一种存在。它们表明了现实原则的历史性、有效性和必

---

[1]　[美]赫伯特·马尔库塞. 爱欲与文明 [M]. 黄勇，薛民译. 上海：上海译文出版社，2012年4月第1版，77页。

然性的限度。"[1]

### 三、超越现实原则

弗洛伊德发现幻想在整个心理结构中发挥着举足轻重的作用。它与无意识的最深层次与作为意识最高产物的艺术相联系，把梦想同现实联系起来；它还保存了人这个属系的原形，也就是说保存了持久的、却被压抑的集体与个体记忆的观念，被禁忌的自由形象也在其中得以保存。

弗洛伊德在元心理学中恢复了想象或幻想的应有权利。他指出："幻想，作为一种基本的、独立的心理过程，有它自己的、符合它自己的经验的真理价值，这就是超越对抗性的人类实在。在想象中，个体与整体、欲望与实现、幸福与理性得到了调和。虽然现存的现实原则使这种和谐成为乌托邦，但是幻想坚持认为，这种和谐必须而且可以成为现实，幻觉的基础是知识。想象的真理最初是在幻觉形成的时候被认识到的，是在创造一个知觉和理解的世界、一个既主观又客观的世界的时候被认识到的。这是在艺术中发生的情况。因此对幻觉的认识功能的分析产生了作为（审美科学）的美学。美学形式的背后乃是美感与理性的被压抑的和谐，是对统治逻辑组织生活的持久抗议，是对操作原则的批判。"[2]

美学通过对抗压抑性统治的理性秩序而确立了与之相反的感性秩序，将这个观念引入文化哲学就是为了解放感觉。这种解放能给文明提供一个坚实的基础，并且可以非常有力地增强其潜能。以导向自由的美为目标的消遣冲动可让审美功能发挥作用，它是生命本身的消遣，超越了欲望与外部的压制，摆脱了任何规律与需要的束缚，是无忧无虑生存与自由本身的表现。审美可使感觉、情感同理性的观念和谐一致，从而消除理性规律的道德强制性，让感性兴趣与理性观念调和起来。这样，人类的生存将不再是苦役劳动，而是消遣与表演。

---

[1]［美］赫伯特·马尔库塞. 爱欲与文明［M］. 黄勇，薛民译. 上海：上海译文出版社，2012年
4月第1版，94、95页。

[2]［美］赫伯特·马尔库塞. 爱欲与文明［M］. 黄勇，薛民译. 上海：上海译文出版社，2012年
4月第1版，128、129页。

这种在人类文明最成熟阶段能出现的非压抑性秩序，是一种富有的秩序，它要在用最少时间、最小身心能量来满足所有基本需要之时才有可能。

"消遣和表演作为文明的原则，并不表示劳动的转变，而表示劳动完全服从于人和自然的自由发展的潜能。消遣和表演的思想现在表明，它们完全摆脱了生产和操作的价值标准：消遣是非生产性的、无用的，这恰恰是因为它取消了劳动和闲暇的压抑性和开发性特征，它'只是消遣'现实。但它也取消了劳动和闲暇的崇高特征，即'较高的价值标准'。在一种自由文化出现的时期，理性的被贬斥与感性的自我升华是同等重要的过程。在现存统治制度中，理性的压抑性结构和对感觉机能的压抑性组织是相互补充和相互支持的。用弗洛伊德的话说，文明的道德乃是被压抑本能的道德，因此被压抑本能的解放，也就意味着对文明道德的贬低。但这些较高的价值标准在被贬低以后，又会重新回到它们一度曾与之分离的人类生存的有机结构中去，而这种重新结合又会转变这个结构本身。如果这些较高的价值标准不再远离并反抗低级机能，那么低级机能就可能自由地接受文化的影响。"[1]

## 四、爱欲的解放

弗洛伊德把爱欲定义为让生命体进入更大统一体以延长生命并使之发展到更高阶段的努力。"这个定义由于提倡非压抑性升华的观点而获得了更丰富的含义。生物内驱力成了文化内驱力。快乐原则则显示了自身的辩证法。爱欲的目标是要维持作为快乐主—客体的整个身体，这就要求不断完善有机体，加强其接受性，发展其感受性。这个目标还产生了爱欲自身的实现计划：消除苦役，改造环境，征服疾病和衰老，建立安逸的生活。所有这些活动都直接源于快乐原则，同时，它们也是把个体联合成'更大统一体'的努力。它们由于不再限于操作原则的摧残性范围，因此可以在改变冲动的同时又不使之与其目标相偏离。这里有升华，因而也有文化。但这种升华是在一系列扩展着的、持久的力

---

[1]　[美] 赫伯特·马尔库塞. 爱欲与文明 [M]. 黄勇，薛民译. 上海：上海译文出版社，2012年
　　4月第1版，177、178页。

比多关系中实现的，而这些力比多关系本身就是工作关系。"[1] 通过解放爱欲能够创造新的持久的工作关系，这是一种非异化的工作，是人体器官与机能的自由消遣，其本性就是满足爱欲。

在马尔库塞眼中，"人类的奋斗目标是快乐，它是自由与幸福——都被定义为真实需要的满足——的顶点。因此，快乐成了解放的一个理想，作为在世界之中存在的本真的表现，它把马克思主义的非异化劳动概念与弗洛伊德的非压抑性升华概念整合在了一起。马尔库塞的解放理论暗含着把爱欲从攻击性的、压抑性的个人主义中解放出来，主动地、自发地重建自然，即生物本能意义上的内在自然和我们周围环境意义上的外在自然"。[2]

马尔库塞描绘了一个实现爱欲的完整的上升路线，就是从对一个人到其他人肉体的爱，进展到对美的作品与消遣的爱，最终到达对于美的知识之爱。在现实中解放爱欲要运用革命的方式推翻制造额外压抑的现存社会秩序，而且要从社会的政治、经济、文化、意识形态等所有方面都进行根本性变革。用非压抑性原则取代操作性的现实原则，以实现人获得自由发展的革命目标。

## 五、马尔库塞对需要心理学的贡献与其局限

马尔库塞的社会批判理论从存在现象学的视角，综合黑格尔、马克思的辩证哲学与弗洛伊德的精神分析，分析了发达工业社会及生存于其中的人，批判了单向度的社会与思想，对为其所害而不自知的单向度的个体充满了同情。通过重新诠释弗洛伊德的本能理论，并提出额外压抑与操作原则的概念，洞悉了现存社会秩序对人的压抑原理。其实质就是强调社会需要及其社会需要的个体化所形成的巨大力量，严重阻碍并限制了个体需要的满足。他试图唤醒深受压制之苦的民众，起来用革命行动推翻非人的统治制度，解放人的爱欲，用非压

---

[1] ［美］赫伯特·马尔库塞. 爱欲与文明［M］. 黄勇，薛民译. 上海：上海译文出版社，2012年4月第1版，193页。

[2] ［美］赫伯特·马尔库塞. 哲学、精神分析与解放［M］. 黄晓伟，高海青译. 北京：人民出版社，2019年1月第1版，81页。

抑性的文明来取代发展到成熟阶段的工业文明。

他重点批判发达工业社会对人本性的压抑，并且没有超越生物还原论的框架，并意识到革命主体力量的薄弱，所以对于解放的前景感到黯然，对于要建设的新的社会制度缺乏清晰明确的认识，而只好停留在乌托邦的状态。

# 第七章　皮亚杰发生认识论的需要思想

让·皮亚杰（Jean Piaget, 1896—1980）是瑞士儿童心理学家，发生认识论的创始人，被誉为心理学史上除弗洛伊德外的一位"巨人"。他生于瑞士的纳沙泰尔，自幼聪慧过人，10岁发表有关鸟类生活论文，有"科学神童"之称。1915年和1918年相继获纳沙泰尔大学学士学位和博士（生物学）学位，后在苏黎世、巴黎从事过精神病诊治及儿童测验工作。1929年经克拉帕雷德推荐任日内瓦大学卢梭学院实验室主任，1941年任教育学院院长，并先后执教于纳沙泰尔、日内瓦、洛桑和巴黎等大学。曾先后当选为瑞士心理学会、法语国家心理科学联合会和第14届国际心理科学联合会主席，长期担任设在日内瓦的国际教育局局长（1929—1967）和联合国教科文组织助理总干事之职。他是瑞士《心理学杂志》主编，日内瓦《心理学文库》、巴黎《儿童》《辩证法》、美国麻省理工学院《语言学探究》等学术刊物编委。1955年，他在日内瓦创立"国际发生认识论中心"，并任主任，直至去世。皮亚杰被哈佛、巴黎、布鲁塞尔、剑桥、耶鲁、坦普尔等20多所大学授予名誉学位，并获得埃拉斯穆斯、巴尔赞、桑代克等多种科学奖。皮亚杰一生发表500多篇论文和50多部专著。其主要著作有：《儿童的语言和思维》（1963/1923）、《儿童的判断与推理》（1928）、《儿童的道德判断》（1965/1932）、《智慧心理学》（1963/1950）、《发生认识论原理》（1970）等。

发生认识论（genetic epistemology）是日内瓦学派的理论基础，在皮亚杰看来，它是一门跨学科的科学，是一种研究认识或知识的结构、发生发展过程及其心理起源的学说。

# 第一节　发生认识论概述

## 一、发生认识论的实质和核心

研究认识结构的历史发生与个体发生，即探究概念与范畴的发生、发展，为发生认识论的实质。发生认识论并不考虑个体是如何获得各种具体知识的，而更加关心知识的普遍结构及其形式。它主要致力于研究科学所必需的一些范畴，比如时间、空间、因果性与必然性、整体与部分、类别等概念及其所属的概念网络。

主客体相互作用的儿童发展心理学是发生认识论的核心。皮亚杰主张，主体与客体都不是认识的发端之处，联系主客体的活动才是认识的发源地，而主客体相互作用的过程为此活动的特性。儿童有关客体、时空与因果性等的心理发展，并非儿童对于现实的发现，而是儿童在建构现实。发生认识论的根本特征就是把发生和结构两大要素加以结合，将建构主义与结构主义统一起来。

发生认识论的主要内容有 3 个方面。

一是关于知识的心理起源。皮亚杰依据动作—运算这条线索阐明知识是起源于动作、内化为运算的。他把动作看作是感知的源泉与思维的基础。主体只有施加动作于客体，才能改变客体并获得对于客体的认识。外显的实际行动就是动作，而内化的可逆性动作即为运算。

二是有关知识结构的形成。皮亚杰认为，知识的形成，既不是经验论所说的外物的简单复本，也非预成论所讲的主体内部预成结构的独立显现，而是主体同外部世界持续相互作用中逐步建构起的一系列水平各异的认知结构。而儿童认知结构的发展，还表明了其智慧水平的提高与逻辑范畴及科学概念的深化。

三是关于知识建构的心理机制。皮亚杰发现了两种心理机制：第一种为反身抽象（reflective abstraction），指在高一层次上把先行阶段的动作结构或运算结构加以新的组合，从而将其整合入更高水平、较为丰富的新结构中。第二种即自我调节（self-regulation），指的是有机体可以改变自身的潜在能量。皮亚杰概括出自我调节的 3 个特点：自我调节为遗传性得以传递的前提条件；相比于遗传性的传递，自我调节更加普遍；自我调节最终可造成高级水平之必然性的出现。主体凭借这两种机制，能够不断提高知识的广度与深度，也可促进新结构常常处于建构的过程中。

## 二、发生认识论的基本概念

皮亚杰主张智慧即适应（adaptation），也就是说智力的功能便是帮助人们适应环境的。而适应则依赖于有机体的同化（assimilation）与顺应（accommodation）间的协调，让有机体同环境之间处于平衡（equilibrium）状态。适应的形成在皮亚杰看来，在生物学上为有机体的同化和顺应功能的平衡，在心理学上则成了主体与客体间动态、双向相互作用的平衡。

认识起因于主体与客体之间的交互作用，每一认识活动都含有相应的认识结构。图式、同化、顺应和平衡是认识结构的 4 个基本概念。

图式（schema, scheme）指主体的一种特殊认知结构，它把个体经验组织起来产生意义，为人类认识活动的基本模式。此模式系个体在遗传基础上所习得各种经验的整合，所建立的与外部现实世界相对应的一种抽象认知架构，在记忆中进行储存。在个体遇到外部刺激时，就会使用此架构去核对、了解和认识这一情境。婴儿最初的图式是一些遗传性的本能动作，是可遗传的反射图式。皮亚杰依据儿童智慧发展的进程划分出感知运动图式、象征图式、具体运算图式与形式运算图式。伴随着由最初的反射图式发展为多种图式间的协同活动，儿童的心理水平也在不断地提高。

同化指主体有效地把外部的刺激整合进已有的图式之中，并用它来进行解释。即同化是个体以其现有的图式或认知结构为基础去吸收新经验的过程。伴随认知的发展，同化表现出 3 种形式。一是再生性同化（reproductive assimilation），指基于儿童对于出现的某一刺激做出相同重复的反应。比如，一个幼小婴儿试着去抓一个悬挂的玩具时，虽然没有成功，却碰到了它，并引起了摆动。这种前所未有的经验让他感到新奇有趣，他会尝试让这一事件再次出现，并不断重复这种体验。二是再认性同化（recognitive assimilation），指基于儿童辨别物体间的差异并借此做出不同的反应。如上例中的婴儿再遇到一个新的悬挂的玩具就会同化到先前的图式时，运用的就是再认性同化。三是概括性同化（generalizing assimilation），指基于儿童知觉物体间的相似性并将其归于不同类别的能力。如上例中的婴儿在这种新的情况下，再重复做出先前的反应时，就是在运用概括性同化。

顺应指主体通过改造已有的图式或构建新的图式以适应新的情境。顺应与同化构成了智慧发展的两个基本机制，二者相互配合，形成个体对环境的适应。当主体遇到不能用先前的图式来同化新刺激情境的时候，就要对其进行修改或重构，从而可适应变化了的环境。一旦能够完成这一顺应过程，既可增强主体的同化能力，又使得认知会达到新的水平。

平衡指由同化与顺应过程均衡所造成的主体结构同客体结构间的某种相对稳定的适应状态。主体适应环境的同化与顺应这两大功能，皮亚杰强调，对于认知的发展来说都是必需的。而且同化与顺应所出现的相对量，对于主体的适应而言，也是同样重要的。如果仅有同化，就会将许多事物都视为类似的东西，无法看到事物间的差异，如此最终只能得到数量极少、过于粗略的图式。与之相反，倘若只有顺应，就会发现许多事物都存在差异，找不到事物的类似之处，这样最后便会导致个体仅有大量非常细小、缺少概括性的图式。独自存在的两者都会给适应带来困难。只有在同化和顺应的交替发生处于一种均势的时候，主体与客体的相互作用才能达到某种相对稳定的状态，即出现某种暂时的平衡。

在认知迅速变化的时期，儿童的认知处于失衡状态。这时原有的图式不能与新信息相匹配，只有通过顺应才能解决这一难题。对已有图式调整后，儿童就会运用这新的图式发展新的认知，即又回到了同化状态，直到现实要求对这一图式再次进行调整。在儿童的心理发展过程中，平衡可谓一个重要的环节，缺少了平衡，就不会有发展。平衡是动态而非静态的。适应的过程就是持续发展的平衡—不平衡—平衡的过程，也即皮亚杰所说的认识结构形成与发展的基本过程。

### 三、心理发展的影响因素

皮亚杰提出了儿童的心理发展是在内外因的相互作用中不断产生量和质的变化的心理发展观。他认为，有下述 4 个影响心理发展的要素：

**（一）成熟**

成熟（maturation）指机体的成长，尤其是神经系统与内分泌系统的发展，心理发展的生理基础就是成熟。

**（二）物理环境**

物理环境（physical environment）指影响个体心理发展的主体与客体因素，主要有两种经验。一是物理经验（physical experience），即主体在作用于客体的个别动作中，经由简单抽象而得到的客体特征之知识，比如物体的颜色、重量、速度等。二是逻辑数学经验（logic-mathematical experience），即主体在作用于客体的协调活动过程中，通过反省抽象而获取的关于此活动本身特征的知识，例如六七岁儿童玩几颗鹅卵石，由所积累的经验发现，鹅卵石的总量与其空间排列的位置、距离或者计数的顺序都没有关系。

**（三）社会环境**

社会环境（social environment）指的是影响个体心理发展的社会因素，包括社会生活、文化传播、文化教育和语言信息等。皮亚杰强调，社会环境以个体的认识结构为前提，通过社会互动作用而实现对于个体心理发展的影响。

**（四）平衡化**

平衡化（equilibration）是指个体心理的成长向着更复杂、更稳定的组织水平前进之过程。皮亚杰将平衡化看成是一种心理发展的最高原理，及决定心理发展的一个最重要因素。物理环境成熟因素本身尚不能构成发展的充分条件，而物理环境的经验或社会环境的作用也不能解释发展的连续性。平衡化作为第四个因素，并非凌驾于其他三个因素之上的额外过程，而是介入于所有遗传或获得的过程之中，介入于它们之间的相互作用中。平衡化主要通过个体的自我调节作用，以三种调节方式（即同化与顺应的调节、主体结构中各亚系统的调节、部分经验与总体经验的调节），来实现心理的持续变化与发展。由此可以看出，心理与智力发展的决定因素就是追求平衡化的内在倾向。平衡化促使同化与顺应和谐发展起来，使得成熟与物理环境和社会环境相互间处于协调状态，从而将个体的心理或智力水平真正地推向更高发展阶段。

## 第二节　认知发展阶段

皮亚杰倾注大半生精力，通过大量的观察和实验，按儿童智慧发展的水平，把儿童发展划分为感知运动、前运算、具体运算、形式运算 4 个阶段。

### 一、感知运动阶段

感知运动阶段又叫感觉运动期（sensorimotor stage），从出生～2 岁，相当于婴儿期。这是皮亚杰提出的认知发展的第一阶段，也是智慧的萌芽时期。此阶段儿童还没有语言和思维，主要靠感觉和动作探索周围世界，逐渐形成客体永存性（object permanence）观念。这一观念是指即使物体不在眼前，比如被其他物体遮住，儿童也知道这个物体仍然存在。永久客体在儿童的原始宇宙中是不存在的，这一情形持续到儿童开始对非我的别人发生兴趣为止，而他们所感兴趣的非我的别人就是他们最早认为的永久客体。

感知运动阶段儿童的思维特点就是直观行动性，"儿童进行思维的时候是跟对物体的感知、跟儿童自身的行动分不开的，思维是在动作中进行的。这时，儿童只能考虑自己动作所接触的事物，只能在动作中思考，而不能在动作之外进行思考，更不能考虑自己的动作，计划自己的动作，预计动作的后果"。[1]

儿童的活动成了日后分化为主体与客体间的唯一联结点，他们把其知觉范围内的一切事物都与自己的身体关联起来，仿佛自己的身体便是宇宙的中心。也就是说，"儿童最早的活动既显示出在主体和客体之间完全没有分化，也显

---

[1]　朱智贤，林崇德. 思维发展心理学［M］. 北京：北京师范大学出版社，1986年4月第1版，421页。

示出一种根本的自身中心化，可是这种中心化又由于同缺乏分化相联系，因而基本上是无意识的"。[1]

皮亚杰把感知运动阶段又划分为6个时期。

### （一）反射图式时期

反射图式时期为新生儿1个月以前的生命初期。皮亚杰认为构建感知运动智力的基石就是新生儿的反射活动。比如吮吸、抓握和定向注意等动作，都是遗传的反射活动。在这些反射活动中，同化的练习虽然没有超出固有的遗传装置的范围，但是，同化却在发展这些动作时完成了一种基本作用。与此同时，环境因素也起到了一定作用，按一定方式把它们加以协调。所以，不可以把反射看作是纯粹的自动化作用，而是应该看作是一种习得行为。这种反射图式以后的扩展可解释为感知—运动的同化作用的扩展，并且能够说明最初习惯的形成。这种习得行为是引进到早已形成的一个反射图式之中，并且通过整合原先与这图式无关的感知运动因素来扩展这个图式，使智慧进入下一个时期。

### （二）初级循环反应时期

初级循环反应时期是动作习惯和知觉的形成时期，为1～4个月的婴儿所处的时期。在这一时期，他们采用初级循环反应，也就是说对那些由基本的生理需要引发的偶然行为进行重复，开始学习自主控制自己的动作，从而形成了最初的习得性适应行为。比如，吮吸自己的指头，视线随运动的物体而移动，寻找声音的来源，等等。他们的行为模式表明，这是一个从机体到智慧之间的过渡时期。皮亚杰把这种习得行为的形成及其形成后变为自动化动作的现象称之为习惯，但是习惯与智慧是不同的。一个基本习惯以一般的感知运动图式为基础，从儿童主体方面来看这一图式，其方法和目的之间还没有产生分化。这种目的之达到仅仅是趋向目的的一系列动作的必要连续。儿童无从区别动作一开始所追求的目的以及从各种可能图式中所选择的方法。智慧活动却不然，动作开始时就有了明确的目的，并且寻求适当的方法来达到目的。这些方法由儿

---

[1]［瑞士］皮亚杰.发生认识论原理［M］.王宪钿译.北京：商务印书馆，1981年9月第1版，23页。

童已知的图式所提供，但是也可用以达到另一个来源于其他不同图式的目的。由于主体的经验在简单反射基础上加入了同化和顺应的因素，动作习惯已不再是纯机体的。如吃奶、听到声音、看到妈妈等。同化和顺应使得各个图式之间能够协调起来发挥作用。

### （三）二级循环反应时期

二级循环反应时期为 4～9 个月大的婴儿有目的的动作形成时期。在这一时期，婴儿能够坐起来，会够到或拿到物体并进行操纵，能够重复偶然作出的可导致有趣事件的动作。比如，儿童偶然用腿碰到挂在摇篮上的玩具的拉线，让玩具发出响声，引起了婴儿重复地用腿碰玩具拉线的动作。这种尝试的成功，促使婴儿愉快地重复这个新的触碰图式。这比前一期前进了一步，婴儿在其活动和客观事物之间建立了有一定目的的联系。这就是二级循环反应或称之为初生状态的新习惯，这时所取得的结果还没有和所用方法发生分化。以后只要在摇篮顶上挂一个新玩具，引起婴儿寻找玩具拉线的动作，以发出响声，这就使得目的和方法之间开始出现分化。再往后，从离摇篮两码远的一根竹竿上摇动一个物体，并在幕后发出意外的机械声音，在这些情景和声音消失以后，婴儿又会寻找并拉动原先那根神奇的线。基于后面的这个情况，此一时期的婴儿在没有任何物质联系的因果关系上，其动作虽然好像反映出一种幻术性的想法，但是当婴儿采用同样的方法试图达到不同的效果时，就可以表明婴儿已处在智慧的萌芽状态。但这个时期仍然是过渡时期，因为婴儿的发现是偶然的，是玩具会响的偶然发现引发了需要，而不是需要引出新的发现。而且，这里的需要也仅仅是单纯地重复动作而已。在这一时期，手段和目的之间还形成没有完全的分化，婴儿也没有获得客体的永存性。

### （四）二级循环反应的协调时期

二级循环反应的协调时期是 8～12 个月大的婴儿进行图式之间的协调，手段和目的之间的协调时期。在这个时期，婴儿能够把原有图式应用于新的、更为复杂的系列动作中去。婴儿的动作不再毫无目的，而是能够做出指向目标的行为。皮亚杰指出，这种有目标的系列动作是婴儿解决所有物体的基础。例如，在皮亚杰设计的著名的藏东西任务中，给婴儿出示一个有趣的玩具，然后藏在手的后面或者盖住它。这个时期的婴儿就能把障碍移开后再抓取玩具，即可以运用这样的两种图式来找到自己想要的东西。婴儿把藏起来的东西找出来，说明他们已经掌握了客体永存性，也就是说懂得了曾经见过的物体即使暂时看不见也仍然存在。只是这时他们的客体永存性意识还不够完善，会出现所谓的 A 非 B 寻找错误。具体来说就是，在隐藏地点 A 处，如果婴儿反复几次都可以找到某个物体，然后让婴儿看着把此物体再从 A 处移动到 B 处，婴儿还是会在 A 处寻找这个物体。皮亚杰指出婴儿在这一时期才真正开始发展客体永久性图式。他在对其 3 个孩子做实验时，发现他们都是在快满一周岁的时候，才会寻找被藏起来的东西。直到下一个时期，婴儿才懂得物体与自己的活动或感觉无关，是独立存在的。如果东西在他面前消失了，他就要寻找，而且要在他最后看到这个东西的地方才能找到。

此时已可以看到婴儿的实际智慧动作，他们开始不依赖原有的方法却能够达到一定的效果。工具性动作虽然出现得稍微晚一些，不过这种动作从它刚开始时就可明显地看出是作为方法之用的。比如，要取伸手拿不到的物体，婴儿就会抓住成人的手，向自己不能取得的物体方向拉动；或者取被一块布遮盖了的物体，就要成人用手揭开遮盖住物体的布。在这种进程中，婴儿的行为首次合乎智慧的要求，即适应新的环境。为了达到这个目的，就要求手段和目的间的协调，这种协调是新生的，而且在无法预见的情况下每次的创新都会有所不同，只不过所用的方法都是从已知的同化图式中产生的。显而易见，这一时期的婴儿能够把已知的方法应用于新的情境。他们还可以较好地预期事件，有时还能够用有意的行为对预期事件进行改变。

### （五）三级循环反应时期

三级循环反应时期是 12 ~ 18 个月大的婴儿的感知运动智慧时期。进入这个时期，一种新成分渗入婴儿的行为之中，即在分化作用的基础上，婴儿能够从已知图式中寻找新的方法。表现为婴儿会变换花样地重复各种行为。比如婴儿扔玩具玩时会不断变换扔的动作。这是婴儿使用工具行为模式的动力，也是其感性智慧发展的顶点。这时的婴儿能够用这种有意的方式探索周围的世界，能够更好地解决他们遇到的问题。皮亚杰举了一个观察事例来说明这种进步。在枕头上放一只手表，婴儿想要直接取表，但是他的手够不到表。不过，在抓取过程中，他抓住了枕头，拉枕头时也带动了表，等足够近时就把表抓住了。变化一下试验设计，把第一个枕头斜放在第二个枕头的下面，第二个枕头上放着手表。婴儿先是拖动第一个枕头，发现表没有动，再仔细观察一下，就再拖过来第二个枕头，然后就拿到了表。婴儿这时灵活多样的动作模式促使他们可以模仿更多的行为，例如，涂鸦、搭积木和扮鬼脸等。

### （六）心理表征时期

心理表征时期是18个月～2岁的婴儿的智慧综合时期。在这一时期，婴儿能够寻找新的方法，不仅运用外部的或者身体的摸索，而且也运用内部的心理联合，实现突然的理解或者顿悟。例如，婴儿面前放着一只稍微开口的火柴盒，里面有一只顶针，他首先采用身体摸索的方式，试图直接打开这个火柴盒，但是没有成功。然后出现了一种全新的反应，他停止了动作，细心地观察情况。在此过程中，他的小嘴巴缓慢地一张一合了几次，或是像另一个婴儿做的那样，他的手似乎在模仿把火柴盒的口张大的样子。突然，他把手指插进盒口前后拨动，成功地把火柴盒打开，并且拿到了顶针。这是一个感知运动时期终结和向下一阶段过渡的时期。

这个时期婴儿对问题的顿悟时解决，就好像他们能够在大脑中对动作进行试验，说明了他们可以在心理上表征自己的经验。这种大脑对可操纵信息的内部表述就是心理表征，主要包括表象和概念两种类型。

延迟模仿在这里指的是，婴儿去重复已经不在眼前的榜样行为。6周左右的新生儿就已经出现延迟模仿行为，如模仿一个曾经观察过的陌生成人的面部表情。随着婴儿动作能力的发展，逐步可以模仿操纵物体的动作。12～18个月的婴儿已经能够熟练地通过延迟模仿丰富其感知运动图式。14个月的婴儿更可能模仿榜样有目的的行为，18个月左右的婴儿已能够模仿成人打算去做的行为，两岁大的婴儿可以在假装游戏中模仿诸如妈妈、老师、同伴等许多社会角色的行为。心理符号在婴儿感知运动阶段的末尾已经成为他们的主要思维工具。

在以上 6 个时期贯穿着婴儿行为图式的变化，由最初的遗传性反射图式，在环境的影响下，逐步发展分化成多种图式及其他们之间的协同活动。每种图式在其发展过程中都会受到同化和顺应作用而发生变化。

在皮亚杰看来，感知运动图式以 3 种显著而且连续的形式依次表现出来的。"最初的形式是节奏—结构（rhythm-structures），例如，婴儿的自发的和整体的运动中，其发射无疑就是此类运动的逐渐分化。因此，个别反射的本身仍然依赖于一种节奏性的结构，这不仅存在于它们的复杂的运动中（如吸吮、转动），而且也存在于这些反射所包含的重复性的运动中。其次出现的各种调节（regulations），这是按照各种图式使最初的节奏开始分化。这些调节的最共同的形式，便是探索和控制最初习惯的形成以及探索和控制最初的智慧动作。这些调节含有回路系统，或称为反馈，通过逐渐纠正的逆向效果，使达到半可逆性或近似可逆性。最后开始出现可逆性（reversibility），它就是日后的'运算'的起源。但是，早在感知—运动阶段这种实际位移群形成时，可逆性就已发生作用了。可逆性结构的最初成果，便是'守恒'或'不变群'概念的形成。在感知运动水平时，位移的可逆性会产生一种类似的不变性，即以'客体的永久性'的形式出现。但是很显然，在感知运动水平时，无论是动作的可逆性或是这种守恒都是不完整的，因为它们还缺乏内部的心理象征。"[1]

在婴儿一到两岁期间，发生了在实物性动作水平上的哥白尼式的革命，即婴儿的活动不再以自己的身体为中心了。他们开始把自己的身体看作处于一个空间中的许多客体中的一个，并且意识到自己的身体是活动以及认识的来源，于是他们的活动就变得协调并彼此关联起来。主动性是任意两种活动取得协调的前提，它超越于外部客体与主体自身间的直接的、行为上的相互作用之上。让客体发生位移才能使活动得以协调，这些位移一旦被协调起来，如此逐步加工制作而成的位移集合就使得安排客体在一个有着确定次序的位置上成为可

---

[1] 朱智贤，林崇德. 思维发展心理学 [M]. 北京：北京师范大学出版社，1986年4月第1版，426页。

能。"于是客体获得了一定的时空永久性，这又引起了因果关系本身的空间化和客观化。主客体的这种分化使得客体逐步的实体化，明确地说明了视界的整个逆转，这种逆转使主体把他自己的身体看作是处于一种时空关系和因果关系的宇宙之中的所有客体中的一个，他在什么程度上学会了怎样有效地作用于这个宇宙，他也就在什么程度上成为这个宇宙的一个不可分割的组成部分。"[1]

## 二、前运算阶段

前运算阶段又叫前运思期（preoperational stage）：2～7岁，相当于幼儿期。它为皮亚杰所说的认知发展的第二阶段。在此阶段，儿童的各种感觉运动行为模式开始内化为表象或形象模式，尤其是因为语言的出现与发展，使得儿童逐渐频繁地用表象符号来代替或者重现外部事物，出现了表象思维（Imaginal thought）。这一阶段主要特点包括：①相对具体性，儿童思维时开始依赖表象，但还缺乏逻辑运算思维；②不可逆性，可以理解 A=B、B=C，但不会推导出 A=C，而且没有概念守恒（conservation）的结构；③自我中心性，儿童只能站在其自身经验的中心，只能以自己参照才可以理解其他事物，而对他人或外部事物的存在缺乏认识，对于自己的思维过程也意识不到。所以，又把前运算阶段称作自我中心思维（egocentric thinking）阶段，并可划分为象征思维和直觉思维两个时期。

### （一）象征思维时期

2～4岁为象征思维时期，是前运算阶段思维的第一水平。儿童开始形成运用语言符号、象征游戏和延迟模仿等示意手段表征外界客体的能力，但此时还属于前概念性思维，在概念的一般性与其组成部分的个别性之间徘徊。儿童还没有形成抽象概念，其概念尚停留在离不开活动的具体概念水平上。

活动的内化就是把活动的图式转化为名副其实的概念，即使是非常低级的前概念，实际上就是概念化。内化了的活动明显比感知运动性活动进步，产生

---

[1]　[瑞士]皮亚杰.发生认识论原理［M].王宪钿译.北京：商务印书馆，1981年9月第1版，25页。

了新的特性。在概念化的活动水平上，活动的主体和活动对象都被设想为具有持久特性，活动本身则已经被概念化，成了能够用给定的或者类似的逻辑项表征出来的诸多转换中的一个特定转换。经由思维的中介作用，活动被置于广阔得多的时空之中，而且作为主客体间的中介物被提高到一个新地位。随着表象思维不断向前进展，思维与其相应客体间的时空距离都在相应地增加。也就是说，一系列在特定瞬间各自发生的实物活动能够用一些表象系统进行完满的表征，在这些表象系统中，可以用一种差不多是同时性的整体形式，把无论时间上过去、现在与将来，还是空间上距离远与近的活动或事件，都显现在头脑之中。

于是在这个前运算的表象性认识时期，起初就沿着两个方向有了相当大的进展。这两个方向分别是主体内部协调方向和客体之间的外部协调方向。在主体内部方向，也就是产生将来的运算结构或者逻辑数理结构的方向，儿童很快就能够完成初步推理，进行空间图形分类，建立对应性关系，等等。在客体外部方向，也就是形成包括空间结构和运动结构在内的因果关系方向，儿童较早就会提出"为什么"的问题，这是他们开始因果性解释的标志。

从感知运动性行为进展到概念化活动，不能仅仅归功于社会活动，还有包括符号功能在内的前语言智力全面发展的功劳，以及模仿活动内化为表象形式的作用。当然，语言获得后，其促进作用是非常明显的。因为语言是最灵活的心理表征形式，通过它可以区分出行动和想法，使认知变得更为有效。当婴儿学会用语言来思维时，就能够克服当前体验的局限性，可以通过语言处理不同时段的问题，并且用独特的方式把概念整合起来。

皮亚杰认为，儿童通过玩假装游戏能够练习和强化新获得的图式。这种与同伴一起假装别人行为的社会剧游戏，产生于两岁半左右，并在以后的几年中迅速发展。这种游戏经过了一个逐步脱离现实生活，自我中心性不断减弱，组合不同的图式成为更为复杂的组合图式的发展过程，促进了其各种认知能力以及社会交往能力的发展。

然而，从感知运动图式过渡到概念是一个缓慢费力的分化过程的结果，主要依赖于同化性转换作用。感知运动图式与概念间同化形式有着显著的差别，感知运动图式的同化形式还没有把客体的特性跟相关主体活动的特性充分区开来。而概念的同化形式虽然仅牵涉到客体，但是却既涉及眼前的客体，又涉及不在眼前的客体，从而能够迅速促进主体摆脱对于当前情境的依赖，使得主体能够自由灵活地对客体进行分类、排序和建立对应关系等等。

没有量的规定的前概念，和没有概念相对性的前关系，为活动图式与概念间的中途，这是由于根据与活动相对的表象没有足够的客观性来对待当前的情境。在2～4岁儿童的象征思维时期，存在于主客体之间的中介物仍然仅仅是一些前概念和前关系；另外，这时赋予客体的唯一的因果关系仍然处于心理形态的水平上，还完全没有从主体的活动之中分化出来。儿童会把客体当作活的东西，赋予从模仿推、拉、吸引等活动而来的任何力量，可以直接接触，也能够远距离地发挥作用，客体的活动可以不去管作用力的方向，或者是沿作用者活动的方向，也不因客体受力点的不同而转移。

概念所含客体之间的彼此同化提供了分类的基础，产生了概念的第一个基本特性，就是用"所有"和"某些"等量词从量上加以规定。另外，客体属性包容的范围有多大，就会在多大程度上由客体比较中所固有的同化作用使这个特性具有相对的性质；同样，这种概念性同化的基本特性就是形成超出为谓词归属所固有的虚假绝对性的关联。

由于前运算阶段的儿童还不能进行遵循逻辑规则的心理操作，即逻辑运算，其思维受到往往局限于某一时间、某一情境的一个方面，思维显得呆板。在象征思维时期的主要缺陷就是极端的自我中心主义，只会围绕着自我，从自身的角度看待问题。皮亚杰认为，儿童最初对世界进行心理表征的时候，关注的仅仅是自己的观点，把别人的知觉、感受和思维当成和自己是一样的，还不能把自己与别人的符号性观点区分开来。如下图所示，皮亚杰的三山问题就是对自我中心主义的最令人信服的证明。

图7-1　皮亚杰的三山问题

> 三座山的颜色和山顶都不同。一座山上有红色的十字架，一座山上有一间小房子，第三座山上有积雪。前运算结算的儿童是自我中心的，他们不能说出从布娃娃那个角度看到的离布娃娃最近的那座山，而认为离自己最近的山就是离布娃娃最近的山。[1]

自我中心主义使这个时期的儿童有一种泛灵论的思维倾向，即往往认为无生命的客体的性质与有生命的机体类似，比如也有思想、情感和意愿等。由于这时的儿童常常把人的意图赋予物理事件，所以表现出一种普遍的魔幻式思维。3～4岁的儿童大部分相信神仙、精灵和妖魔具有超自然的力量，他们不明白的事件都可以用某种神秘力量来加以解释。

新的研究发现，皮亚杰夸大了儿童的泛灵论思维倾向，他的问题涉及的物体都是儿童很少有直接经验的，如太阳、月亮和云彩等。实际上，婴儿较早就能够区分出有无生命的物体，两岁半的婴儿就可以做出具有心理意义的解释。比如他们会对着人或动物说"我喜欢"或"我想要"，但对着无生命的物体就不说这种话。

这一时期儿童的分类仅仅是形成形象的集合体，也可以这样说，要形成个体元素的集合体，不仅是依据元素间的相似与差异，还是根据不相干物体间的关系，特别是要符合赋予集合体以空间上完形的需要，就像集合体本身只是因

---

［1］［美］劳拉·E·伯克.伯克毕生发展心理学：从0岁到青少年（第4版）［M］.陈会昌等译.北京：中国人民大学出版社，2014年1月第1版，240页。

为受到个体特性的限制才存在似的。这是由于儿童此时还不具备把内涵和外延区分开来的能力。例如，在内涵和外延还没有分化的时期，儿童往往会认为从由 10 个因素组成的集体中抽取的 5 个因素，没有从 30 个因素组成的集体中拿出的 5 个元素多。

### （二）直觉思维时期

4～7 岁儿童的直觉思维时期，为前运算阶段思维的第二水平。此时的儿童已开始由前概念思维往运算思维阶段过渡，但其判断还受到直觉自动调节的限制。皮亚杰指出，这个时期的标志就是开始解除自身中心化，并且通过组成性功能来发现某些客观的关系。这时自我中心化的解除，已经不仅仅是上一水平时期的局限于具体活动之间，而是在概念或者概念化了的活动之间进行。代表客体相互关联属性的两个项的变化有着依存关系，在这种意义上的功能结构是一种非常富有成效的组成性功能结构。结构还不能做出有效的量的规定，而仅仅是一种质的或顺序的划分。组成性功能本身是定向的，缺乏可逆性（reversibility），因而不能引起必要的守恒（conservation）。

例如，把水从一个玻璃杯倒到另一个不同形状的玻璃杯之后，会认为容器中的水量有了变化；两个等长的水棍两端放齐才认为是等长，把其中一根稍微放前一些，就认为它长了一些。这说明此阶段的思维既没有运算的可逆性，也没有集合体的守恒或物质的量的守恒，尚停留在半象征性的思维状态之中。

可逆性指的是从心理上按照运算的各个步骤的相反方向，从终点再返回到起点。此时儿童的思维具有不可逆性，也就是说他们只会往前进行操作，不能倒过来做反方向的操作。

守恒是指客体的外表尽管发生了变化，但是它具有的一定物理特征仍然保持不变。皮亚杰设计了一些守恒任务，如下图所示，通过细致考察，发现了前运算阶段儿童在这方面的思维缺陷。如在研究儿童的液体守恒时，先让儿童看两个一样的杯子，并确认里面的水量相同。然后把其中一杯水倒入一个矮而粗的杯子中，问这个儿童水量是否发生了变化。前运算阶段的儿童会说水量与原先不一样了，有的认为水变少了，因为水位变低了；有的说水变多了，因为水面变宽了。

| 守恒任务 | 最初呈现 | 改变以后 |
|---|---|---|
| 数量 | 两行的硬币数是否一样多？ | 现在两行的硬币数是否一样多？ |
| 体积 | 这两团泥土一样多吗？ | 现在两团泥土一样多吗？ |
| 液体 | 这两杯水一样多吗？ | 现在两杯水一样多吗？ |
| 重量 | 这两团泥土一样重吗？ | 现在两团泥土一样重吗？ |

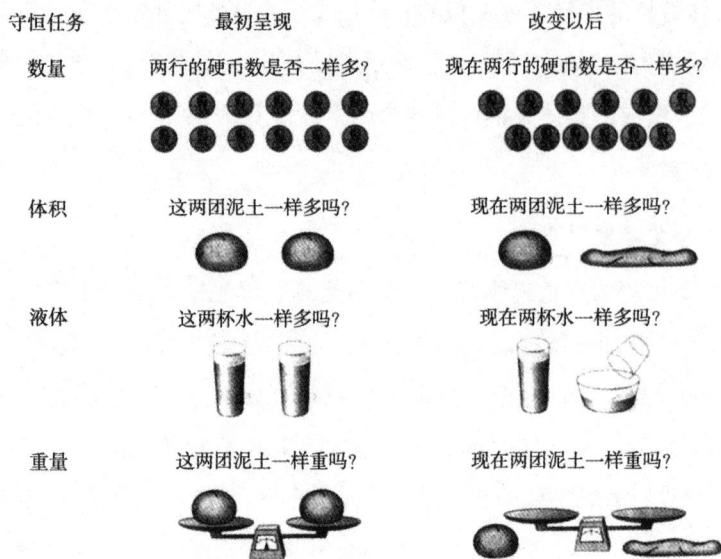

图7-2　皮亚杰设计的几个守恒任务

前运算阶段的儿童还不能守恒。他们将在具体运算阶段逐渐掌握这些任务。西方国家儿童一般是先掌握数量守恒，然后是体积守恒，6～7岁可完成液体守恒，8～10所完成重量守恒。[1]

5～6岁的儿童，随协调性同化的进展能够把个体从类中分离出来；这时集合体不再是形象的集合体了，而是由没有空间完形的小群元素组成的集合体。但还没有达到用"所有"和"某些"做量的判断的水平。由于逻辑运算能力的缺乏，这个时期的幼儿也很难进行等级分类（hierarchical classification），即依据客体的相似性与差异性进行分类及进一步划分出子类。如下图所示，皮亚杰的类包含问题清晰地表明了这种局限性。这个阶段的儿童关注点在黄色这个主要特征上面，思维又没有可逆性，不知道黄花和蓝花这两个子类其实是包含在花这个大类里面的，才错误地认为黄花比花多。

---

[1]［美］劳拉·E·伯克.伯克毕生发展心理学：从0岁到青少年（第4版）[M].陈会昌等译.北京：中国人民大学出版社，2014年1月第1版，241页。

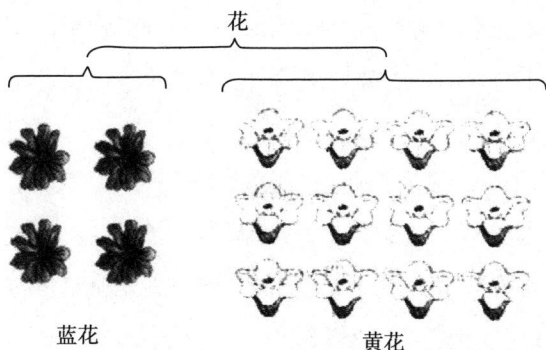

图 7-3　皮亚杰的类包含问题

　　给儿童呈现 16 朵花，其中 4 朵是蓝色的，12 朵是黄色的。问儿童黄花多还是花多，前运算阶段的儿童会回答"黄花多"，他们还不懂得，黄花和蓝花是包含在花这个类别里面的。[1]

　　这个时期的儿童还没有掌握组成推理的基本形式，还缺乏公式"如果 A（R）B，且 B（R）C。那么 A（R）C。"所表达的传递性。比如，在一个实验中，如果让被试看见 A 和 B 两根棍子在一起，且 A ＜ B；然后再看见 B ＜ C 的两根，在他不能同时看到 A 和 C 的情况下，是得不出 A ＜ C 的推论的。在另一个实验里，给被试呈现 A、B、C 3 个不同形状的玻璃杯，A 里面的液体为红色，B 是空的，C 里面装的是蓝色液体。然后，用一块幕布挡着，不让被试看到这样的操作过程：把 A 中的液体倒入 B 里面，C 里的液体倒入 A 内，B 中的液体再倒入 C 里面。让被试看着这个结果进行解释，被试会认为直接把 A 中的液体倒入 C 内，C 里面的液体直接倒入 A 中，空着的 B 杯则没有用到。他甚至要尝试做这样的互换，直到承让其实是不可能的。

　　在通过具有因果关系的通过中介物的传递过程时，同样可以发现儿童缺乏传递性观念。比如，用一个弹子照直冲击呈一行排列的许多弹子中的第一个，却发现只有排在最后的一个弹子被冲得滚开了。这个时期的儿童还不会像他们

───────────

[1]［美］劳拉·E·伯克.伯克毕生发展心理学：从 0 岁到青少年（第 4 版）［M］.陈会昌等译.北京：中国人民大学出版社，2014 年 1 月第 1 版，241 页。

在下个阶段那样，能够理解冲击作用通过中间的许多弹子传递到了最后一个弹子。他们认为似乎每一个弹子都推动了下一个弹子，存在着一种连续不断的直接传递作用。

新的研究发现，4～8岁的儿童随着对物理事件及其原理的日渐熟悉，他们的魔幻思维在逐步减少。多数儿童渐渐懂得，圣诞老人是由人扮演的，魔术师的神奇表演都是骗人的。在周围人们的影响下，先前熟悉的一些神话人物并不是真实存在的认识在逐步扩大范围。

婴儿虽然难以完成皮亚杰设计的类包含任务，但研究发现婴儿很早就能把他们的日常知识归入嵌套式的类别中去。7～12个月的婴儿就开始形成一些大的类别，如餐具、玩具、家具、动物和植物等。在这样的每一个类别中都包含着许许多多具有相同功能但是外表迥异的物体。2～5岁的儿童已经能够对同一类物体看不见的特征进行推理。儿童很快对大的类别进行细化，逐步形成了一些具有中等概括程度的基本类别，比如，包含在家具大类里面的桌椅、沙发和床铺等。3岁末的儿童能够在基本类别与高级类别之间自如地转换，并能够从基本类别中再划分出子类。例如，从床这个基本类别中，再细分出儿童床、单人床和双人床等子类。

### 三、具体运算阶段

具体运算阶段又叫具体运思期（concrete operational stage），7～10岁，相当于小学阶段。这是皮亚杰所说的认知发展的第三阶段，这一阶段是在前运算阶段的许多表象图式融合、协调的基础上，儿童开始表现出逻辑思维与真正运算的能力，其思想开始有较大的易变性，出现可逆性，逐步获得各种守恒概念，能解决守恒问题，可凭借具体事物或形象进行逻辑分类和认识逻辑关系。但是，这种运算仍具有局限性。一是这一水平的运算是直接同客体有关的，还不具有足够的形式化，尚脱离不了具体事物或形象的支持。二是运算还是零散的、孤立的，运算结构的组成是一步一步进行的，不会按照任一组合原则来组织，还不能组成完整的系统。这一阶段又划分出两个水平时期，即7～8岁的第一水平和9～10岁的第二水平。

### （一）具体运算阶段的第一水平

7～8岁这个年龄阶段，通常标志着概念性工具发展的一个决定性的转折点（从前运算到运算）；这些儿童的内化了的概念性活动因具有了可逆性转换的资格而获得了运算的地位，这些转换让某些变量发生变化，另外一些变量则保持不变。这种基本创新必须视为协调得到进展的结果，运算的基本特征就是形成可闭合系统或者结构，这使其保证可借助于正转换与逆转换而形成组合的必要条件。

运算可逆性的基础就是把预见与回顾融合成为一个单一的活动。儿童在序列化方面的进程就能清楚地表明这种进步。在要求儿童把十来根长度差别很小的棍子依照顺序进行排列时，前运算阶段第一水平的儿童只能把这些棍子分成一对一对的，或者3个一组，却不会把它们按照单一的序列进行排列。前运算阶段第二水平的儿童在经过尝试错误和改正错误的过程后，能够排列出正确的序列。在现今具体运算阶段的第一水平这个阶段上，被试常常会采用逐步排除法的策略，先把最短的棍子找出来，然后再从余下的棍子中找出最短的来，排在第一个的后面，以此类推，直到排出一个由短到长的单一序列。显然，这里存在这么一个假定：任意一个元素 E 既长于已经摆出来的各个要素，同时又比还没有摆出来的各元素短，即 E > D、C、B、A，E < F、G、H 等。所以，这一阶段引入的创新可以同时运用 ">" 和 "<" 这样两种关系，而不像前期的儿童那样用一种关系排斥另一种关系，或者用尝试错误那样没有系统性的替换方式来处理关系。也就是说，在此之前各水平的儿童只能沿着单一方向来处理关系，当问及另一个可能方向时，他们便会感到困惑不解。而从今以后，儿童在处理关系时能够同时考虑到两个方向，并且可以很容易地在两个方向之间进行转换。因此可以说预见与回顾在这种情况下相互联系起来，这样有助于系统可逆性的发展。

预见与回顾的融合意味着系统的自身闭合，系统的闭合性这一运算的另一个极限特性会牵涉到一种实质性的创新，即系统的内部关系获得了必然性，并且同前一阶段如果没有了联系，就不再往下继续建构。这些内部关系于是就呈现出两个相互关联的特性，即传递性与守恒性，它们为今后这同一水平上的一切运算结构所共有。

诸如"如果 A < B，且 B < C，那么 A < C。"这种关系的传递性与系统的闭合性紧密相连，传递性只有通过 A < B < C 诸元素的同时被知觉才能成为自明的。主体能在什么传递上预见到两种相反关系的同时存在，传递性就会在什么程度上呈现为系统的一条规律，这恰恰是由于存在着一个闭合的系统，因为在这个系统中每个元素所处的位置都是事先由形成系统过程中所运用的同一种方法决定的。

作为运算结构形成的最好指标的守恒，跟传递性和系统的闭合性都密切地联系在一起。守恒与传递性的联系显而易见，一方面，这个阶段的儿童会根据 A=B 和 B=C，就能知道 A=C，因为他们发现了从 A 到 C 有某种特性在保持不变；另一方面，如果他们承认 A=B 和 B=C 这两个守恒的必然性，就会用同样的道理推导出 A=C 的结论。

自我闭合结构的内在转换既不用超越这个系统的极限，也不要求出现任何的外部元素。这个闭合系统所特有的组合性，可以通过本阶段儿童守恒的三类常用的主要证据得以表明。在最为常见的一种论据中，被试说从 A 状态改变为 B 状态的同一客体所含数量保持不变，是因为既没增加什么也没减去什么，或因为东西还是原先的。在第二类论据中，说明 A 到 B 守恒的理由就是可以再从 B 状态回复到 A 状态。第三类证据就是被试说数量未变，是因为客体在加长的同时又变窄了。或者根据关系的互反产生的可逆性，被试有时也会说一种变化补偿了另一种变化。显然在这些场合，儿童是从一个闭合系统的整体进行思维的。他不去估量所发生的变化，只是先验地用一种纯粹演绎的方式来判断变化的补偿作用，这里暗含了整个系统不变性的初步假设。

这个相当大的进展从逻辑角度来看，是具体运算阶段开始的标志。它显示出了一切运算建构的 3 个相互联系着的方面：有使高级结构从低级结构产生出来的反身抽象，由此形成了归类关系与顺序关系；有朝向产生闭合系统的新协调，它将这样两种关系联结成为一个整体；有这种协调过程所伴随的自我调节，它容许从正反两个方向进行系统内的转换以达到平衡，从而能够保证每个整体或者子整体的守恒。数表现为归类和序列化运算的融合，并且数与归类相互促进，从最初的结构就存在有归类和顺序关系的反身抽象以服务于多种目的，在类、关系与数这 3 个基本结构间则有着可变的旁系关系。

与这些运算平行形成起来的还有空间性运算，只不过归类不再以相似性和质的差别作为依据，而是依据邻近和分离。整体也从不连续项的集合体，发展为一个完整、连续的客体，并且按照邻近性原则把它的各个部分联结起来、包括进来或分离开来。7 ~ 8 岁的儿童已经能够把空间客体和前逻辑集合体之间清楚地分化开来，于是我们可以用逻辑数理运算来称谓那些以不连续性和相似性或差别性为基础的运算，用逻辑下运算来指称那些从连续性和邻近性产生的运算。虽然分离或定位和位移的初级运算同归类或序列化的初级运算具有同构性，但是属于不同的类型，而且彼此间没有传递性。第一类运算开始于客体，并且把客体组合起来或者加以序列化等；第二类运算则是分开一个有着连续性的客体。

在量度建构上的这种同构性就显得特别引人注目。量度的出现非常类似于数的出现，但是在时间上略微迟了一些。这是因为元素的单位不是由其不连续性所暗示出来的，要建构成功就必须把连续的东西分割开来，而且还必须把这种分割想象成可以转移到客体的其他部分中去。量度这种作为分割和有顺序位移的综合同建构数概念时对归类与顺序关系的综合自然是密切类似的。量度只是在这个新综合的末期才被简化的，是通过把数在空间连续性上面直接应用来达到的。

7 ~ 8 岁儿童在因果性方面所取得的成就，从某种意义上来说，也存在着如前运算水平的儿童一样把运算归因于客体的情况，使得客体上升到了算子的地位，而且到现在能够用一种多少是理性的方式把活动组合起来。这时在传递运动的地方，运算的传递性就涉及了一个半内部的传递概念来作中介。在一行被冲击客体的实验中，虽然被试仍然坚持认为是移动中的客体让被冲击客体的最后一个发生了移动，是由于这一行中的客体相互推动且产生了轻微的位移。与此同时，被试却又设想有一种冲力或者力流等经过这些中间物进行了传递。这个阶段的儿童在处理两个重物间的平衡问题时，就能够依据补偿和等量来作出考虑，从而把一些同时是加法和减法的组合归因于客体。简单来说，儿童在进行因果解释时，往往在进行运算性综合的同时，又把这种综合归因于客体。它们之所以会同时发生，是由于反身抽象所导致的运算形式与依靠简单抽象从实物经验中抽出来的材料间种种不同的相互作用的结果。

### （二）具体运算阶段的第二水平

9～10岁的儿童处在具体运算阶段的第二水平，除了在第一水平时已经达到的那些平衡的不完全形式外，又进展到具体运算的一般平衡状态。

在空间关系领域表现出非常明显的新进展，这个水平的儿童在谈论如坐落在不同地点的三座大山的客体集合体时，已具备观点协调的能力。他们通过一维、二维或三维空间的量度可以建构自然坐标，并能够把它们联结成为一个完整的系统。所以，只有到了这个时期，儿童才能预言一个容器内水的表面在容器向一边倾斜时也是水平的，或者预言靠近一个斜面的一根下垂的铅线仍然是垂直的。在这些情形下，不仅具有上一水平时就存在的形象内的联结，还有本水平时出现的形象间关系的建构，即空间的加工建构。

在逻辑运算方面观察发现，上一水平的被试就不但能够建构加法结构，而且对于如二因素表或者说矩阵、系列的对应即双向的序列化，还能够进行乘法结构的建构。只不过这些成就更多归功于有效执行任务，而自发应用结构的成分较少。9～10岁儿童就会试着分析出一个归纳性问题中的函数依存关系，表现出具有了发现数量上协变的一般能力，虽然只是在系列化了的关系之间或者类与类之间发现对应关系，而不能像下一阶段那样分离出其中所含的因素。尽管这种工作程序还没有把变量充分区别开来，因而可能是非常笼统的，但是该方法却显示出了一种有效运算的结构作用。儿童在了解交叉方面同样表现出了明显的进展，这个时期他们已经能够掌握两个或几个连贯类的交叉；许多时候也可以对 AB ＜ B 这个归类做量的区分。

9～10岁的儿童在因果关系领域，显示出相当大的进展与显著的欠缺。动力学的考虑和运动学的考虑开始产生分化与协调，在解释身体的运动特别是速度的变化时，需要力这个外因的参与。在力和运动分化的基础上获得了某些涉及方向概念或前向量概念的进步，这时的儿童既能够考虑到主动移动着的物体推与拉方向的力，还可以考虑到被推被拉物体所受到的阻力。儿童对重量的认识提供了这方面进展的一个清晰例证。比如，在此水平之前的儿童，会认为处于倾斜位置的棍子会按它倾斜的方向下落，这个阶段的儿童则会认为它是垂直落下去的。前一水平的儿童认为要让一个玩具汽车在斜坡上保持不动，它就会具有一个掉下去的倾向，只有用力往上推它才不会向下掉。当前的儿童则认为，要让一个玩具汽车爬上斜坡，就必须施加比让它在固定位置上保持不动更大的力。前期的儿童认为液体可以流动，所以几乎没有重量。现在的儿童则可以用液体与重量来解释其表面的水平性，因为液体的重量会让其具有往低处流的倾向性，从而能够排除液面高度的不等。在这里可以看到形象间的空间建构与因果领域内的进展这二者之间有着紧密的相互依存关系，这时的儿童有了力和方向的概念，就是这种依存关系的自然结果。

然而，这个因果性概念的发展是有代价的，这就是被试给自己提出了一系列新的掌握不了的动力学问题，从表面上看这种情况有时是一种退步。例如，被试会认为一个问题的重量会随着施加于其上的推力而增加，还会随着物体速度的提高而降低。显然，这种假定阻碍了儿童对加法组成等的掌握，从而引起表面上看似倒退的反应。儿童为了应付其困难就区分出两个方面。他一方面把重量看作是物体的一个不变的特性，另一方面又断定重量的效果可以变化。在第一个方面可以看到处于这个水平的儿童，有了客体在形状改变下重量的守恒，还有序列化传递性以及其他可适用于这个概念的运算性组成。在第二个方面，儿童会简单地肯定物体在某些情况下比在其他情况下拿起来或称起来等显得更重。不过，只要重量没有同空间大小、力矩、压力、密度或相对重量，特别是功等概念，像下一个阶段那样联结起来，那么重量概念就是不完全的、武断的。

"总的来说，具体运演阶段的第二水平展现出一个自相矛盾的局面。直到现在以前，从主客体之间未分化的最初水平开始，我们已观察到在两个方向上的互相补充和相对地等值的进展：已有了活动的内部协调，随后又有主体的运演的内部协调，也有了活动的最初是心理形态学的外部协调，这些活动随后成为运演的活动并被归因于客体。换句话说，我们已经一个水平一个水平地观察到两种密切相关的发展，即：逻辑数学运演的发展和因果关系的发展，就把形式归因于内容这个方面来说，逻辑数学运演的发展影响着因果关系的发展，就内容服从于形式的难易这个观点来说，则因果关系的发展影响着逻辑数学运演的发展。空间观念兼有这两个方面或这两种性质，它既是从主体的几何运演或逻辑下运演产生的，又是从客体的静态的、运动学的甚至动力学的特性产生，从客体的这些特性产生了它那种作为表示关系的媒介的不变作用。我们把具体运演阶段的第二个子阶段看作既是它的先行阶段的延伸，又是此后阶段的创新的预示。"[1]

一方面，经由概括化并获得了平衡，包括空间运算的逻辑数学运算，就实现了最大限度的扩展与运用，但仍处于具体运算的非常有限的形式限制下，对于类和关系来说，具有全部伴随"群集"结构而来的局限性；算术化和量度几何化的开始出现好不容易才超越了后面这些局限性。另一方面，对原因的探究甚至在寻求因果解释方面的发展，表明出现了一种超过具体运算第一子阶段的明显进步，它引发被试提出许多他还不能以其所掌握的运算方法来解决的运动学与动力学问题。于是，就会发生一系列富有成效的不平衡情况，正是这些情况皮亚杰才将其看成是新的东西。它们在功能方面，无疑同那些从发展一开始就呈现的特点相类似，但它们对以后的结构化作用具有更加重要的意义。因为它使已存在的、现在第一次可稳定运算的结构臻于完美，在其具体运算的基地上建构起那些对于运算的运算，这些由命题运算或形式运算所组成的运算，表现出其组合性特点、比例关系与分布关系，及因果领域内因这些新特征才成为可能的一切。

## 四、形式运算阶段

形式运算阶段又叫形式运思期（formal operational stage），始于十一二岁，接近成人思维。这是皮亚杰提出的认知发展的第四阶段。这一阶段儿童不再依靠具体事物来运算，而能对抽象的和表征的材料进行逻辑运算。此阶段与前一阶段相比，儿童的思维发生了4种转变：

---

[1]　[瑞士] 皮亚杰. 发生认识论原理 [M]. 王宪钿译. 北京：商务印书馆，1981年9月第1版，54、55页。

**能够进行假设——演绎推理**。首先对事物提出一些假设，然后从假设推演出某些逻辑结论，最后考察事物是否按预期的那样在现实世界中得到证实。前一阶段儿童用"也许是"进行的解释，只是没有根据或证据的虚构而已。青少年在解决皮亚杰著名的钟摆问题时就运用了这种推理方法。给青少年被试呈现几根长短不一的绳子，可以系在绳子一端重量不等的物体，一个能够悬挂钟摆的支架，被试可以拿起物体到一定高度后放手任其自由摆动或推动它，然后让被试判断影响钟摆运动速度的因素是什么。这个时期的被试会通过分析，假设有4种影响因素。它们分别是绳子的长度、所悬挂物体的重量、提起重物的高度和推动重物摆动时用力的大小，他们会逐一来检验这些变量，必要时也可组合起来进行检验，直到最后发现真正的影响因素只有绳子的长度。

**能够进行命题逻辑思维**。在具体运算阶段，儿童能够对命题内的运算进行推理，形式运算阶段的儿童则能对命题间的运算进行推理。他们能够在摆脱实际内容的情况下，对一系列推理的正确性进行评价，在不受命题性质束缚的情况下建立前提与结论间的逻辑联系。这个阶段的儿童提出的假设不再是客体而是命题，假设的内容和推论也都是诸如类、关系等的可以直接证实的命题内运算。这种从假设到结论的演绎性运算属于命题间运算，是二级运算，也就是对于运算的运算。

**能够在头脑中把形式和内容完全分开**。这种对运算进行运算的能力让认识超越于现实本身，无须具体事物作为中介，把握抽象概念，进行形式推理。这不仅表现在他们能够从 p.q 这类逻辑符号来代替各种具体的命题，而且还能以各种逻辑学家创造的运算符号来代替命题间的关系。

**能够形成两种形式运算的认知结构**。皮亚杰把形式思维概括为两种认知结构模式。

一是组合系统（combinatorial system），指对形式思维认知结构的整体性质的全景摄像。当儿童思维可以脱离具体事物而进行时，由于形式与内容的分离，因而只要把任何因素单个、两个或三个等等结合在一起，就有可能建立所需的任何关系和分类。这种关系和分类的运算的综合与概括，便发展成为一个组合系统。它反映了命题逻辑的整体特征，使主体的思维能力得以扩展和加强。个体在实际思维时，不是有意识地按组合原则去联系各命题的，而是命题间的意义及它们所形成的诸如蕴涵、合取、不相容等各种关系的指引。以一个组合系统为基础通过加工制造出所有子集合的集合就成为形式运算的一个重要特点。

我们以二元命题来说明命题组合系统。二元命题运算的组合系统有 16 个元素，它们是这样得到的：二元命题——即含有二个支命题（p 和 q）的复合命题——中的每个支命题均有可能取真、假二值。于是可得到如下 4 种情况：p 真且 q 真（p.q）；p 真且 q 假（p.q̄）；p 假且 q 真（p̄.q）；p 假且 q 假（p̄.q̄）。对形式运算的主体来说，这 4 种情况不是具体的类—积形式，而是命题形式，它们是一个假设——可能系统中的 4 个元素。此时主体还能在发现上述 4 种基本命题形式之后，对它们进行再组合，于是得到 16 种各不相同的组合样式。

二是四群运算（或四转换群）（INRC-group），是形式思维阶段出现的另一种认知结构。四群运算指任何一个二元命题运算都有相应的 4 个基本转换命题运算，亦即正面或肯定（Identity，简称 I）、反面或否定（Negation，简称 N）、相互（Reciprocality，简称 R）、相关或对射（Correlation，简称 C）这 4 种互相区别的组合运算。对于任何一个命题来说，每一个正面运算，从分类上必定有一个逆反运算，从关系上就一定有一个相互运算，而相互的逆反就是相关运算。

皮亚杰用电灯发亮与物体运动状态的关系为例来加以说明，p 代表灯亮，q 代表运动，p̄ 代表灯不亮，q̄ 代表运动停止。皮亚杰认为有下列 4 种转换：

正面的恒定性转换表示为 I=p.q，即因为灯亮，所以物体运动。

反面的逆反性转换表示为 N=p.q̄，即因为灯亮，所以物体停止运动。

相互的互反性转换表示为 R=q̄.p̄，即因为物体停止运动，所以灯不亮。

相关的对射性转换表示为 C=p̄.q，即因为灯不亮，所以物体运动。

在皮亚杰看来，逻辑的中心问题是关于运算整体（即组合系统）的内部转换规律。皮亚杰想进一步分析 16 种二元命题运算性质，故以反演和互反这二种可逆性为轴，将它们构成 4 种不同类型的 INRC 转换群。

皮亚杰指出："这就是把命题组合（或一般地说'所有子集合的集合'）之内的反运演和互反性运演联合成为一个单一的'四变数群'（即克莱因群）。具体运演有两种形式的可逆性：反运演或者说否定性运演，它会把一个项消去，例如 +A-A=0；以及互反性运演（A=B，和 B=A，等等），它会产生等值，因而把差别性消去了。但是，如果反运演是类的群集的特征而互反性运演是关系的群集的特征，那么，在具体运演水平上就还不存在一个把这两种运演联结成为一个单一整体的完整系统。另一方面，在命题组合系统的水平上，每个运演如 p∪q 含蕴着一个反命题 N，即 $\bar{p}.\bar{q}$，同时也蕴含着一个互反性命题 R，即 $\bar{p}∪\bar{q}$=q∪p，而且也蕴含着一个关联性命题 C，即 $\bar{p}.q$，这是它的互反命题的反命题，并且是通过析取、合取的正常形式的排列而达到的。这就产生了一个交换群：NR=C；CR=N；CN=R 以及 NRC=I，它们的互相转化是三级运演，因为被组合起来的运演已经是二级运演了。对于这个群的结构，主体自然是察觉不到的，然而这个群指出了主体每次把反运演和互反性运演区分开来以便把它们组合起来时所能做的某种事情。比如，拿一个沿着托架移动的客体为例，这就牵涉两个参照系统的协调。这个客体能够或者通过作出返回运动，或者通过托架的位移来补偿他自己的位移而保持在相对于其周围环境而言的同一个位置上；这样的运演合成只是在当前这个水平上才能预见到，而且这种合成就蕴含着 INRC 群。从这个群所固有的逻辑比例（I：N∷C：R；等等）开始，所有的比例关系等问题都是如此。"[1]

皮亚杰认为，INRC 转换群是运算可逆性的整体结构形式，16 种二元命题运算分属于 4 种类型的 INRC 转换群。在此阶段以前的儿童虽出现了孤立分散的可逆运算，但还不能构成系统。儿童到了这一阶段，已能运用这些结构形式来解决各种逻辑问题，表明他们的思维已接近或基本达到成人的成熟水平。

这些特点的全体促使儿童出现了自主的逻辑数学运演，并且同具有因果关系的实物活动区别开来。至少应在如下的两个水平上建构起协调关系或相互支持关系，才能把逻辑数学运演领域跟因果关系领域很好地区别开来。儿童首先达到的水平就是对物理经验材料的广义的"直接理解"，因为主体只有在同化了事实的时候才能将其掌握。儿童在建构让事实具有顺序或结构从而可以丰富

---

[1]　[瑞士] 皮亚杰. 发生认识论原理 [M]. 王宪钿译. 北京：商务印书馆, 1981年9月第1版, 58页.

事实的那些关系时，必须能够运用同化客体的逻辑数学方法，也就是说，这是掌握事实的一个先决条件。显然，正是有了形式思维所加工成的运演方法，儿童才能够"直接理解"经验中的大量新材料。这种建构过程是相互促进的，要使内容具有结构必须有一个运演形式，而内容常常能够促成新的适当结构的建立。在比例关系或发布关系等领域内，就更是这个样子。

如果说第一个阶段是适用于客体的运算阶段，能够保证对初级物理恒常性进行归纳推理；第二个阶段就是归因于客体的因果解释阶段，有大量证据显示，11~12岁的儿童在因果关系领域取得了跟逻辑数学领域同样巨大的进展。实物在物理学的平面上所起的作用，相对应于逻辑数学领域中可能性所发挥的一般作用，使得儿童现在能够理解力在静止状态下仍然继续存在，或者在几个力组合起来的系统内，每个力都仍然保持着自己的作用。只要儿童把力同这些超越可观察范围的概念加以联系时，就会产生整个中间物没有位移的那种纯粹"内部"传递的观念。与对于运算的运算或对于关系的构成关系相对应，除了其他物体外还有重量或者力与空间大小之间新的二级关系，包括一般密度及漂浮物的重量与体积间的关系，表面的压力，或力矩，特别是在一定距离或长度上所做的功。对应于组合性格局和所有子集的集的运算结构的有两个方面：一个方面是关于占据面积和体积内部的空间观念，由此产生了体积观念，体积同重量的关系，以及微粒模型在这个阶段上的重要性，儿童把体积视为是由看不见的、紧密集结在一起的微粒所充满的。另一个方面，开始出现方向的向量合成；同时，儿童通过力的概念的转换能够理解力的强度概念。

最后这个水平是与 INRC 群相对应的对于一群物理结构的理解，作用力和反作用力就存在于这些结构之中。例如，实验者和被试分别把一个硬币从相对的两面压到同一块黏土团两面，被试能够预见到这两个硬币压下去的深度是相等的。虽然压力的大小不同，但是硬币受到的阻力却是一样的。可见，对于相反方向的预测，同对于力的估计是一样的，都是把互反性运算和反运算的分化与协调作为前提的，因而也就是以与 INRC 群同构的群的存在为前提的。

由于对于运算进行运算的反身抽象，结果出现了主体逻辑数学运算的逐步内化，这进一步导致出现可能转换系统所特有的超时间性，从而主体就摆脱了实际转换的束缚。主体就被作为时空动力变化中的物理世界的一个组成部分而整合进去，这对于能够客观地"直接理解"物理世界某些规律的主体来说，就成了能够达到的，甚至能够进行因果解释的了。或者可以说，思维同宇宙符合一致的基础就是主体自出生后就持续活跃进行着的内化与外化的平行发展，最后从身体活动中思维把自己解放了出来，而身体活动则包含在宇宙之中，并且在一切方面为宇宙所超越。

### 五、皮亚杰对需要心理学的贡献与其局限

皮亚杰创造性地提出了发生认识论，填补了传统认识论在认识起源与发生问题上的空白。发生认识论的实质就是研究认识结构的历史发生和个体发生，即探索概念和范畴的发生发展。其核心是主客体相互作用的儿童发展心理学，皮亚杰认为，认识发端于联系主客体的活动之中。他的个体认识发生史在一定意义上以简缩形式复演人类认识发展史的推断提供了科学的论证。皮亚杰把活动看成是具有内在结构的客体过程，是思维的起源，并由此而逐步发展出逻辑思维。他既肯定认识的客观性，又重视主体的能动性，以其比经验论与唯理论都高出一筹的发生认识论，促进了当代哲学思潮回归于辩证思维。

皮亚杰强调成熟与物理环境、社会环境对个体心理发展的影响，这非常类似于需要心理学个体和环境交互作用的思想。他把平衡化看作是心理发展最重要的决定因素，也就是说视其为认识发展的主要动力，认识就是主体对环境的适应，就是主体结构与客体结构不断趋向平衡的心理活动。皮亚杰对心理发展机制的揭示与对心理发展阶段的描述，为儿童心理学和认知心理学的发展做出了重大贡献。对需要心理学也产生了巨大的启示作用，加深了对思维能力成长演化过程的认识，丰富了认知需要的内容。皮亚杰对于自我调节的论述，突出了主体的能动性，为自我需要提供了有力的论据。

皮亚杰开创性地将心理学与语言学、逻辑学结合起来，构建出思维成长中运算逻辑的演化规律，揭示出语言与思维发展间相互促进的关系，开拓出思维心理学、发展心理语言学及心理逻辑学研究方面的新领域。皮亚杰强调早期培养、激发学习主动性与开发智力的富有启发性的见解，推动了西方中小学运用

其理论开展的教育改革运动。

皮亚杰的发生认识论具有生物学化的倾向，把生物学类比作为一种基本的研究方法，将智慧的本质看成是生物适应。他从最普遍的哲学意义上运用适应概念，并把适应与平衡化概念都从生物学扩展到人类社会。他还重视图式，而轻视认识的反映性。对人的社会性和宏观社会环境的作用有所忽略，特别是忽视了社会实践活动在认识发展过程中的决定性作用，成为其发生认识论的根本缺陷。

皮亚杰对思维整合机制的发生学分析，把展示思维中逻辑数学结构与形式运算系统的演化过程当成了理论重心，没有摆脱以逻辑认知为单一轴心的模式。他轻视非逻辑结构的研究，只注重分析逻辑结构；他对于评价结构中的认知成分非常重视，却忽视情感、道德等因素，从而表现出唯科学主义与逻辑中心主义的倾向。皮亚杰的发生认识论有些地方还存在论证不够充分和耽于思辨的问题。

# 第八章　马斯洛的人本主义需要思想

亚伯拉罕·哈罗德·马斯洛（Abraham Maslow，1908—1970）是社会心理学家、人格理论家、比较心理学家，人本主义心理学主要创建者之一。他出生于纽约市布鲁克林区。1926 年入康乃尔大学，3 年后转至威斯康星大学攻读心理学，在著名心理学家哈洛（Harry Frederrick Harlow，1905—1981）的指导下，1934 年获得博士学位。后留校任教。1935 年在哥伦比亚大学任桑代克学习心理学研究助理。1937 年任纽约布鲁克林学院副教授。1951 年被聘为布兰戴斯大学教授兼系主任。1969 年离任，成为加利福尼亚劳格林慈善基金会第一任常驻评议员。曾任美国人格与社会心理学会主席。1967 年当选为美国心理学会主席。他是《人本主义心理学》和《超个人心理学》两个杂志的首任编辑。其主要著作有《动机与人格》（1954）、《存在心理学探索》（1962）、《宗教、价值观和高峰体验》（1964）、《科学心理学》（1966）、《人性能达的境界》（1971）等。

马斯洛的心理学是围绕自我实现这一课题而进行的。通过对自我实现者的研究，他建立了一种以人性论为特征的心理学理论体系。需要层次论在这一体系中占据基础性的地位。在对作为似本能天性的基本需要的研究基础上，马斯洛提出了基本需要按层次发展的原理。之后，他对这一理论又做了进一步的拓展。自我实现论则为马斯洛心理学体系的核心，在这一理论中，他阐明了自我实现机制与途径，并进一步考察了创造力与自我实现的关系。高峰体验论在一定意义上可视为自我实现论的延伸和拓展，通过对高峰体验到研究，马斯洛的心理学实现了由人本主义向超个人心理学的转变。内在价值论则为马斯洛心理学的中心目标，他指出，充分实现自己的人性潜能，达到对于存在价值的领悟，彻底地成为自己，乃是人们最合乎人性的价值选择。良好条件论是马斯洛心理学原理的社会应用，在这一理论中，马斯洛提出了对于教育心理、治疗、社会、管理等进行变革的构想，进而形成了内在教育论、心理治疗论、社会变革论和优类心灵管理论等。

## 第一节　需要层次论

马斯洛确信动机是人类生存和发展的内在动力，而需要则是动机产生的基础和源泉。他把动机的研究放在基本需要及其层次的发展上。

马斯洛是以似本能的假定来界定基本需要的概念的。他认为："本能可以确定地解释为一个动机单位，在这个动机单位里，内驱力、有动机的行为以及目的物、目标效果，都明显地由遗传所决定"。[1] 人的需要可以区分为两类：基本需要与特殊需要。两者的根本区别在于，前者是具有似本能性质的由体质或遗传决定的全人类共同具有的需要；后者则是在不同的社会文化条件下形成的各自不同的需要，如服饰、嗜好等。马斯洛认为，物种的等级越高，似本能的需要或冲动就越明显。越是高级需要，越带有人性特征。

依据基本需要的似本能假定，马斯洛提出了一种强调人性积极向上的动机理论，即基本需要的层次发展学说。在他看来，各种基本需要并不是杂乱无章的，而是以一种有层次的和发展的方式，以一种强度和先后的秩序，彼此关联起来的。

在《动机与人格》一书中，马斯洛将人的需要区分为 5 个不同层次的基本需要和两种基本的认知需要。5 种基本需要依次由低到高排列，分别是生理需要、安全需要、归属和爱的需要、自尊需要以及自我实现需要。

### 一、基本需要的层次

#### （一）生理需要

生理需要即生理驱力，指维持个体生存和种族发展的机体需要，是人的各

---

[1] ［美］亚伯拉罕·马斯洛. 动机与人格（第三版）[M]. 许金声等译. 北京：中国人民大学出版社，2013年9月第1版，9、10页。

种需要中最原始、最基本、最需优先满足的一种，如饥、渴、性、困倦、单纯的活动或运动等。

生理需要是独特而不典型的，它们彼此是相对孤立的，并相对独立与其他层次的需要以及作为整体的机体，多数情况下都有一个局部的潜藏的躯体基础。

"应当再次指出的是，任何生理需要同时起着疏导其他种种需要的作用。例如，一个认为自己饿了的人也许实际上更多的是在寻求安慰或依赖，而不是在寻求蛋白质或维生素。反之，也有可能通过其他活动，如喝水、抽烟等来部分地解除饥饿感。也就是说，这些生理需要是相对独立的，但并非彻底独立。毋庸置疑，这些生理需要在所有需要中占绝对优势。具体地说，假如一个人在生活中所有需要都没有得到满足，那么是生理需要而不是其他需要最有可能成为他的主要动机。一个同时缺乏食物、安全、爱和尊重的人，对于食物的渴望可能最为强烈。"[1]

### （二）安全需要

安全需要是在相对充分地满足了生理需要的基础上出现的一套新的需要，指对没有危险威胁，不受恐吓、焦虑和混乱折磨，寻求稳定、保障、秩序和有实力的保护者的需要。观察显示，人们更喜欢所处的世界是能够预料、可以依赖的，有法律、秩序和组织保障的。安全需要也像生理需要一样，在其特别缺乏时可能完全控制机体，可能几乎成为唯一的组织者，来调动全部能力都听从它的命令，以寻求安全。这种需要如得到满足，人们就会产生安全感，否则便会引起威胁感和恐惧感。

### （三）归属和爱的需要

归属和爱的需要是在生理需要和安全需要满足后的动力中心，是指个人对友伴、心爱的人、配偶及父母孩子的情感需要，渴望与人们建立关系，希望成为某个团体中的一员，获得其所属团体或家庭中的一个位置的归属需要。个体

---

[1] ［美］亚伯拉罕·马斯洛.动机与人格（第三版）［M］.许金声等译.北京：中国人民大学出版社，2013年9月第1版，16页。

为得到这个胜过世上其他任何东西的位置，而作出相应的努力。爱的需要包括感情的接受和给予两个方面。

马斯洛进一步指出："借助文学作品我们大致了解了工业化社会引起的频繁迁徙、漫无目标、流动性过大给儿童身心带来的损害；儿童们变得没有根基或蔑视自己的根基，蔑视自己的出身及自己所在的团体，他们被迫同自己的亲朋好友分离、同分母姐弟分离，体会到作为一名过客、一名新来乍到者而不是作为一名本地人的滋味。我们还低估了邻里、乡土、族系、同类、同阶层、同伙、熟人、同事等种种关系所具有的深刻意义。我们已经在很大的程度上忘记了我们要结群、加入集体、要有所归属的动物本能。"[1]

归属和爱的需要得不到满足会产生疏离感、陌生感、孤独感和爱的缺失感，随着社会流动性的增加、传统社会群体的日益瓦解、家庭活动的渐趋分散化、代沟的逐步加深以及持续推进的城市化，更加恶化了这些感受。马斯洛坚信，在归属和爱的需要的推动下，使得训练小组和专门性社团等大批迅速地出现，甚至，部分青年反叛组织、士兵中的亲密兄弟关系，也是出于这种深层渴望，并在面对共同敌人或外来危险时结集而成的。精神病学家都一致强调，归属和爱的需要遭到阻挠或受到挫折是造成适应不良的根本原因。要让一个好的社会得到发展与健全，就必须满足人们对于归属与爱的渴望。

### （四）自尊需要

自尊需要指个人追求获得对自己稳定的、具有较高评价的需要，是一种自尊、自重以及为他人所尊重的需要。马斯洛把这种需要分作两类："第一，对实力、成就、权能、优势、胜任以及面对世界时的自信、独立和自由等的欲望。第二，对名誉或威信（来自他人对自己的尊敬或尊重）的欲望，对地位、声望、荣誉、支配、公认、注意、重要性、高贵或赞赏等的欲望。"[2]

---

[1]　[美]亚伯拉罕·马斯洛.动机与人格（第三版）[M].许金声等译.北京：中国人民大学出版社，2013年9月第1版，22页。

[2]　[美]亚伯拉罕·马斯洛.动机与人格（第三版）[M].许金声等译.北京：中国人民大学出版社，2013年9月第1版，23、24页。

不基于自身能力和胜任工作的自尊，而是建立在他人看法之上，是非常危险的。最为稳定、健康的自尊不是源于外在的声望和没有依据的奉承，而是来自当之无愧的他人的尊敬。自尊需要得到满足后，人们会产生自信，觉得自己有价值、有实力、有能力、有地位或不可或缺等，否则就会引起自卑感、弱小感和无能感。

### （五）自我实现的需要

自我实现的需要就是个体能够做自己所适合干的事情，发挥自身潜能，实现个人理想，成为所期望人物的需要。用马斯洛自己的话说就是："一个人能够成为什么，他就必须成为什么，他必须忠实于他自己的本性。这一需要我们称之为自我实现（self-actualization）的需要。……'自我实现'这一术语是戈尔茨坦首创的（Goldstein，1939），本书在一种更加特殊和有限的意义上予以采用。它指的是对于自我发挥和自我完成（self-fulfillment）的欲望，也就是一种使人的潜力得以实现的倾向。这种倾向可以说成是一个人越来越成为独特的那个人，成为他所能够成为的一切。"[1] 自我实现需要存在非常大的个体差异，但有一点是一致的，自我实现需要的出现，一般依赖于生理、安全、爱和自尊需要的满足。

## 二、基本的认知需要

基本的认知需要包括认识和理解的需要、审美需要。认知、理解的需要是指人们了解、理解周围环境、搞清环境中的疑难问题并对面临的重大危险作出追根溯源解释的需要，另外，马斯洛还假设了个体具有好奇心、理解、系统化、组织、分析、寻找联系、发现意义和创立价值系统的积极冲动。他指出："对于心理健康者进行的研究表明，作为这一类人的一个特征，他们着迷于神秘的、未知的、杂乱无绪的或未得到解释的事物。这些特点似乎正是引人入胜之处，这些领域本身就非常有趣。相比之下，他们对人所共知（the well-known）的事

---

[1]［美］亚伯拉罕·马斯洛. 动机与人格（第三版）[M]. 许金声等译. 北京：中国人民大学出版社，2013年9月第1版，24页。

情则往往感到索然无味。"[1]人们在获得认识后，仍被激励着在细致入微和广阔博大两个方面不断发展。把孤立的事实理论化，进行组织或分析，以寻找意义。

审美需要指人们对美的积极热望，审美需要和意动需要有许多重叠而难以截然分开。人们对秩序、对称性、闭合性、行动完美、规律性和结构的需要，都可以归因于审美需要或意动需要。

### 三、各需要层次之间的关系

马斯洛把基本需要在相对潜力原则的基础上排列从一个确定的层次，从低级需要到高级需要依次为：生理需要、安全需要、归属和爱的需要、自尊需要和自我实现需要。需要的层次越低强度越大，越倾向于优先得到满足。他进一步阐述了各需要层次之间的关系。

低级需要是高级需要的基础。一般来说，当低级需要获得一定程度的满足后，高级需要才得以出现。个体需要结构的演进不像间断的阶梯，而是呈波浪式发展的。低一层次的需要不一定要完全得到满足后才产生高一层次的需要，较低一层的需要高峰过后，较高一层的需要才能起到优势作用。

高级需要是种系进化较晚和个体发育较迟的产物，需要的层次越高越为人类所特有。婴儿一出生就有了生理需要，而后产生了安全需要，几个月后表现出归属和爱的需要，再晚些时候自尊需要逐渐出现，莫扎特式的儿童也要三四岁才能形成自我实现的需要。

"越是高级的需要，对于维持纯粹的生存也就越不迫切，其满足也就越能更长久地推迟，并且，这种需要也就越容易永远消失。高级需要不大善于支配、组织以及调动机体的自主反应和其他能力（例如，人们对于安全的需要比对于尊重的需要更偏执、更迫切）。剥夺高级需要不像剥夺低级需要那样引起如此疯狂的抵御和应激反应。与食物、安全相比，尊重是一种非必需的奢侈品。"[2]

---

[1]［美］亚伯拉罕·马斯洛. 动机与人格（第三版）[M]. 许金声等译. 北京：中国人民大学出版社，2013年9月第1版，26页。

[2]［美］亚伯拉罕·马斯洛. 动机与人格（第三版）[M]. 许金声等译. 北京：中国人民大学出版社，2013年9月第1版，62页。

高级需要不易察觉，易于误解，并容易受到暗示、模仿或错误信念与习惯的影响而同其他需要混淆。

高级需要的满足，意味着生物效能更大、寿命更长、疾病更少以及睡眠和胃口更好等，其所引起的主观效果也更为合意，能够体验到更为深刻的幸福感、宁静感和内心生活的丰富感。而较低级的安全需要满足后最多能感觉到如释重负。追求高级需要的满足代表了一种远离心理病态、趋近健康的趋势。满足高级需要要求有更多的前提条件和更好的外部条件。通常高级需要比低级需要的满足能带来更大的价值，越是高级的需要，自私性越少，越有益于公众和社会。马斯洛把两个或更多人的需要融合为一个处于优势层次的单一需要的现象，称为爱的趋同。他认为，层次越高的需要，爱的趋同范围就越宽广，也就是说爱的趋同就会影响越多的人，其平均程度也会越高。越是高级的需要的满足，越接近于自我实现。

高级需要的满足还会形成更为伟大、坚强和真实的个性。心理治疗在越是高级的需要层次上，越容易实施，效果也越明显。

低级需要相比于高级需要更为局部化、更加切实可行或可观察，只需较少的满足就能够平息，也就是更为有限，而人们对爱、尊重和认识的追求几乎是没有限度的。

马斯洛把需要的层次观点概括为两点，一是高级需要与低级需要的性质不同，二是两者都必须一样归入基本的和给定的人性储备之中，也就是说高级需要如同生理需要都是类本能的和动物性的。因而，他反对认知和意动的两分法，要求修正理性与非理性的对立观点，强调个体与文化的配合协作，主张人性中最好的冲动是内在所固有的，认为作为类本能的基本需要较为羸弱，而且层次越高就越弱，越易于被改变和受到压制，要得到保护。他相信基本需要不坏，而是中性的或者好的。高级需要的出现与发展依赖于低级需要，但是，高级需要牢固建立起来，因满足而获得价值和体验后，就变得有了自治能力，可以相对独立于低级需要而功能自主。马斯洛又提出了成长价值（growth values），认为它不仅对生存有利，对于个人成长也是有益的，可以完美人性，发挥潜能，追求更大幸福，寻找更深宁静，获得高峰体验，迈向超越，对现实的认知更为准确和丰富，等等。

## 四、匮乏性动机与成长性动机

马斯洛提出匮乏性动机与成长性动机的区分，以进一步说明自我实现需要与其他各层基本需要间的根本差异。匮乏性动机指的是机体因缺失而要求从外界得到补充的基本需要，包括除自我实现外的其他基本需要，如人们不仅向外部环境索取水、食物和氧气，还从社会环境中寻求安全、爱与地位。而成长性动机则是个体内部的发展，是机体本身的增长，而机体内原有存在物的内在成长就是自我实现的过程，也就是说，自我实现的需要就是成长性动机。这一区分突出了自我实现需要的"后动机的"或对其他基本需要的"超越"性质，马斯洛由此将成长性动机又称作超越性动机。

## 五、超越性动机

20世纪60年代中期，马斯洛心理学进入超个人心理学阶段后，对超越及超越性动机做了重要补充。他指出："超越是指最高层次的最具包容性的或整体水平的人类意识，作为目的而不是手段，与自己、与关系密切的他人、与所有人类、与其他物种、与自然、与宇宙发生关联。"[1] 包括超越自我意识、自我中心、基本需要、自己的过去、自身的价值体系和信仰体系，超越个体差异、他人的意见、人类的局限，超越时间、空间、现实的束缚、二歧性、事实与价值的分裂、旁观式的客观、消极事物和缺失领域，达到道家的客观性，生活在存在领域。

这时的自我已不仅限于作为生物学实体的个体存在，并超越了自我与非我的差异，而是已经扩大到包括世界的各个方面在内。马斯洛在自我实现者中区分出健康而没有超越性体验的和有超越性体验的自我实现者。他总结出来一些超越者的特征：超越者生活中最重要的事件就是高峰体验和高原体验，这是他

---

[1]　[美] 亚伯拉罕·马斯洛. 人性能达到的境界 [M]. 曹晓慧等译. 北京：世界图书出版有限公司北京分公司，2014年7月第1版，252页。

们生命的制高点和验证器。他们能够轻松自如地运用存在语言进行交流。他们能够从永恒的角度来感知事物，用统一的方式使事物神圣化。他们具有美化事物的倾向，对于美非常敏感。他们对于世界有着更为整体性的看法，有一种更加强大的自然协同倾向。他们更为超凡脱俗，更容易成为创新者。他们更自觉地接受超越性动机的支配，其超越性动机的根本内涵就是受存在价值的激励。这些人性更为完满的自我实现者，已经获得了基本需要的适当满足，正在追求更高级形式的激励。也就是说，他们受超人类的价值、存在价值或宇宙价值的激励，其心理发展水平处于超自我、超个人的水平。

马斯洛进一步分析了超越性动机的生物学根源，指出这些响应超越性动机号召的自我实现者都是具有奉献精神的人，他们都献身于自身之外的任务、事业或热爱的工作。在理想情形下，他们能够达到内在需求与外在需求的一致，我想要的就是我必需的。在这种状态下，他们的工作与娱乐已没有区别，他们已与工作协同一致，并且工作已成为他们自身的一部分，成了具有定义性特征的个人标识。他们为之献身的工作是其内在价值的体现或化身，他们热爱的工作把这些价值具体化。也就是说，他们最终热爱的是这些价值，工作只不过是这些抽象的终极价值的载体。

## 六、存在价值论

马斯洛心理学的一个重要目标，就是弥合科学与信仰、事实与价值的断裂，在揭示人性奥秘的同时，心理学还能够为人们提供生活的意义与理想。他提出了存在价值论，打破了西方主流的科学心理学拒斥价值研究的局面，给心理学的发展注入了一股新的活力。

马斯洛的人性论假定事实上有一种自然主义的价值体系，如果它被证明是真理，就有望成为科学的伦理学，一个最终决定好与坏、对与错的最高上诉法院。

存在价值与基本需要一样都具有类本能的性质，是人与生俱来的生物学本性。从其受遗传决定来说，它类似与本能；但同时，它又有同本能有明显的区别，它比本能要柔弱，比较容易受到压抑，却强烈要求成长、实现。它与社会利益、理性间没有固有的对抗，各种似本能之间也是在强度有差异的层级序列里能动地相互联系着。存在价值从消极方面来讲，倾向于避免生病；从积极角度来说，倾向于人性的完满。如果社会、文化能够允许类本能得到自由的表现，人们便趋于心理健康，否则就会带来心理疾病。马斯洛把剥夺存在价值而导致的疾病称为超越性病症。他把重要的存在价值及对其的剥夺和出现的特定超越性病症进行了总结，如下表所示：

表 8-1　存在价值和特定的超越性病症表[1]

| 存在价值 | 导致疾病的剥夺 | 特定的超越性病症 |
|---|---|---|
| 1.真实。 | 欺骗。 | 没有信念；怀疑；愤世嫉俗；怀疑论；猜疑。 |
| 2.善良。 | 邪恶。 | 极度自私；仇恨；排斥；厌恶。只依赖自己、只为自己；虚无主义；愤世嫉俗。 |
| 3.美好。 | 丑恶。 | 粗俗；特定的不快、不安、丧失情趣、紧张、疲倦；庸俗；苍凉。 |
| 4.统一；整体。 | 混沌论；原子论；丧失关联性。 | 解体；"世界正在瓦解"；武断。 |
| 4-1.超越二歧化。 | 黑与白的二歧化；丧失层次和程度感；强制性的极化，强制性的选择。 | 非此即彼的思维方式；将任何事物都看作决斗、战争或冲突；低协同作用；简单化的生活观。 |
| 5.活跃。发展。 | 死气沉沉；机械化的生活。 | 死气沉沉；变得机械呆板；感到完全被动。情感缺失；厌倦（？）；丧失生活的热情；体验空虚。 |
| 6.独特性。 | 千篇一律；一致性；可互换性。 | 缺乏自我感和个体感；感觉自己是可以和他人互换的，没有个性特征的，感觉不被人需要。 |
| 7.完美。 | 有缺陷；凌乱；质量低劣，粗制滥造。 | 沮丧（？）；绝望；无所事事。 |
| 7-1.必要性。 | 意外；偶因论；不一致。 | 混乱；不可预测；缺乏安全感；警惕。 |
| 8.完成；结局。 | 未完成。 | 持续性的未完成感；绝望；停止努力和回应；无效的尝试。 |
| 9.公正。 | 非公正的。 | 不安全感；愤怒；愤世嫉俗；怀疑；无法无天；混乱的世界观；极端自私。 |

---

[1]［美］亚伯拉罕·马斯洛.人性能达到的境界［M］.曹晓慧等译.北京：世界图书出版有限公司北京分公司，2014年7月第1版，291、292页。

续表

| 存在价值 | 导致疾病的剥夺 | 特定的超越性病症 |
|---|---|---|
| 9-1 秩序。 | 无法无天；混乱；权威的崩溃。 | 不安全感；戒备心；丧失安全性、可预见性；需要警惕、提高警觉、持续紧张、戒备。 |
| 10. 单纯。 | 令人困惑的复杂性；脱节；瓦解。 | 过于复杂；混乱；困惑、冲突、迷失方向。 |
| 11. 丰富；整体；全面性。 | 贫乏；片面。 | 抑郁；不安；失去对世界的兴趣。 |
| 12. 轻松自如。 | 费力。 | 疲劳、紧张、努力、笨拙、尴尬、粗俗、僵硬。 |
| 13. 趣味。 | 缺乏幽默感。 | 冷酷；抑郁；偏执、缺乏幽默感；丧失生活的热情；不快乐；缺乏享受的能力。 |
| 14. 自我满足。 | 偶然；意外；偶因论。 | 依赖于（？）感知（？）；成为责任。 |
| 15. 富有意义。 | 无意义。 | 无意义；失望；无意义的生活。 |

　　富裕阶层的许多社会病症就是由于内在价值的匮乏，这种价值的饥饿感既可能来自外在的剥夺，也可能源于自我剥夺，即源自内在的矛盾与反向价值。低级基本需要和高级基本需要、超越性需求处在同一个由低到高排列的连续体中，以一种有层次的和发展的方式，以一种强度和先后次序彼此关联的，因而，存在着一个有层次的、发展着的、综合地相互联系起来的价值体系；存在着一个单独的、终极价值，或者说人生的目的，一个人人追求的遥远目标。快乐和满足也随之由低到高地进行排列，存在价值能够带来超越性动机的满足，是拥有完满人性的个体在追求的超越性快乐，是最高的快乐与满足。内在价值与存在价值在很大程度上是重叠的或相同的。内在价值必然包含于人性的完满，也就是说，一个获得充分发展的自我应包括由超越性动机支配的价值体系。

　　自我实现者受存在价值激励这一事实表明，在人性实现的最高层次上，事实与价值达到了完全融合，成为了事实价值或者价值事实。"对内在价值的爱"与"对终极现实的爱"融合统一起来，个人价值选择与社会要求也出现了完全协调，对于终极价值和世界本质的思考也变得相同。对于现实的态度、感知与反应处于最佳状态时，这种现实既是真实、合法、有序与整合的，又是善良、美丽和可爱的。

　　对于存在价值认知的精神生活，包括沉思的、宗教的、哲学的和价值论的人类思想，是人性的一种定义性特征，是人类本质的一部分，是人性生物学的最高级部分，是自我同一性、内在核心、种族特性与完满人性的一部分，是人类最高程度和最深层次的本性。这种高级生物性以健康的低级生物性为先决条件，它胆小、微弱、极其易于丧失，强大的文化力量非常容易把它击碎。在支持人性发展，并且积极促进人性充分成长的文化中，它才能够得到广泛的实现。

人必须同自然有着最低限度的相似性，才能生活在自然之中。个体存在的事实足以证明，至少他可以与自然和平共处，并且也能够为自然所接受。从生物学意义上来说，他没有公然对抗自然的法则，没有被自然置于死地；而是认同自然的要求，起码在维持生存的程度上服从这些要求。人与超越他的现实之间没有不可逾越的鸿沟，可以通过生物学体验的沟通，达到与这种现实的同一性，并把它包含在自己对于自我的规定性定义之中，就像忠实于自己一样地忠实于它。

存在价值不同于人们对于这些价值的态度，它会诱导人们产生一种"必需感"，即人们对于存在价值的反应会自然地自以为是被要求、被召唤而做出来的，是适当的、值得的，甚至是被命令要爱、敬畏和奉献于它的。这些反应对于人性完满的人来说可能会情不自禁地产生出来。存在价值也会引发一种"自愧感"，即，目睹终极事实往往让人敏感于自身的缺陷和无价值，感到自己的存在过于渺小、有限与无力。存在价值要求通过行为加以表现、促进和分享，并且为之进行庆贺。对于真理、正义和美好等存在价值的背叛通常会引起内在的罪恶感，其生物学根源就是对抗自身的本性和试图成为自我以外的人，这显然在做危害自己的事情，理应受到惩罚。这种解释带来了希望，人们可以经由赎罪再次感受到清白。存在价值服务于人类一直追求的永恒和绝对的目标。它不依赖于人类的变幻莫测，凭着自身的权利而存在。它不是人类的发明，而是被感知到的。它超越于个体、超越于人类。它是完美的、不朽的，能够满足人类对于确定性的渴望。它要得到尊敬、崇拜与庆贺，值得人们为其生、为其死。人们在思考它或与之融合时，能够得到最大的快乐。

## 第二节　自我实现论

### 一、自我实现的含义

自我实现本来是一个哲学概念，在心理学中源于荣格和戈尔德斯坦。荣格把自性（self）和自我（ego）加以区分，认为前者是原型的自我，即人类种族遗传的集体潜意识本性；而后者则是作为意识心灵的自我对原型自我的深刻觉知，以促进自我原型的实现。戈尔德斯坦从机体论的角度把自我实现和心理健康联系起来，认为自我实现是一种存在价值，是人的最高动力。

马斯洛从两种相互联系的意义上定义了自我实现的概念。首先，像戈尔德斯坦一样，他也把自我实现看作人格发展的最高动力，看作人类独有的一个终极价值，一个所有人都追求的遥远目标。其次，像荣格一样，马斯洛亦将自我实现看作完满人性的实现。他认为，从总体上说，"自我实现也许可以大致地被描述为充分利用和开发天资、能力、潜能等，这样的人似乎是在实现他们自己、最淋漓尽致地从事着他们力所能及的工作。这使我们想到尼采的告诫'成为你自己！'他们是一些已经走到或者正在走向自己力所能及的高度的人。"[1]他把自我实现定义为完成天资、命运和禀性，定义为个人内部不断趋向整合或协同动作的过程。对个体来说，自我实现意味着更真正地成了自己，更充分地实现了潜能，更接近了存在核心，成了一个更加完善的人。

后来，特别是进入超个人心理学阶段后，马斯洛又从两个方面对上述观点进行了扩展与修正。一方面，他提出了自我实现乃是"存在"与"形成"的有机统一的观点。他认为，自我实现首先是一种"存在"，是人超越了缺失性需要之后所达到的人性潜能充分实现的完满境界，是一种只有为数极少的人才能相对完成的最终的"事态"。同时，自我实现又是一种"形成"，是能动贯穿一

---

[1]　［美］亚伯拉罕·马斯洛. 动机与人格（第三版）［M］. 许金声等译. 北京：中国人民大学出版社，2013年9月第1版，136页。

生的动力过程，是沿着需要的阶梯次向终极的人的状态演进的过程。

　　另一方面，马斯洛又从超个人心理学的角度对自我实现的内涵进行了扩展。他将自我实现视作超越性动机，赋予它"受存在价值的激励"的含义，自我实现便不再流于与"非我"相异"小我"的实现，而是扩大了的那种超越了自我与非我的对立，并将非我融于自身的"大我"的实现了。

## 二、自我实现者的人格特征

　　马斯洛通过对历史上和当代一些经过多次严格筛选的可称得上自我实现者的人物进行个案研究，根据总体印象作整体分析后概括出自我实现者的 19 种人格特征：

　　**对现实的感知**。自我实现者能准确客观地洞察现实，具有辨别人格中的虚伪、欺骗和有效判别他人的非同寻常的能力，能够比他人更为迅速而准确地发现被隐藏与混淆的现实，具有更强的理解现实世界的洞察力，形成更为优越的理性认知能力；他们能够领悟真实的存在，而更多地生活在大自然的真实世界之中；他们不怕未知，能够接受未知并为其所吸引，能够与之形成融洽的关系；他们在有客观要求时，能在混乱、怀疑和不明确状态中感到惬意，能把因犹豫、不确定而延迟做决定当作一种让人愉悦的刺激性挑战。

　　**接受性**。自我实现者能够在需要的各个层次上接受自己而没有懊恼和抱怨，能够不受罪恶感、羞耻心和焦虑的影响，非批判性、非祈使性、天真无邪地看待自己、他人和世界，能够接受人性的缺点和罪恶，对他人没有防御和伪装，毫不怀疑地接受大自然的特性，包括其过失与弱点。

　　**自发性**。自我实现者的行为是相对自发的，他们言行比较自然、坦率和纯真，很少做作或刻意努力。他们相对自主和独特，从内心不愿遵从惯例与习俗，只是无意伤害他人或发生冲突，才有意识地通情达理，表现出善意的容忍和顺从。他们更乐意与那些允许其更加自由自在、更具自发性的人们共处。

　　**以问题为中心**。自我实现的人不是以自我为中心，而是把注意力集中在自身以外的问题上，即以问题为中心。他们的大部分精力用在了一些人生使命、非个人性的任务和自身以外的问题上。他们本着职责和义务来做，谋求的是人类、民族或家庭的利益。他们关注一些哲学上的永恒话题和基本原理，视野开阔、胸怀宽广、生活开放，价值体系宽宏而恒久，无论他们多么朴实，在一定意义上都是哲学家。

**超然独处**。自我实现者比普通人更喜欢独处和隐居，常常能够超然于物外，不受引发其他人骚动事件的影响，可以沉默寡言、远离尘嚣，易于泰然自若地保持平静和安详。他们更加客观，注意力能够集中到常人难以达到的程度，因专心致志而不在乎外部的环境。他们在人际关系方面更少依附性，不是一般意义上的需要他人，难以为普通人所接受，而被误解为冷漠或不友好。

**自主性**。自我实现者能相对独立于自然条件和社会环境，是自己的主人，他们有主见，能够自我决定、自我管理、自我约束，对自己的行为负责，比一般人拥有更多的自由意志、更少的宿命论。他们都是自我行动者，其发展依靠自身潜力和资源，能够超越文化和环境的约束。他们在面对厄运、遭受挫折或打击时显得足够坚强，能够保持相对稳定。因为他们不太重视匮乏性动机的满足水平，而注重满足成长性动机。

**清新的鉴赏力**。他们总是能以新奇的眼光，欣赏许多常人眼中的陈旧事物和平淡生活。他们具有奇妙的反复欣赏能力，能够天真无邪、好奇欣喜、充满敬畏地体验生命的基本内涵。千百次日落都如第一次看到时同样的美妙，在见过千百朵鲜花后，再次赏到花的芬芳绚丽，还是一样的温馨、喜爱、叹为观止。尽管在选择美的目标方面存在许多个体差异，但是他们都可以从生活的基本体验中获得喜悦、鼓舞和力量，能够保持对身边幸事常新的感受和感激。

**高峰体验**。自我实现的人描述了一些他们共同的神秘的主观体验："无限宽广的地平线在眼前展开、同时出现未曾有过的更有力和更无助的感受、极度的狂喜、迷茫、敬畏感、失落于时间与空间之中的感受，最后，意识到发生了非常重要和有价值的事情的感受。"[1]他们较经常地经历神秘的自然体验，马斯

---

[1] ［美］亚伯拉罕·马斯洛.动机与人格（第三版）［M］.许金声等译.北京：中国人民大学出版社，2013年9月第1版，148页。

洛称之为高峰体验。这种强烈的神秘体验，是含有自我消失或自我超越的强度巨大的体验，包括把问题作为中心、精力的高度集中、勇于献身的行为、对艺术忘我投入的欣赏等。

**人类亲情。**自我实现的人对于人类怀有一种很深的认同、同情和爱的感情。他们把人人都视为一个大家庭的成员，深切感受到人们之间的亲情与关联，从而具有帮助人类的真诚愿望。尽管他们仿佛是异乡中的异客，很难得到人们的理解，但是他们却具有宽广深邃的视野，能够体会到与人类的认同，感受到与人们内在的亲缘关系，为普通人的缺点而愤怒，认为自己能做得更好、看得更多，能洞悉不为人知的真理。

**谦逊与尊重。**自我实现者具有更为深厚的民主感受，他们是最为深刻意义上的民主人士，可以毫无偏见地与所有性格相投的人友好共处，给予每一个人以作为人的应有尊重，即使对于恶棍，他们也不愿越过某种最低限度去贬损或侮辱其人格。尽管他们非常杰出，但他们却相当谦虚，他们能向任何在某方面长于自己的人表达真诚的尊重，并虚心向其学习，而不试图维护自己在其他方面的优越感。

**人际关系。**自我实现者具有比普通成年人更为深厚的人际关系，他们能够更多地消除自我界限，更广泛地与对方水乳交融，有着更为崇高的爱和更加完美的认同。他们一般同少数几个人有着特别深刻的联系，因为这种排他主义的忠诚，要求用很多的时间与对方亲密接触。他们同情于全人类，几乎对所有的人都和蔼可亲，对于儿童更是特别温柔。

**道德。**自我实现者具有很强的道德力量，能够按照其明确的道德标准只做正确的事情，能清晰地分辨善与恶。他们几乎没有宗教信仰，在日常生活中很少表现出迷惑、混乱和冲突。

**手段与目的。**自我实现的人在行为手段和目的方面有着泾渭分明的界限，他们通常关注于目的，而手段则确定地从属于目的。他们比普通人更能够纯粹地欣赏行动本身，不仅可以享受抵达目的地时的快乐，还能够体验过程本身的愉悦。他们有时会把不起眼的日常活动变成一场有着内在趣味的游戏或者演出。

**幽默感。**自我实现者具有非同寻常的富含哲理、思想性的幽默感。这种真正的幽默类似于寓言，含有妙趣横生的教育意义，主要是善意、笼统地取笑人们的愚蠢、盲目自大或者得意忘形。有时会运用自嘲的表现形式，但达不到受虐狂或小丑的程度。他们并不乐于开伤害别人、嘲笑他人的笑话，他们的幽默引起的不是捧腹大笑，而是会心的微笑，却有着强烈的感染力。这种幽默不硬加于情境而是内在于当时的具体情境，自发而成的，没有提前策划，也常常无法重复。

**创造性。**自我实现者富有创造力或独创性，这与未失童心的孩子们的天真率直、普遍自发的创造力一脉相承。这种创造力并不一定用著书立说、创造艺术作品的形式来体现，而可能是更为普通的。作为健康人格的一种重要表现，就好像是映射在世界上的投影，又仿佛为其活动涂上了一层色彩。在这个意义上来说，他们可以是具有充分创造性的鞋匠、木匠或者职员。

**对文化适应性的抵制。**自我实现的人虽然可以同文化和睦相处，但是在某种深刻意义上他们却都抵抗文化适应，内在地疏远深陷其间的文化。他们可以接受无关紧要的习俗限制，这种服从或处于草率敷衍，或为了简捷便利。然而当遵从习俗代价关于高昂时，他们就会像脱掉斗篷一样轻易地将其抛弃。他们并不急于排斥文化、从外部进行较量，而是致力于从内部以一种被认可的、冷静的态度和愉快的日常努力来改良文化。他们独立于文化，经常会有一种与文化相分离的感受。在对文化做出权衡、分析和辨别后，他们会根据自己的决定行事。他们更少受社会原则的支配，而是按照自己的个性原则做事。他们有着更少的文化适应、平均化和模式化，能够超越民族性而在更大程度上属于人类的成员。

**不完美性。**自我实现者有许多人性中的小缺点。他们也有一些愚蠢的、粗心的习惯，有时会表现得乏味、固执，甚至让人生气。在涉及自己的作品或家庭时，特别难以摆脱浅薄的虚荣心和骄傲。他们发脾气也并不少见。偶尔还会有出人意料的无情表现，如他们会果敢冷静地中断因对方不诚实而失去信任的友谊。在他们陶醉于自己的兴趣时，就显得对外部心不在焉，忽略一般的社交礼貌，突显出其不乐于聊天、聚会的特点。他们过于仁慈的行为，会让其在与不幸的人交往时陷得太深，可能会给无赖骗子打开方便之门，间或助长一些寄生虫或变态者。他们因客观具体的情境，也会体验到焦虑、自责、沮丧、负罪感和内在的矛盾。

**价值**。自我实现者哲人般对客观现实的接受，为其价值系统提供了坚实的基础。在他们日常的个人价值判断中很大一部分就是这些接受性价值或接受性潜质的表面衍生物。他们的内在动力也提供了这种基础，并提供就其他决定因素，包括与现实的适意关系、人类亲情感、基本满足的状态以及对于目的和手段的区分等。使得琐事对他们来说不再重要，其整个生命进程是在一个更加重要的水平上持续发展，比如，在两性关系方面、对于机体结构和功能的态度、对于死亡本身的态度等。他们的基本需要获得了充分满足，所以对这些需要及其满足就觉得已无所谓，继续全力以赴地追求高级需要的满足。在自我实现者的价值系统中，其最高部分是个人独有的性格结构的集中体现，是绝对独一无二的成分。他们往往同时更加接近于完全社会化或人类共性，又更加接近于彻底的个体化或独特的个性。

**二分法的消解**。自我实现者能够消解一分为二问题中的对立，把内在对立加以合并，将其结合成一个统一体。他们能够变对抗为协作，可以超越各种二分偏见的对立而达到一种整合的状态。他们的本我、自我与超我没有根本的利益分歧，其间不发生冲突，而是互相协作的。他们的认知、情感和意动相互渗透，结合成一个有机的统一体。他们在低级与高级需要的满足间没有对立，而是具有一致的取向。哲学上的两难推理可能没有答案，或者有两个以上的解答。

### 三、自我实现的途径

马斯洛指出，每一个人的本性中均蕴含有两种力量：一种是由于畏惧而坚持安全和防御，倾向于倒退，仅仅依附于过去，害怕承担成长所带来的风险，害怕失去已经拥有的东西，害怕独立、自由和分离；另一种力量则推动着个体向前成长，建立自我的完整性和独特性，充分发挥其一切能力，树立起面对世界的信心与勇气，并认可他最深邃、真实、无意识的自我。这两种力量朝相反的方向牵引着个体，坚持成长的方向不断前进才能走向自我实现。由此，马斯洛总结了8条个体趋向自我实现的途径。

第一，增加走向成长方向的动力，使成长具有吸引力和更乐于出现；全神贯注、忘我、充分、活力四射、全身心地专注于体验生活，体验这自我实现的美妙时刻。

第二，充分缩减成长畏惧和减少向安全方向的力量；在一系列生活的选择过程中，每次都作出成长而不是防御的选择，从而一步步趋向自我实现。也就是说，自我实现的过程就是永无止境的、每时每刻都可能面临的自由选择情境的系列。个体必须在安全与成长、从属与独立、倒退与前进、不成熟与成熟之间进行抉择。当成长的快乐和安全的焦虑比成长的焦虑和安全的快乐更大的时候，个体就向前成长了。

第三，设想有一个自我要被实现出来，要善于倾听源于自身内部的冲动呼唤，使得自己的天性、潜能自发地显现出来，而不是去倾听长辈的、权威的或者传统的声音。

第四，当心有疑虑时，就不要隐瞒而是诚实地说出来。承担责任就是在许多问题上都反躬自问，而每次对于责任的承担都可以看作是一次自我的实现。

第五，能整合迈向自我实现的各种经验，培养自己的志趣与爱好，有勇气不前怕狼后怕虎，懂得自己的命运与使命，做出明智的选择，并且据此采取正确的行动。

第六，自我实现不仅仅是一种最终结局，而是时时刻刻在不同程度上个人潜能得以实现的过程。往往要经历勤奋的、付出艰难努力的准备阶段，并且倾尽全力、力争一流，才能充分实现一个人的可能性。

第七，高峰体验是自我实现的心醉神迷的短暂时刻，应该设置条件增加高峰体验出现的可能性，从而对自己认识得更为清晰，更多地体验实现自我时的神秘入迷的时刻。

第八，要全面地进行自我展示，就要敢于揭露自身的心理病态，即识别出自己的防御心理，并且勇敢地加以放弃。

## 四、自我实现者的爱情

马斯洛发现自我实现者在健康的爱情关系中所获得的最深刻的满足之一，

就是自发性、自由自在以及对威胁的防御达到了最大限度。在这种关系之中，个体完全没有必要再警戒、紧张、谨小慎微、隐瞒和压抑，而是倾向于放弃防御、除去角色面具，表现得更加坦诚和亲密。与亲爱的人共处，能够成为自己，感受到安全、被爱，产生一种身心完全赤裸裸的感觉，不再拘于礼节，可以较为自由表现其愤怒与敌视，较为随便地让伴侣看到自身的缺陷与弱点。

自我实现者有着爱的力量和被爱的能力，倾向于把爱情与喜欢、友好和兄弟情谊截然分开。性与爱在自我实现者那里是完美地交织在一起的，他们一方面比普通人更加强烈地享受性活动，另一方面又认为在他们的整个参照系中性活动远不是那么重要。"自我实现者的性快乐可以是十分微妙的，而非十分强烈。它可以是一种轻松愉快、有趣的体验，不必是严肃、深刻的体验，更不必成为一种中性的责任。这些人并不总是生活在激奋之中的——他们通常处在一个比较一般的强度水平上，轻松愉快地享受性活动，把它当作一种令人愉快、心旷神怡、妙趣横生、令人舒适、回味无穷的体验来享受，而不是把它当成一种翻天覆地的迷狂的情感体验。自我实现者显得远比普通人更坦然地承认自己为异性所吸引。"[1]

需要的认同就是把两个人基本需要的许多层次融合成一个单一的层次，这是良好爱情关系的一个重要方面。这使得一个人可以感觉到对方的需要，仿佛就是自己的需要；与此同时，他也感到自己的需要在某种程度上属于对方。自我扩展起来把两个人都囊括在内，使得它成为另一个单一的个体。这是一种相互尊重的关系，承认伴侣独立自主的存在，希望看到伴侣的成长，并异乎寻常地具有为伴侣的胜利而高兴的能力。爱情本身就是目的，它只为自身的原因而被具体、丰富地体验到，它有其自身的成果与乐趣。随之而来的就是享受、赞赏、感受与关照。自我实现者的爱情中少有艰辛与紧张，它既是存在，又是生成，是因他人存在而爱的"存在爱"。自我实现者在爱情中把巨大的爱与伟大的自尊融合了起来，表现出一种健康的自私和不愿做无谓牺牲的倾向。他们既能

---

[1]［美］亚伯拉罕·马斯洛. 动机与人格（第三版）[M]. 许金声等译. 北京：中国人民大学出版社，2013年9月第1版，164、165页。

极其享受在一起时的亲密，又能够达观地对待长期的分离或死亡，即可以坚强地保持自我本色。

### 五、自我实现者的创造性

马斯洛一改把健康、才干与多产看作同义的传统观点，力图使创造性与自我实现紧密联系起来，主张从更广泛的意义上去理解这一概念。他不仅把创造性运用到理论、艺术等为传统所接受的产品上，而且还运用到人及其活动、过程和态度上。他认为心理健康与特殊才能是各自独立的变量，他对特殊天才的创造性和自我实现者的创造性作了区分。天才多产而富有成就，更主要地依赖于遗传，它是少数有天赋的人才能达到的，但他们未必都是心理健康的。而自我实现者的创造性更多地是由人格造成的，是其副产品。他们是健康的、富有创造性的，但是不一定多产。这种创造性普遍存在于每个人身上，并且随着心理健康状况的变化而变化。它在普通的日常生活中得到广泛的显现，在创造性地做任何事情的活动倾向中得以表现。自我实现的创造性是自我实现绝对必要的方面，或者可以说是自我实现的现实性特征。

马斯洛还从如下 4 个方面，对自我实现的创造性进行了分析：

#### （一）感知

这种创造性的一个基本方面就是特殊的感知，如《皇帝的新装》这则童话中看到国王没穿衣服的孩子一样的感知。拥有这种创造性的个体既能看到事物新鲜、自然、具体和形象化的一面，也能看到抽象、属类和仪式化的一面。他们不是生活在虚拟世界，而是活在更加真实的世界。正如罗杰斯所言，他们是"对体验开放"的。

#### （二）表达

他们更善于表达，更富有自发性。他们的行为受到的束缚和抑制较少，有更少的停滞和自我责难，所以表达得更为自然和顺畅。这种创造性的一个非常基本的方面就是这种不受限制、不怕他人奚落地表达想法与冲动的能力，罗杰斯形容他们为"充分发挥功能的人"。

### （三）"第二次纯真"

"自我实现者的创造性在许多方面类似于天然快乐、无忧无虑的儿童的创造性。它是自发、轻松自然、纯真、自如的，是一种与一成不变和陈词滥调迥然不同的自由。同样，它的主要成分似乎就是无感知的'纯真'、自由和不受抑制的自发性和表达性。几乎任何一个孩子都能够更自由地去感知，而不带有应该存在什么、必须存在什么或一直存在什么的先入为主的看法。并且，几乎任何一个孩子都能够即兴地创作一支歌、一首诗、一个舞蹈、一幅画、一种游戏或比赛，而不需要计划或预先的意图。"[1]自我实现者至少保持或重新获得了两种孩子气的主要方面，即，一"对体验开放"或不墨守成规，二具有自如的自发性与表达性。这种如美国哲学家桑塔亚那所说的"第二次纯真"，是把天真的感知与表现同老练结合成了一体。

### （四）对未知事物的好奇

自我实现的人保持着一种与众不同的好奇，他们对未知、神秘的事物不害怕、不忽视、不拒绝、不回避，也不会不懂装懂。他们往往为其所深深地吸引住，并把它们挑选出来，沉迷于其间，苦苦地加以思索和研究。他们也不会过早对其归类、组织和分析，不必依赖于熟悉的事物。在总体上客观情境的要求下，他们能够安于无序、混沌或不确定的状态。也就是说，折磨大多数人的疑惑、试探及暂缓做决定的状况，对于自我实现者来说可能是一种让人愉悦的刺激性挑战，还可能是生命的高潮。

自我实现的创造性为马斯洛创造研究的重心。他将创造性划分出 3 种层次，进一步阐明了创造力发挥的过程与条件。从创造性发挥的过程来看，可以区分出原发层次、继发层次和整合创造性 3 种不同的层次。

出自并借助于初级思考过程的创造性，称为原发层次的创造性。这种原初过程并不如被禁止的冲动那般危险，在相当大的程度上，它们并不是遭到抑制

---

[1]［美］亚伯拉罕·马斯洛.动机与人格（第三版）［M］.许金声等译.北京：中国人民大学出版社，2013年9月第1版，172、173页。

或接受审查，而只是暂时被遗忘或被拒绝了。当人们不得不去适应一个要求目标明确和注重实效努力的残酷现实时，只好隐藏一下幻想、诗意或游戏。而在一个相对富裕的社会中，对于原初过程的阻碍就少了许多。马斯洛期望教育可以在把原初过程接纳和整合入意识和前意识的过程中发挥较大的作用。他把如在爵士乐或孩子式的绘画中所表现出来的即兴创作，当成原发创造性的最好例证。

在原初过程之后，主要以次级思维过程为基础的创造性，称为继发层次的创造性。伟大的创造性作品不仅要有灵感和高峰体验，还要求勤奋工作、长期训练、无情地进行批评以及运用完美的规范，等等。也就是说，自发性之后要深思熟虑，接纳之后要有批判，直觉之后要有缜密的思维，大胆行动之后要有所警觉，憧憬或幻想之后要考虑一些现实的问题，然后，在冷静、周密的鉴别、比较、分析、评估和反思的基础上进行淘汰或选择。马斯洛把它描述为阳刚过程继发于阴柔过程。这种继发的创造性主要包含一些现实的成功，如大桥、楼房和新能源汽车等，甚至还包括加工他人想法的许多实验和多数的文学作品。

能以良好融合原发与继发两种过程的创造性，就是整合的创造性，它是原发层次的创造性与继发层次的创造性的有机整合。这种整合的创造性给人们带来了伟大的艺术作品、哲学理论和科学成果。这不仅是对自我实现创造性产生过程的分析，同时也是对自我实现创造性产生条件的考察。

## 第三节　高峰体验论和存在认知

### 一、高峰体验论

马斯洛发现，几乎所有自我实现者都常谈及经历过的一种神秘体验，"这种体验可能是瞬时产生的，压倒一切的敬畏情绪，也可能是转瞬即逝的极度强烈的幸福感，或甚至是欣喜若狂、如痴如醉、欢乐至极的感觉……都声称在这类体验中感到自己窥见了终极真理，事物的本质和生活的奥秘，仿佛遮掩知识的帷幕一下子给拉开了……像突然步入了天堂，实现了奇迹，达到了尽善尽美……这些美好的瞬间体验来自爱情，和异性的结合，来自审美感受，来自创造冲动和创造激情，来自意义重大的领悟和发现，来自女性的自然分娩和对孩子的慈爱，来自与大自然的交融"。[1] 马斯洛把这种神秘的心理体验称为高峰体验。他指出，这种体验不是经常出现的一般性感受，而是在最幸福的时刻迸发出的一种短暂的极乐感受。高峰体验是普遍存在的，它并不是僧人圣徒、瑜伽信徒、禅宗教徒等深居简出者的专利，而是全人类的一种共同感受，任何行业的任何常人都可能在生活中的某一重要时刻获得这种体验。

马斯洛强调高峰体验与自我实现的密切关系。常常产生高峰体验是自我实现者的一种重要的人格特征，自我实现者能比常人更多地产生高峰体验。因为高峰体验是一种身心融合的、发自内心深处的感受，这时，个体会产生一种返璞归真或与自然合一的极度欢乐的情绪。自我实现作为人的本性的实现就是人与自然的合为一体，而体验者内在的整合及随之而来的体验者与世界的整合就是高峰体验的一个基本方面。在此状态中，形成了个人的一体化；内部分裂被消解，内在纷争被超越；个体更为开放、更有自发性、机能更加健全；能够接受和拥抱更深层次上的自我。

"首先，不仅这个世界，就连他自己也变得更为一体化，更加整合，具有自我连续性。这还等于是说，他更加成为他完全的自己、具有自己的特点、与众不同、独一无二，并且由于他是这样的，他能够无须费力就更容易地具有表达性和自发性。他所有的力量以最有效整合和最协调的方式集结起来，比平时组织和协调得更完善。然后，每件事情都完成得异乎寻常的轻而易举、易如反掌。抑制、自我批判趋于消失，而他成为自发、协调、高效的机体，没有冲突与分裂，没有犹豫和疑惑，在一股巨大的力量之流中，像动物那样运转着，运转得如此轻松，或许变得像一场游戏，娴熟得如鉴赏家一般。所有这一切都是那么的容易，简直可以在运转中享受它并开怀大笑。可以做在其他时间中不敢做的事情。简单地说，他变得更加完整和统一，更独特、更有活力和更具自发性，更能完美地表达和解除抑制，更轻松和有力，更有胆量和勇气（抛弃恐惧

---

[1]　林方.人的潜能和价值［M］.北京：华夏出版社，1987年第1版，366～368页。

和疑惑），更自我超越和忘我。"[1]

## 二、存在认知与缺失认知

马斯洛发现，在高峰体验时，个体的认知特性和能力发生了根本性的变化，出现了一种特殊形式的认知，称之为存在认知。这种认知与一般人平常状态下的缺失认知形成了鲜明的对比。

马斯洛认为，从根本上说，"缺失认知可以定义为是从基本需要或缺失需要，以及它们的满足和受挫观点组织起来的那种认知。就是说，缺失认知可以叫作利己认知。……对象的认知，按照对象自身的真相和它自身的存在，不涉及它满足需要或挫折需要的性质，即基本上没有涉及对象对于观察者的价值，或它在他身上的作用，这样的对象认知，可以叫作存在认知（或超越自我的，或非利己的，或客观的认知）"。[2]由于缺失认知未能超越功利价值取向的褊狭，是一种不成熟的认知；而在存在认知中，由于摆脱了褊狭的功利取向的束缚，能够客观认知事物的本来面目、宇宙的终极价值。所以，它是一种成熟的认知。在高峰体验中对所见世界的描述，及所报告的自我特征，相应地都可以看作是存在认知。

马斯洛对存在认知和缺失认知的特征进行了比较，指出存在认知把世界视为整体的、完整的、自给自足的和统一的；是排他的、全面细致和彻底的关注；不与他人加以比较；与人类没有关系；重复的体验使感受更丰富、更深刻；被看作是非必需的、无目的或无欲求的感知；以感知对象为中心，忘我、超越自我、无私与公正；允许感知对象就是它本身的状态，对其不予干涉，顺其自然地接受它；将其视作目的本身，有内在价值且自我验证；独立于时间、空间之外，被看成是永恒与普遍的；把存在的特征感知为存在的价值；因为作为它本身来看待而具有绝对性；解决了二歧化、两极性和冲突，矛盾的双方同时存在，

---

[1]　[美]亚伯拉罕·马斯洛.动机与人格（第三版）[M].许金声等译.北京：中国人民大学出版社，2013年9月第1版，176、177页。

[2]　[美]亚伯拉罕·马斯洛.存在心理学探索[M].李文译.昆明：云南人民出版社，1987年第1版，183页。

并被认为是合理与必要的；具体和抽象地同时感知各个方面；有个性特征的、具体而独特的感知对象；增加内部与外部世界间的心物同态；往往把被感知对象看作是神圣而非常特殊的；经常视世界和自我为有趣、好玩、幽默、可笑；不能互换，无法替代。

总之，在存在认知中，对象是作为本质被完全把握的。它是一种超文化性认知、总体性认知，是真正自由的，来自主体内部的创造性认知活动。存在认知是主体对认知对象的全身心投入，通过主体的存在情境透视对象的本质，是最终发现了存在价值的认知。在存在认知中，体验被看作是超越目的和利益的高尚情感。

## 第四节　良好条件论

马斯洛认识到，人的似本能天性作为潜能只为自我实现提供了必要的"种子"，而具有良好条件的环境则是人性潜能赖以生长和实现的阳光、空气和水。良好条件可以概括为允许人性与潜能充分发展、满足和表现。以此思路，马斯洛提出了内在教育论、心理治疗论、社会变革论和优心管理论。

### 一、内在教育论

马斯洛认为，现行的美国教育整体上看是以外在教育为特征的。体现在教育目标上，便是一味地强调外在知识的灌输，体现在教学手段上，便是教师在教学过程中依据的奖惩标准只是学生对所传授知识的记忆程度，或学生对所提供刺激作出反应的正确与否。马斯洛看出外在教育存在着严重的病症，它把学生视为机器或者动物，丝毫不顾及学生的需要及内在价值选择，学生主动学习、自我选择的自由被完全剥夺掉了，从而使得教育成了一种不把人当人看、不重视人、脱离了价值的机械过程。

针对这种非人的外在教育论，马斯洛提出了人本主义的内在教育论。其最重要的区别是确立了新的教育目标。马斯洛指出，人本主义教育的目标"在根本上就是人的'自我实现'。成为完整的人类是人类种群或特殊个体所能达到的最高程度的发展。通俗来说，就是人能够达到他能达到的最佳状态"。[1]

新的教育目标的实现，需要配套的家庭教育和学校教育措施来保证。

马斯洛主张，家庭教育应采用"有帮助的任其自然"的方法。这种方法一方面要求父母创造比较自由、宽松的环境，允许儿童根据自己的主观体验作出合乎自己本性的成长的选择，自己决定自己前进的步调与时机。另一方面，要求父母充分地发挥"帮助者"的作用，尽力满足儿童的基本需要；帮助健康儿童达到可能的成长进步，使其成长不超过他们所可企及的范围，并在适当的时候摆脱他们的积习；帮助性格缺陷儿童从固着、僵硬防御和切断一切成长可能性的安全措施的泥潭中解脱出来；等等。

在学校教育问题上，马斯洛提出让学生接受自由、灵活的内在教育。他主张在理想大学中，将没有学分、学位和必修课，任何人都可以学习任何想学的东西，能够如愿以偿地按照自己的天性获得内在教育，充分实现自我的潜能。理想大学的主要目标就是发现自我同一性和使命。找出真实的愿望和特性，并选择能够表达它们的生活方式，就是自我同一性的发现。经过学习能够让言行自然流露出内在的感受，通过教育帮助人们超越其文化而成为世界公民。发现使命就是找到命运和归属，通过倾听内在声音发现一生要为之献身的事业。马斯洛特别强调理论联系实际，主张课堂教学应该和生活密切结合起来。因为教育目标的实现，必须通过受教育者作为一个活生生的人对于生活真实而丰富的体验；另一方面，教会人们懂得生活的可贵本身就是一种教育目标，要保持意识的清新，能够不断感受生活的美妙。没有真正的人生体验，真正的教育就无法开始。

内在教育最好能有艺术教育、音乐教育和舞蹈教育作为它的核心。因为，内在教育不仅是知识的获得和技能的发展，而且还包括性格训练、情感教育和心灵教育。另外内在教育还有一些重要的目标，包括满足学生的基本需要，在有安全、尊重与爱和归属感的氛围中学习；让学生成为优秀的选择者，自主找

---

[1]　[美]亚伯拉罕·马斯洛. 人性能达到的境界［M］. 曹晓慧等译. 北京：世界图书出版有限公司北京分公司，2014年7月第1版，154页。

到坚信的目标与为之献身的事业；解决人生的存在问题，唤醒存在价值并加以实现。

## 二、心理治疗论

马斯洛立足于自我实现的心理学原理，从这一新视角来阐释心理健康、心理疾病的本质，进而形成了对于心理治疗的目标、对象、原理与技术等的独特见解。

马斯洛把全面的健康理解为人的基本天性得到丰富、完满的实现，潜能得到充分发挥，即获得了自我实现。心理疾病则被视为人的基本天性遭到否定、挫折或扭曲的结果。也就是说，人的基本需要和超越性需要及其前提条件可能或现实地遭到阻碍、剥夺或威胁，就可能会导致心理疾病的发生。马斯洛进一步把心理疾病区分为缺失性病态与超越性病态两大类型。前者是回患者无力认识并满足自己的缺失性需要所造成的心理病态，如安全感的缺失、归属感的匮乏等。后者则为人的超越性需要或存在价值遭受剥夺所导致的人性萎缩。无信念、无价值状态等就属于这种类型。这样，心理疾病的范围就涵盖了由人的基本天性被否定、扭曲所造成的一切人性萎缩。

马斯洛指出，心理治疗实质上就在于帮助患者步入自我实现的轨道，各项心理治疗工作必须遵循的基本原理就是自我实现的机制。所以，心理治疗成效的取得，必须符合以下条件。①满足患者的基本需要。这是基本的治疗方法，是通往自我实现之路的重要一步，也是通向全部治疗的最终正面目标。②改善患者的自我认识。必须通过患者对自身同一性的认识，才能帮助其迈向丰满的人性。即一个人心理健康绝对必要的条件就是其自我认识的改善。③建立良好的人际关系。能够扶持或增进安全、爱、归属、自尊、自我实现和价值感等需要满足的人与人之间的关系就是良好的人际关系，良好的友谊是其典型范例，相互间的坦诚、友善和信任除了自身价值外，还具有表达性、宣泄性的释放价值。心理疾病患者实际上就是从来没有建立足够良好人际关系的人，心理治疗必要的前提条件就是令人满意的医患关系，为患者提供本应从其他良好人际关系中得到的特质，构成了心理治疗的最终本质。心理治疗关系应是一种健康的、值得向往的、理想的人与人之间的关系，通过双向选择，找到一个适合的治疗师，他热情、富有同情心、自尊并能给予尊重、平等待人，能轻松进入良好的治疗关系，并培训患者学会建立良好的人际关系。

马斯洛发现了日常生活中的心理治疗，认为良好的婚姻、友谊、父母、教师和工作可以带来奇迹，在所尊敬和所爱的人那里寻求建议与帮助具有潜在的治疗意义。他也认识到了自我治疗的可行性和局限性，尤其重视小组治疗和专业的顿悟疗法的运用。

马斯洛指出，正是在很大程度上病态的社会造成和加剧了心理疾病患者的病态。所以，要想让患者得到康复，一个重要条件就是改善其生存的社会条件，即创建一个良好的社会。

### 三、社会变革论

马斯洛认为增进人的自我实现，即造就好人要求有良好的社会作为保证，这是适合他们成长的环境；另一方面，良好社会又只能由好人来造就。他提出了对于良好社会的定义："这种社会是把成为健全的自我实现的人的最大可能性提供给社会成员。反过来，这意味着，良好社会是依照如下方式建立起制度上的契约安排的一个社会：它扶植、鼓励、奖励、产生最大限度地良好人类关系以及最小限度的不良人类关系。从前面的定义与说明导出的必然结论是，良好社会与心理学上的健康社会是同义的，而不良社会与心理学上的病态社会是同义的，反过来也就分别意味着基本需求的满足与基本需求满足的阻挠（即不充分的爱、情感、保护、尊敬、信任、真实与过多的敌意、侮辱、恐惧、轻蔑与驾驭）。"[1] 总之，好的社会和社会制度，是能够帮助人趋向更丰满的人性，促进人性潜能的充分实现的。必须变革现有的各种宗教的、政治的、社会的理论以及建立在此基础上的社会制度，才能建设起真正的良好社会。马斯洛所期待的社会变革是一种循序渐进的、非暴力的社会改良，而不是一种激进的暴力

---

[1] ［美］亚伯拉罕·马斯洛. 动机与人格（第三版）［M］. 许金声等译. 北京：中国人民大学出版社，2013年9月第1版，114页。

革命。他强调必须把社会看作一个整体，每一个变化都会牵一发而动全身，至少在一定程度上会对整体产生影响。要改进社会这个整体，必须对一切的社会机构都加以改进，应该把社会变革坚实地植根于对人性的正确认识的土壤里。

关于良好社会的蓝图，马斯洛曾设想建立一个心理学乌托邦，在其间，人人都精神优美，即心理健康。假设有1000户健康的家庭移居于一个荒野，人们可以随意设计自己的命运。几乎可以肯定的是，这个群体具有高度的无政府主义精神，有着充分自由和充满爱的文化，人们尊重基本需要和超越性需要，坦诚以待、相互尊重、宽容而不干扰邻人。在这样的情境中，人们可以毫不费力地表露出人性的最深层次。后来，在鲁思·本尼迪克特的相辅相成的协同作用思想影响下，马斯洛对高协同社会作了进一步的描绘与总结，"在这些高协同的社会中，社会制度的建立将超越自私与无私的对立，超越自利与利他的对立。在那里，单纯的自私也必然有所收获。高协同的社会是美德有好报的社会"。[1]

## 四、优心管理论

与把人视为物的经典管理学相反，马斯洛强调，管理学应着眼于如何将人真正当作人来管理，管理学的基本问题应该是研究对人性的健康成长及其丰满发展有益的工作条件、工作、管理、奖赏或报酬，与之相应，管理学的出发点也应当是研究在一个组织中怎样设置条件才能让个人的目标与组织机构的目标融合统一起来。

马斯洛把管理学的着眼点拉回到人性的健康发展上来，他主张允许满足和表现也是科学管理应该具备的一个基本特征。人类的需要不仅有低级、高级之分，而且还有超越性需要。但是，经典的管理学理论对人类的低级需要大都过分重视，却从根本上忽略了人类的高级需要，特别是超越性需要的存在。所以，传统的管理科学要进行变革。

---

[1] ［美］亚伯拉罕·马斯洛著，曹晓慧等译，《人性能达到的境界》，世界图书出版公司，2014年7月第1版，186页。

马斯洛注意到，力主克制管理的 X 理论适用于天生厌恶工作的普通人；麦格雷戈针对它提出的 Y 理论只适用于心理健康者，并不适用于那些极度不安、具有怀疑心理的人，特别是对于某种形式的神经症患者。马斯洛指出，健康型的自我实现者能实现麦格雷戈 Y 理论的期待，但对于超越型自我实现者，则需要 Z 理论这种新的管理理论来管理，引导员工献身于存在价值，满足员工的超越性需要。X 理论、Y 理论与 Z 理论之间并非相互排斥的，而是可以整合起来同处于一个连续的系统之中。人们能够生活的动机层次各不相同，因而管理的方法也应有所区别。科学的管理应该重视基本需要和超越性需要各个层次的满足。

马斯洛认为，仅仅以金钱作为"薪酬"的管理思想已经过时。低级的薪酬只能用金钱买到低级需要的满足，但当这些需要已经得到满足时，只有高级的"薪酬"才具有激励作用。例如，有归属感的人际关系、感情、尊重、赞赏和荣誉，以及自我实现的机会和最高存在价值的培养等。

马斯洛强调，管理的本质在于允许和促进人性潜能的显现、成长与实现，应该依据人性发展的实际情况选择与之相应的管理方法。优新管理的工作条件通常不仅有利于满足个体的成就感，对于组织机构的健康繁荣及其产品或服务质量的提高，也是有好处的。

## 五、马斯洛对需要心理学的贡献与其局限

马斯洛提出了需要层次论，对需要心理学做出了重大贡献。他把需要看成是调动主体积极性的内在动力，强调需要的满足在个体发展上的重要作用，这与需要心理学把需要界定为人类行为源动力的思想是一致的。他深入探讨了需要的性质、结构、类型及其发生与发展的规律，极大地丰富了需要心理学的内容。他发现了需要的层次性，区分了人与动物所共有的低层次需要，和为人类所特有的高层次需要，突破了传统心理学动机研究上人与动物相混淆的局面。他仔细辨别了需要的层次并解析了各层次间的相互关系，尤其是突出了低层次需要的满足是高层次需要出现的前提条件，并重视高层次需要对人性发展的提升作用。他还开创性地提出了存在认知与超越性动机的概念，为超个人心理学

及心理学第四势力的超个人心理学学派的产生与发展发挥了巨大作用。

不过，马斯洛没有区分需要与动机两个概念，基本上是混同使用的。需要心理学则分别进行了界定，需要是主体生而就有的或随着成熟而自然发展起来的必须通过采取相应的心理活动或外显行为加以实现才能维持主体正常存在与发展的内在规律性的必然要求，是主体行为的源动力；动机指推动和维持主体采取现实行动的一种内部状态，是主体对其进入施动状态的需要的一种体验。也就是说，动机是处于施动状态的需要，动机概念包含在需要概念之内。

马斯洛辨别出 5 种基本需要，即生理需要、安全需要、归属与爱的需要、尊重需要、自我实现的需要；两种基本的认知需要，包括认识和理解的需要、审美需要。他认为 5 种基本需要是从低级向高级依次发展的，显得机械刻板，而且实际上这些需要之间的关系比简单的层级要复杂得多。需要心理学提出了更为全面系统的分类方法，根据个体机能的不同侧面区分为 5 大类，生物性即生理需要，情感性即感情需要，认知性即认知需要，本体性即自我需要，社会性即关联需要。而且每种需要又根据内容的不同做了细分。在生理需要方面两个理论基本一致，安全需要只是与处于安全层次的各种需要相对应，归属与爱的需要分别包含在关联需要与情感需要之内，尊重需要与自我实现需要都包括在自我需要之内。需要心理学另外区分出需要的 5 个层次，即生存、安全、健康、成就、完善层次。而且每种需要都具有这 5 个从低到高依次有机提升的层次。

上述类型仅仅是从个体需要的角度进行的分析，依据主体范围的不同，需要心理学还扩展出个别团体需要和社会需要。又更广泛地根据主体性质的不同而分为两类：主体需要与环境需要。当需要的主体是人类主体时，这种需要便称为主体需要。当需要的主体是人类以外的环境时，这种需要便称为环境需要。为满足众多主体的主体需要，而对环境提出的要求，便称作主体需要的客体化。为满足环境需要，而对主体提出的要求，就叫作环境需要的主体化。从而在主体与环境交互作用的框架下，提出各种不同性质需要间的合力模型。马斯洛的需要层次论建立在自然生长论的发展观基础之上，仅仅从封闭的主体内在世界寻找人性的根源，而没有关注外部宏观的社会环境对人的影响。需要心理学的这些扩展明显都超出了马斯洛需要层次论的范畴，补充了许多理论空白，提升了理论的系统性和解释力。

马斯洛提出了自我实现论，并归纳出了自我实现者的主要人格特征，极大地丰富了自我需要的内容。只不过自我实现涵盖了需要心理学中自我需要的成就层次和完善层次，也就是说，需要心理学中的自我实现属于成就层次的自我需要，与完善层次的自我完善需要是有一定区别的，自我实现倾向于一枝独秀式的成就，而自我完善则要求相对均衡的全面发展。马斯洛的自我实现则不能做出这种区分，实际上它的很多内容是属于自我完善的。而且，马斯洛缺乏个体与环境交互作用的框架，忽视社会环境对于自我实现的重要影响。

马斯洛的良好条件论是对其需要层次论的具体运用，分别在教育、心理治疗、社会改革和管理方面进一步推导出应用的措施，具有重要的实用价值，有力地促进了这些领域的发展。

# 第九章　罗杰斯的当事人中心需要思想

卡尔·兰塞姆·罗杰斯（Carl Ransom Rogers，1902—1987）是美国著名的心理治疗学家，人本主义心理学的创始人之一，出生于伊利诺伊州芝加哥郊区。他先入威斯康星大学学农，后为了从事基督教研究和牧师职业而专攻历史。1922 年他从威斯康星大学毕业后，又进了当时比较自由的纽约市联合神学院。他在此开始接触临床工作，并很快发现咨询比宗教工作更符合其他的志趣，于是又赴纽约进入哥伦比亚大学专攻临床与教育心理学。1931 年获博士学位，后到罗纳斯特儿童指导中心做主任。1940 年转任俄亥俄州立大学心理学教授。1944—1945 年出任美国应用心理学会主席。1945 年在芝加哥大学任心理学教授，并创建了心理咨询中心。1949—1950 年任临床与变态心理学分会主席。1956 年获得美国心理学会颁发的杰出科学贡献奖。1957 年又返回威斯康星大学任教，并形成了当事人中心治疗的整个理论体系。1962 年至 1963 年任斯坦福大学行为科学高级研究中心研究员。1964 年转到加利福尼亚西部行为科学研究所任常务研究员。1964—1967 年任美国心理学会第 55 任主席。1968 年另建关于人的研究中心，并任常务研究员。1972 年获美国心理学会杰出专业贡献奖。

其主要著作有：《咨询与心理治疗》（1942）、《当事人中心治疗》（1951）、《论人的成长》（1961）、《学习的自由》（1969）、《罗杰斯论交朋友小组》（1970）、《择偶、婚姻及其选择》（1973）、《罗杰斯论个人权力》（1977）、《一种存在的方式》（1980）和《20 世纪 80 年代的学习自由》（1983）等。

罗杰斯的人本主义心理学思想十分丰富，在他一生所写的近 300 篇学术论文和著作中，涉及许多重大的心理学问题。概括地说，他的体系中与需要心理学相关的观点主要有：人格理论、当事人中心疗法和人本主义教育观。

# 第一节　性本善的人格理论

罗杰斯的人格理论主要包括：人性本善的建设性倾向、人格发展的概念、有机体与自我组成的人格结构、人的实现倾向与充分发挥作用的人。

## 一、人性本善的建设性倾向

罗杰斯人格理论的一个重要前提就是人性本善论。他主张人的本性是善的，人性发展有着建设性的倾向。他不赞同罗洛·梅对于人性既善又恶的观点，认为恶并不是人的本性，而是由文化和社会因素所导致的。他明确指出："我的经验使我相信，文化的影响才是造成恶劣行为的主要因素。生育的粗陋方式，婴儿和父母的经验混杂，教育系统的约束性和破坏性影响，财富分配的不公，对于不同于我们的人抱有很深的偏见——所有这些和许多其他因素使人的机体转到反社会的方向。因此，我认为人种的成员，像其他物种成员一样，在本性上实质是建设性的，但受到他们经验的损害。"[1]

心理上出现病变的个体，虽然心理发展受到了环境条件的扭曲，但是依然存在成长定向或潜能实现的倾向。通过心理治疗，为患者提供适宜的心理环境，就能够让其扭曲的心理恢复到正常状态。

罗杰斯认为，人性中的善可由潜能自我实现的倾向而在外部行为中表现出来。他提出了生物所具有的实现倾向（actualizing tendency），和宇宙中趋于整体的形成倾向（formative tendency），作为他人格理论的基石。

人性与外部环境间有着复杂的相互作用，如破坏与建设、倒退与成长、恶与善，相互对立却都是现实的存在，只是那些消极面并不属于人类本性，而是有机体组织结构退化的表现。有机体与其他系统一样具有向无序、混乱状态退化的普遍倾向，其退化现象包括衰退、解体、停滞甚至死亡。但是，有机体与宇宙中的每一水平都具有更加重要的形成倾向。人类有机体从受精卵开始，到

---

[1] 林方.人的潜能和价值［M］.北京：华夏出版社，1987年第1版，442、443页。

出生、成长为青少年的过程中都表现出明显的创造性发展的建设性倾向，正是这种倾向让人在任何环境下都潜藏着朝向自我实现的巨大能量，心理治疗就可以帮助患者把这种潜能发掘出来。

## 二、人格发展的概念

自我概念是罗杰斯人格理论中的一个核心概念，是罗杰斯于50年代在其"当事人中心治疗"的理论中阐发出来的。罗杰斯认为，自我是指一个人对自己的了解与看法，是个体对自己的知觉。一个人随着自己经验的日益增加，会逐渐丰富与改变对自我的认识。但是这种认识一旦形成，就会成为一种相对稳定的、有组织的、连贯且有联系的整体知觉模型。自我只是个人的主观经验，不一定能完全符合个人的实际情况。所以，罗杰斯认为有两种自我概念：一种是真实自我，是比较符合现实的自我形象；另一种是理想自我，是个体期望实现的自我形象。这两种自我是否接近与和谐，直接影响到个体的心理健康。

罗杰斯认为，自我概念是在个体与环境相互作用的过程中逐步形成的。婴儿随着身心的成长由最初的物我不分、主客不分，到逐渐把自我从环境中区分出来，并且在语言的帮助下进一步分清了主我（I）、客我（me）和我自身（myself）。用罗杰斯自己的话来说，自我是指"那些有结构的、和谐一致的概念格式塔，其组成是对主我或宾我的特征的知觉和对主我或宾我与他人和生活的各方面的关系的知觉，以及与这些知觉有关的价值观念。"[1]

儿童获得的自我概念是否健康，主要取决于其在童年早期能否得到积极关注（positive regard），如温馨、同情、认同、喜欢、尊重与爱护等。儿童在成长过程中，如果能够得到这种积极关注，其本性与自我就会得以表现，就易于形成健康的自我概念。被自己的父母爱着，是儿童在形成自我结构时，第一个和最重要、最核心的自我体验部分。这种积极关注主要来自父母或教师，这种积极关注是有条件的，罗杰斯将其称为"有价值的条件"（conditions of

---

[1]　J. P. 查普材等. 心理学的理论和体系 [M]. 林方译. 北京：商务印书馆，1984年第1版，286页。

worth）。儿童的行为符合这种有条件的价值观时，能得到父母或教师的赞许，否则就要遭受责备或惩罚。由于经常遇到这种有价值的条件，父母或教师的价值观会逐渐内化为儿童自我结构的一部分。经过这种有条件的积极关注，儿童区分出来有价值和无价值的行为与情感，有可能造成自我概念与机体经验的不一致。当出现这种情况时，儿童要么否认其机体经验的存在，要么以歪曲的形式接受这种经验。

罗杰斯认为应该用"无条件的积极关注"取代这种有条件的积极关注，所谓无条件的积极关注，指儿童无条件地自我尊重，即儿童不必考虑其是否与他人确定的方式相一致，而是完全按照自我所确定的行为方式向其目标前进。也就是说要努力通过外在条件与自我概念的一致性联系，来促进儿童人格的健康发展。罗杰斯指出，无条件的积极关注有利于矫正儿童的变态人格，有利于儿童形成完整的自我概念，有利于其健康人格的正常发展。

罗杰斯概括道："从这双重源头中——个人的直接经验，感觉反应的歪曲的符号化结果是内化价值和概念，就像它们是被体验到的——生长出自我的结构。在这样的证据和临床经验的基础上，看起来最有用的自我概念或自我结构的定义是这样的——自我结构是被吸收到意识的自我的知觉的组织化构造。它由这些成分构成、个体性格和能力的知觉；自我与其他人以及环境的概念和知觉；被察觉到和体验及客体相联系的价值质量；被认为有正性或负性价值的目标和理念。那么，正是这幅组织化图景存在于意识中，要么作为自我或关系自我的形象或背景，伴随着正性或负性与这些品质和关系相关的价值，要么它们被认为是存在于过去、现在或未来。"[1]

## 三、有机体与自我组成的人格结构

罗杰斯认为，人格由有机体（organism）和自我建构（self-structure）所组成，这是其人格理论的两个基本概念，也是连接其理论中另外概念的桥梁。

---

[1] ［美］卡尔·R·罗杰斯等.当事人中心治疗：实践、运用和理论［M］.李孟潮，李迎潮译.北京：中国人民大学出版社，2004年10月第1版，437、438页。

## （一）有机体

罗杰斯人格理论的基本单位就是有机体，因为主要是根据有机体来解释人的行为。有机体是个体一切经验的聚合，是其行为的"积极发动者"，并且表现出一种"有方向的倾向性"。它总是朝向某一事物，总是在寻求什么。有机体在某一时刻的行为方向，总是直接或间接地反映了有机体力求实现其内在潜能的倾向，而这种实现倾向为有机体提供了行为动力。它推动有机体做出对有机体和社会都有建设性意义的行为，这是一种建设性的创造活动。每个有机体都具有独特的潜能，并在长期社会生活中形成了自己特有的经验。如果这种经验与内在潜能相一致，它就是一种内在现实的经验；如果不一致，便是一种虚构的非现实的经验。若经常产生正确的现实经验，其人格就能得到健康的发展；反之，其人格就有可能发生变态。有机体内部富有建设性的实现倾向会指导有机体采取正确的行动，从而形成积极的经验，建构起健康的人格。

罗杰斯概括出 5 个有关机体的命题："命题一：每个人存在于以他自己为中心的不断改变的体验世界中。命题二：机体对体验到、察觉到的领域作反应，知觉域对个体来说就是'现实'。命题三：机体作为一个组织的整体对现象域进行反应。机体有一个基本的倾向——实现、维持、强化体验组织。命题五：行为是机体基本的目标指向的尝试，为的是满足被感知领域体验到的需要。命题六：情绪伴随着一般来说促进上述目标指向的行为，这种与找寻相联系的情绪和行为的消耗部分是相对的，情感的强度与察觉到的维持和强化机体的行为的意义是相联系的。"[1]

## （二）自我

罗杰斯把自我看作是有机体的主要心理成分，他有时交替地使用自我结构与自我概念。自我包括对"我"的各种特征的觉知，对与我相关的人与事物的完整认识，是由一系列关于自我的经验所组成的格式塔，自我是有机体按照保

---

[1]［美］卡尔·R·罗杰斯等. 当事人中心治疗：实践、运用和理论［M］. 李孟潮，李迎潮译. 北京：中国人民大学出版社，2004年10月第1版，424~431页。

持与提高自己的方式来采取行动的总倾向的一种表达。

自我作为人格的一种内在建构会不断地发展、变化。最初形成的是自我经验，也就是那些处于意识水平，能够用符号标识出来的经验。其次，在自我经验的基础上逐步形成自我概念，即与自我相关联的一切经验的总和就是自我概念，它是一种能够产生自尊、对未来充满希望，并追求实现一定成就的"冲动"。一旦形成了自我概念，就不容易再发生改变。与自我概念不一致的经验要么会被拒绝，要么会以歪曲的方式接受下来。最后，有机体还能够形成理想自我，即机体期望自己将要成为的那个自我。如果意识到的现实自我与理想自我趋于一致，就利于人格朝着健康的方向发展；若两者差距太大或出现冲突则容易导致人格变态或畸形发展。

概括起来，自我主要有以下特点：①自我是对"我"的各种特征的觉知，是对所有与我有关的人与事物的觉知的总和；②自我是一个组织起来的稳定结构，它既能吸收或同化其他的经验，又能保持其基本概念格式塔的性质不变；③自我与弗洛伊德的作为人格结构要素的自我是不同的，它不是控制行为的主体；④自我作为一种整体的经验模型，主要是有意识的或能够进入意识的东西。

罗杰斯提出了一系列与自我相关的命题："命题七：理解行为最有力的点是来自个体自己的内心。命题八：整个知觉域的一部分逐渐分化成了自我。命题九：作为与环境互动的结果，特别是作为与他人评价互动的结果，形成了自我的结构——组织化的、流动的但是坚固的个体的知觉概念模式，及其和'主我'或'宾我'的关系，还伴随着依附于这些概念的价值观。命题十：依附于体验的价值，作为自我结构一部分的价值，在某些情况下被机体直接体验到的价值，但是在有些情况下是内化或从他人那里接受的价值，被以歪曲的方式察觉到，就像它们是被直接体验到的一样。命题十一：一旦体验在个人的生活中发生时，它们是：①被符号化、被察觉到、被组织为对自我的某种关系；②被忽略，因为没有被察觉到和自我结构的关系；③被否认的符号化或歪曲的符号化，因为体验和自我结构不一致。命题十二：机体吸收的大部分行为方式是自我概念一致的。命题十三：行为在某些情况下可以产生于没有符号化的躯体的体验和需要。这些行为可以与自我结构不一致，但是在这些情况下行为不是个体'拥有'的。命题十四：当机体在否认有意义的感觉和内脏体验进入意识时，这些感觉和体验相应地没有被象征化或组织进入自我结构的格式塔。这种心理障碍存在的时候，就会有基本或潜在的心理紧张。命题十五：当自我概念是组织的所有感觉和内脏体验都在符号的水平上被吸收为一种持久地与自我概念一致的关系，就存在心理适应。命题十六：任何与组织或自我结构不一致的体验都会被认为是威胁，这样的知觉越多，自我结构就会越发僵化地组织起来维护它自己。命题十七：在某种条件下，包括缺少对自我结构的威胁的条件下，不一致的体验可以被察觉到、检查到，自我结构重新修订来吸收和容纳这些体验。命题十八：当个体察觉到和接受他所有的感觉和内在体验，把它们变成一个坚固的整合的系统时，他对别人来说就是可以理解的，更加能够把别人当作一个独特的个体来接受。命题十九：当个体更多地感受到并且接受他的机体体验为他的自我结构，他发现他正在改变现存的价值体系——这个价值体系很大程度上是建立在被歪曲符号化的内投射的基础上的——伴随着持续的机体评断过程。"[1]

## 四、人的实现倾向与充分发挥作用的人

罗杰斯重视个体潜能的自我实现。他主张，人人都具有潜在的自我实现倾向，每一个人都能发展成充分发挥作用的人。当事人中心治疗就以此作为基本的理论前提，在心理治疗过程中创造出良好的助益性关系氛围，进而帮助患者认识到这种实现倾向，最终让其自我的功能得到充分发挥。

### （一）自我实现倾向及其特点

所谓实现倾向是指一个人充分发挥自己内在潜能的倾向。罗杰斯指出："在我看来，'所有动机的基础是生物的实现倾向'这种说法是有意义的。这种倾向体现在最广泛的行为之中，是各种需求的反应。的确，某些基本需要只有在一些迫切需要得到满足之后才能得到部分满足。因此，生物的自我实现倾向在

---

[1] ［美］卡尔·R·罗杰斯等. 当事人中心治疗：实践、运用和理论［M］. 李孟潮，李迎潮译. 北京：中国人民大学出版社，2004年10月第1版，432～453页。

一定时期内可能会导向于寻找食物或性满足的行为。然而，除非这些需要压倒一切，否则，生物会以提升自尊（而非削弱）的方式寻求满足。而且，生物在与环境互动的过程中寻求其他实现。探索与改变环境的需要、游戏与自我探索的需要——这些需要以及许多其他行为是实现倾向的基本体现。简而言之，生物总在寻找，总在开拓，总是'有所企图'。这是人类生物的一个集中能源。这一能量源是整个生物的功能，而不是某一部分的功能，它可被简单概括为实现与完善的倾向，不仅有维持作用，还有提升作用。"[1]

实现是罗杰斯人格理论中一个起动机作用的结构，因为人总是处在实现的过程之中。这种实现倾向驱动个体努力改变自己的人格状态，逐步达到人格的完善状态。罗杰斯相信每个人都有一种基本积极的取向，他在描述实现倾向的动力性原则时，阐释了人类所特有的实现倾向的如下一些特点：

实现倾向即独特又普遍。对这种倾向的表述对每个人来说总是个体所独有的，有其特殊性；但对所有人来说，这种倾向又是普遍存在的，是一种具有动力性的倾向。

实现倾向是整体性的。有机体是一个不断流动着、变化着的格式塔，其各个方面会根据个体的要求与环境的变化而进行动机性的调整，让个体的全部系统发挥正常的功能。它以一种可变的、动力性的方式，通过整个人的子系统而得以表现，同时又保持着完整性与组织性。

实现倾向无处不在、无时不在。它在人的任何活动中、各种环境中都能够发挥作用。比如在个体的动作反应、完整性的保持、情感与思维等方面都可以发现实现的倾向。

实现倾向是一个有方向的过程。无论情况怎样变化，实现倾向总是让人趋向内在潜能的实现与完善，所以，它是一个有方向和有选择性的过程，目的就在于提高和保持机体的完整性。

实现倾向能够增加紧张性。它不是降低驱力，而是一个可以增加内部张力

---

[1] ［美］卡尔·罗杰斯. 论人的成长［M］. 石孟磊，邹丹，张瑶瑶译. 北京：世界图书出版有限公司北京分公司，2015年1月第1版，94页。

的系统，以扩展并实现人的内在潜能。

实现倾向可摆脱他律、促进自律。它表现为人往往倾向于不受他人控制，对行为加以自我调节。

实现倾向容易受到环境的损害。在不适宜的环境下，尽管它仍能保持其建设性，但是实现倾向的表现方式会受到影响并产生扭曲。罗杰斯用种在黑暗地窖里的马铃薯朝向微弱的光线发芽的现象来比喻这种情况。

自我实现是实现倾向者在自我中的表现，是从完整的人的内部分化出来的一个子系统。自我子系统的实现在不良环境中，可能会与其经验发生冲突，这种冲突可能会引起人的整体性丧失，而导致心理障碍。在适宜的环境条件下，个体才能够形成与机体经验相和谐的自我概念，整合并促进人的整体性。

意识与人的实现倾向不同。意识能给个体提供更大范围的选择与自我调节，在意识的调节下使其潜能发展起来。

具有社会性的人类在实现倾向的基本方向上是朝向有建设性的社会行为。有机体所处的社会环境越好，个人方向性特点的表达就会越强烈。所以，致力于创造良好的社会条件，有利于个体表现出有建设性的社会行为。然而，并不是所有潜能都具有建设性，罗杰斯在晚年也承认人的潜能有恶的一面，但他认为在良好的社会环境中，恶的潜能一般是表现不出来的。

上述 10 大特点中的前 7 种特点是为有机体所共有的，后 3 种特点则是因人而异，而且在罗杰斯的人格理论、心理障碍的治疗过程中有着严格的区分。这些特点都是罗杰斯的假设，有待进一步验证。但是他相信这种实现倾向确实存在，并且把它作为一条原则用来指导治疗行为。

### （二）充分发挥机能的人

罗杰斯关注成为独特、为自己负责任的人．他描述了正在显现形成的人所特有的一些品质："对他的机体的经验更加开放；养成对有机体这个敏于生活的工具的信赖感；接受存在于个人内部的评价源；在生活中不断学习，主动参与到一个流动的、前进的过程中去，并从中不断地发现自己的经验之流中新的自我的生成与变化。在我看来，这些是个人形成过程所涉及的主要因素。"[1]

充分发挥机能的人（fully functioning person）过着美好生活，罗杰斯认为美好生活不是一种存在的状态而是一个过程，它是具有内在自由的人类机体所自觉选择的一种变化过程的独特取向。

罗杰斯概括出了成为一个充分发挥机能的人的过程中的典型特征。

1. 经验日益增长的开放性

这是一个逐渐远离自我防御，向着对经验的日益开放而逐渐转变的过程。各种内外部刺激都可通过神经系统得到自由的传达，个体越来越能够充分地倾听自己，越来越能够自由地体验其内在的感受。

2. 日益提升的存在性的生活

个体能够充分地生活在存在的每一个瞬间，这种存在性生活没有僵化、没有束缚的强加于经验之上的组织框架。这种沉浸于崭新瞬间的存在方式具有难以驾驭的流动性，它具有最大限度的适应性，能够在经验中发现流动变化着的自我与人格的结构，趋近这一状态的个体就会具有美好成熟的人生。

3. 对机体日益增长的信任

个体日益相信机体就是最令人满意的行为工具，他们越来越信任机体的反应，并常常惊讶于自身强大的直觉能力。

罗杰斯描绘了一幅成为充分发挥机能的人的过程图景："心理上自由的当事人趋向于变成一个更加充分地发挥机能的当事人，趋向于能够充分地体验并接受他的每一个感受和反应。他越来越多地运用他的全部机能器官，尽可能准确地感知内外的生存环境。他利用他的神经系统提供的所有信息，在意识中运用它，但是他承认他整个的机体也许而且常常比他的意识更具有智慧。当他从众多的可能性中进行选择时，他越发能够允许他整个的机体在它所有的复杂性中自由地发挥机能，以至于在当下变化中的行为将非常普遍地和真正地令人满意。他能够把更多的信任赋予这种机能，并非因为它是绝对正确的，而是因为

---

[1]　[美] 卡尔·R·罗杰斯. 个人形成论：我的心理治疗观 [M]. 杨广学，尤娜，潘福勤译. 北京：中国人民大学出版社，2004年7月第1版，114页。

他能完全地向自己每一个行为的后果开放，如果证明它们不够让人满意的话，就对它们加以纠正。当事人更加能够体验他所有的感受，较少害怕他的任何感受；他就是他自身证据的检察官，而且对各种来源的证据更加开放；他完全沉浸在个人形成的变化过程中，并因此发现他完好而实际地变成了社会性的人；他更加充分地活在生活的当下瞬间，而且认识到这是终生最健全的生活。他正在成为一个更加充分地发挥机能的机体，对于自身的意识自由地在他的经验中流动并穿越他的经验，由此他正在变成一个更加充分地发挥机能的个人。"[1]

## 第二节　当事人中心治疗

罗杰斯是当代西方心理治疗的著名革新者，他提出的"当事人中心治疗"（client-centered therapy）是其心理学理论、方法的实践基础，代表了人本主义心理治疗的主要取向。

### 一、当事人中心治疗的特点

罗杰斯当事人中心治疗以其人本主义的人性理论为基本前提。他由最初的只注意当事人在心理治疗中所发挥的作用，发展到强调医患双方助益性的情感关系，并把这种对人与人之间关系的强调扩展到更广泛的领域。

#### （一）强调在心理治疗中建立良好关系的重要性

罗杰斯提出来建立一种良好人际关系的广泛性假设："如果我能主动创造这样一种关系：表达一种对我的真实体验的真诚与透明；表达我对于他人的热情接纳以及他的独立个性的欣赏；表达我如同他自己一样感知他的世界的一种敏锐能力；那么，关系中的对方将会：体验并理解他自身中先前被压抑的东西；发现他自己变得更完整，更有效地发挥机能；变得更像那个他希望成为的个人；

---

[1]　［美］卡尔·R·罗杰斯.个人形成论：我的心理治疗观［M］.杨广学，尤娜，潘福勤译.北京：中国人民大学出版社，2004年7月第1版，177、178页。

具有更好的自我导向，更为自信；变得更具有个人特性，更加独特，更会自我表达；更善解人意，更能接纳别人；能够更加自如轻松地处理生活的问题。"[1]

罗杰斯把这种关系称为助益性关系，并定义为："某个参与者意欲使另一方或者双方发生某种变化，使个体的潜力更多地得到欣赏，更多地得到表达，更好地发挥作用。"[2]在他看来，助益性的关系具有3个特征：一是真诚透明，在此关系中我的真实感受能得到透明表现；二是接纳，也就是把对方作为具有不可替代的内在价值的、独一无二的当事人来接纳；三是深入地共情理解，能让我透过他的眼睛看到其私人的世界。

罗杰斯把心理治疗关系当作人际关系的一个特例，把心理疾病看作产生于违反人性的人际交往过程。他主张心理治疗应该通过医患间建立起无条件的相互关心、尊重的关系；创造一种真诚相待、相互理解与彼此信任的良好氛围；从感情上深刻洞察当事人的经验、情绪及其所含的意义，达到对当事人设身处地地理解。于是，当事人的心理就会逐渐由僵化变为灵活、由静态变成动态、由依赖转为主动、由异常恢复为正常，最后实现自己的全部的潜能。

### （二）重视发掘人的潜能与价值

罗杰斯认为，人类与其他生物一样，都具有生产、成长与促进自身发展的实现倾向。他提出了个人中心取向的一个核心假设："个人内部拥有许多用于认识自己，改变自我概念、基本态度与自我定向行为的资源。只要营造出富有支持性的心理氛围，这些资源都会被调动起来。"[3]心理治疗师应把人的价值与意义放在首位，强调患者具有独立自主的人格，强调人体内部具有潜在的巨大能量与资源。所以，心理治疗必须充分调动当事人的主观能动性，通过发掘其自身的潜能，来促进当事人发现真实的自我。

---

[1]［美］卡尔·R·罗杰斯. 个人形成论：我的心理治疗观［M］.杨广学，尤娜，潘福勤译. 北京：中国人民大学出版社，2004年7月第1版，35页。

[2]［美］卡尔·R·罗杰斯. 个人形成论：我的心理治疗观［M］.杨广学，尤娜，潘福勤译. 北京：中国人民大学出版社，2004年7月第1版，36页。

[3]［美］卡尔·罗杰斯. 论人的成长［M］.石孟磊，邹丹，张瑶瑶译. 北京：世界图书出版有限公司北京分公司，2015年1月第1版，88页。

### （三）心理治疗的目标是促进完整人格的改变

罗杰斯所确立的心理治疗的基本目标包括减少人格冲突、发展积极的生活方式和增强人格的整合。通过当事人与治疗者之间建立助益性的关系，会心地交流，减少当事人的内心冲突，增强其自尊与自我整合，促使当事人对自己经验的开放，改变自我的结构，满意于积极的生活方式，成为一个可以充分发挥机能的完整的人。

## 二、当事人中心治疗的主要条件

鉴于当事人中心治疗重视治疗中良好医患关系的建立，重视当事人心理与人格的改变，罗杰斯为该治疗方法确立了 5 个独特的导致人格改变的必要条件：①医患之间要建立一种心理上的意义性联系，即通过心理上的直接接触，承认对方独立存在的意义；②当事人处于一种脆弱、多愁善感、体验到焦虑的不协调状态；③治疗者在治疗关系中能够进行协调或整合，从而与当事人保持本真与一致性；④治疗者要与当事人的内心世界有一种移情性理解，即把当事人的内在心理结构当作自己的，通过双方的言语或非言语交流达到心灵沟通与理解，并进行积极反馈，让当事人感到被人理解；⑤治疗者要对当事人无条件地积极关注和尊重，以便进行更深层次的心理治疗。治疗者对当事人做到移情性理解与无条件的积极关注，就取得了治疗关系中最低限度的成功，为以后建立更富有建设性的交流关系奠定了基础。

罗杰斯扩展到普遍的以个人发展为目的的任何人际关系情境，概括出营造促进成长的氛围所必须具备的 3 个条件："第一要素是真诚、真实或一致性。治疗师在治疗关系中的投入越多，越不以专业的姿态或外表出现，那么，来访者发生积极变化或成长的可能性就越大。这意味着治疗师对这种感受和态度不加掩饰。'透明'（transparent）这一术语反映的是一种状态：治疗师对 是透明的，来访者能洞察治疗师在其治疗关系中的角色；来访者感到治疗师没有隐瞒。对于治疗师来言，在适当的情况下，他所经历的感受是可被意识与沟通的，可存在于治疗关系中。因此，内心深处的体验，意识到的内容以及对来访者的表现具有较高的一致性。"[1]

为了营造促进改变的氛围，接纳、关心或重视是第二个重要的态度，也就是罗杰斯所说的"无条件的积极接纳"（unconditional positive regard）。不管来访者出现哪一种状态，治疗师都要保持积极的接纳态度，于是，治疗成效或改变才更有可能产生。治疗师乐于看到来访者表现出直接的感受，包括困惑、怨恨、害怕、愤怒、勇气、爱或者骄傲。治疗师给予非占用性的关心，并且从整体上评价来访者，而非有条件的。

移情性理解是治疗关系中的第三个具有促进性的要素，即治疗师可以准确感知来访者的感受及其个人意义，并将此理解传达给来访者。治疗师在进展顺利的情况下会深入来访者的内心世界，不仅可以弄清来访者本人所认识到的意义，甚至能挖掘出其意识不到的潜在意义。在人们的生活中很少见到这种积极的体察式倾听。人们以为自己是在倾听，却在倾听时很少带有真正的理解和真诚的移情。不过，这种特殊类型的倾听确实是最强大的改变力量之一。

## 三、当事人中心治疗的基本过程

罗杰斯区分了心理治疗过程中当事人发生变化的 7 个连续阶段，并描述了各个阶段的典型特征。

### 第一阶段

当事人的个人体验凝固而冷漠，这时是不可能自愿去寻求治疗的。当事人与其自我间勉强有一种外在的交流，其情感与个人意义不被接受和承认，个人构念十分僵化，认为亲密与交际性的关系是危险的。当事人不承认或未认识到自己的问题，不渴望改变自己，自我与经验间的内在交流方面存在许多障碍。该阶段的当事人处于停滞、固定的状态。

### 第二阶段

当事人在第一阶段能够充分体验到被接受的自己，随后进入的就是第二阶

---

[1]　[美]卡尔·罗杰斯. 论人的成长［M］. 石孟磊, 邹丹, 张瑶瑶译. 北京：世界图书出版有限公司北京分公司，2015年1月第1版，89页。

段。当事人的经验结构显现出轻微的松动，呈现出象征性表达的流动。当事人表达自我以外的主题时，开始表现出流动性。当事人把其问题看作是外在于自我，意识不到自身对问题负有责任。把个人情感描述为非我所有，或是过去的对象。情感虽能得以表现，但未被如实承认，也不为自我所接纳。经验束缚于过去的结构。当事人的个人构念僵化，并且被当作客观事实来看待，而不是被作为个人构念来认识。个人意义及感受的分化笼统且非常有限。虽然可以表达矛盾冲突，但是没有将其作为内部的矛盾冲突来体验与认知。许多主动来心理诊所寻求帮助的当事人就处于这个阶段，这就是治疗能够取得成功的先决条件。

### 第三阶段

当事人在第二个阶段经验的轻微松动未受到阻碍，感到充分接受了自我在这些方面的真实存在，就会出现进一步松弛与流动的象征性表达。能较为自由流动地表达作为客观对象的自我，并且把与自我相关的体验也当作客观对象来表达。把自我表达成主要在他人身上存在的、仅仅用来自我反观的一个对象。可表达或描述并非在当下呈现的情感与个人意义。由于情感一般表现得可耻、羞愧、反常或不管怎样都难以接受，所以很少得到接纳。但是情感能被显现出来，有时还可被作为情感来承认。经常把经验描述为过去的或异己的。个人构念依然僵化，却不再作为外在的事实，而是被认作个人构念。情感与意义的分化不再像前面的阶段那么笼统，而是显得更为明晰。当事人愿意承认自身经验中的矛盾，并认为其选择经常是无效的。罗杰斯相信许多寻求心理帮助的个体似乎大部分处在这个阶段的水平，并可能停留在这里一段相当长的时间。

### 第四阶段

当事人感到在第三阶段理解、欢迎与接受了其存在经验的各个方面，就会逐渐松动僵化的自我构念，较为自由地流动起个人的情感，进入第四阶段。当事人对过去经验的感受的描述更加真切，可把情感描述为当前的客观实体，偶尔会有违意愿地用当下的情感来表达自己的情感，对于自己当前的情感趋于进行即时的体验，但又觉得难以置信，而有所恐惧。对情感显示出少许的接纳，但是很少表现出开放性。经验已较少受过去结构的束缚，异己性也较少，偶尔还可能达到即时的表达。解释经验的方式已相对自由宽松。在个人构念方面会有一些发现，能明确地把它们作为构念来承认，并质疑其正确性。形成了追求象征的准确性的倾向，情感、个人构念与意义的分化更加明显。能够意识并有所关注自我与经验间的抵触和不协调。虽然有些犹豫不定，但是已能感受到对问题的自我责任感。似乎仍然觉得密切的人际关系具有危险性，但是已可在情感层面上冒险与他人有所接触。

### 第五阶段

如果当事人在第四阶段感到其表达、行为和体验都已被接受，就会进一步松动这种在起作用的心理定式，提高机体流动的自由度。经验被作为当下的体验而自由地加以表达。当事人能近乎完全地体验情感，虽然在充分与直接地体验时，仍心存恐惧与怀疑，这些情感毕竟已可以自动地"泛起"和不由自主地渗入到意识之中。开始意识到体验一种情感涉及一个直接的对象。越来越强地体验到对于情感的自我拥有，出现认同这些情感、做一个真实自我的愿望。体验过程越来越灵活，已没有疏离感，经常能够即时地表达情感。解释经验的方式显得更为灵活，常常会有新颖的领悟，对于个人构念能够发现、审视并进行质疑。明显而有力的准确倾向已表现在情感与意义的分化过程之中。能越来越直接地面对经验中的各种矛盾与抵触。能越来越自我接纳对于当前问题的个人责任，并关注起了自己的作用。更自由、流畅地开展自我内部的对话，明显减少了其间的阻碍。这时的当事人接近了流动过程中的有机体状态，对于经验的个人建构有了决定性的自由松动，并且不断依据内外对象与证据加以检验。经验已经高度分化，流动起来的内部交流也更为准确。

### 第六阶段

这是一个非常关键的阶段，当事人能够直接体验曾被卡住、被抑制的情感，可完满表达流动的情感，能够即时直接体验当前丰富的情感。不再拒斥、害怕或抵制当下的经验，能接纳这种经验的直接性及构成其内容的情感。经验不再是间接的客观知识，而具有了主观生活的品性，并开始拥有真正的过程特性。自我作为客观对象的成分在逐渐消失，身体也得到了放松。体验到生动的经验与意识间的不协调，并消失在总体的和谐之中。当事人的个人构念在得到体验时开始消融，感受到自己从过去的固定框架中解放出来的自由。把充分的体验瞬间变成了一个清晰明确的具体对象，每一时刻的体验都是一个参照点，在这个对象及有关意义之上建立其明显和基本的经验分化过程。在该阶段，当事人不再有内在或外在的"问题"，他正在主观地体验的"问题"已不再是一个客观对象，而就是其生活本身。之所以说这个阶段非常关键，就是由于在某种意义上，这些即时、完整与接纳性的体验是不可逆的。

### 第七阶段

当事人无论在治疗关系之内还是之外，都直接与详尽地体验到一种新鲜的情感，并把该体验用作一个清晰的参照对象。接受自己就是这些变化中的情感的主人，对此有了一种日益增长的持续性意识，并从根本上信任了自我的变化过程。几乎完全摆脱了框架的束缚，让体验变成了过程性的。或者可以说，不再把生活情境看作是过去已有的事物，而是用其新颖性来加以体验与解释。自我很少再被视为一个认识的对象，而是更多地成了自己所信任的变化过程中自觉的流动性体验，成为当前主体性、反思性的意识体验。当事人试着重新形成个人构念，并根据进一步的经验来检验它，即使得到证实的个人构念，也依然保持着一种灵活性。有了清晰的内在交流，内在感受与象征性表达趋于一致，可运用新颖的词汇描述新鲜的情感。能有效地选择新颖的存在方式，并体验到这种选择。

罗杰斯总结了这个连续谱终点的特性："个人在变化的过程中到达第七阶段时，我们开始面对一个新的维度。当事人现在已经把运转、流动和变化的特性纳入他心理生活的各个方面，这一点成为最显著的特征。他自觉生活在他的情感之中，并对这些情感有一种基本的信任和接纳。当他的个人构念得到每一个新的生活事件的修正时，他用以解释经验的方式也在不断变化。他的体验在本性上一个过程，他在每一个新的情境中感受新的东西，并对它重新做出解释；他用现在的体验重新检验过去的事件，去比较其间的异同。他的体验带有一种直接性，同时他也知道他自己正处在体验之中。他看重内在情感和经验的个人意义的分化是否具有准确性。他的心理生活各方面的内部交流是自由而不受阻碍的。在与他人的关系中，他真诚地面对他人，自然真切地表达自己，而且不会将人际关系模式化。他能意识到自我，不是将自我作为一个对象来认识；相反，自我是一种反思的意识，一种自身不断运动的主观体验。他能看到自己对自己的问题负有责任。很确实地说，他自觉地感受到对生活所有方面的变化，他自己具有一种完全负责任的关系。他把自己当作一个不断变化流动的过程，并在其中过着一种完整的生活。"[1]

罗杰斯对治疗过程进行了概述："变化过程开始于一个僵化的固着点，在这里，上面所说的各种要素和线索都是清晰可辨、可以拆开来理解的；而变化要达到的目的地，是治疗时刻的高峰体验之流（flowing peak moments of therapy）。

此时，所有的要素和线索都变得不可分离地交织成一个整体的体验。在这种时刻出现的、带有直接性的崭新体验中，情感和认知相渗透，自我主观地呈现于体验之中，自由意志纯粹成为一种遵循有机体的和谐平衡的主观自觉。这样，治疗过程达到关键点，个人成为一个整体的运动之流。个人已经发生了根本的变化；但是最具意义的是，个人已经成为一个完整合一的变化过程本身。"[2]

## 第三节　以学生为中心的教育观

罗杰斯从 20 世纪 60 年代开始，将其心理治疗理论扩展到教育、家庭生活、企业管理及国际政治问题等广阔领域，其中特别是在教育方面的影响最大。在他 1969 年出版的《学习的自由》一书中，阐述了其人本主义的教育思想，也就是以学生为中心的非指导性教学。罗杰斯对美国现行教育制度进行了强烈批评，呼吁改变当时基本的教育思想与方式方法，并阐发了他一系列人本主义的教育主张。

[1]　[美]卡尔·R·罗杰斯.个人形成论：我的心理治疗观[M].杨广学，尤娜，潘福勤译.北京：中国人民大学出版社，2004年7月第1版，142、143页。

[2]　[美]卡尔·R·罗杰斯.个人形成论：我的心理治疗观[M].杨广学，尤娜，潘福勤译.北京：中国人民大学出版社，2004年7月第1版，146页。

## 一、个人中心教育的基本原则

罗杰斯提出了 9 条个人中心教育的基本原则："①前提。领导者，或被视为该场合中的权威人士的个体，在他们自己内心和与其他人的关系中都有足够的安全感，从而能够体验到必要的信任，即相信其他人有为自己思考和学习的能力。如果这个前提存在，那么，随后那些方面都是可能的，并往往能够被实现。②促进者与其他人——学生，可能还包括家长或团体成员——分担学习过程的责任。③促进者提供学习资源。④学生建立他们自己的学习计划，包括个人的或与他人合作的学习计划。⑤提供促进学习的环境。⑥对学习核心的关注主要在于促进学习的持续过程。⑦达到学生目标所需要的纪律是一种自律，被学习者作为他们的个人责任来看待和接受。⑧对每个学生的学习程度和重要性的评价主要由学习者自己进行，尽管自我评价可能被团体中其他成员和促进者的爱心反馈影响和丰富。⑨相比传统课堂中所要求的学习，在这种促进成长的环境中，学习往往更加深入，以更快的速度进行，并且在学生的生活和行为中更普遍。"[1]

## 二、教育目标

罗杰斯所确立的人本主义教育目标是促进学生变化与让学生学会学习，把学生培养成为能够适应变化和知道怎样学习的、知道只有寻求知识的过程才是可靠的、具有独特人格特征而又充分发挥机能的人。具体说来，这个目标涉及的是成为一个功能完善的人的教育，包括知识教育、认知技能与情感意志的培养和发展。罗杰斯概括了按照该目标培养出来的人所具有的一些特征："能够自由地发挥有机体的所有潜在功能；能够在现实中独立、提升自我和社会化，行为得当；他是一个有创造力的人，他的行为方式不易预测；他持续不断地处

---

[1]［美］卡尔·罗杰斯. 论人的成长［M］. 石孟磊，邹丹，张瑶瑶译. 北京：世界图书出版有限公司北京分公司，2015年1月第1版，228、229页。

在变化和发展之中，并且在每个时刻总是能够发现新事物。"[1]

罗杰斯把接受过当事人中心治疗或以学生为中心最好教育经历而获得最优心理发展的人，看作是功能完善的人，他们对自身经验保持开放、活在当下并信任自己的机体智慧。"这样的人能够完全地活在他的全部感受和反应之中，并与它们并存。他能够充分地利用他这个有机体的所有装备，尽可能准确地感受当下的内部和外部情境。他还能够充分利用神经系统提供的所有信息，并有意识地使用这些信息，但同时也清醒地认识到，整个的有机体可能甚至常常比其意识中的觉知更有智慧。这样的人能够让其全部的自我，在其所有的复杂性中发挥功能，从所有的可能性中做出选择，选出在此刻最能真正满足有机体需要的行为。这样的个体能够信任发挥这种功能的自我，不是因为他不会犯错误，而是因为他能够对每个行为的结果保持完全的开放，如果行为不能充分满足需要就对其进行修正。他能够体验自己的所有情绪，不会对任何一种情绪表现出畏惧；他是他自己的'证据筛选者'，但同时又对所有来源的证据保持开放；他完全融入做自己和成为自己的过程中，并且发现自己具有健全和符合现实的社会性；他完全地活在当下，但又知道这对任何时刻来说都是最健全的活法。他是一个功能完善的有机体：由于对他自己——那个自由地、顺应地漂流在他的经验之中的自己——的觉知，他成了一个功能完善的人。"[2]

罗杰斯用"促进者"（facilitaor）一词来取代"教师"，因为"教师"意味着居高临下地向学生灌输知识，而"促进者"则如朋友一般，有利于创造一种融洽的促进学习的氛围。要实现促进变化与学习的教育目标，罗杰斯提倡以学生为中心的学习，提出了一个好的促进者所必须具备的3种品质：

学习促进者的真实性。在促进者的主要态度中最为基本就是真实性或真诚，促进者作为一个真实的人，不带面具，没有伪装，以本真的自我在一对一的基础上与学生进行直接的人际接触，给学习者展示一个活生生、有感情和有信念

[1]［美］卡尔·罗杰斯，杰罗姆·弗赖伯格.自由学习［M］.王烨晖译.北京：人民邮电出版社，2015年3月第1版，328页。

[2]［美］卡尔·罗杰斯，杰罗姆·弗赖伯格.自由学习［M］.王烨晖译.北京：人民邮电出版社，2015年3月第1版，322页。

的真实的自我，以其真诚激起学生在感情和思想上的共鸣。让学生在这种真诚、和谐的人际互动中成长。

学习促进者应珍视学习者。珍视学习者的感受、意见及整个人，这是一种非占有性的关爱，是把学习者作为值得尊重的平等的独立个体来看待、接纳，是对人类有机体能力的基本信任。

同理心或共情的理解是建立自发的、体验式学习氛围所不可或缺的另一个重要因素。促进者能够理解学生的内心反应，捕捉学生眼光中的含义。设身处地站在学生的角度，以学生的视角看世界。深入学生的内心世界，在充分理解与尊重学生自我的情境中，促进其学会根据自己的潜能进行学习，形成最适合其自身特点的学习方式。

## 三、有意义学习

罗杰斯强烈反对重知识轻情感，甚至知识、情感相分离的传统教育，提倡人本主义的有意义学习。他把学习看作是一个意义的连续体。无意义音节的学习位于这个连续体的一端，课堂上机械灌输式的学习，复杂而无趣，没有情感卷入，也没有个人意义，与作为学习者的完整的个人没有任何关系。处在连续体另一端的是有意义学习，这是一种真正的学习，是学习者在永无止境的好奇心的驱动下，不断地去吸取所看到、听到与读到的一切有意义的东西。这是一种通过亲身体验来进行的有意义的经验学习，是学习者作为一个完整的个体，按照自己的方式，结合逻辑思维与直觉思维、智力与情感、概念和经验，发现对于自身的重要意义的过程。

罗杰斯总结了有意义学习所包含的要素："其中一个要素是个人卷入的程度，即整个人的身心，包括情感与认知，都成为学习的一部分。第二个要素是自我主动投入，即使刺激来自外部，探索、接触以及理解和掌握的愿望却发自内心。第三个要素是渗透性。它引起了学习者在行为、态度甚至是人格上的改变。第四个要素与学习者对事件的评价有关。学习者很清楚学习内容是否能满足自己的需要，能否将他引向自己想要了解的领域，是否恰好填补了自己的空白。我们认为评价的核心在于学习者自身。对学习者而言，学习的本质是意义，当这样的学习发生时，对学习者有意义的元素会被融合到其全部经验之中。"[1]

## 四、罗杰斯对需要心理学的贡献与其局限

罗杰斯提出了性本善的人格理论，主张人性发展有着建设性的倾向，人性中的善可由潜能自我实现的倾向而在外部行为中表现出来。他认为有机体和自我建构组成了人格，并把自我区分为真实自我与理想自我，对需要心理学的自我概念具有启发意义，分别相当于其中的本真自体与理想自体。需要心理学另外还区分出现实自体与虚假自体，由这 4 个方面组成的自体（self）指的是对自己的认识，而自我（ego）则是内部管理者。

罗杰斯相信人人都有实现倾向这种基本积极的取向，并且阐释了人类所特有实现倾向的一些特点，充实了自我实现需要的内容。他还概括出了成为一个充分发挥机能的人的过程中的典型特征，对于自我完善需要的探索有启发意义。然而罗杰斯过分强调人的主观经验，把自我选择与设计看作是人格发展的主要方式，忽视了环境对于人格发展所产生的影响。

罗杰斯是当代西方心理治疗的著名革新者，他提出的"当事人中心治疗"是其心理学理论、方法的实践基础，代表了人本主义心理治疗的主要取向，取得了相当大的疗效与成就。但是，片面强调充分发挥人的潜能，而忽略批判与改造社会现实，不可能从根本上解决所有心理问题与冲突。

罗杰斯把当事人中心治疗的原理运用于教育，反对教育的外部强化论与教师中心论，主张自我教育和以学生为中心的人本主义教育理论，立足于发掘学生的自我潜能，通过建立良好的师生关系启发学生学会学习，成为自主的、有创造力、人格健康发展的完整的人。罗杰斯的教育思想强烈影响了美国现代教育，成为 20 世纪 70 年代流行于美国的现代主要教育思潮之一。可是，过度重视学生的自由学习和情感联系，而忽视教师的作用与知识教学，导致教学质量的大幅度下降，遭受了来自多方面的强烈批评。

---

[1]［美］卡尔·罗杰斯，杰罗姆·弗赖伯格. 自由学习［M］. 王烨晖译. 北京：人民邮电出版社，2015年3月第1版，42页。

# 第十章　罗洛·梅的人本存在分析需要思想

罗洛·梅（Rollo May，1909—1994）是美国人本主义心理学的主要创建者，开创了美国存在分析心理学和存在心理治疗，被称作"美国存在心理学之父"。他出生于俄亥俄州的艾达镇，在密歇根州的马里恩市长大，童年生活不幸，缺少家人关爱。他从小就对文学和艺术非常感兴趣，在密歇根州立学院读书时，因主编一份激进的文学刊物而被勒令离校，转学到俄亥俄州的奥柏林学院，在艺术系学习绘画，1930年获文学学士学位。后来，他跟随一个艺术团体游历欧洲，曾在一所美国人在希腊开办的学院教了三年英文。1932年在维也纳参加了阿德勒举办的暑期研讨班，结识了著名精神分析学家阿德勒，并从他那里学到了许多关于人类本性和社会兴趣等方面的思想，开启了通往心理学的大门。三年欧洲游学的经历促使他的兴趣转向了心理学。

1934—1936年，罗洛·梅在密歇根州立学院任学生心理咨询员，并担任一份学生杂志的编辑，后进入纽约市联合神学院学习神学，但他并非想当一名牧师，而是想探讨关于人类存在的基本问题。他在此遇到了刚从德国流亡到美国的神学家保罗·蒂利希（Paul Tillich），按他的话说结交成"朋友、导师、精神之父和老师"，并深受其影响，系统接受了存在主义哲学的熏陶，确立了他关于人类存在的一些基本观点。1938年，他获得神学学士学位，毕业后做了两年牧师，但他对此没有真正的兴趣，还是转回到心理学领域。

20世纪40年代初，罗洛·梅担任纽约城市学院心理咨询员，在此期间出版了第一本著作《咨询的艺术：如何给予和获得心理健康》（1939）。他同时还在纽约著名的怀特精神病学、心理学和精神分析研究院学习精神分析。该院基金会主席是著名新精神分析社会文化心理学家沙利文，新精神分析学家弗洛姆为客座教授，罗洛·梅从而受到了新精神分析大师的训练。1946年，罗洛·梅成为一名开业心理治疗师，在治疗过程中积累了大量临床案例。同时，他在蒂利希的指导下，根据自己与肺结核作殊死搏斗的亲身体验完成了论文《焦虑的意义》，1949 年荣获哥伦比亚大学第一个临床心理学博士学位。1948 年他已成为怀特精神病学、心理学和精神分析研究院的成员，1952 年升至研究员，1958年担任院长，1959 年任督导和培训分析师。1955—1976 年兼任纽约市社会研究新学院的主讲教师。60 年代他又做过哈佛大学、普林斯顿大学、耶鲁大学等的兼职教授，历任存在心理学与精神医学协会会长、纽约心理学会主席和美国精神分析学会等学术职务。其主要著作有《咨询的艺术：如何给予和获得心理健康》(1939)、《焦虑的意义》(1950)、《人的自我寻求》(1953)、《存在：精神病学与心理学的新方向》(1958)、《存在心理学》(1961)、《心理学与人类困境》(1967)、《爱与意志》(1969)、《权利与无知：寻求暴力的根源》(1972)、《创造的勇气》(1975)、《自由与命运》(1981)、《存在之发现》(1983) 和《祈望神话》(1991) 等。

罗洛·梅的人本存在分析理论体系围绕人的存在展开，主要由存在分析观、存在人格理论、存在主题观和存在心理治疗四大部分内容组成。

## 第一节　存在分析观

罗洛·梅是具有存在主义倾向的人本主义心理学家的杰出代表。他把存在主义哲学作为基础，从精神分析出发，经过其心理治疗实践形成与发展起一种独特的理论体系。他以存在分析的观点，做出了对人类本性的基本看法和对人的本体论特点的独到说明。他重点探讨了人存在的心理层面，而与哲学家的抽象思辨区别开来。

现代人并不像弗洛伊德理论所期望的因超我的压抑和限制减轻而减少了心理问题，相反，来心理诊所寻求帮助的人却日益增多。他们所普遍面临的主要问题是，因丧失对人的真实情感而深为不安，非常恐惧于日甚一日的不安全感，找不到人生的意义而对生活深感绝望。

罗洛·梅凭借自己的敏锐观察和对社会的深刻分析，指出精神空虚就是现代人心理问题的根源。解除性压抑后的所谓的自由生活，并没有让现代人变得更加愉快、健康和成熟，相反却导致人们备感到心灵空虚、失落与孤独。这是由于追求本能的满足并不是人存在的意义，为了实现更高意义上的人生价值才是人生存在的真谛。于是，探索存在的根本意义，以试图发现一种让所有心理治疗体系都能建立于其上的基本心理结构，就成了罗洛·梅奋斗终身的目标。

从罗洛·梅存在心理学的发展来看，他对存在的表述大体经历了 3 个阶段：早期关于存在本质与人格的研究、50 年代关于存在方式的研究、60 年代关于存在的本体论特点的研究。

## 一、存在与存在主义

罗洛·梅在《存在之发现》中这样解释存在："存在（existence）这个术语源自 ex-sistere 这个词根，字面意思是'突出，出现'。这确切地指明了不管在艺术中、哲学中，还是在心理学中，这些文化代表所寻求的东西——不是将人类描述为一种静态的物质、机制或模式的集合，而是将他们描述为出现的和生成的，也就是说，存在的。因为不管我是由某某化学物质构成，或者我是根据某某机制或模式来作出行为这个事实多么有趣，或者从理论上来讲多么正确，关键的问题一直都是，我碰巧在时空中的这个特定时刻存在。而且我的问题是，我将如何意识到那个事实，而且关于这个事实我将做些什么。正如我们在后面将要看到的，存在心理学家和精神病学家并没有将关于动力、驱力和行为模式的研究排除在外。但是，他们坚持认为。在任何一个特定的个体身上，我们都无法理解这些，除非在贯穿其中的事实这一背景中来理解，即在这里，一个人碰巧存在，碰巧在这里，而如果我们不将这一点牢记于心，那我们所了解的关于这个人的所有其他东西都将失去其意义。因此，存在主义者的取向都是动态的；存在指的是形成、生成。他们的努力是为了不要将这种生成当作一种情感上的人工制品来理解，而是将它作为人类存在的基本机构。"[1]

---

[1]［美］罗洛·梅. 存在之发现［M］. 方红，郭本禹译. 北京：中国人民大学出版社，2008年9月第1版，41、42页。

存在感是罗洛·梅存在分析观的核心，指人对于自身存在的经验。他指出，人与动物不同之处就在于人具有自我存在的意识，即人可以通过存在感而意识到自身的存在。这种自我意识不是一种纯知性的意识，包含着对自身的体验。当个体意识到自身存在的时候，就可以超越各种各样的分离，而实现自我的整合。唯有这种自我存在的意识才能够让个体的各种经验得以连贯与统整，把身与心、人与自然、人与社会等联结为一体。在此意义上，存在感就成了通往人内在世界的核心线索。通过一个人对自身的感受，可以衡量一个人，特别是其心理健康的状况。个体的存在感越强、越深刻，其自由选择的范围就越宽广，意志与决定就越有创造性和责任感，对于自己命运的控制力也就越强大。与之相反，一个丧失了存在感的个体，因意识不到自我存在的价值，就只好听命于他人，缺乏选择的自由，无法决定自己的未来，就可能导致心理疾病。

罗洛·梅并不把存在主义看作是一种综合的哲学，而认为是一种为了解现实而做出的努力，是通过在主观与客观间的分裂之下把它们切开以理解人的努力。他指出："存在主义是一种态度，它将人理解为一直都处于生成之中，意识是说一直都潜在地处于危机之中。但是，这并不意味着它将是令人感到绝望的。苏格拉底是乐观的，他在个体身上对真理的辩证寻求，就是存在主义的原型。但是，可以理解的是，这样一种方法更容易出现在过渡的年代，即当一个年代处于垂死的状态而另一个新的年代还没有诞生之际，而个体要么就是无家可归，迷失了，要么就是获得了一种新的自我意识。"[1]

## 二、存在的本质

存在于世（being-in-the-world）就是存在的本质。个体通过存在感体验到自身存在时，会发现自己活在这个世界之中。人不仅存活着，还与生活于其中的世界密不可分，并共同构建为一个整体，在生成变化中，个体能够展现出自身的丰富面貌。人存在于世有 3 个方面的含义。①人与世界组成一个不可分割

---

[1]［美］罗洛·梅. 存在之发现［M］. 方红，郭本禹译. 北京：中国人民大学出版社，2008年9月第1版，49页。

的整体。世界并不是外在于人的存在，并非客观成分的总和。人生活在这个世界之中，同其间的事物有着独特的意义关联。②人的存在总是现实、个别与变化的。人自降临于这个世界里来，就始终与具体的人或物打交道。也就是说，人自出生到这个世界上，就必须现实地接受世界中既定的一切，即要接受自己的命运。并且，人的存在不断地生长变化，人必须在过去的基础上，面向未来持续发展。在这种变化过程中，个体展现出区别于他人的自身独特的经验。③人的存在是自己选择的结果。人并非被动地承受世界中的一切，而是自己进行自由选择，并且勇于承担随之而来的责任，通过自身的发展，实现自我的可能性。

### 三、存在的方式

罗洛·梅的存在分析思想在 20 世纪 50 年代后逐渐形成，他深刻分析了自我与世界的关系。

存在主义哲学家大都从 3 种范畴来分析人类的存在。周围世界（Umwelt）指人内外环境的自然方面，是人所生存的物质世界和生物世界；人际世界（Mitwelt）指的是人际关系领域，即人与人之间的关系世界；而自我世界（Eigenwelt）是指人与自我的关系世界，它由个体的自我意识所组成。他们主张，个体同时生活在这 3 个世界上，要全面解释人的存在就必须把 3 个世界结合起来。

罗洛·梅全面接受这些存在哲学家的观点，并改造成为人存在于世界上的 3 种方式。

第一种方式是个体与环境间的关系方式。罗洛·梅把它称作"自然的世界"，它是遵循规律与不断循环的物质世界，是宇宙间自然万物的总汇。对于人和动物而言，拥有这个世界的目的就在于维持生物性的生存并得到满足。这个自然的世界包含着人周围的自然环境和人的先天遗传因素、生理需要、本能和各种内驱力等。罗洛·梅认为，人类注定被抛入自然世界中。也就是说，人生活在这个时空，必然会遭遇各种自然力量，必然要接受自然规律的制约，人只有处理好自我与物质世界的关系，才能存在于这个自然世界之中，即个体必须学会适应自然环境。

　　第二种方式是个体与他人的人际关系方式。人际关系世界是人所特有的世界，人在这个世界中存在的目的是真正地与他人交往。在交往过程中，个体与群体、个体与个体之间增进了解并相互影响。对群体有意义的事情对其中的个体也是有意义的，而且群体的意义将部分地由其中的个体与他人或与整个群体建立联系的方式所构成。个体是一种有意义结构的存在，但其意义本身又受到群体间相互作用的制约。所以，群体对个体的意义取决于个体自身是如何投入这个群体之中的。在此方式中，个体不仅仅适应他人和社会，而是更主动地参与到社会的发展之中，能够同他人构建创造性的关系。

　　第三种方式是个体与自我的关系方式，自我归属和自我意识是它的前提。也就是说，人必须足够清晰地了解和认识自己，这要求一种强烈的存在感，而这种对自身存在体验的核心就是自我意识。自我世界就是个体自己的世界，是由个体与自我的关系所组成的人类特有的自我意识世界。它是个体真正看待世界并准确把握世界意义的基础，它能告诉人们，哪些事物是对自己有意义的，它们的特性对自己来说又具有怎样的意义，以及自己最喜欢和最不喜欢什么。

## 四、存在的本体论特点

　　20 世纪 60 年代后，罗洛·梅开始深入考察人类存在的本体论特点。他阐释了自我核心、自我肯定、参与、觉知、自我意识和焦虑 6 种本体论特点。前4 种是所有生物都具有的特点，后两种则为人类所独有。

### （一）自我核心

　　自我核心指一个人以其独特的自我为核心，个体在本质上不同于别人的存在，其整体性和同一性与别的存在完全分离。因此，每个人都是独一无二、与众不同的独立存在，个体的自我是他人所不能占有的。罗洛·梅深信，接受自我的独特性是心理健康的首要条件。心理治疗者的作用就是帮助患者认识到其自我核心，并且在这个基础上发展起真正的自我。他并不把神经症看作是对环境的适应不良，而认为是一种逃避，是为了保持自己独特的自我核心，而用缩小其世界范围的方法，企图逃避实际或幻想的外在威胁。

### （二）自我肯定

个体保持其自我核心的勇气就是自我肯定。罗洛·梅明确指出："每一个存在的人都具有自我肯定的特性，即都需要保持他的中心。我们为人类身上这种自我肯定所取的特定名字叫'勇气'（courage）。"[1] 人的自我核心并非自然而然地发展与成长起来的，个体必须在不断地鼓励和督促自己的过程中，使其自我核心与独立感日趋成熟。罗洛·梅所说的自我肯定或勇气就是这种鼓励和督促。如果没有这种自我肯定的勇气，个体就不能确立起自我，更无从实现其自我。可见，自我肯定就是指人有在自我选择的过程中实现自身价值的勇气。

### （三）参与

参与是指一个人在保持自我核心的基础上参与到外部世界中去。"所有存在的人都具有走出他们自己的中心并参与到其他存在之中的需要和可能性。这总会涉及风险。如果这个有机体走出去太远，那它就会失去它自己的中心——即它的同一性——这是一种在生物界中非常容易看到的现象。"[2]

个体必须在社会活动中不断与他人互动，加入社会交往，同他人建立和保持必要的相应联系。个体必须保持自我的独立，才能够维护其自我核心性。但是，个体是生活在世界之中的，必须通过积极参加社会活动，与他人沟通来分享这一世界。个体的参与性和保持独立性必须各得其所，才能得到平衡发展。否则，一方面，过分的独立会把自己紧缩在狭小的自我世界中，缺乏必要的正常交往，阻碍和扭曲人格的发展，进而可能会出现心理问题或疾病。另一方面，过多地参与必然使人远离自我核心，甚至造成自我破坏。现代社会许多人感到空虚、无聊、孤独或生活没有意义，在很大程度上就是由于过分参与、过度顺从与依赖或过度自我中心所致。

---

[1] ［美］罗洛·梅. 存在之发现［M］. 方红，郭本禹译. 北京：中国人民大学出版社，2008年9月第1版，17页。

[2] ［美］罗洛·梅. 存在之发现［M］. 方红，郭本禹译. 北京：中国人民大学出版社，2008年9月第1版，18页。

### （四）觉知

觉知是个体在与世界接触时的直接感受，是个体对自我核心的主观认识，是对其感觉、愿望和身体需要的体验。它为人与动物所共有。人通过觉知能够发现外在的危险或威胁，表现为一种焦虑，只不过在动物身上表现为一种警觉和防备。它是一种比自我意识更加直接的经验，包含着人具体存在的体验，是自我意识的基础。经过不断的觉知，才能形成自我意识。形成习惯的觉知常常会变成自动化行为，能够在不知不觉中进行。

### （五）自我意识

自我意识是表现在人身上的一种特有的觉知现象，是人可以跳出来反省自身、领悟自我的一种独特能力。它是人类最为显著的本质特征，是人与其他动物有着根本区别的标志。人的所有其他特点都是经过自我意识发展而来的。自我意识使人能够超越于即时的具体情境，生活在任何可能的情境中。它让人超越自我，拥有抽象观念与一般概念，用言语和象征符号沟通他人。个体在面临多种可能的选择时，可以运用自我意识来决定其行为模式。这种自我意识的能力是人类拥有其世界巨大可能性的基础，也是构成个体心理自由的基础。或者可以说，人能够跳出自我的圈子来反观其自身及所处的世界，并且能够运用过去的经验来规划与发展自我，这是无自我意识的动物所做不到的。

### （六）焦虑

焦虑指人的存在面临威胁时，所体验的一种痛苦情绪。罗洛·梅认为，个体在凭借自我意识想象与创造时，不可避免地会遭遇各种各样的威胁。这些威胁既有危及个人生存的疾病、天灾人祸甚至死亡等，也有与人的生命同等重要的精神信念、理想与价值等。只要个体自我意识到其存在受到了威胁，焦虑就会油然而生。就此意义而言，个体担心有可能丧失其存在时就会产生焦虑。罗洛·梅指出："焦虑是人类在与那些将要摧毁他的存在的东西作斗争时的状态。用蒂利希的话来说，这是一种某个存在与非存在相冲突的状态，是一种弗洛伊德用死本能（death instinct）这个强大的、重要的象征来虚构地描述的冲突。"[1]

# 第二节　存在人格观

罗洛·梅把人格看作是人的整体存在，是有血有肉、有思想有意志的完整的人的存在。他强调心理学研究的首要对象就是人的内在经验，只有把人放回其所生活的直接经验世界，如实地描述人的内在经验，才能揭示人存在的本质。他在

心理治疗实践中发现，许多人的心理疾病都和面临危机的人格有关。他把存在主义作为理论基础，提出了健康人格的标准，构建了以心理治疗实践为依据的人格理论。

## 一、人格结构

罗洛·梅在《咨询的艺术：如何给予和获得心理健康》一书中，初步探讨了人之存在的 4 种因素，即自由、个体性、社会整合及宗教紧张感，并把它们看作是构成人格的基本成分。

### （一）自由

自由是人格的基本条件，是人类整个存在的基础。罗洛·梅深信，人的行为既非盲目，也非由环境决定，而是在自由选择的过程中进行的。在心理上真正自由的个体，才会产生创造性意愿，才能对所应采取的行为方式加以自由选择，才有可能实现其自我潜能。

罗洛·梅认为自由选择的可能性是心理治疗的前提条件，同时是人患者重获责任感和重新自我决定的唯一基础。存在心理治疗的主要目标就是让病人获得身体、认知与情感上的自由。对于这些目标而言，"自由就是感受到的在自

---

[1]　[美]罗洛·梅. 存在之发现［M］. 方红，郭本禹译. 北京：中国人民大学出版社，2008年9月第1版，23页。

然和自我施加的生活限制之内进行选择的能力"。[1]自由并不是为所欲为，而要受到时空、遗传与环境等的限制。人首先受到时空的限制。人处理各种存在资料的自由范围是有限的时空，即人们只能在诸如种族、国家、社会地位、时代经济等因素中进行自由选择。其次，人不能选择自己的遗传与环境，而只能在一定程度上利用和改造遗传与环境的影响。人们在生活中，不论有多少影响个体存在的力量，个体都能在现实限制的基础上进行自由选择，相对自由地塑造自我，实现自身的独有特性。

在与科克·J·施耐德（Kirk J. Schneider）合著的《存在心理学：一种整合的临床观》一书中，他们进一步指出："人类的经验（或者意识）可根据6种（相互交叉与重叠的）水平的自由而得到理解：生理的；环境的；认知的；心理性欲的；人际关系的；经验的（存在）。这些意识水平（或领域）表明，随着领域的深入，自由的程度也越来越高。例如，最外层（生理）水平是环境水平的一种较简单和有更多限制的表现形式；环境水平则是认知水平的一种较简单和有更多限制的表现形式；以此类推。"[2]

### （二）个体性

个体性是一个人的自我与他人区别开来的独特性。每个人的自我都各不相同，个体必须对自己独特的"生命形式"加以认识，如果一个人不能承认自己的独有的个体性，就会因丧失自我而产生心理疾病。因此，每个人要想发现真实的自我，就必须把各种水平的潜意识与其意识的自我结合起来。可见，罗洛·梅承认潜意识为心理活动的内在动力，但是这些潜意识内容，都必须依靠完整与自由的主体来加以接受。个体正是运用其独特的自由选择能力，来对其真实自我进行发现与肯定的。

---

[1]［美］科克·J·施耐德，罗洛·梅. 存在心理学：一种整合的临床观［M］. 杨韶刚，程世英，刘春琼译. 北京：中国人民大学出版社，2010年4月第1版，217页。

[2]［美］科克·J·施耐德，罗洛·梅. 存在心理学：一种整合的临床观［M］. 杨韶刚，程世英，刘春琼译. 北京：中国人民大学出版社，2010年4月第1版，218页。

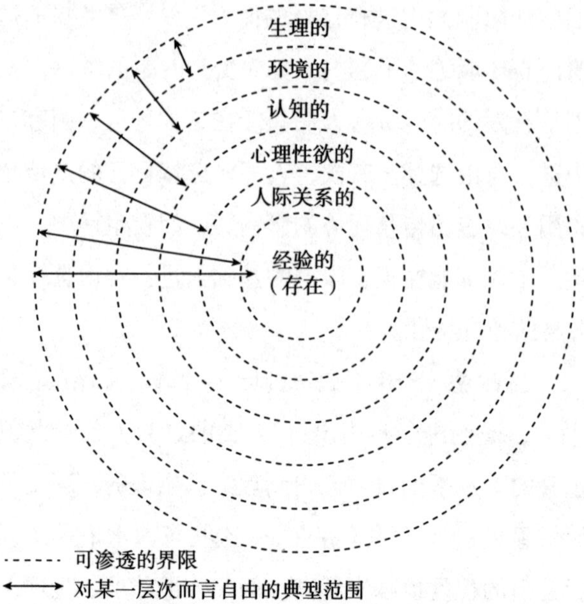
生理的
环境的
认知的
心理性欲的
人际关系的
经验的
（存在）
可渗透的界限
对某一层次而言自由的典型范围

**图 10–1　意识的水平和领域**

意识的层次是重叠的和缠绕在一起的；其中的差异是强调的要点。

**（三）社会整合**

社会整合是指一个人在保持其个体性的同时，积极参加社会活动，与他人保持良好的人际关系，并积极地影响社会与他人。罗洛·梅使用“整合”而不是“适应”，就在于强调人与社会间的相互作用，他反对把社会适应良好当作心理健康的最佳标准。主张社会整合是个体完整存在的条件，自由的个体必须是社会整合的，才能够保持住自我。他一方面能够充分运用其自由，发现那些于社会有建设性的并为社会所接受的生活方式，以充实与实现他的存在。另一方面，个体的存在又同社会有着千丝万缕的关系。个体只有通过接受社会并参与社会和他人的互助合作，才能发掘社会的积极因素，创造出适合于个体自我实现的最佳社会环境。因此，自我实现既要有独特的个体性，又要联络他人并参与社会活动。

### （四）宗教紧张感

宗教紧张感指的是存在于人格中的一种紧张或不平衡状态，是人格发展的一种动力。罗洛·梅宣称，人能够从宗教中获得人生的最高价值与生命的意义。宗教可以提升个体的自由意志，增进其道德意识，鼓励人们肩负起自身的责任，在自我实现的道路上勇敢前进。由于自由的个体不仅经常要进行选择，还要随时采取行动，这就使得具有创造能力的个体常常面临挑战，其人格便往往处于紧张状态。另外，在"人是什么"和"可成为什么"之间存在一条鸿沟，对这条横在人格的完美与缺憾之间的鸿沟的知觉，会使个体产生一种罪疚感。人们不断体验到罪疚感就是宗教紧张感的明显证明。人在不可能实现自我理想时，就会体验到这种罪疚感。罗洛·梅把宗教紧张感看作人最深刻的道德体验，是关于人生意义的最基本信念。这种罪疚感的体验可不断形成心理紧张，成为促使人格发展的一种动力因素。

## 二、人格发展

罗洛·梅按照个体摆脱依赖、逐步分化的程度，以自我意识为线索，把人格发展区分为 4 个阶段。

第一个是纯真阶段，相当于两三岁前的婴儿期。这是人的自我还没有形成的前自我时期，婴儿的自我意识处于萌芽状态。在本能的驱使下，婴儿为满足自身需要做其必须做的事情。婴儿虽然从生理上脱离了母体，具有了能够通过哭喊来表明其需要的意志力，但是在很大程度上还受到外界的束缚，特别是非常依赖于自己的母亲。这时所形成的依赖性为其以后的发展奠定了基础。

第二个是反抗阶段，相当于两三岁到青少年时期。这时的个体主要是通过对抗世界来发展自我与自我意识的。为确立属于自己的一些内在力量，就会竭尽全力去获取自由。在这种对抗中可能会夹杂挑战与敌意，而且这时的个体还不能完全理解伴随着自由的责任，并常常处于冲突之中。他们一方面想按照自己的方式行事，另一方面，他们又不能完全摆脱对于外部世界尤其是父母的依赖，希望能够得到其支持。显然，该阶段人格发展的重要问题，就是怎样恰当地处理好独立与依赖间的矛盾。

第三个是平常阶段，主要指青少年以后的时期。该阶段的人能够在一定程度上意识到自己的错误，可原谅自身的偏见，在选择中会产生焦虑与内疚感并能承担责任。现实生活中的大多数人都处在这个阶段，但这时的个体并非真正成熟。鉴于要承受责任的重担，该阶段的人常常采取逃避的方式，而依从于传统的价值观念。因此，现实社会中的许多心理问题都是这个阶段的反映。

第四个是创造阶段，主要指成年人时期。这时的个体可以接受命运，有勇气迎接人生的挑战，能够超越自我，获得自我实现。其自我意识具有创造性，能突破日常局限，而达到人类存在的完善状态。这是人格发展水平最高的阶段，很少有人能达到这个阶段。常人在特殊时刻也能体验到这个状态，比如听音乐和体验爱与友谊时，只是可遇而不可求。

## 第三节　存在主题观

对于人类存在的许多方面罗洛·梅都进行了深入的研究，所涉及的主题主要有原始生命力、爱与意志、焦虑、勇气和神话。

### 一、原始生命力

原始生命力（the diamonic）是一个完整的动机系统，其驱动力量在不同个体身上有不同的表现。罗洛·梅做了深刻的解析："原始生命力是具有控制整个人的力量的任何一种自然功能。例如性与爱欲，愤怒和狂暴，对力量的渴望等。原始生命力既可以是创造性的，也可以是破坏性的，常常是兼而有之。当这种力量出了差错，其中一种元素完全控制了整个人格，我们就'魔鬼附体了'，历史上这是对精神病的传统称呼。原始生命力不是一个实体，而是指人类体验的一种基本的、原型的功能———一种在现代人，据我们所知，也是在所有人类身上存在的一种现实。原始生命力是每个人身上所具有的对于确定自我、主张自我，使自我永恒和增加自我的渴望。当原始生命力篡夺了整个自我而没有注意到那个自我的整合，或是注意到其他方面的欲望的独特形式或它们对于整合的需求，它就变为邪恶了。于是它便表现为过度的攻击性、敌意、残忍这些使我们大多数人感到战栗的我们人类的行为。这些我们竭力压抑，但更可能投射到别人身上的行为但这些却赋予我们创造力的那同一个东西的反面。所有生命都是在原始生命力的这两个方面之间的起伏涨落。我们可以压抑原始生命力，却不可避免地付出冷漠的代价，和这压抑觉醒后的爆发的趋势。"[1]

原始生命力具有统摄性、驱动性、整合性、两重性和被引导性等特征。

统摄性。原始生命力这种自然力量强烈到一定程度时可以掌握整个人，人们在激情状态下可以不受意识的控制而自发地冲动行事。如原始生命力可表现为性与爱的震撼力量，怒发冲冠的气愤，慷慨激昂的兴奋，追逐权力的极度渴望等。

驱动性。原始生命力具有强大的驱动作用，这种自我肯定、自我提升的内在驱动力会借助于爱来增强其生命的价值，可推动人类文明的形成与创造。

整合性。原始生命力往往具有生物学基础，最初表现为自然本性的力量，而不是意识或超我。如果某种原始生命力冲动完全占据了自我，就会导致个体出现行为失调，甚至发生整体性的崩溃。为了发挥原始生命力的积极作用，必须用意识将其进行整合，把它同健康的人类之爱融合起来。通过运用意识坦然地接受原始生命力，与其建立联结，融入自我，就能够增强自我的力量，克服自我的分裂或矛盾状态，去掉伪装，消解冷漠或疏离感，让人更人性化，更有个人特征。

两重性。原始生命力超越于善恶，产生于存在的领域而不是自我本身，它特别会在创造力中得以展现，破坏性只不过是创造性动机的方面。如果原始生命力能够得到较好的运用，它强大的魔力就能在创造性中表现出来，从而促使个体实现自我。如果原始生命力完全占据了整个自我，个体就会充满魔鬼般的破坏性。"原始生命力是在个体生成过程中的声音。原始生命力是感受力与力量的独特模式，它使个体在于其世界的关系中作为自我而存在。它在梦中与人

---

[1]　[美]罗洛·梅. 爱与意志 [M]. 宏梅，梁华译. 北京：中国人民大学出版社，2010年4月第1版，127、128页。

对话,那些敏感的人在有意识的思考和自我反省中可以听到它的声音。"[1]可见,人是善恶兼备的。创造性成就其善的一面,而破坏性则表明它有恶的一面。

被引导性。为了扬善去恶,就要有意识地指引与开导这种具有双重性的原始生命力。人们最初是把原始生命力作为一种盲目的推力而体验到其存在的。原始生命力虽然不能接受理性所给予的否定答案,却可以被引导入艺术创作等富有建设性的领域中来。

在罗洛·梅的原始生命力概念中可以看到弗洛伊德本能概念的痕迹,原始生命力正如本能一样,具有能把人控制起来的强大力量。罗洛·梅在此基础上又做了重大改进,原始生命力超越了趋乐避苦的本能,既有积极性,也有消极性,经由人的主动作用,可以整合入自我之中。

## 二、爱与意志

罗洛·梅在20世纪60年代末,转向对爱与意志的研究,把其本体论思想推到一个新高度。其成果集中体现在1969年发表的《爱与意志》一书中。

### （一）爱

#### 1.爱的特征

罗洛·梅在早期对于爱的描述性研究中,概括出了一些爱的特征:"爱以人的自由为前提;爱是实现人的存在价值的一种由衷的喜悦;爱是一种设身处地的移情;爱需要勇气;最完满的爱的相互依赖要以'成为一个自行其是的人'的最完满的创造性能力为基础;爱与存在于世的三种方式都有联系,爱可以表现为自然世界中的生命活力、人际世界中的社会倾向、自我世界中的自我力量;爱把时间看作是定性的,是可以直接体验到的,是具有未来倾向的。"[2]

---

[1]　［美］罗洛·梅.爱与意志［M］.宏梅,梁华译.北京:中国人民大学出版社,2010年4月第1版,130页.

[2]　［美］科克·J·施耐德,罗洛·梅.存在心理学:一种整合的临床观［M］.杨韶刚,程世英,刘春琼译.北京:中国人民大学出版社,2010年4月第1版,郭本禹《总序》21页.

2. 爱的类型

罗洛·梅认可西方传统中对爱的分类，明确指出："第一种为性爱，如我们所称谓的性欲（lust）或力比多（libido）。第二种是爱欲（eros），即让人有繁殖或创造的欲望的爱驱力，正如古希腊人描述的那样，它是朝向存在与关系这样更高级形式的欲望。第三种是菲里亚（philia），即友谊，朋友之情。第四种为拉丁语中的神爱或博爱，也被称为'同胞爱'（agape），是对他人的幸福的关爱，其原型为上帝对人类之爱。而人类所体验到的真正的爱则是这4种爱以不同的比例混合在一起的爱。"[1]

3. 爱

罗洛·梅在性与爱欲的辨别中对爱欲进行了深入剖析。他认为完全可以用生理学术语来定义性，它包含身体紧张的增加与释放。爱欲则与之相反，它是性行为中个体的紧张及对性活动意义的体验。性表现为刺激与反应的一种节律，爱欲则可看作一种存在的状态。性的愉悦被弗洛伊德等人描述为紧张的降低，但是在爱欲中却正好相反。人们并非愿意从兴奋中摆脱出来，而是更希望紧紧地抓住它，好好享受其中的乐趣，甚至还想进一步加强它。性最终指向的是满足与放松，爱欲则表现为一种渴望，永远在向外伸展，它追求的就是一种拓展。

爱欲同从后面推动人们的性是相反的，它是一种吸引力，其本质就是在前面拉动人。爱欲驱动人们与所属之物相结合，包括与自身可能性的结合、与世界上重要他人的结合，并在同这些人的关系中发现自己的自我满足。爱欲是一种引导人们致力于追求美好高尚的美德女神阿瑞忒的渴望。不同于性与生理相关联的形式，在爱欲的关联形式中，并不是寻求释放，而是努力增加兴奋，力图生殖并建构一个世界。爱欲不像性是一种需求，而是一种欲望，这种混合的欲望让爱变得错综复杂。性的目的是生物学意义上的性高潮，爱欲的目的则是寻求与另一个人在快乐和激情中结合，并且创造出让两人的存在都更深更广的新的体验空间。在两个人都渴望战胜每位个体所继承的分离和孤立，能够参与

---

[1]　[美]罗洛·梅. 爱与意志[M]. 宏梅，梁华译. 北京：中国人民大学出版社，2010年4月第1版，28页。

到一种由真正的结合所构成的关系之中，它可以产生一种新的完形、新的存在和充满磁力的新领域的共享体验。

罗洛·梅在论述柏拉图对爱欲的认识时总结道："爱欲超越人的意义并非是神，而是将所有事与人结合在一起的一种力量，赋予所有事物以形式（informing）的力量，我没有将 in 和 forming 分开——它意味着赋予内心以形式，通过奉献爱而找出至爱之人或物的独特形式并将自我与这种形式结合起来。柏拉图接着说道，爱欲是神或造物主，它构成人类具有创造力的精神。爱欲是一种驱力，它不仅驱使人以性或其他爱的形式与另一人结合，而且还促使人产生求知欲并促使他满怀激情地寻求与真理的结合。由于爱欲，我们不仅成了诗人和发明家，而且还得到了美德。以爱欲形式表现的爱是一种创造的力量，而其产物是'一种永恒与不朽'——这种创造力可使人永恒。……在爱欲中存在一种持久的延伸，一种自我的延伸，一种不断填充的欲望，迫使个体不断地致力于追求真、善、美的更高形式。希腊人认为这种自我的不断重生是爱欲固有的特质。"[1]

柏拉图在《会饮篇》中通过苏格拉底对爱神的颂辞，说明了爱神是丰富与贫乏的统一，是介于美丑、善恶、有知和无知，以及神与人之间的一种精灵。爱所向往的是自己会永远拥有美的、善的东西和智慧。爱的目的是在美的对象里孕育生殖，通过以新代旧的生殖，包括身体的和心灵的，力求会死的东西能够永远存在。他认为精神之爱是更为伟大的爱。爱不仅是为了得到欲望的满足，而主要是通过被爱的人，体验实际存在着的美好，他的思想便进入尊敬和入迷之中。

爱欲在弗洛伊德看来是作为与死亡本能的相对的求生本能出现的，它抗争死亡趋势而力图生存。爱欲与缄默的死亡本能相反，它制造生命的喧器。爱欲引入充满生机的紧张，作为人体内紧张的增力，它是相互联结与结合的力量，是建构与融合的力量。弗洛伊德虽然坚持爱欲是性本能，但是他也承认爱欲不

---

[1]　[美]罗洛·梅.爱与意志 [M].宏梅，梁华译.北京：中国人民大学出版社，2010年4月第1版，74、75页。

仅赋予了更伟大于人类力比多的特性，而且是一种重要的不同于力比多的形式。

罗洛·梅以存在主义立场，全面分析了自古希腊以来有关爱的理论探讨。他视柏拉图的精神之爱和弗洛伊德的生命本能之爱为人类存在的两个方面，主张爱是人类的一种创造性活力，是人类基本存在方式的依据之一。

罗洛·梅反对仅仅关注于过去经验或者未来目标，坚持爱的因果统一性。当前的爱欲活动既受到过去的制约，又被未来的可能性、目标和理想所吸引。换句话说，过去经验提供当前的爱欲活动的原因，从后面推动人；而未来的目标则是爱的结果，从前面吸引着人并拉向未来。爱欲把过去的原因和未来的目标密切联系起来，提供给人们一个把两种力量结合在一起的因果关系。

罗洛·梅反对片面地只关注于人的生物本能或者理性价值，主张把两者有机结合起来。他把人看作一个生物的个体，同时还是有意识的精神存在。在人类存在中，爱的意义就在于让这两者相互依存、相互配合。它既是自然形成的，又是有目的地得到指导的，只有把两者完美结合起来才能够构成健康的存在。

罗洛·梅反对单独强调紧张的解除或者有意识的意向，主张爱既是排解生物欲望又是增强心理倾向的原动力。他融合了柏拉图和弗洛伊德的观点，指出人的情感一方面是有方向的本能驱力，是从后面推动的力量；另一方面是一种指导人要成为什么的建构未来的原动力，是从前面用新的可能性拉动人的力量。这样就把人的生物欲望和心理倾向整合起来，使之成为一个情感统一的由意识指导的完整存在。

罗洛·梅反对把爱看作一时的冲动或者偶然的机遇状态，主张爱可激发人产生创造性的活力。他相信，爱并非偶然引发的一种本能欲望，而是用自我同一性掌握自己而使之产生活力。它是人际关系世界中的一种重要交往，可持续补充自我并使其得以实现。所以，人只有依赖于本能和精神这两方面的再生，才能获得整合的存在。爱是自由的、成熟的、积极的索取与奉献，其实质是自我潜能的一种统一的驱力、朝向自我实现的一种创造性活力。

**（二）意志**

罗洛·梅视意志为与人类生存密切相关的基础，全面阐述了意志在人类存在中的意义。

### 1. 意志的危机

罗洛·梅看到了现代人因意志的削弱而产生的进退维谷的困境，指出："我们奇怪的困境是那使得现代人如此强有力的过程——原子及其各种技术能量的辉煌发展——也是使我们无力的过程。我们的意志不可避免地被削弱。……而且，只有当我们面对包围并塑造我们的势不可挡的非个人力量而最感无力时，我们才会被驱策为更广阔、更非同寻常的选择负起责任，这一事实加剧了这两难的困境。……因此，意志的危机并非产生于个体世界中力量的存在与否，而是产生于存在与不存在之间的矛盾——其结果便是意志力的丧失。"[1]

罗洛·梅认为意志体现于焦虑和自由之中。焦虑是以价值观为基础的，通过分析价值观，就能间接地了解其焦虑的程度。由于两者相互依赖，分析焦虑的同时也就包含着对自由的分析。罗洛·梅指出："自由是人参与他自己的发展的能力。它是塑造自己的能力。自由是自我意识的另一面：如果我们不能够意识到自我，那我们将像蜜蜂或柱牙象一样，被本能或历史的自动进程推动着前进。但是通过我们可以意识到自我的力量，我们能够回想起昨天或者上个月做了什么，而且通过对这些行动的学习，我们能够影响（即使这种影响非常小）今天的行为方式。而且我们能够在想象中描画明天的某种情境——例如一次晚餐约会、一次求职会面或者一次董事会的会议——而且通过在想象中反复考虑不同的行动选择，我们能够挑选出将对自己最为有利的那一个。"[2]

自由既是良好意志活动的前提，又加重了个体选择的困难，让意志必然地在焦虑和自由中体现出来。罗洛·梅发现："自由的本质恰恰就在于其本性不是被给予（not given）。其功能是改变其本性，成为一个与它在任何一个特定时刻的样子不同的东西。自由是发展的可能性，是一个人生命的提升；或者也可

---

[1] [美]罗洛·梅. 爱与意志 [M]. 宏梅，梁华译. 北京：中国人民大学出版社，2010年4月第1版，195～198页。

[2] [美]罗洛·梅. 人的自我寻求 [M]. 郭本禹，方红译. 北京：中国人民大学出版社，2013年9月第1版，121页。

能是退缩、沉默、否认自己的成长或使之荒谬不堪。"[1] 自由既是某种价值本身，又是所有价值之母，是人们确定价值的可能性及能力的基础。自由与人类尊严互为基础，互相是对方的先决条件。

2. 道德意识是意志的基础

罗洛·梅深信，人的道德意识只有达到了较高的水平，才能促进人做出真正自由的选择。人虽然是道德的动物，可是，道德意识的获得也不是轻而易举的事。人在形成道德认识的过程中，如同获得自由与自我意识一样，常常以内在冲突与焦虑为代价。

现代人之所以出现焦虑、迷茫和空虚的慢性心理疾病，就是因为价值观的混乱与矛盾，并且缺乏心理核心。一个人所信仰的价值观决定了其内在力量与完整性的程度。罗洛·梅发现："每一个社会都必须有两面——促使新的观念和道德洞见诞生的势力以及维护过去那些价值观的制度。如果没有新的活力与旧的形式，没有变化与稳定，没有攻击现存制度的预言性宗教和保护这些制度的教士宗教，那么任何社会都不能长久地存在。"[2] 新的洞见与顽固权威间的争斗，与子女同父母之间的冲突有着一个共同的主题，是人人都有的朝向扩展的自我意识、成熟、自由和责任的需要，和一直做一个孩子同所依附的父母及其替代物之间的不可避免的冲突。

3. 创造性可促进自我发展

罗洛·梅强调个体越是深刻地挖掘自己的体验，其反应与结果就越具有独创性。当个体能够创造性地在道德与宗教传统中联系其父辈们的智慧时，就会重新发现自己感受惊奇的能力。他指出："惊奇与玩世不恭、厌烦无趣相反，它指的是一个人具有高度的活力，是充满兴趣、满怀期待、反应迅速的。从本质上说，它是一种'开放的'态度——是这样一种意识，即生活比我们已经了解的还要更多，生活中还有更多新展现的体验需要我们来探索，还有许多新的

---

[1] ［美］罗洛·梅. 自由与命运［M］.杨韶刚译.北京：中国人民大学出版社，2010年4月第1版，5页。

[2] ［美］罗洛·梅. 人的自我寻求［M］.郭本禹，方红译.北京：中国人民大学出版社，2013年9月第1版，143页。

深奥事物需要我们去探索。这也不是一种容易掌握的态度。……惊奇是人们所坚持的生活中具有终极意义和价值的东西的一种机能。尽管它可能会被一部悲剧所掩盖，但它不是一种消极的体验；因为它从本质上说是对生活的一种扩展，所以与惊奇相伴随的总体情感是欢乐。……惊奇还会伴随着谦卑而来——这种谦卑不是屈服顺从这种假谦卑，这种假谦卑通常是骄傲自大的方面，而是宽宏大量的人所拥有的谦卑，这些人能够接受'赐予'他的东西，就像他能够通过自己的创造性努力给予他人东西一样。"[1]

罗洛·梅把自主与自由看作是整个自我的特质，这个自我的整体是一个思考、感觉、选择与行动的机体。只有在这个全部自我中意志与自由才会有其基础，人的每一次创造性的表现积累起来就是自由。可以说人的每一次自由选择都在一定程度上表现了自我。一个人只有作出创造性选择，才能知道自己究竟需要什么，或者想要成为一个什么样的人。在每一次选择中个体更深刻地了解了自我，认识到了自己的潜能，最终才能作为一个负责任的人存在于世界上。

4. 愿望与意志

罗洛·梅在分析了弗洛伊德等人对于愿望的观点后指出："人类愿望并不仅仅是来自过去的推力，并非只是来自要求满足的原始需求，它也包含着选择性。它构成了未来，这是藉包括了记忆、幻想——我们希望未来是怎样的——进行的塑造。愿望是将自我导向未来的开始，是我们想让未来如此这般的坦白，它是一种深入自我并使自我我们专注于改变未来的渴望的能力。注意，我说的是开始，不是结尾。我充分意识到了'愿望的满足'、愿望是意志的替代品等等现象，我是说没有愿望在先的意志是不存在的。愿望，正像所有象征性过程一样，有一种进步的成分，是前进的，也有退行的极，一种从自身后的推进力。因而愿望既具有意义也有其力量，其动力就在这种意义与力量的联合中。"[2]

罗洛·梅给意志与愿望下了定义，并概括了两者间的辩证关系。"意志是

[1] ［美］罗洛·梅. 人的自我寻求［M］. 郭本禹，方红译. 北京：中国人民大学出版社，2013年9月第1版，163页。

[2] ［美］罗洛·梅. 爱与意志［M］. 宏梅，梁华译. 北京：中国人民大学出版社，2010年4月第1版，222页。

组织自我以便能够向某个方向或某个特定目标移动的能力。愿望是对某个行动或状态发生的可能性的一种想象。……意志和愿望可被视为在极性中运作。意志需要自我意识，而愿望可不需要。意志暗示着某个非此即彼的选择的可能性，而愿望则没有。愿望赋予了意志以温暖、满足、想象、新鲜感以及丰富性。而意志则保护着愿望，允许它在不冒太大风险的情况下继续。但是没有了愿望，意志就失去了生命之源，失去了生机，就会在自相矛盾中死亡。如果只有意志而无愿望，你就是个枯竭的、维多利亚式的新教徒。如果你只有愿望而无意志，你就成了一个被驱动的、不自由的、幼稚的人，由于是一个幼稚的成年人，就可能变成机器人。"[1]

也就是说，愿望想象可能发生的行为和状态，意志则要求人加以反思，提供实现愿望时有意识地解决问题的基本组织原则。愿望给意志以热情和内容，意志指导愿望，让其具有倾向于自我的方向性，从而变得更加成熟。总之，两者相互促进，且密不可分。

5. 意志与意向性

罗洛·梅把意向性控制看成是意志的核心，认为意向性不是意向，而是一个人形成意向的能力，它构成了有意识及无意识意向的基础。意向是一种让人自愿地采取行动的心理状态，而意向性则是一种存在的状态，它或多或少地包含了当时人与世界的定位。一个人通过意向性，能够有意建构起一个让体验变得有意义的结构。

罗洛·梅认为意向性是意识的中心，并从两个层面来定义它。一个层面是人们的意向由其对于世界的看法所决定。另一个层面是意向性来自客观对象。意向性是这样一种意向结构，它在保证人是主体的同时，还有可能看见并且理解作为客体的外部世界。意向性成了主客体之间的桥梁，主客体之间的二分法在意向性中就被部分地超越了。罗洛·梅指出，当他使用意向性这个词汇时，已深入到即时觉知的层面下，而且包含自发性、身体元素和别的通常以无意识

---

[1]　[美]罗洛·梅.爱与意志[M].宏梅，梁华译.北京：中国人民大学出版社，2010年4月第1版，229页。

相称的维度。

他把意向性与目的或唯意志论进行了区分，认为意向性与它们都不相同，而是一种认识论的形式。意向性包含着目的与唯意志论所没有的反应，它不是唯我论的，而是一种人们对于其世界结构的武断的反应，意向性奠定了基础，从而让目的与唯意志论成为可能。

意志让人的存在具有了方向性，形成了个体与其所存在的世界打交道的一种独特方式。意向性给予意志和愿望以基本的结构，由于它的存在，人在活动中才能经由愿望、意志决定、采取行动及负责地坚持个人参与，而有意识地加以创造，从而形成并揭示生活的意义。意志与意向性都同未来紧密相连，两者都有在将来会发生某事和我决心要让它发生的含义。所以意志既不是一种漂浮不定的精神，也不是一种模糊不清的幻觉，而是一个在时空上与个体独特的世界相关的具体且有结构的反应，当然要在靠意向性的引导下才能得以实现。正是在意向性与意志的相互关联中，在掂量所感受到的各种可能性、决定自己的选择并付诸行动的过程中，个体才感受到自己作为人类一分子的身份，体验到自身的统一性，实施其自由，感受自我的存在。

### （三）爱与意志

罗洛·梅指出，爱与意志都属于体验的结合形式，也就是说，两者都描述了个体伸展开来，朝向并试图影响另一个人；而且还开放自己以便能够为他人所影响。它们都是塑造、形成并与这个世界相联系的方式，力图通过从人们想要得到其利益或爱的人那里引发出回应。爱与意志是这样一种人际关系体验，可携带力量影响他人并被他人所影响。

如果爱与意志间不能保持正确的关系，就会失去各自的效力，导致相互阻碍。把意志等同于个人操纵就造成了两者的对立，过分强调意志而阻碍了爱，如维多利亚式的意志力就伴随着爱的感受性与灵活性的缺乏。相反，与意志相分离的爱也会阻滞意志的发展，如强调直接、自发与短暂忠诚的嬉皮士之爱，就没有意志的耐力。可见，爱与意志是不能够彼此分离的。

罗洛·梅认为，开始于反对是意志所特有的形式，因为人们抗争自己从未创造过的世界，但同时坚持重新塑造与形成世界的自我努力。罗洛·梅把意志与爱的结合看成是人类的重大任务与成就，它指向成熟与整合并成为一个统一的整体。他指出意志必定会摧毁旧的幸福，这种包含最初自由与原始结合的早年在母亲怀中吃奶时的完美状态。人们不再寻求婴儿状态的重建，而是以意志为基础，让人在新的层面体验自身与世界成为可能，使自主、自由及随之而来的责任感在成熟的意义上变成可能，使得比较成熟的爱变得可能。人类最初身体结合的天堂瓦解后，任务就是在心理上获得新的关系，选择爱哪个异性、参加哪些团体且用意识来建设哪些感情，就是这种新关系的特征。

## 三、焦虑理论

罗洛·梅从存在分析的立场来理解焦虑在人类存在中的地位与作用，探索处理焦虑的方法。认为他焦虑是人的基本存在结构的一种重要成分，是存在的基本本体论特点之一，因而是不可避免的。一个人如果不能勇敢地承认并接受焦虑，就有可能会逃避到神经症中去，或者通过逃避现实来摆脱焦虑。

### （一）对克尔恺郭尔和弗洛伊德焦虑理论的评述

为了研究焦虑的心理意义，罗洛·梅悉心研究了前人关于焦虑的诸多重要观点，特别是克尔恺郭尔和弗洛伊德的焦虑理论，对他产生了更为直接的影响。他认为这两种理论在解释人类焦虑的现状上都是非常有价值的。

克尔恺郭尔把人类看成是不断受到可能性召唤的一类物种，人类对可能性进行想象、加以前瞻，并通过创造性活动变可能为现实。这种可能性就是他所说的自由，"伴随着这份自由能力而来的便是焦虑。克尔恺郭尔说，焦虑是人类在面对他的自由时所呈现的状态。事实上，他把焦虑描绘成'自由的可能性'。当个人预见可能性的同时，焦虑就已经潜藏在那儿了。……在实现可能性的过程中一定会有焦虑。对克尔恺郭尔而言，个人的可能性（创造性）越高，他潜在的焦虑也就越高。可能性（'我能够'）或可过渡成为事实，但是过程中的决定因素却是焦虑。"[1]

罗洛·梅把克尔恺郭尔关于焦虑在不同状态中的表现的观点整理为："在天真无知的状态下，个人与环境是不分离的，此时的焦虑是模糊的。然而在自我觉知的状态中，个人分离独立出来的可能性产生了。此时的焦虑是反思的，个人可以通过自我觉知一定程度地引导自身的发展，以及参与人类的历史。"[2]

克尔恺郭尔注意到自我觉知会产生内在冲突，使得焦虑既害怕它的对象，又与其保持一种若即若离的关系。因为，焦虑的个体所害怕的，正是他所渴望的。一方面想要前进实现其可能性，另一方面，还有一个并去实现这种可能性的内在愿望。健康的个体在冲突状况中仍然能够向前迈进，去实现其自由。而不健康的个体则会退缩进觉知受到阻抑并压制自身发展的"闭锁"状态，牺牲掉他的自由。焦虑与恐惧的根本区别就在于，恐惧让人朝着远离所害怕对象的单一方向运动；焦虑则使得内在的冲突持续地运作，人与其所焦虑的事物保持一种模棱两可的关系。

个体在实现自我可能性时，总是会涉及建设性和破坏性。创造意味着破坏个人及其环境的现状，摧毁其内在的旧模式和外部的旧形式，击溃其从小就紧抓不放的事物，从而创造出个人崭新的生活或产生某种原创的事物。如果不这样做，就是在拒绝成长与自己的可能性，就是在逃避对于自己的责任，就会引发对自我的疚责。克尔恺郭尔把疚责感看作焦虑的附属品，并指出越是具有伟大才能的人，就越会在疚责感中陷得越深。

克尔恺郭尔承认焦虑让人异常痛苦，但是远比现实要高明，是就在身边的学府。在焦虑学府中，个体从有限、琐碎的压制下走出来，实现自我无限的可能性。他宣称，一个人只有在成功地面对焦虑的经验之后，才能发展出"自我的力量"。

罗洛·梅把弗洛伊德视为焦虑心理学的卓越先驱，认为他提出了理解焦虑

---

［1］［美］罗洛·梅. 焦虑的意义［M］. 朱侃如译. 桂林：漓江出版社，2016年10月第1版，37页。

［2］［美］罗洛·梅. 焦虑的意义［M］. 朱侃如译. 桂林：漓江出版社，2016年10月第1版，41页。

问题的方式，提供了许多很有效的技术，其所取得的研究成果具有经典的价值。他的理论以生物决定论为基础，从人的生物性方面对人的焦虑进行了解释。罗洛·梅对弗洛伊德的焦虑理论沿着其演进过程加以论述。

弗洛伊德首先区分了恐惧和焦虑，他认为恐惧的关注对象是客体，焦虑则涉及个体的状况，与客体没有关系。他又分辨了客观焦虑和神经性焦虑。客观的焦虑是"真实的"焦虑，是面对如死亡等外来危险时所产生的反应，是"自卫本能"的一种表现，可使得个体避免被突发的威胁惊吓到，而具有一种随机处置的功能，这种焦虑本身不构成临床问题。神经性焦虑是在根本就没有外部危险存在时所体验到的焦虑，或者其焦虑的程度与实际危险不成比例，可发生行动瘫痪，产生一些临床病症。

弗洛伊德提出了基于力比多自动转换机制的第一个神经性焦虑理论："个体经验到力比多的冲动，并被解读为危险，力比多冲动因而受到抑制，并自动被转换成焦虑，以形式不定的焦虑，或相当于焦虑的病症表现出来。"[1]这个理论在强调神经性焦虑的内在性方面是有价值的，但其化学—生理学类比的便利性既吸引人，又高度让人怀疑。

后来，弗洛伊德推翻了自己的第一焦虑理论，指出焦虑的真正根源在于自我，从而提出了第二个神经性焦虑理论。他主张激起焦虑的关键点是自我察觉到了危险，为了避免这种由自我觉察所引发的焦虑，个体的自我就会抑制其危险的冲动和欲望，即焦虑带着抑制一起出现。这样，在自我发现危险信号后，为避免焦虑就会进行压抑或创造出病症。这第二个焦虑理论就更加具有了心理学的意味。

弗洛伊德认为焦虑的能力与生俱来，是种族遗传的自我保存功能的一部分，而特定的焦虑则是后天习得的。另外，他还在出生创伤与去势恐惧中寻找焦虑的源头。他相信掺杂痛苦、释放和兴奋及躯体感觉的出生体验，是所有生命临危处境的雏形，并在此后以恐惧的"焦虑"形态一直在人们身上复制。他把出

---

[1] ［美］罗洛·梅. 焦虑的意义［M］. 朱侃如译. 桂林：漓江出版社，2016年10月第1版，128页。

生概念扩大后指出，出生象征着与所爱对象的分离，人类最根本的焦虑就是源于诞生时同母亲分离的"原始焦虑"。把母亲的排斥作为焦虑的最初来源，是弗洛伊德在理论发展和临床应用上的最为常见的形式，并且得到了广泛接受。

弗洛伊德把去势焦虑看作是自我挣扎背后的动力，去势代表失去一种值得追求的客体，其危险就是对于失落和分离的反应，而出生时的体验就是它的雏形。去势呈现出一种等级的演化，最初是害怕失去母亲，到了性器期又惧怕失去生殖器官，进入潜伏期，唯恐失去"超我"所代表的社会与道德的认可，并最后转化成失去生命的终极恐惧。罗洛·梅认为去势象征着一种文化决定，产生于围绕着神经性焦虑的现象。

弗洛伊德把人格区分为超我、自我和本我 3 个部分，并把神经性焦虑者都经历的内在冲突看成是自我与本我和超我之间的冲突，神经性焦虑下的自我因此而显得无助。罗洛·梅不认为这种冲突是人格不同部分间的冲突，而是在互斥目标之间的必要冲突，其目的就是为了适应危险的处境。

罗洛·梅以存在主义为基点整合了克尔恺郭尔与弗洛伊德的焦虑理论，系统地提出了自己对于焦虑的本质与特征的观点，分析了焦虑的起因，提供了解决焦虑问题的方法。

**（二）焦虑的本质、类型及其特点**

1. 焦虑的本质

最初在《焦虑的意义》一书中，罗洛·梅给焦虑下定义并解释其本质："焦虑是因为某种价值受到威胁所引发的不安，而这个价值则被个人视为是他存在的根本。……焦虑的没有特定对象的本质，源于个人安全的基础受到威胁，而正因有此安全基础，个人才得以在与客体的关系中经验到自我，于是主客体的区分也因此崩解。"[1] 后来罗洛·梅在《人的自我寻求》一书中，这样定义焦虑："焦虑可以呈现出各种形式和强度，因为它是人类在其生存遭受危险时所做出的基本反应，是人类视为与其对生存同等重要某种价值观遭遇危险时所作出的

---

[1]［美］罗洛·梅. 焦虑的意义［M］. 朱侃如译. 桂林：漓江出版社，2016年10月第1版，186、189页。

基本反应。"[1]

2. 焦虑的类型及其特点

罗洛·梅把焦虑区分为正常的焦虑和神经性焦虑，并概括了其各自的特点。

正常焦虑总是与客观存在的实际威胁呈现正比例变化的相关关系，不涉及压抑或其他内在的冲突，不用启动神经性防卫机制来应对焦虑，能够在意识层面上加以建设性地对待或管理，随着客观处境的改善，焦虑也会得到缓解。"正常焦虑的共同形式之一，就是人类与生俱来的有限性，也就是人类面对自然力量、病痛、脆弱以及终极死亡的脆弱。"[2]

神经性焦虑则与之相反，它所反应的威胁与客观存在的实际危险不成比例，涉及压抑或其他内部心理冲突的机制，会出现多种形式的退缩行为和警觉，比如表现出外显症状和运用各种神经性的防卫机制。

3. 焦虑的起因

罗洛·梅指出，现代人除空虚和孤独外，另一个更为根本的特征就是日益增多的焦虑。在现代社会对人类健康与幸福破坏性最大的就是焦虑，而造成这种特有的心理上的痛苦与混乱折磨的原因，主要有以下几个方面：

一是现代社会中价值观核心的丧失。自文艺复兴以来，人们曾深信的两个重要信念，已被现代社会所抛弃。即努力工作以谋求个人利益，同时就会贡献于社会进步的个体竞争价值观念，和以个人理性为获得幸福生活普遍原则的信念，都在现代社会不再有说服力，并逐渐在丧失。问题的关键在于现代人还没有找到新的价值观核心、发现新的值得信任的行为原则，从而建设性地选择目标、战胜这种不知何去何从的困惑与焦虑。

二是自我感的丧失，即现代人在这个混乱的时代失去了人的价值感和尊严感。如果人们没有建立起恰当的价值观系统，就会依赖于外界的评价，从而导致丧失自我作为人的同一性，使得威胁自我存在的焦虑感就会越来越深。面对

---

[1]　[美] 罗洛·梅. 人的自我寻求 [M]. 郭本禹，方红译. 北京：中国人民大学出版社，2013年9月第1版，24页。

[2]　[美] 罗洛·梅. 焦虑的意义 [M]. 朱侃如译. 桂林：漓江出版社，2016年10月第1版，191页。

强大的经济、政治和社会运动，现代人感到自己作为个体是无能为力的。人们虽然对于技术与新发明充满信心，但是缺乏对于人类的信心。这种过分简单机械地看待自我的观点，预示了人们缺少关于人的尊严、复杂性与自由的信念。

三是空虚与孤独所导致的焦虑。空虚不仅意味着许多人不知道自己真正想要的是什么，还表明这些人通常不清楚自己的感受。也就是说，空虚的人不能明确地体验到自己的欲望和需求。当试图填补内心的欠缺和空虚而做不到时，个体就会感到焦虑与愤怒。孤独是一种置身于事外的、被隔离、被疏远的感觉。空虚和孤独密不可分，它们都起源于个体对自己力量的渺小与软弱无力而感到失望。在庞大的缺乏人性的社会机器和沉寂无机的自然面前，人们往往深感渺小与无能为力。当个体处在环境巨变的外在困惑之中而感到内在空虚时，就会感受到一种危险；他自然地就会环顾四周而寻找其他人。他希望能找到一个给他提供方向感的人，或至少发现不止他一个人处于恐惧之中而得到满足安慰。由此可见，空虚感与孤独感其实是焦虑这种基本体验的两个阶段。其自然结果是，如果人们认为自己的行为对他人与社会不会产生任何的影响，就会把自己的要求与情感放弃掉，从而变得愈加冷漠。这时最大的危险就是，想要保护自己以避免陷入绝望的企图，由于意识到不可能做到而使人产生痛苦的焦虑。而机械地遵从他人与社会只能使自己的存在感日渐减少，更加让人感到空虚与没有意义，焦虑就会日甚一日。

用于个人交流的语言的丧失、与自然的关联感的丧失以及对人类生活悲剧意义感觉的丧失，更加剧了本就相互影响的空虚感和孤独感，使得深陷焦虑的人们雪上加霜。而其原因都在于自我同一感的丧失，所以罗洛·梅提倡人们必须重新发现自己的内部力量与完整感的根源。

4.处理焦虑的方法

罗洛·梅把焦虑视为人的本体论结构的一个特点，它由于人类觉察到随时要直接面对摧毁存在之物的非存在的存在，而不可避免的、无所不在。正常的焦虑就像最初保护穴居人免受侵扰一样，可保护我们的实存或所认同的实存价值，警示人格或人际关系出了问题，并作为内在渴求敦促解决该问题。所以，"焦虑的管理问题是将它降低到正常的水准，并利用这种正常的焦虑作为增加我们觉察、警戒和生存热情的刺激"。[1]

罗洛·梅站在存在主义的立场上，提出了一些现代人可用来处理焦虑的主要方法。

（1）建设性方法

处理焦虑的一种建设性方法就是学习与之共处；或者按照克尔恺郭尔的观点，把焦虑当作老师来接纳，从中学习面对人类生命限制的宿命；坦然接受人类命中注定具有不可避免局限性的处境。面对并认识到人类智慧、生命活力和孤独等局限，可以启发艺术创作、科学发现和其他人类文明的创造。这种赋予生命形式的渴望源自对于死亡的焦虑，通过焦虑而使得人类创造与赋予生命想象力的需要变得异常敏锐起来。

以建设性的态度来看待焦虑，就是把焦虑视为一种有待理清的挑战与刺激，并且尽可能地去解决潜在的问题。焦虑有着发烧一样的预警价值，作为人格在不断挣扎的信号、即将崩解的指标，而警示人们，指出个体内部价值系统出现的矛盾。当然，是有可能找到正向解决冲突的方案的。

在解决导致焦虑问题的方法上，有两种过程受到众多心理治疗学派的共同支持。"一种是觉察的扩张：个人了解受威胁的是什么价值，并逐渐觉察自己目标之间的冲突，以及这些冲突是如何发展起来的。第二种是重新教育：当事人重新安排自己的目标，做出价值的选择，然后负责任且务实地逐步达成这些目标。这些过程显然不可能完美达成——就算达成了也不见得好；它们指出的只是心理治疗过程要达到的一般性目标。"[2]

人们日常生活中的正常焦虑源自对危险情境的务实评价，如果能够建设性地面对它，就可以避免压抑和退缩，不至于因此而导致日后的神经性焦虑。建设性地运用正常焦虑的方法就是，个体要坦然面对引发焦虑的情境，对自己的不安要予以承认，并且能够在焦虑的情形中继续前进。也就是说，不能绕过焦

---

[1]　［美］罗洛·梅. 焦虑的意义［M］. 朱侃如译. 桂林：漓江出版社，2016年10月第1版，316页。

[2]　［美］罗洛·梅. 焦虑的意义［M］. 朱侃如译. 桂林：漓江出版社，2016年10月第1版，325页。

虑的情境或者临阵退缩，而是要根据焦虑的经验，害怕却依然勇敢地前进。

罗洛·梅指出当个体发现迎接挑战远比躲避更具有价值时，已经在主观上做好了建设性地面对焦虑的准备。尽管迎战比退缩要面临更多的挑战，但是，只要勇敢地接受迎战，就有可能达成更多的目标。

现代人要富有想象力地理解并勇敢地面对现代生活中随时可能发生的巨大变化，视焦虑为一种建设性的情感，不必总是担心可能有什么灾难会发生。诚然，采取这种积极态度并不是让人不切实际地乐观，而是要建设性地自我开放，即使在焦虑情境中，也能够坚决地做出清晰的决定，并且自由地参与到行动中去。

（2）在极端处境中的处理方法

调查显示，当身处敌军优势兵力的强大威胁之中类似的极端环境时，对抗焦虑的主要方式包括极大的自信、对自身职责的全力投入、对领导的充分信任以及对目标和宗教的信仰。这些在极端恐惧情境中应对焦虑的防卫机制，如果运用得当的话，往往能让深陷绝境中的个体绝处逢生，战胜焦虑并脱离险境。

（3）处理焦虑的毁灭性方式

处理焦虑的负面方式包括诸如极度害羞、强制性活动、思想僵化、神经官能症、身心疾病和严重的精神分裂等单纯的行为特征。其目的是避免或缓和焦虑，释放焦虑所动员起来的紧张，而不是解决焦虑的内在冲突。也就是说，这只是躲避危险的情境，而没有去解除危险。

如果回避焦虑的方式变得越来越复杂，就要形成压抑并出现症状。避免焦虑的行为模式一旦被结构化，变成了一种心理症状的形式，那么产生焦虑的内在冲突被意识觉察到之前，就会被压制下来。从这个意义上来说，症状就是一种自动化的心理过程，这种结构化的内在防卫机制是用来化解冲突的。

有意识的焦虑与症状的出现之间是一种反比的关系，有意识的焦虑相比于症状的发作更加痛苦，却可以通过把内在冲突提升到意识层次而整合自我。克服焦虑的最根本的办法是正视它、经历它并战胜它。而避免启动内在冲突是神经性焦虑中防卫机制与症状的目的。治疗焦虑的一个共通原则是，必须让患者先放弃对抗焦虑的防卫，才有可能把焦虑释放出来。

## 四、勇气

罗洛·梅进入 20 世纪 70 年代后站在新的高度来看待人格健康问题。他相继出版了《权利与无知：寻求暴力的根源》和《创造的勇气》，证实并强调了他一再信奉的有勇气的自我肯定，面临存在的挑战时潜意识力量与存在抗争的意义。罗洛·梅指出，生活在一个道德群集与个人孤立的混乱时代，要想获得人格的健康发展，个体必须自由地选择并负责任地生活，而这些都是离不开勇气的。

罗洛·梅把勇气看成是一种内在的特性，是一种把个人的自我与其可能性联系起来的方式。个体如果获得了这种成为自我的勇气，在面对外部情境威胁时就能采取更为镇定的方式。勇气的反面是勇气的缺失而不是懦弱。人们因害怕被社会所孤立或惧怕脱离群体后的孤独，而缺乏勇气。他明确指出："勇气是一种人们在面对获得自由时所产生的焦虑的能力。它是一种分化的意愿，是一种摆脱对父母的依赖这个受保护的王国，走向自由和整合这一新层面的意愿。"[1]

罗洛·梅指出当代人对苏格拉底所拥有的友好、温暖、切身、独特的建设性勇气缺乏理解，提议人们要从积极的方面来理解勇气。也就是说，要把勇气看成是内在成长方面的、自我生成的一种建设性力量。现代社会中勇气的主要特点与存在密切地关联着，罗洛·梅概括论述了 4 种类型的勇气。

第一种是身体上的勇气，是指一种敢冒忍受身体疼痛危险的能力，可能是人们在身体敏感性方面的一种差异。它在美国西部边疆开发时代传说中的英雄身上最为明显地表现了出来，他们自力更生、奋力拼搏，能够忍受常人难以忍受的身体上的痛苦，在恶劣的环境中顽强地生存下来。

第二种是道德上的勇气，这是一种感受他人痛苦的能力，它让人关注精神需要的满足，敏锐地体验到别人的内心，也能够承认自己有犯错误的可能性。拥有道德勇气的个体能够为比自我存在更有价值的事物而奉献自身，当确有必

---

[1]［美］罗洛·梅. 人的自我寻求［M］. 郭本禹，方红译. 北京：中国人民大学出版社，2013年9月第1版，173页。

要时甚至能够放弃自己的生命。

第三种为社会勇气，指与其他社会成员建立联系的能力，是为了获得有意义的亲密关系，敢冒丧失自我的危险的能力。它使得个体的自我在一定时期内投身于想要增加开放性的人际关系。社会勇气是与冷漠相对立的，现代人由于缺乏这种勇气，而不敢与人建立亲密的人际关系，从而变得越发空虚与孤独。

第四种是创造性的勇气，也可称为艺术勇气，是最为重要的一种勇气，能够让个体与社会和谐共存、持续发展而创造出新形式和新象征，并在此基础上促进建立新的社会。任何创造性活动都离不开勇气，这种勇气就是所有创造性关系的基础，并且创造性越强需要的勇气就越大。这是因为创造就意味着要摆脱儿时的依赖关系，打破旧的秩序井然的关系，才能诞生新的关系。创造外在性的作品与创造自我属于同一过程的两个方面，在真正具有创造性的活动中，个体都体验着一种更高水平的自我意识与自由的获得。人们只有在活动中有勇气去进行创造，才会更加珍惜和乐于接受改革与创新。

罗洛·梅强调："无论我们可能处在什么领域，在实现中我们都会产生深刻的快乐，这种实现就是，我们帮助形成了新世界的结构。这就是创造性勇气，无论我们创造的东西可能有多么微不足道或多么偶然。"[1] 偏爱艺术事业的罗洛·梅认为最有创造性勇气的人应该是艺术家，通过自己的想象他们可以创造出新的形式。欣赏艺术家作品的普通人，如果能够从中获得某种启示与灵感，也可以成为一种创造性的活动。

罗洛·梅把创造性视为具有强烈意识的人与其世界的交会，并进一步明确指出："我们把这种提高了的意识确定为交会的特点，是由主观体验与客观现实之间的二分被克服和揭示了新意义的象征而得以诞生的一种状态，这种提高了的意识，这种状态在历史上就被称为心醉神迷。和激情一样，心醉神迷是情绪的一种性质（或者更精确地说，一种关系的性质，其中的一个方面是情绪的）

---

[1]［美］罗洛·梅.创造的勇气［M］.杨韶刚译.北京：中国人民大学出版社，2008年9月第1版，25页。

而不是一种数量（quantity）。心醉神迷是对主客观二分的一种暂时的超越。"[1]

罗洛·梅指出有勇气从心灵深处承认人的不确定和焦虑，是人寻求新价值观与存在基础，并重新阐述其存在感的前提条件。如果焦虑能够促使人们进行这种寻求，那么，为这种寻求提供必要的信息，并且加以指导就是一种创造性的活力，就是一种有意向性的并负责任的健康的人格类型。人既要承认焦虑的存在并意识到自我的脆弱性，又要对人类创造性的生活方式加以肯定。这是一种不仅要存在、要爱，而且要参与到他人之中、参与到别的思想与事物中去的勇气。

## 五、神话

罗洛·梅在晚年思考的一个重要主题就是神话，他把神话看成是传达生活意义的主要媒介，为因价值观丧失而面临个人存在威胁的现代人，提供了一条重建价值观的可行途径。

他宣称："神话，为这个本无意义的世界赋予了意义。神话，是赋予我们存在以重要性的叙述方式。这种存在的意义，无论是如萨特所认为的那样，是我们依据个体意志所赋予的，还是像克尔恺郭尔所主张的，是我们需要去发现的，结论都一样：神话是我们发现这些意义与特质的方式。神话就像房屋的梁柱：虽然从外部看不见，但它们是房子得以整合的构架，有了梁柱，房屋才能供人们居住。"[2]

人人都有对于神话的需要，每个人都在以个体或群体的不同方式塑造自己的神话。人们用来弥合生物自我与人性自我之间裂隙的必要手段就是神话，人们对于相互关联的外部世界与内在自我进行的自我解释就是神话。它是一种让社会团结一致起来的叙事方式。神话的重要功能就是让人们保持心灵的活力，并赋予人们的生活以新的意义，灌输给人们以美、爱和天才的灵感等不朽的

---

[1]［美］罗洛·梅.创造的勇气［M］.杨韶刚译.北京：中国人民大学出版社，2008年9月第1版，79页。

[2]［美］罗洛·梅.祈望神话［M］.王辉，罗秋实，何博闻译.北京：中国人民大学出版社，2012年7月第1版，2页。

概念。

一个健康的社会能够通过神话让成员脱离神经质的负罪感和过度焦虑。创造神话应该成为心理治疗的一种核心，心理治疗师不能压制患者创造神话的行为，而要允许患者严肃地对待自己的神话，这对于他们获得心理健康十分重要。

罗洛·梅指出，神话对人们生活具有以下4个方面的重要贡献：第一，神话能够回答"我是谁"的问题，从而赋予个体以认同。"第二，神话使社群感成为可能。忠诚于故乡与民族，甚至忠诚于学校中的各种团体，这都是神话社群功能的体现。如果不是为了表达与社会利益、爱国主义以及其他对所属社群和民族的深切感情之间的重要联系，这种忠诚就将显得荒谬了。"[1]第三，神话对道德价值具有支撑作用。在道德日趋败坏，甚至在一些近乎消失的极端区域，这种功能显得特别重要。

第四，神话为人们提供了一种解释创世神迹的方式。这既与人们所处宇宙的创世有关，也同科学中的创世、艺术中的"拂晓"等新观念有关。

罗洛·梅赞同尼采的观点：人们强烈地渴求神话，就是在渴求共同体。一个没有神话的人，就失去了可以归属的家园。能够共享一个群体的神话，才能成为这个群体的成员，回忆起历史上的伟大时刻，就会感受到一样的荣耀。

罗洛·梅概括了典型的神话形式，即苦难与幸福共同构成了一个人们可以珍惜、回顾的整体。精神分析在一定意义上就是寻求个体神话。对于能找到自己的神话并据此来过自己生活的人来说，神话是具有强大治愈力的。

共同体的神话总是让人愉悦、充满活力并富有生机，往往同各种节日有关。这些节日在日积月累中带给神话中的永恒因素，让人们感受到自己与远古及未来的统一。

共同体中的一个关键维度就是以保护共同体最高目标为己任的英雄，他们一般就是共同体的灵魂，给共同体的成员带来勇气与智慧。现代社会迫切需要一个英雄作为角色模型和行为基准，用自己的血肉之躯来诠释伦理。可以说，

---

[1] ［美］罗洛·梅. 祈望神话［M］. 王辉，罗秋实，何博闻译. 北京：中国人民大学出版社，2012年7月第1版，19、20页。

英雄即为行动中的神话。英雄承载着人们的愿望、理想与信念。英雄在最深的层面上，实际上是由人们所创造的，成为人们的集体神话。所以，英雄主义是至关重要的：它是人们自我认同的反映，并且人们据此形成了自己的英雄主义。

罗洛·梅在分析了弗洛伊德关于神话的观点后，肯定了神话具有疗伤的能力。他总结道："首先，神话让我们意识到那些被压抑的、无意识的、被遗忘的担忧、愿望、恐惧以及其他心理因素。这是神话的还原（regressive）功能。更重要的是，神话也展露了新的目标与新的伦理洞见与可能性。神话令那些原先并不存在的伟大意义得以迸发出来。在这个意义上，神话是以更高层面上的整合来解决问题的。这就是神话的发展（progressive）功能。"[1]他批判传统精神分析过分强调前者而忽略了后者，从而遗失了神话的整合功能。

罗洛·梅指出神话是发现的手段，它以发展的方式表现人们及其存在与自然之间的关系。神话具有教育意义，它用呈现内部现实的方式，让人们于外部世界中能够体验到更重要的现实。罗洛·梅强调神话还为人们揭示出新的现实，它是人们通往超越于个人具体存在之上的普遍性的途径。

## 第四节 存在心理治疗

罗洛·梅把存在哲学作为理论基础，以存在分析为出发点，引入欧洲的"存在分析治疗"到美国，在他的改造下，形成了美国的存在心理治疗。

### 一、存在治疗的目标

罗洛·梅认为存在治疗的首要目标并不是消除症状，而是让患者重新发现并且体验认识到自身的存在。心理治疗师不必帮助来访者认清现实，采取适应现实的行动；而是要加强其自我意识，与患者一起发掘其存在的世界，帮助病人认清自己完整存在的结构和意义，揭示其选择目前生活方式的原因。对病人

---

[1]［美］罗洛·梅. 祈望神话［M］. 王辉，罗秋实，何博闻译. 北京：中国人民大学出版社，2012年7月第1版，76、77页。

症状的分析是为了更好地来了解病人的不同的存在方式，认识病人存在的境况是更难，也是更容易被忽略的任务。

存在治疗一般强调两个重点。一是帮助病人提高觉知水平，增强对自身存在境况的把握，在此基础上作出适宜的改变。心理治疗师要运用方法，让病人检查、直面、澄清并重新进入其生活中的问题，加强对生活的理解。二是促使病人提升自由选择的能力并承担责任，让病人充分觉知到自身的潜能，并且敢于采取行动加以实现。

罗洛·梅明确指出："我们在治疗中主要关注的是人类的潜能。治疗的目标就是帮助患者实行他的潜能。实现过程中所获得的欢乐变得比释放能量的快乐更为重要——尽管后者在其自身的背景中显然也有其快乐的方面。治疗的目标不是焦虑的消失，而是从神经症焦虑向正常焦虑的转变，以及承受和使用正常焦虑的能力的发展。患者在治疗之后应该比以前能够承受更大的焦虑，但是这是一种有意识的焦虑，而且他将能够建设性地使用它。治疗的目标也不是内疚情感的消失，而是神经症内疚向正常内疚的转化，以及创造性地使用这种正常内疚的能力的发展。"[1]

## 二、存在心理治疗的原则

罗洛·梅在《存在心理治疗的贡献》（1958）一文中，提出了4个存在心理治疗的基本原则。

### （一）理解性原则

存在心理治疗强调如何理解人的存在，而不是怎样运用技术。技术来自对患者世界的理解，一切技术问题都应该建立在这一理解的基础上。所以，"存在技术应该具有可塑性和多面性，患者与患者之间是不同的，而且在对同一个患者的治疗中阶段与阶段之间也是不同的。在某一个特定的点上，将要使用哪一种特定的技术应该根据这些问题来决定：在这个时刻，在他的历史中，什么

---

[1]［美］罗洛·梅. 心理学与人类困境［M］. 郭本禹，方红译. 北京：中国人民大学出版社，2010年4月第1版，126、127页。

东西能够最好地揭露这个特定患者的存在？什么东西将能最好地阐明他在这个世界上的存在？"[1]

### （二）体验性原则

罗洛·梅从存在的本体论立场出发，指出心理治疗应该促进病人对自己存在的亲身体验。这种对自我关系世界的体验应该是充分的，包括意识到其潜能，并让这些潜能发挥作用。心理治疗师的责任不在于治愈病人的症状，而是帮助病人体验其自己的存在，这成为消除心理症状的关键。如果把治疗重点放在症状的"治愈"上，往往表现出顺应社会文化的疗效，而没有从根本上解决心理问题。

### （三）在场性原则

存在心理治疗应把医患关系看作病人心理场的一个组成部分，心理治疗师只有进入这个关系场，才能真正理解患者当前的存在情境。即要通过医患之间的共同体验，来帮助患者把握自己的存在。他用会心（agape）这个概念来表示医患间的关系。"我所说的会心指的是这样一个事实，即在治疗的时间内，在两个人之间，存在着一种完整的关系，这种关系包含许多不同的层面。一种层面是真实的人的层面：我很高兴看到我的患者（随治疗天数的不同而不同，主要取决于我在头一天晚上睡眠的时间）。我们相互之间的见面减少了生理上的孤独，这种孤独是所有人类都具有的。另一个层面是朋友的层面：我们相信——因为我们已经互相见过许多次——对方对倾听和理解有某种真正的关注。还有一个层面是尊重或无私之爱的层面，即人际世界（Mitwelt）中所固有的自我超越地关注他人幸福的能力。最后一个层面坦白地说是爱欲的。"[2]

---

[1]　［美］罗洛·梅. 存在之发现［M］. 方红，郭本禹译. 北京：中国人民大学出版社，2008年9月第1版，166页。

[2]　［美］罗洛·梅. 存在之发现［M］. 方红，郭本禹译. 北京：中国人民大学出版社，2008年9月第1版，10页。

### （四）付诸行动的原则

付诸行动的原则就是帮助病人认识到自己的存在，并在选择的基础上投身于现实行动中去。人的选择发生在认识之前，这种选择本身就是人趋向存在的一种态度。病人只有学会选择正确的生活方向，并沿着它做出初步选择并付诸行动时，才能够促使自己寻求知识、探索真理与回忆过去。所以，一个人在当前如何付诸行动，决定着他能回忆自己什么样的过去，以及他选择过去的哪些部分来影响现在。

## 三、存在心理治疗的阶段

罗洛·梅在 20 世纪 60 年代把心理治疗同人的意志与意向性结合起来，大大提升了对存在心理治疗分为三个阶段的思想。

第一个阶段是愿望阶段，发生在人的觉知层面。当人们在心理上压抑愿望，拒绝介入社会生活，形成了玩世不恭、无欲无望的厌烦感，甚至进展为绝望时，通过心理治疗帮助病人把被压抑的愿望引导到意识层面上来就显得特别重要。所以，必须致力于让病人意识到自己拥有产生愿望的能力，而且经过自身的意志努力，是能够实现愿望的。必须促使病人产生满足愿望的强烈需要，使其注意与他人、与周围世界及各种情境的关系，从而获得情感上的活力和真诚。

第二个阶段是意志阶段，发生在自我意识的层面，罗洛·梅称之为"使认识质变为自我意识的阶段"。治疗的目的就是让病人产生自我意识的意向，即把上一阶段的愿望提升到一个更高的自我意识的水平上。该阶段的特点是，让病人承认自己拥有某种愿望，相信自己能以其愿望为世界做点事情，能够自由自在地向别人传达与分享其心理体验。在这一阶段可表现出人类的创造性。

第三个阶段是决定与责任感阶段，该阶段治疗的目标是达到负责任的自我实现、整合与成熟。这一阶段不否认并包含着甚至超越了愿望和意志阶段，而且从中创造了一种生存模式与行动模式。当病人对其愿望、意志行为和决定表示关注并承担起责任时，也就是当他不仅关心他人、关心自己，而且关心具有不可分割关系的双方，走向自我实现、整合与成熟时，才算达到了这个阶段的治疗目标。

### 四、罗洛·梅对需要心理学的贡献与其局限

罗洛·梅对需要心理学做出的最大的贡献就是引入欧洲的存在心理学，对其加以美国式的理解与改造，创建起美国的存在心理学。他结合人本主义，围绕人的存在构建了一个庞大的人本存在分析理论体系，开创了人本主义心理学的一种新取向，成为其中的一个重要组成部分，主要包括存在分析观、存在人格理论、存在主题观和存在心理治疗。

他以存在分析的视野，提出了对人类本性的基本看法，并对人的本体论特点做了独到说明。他对人存在的心理层面进行了重点探讨，而与哲学家的抽象思辨有了明显区分。罗洛·梅接受存在哲学家的观点，并改造成人存在于世界的 3 种方式。自然世界就是人与自然环境间的关系方式，人际关系世界是个体与他人的人际关系方式，自我世界是个体与自我的关系方式，相当于需要心理学中关联需要的 3 个方面的内容，即分别与自然环境、社会环境、自我之间的关联。

罗洛·梅把人格看作是人的整体存在，是有血有肉、有思想有意志的完整的人的存在。他以存在主义为理论基础，提出了健康人格的标准，构建了以心理治疗实践为依据的人格理论。他主张主客一体、内外一致，强调人格总体，促进了人格理论的发展。他探讨了自由、个体性、社会整合及宗教紧张感这 4 种人之存在的因素，并把它们视为构成人格的基本成分。对需要心理学从存在的视角进行了有益的补充。

罗洛·梅深入研究了人类存在的主题，主要包括原始生命力、爱与意志、焦虑、勇气和神话。在原始生命力概念中可以看到弗洛伊德本能概念的影子，两者一样都有能把人控制起来的强大力量。罗洛·梅的原始生命力超越了趋乐避苦的本能，兼具积极性和消极性，可由人主动整合进自我之中。在需要心理学中，认为五大类需要的生存层次，都具有类似原始生命力的强大力量。罗洛·梅以存在主义立场，全面分析了自古希腊以来有关爱的理论探讨，提出了较为完整的有关爱的理论，极大地丰富了爱心需要的内容。罗洛·梅把意志看作是与人类生存密切相关的基础，对意志在人类存在中的意义进行了全面阐述，

对愿望与意志作了细致辨别，并把爱与意志联系起来加以考察。对焦虑的系统研究增进了对情感需要的认识，勇气相当于需要心理学中需要成分中的胆量，对神话的深入探索提高了对人类认知需要早期满足成果的了解。

罗洛·梅以存在哲学为理论基础，以存在分析为出发点，把欧洲的存在分析治疗引入到美国，经过他的改造创建出美国的存在心理治疗。他所确立的存在心理治疗原则和心理健康标准，得到了心理学界的公认，对于临床心理治疗具有积极的促进作用。

然而，由于罗洛·梅的存在心理学理论体系过于庞大，包含许多不确定的因素，很多观点之间联系松散，分析起来比较困难，从而显得有些混杂与不够成熟。其理论重在哲学探讨，操作性不足，缺少让人信服的科学依据有可证实性。该理论还具有明显的非理性特征，重视原始生命力对于人格的统摄作用和意向性的潜意识作用，强调非理性存在对于行为的支配作用，与其对自我意识能动性的看重有一些自相矛盾的地方，难以让人信服。罗洛·梅作品中有着浓厚的宗教色彩，后期主要从净化心灵和寻求精神寄托的角度，探索在自我完善中宗教所发挥的作用，具有一定的启示意义。

# 参考文献

［1］车文博.西方心理学史［M］.杭州：浙江教育出版社，1998.

［2］［美］亚伯拉罕·马斯洛.动机与人格（第三版）［M］.许金声等译.北京：中国人民大学出版社，2013.

［3］人本主义心理学概述［M］//龚浩然.心理学通史 第五卷 外国心理学流派（下）.济南：山东教育出版社，2000.

［4］［美］史密斯.当代心理学体系［M］.郭本禹等译.西安：陕西师范大学出版社，2005.

［5］［美］杜·舒尔兹，西德尼·埃伦·舒尔兹.现代心理学史（第八版）［M］.叶浩生译.南京：江苏教育出版社，2011.

［6］［美］爱德华·托尔曼.动物和人的目的性行为［M］.李维译.北京：北京大学出版社，2010.

［7］［美］伯纳德韦纳.人类动机：比喻、理论和研究［M］.孙煜明译.杭州：浙江教育出版社，1999.

［8］［美］简妮·爱丽丝·奥姆罗德.学习心理学（第6版）［M］.汪玲，李燕平，廖凤林，罗峥译.北京：中国人民大学出版社，2015年4月第1版.

［9］［美］B·F·斯金纳.超越自由与尊严［M］.方红译.北京：中国人民大学出版社，2018.

［10］［奥］西格蒙德·弗洛伊德.自我与本我［M］.林尘，张唤民，陈伟民译.上海：上海译文出版社，2011.

［11］［奥］安娜·弗洛伊德.自我与防御机制［M］.吴江译.上海：华东师范大学出版社，2018.

［12］郭本禹，郭慧，王东.自我心理学：斯皮茨、玛勒、雅可布森研究［M］.

福州：福建教育出版社，2011.

［13］［美］埃里克·H.埃里克森.同一性：青少年与危机［M］.孙名之译.北京：
中央编译出版社，2017.

［14］［美］爱利克·埃里克森.游戏与理智［M］.罗山译.北京：世界图书出版
有限公司北京分公司，2017.

［15］［美］爱利克·埃里克森.童年与社会［M］.高丹妮，李妮译.北京：世界
图书出版有限公司北京分公司，2018.

［16］［美］海因兹·科胡特.自体的分析［M］.刘慧卿，林明雄译.北京：世界
图书出版有限公司北京分公司，2017.

［17］［英］梅兰妮·克莱因.儿童精神分析［M］.徐晴，陈红，陈伦菊译.北京：
九州出版社，2017.

［18］［英］梅兰妮·克莱因，琼·里维埃.爱·恨与修复［M］.吴艳茹译.北京：
中国轻工业出版社，2017.

［19］［美］克莱尔.现代精神分析"圣经"——客体关系与自体心理学［M］.贾
晓明，苏晓波译.北京：中国轻工业出版社，2002.

［20］徐萍萍，王艳萍，郭本禹.独立学派的客体关系理论：费尔贝恩、巴林特研
究［M］.福州：福建教育出版社，2010.

［21］郭永玉本卷主编，车文博、郭本禹总主编，弗洛伊德主义新论　第二卷
［M］.上海：上海教育出版社，2016.

［22］［英］温尼科特.家庭与个体发展［M］.卢林，邬晓燕，吴江译.北京：北
京大学医学出版社，2016.

［23］［英］唐纳德·温尼科特.成熟过程与促进性环境：情绪发展理论的研究
［M］.唐婷婷主译.上海：华东师范大学出版社，2017.

［24］［英］温尼科特.游戏与现实［M］.卢林，汤海鹏译.北京：北京大学医学
出版社，2016.

［25］林万贵.精神分析视野下的边缘性人格障碍：克恩伯格研究［M］.福州：
福建教育出版社，2008.

［26］郭本禹.心理学通史　第四卷　外国心理学流派（上）［M］.济南：山东教育

出版社，2000.

［27］［美］卡伦·荷妮.我们时代的病态人格［M］.陈收译.北京：国际文化出版公司，2001.

［28］［美］卡伦·荷妮.神经症与人的成长［M］.陈收等译.北京：国际文化出版公司，2001.

［29］［美］卡伦·霍妮.自我分析［M］.徐娜译.北京：世界图书出版有限公司北京分公司，2016.

［30］［美］哈里·斯塔克·沙利文.精神病学的人际理论［M］.韦子木，张荣皋译.杭州：浙江教育出版社，1999.

［31］沈德灿.精神分析心理学［M］.杭州：浙江教育出版社，2005.

［32］［美］艾·弗洛姆.自我的追寻［M］.孙石译.上海：上海译文出版社，2013.

［33］［美］艾·弗洛姆.爱的艺术［M］.李健鸣译.上海：上海译文出版社，2008.

［34］［美］艾·弗洛姆.健全的社会［M］.孙恺祥译.上海：上海译文出版社，2018.

［35］［美］埃里希·弗洛姆.人类的破坏性剖析［M］.李穆等译.北京：世界图书出版有限公司北京分公司，2014.

［36］［美］艾里希·弗洛姆.逃避自由［M］.刘林海译.上海：上海译文出版社，2015.

［37］［美］埃里希·弗洛姆.人心：善恶天性［M］.向恩译.北京：世界图书出版有限公司北京分公司，2015.

［38］［美］埃里希·弗洛姆.占有还是存在［M］.李穆等译.北京：世界图书出版有限公司北京分公司，2015.

［39］［美］艾里希·弗洛姆.论不服从［M］.叶安宁译.上海：上海译文出版社，2017.

［40］任其平.主体的在世之在：宾斯万格研究［M］.福州：福建教育出版社，2009.

［41］孙平，郭本禹．从精神分析到存在分析：鲍斯研究［M］．福州：福建教育
出版社，2011．

［42］郭永玉本卷主编，车文博、郭本禹总主编．弗洛伊德主义新论（第三卷）
［M］．上海：上海教育出版社，2016．

［43］［奥地利］维克多·弗兰克尔．追求意义的意志［M］．司群英，郭本禹译．北
京：中国人民大学出版社，2015．

［44］［美］维克多·弗兰克尔．活出生命的意义［M］．吕娜译．北京：华夏出版
社，2010．

［45］［奥］维克多·弗兰克尔．弗兰克尔自传：活出生命的意义［M］．王绚译．中
国青年出版社，2016．

［46］［英］R·D·莱恩．分裂的自我——对健全与疯狂的生存论研究［M］．林
和生，侯东民译．贵阳：贵州人民出版社，1994．

［47］王蕾，郭本禹．存在精神病学：莱因研究［M］．福州：福建教育出版社，
2009．

［48］［美］赫伯特·马尔库塞．单向度的人：发达工业社会意识形态研究［M］．
刘继译．上海：上海译文出版社，2014．

［49］［美］赫伯特·马尔库塞．爱欲与文明［M］．黄勇，薛民译．上海：上海译
文出版社，2012．

［50］［美］赫伯特·马尔库塞．哲学、精神分析与解放［M］．黄晓伟，高海青
译．北京：人民出版社，2019．

［51］朱智贤，林崇德．思维发展心理学［M］．北京：北京师范大学出版社，
1986．

［52］［瑞士］皮亚杰．发生认识论原理［M］．王宪钿译．北京：商务印书馆，
1981．

［53］［美］劳拉·E·伯克．伯克毕生发展心理学：从0岁到青少年（第4版）
［M］．陈会昌等译．北京：中国人民大学出版社，2014．

［54］朱智贤，林崇德．思维发展心理学［M］．北京：北京师范大学出版社，
1986．

［55］［瑞士］皮亚杰．发生认识论原理［M］．王宪钿译．北京：商务印书馆，1981．

［56］［美］亚伯拉罕·马斯洛．动机与人格（第三版）［M］．许金声等译．北京：中国人民大学出版社，2013．

［57］［美］亚伯拉罕·马斯洛．人性能达到的境界［M］．曹晓慧等译．北京：世界图书出版有限公司北京分公司，2014．

［58］林方．人的潜能和价值［M］．北京：华夏出版社，1987．

［59］［美］亚伯拉罕·马斯洛．存在心理学探索［M］．李文译．昆明：云南人民出版社，1987．

［60］林方．人的潜能和价值［M］．北京：华夏出版社，1987．

［61］J.P.查普材等．心理学的理论和体系［M］．林方译．北京：商务印书馆，1984．

［62］［美］卡尔·R·罗杰斯等．当事人中心治疗：实践、运用和理论［M］．李孟潮，李迎潮译．北京：中国人民大学出版社，2004．

［63］［美］卡尔·罗杰斯．论人的成长［M］．石孟磊，邹丹，张瑶瑶译．北京：世界图书出版有限公司北京分公司，2015．

［64］［美］卡尔·R·罗杰斯．个人形成论：我的心理治疗观［M］．杨广学，尤娜，潘福勤译．北京：中国人民大学出版社，2004．

［65］［美］卡尔·罗杰斯，杰罗姆·弗赖伯格．自由学习［M］．王烨晖译．北京：人民邮电出版社，2015．

［66］［美］罗洛·梅．存在之发现［M］．方红，郭本禹译．北京：中国人民大学出版社，2008．

［67］［美］科克·J·施耐德，罗洛·梅．存在心理学：一种整合的临床观［M］．杨韶刚，程世英，刘春琼译．北京：中国人民大学出版社，2010．

［68］［美］罗洛·梅．爱与意志［M］．宏梅，梁华译．北京：中国人民大学出版社，2010．

［69］［美］罗洛·梅．人的自我寻求［M］．郭本禹，方红译．北京：中国人民大学出版社，2013．

［70］［美］罗洛·梅.自由与命运［M］.杨韶刚译.北京：中国人民大学出版社，
　　　 2010.

［71］［美］罗洛·梅.焦虑的意义［M］.朱侃如译.桂林：漓江出版社，2016.

［72］［美］罗洛·梅.创造的勇气［M］.杨韶刚译.北京：中国人民大学出版社，
　　　 2008.

［73］［美］罗洛·梅.祈望神话［M］.王辉，罗秋实，何博闻译.北京：中国人
　　　 民大学出版社，2012.

# 动机研究黄金期的需要思想

张排房◎著

（下册）

新 华 出 版 社

# 目 录
CONTENTS

# 绪　论

20世纪动机研究在三四十年代第一个黄金期之后蓬勃发展，分别在六七十年代和八十年代又出现了两个黄金期。六七十年代是动机研究由机械观向认知观的转折时期，主要理论有新的新行为主义、新精神分析中的结构主义与自体心理学、新皮亚杰学派的思想、新人本主义、认知一致性理论、团体动力观和期望—价值理论。八十年代认知观进一步发展完善，产生了一系列认知动机理论：社会认知论、自我决定论、预言论和归因论，而且认知心理学逐渐成为现代心理学的主流。

## 一、新的新行为主义

新行为主义心理学家托尔曼、赫尔和斯金纳的助手与学生作为第三代行为义心理学家，被称作新的新行为主义，大力促进了新行为主义的进一步发展。他们既没有沿着传统行为主义的老路前进，也没有完全投入认知心理学的麾下，而是致力于趋向认知整合和突出社会内涵。

其主要理论取向有新赫尔派的诱因动机理论，以斯彭斯为代表；新托尔曼派的行为认知理论，主要代表有波利斯和宾德拉；社会学习理论，多拉德和米勒为早期社会学习理论的代表，60年代班杜拉创建了现代社会学习理论，米契尔提出了认知社会学习理论，罗特则创立了综合的社会学习人格理论。

## 二、新精神分析中的自体心理学与结构主义

海因兹·科胡特为自体心理学的创始人，对自我心理学提出了挑战，其观点主要来源于对自恋人格障碍者的精神分析。他系统地阐明了自体心理学的几个关键概念：自恋、自体、自体客体与转变内化作用。他将其自体心理学与驱

力心理学区别开来，并强调了自体心理学的科学价值。他还区分了结构心理学与自体心理学对于分析结案的不同观点。他从自体与自体客体关系的角度看待自体的发展，把自体的形成区分为两个阶段。其发展观中包含的不仅仅是内驱力，而且其发展模式的重点由内驱力转到了自体。

20世纪中期，在法国兴起的结构主义哲学思潮与精神分析结合起来，产生了法国拉康的结构主义精神分析学。拉康认为精神分析学的对象是无意识，并运用语言分析的方法来研究无意识。拉康借助索绪尔的结构主义语言学作为主要工具，同时吸收了存在主义哲学、结构主义人类学以及数学与拓扑学的相关知识，重新解读了弗洛伊德的潜意识理论，进一步提出了两个重要命题：一是无意识具有类似语言的结构，二是无意识是他者的辞说。

拉康借助对镜像阶段和俄狄浦斯情结的论述，阐明了主体的发生、发展以及被异化的过程。他提出的主体三层结构说是对其主体理论进行的结构学分析。他主张想象界、象征界与实在界既是存在的三种不同阶段，又是功能各异的三种秩序。拉康对弗洛伊德的本能论加以修正，而代之以欲望论，并且用认识欲望来取代弗洛伊德的愿望满足。他特别谨慎地对需要与欲望进行了辨别，还提出了著名的欲望图表。

### 三、新皮亚杰学派的思想

新皮亚杰学派代表着皮亚杰理论的一种新发展，它是针对皮亚杰后期理论存在的缺陷而出现的一种新学派。皮亚杰后期理论存在的缺陷主要包括两个方面：一是皮亚杰完全把他的研究局限于认知发展的纯理论研究，忽视了教育和社会因素的作用。同时，在研究儿童的认知时，皮亚杰也忽视了与认知有关的非智力因素的研究，如情感、自我意识、人格等。二是皮亚杰只研究了认知发展的宏观规律，缺乏对认知发展的微观规律的研究；只强调认知发展的普通性，忽视了个体之间认知发展的差异性；仅以抽象化和形式化的数理逻辑语言描绘认知发展，没有反映认知发展的本质特征。

在过去的30年里，针对这两个主要缺陷，在皮亚杰所创造的一般理论框架内大致进行着两种不同路线的修正。针对第一种缺陷，皮亚杰在日内瓦大学的同事和学生对皮亚杰的理论进行了补充和修正，使之有了新的变革性的发展，形成了以日内瓦为中心的新皮亚杰学派，这是狭义上的新皮亚杰学派。针对第二种缺陷，世界各国的许多心理学家也纷纷从广度和深度上充实和发展皮亚杰的理论。他们大多试图以信息加工的观点弥补皮亚杰的智力发展理论的不足，借用信息加工的模式说明认知阶段的具体过程和细微的机制。这样就形成了智力发展的新皮亚杰学派，这是广义上的新皮亚杰学派。

日内瓦的新皮亚杰学派是一个活跃的学术团体，它的成员在各自的领域中，都对皮亚杰的儿童发展心理学理论和实验方法有所创新和发展，并从不同的角度提出了各自的理论。道伊斯提出的智力社会性发展理论，在其中较为著名。他把智力看成是个体适应环境的能力，是个体在与环境相互作用的过程中产生和发展起来的，并且主要是同社会环境相互作用的结果。

智力发展的新皮亚杰学派的大多数代表人物都试图以信息加工的观点弥补皮亚杰的智力发展理论的不足，借用信息加工模式说明认知阶段的具体过程和细微的发展机制。因此，广义的新皮亚杰学派又可以称为信息加工论的新皮亚杰学派。凯斯就在皮亚杰的传统智力发展理论和认知发展的信息加工理论的基础上，提出了独立具特色的以"过程—结构"理论为核心的儿童智力发展理论。

### 四、人本主义的新发展

人本主义在20世纪六七十年代及之后获得了新发展，其代表人物有詹姆斯·布根塔尔、科克·施奈德和欧文·D·亚隆。

布根塔尔从存在主义立场出发，将精神分析方法与人本主义结合起来，通过分析人类生存的"被抛"境况建立起存在—分析取向的人本主义心理学体系，在人本主义心理学中提出了独具特色的理论体系。他通过分析人的存在的被给予性的四个方面，即有限、行动潜力、选择和疏离，提供了一个理解其存在—分析人本主义心理学体系的基本理论框架，并在此基础上，展开了关于健康人格与神经症人格及其心理治疗的全部论述。

布根塔尔关注人的主观存在，并称之为"觉识"，将其视为心理学的唯一合法研究对象。他为了说明人的存在与非存在，严格区分了主我（the I）、客我

（the me）和自我（the Self）。存在—分析人本主义心理学把本真看作是人的存在的理想与首要价值，把应对焦虑的勇气称为存在的需要，并区分出寻根性、同一性、意义和关联性四种勇气的形式。

施耐德运用悖论原理对人的矛盾本质进行了深入分析，把心灵看作是一个收缩/扩张的连续统一体。主要论述了过度收缩、过度扩张和混合型这三种机能失常的症候。提出了机能失常体验的基础就是对于对无限、空间—时间或者悖论的巨大恐惧，是人们同极大与极小、扩张与限制最可怕相遇的结果。施奈德还运用悖论原理，分析了人们在日常生活中对于恐惧的几种常见应对方式。施奈德概括了敬畏的本质与力量，发现通往敬畏的道路充满了艰辛，论述一些情况下对敬畏的唤醒，并且总结了有助于敬畏唤醒的一般条件。施奈德还总结了存在—人本主义治疗的理论，指出了"让来访者自由"为存在—人本主义治疗的目标，及四个共同的核心目标。

亚隆提出了团体心理治疗的理论，并对团体心理治疗的实践进行了总结。他从理论上对团体治疗进行了系统论述，主要说明了疗效因子、治疗师的任务与方法、团体治疗的过程与团体类型等内容。亚隆还对存在主义心理治疗进行了理论概括。他把存在主义心理治疗看成是一种动力性的治疗方法，认为它所关注的焦点为根植于个体存在中的关怀。并且主要探索了死亡、自由、孤独与无意义四个终极关怀。

## 五、认知一致性理论

认知一致性理论（Theory of cognitive consistency）是认知动机理论中一种比较典型的学说，它着重探索了社会认知的动力特性，分析了社会认知的主要构成元素，并以认知要素间的关系是寻求平衡协调，避免出现矛盾与不一致为其基本的理论假设。由于关注点不同，比较有影响的有海德的平衡论和费斯汀格的失调论。

海德提出了认知平衡理论，认为人们倾向于使其对人或物的认知达到平衡状态，并通过各种方式，力图实现平衡。他分析了其基本理论模型中的情操关系与单元关系，假设了对平衡状态趋近的倾向。他把不平衡状态的出现看成是追求平衡的动力，并指明了实现认知平衡的途径。

费斯汀格认知失调理论的核心可总结为：认知元素间的关系可能有失调或‘不适合’的；失调的存在产生了压力，迫使个体去减少失调和避免增加失调；在失调所致的压力下，操作上表现为行为改变、认知改变，及对新信息和新认知的慎重接触。他还分析了认知元素间的关系，为失调下了定义，总结了失调产生的原因，论述了失调程度及减少失调的途径、失调的主要类型等重要问题。

## 六、完形动力理论

勒温借助于拓扑学和向量学的一些概念，以整体论的观点，从个体与环境的交互作用中寻找行为的动因。对需要和紧张等行为动力系统的研究是其拓扑心理学的重要内容之一。他在理论研究中贯彻动力原则，提出了把需要作为动力的动机学说。勒温是第一个用实验方法研究心理冲突的人。他认为心理力可由方向、强度和作用点三种性质来加以规定，并把不止一种心理力作用于个体的情境区分为三类冲突：趋近—趋近冲突、趋近—回避冲突和回避—回避冲突。团体动力学是研究团体行为过程及其动力的学说，勒温在此领域对社会心理学做出了很大贡献。

卡特赖特分析了权力的概念体系，规定并分析了构成权力概念的一系列要素，包括动因、动因动作、部位、直接联系、动基、大小和时间。他把团体动力学的研究归纳团体与团体成员、从众压力、权力及影响、领导和业绩、动机过程及建构过程为六个方面。在勒温研究的基础上，进一步丰富、发展了团体动力学思想。

## 七、期望—价值理论

期望—价值理论是在对机械论的批评中形成起来的，赫尔的驱力理论受到了集中批判，发展出了对期望与诱因的认识，从而产生出期望—价值理论，并在 1960 年初至 1980 年初统治了动机研究。比较有影响的理论主要有勒温的合成价效论，麦克莱兰和阿特金森的成就动机论，以及罗特的社会学习论。

人格动力问题在默里的人格心理学中居于重要位置，他认为人具有一定驱力、追求与欲望，人的行动受这种动力因素的支配。默里对需要完整、详细地进行了分析、解释，在成就动机研究历史的第一个重要贡献就是他最早注意到了成就需要。他通过研究，区分出 20 种人类需要，并根据不同的标准对需要进行了划分。默里和莫根编制成主题统觉测验，简称 TAT 测验。这一测验成为评定需要状态的普遍适用的工具，是默里在成就动机研究方面的第二个重要贡献。他主张需要和压力共同作用影响人的行为。他还通过给环境分类，归纳出了不同类型的压力。

勒温除了提出建立在力场基础上的水力学动机理论，还发展了以志向研究水平为背景的合成价效理论。志向水平在合成价效理论中被描述为一种冲突情境，个体在此情境中，常常会选择朝着具有最大合成趋向力的方向移动。构成各种可能选择目标中的价效和力的决定因素是合成价效理论重点阐述的内容。

麦克莱兰侧重研究社会成员的成就动机水平与经济、科技发展之间的关系，从宏观上探讨了通过社会化过程培养成就动机，以及对成就的态度，价值观等内容，力图通过相关研究促进社会进步，对个人成长及社会发展具有重要意义。他还提出了培养成就动机的具体计划。

阿特金森侧重从微观上来研究成就动机，注重其本质及发展变化，不仅分别研究了获得成功的动机与避免失败的动机，还综合研究了两者结合而成的结果成就动机，并用数学公式表示多因素的关系，为今后的相关研究提供了理论基础，为心理学理论的公式化做了示范。

罗特从社会学习的角度对期望—价值理论进行了阐述。他假设目标实现的期望和目标或强化物的价值决定了行为的潜能。从罗特的行为概念中发展出一个有关控制点的研究领域，发现随成功与失败之后的期望转换影响着对技能或机遇的环境知觉，而且这种知觉正如内外控一样存在个体差异。

## 八、班杜拉的社会认知论

班杜拉突破了传统的单一的理论框架，以认知和行为联合作用的观点来解释社会行为，他注重认知过程、替代性强化及自我调节在行为中的作用，提出了以观察学习为主的社会学习理论、三元互动的相互作用论以及自我效能论。

　　班杜拉的社会学习理论强调人类具有认知能力，大部分的人类行为可以通过对榜样的观察而习得。他界定了观察学习这个重要的社会学习路径，并且分析了观察学习的五种效应，分别是指导效应、抑制和去抑制效应、反应促进效应、环境加强效应以及唤醒效应。他还分析了观察学习的四个过程，即注意、保持、生成和动机过程。

　　在解释人类行为的原因时，班杜拉先提出了三元互惠式决定论模型，将互惠解释为原因因素之间的交互作用。后又改进为三元交互因果关系模型，这三元分别是行为、个体内在因素和环境事件。这三者间两两相互作用，互为因果。班杜拉对行为因素分别从诱因动机因素、替代性动机因素、自我调节因素和认知调节因素等方面进行了重点分析。

　　班杜拉的自我效能理论承认人与人之间存在能力上的差异，分析了自我效能信念系统的性质与结构，强调它的多维性。他深入解析了建构自我效能的四个主要信息来源：动作性掌握经验、替代经验、言语说服类社会影响和生理情感状态。他还具体阐述了效能信念调节人类活动的四个过程：认知过程、动机过程、感情过程和选择过程。

## 九、自我决定理论

　　Deci 和 Ryan 在有机辩证元理论的基础上，通过实验不断发展自我决定理论的研究，形成了包括基本心理需要理论、认知评价理论、有机整合理论和因果定向理论在内的四个分支理论。他们还借鉴了操作与归因理论，提出了自我决定的信息加工模型。

　　Deci 的有机辩证元理论主张是一种积极的生物，生来就有心理发展与自我决定的潜能。自我决定就是个体在充分认识自身需要和环境信息的基础上，对行为进行的自由选择。这种自我决定的潜能可引导个体从事自己感兴趣的有益于其能力发展的行为，由此构成了人类行为的内在动机。

　　基本心理需要理论阐述了其含义及心理需要与动机、目标定向和幸福感之间的关系，经实证研究，Deci 和 Ryan 鉴别出自主性、胜任力和乐趣三种基本的心理需要。

在认知评价理论的表述中，他们追溯初次陈述后进行的详细阐述与改进，还讨论了它们与心理反作用的关系和人类幸福感。动机性认知组织与情感变量，如创造、认知灵活性、情绪基调和自尊得到了表述，并由 Ryan 等人（1983）运用权变的分类组织了对权变奖励的研究。他们展现一个扩展的认知评价理论指出行为通过完全在人内部的事件可被监管或影响；这些事件的功能意义可以变化，这样它们就能被多变地体验为信息化、控制性或无动机；并且它们对动机过程的影响就会类似于对其人际对应者的影响。

有机整合理论主要围绕着两个核心内容展开：一个是基于外来经验影响而形成的内在结构所引发的行为，另一个源自自然动机的表现形式。他们概述了人类发展有机整合观的初步形式。发展的意思不仅仅是改变，而宁可是在精巧、灵活与统一方向上转化个人能力结构的分化和整合。这个精巧的结构代表掌握与胜任有关外界客体与内部的驱力和情感。理论上发展的整合过程要求假定内在动机作为整合的能量来源。

人们朝向因果关系的相应持久的定向，可靠地与自我决定、控制决定和无动机这三种行为类型和心理过程相关联。Deci 和 Ryan 把这三种定向描述为：自主、控制和非个人。

Deci 和 Ryan 用信息加工模型来阐明动机行为序列诸方面的作用方式，在此模型中他们把认知理论的重要成果整合为一个较为完整的动机理论，对动机行为序列的各种成分进行了描述，并用流程图的形式加以表示。

总之，自我决定认知动机理论既强调内在动机，又关注外在动机对内在动机的影响，有一个比较完整的理论框架，涵盖了较多的动机类型，动态地考察各种动机类型，为动机研究提供了一个新方向。它强调人类行为的自我决定程度，把动机按自我决定程度看作一个连续体。自我决定行为强调个体与环境间的相互作用，重视目标的自主选择，和指向目标实现的自我调节的中介作用。

## 十、预言论

弗瑞德曼提出了一种新的动机理论——预言论，该理论假定人类行为有一种最普遍的动机就是提高控制，也就是说人类追求提高对自身行为结果和环境的控制。他依据这个假设得出了一个推论和五个命题，系统地论述了获得控制、扩大控制和控制的障碍等问题。通过剖析理论的形成及各成分间的关系与相互作用，构建了一套完整的理论体系。

弗瑞德曼还分别从取得成功、有效地工作、为了控制的教育和追求幸福四个方面论述了预言理论的应用，并提出了有针对性的具体建议。

### 十一、归因理论

归因指的是个体对某事件或行为结果原因的知觉，归因研究关注于个体怎样解释原因，和这些解释有什么含义。归因理论最初由美国社会心理学家海德提出，其著作《人际关系心理学》的出版标志着归因理论的诞生，他的人际知觉归因理论成为第一个著名的归因理论。

归因理论代表把人视为科学家的动机隐喻，美国心理学家乔治·凯利为"人是科学家"的最明确的提倡者，提出了个人建构理论。在归因理论的形成与发展过程中，琼斯和戴维斯的一致性推断归因理论，哈罗德·凯利的协变原则归因理论，和伯纳德·韦纳的认知动机归因理论都做出了巨大贡献。

### 十二、现代认知心理学

现代认知心理学指的是信息加工认知心理学这种狭义上的认知心理学，它用信息加工的术语来阐明人的认知过程，人对信息的接受、编码、操作、存储、提取与运用的过程为其主要的研究对象，包括感知觉、注意、记忆、表象、思维、言语和问题解决等领域。它于20世纪50年代在西方国家中产生，在60年代快速发展，在70年代之后就已成为当代心理学研究的主流。

现代认知心理学是在反对其他主要流行心理学思潮的极端倾向中发展起来的。它反对行为主义仅研究可观察外部行为的极端偏见，强烈主张要研究人的内部认知。它反对精神分析对潜意识的过分关注，而特别强调意识的主导地位。它反对人本主义只关心个体的成长与人际关系，而重视对认知过程的研究。

现代认知心理学的研究范围涵盖人类认知的各方面，产生主要理论成果的领域有：感知觉与模式识别、注意与意识状态、记忆、知识的表征与组织、语言、思维和人工智能等。

# 第一章　新行为主义发展中的需要思想

新行为主义心理学家托尔曼、赫尔和斯金纳的助手和学生，成为第三代行为义心理学家。他们促进了新行为主义进一步的发展，被称作新的新行为主义。他们既没有重蹈传统行为主义的覆辙，也没有高举认知心理学的旗帜，而是表现出趋向认知整合和突出社会内涵的主要特征。

## 一、新赫尔派关于诱因动机理论

斯彭斯（Kenneth Wartinbee Spence，1907—1967）是一位新赫尔主义者。他先主修物理学，后转而学习心理学，1933 年获得耶鲁大学哲学博士学位。1936 年任弗吉尼亚大学教授，第二年转到爱荷华州立大学心理学系，工作达26 年，任教授乃至系主任。1964 年转任得克萨斯大学奥斯汀分校教授。

斯彭斯是赫尔最亲密的合作者与继承者。他对赫尔的诱因动机（incentive motivation）理论进行了修正和发展。赫尔把诱因动机看作是刺激—反应联结的中介者，其强度即习惯强度受到强化条件的影响。也就是说，强化物对某一特定刺激做出某一特定反应的奖赏作用越大，它在那个刺激—反应上所发挥的诱因动机作用也就越大。而斯彭斯则有不同的观点，他主张奖励对习惯具有激励作用，而并不直接影响习惯强度本身。他这是假定习惯强度是 S — R 接近次数的函数，奖励通过诱因动机作用而对反应产生影响。

斯彭斯的学说兼顾强化原理与接近原理。他还把诱因动机作用与零星期待目标反应（fractional anticipatory goal response）结合起来，认为零星期待目标反应就是诱因动机作用的机体过程，一种影响诱因动机作用强度的条件就会影响诱因动机作用。这是由于零星期待目标反应为一种特殊反应，受到特定地点刺激的制约。这些能够激起零星期待目标反应的刺激，就是目标就要来临的信号。因此，零星期待目标反应的实质就是对奖赏的期待。赫尔主张有机体的学习是学会迷津通道引向何处，而斯彭斯则认为有机体的学习是知道奖赏放在什么地方。

## 二、新托尔曼派的行为认知理论

托尔曼虽然没有建立自己的学派，但在他的影响下，那些自愿沿着他的研究路径继续前进，并具有认知心理学倾向的一些心理学家，就被认为是新托尔曼学派的。波利斯和宾德拉就是其中的代表人物。

波利斯（R.C.Bolles，1928—）是美国华盛顿大学的心理学教授。该校多年来一直盛行第一代新行为主义者古思里的联结主义观点。古思里极力提倡一种以联结原理为基础的简易学习论，把学习看作是同时性条件作用或刺激与反应的同时联合。新托尔曼派的波利斯及其后继者们基本上都对认知理论持反对意见，他们认为用该理论解释白鼠在迷津中的行为，就相当于说白鼠在迷津中经过深思熟虑后才找到目的地。

波利斯为了解释这个难题，提出了有机体学习的三类事件，包括通常所说的两类事件，即作为先兆的刺激（用 S 来表示）和随之产生的反应（用 R 来表示），第三类指的是在生物学上发挥重要作用的刺激（用 S* 来表示）。他假定动物具有先天的特定性防御行为，这是与觅食、求偶一样的种属特定性行为。他认为这三类事件间的关系形成了两种期待：①S — S* 期待，即发生 S 时，就会随之而出现 S*。这属于一种认知活动；②R — S* 期待，即个体的反应预示着在生物学上有意义的后果行为。波利斯主张这两种联结形式的期待，都会导致个体采取行动。在这两种期待之外，还要根据 S* 对个体的价值而定。这是对托尔曼记忆性期待与推理性期待的发展，进一步肯定了托尔曼关于为达到未来目标的期待的认知活动的观点。

波利斯不认为强化是学习的充分必要条件，因为他发现在许多情形中，强化并没有增强反应的力量，强化仅仅在维持反应的高水平时发挥作用。他还通过实验证明了回避学习并不需要强化，因为在回避学习过程中，动物只是恢复了其种属特定性行为而已。如白鼠在恐惧性情境中，当发现能够逃离这一情境时，很快就会做出逃离反应；当意识到无法逃脱时，就只好呆立不动了。这两种反应都是白鼠的种属特定性防御行为。

宾德拉（O.Bindra，1922—）是加拿大麦吉尔大学的心理学教授，是新托尔曼派的一个重要理论家。他提出中枢动机状态（central motivation state）的概念，并以它为中介变量，认为它使得个体面对一定的积极或消极诱因，按照某种方式采取行动。宾德拉把求食、避险等都看成是中枢动机状态。他认为中枢动机状态的主要特征就是引起个体的趋避行为。他用觅食行为的例子，分析中枢动机状态在积极诱因的情况下，会激起的三类行为：①工具性反应（如向食物趋近），②完成性反应（如吃食物），③调节性反应（如分泌唾液）。

至于哪些因素决定中枢动机状态，宾德拉与波利斯有基本相同的说法，然而他只承认 S—S* 期待。他认为中枢动机状态激起 S—S* 期待，让个体产生主动地趋向 S* 的行为。由此可见，宾德拉与波利斯的主要区别是：前者的认知倾向更加明显；前者已把 R—S 期待舍弃，只用 S—S* 期待说明人的行为。但是他们有一个重要共同点就是，既要把 S—R 理论上的困境摆脱掉，又不想放弃联结原则，最终只能把联结主义纳入认知的轨道上来。

## 三、社会学习理论

社会学习理论（social learning theory）作为一种新行为主义理论，主要解释人在社会环境中的学习。它重点阐明人在社会环境中如何进行学习，形成并发展其人格特征的学习理论。

20 世纪 50 年代前后，美国耶鲁大学人类关系研究所的多拉德和米勒，作为早期社会学习理论的代表，他们合著了《社会学习和模仿》（Dollord Miller，1941）等书，揭开了社会学习理论的序幕。他们综合了赫尔的行为理论与弗洛伊德的精神分析，开展模仿的实验研究，强调社会条件对行为的制约。

米勒重新界定了刺激、反应概念和刺激—反应的性质。他认为，刺激不仅仅指冲击感受器的能量，还包括能与某反应形成机能联结的任何事件；反应也不只是肌肉运动，而是指有机体所表现出的一切行为，既有外显的，也有内隐的。针对思维被排除在行为主义研究大门外的做法，米勒指出，可以用中枢刺激—反应联结的方式分析人类行为反应的中枢过程，它们也遵循刺激—反应联结法则，并能被神经生理学家所观察。如此一来，米勒就直接把语言、意象和思维等高级心理过程纳入了中枢刺激—反应联结中来。

米勒提出了习得性内驱力概念，通过条件作用而获得内驱力功能特征的刺激就是习得性内驱力。恐惧、焦虑都属于习得性内驱力。米勒以恐惧为例进行分析，恐惧作为对痛苦刺激的先天反应，还具有刺激效应。恐惧反应能够充当辨别线索，与不同的反应建立起联系。当其强度足够大时，就会激活特定反应，让有机体逃离或回避在引起恐惧反应的刺激情境。有机体一旦逃离引发恐惧的刺激情境，恐惧内驱力即刻降低，而这种降低又强化了逃离恐惧情境前所形成的一切工具性反应。他们主张学习所得是学习所赖以产生的社会情境条件的函数。重视大脑具有解决精神、社会、情绪等问题的能力。指出所有习得行为，都服从于内驱力—刺激—反应—强化这一学习规律。但是，由于他们从动物行为研究的模式去推论人的社会行为，用低级形式的行为规律来类比人的复杂的高级行为规律，所以，终究没有摆脱传统行为主义学习理论的局限性。

20世纪60年代，班杜拉（Albert Bandura，1925—）创建了现代社会学习理论。其研究成果非常丰富，单独用一章来详细阐述，见本书第八章。

与此同时，米契尔提出了认知社会学习理论（cognitive social learning theory）。米契尔（W.Mischel，1930—）是奥地利维也纳人，自小生活于美国。1956年获俄亥俄州立大学临床心理学博士学位。先后任教于科罗拉多大学和哈佛大学。

米契尔在认知社会学习理论中主要应用五种变量，来阐明人们是怎样对各种刺激产生反应，和如何表现出各自不同的行为模式的。这五种变量分别是："（1）认知和行为的构成能力。它是一种全新的复杂的信息综合体，人就是通过这种能力来进行观察学习的。因此只要测定出认知构成能力的性质和范围，就可以估量其适应行为的能力。（2）对行为的转译策略和个人的认知构成物。它像转译电码那样，往往有倾向地转换各自观察到的各种情境刺激，不同的人对同样的事件转译的方式不同，人们对自己行为的归类与别人对自己行为的归类也不同。（3）对自己行为结果的预期。它决定着自己将会发生何种行为。同时，人们的行为也受对其他刺激结果的预期的影响。（4）主观上刺激价值的倾向。各人对待行为结果的价值不同，因而就会表现出不同的行为。（5）自我调节系统和计划。尽管我们的行动受外部条件所控制，但我们还受自我规定的目标及其实现目标的计划所调节和支配。"[1]这五种变量既是决定个体行为的重要因素，也是其人格结构的主要成分。

美国当代心理学家罗特是创立综合的社会学习人格理论的第一人，单用一节进行论述，见本书第七章第五节。

## 四、新的新行为主义对需要心理学的贡献与局限

新的新行为主义者主要理论取向有新赫尔派的诱因动机理论，以斯彭斯为代表；新托尔曼派的行为认知理论，主要代表有波利斯和宾德拉；社会学习理论，本章主要介绍了早期社会学习理论的代表多拉德和米勒，以及提出认知社会学习理论的米契尔。

斯彭斯对赫尔的诱因动机理论进行了修正和发展，把诱因动机看作是刺激—反应联结的中介者。他的学说兼顾强化原理与接近原理，还把诱因动机作用与零星期待目标反应结合起来。

波利斯提出了有机体学习的三类事件，包括通常所说的刺激与反应两类事件，第三类指的是在生物学上发挥重要作用的刺激，前两类事件分别与第三类事件形成一种期待。这是对托尔曼记忆性期待与推理性期待的发展，进一步肯定了托尔曼关于为达到未来目标的期待的认知活动的观点。宾德拉提出中枢动机状态的概念，并以它为中介变量。两人有一个重要共同点就是，既要把 S — R 理论上的困境摆脱掉，又不想放弃联结原则，最终只能把联结主义纳入认知的轨道上来。

米勒重新界定了刺激、反应概念和刺激—反应的性质。他提出了习得性内驱力概念，认为恐惧、焦虑都属于习得性内驱力。多拉德和米勒主张学习所得是学习所赖以产生的社会情境条件的函数。他们重视大脑具有解决精神、社会、

---

情绪等问题的能力。并指出所有习得行为，都服从于内驱力—刺激—反应—强化这一学习规律。但是，由于他们从动物行为研究的模式去推论人的社会行为，用低级形式的行为规律来类比人的复杂的高级行为规律，所以，终究没有摆脱传统行为主义学习理论的局限性。米契尔在认知社会学习理论中主要应用五种变量，来阐明人们是怎样对各种刺激产生反应，和如何表现出各自不同的行为模式的。他相信这五种变量既是决定个体行为的重要因素，也是其人格结构的主要成分。显然，他明确地增加了几种认知因素，重视它们所起到的中介作用。

　　总之，新的新行为主义者既没有沿着传统行为主义的老路前进，也没有完全投入认知心理学的麾下，而是致力于趋向认知整合和突出社会内涵。其科学严谨的态度，与强调认知及社会因素中介作用的倾向，对需要心理学生理需要的探索是有帮助的。只是未能突破行为主义的限制，对大部分心理性需要没有什么助益。

# 第二章　新精神分析学派发展中的需要思想

## 第一节　科胡特的自体心理学思想

海因兹·科胡特（Heinz Kohut，1913—）美国著名精神分析学家，在维也纳出生，1938年获维也纳大学医学学位。后移居美国，任职于芝加哥精神分析研究所。他于1964—1965年担任美国精神分析协会主席。其主要著作为：《自体的分析》《自体的重建》《精神分析治愈之道》。

### 一、自恋人格困扰

科胡特的观点主要来源于对自恋人格障碍者的精神分析。他发现与精神病和边缘状态不同的是，"自恋人格困扰的个案基本上已获致一个统整的自体（cohesive self），并且已建构完成统整的理想化的古典客体。其次，不同于在精神病与边缘状态普遍见到的状况，古典自体或灌注（力比多）以自恋力比多的古典客体产生不可逆的解体（irreversible disintegration）的可能性，对这些个案并不构成严重的威胁。由于以获致这些统整而稳定的精神结构，这些个案能够建立特定的、稳定的自恋移情，这使得古典结构得以在治疗中重新激活（reactivation），却不致有继续退行之解体（fragmentation）的危险：因此他们是可分析的。"[1]

科胡特进一步指出："自恋人格困扰的主要精神病理则是关于自体与古典

---

[1]　[美]海因兹·科胡特著. 自体的分析[M]. 刘慧卿，林明雄译. 北京：世界图书出版有限公司北京分公司，2017年2月第1版，4页。

的自恋客体。这些自恋构造与自恋领域的精神病理的因果关系有以下两方面关联：（1）它们可能被灌注（力比多）得不足，以致易陷于暂时的解体；（2）即使它们被灌注（力比多）得足够或过度，因而保有其统整性，但它们并未与人格的其他部分整合，因而成熟的自体与成熟人格的其他层面无法享有充分或可靠的自恋投资。……在自恋人格困扰，自我的焦虑主要是关系着它察觉到成熟自体的脆弱性；自我面对的危险若非关于自体的暂时解体，就是关于自我的领域被以下两者之一所侵入：古典形态的、结合主体的夸大；或古典的、被自恋地扩大的自体—客体。因此，不适的主要来源在于精神无法调节自尊并将它维持在正常的水平；而相关于此主要的缺陷，人格的特定（致病）体验，乃是存在于自恋领域中，而且落在一条光谱上。光谱的一端是焦虑的夸大与兴奋，另一端则是轻微的尴尬及害羞难为情，或严重的羞耻感、疑病症及忧郁。"[1]

科胡特发现自恋患者的主要疾病体验有：羞耻感、失去客体的爱和失去客体。他还概括出一些自恋型人格障碍患者特定的病理特征："（1）在性的方面：性错乱的幻想、缺乏性趣；（2）在社会方面：工作抑制、无法形成及维系有意义的关系、从事叛逆偏差的活动；（3）在显现其人格特征方面：缺乏幽默感、对他人的需求与感受缺乏共情的能力、缺乏均衡感、容易产生无法控制的暴怒、病态的撒谎；（4）在身心症方面：对身心健康有疑病的先入之见、各器官系统的生长困扰。"[2]

科胡特把自恋型人格障碍解释为童年期自体心理结构的获得性缺陷，和随之而来的继发性防御，并建立起代偿性结构。治疗的成功依赖于获得新的结构。

---

[1] ［美］海因兹·科胡特著. 自体的分析［M］. 刘慧卿，林明雄译. 北京：世界图书出版有限公司北京分公司，2017年2月第1版，16页。

[2] ［美］海因兹·科胡特著. 自体的分析［M］. 刘慧卿，林明雄译. 北京：世界图书出版有限公司北京分公司，2017年2月第1版，18页。

## 二、自体心理学的关键概念

### （一）自恋

自恋在经典精神分析理论中看成是从客体撤回本能性能量，并把力比多投注于自我。基本上视自恋为病理性的，原发性自恋除外。自我早期的全能感在成长的儿童中，会投注于客体，而转化成对客体的爱。自恋者就是把自身当作爱的客体的人。

哈特曼把正常自恋定义为力比多对自体的投注，雅各布森则认为自恋是对于自体表象的力比多投注。科胡特指出不应根据力比多投注的目标来定义自恋，而是要依据力比多负荷的性质或者质量。自恋力比多的特性是自我扩张（self-aggrandizement）与理想化。科胡特认为，一个投注自恋力比多于他人的个体，是在自恋地体验他人，即把他人作为自体客体（self-object）来体验。自体客体对于自恋者来说，就是为其需要服务的人格分化不良的客体。自恋者有一种类似于成人控制自己身体的对于他人的幻想性控制。他们不一定要撤回对外部客体的兴趣，可是不能依靠自己的外部资源，从而会强烈地依恋他人。

1977 年，科胡特就不再谈力比多，明确地脱离了内驱力模式，而用自己的新理论来解释自恋。他更新了自恋的概念，认为自恋在心理健康中发挥作用的方式决定了其性质。不同于弗洛伊德把自恋看成会被对客体爱取代的对客体爱的前体的观点，科胡特相信，自恋有自己的发展路线，没有个体最终能够不依赖自体客体，因此，人们终生都需要对自体客体进行投情性反应的环境，以发挥自身功能。

### （二）自体

哈特曼把自体（self）看作是个体自己，而视自我（ego）为人格的一种亚结构。雅各布森则认为自体是个体的全部，包括其身体在内，它是区别于周围客观世界的一个主体（subject）。自我处在功能层面而不是体验层面，自体表象包含在自我之中。

科胡特指出，不同于自我、本我和超我属于"精神组织"这种精神分析中的高级抽象概念，"'自体'浮现于精神分析的情境里，作为心智结构的一个内容，是在较低层次（亦即贴近体验的、精神动力学性质的抽象概念）的模型中提出的一个概念。因而，它不是一个心智的功能，它是心灵的结构，因为（a）它被本能的能量所灌注，以及（b）它有时间上的连续性，也就是说，它是持久的。而且，作为一个精神结构，自体也有精神上的地位。更确切地说，不同的——且经常会不一致的——自体表象不只呈现于本我、自我和超我里，也存在于心灵的单一代理者里。例如，可能存在着矛盾的意识和前意识的自体表象——例如，夸大与低劣——并肩而坐，或者占据了自我领域内的限定区域，或者是本我与自我形成的连续体的精神领域的区段位置。因此，类似于客体的表象，自体是心智结构的一个内容，但不是其构成部分之一，也就是说，不是心灵的代理者。"[1]

以上是科胡特从广义的角度为自体下的定义，他把自体看成了个体精神世界的核心，只有依靠内省和投情性观察才能够发现。它是时间上持久、空间上内聚的一个单位，一个创始中心和印象的容器。仅在狭义范围内，按照传统的理解，科胡特把自体视为心理的特殊结构、自我内部的自体表象。

### （三）自体客体

科胡特这样定义自体客体（selfobject）：它是被体验为自体的一部分，或者为自体提供某种功能而服务于自体的客体。儿童的自体客体与其初步自体融合在一起，自体客体不仅参与其组织良好的体验，还满足其需要。自体客体不是一个客观的真实客体或完整客体，它仅仅意味着体验性的人。当向客体投注自恋力比多而不是客体力比多时，由于把客体体验为自己的一部分或为自体服务，而感觉到它与自体有关系，因此可发挥其自体客体的作用。

### （四）转变内化作用

科胡特设计了一个称作转变内化作用（transmuting internalization）的过程，儿童借助这个过程把自体客体吸收进自体。正常双亲偶尔延迟或缺少满足儿童

---

[1]　[美]海因兹·科胡特著. 自体的分析[M]. 刘慧卿，林明雄译. 北京：世界图书出版有限公司北京分公司，2017年2月第1版，12、13页。

需要造成的挫折，是能够忍受的、非创伤性质的。在遭遇这种理想的挫折时，儿童就以转变内化作用这种特殊方式摄入自体客体。从客体撤回自恋力比多灌注，并形成内部精神结构。在此有效的内化过程中，在客体影像内射层面上发生去人格化（depersonalizing）转换，内在结构现在可执行一些过去由客体替儿童完成的功能，如安慰、反映（mirroring）与控制紧张等。

### 三、自体的正常发展过程

科胡特从自体与自体客体关系的角度看待自体的发展，认为儿童的自体来源于其生存环境中的人际关系，特别是双亲对于儿童的作用与反应。诞生时还没有的婴儿自体，产生于其内部潜能与成人自体客体响应间的相互作用。婴儿借助自体客体的响应，形成了一个核心自体。

科胡特指出："原发性自恋（primary narcissism）的平衡，被母性照顾的无可避免的缺点所扰乱，但儿童会将原先的完美代之以（a）建立一个夸大而具表现癖的自体影像：夸大自体；以及（b）将原先的完美交付给一个受仰慕的、全能的（过渡的）自体—客体：理想化的双亲影像……两个基本的自恋构造为了要用来保存一部分最初体验到的自恋完美的主要机转（'我是完美的'及'你是完美的，但我是你的一部分'），当然是正好相反。然而，它们打从一开始就同时并存，而且它们个别且大都独立的发展路线可被分别细察。在最适宜的发展条件下，古典夸大自体的表现癖及夸大逐渐被驯服，而整个结构最终被整合入成人的人格中，并且供应本能的能源给我们自我同调的（ego-syntonic）企图心与目的、对自身活动的享受，以及自尊的重要层面。而在类似的有利情形下，理想化的双亲影像同样也被整合入成人的人格中。它被内射（introjected）为我们的理想化的超我，借着向我们提出它的理想引导，成为我们精神组织的一项重要组成（对此过程更确实的讨论，参见第二章）。然而如果儿童遭遇严重的自恋创伤，则夸大自体未能融入适切的自我内容中，而是以其未改变的形态被保留下来，并且奋力追求其古典目的的实现。而如果儿童在他仰慕的成人上体验到创伤性的失望，则同样的，理想化的双亲影像也是以其未改变的形态被保留下来，并未转换为张力调节的（tension-regulating）精神结构，未能成为可及的内射物的状态，而始终仍是一个古典的、过渡的自体—客体，是维系自恋恒定（narcissistic homeostasis）所需的。"[1]

科胡特把夸大自体（grandiose self）和理想化的双亲影像（idealized parentimago）看作是核心自体的两种主要成分，它们分别通过相关联的自体客体，赞许并反映这个夸大的自体，允许并欣赏儿童对双亲的理想化，投情地回应儿童而形成。这两种成分都含有一些融合自体客体时欣喜若狂的体验。儿童的先天潜力及其与双亲间的投情性关系，是自体显现的决定性因素。在双亲响应性的非创伤性失败的推动下，经过转变内化作用而形成核心自体，使得自体和自体的功能取代自体客体及其功能。

科胡特把夸大性自体和理想化的双亲影像视为自恋的两种形式，前者是对应于反映性自体客体的健康的肯定，后者是对于理想化自体客体的健康的羡慕。在自体的这两极之间，好像存在着张力。雄心与野心围绕着夸大性自体聚集，完美的典范则围绕着理想化的双亲影像而聚集。在雄心的驱动和完美典范的引领下，自体两极间的张力与心理能量会促发个体的行为。两者加强自体的目标各有不同，可相互弥补各自的缺陷。

科胡特把自体的形成区分为两个阶段。经过心理结构的包含与排斥过程，在第一个阶段形成基本的自体。对于古老的心理内容，核心自体把一些属于自体的接纳进来，把一些非自体的则加以排斥。第二阶段是组织与加强日益紧密结合的统整的自体，包含加强和保护自体的界限。如果自体客体在反映成长中的自体与培养理想化时遭遇失败，就会造成自体的分裂（fragmentation），或者丧失不成熟自体的活力。

科胡特认为自恋有其独立的发展线，它开始于自淫（autoeroticism），经自恋发展出其较高的形式，并发生转变。自恋需要是正常成人都具有的，而且，终生都要求自体客体提供对其自体的反映。成熟的爱就可以从充当自体客体者的角度来理解，这是因为爱包含着彼此的反映与理想化，从而能够增强双方的

---

[1] ［美］海因兹·科胡特著. 自体的分析［M］. 刘慧卿，林明雄译. 北京：世界图书出版有限公司北京分公司，2017年2月第1版，22、23页。

自尊。这种终生持续的自恋，可以转换成各种形式。成年人健康的自恋可表现为幽默、创造性与投情的能力。自恋性的夸大自体与自我和内化完美典范的超我相互作用，可以决定个体人格的独特风格。

## 四、科胡特对需要心理学的贡献与局限

科胡特是自体心理学的创始人，其观点主要来源于对自恋人格障碍者的精神分析。他把自恋型人格障碍解释为童年期自体心理结构的获得性缺陷，和随之而来的继发性防御，并建立起代偿性结构。治疗的成功依赖于获得新的结构。他系统地阐明了自体心理学的几个关键概念：自恋、自体、自体客体与转变内化作用。

科胡特从广义上把自体看成了个体精神世界的核心，是时间上持久、空间上内聚的一个单位，一个创始中心和印象的容器。仅在狭义范围内，科胡特把自体视为心理的特殊结构、自我内部的自体表象。对自我心理学提出了挑战，在需要心理学中，作为精神结构内容的自体与作为精神组织的自我共同构成了主体。

科胡特将其自体心理学与驱力心理学区别开来，并强调了自体心理学的科学价值。他指出："驱力心理学主张，正常发展中的自恋会转化成客体爱，而驱力会逐渐被'驯服'；而自体心理学主张，正常发展中的自体／自体—客体关系是心理结构的前驱物，自体—客体的转变内化作用会逐渐促成自体的逐渐巩固。二者的解释效力，可以借着应用这两个互补观点与分析过程中，比较其中出现的具体心理构造。"[1]

科胡特区分了结构心理学与自体心理学对于分析结案的不同观点，他总结道："结构心理学对于结案的看法，即使是更为精炼的自我心理学，与结构心理学之前地志学的（topographic）概念相关看法，没有显著的不同——确实，从自体心理学的观点来看，这两种看法彼此间的关系相当紧密。'结构的看法'

---

[1]　［美］海因茨·科胡特. 自体的重建［M］. 许豪冲译. 北京：世界图书出版有限公司北京分公司，2013年4月第1版，60页。

评估的是自我的自律（ego autonomy）与自我的优势（ego dominance）的程度，评估自我从驱力中独立，与难以控制的驱力的驯服的程度；而'地志学的看法'评估的是知识累积的程度（婴儿化失忆的消失、关键童年事件的回忆，与动力学上相互关联性的掌握）。但这二者有一点共通：它们对于人类情形的看法，根本上的特征一方面是他享乐—寻求（pleasure-seeking）与驱力—抑制（drive-curbing）的心理装置（自我与超我的功能）间的冲突。

"相对的，自体心理学如何评估被分析者对于结案的准备程度？

"对我来说，用更宽阔的观点来看，人类的功能应该被视为有两个方向的目标。其一我把他称为内疚人（Guilty Man），如果他的目标朝向驱力的活动；其二是悲剧人（Tragic Man），如果他的目标朝向自体的实现。简短地说，内疚人的生活依据享乐原则；他尝试满足其享乐—寻求的驱力，来减少源自性欲区的压力。事实上，人不只因为环境的压力，特别是因为内在冲突的结果，使他经常不能达到其性欲区的目标；这样的情境脉络下让我把他命名为内疚人。把人的精神视为心理装置的概念，与围绕在心智的结构模式（超我与乱伦的享乐欲望之间的冲突，是一个古典的例子）周围的理论，组成了分析师综合论述的基础，用来描述与解释人在这个方向上的努力挣扎。另一方面，悲剧人寻求其核心自体的模式；他在这个方向上的努力超过了享乐原则。但不能否认的事实是人的失败笼罩在他的成功之上，于是让我把这个面向的人负面地命名为悲剧人，而非'自体—表现的'或'创造的人'。自体的心理学——尤其是自体作为双极结构的概念，以及主张在两极间存在着张力斜度（tension gradient）——构成了综合论述的理论基础，用以描述并解释人在第二个方向上的挣扎。"[1]

科胡特从自体与自体客体关系的角度看待自体的发展，把自体的形成区分为两个阶段。他的发展观中包含的不仅仅是内驱力，而且其发展模式的重点由内驱力转到了自体。他指出，脆弱的自体在得不到反应时，就会丧失同自己的紧密结合，只有在自体开始破碎时，内驱力才会浮现出来。

---

[1]　［美］海因茨·科胡特. 自体的重建［M］. 许豪冲译. 北京：世界图书出版有限公司北京分公司，2013年4月第1版，93、94页。

## 第二节　结构主义精神分析学的需要思想

20 世纪中期，结构主义哲学思潮在法国兴起。它与精神分析的结合产生了法国拉康的结构主义精神分析学。

拉康（Jacques-Marie-Emile Lacan，1901—1981）1901 年 4 月 13 日生于巴黎，为法国著名的精神分析学家与结构主义大师。他早年学习的是哲学，后转修精神医学。30 年代师从荣格与宾斯汪格学习精神分析学，随后又接受波兰籍精神分析学家列文斯坦的精神分析训练。1932 年获得医学博士学位。1932—1936 年在巴黎医学院当门诊部主任。后到巴黎精神病防治医学院任医生。1953—1963 年在巴黎圣安娜医院担任教授。1963 年始任职于巴黎高等教育实验学校讲师。同年起又出任索伊出版社的主编，直到去世。拉康于 1964 年创建了巴黎弗洛伊德学派，在去世前一年又将其解散。

其主要著作有：《文集》（1966）、《论电视》（1974）、《偏执狂病态心理及其与人格的关系》（1975）、《谈话疗法：关于精神分析与语言的论文集》（1981）。其演讲由其女婿整理出版：《讲演集之十一：精神分析的四个基本概念》（1973）、《讲演集之一：1953—1954 年，弗洛伊德的技术性著作》（1975）、《讲演集之二十：进一步讨论》（1975）、《讲演集之二：弗洛伊德理论和精神分析技术中的我》（1978）、《讲演集之三：病态心理》（1981）等。

### 一、无意识论

拉康认为精神分析学的对象是无意识，提出了两个重要命题：一是无意识具有类似语言的结构，二是无意识是他者的辞说。

#### （一）无意识具有类似语言的结构

拉康认为无意识像语言一样被结构："也就是说，无意识是由一连串能指元素的链条构成的。它就像是一部邪恶的转换机器，把词语转换成症状，要么是把能指写入肉体之中，要么是把它们转换成折磨人的思想或者强迫性的冲动。

一个症状实际上可能就是一个困在身体中的词语。"[1]

　　拉康把无意识与语言统一起来的重要一步，是用所指和能指代替弗洛伊德的"物的呈现"（thing-presentation）和"词的呈现"（word-presentation）。早在1915年，弗洛伊德在《潜意识》一文中对物的呈现和词的呈现作了区分，认为前者主要与视觉印象、与概念相联系，纯粹属于潜意识范畴内的活动，是某些记忆的痕迹；而后者基本上是一些听觉的东西，处于前意识水平。物的呈现必须通过前意识的词的呈现才能出现于意识中。简言之，如果潜意识的物的呈现最终像字母、像字母构成一样可读，即成为字母或成为词的一部分时，它们才能成为意识的东西。如此一来，它们就获得了一种词的意义，意识将把那些词理解为潜意识的内容。

　　拉康认为，弗洛伊德的物的呈现和词的呈现，可分别用索绪尔的术语所指（signified）和能指（signifier）来表示。能指是声音模式或书面文字，所指则表示概念。能指是一个工具，只有通过它所指才得以表达出来。拉康承认语言符号的任意性，却质疑索绪尔语言学的两个基本前提，即符号的不可分割性和所指在能指之上的优先性，而代之以符号的根本分裂性，及能指相对于所指具有优越性。他认为："一个能指并不指涉一个所指——因为它们之间始终存在着一道屏障——而是指涉着另一个能指，这另一个能指在一条几乎永无止境的能指链上又反过来向我们指涉着再另一个能指。……意指（signification）始终是一个过程——亦即：一个链条。实际上，在它的众多元素之中，没有任何一个元素是由意义或所指而'构成'（consist）的，相反，每个能指都'坚持'（insist）着一个意义，因为它一往无前地奔向了下一个能指。"[2]在对病态心理的理解，对梦的解释过程中，能指起着本源性中介的作用。

　　拉康认为，从广义上说，弗洛伊德从梦的解析中获得的凝缩和移置机制，可等同于修辞学上的隐喻和换喻。弗洛伊德将梦分为显梦（梦的内容）和隐梦

[1]　［英］达瑞安·里德尔.拉康［M］.李新雨译.北京：当代中国出版社，2014年1月第1版，49页。

[2]　［英］肖恩·霍默.导读拉康［M］.李新雨译.重庆：重庆大学出版社，2014年9月第1版，57、58页。

（梦的思想），显梦与隐梦之间存在多重决定的关系，即显梦的每个要素不只来自一个隐梦要素，每个隐梦要素也不只依赖一种显梦来进入梦境，这种关系主要是经由凝缩和移置两种过程实现的。凝缩主要通过省略，仿同和合成来完成。隐梦和显梦要素之间具有相似性。移置则是使显梦要素与隐梦要素在重要性、强度、大小和性质等方面予以转换，使其不再具有任何相似性。拉康借助雅各布森对隐喻和换喻的研究，指出了凝缩和移置过程与这两种语言学规律的相似性。"雅各布森采纳了索绪尔在两个语言轴之间做出的区分——亦即聚合轴与句段轴——同时他还提出了这两个轴之间的对应关系，以及隐喻（metaphor）与换喻（metonomy）的修辞手段。隐喻是在不陈述一个直接比较的情况下，用一个词语或措辞来形容某种其他事物。另一方面，换喻则用一个事物的名称来表示它通常与之联系的某种其他事物，例如，当我们说'王冠'（crown）来表示君主的位置，或者说'帆'（sail）来表示一艘船的时候即是换喻。雅各布森指出，隐喻是一个词项对另一个词项的一种'替代'（substitution）行动，并因而对应着聚合轴或选择轴（axis of selection）。换喻则是一种'临近'（contiguity）关系，并因此对应着句段轴或组合轴（axis of combination），因为一个词项之所以会指涉另一词项的原因，就在于它被联系于或临近于另一词项。"[1]

拉康发现，隐喻和换喻都是能指的替换关系。隐喻是透过两个词项之间内在的相似关系或类似关系进行的言语转换，是共时性的；换喻是透过两个词项之间外在的因果、空间、时间邻近性而进行的转换，是一种名称的改变，是历时性的。由此可见，凝缩和移置这两种主要的潜意识作用过程与隐喻和换喻这两个语言作用过程在作用机制上具有相似性，因而前者可用后者来替代。相应地，要挖掘患者的潜意识，必须根据隐喻和换喻的作用原理，对患者的话语进行层层剥离，去除其伪装和象征，还原其本来面目。

通过上述论证，拉康得出结论：无意识可比拟于语言的话语或本文，其组成规则与语言规则类似。从心理学的角度而言，隐喻是用一个能指代替被压抑的另一个能指，换喻则是使一个能指代替另一个不在的能指。隐喻的概念可阐

---

[1]　[英]肖恩·霍默. 导读拉康［M］. 李新雨译. 重庆：重庆大学出版社，2014年9月第1版，59页。

明"症状"，即一个相连的能指对另一能指的替换；换喻的概念则指向欲望的源泉，也就是说，能指对能指的组合关系，蕴含着一个可无限扩展地进入未知领域的过程。

对拉康而言，无意识的意义通过隐喻和换喻的方式"固着"（insist）在能指链之中；症状是隐喻，而欲望则是换喻。

### （二）无意识是"他者"的辞说

拉康认为无意识不是个人的，而是人们共同具有的一种心理结构。它早在主体产生之前就已经存在，是与语言结构相类似的心理结构。他为了与主体相对应，引入"他者"（other）的概念。主体是指在言语中表现出个体的东西，即掌握了语言的某种独立力量。拉康尽管有众多关于他者的定义，但他主要在象征水平上使用这个概念，用来代表主体的无意识、分析者、分析性会谈中的言语活动，即主体与他者的话语、交流等。在分析性会谈中，主体是被分析者，他者则是分析者。当拉康说"无意识是他者的辞说"时，他把这样几种假定都糅合在一起：人类主体是分裂的，也就是说在意识与潜意识间存在一个裂隙；无意识具有类似语言的结构；他者栖居在主体之上；精神分析为一种言语的变化。

对拉康来说，"无意识是由能指材料（signifying material）构成的。无意识是一个超出我们控制的意指过程；它是透过我们而言说的语言，而非是我们所言说的语言。正是在这个意义上，拉康把无意识界定为'大他者的辞说'（discourse of the other）。大他者就是语言，亦即象征秩序；这个大他者永远都不会与主体完全地同化；它是一种根本的相异性（otherness），然而正是这种相异性构成了我们无意识的核心。"[1]

拉康区分出空体言语（empty speech）和实体言语（full speech）两种言语类型。前者是自我与他人这个想象的对手讲话时所使用的言语，通过他人自我受到异化。后者是主体对他者所讲的话，超出了自我遵循的言语，实体言语的

---

[1]　［英］肖恩·霍默.导读拉康［M］.李新雨译.重庆：重庆大学出版社，2014年9月第1版，61页。

主体就是无意识的主体。因此，"无意识是他者的辞说"又意味着，当主体真正对着其无意识中的他者讲话时，其言语对于分析者、对其本人才是有意义的，这种言语即为实体言语。

总之，拉康由"无意识是他者的辞说"这一命题得出推论，是无意识在操纵着主体的言语表现，主体不是表达的主体而是言说的主体。在此基础上，拉康进一步导出人是无意识的主体这一惊世骇俗的结论。

## 二、主体论

拉康不谈个体而讲主体，他认为主体不是实体而是关系系统，是一种符号建构和语法化的结构。主体的结构有三个层次或三种秩序：想象界、象征界与实在界。拉康借助对镜像阶段和俄狄浦斯情结的论述，阐明了主体的发生、发展以及被异化的过程。

### （一）主体的发生学

#### 1. 镜像阶段论

镜像阶段论是拉康整个理论的核心内容之一，也是他的主体理论的基础和关键。镜像阶段是人格形成中的一个主要阶段，大致发生在婴儿 6 到 18 个月之间，是婴儿生存史上的第一个重要转折点。法国儿童心理学家瓦龙研究发现，人类婴儿能在镜像的活动与他们自身的活动之间看到一种联系——镜像即自我。拉康接受了瓦龙的镜像观，并把镜子发展为一种象征性的东西。因而镜子并非一面真正的镜子，在拉康的理论中也是一个隐喻，它可以指任何反射性的表面，如母亲或他人的脸庞。拉康的镜像阶段发展出了一种想象的二元关系（dyadic relationship）。

拉康认为人类婴儿是"早产的"（prematurity）。在出生后很长的一段时间内，由于婴儿的神经系统尚未发育成熟，无法随意支配自己的四肢，也无法控制和协调自己身体的其他部分，处于"动力无助"（motor helplessness）或"无力"（debity）状态。这一时期，婴儿充分体验了身体功能的不健全以及肢体之间的不协调所引起的不安和焦虑。但是当婴儿发展到 6 个月时，随着视觉器官发展到一定程度，婴儿开始进入镜像阶段，它通过镜像认识自己。

"在镜子阶段，由于看到自己在镜子中的形象，孩子第一次开始意识到自己的身体具有一个整体的形式。婴儿还可以通过自己身体的运动来控制这个形象的运动并由此体验到快乐。然而，这种完整与掌控的感觉，却与孩子对自己身体的体验形成了鲜明的对比，因为对于自己的身体，孩子尚不具备充分的运动控制能力。虽然婴儿仍然会感到自己的身体是四分五裂的，是支离破碎和尚未统一的，但是这个形象却会给它提供一种统一和完整的感觉。因此，镜子阶段便预期了婴儿对自己身体的掌控，并与婴儿所体验到的那些支离破碎的感觉形成了对比。此处的重点即在于婴儿'认同'（identifies）了这个镜像。这个形象就是它自己。这种认同是至关重要的，因为倘若没有它——并且倘若没有它所建立的这种对掌控的预期——那么婴儿便永远也无法抵达将其自体知觉为一个整体或完整存在的阶段。然而，这一形象同时又是'异化性'（alienating）的，因为在某种意义上，它变得与自体相混淆。实际上，这个形象最终取代了自体的位置。因此，一种统一的自体感，就是以使这个自体成为他者为代价而获得的，也就是说，成为我们的镜像。"[1]

镜像阶段经过三个时期：开始，婴儿不能区分镜像与己身、他人的镜像和他人的差别，即不能将自己与外界其他对象区分开来。稍后，婴儿发现镜像不再是一个现实的事物，而仅仅是他人的影像。他可以区分母亲与母亲的影像，其结果是婴儿与母亲的分离，婴儿不再把自己与母亲视为一个整体。最后，婴儿认识自己的影像，发展出一种想象的能动性和完整感，初步确认了自己身体的同一性与整体性，并对这个镜像产生自恋的认同。镜像阶段的结果是，使婴儿从一个混沌之物发展为一个心理化的个体。

镜像阶段既是儿童自我的形成过程，又是自我的异化。婴儿通过认同自己在镜中的影像，形成了拉康所谓的第一次同化——婴儿与镜像合一。镜中的影像似乎是一个具有结构化能力的因素，使婴儿原先支离破碎的身体构成一个整

---

[1]　［英］肖恩·霍默. 导读拉康［M］. 李新雨译. 重庆：重庆大学出版社，2014年9月第1版，36、37页。

体，通过这种结构化作用，主体形成自己基本的人格同一性。然而，镜像只是一个外在于自我的第二者，是婴儿身体的反射影像，这个影像是虚构的，因而对镜像的认同无异于一次误认，对于破碎与异化的真相是拒绝接受的。婴儿的自我建立在整体性与主人性的虚幻形象的基础之上，这种一致性与主人性的幻象是由自我的功能来维持的。这个自我只是婴儿的"理想我"，它从一开始就是沿着一个虚构的方向发展的。这个自我与日后通过掌握语言而形成的主体不同，它只是而且永远是主体的一个异化和疏离的部分。自我与其影像的异化关系处于拉康所谓的想象界。

2. 俄狄浦斯情结论

拉康继承了弗洛伊德关于俄狄浦斯情结好阉割情结的观点。然而，因为拉康重视语言分析，重视语言、文化在主体形成中的作用，因而他对俄狄浦斯情结的论述，已脱离纯粹生物学的探讨，上升到一个抽象的象征水平。他重视的是俄狄浦斯情结的结构化功能。俄狄浦斯情结约发生在 3 ~ 6 岁，是儿童通过掌握语言中"我"的主体位置，意识到自己、他者和外界的区别而逐渐使自身"获得主体性"的时期。拉康把俄狄浦斯情结的发展过程分成三个阶段。

（1）母—婴二元关系阶段，儿童认同母亲的欲望。在语言出现之前或在镜像阶段，儿童与世界的关系是直接的，中间并无其他中介成分。儿童与母亲之间是一个交融未分化的统一体。儿童吮吸母亲的乳汁，安然地接受母亲的爱抚。儿童的欲求从母亲那里得到满足的同时，他也幻想着母亲从他这里获得了欲望的满足。换言之，儿童与母亲之间的直接情感关系使儿童把自己看成他就是母亲所缺少的欲望对象——阳具（phallus）。儿童在一种想象关系中把自己认同为母亲的欲求对象，并认为自己是唯一的这样一个对象。这个时期，可以说是一个想象的占有时期，即通过对母亲的欲望对象的认同而认同母亲，属于原发性自恋阶段。"孩子渐渐地开始认识到自己与母亲的欲望并非同一，或者说它并非母亲欲望的唯一对象，因为母亲的欲望总是指向别的地方。因此，孩子便会试图再次成为母亲欲望的对象，以期回到与母亲幸福融合的原初状态。母亲与孩子之间的纯粹二元关系，于是就变成了孩子、母亲与其欲望对象之间的三元关系。拉康把这个第三项称作想象的阳具（imaginary phallus）。想象的阳具是孩子为了使自己成为母亲欲望的对象而'假定'（assume）某人所必须具有的东西，因为母亲的欲望常常都指向着父亲，所以它便假定是父亲拥有着阳具。由于孩子试图满足母亲的欲望，于是它便会认同于其假定的母亲丧失的对象，并试图为了母亲而成为那个对象。在孩子的心目中，阳具于是便联系着一个实际丧失且无法找回的对象，正是在这个意义上，阳具是想象的。在拉康看来，俄狄浦斯情结便涉及的是孩子放弃认同于想象的阳具，同时认识到它是指一个能指而其本身原先从未存在的过程。因此，弗洛伊德所谓的阉割就是一个象征的过程，它涉及的是孩子对自己'缺失'某种东西（亦即阳具）的承认。对拉康而言，阉割即涉及这样一种过程，即：男孩子只有接受自己'在现实中'永远无法实际拥有阳具的事实，才能接受自己在象征的层面上'拥有'阳具，而女孩子则只有放弃自己对母亲的'阳具性'认同，才能接受自己'没有'阳具的事实。"[1]

（2）父—母—子的三元关系阶段。父亲以阻挠者的身份出现，强迫母子分离，形成一种儿童、父亲、母亲的三角情感关系。父亲的出现，即是一个男人，也是"法规"的代表，儿童在与父亲或"父亲的法规"接触时，便遇到了阉割的威胁。这时，如果母亲承认并服从了父亲的法规，儿童也不得不接受父亲的法规，把父亲认同为满足母亲欲望的人，儿童原来所想象的作为母亲匮乏的补充作用，则被剥夺了。这个过程，实际上就是儿童在语言的层面上经历了一次阉割，父亲将他和母亲强行分隔开来。

俄狄浦斯情结的第二阶段对于儿童进入法规的象征化水平是一个不可或缺的先决条件。"正是经由'父亲的名义'的介入，孩子与母亲之间的想象联结才被打破。父亲被假定拥有孩子所缺失的某种东西，而这恰恰是母亲所欲望的东西。然而，这里重要的是不能把父亲的名义与实际的父亲相混淆。父亲的名义是一种象征的功能，它闯入了孩子的虚幻世界，并从而打破了母亲与孩子之间的想象二元关系。孩子假定父亲是满足母亲欲望并且拥有阳具的那个人。正

[1]　[英] 肖恩·霍默. 导读拉康 [M]. 李新雨译. 重庆：重庆大学出版社，2014年9月第1版，74、75页。

是在这个意义上，拉康认为，俄狄浦斯情结便涉及了一个替代的元素，也就是说，一个能指（父亲的名义）对另一个能指（母亲的欲望）的替代。正是经由这一替代的基始作用，意指过程才得以开启，而孩子也作为一个缺失的主体登陆了象征秩序。也正是出于这个原因，拉康把象征化（symbolization）的过程本身描述为'阳具化'的过程。借由父亲的名义，阳具便被安置为在无意识中起组织作用的核心能指。阳具是'原始'丧失的对象，然而这仅仅是就最初没人拥有阳具而言的。因此，阳具就不同于任何其他的能指，它是缺位的能指，而其本身也并不作为某种事物（亦即作为一个对象或者身体器官）而'存在'。"[1]

拉康引进"父亲的名义"代指父亲的法规与压抑。这里的父亲不等于现实生活中真实的父亲，而是象征的父亲，它代表的仅仅是一个位置或功能，是一种法规，一种家庭与社会的制度。在生活中行使着父亲职权的叔父、教师等也属于"父亲的名义"之列。因而，儿童眼中的"父亲的名义"，实际上就是对文明社会中一套先其而存在法规的认识。在此认识过程中，拉康特别强调语言所发挥的作用。父亲只能通过他的一套法规来体现其存在，而这套法规就是父亲的言语。但是，只有当母亲认同和接受了父亲的言语，这套言语才会具备法规的价值。如果父亲的地位遭到了质疑，这个幼儿就会继续停留在屈从于母亲的阶段上，仍然渴望成为母亲的欲望对象。儿童的主体性没能合理地建构起来，日后就有可能患上精神病。拉康认为在主体的生活中存在阳具、父亲的名义等一些基本的能指，当这些基本能指消失的时候，或者说当主体与能指间的关系被扰乱时，就会发生精神病。精神病患者在主体与世界的关系上其实存在着一道裂隙。

（3）父—子二元关系阶段。象征性的父亲引入了法规，尤其是语言系统的法规，使儿童开始接触到法规的巨大力量。这项接触动摇了儿童所处位置的全部基础。正是这个过渡性的，却极其重要的阶段，让儿童过渡至对父亲认同的

---

[1]　[英]肖恩·霍默. 导读拉康［M］. 李新雨译. 重庆：重庆大学出版社，2014年9月第1版，75、76页。

阶段。这第三个阶段是俄狄浦斯情结正式衰退的时期。儿童与父母的关系产生了质的变化，儿童习得了父亲的法规，承认其象征地位，并且接受了只有父亲才是母亲的欲望对象这一事实。从此以后，父亲不再是他的竞争对手，而是他学习、模仿与认同的对象。儿童对父亲的认同是其主体性发展过程中的第二次同化，对父性隐喻的内化创造出了弗洛伊德称之为超我的结构。儿童构建起独立的主体性人格，便可以从社会的自然状态进入到文化的象征秩序之中了。

拉康对超我概念以非常重要的方式进行了发展。对他来说，"超我被定位于象征秩序，并且与法则保持着一种既紧密又悖论的关系。就法则而言，这种禁止只在文化领域中运作，而其目的也总是旨在排除乱伦：弗洛伊德把乱伦禁止指认为原始法律的潜在原则，而所有其他的文化发展则无非都是这一法律的结果与派生；同时，他还把乱伦看作是根本的欲望。换句话说，法则是在它试图排除的东西的基础之上建立起来的，或者再换一种说法，企图打破并僭越法则的欲望，即是法则本身得以存在的根本性前提。一方面，超我是对主体欲望进行调节的一个象征结构，而另一方面，它也是对主体欲望的一种盲目无知的律令。正如拉康在《研讨班 XX》中所言，除了超我之外，没有任何东西能够迫使人们去享乐：'超我是享乐的律令——享乐吧！'。因此，超我既是法则，又是对其自身的破坏，或者说是破坏法则的东西"。[1]

超我在公共法律或社会法则失败的地方出现，在这个地方，法则不得不在非法享乐中寻求支撑。超我在某种意义上是公共法律的辩证反面，在必然伴随公共法律的阴暗面就是齐泽克所说的淫秽的"夜间"法律。人们因根本无法避免存在以发展与想要僭越法则欲望间的张力，而表现出罪疚。其实，主体并非完全罪疚于打破法则且犯下乱伦的行径，却总是因犯下乱伦的欲望而罪疚。于是，出现了超我的最终悖论：主体越服从超我的律令，来自它的压力就越大，也就越发地感受到罪疚。

---

[1]　[英]肖恩·霍默. 导读拉康[M]. 李新雨译. 重庆：重庆大学出版社，2014年9月第1版，78、79页。

## 三、主体结构论

拉康提出的主体三层结构说是对其主体理论进行的结构学分析。他认为想象界、象征界与实在界是存在的三种不同阶段，又是功能各异的三种秩序。它们相互交织在一起，重叠并存于主体之内，既独立于现实性，又与其相联系。

### （一）想象界

想象界或想象秩序产生于镜像阶段，但并没有随着镜像阶段的消失而消失，而是继续向前发展，进入到成人主体与他人的关系之中，也就是发展至象征界并与之并存。想象界由幻想与意象所构成，意象即潜意识的映像，它对主体理解他人的方式进行着调整。婴儿沉迷于镜前映像的现象，反映出一种典型的想象关系。同时，想象界还包括前语言的各种结构，如儿童、精神病患者的各式各样的原始的幻想。

拉康赞同费尔迪南·德·索绪尔主体对其所处的世界会产生幻觉的观点，主张"主体的各种满足在纯粹且简单的实在中找到它们的对象，而主体的各种幻想性满足显然来自不同于这些满足的另一种领域。如果主体不吸收满足饥饿和口渴的各种食物，一个症状就绝对无法以一种持久的方式来缓解饥饿和口渴。……神经症的各种错乱的可逆性本身意味着，此处所牵涉的各种满足的布局来自另一种领域，而且极少与固定的器官性的各种节奏相连，尽管这一布局支配着这些节奏中的一部分。这一点规定着这类对象位于其中的概念性范畴，而我现在将这一概念性范畴称为想象界，如果人们特别想从这一术语中辨认出适合于它的所有蕴涵的话"。[1]

想象界是一个不断发展的过程，是主体对自身影像或某种原始意象的自恋性认同和对任何对象的理想化认同，皆为一种想象的关系。另外，这种想象关系可发生于主体内部及主体之间。在主体内部表现为自恋关系，在主体之间则表现为主体间的相似关系。

---

[1]［法］雅克·拉康. 父亲的姓名［M］. 黄作译. 北京：商务印书馆出版，2018年4月第1版，13、14页。

在拉康看来，"想象界是自我的领域，是一个由感知觉、认同与统一性错觉所构成的前语言领域。想象界中的主要关系，是一种与自己身体的关系，也就是说，是与身体本身的镜像关系。这些想象的过程构成了自我，并由主体在其与外部世界的关系中所重复和强化。因此，想象界并非一个发展阶段——它不是我们曾经历过并从中成长起来的某个时期——而是依然处于我们经验的核心。正如婴儿在镜子阶段中所体验到的原始性与一致性是一种错觉，所以在自我方面也存在着一种根本的不和谐。自我在本质上是一个冲突与不和的地带，是一个不断争斗的场所。拉康所谓的'存在的缺失'，即是处于我们主体性中心的这一本体论的缺口或者原初的丧失。然而，拉康却走得更远，他不仅表明了我们丧失了一种原始的统一感，而且还指出了这种丧失是主体性本身的构成部分。总之，想象界是一个认同与镜映的领域；是一个扭曲与错觉的领域。在此领域中，自我一方进行着一场徒劳的斗争，以便再次获得那种想象的统一性与一致性。"[1]

### （二）象征界

拉康指出："象征符号首先是一种象征标志。……象征符号既不制造感觉也不制造现实。确切是象征的东西——和最原始的各种象征符号——在人类现实之中引入某种另外的、不同的和构成真理的所有源初对象的东西。值得注意的是，各种象征符号，各种象征化的象征符号，全部都属于此处的这一域。创立各种象征符号，完成了把一种新的现实引入到动物现实之中。"[2]

在拉康的象征界中含有三类秩序：逻辑—数学、语言以及社会与文化的象征现象。拉康对后两种秩序更为强调。他把象征界看成是由想象主体向真实主体的过渡。儿童在约 3 ~ 4 岁，伴随着获得了语言，意识到自我、他者同外界的差异，并能够通过言语活动来表达其欲望与情感时，就表明已进入象征界。象征界可以说是俄狄浦斯情结演出的舞台，个体在这个舞台上获得主体性的同

---

[1]　[英] 肖恩·霍默. 导读拉康 [M]. 李新雨译. 重庆：重庆大学出版社，2014年9月第1版，44页。
[2]　[法] 雅克·拉康. 父亲的姓名 [M]. 黄作译. 北京：商务印书馆出版，2018年4月第1版，45 ~ 47页。

时，又为语言所异化。

拉康始终都关切于建立一个系统，据此而把人世中的万事万物用已有的象征符结构起来。拉康并非要将所有事物都化约为象征界，而是强调在象征符出现后，包括无意识及人类主体性在内的一切事物，便都会按照这些象征符及象征界的法则而规定或结构起来。

"拉康曾把象征秩序构想成一个总体化的概念（totalizing concept），因为在某种意义上，它标记了人类世界的界限。我们是在语言中诞生的——他者的欲望即是通过这种语言而获得表达的，而我们也被迫通过这种语言来表达我们自己的欲望。因此，我们都受困于拉康所谓的那一'辞说环路'（circuit of discourse）：'正是这个辞说的环路把我整合在里面。我是其众多环节中的一个。例如，就我的父亲犯下了一些我注定要重演的错误而言，它是我的父亲的辞说……我注定要重演这些错误，是因为我不得已在无意间得到了他托付给我的话语，这不单是因为我是他的儿子，而且也是因为我们无法停止这个辞说的链条，而我的义务恰恰是把它以其偏离常规的形式传递给其他的人。'我们是在这个辞说环路中诞生的；它早在我们出生之前便给我们打上了标记，而且也将继续存在于我们死后。"[1]

我们只有受制于语言这个象征秩序，才能完全作为人类主体而存在。人们无法从这个秩序中逃离，但它作为一种结构却能够与人们相脱离。个人主体始终都不能充分把握构成世界总和的社会或象征的总体性，然而，这个总体性对于人类主体却具有一种结构性的力量。

拉康强调，在言说行为的陈述主体（subject of the enunciation）与言说内容的述陈主体（subject of the utterance）之间始终存在着一种分裂，也就是说，主体有言说的主体与被言说主体的区别。言说着主体的是语言的结构，而不是主体正在言说语言的结构。主体被意指的链条所捕获，而且还为能指所标记，并由能指来决定其在象征界中的位置。

---

[1]　[英]肖恩·霍默. 导读拉康［M］. 李新雨译. 重庆：重庆大学出版社，2014年9月第1版，61、62页。

"伴随着主体在语言中的产生，个体自身被语言异化的过程也发生了。语言导致了三种异化结果：（1）个体自身的符号化；（2）作为说话主体的'我'（实体的我）和句子中作为主语的'我'（符号的我）的分裂；（3）潜意识经验秩序产生，意识与潜意识分裂。语言的介入，实际上等于消灭了自身与自身之间的直接关系，而在语言中建立了一个理想的'我'，主体将自己从语言中分离出来，这种分离过程同时也是潜意识的形成过程。"[1]

### （三）实在界

实在界（real）在拉康的概念中最有趣也最难以理解。因为实在界不是某种物质对象，也不是人的身体或由象征符号与意指过程所构成的现实（reality）。它阻抗象征化，不属于言语活动，因此它难以表达，是一种脱离语言的主观现实。实在界处于象征世界的边界之上，并存在与象征世界间的持续的张力，却是一个未知领域。对于人的社会现实，一方面，它起着离开它就无法存在的支持作用；另一方面，它又会产生破坏性。

拉康认为："实在界或者是整体，或者是已消失的瞬间。在精神分析经验中，对于主体来说，它总是与某种东西的相遇，例如，与精神分析师的沉默。"[2]

实在界在拉康的思想中有一定阶段的发展变化。20世纪30年代，拉康使用的实在术语，基本上指的是自在存在（being-in-itself）的哲学概念。这时的实在界是与想象界的概念相对应的，它超越了形象的领域。

20世纪50年代，实在界上升为三大秩序之一，与想象界、象征界相对立。这时，拉康把实在界比作是某种仿佛在街上被吐出的口香糖一样始终黏在人脚后跟的东西，他将实在界描述成"具体的"（concrete），"它是一种先于象征化而存在的不可分割的原始物质性（brute materiality）。从一种临床的视角来看，实在界就是始终以某种需要的形式——诸如饥饿等——返回到其位置上的那种原始野性的前象征性现实（pre-symbolic reality）。因而，实在界便被紧密联系于遭受象征化之前的身体，然而在此需要牢记的是，实在界是驱使饥饿的'需

---

[1]　车文博，郭本禹.弗洛伊德主义新论［M］.上海：上海教育出版社，2016年12月第1版，662页。
[2]　［法］雅克·拉康.父亲的姓名［M］.黄作译.北京：商务印书馆出版，2018年4月第1版，44页。

要'（need），而非满足需要的'对象'（object）。当婴儿感到饥饿的时候，因为这种饥饿可以通过母乳或人工喂养而得到暂时性的满足，于是乳房和奶瓶就变成了饥饿的对象，然而在拉康的精神分析中，这些对象却是想象的，因为它们永远也无法充分地满足孩子的要求。实在界即是需要从中发源的那个'位置'（place），而且在我们没有任何办法将其象征化的这层意义上说，它是一个前象征的位置。我们之所以知道实在界的存在，是因为我们体验到了它，因为它作为一种符号——亦即婴儿的啼哭——进入了我们的辞说，然而它从中发源的那个位置却是超越象征化的。因此，实在界就并非是一种对象或者一种事物，而是某种受到压抑并在无意识的层面上运作的东西，它以需要的形式闯入了我们的象征性现实。实在界是一种无处不在的未经分化的块状物，我们必须经由象征化的过程，从实在界中区分出作为主体的我们自己。正是通过抵消实在界并将其象征化的过程，'社会现实'才得以被创造出来。总之，'实在界不存在'（the real does not exit），因为存在是一种思维与语言的产物，而实在则先于语言。实在界是'绝对抵制象征化的东西'"。[1]

自 1964 年始，拉康的实在界概念丧失了与生物学或需要的关联。尽管它仍保持着与原始物质的联系，但是拉康却强调其作为不可象征化东西的意义。它超越与想象界和象征界之外，并充当起二者的界限。特别是，它与"创伤"（trauma）概念联系起来。

创伤并非是现实中对身体造成的伤害，而是指精神性创伤，它往往由一个外部刺激与主体无法理解并掌控之下兴奋之间的冲突所引发。弗洛伊德的创伤概念与原初场景相关，指的是儿童在原初场景中，真实或想象地体验到其所无法理解的事情。创伤意味着有某种阻塞或固着存在于意指过程之中，它阻碍象征化运动，并让主体固着于较早的发展阶段。

拉康对弗洛伊德的创伤概念进行了补充，他把创伤看成是"实在"的，"因为它始终是无法象征化的，并且是处在主体中心的一种永久的错位。同样，创伤性体验还揭示出了实在界何以会永远无法被完全吸收进象征界和社会现实的

---

[1]［英］肖恩·霍默.导读拉康［M］.李新雨译.重庆：重庆大学出版社,2014年9月第1版,111页。

原因所在。无论我们通常试图怎样去把我们的烦恼和痛苦诉诸语言，亦即使其象征化，总是会有某种东西残留下来。换言之，总是存在着某种无法经由语言而转化的剩余。这个拉康称之为'X'的剩余部分，就是实在界"。[1]

实在界成了欲望的来源，它永远"在这里"，作为一种生活机能，它是主体所无法支配的一种动力。由于拉康日益强调与实在界相遇的不可能性，实在界作为人类经验不能言说的终极界限，便同享乐（Jouissance）和死亡冲动联系了起来。拉康的享乐概念涉及一种快乐与痛苦的结合，为处于痛苦中的快乐，表达了患者似乎享受其自身病症的悖论性情境。享乐是人们在贫乏的快乐外所体验的能满足欲望的更多的东西，欲望在享乐的恒定性之中寻求满足。

## 四、欲望说

拉康对弗洛伊德的本能论加以修正，而代之以欲望论，并且用认识欲望来取代弗洛伊德的愿望满足。拉康特别谨慎地对需要与欲望进行了辨别。如饥饿和口渴这样的需要是能够得到满足的，而欲望则超出人的基本需要，是无法满足的。拉康的欲望概念，比弗洛伊德的力比多或愿望概念更加宽泛和抽象。拉康曾经遵循斯宾诺莎把欲望描述为"人的本质"。

拉康指出："欲望处于我们存在的真正核心，而就其本身而言，它在本质上是一种与'缺失'的关系；实际上，欲望与缺失是难分难解地绑在一起的。拉康把欲望定义为是从'要求'中减去'需要'而产生的剩余：'因而，欲望既非是对满足的胃口，也非是对爱的要求，而是从后者中减去前者所导致的差额，亦即它们分裂（Spaltung）的现象本身。'欲望与无意识是经由认识到一个基本的缺失而建立的，亦即：阳具的缺位。因此，欲望总是表现着某种在主体与大他者——亦即象征秩序——之中缺失的东西。"[2]

主体正是通过大他者，才在社会象征秩序中确立了自己的位置。大他者赋

---

[1]　[英]肖恩·霍默.导读拉康[M].李新雨译.重庆：重庆大学出版社,2014年9月第1版,113页。

[2]　[英]肖恩·霍默.导读拉康[M].李新雨译.重庆：重庆大学出版社,2014年9月第1版,197页。

予主体象征性授权，使得主体透过大他者的欲望建立起自己的欲望。拉康在《弗洛伊德无意识中主体的颠覆与欲望的辩证法》一文中，详细阐述了其著名的"欲望图表"（Graph of Desire）[1]，对无意识与冲动的动力学加以形式化。

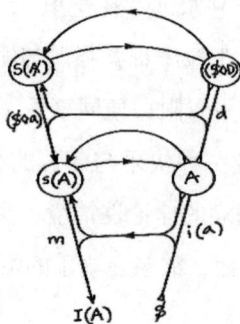

图 2-1　欲望图

在此图中，m 代表自我，即孩子；i（a）则代表他者的形象，相当于母亲或照料者。镜像阶段中的孩子与镜像间的关系同言语不可避免地紧密相连，与母亲将孩子置于何种位置相关联。孩子理解大人们的言语要花费一定的时间，起初，孩子听大人的言语就如同一门外语。用 $ 表示主体的衰落或消失。

（A）表示语言元素的集合及其相异性，为大他者。随着孩子逐渐设法将各种意义与成人所发出的能指联系起来，这些强加于孩子的意指也为其所确认。这样，母亲的言语、手势及行为这些曾经神秘的事物都被赋予了意义。拉康把这些确立起来的意指写作 s（A），从而在本图上有了由（A）到 s（A）的箭头。

不管有多少意义被归诸他者，其欲望的边界，也就是我们不理解的东西都会存在。d 就代表他者的欲望，这样，从（A）处开始的另一个箭头就联系着孩子所不理解的东西，即他者的欲望。拉康用 $ ◇ D 代表冲动，它随着身体的某些部分在孩子与父母关系中有了特定价值而建立起来，它产生于父母对孩子的要求。"◇"表示包围、发展、联合、分离的关系，这个冲动公式可读作："主体在要求（D）的切口中消失"。冲动是主体在要求中消失时而从中突显出

---

[1] ［英］达瑞安·里德尔.拉康［M］.李新雨译.北京：当代中国出版社，2014年1月第1版，111页。

来的东西，为满足需要而必须处理他者的要求，于是从需要到要求的链接中萌生冲动，并由此而产生欲望。

"拉康坚持以需要概念来保留弗洛伊德在冲动与本能之间做出的区分，而在他的早期著作中，冲动则被紧密联系于欲望。毕竟，冲动和欲望两者都共享着从不实现其目标的特性。冲动始终环绕在其对象的周围，却从不抵达其对象的满足。因此，冲动的目标就完全是旨在维持其自身的强迫性重复运动，正如欲望的目标是旨在欲望那样。"[1]

不过，拉康的冲动理论与弗洛伊德又有所区别。弗洛伊德把性欲看成是由一系列部分冲动（partial drive）组成的，并据此划分出口腔起、肛门期和阳具期。在消解俄狄浦斯情结后，这前三个阶段的部分冲动就整合为一种整体的生殖冲动（Genital drive）。拉康则把所有的冲动都视为部分冲动，这是由于在某种意义上，永远都没有一种和谐的解决方法可以整合主体身上的各个部分冲动。另外，部分冲动也并不代表整体冲动的一个部分，而只是对冲动在性欲再生产过程中之偏好的反映。

拉康对弗洛伊德冲动理论的一个重要方面还加以发展。他保留了弗洛伊德的二元论，而没有化简为单一的驱力。但他又不满于弗洛伊德有关两种不同冲动的概念。在拉康眼里，每个冲动本质上既是性冲动，又是死亡冲动。且从根本上来说，仅存在死亡冲动这一种冲动，它日益与实在界与享乐（jouissance）联系在一起。后来，拉康把冲动与享乐跟欲望对立起来，并将享乐这一主体可以企及的一小块实在命名为对象a。

在拉康的三界中对象a都是有所牵连的。拉康于1955年首次将符合a引入其图式中，代表小他者，与用大写A表示的大他者相对。对象a意味着大他者的缺失，缺失的不是某一特定对象，而是该对象就是缺失本身。严格来说，欲望并没有对象，它总是对某丢失物的欲望，从而始终涉及持续地寻找缺失的对象。通过主体与大他者间的分裂，开启了孩子与母亲欲望之间的缺口。正是该

---

[1]　［英］肖恩·霍默. 导读拉康［M］. 李新雨译. 重庆：重庆大学出版社，2014年9月第1版，103页。

缺口启动了欲望运动和对象a的出现。主体无视自身的分裂，而企图经由幻想维持同大他者融合的幻象。大他者的欲望虽然总会超出或逃离主体，但仍残留某种主体能失而复得并据此支撑自身的东西，它就是对象a。

因而，对象a便不是人们所丧失的对象，因为如果这样的话，人们就可找到它并满足其欲望。与之相反，它作为主体的人们所具有的一种恒定感觉，也就是总感觉到某种东西是从其生活中缺失的。人们总在寻找满足、求索知识、追逐财富与想往爱情，然而一旦实现了这些目标，却总会存在更加渴望的事物。虽然人们不能相对准确地发现它，却分明知道它就在那里。在此意义上，拉康的实在界可理解为处于人们存在核心的空洞或深渊，它就是人们持续试图来填补的东西。对象a就是空隙或者缺口，而不管在人们的象征现实中填补这一缺口的对象是什么。对象a并不是这个对象本身，它是象征秩序所围绕而被结构起的空隙与缺口，是用来遮蔽或掩盖这一缺失的功能。这样，对象a便成了实在界的剩余物，它逃脱象征化并且超出表象。在拉康看来，主体与对象a的不可能关系是由幻想所界定的。

拉康将幻想记作 $ \diamond $ a，用来表示主体对于对象a的欲望。对象a为主体在他者身上寻找的欲望对象，所以幻想就是主体对于"你要什么"这个他者欲望之谜的回答。孩子一旦建立起了基本幻想，就有了对自己生活的规范或规则。幻想源自"自体情欲"和冲动的幻觉性满足，婴儿在缺乏实在对象时，就用幻觉化的形式来重现原始满足的体验。可以说，婴儿最基本的幻想，是与最早期体验到的欲望升腾和消退联系在一起的。幻想并非欲望的对象，而是主体构建自身欲望的方式，它作为欲望的背景，对欲望起着支撑作用。人们在幻想中得到的快乐，并非产生于目标及其对象的实现，而首先是由欲望的上演所产生的。幻想的要点就在于绝不应当实现，或者同现实相混淆。对象a在幻想与实在间发挥着中介作用。

"幻想是一块磁铁，它会把那些适合它的记忆吸附到自己身上。同样，它在很大程度上也决定着你的各种无意识认同。即使你从未遇见过那个人，这块幻想的磁铁也会贪婪地把那些你无意中听到的或者读到的事情聚集起来。那些真正重要的无意识认同，便受到幻想的滋养。因此，图中便有一个箭头从

（＄◇ａ）指向认同Ｉ（Ａ）。"[1]

与幻想和冲动都相联系的是不可能的能指，拉康用Ｓ（Ａ）来加以表示。"Ｓ（Ａ）指示着这样一个事实，即：关于我们在语言的层面上无法理解的东西是什么，这个问题最终是没有解答的。没有词汇能够对性别与存在这些核心问题做出回答。无论父母怎样向孩子解释这些事情，孩子都知道他们所说的是不充分的。Ｓ（Ａ）这个点便指代着这种不可能性。但是，拉康并未简单地将其写作（Ａ），这个符号指的是他者中的缺口，也即语言元素集合中的缺口。相反，他将其写作Ｓ加一个'划杠的'（Ａ），从而悖论性地表明，存在着一个不可能的能指，而这个能指恰恰代表着表示某种事物的不可能性——即指向一种不可能性的标记。这一点在临床上是至关重要的，它出现在分析中的某些时刻上，例如，当实际存在着某种逻辑问题或悖论的时候，亦即当某种东西联系着表示事物的可能性的时候。"[2]

## 五、拉康对需要心理学的贡献与局限

拉康认为精神分析学的对象是无意识，并运用语言分析的方法来研究无意识。拉康借助索绪尔的结构主义语言学作为主要工具，同时吸收了存在主义哲学、结构主义人类学以及数学与拓扑学的相关知识，重新解读了弗洛伊德的潜意识理论，进一步提出了两个重要命题：一是无意识具有类似语言的结构，二是无意识是他者的辞说。拉康的无意识既不同于弗洛伊德的个体无意识，也与荣格的集体无意识有所区别，它是一种超个人的象征秩序施加在主体之上的效果。他倾尽毕生的心血，就是力图证明无意识也是一种结构，其活动规律类似于语言结构，从而联结起精神分析学与结构主义语言学，把它纳入了现代人文科学的体系。

拉康由"无意识是他者的辞说"这一命题得出推论，是无意识在操纵着主

---

[1] ［英］达瑞安·里德尔. 拉康［Ｍ］. 李新雨译. 北京：当代中国出版社，2014年1月第1版，127页。

[2] ［英］达瑞安·里德尔. 拉康［Ｍ］. 李新雨译. 北京：当代中国出版社，2014年1月第1版，116页。

体的言语表现，主体不是表达的主体而是言说的主体。在此基础上，拉康进一步导出人是无意识的主体这一惊世骇俗的结论。这样在强调主体无意识方面的同时，就把意识排除在精神分析学研究的范围之外。

拉康在其主体论中不谈个体而讲主体，他认为主体不是实体而是由关系组成的系统，是一种符号建构和语法化的结构。拉康借助对镜像阶段和俄狄浦斯情结的论述，阐明了主体的发生、发展以及被异化的过程。他提出的主体三层结构说是对其主体理论进行的结构学分析。他主张想象界、象征界与实在界既是存在的三种不同阶段，又是功能各异的三种秩序。它们相互交织在一起，重叠并存于主体之内，既独立于现实性，又与其相联系。这个三层结构说是对无意识主体的深刻剖析，有其内在的逻辑与合理性。对艺术特别是电影艺术，产生了广泛而深远的影响。

拉康对弗洛伊德的本能论加以修正，而代之以欲望论，并且用认识欲望来取代弗洛伊德的愿望满足。拉康特别谨慎地对需要与欲望进行了辨别，还提出了著名的欲望图表，对冲动、幻想、他者的欲望等概念及其相互间的关系进行了分析。对需要心理学有着重要的启示。只是拉康的语言晦涩难懂，思想深奥而难以理解，影响了它的推广与应用。

# 第三章 新皮亚杰学派的需要思想

新皮亚杰学派代表着皮亚杰理论的一种新发展，它是针对皮亚杰后期理论存在的缺陷而出现的一种新学派。狭义上的新皮亚杰学派是以日内瓦为中心的新皮亚杰学派，广义上的新皮亚杰学派为智力发展的新皮亚杰学派。

## 第一节 日内瓦新皮亚杰学派的需要思想

### 一、日内瓦新皮亚杰学派的产生和特点

日内瓦新皮亚杰学派是由日内瓦皮亚杰学派发展而来的，其成员主要集中在日内瓦大学发生心理生物学系，应用发生心理学系，这些人主要在皮亚杰晚年与其一起工作过的儿童心理学专家和学者。他们继承皮亚杰理论的基本概念与发展模式，重视心理学研究和教育科学的结合，增加应用性研究，尝试在研究方法与技术上进行新的突破，对原来的理论加以补充和更新。蒙纳德于1976年发表《儿童心理学的变革》一文，标志着日内瓦新皮亚杰学派正式迈出了第一步。1985年，该学派发表了第一部研究文集《皮亚杰理论的未来：新皮亚杰学派》，较为系统地阐明了其观点与一些主要的研究成果，标志着日内瓦新皮亚杰学派得以正式确立。

该学派是在对皮亚杰理论的修正与拓展中发展起来的，几乎每位成员都有其专门的研究领域，并未形成一个明确的思想理论体系。虽然如此，不过从总体上来看，这个学派还是具有如下几个方面共同特点的。

首先，在研究基点上，此学派接受皮亚杰理论中的传统概念与发展模式，但同时又为这些概念赋予新的内容，并用来解释新的问题。他们扩展了内化、

结构和适应等概念的内涵与外延，深化了有关语言技能发展、思维的图像与运算关系等方面的研究。比如，布琳格主张内化的概念不仅包括外界客体协调的内化，而且包括主体身体机能协调的内化；基特斯克士用同化与顺应的概念既可以解释儿童认知的发展，还能够阐述儿童情感的发展。

其次，在研究方向上，该学派与皮亚杰后期的纯理论研究方向有所不同，更加重视应用的研究，并将实验成果积极地应用到教育中去。他们把认知的研究同教育加以结合，将日内瓦大学重视教育研究的传统恢复起来，主张教育不仅是社会发展的需要，而且是个体人格完满发展的需要，强调教育对于儿童认知发展所起到的作用。

再次，在研究内容上，此学派对皮亚杰所忽视的社会环境与认知发展的关系进行了深入研究，将个体认知与社会认知加以结合，强调社会因素对于个体认知发展所产生的影响。他们特别重视对于社会关系、交往、社会文化和社会性发展的研究。

最后，在研究技术上，该学派改变了皮亚杰实验中往往仅有一个变量的情况，尝试创设几个变量相互作用的情境，为儿童提供分析、抽取与鉴别客体属性的机会，从而突出了被试在实验中所发挥的作用。

总之，新皮亚杰学派是一个相当活跃的学术团体，其成员在各自的领域中，对于皮亚杰的儿童发展心理学理论与实验方法都有不同程度的创新和发展，并从多种角度提出了各自的理论。其中比较著名的有：道伊斯的智力社会性发展理论，基特斯克士的认知发展和情感发展的综合理论，蒙纳德与维特的儿童自我意识发展理论等。这里简要介绍一下道伊斯的智力社会性发展理论。

## 二、道伊斯的智力社会性发展理论

道伊斯（Willem Poise, 1935—）是现代发生社会学的创始人和日内瓦皮亚杰学派的重要代表人物。他出生于比利时的波珀灵厄，1964 年巴黎大学毕业后，在巴黎大学心理学研究所就读，分别于 1965 年和 1966 年获得社会心理学与临床心理学硕士学位，1967 年又获社会心理学博士学位。1967—1970 年就任巴黎法国科学研究中心（简称 C.N.R.S）的助理研究员和高级研究员。1970

年任日内瓦大学心理学系教授，讲授实验社会心理学。1975 年至今，他执教于日内瓦大学心理学和教育科学研究院。道伊斯长期从事于社会心理学的实验研究。从 70 年代中期开始，他开始研究智力的社会建构问题，逐渐形成其智力社会性发展理论体系。80 年代初，他又提出了社会心理学方法论的综合模式，为其智力社会性发展理论提供了方法论基础。1984 年，道伊斯和墨格尼撰写的专著《智力的社会性发展》，标志着发生社会心理学的诞生。其研究成果颇丰，至今已发表 150 多篇论文，出版 6 本专著。

道伊斯在其智力社会发展理论中主张，智力为个体适应环境的能力，是在个体同环境相互作用的过程中产生与发展起来的。他把环境分为物理环境和社会环境两部分，个体的智力发展主要是其与社会环境相互作用的结果。在此基础上，他提出了认知的社会建构论，把社会认知冲突看成是认知发展的主要机制，并强调社会印记在认知发展中的调节作用。

### （一）认知的社会建构论

对于皮亚杰的建构论思想，道伊斯予以接受并继承，但他批评了皮亚杰仅强调自我建构。他指出，智力发展主要为一种社会建构过程，也就是借助于社会性相互作用的认知图式的进化过程。社会性相互作用指的是主体与客体间不是一种简单的直接联系，而是以主体与客体间的联系为媒介的具有社会性的活动。在主体同客体相互作用的过程中，认知结构的形成与发展不仅是个体动作不断协调内化的结果，更是个体之间动作协调系统被内化、个体化的结果。这两种内化机制都要求借助于个体同化与顺应的自我调节和集体同化与顺应的社会调节间的平衡。且在多数情况下，后者为前者的基础。这两种平衡作用在认知结构的形成过程中都有一个从平衡到不平衡再到平衡的过程。可见，主体与客体间的社会性相互作用为个体认识发生与发展的起点，个体参加某些形式的社会性活动，将会促进形成新的认知结构。

道伊斯指出，皮亚杰虽然重视社会因素在认知发展中的作用，但对儿童社会性发展与认知发展间关系的认识有些模糊，属于一种简单的平行论观点。道伊斯借助实验研究，有勇气提出自己的设想，探讨了儿童社会性发展与认知发展的因果关系，主张社会活动与认知发展间的相互影响过程为一个螺旋式上升的过程。道伊斯还宣称，儿童的社会建构过程是其认知能力不断由社会性相互依赖向自主性发展的过程。在建构认知的每个阶段，儿童都是基于前一阶段较初级的自主性认知能力，参与到新发展阶段的社会性相互作用中，并且认知能力逐步从相互依赖性发展出新的自主性，这就是一个螺旋式上升的过程。

### （二）认知发展的主要机制——社会认知冲突

皮亚杰主张，当儿童现有的认知水平与客观现实产生冲突时，就会促使主体改变其已有的认知结构以适应客观环境，从而出现新的认知平衡，这就是一个平衡化的过程。个体认知的重建是由自我调节的平衡化所引起的。对于皮亚杰的平衡化观点道伊斯予以赞同，并给认知平衡化赋予了社会性质。他把社会调节的平衡化作用看成是个体认知发展的首要因素，而认知发展的主要机制就是社会认知冲突。

社会认知冲突指的是个体在社会性相互作用过程中，因个体间认知图式的差异而产生的认知不平衡。道伊斯相信这种个体间的认知不平衡比个体内部自发的认知不平衡更易于引致产生新的认知结构。在社会认知冲突如何引起认知发展方面，道伊斯主张，首先，社会认知冲突可导致认知与社会性的不平衡。经由社会性相互作用，在儿童现有的认知结构与他人的认知结构有差异时，就会产生社会认知冲突，从而引发个体的认知不平衡，促使个体为获得新的平衡而改变自己的认知结构，个体的认知结构在此过程中也得到了发展。其次，社会认知冲突能增加个体的认知活动，从而促进个体调节自身的认知结构，如此就间接地促使个体借助自我调节的平衡化作用得到认知的发展。第三，社会认知冲突经由他人的不同认知结构，能够提供有关线索以产生新的认知结构。当儿童自身的认知结构同他人的认知结构产生矛盾时，可促使儿童对这些相互矛盾的认知结构加以整合，形成新的认知结构，从而实现认知的发展。总之，在社会性相互作用过程中，社会认知冲突无论积极还是消极总会促进儿童认知结构的发展。道伊斯也进一步指出了社会认知冲突导致儿童认知发展的条件：①儿童一定要注意到彼此间有差异的认知行为，且对于他人的意见不盲目听从。

②有效的社会认知冲突是存在于民主型集体的社会性相互作用过程之中的。③儿童间有冲突的认知图式应建立在相同的认知水平基础上。

### （三）社会印记对认知发展的调节作用

皮亚杰指出，在认知发展与社会知识发展之间相互关联。道伊斯却认为，皮亚杰的研究仅停留在对认知发展与社会知识发展之间相互关系的描述上，而没有对它们之间的因果关系进行研究。他在具体阐述社会知识的调节作用对认知结构发展的影响时用了社会印记这个术语。道伊斯这样界定社会印记："它指主体在具体环境中通过相互作用所产生的社会关系与那些把传达了这些社会关系的客体的特定属性联结起来的认知关系之间，可能存在着对应。"[1]即社会印记指的是某些社会关系与主体作用于物化了这些社会关系的客体所产生的认知结构间存在对应关系。可见，道伊斯社会印记的概念是用来说明，与主体相关的社会关系知识会调节认知发展。

道伊斯进一步指明，儿童在社会性相互作用的过程中所形成的有关社会关系知识，会通过社会印记对认知结构的发展发挥调节作用，这种作用包括自我调节与社会调节的平衡化作用。

### （四）道伊斯对需要心理学的贡献与局限

道伊斯提出了智力的社会性发展理论，把智力看成是个体适应环境的能力，是个体在与环境相互作用的过程中产生和发展起来的，并且主要是同社会环境相互作用的结果。他认为，个体同社会环境相互作用的社会建构是个体认知结构变化的首要原因，把社会活动与认知发展之间的相互影响过程看成一个螺旋式上升的过程，其中前者永远是后者发生的起点与基础，从而否定了皮亚杰及日内瓦学派的社会——认知平行观的论点。

道伊斯给皮亚杰的认知平衡化赋予了社会性质，指出社会调节的平衡化作用才是个体认知发展的首要作用，认为个体之间的认知不平衡或社会认知冲突

---

[1]　龚浩然. 心理学通史 第五卷 外国心理学流派（下）[M]. 济南：山东教育出版社，2000年10月第1版，126页。

是个体认知发展的主要机制。他还强调社会关系的知识通过社会印记也对认知发展起到一定的调节作用。当然，他也承认，至今为止，他还无法将社会印记调节作用的命题加以全面的实验验证。在研究方法上，道伊斯有意运用了社会心理学的研究方法来研究儿童发展心理学。这种方法论上的创新，使他在研究社会因素对儿童认知发展的影响方面打开了新局面，创立了颇具影响力的发生社会心理学。

## 第二节　智力发展的新皮亚杰学派的需要思想

### 一、智力发展的新皮亚杰学派的基本假设

经典皮亚杰理论强烈的理性主义色彩遭到了来自经验主义、社会历史学派乃至理性主义本身的激烈批评。对此，世界各国的许多心理学家纷纷行动起来，他们力图从广度与深度上对经典皮亚杰理论加以修正、充实和发展，进而提出新的智力发展理论，于是就逐渐形成了智力发展的新皮亚杰学派，也就是广义上的新皮亚杰学派。新皮亚杰学派的大多数代表人物都尝试用信息加工的观点弥补来皮亚杰智力发展理论的不足，借用信息加工模式以说明认知阶段的具体过程与细微的发展机制。所以，广义上的新皮亚杰学派又可称作信息加工论的新皮亚杰学派。

新皮亚杰学派的理论家试图保留经典皮亚杰理论的某些方面，使其具有广泛性、一致性与解释力；再发展经典皮亚杰理论中那些看似静态、模糊与不完善的方面；还要改变那些难以从经验上操作的方面。新皮亚杰学派共同的基本假设就是由这些方面构成的。该学派保留了经典皮亚杰体系中的一些假设：①认知结构对儿童来说是重要的。儿童并非简单地观察其周围世界与说明其规则，他们反而主动将世界经验同化到其已有的认知结构之中。②儿童主动创建自己的认知结构。儿童的认知结构不只是其自身经验的产物，也是其试图用一致的方式来组织经验的产物。③儿童的智力发展要经过一个普遍结构水平的序列，包括三个或四个普遍的认知结构水平。④较前的结构包含于较后的结构之

中。较后阶段中更抽象的结构建立于较早阶段的结构之上。⑤可以确定出不同结构所获得的特定年龄。

该学派发展了经典皮亚杰体系中的一些假设：①必须区分发展与学习。该学派支持皮亚杰的观点，主张发展是指儿童现存结构框架的转化与适应，而学习指的是把新内容同化到现存结构框架之中，他们重视寻找构成此转化形式的详细过程。②发展中的结构转化就本质而言是局部化的。皮亚杰将结构转化的过程看成是在儿童的全部生活与活动中进行的，直到后期才提出了结构转化的过程可在某个特殊领域展开。该学派的理论家十分明确地肯定结构转化的局部化。并非通过全部相同系列水平的课程实施才能获得儿童的发展，而是可通过更局部、更集中的方式得以进行的。③循环重复的结构序列。该学派的理论家指出了结构序列的循环性，即每个发展水平中的亚阶段是循环重复的。尽管此观念在经典皮亚杰体系中就已存在，但在新皮亚杰学派的理论中，更加强调此观念，表达得也更有说服力，即主张在发展过程中每个主要阶段都有相同数量的结构步骤，且这些步骤存在于相同的序列之中。④认知与情感紧密相连。该学派的理论家认为儿童的情感与认知间具有密切的联系，提出了比皮亚杰理论更详细的社会化情感功能模式及在全部过程中所发挥的作用。

该学派还改变了经典皮亚杰体系中的一些假设：①必须重新定义认知结构。该学派的理论家认为皮亚杰用符号逻辑结构来描述儿童的认知系统不够全面，因而其中大多数人按照儿童认知结构的形式、复杂化程度及水平层次，综合地给儿童的认知结构下定义，使之更加广泛，具有更为普遍性的特征。②儿童认知结构的复杂性有一个转变的上限。皮亚杰未能解释儿童在某些领域上发展水平为何会参差不齐，该学派的理论家提出对一般过程和特殊过程加以区分，前者一般会限制或者增强发展，后者则是在此限制或增强发展内进行的特殊过程。虽然结构转变的过程是局部地展开的，且会引起测量水平的变化；但是这种变化也被看成是受限于儿童认知结构机能水平中的转变上限。这种一般限制被称为"上限效应"，对很多操作情境中观察到的变化都加以限制。该学派大部分理论家假设这种上限浮动与儿童的注意能力或短时记忆密切相关。他们同样假设存在一个"下限效应"。这是因为儿童经验中有一些更具普遍性的成分，如一定的教养形式、语言形式与文化训练形式，此普遍性的经验会引起下限浮动。③在决定工作记忆的上限中，成熟起着很大作用。大多数该学派的理论家主张有特定的生物因素在调节这种上限的变化。④整体发展受到个别差异的重要影响。大多数该学派的理论家都相信，在决定儿童工作记忆用于特定的加工与其思维所遵循的特定发展途径中，个别差异发挥了关键作用。⑤高水平结构的内容取决于文化根源。该学派的理论家看到，皮亚杰所发现的数理逻辑结构思维仅为西方文化的一个方面，其他像视觉艺术与社会分析，在高水平发展的西方思维中起到了与数理逻辑本质上相同的作用。社会文化过程与社会制度在儿童的发展中具有重要的促进作用，尤其在高年龄阶段，西方文化与非西方文化在高水平的智力结构方面可能存在许多差异。

## 二、凯斯的儿童智力发展理论

凯斯（Robbie case，1944— ）为当代北美著名儿童心理学家，生于加拿大的安大略省。1968年和1971年分别获多伦多大学的应用心理学硕士与博士学位。1971年—1980年在美国加利福尼亚大学贝克莱分校任职。1980—1988年返回加拿大，在安大略大学担任副教授与教授。1988年后一直担任美国斯坦福大学教育学院儿童与青少年发展教授至退休。凯斯为智力发展的新皮亚杰学派的主要代表人物之一，其主要代表作有：《智力发展：从出生至成年》（1985）、《智慧的阶梯：探索儿童思维与知识的概念性基础》（1991）。

在皮亚杰的传统智力发展理论和认知发展的信息加工理论的基础上，凯斯提出了独立具特色的儿童智力发展理论。

### （一）凯斯儿童智力发展理论

1. 发展的观念

凯斯把儿童看成是问题解决者，具有某些天生愿望和为实现愿望而克服那些自然出现之障碍的能力。在儿童能够建立起一些内部线索，并经由一系列中间状态或操作追踪到从目前状态抵达更令人向往状态的路线时，就可运用顿悟来解决当前的问题。儿童生来就可表征自己所处情境中的一些基本特征，而且生来就能把当前体验到的和向往的状态定为目标，并努力争取实现这些目标。

在生命的头几个月内，儿童的一些先天动作操作就逐步处在有意的控制之下。这些最初的有意控制结构在相互协调后，儿童的思维模式中便会产生一种可辨别的转换或顺应。每种顺应都会引出一个特定的思维阶段，且对于客观世界形成不同类型的认识。在每个阶段内，还能鉴别出一些较小的顺应，从而引出一些特定的亚阶段。每一阶段最终的运算都会构成稳定的运算系统，在分化与协调后就可充实下一阶段运算系统的基础。

2. 发展的结构

凯斯基于其发展观点，提出了中心概念结构这一全新的结构假设。他主张，中心概念结构为一种概念与概念性关系的内部网络，是解决各种问题的心理蓝图或者计划，它是一种较为高级的结构，是由象征性图式与操作性图式为因素建构的暂时性组合。当儿童在一种新的认识水平上思考广泛、系列的大量情景时，它发挥着重要的作用，并有助于儿童形成应付这些情景的新的控制结构。其中，"结构"指的是由若干中心点及其联系组成的一种内部智力实体；"概念性"是指这些中心点及它们间的联系是一种语义性的组成；"中心"是指构成广泛系列的许多特定概念的核心，它在帮助儿童向新的思维阶段转换时发挥关键性作用，并且在新的思维阶段中它也起到重要的枢纽作用。

凯斯把中心概念结构用作对认知模式的分析单元，他指出中心概念结构包括三部分："①对问题情境的表征，即表示儿童自己以惯常方式发现的问题条件；②对问题主体的表征，即儿童在对该情境中最通常的目标的表征；③对儿童采用的策略的表征，它用以在问题情境和所求目标之间建立联系，是从条件达到目标的心理步骤和历程。"[1]

凯斯还发现，儿童早期的智慧能力与其所依赖的控制结构是用来对付特定问题情境的手段。同时，也是获得有关情感因素目标的手段。而且，儿童解决特定问题的操作或策略也可能是特定的。这些内外部因素导致儿童在完成任务

---

[1] 龚浩然. 心理学通史 第五卷 外国心理学流派（下）[M]. 济南：山东教育出版社，2000年10月第1版，135页。

过程中会出现个体差异。

3. 发展的阶段

凯斯理论的主要内容为发展阶段的划分。由零岁到成人，整个思维发展过程被划分为感知运动阶段、相互关系阶段、维度阶段和向量阶段（或抽象维度阶段）四个主要阶段。各阶段结构所处理心理因素的类型有所不同形成这些阶段间的差异，心理的控制结构会随因素类型的改变而发生质变。每个阶段内又包括操作巩固、单焦点协调、双焦点协调、复合协调四个亚阶段。这些亚阶段间的差异在于所处理的因素数目不同及其组织方式不同。各阶段与各亚阶段的前后序列都始终保持一致。前一阶段最末的亚阶段同时还是后一阶段起始的亚阶段。在复合协调阶段发生跨阶段的质变。复合协调本身意味着对两个在形式与功能上彼此独立的结构加以层级性整合，这种整合引起向新阶段的过渡。其他亚阶段间的过渡也是经由整合过程发生的，只是这种整合由于被整合的是一些相似的因素，所以称作非层级性整合。区分不同发展阶段的依据就是结构发展的水平，即儿童的问题表象、转换目标与转换策略三者间关系发展的水平。区分几个亚阶段的依据则是其各自所表征元素的数目及这些元素组织的方式。

（1）婴儿期的发展（0～18个月）——感知运动阶段

亚阶段0：操作巩固阶段（0～4个月）。仅仅出生几个月的儿童就已发展起控制结构对世界进行探索，而且搜寻的范围比出生时有相当大的发展，还巩固了最初的结构。由于使用这种结构，婴儿初步了解了自身物理环境中的客体，也知晓了支配自己行为的有关规则。

亚阶段1：单焦点协调阶段（4～8个月）。在此亚阶段中出现了大的质变，从巩固性感觉运动控制结构转化成协调控制结构。现在婴儿能够在头脑中整合事情，且往往具有相当的突然性。不过，虽然不同的控制结构开始相互协调，但这个协调是基于关注一个物体或客体而产生的。

亚阶段2：双焦点协调阶段（8～12个月）。最初得以协调的结构开始表现出双重性，也就是其注意焦点得以扩大，包含了某种其他成分，而在上一个亚阶段各个成分通常是作为独立式部分的结构而存在的。由于在本次转变中，增加的新因素跟原来的情形基本等同，所以，这次转变是量变而并非质变。

亚阶段 3：复合协调阶段（1～1.5 岁）。在这个亚阶段中引进了某种别样的复合成分，这种复合常常充分地分化与协调上一亚阶段的成分，并让儿童关注的不同客体之间建立起互逆的关系。对具有不同分目标且利用通常途径不能掌握主要目标的问题，儿童已具备了用感觉运动来解决的能力。这是儿童在感觉运动阶段最高水平的认知发展。

（2）儿童早期的发展（1.5～5 岁）——相互关系阶段

凯斯主张，每一阶段中最后一个亚阶段实际上可看作下阶段发展的基线水平。由此，感知运动阶段的复合协调阶段就是本阶段认知发展中的起始阶段。

亚阶段 0：操作巩固阶段（1～1.5 岁）。该阶段的结构可看成巩固关系性控制结构。儿童已能认识事物的单一关系，认识到这一关系就可解决问题。婴儿获得的关系运算使其能移除阻碍自己接近某一目标的障碍物。

亚阶段 1：单焦点协调阶段（1.5～2 岁）。这时产生一个大的质变，儿童开始能够在两个关系间建立一个新的联系，也就是认识到一个关系的解决可成为另一个关系解决的手段。儿童能够相互协调两种不同的关系体系，组成一个相互关联的结构。

亚阶段 2：双焦点协调阶段（2～3.5 岁）。儿童既可以关注一个关系体系，还能够把注意扩大到包含两个系统的相互关系，并整合这两种关系体系。结构开始变得显现双重性。

亚阶段 3：复合协调阶段（3.5～5 岁）。儿童已可以认清两个关系系统之间关系的实质，也就是能够进一步整合先前的相互关系，并可理解这个系统中的关系是可逆的。这时就到达了关系思维的顶峰。在该阶段末儿童开始领会相互联系系统的全部作用时，其思维产物再次成为构建进一步发展的思维新单元。这些思维出现的协调促使儿童的思维发生另一个大的质变。

事实上，感知运动阶段与相互关系阶段间的区别即为思维单元间的差异，感觉客体与动作性的活动是前者的思维单位，而感觉性客体或动作性活动间的关系是后者的思维单位。

（3）儿童中期的发展（5～11 岁）——维度阶段

儿童会基于掌握关系进一步在维度上得到发展，这期间儿童思维的发展就表现在对于维度的把握和协调上。

亚阶段 0：操作巩固阶段（3.5 ~ 5 岁）。上一阶段复杂的关系结构，最终可归纳为在一个维度上的操作。此时的儿童已形成并巩固了单一维度的操作，只是其所形成的维度操作均相互独立、互不关联。

亚阶段 1：单焦点协调阶段（5 ~ 7 岁）。儿童可以在两个维度操作间构建新的联系，也就是说，儿童能够同时关注两个单一的维度，或者依据一个维度对推导另一维度。这种转变也属于一个大的质变。

亚阶段 2：双焦点协调阶段（7 ~ 9 岁）。儿童即可关注两个单独维度间的关系，还能引入另一维度关系，并进一步加以协调。相比于前一结构，这一结构在其问题情境中多了一个特征，在其目标序列中增加了一个亚目标，在策略上也多出一个子程序，这属于一个量变的过程。

亚阶段 3：复合协调阶段（9 ~ 11 岁）。儿童能用更复杂或更综合的方式联结两个维度组合起灵活的控制结构，来解决维度方面的问题，尤其是可以解决那些需领悟不同维度的补偿或可逆效果的问题。这时，儿童达到了维度思维的顶峰。

（4）青春期的发展（11 ~ 19 岁）——向量阶段

向量阶段其实为一种抽象维度阶段。在此阶段中儿童可用一个维度推论出另一个维度，并能够整合不同的维度，即从对立的维度中得出向量这个操作单位。因此儿童在掌握维度的基础上，进一步在向量上发展起来。

亚阶段 0：操作巩固阶段（9 ~ 11 岁）。儿童整合地考虑不同的维度，表现出更加抽象的维度操作，也就是向量的操作。从向量发展的角度来看，此亚阶段即为对单个向量操作形成与巩固的阶段。

亚阶段 1：单焦点协调阶段（11 ~ 13 岁）。开始出现向量间的协调，儿童能够处理单一的向量和向量间的关系，这标志着又产生了一个新的质变。

亚阶段 2：双焦点协调阶段（13 ~ 15 岁）。儿童既可关注单一的向量和向量的关系，还能够考虑更加复杂的问题，并进一步协调两个向量的关系。

亚阶段 3：复合协调阶段（15 ~ 18 岁）。儿童充分地认识到向量操作的关系，不仅能够执行一个向量维度的操作，而且可以执行另一个向量维度的操作，还能用一个向量的操作去对另一个向量的操作做出推论。此复合协调为儿童向量思维的顶峰。

4. 发展的机制

依据凯斯的观点，在儿童从一个发展的主要阶段转换到下一个发展的主要阶段时，所出现的最主要变化就是原先分离的控制结构现今在层级上得到了整合。要想进行层级整合，至少必须完成如下 4 部分任务："①两个较低级的单元必须同时被激活，也就是说，需要有一种加工来执行这种图式激活，当前一个图式仍处于激活状态时，就需要开始搜索第二个图式以便激活之；②必须有一种加工对这两种图式的联合体的功效做出评估；③必须把两个图式重组为一个偶对或重组为更高层级的图式，以备将来的再度同时激活；④最后要形成一个包含前两个独立图式的自行运转的新单位。"[1]凯斯经由上述的任务分析，主张与上述的四个任务相对应的基本信息加工过程也有 4 种，即图式激活或搜索、图式评估、图式重组和图式巩固。儿童用以完成任务的各种调节过程虽然存在差异，却都含有这四种共同的子过程，在完成上述每一个任务时都按照一定的秩序。

儿童完成上述任务是要经由一定调节过程的。问题解决属于第一种一般的调节过程。既然已经给定问题情境与潜在新的控制结构的目标情境，儿童所缺乏的就是允许其填补二者间空隙的策略。凯斯主张，在儿童发现先前具有的操作结构已不能解决所面临的目标时，便会显现出探索新的操作顺序的先天倾向，它可让问题得以解决，并建立问题与目标间的联系，从而形成新的结构。一般而言，问题解决包含四个步骤。第一步，搜寻某种可帮助儿童填补当前情境和向往情境间空隙的运算或运算顺序。第二步，评价所产生的各个运算顺序，以确定其实际上能否达到既定的目标。第三步，重组这种顺序，便于后来能用更有意识的方式提取出来或予以避免。最后，经过不断的试用，运算的顺序会变得愈加流畅和自动化。

---

[1] 龚浩然. 心理学通史 第五卷 外国心理学流派（下）[M]. 济南：山东教育出版社，2000年10月第1版，140页。

　　探索为第二种过程，儿童所面临的情境能够运用某种特定策略或运算，但对这样运用的结果不能预期时，儿童就会用探索来满足其好奇心。探索可谓问题解决的补充。这个活动也有四个步骤。首先，儿童对可用于目前情境的有趣运算进行搜寻，且因此产生一个又一个的运算。其次，儿童借助主动考察一次尝试的短时记忆内容，或逐步系统化某一原型图式的顺序，对一个特定运算顺序中含有的协变性加以注意。再次，将运算顺序中第一个组成的策略进行重组，于是就表明了它同第二个成分的目标状态的联系。最后，验证新组合中包含的假设，直到可巩固新近组合成的上位结构为止。

　　模仿是第三个过程。儿童在很多情况下意识不到所用策略的效果，但其具备观察他人活动的自然倾向，能够模仿成人或其他有经验者的行为，通过观察他人，逐步形成其控制结构。第一步，儿童须在自己的操作库中搜索与其所目睹活动相一致的运算。第二步，儿童必须应用相关图式，并评价它们的作用。第三步，儿童必须将其所使用的运算成分重组为一些联合起来的成分，以可产生特定的观察结果。最后，儿童必须对新的运算顺序加以练习，直到能够掌握。

　　相互调节为最后一种过程。它指的是儿童与他人在感受、认知或行为方面主动地相互适应。这种适应不仅能够作为自身的结果，而且可以作为实现目的的手段。凯斯对于教学这种重要的相互调节形式特别加以强调。首先，儿童可能会搜索可用于某一特定情境的结构，并接受年长的或有经验者的某种提示。其次，在教师帮助下儿童可使用一种结构或结构顺序，并评价其结果。再次，儿童在教师帮助下对这种新的顺序加以重组。最后，儿童要么在教师指导下要么自己练习这种新的顺序，直到可以巩固新的结构。

### （二）凯斯对需要心理学的贡献与局限

　　凯斯的儿童智力发展理论是在皮亚杰的传统智力发展理论与认知发展的信息加工理论的基础上发展起来的。凯斯提出了他独立具特色的以"过程—结构"理论为核心的智力发展理论。该理论既注重对结构的描述，也注重对过程的分析，可以说，这个理论是一个将结构分析与过程分析并举的典范。

　　凯斯把儿童看成是一名问题解决者，具有某些天生愿望及为实现愿望而克服那些自然出现的障碍的能力。凯斯提出了一种全新的发展结构假设，即中心概念结构，使其成为凯斯理论中一个重要的概念。他指出，儿童智力发展需要一系列的中心概念结构的组合，每个中心概念受到普通的一般性发展规律的限制，它们都要经历相同时间上的转换，都要经历一个一般的、普遍性的阶段顺序，最后达到发展的最高水平。

凯斯理论的主要内容为发展阶段的划分。由零岁到成人，整个思维发展过程被划分为感知运动阶段、相互关系阶段、维度阶段和向量阶段（或抽象维度阶段）四个主要阶段。各阶段结构所处理心理因素的类型有所不同形成这些阶段间的差异，心理的控制结构会随因素类型的改变而发生质变。每个阶段内又包括操作巩固、单焦点协调、双焦点协调、复合协调四个亚阶段。这对需要心理学的智力发展阶段理论具有重要的启示价值。尽管并不完全相同。

凯斯在对儿童智力发展做质的和结构性的分析的同时，还力图从过程的角度来看待智力的发展，着力于结构得以发展的过程和机制的分析。凯斯受信息加工观点的影响，对发展的机制分析是基于对问题解决的任务分析上的。凯斯认为儿童一些先天即有和后天接受的活动可以引发控制结构的产生和转换。并且，每一种活动均有相同的基本成分和因素。这些活动是引发结构变动的动力过程。凯斯对儿童智力发展机制的分析主要基于信息加工的观点，做出了重要贡献，但还缺乏与其他心理要素相互作用机制的分析。

# 第四章 人本主义新发展的需要思想

## 第一节 布根塔尔的人本主义需要思想

詹姆斯·布根塔尔（James Begental，1915— ）出生于美国印第安纳州的福特威思，1940 年毕业于西德克萨斯师范学院。1941 年获得乔治·皮布迪学院社会学硕士学位，并继续攻读博士学位。因应征入伍，中断了博士学业。1943年赴亚特兰大任佐冶亚技术学院退役军人指导中心执行主任，1945 年转任佐冶亚劳森陆军总医院心理医生。在这一年，他读到罗杰斯的《咨询与心理治疗》一书，开始接触现象学。1946 年退役后，他立即进入俄亥俄州立大学，再次攻读博士课程，导师是维克多·雷米和乔治·凯利，前者是罗杰斯在俄亥俄州立大学时的学 生和同事。布根塔尔于 1948 年获得博士学位。

博士毕业后，布根塔尔先在加州大学洛杉矶分校做过几年教学与研究工作。不久，其兴趣转向心理治疗领域，并辞职后进行私人开业。1960 年，他当选加州心理学会主席。1962 年根据马斯洛和萨蒂希的指定，他担任了美国人本主义心理学会的第一任主席。1963 年，他在《美国心理学家》杂志上发表了一篇题为《人本主义心理学：一种新的突破》的论文。这篇论文的刊发，使人本主义这个心理学内部新兴的第三势力受到了主流心理学的官方注意与认可。此论文及其发表，被认为是人本主义心理学历史发展过程中的一个重要里程碑。

此后布根塔尔仍作为心理医生在加利福尼亚州诺瓦托地方开业，继续从事个体与群体的心理治疗工作。

其主要作品有：《寻求本真：心理治疗的存在—分析取向》（1965）、《寻求存在同一性》（1976）、《心理治疗与过程:存在—人本主义取向的要义》（1978）、

《心理治疗家的艺术》（1987）等。

布根塔尔把他的人本主义心理学体系称作关于"人格心理学和心理治疗实践"的存在—分析（existential-analytic）取向，所以它既是存在的，又是分析的。其中，"存在的"一词就是指其体系的存在主义性质：他以人的主观经验作为人的存在的中心事实，以考察存在的基本性质为出发点，认为存在的性质取决于存在与存在的被给予性之间的关系，并把本真状态（authenticity）看作是存在的理想。"分析的"一词则反映了布根塔尔在思想及治疗方法上继承了精神分析，但是分析的对象不再是潜意识结构，而是人的存在性质，是造成人的非本真存在（inauthentic being）的心理机制。因此，布根塔尔存在—分析取向的人本主义心理学体系，既是一种人格理论，又是一种对于心理治疗的实践指南。

布根塔尔的人本主义心理学体系基于5个基本假设：

1. 人大于其各部分的总和。（也就是说，不能通过对人部分功能的研究来了解人。）

2. 人存在于其人文环境中。（抛开人际经验，仅只研究部分功能不能了解人。）

3. 人具有觉察性。（一种心理学如果不承认人具有连贯而多层次的自我觉察，就无法了解人。）

4. 人具有选择力。（人并不是其存在的旁观者，他能创造自己的经验。）

5. 人经验意向性。（人指向未来；人有目的、价值和意义。）[1]

## 一、人的生存境况的存在主义分析

布根塔尔的存在—分析取向的人本主义心理学体系，是从存在主义立场出发，通过分析人类生存的"被抛"境况（man's "thrown" conditions）而建立起来的。人的"被抛"境况，指的就是人对自己生存困境的一种机体觉识

---

[1]　［美］欧文·D·亚隆.存在主义心理治疗［M］.黄峥，张怡玲，沈东郁译.北京：商务印书馆，2015年6月第1版，20页。

（organismic awareness）：对于这个我们生活于其中的广袤无垠的世界，每个人都只能知道其非常有限的一小部分，而其中的绝大部分是我们几乎无法知晓的；而且，即使对于这一极小部分的知晓也是相对的、有限的，因为它被我们永远无法知晓的无限所包容与制约。

### （一）人的存在的被给予性

人的存在的被给予性（existential givens），指的是人具有本体意义的存在条件或状况。最浅显地来说，是指人的有机存在。因为，有机存在是先决条件，没有它，人的存在就是不可能的。布根塔尔和所有的存在主义者一样，关注于人的主观存在。它是人区别于其他的物的对象存在的特征，是人没有被还原的经验整体。他把人的存在本身等同于人的这种主观存在，尽管他并不否认人的有机体的物理存在及其与区分开人和动物的主观性之间的联系。他提出觉识（awareness）这一基本概念，用来指称人的主观存在，并把觉识作为人的存在的首要条件与基本事实。可以说，人的存在的被给予性，就是觉识的被给予性，包括如下四个方面的特征：

1. 有限

任何个体的存在都极其有限，这种有限性主要的并不是个体在时空中的有限，而是指个体通过觉识所把握知晓的那一部分世界，即其经验世界，相比于外在的宇宙世界，是极其有限的。

有限作为觉识的一种基本属性，并不意味着觉识所知晓的与其所不知的之间有固定的界限。与之相反，正由于人是觉识的，他不仅能够知晓在其中生活的世界的某一部分，而且能知道他的所知和所不知之间的关系：一方面，处于其觉识之外，他尚不知晓的世界的某一部分，有转化成其觉识而为他所知的可能性，就与其觉识的关系来说，这一部分世界就构成了他的潜在觉识（potential awareness）。另一方面，还没有被他所知晓的世界的部分包容了他已经知晓的部分世界，而且对于后者施加着种种影响，虽然他还不知道这些影响力及其作用关系。

2. 行动潜力

由于人不是对世界的被动感知者，其存在的有限并不是僵化且固定不变的。与之相反，人有采取行动的潜力，该行动会影响、改变他的主观存在。也就是说，个体通过不同的行为及其对外部世界的作用，形成了对外部世界的不同的知晓与把握，从而其存在表现出不同的形态。所以，个体必须为自己的存在而承担责任。

3. 选择

人的行为既不杂乱无常，也不取决于某种支配性力量，如外部环境的偶然关联或内部的生物性本能冲动等。人的行为表现出某种意向性，让人从自身的有限出发，试图面对无限的未知世界，在其中建立并保存自己存在的同一性与主体地位。意向性通过拥有目标、给予价值、创造并体认意义而得以表现出来，选择就是它的实现过程。换言之，人的行动必然作为选择的结果而加以表现。

布根塔尔指出，存在主义者把选择视为自由，选择与自由在心理学意义上是同义词。人具有先天的选择的自由，无法选择也就意味着没有自由。

4. 疏离

考察人的存在的被给予性从类的关系，即从不同个体的主观性之间的相互关系来描述人的生存境况发现，任何两个人的主观存在不可能是完全相同的，从而表现出个体间的疏离性；但不同个体的主观性之间又能够相互沟通，从而又表现出个人的联系性。可见人的存在具有既疏离又联系的性质（seperate-but-relatedness）。

布根塔尔通过分析人的存在的被给予性的这四个方面，提供了一个理解其存在—分析人本主义心理学体系的基本理论框架，正是在此基础上，他展开了关于健康人格与神经症人格及其心理治疗的全部论述。

（二）焦虑及其意义

布根塔尔认为人的存在的被给予性决定了人永远生活于偶发性（contingency）之中。偶发性指的是个体命运的不确定性，它取决于许多变量的影响。这其中包含个体觉识所知晓的世界部分及其影响和个体以此为基础所采取的行动，如经验和科学所把握到的对象世界的规律性及其对于人类的指导与决定作用。更有未知世界及其对人直接生活其中的已知对象世界和人与这个对象世界的互动结果的作用，如蒙昧时代的人迷信于神灵世界，或遥远的宇宙世界以某种未知的方式影响人类生活所等。

个体在逐步寻求存在同一性并试图在世界中建立自己的主体地位的过程中，不可能不关心、担忧其未来命运及影响并决定其命运的各种因素。人的焦虑就是这种由人的存在的被给予性所决定的、与偶发性相伴生的主观体验，在这种体验中个体感到自己生活变幻不定，不敢肯定在生活中采取什么行动及该行动会对命运产生什么影响。

如果人能够完全肯定地把握到影响他的命运的全部因素及其影响力，并能够采取相应措施以保障自己的命运，那么焦虑也就不会产生了。但是人的存在的被给予性决定了人是永远都做不到这一点的。因此，换言之，焦虑就是对自己无法知晓必须知晓的全部、以防止发生不幸并保证实现自己生活目标的这一现实生存状况的体认。

布根塔尔把焦虑看作是20世纪所特有的存在困境，人们一直致力于创造着自己的世界，却导致焦虑成了人们生命中的一部分。从存在主义的立场来看，人的自我创造在很大程度上，造成了生活的不确定性与世界的偶发性。这是因为自我创造把人唤醒了，让人逐渐认清了自己及其与世界的关系。因此，随着觉识的提高，就会不可避免地体验到焦虑。

布根塔尔把焦虑区分为存在的焦虑和神经症焦虑。根据个体对焦虑的反应，可以划分和认定焦虑的性质。存在的焦虑是个体有勇气面对生存境况，承认自我的有限，负责任地进行选择，并且接受可能因选择而导致的悲剧性结果，从而把存在的被给予性整合到自己的觉识中时所体验到的焦虑。存在的焦虑取决于人的生存境况，它在人的本体论被给予性的基础上产生出来，是人在面对自身和世界的被给予性及其相互关系时所体验到的一种自然的主观状态。因而布根塔尔有时也称存在的焦虑为自然的焦虑（natural anxiety），把它看作人的存在的本真方式。

神经症焦虑就是因严酷的生存境况，个体害怕面对生活的偶发性，无力承担选择的责任，无法接受可能的悲剧结果，进而试图运用觉识的扭曲（distortions of awareness），来歪曲或者否认严酷的现实，用虚幻的安全感与肯定性来回避选择与责任时所体验到的焦虑。布根塔尔指出一旦把科学奉为绝对真理，那么它就成了神经症焦虑的一种方式。这是因为科学的本质就是追求肯定性，并用此种肯定性来规定人的行为，从而把人从选择与责任中解脱出来。

神经症焦虑的本性决定了其形成过程就是个体放弃自己本真存在，走向非本真存在的过程。布根塔尔把非本真的存在视为非存在（non-berg），而非存在就意味着死亡（death）。心理治疗的目的就是帮助患者从非本真存在的误区走出来，重新获得自身本真存在的勇气，进一步实现其内在的潜能与价值。

总之，存在的焦虑和神经症的焦虑，都决定于人的存在的被给予性，并形成了人对于这种被给予性的不同反应方式。存在的焦虑有命运与死亡、罪疚与处罚、空虚与无意义及孤独与分离四种形式。神经症焦虑则具有卑微感、责备感、荒谬感和疏远感四种形式。在这样的关于焦虑的类型、形式及其与人的存在的本体论被给予性基础和人的现实存在方式之间关系的分析框架内，焦虑构成了存在与非存在、生命与死亡的分化基点。

## 二、人的存在的首要条件：觉识

布根塔尔关注人的主观存在，并称它为"觉识"。他把世界看成绝对的沉默，是广袤无垠的黑暗与空虚，而其间的一扇窗户正是觉识，从这里开始了人的存在。他把觉识视为人的存在的首要前提，主张人的主观性是世界的终极基础，为客观事物所依赖或从属；在觉识中世界突显出来，并伴随人的经验的发展而不断成长；正是通过觉识人才发现了其自身与世界，才能够评估自我与世界间的关系。总之，布根塔尔认为，觉识反映了人的存在的最基本事实，是人的存在的首要条件与过程，是人区别于其他物质对象存在的根本标志。并把觉识看作心理学的唯一合法的研究对象。

作为人的存在的基本事实的觉识，是以机体感觉为中介的。但它不是感觉本身，也不等同于感觉的主观方面，而是作为一种存在，它是自成一体的，是一种主动的意识之流（stream of awareness），是一个主我过程（I-process）。可见，布根塔尔强调人的存在的整体性与主动性，反对传统科学心理学损毁人的存在本身而对人进行感觉、记忆等部分机能的分割研究。

觉识随个体的成长，表现出一个逐步发展的过程。当觉识在个体生命中最初闪现时，所反映的仅仅是宇宙的极其有限的部分。然而在个体成长过程中，由于社会化要求和文化约束，觉识在进化中受到玷污而与其自然过程不相一致，从而导致觉识发生扭曲。布根塔尔为了说明人的存在与非存在，严格区分了主我（the I）、客我（the me）和自我（the Self）。

主我作为一个不可还原的整体，它无对象，无内容，自身从不分化，是"纯粹的主体性（pure subject-ness）"。为了说明主我的这种不分化性布根塔尔经常利用电影的比喻。电影的放映过程包含光源、电影胶片和屏幕三个主要成分，我们所看到是光源作用于胶片投射到屏幕上而形成的电影形象。人的存在的主我过程就相当于这个比喻中的光源。如果没有觉识和主我过程，那么人的存在就会失去基础而成为不可能。因此，主我必然就是主体，是过程，也是觉识流。在布根塔尔的存在—分析心理学体系中，主我、主我过程、觉识流、主观存在等概念都是同义的，指的都是存在主义意义上的人的存在。

作为知觉对象的人的存在就是客我，包括物质的人的身体存在、被观察到的习惯行为以及对过去行为和情感的记忆等。客我在性质上具有惰性，由于没有觉识，就不能像主我那样对自我进行肯定。

布根塔尔对于自我的认识深受雷米的影响。雷米把自我看作是可得的知觉系统，它作为行为者知觉场中的一个对象、客体而发挥作用的。或者可以说，自我于个体的生活经验中产生出来，并构成个体选择和采取行动的参照框架。因此，自我的本质就是个体生活史的心理文化积淀。正因为如此是由于这个原因，自我的发展必然会对觉识施加种种限制（constraints）导致人的非本真存在。抵抗、习惯及文化传统等因素的影响就是自我限制觉识的主要表现。

布根塔尔发现，在个体的存在还未达到全面本真前，虽然自我对主我过程来说是一个必要的辅助机构，例如主我的选择要参照自我，但是自我本身的非本真性会限制觉识潜能的实现，因此个体的存在必须从自我中解放出来。这种解放意味着个体把自身视为自己经验的主体而不是客体，向觉识的潜能全方位地开放经验。此时，主我过程就不必参照包括自我的外在对象，而是把自身的潜在本性当成选择的指南，从而主我过程就成了一个纯粹的觉识流。

布根塔尔断定觉识有着巨大的潜在性。通过考察诸如梦、神秘的宗教体验、瑜伽与静坐修行、高峰体验、精神药物的使用、感觉剥夺实验及心理治疗过程中的超常体验等各种变化的经验，我们可以对这种潜在性究竟能达到怎样的境界获得某些启示。存在—分析心理治疗的理想目标就是帮助患者解除对于觉识的各种限制，对经验的可能性进行充分的体验，从而最大限度地扩展与丰富患者的觉识。

通过从自我中解放出来并扩展其觉识，个体就可能会获得存在的本体论自由。本体论自由指的是内在于每个人之中的人性潜能更大实现的存在领域。本体论自由从经验的开放到形而上学的思辨领域，有着极其广大的范围。布根塔尔认为就人们已掌握的知识而言，本体论自由除解放外，还包括实现（actualization）和超越（transcendence）两种形式，这两者是更高层次的本真存在。

实现指的是觉识潜能的现实化，与马斯洛的"自我实现"和罗杰斯的"充分发挥机能的人"具有一致的理论内涵。超越则更富有形而上学的思辨性质和宗教神秘主义的色彩，与马斯洛等人后来研究的超个体心理学类似，是人类未来发展趋向的"未知领域（terra incognita）"。他指出可以把超越在实践上理解为佛教的禅定概念。

布根塔尔在潜能实现问题上，一定程度上批判了马斯洛的"自我实现"概念。他认为马斯洛的自我实现概念，具有一种内在的逻辑矛盾。该概念意味着有机体内部的固有属性或潜在的现实性，容易导致某种形式的遗传决定论，而任何形式的遗传决定论都会违背人本主义的旨趣。布根塔尔指出，马斯洛由于仍没有摆脱实验心理学机械决定论倾向的束缚，所以才会陷入这样的困境。因此，布根塔尔在讨论有关潜能实现问题时，不说"自我实现"而只谈"实现"。

## 三、理想的存在方式：本真

本真是布根塔尔对人的理想存在方式的一种人本主义描述：如果个体的在世存在与其自己及世界的被给予性和谐一致，那么这个人的存在就是本真的；反之，如果一个人的存在与其自己及世界的被给予性不和谐或相冲突，那么该个体的存在就是非本真的。因此，本真是一种个体与其自身、自然及社会合二为一（at-oneness）的存在，有时布根塔尔也把这种存在状态称为"如性（suchness）"存在。主—客二元对立及自我与世界的分裂在本真的存在状态中，达到了消解。

作为觉识潜在本性的本真，是通过觉识的进化才能表现出来的。神经症是一种非本真，由觉识不同程度的扭曲而导致。对于现实的个体生命来说，本真与非本真并不是非此即彼对立的两极，而是从非存在到存在过渡的连续体。布根塔尔指明，在其体系中，同时在两种内涵意义上使用"本真"这个术语，它既指一种假设的、理想的同世界合一的终极状态，又指逐渐趋向这一终极状态的近乎永无止境的进程。

本真与传统心理治疗表示健康的适应概念具有不同的性质。适应是病理学概念，本真则是存在主义概念。实际上，传统心理治疗认为是健康的某种适应状态，存在—分析心理治疗则恰恰看作是非存在状态，也就是说为一种病态。布根塔尔主张，在治疗过程中如果治疗者帮助患者"被动地"接受社会认可的价值而回避其冲突，这样做很有可能促使患者培养起僵化的性格障碍，而该障碍会破坏他的人性存在方式，并且终结其创造力。

临床观察经验也已经清楚地表明，给患者带来痛苦的病理原因，既有作为个体发展结果的个性特征，也有体现于文化并以文化传递的方式所继承的存在的扭曲（distortions of being）。显而易见，这种传统的治疗目标与存在—分析心理治疗的本真概念是根本不相容的。

存在—分析人本主义心理学并不排斥人的日常生活世界，也不否定人的日常生活的价值、活动与关系等许多不同的方面。而且主张只有全身心地投入这些日常生活的方方面面，一个人才可能得到更多的本真。存在—分析人本主义心理学把本真看作是人的存在的理想与首要价值，目的在于强调，人的存在仅是无限宇宙的极其有限的一个部分，人必须在觉识的基础上，建立起自己在此世界的存在的同一性与主体性，并把这种同一性与主体性作为选择标准，而不是依据某种外部的标准，来接受或者适应自己的日常生活世界。

另外，布根塔尔指出，很难用语言的方式来表达作为人存在的理想方式的本真，只有通过机体的觉识才能够对其进行透彻地把握。因为语言是人类历史发展过程中的产物，语言中的语法规则、逻辑及其所反映的生存方式，在一定程度上就是非本真的。正是这个原因使得建构存在—分析人本主义心理学的理论体系有某种程度的困难，所以，布根塔尔强调要唤起读者和患者身上对人类生存境况的机体觉识。

布根塔尔主张，个体对于焦虑的态度决定了他的存在与非存在。如果有勇气正视其存在的焦虑，那么这一个体存在就是本真的。在建构勇气与焦虑及存在之间的关系的理论时，布根塔尔受到了费洛姆的影响，把应对焦虑的勇气叫作存在的需要。

他在分析人类生存境况的框架内，区分出寻根性、同一性、意义和关联性四种勇气的形式。相应地，个体以勇气的方式应对存在的焦虑就构成了四个本真存在的维度，也就是全面的本真存在所具有的信念、献身、创造和爱四个特征。

个体在面对自身的有限与世界的无限及自身命运和世界事件的偶发性时，自然会深感自身的卑微与渺小。主—客分裂又进一步使人与世界隔离开来，从而体验到孤立感与恐惧感。这决定了人的存在必须有一个根基（rootedness）：只有当个体重新发现自身的存在与宇宙是合一的，从而找到自己在宇宙中存在的根基时，面对命运与死亡的焦虑才能有勇气，并能够把自己的命运与死亡融入茫茫宇宙的永恒生命之中。此刻，这一个体对于命运与死亡的焦虑的反应就是信念（faith）。布根塔尔指出："存在的信念是一种没有对象的内在信念，是主我过程的自我肯定，是作为创造物的人（man-the-creature）勇于向作为创造者（man-the-creator）的转变：他创造着自己的存在。"[1]

个体是否采取某种行动，直接影响其所觉识的内容，并因此决定其存在的性质，故而个体应为自己的存在担负起责任。正是由于这种责任才导致了个体

---

[1] 龚浩然. 心理学通史 第五卷 外国心理学流派（下）[M].济南：山东教育出版社，2000年10月第1版，365页。

对存在的罪疚与惩罚的焦虑。实际上，主我建立自身存在同一性的过程就是采取某种行动与否。同一性不是来自对自身行动过程的自我观察，也不是源于对自己过去言行的记忆，而是通过活动过程中的表现直接洞见自己的存在。布根塔尔用献身（commitment）来称谓个体对活动过程的参与或投入，它指的就是个体对罪疚与惩罚焦虑的本真反应。即通过参与某一事件或献身于某一事业，确立起个体的主体地位或存在的同一性。这其中重要的是参与活动或献身的过程本身，而活动的形式则并不重要的。例如从事某种艺术创作活动或者如哲学家一般地阅读、思考与写作等。

对荒谬或无意义的存在焦虑的一种本真反应就是创造，它指的是创造的活动或过程，是潜藏于每位个体身上的内在创造性，而不是创造的结果。一个人如果仅仅作为创造物而存在，那么，这种生存经验就必然导致其人生丧失意义而且充满荒诞。在选择基础上的创造提供了一个人超越自己的被创造地位的可能性。沉默、无限的世界有待于人类创造出意义，人生的意义依赖于人主动地进行创造。

布根塔尔提出的存在意义上的爱就是超越性的爱，指的是一个人在与他人的关系中肯定自己的存在。它属于人的潜能获得终极实现的一个方面，也就是通过把个体生命融入人类生命的存在之中，以克服并且战胜孤独和疏离的焦虑。这种爱就是一个主我与其他主我间的无条件的相互参与关系。

## 四、存在—分析心理治疗

布根塔尔从其关于健康人格的人本主义立场出发，坚决反对病理学意义上的治疗观，主张心理治疗不是去治愈疾病，而是进行哲学或人生的探险，让患者在治疗者的帮助下解除阻碍其潜能实现的限制，从而能够充分地体验其生命中潜在的经验的广大以至于无限的可能性。所以，人性潜能的生与死正是心理治疗所应关注的焦点。

### （一）神经症的起源及其存在方式

布根塔尔把神经症称作存在神经症（existential neurosis），指的是由于扭曲觉识而导致的非本真的存在方式，也就是某种程度的非存在或者死亡。它形成于个体在与其生存境况的对抗关系中对于焦虑的恐惧。当个体的焦虑过度强烈以至于超出其承受能力时，个体就企图改变其经验世界的方式，扭曲自身存在的性质，从而在主观上对现实的严酷加以否定，并且寻求并非真实的肯定性与安全感。不过，这种安全感的代价是患者在一定程度上对自身存在或人性的放弃。因放弃自由、选择和创造，个体就能逃避责任，但是却丧失了实现潜能的机会。布根塔尔指出："我们失去的感受，是内在的觉识，它具有使我们每个人过上完整的生活和真正实现其独特本性的潜能。［而且］它是我们通向生命和宇宙意义的林荫大道。"[1]

布根塔尔的抵抗概念是对弗洛伊德的一种继承与发展，比弗洛伊德所指的患者对抗治疗的各种潜意识力量要宽泛许多。布根塔尔在治疗实践中发现，患者在自我呈现（self-presentation）时会表现出各种抵抗。他把这些抵抗看作是患者寻求的、用来逃避存在焦虑的各种生活方式，其实质就是非本真或者非存在，也就是传统治疗意义中的病态。

布根塔尔认为神经症起源于一个人面对其生存境况时的恐惧，并区分出卑微感、责备感、荒谬感和疏远感四种恐惧的形式。它们就是个体在面对其存在的被给予性的四个方面时所产生的神经症焦虑。相应地，患者对焦虑的非本真反应即神经症的存在方式，也表现出屈从、放弃自由、自我异化与人际退缩四种形式。布根塔尔把这四种形式视为神经症在理论假设上的极端表现。患者的临床表现往往以某个方面为主而同时涉及这四个方面，治疗者要善于从患者的症状中找到其中心的主题，从而有效地运用相应的治疗措施。

### （二）存在—分析心理治疗的目标与过程

布根塔尔接受了马斯洛关于匮乏性需要和存在性需要的术语和观点，将全部心理治疗方法所追求的目标区分为两大水平，即治疗目标的匮乏水平与存在水平。其中个体因内在基本需要得不到满足而失衡时出现的心理治疗动机就是

---

[1]　［美］科克·J·施耐德，罗洛·梅.存在心理学：一种整合的临床观［M］.杨韶刚，程世英，
　　刘春琼译.北京：中国人民大学出版社，2010年4月第1版，182页。

治疗目标的匮乏水平，以追求解除负面体验为基本特征；个体为满足自我实现的内在需要而形成的治疗动机就是治疗目标的存在水平，成长性和教育性是它的基本特点。布根塔尔又进一步在每个水平上分别区分出三个不同的层次。

"其中，治疗目标的匮乏水平包括顺应（adjustment）、因应（coping）和更新（renewal）。所谓顺应，是指帮助来访者找到症状的来源、改变已有的习惯以更好地顺应环境的要求；因应是帮助来访者学习提高自己应对环境的能力和技能；更新又称自我更新，指帮助来访者修正自我概念、增强个人的独特性、减少自我疏离的危害。治疗目标的存在水平包括成长（growth）、解放（emancipation）和超越（transcendence）。所谓成长，是指帮助来访者识别和消除已经形成的抵抗模式、实现以前被压抑的潜能；解放即放弃旧的生活方式、开始新的生活；超越则是指类似于宗教的、在某种意义上绝对地达到与世界的同一。"[1]

布根塔尔确定了对有高度结构的短期存在—分析至关重要的六个阶段："第一阶段：评估……第二阶段：确定关注点……第三阶段：教授探索过程……第四阶段：确定抵抗……第五阶段：治疗工作……第六阶段：终止。"[2]并概述了短期心理治疗方法中所遵循的三个原则："①注重来访者的自主性，即坚持认为改变的动因是来访者自己的自我发现，而不是治疗师的洞见、力量和操纵。②为来访者示范自然探索过程（searching process）的力量，并且帮助他们学会在其治疗后的生活中继续使用这种力量。③如果来访者想要进行更进一步的更深刻的治疗工作时，要避免形成与治疗相反的习惯或期望。"[3]

实施存在—分析心理治疗的过程包括分析与存在成长两个大的阶段。揭示与解决患者的抵抗为分析阶段的主要任务，治疗者通过层层剥离把患者的各种

[1]　车文博，郭本禹. 弗洛伊德主义新论（第三卷）[M]. 上海：上海教育出版社有限公司，2016年12月第1版，551页。

[2]　[美]科克·J·施耐德，罗洛·梅. 存在心理学：一种整合的临床观 [M]. 杨韶刚，程世英，刘春琼译. 北京：中国人民大学出版社，2010年4月第1版，425～427页。

[3]　[美]科克·J·施耐德，罗洛·梅. 存在心理学：一种整合的临床观 [M]. 杨韶刚，程世英，刘春琼译. 北京：中国人民大学出版社，2010年4月第1版，424页。

抵抗及潜藏于其背后的存在性中心主题，在患者的觉识中暴露出来，从而让其觉识到自己的非本真存在状态，进而回归到建设性的本真存在。分析抵抗要遵循如下的程式：首先，治疗师耐心倾听患者的述说，从中洞察其非本真存在的中心主题。其次，治疗师在适当的时机采取对患者的干预，引导患者从当前的存在方式，觉识到其不曾察觉的非存在。最后，治疗师解释患者的抵抗。

存在成长是存在—分析心理治疗所关注的核心，它指的是人格发展到成熟阶段，即通过分析解放了患者的人性存在及潜能，让患者觉识到促进其实现潜能的各种努力与措施。在此阶段，目标不在于解除痛苦，而是实现。这是在进行真正的人生探险，探索尚不为人所知的人性潜能，从已获得的本体论自由迈向全面本真的存在。

布根塔尔把实现看作是人的本真存在的一个层次，即更充分地把人性潜能展现出来。并指出了实现的 8 个特征："第一，人生关怀在性质上的变化：他的关怀不再拘泥于自我，而指向广义的生命。第二，生命活动的选择性：他对自己的生命能量和情感投入拥有自觉的指导和明确的方向，从而使自己的人生表现为选择性的献身活动。第三，参与精神的强化：他能够全身心地参与或投入到自己所选择的活动之中。第四，幸福观的改变：他不再将由活动导致的外部结果当作人生的幸福，而将活动的献身过程本身看成是幸福的源泉，即他看重的是追求的过程而不是结果。第五，他欣赏生命的'如性'之美，这种'如性'就是人生与世界的完美和谐。第六，他认识到经验的整体性。第七，对主—客分裂的超脱，这是对人生'如性'之美和经验整体性的认识的一种特殊形式。第八，中心性的获得，即对自身存在的同一性和主体地位的确立，它是实现过程的积极主动的核心。"[1]他认为，目前能够帮助人们实现潜能的一种最有效途径就是存在—分析心理治疗。

布根塔尔设想本真存在有一个叫超越的更高层次，它是假设的本真的理想状态，此时个体将与宇宙融为一体，与佛教追求的涅槃境界相类似。很难用非

---

[1]　龚浩然. 心理学通史 第五卷 外国心理学流派（下）［M］. 济南：山东教育出版社，2000年10月第1版，370页。

神秘化的语言来描述这种存在状态，它是一种很少有人能达到的理想境界。

### （三）激活来访者在场的"八度音阶"（octaves）

布根塔尔在个人内在传统里概括出四个基础的存在—人本主义治疗的实践策略，他将其称作激活来访者在场的"八度音阶"，包括倾听（listening）、引导（guiding）、教导（instructing）与要求（requiring）。

倾听为第一个八度音阶，指的是治疗师循循善诱来访者，鼓励其保持说话的状态，以获得来访者未受治疗师影"污染"的故事。对来访者经验细节的获取，倾听来访者所宣泄的情绪，了解其对自身生命或投射对象的看法等，都属于倾听的例子。引导是第二个八度音阶，给予来访者所说的以方向和支持，保证其话题不出现偏离，并且能够引出更多内容。探索来访者是如何理解情境、关系或问题的，做好准备以学习新事物和得到反馈，都是引导的例子。

"第三个八度音阶是教导。教导传递'有合理依据和/或客观支持的信息或方向'。其例子包括'任务、建议、指导，描述变化的生活场景'或重新架构（reframing）。最后，第四个八度音阶是要求，它运用'治疗师人格的、情绪的资源'，使来访者以某种方式发生改变。要求的例子包括'主观反馈、赞赏、惩罚（例如警告）、奖赏'和'强烈推销（某个）治疗师的观点'。"[1]在存在—人本主义激活在场中最主要的部分是由倾听和引导组成的，它们对于巩固、加深与扩展来访者的实质性变化发挥着关键作用。教导和要求的应用具有高度的选择性。如，教导可能对于治疗初期、情感脆弱或来自权威—依赖文化地域的来访者非常有益，要求既可用于上述情境，也能在治疗出现僵局或者遇到顽固的来访者时特别有帮助。

## 五、布根塔尔对需要心理学的贡献与局限

布根塔尔从存在主义立场出发，将精神分析方法与人本主义结合起来，通

---

[1]　[美]科克·施奈德，奥拉·克鲁格.存在—人本主义治疗[M].郭本禹，余言，马明伟译.合肥：安徽人民出版社，2012年4月第1版，49、50页。

过分析人类生存的"被抛"境况建立起存在—分析取向的人本主义心理学体系，在人本主义心理学中提出了独具特色的理论体系。他通过分析人的存在的被给予性的四个方面，即有限、行动潜力、选择和疏离，提供了一个理解其存在—分析人本主义心理学体系的基本理论框架，并在此基础上，展开了关于健康人格与神经症人格及其心理治疗的全部论述。布根塔尔主张人存在的被给予性决定了人永远生活在偶发性之中。焦虑就是由人存在的被给予性所决定的、与偶发性相伴生的主观体验，是对自己无法知晓必须知晓的全部、以防止发生不幸并保证实现自身生活目标的这个现实生存状况的体认。布根塔尔将焦虑分为存在的焦虑与神经症焦虑。存在的焦虑有命运与死亡、罪疚与处罚、空虚与无意义及孤独与分离四种形式。神经症焦虑则具有卑微感、责备感、荒谬感和疏远感四种形式。在这样的关于焦虑的类型、形式及其与人之存在的本体论被给予性基础和人的现实存在方式之间关系的分析框架中，焦虑构成了存在与非存在、生命与死亡的分化基点。布根塔尔关注人的主观存在，并称之为"觉识"，将其视为心理学的唯一合法研究对象。作为人之存在的基本事实的觉识，以机体感觉为中介。但它不是感觉本身，也不等同于感觉的主观方面，而是自成一体的一种存在，是一种主动的意识之流和一个主我过程。可见，布根塔尔强调人之存在的整体性与主动性，反对传统科学心理学损毁人的存在本身而对人进行感觉、记忆等部分机能的分割研究。布根塔尔为了说明人的存在与非存在，严格区分了主我（the I）、客我（the me）和自我（the Self）。主我作为一个不可还原的整体，它无对象，无内容，自身从不分化，是"纯粹的主体性"，是主体、过程，和觉识流。相当于需要心理学中的主体本身，是不可分割的整体。客我指的是作为知觉对象的人的存在，包括物质的人的身体存在、被观察到的习惯行为及对过去行为与情感的记忆等。自我产生于个体的生活经验中，并构成个体选择与采取行动的参照框架，其本质就是个体生活史的心理文化积淀。

本真是布根塔尔对人的理想存在方式的一种人本主义描述：如果个体的在世存在与其自己及世界的被给予性和谐一致，那么这个人的存在就是本真的；反之，如果一个人的存在与其自己及世界的被给予性不和谐或相冲突，那么该个体的存在就是非本真的。存在—分析人本主义心理学把本真看作是人的存在的理想与首要价值，目的在于强调，人的存在仅是无限宇宙的极其有限的一个部分，人必须在觉识的基础上，建立起自己在此世界的存在的同一性与主体性，并把这种同一性与主体性作为选择标准，而不是依据某种外部的标准，来接受或者适应自己的日常生活世界。布根塔尔主张，个体对于焦虑的态度决定了其存在与非存在。本真存在的个体有勇气正视其存在的焦虑。布根塔尔受弗洛姆的影响，把应对焦虑的勇气称为存在的需要。在分析人类生存境况的框架内，他区分出寻根性、同一性、意义和关联性四种勇气的形式。相应地，个体以勇气的方式应对存在的焦虑就构成了四个本真存在的维度，即全面的本真存在所具有的信念、献身、创造和爱四个特征。

布根塔尔的存在分析心理治疗体系，不仅为心理治疗临床实践提供了一套新方法，而且彻底改变了对作为社会事业的心理治疗的理论认识，极大地丰富了它的理论内涵，拓展了其价值含义，为心理治疗思想的进步做出了历史性贡献。他从其关于健康人格的人本主义立场出发，坚决反对病理学意义上的治疗观，主张心理治疗不是去治愈疾病，而是进行哲学或人生的探险，让患者在治疗者的帮助下解除阻碍其潜能实现的限制，从而能够充分地体验其生命中潜在的经验的广大以至于无限的可能性。所以，心理治疗所应关注的焦点正是人性潜能的生与死。

布根塔尔把神经症称作存在神经症，指的是由于扭曲觉识而导致的非本真的存在方式，也就是某种程度的非存在或者死亡。而且认为它起源于一个人面对其生存境况时的恐惧，并区分出卑微感、责备感、荒谬感和疏远感四种恐惧的形式。布根塔尔主张实施存在—分析心理治疗的过程包括分析与存在成长两个大的阶段。他把存在成长看成是存在—分析心理治疗关注的核心，认为此阶段的目标是实现。这是在进行真正的人生探险，探索尚不为人所知的人性潜能，从已获得的本体论自由迈向全面本真的存在。布根塔尔设想本真存在有一个叫超越的更高层次，它是假设的本真的理想状态，是很少有人能够达到的理想境界。

## 第二节　施耐德存在人本分析的需要思想

科克·施奈德（Kirk Schneider, 1956— ），哲学博士，执业心理治疗师，美国存在主义心理学之父罗洛·梅的合作者和继承人，当代人本主义心理学代言人。他还是《人本心主义理学》杂志的现任主编，美国存在—人本主义学院（EHI）的创建者之一，并任副院长，还在塞布鲁克研究生院分校和旧金山的加利福尼亚州整合研究院与超个人心理学院执教。他也是美国心理学会（APA）的成员之一。考斯尼（corsini）和温迪（Wedding）主编的《当代心理治疗（第 8 版）》其中的存在心理治疗章节，由施奈德与埃德·孟德洛维兹（Ed Mendelowitz）合写。2004 年，因施奈德"对人本主义心理学前沿杰出和独立的追求"，美国人本主义心理学会颁发给他罗洛·梅奖。2009 年，获得加拿大多伦多生命学院颁发的文化创新奖。2010 年 3 月，施耐德被邀请参加中国南京举办的首届东西方存在心理学会议，并发表重要演讲。

施奈德发表了超过 100 篇论文，出版了 9 本著作。主要有：《过与不及：理解我们的矛盾本质》《畏惧和神圣：妖怪传说的智慧教义》《存在心理学：一种整合和临床的观点》《人本主义心理学手册：理论、研究和实践的前沿》（与布根塔尔和皮尔逊合编）、《重新发现敬畏：壮丽、神秘和流畅的生命核心》《存在 - 整合心理治疗：实践核心的路标》《唤醒敬畏：个人故事的深刻转换》《极化思维》《存在—人本主义治疗》。

施奈德对人的矛盾本质进行了分析，提出了悖论原理。他重视对敬畏的研究与应用，并对人本主义治疗进行了总结。

### 一、悖论原理

施奈德继承克尔恺郭尔对意识具有悖论特性的核心观点，即自我是两个相对立要素的综合体。施奈德提出了悖论原理的基本假设，并加以总结："心灵是一个收缩 / 扩张的连续统一体，能被我们意识到的只是一部分。收缩是指感知到的'退却'，以及思想、感情和感觉的受限；扩张是指感知到的'爆发'，以及思想、感情和感觉的扩展。收缩性意识的要素为妥协与专注，扩张性意识的特征要素为坚持己见与融合。我所指的一个人的'中心模式'或'中心'，是指认识和引导自己收缩和扩张的能力。对收缩或扩张两极的惧怕，会引发机能失常、走极端或偏激；恰当地直面或整合两极，则会促成理想的生活方式。"[1]

施奈德从悖论原理出发来理解高度的收缩与扩张，并指出三个应记住的要点：第一，由于它们属于同一个连续统一体，所以很少是一维的，而在某种程度上总是相互侵入。第二，两者息息相关。第三，"机能失常一极的特征是受迫或受制。这样的人会感到被掌控，而不是处于自己的中心（centered in）或处于相对主控的状态。例如，较健康的人进行的探索活动、行为主要是出于兴趣，他们的行为处事具有一定的选择性。从另一方面说，疯狂的人所从事的探索行为主要是出于恐慌，他们感到如此行为是必须的。"[2]

### （一）机能失常的症候

施奈德主要论述了过度收缩、过度扩张和混合型机能失常的症候。

1.过度收缩

抑郁症被许多研究者描述为个人体验世界的终极坍塌，变得完全封闭和灰暗，具有极端迟缓、孤立、压抑与无力的特征。强迫症患者则有点轻微的收缩失常，他们害怕扩张渗透到其生活之中，具有过度关注与过分仪式化的特点。

焦虑伴随着能力的收缩，患者虽然害怕，却并未放弃改变生活的努力，仍有某种程度的挣扎。对他人过度信赖的依赖性患者则放弃了这些能力，而避免人际接触的风险。焦虑是对自身潜能及生命丧失的令人窒息的恐惧，是一种无客观对象的主观体验。恐惧症患者的注意力集中于物体和事件上，被害妄想症患者的注意力则集中中人的身上。

施奈德指出："根据悖论原理，被害妄想是一种对信任的收缩。依赖症和

——————

[1] ［美］科克·施奈德.过与不及：理解我们的矛盾本质［M］.高剑婷，吴垠译.合肥：安徽人民出版社，2015年1月第1版，8页。

[2] ［美］科克·施奈德.过与不及：理解我们的矛盾本质［M］.高剑婷，吴垠译.合肥：安徽人民出版社，2015年1月第1版，11页。

焦虑症意味着缺乏自我信任，恐惧症意味着缺乏环境信任，而被害妄想本质上则意味着缺乏社会信任。……过度收缩可以总结为，以不成比例的方式'切割'个人世界。患者要么将自己切割成极小的碎片，要么就是任人宰割。在两种处境中，患者的核心特点都是枯竭、衰退和窒息，与生命的丰富性相隔绝。"[1]

另外，与这一极相关的还有疑病症、躯体障碍、受虐倾向、恋物癖及滥用起镇静作用的药物等。

2. 过度扩张

最为突出的一种扩张形式就是躁狂，它是过度扩张情绪、主张与感知到的能力，具有运动、感觉与意向剧烈爆发的特征。自恋则会扩张自我形象，自我膨胀为其本质特征，其他特征还包括人际剥削、扩张性想象及不充分的社会意识。

表演型人格障碍患者具有类似的扩张性，但是更强调建立在社会幻象之上的关注、操控与社会形象。反社会型人格障碍患者具有很大的戏剧性、操纵性与即时性，还可同时是叛逆、暴力与莽撞的，他们具有敌对性情感与社会叛逆的典型特征。

除此之外，过度活跃、注意力不集中、对抗、爆发、冲动及依赖刺激自神经系统的药物滥用等，都是过度扩张的表现。

总之，过度扩张就是难以驾驭地驱动、扩张与放大个人体验世界，不是个人发动，就是由外部力量引发这些行为。

3. 混合型机能失常

这是一种收缩与扩张相混合的双模式，最终指向一种莫名而复杂的激情状态。精神分裂症可能属于一种极端的混合型机能失常，精神分裂症患者遭遇直面混乱与细节的困境，战栗地游荡在完全毁灭与完全爆发之间的边缘上。

施奈德对精神分裂症与边缘型人格障碍及双向情感障碍进行了区分："边缘型人格障碍具有更多的社会性和情感性。精神分裂症患者普遍逃避社会接

---

[1]　[美]科克·施奈德. 过与不及：理解我们的矛盾本质 [M]. 高剑婷，吴垠译. 合肥：安徽人
　　民出版社，2015年1月第1版，15页。

触，而边缘型人格障碍患者会周期性地寻求社会联结；精神分裂症患者倾向于使用认知性防御（cognitive defenses）来应对联结（窒息）和分离（抛弃），而边缘型人格障碍患者则倾向于使用情感性防御（emotional defenses）。这样，边缘型人格障碍患者一方面会出现收缩性行为，变得抑郁、痛恨自己并依赖他人，另一方面又会有扩张性行为，变得敌对、操纵和冲动。上述病症与躁狂—抑郁（双向情感障碍）之区别在于其消极态度的程度。精神分裂症和边缘型人格障碍患者表现出对命运的绝望，而双向情感障碍患者则显然对他们的能力比较乐观。尽管躁狂—抑郁交织在一起，他们仍然有生存的意愿（在躁狂阶段）和推动心理走出'衰弱的被动状态'的能力。"[1]

### （二）机能失常的基础

施奈德认为机能失常体验的基础就是对于对无限、空间—时间或者悖论的巨大恐惧，是人们同极大与极小、扩张与限制最可怕相遇所导致的结果，这种体验会引发人们的屈服、蜷缩或爆发。

施奈德进一步总结道："人的意图可以是收缩或扩张的。一个人的意图与感知到的环境之间的差异越大，机能失常就越可能出现。机能失常引发的是对某种力量的极端的恐惧，这种力量是可以感知到的、压迫性的。个体恐惧的，是这种力量的差异性、极端性以及终极的（收缩或扩张的）无限性。这种恐惧产生于急性、慢性和隐性背景中。"[2]

据此原理，施奈德提出如下建议：不要强迫非常恭顺的人扮演独断的角色，反之亦然；同理，不要勉强专注于一点的人变得高度具有融合性，反之亦然。并警告过于恭顺、独断、专注或具有融合性的人，要当心这些行为会怎样传染给自己的孩子。

---

［1］［美］科克·施奈德. 过与不及：理解我们的矛盾本质［M］. 高剑婷，吴垠译. 合肥：安徽人民出版社，2015年1月第1版，21页。

［2］［美］科克·施奈德. 过与不及：理解我们的矛盾本质［M］. 高剑婷，吴垠译. 合肥：安徽人民出版社，2015年1月第1版，45、46页。

### （三）日常生活中的悖论效应

施奈德分析了人们在日常生活中对于恐惧的几种常见应对方式，包括偶像崇拜、错误的面对、偏见、个体错乱对集体错乱，以及符号、象征与梦。

人们总是喜欢绕开所害怕的对象，通过寻找各种偶像来逃避恐惧。人们把这些谎言与欺骗看成是理所当然的，并且对于这些通过技术制造的替代品，总是特别能够忍受。

在应对收缩与扩张的恐惧时，有些人专注于收缩，即把秩序、规则和权威视为至关重要的；有些人则试图以快速、间接或替代性的扩展方式来应对局面。这些错误面对的收缩的人和扩张的人，同样都没有将其体验融合进自身，他们缺乏一个真正的中心，无法去消化和保存其所探知的东西。

过度收缩型的偏见者鄙视任何一点细微的扩张，鄙视那些他们自以为脏、乱与不自控的人和事。如极端宗教狂热分子对异教徒的迫害，男人对女性的压迫，富人对穷人的偏见，知识分子对无知者的轻视。而过度扩张型的偏见，比较显著的有身强体壮者对老弱病残的偏见，施虐者对受虐者的偏见，以及自由人士对保守分子的恶感。

个体极端主义者独自承受其错乱的恶果，而群体极端主义者则由这些群体中的成员共同承担其偏离，并且忍受其所造成的恐怖。正如走极端的个体一样，大多数人的生存策略形成群体的偏见，而且这种社会的过度代偿也同走极端的个体一样，开始于某种类型的创伤。

另一类偏见以不显著的方式，显现出被人们用符号、象征和梦来扭曲的恐惧。社会中的符号典型地表达出追求无限的文化驱力，并且传达了特定的指引或信息。象征则以唤起的方式，向人们讲述或展示存在于世界上的某些它所代表的东西。梦具有象征意义，表达出现时所存在问题的隐喻。梦更经常地意味着收缩与扩张之间总体上的不一致。

施奈德概括地指出："符号是整理收缩性和扩张性恐惧的传统形式；象征是这种整理方式的个人化运用。弗洛伊德主义者、荣格学派、客体关系理论者的理解已经非常贴近，但尚不成熟。他们没有留意贝克尔（1973）的观察，他说，真正的问题不是这个或那个冲突，而是'生命'本身。他们没有看到，真正紧要的不是过往，不是儿童期错误的内化，而是无限（endlessness），它所形成的时空形式以及类似的体验非常令人不舒服。正如在梦、主题投射测验和艺术作品中所显示出来的那样，我们越深入地身处其中，就越感到不自在，但同时也能对我们自己了解得更多。我们越不能忍受或控制这种直面，就越会变得机能失调，甚至在一些极端的例子里，变得疯狂。"[1]

### （四）直面悖论的理想方式

施奈德认为，优秀人士具有完善的中心，更能够对其收缩与扩张进行选择，但是一般人与失常者在这方面则表现出能力不足。

具有最理想人格者对于"度"有着敏锐的感觉，懂得何时、在什么程度上要求屈服、专注、坚持与融合。这个度只能通过整合，在无限选择面前做出大胆的估量。这种整合标准的道或准确性，都在于参与者及密切相关者的把握。

在身体方面，慢性收缩或让人感觉无望、压抑与退缩的逃跑反应，与慢性扩张或感到支配、敌意和竞争的战斗反应，都会产生压力而造成损害。而对身体有积极影响的就是这两个维度的有效整合，即适当地运用逃跑与战斗机制是身体的最理想反应。这能让人更投入、现实、温和、控制、挑战与有弹性，对身体的压力更小，在个人与社会层面上更富有成果。

在组织方面，施奈德指出："最好的商人是能够面对矛盾的人。他们往往更加需要'退'（检查细节、规定任务、限制经费）和'进'（探索、创新、坚持）。当需要改变、参与和感性的时候，他们自由地支配时间和空间；当需要稳定性、方向和逻辑的时候，他们会谨慎地利用时间和空间。相反，不成功的商人似乎受到了矛盾性的威胁，他们往往过于收缩或过于扩张，不能调和两极。"[2]

在社会行动方面，最需要运用的就是选择能力。人们必须思考情境中的收

---

[1]　［美］科克·施奈德. 过与不及：理解我们的矛盾本质［M］. 高剑婷，吴垠译. 合肥：安徽人民出版社，2015年1月第1版，69、70页。

[2]　［美］科克·施奈德. 过与不及：理解我们的矛盾本质［M］. 高剑婷，吴垠译. 合肥：安徽人民出版社，2015年1月第1版，85页。

缩性或扩张性需要，并找出最佳的行动路线，它往往就是悖论性、整合型的路线。

在个体成长方面，需要均衡收缩性与扩张性的理想教养方式。过分限制或溺爱的父母培养的孩子会形成相似或相反的行为。最好的父母是权威性的，既不过于严格也不过于包容，能够培养出负责而独立的孩子。养育者在特定时候帮助孩子应对收缩和扩张的能力，有助于孩子成长为更有主见、更加自由的人。

施奈德坚信，直面并且调整收缩与扩张的潜能，使之处于一个合适的度，能够在个人与社会生活的诸多领域产生理想而丰富的成果。

他指出："一个理想的宗教崇拜对人性而言可能是一种令人振作的改变。它可以使人们在信奉某种'神圣的'感觉的同时，避免对之形成教条式的假设；在为拥有许多'真理'而庆祝的同时，使我们坚持为那些'真理'负责。"[1]

### （五）以悖论为基础的治疗和治疗关系

施奈德提出的悖论分析（prodox-analysis）与其他存在心理治疗都建立在同样一个首要原则之上，即对于特定的来访者，在治疗中于特定时刻及特定设置中加入相关的东西。悖论分析依据悖论原理发挥的推动作用在于，帮助来访者重新获得收缩或扩张的可能性。因此，治疗一个特别收缩个体的任务，就是优化其扩张能力，而对于一个极其扩张的来访者，则要优化其收缩能力。

简而言之，"悖论分析师试图（1）了解与来访者的极端化症状有关的网络——来访者以'偏激的'方式做出应对的模式与处境；（2）提供收缩或扩张的其他方式，以调整（或整合）原有的应对网络。"[2]

悖论分析师关键是应共情地对待来访者，将其困扰按照轻重缓急进行排列。

清醒地意识到施压、妥协、指导与揭示的时机，小心谨慎地工作，以实现悖论分析的目标。即把来访者往症状加剧方向发展的可能性降到最低限度，同

[1]［美］科克·施奈德. 过与不及：理解我们的矛盾本质［M］. 高剑婷，吴垠译. 合肥：安徽人民出版社，2015年1月第1版，98页。

[2]［美］科克·施奈德. 过与不及：理解我们的矛盾本质［M］. 高剑婷，吴垠译. 合肥：安徽人民出版社，2015年1月第1版，101页。

时经由训练最大限度上提升其洞察力。

## 二、唤醒敬畏

施奈德相信，对生命、对存在的敬畏是没有止境的，它能为人所用，并始终等待着人们来唤醒。

### （一）敬畏的本质与力量

施奈德对敬畏的本质与力量进行了概括[1]：

敬畏是超越"上帝"的"上帝"，是发源地也是目的地，既是意识延伸的问题也是意识延伸的答案。它是我们在创造之前的谦卑和惊奇；是我们在创造之前的惊讶。它既不是充满极度快乐的光亮，也不是充斥着绝望的黑暗，它具有更多扩展意识的含义，无论是充满了快乐还是绝望。

敬畏把我们和创造联系在一起，但不是创造戒律（commandments），而是创造惊奇、创造浩瀚无垠（vastness）。

敬畏是我们与神秘，即浩瀚无垠、惊异的基本联结，它把被囚禁的灵魂释放出来并为不知疲倦的冒险提供慰藉。

在敬畏的光辉之中，目的地变成了旅程，而旅程则变成了目的地。没有什么地方可以"到达"，却永远有一个"与之在一起"、令人陶醉、在它面前令人颤抖的地方。一旦我们想要把它冻结起来，我们就失去了它；一旦我们想要回避它，我们却已经欺骗了它。

这种力量就在这个悖论中：恐怖但却令人惊奇，不确定但却有威严。

我们的任务就是在恐怖和惊奇中，在不确定和威严中寻找和发掘——怀着敬畏之心去探询，去敬畏我们的问题。

### （二）通往敬畏的艰辛之路

施奈德发现通往敬畏的道路充满了艰辛，它是一条让人觉醒并保持动态的道路。一个人要有坚忍的态度，并且开放地分享其成果。敬畏中含有完整的生

---

[1]　［美］科克·施奈德. 唤醒敬畏［M］. 杨韶刚译. 北京：机械工业出版社，2016年1月第1版，5页。

命，使人畏惧还销魂，脆弱且难以企及。死亡、绝望与怜悯像欢欣与快乐一样，都是敬畏不可或缺的一部分。生活的辛酸与生命的甜蜜都是敬畏过程中的基调。

正如克尔恺郭尔所说，真理具有客观的不确定性，是对最具有个人意味的激昂体验的坚守。而最大限度地将客观性与不确定性联系起来的就是敬畏能力，它把个人的、激昂的赏识同呼唤采取行动、做出决定或者将其赏识的东西联结起来；它将个人的终极信仰与根据环境要求加以质疑的能力联系起来。

充满敬畏的生活特征包含赏识、面对、负责任与信仰，同时也是人类所能达到的最佳生活状态。

总之，"敬畏充满了冒险感或发现感。虽然敬畏并不排除与神秘状态有关的那些约定俗成的东西，例如一体感、平静感和巨大的幸福感，但它通常也并非'终结'于此。相反，它认为这是在人生之路上一些短暂的一瞥之见。"[1]

### （三）敬畏的唤醒

施奈德分别论述了教育、儿童期的创伤、吸毒成瘾、慢性病、幽默、年老过程和日常生活中的唤醒敬畏。

教育可以让一个街头的团伙头目转变成青年教育工作者。服务性学习这种将学术课程与满足社区需要有机结合起来的教育与学习方法，搭建起理论课程与实践之间的桥梁，能够以多种方式促进人们产生敬畏。通过学习，能够以欣赏的方式体验到敬畏。因为欣赏乃是敬畏的第一条原则，而置时间于不顾，完全沉浸于所研究事物之中就是欣赏。

在儿童期的创伤中唤醒的敬畏，在治愈过程中发挥着强大的整合作用。它利用儿童对大自然的敬畏，追根溯源的无尽的好奇心，通过勇于冒险、爱的相互依赖，惊异地感受到周围世界的壮观与多样性，感受到自身的谦卑并得到安慰，持续不断地寻求与存在有关问题的解答。

吸毒成瘾者面临精神崩溃之际，因唤醒敬畏而走向康复。在戒毒过程中，最痛苦的时刻恰恰是成长最快的时刻。只有经历过消极过程，获得顿悟，觉知

---

[1]　[美]科克·施奈德. 唤醒敬畏［M］. 杨韶刚译. 北京：机械工业出版社，2016年1月第1版，22页。

到存在本身的惊讶感时，才能唤醒敬畏，带着希望、灵感、信仰与对感恩的承诺，才能真正达到积极。

在慢性病的时刻折磨中，重新界定自己的使命而唤醒敬畏，重获生命与活力。在敬畏驱动下的自知之明发展成一种普遍的敏感性，包括对外界直觉的敏感性，和对他人变化的敏感性。变得关心万事万物的变化，关心他人的疾苦。而与所有生命建立联结就是获得治愈，宽宏大度地接受他人就是得以治愈。通过敬畏使缺失的感觉得到康复，以新的方式而存在，获得启示并重新协调一致。

在日渐衰老的过程中，承认自己终有一死而唤醒敬畏。意识到时日不多而倍加珍惜当下，借助锻炼提升活力，肯定生活并渐趋完满。学会感受日常生活体验中的无限，超越自我为多数人共同的善而努力，为挽救濒危的环境、恢复疲软的经济而奋斗，为穷苦者送去富足。

施奈德认为，幽默是唤醒敬畏的一种不可或缺的重要方式。他指出："人们经常说，'宇宙玩笑'，它表现出的不只是我们现状的荒谬，而是对我们现状的惊奇。如果宏观地去看，惊奇就是荒谬的反面，就像好奇是麻木的反面一样。我们可能会在绝望中变得失去活力，也可能会把这一时刻神圣化；姑息迁就要么使我们变得麻木不仁，要么使我们充满了惊奇。"[1]

喜剧作家杰夫·施奈德（Jeff Schneider）就试图激励人们，并用喜剧感确实引起了人们以敬畏为基础的反应。他在论述自己为什么而活着时，深有感悟的指出，存在的变化莫测是任何人都喜爱的一种辛辣调味品，它气味浓烈、非常具有刺激性。如果把它从生活的浓味炖鱼中除掉，就会丧失可永久铭刻在记忆中的真实体验。

施奈德相信艺术与人类的创造性是最高且唯一的呼唤。艺术家因艺术是对不合理情境唯一合理的替代而创造艺术。他们虽然渴望像上帝那样全知全能，但又明白这是完全不可能的。

施奈德主张，对敬畏的体验渗透在日常生活之中。他还把随时能发现敬畏

---

[1]　［美］科克·施奈德. 唤醒敬畏［M］. 杨韶刚译. 北京：机械工业出版社，2016年1月第1版，149页。

的日常生活片段，称之为使我们的世界复活的方便之门。他提供了一些能采取措施，激发向敬畏转换的'透镜'（lens），包括转瞬即逝、未知、惊讶、广阔、难以理解、情感和孤独的透镜。

转瞬即逝的透镜聚焦于生命的流动性上，关注于时间的短暂。未知的透镜则把关注的焦点扩展到空间、心理与心灵等各种维度。"狩猎、探寻和冒险中充满了诱惑，未知可以对这些诱惑进行解释，未知不仅表现在电影院里和森林里，而且存在于问题解决、谈话、表演、游戏、做爱、旅行和手工技巧中。它使生活具有了旅行的性质，使生活中充满了激动、寒战和与此有关的期待。虽然我们对此很少觉察，但当我们起床或上床时，每当我们吃饭、喝水和呼吸时，我们都冒险进入未知之中。确实，我们会暂停在未知之中，尽管我们尽一切努力使我们对此浑然不觉，向其发出挑战。"[1]

未知还会促使人们超越固有的偏见，而且欣赏神秘的能力既是思维的关键条件，还是想象与创造性的条件。当敞开心扉探索深不可测的未知时，会激发人们的发现能量。未知的透镜作为一种催化剂，能够解除人们的痛苦，将人们从自鸣得意中唤醒。

惊讶是未知的一种主要成分，人们在某种程度上对惊讶的开放能够产生自主、创新与改革精神。像孩子一样看世界，对不可预测的事物持开放的态度，随时准备感受新颖性，体验惊讶带来的敬畏感。广阔的透镜让人们开放的方向达到无限，不仅体验广阔无垠的宇宙，还有人们所感知到的一切。难以理解的透镜可以为人们打开隐藏的存在领域，感受生活的微妙，它还吸引许多人去了解静修与心理治疗。这些实践活动能让人们富有生机活力，在自我探索中转变自己的世界，让人们在这个转换过程中变得丰富而深刻，但可能伴随着不愉快。

"我们可以把选中的主题进行排列，从令人头晕目眩的恐惧到令人困惑的愿望，从曲折的幻想到及时进行实践。但是，这里有一个中心支配效应，那就是，由于这种参与而获得的信息越多，一个人获得一种充实而多样性生活、一

---

[1]　［美］科克·施奈德. 唤醒敬畏［M］. 杨韶刚译. 北京：机械工业出版社，2016年1月第1版，173页。

种有深度但也很活跃的生活的可能性就越大。这种敏感性可以用一个人和其他人在一起、与其他事物在一起时所花费的时间来例证。可以在一个人关注其朋友、爱人或熟人中看出来，在一个人对艺术、美和自然的敏感性之中看出来。"[1] 当擦亮难以理解的透镜后，这些内在固有的潜能就可显现出来。

　　情感透镜的主要特点是情绪体验与被深深感动的体验，情操就是一种精炼后的感受，它为人们提供了对人与事、对生活与艺术的深化的敏感性。音乐就仿佛是一座情感的水库，蕴藏着人类对于爱的最终净化，成为心灵最犀利敏感性的避风港湾。孤独是一个基本的、又最不为人所知的敬畏的透镜，并有可能是其他透镜的一个先决条件。独自一人的孤独状态还会是一种充满活力、聚精会神的专注状态，不仅不会疏离，反而常常具有康复、深化与增强力量的作用。孤独可在繁忙中清理出一片属于自己的空间，通过面对自身，与自己共存，并保持敏锐的在场感，孤独能以多种方式打开表达敬畏的路径。

　　这些透镜是能够促进敬畏唤醒的特殊条件，施奈德这样加以概括[2]：

　　*转瞬即逝的透镜——与生命的短暂性协调一致从而珍爱生命*

　　*未知的透镜——对生活秘密的认识和有改变、冒险的潜能*

　　*惊讶的透镜——对生活的自发性和多面性开放*

　　*广阔的透镜——认识到生活的壮观和可能性*

　　*难以理解的透镜——与心理和生理世界的精妙之处协调一致*

　　*情感的透镜——欣赏生活中深刻打动人的情绪；深化受到感动的能力*

　　*孤独的透镜——承认孤独的恢复性质；亲近一个人存在的能力*

[1]［美］科克·施奈德. 唤醒敬畏［M］. 杨韶刚译. 北京：机械工业出版社，2016年1月第1版，188页。

[2]［美］科克·施奈德. 唤醒敬畏［M］. 杨韶刚译. 北京：机械工业出版社，2016年1月第1版，203页。

### （四）有助于敬畏唤醒的一般条件

施奈德总结了有助于敬畏唤醒的一般条件[1]：

生活的谦卑和惊异（包括惊奇、存在、自由、勇气和欣赏）

生存的基本能力

进行反思的时间

放慢速度的能力

品位瞬间的能力

把关注的焦点集中在一个人所热爱的事情上

看到事物全貌的能力

向生活和生命的奥秘保持开放

对生活事件的欣赏

把痛苦当作某一时刻的教师

赏识平衡（例如，在一个人的脆弱性和复原力之间保持平衡）

独自冥想的时间

在自然或不会使人困惑的情境中进行冥想的时间

与亲密的朋友或同伴在一起冥想的时间

深度治疗或静修

对冲突的演变（例如，认识到"事情终将会过去的"）保持关注并接受的能力

对生活的演变保持关注并接受的能力

独具慧眼地向最终不可知的事物屈服的能力

相信最终不可知事物的能力

---

[1]　[美]科克·施奈德. 唤醒敬畏 [M]. 杨韶刚译. 北京：机械工业出版社，2016年1月第1版，
　　201、202页。

## 三、存在—人本主义治疗

### （一）治疗目标

施奈德对存在—人本主义治疗的理论进行了总结，他指出："存在—人本主义治疗的目标是'让来访者自由'（May，1981，p.19）。自由，可以理解为在生命的自然限制与自我限定（self-imposed）之下做选择的能力（Schneider，2008）。生命的自然限制指的是那些与生俱来的限制，如出身、遗传、寿命等以及生命中的现实——通常指'存在既定'（the givens of existence）——如死亡、分离和不确定。自我限制，指的是人类为自己划定的界限，比如文化、语言和生活方式。"[1]

存在主义理论者承认自由的有限性，并对自由与限制加以整合。他们认为来访者的经验模式包含即时的（immediate）、动觉的（kinesthetic）、情感的（effective）和深刻的（profound）或广袤的（cosmic）四个基本维度。

也就是说，一个达到更丰富、更有活力的认同之路，就是帮助来访者去经历其所处的极端情境，协助他们'体会'那些情境及隐藏于背后的恐惧与焦虑；帮助他们于最深的层次上接纳所探索到的隐秘内容。存在—人本主义治疗师这样做，可帮助来访者回应令人恐慌的事物，而不是加以反抗。他们相信与来访者以被束缚的方式相遇，反而能促使其发现通往自由的道路。

尽管存在主义理论者对经验模式有着多样化的解释，但他们都共享一个核心的关注，即来访者是如何在当下妥善处理其对于生命的意识的。为了帮助来访者领会自身的存在，存在主义治疗师重视培养完全、真诚的在场（presence）。在场意味着治疗师与来访者的相遇是真实的，涉及了两者的意识性、接受性、有效性与表达性。

存在—人本主义理论家聚焦于过往在此时此地的体验，强调体验性的觉察能够帮助来访者接受其生命的状态。在他们眼中，简单地通过谈论或解释是消

---

[1]　[美]科克·施奈德，奥拉·克鲁格. 存在—人本主义治疗［M］. 郭本禹，余言，马明伟译. 合肥：安徽人民出版社，2012年4月第1版，15页。

除不了创伤的最深根源的，对它们必须再发现、感觉与经受。

存在—人本主义理论家总体上共享着四个核心目标："（1）帮助来访者对自己以及他人变得更在场；（2）帮助来访者体验他们如何既调动又阻碍自己更丰富地在场；（3）帮助他们对自己建构的当前生活承担责任；（4）帮助他们在外在生活中选择或实现一种存在方式，这种存在方式的基础是直面而非逃避那些存在既定（如有限性、不确定和焦虑）。"[1]

### （二）重要概念

1. 自我感

存在—人本主义心理学假设个体的人格是由其生活经验而不断促成的，这种生活经验是个体形成或创造自我感（sense of self）的基础（May，1975）。梅关于人类经验的见解，对存在—人本主义理论家理解认同形成（identity formation）与"我是"（I am）经验产生了深远的影响。梅主张作为存在本质的意识，具有两个维度。其一是意识本身，即每个人都对自身存在的意识，并用许多方式加以应对。它被理解为存在困境（existential predicament），是存在主义者的主要关注点。其二聚焦于个体如何意识，并且涉及人类经验的基础结构，也就是源于存在意识的焦虑，怎样推动个体经由现实的主客观两极间的辩证过程去创造意义。梅把这个创造意义的过程称作"成长激情"（passion for form），并将其看成是真正的存在本质之所在。

对自我感或认同感是怎样被创造、维持的理解，仿佛给治疗师提供了一张地图，"帮助他们在当下时刻更清楚地看见来访者建构其自我世界的方式。这张地图也阐释了治疗师所扮演的重要角色——帮助来访者去重新组成他或她的世界。最后，这张地图以形象的形式肯定了存在主义治疗的基本假设，即人类拥有一种潜能——通过持续的创造实践去成长和重新创造自己。"[2]

---

[1]　[美]科克·施奈德，奥拉·克鲁格. 存在—人本主义治疗［M］. 郭本禹，余言，马明伟译. 合肥：安徽人民出版社，2012年4月第1版，23、24页。

[2]　[美]科克·施奈德，奥拉·克鲁格. 存在—人本主义治疗［M］. 郭本禹，余言，马明伟译. 合肥：安徽人民出版社，2012年4月第1版，26页。

2. 心理健康模式

施奈德列举了许多存在—人本主义学家在不同的心理健康模式中，用现象学方法对不同个体生存经验的描述。

梅：自由与命运。罗洛·梅（1981）将主要的注意力集中在自由与命运上，他把自由看作是在生命的自然限制与自我限定下做出选择的能力，命运则是人所无法掌控的限制。他界定了四种定数（destiny），或说成是人所掌控外的四种"既定"（given）："天宇（cosmic）定数、基因（genetic）定数、文化（cultural）定数和随机（circumstantial）定数。天宇定数是指自然的限制（比如，地震、气候变化）；基因定数意味着生理的倾向（比如，寿命、气质）；文化定数主张先验的社会模式（比如，语言、与生俱来的权利）；随机定数是关于突发的情况（比如，燃油泄漏、临时解雇）。"[1]

梅认为，自由中隐含着责任，人既然有选择的能力，就有责任去练习并发展这种能力。正是在自由与命运这个动态的冲突过程中，赋予了生命的意义。梅重视个体只有通过斗争，才能充分地展现自由与命运、能力与限制，才能实质性进行探索，并充满意义地发生改变。

布根塔尔：呈现而变化的自我。詹姆斯·布根塔尔（1995）也提出了一个类似自由与命运的辩证概念，他强调自我结构呈现而变化、选择又有限、孤立却有联系。他强调不管人们怎样设计自我，都处于变化的过程之中。人们应接受挑战去面对变化，依据其多样化的特征加以鉴别，并且进行有意义与行动定向的应答。

亚隆：四个存在"既定"。欧文·亚隆（1980）归纳出死亡、自由、孤独与无意义这四个人类存在的"既定"。根据人们面对这些既定的不同方式，使其面对的生命设计与品质出现了区别。在亚隆看来，生活就是由个体跟既定关系的排列组合，及对那些既定事实的探索、整合与共处所构成的。

格瑞宁：多维或辩证的既定。格瑞宁（1992）详细阐述了亚隆的工作，并

---

[1] ［美］科克·施奈德，奥拉·克鲁格. 存在—人本主义治疗［M］. 郭本禹，余言，马明伟译. 合肥：安徽人民出版社，2012年4月第1版，17页。

从辩证学角度来理解既定。他指出："像矛盾的逻辑论证一样，每一个既定向我们提出挑战，我们都会选择以下三种方式之一作为应答：（1）过分简单化地强调积极面；（2）过分简单化地强调消极面；（3）直面的、创造性的应答，超越辩证逻辑。格瑞宁说，从存在主义的视角来看，心理健康或成熟是一种能力——接受并创造性地应答四个有关存在的逻辑辩证。"[1]

格瑞宁分析了每一个既定对人们提出的挑战：

（1）生命与死亡向人们挑战，并要求做出应答，因为人们意识到自己在活着并将会死去。一种乐观主义的应答是否认或蔑视死亡，过度地强调活力。一种悲观主义的应答时轻视健康，死亡总是萦绕心头，常常频发事故。第三种应答就是直面矛盾，并且全身心地投入于当前，明白未来会死去，却选择好好活着。

（2）意义与荒谬挑战人们，是由于人们的意识及对意义的创造都受到自身能力的局限。"对此，一种应答是过分强调理性的、直觉的思维，或过分强调盲目的信任，像忠实的信徒迷恋宗教仪式、意识形态或精神领袖一样。另一种应答是发理智主义的、激进无神论的、虚无主义的状态——结果是通过毒品或死亡去逃避意识。第三种且更有创造性的应答是，不管其他，直面荒谬，创造出令人满意的个人意义——去选择和行动，同时保持开放准备随时调整自己。"[2]

（3）自由与命定向人们挑战，因为人们的自由受到了限制。对此的应答，一种就是不顾对于他人所产生的影响，而要求没有限制的自由。另一种则是放弃自由，而导致诸如依赖他人或物质滥用等自我束缚。第三种更具创造性的应答，却在人际与个人背景的意识下，探索自身的各种可能性。

（4）合群与孤独之所以挑战于人们，是由于人们既是在人际关系中孕育、出生与成长的社会性存在，而其身心又都是独立的实体。一种对此的应答就是

---

[1]　[美]科克·施奈德，奥拉·克鲁格. 存在—人本主义治疗 [M]. 郭本禹，余言，马明伟译.
　　　合肥：安徽人民出版社，2012年4月第1版，28页。
[2]　[美]科克·施奈德，奥拉·克鲁格. 存在—人本主义治疗 [M]. 郭本禹，余言，马明伟译.
　　　合肥：安徽人民出版社，2012年4月第1版，29页。

拒绝孤独，过分地投入于团体，表现得无私奉献，而深陷人际关系之中。第二种则听任孤独、势利与为人群所拒绝，或前怕狼后怕虎，以防备他人的拒绝。第三种应答更有创造性，在当今个体可能被作为客体对待的世界上，仍乐于同他人真诚共处。在有可能被他人拒绝的情况下，仍然主动地伸出手来。

施耐德：压缩/扩张的连续体及存在—整合方法。施耐德把关于意识与潜意识的人格功能描述成一个压缩/扩张的连续体，它界定为一个自由而有限制的容器。人们与广大的能力"撤回"、压缩自身的思想和感知觉，并同样可"迸发"、扩展自己的思想与感知觉。而且，这种能力都是有界限的。面对既定的存在，人们只能对其加以压缩或扩张。施耐德认为，压缩与扩张能力彼此影响，对其容量进行应答的能力，和将这些应答整合入动力整体的能力，构成了个体内在与人际关系的丰富度及健康的程度。

施耐德后来发展出一个存在—整合的治疗方法，心理、环境与人际等层次交织起来形成一个压缩/扩张的连续体，该方法坚持多个层次的解放。存在—整合模式突破了早期存在—人本主义模式中仅强调经验层次接触而对其实践基础的限制，清晰地涵盖了与来访者面谈的各种层次，大大扩展了其干预的范围。

布伯、弗里德曼和亚隆：对话或人际维度。莫里斯·弗里德曼（Maurice Friedman，1995，2001）呼应马丁·布伯（Martin Buber）的哲学观，就心理功能提出了一种"对话"的方法。

"这种对话的方法，以布伯'我 - 你'（I-Thou）人际关系哲学为基础，强调人格的人际关系和相互依赖两个维度。在弗里德曼看来，心理的成长和发展，不仅仅是或者主要是通过与自己相遇，而且还通过与他人的相遇来实现。弗里德曼提出来的这种'通过相遇而治疗'的方法，其特征是拥有对自己在场以及肯定自己的能力，与此同时，也对他人也变得在场并肯定他们。这样，这种关系中的自由与限制就转化为个体内部所经历的自由与限制，建立的对他人的信任则可能为自我肯定带来一定的威胁。"[1]

---

[1]　［美］科克·施奈德，奥拉·克鲁格. 存在—人本主义治疗［M］. 郭本禹，余言，马明伟译. 合肥：安徽人民出版社，2012年4月第1版，31、32页。

亚隆作为一位存在主义治疗师，也看重"我-你"关系。他相信来访者只有在一种安全与亲密的治疗关系情境中，才能够面对并接受存在的既定，选择与以前不同的生活，才会发生改变与成长。由于来访者通常在其生命中难以形成亲密的关系，需要跟治疗师学习如何发展良好的关系。亚隆把关系本身视为改变的动因，从而将与来访者建立亲密的治疗关系看成是一个中心任务。

### （三）治疗过程

施耐德总结了存在—整合模式经验治疗层面的一个大体框架。他指出："存在—整合治疗的基本思想是，在自然限制和自我限定（比如文化）之下，协助来访者做出最优的选择。选择其实是一种能力——根据个人的、环境的要求压缩和扩展自我的能力。尽管选择总是承担着意愿，但它不需要一定是实现某种意愿；如果一个人特别想要放弃，选择也能够反映深思熟虑的决定——'放弃'他的意愿或对推动他的意愿保持在场。"[1]

决定选择的关键因素是来访者改变的愿望与能力，它是来访者和治疗师性情与秉性的派生物。如果治疗师对于来访者是开放、可获取的，能够有深层次的接触，在他们所构建的独特的人际环境中，来访者也会向最大化地开放与可获取变化。一般来说，来访者改变的意愿与能力越强，越能够对自己在场，就越可以"拥有"其存在所拒斥的一端。来访者通过拥有其存在的极端，就会对自身进行自由自在的探索。事实上，就能丰富、痛彻、充实地展现生命，仿佛其生命本就如此一般。

"存在—人本主义治疗师努力与来访者在'他们所在的地方'相遇，并且也努力帮助那些来访者实现其全部的潜能，去'拥有'或赢得呈现在他们面前的生活。"[2]存在—整合模式中经验治疗层面的立场与情境有如下几种，并经常如下面所排列的顺序出现，但也不一定每次都是这样。

---

[1]　[美]科克·施奈德，奥拉·克鲁格. 存在—人本主义治疗［M］. 郭本禹，余言，马明伟译. 合肥：安徽人民出版社，2012年4月第1版，139页。

[2]　[美]科克·施奈德，奥拉·克鲁格. 存在—人本主义治疗［M］. 郭本禹，余言，马明伟译. 合肥：安徽人民出版社，2012年4月第1版，39页。

1.培养治疗在场

将其作为基础、临床方法与最高目标。"在场把握、阐释了来访者内部以及来访者和治疗师之间，明显存在的（即时性、情感性、动觉性和深刻性）有价值的内容。在场把握、阐释了那些可能引起激烈反应的内容，并暗指了这一问题——在这个人的内部以及这个人和我之间真正发生了什么？在场是'汤'，是某种氛围，在这个'汤'或氛围中，斗争或战斗变得清晰起来。"[1]

2.激活真实（invoking the actual）

协助来访者进入显著存在的有价值内容，或者可引发激烈反应的内容。也就是说，它唤醒来访者注意那些试图浮现的内容。激活真实有以下几个主要特点：

关注于这样的话题："你担心什么？""对你来说，此刻真正重要的是什么？"

关注个人，例如，鼓励以第一人称进行陈述；在特定时刻保持与真正重要内容的在场。

扩展话题，询问或邀请"你能再多告诉我一些吗？""尝试着把节奏放慢一下。"

对过程给予跟内容同样或更多的注意，如注意来访者说话的方式，及其声音的起伏与呼吸节奏，对过程与内容之间的不一致加以注意。

具身冥想，注意身体知觉的具体细节，常常邀请来访者将手放在紧张或感到阻碍的地方，然后请其用任何感知觉或形象与之前提及的区域加以联结。

在人际中相遇，或注意治疗关系中可引发激烈反应的主题；注意这些主题的过程维度；对与这些维度相联结的内容进行追寻与探索；因而促进来访者的自我探索。

3.活现与面质阻抗

提醒来访者他们是怎样阻碍了明显存在有价值事实的，即为活现阻抗。它

---

[1]［美］科克·施奈德，奥拉·克鲁格.存在—人本主义治疗［M］.郭本禹，余言，马明伟译.合肥：安徽人民出版社，2012年4月第1版，140页。

通过注解与标注加以说明，提示了来访者对可引发激烈反应事件的分离或压抑。而面质阻抗，则意图警告来访者他们如何阻碍了显著存在的有价值事实。面质阻抗时一定要非常谨慎。如果过于草率，会给来访者造成第二次创伤；如果不合时机地进行面质，可导致毁灭性的强烈反应或者消极的依赖。活现与面质帮助来访者看到他们怎样建构自身世界的特写镜头，并含蓄地向来访者挑战，以做出有关那些世界的决定。也就是说，阻抗工作仿佛一面镜子，照出来访者试图保持自己过去常用但已衰弱模式的一面。阻抗工作以这种含蓄的方式，建构来访者克服其阻碍所必需的对抗意志或者挫折。

4. 重新发现意义与敬畏

来访者在克服重重障碍后，就开始发展新的、更加均衡的道路。随之日渐稳固，来访者常常会体验到自由，来拥抱其生命与所有的可能性。与生命、存在或神秘的创造性形成的一种新关系，具有敬畏的典型特征，也就是对于生命充满了谦逊、惊奇、战栗与焦虑。

## 四、施耐德对需要心理学的贡献与局限

施耐德运用悖论原理对人的矛盾本质进行了深入分析，把心灵看作是一个收缩/扩张的连续统一体。主要论述了过度收缩、过度扩张和混合型这三种机能失常的症候。提出了机能失常体验的基础就是对于对无限、空间—时间或者悖论的巨大恐惧，是人们同极大与极小、扩张与限制最可怕相遇的结果。施奈德还运用悖论原理，分析了人们在日常生活中对于恐惧的几种常见应对方式，包括偶像崇拜、错误的面对、偏见、个体错乱对集体错乱，以及符号、象征与梦。

施耐德看到优秀人士具有完善的中心，更能够对其收缩与扩张进行选择，并概括了其在人格、身体、组织、社会行动和个人成长等方面，直面悖论的理想方式。他还将悖论分析应用于心理治疗，帮助来访者重新获得收缩或扩张的可能性。如果把悖论原理用于个体需要的分析上，在自身能力许可范围内的对需要的满足就是扩张，超出自身能力许可范围的额外满足就是过度扩张，对自身有能力满足的需要却进行抑制就是压缩，使相应能力无所作为的对需要的极

力压抑就是过度压缩。运用于对个体与环境相互作用的分析上，主体需要与主体需要客体化的扩张，就是对环境需要及环境需要主体化的压缩，反之亦然。

施奈德概括了敬畏的本质与力量，发现通往敬畏的道路充满了艰辛，分别论述了在教育、儿童期的创伤、吸毒成瘾、慢性病、幽默、年老过程和日常生活中对敬畏的唤醒，并且总结了有助于敬畏唤醒的一般条件。也就是说，施耐德充分认识到了敬畏感的认知价值，即敬畏感的出现，本身就是对认知需要的一种难得的满足。只是他所论述的其中的神秘成分，难以达到类似体验而不能苟同。

施奈德总结了存在—人本主义治疗的理论，指出了"让来访者自由"为存在—人本主义治疗的目标，及四个共同的核心目标。施奈德还分析了自我感这一重要概念，列举了许多存在—人本主义学家在不同的心理健康模式中，用现象学方法对不同个体生存经验的描述。施耐德总结了存在—整合模式经验治疗层面的一个大体框架，分析了包括在场、激活真实、活现与面质阻抗，及重新发现意义与敬畏在内的治疗过程。对存在—整合模式的治疗实践起到了较大的推动作用，促进了存在—人本主义治疗理论在实践中的应用。

## 第三节　亚隆存在主义心理治疗的需要思想

欧文·D·亚隆（Irvin D. Yalom，1931— ）生于美国华盛顿特区，父母为俄罗斯人，第一次世界大战后移民美国。斯坦福大学医学院精神病学教授，美国团体心理治疗权威，当代精神病学大师，存在主义心理治疗三大代表人物之一。因其在临床精神病学领域的贡献，于 1974 年获美国爱德华史崔克精神医学奖，1979 年获美国精神病学协会奖励基金。

其主要心理学著作有：《团体心理治疗的理论与实践》（1975）、《存在主义心理治疗》（1979），还著有：《爱情刽子手》（1988）、《当尼采哭泣》（1990）、《诊疗椅上的谎言》和《妈妈及生命的意义》等畅销书。

亚隆提出了团体心理治疗的理论，并对团体心理治疗的实践进行了总结。他还对存在主义心理治疗加以理论概括。

## 一、团体心理治疗

亚隆对团体治疗进行了系统论述，主要说明了疗效因子、治疗师的任务与方法、团体治疗的过程与团体类型等内容。

### （一）疗效因子

亚隆认为治疗性改变的过程非常复杂，并且随着来访者各种体验间复杂的相互作用而产生，"疗效因子"（therapeutic factors）指的就是这种相互作用。他还总结出 11 个主要的疗效因子[1]：

希望重塑（Instillation of hope）

普通性（Universality）

传递信息（Imparting information）

利他主义（Altruism）

原先家庭的矫正性重现（The corrective recapitulation of the primary family group）

提高社交技巧（Development of socializing techniques）

行为模仿（Imitative Behavior）

人际学习（Interpersonal learning）

团体凝聚力（Group cohesiveness）

宣泄（Catharsis）

存在意识因子（Existential factors）

### 1. 希望重塑

亚隆指出，在任何心理治疗中希望的重塑与维持都是至关重要的。希望可以让来访者坚持治疗，才能使其他疗效因子发挥作用，何况来访者对于治疗的信心本身就是有治疗效果的。因此团体治疗师必须想方设法增强来访者对于团体治疗的信心。来访者积极的期望所带来的广泛作用，和团体所特有的希望感

---

[1]　［美］Irvin D. Yalom，［加］Molyn Leszcz. 团体心理治疗——理论与实践（第五版）［M］.
　　李敏，李鸣译. 北京：中国轻工业出版社，2017年5月第1版，1、2页。

都是团体治疗取得进展的重要资源。希望有着相当大的弹性，它可以通过重新定义自身来适应当前的环境。希望能够改善团体的舒适感，加强团体成员间的联系，还能够治疗轻微的不适。

2. 普通性

许多来访者以为自己是唯一的不幸者，其极端的社会孤立，放大了他们的独特感。他们人际交往上的困难造成了无法与人深交，从而不能形成深入的亲密关系。他们在日常生活中感受不到他人的体验，也不会信任外人并得到别人的信任与接纳。在治疗过程中肯定来访者的独特感，本身就能使其情绪得到缓解。当他们听到其他成员对类似担心的暴露时，就会油然而生起共鸣感，仿佛有一种重新回归人群的感觉。

正如其他疗效因子一样，普通性也不是单独发挥作用的。来访者能够感受他人与自己的相似之处，并将自身最深层的忧虑分享出去后，随之而来的宣泄和来自别人的完全接纳，会让他们受益匪浅。

3. 传递信息

传递信息指的是，由治疗师给予的教导式指导，包括治疗师在精神健康、精神疾病及一般精神动力学知识方面的指导，和治疗师或其他团体成员提供的忠告、建议或者直接的指导等。

亚隆指出："在团体治疗中，教导式指导有多种形式：传递信息、改变病理性思维、提供理论框架以及解释疾病过程等。通常，这种指导能使团体在初始阶段具有基本的亲和力，直到其他的疗效因子发挥作用。不过，解释（explanation）和澄清（clarification）本身就是有效的治疗因子。人类总是憎恨不确定的东西，多少年来，人类开始提供各种解释——主要是宗教和科学的——来支配宇宙间的这种现象。对一种现象的解释是控制它的第一步。假如火山爆发是由上帝发怒引起的，那么至少我们可以通过取悦上帝达到最后控制火山的目的。"[1]

---

［1］［美］Irvin D. Yalom，［加］Molyn Leszcz. 团体心理治疗——理论与实践（第五版）［M］. 李敏，李鸣译. 北京：中国轻工业出版社，2017年5月第1版，9、10页。

来自团体间的直接忠告重要的不是内容，而是忠告的过程，它暗示并且传递了成员之间相互的兴趣与关心。直接给予建议是最无效的忠告形式，而给出较系统的可以操作的指示，或是一系列关于如何达到某种目标的可供选择的建议，是最为有效的。

4. 利他主义

治疗团体中的成员通过付出而能有所收获，"不仅从接受帮助——相互给予—接受关系的一部分——中受惠，也从给予的行为本身有所获益。刚开始治疗的精神病人通常士气低落，深感自己无法为他人提供任何有价值的东西。他们长期以来就认为自己是一个包袱，当发现自己对别人很重要时，这种体验会使他们振作起来并感到自尊。团体治疗的独特之处在于它可以让成员间有机会相互学习、获益。它还鼓励成员身份的多样性，要求成员在接受帮助和提供帮助之间灵活转变角色。"[1]

来访者在团体治疗过程中相互提供支持、保证、建议与领悟，并一起分享类似的困惑。在回顾团体治疗时，几乎所有来访者都认为其他成员对自身进步产生了重要影响。甚至仅仅体会到其他团体成员的存在，就能促使其在彼此支持的关系中成长起来。团体成员经由体验利他因子，而能够直接体验到对关注自己的其他成员具有义务的意识。

5. 原先家庭的矫正性重现

对于参加团体治疗的大多数来访者来说，在其原先的家庭这个最重要的团体中，都有过让其感到十分不满的经历。治疗团体在许多方面都与家庭类似：有与父母类似的权威角色，有类似于兄弟姐妹的同辈角色，人际关系深刻，情感强烈，还有深厚的亲密感，以及情感上的敌对或竞争。在团体治疗中，提供了大量的矫正可能性。

"早期家庭冲突的复现是重要的，矫正性的复现更加重要。再次暴露而不进行修复只会让情况变得更糟糕。抑制个人成长的人际关系模式不应该成为许

---

[1] ［美］Irvin D. Yalom，［加］Molyn Leszcz. 团体心理治疗——理论与实践（第五版）［M］. 李敏，李鸣译. 北京：中国轻工业出版社，2017年5月第1版，12页。

多家庭结构中僵化、不可改变的特征。反之，固着的角色需要不断地被探索和挑战，并建立不断地鼓励探索人际关系和尝试新行为的基本原则。对许多成员而言，与治疗师和其他成员一起解决问题也是在处理一直以来悬而未决的事情。"[1]

### 6. 提高社交技巧

培养基本社交技巧的社会学习为所有治疗团体的一个疗效因子。一般来说，经过较长时间的团体治疗，其成员往往能发展出相当成熟的社交技巧。他们能够做到融会贯通，可以学会有效地回应他人，了解怎样解决冲突的方法，主观评价较少，更加善于准确地体验并表达共情。团体成员所掌握的这些社交技巧，在其未来的社会互动中会提供很大帮助。

### 7. 行为模仿

在团体治疗中，治疗师能够通过示范一些行为而对团体的沟通类型产生影响。团体成员中的模仿行为非常普遍，既可以模仿治疗师，还会模仿其他成员，并从对其他成员如何处理问题中获益匪浅。来访者能够从观察具有类似困扰的其他成员的治疗中有所收获。

早期治疗阶段中的行为模仿通常比在后期发挥着更加重要的作用，来访者会认同治疗师或较资深的团体成员。即使是昙花一现的模仿行为，也能够让来访者尝试新的行为，从而激发起新的行为。团体成员依靠尝试的方式，一点一滴地对其他成员的行为加以学习，随后放弃一些不良行为，在团体治疗中非常普遍。能够识别那些不属于自己的特质，就已经朝认清自身更接近了一步。

### 8. 人际关系

基于沙利文（Sullivan）的早期贡献及其精神病学的人际关系理论，使心理治疗中的人际关系模型变得日益重要起来。沙利文把人格看成是个体与生活中重要他人相互作用的产物，并主张与他人建立亲密联系的需要是人的一种基本需要。精神治疗应立足于纠正扭曲的人际关系，让来访者能够更加丰富地生活，

---

[1]［美］Irvin D. Yalom，［加］Molyn Leszcz. 团体心理治疗——理论与实践（第五版）［M］. 李敏，李鸣译. 北京：中国轻工业出版社，2017年5月第1版，14页。

通过参与人际交往，而在现实中获得相互满足的人际关系。

亚隆强调："人与人之间的相互需要是与生俱来的，是基于生存的需要，是社会化的需要，是追求满足感的需要，没有人可以超越人类互相联系的需要，包括濒死者、被遗弃者和有权势者。"[1]

弗兰兹·亚历山大（Franz Alexander）于1946年在描述精神分析的治疗机制时，曾经介绍过矫正性情感体验的概念。这种治疗的基本原则就是在来访者同意的情况下，将其暴露于过去处理不了的情感经历之中，然后助其经历矫正性情感体验，在此体验中能够修复其既往经历中的创伤性影响。在这个过程中，不仅要有理智上的领悟，还必须有情感体验及系统的现实检验。

亚隆总结了来访者所报告的具有矫正性情感体验的重要事件的共同特征[2]：

来访者表达出强烈的负性情感。

对来访者而言，这种表达是一种独特的或新奇的体验。

来访者总是害怕表达痛苦，但一旦表达，灾难并未随之而来，并没有发生想象中的灭顶之灾。

产生现实检验。来访者既认识到表达愤怒的强度和指向是不恰当的，又认识到先前逃避情感表达也是没道理的。来访者有可能获得一些洞察，也就是了解自己的不恰当情感或逃避先前情感表达的某些原因。

来访者可以更自由地互动，更深入地探索自己的人际关系。"

亚隆还概括了矫正性情感体验在团体治疗中的几个方面[3]：

来访者冒险表达人际关系方面的强烈情感。

团体的支持足以使这种冒险发生。

现实检验允许来访者通过团体成员的一致性确认，对事件重新认识。

［1］［美］Irvin D. Yalom，［加］Molyn Leszcz. 团体心理治疗——理论与实践（第五版）［M］. 李敏，李鸣译. 北京：中国轻工业出版社，2017年5月第1版，21页。

［2］［美］Irvin D. Yalom，［加］Molyn Leszcz. 团体心理治疗——理论与实践（第五版）［M］. 李敏，李鸣译. 北京：中国轻工业出版社，2017年5月第1版，24、25页。

［3］［美］Irvin D. Yalom，［加］Molyn Leszcz. 团体心理治疗——理论与实践（第五版）［M］. 李敏，李鸣译. 北京：中国轻工业出版社，2017年5月第1版，25页。

承认某种人际感觉和行为或所逃避的人际行为是不恰当的。

个体与他人更深入更真诚地互动的能力最终得到促进。

亚隆相信一个自由互动的团体最终将会发展成一个全体成员参与的社会缩影，也就是说，如果团体成员能够在治疗过程中以不防御的自然方式自由地互动，就会在团体中生动地再现并展示其病症。而社会缩影概念具有双向性，一方面，来访者在团体外的行为能够显现于团体之中；另一方面，他们在团体内学到的行为也可逐渐带入其社会环境中，从而使得他们在团体外的人际关系发生变化。

亚隆把移情看成是人际知觉扭曲的一种特殊形式，在团体治疗中比在个体治疗中，扭曲的程度更大，种类也更加繁多。特别重要的就是修通移情，即修通来访者与治疗师之间关系的扭曲。另外，治疗师还必须致力于促进成员间互动的发展与修通。

内省可理解为广义上的向内看，该过程包括澄清、解释与解除抑制。当人们察觉到一些重要的事情与其行为、动机或潜意识相关时，就出现了内省。来访者在团体治疗过程中，至少能够获得四种不同层次的内省：

（1）来访者可能对其人际关系有一个比较客观的看法，可能是第一次知道他人是如何看待自己的。

（2）来访者可能会对与他人互动时所表现出来的复杂行为加以了解，他们更清楚自身的行为模式。

（3）在动机上进行内省。来访者能够了解自己这样对待他人，以及与他人合作的理由。一般来说，这种形式的内省是假设，了解人们为什么要采取某种行为方式，是由于相异的行为方式会导致一些不良后果。

（4）病因内省为第四个层次的内省。治疗师试图帮助来访者了解其是怎样造成当前处境的。经由探讨个人发展史，来访者可能发现目前行为模式的起因。

9. 团体凝聚力

亚隆指出："在此书中，凝聚力是泛指使团体成员留在团体中的所有力量的综合，或者，更为简单地说，是一个团体对其成员的吸引力。它指成员们在团体中感觉温暖、舒心、有归属感；他们重视团体，并反过来感觉到自身的价值及被其他成员无条件地接受与支持。"[1]

团体凝聚力不仅本身具有强大的治疗力量，而且还是其他疗效因子良好运作的必要的先决条件。在团体中，彼此可以进行情感交流，使得个人的内心世界能为他人所接纳。

团体内的隶属关系还能够满足成员的归属需要，它是人类的一种本质属性。对于个体的发展来说，团体成员间的关系、接纳与赞赏发挥着非常重要的作用。归属于某个适当的社会团体，对于个体有着难以估量的价值。团体归属感可以提升成员们的自尊，满足其归属需要，同时还会增强成员的责任心与自主性。团体成员清楚自身不仅仅是团体凝聚力的被动受益者，他们也为团体凝聚力做出了贡献，通过对团体的关心与内化而有助于形成团体凝聚力，并且创建了稳固持久的关系。

10. 宣泄

情绪宣泄被看成是人际互动的一部分，一个人把自己单独关在房子里发泄情绪，是没有什么益处的。情绪宣泄与团体凝聚力之间存在着错综复杂的关系。"一旦团体形成了支持性的联盟，情绪宣泄会更有用；换句话说，情绪宣泄若发生在团体后期会比发生在团体早期有价值，反之，强烈的情绪表达也会提升凝聚力：成员们若对另一成员表达强烈情绪，同时又诚恳地审视这些情绪，将有助于双方形成亲近的联盟。在以丧失为主题的团体中，研究者发现，表露正面的情感与积极的疗效有关。负面情感的表露则只有在真心愿意了解自己与其他成员时，才具有治疗性。"[2]

表达情绪直接相关于个体的希望感与自我效能感，也相关于应对的能力。个体如果能够清晰地表明自我的需求，其自身及周围的人就能够更加有效地应对环境刺激。

可见，开放的情绪表达在团体治疗过程中无疑发挥着极其重要的作用；如

[1] ［美］Irvin D. Yalom，［加］Molyn Leszcz. 团体心理治疗——理论与实践（第五版）［M］. 李敏，李鸣译. 北京：中国轻工业出版社，2017年5月第1版，47页。

[2] ［美］Irvin D. Yalom，［加］Molyn Leszcz. 团体心理治疗——理论与实践（第五版）［M］. 李敏，李鸣译. 北京：中国轻工业出版社，2017年5月第1版，74页。

果缺失了它，团体治疗就会沦落成为无趣的理论课。然而，情绪宣泄属于治疗的一部分，还必须同其他因素互为补充，才能起到应有的作用。

11. 存在意识因子

亚隆将一些先前没有列入研究的存在意识因子纳入考察的对象，他加上的这类因素包含如下 5 个条目[1]：

了解到生命有时候是不公平的。

了解到生命中某些痛苦和死亡终究是无法逃避的。

了解到无论我和别人多亲近，我仍须独自面对人生。

面对生死，我更能诚实地生活而不被细枝末节的小事羁绊。

认识到无论从别人那里得到多少指导及支持，我终究必须为自己的生活方式负起责任。

这些条目打动了来访者的心，得到了来访者较高的评分，在重要性排名中比较靠前。人们在生活中经常会忽视这些存在因素，直到对此的敏感性由生活事件而提高。开始人们或许会否认所面临的疾病、丧亲与精神创伤之痛，但是最后，这些改变生命历程事件的影响有可能突破防线，使人们的生活态度发生变化，创造出催化自身建设性改变的治疗机会，或者能够改变人们对于人际关系及整个世界的看法。

亚隆在分析完这些疗效因子后指出，它们之间存在错综复杂的相互作用，往往整合起来发挥功效。并总结道："疗效因子的相对力量显然是很复杂的问题。不同种类的治疗团体、治疗团体的不同发展阶段或团体的不同来访者，依其个人需求及能力，各重视不同的因子。总体而言，大部分研究证实，长期的互动式门诊团体主要受人际关系影响。人际互动、探索（包括情绪宣泄及自我了解）和团体凝聚力，乃是有效的长期团体治疗之必要条件，而有效能的团体治疗师必须倾力发展这些治疗资源。"[2]

---

[1]　［美］Irvin D. Yalom，［加］Molyn Leszcz. 团体心理治疗——理论与实践（第五版）［M］. 李敏，李鸣译. 北京：中国轻工业出版社，2017年5月第1版，80页。

[2]　［美］Irvin D. Yalom，［加］Molyn Leszcz. 团体心理治疗——理论与实践（第五版）［M］. 李敏，李鸣译. 北京：中国轻工业出版社，2017年5月第1版，94页。

**（二）治疗师的任务与方法**

1. 治疗师的基本任务

团体治疗师应致力于设计出工作线路，促进它得以启动，然后以最大效能来运行。治疗师建立与来访者之间持续、积极的关系是专业治疗技术的基础，治疗师必须采取关心、接纳、真诚与共情的基本姿态对待来访者。进而，团体治疗师在工作中就可以采取如下三种治疗技术：

（1）团体的创立与维系

对于团体的创立与召集，团体治疗师是责无旁贷的。团体存在的一个前提就是治疗师所提供的专业服务，团体聚会的时间、地点也要由治疗师来设定。治疗师在团体治疗一开始就要担当起管理者的角色，特别是要防范成员的脱离。作为团体初期聚集的主要力量，团体治疗师必须能够识别并阻止任何对团体凝聚力有威胁的力量。可以说，协助创建一个实质性的团体是治疗师的第一项任务。

（2）团体文化的建立

由于团体成员间的互动可以启动许多疗效因子，团体治疗师就要尽可能地创建一种团体文化，来有效地诱导团体互动。在这种文化中，团体成员能够自由地说出其所体验到的对于团体、其他成员与治疗师的即时感受，鼓励成员诚实和具有自发性的表达，成员们相互间能够自在地来往。

（3）规范的形成

每个团体在发展过程中都会形成一套不成文的规范，并由它来决定团体行为的作风。在团体成员的期待、有影响力成员的引导，特别是治疗师的行为塑造下，团体规范得以产生。治疗师一个不可规避的职责就是，在建立团体规范时发挥其极大的影响力。

2. 治疗师怎样运作于此时此地

此时此地的治疗效能来自两个层面：一个是体验性的，另一个是历程阐释的。前者指的是成员们生活于此时此地，对于团体本身、其他成员和治疗师都会形成强烈的感受。后者是指团体必须对体验过程进行自我确认、检视和理解，并能够超越纯粹的体验而努力把体验整合起来。

亚隆总结出，"此时此地的有效运用有两个步骤：团体存在于此时此地体验中，同时也回顾体验历程；形成一个自我反省的循环，来检视刚才发生于此时此地的行为。……治疗师在此时此地中具有两项独立的任务：一项是激发团体进入此时此地；另一项是促成自我反省循环（或历程评论）。"[1]

激活此时此地将会成为团体规范的一部分，并且团体成员能够协助治疗师的工作。历程评论的任务很大程度上属于治疗师的职责，它是由范围广泛且复杂的行为所组成的。"包括标定某一行为举动；归类一组行为；将一段时间内发生的行为组合成一种行为模式；从此时此地的行为识别中推断出该成员在更大范围内的行为模式；指出由病人的行为模式时造成的不利结果；进行较复杂的推论解释或阐释某些行为的意义和动机等。"[2]

### （三）团体治疗的过程与团体类型

#### 1. 团体治疗的过程

亚隆从来访者的筛选、治疗团体人员的组成、团体的创建与治疗阶段几个方面论述了团体治疗的过程。

为了使团体治疗有效，对来访者应进行一定程度的筛选。在排除不适宜者时有一个主要的指导方针，就是来访者如果无法参加到团体的主要任务中来，他的团体治疗就不能成功，无论该任务是逻辑的、智力的和心理的，还是人际关系的。

治疗动机是临床上最重要、最明显的纳入标准，也就是说，来访者必须有强烈的治疗动机，特别是一定要具备强烈的团体治疗动机。亚隆进一步具体指出："大多数临床工作者一致同意，一个重要的纳入标准是来访者在人际关系领域是否存在明显障碍，诸如：孤独；羞怯及社会退缩；无法与人建立和发展亲密关系或缺乏爱的能力；过度的争强好胜、言行过于粗暴、格格不入、好争

---

[1]　[美] Irvin D. Yalom，[加] Molyn Leszcz. 团体心理治疗——理论与实践（第五版）[M].
　　李敏，李鸣译. 北京：中国轻工业出版社，2017年5月第1版，115、116页。

[2]　[美] Irvin D. Yalom，[加] Molyn Leszcz. 团体心理治疗——理论与实践（第五版）[M].
　　李敏，李鸣译. 北京：中国轻工业出版社，2017年5月第1版，128页。

辩；多疑；难以与权威相处；自恋，包括无法与人分享情感、无法对他人共情或无法接受批评、且不停地渴求赞美；一直觉得自己不讨人喜欢；害怕自我肯定；谄媚奉承及依赖。除此之外，来访者必须愿意为这些问题负起责任，或者至少能承认这些问题的存在，并有寻求改变的意愿。"[1]

2.治疗团体人员的组成

对于来访者治疗前的诊断，能较好地预测其随后在团体中的行为。由于来访者的团体行为会因其内在心理需要、表达方式、团体任务与人际组成及社会规范的差异，而有各自不同的表现。最经常应用的对来访者以诊断为目的的初次个别会谈并不准确，但是，"总的原则是：纳入程序与团体实际情境越相似，那么，对来访者的团体行为进行预测也就越精确。目前，最为有效的临床方法就是对来访者在一个纳入性的、角色扮演的候选名单团体中的行为进行观察评估"。[2]

亚隆通过临床观察发现，失调或者不一致的状态是来访者产生改变的必要前提。也就是说，如果想让来访者发生改变，必然要使其与团体文化间有一定程度的不协调。

他进一步总结道："对长期的密集型治疗团体，治疗师必须遵循这样一条原则：在冲突方面要求成员具有异质性，在自我强度方面则要求成员具有同质性。在性别、主动性和被动性水平、理智和感觉、人际障碍形成上，我们倾向异质性；但是在智力、忍受焦虑的能力、给予和接受的能力以及求治迫切性上，我们倾向于同质性。……基于我们目前所掌握的知识，我提议把凝聚力作为治疗团体组成时的首要指导原则。治疗师只要在治疗前的来访者指导上和团体治疗的初始阶段中发挥积极功能，我们所希望的失调状况必将在团体中发生。当然，保持团体完整性应是首要的任务，治疗师必须选择那些最不可能提早中断

——————————

[1] ［美］Irvin D. Yalom，［加］Molyn Leszcz. 团体心理治疗——理论与实践（第五版）［M］.
李敏，李鸣译.北京：中国轻工业出版社，2017年5月第1版，206页。

[2] ［美］Irvin D. Yalom，［加］Molyn Leszcz. 团体心理治疗——理论与实践（第五版）［M］.
李敏，李鸣译.北京：中国轻工业出版社，2017年5月第1版，224页。

治疗的来访者。"[1]

### 3.团体的创建

在创立团体之前，治疗师必须选择好适合的治疗地点，并确定有关治疗结构的一系列事项，包括团体名称、规模、治疗周期、新成员的进入、治疗频率及每次治疗要持续的时间和团体治疗的准备等。

亚隆强调团体治疗师在准备阶段一定要达到如下几个特定的目标[2]：

澄清误解、消除不必要的恐惧与非理性的期望；

预测团体治疗中可能出现的问题并尽量减少和避免这些问题；

向来访者提供一个认知框架，使他们能够有效地参与到团体中；

营造一种对团体治疗的现实和积极的预期。

### 4.团体治疗的阶段

亚隆把团体的发展概括为形成期、风暴期和凝聚力发展期及终结期四个阶段。在初始阶段，团体成员的关注点可比喻为"进或出"，他们关注能否被认可或赞赏，会积极地投入于团体之中，并对哪些行为能被接纳进行界定，对团体的方向、结构与意义加以探索。

首次团体治疗大多易于取得成功，治疗师会在开场白中介绍治疗的目标与方法，然后，团体成员会进行自我介绍。而且，一定要在团体开始时就建立起团体规范。亚隆指出："任何新团体的成员都会面临两大任务：首先，他们必须确定用何种方法来解决自身的主要问题，这也是他们加入团体的目的。其次，他们必须在团体内部发展自己的社会关系，以便为自己找到合适的立足点。该立足点不仅能我他们完成个人目标提供所需的舒适感，而且能够是他们在愉悦的人际交往中获得额外的满足感。"[3]

――――――――――

[1] ［美］Irvin D. Yalom，［加］Molyn Leszcz. 团体心理治疗——理论与实践（第五版）［M］.
李敏，李鸣译.北京：中国轻工业出版社，2017年5月第1版，227和233页。

[2] ［美］Irvin D. Yalom，［加］Molyn Leszcz. 团体心理治疗——理论与实践（第五版）［M］.
李敏，李鸣译.北京：中国轻工业出版社，2017年5月第1版，247页。

[3] ［美］Irvin D. Yalom，［加］Molyn Leszcz. 团体心理治疗——理论与实践（第五版）［M］.
李敏，李鸣译.北京：中国轻工业出版社，2017年5月第1版，263页。

第二个阶段为风暴期，团体成员的关注点可比喻为"高或低"。出现团体重心的转移，关注焦点变为控制、支配与权力等问题。成员与领导及与其他成员之间的冲突明显地表现出来。每个成员都试图谋求自身的主动权及其他权力，于是，逐步会产生控制阶层与成员势力的强弱秩序。

第三个阶段是形成团体凝聚力及其发展的时期，在此期间，团体逐步进展为一个有着凝聚力的整体。自我暴露、团体士气和成员间相互的信任感在持续提升，此时成员们最为关注的焦点是"近或远"，也就是成员间的亲密感。亚隆主张："凝聚力的形成过程可以分为两个阶段：一个是具有强大的相互支持的早期阶段（团体对抗外在世界）；另一个则是更为成熟的团体工作阶段，或者可称为真正的团队工作阶段。后一阶段所出现的紧张状态，并非源于团体内支配权的争夺，而是每个成员努力克服自身阻抗的结果。"[1]

第四个阶段是团体治疗的结束阶段，也称作治疗终期。它常常受到忽视，却是重要而复杂的。分别可以从治疗师、个体成员和整个团体的不同视角来看，治疗师可能会离开；个体成员或许会过早脱落，或者因达到治疗目的而离去；整个团体在完成使命后则会解散。

**（四）团体治疗的类型**

亚隆所论述的团体治疗原则主要适用于开放式、长程门诊来访者的团体治疗，也就是说，这种类型的团体治疗属于传统的团体治疗。而针对某个特殊群体的团体治疗则属于特殊的团体治疗，亚隆主要分析了急性精神病住院治疗团体、躯体疾病的团体治疗、自助团体和网络支持团体的治疗。他建议在设计某个特殊团体的治疗方案时，要遵循三个步骤。即首先评估临床状况，再制订适宜的临床目标，最后针对前两个步骤对传统治疗技术进行调整。

## 二、存在主义心理治疗

亚隆把存在主义心理治疗看成是一种动力性的治疗方法，认为它关注的焦

---

[1]　［美］Irvin D. Yalom，［加］Molyn Leszcz. 团体心理治疗——理论与实践（第五版）［M］. 李敏，李鸣译. 北京：中国轻工业出版社，2017年5月第1版，271页。

点是根植于个体存在中的关怀。存在主义所强调的基本冲突是在个体面对存在的既定事实时所引发出来的。而存在的既定事实指的是一些终极关怀，一些人之所以为人的必然特质。当个人深度反思时，如果能够深入所有层面的最底层，就一定会面对存在的既定事实，这种所面对的"深度结构"，亚隆就将其称作"终极关怀"。他主要探索了死亡、自由、孤独与无意义四个终极关怀。

**（一）死亡**

1. 死亡与焦虑

亚隆在探讨死亡概念之前，提出了四个基本假设[1]：

（1）死亡恐惧在我们的内心体验中扮演了主要的角色；它比任何其他事情都更萦绕在心；它在表层之下持续低吟；它是一种在意识边缘上阴暗沉郁、令人不安的存在。

（2）儿童在很早的年纪就时时处处专注于死亡。他的主要发展任务就是处理湮灭所带来的极大恐怖。

（3）为了应对这些恐惧，我们建立起防御以避免对死亡的意识。这些防御以否认为基础，塑造人格结构，如果适应不良会导致临床症状。换句话说，心理病理是以无效模式来逾越死亡的结果。

（4）最后，在死亡意识的基础之上有可能建立起一种适用广泛而有效的心理治疗方法。

亚隆首先检视了对心理治疗实践具有重要意义的两个基本命题[2]：

（1）生命和死亡相互依存；它们同时存在，而不是先后发生的。死亡在生命表层之下持续骚动，并对经验和行为产生巨大影响。

（2）死亡是焦虑的原始来源，因此也是心理病理的根本源头。

亚隆提醒人们不要忘记人类的基本两难困境：人是集天使和野兽于一身的

---

[1] ［美］欧文·D·亚隆. 存在主义心理治疗［M］. 黄峥，张怡玲，沈东郁译. 北京：商务印书馆，2015年6月第1版，30页。

[2] ［美］欧文·D·亚隆. 存在主义心理治疗［M］. 黄峥，张怡玲，沈东郁译. 北京：商务印书馆，2015年6月第1版，31页。

必死生物，而且人类能自我意识到自己终有一死。在任何层面上否认死亡都是对人类基本自然属性的否认，从而更加普遍地限制人们的意识与体验。生命与死亡相互依存，肉体的思维会毁掉一个人，对死亡观念的整合却可以拯救人。体认死亡能让人们更深刻地感受生命，促使人生观产生根本性的转变。从而让人们由一种分心、麻木和为琐事而焦虑的生活转变到更加真诚的模式。也就是说，由于死亡观念在每个人的生命体验中充当着关键性的角色，从而可以在心理治疗中起到至关重要的作用。

亚隆发现死亡恐惧普遍存在，而且这种恐惧巨大到人们把生命的大部分能量都消耗在了否认死亡上。死亡恐惧有对死后情形、临终情形和生命终结的恐惧三种类型，前两种恐惧都是与死亡有关，而第三种死亡恐惧是更为核心的恐惧，是害怕生命从此结束、消亡与毁灭。焦虑的根本来源就是死亡恐惧，然而原始的死亡焦虑极少会以本来面目在临床上表现出来，因为在童年时就会在否认机制的基础上，通过一套极其复杂的心理操作把死亡焦虑压抑下去，将其隐藏在置换、转化与升华等层层的防御机制中。死亡焦虑可以在有意识的反思、无意识、潜意识等不同层面被体验到。

2. 儿童的死亡概念

有研究显示，儿童在生命早期就非比寻常地专注于死亡，这种对死亡的普遍关注极其深远地影响了他们的经验世界。死亡这个谜题对他们来说是不可思议的，知道生命终将不复存在会引发无助感与对消亡的恐惧，这导致儿童承受着巨大的焦虑。面对死亡这个残酷的生命真相，儿童深感恐慌，会否认、嘲笑、压抑它，将其拟人化，或者用其他东西来替代它。儿童所采取的应对策略是基于否认的，处理这种焦虑成为他们的一个重要发展性任务，有两种主要的处理方式可供选择："改变死亡难以忍受的客观事实，或是改变内心的主观体验。儿童会否认死亡的必然性和不变性。他们会创造不死的神话，或是愉快地接受长者所提供的神话。儿童也会通过改变内在现实来否认自己在死亡面前的无助感——相信自己的特殊、全能和不受伤害，以及存在某种对自己的外在力量或生命会拯救他脱离所有其他人都要面临的命运。"[1]

儿童应对死亡恐惧的方式会经历一系列顺次发展的阶段，以与其内在资源相匹配的发展速度来加以处理。如果过早、过多地遭遇死亡问题，就会造成失衡。特别是父母的过早死亡，对年幼的儿童来说是灾难性事件，会导致精神上重大的创伤。

### 3. 死亡与心理病理现象

面对死亡人们经常采取两种否认的防御机制，一是相信个人的独特性，另一个是相信存在终极拯救者。亚隆发现："个人独特性的信念特别有助于适应环境，出类拔萃。并忍受所伴随的不安——孤独；觉察到自己的渺小和外在世界的可怕、父母的无能、我们的生物学特征，及对自然的依附性；其中最重要的是，对死亡的认识一直在意识边缘聒噪。我们能够豁免自然法则，这一信念成为许多行为的基础。它增强了我们的勇气，使我们遭遇危险时，不会淹没在自己将被消灭的威胁之中。《圣经＜诗篇＞》作者的话可以为证：'千人扑倒在你右边，万人扑倒在你左边，但死亡不会来的你身边。'勇气就这样引发了被称为人类'天性'的努力，争取能力、效果、权力和控制。一个人获得的权力达到一定程度，就能进一步缓和死亡恐惧及强化个人独特性的信念。出人头地、如愿以偿、累积财富、建功立业，成为一种生活方式，有效地隐藏了必死的命题所带来的扰动。"[2]

人类信念中一个最显著的社会属性，就是相信存在一个永远关注、热爱并保护我们的全能的解救者。弗洛姆所称的这个"神奇的帮助者"，尽管会让人们冒险走到无尽深渊的边缘，却最终会把人们拯救出来。这个终极拯救者的信念体系植根于人童年的生活，由始终关心并满足人们任何需要的父母，到坚信有各种各样无所不能的神。除了在超自然中寻找拯救者之外，有些人还在尘世中追求伟大的领导者或崇高的目标。人们出于对崇高地位或人格化目标的热忱，

---

[1]［美］欧文·D·亚隆.存在主义心理治疗［M］.黄峥，张怡玲，沈东郁译.北京：商务印书馆，2015年6月第1版，116、117页。

[2]［美］欧文·D·亚隆.存在主义心理治疗［M］.黄峥，张怡玲，沈东郁译.北京：商务印书馆，2015年6月第1版，129页。

数千年来以此克服对死亡的恐惧，以至于因此而放弃自由与生命。

亚隆指出："坚定不移地相信终极拯救者（并努力达成融合、合并或嵌入）的人，会寻找自身之外的力量；采取依赖、恳求的态度对待别人；压抑攻击性；可能表现出受虐的倾向；失去支配者时，可能会深度抑郁。倾向于独特性和神圣不可侵犯（并力求突出自己、个体化、自主和独立）的人，可能会自恋；常常是强迫性成功者；倾向于直接向外攻击；可能自信到拒绝他人必要且适当的帮助；断然拒绝接受自身的失败或限制；容易表现出自我膨胀，甚至夸大的倾向。"[1]

4. 死亡与心理治疗

一个事件或一种紧急的体验，迫使个人必须面对自身存在于世的处境，可称作"边界处境"。个体面对死亡就是一种极端的边界处境，足以让其生活方式产生非常大的改变。死亡仿佛是一种催化剂，促使人达到一种更高的存在状态：从想了解事物是怎样运作的，到意图知晓事物的本质。觉察死亡能让人从对琐事的关心中脱离开来，对生命深入、强烈而迥异地进行思考。在心中牢记死亡会必然而至，就会对生命中无数的馈赠抱持以欣赏与感恩。不为病态的死亡观所纠缠，而是在死亡将至的背景下体味生命，让生命更加自觉，生活更为丰富。

亚隆强调，死亡仅仅是人类存在处境的一个成分，对死亡觉察的思考也不过陈述了存在主义心理治疗的一个方面而已。死亡恐惧为焦虑的根本来源，死亡成为解译焦虑的基础，并为理解它提供了一个心理动力的架构，它还是一种可以激发观点产生大幅改变的边界经验。

**（二）自由**

自由含义广泛，亚隆探讨了对治疗师来说有关自由的重要而常见的几个方面，包括个体创造自身生活的自由，即责任；个体欲望、选择与行动及改变的自由，即意志。

---

[1]　[美]欧文·D·亚隆. 存在主义心理治疗 [M]. 黄峥，张怡玲，沈东郁译. 北京：商务印书馆，2015年6月第1版，162页。

1.责任

责任的含义是很多的，一个有责任感的人是值得信赖与可依靠的，遵守法律、金融或道德方面的义务也属于责任的内容。责任在心理健康领域，指的是病人做出理性行为的能力和治疗师对别人做出的道德承诺。责任体现了个体的原创，对责任的意识等同于认识到自己为自我、命运与感受的创造者，也是个人自身困境与痛苦的创造者。

责任在最深层的意义上解释了存在。"海德格尔把个体称为'此在'（并不是'我'或'一个人'或'自我'或'一个人类'）。这样称呼是有特别原因的，他希望永远强调人类存在的双重性：个体在'那里'，但同时个体也构建了什么是'那里'。自我是二合一的，它是一个经验自我（一个客观自我，那个在那儿的某物，世界中的一个客体）；它又是一个先验（建构性）自我，建构了自身和世界，也就是为自身和世界负有责任。这种角度下的责任是必然与自由彼此纠结的。除非个体可以自由地将世界以任意多种方式构建，否则责任的概念就没有意义。宇宙并非是超然存在的，存在总可以用不同的方式来创造。萨特对于自由的观点有着深远的意义，他说：人类不仅仅是自由的，而且注定是自由的。进一步说，自由的概念扩展到不仅要为世界负责（也就是将意义注入世界），还要为个人的生活负责，不仅仅是为个人的行动负责，也要为不作为负责。"[1]

对意义的赋予和对行为的责任，这两个层面上的责任对于心理治疗发挥着重要的作用。认识到人本身是创造者，是自身与世界意义的创造者，这种令人头晕目眩的觉察到责任时的主观体验常常用无根感来描述。由无根感引起的焦虑处于焦虑的底端，是比死亡焦虑切入地更深的最根本的焦虑。"实际上，许多人把死亡焦虑看作是无根感焦虑的一个象征。哲学家通常会区分'我的死亡'和死亡（或他人的死亡）。'我的死亡'中真正让人恐惧的是其意味着我的世界分崩瓦解。伴随'我的死亡'，世界的意义赋予者和观察者也死去了，这使人

---

[1] ［美］欧文·D·亚隆.存在主义心理治疗［M］.黄峥，张怡玲，沈东郁译.北京：商务印书馆，2015年6月第1版，231、232页。

真正面临虚无。"[1]

虚无与自我创造另一层深刻而使人不安的含义就是孤独。特别是存在性孤独，更远超过一般的社会性孤独，它是一种与他人及世界都分隔开来的孤独。由于"对己存有"的本质就是世界的本质，个体意识到的这种责任会让自己感到无法承受，于是就会运用各种防御机制来逃避责任。临床上常见的逃避责任的方式有：不可抗拒力量导致的强迫性，责任转换给另一人，作为无辜受害者来否认责任，因失控行为而拒绝责任，对自主行为的逃避，否认意志以逃避责任。

"然而，最为有力的防御恐怕是把个体所体验到的（也就是事物所显现的样子）认作是现实。把自己看作世界的创造者，这与我们通常的体验背道而驰。我们的感觉告诉我们世界在那里，我们进入或者离开它。但正如海德格尔和萨特所说，表象为否认服务。我们建构世界的方式是让它看起来独立于我们的建构。以经验世界的方式建构世界也就是把它看作是独立于我们自身的。"[2]

治疗师要在病人创造了自身痛苦的信念指导下，帮助病人承担个人的责任。首要任务关注病人的问题，识别出其逃避责任的方式，还要让病人知道。治疗师要以启发病人觉察自己的责任为明确的目标，并且探询病人是怎样自己创造出该处境的，鼓励其采取行动改变自身之外的环境。

2. 意志

觉察到责任仅仅是改变过程的第一步，人们必须承担起责任，即一定要承诺自己会有所行动，才能够产生改变。意志是把觉察与认识转化成行动的精神力量，是在愿望与行动间架设起的桥梁，它能够自主启动一系列连续的事件。它是内在负责任的行动者，为启动努力的装置和推动行动的主要力量，这种心理结构的功能就是意愿。意志（will）这个词汇有着丰富的含义。"它传达着决心与承诺——'我将要做这件事'。作为动词，'意志'有决定的意思。作为助

---

[1]［美］欧文·D·亚隆. 存在主义心理治疗［M］. 黄峥，张怡玲，沈东郁译. 北京：商务印书馆，2015年6月第1版，232、233页。

[2]［美］欧文·D·亚隆. 存在主义心理治疗［M］. 黄峥，张怡玲，沈东郁译. 北京：商务印书馆，2015年6月第1版，233页。

动词它表示未来时态。最后的意志和遗嘱是某人投入未来的最终努力。阿伦特非常贴切的措辞'未来的器官'，对治疗师有着特别重要的含义，因为未来时态是心理治疗带来改变的正确时态。记忆（'过去的器官'）关心的是客体，意志关心的是计划；而有效的心理治疗，正如我希望证明的那样，既要注重病人的客体关系，也要着眼于他们的计划关系。"[1]

负责任的行动是从愿望开始的，只有具体化了一个愿望，才能启动意志的过程，并把愿望转化成行动。不了解自身渴望、无法产生愿望的个体，因不能想象未来，而会夭亡负责任的意志。要将愿望转化为行动就必须对自己做出承诺，要求限令自己全力以赴地做这件事，也就是说做出决定。只有做出决定，才会随之出现行动。没有产生行动，意味着没有做出真正的决定，这种有愿望无行动的意志就不是真正的意志。在意志的愿望或决定阶段，都有可能出现各种形式的障碍，如无法感受愿望或情感阻塞，难以做决定或逃避决定，要依据具体的情形，采取相应的治疗措施。

### （三）孤独

亚隆把临床工作者常遇到的孤独区分为人际孤独、心理孤独和存在孤独三种类型。

"人际孤独就是通常人们感受到的寂寞，意指与他人分离。它可能是许多不同因素作用的产物：地理的隔绝、缺乏适当的社交技巧、在人际亲密上存在严重冲突的感受，或者是因为某种人格特点妨碍个体在人际交往中获得满足（譬如分裂型、自恋型、利用型、评判型人格）。文化因素在人际孤独中也起着重要的作用。那些有利于人际亲密的社会设置（譬如大家庭、稳定的社区邻里、教堂、本地的零售商贩、家庭医生等）逐渐式微，无可避免地导致了人与人之间越来越疏远（至少在美国是如此）。"[2]

---

［1］［美］欧文·D·亚隆. 存在主义心理治疗［M］. 黄峥，张怡玲，沈东郁译. 北京：商务印书馆，2015年6月第1版，307页。

［2］［美］欧文·D·亚隆. 存在主义心理治疗［M］. 黄峥，张怡玲，沈东郁译. 北京：商务印书馆，2015年6月第1版，353页。

心理孤独指的是个体将其内心分割成不同部分的过程，只要个体压制自身的欲望或情感，把"应该如此"或"必须如此"看成自己的愿望，对自己的判断产生怀疑，埋没自身潜能，都有可能造成心理孤独。对这类病人的心理治疗目标就是助其重新整合先前分裂开来的自我部分，让个体再次获得完整统一。

存在孤独则是一种更加基本的隔绝，是个体与世界分离而导致的更广泛的隔绝，使得个体与世界上任何其他生命间都存在无法跨越的鸿沟。存在孤独与人际孤独密切相关，"脱离人际的共生融合状态会把人推入存在孤独中。不满意的共生—存在，或者太早太莽撞的脱离，都会让个体未能对自主生存中的孤独做好准备。对存在孤独的恐惧是许多人际关系背后的驱力，也是移情现象背后的重要心理动力。"[1]

意识到没有人能与自己一起死亡或代替自己的死亡，从最根本的层面上来说，死亡属于人类最孤独的体验。做自己生命的主人意味着负担起自身生命的责任，是很令人寂寞的。认识到自己为其生命的作者就不再相信还有人能创造与保护自身，自我创造行为本身就包含着深切的孤独感。人在自我意识中不得不赤裸裸地面对孤独的存在。人们为了掩盖创造自我的事实，就运用各种方式来创造各自的世界。一层层饱含个人与集体意义的加工品，把孕育事物原料的存在孤独包裹起来，将极度空旷与孤独的原始世界加以深深的掩埋，人们则被诱导进一个熟悉、有亲切归属感的世界里。而失去所在世界中的熟悉感，会体验到伴随焦虑的诡异感，导致人们意识到孤独与虚无。当人们面对虚无感到终极恐惧时，就会完整地体验到存在的孤独。

孤独感是能够被分享的，可以弥补其所致痛苦的是爱，是一种以彼此无所求方式建构起的最好关系。亚隆对这种成熟的、无所求关系的特征进行了总结。

1. 关爱他人就是放下自我意识和自我觉察，以无私的方式与其建立关系。在与他人的关系中，不注重对方怎样看待自己和这段关系所带给自己的利益。这种关系并不在于追求对方的赞美、崇拜，或释放性欲、获取金钱与权力。在

---

[1]　[美]欧文·D·亚隆.存在主义心理治疗[M].黄峥，张怡玲，沈东郁译.北京：商务印书馆，2015年6月第1版，381页。

每时每刻关联起来的仅仅是双方，没有想象或现实中第三方的监察。也就是说，个体必须以整个存有同对方构建关系，如果有部分自我处于关系之外，就说明这个关系已失败。

2. 关爱他人意味着对他人及其世界进行尽可能彻底的了解与体验。当能与对方无私地关联起来时，就可以自由体验对方世界的各部分，而不仅仅是符合某种功利目标的部分。个体能够将自己拓展到对方的世界，意识到对方同样是一个有情感的存在，而且对方也有着自己的世界。

3. 关爱他人包含关心对方的存在与成长的意思。以真实的倾听来全面了解对方，并致力于促进对方与自己生机勃勃地构建关系。

"4. 爱是主动的。成熟的爱是爱人，而不是被爱。一个人把爱付出给另一个人，而不是'陷入'对方的迷恋中。

"5. 爱是人在世界上的存有方式，并不是与某个特定的人建立排他性的、逃避现实的奇妙联结。

"6. 成熟的爱来自个体自身的丰富而非贫瘠。来自成长而非匮乏。一个人爱另一个人并不是因为他需要另一个人才会感到存在、感到自己是完整的、能够逃避可怕的孤独。以成熟的方式爱人的人已经在其他的时刻、通过其他的方式满足了这些需要，其中一个很重要的来源是母亲对婴儿的爱，在一个人的早年注入他的生命中。这种过去的爱，是力量的源泉，而现在的去爱则是拥有力量的结果。

"7. 关爱是相互的。一个人若能真正地'转向他人'，他自己也会相应地发生变化。一个人能把对方带入生命，自己也会变得更充满生机。

"8. 成熟的爱并不是没有回报。人会改变，变得更丰富，感到自我被实现，存在孤独也得以减轻。通过爱人，自己也得到了关爱。但是这些回报只源自真正的爱，它们也不是爱的原因。借用弗兰克尔的说法，这些回报是自然产生，而无法求得的。"[1]

---

[1]　[美]欧文·D·亚隆.存在主义心理治疗[M].黄峥，张怡玲，沈东郁译.北京：商务印书馆，2015年6月第1版，393、394页。

治疗师与病人的关系就应该以真诚关爱的方式建立起来，并致力于获得真诚相会。治疗师必须无私地关心病人的成长，这种关爱是无条件的，是不依赖于病人是否具有对等关爱的。治疗师既要站在自身位置，又要站在病人的位置上，能够用关爱进入病人的世界，如病人一般体验该世界。这样治疗师在接近病人时应该没有预设的立场，集中注意地与病人共享经验，而不是急于对病人下判断或对其形成刻板印象。

### （四）无意义感

意义是用来指称某物所代表含义的普通词汇，关心的是逻辑一致性。"生命的意义是什么？这是一种对普遍意义的追问（即询问生命总的来说是否有意义），或者说是在追问生命是否至少能够纳入某种逻辑上内在统一的模式中。我的生命的意义是什么？这是被一些哲学家称为'世俗意义'的另一种追问。世俗意义（'我的生命的意义'）追寻目的性。拥有这种意义感的个体将生命体验为：具有某种目的或者需要得到实现的功用；具有主要目标，并可以将自己奉献于这个（或这些）目标。"[1]

普遍意义暗示个人之外有某种超越于个人的设计，往往如出一辙地指向某种奇异或宗教性的宇宙秩序。世俗意义则有着完全世俗性的基础，即个人能够在缺乏普遍意义系统的情形下，产生意义感。而具有普遍意义感的个体常常体验到相应的世俗意义，也就是说，个人的世俗意义通过实现或融入其普遍意义来构成。存在主义者主张，人必须创造个人自己的意义，并全力以赴地投入于生命之流中去实现这个意义，这样做是正确而美好的。亚隆列举了一些为人们提供生活目的感的世俗活动，包括利他、为理想而奉献、享乐主义的解决办法、自我实现和自我超越。

现代人生活在城市化、工业化与世俗化的世界中，失去了基于宗教的普遍意义，与自然界的关联也日渐脱离。工作不再像先前一样带来意义，人们有太多的闲暇时间思考令人困扰的问题，这种空闲时间强加来的自由，让没有心理

---

[1]［美］欧文·D·亚隆.存在主义心理治疗［M］.黄峥，张怡玲，沈东郁译.北京：商务印书馆，2015年6月第1版，447、448页。

准备的人们经常产生意义危机。

弗兰克尔把无意义综合征区分为存在的空虚与存在性神经症两个阶段。存在的空虚较为常见，具有无聊、冷漠及主观状态空虚的特点，个体往往愤世嫉俗、没有方向感，并对大部分活动的意义都加以质疑，表现出明确的无意义感。在存在性神经症阶段，"他假设有一种心理上的可怕的空虚状态：当出现一个显著的存在性空虚时，症状就会'涌入'以填满空虚。弗兰克尔指出，空虚产生的神经症可能会表现为任何一种临床上的神经症，他提到过不同的临床症状，包括酗酒、抑郁、强迫性思维、犯罪、纵欲、不怕死的冒险。空虚造成的神经症与一般的神经症不同，前者的症状是寻找意义的意志遭受挫败的表现，其行为模式也反映了无意义感的危机。弗兰克尔提出，现代人的困境就是人无法听从本能知道自己必须做什么，也无法根据传统了解自己应当做什么。人自己也不知道自己想要做什么。对这样的价值危机有两种常见的行为反应：从众（做别人做的事情）或是顺从权威（做其他人想要自己做的事情）。"[1]

萨尔瓦多马蒂描述了他称之为广泛性无意义感的三种临床表现形式：十字军主义、虚无主义与无所谓，它们都属于存在性疾病。十字军主义者强烈地致力于寻求宏大与重要的理想，并能为之奉献身心。这些具有冒险主义精神的人是示威者，总是在搜索问题，几乎不管内容为何地完全接受一个目标。这些行动主义的中坚分子在完成一个目标后，为避免陷入无意义感之中，而会马上寻找另一个目标。他们实际上为一种反向形成，为了对抗自己内心深处的无目的感，十字军主义者几乎强迫性地参与运动。

虚无主义者有一种突出而普遍的倾向，对于别人认为有意义的活动，他们总是表示怀疑，却经常伪装成是对于生活的高度清醒与成熟态度。其精力与行动都来自绝望，通过破坏而找到带有愤怒的快乐。

无所谓者最极端程度地缺乏目的。"人既不强迫性地从理想中寻求意义，也不愤怒地抨击别人的人生意义。实际上，人陷入了严重的无目标和冷漠的状

---

[1]［美］欧文·D·亚隆.存在主义心理治疗［M］.黄峥，张怡玲，沈东郁译.北京：商务印书馆，2015年6月第1版，476页。

态。这种状态有大量认知、情感和行为的表现。从认知上看，个体长期无法相信任何在生活中做出努力的用处或者价值。情感上的表现是弥漫的乏味和无聊感，伴有阶段性的抑郁。当情况恶化的时候，个体会完全没入无所谓中，阶段性的抑郁会减少。从行为上说，个体的行为较少或者适中。但是更重要的是缺乏对行为的选择，对个体来说不管从事什么行为都无所谓。"[1] 无所谓者会因抑郁和痛苦的怀疑而寻求治疗，困扰他们的问题都是与日常生活事件的意义相关的。无所谓症状持续发展下去，就会让病人陷入更深的冷漠。因此而远离生活，采取遁世、长期酗酒、流浪或其他类似的生活方式。

亚隆提出了另一种较常见的无意义感的临床症状，他称之为强迫性活跃状态，这是一种表现为狂热的活动状态。它会消耗大量的精力，从而让个体感受不到无意义问题的困扰。它与十字军主义相关，且有更广阔的范围，既有激烈的社会理想，还有其他任何吸引人的活动。这些令人十分投入的活动，可以当作意义的仿制品。但是活动如果缺乏内在真实的正确性，个人迟早会对其感到失望的。詹姆斯·派克把该现象称作生命的"错误核心"。这样的个体在带来意义的工具崩溃或就要崩溃时，往往会求助于临床工作者。通过追求地位、声望、财富或权力而获得意义的个体，当突然被迫质疑自己一生追逐这些目标的价值时，常常会出现这种现象。

亚隆对生命意义感的实证研究总结出五个要点[2]：

缺乏生命意义感和心理病理大致有一个线性关系，也就是说，意义感越缺失，心理病理就越严重。

积极的生命意义感和内心抱持的宗教信念相关。

积极的生命意义感与自我超越的价值有关。

积极的生命意义感与参与团体、献身于某项事业以及具有清晰的生命目标相关。

---

[1]　[美]欧文·D·亚隆.存在主义心理治疗[M].黄峥，张怡玲，沈东郁译.北京：商务印书馆，2015年6月第1版，478页。

[2]　[美]欧文·D·亚隆.存在主义心理治疗[M].黄峥，张怡玲，沈东郁译.北京：商务印书馆，2015年6月第1版，487页。

生命意义感必须从发展的角度来看：人持有哪种生命意义随着其一生的发展会变化，在意义发展之前必须完成其他发展性任务。

数十年的实证研究显示，人的感知神经系统会把无序的刺激、行为与心理数据组织成完整的形态、结构与模式，构建起一个熟悉的理解框架，并据此理解纷乱的刺激或情境。人们渴求意义，具有归纳意义的倾向。发现规律、找到意义，能带给人们一种掌控感，可以降低面对无规律与结构的人生和世界时所出现的焦虑。意义感一旦产生，就会随之形成相应的价值观，而且意义感反过来还会受到价值观的强化。

亚隆引用了人类学对于价值观的标准定义："一种对于'想要什么'的明确或者隐蔽的观念，根据个人或者团体的特点而不同，会影响到如何选择可选的模式、意义和最终的行为。"[1]也就是说，价值观会形成一套规范，据此能够产生行为系统。价值观让人们将可能的行为置入认可与否定的等级之中，依据一个原则框架做出决定。

价值观不仅提供了个人行动的蓝图，还让其活在群体之中，并增加了社会生活的可预期性。特定文化中的个体在"是什么"共有观念的基础上，发展起共有的关于"必须做什么"的信念系统。社会规范产生于团体认可的意义框架，并由此形成社交信任即凝聚力所需的稳定性。

寻找生命意义根源于人对整体知觉框架和价值体系的需要。人们为了表达生存意志，期望自己有与众不同的价值，并能在融入更大框架中发现生命的意义。出于永生的意愿，人们用各种方式超越死亡，希望死后留下与自身相关的有价值之物。其实，生命是不需要理由的，只要一息尚存，就投入到美好的生命旅程之中，而不必为终点而烦恼。

治疗师在面对无意义感问题的时候，首先要分析并重新定义这个问题，鉴别出一些不是无意义感的其他实际问题，采取有针对性的方法进行处理。当单纯地缺乏意义，特别是面对来源于疏离的宇宙性视角的无意义问题时，治疗师

---

[1] ［美］欧文·D·亚隆.存在主义心理治疗［M］.黄峥，张怡玲，沈东郁译.北京：商务印书馆，2015年6月第1版，490页。

最好能帮助当事人把视线从该问题上移开，接受参与生活、参与关系的间接的解决方法。沉浸在对生命意义的追问之中没有什么教益，必须将自身投入到生活的洪流中，疑问自然会随水而逝。

### 三、亚隆对需要心理学的贡献与局限

亚隆提出了团体心理治疗的理论，并对团体心理治疗的实践进行了总结。他从理论上对团体治疗进行了系统论述，主要说明了疗效因子、治疗师的任务与方法、团体治疗的过程与团体类型等内容。他分析了十一个疗效因子，对其中的人际学习与团体凝聚力这两个因子进行了深入细致的说明，并把人际互动作为团体心理治疗的根本。实际上，团体治疗提供了一个人际环境，不仅让成员得到了来自团体的心理需要的满足，比如认可、接纳、理解和同情以及团体归属感；而且更有源于团体的疗效因子发挥了与个体治疗相区别的作用。

亚隆还对存在主义心理治疗进行了理论概括。他把存在主义心理治疗看成是一种动力性的治疗方法，认为它所关注的焦点为根植于个体存在中的关怀。并且主要探索了死亡、自由、孤独与无意义四个终极关怀。用需要心理学的术语来说，死亡意识是在生理需要的生存层次的满足受到威胁时所触发的思考。亚隆重点分析的自由内容，包括个体创造自身生活的自由，即责任；个体欲望、选择与行动及改变的自由，即意志。

实际上与个体自我需要生存层次的满足受到威胁时的反应相关联，责任是要为自我自主创造的生活负责，意志则涉及自我管理的决心与行动。孤独则是关联需要生存层次的满足缺乏的结果，心理孤独涉及自我内部各要素间的疏离，人际孤独与人际间关联的极度缺乏相关，存在孤独与世界上各种自然物及人工制品间关联的丧失有关。无意义是认知需要对价值观认识生存层次的满足极端缺乏的表现，以至于看不到任何意义。由此可见，亚隆所提出的这四个终极关怀，丰富了需要心理学对个体需要生存层次的思考，只是没有分析情感需要生存层次的满足受到威胁的情况，它的表现可概括为冷漠，代表了情感的丧失。

# 第五章　认知一致性理论的需要思想

认知一致性理论（Theory of cognitive consistency）是认知动机理论中一种比较典型的学说，它着重探索了社会认知的动力特性，分析了社会认知的主要构成元素，并以认知要素间的关系是寻求平衡协调，避免出现矛盾与不一致为其基本的理论假设。即人们有一种追求认知要素间的平衡的动力，当认知内部出现矛盾而失调时，人们就会尽力减少冲突于不一致，从而力图恢复平衡状态。鉴于关注点的不同，比较有影响的有海德的平衡论和费斯汀格的失调论。

## 第一节　海德认知平衡论的需要思想

海德·弗里茨（Heider Fritz，1896—1988）美国社会心理学家。出生在奥地利维也纳，1920 年在格拉茨大学获得博士学位。1927 年应聘于汉堡大学，1930 年任职于美国马萨诸塞州北安普敦的史密斯学院，成为 k·考夫卡研究实验室的成员。1947 年受聘于堪萨斯大学。1958 年，出版其代表作《人际关系心理学》，1965 年获得美国心理学会颁发的杰出科学贡献奖。1966 年退休后，继续从事社会心理学的研究。

海德于 1946 年提出其平衡理论，也叫认知一致性理论，经加工以后，在《人际关系心理学》中做了详细阐述。他认为人们倾向于使其对人或物的认知达到平衡状态。当出现平衡状态时，人们就会通过各种方式，力图实现平衡。

## 一、P-O-X 的基本理论模型

"P-O-X 是指一个人（P）对另一个人（O）以及属于 O 的某个物（x）的

情操（Sentiments）。"[1]在三合体"P-O-X中，P代表个人，O代表另外一个人，X代表一些目标对象（像情境，事件，思想或事物等）"。[2]

"一般说来，P-O-X理论认为项目（如：P、O与X）如果有归属的关系，它们就构成为一个单元。而这单元如果在各个方面具有相同的动力特性，那么这个单元就处于一种平衡的状态，不存在去改变这种状态的压力。但如果单元中各个成分不能和谐地并存的话，那么就会引起紧张，就会有一种压力来改变认知组织（cognitive organization）以达到一种平衡状态，这是平衡理论最基本的命题。"[3]

## 二、P-O-X系统内的关系

海德分析出P-O-X系统内的两种基本关系：单元关系（unit relation）和情操关系（sentiment relation）。

他认为独立的实体之间，具有相互协调，相互从属的关系知觉时，它们就构成了一个单元。海德认为单元构成主要遵循格式塔关于知觉组织的原则。即相似性、接近性、连续性、定势、以往经验等为单元构成的主要原则。另外，构成一个单元还依赖周围环境的影响，环境中其他项目的性质，可以加强或者削弱一个现实的知觉单元。

海德认为情操关系指一个人对某个事物的评价，像喜欢、赞赏、拒绝、讨厌、崇拜等等诸如此类的评价性反应。在单元关系中，情操关系有时为积极性的关系，就称为正的关系，有时为消极性的关系，就叫作负的关系。

[1] 北京大学心理学系. 当代西方心理学评述［M］. 沈阳：辽宁人民出版社，1991年9月第一版，155页。

[2] 张爱卿. 动机论：迈向二十一世纪的动机心理学研究［M］. 武汉：华中师范大学出版社，1999年7月第一版，97页。

[3] 北京大学心理学系. 当代西方心理学评述［M］. 沈阳：辽宁人民出版社，1991年第1版，第155页。

### 三、平衡与不平衡状态

海德对单元关系与情操关系的基本假设是它们总是趋向于一种平衡状态，但一般来说，根据项目的多少，平衡状态与不平衡状态都有可能出现。

对于两个项目之间的关系来说，两个项目正负关系的乘积决定它们的状态，如果两个项目同时为正或同时为负，则它们的乘积为正，它们就处于平衡状态；如果两个项目一正一负，则它们的乘积为负，它们就处于不平衡状态。

对于三个项目之间的构成的三角关系来说，三个边正负关系的乘积决定它们的状态，当三边之间的关系都为正，或一边为正，另两边同为负时，三边之乘积都为正，它们之间就是平衡的。但其中两边都为正，只有一边为负，或者三边都为负时，它们之间就是不平衡的状态。

### 四、平衡的动力与实现平衡的途径

海德认为认知平衡是一种没有紧张和压力的放松状态，主体不会寻求改变现状。然而，认知不平衡则是一种紧张和不安的压力状态，这时，主体就会趋向于改变，产生了一种追求平衡的动力。即平衡的动力来自不平衡状态的出现。

海德还指出了实现认知平衡的途径，他认为要实现认知的平衡，可通过改变情操关系或单元关系来达到。即可改变一方的认知去适应另一方，也可通过解释消除误会，还可以通过说服使对方与自己保持一致。

### 五、海德对需要心理学的贡献与局限

海德提出了认知平衡理论，即认知一致性理论，认为人们倾向于使其对人或物的认知达到平衡状态，并通过各种方式，力图实现平衡。他分析了其基本理论模型中的情操关系与单元关系，假设了对平衡状态趋近的倾向。他把不平衡状态的出现看成是追求平衡的动力，并指明了实现认知平衡的途径。

认知要素间的一致或平衡在需要心理学中被看成是认知需要的基本动力，而追求平衡、消除不一致状态的动力，不仅在认知要素间发挥作用，而且还广泛存在于情感要素、自我要素、生理要素之间，并扩展至认知与情感与自我与生理之间，以及主体与环境之间。也就是说，追求、维持平衡状态，消除并平

衡状态，是所有需要的基本动力。

可以看出，海德通过分析认知要素间的典型关系及其存在的不同状态，发现了寻求平衡的动力途径。只是其概念有些模糊，或正或负的关系区分过于简单，没有中性的关系。确实，在平衡状态与不平衡状态之外，还有两者间的过渡状态。而且过渡状态还可区分出由平衡向不平衡过渡的状态，和由不平衡向平衡过渡的状态。前者随着不平衡状态的加剧，消除不平衡、恢复平衡状态的动力会逐步增强；后者随着平衡状态渐趋恢复，追求平衡、消除不平衡的动力会削弱。

## 第二节　费斯汀格的认知失调论

利昂·费斯汀格（Leon　Festinger，1919—1989）美国社会心理学家。1919年8月5日生于纽约市。1939年毕业于纽约市立大学心理学系，然后，前往艾奥瓦州立大学，在 K. 勒温的指导下学习研究，1940年获文学硕士学位，1942年获哲学博士学位。1943—1948年先后在罗切斯特大学和麻省理工学院任职。1951年起在密执安大学任团体动力学研究中心主任。1965年任斯坦福大学心理学教授。1968年起又转任美国社会研究新学院心理学教授。

费斯汀格以认知失调理论及其研究获得1959年美国心理学会的杰出科学贡献奖。其主要著作有：《认知失调论》（1950年）、《冲突，决定和失调》（1964年）、《社会交往的理论和实践》及《社会心理学回顾》（1980年主编）等。

费斯汀格在《认知失调理论》中阐述了其认知失调理论，他将这一理论的核心总结为：“在认知元素之间可能存在着失调或‘不适合’的关系；失调的存在产生了减少失调和避免增加失调的压力；在这些压力下，操作上的表现包括行为改变，认知改变，以及慎重地接触新信息和新认知。”[1]

费斯汀格提出了基本的假设：“失调的产生，由于心理上的不舒服，会驱

---

[1]　[美]利昂·费斯汀格. 认知失调理论［M］. 郑全全译. 杭州：浙江教育出版社，1999年12月第1版，27页。

动人们努力减少失调，达到协调；有了失调后，除了努力减少它之外，人们会主动避免可能增加失调的情境和信息。"[1]

他分析了认知元素间的关系，为失调下了定义，总结了失调产生的原因，论述了失调程度及减少失调的途径、失调的主要类型等重要问题。

## 一、认知元素间的关系

费斯汀格将人们对现实的反映称作元素或认知元素，相当于知识。并指出有些元素代表了关于自身的知识，有些代表了他对其周围世界的知识。他认为一般情况下，认知元素与现实是一致的。然而当认知元素与现实不一致时，就会出现压力。

费斯汀格分析了成对认知元素间的三种关系：无关、失调和协调。无关的关系就是说两个元素之间没有关联，或者说是一个认知元素对另一个认知元素来说全然没有任何含义。当两个认知元素间有关联时，区分为两种情况，即失调和协调。当两个元素失调时，它们彼此之间就互相不适合，他这样定义了失调："失调的定义排斥了与其中一个元素有关的，或者与考虑的两个元素都有关的所有其他认知元素，仅仅涉及单独的这两个元素。在单独考虑这两个元素的情况下，如果一个元素紧跟着另一个元素的反面，那么，这两个元素处于失调关系之中。更为正规一点说，如果非 X 紧跟着 Y，那么 X 和 Y 就是失调的。"[2]

费斯汀格后面对失调关系做了一些补充，他举了不同来源失调的例子后，总结道："在上述任何一个情境中，可能存在着许多其他认知元素与所考虑的两个元素中的任何一个相协调。然而，我们撇开其他认知元素不谈，如果一个认知元素并不紧跟着另一个认知元素，或者，不期望紧跟着另一个认知元素，

———————

[1]［美］利昂·费斯汀格.认知失调理论［M］.郑全全译.杭州：浙江教育出版社，1999年12月第1版，2页。

[2]［美］利昂·费斯汀格.认知失调理论［M］.郑全全译.杭州：浙江教育出版社，1999年12月第1版，11页。

那么，这两个元素的关系就是失调的。"[1]而协调指的就是成对元素间的，一个元素确实紧跟着另一个元素的关系。

## 二、失调产生的原因

费斯汀格总结了产生失调的几个主要决定因素，包括由主体已知或所期望产生的认、动机以及主体所希望出现的结果。

费斯汀格归纳了 4 种失调的来源：

失调来自逻辑上的不一致；失调来自不同的文化习俗；失调来自特定的观点包含于更普遍的观点之中；失调来自和现实认知不同的过去经验。

## 三、失调的程度

费斯汀格指出决定两个元素间失调程度的一个明显因素是元素的重要性。他认为失调程度是元素的重要性的函数。这些元素对个体的重要性越大，或者具有更大的价值，那么元素间的失调程度就会越大，即失调程度是随元素的重要性的提高而增加的。

费斯汀格认为决定失调程度的另一个主要因素就是与特定元素相失调的元素所占的比例。在假定一个特定元素与所有相关元素具有同等重要性时，该元素与其他元素间的整个失调程度，取决于和该元素相失调的元素所占的比例。当个体对不同元素的重要性有相应的权重时，而成对关系的元素又都是集群时，这两个群组间的整个失调程度，就是两群组间所有关系的加权比例的一个函数。

## 四、减少失调的途径

费斯汀格认为，当两个元素之间存在失调时，一般来说，通过改变其中的一个元素可以消除失调。他提出了三种减少失调的途径：

---

[1]　[美] 利昂·费斯汀格. 认知失调理论 [M]. 郑全全译. 杭州：浙江教育出版社，1999年12月
　　第1版，13页。

### （一）改变一个行为的认知元素

当个体的行为与环境不一致时，最简单最容易做的就是改变行为元素所代表的行动或者情感。这样，关于行为的认知就会随之做出相应的改变，以消除与环境元素间的失调，这是一种比较常见的方法。

### （二）改变一个环境的认知元素

通过改变与行为不协调的环境，就可以改变与之相应的认知，从而消除失调。只是改变环境的难度一般要比改变个人行为要困难得多，相对来说，改变社会环境可能要比改变物理环境更为可行。但是如果仅仅改变关于环境的认知，而没有改变其客观现实，则只能运用忽视现实或抵制现实的某些方法，只是其效果如何或能保持多长时间则要视具体情况而定。他用在大雨中很快湿透的个体无法否认下雨的现实来说明仅仅改变认知的近乎不可能的困难，他又用只要能找到或支持其观点的其他人，就可以改变其对政治官员观点的例子，来说明在获得他人赞同和支持时，比较容易单独改变对环境的认知。

### （三）增加新的认知元素

他举例抽烟与关于抽烟后果的认知元素的失调，可以通过增加与抽烟相协调的新的认知元素而得以减少，比如他会阅读批评抽烟损害健康研究的任何材料。

## 五、失调的主要类型

费斯汀格重点从决策、强迫服从、接触信息、社会支持四个方面，具体阐述失调的四种主要类型：①决策后失调。当个体要在两种可能选项中做出抉择，并且这两个选择都各有其积极特征和消极特征的时候，不能够兼顾两者的优点，只能够选择其中的一项，就会出现这种形式的不协调。②被迫依从协调。当个体在外部强制作用下或从众压力下，被迫做出违反自己的信念或意愿的事情时，就会出现这种类型的失调。③新接触信息失调，当接触到诸多新信息时，其中有可能有威胁到旧认知的信息，或者产生出不一致的新认知时，而导致失调。④社会支持系统失调，当全体成员必须适应新的认知，或成员之间的意见不统一，或团体的中心信念因外部事件而变得软弱无力时，社会支持系统就要产生失调。

## 六、费斯汀格对需要心理学的贡献与局限

费斯汀格提出了认知失调理论，其核心可总结为：认知元素间的关系可能有失调或'不适合'的；失调的存在产生了压力，迫使个体去减少失调和避免增加失调；在失调所致的压力下，操作上表现为行为改变、认知改变，及对新信息和新认知的慎重接触。他还分析了认知元素间的关系，为失调下了定义，总结了失调产生的原因，论述了失调程度及减少失调的途径、失调的主要类型等重要问题。

费斯汀格的认知失调理论，虽然由于概念界定不够清晰而招致许多批评，但他的理论从认知的角度为社会心理学做出了重大贡献，提出了新见解，推动了社会心理学从思辨走向实验，从常识转向科学。

"特别要指出，费斯汀格从认知失调的角度对团体动力学中的社会影响，团体内聚力等概念做了新解释，把团体动力学纳入了认知不协调理论的框架，也是对勒温思想和工作的一种发展。"[1]

---

[1]  北京大学心理学系.当代西方心理学评述［M］.沈阳：辽宁人民出版社,1991年第1版,163页。

# 第六章　完形动力理论的需要思想

## 第一节　勒温拓扑论的需要思想

勒温（Kurt Lewin，1890—1947）是完形心理学派的心理学家，拓扑心理学（topolgical psychology）的创始人，也是实验社会心理学的奠基者。他生于德国波森省的摩克尔诺（今属波兰），先后求学于弗赖堡、慕尼黑及柏林等大学，曾与苛勒、考夫卡同学，在斯图姆夫的指导下，1914年在柏林大学获哲学博士学位。服五年军役后，回柏林大学任苛勒领导的心理学研究所助理，1922年被聘为柏林大学讲师，1927年升为教授。1932年赴美任斯坦福大学客座教授。翌年，移居美国，先在康奈尔大学任教两年，后任艾奥瓦大学儿童福利研究所儿童心理学教授。1944年到麻省理工学院任团体动力学研究中心主任，兼加利福尼亚大学伯克莱分校和哈佛大学客座教授。

其主要心理学著作有：《人格的动力理论》（1935）、《拓扑心理学原理》（1936）（高觉敷中译本书名为《形势心理学原理》1949）、《对心理学理论的贡献》（1938）、《解决社会冲突》（1948）、《社会科学中的场论》（1951）等。

### 一、拓扑心理学基本理论

勒温也把行为作为心理学的研究对象，但他所说的行为是和心理事件相提并论的。他借助于拓扑学和向量学的一些概念，以整体论的观点，从个体与环境的交互作用中寻找行为的动因。

### （一）生活空间

心理场（psychological field）或心理生活空间（mental life space）是勒温提出的拓扑心理学中的一个基本概念。

勒温认为，个体就是一个场，个体的心理现象具有空间的属性，人们的心理活动也是在一种心理场或者生活空间中发生的。也就是说，人的行为是由场决定的。心理场主要是由个体需要和他的心理环境相互作用的关系所构成。它包括有可能影响着个人的过去、现在和将来的一切事件，这三方面的每一方面都能够决定任何一个情境下个体的行为。

在勒温的拓扑心理学中，因为而个体需要、意志等具有重要的动力作用，故心理场也称作心理动力场，并且还常用心理生活空间这个基本概念加以陈述。勒温认为，科学心理学必须讨论整个人的情境，即人与环境的状态，这就要求用一个共同的名词来涵盖人和环境。他创造了心理生活空间的概念，用来表示在某一时刻能够影响个体行为的各种事实的总体。也就是说，个体的生活空间，也就是他的心理世界或心理场。

勒温指出："所谓心理情境，能够被理解为或是一般的生活情境，或是较为特定的此刻情境。……虽然整个生活情境总是对行为产生某种影响，但人们在描述生活空间中，必须明确考虑到这种影响的范围在不同的情况下是十分不同的。"[1]

他认为一个事实是生活空间的一个组成部分，如果人们运用只有现实的事物才产生效果的动力标准来确定一个事实是否存在，就会发现其中包含着大量的事实。他把影响行为的全部事实分作三种，即准物理事实（the quasi-physical facts）、准社会事实（the quasi-social facts）和准概念事实（the quasi-conceptual facts）。准物理事实并不是物理学意义上的自然环境及其客观特性，仅仅包括那些在一定程度上对个体此刻状态产生影响的事实。同理，准社会事实也不等同于客观社会环境，而是为个体所觉察并对其行为产生影响的社会事实；准概

---

[1]　［德］勒温. 拓扑心理学原理［M］. 竺培梁译. 杭州：浙江教育出版社，1997年9月第1版，20、21页。

念事实也不一定与概念的客观含义完全一致，而仅仅是个体能够了解到的概念事实，取决于个体在一定知识背景下的掌握水平。总之，他所说的准事实并非纯自然、纯社会、纯概念的客观事实，而是指在人与环境相互作用的过程中，个体所觉察到的可能影响其行为的那些事实。所以，准事实和客观现实的关系有时一致，有时又可能并不一致。

勒温按拓扑学原理把生活空间划分为若干心理区域（regions），各区域间都有可以通过的边界相隔。心理区域等同于生活空间的每一组分，个体从其当前位置能够到达的区域总体称为自由运动空间。在这个自由区域内，个体可以不必跨越边界而进行从任意一点到其他各点的位移。由于连通区域指的就是其中的任意两点都可以用一条完全位于区域内的道路来连通，所以自由运动空间也可以称作连通区域。心理位移等同于道路，在拓扑学中，在两点之间由约当曲线的一部分即约当弧所形成的连通就称为道路。约当曲线是各点连续的环形，是一条本身不相交的封闭曲线。约当曲线作为边界可以把平面划分成一个内区域和一个外区域。勒温这样来定义心理边界："对于区域的一些点而言，不存在完全位于该区域内的围绕，我们把那些点称为心理区域的边界。"[1] 边界地带指的则是两个区域之间的那个区域，它与这两个区域都互为域外，而这两个区域间的位移又必须越过它。对心理位移产生阻力的边界或边界地带就叫作障碍（barriers）。个体必须跨越边界或边界地带，由一个区域进入下一个区域，再进入另一个区域，直至达到目标。勒温又指出，生活空间是一个可以划分为组分区域，却不能无限进行的有限结构的空间。

例如，一位 16 岁男孩（P）有一个成为内科医生的职业目标（G），要达到目标必须经过如下几个阶段：高中入学考试（Ce）、高中学习（C）、医科大学学习（M）、实习（I）和开业（Pr）。如图 6-1 所示，虽然经过这些区域间的位移，最后是为了实现当个执业内科医生，但在生活空间中目前区域的边界却是达到这个目标的障碍。因为个体的生活空间不只是其当前所处的地方，而且还

---

[1]［德］勒温. 拓扑心理学原理［M］. 竺培梁译. 杭州：浙江教育出版社，1997年9月第1版，116页。

包含期待着将要去的地方，而在预料环境中的位移决定着动作的路径，并借助现实向量的合力来推动个体的位移。

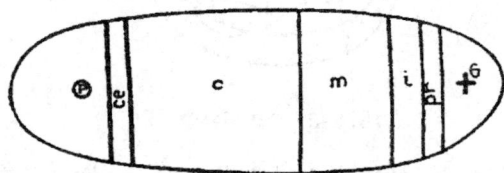

图 6-1　一个男孩要成为内科医生的情境[1]

### （二）个体结构

个体的人格组织是勒温拓扑心理学的重要组成部分之一。他通过大量实验，运用拓扑学的严格非数量方式表达形态属性与图形空间相互配置的内在关系，运用向量学中表述空间路线距离与方向的向量分析表现心理力的方向及其相互作用的动力关系，用一个直观的空间系统来描绘人格结构，构建起了他的拓扑学人格结构理论。他用需求、张力、引拒值、向量和位移等概念，依据生活空间的场理论，来说明由行动导致生活空间的平衡和不平衡；用图形来表示人格结构的各种层次，并分别说明它们的功能。

勒温把个体描述为一个连通区域，由一条约当曲线把他与环境相分离（图6-2）。在个体区域内首先可以区分为人格的内部区域（ I ）与运动—知觉区域（ M ）。人格的内部区域包括诸如需要、意向等心理现象，又可以再分为人格的边缘区域（ P ）与人格的中心区域（ C ）。边缘区域和运动区域较为接近，所以在这个区域发生的事件较容易通过运动系统表现出来，中心区域因离运动区域较远，故人们较难吐露自己的心事。运动—知觉区域处于个体与环境的边界地带，包含认识环境变化的知觉系统和把人的内部状态传达到外部的运动系统，也可以再分为边缘区域和中心区域。

---

[ 1 ]　[德] 勒温. 拓扑心理学原理 [ M ]. 竺培梁译. 杭州：浙江教育出版社, 1997年9月第1版, 46页。

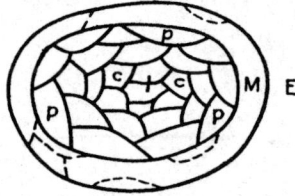

**图6-2　个体拓扑学**[1]

勒温还提出不同年龄阶段的个体的分化程度不一样，儿童个体分化为组分区域的程度相比与成人来说比较低。分化是最常见、最重要的一种心理过程，指的是最初同质的一个区域能够变成若干个连接的组分区域。儿童个体的成长与心理环境的成长，并不仅仅是大小的数量增加，其本质是一个分化过程，在某种程度上也是一个综合的过程。结构变化的方式除了分化、综合外，还有重建，这时虽然整体的组分区域数目相同，但它们的相对位置却发生了变化。新生儿的个体区域，几乎是一个未分化的原始性的整体，而生活经验丰富的成人的个体区域则非常复杂。随着年龄的增长，儿童会日益加深对周围环境的认识，于是不断分化出诸如记忆、思维、价值、意向及内心世界等成分。低能儿童的个体较少分化且相当于较为刚性的材料，问题儿童的个体则相当于较为流动性材料，处于他们中间的正常儿童具有适中的心理弹性和可塑性。

**（三）环境结构**

勒温所说的环境并不是客观环境，而是指对个体的心理事件产生实际影响的心理环境。环境结构具有与个体结构一致的特征，都包括区域、边界与邻接。但也有不同于个体结构的地方，那就是环境区域基本上同活动相一致。

从一个区域向另一个不相邻的区域位移，可以经过不同的中介区域，有多条路径可供选择。勒温把行为方向做了简单区分（表6-1）[2]，"朝向"或"离开"

————————

[1]　[德]勒温.拓扑心理学原理[M].竺培梁译.杭州：浙江教育出版社，1997年9月第1版，176页。

[2]　[美]伯纳·德韦纳.人类动机：比喻、理论和研究[M].孙煜明译.杭州：浙江教育出版社，1999年12月第1版，141页。

不同的区域，以及是否包含个体在内的区域，这两个方面组合成四种行为方向。"朝向"有在包含个体的区域 A 中的一点到另一点，或者从包含个体的区域 A 到不包含个体的区域 B。"离开"的情况与之类似，只是方向相反。

**表 6-1　勒温的行为方向分类表**

| 行为的方向 | | |
|---|---|---|
| 区域的数目 | 朝向 | 离开 |
| 一个 | （A，A）已完成的行为 | （A，-A）逃避行为 |
| 两个 | （A，B）有助达到目标的行为 | （B，-A）回避行为 |

环境的动力特性与个体的动力特性间存在某种关系，当个体的内部区域具有张力时，环境区域的某个适当的目标就获得了一种诱发力。勒温指出，目标是需要的满足手段，或者具有与满足需要间接相关的成分，从而使得目标具备了吸引力。其强度与种类直接依赖于个体当时正在关注的需要状况，即目标诱发力的大小与需要强度、目标物属性之间是函数关系。用公式表示就是：

$$V_a（G）=f（t, G）$$

其中目标的吸引力用 $V_a（G）$ 表示，需要的强度即张力用 t 表示，G 代表目标物的属性。

也就是说，当某个事物有诱发力时，一定有与之相应的某种需要存在。具有诱发力的区域就成为力场的中心，或朝向它，或离开它。

另外，个体与目标间的相对距离也会影响到诱发力的大小，一般情况下，个体与目标间的心理距离逐步趋近时，诱发力就会逐渐增强。但有时心理距离增加反而朝向目标的力会加大。

勒温用如下的公式表示作用于个体以求达到目标的力：

"力 = $f\,[\,V_a（G）/e\,]=（t, G）/e$. 其中：e 指人与目标之间的心理距离。E 代表德语的 entfemung，即距离。借助这一公式，就能够确定生活空间中每个区域内的力。正像刚才提到的，将力概念化为矢量，它具有一定的大小、数量，以及方向。另外，力还有一个'作用点'，用以证明其本身在区域内的存在。

由于个体位于这个区域，所以人就是作用点。"[1]

心理力作用于个体使其朝向目标区域，达到目标后，张力就消除，环境目标的诱发力也随之消失，个体便会终止寻求目标的行为。

**（四）行为公式**

勒温给出了一个行为公式：

$$B=f（PE）$$

B 代表行为，P 代表人，E 代表环境。这个公式表明行为随着人与环境这两个因素的变化而改变。

这里的环境，指的是心理环境（mental environment），而不是指客观的物理环境和社会环境。这不同于考夫卡的行为环境。个体当时所意识到的环境为行为环境，而心理环境指的则是对个体的心理事件发生实际影响的环境。它虽然也是个体可以看到或了解到的环境，但又不仅限于个体当时所意识到的，只要是对其产生影响的事实，即使个体当时还没有意识到，也包括这一心理环境之中。

勒温这样来解释这个公式："环境的结构和环境内的力丛随着愿望和需要，或一般来说，随着个体的状态而变化。根据某些需要的状态（例如，需要得到充分满足的程度），有可能详细确定环境内某些事实的从属（例如，域力的减小、化合价的变化）。因此，某一需要的变化，例如这种需要的充分满足，显然不会在同样程度和同样方向上，改变所有的需要。这就必须在个体之内区分众多不同区域，它们的状态变化在某种程度上是互相独立的。"[2]

**（五）行为动力**

1. 动力结构

对需要和紧张等行为动力系统的研究是勒温拓扑心理学的重要内容之一。

---

[1]［美］伯纳·德韦纳. 人类动机：比喻、理论和研究［M］. 孙煜明译. 杭州：浙江教育出版社，1999年12月第1版，144页。

[2]［德］勒温. 拓扑心理学原理［M］. 竺培梁译. 杭州：浙江教育出版社，1997年9月第1版，165页。

他在理论研究中贯彻动力原则，提出了把需要作为动力的动机学说。

勒温反对联想主义及行为主义心理学中的联想原则，认为行为背后应有一种内在的动力推动着有机体去采取行动，观念联合没有任何的动力作用，不能够解释心理活动的原因。他用火车来作比进行说明，火车车厢间的联合机就好比是刺激反应的联结，它虽然是火车车头的一个重要组成部分，却不能够推动火车前进，火车车头的蒸汽才是推动火车的动力。所以，一定有一种动力致使行为产生，这一动力应该是心理能力。

勒温认为这种心理能力是有机体自然存在的能量，刺激把这些能量释放出来，从而引发行为。这个过程表现为：

首先，存在一定的刺激，但是心理能量与刺激本身不是一回事，而是由刺激引发的知觉经验所引起的一种目的、意向或需要导致了某些心理能量的产生。

其次，这些需要引起了相应区域心理系统的紧张状态，勒温称之为张力，从而产生倾向或排斥某一事物的位移。张力因个体与环境间的平衡状态遭到破坏而形成，表现为一个区域的一种状态相对于另一个区域的状态。可以把张力看作是个人区域内部的一种液体，张力的变化总量是个体的需要强度或大小的函数。容纳了张力的区域就会改变其本身的状态，使得其张力能够变得与周围区域的张力相等。当相邻区域的公共边界不能完全渗透时，它们在张力大小上的细微差别将维持下去。当它们间有可以渗透的公共边界时，或者它们的张力可以经由一个中介区域相互流动时，某一区域的需要就会变成另一区域的需要。

再次，行为动力也要同知觉相联系。每位个体都会形成自己的知觉场，行为动力就是形成于知觉场中的张力。"勒温认为，在心理环境的事实被人感知之后，他希望达到或离开某些地方，希望获得或躲避某些东西，这样就产生一定的引拒值。引拒值有正负之分。正引拒值具有吸引力，负引拒值具有排斥力。凡能满足人的需求与愿望的，或活动被阻止而引起心理的紧张系统的，就呈现正引拒值；凡不符合本人的需求与愿望的，或甚至对人有损害的，则呈现负引拒值。这些力都是有方向的，并随着人的需求而具有不同的力量。吸引力使人朝向这个事物，而排斥力使人背向这个事物。所以这些力是一种向量，它表现了人用某种价值取向来解释个体在其生活空间内与一切事物互动的关系。"[1]

最后，由紧张导致采取力图恢复平衡的行动，随着目标的达成，行为结果使得需要得到满足，紧张状态也因此得以解除。知觉场中的张力也随之消解，这意味着原先具有吸引力的事物不再引起个体的注意。因此，行为动力归根结底就是一种失去平衡时心理系统的紧张。

总之，勒温用需要和需要引起心理系统的紧张来解释行为的动力。他举了一个例子来说明：某人写好了一封信后就产生把它投寄出去的需要，走上大街时，就会对邮筒给予特别的关注，发现第一个邮筒，就会把信投进去。在这之后就不会关注邮筒了，甚至对其视而不见，更不会产生投寄的冲动，因为需要所引起的紧张由于目标实现而得以消除了。

2. 需要和准需要

需要就是行为的动力，因为需要产生于心理的平衡被打破，引发心理系统的紧张，促使个体采取行动，并通过这一行动来满足需要。如果需要没有得到满足，心理系统的紧张会一直维持下去，使得个体采取进一步的行动，直到需要得以满足，心理系统的紧张才得到解除。

需要可指诸如饥饿、口渴、疲倦等条件下，产生一些生理需要。但这些生理需要并没有引起勒温的重视。他所关心的需要是一种作为心理需要的准需要。在心理生活空间中对心理事件起实际影响的需要就是准需要。比如邻近考试时，要复习功课；做了错事，企图逃避惩罚；感觉孤独就想寻找伴侣；顾客点菜后，服务员便要收款等等，都是一种实际影响个体行为的准需要。

## 二、相关实验研究

### （一）蔡加尼克效应

勒温关于张力的假设可以导出这样的推论：个体有一种对未完成任务的回忆大于对已完成任务回忆的自发倾向。为了验证这一推论，勒温与他的学生蔡

---

[1]　车文博. 西方心理学史［M］. 杭州：浙江教育出版社，1998年5月第1版，437页。

加尼克等 1927 年对任务完成的程度进行实验操作，对未完成任务的回忆与已完成任务的回忆进行比较研究。这项实验是让被试做 16 ~ 20 个简单的诸如字谜、数字问题等迷津。其中一半被试因任务太长，在限定时间内不能完成，另一半被试则由于任务较短，在限定时间内能够完成。主试限定时间一到即收起所有的迷津，然后间隔几分钟，突然被试回忆做过的任务。

这项实验的理论假设是：①完成任务的愿望是一种准需要，这种准需要形成相应的张力；②如果任务完成，需要得到满足，张力就会消除，被试可能忘记那些做过的工作；③完不成任务则张力持续存在，被试对进行中的工作保持着良好的记忆。实验结果表明：未完成任务的被试的回忆量是完成任务的被试的回忆量的 1.9 倍。实验结果证实了上述假设与张力概念的推论。

为排除情绪波动等因素的干扰，又进一步把被试分成三组，一组能够完成，二组中途阻止后再完成，三组不能完成。结果发现前两个完成组的回忆量几乎相等。这说明完成工作的被试张力已得以消除，记住已完成的工作没有必要，所以回忆的量减少。而未完成工作的被试由于工作所引起张力还没有解除，还必须保持记忆以便完成它，因此回忆的量就比较多。这种张力对记忆的保持作用就称为蔡加尼克效应。

### （二）替代满足

勒温也注意到了弗洛伊德所说的目标物可以变换的现象，他不是用升华而是用替代来解释，激发起大量的关于替代的实验研究。勒温的另一个学生奥芙赛金纳与蔡加尼克奠定了替代研究的基础。其研究证实了区域内张力的持续作用，及目标实现后的张力减弱。替代研究主要关注区域内的张力可否通过补偿性活动而得以释放。

奥芙赛金纳先让被试完成指定的某项任务，在其进行到一半时中止活动，部分被试不再安排其他任务，部分被试被阻止后改做并完成插入的活动。隔一段时间后，让被试自由活动，观察他们对未完成任务的自然恢复情况。这样就可以通过测量任务恢复来鉴别目标替代物的价值。如果完成插入活动后，减弱了未完成任务的自然恢复，就表明插入活动具有了替代价值。研究结果显示：

中途被阻止而又不安排其他任务的被试往往一有机会就试图继续未完成的任务，而安排插入活动的被试有 82% 的仍有重做的趋向，少部分被试不再试图继续进行未完成的任务。这说明另外安排的插入活动具有一种替代的作用，减轻了张力，故部分被试继续未完成任务的意向就消退了。

大量替代研究发现替代满足是有条件的。一是两项任务必须具备某些相似性，两项活动的相似性越多，其替代价值就越大；而差距越远，越难以具有替代效果。二是两项任务的难易程度要相当，插入活动的难度水平越是高于先前任务，越是具有更大的替代价值；如果插入活动过于容易，替代满足就难以产生。三是前后两种任务所引起的张力系统若能相互沟通，即两者之间能够建立起一种联系，就具有较高的替代价值；若两项任务彼此隔离，则替代价值就比较低。

另外，研究还发现，如果最初的任务有较大的诱发力，其他任务产生替代作用的可能性就较小。插入活动越具有较大的诱发力，就越能产生较大的替代价值。

总之，替代研究证明了替代满足现象的存在，从而也证实了勒温关于张力的假设，支持了他的动机理论。

### （三）心理冲突的向量学分析

勒温是第一个用实验方法研究心理冲突的人。他认为心理力可由方向、强度和作用点三种性质来加以规定，个体在任何时间都可能会受到许多相互竞争的心理力的作用，并朝向或离开不同的方向。也就是说，个体在生活空间中，有各种力进行斗争的交错力场。勒温把不止一种力作用于个体的情境区分为三类冲突：趋近—趋近冲突、趋近—回避冲突、回避—回避冲突。在各种冲突情境中，个体都向着最强的心理力所指的方向位移。

1. 趋近—趋近冲突

趋近—趋近冲突也称作双趋冲突，这时个体处于一个以上正力场的作用之中，面对多个具有吸引力的事物。比较简单的例子是面对两个具有等值吸引力的事物，但是"鱼和熊掌，不可兼得"时，保持冲突的平衡只能是暂时的，或者说这种平衡状态是不稳定的，只能从中选择其一，个体往往表现得犹豫不决。一旦力发生变化，不再相等时，个体就会向着较大的心理力所指的方向位移，从而做出选择。未被选择目标的心理距离会降低，从而增强了未被选中事物的吸引力。

勒温认为这种冲突比较容易解决，在这种由正向目标引起的交错力场中，张力、吸引力和心理距离等任何一个力的决定因素发生了变化，都能导致力场产生不平衡，促使个体朝向较大力所指引的目标位移，从而使冲突得以解决。

2. 趋近—回避冲突

趋近—回避冲突也叫作趋避冲突，指的是有正负两种诱发力同时对同一区域发生作用，并且建立起正负两个力场。比如，个体可能想看电影，但又不想花钱；不愿意阅读教科书，但是这门课程的考试却已临近。

需要、诱发力和心理距离共同决定了所有冲突情境中表现出来的行为，趋近与回避强度的相对大小，是趋避冲突情境中行为的重要决定因素。

这种心理冲突是相对稳定的，是最难以解决的。因为个体既想趋近目标，却又力图回避它，其中涉及爱恨交加的复杂情感。个体在诱发力与排斥力的双重作用下，要想有所作为非常困难。只有趋避倾向中的相对强度有了明显变化后，比如积极目标的吸引力显著增强或消极目标的排斥力遭到严重削弱，冲突才有可能得到解决。

3. 回避—回避冲突

回避—回避冲突也称为双避冲突，当个体处在具有负吸引力的目标交错的力场中时，而又不得不选择其中的一个目标时，这种冲突就会发生。如犯了过错，既不想认打也不愿认罚；一名法官在左右两名持枪歹徒的夹击下逃命。在这种双避冲突情境中，个体所面对的事物都是他所力图回避的，相对抗的力倾向于维持平衡，因而这种冲突也相对比较稳定。

在包围冲突情境的边界具有充分渗透性的情况下，可以把离开力场作为解决冲突的办法，即在两个冲突目标间追随另一条增加心理距离的路径。如法官倘若在两名持枪歹徒赶到前，坐上氢气球飞离现场，就可以解决他面临的冲突。

由复杂的负引力场所引发的双避冲突是很难解决的。当个体趋近他不愿进入的区域时，回避这一区域的倾向就会更加强烈。所以，个体会表现出矛盾行为，往往在多种选择间摇摆不定。在运用惩罚或制裁的办法形成行为后果时，必须维持冲突情境边界的牢固，并消耗能量，保持这种边界的持续存在，避免各种变动，防止个体离开冲突情境。

### 三、团体动力学

团体动力学（group dynavnics）是研究团体行为过程及其动力的学说，勒温在此领域对社会心理学做出了很大贡献。

勒温 1939 年发表《社会空间实验》，在这篇文章中，他首次使用团体动力学概念，宣示他开始研究团体中各种潜在动力间的交互作用，团体对个体行为的影响，以及团体成员间的关系等问题。他于 1945 年在麻省理工学院创建"团体动力学研究中心"，由此把团体动力学作为一种专业或学科建立起来，树立起当代西方社会心理学发展史上的一个重要里程碑。

团体动力学以勒温的拓扑心理学原理为其理论基础，广泛地吸收社会学、人类学和经济学中的观点与方法，把团体作为一个有机整体，运用实验方法与具体实践结合起来研究团体生活与社会心理现象，从整体水平上探求团体行为的潜在动力。

团体动力学的研究对象是以成员间的面对面直接接触关系为特征的小型团体。研究范围包括团体结构、团体动力、团体气氛、团体成员间的人际关系和凝聚力、领袖与领导方式、团体决策过程以及团体内部各小团体的形成与成功等。

团体动力学的研究主旨就是通过实验阐释团体的动力关系。勒温从整体论观点指出，团体并非个体的机械相加的集合，而是一个具有整体意义的不可分割的完形，整体意义才是团体的根本意义之所在。团体的本质就是成员间相互联系构成的具有一定内在关系的动力整体，即团体成员间具有动力依存关系。也就是说每一成员都同其他成员的状态与行为密切相关，团体结构及其功能都是动力的。所以，改变个体可以首先从改变其所在的团体入手，通过改变团体的价值观和行为准则对其中的个体产生直接的压力，迫使个体向团体所指示的方向转变。一般情况下，通过改变团体来促使个体发生转变，比单独直接改变个体还要省力。

## 四、勒温对需要心理学的贡献与局限

勒温借助于拓扑学和向量学的一些概念，以整体论的观点，从个体与环境的交互作用中寻找行为的动因。这对需要心理学交互作用论有重要的启发价值，其向量学分析为需要心理学的图解提供了良好的范例。

对需要和紧张等行为动力系统的研究是勒温拓扑心理学的重要内容之一。他在理论研究中贯彻动力原则，提出了把需要作为动力的动机学说。这是对需要心理学的最为直接的贡献，为需要动力论提供了基础理论支撑。勒温对一些生理需要并不重视，他所关心的是一种作为心理需要的准需要，它指的是在心理生活空间中对心理事件起实际影响的需要。可见，勒温的需要概念远没有需要心理学中的需要概念的内涵丰富。

勒温是第一个用实验方法研究心理冲突的人。他认为心理力可由方向、强度和作用点三种性质来加以规定，并把不止一种心理力作用于个体的情境区分为三类冲突：趋近—趋近冲突、趋近—回避冲突和回避—回避冲突。他明确指出，在各种冲突情境中，个体都向着最强的心理力所指的方向位移。需要心理学在其冲突、竞争思想的基础上，更重视相关并存心理力间的一致性带来的合作增强作用。不仅提出了力大者胜的竞争原则，更阐明了合力决定力场主导方向的思想。

团体动力学（group dynavnics）是研究团体行为过程及其动力的学说，勒温在此领域对社会心理学做出了很大贡献。将行为动力从个体行为扩展到团体行为，大大拓展了研究范围，扩大了需要心理学的研究对象。勒温把团体动力学作为一种专业或学科建立了起来，树立起当代西方社会心理学发展史上的一个重要里程碑。这对于独立常见需要心理学学科体系，起到了强大的鼓舞作用。

## 第二节　卡特赖特团体动力学的需要思想

卡特赖特·多温（Cartwright Dorwin，1915— ）美国心理学家，生于美国。与苛勒交往甚密，并在其影响下进入心理学界，曾与苛勒在斯沃思莫尔学院进行合作研究。1940 年在哈佛大学获博士学位，然后跟随勒温在艾奥瓦大学做研究，1945 年，他帮助勒温在麻省理工学院创建团体动力研究中心，1947 年勒温去世后，卡特赖特成为该中心主任。1948 年随中心迁往密执安大学，一直留在该大学至 1978 年退休。

1953 年他与阿·赞德（Alrin Zander）合作出版了《团体动力学》一书，成为该领域的权威著作。他还是公认的研究勒温思想的权威，他编撰了勒温文集，发表过分析场论的文章，扩展了勒温研究方法的应用领域。1977 年他荣获了心理学社会问题研究学会授予的勒温奖。

### 一、卡特赖特的权力结构的概念体系

卡特赖特在勒温的场论和动力概念的基础上，分析了权力的概念体系，规定了构成权力概念的一系列要素，它们相互联系，结合成具有心理力量的统一体。这些要素包括动因（agent）、动因动作（act of agent）、部位（locus）、直接联系（direct joining）、动基（motive base）、大小（magnitude）和时间（time）。

#### （一）动因

动因是指足以产生影响或者引起后果的任何实体，一般情况下是一个个体，也可以是一个集体，如一个立法机关或者其他类似的实体。权力就是存在于成对的动因之间的某种性质的关系。这样的性质有对称、反转、传递等。卡特赖特更看重那些动因间不存在这些性质的关系，他举例子来加以说明，在甲乙两个动因之间，可能甲对乙有权力，但乙对甲却不一定对称地也有权力；同理来说，如果甲对乙有权力，乙对丙也有权力，但是甲对丙却不一定具备这种传递性质的权力。

### （二）动因动作

动因动作是指能够引发某种后果的事件。主体必须采用某种方式的动作，才能够使动因产生相应的后果。卡特赖特动因动作包括命令、请求、决策等与动因有关的类似事件。通常将另一个体的生活空间产生后果的动作称作影响试图。"卡特赖特重视动作所具有的不同方面的意义，比如强度、方向、意图、动机、久暂等性质。故动作可能很温和也可能很激烈，动作可能有意的也可能无意的，动作在方向上和清晰性上也可能不同；再则，动作可能适合某种动机需要，而不适合别种需要；最后，一个动作也可能因作用力量的久暂不同而有异。总之，所有这些对于权力所产生的后果来说都是极为重要的因素。"[1]

### （三）部位

部位是指在空间中所处的某个位置，与勒温所说的区域相当，指在一个团体内的某个地位，或者是指在心理量表上所显示出来的一类意见、态度或者其他的心理素质。

### （四）直接联系

直接联系是指从一个部位直接通向另一部位的可能性。比如说在某个团体内有两个职位，其中一个职位可以晋升到另一个职位，这时我们就可以说这两个职位是直接联系着的。卡特赖特将部位和直接联系作为一个统一体来进行看待，并认为可以从三个方面来考虑它们之间的关系：部位的类别、权力的范围和部位的可见性。权力范围指的是，甲对乙的权力范围只是在特定时间内，就甲在权力上足以超过乙的那一方面而言，甲能够左右乙的只是在其有关部位之内。部位可见性的意义在于，通过看得见的行为服从的程度可以反映出权力影响的某种估量。

### （五）动基

动基指的就是发动行为的一种心理倾向，相当于需要、动机。卡特赖特指

---

[1]　北京大学心理学系. 当代西方心理学评述［M］. 沈阳：辽宁人民出版社，1991年第1版165页。

出，动基是通过满足它的活动类型进行规定的。动基这一概念的重要性在其权力结构概念体系中表现在三个方面。一方面，动基是维系权力理论和动机理论的基础性概念。另一方面，动因动作只有在一定的动基的推动下，才可以使其相应的力量发动起来。其次，根据人们的经验发现，权力问题往往明显地与动机相关，与双方面可单方面满足的需要有关。

### （六）大小

大小指的是数量的多少，或者说是强度。可以用正负实数来进行分析。

### （七）时间

时间指的就是事件的久暂，既可持续存在的时间长度，可以用物理上的时间单位来表示。也可以用其他单位，卡特赖特只要求规定时间顺序。久暂这一概念的引入表明了权力可随时间变动而变化。

## 二、卡特赖特对团体动力学的研究

卡特赖特和阿赞德在《团体动力学》一书中，将团体动力学的研究归纳为六个方面："团体及团体成员、从众压力、权力和影响、领导和业绩、动机过程以及建构过程。"[1]

### （一）团体与团体成员

团体与团体成员关系研究的首要问题便是界定团体的边界以及团体凝聚力的力度。有关团体的"实验揭示了各种团体存在的条件，即赋予团体以共同的任务、发展团体成员间的友谊、表明团体成员在背景或态度方面的相似性、使成员资格成为某种荣誉、成员间具有经常的相互作用。"[2]根据上述任何一个因素的强度，人们可以当事人和局外人，可容易或者困难地加入团体，并且能够

---

[1] 李正云. 团体动力学［M］//心理学百科全书编辑委员会. 心理学百科全书. 杭州：浙江教育出版社，1995年第1版，1800页。

[2] 李正云. 团体动力学［M］//心理学百科全书编辑委员会. 心理学百科全书. 杭州：浙江教育出版社，1995年第1版，1800页。

抵挡团体解散的压力。

### （二）从众压力

从众压力代表的是团体对于其成员的权力。但并不是每一个成员的从众压力都是相等的，所有的态度和行为也不是可以同等地表达出来的，团体的领导由于其角色的特殊性，往往具有打破规则的自由，甚至要具有某些革新性。

### （三）权力与影响

团体成员间的动力关系在这方面的研究中得到了揭示。遵从影响力的技术在这些研究中得到了运用，并且根据社会权力的条件，对这些技术进行鉴别，有的是要求合法和专门知识的，有的是通过巴结讨好的，还有的是以互换的未来的相互作用为基础的。证实社会权力的实验，显示了领导地位是怎样获取的，揭示了通过成员之间的相互作用来维持团体的相处机制。

### （四）领导和业绩

关于独裁的、民主的和放任的领导的研究，是团体动力学试验的一个重要开端。对领导作用的研究集中在它对于达成团体目标的影响上。这种影响是可以测量的。研究领导作用的目的就是要试图证实团体内部的权力与位移之间的关系。

### （五）动机过程

与个体的紧张类似，也可以用动机的概念来解释团体内部的紧张，团体也像个体一样，表现出设置目标和达到目标的努力和行动。运用研究个体紧张系统的方法，也可以测量团体内部紧张的产生以及其分化的情况。相关研究揭示了团体内紧张的持续存在，以及对回忆和恢复被中断任务的影响。只是因为团体内的个体概念分化更为明显，比如是领导者还是执行者，所以团体研究比个体研究略微容易一些。团体动机的研究是个体动机研究在团体研究领域的扩展运用。

### （六）团体结构及其效用

团体动力学的拓扑学特征在这方面的研究中得到了展现。人格拓扑心理学的抽象理论，通过对接近范型的研究或控制，在团体情景中变得具体化了。团体动力学领域中运用矩阵和曲线图理论最持久的方面，也是研究得最细致深入的方面之一，就是对作业团体中交流和控制的研究，以及对团体即时的社会测量模式的研究。

### 三、卡特赖特对需要心理学的贡献与局限

卡特赖特分析了权力的概念体系，规定并分析了构成权力概念的一系列要素，包括动因、动因动作、部位、直接联系、动基、大小和时间。

"从以上有关权力结构的概念可以看出卡特赖特对于权力问题是从社会心理学的角度基于勒温的场论思想做了系统的归纳和探讨，它对于社会权力的理论建立无疑迈出了重要的一步，也是对勒温团体动力学与社会心理学的思想的一种发展。"[1]尤其是其动基的概念，直接相当于需要、动机，对需要心理学思想有重大启示。只是他对社会权力本身并未下过明确的定义，而且其概念主要涉及较简单的权力关系，对于更为复杂的社会权力现象并没有进行深入的阐述。

卡特赖特把团体动力学的研究归纳团体与团体成员、从众压力、权力及影响、领导和业绩、动机过程及建构过程为六个方面。在勒温研究的基础上，进一步丰富、发展了团体动力学思想。为需要心理学对于团体需要的探索做出了贡献。

---

[1]　北京大学心理学系.当代西方心理学评述［M］.沈阳：辽宁人民出版社，1991年第1版167页。

# 第七章　期望—价值理论的需要思想

期望—价值理论是在对机械论的批评中形成的，赫尔的驱力理论受到了集中批判，发展出了对期望与诱因的认识，从而产生出期望—价值理论，并在1960年初至1980年初统治了动机研究。比较有影响的理论主要有勒温的合成价效论，麦克莱兰和阿特金森的成就动机论，以及罗特的社会学习论。

成就动机论是用认知的观点对人们追求成就的行为进行的解释，它建立在默里关于成就需要的相关研究基础之上，并吸收了勒温等人的期望—价值理论的成果，从认知的角度深入剖析了成就动机，在当今认知动机理论中具有重要影响。

1938年，默里概括出20种人类基本的需要，成就需要为其中之一。他这样描述了成就需要："完成某些困难任务；掌握、操纵或管理客观事物、人类的意向，尽可能迅速地、独立地完成任工作；克服困难，达到高标准；与他人竞争且超过他人；有突出的成就与业绩等等。"[1]

1943年，希尔斯研究了成功与失败的需要，1944年，勒温开展了对志向水平等问题的研究。勒温等人提出的期望—价值理论，从理论上指导了相关的研究。"期望—价值理论的基本假设与我们思考动机行为的常识是一致的：人们从事何种行为，取决于觉察到行为导向目标的可能性，以及目标的主观价值。因此，实现目标的信念越强烈，目标的诱因价值越高，从事相应的工具性行为的动机倾向就越大。其次，假设个体在任何给定的有限时间里，面临的是一系列可选择的目标。……此外，每个目标都有一个可确定的价值。然而，期望和

---

[1]［美］伯纳·德韦纳.人类动机：比喻、理论和研究［M］.孙煜明译.杭州：浙江教育出版社，1999年12月第1版，198页。

价值联合引发一个动机倾向，最强烈的动机价值就会'赢'，也就是说，在行动中表现出来。"[1]

深受他们影响的麦克莱兰和阿特金森分别进行了深入研究并提出各自的成就动机理论，成为成就动机理论的两位代表人物。

麦克莱兰探索了成就动机与经济发展的关系及成就动机的改变等问题。阿特金森则关注到目标期望认知因素对行为的决定性作用。

## 第一节　默里的需要理论

默里（Henry A.Murry，1893—？）美国心理学家。1915 年获哈佛大学历史专业学士学位，1920 年获哥伦比亚大学生物学硕士学位，1927 年在剑桥大学获得生物化学博士学位。在欧洲求学期间，受精神分析学说的影响，兴趣转向人格心理学研究。归国后任职于哈佛心理诊所，1928 年成为该所的副教授兼指导，直到 1943 年进入军事医学特别部队，参加特种人员的评定工作，1947 年后应哈佛大学之邀，先后任心理学讲师、临床心理学教授，直到 1962 年退休。曾获得美国心理协会著名科学贡献奖和美国心理学奠基人金质奖。默里的主要著作有：《人格探索》（1938）、《主题统觉测验手册》（1943）、《情操的临床研究》（1945）、《紧张人际争论之研究》（1963）和《心理学新努力》（1981）等。

人格动力问题在默里的人格心理学中居于重要位置，他认为人具有一定驱力、追求与欲望，人的行动受这种动力因素的支配。他认为人是有一种定向倾向的，理解个体行为的关键就是认识这种定向倾向，探索个人最重要的内容就是其占主导地位的定向，无论这个定向是生理的、心理的，还是言语的。他坚信，个体的行为动机是一个互相联系的系统，只有深入细致地分析这个动机系统，才能够对人的行为有真正的理解。

---

[1]［美］伯纳·德韦纳.人类动机：比喻、理论和研究［M］.孙煜明译.杭州：浙江教育出版社，1999年12月第1版，188页。

## 一、需要

需要在心理学中运用的范围很广，有许多理论家曾经研究过需要，但没有人像默里那样对需要如此完整、详细地进行过分析，他这样来解释需要："需要是大脑中代表力量的一种结构（一种虚构或假设性概念），这种力量从一定方向按照改变现存的不能令人满意的情景的方式来组织人的知觉、统觉和行动。需要有时可以由一定的内部过程所引起，但通常由一定的压力（环境的力量）所引起（在准备状态下），这样需要表现在指导有机体避免此情景，或当面临此情景时指导有机体对压力做出一定的反应……每一种需要都相配以一定的情绪或情感，每一需要都倾向于运用一定的方式来加强此趋势。这种需要可能是强烈的，也可能是微弱的；可能是暂时的，也可能是持久的。需要通常为人的外部行为规定一定的道路，这种行为，通过改变原来的情景而形成一种最后的使有机体满意的情景。"[1]

默里认为通过以下几个方面人们可以推测需要的存在：①行为结果；②特定行为类型；③选择性注意及对特定刺激客体的反应；④特定情绪表现⑤成功时满意的表现与失败时失望的表现。

### （一）需要的类型

默里在成就动机研究历史的第一个重要贡献就是他最早注意到了成就需要。他通过研究，区分出 20 种人类需要：

表 7-1　默里关于人类基本需要的列表[2]

| 人类需要 | 描述 |
| --- | --- |
| 谦卑 | 放弃。寻找并享受侮辱、责备、批评、惩罚，自我贬低，受虐狂。 |
| 成就 | 克服障碍并达到高水准，竞争并超过对手，努力并胜任。 |
| 归属 | 建立友谊和关系，欢迎他人、加入活动、与其他人一起生活、友善地与人合作及交谈。 |

［1］　郑希付. 现代西方人格心理学史［M］. 郑州：河南大学出版社，1991年10月第1版，316、317页。

［2］　罗伯特·E·弗兰肯. 人类动机［M］. 郭本禹，崔光辉，朱晓红，王云强，等译. 西安：陕西师范大学出版社，2005年10月第1版，13页。

| 人类需要 | 描述 |
| --- | --- |
| 攻击 | 攻击或伤害其他人，好斗，强烈地反抗，贬低、伤害、责备、控告或轻视他人，为受到的伤害而报复。 |
| 自治 | 拒绝影响和强迫，蔑视习俗，根据冲动独立地、自由地行动。 |
| 抵抗 | 征服或通过重新努力来补偿失败，克服软弱，保持荣誉、骄傲和自尊。 |
| 防卫 | 使自己对抗责备、批评和蔑视，给出解释和借口，拒绝探讨。 |
| 服从 | 尊重和愿意跟从一个优秀的同伴，与领导者合作，表扬、尊敬和赞美。 |
| 统治 | 影响或控制他人，说服、禁止、命令、要求、限制、组织一个群体的行为。 |
| 表现 | 以容貌引起别人注意，形成印象，使别人兴奋、高兴、动摇、惊讶、感兴趣、震惊或激动。 |
| 避免伤害 | 避免痛苦、身体伤害、疾病和死亡，逃离危险环境，采取预防措施。 |
| 回避 | 避免失败、耻辱、羞辱、嘲笑，因为害怕失败而抑制行动。 |
| 养育 | 扶助或保护无助的他人，表示同情，照顾孩子，供给、帮助、支持、料理、治愈。 |
| 秩序 | 安排、组织、处理物体，整理和清洁，谨慎细致。 |
| 游戏 | 使自己放松、愉快，消遣娱乐，玩得开心、玩游戏，大笑、开玩笑、轻松活泼，行事只为开心，并无其他目的。 |
| 拒绝 | 故意怠慢、忽视或排斥他人，保持疏远和冷淡，有识别力。 |
| 感觉能力 | 寻求和享受感官上的印象。 |
| 性 | 形成和进一步发展性爱关系，从事性行为。 |
| 援助 | 寻求帮助、保护或同情，大声呼救，请求怜悯，依附亲爱的人，赡养父母，独立自主，获得支持。 |
| 理解 | 分析经验，抽象，分辨概念，解释关系，综合观点。 |

默里根据不同的标准对需要进行了划分。他依据需要的重要性区分出首要需要和次要需要。首要需要又称为内脏性需要，它与生理上的满足相联系。次要需要又叫作心因性需要，如接受、成就、表现、支配和自主等属于心因性需要。它虽然产生于首要需要，但并不是直接同生理过程相联系。

从需要表现的角度又可分为外在需要与内在需要。外在需要也称作表现需要或显性需要，能引起外部显性行为，是可以直接表现出来的需要。内在需要又叫作内隐性需要、潜在需要，是压抑起来的需要，不能得到直接的表现。有时个体可以把自己的需要表现于外在的行为，但有时个体只能在幻想和睡梦中表现自己的需要。内在需要在很大程度上属于人的内在结构，即超我的产物。有些需要由于不符合社会要求，在现实中不可接受，于是在超我的作用下便形成了内在需要。

默里还把需要分为集中需要和分散需要。集中需要是与有限的几类环境客体密切相关的需要。分散需要则几乎和所有的环境相联系。与需要相联系的环境事件的范围可以扩大或缩小，与需要相关的行为也能够增加或减少。需要与不适合的客体联系起来的现象叫作固着，是一种心理病理的表现。但是，如果需要一直不适当地从一个客体跳转到另一个客体，也属于心理病理的表现。

默里把需要区分为前摄需要和反应性需要，前摄需要不是环境刺激的产物，它取决于个体的内部状态。与之相反，反应性需要则是环境影响的产物，是对环境刺激做出的反应。前者没有外部刺激物的存在，后者则存在外部刺激物。默里还用这两个概念来说明两个以上人之间的相互作用，其中一人具有前摄需要，由他提出一个问题；而另一个人具有反应性需要，回答前者所提出的问题，这个问题就成了后一个人做出回答行为的刺激。

他还把人的需要分为过程活动和形式需要与效果需要。美国心理学家受传统机能心理学的影响较大，他们强调行为的效果，对效果需要特别注重。

默里认为过程活动和形式需要也非常重要。那种随机的未经安排的为做而做的活动就是过程活动，在个体出生以后它就开始存在，比如人们随意的听、说与想等都属于过程活动。形式需要是与活动的最后令人满意的结果相联系的一种为做而做的需要。

对于需要的联合默里非常重视，他认为需要是一个有组织的结构，不同需要之间具有复杂的相互联系，它们相互作用。几种需要被同时唤起，并激发起个体的同一种活动时，这同时并存的几种需要就构成了优势需要，它比任何单独的一种需要都具有强大得多的力量，在其必须得到最低限度满足的前提下，其他的需要才有可能产生。

不同需要之间也会有冲突，比如自主与顺从的需要就存在冲突。默里把在一种活动过程中有多种需要可获得满足的现象称作需要的混合。另外，他还把服务于其他需要的需要叫作辅助需要，这样，一种需要的操作成果就可能同时满足相关的好几种需要。

### （二）需要的测量

默里认为，人的内隐性需要可以通过设计客观的知觉形式表现出来，个体的知觉是其人格特征的活动过程的表现，这种投射可以揭示出人们的内隐性需要。

据此，默里和莫根编制成主题统觉测验，简称 TAT 测验。这是默里在成就动机研究方面的第二个重要贡献。主题指的是相互作用的行为单元，包括正在发挥作用的需要和产生压力的刺激情境。也就是说，主题就是需要与压力相互作用下形成的联系，一定的情境往往引发特定需要的产生。

主题有的是起简单作用的单一主题，有的是由一系列简单主题形成的序列主题，有的则是存在较多相互作用的复杂主题。这样，通过情境测定就可以推断出受测者的需要，大致能够揭示出受测者的内隐和无意识的情结。在评定成就需要时，后起的研究者几乎普遍地接受了这个测量工具。

TAT 全套测验包括 30 张图片，有风景的、人物的黑白卡片，图形是清晰的，还有一张空白卡片，图片的意义是不明确的。在测验时，要求被试者对每一张卡片编一个故事来说明图片上发生着什么事情，说明事情发生的原因和结果，以及个人的情感表现，完成每张图片约 5 分钟。完成后，主试和被试谈话一次，以便深入了解，澄清故事的内容。

## 二、压力

对人格的评定必须依赖于对人和环境之间相互作用的测定。而这种相互作用是以力量的作用与反作用为特征的。

需要和压力共同作用影响人的行为。那些产生于人体内部决定人行为的力量就称为需要，而产生于环境决定人行为的力量就称之为压力。环境中的人或物就是压力，它具有促使或阻止个体去实现一定目标的特性，影响个体相关需要的满足。

默里通过给环境分类，归纳出了不同类型的压力（表 7-2）：

表 7-2　**默里对压力的分类表**[1]

| | |
|---|---|
| 1.家庭的不赞同 | 4.脱离客体 |
| 　家庭不和 | 5.拒绝，不关心，轻视 |
| 　任性教育 | 6.同龄人竞争 |
| 　父母离异 | 7.兄弟的出生 |
| 　失去父母，或父或母 | 8.攻击 |
| 　父母有病，父或母 | 　长辈男女的虐待 |
| 　父母死亡，或父或母 | 　同龄人对他们的虐待 |
| 　父母自卑，或父或母 | 　好斗的同龄人 |
| 　贫困 | 9.支配、强制和抑制 |
| 　没有住房 | 　教化 |
| 2.危险或不幸 | 　宗教训练 |
| 　生理缺陷 | 10.放任、纵容 |
| 　水灾 | 11.对照料的需要 |
| 　孤独 | 12.顺从、赞同和认同 |
| 　严酷的气候 | 13.爱和友谊 |
| 　火灾 | 14.性 |
| 3.缺少 | 　表现 |
| 　营养 | 　吸引：同性、异性 |
| 　财产 | 　父母性行为 |
| 　友谊 | 15.欺骗 |
| 　多样化 | 16.卑劣 |
| | 　生理 |
| | 　社会 |
| | 　动力 |

　　默里把压力又分为 α 压力和 β 压力，α 压力是由外部事件本身所产生的压力，即客观存在的环境的特性。β 压力是由主观所经历的事件所产生的压力，是个体所知觉到的并给予解释的环境的重要性，是与人的行为相联系的主要压力。总之，α 压力关乎事物的客观特征，β 压力涉及个体的知觉解释，两者共同作为压力影响着人们的行为。

---

[1]　郑希付.现代西方人格心理学史［M］.郑州：河南大学出版社，1991年10月第1版，321页。

### 三、紧张的减弱

一般来说，当个体的需要被唤起时，便会形成一种紧张状态，在需要得到满足之后，就会减弱这种紧张状态。有机体由此学会通过一定的活动来使紧张减弱。默里认为这种对驱力的描述并不完整，个体不仅学会了通过减弱紧张来满足需要，同时也学会了以一定的方式造成紧张，尔后再经由行动去减弱它，从而享受其中的快乐。例如人们设计各种比赛，制造竞争带来的紧张，再用竞赛活动来减轻紧张，从而得到相关需要的满足。

关于紧张减弱的一般性规律仅适用于成就动机，默里的总结的规律不仅适用于成就需要，对过程活动和形式需要也同样适用。后者满足于行动本身，在整个活动过程中，紧张度基本上一直保持不变。由此默里进一步指出，并不是所有的活动都会减少紧张，有时不仅不会减弱紧张，反而会让紧张保持恒定，甚至会有所增强。

### 四、默里对需要心理学的贡献与局限

人格动力问题在默里的人格心理学中居于重要位置，他认为人具有一定驱力、追求与欲望，人的行动受这种动力因素的支配。鉴于此种观点在其理论中表现得特别突出，所以人们也称他的心理学为动力心理学。默里对需要完整、详细地进行了分析、解释，在成就动机研究历史的第一个重要贡献就是他最早注意到了成就需要。他通过研究，区分出 20 种人类需要，并根据不同的标准对需要进行了划分。这是默里对需要心理学最直接的贡献，他所概括的许多需要都包含在需要心理学中所划分的各类需要之内。

默里和莫根编制成主题统觉测验，简称 TAT 测验。这一测验成为评定需要状态的普遍适用的工具，是默里在成就动机研究方面的第二个重要贡献。引发了 20 世纪 40 年代和 50 年代的大量研究，在主题统觉测验中，对反映需要与成就意象的表现进行处理与计分，这些分数与诸如平均等级、任务行为和坚持性等大多数其他变量有关。麦克莱兰、阿特金森等人把它发展成为一个复杂的、包含 11 个类别的故事图式。其中的情绪反应与工具性活动，对成就需要最终分数的获得特别有帮助。

根据默里的人格理论，美国心理学家爱德华（A.L.Edwards）于1953年编制了爱德华个人偏好测验（EPPS），以此来测定人的显性需要。在制订具体项目时，他选取了默里所列出的具有代表性的15种需要。这一量表是由15种需要量表和一个稳定性量表组成，整个测验共有225对叙述组成的题目，其中有15个题目重复两次。在这15个量表中，每个量表有9种叙述，这9种叙述轮流与其他需要的叙述配对，每种叙述重复两三次，令被试对每道题的叙述做强迫选择。然后通过分析每个人回答的结果来分析个体的需要特征。后来此量表在临床等方面广泛使用，有较高的信度和效度。

默里主张需要和压力共同作用影响人的行为。那些产生于人体内部决定人行为的力量就称为需要，而产生于环境决定人行为的力量就称之为压力。他还通过给环境分类，归纳出了不同类型的压力。需要心理学在此基础上，不仅区分了来自主体需要的内部驱动力、源于环境需要的外部压制力，还辨别了主体需要客体化带来的外部诱发力、环境需要主体化所造成的内部抑制力。

## 第二节　勒温的合成价效理论

### 一、勒温的合成价效理论

勒温除了提出前文述及的建立在力场基础上的水力学动机理论，还发展了以志向研究水平为背景的合成价效理论。"志向水平被典型地定义为：'个体明确地知道他在过去承担任务中所达到的成绩水平，并确定自己在未来相似任务中的成绩水平。'因此，志向水平属于一个人期望实现的目标的追求和觉察到目标实现的难度"[1]

让被试在不同的特定距离玩抛套圈游戏是一项关于志向水平的典型实验，实验者试图对被试将要做出的选择进行预言。被试知晓所有可能做出的选择，

---

[1]［美］伯纳·德韦纳.人类动机：比喻、理论和研究［M］.孙煜明译.杭州：浙江教育出版社，1999年12月第1版，191页。

也能计算出不同距离选择的成功可能性及其价值。一般情况是，与套圈桩子的距离越远，投中可能性的预估越低，而成功的价值却越大。因此可以假设，选择常常以期望和价值的计算为基础。这是一种完全理性的选择，还要把每个潜在选择所涉及的动机强度进行比较，从而使与最大价值相联系的选项得到最终的抉择。

可以根据先后顺序把志向水平的行为序列，区分为上次成绩、确定志向水平、新成绩和对新成绩的心理反应四个阶段。以抛套圈游戏为例，先让被试做10次练习，以便熟悉任务，同时把套圈成功的次数记录下来。假定成功了6次，这便是上次成绩。然后进入正式实验，让被试表明在接下来的10次抛套圈活动中的志向水平。假设被试确定为8次。这个志向水平与上次成绩间的差异就是目标差异。在这上次成绩里多出来2次，这个目标差异就是正的。当被试的志向水平低于上次成绩时，目标差异就是负的。接着再让被试抛10次并记录其成绩，这个成绩就是新成绩。把设定的目标与新成绩进行比较，其间的差异就是实现差异。如果新成绩为7次，实现差异是-1，说明没有完全达到预定的目标。这时，被试对新成绩的心理反应可能感觉有些差劲。

许多经验性研究显示，成功与失败的情感基本上取决于志向水平，即实现或者不能实现个人所追求的目标，而不是绝对的实际成绩水平。比如，同样得到B分，志向水平很高的学生可能并不满意，志向水平较低的学生则可能会因这个成绩而高兴。成功与失败的知觉包含的实现水平是主观的，而不是客观的。先前成功或失败所造成的主观上的实现差异，会对后继的志向水平产生部分的决定作用。大多数情况是，成功促使后继目标水平的增加，失败导致后继目标水平的降低。但也会观察到反常反应的出现，即目标实现后志向水平会降低，失败后反而会提高。个体差异、团体标准，以及文化因素都会对志向水平产生影响。

志向水平在合成价效理论中被描述为一种冲突情境，个体在此情境中，常常会选择朝着具有最大合成趋向力的方向移动。构成各种可能选择目标中的价效和力的决定因素是合成价效理论重点阐述的内容。在此理论中，假设先前成功的价效为正，而潜在失败的价效是负的，成败的价效还都部分地取决于任务的难度。随着任务难度水平的提高似乎会增强成功的吸引力，而难度的降低则会加大失败的负诱发力。如果仅仅按照选择是价效的函数，随难度提高会增加正价效和降低负价效这一解释，往往推出这样的结论，最大的力可能朝向最难的目标。然而，实际上，个体常常选择任务的难度属于中等，甚至是比较容易完成的。这说明还有一些行为的决定因素影响着志向水平。勒温所说的潜能就是这样一种因素，主观的期望或者必然性就是潜能，有的潜能与成功相关联，有的则与失败相关联。潜能也可与心理距离来作比，通常心理距离较大的标志就是潜能较低，而实现目标只用很少几个工具性行动时，就表明有较高的潜能。

对应于每一个难度水平，都有成功的潜能（$Po_s$）与失败的潜能（$Po_f$）。勒温等人进一步设想，朝向目标的力为成功价效（$Va_s$）和成功潜能之乘积的函数，而离开目标的力是失败的负价效（$Va_f$）与失败潜能之乘积的函数。于是，朝向目标的合成力就能做如下概括：[1]

$$合成的力 = ( Va_s \times Po_s ) - ( Va_f \times Po_f )$$

总之，可以认为每一种可选择的目标，都包含着由价效和潜能所确定的在正向力与负向力之间的趋近—回避冲突。抉择包含着对所有有效选择做比较，而其中具有最大合成趋向的力最有选中的可能性。

## 二、勒温合成价效理论对需要心理学的贡献与局限

勒温除了提出前文述及的建立在力场基础上的水力学动机理论，还发展了以志向研究水平为背景的合成价效理论。志向水平在合成价效理论中被描述为一种冲突情境，个体在此情境中，常常会选择朝着具有最大合成趋向力的方向移动。构成各种可能选择目标中的价效和力的决定因素是合成价效理论重点阐述的内容。这对需要心理学中的主体需要与环境需要间作用力合成的思想很有启发，只不过它们是四种力量的相互作用，某种力量都具有方向与大小，主导方向及合力的大小，由它们共同合成来决定。

---

[1] ［美］伯纳·德韦纳.人类动机：比喻、理论和研究［M］.孙煜明译.杭州：浙江教育出版社，1999年12月第1版，195页。

# 第三节　麦克莱兰的成就动机研究

麦克莱兰·戴维（C.Cucdelland Davidc，1917— ）美国心理学家。1917 年生于纽约州的蒙特弗农，1938 年获韦斯利安大学学士学位，1939 年获密苏里大学硕士学位，1941 年获耶鲁大学哲学学位。1941—1946 年，任教于韦斯利安大学，1941 年到哈佛大学任教育心理学教授。因动机研究，特别是关于成就需要的研究而知名。

麦克莱兰的主要著作有《人格》《成就社会》《经济上的成就动机》和《动力：内心的体验》（合著）、《成就动机》（合著）等。

## 一、麦克莱兰的成就动机研究

麦克莱兰致力于研究成就动机与经济发展之间的关系，他运用档案法，广泛收集社会文献，以儿童读物作为测量成就动机的主要文献，以人均耗电量作为衡量经济发展水平的指标，比较了 1920—1929 年及 1946—1950 年两个时期考察样本国际成就动机与经济成长之间的关系。麦克莱兰评估测量了 30 个国家儿童读物的故事内容中反映出来的成就动机的强度，研究显示成就动机的强度与这些国家 20 年后的经济发展水平间存在着高度的正相关。结果发现，成就动机是影响经济发展的重要因素，而且成就动机先于经济发展，由此得出推论，要想促进社会经济的发展，要从提高社会成员的成就动机入手。

麦克莱兰为了进一步深入研究成就需要对社会经济发展所带来的促进作用，曾经从 45 个原始部落中选出 12 个民间故事，然后分析其文化中所含有的成就动机水平，又用不同发展水平的经济形态对这 45 个部落文化进行划分。研究发现，故事中所反映的人物的成就动机强度大的，其部落的经济发展水平也较高。这一研究从社会文化方面进一步表明了成就动机对社会经济发展的积极影响。

麦克莱兰认为社会成员的成就动机水平可以通过培训来加以提高。他与温特设计了一个 3～6 周的训练课程，目的在于参加者通过学习，懂得个体的成就行为与其思想行动相联系，并提高其成就需要。"参加者知晓自己的 TAT 测量分数，并知晓从事或选择中等难度的有益结果和未来前景。此外，参加者还进行自我研究的项目，他们描述自己的生活目标、价值观、自我意向等。参加者还向处于友好的、和谐的气氛中的同伴们'投放'（inputs）自我，使同伴们赞同他的目标，并希望成为他的职业目标的参照组人员。训练项目还帮助参加者建立职业目标，并且评价这一目标的积极意义，这也是训练活动的宗旨或目的。"[1]麦克莱兰在这一训练课程的全过程中都以有效的心理学原理为依据，并认为这是改变行为的一种折中办法。

他认为，首先应该训练人们培养起良好的个性品质，诸如自信心、独立性和自我实现需要等。对于成年人来说，成就动机训练的效度取决于受训者自愿参与的程度，强制性的训练是没有效果的。他提倡培训应该从受训者对待自己的态度着手，引导受训者向自己提出要求，逐步确立自信自立等相关的个性特征，初步具备一定的成就动机后，再给他们提供更多的上进机会，一步一步地稳健地发展成就动机的水平。

麦克莱兰提出了培养成就动机的具体计划："（1）使受训者确信，经过训练，自己的个性是可以得到改变的；（2）使受训者看到，实际生活中人们的个性确实是发生了改变；（3）使受训者知道成就动机的内涵以及它对行为的推动作用；（4）使受训者知道与成就动机有关的其他概念的含意（如自我实现等）；（5）使受训者懂得交往行为和生活的关系；（6）使受训者了解，新的动机的产生是其自我形象改进的表现；（7）使受训者懂得，动机是促进社会文化发展的一种力量；（8）要求受训者用新的动机来实现生活上的目标；（9）要求受训者记录自己实现目标的进度。"[2]

———————————

[1]［美］伯纳·德韦纳.人类动机：比喻、理论和研究［M］.孙煜明译.杭州：浙江教育出版社，1999年12月第1版，210页。

[2]邓岚.成就动机［M］//心理学百科全书编辑委员会.心理学百科全书.杭州：浙江教育出版社，1995年版，463页。

### 二、麦克莱兰对需要心理学的贡献与局限

麦克莱兰侧重研究社会成员的成就动机水平与经济、科技发展之间的关系，从宏观上探讨了通过社会化过程培养成就动机，以及对成就的态度，价值观等内容，力图通过相关研究促进社会进步，对个人成长及社会发展具有重要意义。

他还提出了培养成就动机的具体计划，尽管改变成就动机的训练效果不是确定的，然而麦克莱兰认为，在成就需要改变的希望变成现实之前，还要进行更多的研究，以提供更多的证据。这对于联系实际来研究运用需要心理学，都很有启发价值。比如，可以研究安全需要、健康需要的水平与经济、科技发展之间的关系。

## 第四节　阿特金森的成就动机论

阿特金森·约翰（Atkinson John，1923— ）美国心理学家，以研究成就动机著名。1947年获维斯莱大学文学学士学位，1950年获密执安大学哲学博士学位，后留校任教，1960年成为心理学教授。1975年被选为美国艺术与科学学会会员，1979年荣获美国心理学会杰出科学贡献奖。他的主要代表作有与麦克莱兰合著的《成就动机》（1953年）、《动机导论》（1964年），与伯奇合著的《活动动力学》（1970年）。

### 一、阿特金森的成就动机论

在《动机导论》一书中，阿特金森对动机概念的历史变迁进行了系统阐释，并第一次将"期待"与"内驱力"放到同样重要的地位来看待。后在与伯奇的合作修订中，他讨论了毫无联系的指向目标的事件，并与传统的动机分析进行比较，他们强调行为趋向及其赖以存在的动机结构的暂时连续性。而且，阿特金森还运用建立在新动机原理基础上的计算机模拟技术解决了两个人格研究中的难题。他指明：动机主题统觉测验的效度并不取决于其信度；人格方面稳定的个体差异可以通过不一致的行为来表达。

阿特金森与麦克莱兰合作提出了成就动机理论，该理论指出，人们在社会化的进程中，获得了两种与成就相关的动机，一种称作获得成功的动机，一种叫作避免失败的动机。前者指人们追求成功并由成功带来积极情感的倾向性，后者则是人们避免失败及其相伴的消极情感的倾向性。个体可以同时拥有这两种动机，并且其水平可能各有不同。

阿特金森认为希望成功即趋向成功目标的倾向（$T_s$）的决定因素有三个："成就需要，就如大家所知道的追求成功的动机（$M_s$）；在任务上获得成功的可能性（$P_s$）；以及成功的诱因值（$I_s$）。这三种成分的复合关系可用下列公式表示：$T_s = M_s \times P_s \times I_s$"。[1]

$M_s$在成就动机理论中，代表追求成功的相对稳定，持久的特质，一种在成就体验中感受到自豪的能力，也就是说成就需要或获得成功的动机是一种情感特质。

$P_s$代表成功的可能性，指的是对认知目标的期望或达到目标的工具行为的预料，表示获得目标的主观可能性。任何影响被试获得成功的信心的信息或者创设的刺激情景，都能够用来确定$P_s$的重要性。

$I_s$表示成功的诱因价值。阿特金森假定$I_s$和$P_s$之间具有相反的关系，用函数关系式表示为$I_s=1-P_s$，即成功的诱因值是随着$P_s$的升高而降低的。阿特金森认为成就目标的诱因值是情感性的，即体验成功中的自豪。他认为完成困难任务后体验到的自豪要比完成容易任务的强烈。目标的最终诱因值是动机力量和任务难度两者的函数。

正的情感预期来源于过去取得的成就和体验到的自豪，以及与成就相关的活动。而先前的失败和体验到的羞愧及相关活动则会引起负的情感预期。

害怕失败（$T_{AF}$）的决定因素也有三个：避免失败的动机（$M_{AF}$），失败的可能性（$P_f$）；失败的诱因值（$-I_f$）。它们之间的函数关系式表示为：$T_{AF} = M_{AF} \times P_f \times (-I_f)$。

---

[1]［美］伯纳·德韦纳.人类动机：比喻、理论和研究［M］.孙煜明译.杭州：浙江教育出版社，1999年12月第1版，216页。

避免失败的动机（$M_{AF}$）在阿特金森看来是没有实现既定目标时体验到羞愧的能力。一般运用一种客观的自陈测量焦虑量表 TAQ 来确定 $M_{AF}$ 的强度。

失败的可能性（$P_f$）和失败的诱因值（$-I_f$）都会影响避免失败的活动。$-I_f$ 相当于 $-P_f$。在容易任务中的失败要比在困难任务中的失败体验到更为强烈的羞愧情感。

"如果将个体的成就取向活动，设想为希望成功和回避失败的结合，那么成就动机的合成倾向（$T_A$），可设想为趋向任务倾向与回避任务倾向在强度上的相减。用公式表示：$T_A=T_s- T_{AF}$ （1）

"$T_A$ 表示成就动机的合成倾向，$T_s$ 为趋向成就活动，$T_{AF}$ 为回避成就活动。或者得出等式：$T_A=（M_s \times P_s \times I_s）-（M_{AF} \times P_f \times I_f）$ （2）

"如前所述，$I_s=1- P_s$，$P_f=1- P_s$，因此，$I_f= P_s$，用简单的算术代入法可以得出：$T_A=（M_A- M_{AF}）[P_s \times（1- P_s）]$ （3）

"等式（3）显示出个体的成就活动倾向，在人的行为决定因素上存在着两个自由度，表明 $M_s$ 与 $M_{AF}$ 在一个人身上互不相关。给 $P_s$ 一个指定值，就可以确定 $I_s$、$P_f$、$I_f$ 三个因素的强度大小。"[1]

研究发现，获得成功的动机与避免失败的动机都是在完成中等难度的任务时最强。获得成功的动机强于回避失败的动机，选择中等难度任务时，既存在成功的可能性来满足其成就动机，又存在足够的挑战性来提高其成就动机的水平。如果他们取得了成功，他们不会简单重复做同样的事情，而会提高其抱负水平，试着去做更加困难的工作。如果失败了，便会降低他们的抱负水平，即使再容易的工作也不愿意去尝试。避免失败的动机强的人，则倾向要么选择高难度工作，要么选择低难度工作。因为从事高难度工作，即使失败了也不让人难堪，从事低难度工作则易于使避免失败的动机获得满足。但他们一旦取得了成功，就会反复去做同样的事情，并保持这一抱负水平，以降低对失败的焦虑。

鉴于影响成就行为因素的多样性，阿特金森把成就行为看作由成就动机和

［1］［美］伯纳·德韦纳. 人类动机：比喻、理论和研究［M］. 孙煜明译. 杭州：浙江教育出版社，1999年12月第1版，221页。

由情境引起的其他力量即外在动机共同决定的，用公式表示就是：

成就行为 = $T_A$ + 外在动机

这个公式说明了个体在 $M_{AF} > M_s$ 时做出成就行为的原因，即归结为与成就动机无关的外在动机。

### 二、阿特金森对需要心理学的贡献与局限

阿特金森侧重从微观上来研究成就动机，注重其本质及发展变化，不仅分别研究了获得成功的动机与避免失败的动机，还综合研究了两者结合而成的结果成就动机，并用数学公式表示多因素的关系，为今后的相关研究提供了理论基础，为心理学理论的公式化做了示范，尽管有时显得过于简单。

在需要心理学中，成就动机不仅仅是获得成功与避免失败的动机，而是各种需要都具有的发展层次，也就是成就层次的萌动需要所形成的动机。它处于健康需要层次与完善需要层次所构成的健康动机与完善动机之间，因而比阿特金森的成就动机包含更多的内容。

## 第五节　罗特的社会学习理论

罗特（Julian Rotter，1916—2014），美国当代心理学家，1937 年在布鲁克林（Brooklyn）学院获学士学位，1938 年在艾奥瓦大学取得了硕士学位，1941 年获得印第安大学的临床心理学博士学位。其理论受到了这些求学经历的重要影响。赫尔—斯彭斯行为理论（Hull-Spence behavioral theory）和斯金纳有关决定行为方向的强化意义的观点，都对他产生了影响。他还曾参加过阿德勒在纽约主办的系列研讨班，使其深信考虑社会行为关系具有重要意义，而仅仅关心人际行为的决定因素是不够的。托尔曼对他理论进行了补充和发展，使其更加具体化。第二次世界大战后受聘于俄亥俄州立大学，任教授和临床训练主任，在这个美国最大的临床心理训练中心之一的地方，曾与著名临床医生凯利（G.Kelly）和罗杰斯（C.Rogers）共事。1963 年转入康涅狄格大学，担任同样的职务。1988 年获得美国心理学会颁发的杰出科学贡献奖。

由他发展的控制点量表最为引人注目，产生了让他自己都深为吃惊的巨大影响。他发展的人格测量包括《不完整句子测验》（1950）、《内外控制量表》（1966）和《人际信任量表》（1971）。他的主要作品有：《强化的内部对外部控制的综合期望》专题论文（1966），与专著《社会学习与临床心理学》。

罗特的社会学习理论，主要关注个体在有多种行为路径可供选择时将会作何选择。他试图把心理学中的两大传统——斯金纳（B.F.Skinner）与赫尔的强化观点，和托尔曼与勒温的认知或场的观点整合起来，来解释这种选择或行为的趋向。他进一步提出了行为预测理论和控制点理论。

罗特具有社会学习理论传统，强调习得的社会行为。即基本行为模式是在社会情境中习得的，是与寻求满足的需要和以他人为中介紧密联系在一起的。学习是其理论的核心，由于期望会在特定情境内引发，使得心理情境显得极其重要。他也假设，一般的信念系统会在学习经验的基础上得以发展，并且对任何特定情境中的行为产生影响。可见，他强调行为的双重决定因素，即一般的特质与特殊的情境，它们都是学习经验的结果。

## 一、基本概念

"罗特的理论包含四个基本概念：行为潜能、期望、强化值和心理情境。这些概念与更一般的概念相连（需求潜能、运动自由、需求值），并为其他的建构，包括类化的期望，提供了基础。罗特对基本动机的陈述是，任何行为的潜能，都取决于该行为导致强化的期望和目标的强化值：行为潜能 =$f$（奖励的期待和目标的奖励值）。这个观点与赫尔、勒温和阿特金森所提倡的内容相似，他们都试图辨别直接决定行为的因素，并且以公式化的模式来'解释'人们为什么按照他们自己特有的方式行动。"[1]

### （一）行为潜能

行为潜能就是在达成目标的特定情境中做出某种特定行为的可能性，由行

---

[1]［美］伯纳·德韦纳. 人类动机：比喻、理论和研究［M］. 孙煜明译. 杭州：浙江教育出版社，1999年12月第1版，242页。

为后所伴随的单个强化或一组强化的推算所决定。比如，一位男士在聚会上想要结交一位特殊的女士，为达此目的，他可能会主动自我介绍，也可能经由他人介绍，或参加互动游戏寻找接触机会。在这个特定的聚会情境中，上述的每一种行动，对于特定的个体具有特定的行为潜能。这是一个相对的概念，包含了在诸多可能出现的行为中做出比较。进一步来讲，行为这个词汇有着更加广泛的意义，既包括外显行为，还包括认知活动。无论如何，有知识的个体都会在其认知范围内选择自以为最好的行动路线。

**（二）期望**

在罗特的社会学习理论中，期望是一个主要概念。他这样来定义期望："'个体保持一种特定强化将会发生的可能性，作为特殊情境中同时行为的函数'（罗特，1954）。罗特把期望看作是一种主观上认为自己成功的可能性：它可能等同于，也可能不等同于达到真实的（或客观的）目标的可能性。"[1] 比如，聚会上的这位男士可能会考虑到，如果他进行自我介绍，对方可能会认为他过于唐突或非礼。这样就会减少建立友谊的客观可能性。不过，他的这种猜想在现实中可能是不正确的。从理论上来讲，期望能够在由 0（没有奖励的可能）到 1（肯定伴随奖励）的排列量表上进行测量。

罗特还提出了类化期望的概念，假设个体强化的信念部分地取决于过去特定情境中的经历，那么在相同或相似环境中先前行为结果经验对强化期望的影响，就称作类化期望。也就是说，从相似的行为强化序列中，期望得到了类化。例如，这位男士在聚会上结交异性朋友的信心，既受到他过去在聚会上交往经验的影响，也会受到他在其他社交场合结识新友经验的影响。罗特总结出一个公式：

"$Es1 = f(Es1 + GE)$。这个公式表示，在情境 1（$Es1$）中，强化的期望取决于特殊情境中期望的基础，以及取决于相似情境中所类化的期望（$GE$）。情境越是新奇，确定当时信念的类化期望的重要性就越大。另一方面，在特定情境

---

[1]［美］伯纳·德韦纳. 人类动机：比喻、理论和研究［M］. 孙煜明译. 杭州：浙江教育出版社，1999年12月第1版，242、243页。

中获得大量的经验，那么类化期望在影响行为方面几乎没有什么意义。"[1]

### （三）强化值

强化价值正如行为潜能一样，也是一个相对的、可以比较的概念。正是由于同其他强化有关联，某些强化才获得了价值。强化值指的就是当各种强化物出现的可能性均等时，个体对任何强化的偏爱程度。

罗特认识到目标的强化值与个体需要显著相关，并断言人类需要都是习得的。他概括出六种非常广泛的需要：认可 - 地位、优势、独立、保护—依赖、爱与情感以及身体舒适。这些需要的作用取决于觉察到的强化，它们会对大部分习得性的心理行为产生影响。

### （四）心理情境

心理情境反映着个体所体验到的特定环境，个体会依据对情境的感知做出反应。个体在过去经验的基础上会意识到环境的主观意义，这使得某些特定的情境相比于其他情境，更容易给个体带来满足。行为产生于特定的心理情境，因此要理解并预测行为，必须对行为所赖以产生的社会关系进行描述。

## 二、行为的决定因素

罗特提出了一个期望—强化值的动机模式，他指出一种行为被选择的可能性，取决于行为者认为行为结果的回报大小和实施该行为能带来该回报的可能性，即强化价值和期望的成功率。也就是说行为是由有机体的内部认知过程和外部强化共同决定的。罗特提出了一个行为预测的基本公式：

"BPx1s1ra=$f$（Ex1ras1+RVa1s1）。这个公式表示：'在情境 1 中发生的 x 行为的潜能与强化 a 的关系，是情境 1 中强化 a 随着行为 x 发生的期望和在情境 1 中强化 a 的价值的函数'（罗特，1972）自身强化的特性，也取决于。这个公式包括的观点是：强化期望是特殊期望和类化期望的合成物，并且强化值

———————————

[1]［美］伯纳·德韦纳.人类动机：比喻、理论和研究［M］.孙煜明译.杭州：浙江教育出版社，1999年12月第1版，244页。

既取决于与其他潜在强化物的关系。

"罗特还提出了一个更为概括的、表达相同意义的公式，但是情境的特殊性较少。其公式如下：N.P=$f$（F.M.+N.V.）。

"这表示：'一些需要（需要潜能）能满足一系列行为出现的可能性，是这些行为导致强化（运动的自由）和强化的强度，或价值（需求价值）期望的函数。'（罗特，1954）"[1]

罗特把期望与强化值作为各自独立的结构提出来，期望在某种程度上被设想为部分地由与总经验有关的强化经验的数量所决定，强化价值则与目标对象、个体需要特性相关联。显然，与罗特的期望概念相类似的有赫尔的习惯、勒温的潜能及阿特金森采用的可能性；与其目标价值含义相似的有赫尔的诱因、勒温的价效概念和阿特金森的成功诱因。

正如勒温和阿特金森一样，罗特也注意到了期望与价值并非是完全独立的。他曾指出，如果个体没有能够达到目标，那么强化本身就有可能同失败的不愉快相联系，并且其价值也会随之降低。与之相反，难以达到的目标实际上往往具有较高的价值。也就是说，有时高期望同低价值相关联，有时则是低期望与高价值相联系。当个体把高价值的目标体验为低成功期望时，会导致个体的困难。以致其为了避免受到失败的惩罚，有可能学会运用适应不良的防卫方式，仿佛退缩进梦幻世界一样。由于缺乏建设性，这种心理退缩会进一步减少以后成功的机会。期望与价值脱节，低期望是导致个体问题的一个重要根源；过高的价值目标也可能造成知觉 - 认知的失真，加剧个体的不满足感。社会学习理论提供了一种折中的心理治疗方法，治疗者以教师的身份，目的不仅帮助患者解决当前的问题，而且引导其发展多种技能，以有效应对生活中未来可能遭遇的困难。

---

[1]　［美］伯纳·德韦纳.人类动机：比喻、理论和研究［M］.孙煜明译.杭州：浙江教育出版社，1999年12月第1版，245、246页。

### 三、个人责任心

社会学习理论把人看作是一种类属的动物，认为个体在同一类别中包含各种不同的情境。这些类别就代表了情境中基础的、共同的特性。根据可觉察到的强化原因，可以对情境进行分类。个体在追求强化物的过程中，基于所面临各种问题情境时的独特经验，会发展出如何对情境做出最佳建构的类化期望。

罗特把控制点设想为成功期望的一个决定因素，指的是一个反应能否影响强化获得的一种信念，是解决问题的关于内—外控制的类化期望。无论目标或强化物的性质如何，仅仅提出是否把行为问题觉察为达到目标的工具。个体把觉察到的控制点当作在任何情境中影响个体特定目标的期望，情境的新奇性与含混性，及个体在情境中所直接经历的强化程度，都会部分地左右影响的程度。

内外控是一种个体在解释强化的结果时所形成的一种类化期望。内控的个体把强化的结果解释为内在的个人可控的因素，即个体觉察到事件的发生依赖于自己的行为或比较持久的性格。而外控的人则用外在的不可控因素来加以解释，即觉察到强化并非依靠自身的行动，而是运气、机遇和命运的结果，或由他人控制所致，或是周围复杂的各种力量难以预料的结果。

控制点不同，人们行为的方法和归因也必然各不相同。研究显示具有内在控制点的个体更潜心于追求知识和学习文化，更热衷于搜集资料与信息，以利于提高获取成功的可能性；其成就动机水平和所获成绩往往比具有外在控制点的个体要高；他们更倾向于反抗社会压力，有更强的自主性，更难于为他人所说服；他们较少体验到焦虑，并且患精神病变的比率比具有外在控制点的个体要少。

罗特及其同事做了一系列调查，验证了内外部控制知觉对成功期望的影响，对成功期望被觉察为受技能决定的内部控制还是受机遇决定的外部控制进行了比较。罗特和助手们所收集到的资料显示了机遇和技能情境对行为的影响存在个体差异。这种对强化期望产生影响的个体差异是类化期望的一个决定因素，并且影响目标实现的主观可能性及其后继的行为。

罗特把受到奖励的个人责任心信念设想为个性的维度结构。也就是说，可以预见到某些人与其他人相比，在跨越各种情境的潜在强化物上的知觉方面，能够觉察到更多的内部控制或者外部控制。罗特编制的《内外控制量表》，是一份包含 29 条项目的自我报告调查表，能够对内部或外部控制知觉倾向上的个体差异进行评定，可以低程度地预言跨越广泛潜在情境中的行为。

罗特把某一个体或团体对另外个体或团体的言辞、诺言、口头或书面陈述能够信任的认同称为人际信任，是经由社会学习而形成的一种稳定的人格特征。个体的生活经历及其对人性的认识会使其形成对他人的可信赖程度的通常期望或者信念。罗特编制的《人际信任量表》能够测量人际信任特质上的个体差异。

罗特研究发现有宗教信仰者的人际信任程度高于持不可知论、无神论或无信仰者。一般来说社会经济地位高的家庭的子女的人际信任程度较高。个体的可靠程度与人际信任程度有很大的关系，很少说谎或欺骗他人，很少有偷窃行为的个体，其人际信任程度也较高。而且，这些人一般生活幸福，容易得到他人的喜爱和尊重，并且大多数情况下会给他人提供机会，比较尊重他人的权利与价值。他们很少会有适应不良、内心冲突或者精神失常，他乐于结识朋友，善于处理复杂多样的人际关系。然而，这并不是说信任感高的个体易于轻信或上当，他们只是易于相信那些没有更多理由表明不值得信任的人物或者事件。

## 四、罗特对需要心理学的贡献与局限

罗特从社会学习的角度对期望—价值理论进行了阐述。他假设目标实现的期望和目标或强化物的价值决定了行为的潜能。期望被当成了特定刺激情境中先前强化史的产物，和在相似情境中所习得的有关强化物类化信念的产物。低期望与高评价目标的结合，特别容易导致行为问题的发生。期望在需要心理学中称为预期，为需要的一个重要构成元素。罗特对期望的研究有益于需要心理学对于预期的认识，期望与目标相结合的考虑，与需要心理学重视元素间交互作用的思想是一致的。

从罗特的行为概念中发展出一个有关控制点的研究领域，发现随成功与失败之后的期望转换影响着对技能或机遇的环境知觉，而且这种知觉正如内外控一样存在个体差异。社会学习理论家把更多的限制带进了动机研究，提倡要小心谨慎地运用概念，引入了个人控制的研究，让心理学的重要争端趋于一致，认为行为是个人与环境两者的函数，并得到了普遍的认可。

# 第八章 班杜拉社会认知论的需要思想

阿尔伯特·班杜拉（Albert Bandura，1925— ），美国著名教育心理学家，现代社会学习理论的奠基人。1925年出生于加拿大的曼达尔镇。1949年获温哥华不列颠哥伦比亚大学学士学位，后进入美国艾奥瓦大学师从西尔斯攻读社会学习理论，分别于1951年、1952年获心理学硕士和博士学位。1953年任教于斯坦福大学，后一直在该校从事科研工作。主要致力于社会认知理论的研究。

1972年，他荣获美国心理学会授予的卓越科学家奖，1973年获得加利福尼亚心理学会的卓越科学成就奖，1974年当选为美国心理学会主席，1980年荣获美国心理学会颁发的杰出科学贡献奖。

班杜拉的主要著作有：《社会学习与人格发展》（1963年），与R·H·沃尔斯特合著《行为矫正原理》（1969年），《攻击：社会学习分析》（1973年）、《社会学习理论》（1977年）、《思想和行动的社会基础》（1986年）、《自我效能：控制的实施》（1997年）等。

班杜拉突破了传统的单一的理论框架，以认知和行为联合作用的观点来解释社会行为，他注重认知过程、替代性强化及自我调节在行为中的作用，提出了以观察学习为主的社会学习理论、三元互动的相互作用论以及自我效能论。

## 第一节　班杜拉社会学习理论的需要思想

班杜拉的社会学习理论强调人类具有认知能力，大部分的人类行为可以通过对榜样的观察而习得。通过这种替代性的间接学习，人们可以避免许多亲历学习时尝试错误的风险，减少不必要的损失，不必再去走前人已经证明了的弯路。

## 一、观察学习

### （一）观察学习的定义

班杜拉指出："在社会认知理论中，示范观察学习这个一般的术语是用来描述心理匹配过程的。"[1] 通过观察榜样的示范行为，人们可以习得新的行为或者修正已有行为的反应特点，他指出"强有力的示范观察学习的影响能同时改变观察者们的行为、思维模式、情绪反应和价值观（Rosenthal，Bandura，1978）。"[2]

### （二）观察学习的效应

班杜拉分析了观察学习的五种效应，分别是指导效应、抑制和去抑制效应、反应促进效应、环境加强效应以及唤醒效应。指导效应表现在通过观察学习可以习得新的技能与行为模式。抑制和去抑制效应指的是观察示范行为可以加强或者减弱先前建立起来的对行为的抑制。反应促进效应表现为能够对观察者已经习得的有能力却没有实施的行为起到社会促进作用。环境加强效应指的是观察者在学习过程中会注意到榜样所喜欢的某些物体或环境设施，从而可能在今后倾向更多地使用它们。对于呼唤效应，班杜拉解释道：看到榜样对情感的表达，易于引起观察者情感的唤醒。被加强的唤醒状态因被感知的方式不同，而可以改变进行中行为的强度与形式。

### （三）观察学习的类型

班杜拉将观察学习区分为三种不同的类型：直接示范的观察学习、抽象的观察学习和创造性的观察学习。

直接示范的观察学习，指的是对榜样所示范行为进行简单的模仿。抽象的观察学习指的是观察者可以从示范者的不同反应中抽取出共同的特征，并将它

---

[1]［美］A·班杜拉.思想和行动的社会基础——社会认知论（上册）［M］.林颖，王小明，胡谊，庞维国，等译.上海：华东师范大学出版社，2001年12月第1版，65页。
[2]［美］A·班杜拉.思想和行动的社会基础——社会认知论（上册）［M］.林颖，王小明，胡谊，庞维国，等译.上海：华东师范大学出版社，2001年12月第1版，65页。

们合并成支配所观察到的特殊行为的规则，从而生成具有类似特征的行为，并举一反三，运用到新的情境中去。在抽象观察学习的过程中，观察者可以习得判断技能和概括化的规则。这一学习过程经过了三个关键环节：从示范中抽取出相关特征，整合这些信息构成复合性规则，运用学习到的规则生成新的行为。创造性的观察学习指的是可以为创新提供认知和行为工具的多样化的观察者学习，观察者可以整合从不同榜样处学到的多种经验，以生成不同于个别榜样的新的思考和处事的方式。

### （四）观察学习的过程

班杜拉还分析了观察学习的过程，他指出观察学习受到四个组成过程的制约：被示范行为的探索与感知由注意过程来控制；暂时的经验在保持过程中转换为符号概念以利于记忆表征，反应产生和反应纠错标准的内部范型就是由这些观念形成的；生成过程对各子技能组织成新的反应模式发挥控制作用；动机过程则决定是否把观察获得的能力付诸实践。

他还用图表的形式对这四个过程进行了概括（图8-1）：

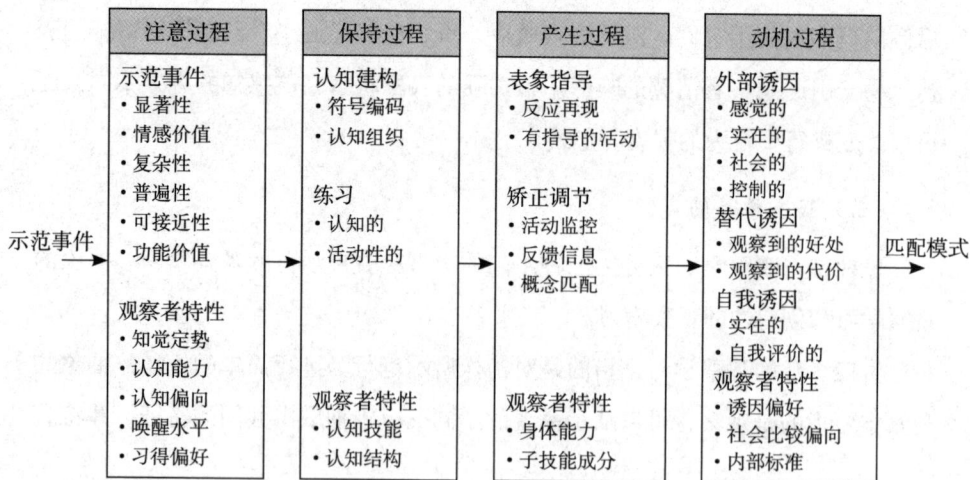

| 注意过程 | 保持过程 | 产生过程 | 动机过程 |
|---|---|---|---|
| 示范事件<br>·显著性<br>·情感价值<br>·复杂性<br>·普遍性<br>·可接近性<br>·功能价值<br><br>观察者特性<br>·知觉定势<br>·认知能力<br>·认知偏向<br>·唤醒水平<br>·习得偏好 | 认知建构<br>·符号编码<br>·认知组织<br><br>练习<br>·认知的<br>·活动性的<br><br><br>观察者特性<br>·认知技能<br>·认知结构 | 表象指导<br>·反应再现<br>·有指导的活动<br><br>矫正调节<br>·活动监控<br>·反馈信息<br>·概念匹配<br><br>观察者特性<br>·身体能力<br>·子技能成分 | 外部诱因<br>·感觉的<br>·实在的<br>·社会的<br>·控制的<br>替代诱因<br>·观察到的好处<br>·观察到的代价<br>自我诱因<br>·实在的<br>·自我评价的<br>观察者特性<br>·诱因偏好<br>·社会比较偏向<br>·内部标准 |

示范事件 →　　　　　　　　　　　　　　→ 匹配模式

**图8-1　支配观察学习的四个子过程**[1]

---

[1]　[美]A·班杜拉.自我效能：控制的实施（上册）[M].缪小青，李凌，井世洁，张小林译.上海：华东师范大学出版社，2003年12月第1版，128页。

1. 注意过程

注意过程决定了观察者从众多的示范信息中选择哪些来观察，以及从中提取什么信息，从而，选择性注意构成了观察学习的一种重要的子功能，不仅所示范事件的显著性、复杂性、普遍性、可接近性及其所包含的情感价值、功能价值会影响观察学习的效率和水平，而且观察者本人的特征也会产生影响。比如观察者的感知能力和感知定势会令其忽视一些事物而关注某一事物。观察者的认知加工能力会限制他们在短时间内获取被示范消息的数量。适度的唤醒最利于观察学习。习得的技能与已有的知识储备越多，观察便会越敏锐。

2. 保持过程

对所示范信息的保持构成制约观察学习的第二个主要因素。通过将被示范的活动转化成表象或者有意义的易于利用的言语符号后，就能够巩固记忆，并指导以后的行动，单独经过表象或言语这两大表征系统，尤其是两者的整合进行的认知重组会促进观察学习的保持。认知复述以及认知行为的演练也都会巩固保持的效果。当然，观察者本人的认知技能认知结构也会影响这一过程。

3. 生成过程

将符号性内容转化成相应的行为构成示范观察学习的第二个重要子功能。"行为的生成主要是观念—匹配的过程，在这一过程中，由演练获得的感觉反馈与观念相比较。然后，根据比较的信息，调整行为，使观念和行动之间逐渐实现一一对应。"[1]行为演练包括反应模式、认知组织、中枢指导下的模仿、对反应演练的调控以及调整行为以实现动作与观念相匹配等不同的过程。观察者本人的身体能力和已习得的子技能有助于行为的生成。

4. 动机过程

通过观察学习习得而未表现出来的能力，当提供了积极的诱因时，会快速地转化成行动。有三种诱因的来源：一种是具有感觉的、实在的、社会的、控制的特点的直接诱因，它来自外部。另一种是替代性诱因，既包括从示范者身

---

[1]　［美］A·班杜拉.思想和行动的社会基础——社会认知论（上册）［M］.林颖，王小明，胡谊，
庞维国，等译.上海：华东师范大学出版社，2001年12月第1版，85页。

上发现的好处，又包括付出的代价。还有一种诱因来自自我，既有实际的感受，又有自我的评价。诸如诱因偏好，社会比较偏向，独特的内部标准等观察者特征的不同，都会引起动机过程的偏移。

### （五）示范过程与信息传递的媒介

把有关子技能如何被整合成新模式的信息传递给观察者是示范的主要功能，传递信息的方式可以是躯体展示、图片表征或者言语描述。少年儿童的学习非常依赖于日常生活中比较普遍的行为示范。随着言语能力的提高，人们更偏爱用言语示范作为指导方式来替代或者补充行为示范。由电视、电影和其他可视媒介所提供的大量多样化的象征性示范，成为各年龄段人群社会学习的一个重要影响源。大众传媒因可接触到广泛的公众，而在塑造人们的思想行为中发挥着很大的作用。象征性示范可传递大多数知识与技能，促进受指导个体能力的完善与运用。象征性示范具有巨大的增值力，当人们对现实的印象越来越多地依赖于媒介所提供的象征性环境时，它就会产生越大的社会影响。新技术改善了示范方式，提升了其指导力，运用电脑制图来示范与提高身体技能就是一个大有可为的发展领域。应用超高速相机来捕捉被示范行为中肉眼很难看到的内（Gustkey，1979）。在完善技能时越来越多地运用最佳行为电脑化的自我示范（Grayson，1980）。言语示范和图像示范用来选取最适当信息的认知技能和编码方式是不同的（Salomon，1979）。示范方式不同所导致的认知加工水平也不一样，这要取决于观察者心理发展的水平。

言语示范因符号的灵活性而极大地拓展了其范围与效用，但是言语方式也有其局限性。蕴含在图像或生动的行为示范中的丰富信息通常很难通过语词进行同样多的传递。而且，行动一般比语词在吸引注意力方面更为有效。电视示范通常比口头或书面报告对同一观察者来说具有更大的吸引力。言语示范就其作用而言更多地依赖于认知前提。观察者在其观念与言语技能不够成熟时，往往更多地受益于行为演示而非言语示范（Rosenthal、Zimmerman，1978）。

不同形式示范的相对作用取决于两个方面，一是观察者能力的发展水平，二是所示范活动的复杂性和可编码性。有时用传授来命名通过言语指导进行的学习，当传授的言语既描绘必要行为是如何构建的，又描述怎样促使它得以发生时，对相应技能的促进是最有可能的。对传授和言语示范进行经验比较（Master、Branch，1969）发现，它们各自发挥了应有的作用，仅仅在相应行为被界定的明确性上有所区别。为生成范例提供指导性规则的传授，比让观察者从少量样例中推导出这一规则的示范能引起更快的变化。提供规则并演示其如何在特定情境中运用是传授概括化认知技能的最佳方式（Rosenthal、Zimmerman，1978）。

人类学习的一个重要目标就是在获得与运用有益于将来的知识的过程中发展认知技能。让榜样在解决问题时用言语说出其思想策略，使得指导行动的隐蔽思想通过外显的表征而能得到观察，就会简单地促进观察者认知技能的学习。

### （六）强化在观察学习中的动机因素

班杜拉分析比较了不同类型的强化在观察学习中的作用效果，作为调节行为的结果因素，班杜拉将强化区分为外部强化、替代强化和自我强化。

#### 1. 外部诱因强化

外部诱因强化指的是人们依据直接感受的行为结果的反馈来对其行为进行调节的过程。

奖励性的行为结果既提供了有利的反应信息，又可提供具有刺激性的外部诱因。一方面通过直接的奖赏，另一方面又通过提高获得奖励的预期，而促进了增加类似反应的倾向。反应状况受到强化方式频率的直接影响。研究显示，间歇性地受到奖励的行为可以坚持较长的时间，而持续进行强化的行为，一旦不进行强化，这一行为的反应也随之迅速停止。

#### 2. 替代强化

替代强化指的是人们根据对受到奖惩的榜样行为的观察而调节自身行为的过程。这样观察他人行为结果的间接强化，与直接体验结果的调节方式是一致的。

研究显示，观察获得奖赏的示范行为比单纯的没有奖惩的示范行为更能提高观察者采取同样行为方式的倾向。而观察到示范者的行为受到惩罚，则会降低类似的行为方式。也就是说。在观察学习的过程中，奖励诱因的加入会益于观察学习的发生，并提升学习的效果。班杜拉发现，由于替代强化具有信息机能、动机机能、情绪学习机能、赋予价值的机能及影响反应的机能，从而可以调节观察者的思想情感和行为。

（1）信息功能

观察示范行为的结果，可以发现用以指导行为的重要信息。观察者意识到一些行为受到鼓励，而另一些行为则遭到贬抑。根据这些对结果的反应性信息，观察者倾向于去做受到欢迎的事情，而规避遭到惩罚的行为。示范者的特征与观察者一致的信息也影响观察学习的效果。越是与观察者相似的示范者，其示范效果越强；相反，当榜样在年龄、性别、阶层、教育程度等方面与观察者相距甚远时，就会削弱其示范效应。

（2）动机功能

示范者的行为得到奖励会使观察者预期到采取同一行为便会得到同样的利益，这一预期会起到增强观察者实施行为的动机功能。

（3）情绪功能

示范者在受到奖惩时表现出来的情绪反应，会影响到观察者的学习。观察者会模仿榜样的反应来调整自己先前与之不相一致的情绪。

（4）评价功能

根据榜样示范行为受到奖励的不同情形，观察者会逐渐形成一个人的价值判断，并改变先前的与榜样示范效果不协调的价值取向，变得越来越与榜样一致。研究发现，相比于没有奖励的示范，获得奖励的示范行为更易于使儿童对曾经讨厌的物品变得喜欢起来。

（5）反应的功能

示范者对行为所受待遇的反应方式，也会引发观察者的学习，与强化相符的示范者反应会增强观察者行为变化的感受性，示范者的抗拒性反应，则会使其降低。研究发现，示范者对奖赏的积极反应，会加强观察者对受奖赏行为的反应。当示范者不为奖赏所动时，观察者对奖励也产生不了积极反应。

3. 自我强化

自我强化指的是人们根据自己设置的行为标准，用自我奖惩的方式调节自身行为。班杜拉用自我调节来称谓通过自我反应结果来加强或降低行为效果的现象。

**（七）观察学习的发展分析**

班杜拉对观察学习从发展的角度进行了分析，首先他分析了观察学习的个体发生学。他认为社会的交互作用是观察学习的熟练性得以发展的机制，通过交往相互都获得提高。婴儿的生物天赋和他们与父母之间交流的互惠作用使他们对简单声音和姿势的模仿逐步得以提升。开始时，婴儿的行为是在父母处得到的更多的模仿性示范。当父母将婴儿的自发性活动以演示的方式重现时，就发展了婴儿的示范观察学习。父母有选择地重现婴儿的自发行为，并遵循有利于发展婴儿能力的模仿顺序时，婴儿就会快速地发展出新的反应模式。

其次，班杜拉还分析了支配观察学习子功能的发展过程。这是婴儿发展较复杂行为模式的依靠。

1. 注意过程

幼儿时的注意缺陷，限制了观察学习的熟练程度。随着经验的日积月累，儿童的注意技能全方位地稳步发展。父母通过调整他们的示范行为以弥补儿童注意的局限性，并运用精心设计的能够吸引儿童维持注意的交互模仿，来促进注意品质的提升。

2. 保持过程

儿童通过观察学习会将被示范的信息转换成模式符号形式，并重新组织得易于记忆，及时的复述也可促进记忆的保持。当他们开始发展言语能力时，可运用语词来记忆事件的表征。随着年龄的增长，他们还能学会成人常用的促进记忆保持的策略，这些都会发展儿童的记忆技能。

3. 生成过程

观察学习要在行为上表现出来，必须等到生理成熟到相应的水平。具备必要的动作能力以后，还要求跨通道的指导技能得到一定程度的发展，才能够将观念转换成相当的行动。当儿童缺乏自我监控技能时，还要依赖他人提供的信息，这依赖于他们言语技能的发展。

4.动机过程

对行为结果的认知表征水平和对诱因的价值评估技能的发展，对观察学习的动机具有重要的影响。在与父母相互模仿的交流中，婴儿在享受亲密之情、嬉戏快乐的同时，还促进了社交经验的积累。婴儿会逐步根据观察，认识到不同模仿行为产生相应社交结果可能性的规律，由此形成的结果预期又进一步构成观察学习的诱因。不同事物的诱因价值会随着儿童经验的积累而变化。在初级水平，激励他们的主要是即时感觉体验和社会效应。随着他们的成长，符号表征的诱因和掌握性练习的动机作用越来越大。儿童很快领悟到，榜样不仅可以带来社会奖赏，而且还可以传递有效地与环境打交道的技能，这样，提高个人效能就具备了强大的诱因价值。儿童将观察学习当作他们提高自身能力的重要渠道，模仿中他们体验到自我效能感和满足感，促进了他们对被示范技能的采纳。

## 二、亲历学习

亲历学习（enactive learning）是与观察学习相对应的，从自己亲身经历的行为后果，或者从自身亲历的成功经验和失败教训中得到的学习。个体行为反应结果具有的功能主要有：①提供如何构建行为以达到既定目标的信息，并且指出环境中对于可能发生的情况有预示作用的事物。行为者对已经历结果的模式加以考察，能够获得关于行为的观念和规则。②由适当行为带来强化后果的相依结果，可为后继类似行为提供诱因，从而能够发挥激励作用。③行为结果可以自动加强反应的能力。

用事实和程序性知识来解释学习比较适合解决认知问题，但是知识与认知技能对于熟练行为来说，是必要而不充分的，实现从知识结构到熟练活动的转变还需要别的机制。"操作技能的发展需要一个观念匹配机制来把知识转化成熟练的行动。身体的演练充当了转化的载体。亲身经验所提供的信息被用来对行动的空间和时间特性作正确的调整，直到最终达成内部观念与行为表现之间准确匹配（Carroll，Bandura，1985）。技能发展的早期阶段涉及双向的影响。

观念引导行动，反过来，从演练结果得到的信息反馈又修改并精炼了观念。"[1]

通过观察自身活动的不同结果，个体逐步构建起关于新行为模式及其与环境相适合的观念。生成性概念具有两种功能，一是提供用来生成适当反应模式的规则；二是在知觉到观念与执行间差异的基础上，提供改进行为表现的标准。在社会认知理论框架中，亲历学习为观察学习的一种特例，人们不是观察示范的榜样，而是观察自身的活动结果来构建行为的观念。

"单单通过反应结果获得的学习的过程可概述如下：最初，行动者完全依赖反应结果来获取有关哪种行为可能最合适的信息。他们没有其他的途径获知怎样做才是最好的，除非运用从其他情境中获得的知识来作为行动的指导。这种逻辑上的推理对于最初的反应选择来说无疑是有效的。无论情境如何新颖，人们都可能会毫无头绪但不会没有想法。基于从他们探索努力的结果中获得的信息，人们逐渐形成了行为及其可预测的结果的观念。随着认知表征的形成，反应模式的组织和序列的整合由外部调控转为中枢调控。在这一学习阶段，人们更多地依赖他们在概念上的行动规则而不是具体反应的感觉效果来告诉他们该做什么。但即使在这种较高水平的组织上，熟练的操作也从未完全脱离外部的反馈。随着练习的继续，那些有结构的规律性的活动被整合成为更大的行为子单元。错误最有可能发生在有组织的子单元之间的过渡点上。当某一技能形成后，被监控和评价的是这些被综合的序列的结果，而非每个具体行为的结果。高级规则具体规定了连续的子单元如何被组织成更复杂的形式，它进一步促进了生成性技能的获得与保持。"[2]

由多水平的控制系统调控着人类的行为。行为模式一旦变得习惯化，高级的认知调控就不再需要。在很大程度上，低水平的感觉运动系统就可以调控它们的执行。

然而，如果习惯行为未能产生预期效果，认知控制系统便会重新发挥作用。

---

[1] ［美］A·班杜拉.思想和行动的社会基础——社会认知论（上册）[M].林颖，王小明，胡谊，庞维国，等译.上海：华东师范大学出版社，2001年12月第1版，146、147页。

[2] ［美］A·班杜拉.思想和行动的社会基础——社会认知论（上册）[M].林颖，王小明，胡谊，庞维国，等译.上海：华东师范大学出版社，2001年12月第1版，156页。

为了确定问题的来源，要严密监控行为及其变化的外部环境。并考虑和检验新的解决方案。发现合适的方式且成为处理事情的习惯方式后，控制就会回复到低水平的控制系统。

## 第二节　三元互惠行为动因论的需要思想

班杜拉对人类动因的性质进行了界定，他把动因看成是有意图的行动。即意图性为人类动因的根本性质，他明确指出，个人动因的关键特征就是为了达到某一目的而产生行动的力量。

### 一、三元互惠决定论

在解释人类行为的原因时，班杜拉先提出了三元互惠式决定论模型，将互惠解释为原因因素之间的交互作用，后又改进为三元交互因果关系模型："'因果关系'这一术语用在当前的情境中指的是事件之间的功能性相互依赖。在社会认知理论中，人类动因是在一个包含三元交互因果关系的相互依赖的因果结构中发挥作用的（Bandura，1986a）。"[1]

这三元分别是行为（用 B 表示），个体内在因素（用 p 表示，包含认知的、情感的和生物事件的存在形式），和环境事件（用 E 表示）。这三者之间两两相互作用，互为因果（图 8-2）：

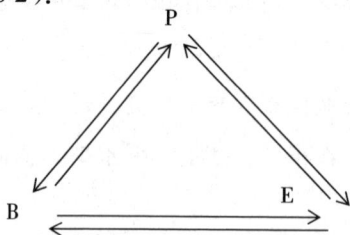

图8-2　三元交互因果关系中的三类主要决定因素之间的关系[2]

［1］［美］A·班杜拉.自我效能：控制的实施（上册）［M］.缪小青，李凌，井世洁，张小林译.上海：华东师范大学出版社，2003年12月第1版，7页。

［2］［美］A·班杜拉.自我效能：控制的实施（上册）［M］.缪小青，李凌，井世洁，张小林译.上海：华东师范大学出版社，2003年12月第1版，8页。

### （一）三元的不同作用

他首先分析了三组因素的不同作用。他强调关系的互惠性并不意味着影响力量的双向对称性，互为因果的影响模式和力量在交互作用的过程中是会发生变化的，相互影响的强度只是相对的，不会总是相等。交互影响在发生的时间上会有先后，不会作为整体性的实体同时出现的。而且相互影响具有多重性，具体的参与作用的因素可能有很多种，而且同一个因素也可能是不同组合中的一部分，所以一些特殊因素是以概率而非必然的方式影响效果的。

他用掉到深水的人，马上会产生游泳反应的例子来说明，这时的环境因素会威胁到溺水者的生命，从而作为压倒一切的决定因素。对溺水者的行为实施了强大的限制——只能拼命游出水面。又举例自娱自乐的弹琴，来说明在环境限制作用微弱时，个人喜好和内部反馈便起到了决定性的作用。

这三组因素的发展和激活在多数情况下是相互依赖的，他举看电视的例子分析三组因素之间的相互作用的依赖性。观众喜好、收视行为和电视节目之间交互影响。根据个人喜好，观众可以选择在合适的时段观看他可以选择的电视节目。观众的选择，确定了实际的电视环境。他们的观众行为又部分决定了投其所好的电视节目的制作。因为电视的商业价值依赖于节目的收视率，而电视节目的可供选择的范围，也部分限制或引导了观众的喜好。

### （二）三方互惠性的动力学

班杜拉又分析了三方互惠的动力学机制，他主张应避免同时性整体因果关系的教条式分析，因为这三组因素的交互作用并不总是同时发生的。从原因发出影响到出现相应结果总是要有一定时间的，再说互惠的三方都涉及双向的影响过程，从结果反馈并影响到原因也是需要时间的。每一过程的时间往往是不相等的，三方互惠的效果很难在同一时间集中迸发出来。更常见的情况是三方互惠的因素依次或交替实现其影响。

### （三）三方互惠性的分解

根据关注点的不同，互惠性的某个侧面会受到重视而进行集中研究。以思想与行为间的交互作用为重点的研究侧面时，会关注人们所思的观念、所信奉的理念、所体验的意愿和情感对其行为的影响，并注意观察其行为的后果如何改变其行为方式与认知情感反应。当重点考察人与环境间互惠性侧面时，通过观察学习社会说服可以改变人们的思想和情感，环境不仅影响行为，还影响了人本身。人通过其可观察到的个人特征可在社会环境中唤起不同的反应，这些社会反应又会以环境偏好的形式影响接受者的观念。类似地，人根据社会赋予的角色和地位的不同也会激活相应的不同反应。

## 二、对行为动机因素的分析

班杜拉对行为因素分别从诱因动机因素、替代性动机因素、自我调节因素和认知调节因素等方面进行了重点分析。

### （一）诱因动机因素

班杜拉发现行为受到其效果的充分调节，主要是通过其提供的信息和诱因价值而进行的。反应结果在相当大的程度上是通过创设对后继环境相似结果的预期，而产生对行为的前置性影响。

根据动机性质的不同，可区分为基于生理的因素和基于认知的因素。基于生理的动机通过躯体反应的结果来激发行为，基于认知的动机既可以将符号表征的可预见结果转化为行动的指南，又可以通过内部标准的中介影响及时对自我行为的评价性反应而起作用。

根据诱因来源的不同，又可以区分为外部诱因和内部诱因。外部诱因常见的有初级诱因、感官诱因、社会诱因、金钱诱因、活动诱因、地位和权力诱因等。内部诱因根据行为与结果的关系可表现出三种内部激励形式。第一种内部激励形式，来自外部的后果，是行为的自然结果。例如避雨是为了免得衣服被淋湿，弹琴会产生令人愉悦的声音。也就是说令人厌恶的感觉会阻碍行为，舒适的体验则会维持行为。第二种内部激励形式，指的是行为自然地生成机体内部的结果。比如，过度劳累导致筋疲力尽，放松训练则可以降低紧张的程度。第三种内部激励形式通过自我评价机制而发挥作用。长期给人们带来愉悦的活动，其主要的奖励源自他们对自身行为表现的评价性自我反应。通过自我评价机制逐步培养起的内部兴趣，具有持久的强大的自我激励作用。班杜拉认为兴趣主要来源有实现挑战性目标的满足感，完成任务的自我效能感以及其他效能信息源。

**（二）替代性动机因素**

通过观察他人结果的奖惩情况，可以影响观察者的动机水平，从而具有替代性动机的作用。替代性的奖励即观察到受到奖励的示范比起单纯的示范，更加能够促进观察者的模仿。而且替代性影响可以同时作用于很多人，受到强化的观察者又可以成为其他人的榜样，从而通过次级效应进一步扩大影响的范围，可以产生巨大的效应。替代性惩罚通过厌恶性后果的示范，而降低观察者类似行为的可能性。通过警戒性惩罚可以起到威慑的目的，阻止社会所贬斥的行为。

班杜拉发现替代性动机因素通过发挥其信息功能、动机功能、情绪功能和评价功能而影响观察者的行为。

1. 信息功能

观察示范行为的后果，可以获得哪种行为有益，哪种行为有害的信息，从而指导观察者根据对可能后果的预见倾向于去表现可以获得奖励的行为，而避免去做招致惩罚的事情。影响信息功能的主要因素有：榜样的相似性和结果的共同性，结果的情况预测因素，行为表现的含糊性，行为表现的复杂性及替代后果的诱发力。

2. 动机功能

观察者因示范行为的奖惩情况而激起经历类似结果的预期，从而产生激励作用。替代性结果通过两种认知机制影响观察者的动机，其一是对结果的期望，起到正负诱因的作用；其二是通过效能自我知觉的调节，榜样的成功或失败影响到观察者对自身能力的评判。影响动机功能的因素主要包括：观察结果的次数和数量，榜样的相似性，直接结果与替代性结果作用的比较，替代诱因与直接诱因的交互作用等。

3. 情绪功能

示范者的情绪反应会唤醒观察者的情绪表现。这种替代性情绪唤醒，使得观察者不必亲身经历，即可体验到类似的情绪，其情绪表现力因而得以学习提高。替代性情绪唤醒也是人类移情的一个重要方面，同情他人遭受的痛苦，可以抑制攻击行为而使利他行为得以促进。借助榜样示范的替代性征服可以减轻恐惧等负性情绪，看到示范者对痛苦的承受可以提高对疼痛的忍受力。

4. 评价功能

价值偏好和评价标准会部分地支配一个人的行为。依赖于示范的自我评价反应构成了社会传递其行为标准的一种重要机制。根据内化的个人标准，人们持续地对进行中的自身行为进行评价。人们会赞赏其符合或超过个人标准的行为，而批评其不符合内在标准的行为。内化的观察学习来的标准成为替代性经验的一项非常重要的功能，可增强自我定向能力。

人们会依据其价值偏好来指导自己的行为，倾向于做会自我满意的事情，而避免去做会导致令其不喜欢的结果出现的事情。另外形象制造者和符号化环境、名人榜样效应、社会地位效应及观察者易受影响的个人特征对评价功能都会发生影响。

### （三）自我调节因素

班杜拉发现行为通常在没有直接的外部奖惩时也会发生。许多活动是指向未来结果的，为了追求预期的利益，或避免可能招致的麻烦。通过预期远期结果，不仅指明了活动选择方向，还可以提高活动学习的水平。对于在具有不确定和复杂性情境中的具体行为来说，多数结果预期因为过于遥远或概括，难以较好地发挥其指导作用。所以，在实现远期目标的过程中，必须设置引导性的远期目标和自我激励因素。借助于自我定向，自我设置个人行为标准，据此进行自我评价，并对自身行为进行反应。这样，通过自我设置标准，自我评价，自我反应构成了对行为的自我调节机制。自我调节的顺利进行要借助于一系列功能的发挥，它们分别是自我观察子功能、判断子功能和自我反应子功能。

| 自我观察 | 判断过程 | 自我反应 |
|---|---|---|
| 行为维度 | 个人标准 | 评价性的自我 |
| 　质量 | 　挑战 | 反应 |
| 　速率 | 　清晰度 | 　积极的 |
| 　数量 | 　接近性 | 　消极的 |
| 　创造性 | 　概括性 | 实质性的自我 |
| 　社会性 | 参照性行为 | 反应 |
| 　道德性 | 　标准规范 | 　奖励 |
| 　偏离性 | 　社会比较 | 　惩罚 |
| 经常性 | 　个人比较 | 没有自我反应 |
| 接近性 | 　集体比较 | |
| 准确性 | 　活动的评价 | |
| | 　高度评价 | |
| | 　中度评价 | |
| | 　低价值的 | |
| | 　行为的归因 | |
| | 　内部控制点 | |
| | 　外部控制点 | |

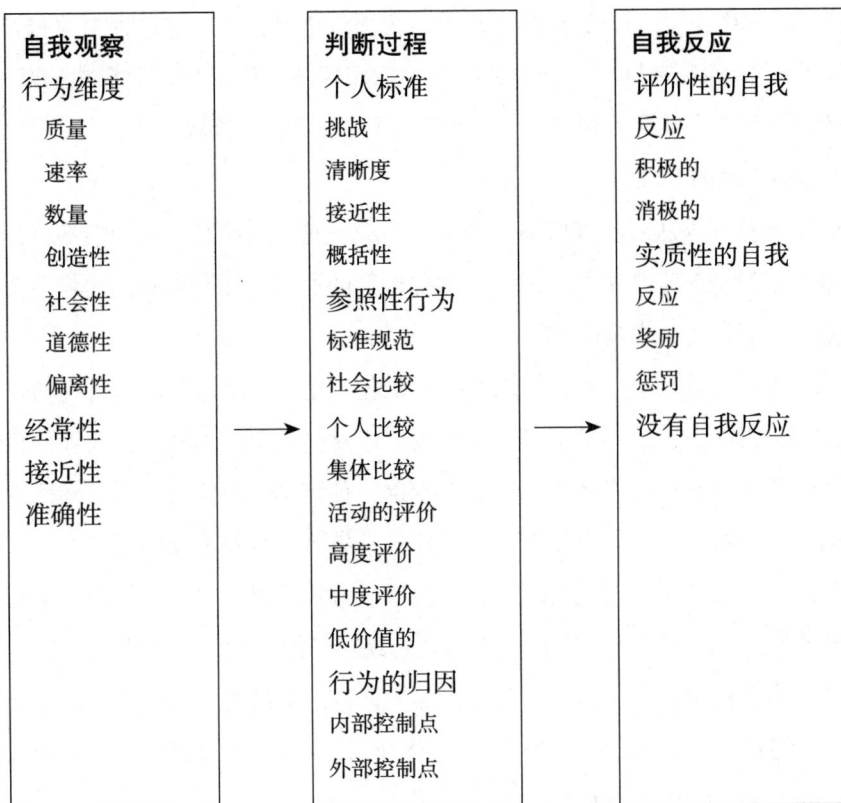

**图 8-3　通过内部标准和自我激励进行行为自我调节的子过程**[1]

1. 自我调节的子功能

（1）自我观察子功能

　　自我观察即行为过程进行中的自我监控。研究发现，自我监控的精确性、一致性以及时间上的接近性在相当高的程度上决定了自我调节能否成功实施。就行为维度而言，在成就情境中，有监控工作的质量数量以及创造性；在运动情境中，有监控速度；在社交情境中，有监控行为的社会性、道德性以及相对于社会标准的偏离性。已有的自我认识和当时的情绪状态会产生对自我监控行为的影响。

---

[1]　[美]A·班杜拉. 思想和行动的社会基础——社会认知论（下册）[M].林颖，王小明，胡谊，庞维国，等译.上海：华东师范大学出版社，2001年12月第1版，475页。

自我观察可以为设置标准和评价行为提供信息，并通过过程中的密切监控为自我定向的转变提供帮助。系统的自我监控还提供了行为的自我诊断机制，可有效地发现行为发生的条件，识别出重要行为的决定因素。

（2）判断子功能

班杜拉认为从行动到所引发的自我反应，其间要经过一个判断的过程，而判断功能又依赖于几个基本过程：内部标准的形式、社会参照性比较、活动价值的评估以及行为表现的归因。

个人内部标准可以通过说教和评价依随、模仿、社会推广与传递而逐步内化成自己的标准。对多数活动来说，没有绝对性的衡量标准，自我评价依赖于行为水平、内在标准及他人的行为表现这三种信息源之间的比较。参照性比较表现出规范性比较、社会比较、自我比较、集体比较等不同的形式。在影响自身利益和自尊的活动领域的价值评估会激活自我反应。对自身行为决定因素的认识会影响自我反应。"当人们把自己的成功归因于能力和努力时，他们最有可能对自己的成就感到自豪。但是，如果把自己的成就看成更多地依赖外部因素，他们对自己就不会很满意。"[1]同样地，对自身的过错或受谴责行为的自我反应也依赖于因果性判断。

（3）自我反应子功能

自我反应能力通过两个途径可以获得：一是为自身行为创设激励性条件，另一个是通过将自身行为与其内部标准进行比较，做出对其行为的自我评价性反应。自我赞赏的行为得以保持，自我责备的行为则受到限制。实体性的结果和自我评价性反应都可以成为自我激励物。运用实体性激励物，如休息时间、娱乐活动等来奖励阶段性的成果，会促进持续的努力，直至目标的实现。

运用自我评价性反应调节自身行为，是唯独人类才具有的一种重要能力。对于活动中获得的自尊和自我满足，多数人看的比物质奖励更重要。自我评价通过提供行为的自我导向系统而在很大程度上调节着自身的行为。自我评价除

---

[1]　［美］A·班杜拉.思想和行动的社会基础——社会认知论（下册）［M］.林颖，王小明，胡谊，庞维国，等译.上海：华东师范大学出版社，2001年12月第1版，493页。

导向作用外，还提供行为的动力。"评价性的自我激励被反复使用，支持反映个人能力的行为。通过使自我满意建立在满足个人价值标准的成就上，人们汇集起必需的努力，去完成他们所看重的工作（Bandura，Cervone，1983）。"[1]

自我评价还影响人们从自身行为中所获得的满意感，不仅取得的成就，而且评估成就的标准都会对人们的自我满意度起到决定性作用。

总之，自我调节就是个体通过计划预期、观察评价等对自身行为进行的指导和调控，它充分体现了人的主观能动性。班杜拉对其进行了总结："人的能动性有几个核心特点。第一个特点是意图，人们形成意向，其中包括计划和实现计划的策略。第二个特点是预谋，能动性在实践上的延伸不仅涉及指向未来的计划。人们自己确定目标并预期未来行动的可能结果，以便预期性地指引并激励自己的努力。当然未来事件不可能是当前的动机和行为的原因，因为它们本身并不是实际的存在。然而，通过预先谋划，所设想的将来能变成现实。通过当前认知上的表征，所设想的将来转化成当前的动机作用因素和行为的调节者。能动性的第三个特点是自我反应。人们不仅是计划者和预谋者，他们也是自我调节者。他们采用个人的标准，通过自我反应的影响，监督和调节自己的行动。他们做使自己满意的和有自我价值感的事，不做招致自我谴责的事。人的能动性的第四个核心特点是自我反思。人们不仅是行动的主人，他们也是自己的能动性的自我考察者。他们反思自己的效能、自己的思想和行动的合理性以及他们从事的事业的意义，而且如有必要，将做出矫正性调节。"[2]

2.外部因素对自我调节功能的交互影响

班杜拉并不把自我生成的影响看成行为的自动调节者，而是把它作为互为因果的三维系统的一个组成部分来看待。他指出："人们用自我调节行为来塑造环境。环境影响又至少以三种主要的方式来影响自我系统的作用：对自我调节系统中各分支功能的发展起作用；为内部标准的坚持提供部分支持；促进自

[1]　[美]A·班杜拉.思想和行动的社会基础——社会认知论（下册）[M].林颖，王小明，胡谊，庞维国，等译.上海：华东师范大学出版社，2001年12月第1版，500、501页。

[2]　[美]A·班杜拉.思想和行动的社会基础——社会认知论（上册）[M].林颖，王小明，胡谊，庞维国，等译.上海：华东师范大学出版社，2001年12月第1版，17、18页。

我调节过程有选择地激活和分离。"[1]

（1）促进自我调节子功能的发展

人们通过经验可发展其对自身行为的监控技能。从社会影响与自身行为的效果中，人们不仅能学会如何观察和观察什么，也可得到有关自身和任务要求的知识，及其对他们行为的影响（Bandura，1982a；Brown，1978；Flavell，1981）。反过来，信念与期望对知觉的对象会产生影响（Neisser，1976），并且自我认识与情绪状态对人们倾向于观察自身的哪些方面及观察的频度和准确性也有影响。

内在的行为评价标准是依据公认的规范、社会评价和榜样示范而确立起来的，而且个人因素对于一般标准确立的作用也是不容忽视的。人们会对其所见所闻进行加工以形成自己的标准。经常交往的朋友的偏好会在一定程度上影响内部标准的获得与采纳，而已经具有的价值定向也会反过来影响人们对交往对象和行为的选择。

自我反应功能也会受到经验的影响。人们可以通过比较自身行为与个人标准，而进行许多评价性的和有形方式的自我反应。过去的模仿与符合规范的经验在人们自我反应的类型与强度上回留有明显的痕迹（Aronfreed，1968；Bandura, Walter，1959；Sears, Maccoby, Levin，1957）。

（2）自我调节的外部支持

在通过自我反应进行的行为调节过程中，有两类激励来源在发挥作用。一是条件性自我激励，它能够给既定的行动过程提供导向与近距离的驱力。二是更多远距离的激励，它们可以支持内部标准。

为提高自己日常生活的水平，人们往往运用自我激励来提升技能与胜任能力。个人受益随技能改善而增加，并促使内部标准更有坚持的价值。如果人们已经掌握了必要的技能，在外部诱因相同的条件下，自我激励比没有自我激励的个体，能更加有效地做该做的事情。自我定向通过自我激励使得人们可更好

---

[1] ［美］A·班杜拉.思想和行动的社会基础——社会认知论（下册）［M］.林颖，王小明，胡谊，庞维国，等译.上海：华东师范大学出版社，2001年12月第1版，521页。

地控制自己的生活。当要调节的行为会出现令人厌恶的结果时，施加可降低厌恶感的有效的自我影响，对于当前的努力来说就能带来内部奖励。自我导向在具有个体价值的活动中，是可以产生出最大总体利益的。

对自我定向的支持可以呈现出社会报偿、榜样示范的支持、消极惩罚和情境支持等不同的形式。巨大的社会报偿系统可以保证社会标准能够得到维护，诸如赞扬、社会表彰、荣誉和奖励等都属于社会报偿。

社会对追求高成就标准的人们加以鼓励，给有出色行为表现的人们以赞美。社会报偿在提升优秀标准中的作用，通过替代性影响而得到了大大的拓展。表扬不仅影响人们设置标准的行为，还传递自我定向是值得具备的优秀品质的信息。实际上，即使在期望较低的社会条件下，对公开表彰成绩出色者的观察，也会促进人们仿效较高的行为标准（Bandura et al.，1967a）。

作为传播知识与技能好工具的榜样示范，还很少被当成标准的维护者来研究。但是，人类行为在很大程度上受到他人行为调节的事实已经得到了证明，可以推断，看见他人因自我定向而完成任务，会促使观察者更倾向于在行为过程中遵守自己的行为标准。

人们在获得标准或者反复无常地运用标准于自身的时候，常常会因不应有的自我奖励而招致消极的社会反应。这种消极惩罚越是确定，人们越会维持其自我奖励的行为标准。

情境不同，所要求的行为标准也有差异。放松对自己的要求，在支持追求优越的情境中可能会引起反对。在鼓励高行为标准的情境中，即使已中止了对不应得自我奖励的惩罚，对于人们坚持高行为标准的行为也会起到促进作用（Bandura，Mahoney，Dirks，1976）。

（3）内部控制的选择性激活和脱离

自我反应能力发展起来后，通常会产生自我评价性反应和外部结果，它们对行为可能有弥补或者拮抗作用。自我评价性反应可以通过多种渠道脱离应受谴责的行为，自我评价性反应与行为可能发生脱离的几个位置如图 8-3 所示[1]：

---

[1]　[美]A·班杜拉.思想和行动的社会基础——社会认知论（下册）[M].林颖，王小明，胡谊，庞维国，等译.上海：华东师范大学出版社，2001年12月第1版，531页。

```
┌─────────────┐   ┌─────────────┐   ┌─────────────┐
│道德上的合理化 │   │最大限度地减少结果│  │去人性化      │
│有利性比较    │   │忽视结果      │   │责备的归因    │
│委婉的表述    │   │或曲解结果    │   │             │
└─────────────┘   └─────────────┘   └─────────────┘
```

应受责备的行为 ──────→ 伤害性的结果 ──────→ 受害者

```
      ┌─────────────┐
      │责任推脱      │
      │责任扩散      │
      └─────────────┘
```

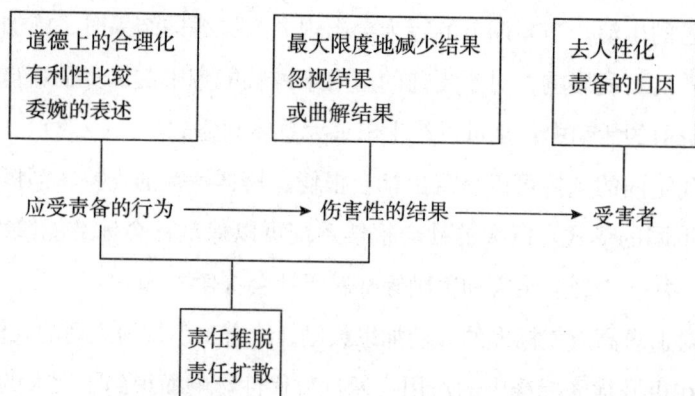

图 8-4　在行为过程的不同点上内部控制被选择性激活或与行为相脱离的机制

①道德辩护

除非判定自己的行为符合道德标准，否则人们一般不会做社会所谴责的事情。重新解释该受谴责的事情，可能会变得很荣耀。在此过程中，把应受谴责的行为描绘成服务于道德目的，从而可以为个人和社会所接受。按照道德义务行事反映的是一种有意识的防御机制。自我服务性与破坏性的行为很容易得到道德化重新解释的支持，以改善社会条件为目的的军事行动也会运用这种对道德的重新解释。人们很容易从道德上找到社会控制和社会变革中强制行动的理由。

②委婉的命名

人们通过给行为加以不同的称呼，可以让同一行为看上去非常不一样。委婉的语言能够较为便利地掩盖应受谴责的行为，甚至可以给这些行为赋予高尚的地位。有害的行为能够借助复杂累赘的语言而被说成是有利的，从而减轻该行为者的个人责任感。

甘比诺（Gambino，1973）通过深入分析逃脱罪责的语言，区分出掩饰性表述、净化性委婉语和找不到原因的被动性委婉语，以及有色彩的隐喻性委婉语。掩饰性表述借助于冠冕堂皇的言辞，即使杀人也会褪去其遭人憎恶的色彩，成为将有害行为说成有利行为的最为常用的语言。如称雇佣杀人为"圆满履行合同"，就是用赞美的语言把谋杀转变成了履行责任的荣耀。具有净化作用的委婉语在号召人们坚持做那些不太令人厌恶却又感觉不快的活动时，能够起到非常重要的作用。如教导学生在商业交易中撒谎，委婉地称之为"策略性的错误表述"；把核爆炸说成"能量散发"等。运用找不到原因的被动性委婉语，可以给那些该受谴责的行为披上外衣，声称这些行为是由一种未知力量所造成的，从而排除人为原因。有色彩的隐喻性委婉语往往把合法事业的行话错误地用于非法事情，借助于语言的这种推脱功能，而改变让人厌恶的活动的性质，让这些事情蒙上受人尊敬的色彩。

③有利化的比较

评判行为部分取决于比较的对象，如果把应自责行为与罪恶滔天的残忍行为进行比较，可能就会得出正常合理的评定。应受谴责的行为同越是不道德的行为做比较，就会越发显得无足轻重甚至于慈善。最为有效的自我推脱办法，就是通过道德判断和赋予较轻的特征来重新解释行为。如此不但能够消除自我阻抑，而且可以经由伤害行为得到自我强化。这样在道德上曾经站不住脚的行为，反而变成了自豪的源泉。

④责任的推脱

在责任可以推脱的情形中，人们以当局授意的结果来看待自己的行为，就不必因其行为而承担责任。由于不把自己看成行为的真正动因，自我约束性的反应就会较少。责任推脱一方面削弱了人们对破坏性行为的约束，另一方面对受害者利益的关心也会随之减少。（Tikler，1970）。

责任推脱受到许多社会性因素的影响。对事件道德性的高度合理化判断与社会评判的一致性，有利于放弃个人控制。越具有权威性，合法性越强，越受尊重的领导所发布的命令，越具有更大的强制性，人们就越愿意对其加以服从。

对上级的义务与对自身行为的负责是两种不同水平的责任。当命令的执行者有要尽职尽责执行命令的责任意识时，就会充分地服从于权威的意志，而推脱自己行为后果的责任。而命令执行者既没有义务感，又否认自身责任时，就相当不可靠。

⑤责任扩散

当该受谴责的行为因责任的扩散而模糊了行为与后果间的关系时，就会减弱自我反应的约束力。分担劳动、团体决策和习惯于从事有消极后果的活动是责任扩散的常见方式。许多人共同服务于一项事业，每个人承担看上去无害的部分工作，而让整个事业该受谴责的责任得到了扩散。分散的贡献很容易从最终的结果中分离出来，特别是当参与者执行一种与最终结果存在远期、复杂关系的子功能时，几乎没有人可以做出准确的判断。当子功能成为固定的程序化活动时，人们的注意力就从其工作的贡献，转向其所从事的局部工作细节（Kelman，1973）。

团体决策是一种常见的公事公办的集体行为方式，可避免人们意识到自己行为的残忍。因为决策是由集体做出的，人人都有责任，就没有哪个人真正地承担责任。集体行为可弱化自我约束，团体所造成的各种伤害，都能在很大程度上归罪于其他成员。当集体行为使责任模糊时，相比于可承担个人责任的自身行为，人们能够做出更加残酷的举动（Bandura, Underwood 和 Fromson，1975；Diener，1977，Zimbardo，1969）。

当人们习惯于从事一些有消极后果的活动后，就会经常以这些害人的方式来做事。人们常常开燃油汽车而污染所呼吸的空气，人们为生产所消费的商品而损害环境。由于集体行动，责备他人破坏环境的环境保护者，也有可能做出严重污染环境的事情。集体行动所造成的后果破坏性越大，人们感受到对这些后果的个人责任就越少（Shippee 和 Chistian，1978）。

⑥对后果的漠视或歪曲

通过忽视或误解有害的后果，可以弱化自我的阻止反应。人们在从事有利于自己或社会但危害他人的活动时，就会回避活动所造成的损害，或对这种损害作最低限度的描述。除了对有害后果进行有选择地忽视或认知歪曲外，最常见的一种方式就是错误表征。如，烟草工业雇佣科学家质疑严重吸烟提高健康危机的证据。如果损害不可见，或者损害行为与其结果在时间和空间上相距较远，这时所采取的行为更容易伤害他人。如机械化战争中的远程打击，在缺乏他人所遭受痛苦及时反馈的情况下，可造成严重的非个人化的伤害后果。

⑦去人性化

行为者对行为所指向者的看法会影响其自我评价性反应的强度。把行为对象知觉为人，会因知觉到的相似性而提高同情或者替代性的反应。相比于陌生人或被剥夺了人的资格者，相似者的快乐与痛苦更加具有替代性的唤醒作用。人性化他人所体验到的有害影响，会更加明晰他们的痛苦。如果不去冒自我谴责的风险，是很难对人性化了的个体加以虐待的。

一旦把一个人去人性化，就会被当成低人一等令人鄙视的物品来看待，认为他对于虐待不敏感，要对其产生影响只能借助于更原始的方法。如果剥夺了所厌恶者的做人资格还不足以弱化自责，只有赋予其兽性才能完全消除自责。多少年来，奴隶、女人、手工业者、信教者及少数民族，就曾被作为财产或其他不具备人性的物品来对待（Ball-Rokeach，1972）。

不同类型的自然自我免除思想会因去人性化而得到助长。虽然人们在与描述为有人情味的个体交往时，会强烈反对自己的惩罚行为，并很少能原谅该行为的使用。但是，他们的这种行为被剥夺了人性的个体时，就很少会对自己的惩罚行为进行谴责，也很少会为此而自我辩护。

以去人性化的方式对待他人的痛苦，能够在某种程度上降低伤心或者减缓个人的痛苦。人们在处理单调重复的日常问题时，非常容易让服务过于程序化与去人性化，从而把人作为非人的物体来看待。

"当个人感到无能为力时，厌烦和冷漠随之出现。马斯拉奇和她的合作者（Maslash，Jackson，1982；Maslash，Pines，1977）已经鉴别出这类'心灰意冷综合症'的三个方面：人格化的丧失，情绪枯竭，在自己工作中的低个人成就感。健康和社会服务人员似乎是最自愿的。在这些情境中，对病人的尊重和'超然的关心'，如果不是被麻木不仁替代，也是被冷淡的态度所替代。当员工的道德水准下降时，服务质量下降。马斯拉奇提供了一个自我削弱的强有力的例子，说明这是大多数服务业的职业危险，这主要是源于有压力的工作的性质和结构，而非源于员工的品质。导致人性减弱和人格化丧失的因素已被鉴别出来的是：与痛苦的人长期紧张接触；很少以不用人的工作来替换，从而给人们减轻情绪紧张的时间；一成不变的工作程序；对自己工作环境的政策和习俗缺乏亲身的控制；很少有关于自身工作做得如何的反馈；空闲时不能放弃关于工作的思考；缺乏来自同事的用以减轻负担的支持。在与有困难的人打交道中，经常接触其他工作人员的玩世不恭和丧失人性的观念，更加速了自我削弱这一过程。"[1]

⑧谴责的归因

一种自我开脱罪行的常用手段就是把谴责归因于受到虐待的人。不良的交往常常在相互作用中不断升级，其中受害者的错误可能是很少的。人们总是能够从事件链中选择对手的一些防卫行为，并把它看作先前的导火索，这样伤害行为倒成了防卫挑衅行为的反应。

达到开罪目标的另一种方式，就是把自身应遭非难的行为看作是由于环境的逼迫，而非个人的决定。通过谴责环境或者他人，不但能够原谅自己的行为，甚至感到自己在这一过程中是正义的。

应受谴责的归因唤起对受虐者的贬低与义愤，又给更加严重的虐待提供了道德辩护的理由。受到辩护的施暴比承认残忍可能要带来更为严重的人类后果。相比于不施加辩护的不人道，得到辩护的不人道行为让受害者自我贬低的可能性更大。

⑨渐进主义与自我去抑制

从一个考虑周到的人到没有原则和冷漠的人的转变，是一个逐渐去抑制的过程，在此期间人们可能并没有意识到自己所经历的变化。个体开始时可能是被怂恿而从事自己可以容忍的问题行为的，这时多少会有些自责。这些行为多次重复，其不适合与自责已经降低后，就会逐渐增加应受谴责的水平，曾经让人憎恶的行为便可不再为难地表现出现。如果把受害者去人性化，那么逐步升级的去抑制过程就会更加提速（Bandura，Underwood，Fromson，1975）。在军事和政治暴力方面有许多利用约束机制放松的例子，日常生活情境中这种机制也在发挥作用，以致看似公正的个体刻板地从事损人利己的活动。人们常常文过饰非，以保持自尊和抵消自我指责。

⑩自我去抑制与自欺

欺骗有故意进行错误表达的含义，自欺的个体必须能知觉到受骗的自我所

---

[1]［美］A·班杜拉.思想和行动的社会基础——社会认知论（下册）［M］.林颖，王小明，胡谊，庞维国，等译.上海：华东师范大学出版社，2001年12月第1版，543页。

相信的东西。根据所相信的内容编造谎言是自欺的一个前提，有欺骗自己相信明知是错误内容的意图，为自欺的另一个前提（Champlin，1977）。

　　人们有选择地忽视可能不利于自己的证据时，经常求助于自欺。他们为了回避这种证据，不得不相信其真实性，否则就不知道怎样逃避。面对明显否定其信念的证据，就会怀疑其可靠性，否认它的真实性，或对它加以曲解以与自己的观点相适应。不过，如果证据充分具有说服力，他们为容纳这些不一致的证据，就可改变先前的信念。有趣的是，有些人隐匿自我怀疑并且避免寻找某种证据，是因为他们注意到一直有迹象，让他们预感到这种证据将表明无法证实其所希望相信的东西。事实上，他们可能在思想与行动上采取各种措施，以避免发现事实真相。

　　自我去抑制不仅仅涉及自责的降低。如果人们从事在道德上值得怀疑的活动，就会关心其在他人眼中的形象。这样就给该过程增加了人际间的评价因素。有许多人在所谓的自欺活动中，能够意识到其正在力图否认的现实，却创造了在自欺的公开外表。所以，他人不知道怎样判断和对待那些好像真正自欺以避免不愉快真相的人。人们会运用公开的伪装来阻止社会谴责。

### （四）认知调节因素

　　班杜拉认为，外部影响多数以认知为中介作用于人类行为。作为中介的认知因素在一定程度上决定环境事件的哪些部分会被关注，它们会被赋予怎样的意义，它们的影响能否持久或可能持续多长时间，它们具有什么样的功效以及它们传递出的信息是用于将来怎样被组织起来。人们运用符号形式加工信息来理解外部事件并形成有关它们的新知识。运用思维这一有力武器，人们可以理解并有效应对周围的环境。以经验的抽象表征形式储存的大量相关知识，适合于人们进行判断选择方向和制订计划。以思维为手段，人们可以有效地监督和管理自身的日常生活。

　　班杜拉从八个方面论述了认知调节因素：知识的表征和应用、符号建构的思想、意图和目标、认知发展、道德判断、语言发展、检验思想的方式以及错误思维与人类不幸。

1. 知识的表征和应用

人类能以符号形式表征事件及其相互间的关系，从而赋予了人类思想的力量。不论用哪种方式存储已获取的知识，都可以根据需要加以提取，增进新的理解并指导人们的判断与行为。认知表征具有抽象性和概念间广泛的相互联系性，可增强其功能价值。以抽象的相似点与共同意义的方式存储信息，使得这种抽象的概念编码具有了普遍性，从而能够广泛得进行应用。（Anderson, Bower，1973）。人类知识中概念间的相互联系提供了丰富的概念结构，可以帮助人们理解事件和指导判断与行动，并找到有效的解决办法。

在知识的表征形式上，双编码论者主张信息以形象表征和言语表征两种方式进行编码，命题论者则坚持被传递的信息不与任何特殊通道相联系，而是以命题形式加以保存的。人们表征相依经验的表征主要是通过发展成为抽象的知识结构而产生长期影响的。发现环境事件间的关系及其行为与结果间的关系，形成了其命题知识的重要组成部分。它为人们的希望与恐惧、预见性行动、错误与奇异行为提供了基础，只有在人们得到了预言性相依关系的知识后，才能够利用它来指导自己的行动。

复杂技能的认知指导经过三个过程可以发展到自动化执行的程度。合并是第一个过程，在此期间，活动要素被连接成逐步增大的较大单元。在技能习得的初始阶段，把活动分解为几个部分，集中注意力于每一个步骤，并思考各步骤之间是如何转换的。操作缓慢而不协调，经过重复练习，随着对活动熟悉度的提升，就会把几个分离的部分合并成更大的单元，直到可以把完整的操作程序融为一体。程式化的行为一旦被联结成一个整体，就能够解放原用于细节的思维，而服务于其他目的。整个行动模式与情景间的习惯化联系为第二个过程，这种习惯化出现在环境与行动间存在较高可预测关系的地方。注意点从对行动模式的执行到对与行动相连的影响的转移为机能自动化的第三个过程，行动所产生的相关影响可提供调控个人行为的间接方法。在那些技能活动的不可见部分，操作者主要就是依据行动所产生的影响来探察及纠正其正在进行的活动。

2. 符号建构的思想

表征事件、认知操作及其相互关系的符号被作为人们思想的工具加以使用。

尽管一些特殊的符号如数字、音符等也被运用，但在很大程度上思维是依赖于语言符号的。人们对传递信息的符号进行操作，就能理解信息间的因果关系，拓展其所获得的知识，解决问题并可未经实际行动就能推断出其结果。在符号系统与外在事件间一致性的基础上建立起了思维的功能性价值，从而前者能够代替后者。

符号相比于其现实对应物操作起来更加容易，所以符号能够极大地增强人们运用认知方式解决问题的能力与灵活性。思维以符号为工具，以经验与知识的认知表征为材料，以规则和策略来进行认知操作，用符号构建起思想，从而让思维成为个体运用其知识储备实现不同目标的过程。符号化的显著灵活性和脱离现实束缚的独立性大大扩展了思维的范围。

人们为了发展思维技能，既可以通过其行动结果发现一些启发式的规则，也可以接受他人的教导获得规则与策略。运用认知示范这种教授模式，特别有利于传授问题解决的思维规则，同时也能非常有效地排除起干扰作用的自我参照的障碍（Meichenbaum，1980）。儿童在观察一边解决问题、一边说出其思维过程的榜样时，相比于学习同样规则与策略的直接教学，获取认知技能的速度会更快（Schunk，1981）。

3. 意图和目标

在缺乏当前外在诱因条件下被长期指引与维持的大量人类行为，对其引导与激励主要植根于认知活动之中。在行为的自动调节过程中意图扮演着重要的角色。"意图被定义为进行特定活动或达到事件的一个特定状态的决心。行为的意图调节主要通过两个基本认知动机源起作用，它们都依赖于认知表征机制。一种形式是通过实施深谋远虑而预先起作用。前面我们看到，在思维中表征未来结果的能力为一个认知的动机源提供了必要条件。通过对未来结果的认知表征，个体能够为行动方向产生行动的当前动机，这些动机对获得他们认为有价值的结果起工具作用。第二个以认知为基础的动机源依赖于目标设定和对自己行为的自我评价反应。这种自我激励的形式主要通过认知比较过程起作用，需要能够用以评价个体正在进行的活动的标准。通过设定一个自己满意行为表现的水准，个体会创造坚持自己努力的诱因，直至他们的行为符合他们内在的标准。意图，无论是以决心从事某种具体行动方向或是达到某种成就水平的方式表达的，都能增加所追求未来结果实现的可能性。"[1]

（1）目标意图的影响及作用机制

目标意图能够在一个较长时期内用来构建并指导人们的努力，所以比简单的行动意图更为重要。目标意图所产生的影响主要有动机影响、自我效能的影响和兴趣增加的影响。

目标意图对动机的影响最受关注，它能够通过自我反应的影响来增强其行为的动机。个体为自己设置一个清晰的目标，就能感受到当前所能做的与要达到目标间的差异，这就会引发自我不满，而减少这种不满就成了增强努力的诱因。目标对动机的影响并不来自其本身，而是源于人们总是对其行为做出的评价性反应。目标确定了人们做出积极自我评价的必要条件。人们越是不满意低于标准的行为表现，越会投入更多的努力（Bandura, Cervone，1983，1986；Locke, Cartledge, Knerr，1970）。

通过内部比较来激活自动评价过程，既要有个人标准，又要有个人表现水准的知识。缺少其中的一个，就无法提供自我评价反应的基础，表现与标准间的差异就会被消除，自我激励的程度也会降低。研究显示，没有目标却知道自己做得如何，或者简单地采用目标但不知道当前做得怎样，不管目标是容易还是具有挑战性的，都没有产生能察觉到的动机影响。如果个体了解其表现仅仅是要达到一个比较简单的目标，同样也产生不了可察觉的动机影响。与之相反，最有激励作用的就是与实现富有挑战性目标相关行为表现的知识。在诸如认知活动、身体的持久力、保存能量等不同的功能领域能够获得这些影响的模式。

"个体知觉到差异的程度和成就动机作用之间关系的形式不是线性的。显著低于标准的成就是令人沮丧的，并将通过削弱实现目标的自我效能感，而导致放弃目标。成就与目标有适度差异，如果不会危及个体感觉到的目标实现的可能性，将会激发自我不满足感，这种不满足感会激发他们投入努力去实现

---

[1]　［美］A·班杜拉.思想和行动的社会基础——社会认知论（下册）［M］.林颖，王小明，胡谊，庞维国，等译.上海：华东师范大学出版社，2001年12月第1版，660、661页。

好像只要经过额外努力即可实现的，对个体有价值的目标。略低于挑战性标准的成就，当它们有助于增强自信心，认为通过自己进一步努力，这个标准是可以实现且能够被超越的时候，也会具有高度的激励作用。大多数的成功并不会给个体带来持续的满足感，在已达到一定的成就标准后，人们一般会通过迎接更大的挑战，创造新的要被填补的差异来激励自己（Bandura, Cervone，1986；Campbell，1982；Simon，1979b）。因此，显著的成就可带来暂时的欢乐，但人们提出新的挑战作为自我激励的因素，以求达到更高的成就。"[1]

某些人在活动过程中被告知已达到的成就时，往往会自发地设置下一步的行动目标。设定目标能够增强行为动机，这种增强反映在投入该项活动上的努力程度，以及目标对于相关活动注意力的指引。个体增强对活动的投入程度，能够获取到更多的信息，目标对于这些信息的加工也同样可得到增强。如果没有时间限制，采用高目标相比于较低目标或只被要求尽力而为的个体，会在任务上花费较多的时间，并且掌握得也更好。即使设定完成任务的时间，采用的目标不同，也会造成掌握任务程度上的不同（LaPorte, Nath，1976）。在给定时间内，相比于单纯增加坚持性，富有挑战性的目标能够促进更多的学习，因为它可以调动起注意和认知因素。

目标也可以明显地增强自我效能感。暂时性的近期目标能够较好地充当衡量人们成就的标准，实现次级子目标就提供了自我效能感提高的指标，而远期目标因为在时间上相距过于遥远，就不能在提高个人效能感的过程中提供显著与清晰进步的标志。

由内在标准所引发的自我激励与知觉到的自我效能，不是以各自独立而是以相互关联的机制发挥作用的。实现目标能够培育人们的自我效能感，人们对自身能力的判断，又反过来可影响其志向，影响其在所选目标上投入努力的程度，而且还影响其对现有成就与目标间差异的反应方式。相比于自疑的人，自信的个体更有可能设置具有挑战性的目标，并借此增强其动机的水平。从而可

---

[1]　［美］A·班杜拉.思想和行动的社会基础——社会认知论（下册）［M］.林颖，王小明，胡谊，庞维国，等译.上海：华东师范大学出版社，2001年12月第1版，664、665页。

进一步完善其知识与技能，这又能促进其自我效能感的增强。

对成就低于自己内在标准时所引发自我反应的影响的研究显示，目标系统以自我评价和自我效能的机制为中介来影响动机，而且是由认知比较加以激活的（Bandura, Cervone，1983）。当同时存在目标与追求目标的个体表现的反馈在两个比较因素时，自我反应的影响就可以很好地预言动机作用。越不满于低于标准表现的个体，越能随后投入更多的努力。在达到自身标准时，自我效能感越强的个体，就越能加强其努力的程度。当缺少其中的一个比较因素时，自我反应对动机的影响取决于所获得的不完整信息或由行为者为自身所提供的信息。如果人们以富有挑战性的标准为目标而不得不猜测其做得怎样时，无论其猜测的成就如何，在现实目标的过程中自我效能感越强、愉快感越强的个体，就越能够提高其努力的程度。与之类似，虽然缺乏令人鼓舞的目标，但人们能得到显示其已取得较明显成就的反馈时，就会用更大的热情来保持同样的进步水平，并且在行动中投入更大的努力。所存在的信息比较模式不同，自我评价反应的作用也有区别。在有目标和低于标准的成就反馈的情况下，自我不满能够对努力程度产生影响。

而在目标与成就反馈只有其一的条件下，自我满足的水平就会控制努力的程度。

这两种自我反应的影响甚至可以预测成就动机在一段时期内的变化，自我不满与自我效能感对人们的努力能够起到极大的促进作用，具有自我不满或自我效能感的人可维持其求成的努力，而那些认为自己不能完成目标且满足于低于标准成就的个体会放松努力，而且其表现也确实落后。通过考虑自我评价、自我效能感及自我设定的标准间的动态相互作用，能够更好地理解目标结构对动机的影响。

富有挑战性目标的完成能够产生自我满足和胜任感，自我满足的程度同目标与实际完成任务间的差异成正比。即实际完成的任务与有价值的目标越匹配，所产生的自我反应就越积极（Bandura, Cervone，1986；Locke, Cartledge, Knerr，1970）。实现目标所带来的满足能够对兴趣的增长产生积极的作用。相应地，朝着显然能够实现目标的方向工作，可以增强个体的兴趣并增加其在活动中的投入。不过如果要求人们尽其所能却又没有具体的目标，对于兴趣就没有增强作用。对培养内在兴趣最为有效的就是近期目标，它能够通过让个体逐渐完成有挑战性的子目标而获得自我效能感（Bandura, Schunk, 1981；Morgan, 1984b）。

目标设定虽然能够改善人们的成绩，但能否激发兴趣与自我满足，还取决于目标是否用于提升其胜任能力，是否用其可控制的技能来应对挑战或是否用来提高其成绩。

（2）目标的性质与自我激励

目标意图并不能自动激活支配个体行为的自我影响机制，目标的具体性、挑战性和邻近性等特定性质可决定在特定活动中利用自我评价反应的可能性。

目标的具体性可部分决定目标产生诱因与指导活动的程度。通过明确规定实现一些清晰的标准所需努力的类型与数量能够调节个体的行为表现，而且提供个人成就的明确标识可用来提升其自我满足感和自我效能感。没有指明成就水平的一般性意图，就很难为调节个体的努力或评价其成就提供基础。具体的成就目标能够激励动机缺乏的个体或可促进个体在活动中采取积极的态度（Bryan, Locke, 1976）。

目标变化所引发努力与满足的程度依赖于其被设定目标的水平。如果挑战性目标的完成情况能够决定个体的自我满足感，那么采用一个富有挑战性的目标比一个易于实现的目标将会引起更多努力。在那些主观意志容易控制的活动中，个体设定的目标越高，所取得成就的水准就会越高（Locke, 1968）。但是在复杂任务中，事实上，人们就不能再期望选定的目标水平与成就之间具有线性关系（Baron, Watters, 1981）。如果把目标设定得不切合个人实际，其大多数表现都会让人失望。如果投入了大量的努力，但总是遭受失败，这样就会削弱自我效能感，从而减弱从事该活动的动机。

社会认知理论区分了较近的子目标与远期目标，认为最终目标具有一般的定向功能，具体的子目标则决定了个体对当前活动的选择及其将要努力的程度。激发持续自我激励的最佳条件就是实现导向最终目标的子目标。对于子目标与最终目标来说，目标实现的可能性和努力之间的关系是不同的。富有挑战性的目标经过艰苦努力又能加以实现，可能会发挥最大的激励作用，并且可以让个体感到自我满足。所以，通过逐步提高子目标的方式能够维持一个较高水准的自我激励，即使对于一个极其难以实现的长远目标来说也是如此（Jeffery，1977）。不过在这个努力过程中，个体所感受到的最终目标的难度将会发生变化，向未来目标前进的方式与速度会改变其对于最终成功可能性的估计。越是接近于正在实现的长远目标，相比于当初的认识，目标的实现已不再显得那么困难了。

意图对于调控行为的作用在很大程度上取决于规划的长远性。邻近的子目标能够激发自我反应的影响，并且引导个体当前所采取的行动，还可以降低自我松懈的危险程度，在当前的成就与自己极高的志向相悖时常常会出现自我懈怠。由于在时间上过于遥远，长远目标无法为当前行为提供有效的诱因与指导。个体所期盼的未来实现的可能性可通过对当前行为施加影响而得以提升。同目标所指向的行动相对抗的活动的当前诱因越是强烈，就越是要由邻近的子目标来引起自我影响。目标邻近性所具有的激励潜能，只有在把成就与近期或远期标准相比这一个变化因素而没有其他复杂协变因素的情形下，才能够最充分地被揭示出来。

综上所述，自我激励可通过将远期目标划分为清晰的近期子目标的方式得到最佳维持。子目标为当前行动提供指导和诱因，同时子目标的实现可以使个体获得有效感和自我满足感，从而维持个体的努力。因为每一个子目标都具有较高的成功可能性，于是导致一项活动最终被掌握的持久性通过子目标的渐进安排而得到保证。依靠将近期目标作为一种激励的方法，并不意味着对未来志向有任何限制。把远期志向和近期自我指导相结合可以使个体获得最佳发展。[1]

（3）目标承诺的力量

追求将产生所选择的结果或成就的行动的决心就是目标承诺，它受到活动的评价、已知目标的可达到性和起约束作用的誓言等多种因素的影响。把个体

---

[1]　[美]A·班杜拉.思想和行动的社会基础——社会认知论（下册）[M].林颖，王小明，胡谊，庞维国，等译.上海：华东师范大学出版社，2001年12月第1版，673、674页。

与规定的未来成就相连的誓约能够加强目标承诺，其所产生的动机影响在很大程度上源于违背誓约的代价。最初的决定通常会消除对行动方向进行再选择的机会，违约所造成的社会性代价越大，把个体束缚在约定行动中的强度就越高，而不管对最初的承诺有多么懊悔。

目标承诺的强度会部分决定在所追求的事业中投入努力的程度。如果最初的约定水准较低或在变化过程中经常出现不满的情况，人们维持其努力的难度就会非常大。公开的承诺由于能在他人心目中唤起承诺行为就会出现的期盼，从而在所选择的行动过程中提高个体自我投入的程度。目标承诺的程度随他人对决定所施加外在压力大小的不同也会发生变化。个体在按照社会要求行事时，如果不能进行选择，那么就不会把实现目标当作个人的责任。在知觉到的选择条件下的目标承诺，自我评价才能得以激活，进而增强个体对于所选择目标的执着程度。

目标承诺很少在缺乏理由的情形下提出，却更能为有说服力的理由所引起。在目标设定过程中，个人参与的程度会影响实现所承诺目标的强度。如果人们在选择目标时能够扮演重要角色，就会承担实现目标的责任并在行动过程中使用自我评价机制。

4. 认知发展

面对认知发展过程中的变化，持固定发展阶段论者把认知发展解释为具有典型变化的一个序列，表现为一种不连续但是在特定阶段又有普遍性的思维模式的依次变化，而且这种思维模式发生改变的次序是固定的。

皮亚杰的发生认识论是该学说的典型代表，皮亚杰按儿童智慧发展的水平，把儿童发展划分为感知运动、前运算、具体运算和形式运算四个阶段。感知运动阶段又叫感觉运动期，从出生～2岁，相当于婴儿期。感知运动阶段儿童的思维特点就是直观行动性，主要靠感觉和动作探索周围世界，逐渐形成客体永存性。前运算阶段（或前运思期）2～7岁，相当于幼儿期。此阶段儿童各种感觉运动行为模式开始内化而成为表象或形象模式，特别是由于语言的出现和发展，促使儿童日益频繁地用表象符号来代替或重现外界事物，出现了表象思维。此阶段主要特点主要有：相对具体性、不可逆性和自我中心性。儿童只能站在他的经验的中心，只有参照他自己才能理解别的事物，而认识不到还有他人或外界事物的存在，也认识不到自己的思维过程。

具体运算阶段又叫具体运思期7~10岁，相当于小学阶段。此阶段是在前一阶段的许多表象图式融合、协调的基础上，儿童开始具有逻辑思维和真正运算的能力，其思想开始有较大的易变性，出现可逆性，先后获得各种守恒概念，能解决守恒问题，可凭借具体事物或形象进行逻辑分类和认识逻辑关系。但是，这种运算仍具有局限性。一是这一水平的运算是直接同客体有关的，还不具有足够的形式化，尚脱离不了具体事物或形象的支持。二是运算还是零散的、孤立的，运算结构的组成是一步一步进行的，不会按照任一组合原则来组织，还不能组成完整的系统。形式运算阶段又叫形式运思期，始于约11、12岁，接近于成人的思维。这一阶段儿童不再依靠具体事物来运算，而能对抽象的和表征的材料进行逻辑运算。一般在15岁左右能够获得形式运算思维。

显然从具体思维到抽象思维的过渡反映了认知发展某些方面特征的变化。"然而，认知功能作用的变化是具有各种不同形式的，并且不是单靠一个自动心理调节机制就能实现的。认知发展包含多方面的发展序列，它们常常在变化的时期内开始和延伸。认知功能的发挥依赖于知识结构以及搜索相关信息的认知技能，将信息转换以便于记忆表征，依据特定目的对它们加工。不同的活动需要不同类型的知识和判断规则。同时，任务是如此不同，他们所需要的认知技能也很是不同的。因此，即使是在任务结构中发生了一些很小的变化，也会改变具有特定认知能力的孩子们的表现。知识结构和认知技能随时间而发展，但它们并不都按相同的统一阶段发展。认知系统转换的模式同样是不同的。认知学习可以通过教授、示范和行为表现的反馈得到促进，而不是只限于非指条件下行动的不匹配经验的影响。在日常生活中获得的大多数的认知技能和结构是通过社会条件下培养起来的，而不是在不与人交往的条件下转化而来的。"[1]

---

[1]　[美]A·班杜拉.思想和行动的社会基础——社会认知论（下册）[M].林颖，王小明，胡谊，庞维国，等译.上海：华东师范大学出版社，2001年12月第1版，684、685页。

5.道德判断

在道德推理领域，阶段理论与社会认知理论具有不同的发展观点。阶段理论主张，在不连续的发展阶段中，不同种类的道德思维表现为一个有机的整体，并且形成了一个恒定的序列。个体在没有习得前一阶段的道德判断形式时，是无法获得后一阶段的发展的。科尔伯格（Kohlberg，1969，1976）提出了六阶段序列的道德发展范型：开始是惩罚定向的服从，然后经由功利的享乐主义、寻求认可的遵从，发展到尊重权威和墨守契约，最后是坚持终极的基于正义的普遍伦理原则。

阶段理论道德范型的主要问题就是人们的道德行为很难依据这种范型做出适当的判断。因为环境不同所引起的判断与行为也各有区别，很少会出现完全没有差异的判断。对个体行为进行道德判断不是依据唯一的道德标准，而是要依赖于从几个不同的道德标准做出的推理。

（1）道德判断的社会化

行为标准的社会化有明显普遍性的特征，对于不同年龄的孩子，人们会采取有所区别的教导、示范和奖惩。为阻止听不懂话幼儿的危险行为，父母必须依靠外显的、非常具体的行为指导。父母有时在身体干预的同时还伴有口头禁令。随年龄增长，身体限制逐渐被社会性奖惩所取代，并把它作为有影响力的指导而运用于不同的情境。成人会给儿童解释行为的标准与理由，反对越轨行为的社会制裁和对有价值行为的褒奖，进一步补充了行为标准的实质内容。儿童不久就学会了区分社会赞同和反对的行为方式，并且能够根据所预期的社会结果来调节自己的行为。用符号性的内部控制取代外部奖惩与要求，就可成功地实现行为标准的社会化。一旦个体采纳了社会化的行为标准，就能运用自我约束与自尊来对行为发挥主要的指导和威慑作用。青少年能够得到成人新增内容的道德劝说，在对越轨行为进行判断时，就会更多地考虑法律意义。

除父母外，其他成人、伙伴及象征性榜样，在儿童道德判断的发展过程中也发挥着重要的影响作用。随着日渐成熟，孩子们实际的社会经验转而会促进其行为判断和调节的发展变化。一系列不同的社会交互影响都会在孩子们道德观念发展的过程中起作用。

（2）道德标准的社会修正

为了解释道德困境中所能获得的信息，道德推理会涉及评价行为的个人标准，并有更多的义务去服从社会影响。对孩子们来说，尽管同伴与成人所示范的观点都具有说服力，不过，通常成人的道德推理的影响力更大。

示范一种对立的观点，能够通过注意、认知及社会认同机制等几个方面影响观察者道德判断的改变。判断标准间转向的难易度，依赖于这些标准所需的认知技能及其产生的结果。而且，辨别这些判断标准难易度的差异也会影响这些标准被习得的方便程度。有证据显示，所示范的支持性推理与观察者的个人观点越是矛盾，其态度的改变就越多。

（3）作为运用多维度规则的道德判断

道德思维在判断行为的过程中会运用多维度的规则或标准。"带有道德意义的情境包含了许多决策性成分，这些成分不仅在重要性方面有所不同，而且可以给予它们较小或较大的权重，这依赖于一个特定情境中一个事件特定的地位。判断某行为是否要受谴责时，要考虑的众多因素中包括犯错者的特征，诸如他们的年龄、性别、种族和社会地位；越轨行为的性质；行为是如何实施的具体情境和所察觉到的行为情境以及个人动机因素；行为的即时和长久后果；行为产生人身伤害还是财产损失；行为是针对潜在的机构和社团，还是针对个人；受害者的特征和他们所察觉到的过失。为了处理道德难题，人们必须在他们所处的情境中选取、衡量并整合和道德有关的信息。"[1]

（4）道德推理与行为的关系

在道德成熟的阶段理论中看不出道德推理与特定行为间的联系。科尔伯格与坎迪认为，实施者的意图界定了其行为的道德与否。然而，事实上，人们能够轻而易举地把错误行为用道德理由解释为善意的行为。

社会认知论主张，道德对行为的影响涉及思想、行为与社会因素间的相互作用。人们在实施违反其道德原则的行为时，一般可由所预期的自我谴责而受

---

［1］［美］A·班杜拉.思想和行动的社会基础——社会认知论（下册）［M］.林颖，王小明，胡谊，庞维国，等译.上海：华东师范大学出版社，2001年12月第1版，702、703页。

到威慑。在这个自我调节的过程中，道德标准、判断与自我生成的情感结果在社会影响的网络中交互发生作用。

6. 语言发展

一般应承认语言的获得是有先天性成分的，而且只有人类才能创造性地使用语言。人类天生的分类能力，从特例中抽象从一般特征、从相似特征中概括并与不相似特征进行区分的能力，提供了分辨语言规律性的基本装置。从而人类能够抽取语言规则并使用这些规则进行编码、加工与传达信息。

"语言是通过行动中介过程起作用、多种决定因素的产物。一系列决定因素涉及儿童必须加工语言信息所需要的认知技能。这需要下列能力：注意讲话的主要元素、分辨并记住序列结构、从样例抽取规则和选取适当的词并应用规则以产生可理解的语言。这些都涉及复杂的认知亚技能。为了试图理解讲话，儿童必须弄清楚所说词的顺序和他们当时了解的正要发生的现象是如何关联的。因此，语言获得的第二系列决定因素属于儿童在不同交谈领域的非言语知识储备。年幼儿童在谈话之前已有某些普通事件的知识。这样的知识为推测词的含义和这些词必须如何安排以表达儿童理解的概念关系提供了基础。语言学知识难以获得，除非词的概念和结构被关在，并随后使之经受社会检验。正如其他功能领域一样，从某人所拥有的与这个交谈领域最相关的知识中要比从一般的认知结构，能更好地推断出来语言获得的速度。语言输入的复杂性和语义的伴随物构成语言获得的第三组制约因素。针对年幼儿童的讲话必须以便于语言获得的方式加以组织。人际相互间因素在言语实用或功能方面扮演重要角色，是影响语言发展更为重要的因素。"[1]

在影响语言发展方面起第二位作用的就是社会因素。儿童正是从体现句法特征的示范发音中抽取出句法规则，才能生成其从未听说过、近乎无限的、各种类型的新句子。把言语示范、言语运用和有教益反馈的语言示范作用结合起来，尤其是经过矫正性示范作用，能够最为迅速地培养起对语言的熟练。由此

---

[1] [美]A·班杜拉.思想和行动的社会基础——社会认知论（下册）[M].林颖，王小明，胡谊，庞维国，等译.上海：华东师范大学出版社，2001年12月第1版，709页。

儿童可以获得实现交际目的、遵循语言规则而运用言语的技能。社交动机对表达性语言会产生影响，对于言语社交规则，即使年幼的儿童也表现出让人吃惊的良好掌握，并且他们能够根据不同社会情境中不同言语风格的适宜性而相应地调整自己的语言。

儿童在学习运用言语符号进行交流的过程中，必须获得与事件或物体相应的适当的言语符号，以及代表它们之间关系的句法规则。获得语言的过程既涉及语法关系的学习，还涉及所指的事物与语言形式间的联系。也就是说，要把具有共同理解基础的语言的和知觉的这两个关系系统整合起来。语言系统中的事件与参照物系统中的事件紧密相对应的时候，这种一致性显然有利于提取示范语言所体现出来的规则。儿童获得语言的速度受到以其认知能力而言的示范语言的复杂程度的影响，对于超出其加工能力的通过听觉的示范语言，儿童从中几乎一无所获。为了让儿童更容易地学到语言规则，既要简化所示范的形式，还要逐步丰富语义的内容。

儿童使用语言是因为可以用它来做有益的奇妙的事情，通过理解言语而获得交际能力，为发展语言提供了许多有利的诱因动机作用。儿童对言语的交际作用有了认识以后，其表达性言语就会受到不同反馈形式的影响。对于儿童不完整或不合语法的言语，成人做出精准性与矫正性的示范可以改善儿童的语言技能。儿童学习语言和运用语言的行为结果，在改进理解与使用语言方面能够为他们提供有益的反馈。

7. 检验思想的方式

经过一个检验过程可以形成个人观念的适当性，检验思想有效性与机能性价值判断的形式包括亲身的、替代的、令人信服的与逻辑的检验。

亲身检验依赖于个人思想与行为之间相符的适当性，如果思想指导下的动作能够产生即时的、一致的和易于观察的效果，该思想就轻易地得到了亲身检验。替代检验就是通过观察他人的行为效果来核实自己的思想，特别是运用媒体的象征性示范，能够极大地扩展经验检验的范围，替代性地实现由于个人局限或社会禁忌等所导致的不可能进行的亲身检验。他人经验的替代性影响不仅可检验个人信念的正确性，而且能够改变个人直接经验的信息价值。令人信服的检验依赖于把个人的思想与他人的判断加以比较，通过同伴赞同和社会认可来评价其观点的正确性。个体所属集体的社会检验可促使其形成习惯的或古怪的思维模式，由各种不同社会现实标准组成的多元系统有助于个体对不同问题的个人观点进行判断。在逻辑检验模式中，运用思想的逻辑来核查个人推理的有效性。个人的推论必须同从其他命题演绎出的逻辑结果相匹配。

8. 错误思维与人类不幸

错误使用思维能力是人类不幸的根源，思维问题会导致许多不良的心理机能及所产生的痛苦。因为人们往往眷恋痛苦的过去和虚拟的恼人未来。在错误思维的认知治疗领域，主要有埃利斯（Ellis）的合理情绪疗法、贝克（Beck，1976）的批判错误信念疗法和麦锡鲍姆（Meichenbaum，1977）的建设性自我教导法。

在心理转变治疗领域发展出两种主要潮流，一是日益依赖于认知机制的对于心理转变的解释，二是运用掌握经验的操作治疗被证明在转变认知、情感与行为方面最为有效。

认知行为治疗认为，除对思想过程进行言语分析之外，矫正错误思维方式所获的成功还依赖于众多的因素："个体有效操作所需的认知、社交技能和自我效能感的信念的程度，否定错误信念和增强胜任能力的操作任务的明智选择与组织；鼓励把行为要求变为实际练习；对个人转变的社会支持。"[1]行为、认知与环境因素在三向交互作用模式中，通过它们形成的合力产生转变。

## 第三节　自我效能感的需要思想

自我效能理论承认人与人之间存在能力上的差异，能力的发展及其表现形式也各不相同，所需的知识技能随功能领域的不同而有区别，甚至在培养效能的某一活动内部其效能发展水平也可能会有所不同。个体习得能力的特定模式

---

[1]　[美]A·班杜拉.思想和行动的社会基础——社会认知论（下册）[M].林颖，王小明，胡谊，庞维国，等译.上海：华东师范大学出版社，2001年12月第1版，736页。

是遗传天赋、社会文化及可以决定其发展轨迹的环境的综合产物。自我认知也是在这些构成要素的相互作用下形成的。

班杜拉将效能信念系统看作一组有差异的自我信念，它与不同的活动领域相联系，并各自具有其独特的功能表现。不仅行为控制与效能信念密切相关，而且思维、动机、情感以及生理状态的自我调节都离不开效能信念。

## 一、自我效能的性质与结构

班杜拉指出："效能是一种生成能力，它综合认知、社会、情绪以及行为方面的亚技能，并能把它们组织起来，有效地综合地运用于多样目的。"[1]

自我效能知觉，并不是和一个人所具有的技能多少有关，也不是一个人对其自身能力的评价，而是对其在不同情境能够做到的事情的信念，也就是说与他相信自己在不同情形下能够做到什么有关。

他认为自我调节效能信念可以决定亚技能的利用、融合和持续的程度，还对控制行为成就的效能信念起到重要的作用。富有弹性的效能感可以通过多种形式加强相关的社会认知功能。具有很强能力信念的人不会视困难为威胁，而是当作挑战，并力图战胜它。这种坚定的方向会激发其对于活动的兴趣并全身心投入于活动之中。他们会设置挑战性目标，肩负起责任。他们以任务为中心，全力以赴，想方设法克服困难。

他们把失败或挫折归因于努力不足，能很快恢复效能感，并提高其努力程度，坚定地向着成功的方向前进。面对压力或威胁他们怀抱着可以将其控制的信心。

班杜拉认为最有预测性的就是具体化的效能信念，因为是这种信念支配着人们从事活动的内容和完成的情况。他指出："有效能的人格素质是动力性的、多方面的信念系统，在不同活动领域和不同情境要求下，选择性地发挥作用，而不是一个与情境无关的混杂物。效能信念的范型式的个人特征代表一个人效

---

[1]　[美]A·班杜拉.自我效能：控制的实施（上册）[M].缪小青，李凌，井世洁，张小林译.
　　　上海：华东师范大学出版社，2003年12月第1版，52页。

能的独特素质结构。"[1]

班杜拉强调自我效能信念系统的多维性，认为效能信念在几个重要维度上各不相同。首先，存在不同的水平，有的可能局限于特殊领域中的简单任务要求，有的可能扩展到中等困难要求，有的则可能包含最艰巨的行为要求。不同的情景条件也会对行为提出不同的要求，根据这种不同的行为要求做出的效能知觉判断自然就有所区别。不同活动领域中个人效能判断所依据的挑战性质也各有不同。挑战可以按照新颖性、精确性、生产性努力程度、威胁程度或所需的自我调节划分为不同的等级。在普通性方面效能信念也是存在差异的。这方面的维度包括相似性程度、能力的表现形式、情境特征以及行为指向的特点，而且在效能信念体系中，重要性也有所区别。人们用以组织自身生活的信念是最基本的自我信念。效能信念还存在强度上的差别。效能信念越微弱越易于为经验否定；而效能信念越坚强，越不易为不利条件所压倒，越能够克服重重困难和障碍，坚持性就越强，并越有成功的可能性。效能信念还涉及不同类型的能力，如思想、情感、行动以及动机的调节。

## 二、自我效能的来源

班杜拉分析了建构自我效能的四个主要信息来源：动作性掌握经验、替代经验、言语说服类社会影响和生理情感状态。这些与个人能力的判断相关的信息，只有在对效能信息进行认知加工和反省思维的基础上才会产生影响。对效能信息的认知加工包含两个可以分离的机能。一是关于人们注意和用作个人效能指标的信息类型，一是关于人们用来权衡和整合不同来源的效能信息以建构其个人效能信息的组合规律与直观判断。

### （一）动作性掌握经验

作为能力指标的动作性掌握经验，可以就一个人能否调动成功所需的一切提供最可靠的证明，所以，是最具影响力的效能信息。相比与其他来源的效能

---

[1]［美］A·班杜拉.自我效能：控制的实施（上册）［M］.缪小青，李凌，井世洁，张小林译.上海：华东师范大学出版社，2003年12月第1版，60页。

信息，动作性掌握经验形成的效能信息更强，更为普遍化。

通过动作性掌握经验建立个人效能感，包括获取认知、行为和自我调节工具，来创立并执行有效的行为过程，控制变动不定的生活环境。通过掌握经验获得发展的效能信息，为有效行为表现在认知和自我调节方面创设了便利。而获得这一发展的最佳途径就是用非常有利于获取生成技能的方式组织掌握经验。知晓并相信坚持运用建构有效行为过程的规则和策略，就能应对自如，实施更好的控制。分解复杂技能为易于掌握的亚技能并按照等级进行组织，能够促进能力的认知基础的发展，成功的行为表现通常会提高个人的效能信念，而失败则会降低其效能信念。

人们在多大程度上通过掌握经验改变其效能知觉，还有赖于处理预先存在的自我认知结构，尤其是对自身能力的预见，诊断行为表现时的任务难度和背景因素，所付出的努力程度，所得到的外部援助；选择性自我监控和动作性经验的重构；成败的模式，特别是成就轨迹。

他强调道："大多能力的发展都旷日持久。复杂能力的获得，更需要人们在不断变化的条件下——既可能改进特定行为表现，也可能损毁它们——习得、整合并依等级组织不同的亚技能。许多相互作用的过程决定着人们取得的成就，所以通往精熟的道路上有冲刺、挫折，也有进步了了或一无进步的时期。技能习得的不同阶段进步速率各不相同。"[1]

### （二）替代经验

依榜样为中介的替代经验，在一定程度上可以影响效能评价，示范可以有效地促进个人效能感。人们可以根据独立的客观指标来判断其胜任的程度；当胜任性在很大程度上依赖于同他人成就关系的评价时，在能力自评中的一个根本因素就是社会比较。不同活动中与他人进行推论性比较的形式也各不相同。在一些常规活动中，个体相对地位的确定可以依据代表性群体在一定活动中的标准。

---

[1]［美］A·班杜拉.自我效能：控制的实施（上册）［M］.缪小青，李凌，井世洁，张小林译.上海：华东师范大学出版社，2003年12月第1版，123页。

　　班杜拉分析了支配示范影响自我效能的过程，他区分出四个子过程：注意过程、保持过程、产生过程和动机过程。

　　注意过程决定了个体选择性观察的示范因素，以及抽取发展中示范事件的哪些信息，影响因素主要有示范事件本身的显著性、复杂性、普通性、可接近性以及其情感价值和功能价值，还有观察者本人的知觉定势、认知能力、认知偏向、唤醒水平和习得偏好等特征。另外，人际交往的结构安排也会影响到哪些榜样易于接近和什么风格的行为便于反复观察。

　　保持过程主要与认知表征有关，保持是一个转化和重建示范信息，并用概念和规则进行记忆表征的积极过程。经过符号编码和认知组织的认知建构，以及认知运演和活动性生成练习的示范，更有利于保持。观察者的认知技能、认知结构及当时的情感状态都会影响到示范的保持。

　　产生过程就是把概念转化为适当行为的过程，通过概念匹配过程才能实现这一转换。表象指导行为的再现，其适当性要参照榜样的示范。密切监控活动的执行，在比较性信息反馈的基础上矫正调节行为，达成与概念的匹配。观察者较好的身体能力及拥有较广泛的亚技能，易于促进示范信息的整合，而形成新的行为。当行为表现欠妥时，还要通过示范和有指导的活动来发展复杂的所需的亚技能。

　　动机过程就是将获得的行为表现出来的过程。影响观察习得行为表现的诱发因素主要包括直接的外部诱因和自我生成的诱因。人们更可能表现那些感觉到结果的实在价值，尤其是社会价值的可以控制的行为。观察他人行为的利弊得失，可促使个体以相似的方式表现示范行为，他人的成功会激励个体的行为表现，并尽力规避招致不利后果的行为。自我生成的个人行为标准提供进一步的激励，对自身行为的评价反应能够调节个体对观察习得行为的追随。另外，观察者对于诱因的偏好以及社会比较的偏向等特性，都会在一定程度上影响观察习得行为的表现。

　　班杜拉分析了替代性示范方式，发现示范方式不同，其影响作用也各不相同。

　　在个体的现实社会联系网络中，存在着大量给人深刻印象的真实示范，尤其是密切联系的人，更具有优先选择和强迫接受的优势。借助电视电脑等媒体的象征示范，可以突破即时社会生活的限制。提供广泛的多样化的学习榜样，有着生动形象的示范作用。通过认知演练可以进一步提高象征示范对效能信念的影响。通过示范还可以传递生成规律和创新行为，既可以通过推论榜样解决问题的规律和策略，还可以由榜样口述其思维过程。"在对思维过程进行言语示范以传递认知技能的过程中，榜样要用言语表达自己如何运用认知计划和策略审题解题、生成备选方案、监控行为效果、纠正错误、运用自我指导推翻自我怀疑、运用自我赞赏为自身努力提供动机性支持，以及如何应对压力。"[1]对于复杂行为来说，言语表述的思维技能比示范行为的本身具有更大的价值。通过言语示范认知技能可以建立自我效能并推动个体认知技能的发展。

录制下来的自我示范能够提高个人效能信念和成绩，比教育训导的作用还要有效。成功的自我示范与观察成功的同伴一样可以有效地提高个体的熟练性，一方面可以明确如何最好地实现技能，另一方面可以加强个体的能力信念。

认知自我示范就是想象自己不断遭遇并且逐一制服更具威胁或挑战的情境，可以有效地提高效能信念。认知模拟熟练的行为能够明显提高后继的行为表现。

班杜拉在分析替代性经验影响效能信念的因素时，还分析了行为表现的相似性、个人特征的相似性、示范的丰富性与多样性、应对困难的和熟练的示范以及榜样的能力。他发现，行为表现与个人特征相似的榜样示范可以提高观察者的效能信念，示范的丰富性和多样性可以扩大替代影响的强度与效果。观察榜样经执着努力克服重重困难比单纯观察其熟练行为获得更多的收益，能力强的榜样会得到更多的关注，并可以更大地发挥其教育作用。

### （三）言语说服类社会影响

社会说服可以加强人们有能力实现愿望的信念，重要他人对个体能力的信任，易于提高个体的效能感，特别在同困难作斗争时更是这样。单靠言语说服

---

[1]　[美]A·班杜拉.自我效能：控制的实施（上册）[M].缪小青，李凌，井世洁，张小林译.上海：华东师范大学出版社，2003年12月第1版，133页。

建立持续增长的效能感作用可能是有限的，但不超出现实的积极评价，还是可以助长自我改变的。能力反馈在技能发展早期会特别突出地影响到个人效能感的发展。以收获为构架的反馈能够支持自我效能的发展，而构架不足的信息反馈，则会削弱个人效能感，但是建设性的批评却能够支持个人抱负，维护甚至提高其效能感。

自我调节能力是预测自我发展的一个关键指标。人们会权衡说服性的效能评价。拥有娴熟技能、丰富知识、卓越成就的说服者更值得观察者信赖。最为可信的说服性效能评价可能是要适当高于个体目前水平的，夸大的说服性评价因行为者一次次的失败，会削弱其诊断的可信度，且进一步强化行为者固有的信念。老练的效能建构者鼓励人们衡量成功的依据是自我提高而不是超越他人。

"呈现依靠获得的技能的工作，提高行为者对自己获取这些技能之能力的信念，示范必需的技能，以能够掌握的步调来组织活动确保开始时就有较高水平的成功，并对不断取得的进步提供明确的反馈，这是逐渐形成效能信念的最好办法。"[1]

### （四）生理和情感状态

对自己能力的判断，在一定程度上依赖于生理和情感状态所传达的身体信息。强身健体、降低应激的水平、减少消极情绪的倾向、纠正对身体状态的错误解释，共同形成了提高效能信念的第四个主要途径。

生理唤起会随个体选择的情境及对其赋予意义的变化而对自我效能产生不同的影响。一般来说，高度唤醒会破坏活动的性质，中等程度的唤醒能够提高注意力并且促进技能的有效运用。最佳激活水平依赖于活动的复杂性。简单和过度学习的活动不易受干扰。但是高度情绪激活的干扰过程比较容易损害需要精致组织和精确执行的复杂活动。高成就者视唤醒为增能的助推器，而低成就者则把它看作是弱化器。

在对身体信息的加工中，预存的效能信念可以引起注意、解释以及记忆的

---

[1] ［美］A·班杜拉. 自我效能：控制的实施（上册）［M］. 缪小青，李凌，井世洁，张小林译. 上海：华东师范大学出版社，2003年12月第1版，150页。

偏差。对于同样增强的身体感觉，依据积极的解释偏向时有愉快的体验，而依据消极的解释偏向时则会体验到厌恶。把唤醒看作挑战时可以促进效能知觉。心情状态也会影响自我效能的判断，积极心情下的成功能形成高水平的效能感，而消极心情下的失败则会产生低效能感。心情的效能偏向作用在心情与行为成就不相搭配时更加明显。失败的个体在心情愉快时会高估自己的能力，而成功的个体在心情悲伤时则会低估自己的能力。好心情会增强效能信念，进而提高动机与表现，启动一个互相肯定的良性循环过程；沮丧的心情则会降低效能信念，进而削弱动机，导致糟糕的行为表现，和更深的沮丧，进入一个恶性循环。

在形成效能判断时，人们除了要处理特定方式所传递的效能信息外，还要权衡和整合这多种来源的效能信息，整合规则是因人而异的。识别、权衡与整合多种来源效能信息的能力，会随着加工信息认知技能的发展而得以提高。

### 三、调节过程

班杜拉分析了效能信念调节人类活动的四个过程：认知过程、动机过程、感情过程和选择过程。

#### （一）认知过程

效能信念对认知的影响是多样的，它可以增强或者削弱行为表现的思维模式。具有高效能的人采用面向未来的观点建构自己的生活。他们为自己设定较高的目标，并坚定地承担责任。具有挑战性的目标可以提高行为的动机及成绩。认知建构是在熟练性发展中的行为指南。效能感高的个体把当前情境看作是实现的机会，他们善于想象成功的场景，作为行为表现的积极指导。对于成功行为的想象能够提高行为表现。高效能与有效行为的认知建构可以相互促进。

能力观是一个影响效能信念认知加工的重要信念系统，有些人视能力为可以获得的技能，而且不把失误和挫折当作一个人的失败，力图寻求更多相关的信息，促使自己随知识的增长、能力的完善，得到进一步的自我发展。而那些把才智视为固有能力的人，则会阻碍其技能的发展，减弱其活动的兴趣，降低其自我效能感。

关于人们可以影响或控制其环境的程度的信念是另一个影响效能的重要信念系统。在面对陌生且复杂的环境时，人们的效能判断和目标设定，在很大程度上依赖于过去的成绩。当随着经验积累形成自我效能图式后，效能信念就会更强烈更错综复杂地影响行为系统。自我调节因素控制着能加强或阻碍行为的决策，而这些因素会受到可控知觉的强大作用。拥有可控认知定势的人，即使面对众多困难时，也可以表现出高度的自我效能弹性。

### （二）动机过程

在动机的认知调节中效能信念起着核心作用。目标设定和结果期望的激励作用通过预想机制进行运作，而对成败原因的知觉，通过反省式推理，可以改变个人能力判断和任务要求知觉而预先影响未来的行为。能够提高动机水平的目标是明确而且具有挑战性的，有三种自我反应性影响能够调节基于目标或标准的认知动机，它们分别是对自身行为表现的情感性自我评价反应、达成目标的自我效能知觉，和依据自身成就调整个人标准。

个体还可以通过预先期望的特定行为结果来激励自己并指导未来的行动。虽然结果预期对行为动机有一定的预测价值，但是作用有限，能力归因独立影响行为动机的直接作用通常是很小或含糊的，归因对行为的影响往往要通过自我效能知觉的调节。维持高水平动机的最佳途径就是把艰巨的远期目标分解成既有挑战性又通过特别努力可以获取的亚目标，并且按照等级进行组织以保证向高位目标的持续前进。通过逐步掌握和实现个人挑战而得到的自我满足是一个持久激发追求的动机源。

激发动机和维持行为的自我调节包括双重等级过程，通过前摄控制产生不一致，和通过反应性的反馈控制减少不一致。首先，个体设定有价值的行为标准，创设一种不平衡状态来激发自己。然后根据标准预估所需努力动员其力量，随后调节达到期望目标的努力减少不一致，直到达成既定的标准。随后，效能感强的个体还会再设定更高的目标，产生具有激励作用的新的不一致。这种对标准的超越，会进一步提高抱负。效能信念与目标之间具有相互影响。效能信念可以影响目标设定水平、承诺力度、所用策略、集结的努力及行为表现达不到抱负时的努力程度。

### （三）情感过程

班杜拉认为在对情感状态进行自我调节时，自我效能机制起着关键性作用。效能信念有三种基本方式影响情感体验，即思维定向、行动定向和情感定向的个人控制模式。调节情感状态的思维定向模式有两种基本形式，一是效能信念引起的注意偏向，并影响个体对生活事件的解释和认知表征，及其回忆的方式是烦乱还是温和。二是在让人烦乱的连串思维对意识流进行侵扰时，对其实施控制的认知能力知觉。

调节情绪状态的行动定向模式，通过效能信念支持有效的行动过程，用改变情绪可能性的方式来改变环境。情感定向的模式主要涉及一旦唤醒不良情绪时就加以改善的效能知觉。

班杜拉重点分析了对焦虑和抑郁的效能调节。对于焦虑可以通过注意和解释过程进行调节，相信自己能够控制威胁的个体不会吓唬自己，较为温和的解释可以降低适应新环境的压力。通过转化行为也可以调节焦虑。效能感高的个体倾向于应用把灾难性环境变得比较无害的策略和行为。效能感越强的个体，越有信心承受问题情境的压力，越有可能成功地按自己的喜好去塑造情境。通过提高对环境的可控性，也可以减少焦虑的唤起。

在个体获取非常有价值的结果方面，自我无效能知觉会导致悲哀和抑郁，对具有自我评价意义的行为进行自我调节的亚功能中的消极偏向，往往会造成抑郁。实现未酬之态的低效能感是导致抑郁的另一个认知途径。个体设定的自我评价标准在很大程度上决定了他们的行为可获得的满足。当个体把价值标准正好设定在其达到标准的个人效能感之上时，最有可能导致抑郁。对消极想法的思维控制无效能感易于产生抑郁。"经常沉溺于令人沮丧的生活事件和自己的失望状态，会增强和延长抑郁反应，而致力于需要关注或能改善自身生活的活动中，则可以终止抑郁状态。"[1]

---

[1] ［美］A·班杜拉. 自我效能：控制的实施（上册）［M］. 缪小青，李凌，井世洁，张小林译. 上海：华东师范大学出版社，2003年12月第1版，224页。

在发展人际关系方面的低社会效能感是另一条导致抑郁的途径。社会效能高的个体可以创设更多的支持性环境，支持性的社会关系能降低压力抑郁和身体疾病的易感性。情感状态与效能感可以彼此双向影响。无效能感导致抑郁，失望情绪则降低效能信念，削弱动机，产生行为缺陷，引致更深的失望；相反，高效能感和积极的情感状态则可以启动肯定的交互过程。

### （四）选择过程

人们可以通过选择自己所处的环境来部分地决定自己要成为一个什么样的人。个体的效能信念在塑造其生活道路上发挥着极其重要的作用。这主要是通过影响个体所创设的环境类型、所选择投入的环境以及活动类型来实现的。个体要凭借选择过程获得自我发展，可以通过选择能开发某些潜能和生活方式的环境来塑造其命运。个体会避开自认为超越其能力的活动与环境，积极从事自己力所能及的活动，选择自己可以应对自如的社会环境。个体自我效能感越强，其所选活动的挑战性就越大。他们不仅偏好困难的任务，而且还能够表现出高度的持久性。

在职业选择和发展的研究中发现，个体的自我效能信念越强，就认为有越多可能的职业选择，从中表现出越大的兴趣，为不同职业生涯所做的教育准备就越好，在所选活动中的坚持性也越强。另外，效能信念还可以影响个体的社会发展进程。个体的效能信念与其社会发展具有双向因果关系。个体的效能信念决定了对于同伴和活动的选择，而联系模式又转过来塑造效能的发展方向。

## 四、自我效能的发展分析

班杜拉从人类动因终生演进的角度，分析了自我效能知觉的发展变化。按照生命历程，分析了人格中各种影响因素是如何在相互作用中共同塑造人生道路的。

### （一）个体动因感的起源

新生儿是没有自我感的，个人动因感的发展要经历三个阶段：首先要感知事件间的因果关系，然后通过行为理解因果性，最后认识到自己是行为的动因。

婴儿在第一个月里就表现出对因果关系的敏感性，在最初动因感的形成发展中，起主导作用的是对行为产生效应的观察学习。通过反复观察他人行动导致事件发生的依联事件，婴儿逐渐习得行为因果性，在婴儿开始获得一些行为能力时，对他人行为结果的观察就和自己的直接行为体验一同促进婴儿对动因因果性的理解。

对几个月大的婴儿来说，对物理环境施加的影响比对社会环境的影响，更有助于婴儿个人动因感的发展。行动与结果间极其显著的相关，可以促进受注意力和表征能力限制的婴儿对个人动因的感知。向婴儿提供他们能够操控、激活的物品，可以促进其个人控制感的发展。当婴儿发现自己能够产生行为效应时，便开始探索、变换行为并观察其结果。探索性验证性质的因果认知定势形成后能够促进个人动因感的发展。随着表征能力的提高，婴儿逐渐能够从其行为的可能和远期结果中进行学习。在自我效能发展早期，对社会环境施以控制不久便开始发挥重要作用，使得在社会事件中形成的经验泛化到非社会事件中。

在行为产生效应时，个体还必须知觉到行为是自己的一部分，并且知道自己是那些行为的动因，只有这样，个人效能感才能得到发展。动因知觉可以把行为因果转化成个人因果。自我建构使得自己与他人区分开来，初步的自我动因是有意制造结果创立起来的，对语言的理解与运用促进了自我认识和个人动因作用自我观察的发展。

### （二）自我效能的家庭来源

在能力的最初发展阶段，婴儿大部分的满足活动必须以成人为中介，他们通过成人达成自己想要却又无力实现的结果，即使用代理性控制。婴儿社会和认知能力早期发展的中心就是实施个人控制时的效能经验。父母为孩子提供的掌握经验越多，越有利于婴儿认知能力的发展，婴儿期的使能影响建立起的动因感有助于其认知的发展。

儿童的认知发展进程就是由使能活动与掌握经验共同塑造的，家庭是儿童最初效能经验的集中地，父母的效能评估影响着儿童对自己能力的估计。通过自己探索经验，家长的示范和指导，儿童的自我评定技能伴着认知的发展而不断提高。更为复杂的社会比较评价个人效能随儿童的成长而得到提高，他们在使用比较信息时辨别力越来越强。当能够按照恰当的比较性自我评定做事时取得成功的可能性最大。对于儿童处理危险和不幸至关重要的是，要与一个称职关切的成人发展稳定的社会关系。在贫困或不正常家庭中生活的儿童，高弹性对塑造其生活道路起着自发作用。弹性不仅表现在抵抗不良环境的能力，还包括从混乱的生活道路上重新挺立的本领。

### （三）同伴及自我效能的扩展和证实

同伴关系扩展和细化了儿童对自我能力的认识。同伴之间存在着大量的社会学习，较为老练与能干的同伴提供了可资仿效的思想和行为方式。儿童交往以同龄人为主，基于年龄与经验的近似，他们可以为对照性效能评价与检验提供最合适的参照点。儿童倾向于选择兴趣与价值观相同的伙伴。社会影响是双向的，密切的关系影响个人效能发展的方向，自我效能则部分决定着对同伴和活动的选择。鉴于同伴是发展和证实自我效能的一种主要力量，所以破坏或剥夺同伴关系对于个人效能的发展会造成不良影响。

### （四）学校是自我效能培养的主体

在儿童关键性的形成时期，学校是培养认知能力和获得社会验证的主要场所。在学校，儿童获得有效参与社会所必需的知识和问题解决的技能，并不断接受检验、评估和社会比较。随着认知技能的掌握与进步，儿童发展出日渐增长的智力效能感。强烈的效能感激发出较高水平的学习动机、学业成就和对于学科内容的内部兴趣。

让学生具备自我调节能力，从而可以进行自我教育是一个根本性的教育目标。自我指导既有助于成功实施正规教育，还能够促进终身学习。自我调节效能感较高的个体，能够通过在相关领域建立认知效能和提高学业抱负，促进对学科内容的掌握，自我教育效能感越强，在校外的学习就越多。

### （五）青少年的转折经验带来的自我效能增长

青少年为个人生命历程中的重要转折期，必须面对大量新的挑战。他们要开始认真地进行人生规划，必须掌握成人社会的众多新技能与新办法。当他们的活动范围扩展到更大的社会团体时，就不得不承担起越来越多的社会责任。

青少年发展和运用其个人效能的方式，可能在设定其生活道路进程中起着关键性作用。

青少年倾向选择价值系统和行为标准类似于自己的人做朋友，面对新的环境要求和广泛的生物心理和社会角色的变化，受无效能感困扰的青少年易于感受到压力和发生功能失调。先前掌握经验建构起的个人效能力量在很大程度上能帮助青少年成功处理所遇到的危险和挑战。通过保持和增加个人胜任感是许多青少年来应对过渡期应激源的有效措施。为避免诸如弃学、酗酒、药物滥用、违法行为及过早性行为等高危行为，应扩展和加强青少年的效能感。增强自我效能感的最佳途径就是通过有指导的掌握经验，提供应对危险境况实施充分控制所需的知识和技能。

### （六）成人的自我效能

成年早期，许多新的社会要求必须学着处理，它们主要来自维持恋爱关系、婚姻关系、为人父母、开始职业生涯和财务管理等。

成年早期的一个主要转折性挑战就是开启一个富有创造性的职业生涯，发展自我管理技能在为工作进行准备时至关重要。为完成快速变化的职业角色和要求，可灵活通用的认知和自我管理技能，随着工作中不断提高的自动化程度，其重要性也变得越来越突出。在职业追求中，效能信念对事业发展和成功有多种作用途径。

## 五、班杜拉对需要心理学的贡献与局限

班杜拉突破了传统单一的理论框架，用认知与行为联合作用的观点来解释社会行为，他注重认知过程、替代性强化及自我调节在行为中的作用，提出了以观察学习为主的社会学习理论、三元互动的相互作用论和自我效能论。

班杜拉的社会学习理论强调人类具有认知能力，大部分的人类行为可以通过对榜样的观察而习得。经由观察学习这种替代性的间接学习，人们能避免许多亲历学习时尝试错误的风险，减少不必要的损失，无须再去走前人已经证明了的弯路。

　　班杜拉界定了观察学习这个重要的社会学习路径，并且分析了观察学习的五种效应，分别是指导效应、抑制和去抑制效应、反应促进效应、环境加强效应以及唤醒效应。他还分析了观察学习的四个过程，即注意、保持、生成和动机过程。他发现，把有关子技能如何被整合成新模式的信息传递给观察者是示范的主要功能，传递信息的方式可以是躯体展示、图片表征或者言语描述。班杜拉分析比较了不同类型的强化在观察学习中的作用效果，作为调节行为的结果因素，并将强化区分为外部强化、替代强化和自我强化。班杜拉对观察学习从发展的角度进行了分析，首先他分析了观察学习的个体发生学。其次，他还分析了支配观察学习子功能的发展过程。

　　班杜拉对人类动因的性质进行了界定，他把动因看成是有意图的行动。即意图性为人类动因的根本性质，他明确指出，个人动因的关键特征就是为了达到某一目的而产生行动的力量。在解释人类行为的原因时，班杜拉先提出了三元互惠式决定论模型，将互惠解释为原因因素之间的交互作用。后又改进为三元交互因果关系模型，这三元分别是行为、个体内在因素和环境事件。这三者间两两相互作用，互为因果。这直接启发了需要心理学中主体、环境与行为交互影响的思想，并进一步发现了主体需要、环境需要及其对象化与行为间的交互作用。

　　班杜拉对行为因素分别从诱因动机因素、替代性动机因素、自我调节因素和认知调节因素等方面进行了重点分析。他指出，内部诱因根据行为与结果的关系可表现出三种内部激励形式。他发现，替代性动机因素通过发挥其信息功能、动机功能、情绪功能和评价功能而影响观察者的行为。自我调节的顺利进行要借助于一系列子功能的发挥，包括自我观察子功能、判断子功能和自我反应子功能。而环境影响又至少以三种主要方式影响自我系统：对自我调节系统中各分支功能的发展起作用；为内部标准的坚持提供部分支持；促进自我调节过程有选择地激活与分离。但班杜拉自我控制的认知行为理论没有尝试区分当内化过程已经获得不同水平的整合时所导致自我调节的不同形式。他还从八个方面论述了认知调节因素：知识的表征和应用、符号建构的思想、意图和目标、认知发展、道德判断、语言发展、检验思想的方式以及错误思维与人类不幸。

这些对行为动机因素的深入、全面的分析，直接给需要心理学提供了丰富的思想养料。

　　班杜拉的自我效能理论承认人与人之间存在能力上的差异，能力的发展及其表现形式也各不相同，所需的知识技能随功能领域的不同而有区别，甚至在培养效能的某一活动内部其效能发展水平也可能会有所不同。他分析了自我效能信念系统的性质与结构，强调它的多维性。他深入解析了建构自我效能的四个主要信息来源：动作性掌握经验、替代经验、言语说服类社会影响和生理情感状态。他还具体阐述了效能信念调节人类活动的四个过程：认知过程、动机过程、感情过程和选择过程。这对需要心理学中自我需要里能力的获得与运用的直接贡献，而且内容丰富、生动、深刻。

# 第九章　自我决定理论的需要思想

自我决定理论（Self-Determination Theory）是由美国心理学家阿德华·德西（Edward Deci）和理查德·瑞安（Richard Ryan）等人于 20 世纪 80 年代提出的一种认知动机理论。该理论关注人类行为自我决定的程度，强调在动机过程中自我所发挥的能动作用，重视个体自主性与社会情境间的关系。

Deci 和 Ryan 在有机辩证元理论的基础上，并通过实验，不断发展自我决定理论的研究，形成了包括基本心理需要理论（Basic Psychological Needs Theory）、认知评价理论（Cognitive Evaluation Theory）、有机整合理论（Organismic Integration Theory）和因果定向理论（Causality Orientations Theory）在内的四个分支理论。

Deci 在 1975 年出版的《内在动机》一书里，提出了认知评价理论。Deci 和 Ryan 于 1985 年共同出版了《内在动机和人类行为的自我决定》，他们在该书中提出了有机体整合理论和因果定向理论。2000 年他们对内在动机和内化等问题研究的基础上，提出了基本心理需要理论。这四个分支理论共同组成了自我决定论的主要内容。

## 第一节　有机辩证元理论的需要思想

美国罗彻斯特大学心理学教授 Deci 把有机辩证元理论（Organismic-Dialectical Metatheory）作为其元理论，他认为人是一种积极的生物，生来就有心理发展与自我决定的潜能。自我决定就是个体在充分认识自身需要和环境信息的基础上，对行为进行的自由选择。这种自我决定的潜能可引导个体从事自己感兴趣的有益于其能力发展的行为，由此构成了人类行为的内在动机。

他这样对内在动机作了界定："内在动机是基于先天的自我决定与能力的有机体需要。它激励以体验自主与生效为首要奖励的种类繁多的行为和心理过程。内在需要与原始驱力不同，它们不是基于组织缺乏，并且它们不能循环运作，就是说，闯入意识、推向满足，并且当满足后减弱为静止状态。然而，像驱力一样，内在动机作为一种重要的行为激发机能是人类有机体所固有的。而且内在动机可与驱力相互作用，扩大或减弱驱力感，并影响人们满足驱力的方式。"[1]

内在动机是管理个人兴趣与训练个人能力的固有的自然倾向，并且这样做去寻求和征服最适宜的挑战。这些动机从内在倾向中自发地涌现出来，并且甚至能在没有环境控制或外部奖励的帮助下驱动行为。内在动机也是一个具有人类发展特征的学习、适应和能力成长的重要驱动器。一个人会从内在动机是一种普遍存在现象的描述中思考，并且检验许多仅仅作为对立面设置的主张。

Deci（1971）设计了一个实验，探索现金奖励对于内在动机的影响。实验对象参加三个一小时的有关空间的、叫作 Soma 的积木游戏的会议。初步实验证实这些智力游戏能较高地内在驱动大学生被试。在三个阶段中的每一次中，实验对象玩四个都有限定时间的智力游戏。如果他们不能在指定的时间内解决一些智力游戏，他们就能得到展示的解决方案，使重返未完成任务的倾向不会影响他们随后任务的动机。在此研究中，实验组与控制组的唯一区别，是在第二次会议期间实验组的被试每解决四个智力游戏中的一个就会得到一美元。

在第一次（基线）和第三次（跟踪）会议期间对实验组与控制组的被试评估其内在动机，运用已经被称作自由选择的方法测量内在动机。这涉及暗中观察被试者的行为，在自由选择期间，当兴趣性活动除智力游戏外是可获得时，并且在智力游戏的操作上没有外部原因。当没有外部原因这样做时，实验对象花费时间进行目标活动，有理由认为他们是为它内在驱动的。这样，他们花费

---

[1]　Edward L. Deci and Richard M. Ryan, Intrinsic Motivation and Self-Determination in Human Behavior, Springer Science+Business Media LLC, Originally published by Plenum Press, New York in 1985, p32.

在目标活动上的总时间就被运用于测量其内在动机。

比较实验组与控制组从第一阶段到第三阶段内在动机的变化，结果显示，实验组被试在第二阶段确实十分努力，但在第三阶段继续解题的人数却很少，表明得到奖励后兴趣与努力的程度在减弱；而控制组被试有更多人用更多的休息时间继续在解题，表明没有受到奖励的被试兴趣与努力的程度在增强。也就是说，实验组被试相比于控制组被试内在动机减少。体验到解决感兴趣的智力问题是为了金钱，似乎降低了实验组被试对这个活动的内在动机。

从而总结出著名的德西效应，指的是在某些情况下，当同时可得到内感报酬和外加报酬时候，不但不会增加工作动机和提高积极性，反而会降低其效果。也就是说，外部奖励反而会抵消掉一部分内在动机的作用。

Deci 为了解释现金奖励的效果，运用了 DeCharms（1968）和 Heider（1958）的观点："主张现金奖励引起了因果关系轨迹感的从内在到外在的变化，导致活动的内在动机减少。然而，内在驱动的行为有一种内在的因果关系轨迹感：这个人为诸如兴趣与掌握的内在奖励而行动；外部驱动行为具有外在的因果关系轨迹感：这个人做事是为得到外部奖励或遵从外在约束条件。在外部奖励或约束下，发展起一种工具性，这样活动就变成了实现目标的手段而不是以它本身为目的。行为不再是因为它有趣而去做的事情；它是为获得外部奖励或遵守外部约束而去做的事情。"[1]

这得到了相关类似实验数据的支持，外部奖励和意外事件会损害内在动机的证据就相当有说服力了。该现象出现的年龄范围从学前儿童到成人，奖励的范围从现金到棉花糖，活动的范围从解谜到打鼓，环境范围从心理实验室到报社办公室，文化范围则从美国到扩展日本。另外，研究还发现奖励的显著性及对奖励的期望也会影响人们从事该活动的内在动机。

---

[1] Edward L. Deci and Richard M. Ryan, Intrinsic Motivation and Self-Determination in Human Behavior, Springer Science+Business Media LLC, Originally published by Plenum Press, New York in 1985, p49.

# 第二节　基本心理需要理论

　　基本心理需要理论阐述了其含义及心理需要与动机、目标定向和幸福感之间的关系。Deci 和 Ryan 发现，在动机研究中对需要的界定取向有两种，一是默里（1938）的人格理论从心理的水平上评价需要，认为它是后天获得的；另一是赫尔（1943）的驱力理论对需要从生理的水平上进行评价，认为它是内在的。德西和瑞安等人综合了这两种观点，主张个体的行为由基本心理需要所推动，它们具有内在性、普遍性和中心性的。这种每个人身上都存在着的先天的发展需要，是人类的一种基本需要，它本质上是心理性的。

　　通过实证研究，鉴别出自主性（autonomy）、胜任力（competence）和乐趣（enjoyment）三种基本的心理需要。自主需要就是自我决定的需要，是指个体在所从事的活动中能够控制自己的行为，可以根据自己的意愿进行选择，由此产生自主感。自主性又称为自我管理或者自我决定，它们在自我决定理论中是一个统一的概念，指的是在充分认识自身需要和环境信息的基础上，个体对行为做出自由地选择。这种自我决定的潜能可引导个体从事自己所感兴趣的、有益于其能力发展的活动，并构建成人类行为的内在动机。自主性的核心要素是整合，它是自我决定的基础，个体通过不断整合获得自我发展。胜任力需要指的是在与环境相互作用的过程中，个体能够征服环境、控制环境，从而拥有胜任感的需要。乐趣需要指个体要活动中体验到乐趣的需要。个体要求得到来自周围环境或他人的关爱、理解与支持，从而可以体验到乐趣。如果社会环境可以支持并促进这三种需要的满足，那么人类的天性与动机就能够获得积极的发展，可以增强内部动机，并且促进外部动机的内化，个体自身也会健康地成长起来。

　　White（1959）在其里程碑式的论文中，"正式假定了作为一种基本动机性倾向的效能需要，它激励了大范围的非基于驱力的行为。他主张它内在地满足于练习与扩展个人的能力。White 指出作为效能动机这个活动背后的能量并相应地影响功效感。他运用胜任力这个术语去表示通过效能动机运作的结构。胜任力是个人与环境相互作用、个人探索、学习和适应的结果的累积。在宽广的生物学观念中，胜任力指的是有效地与环境相互作用以确保有机体生存的能力。因为这种能力叫作胜任力，在动机中相应地经常与效能动机一样被称作胜任力动机。一些作家如 Kagan（1972），运用掌握动机这个术语"。[1]

胜任力的发展是部分成熟，例如行走、讲话、抽象符号的操作或者明确地表达一个故事等。White 还大量测量学习，主张这个学习是有动机的，胜任力需要为学习提供能量。效能动机的适用范围其实比学习宽广得多。然而，在生物学中胜任力需要的目标是有机体的生存，经验的目标为来自有效行动结果的胜任感。

Deci（1975）认为，胜任力需要引导人们去追求和克服最适合其能力水平的挑战，并且胜任力在与挑战性刺激的相互作用中可获得成果。Danner 和 Lonky（1981）的研究支持了这个论点的，实验表明，当孩子们自由选择其想从事的活动时，他们倾向于选择刚好超出其当前胜任力水平的活动。

当前有关内在动机的另一个重要观点聚焦于效果与情感，表述为始作俑者与内在驱动行为伴随物的理论。与内在动机联系在一起的包括兴趣、娱乐及直接参与的个人环境。效能理论将这些特征置于解释内在动机的核心。

Izard（1977）假定有十种不同的人类情感，每一种都卷进动机行为，并且都具有唯一的体验成分。在这些情感中，兴趣性兴奋为内在驱动行为的基础，并且快乐扮演了一个相关而次要的角色。个人移向物体时都会涉及兴趣，并且它在集中与扩大注意方面发挥了重要作用。Izard（1977）这样来看待兴趣性兴奋在适应、发展与协调人类行为中的核心性，而且甚至还将兴趣标注为基本的动力。

"Csikszentmihalyi（1975）更加强调乐趣。对他来说，内在驱动活动具有乐趣的特征，正在体验的享乐活动就是奖赏。他运用术语'自成目的'来指这

---

[ 1 ] Edward L. Deci and Richard M. Ryan, Intrinsic Motivation and Self-Determination in Human Behavior, Springer Science+Business Media LLC, Originally published by Plenum Press, New York in 1985, p27.

样一种事实，即内在驱动行为的目的确实是他们内在的经验。Csikszentmihalyi 假设真正的乐趣伴随着特有的、动态的、整个卷入活动本身整体感经验的流动。在流动状态，行动与体验似乎从这一刻到下一刻平稳地移动，并且似乎在人与行动之间没有清晰的区分。流动涉及'失去自我'，并体验到与周围环境的统一。Csikszentmihalyi 的研究主张，流动状态出现在一些可列举的条件之下。其中最为重要的是最佳水平的挑战。当一个人从事关于个人能力的最佳水平挑战活动时，任务涉及乐趣或流动的最大可能性。低于一个人最佳挑战水平的活动（也就是活动太容易）导致厌烦，并且活动如果大大超过个人当前的能力，就会产生焦虑并破坏流动。这个由 Csikszentmihalyi 提供的观点也暗指先前讨论过的能力理论，它指出人们会在最佳挑战水平条件下被内在地驱动。"[1]

总而言之，兴趣与乐趣是伴随内在动机的核心情感，并且流动概念是在一个描述性维度上使用的，它能够说明一些内在动机较为单纯的事例。在有机体高度内在驱动的时刻，会非常感兴趣于其正在进行的事情，并且能够体验到流动感。

源于控制的自我决定对内在动机的运行是必要的，一些理论家已将内在驱动活动的基础设定为自我决定需要。如 DeCharms（1968）就假定内在驱动行为起因于体验个人因果关系的愿望。

当然，假设自我决定的基本动机倾向是与效能需要的假定密切相关的。如 Angyal（1941）就认为人类的发展具有按照朝向更加自主化移动的特征，并且这个移动部分依赖于持续获得各种能力。为了达到自我决定，个人必须具有管理其环境中多样化要素的技能。然而，个人似乎是为其所控制的。

最近在控制心理学方面的研究显示，人们有一种体验控制周围环境或其行为结果的需要。尽管这种控制需要与自我决定需要是有差异的，但是支持前者的证据也密切相关于后者。

---

[1] Edward L. Deci and Richard M. Ryan, Intrinsic Motivation and Self-Determination in Human Behavior, Springer Science+Business Media LLC, Originally published by Plenum Press, New York in 1985, p29.

在评价关于控制的研究时，Deci（1980）认为在这些研究中主体的内在需要不是控制环境的需要，而是自我决定需要。自我决定需要的确经常表现为一种控制环境的需要，但是控制与自我决定概念之间有着重要区别。"控制是指在个人行为与所得到的结果之间存在可能性，然而自我决定指的是体验到源自个人行为的自由。当他或她的行为可靠地产生想要的结果时，这个人就是有控制的，但是这并不能保证是自我决定，用 DeCharms（1968）的话来说，这个人变成了这些结果的'走卒'。在这些情况下，一个人的行为是被结果而不是机会所决定的，甚至这个人能被说成是具有控制力的。一个人需要控制自我决定的结果以获得它们，这是真的，但是这种需要是自我决定而不是控制本身。而且，我们宣称人们并不总是想控制结果；实际上，他们经常更加喜欢有别人控制。他们想的是关于是否处于控制的机会。于是，应用自我决定需要的概念（也就是机会）而不是控制需要，允许解释这样的事实，即人们需要从依赖于他们已经控制的结果中感受到自由，并且有时人们宁愿不去控制结果。"[1]

对自我决定需要是内在动机基础的支持，部分来自宣称自我决定机会提升内在动机的研究，并否认自我决定机会将对它产生破坏。更广范围的支持证据显示，自我决定需要是一种涉及内在动机的重要启动装置，并且与胜任力需要关联紧密。Deci 依据自我决定与胜任力需要概念化内在动机，他共同强调它们的彼此重要性。

基本心理需要的满足程度与幸福感的关系为基本心理需要理论研究的核心问题。一系列研究表明，基本心理需要的满足程度与幸福感体验呈现出正相关。个体的基本心理需要如果能够得到满足，就会在健康与最佳选择的路径上发展，并能够体验到一种切实存在的完整感和随积极或理性生活而来的幸福感；否则的话就可能出现病态和体验到忧伤情绪。Deci 和 Ryan 等人（1998）的研究发现，在企业里，通过对雇员自主、兴趣和胜任力这些基本心理需要满意程度的

---

[ 1 ]　Edward L. Deci and Richard M. Ryan, Intrinsic Motivation and Self-Determination in Human Behavior, Springer Science+Business Media LLC, Originally published by Plenum Press, New York in 1985, p31.

测验可以预测其工作时的业绩与快乐程度。

该理论对个人目标定向和幸福感之间的关系也进行了研究，认为个人的目标定向对满足基本心理需要作用非常重要。Ryan 等人的研究发现，人们追求如个人发展、亲密关系等内在目标比如财富、名声等外在目标更容易体验到幸福感。

总之，满足三种基本心理需要对促进个体外在动机的内化，形成内在目标定向及提升个人幸福感具有重要的作用。基本心理需要理论成为自我决定论的核心，是其他重要理论研究的基础。

# 第三节　认知评价理论的需要思想

认知评价理论是由 Deci（1975）首次提出来的，他整合了早期关于外部事件对内在动机影响的实验发现。他把动机区分为内在动机和外在动机。前者指的是由活动本身所产生的快乐与满足引起的，用不着外在条件的参与。后者则是由活动的外部因素所引起的，是个体在外界要求与外力作用下所形成的行为动机。该理论主要探讨内在动机的影响因素，特别是社会环境对内在动机所产生的影响。

认知评价理论描述了初始或管理行为事件对于动机和动机性相关过程的影响。它主张对初始或管理事件特性描述的一个重要考虑，是把这些事件应用于个人的自我决定与胜任力体验。这个理论可以用四个命题进行表述。

**命题 1**

第一个命题与人们自我决定的内在需要有关。它根据因果关系轨迹感加以陈述，并对一些早期在因果关系感标题下的研究评价进行了指导。

"有关初始或管理行为的外部事件会影响一个人的内在动机，到它们影响那些行为的因果关系轨迹感的程度。那些更提升外部因果关系轨迹感的事件会损害内在动机，然而，那些提升内在因果关系轨迹感的事件会提高内在动机。因果关系轨迹感是认知结构的理论化，它表现关于个人行为自我决定的水平。引起外部因果关系轨迹感和损害内在动机的事件是否认个人的自我决定，然而，那些引起内部因果关系轨迹感和提高内在动机的事件会促进自我决定。我们经常称呼前面的事件为控制行为，而把后面的事件称为支持自主。"[1]

控制行为事件通常引导人们服从于控制，但也能激发出相反的倾向，公然地进行反抗。人们往往经由叛逆来回应控制，可能做的正好就是所命令的反面。从理论上说，这些控制性事件也会影响各种动机性相关心理变量。比如，与支持自主的有关事件相比，控制性事件一般被假定为扼杀创造性，降低认知灵活性，屈服于较为消极的情感状态，而且降低自尊。

**命题 2**

第二个命题与人们胜任与掌握最适宜挑战的内在需要相关。关于挑战与反馈效果的早期研究报告，依据胜任感的陈述组织了起来。

"在一些自我决定的环境中，影响个人内在动机的外部事件，为一种到影响个人胜任感程度的最适宜挑战的活动。较大地提高胜任感的事件会增加内在动机，然而那些减少胜任感的事件会降低内在动机。"[2]

一个人在成功或得到积极反馈的时候，只要个人对活动感受到一些自我决定，通常就会明显地增加个人胜任感。然而，对活动没有把握时则易于出现不胜任感。比如，行为与结果间没有发生可能的事件倾向于增加不胜任感，这与持续的消极反馈或不断失败所产生的结果是一样的。

仅仅当个人在活动感受到自我决定时，与胜任感出现相关联的很多内在动机才会得到提高。在控制情境中，只要个人感到自己要对失败负责，关联于减少个人胜任感的内在动机就会下降。

**命题 3**

第三个命题事实上涉及有关行为启动和管理，对不同的个体或同一个体在

---

[1] Edward L. Deci and Richard M. Ryan, Intrinsic Motivation and Self-Determination in Human Behavior, Springer Science+Business Media LLC, Originally published by Plenum Press, New York in 1985, p62.

[2] Edward L. Deci and Richard M. Ryan, Intrinsic Motivation and Self-Determination in Human Behavior, Springer Science+Business Media LLC, Originally published by Plenum Press, New York in 1985, p63.

不同的时间可能在三个方面有明显的差异。这些方面可被称作信息化、控制性与缺乏动机；这三个方面，会显著地影响胜任感与因果关系感的变化，并且造成个人内在动机的改变。

在能够选择的情境中，信息化可以提供有关效果的反馈，它会提升自我决定的功能。控制会对人们表现、思考或感受的特别方式施加压力，它能够提高控制决定的功能。缺乏动机表明未达到效果，它会增加无动机的功能。

"有关行为的启动与管理事件具有三个潜在的方面，每个都具有功能意义。信息化方面，促进内在的胜任感与因果关系轨迹感，这样就提高内在动机。控制方面，有助于外部因果关系轨迹感，这样就会损害内在动机，并提升外部顺从或反抗。无动机方面，有助于不胜任感，这样就损害内在动机和提升无动机行为。一个人相对显著的这三个方面决定了事件的机能意义。

"尽管这个命题是依据个体感知者对事件的机能意义进行的论述，这样引起对不同的人来说就有不同的机能意义，有时我们涉及事件时依据一群人平均的机能意义。例如，我们可能谈到信息化事件、控制事件或无动机事件基于它们对一些群体中人员的平均影响。当然，从技术上来说，一个事件可恰当地标记为仅仅关于个体在给定时间内的影响。"[1]

通过权变研究发现，实施一些积极反馈的奖励，因这个反馈而倾向于提高内在动机。但是，所有权变奖励本身，除了固有反馈之外，都有降低内在动机的倾向。最具有控制性的是竞争性权变奖励，权变表现相对较少一些，权变任务甚至比权变表现有更少的控制性。结果的复杂性会抵消积极反馈和奖励内在的控制效果。然而，非常关键的是确定用于比较各组的精确度，所产生的各种奖励效果概括在表9-1中[2]。

---

［1］　Edward L. Deci and Richard M. Ryan, Intrinsic Motivation and Self-Determination in Human Behavior, Springer Science+Business Media LLC, Originally published by Plenum Press, New York in 1985, p64.

［2］　Edward L. Deci and Richard M. Ryan, Intrinsic Motivation and Self-Determination in Human Behavior, Springer Science+Business Media LLC, Originally published by Plenum Press, New York in 1985, p82.

表 9-1　探索各类权变奖励对内在动机对比效果的经典研究结果概要（见注解）

| | 无奖励（无反馈） | 无奖励（积极反馈） | 权变任务（无反馈） | 权变任务（积极反馈） | 权变表现（信息化） |
|---|---|---|---|---|---|
| 非权变任务（无反馈） | 没有区别（Deci, 1972b） | | 增加（Deci, 1972b） | | |
| 权变任务（无反馈） | 减少（Deci, 1971） | | | | |
| 权变任务（积极反馈） | 没有区别（Deci, 1972a） | 减少（Harackiewicz, 1979） | 增加（Harackiewicz, 1979） | | |
| 权变表现（信息化） | 增加（Ryan, 等人, 1983） | 减少[a]（Ryan, 等人, 1983） | 增加（Enzle, Ross, 1978） | 没有区别（Harackiewicz, 1979） | |
| 权变表现（控制性） | 减少（Harackiewicz, 1979） | 减少[a]（Ryan, 等人, 1983） | 没有区别（Ryan, 等人, 1983） | 减少（Harackiewicz, 1979） | 减少（Ryan, 等人, 1983） |

注解：这个表应该像下面一样来读：开始时读行的标注（即左边的标注）；然后读每一行框中的动词。告知行标注相关于列标注（即在顶部特别栏内标注）对内在动机的影响。例如，从顶部数第二行左边第一列的框应该像后面一样来读：没有反馈的权变任务奖励相比于没有奖励无反馈的条件会降低内在动机（正如 Deci 所实施的，1971）。

a 这两个单元格表示，没有得到积极反馈的无奖励组相比于可对比的奖励组（即分别是信息化或控制性）减少内在动机。

从对许多研究的回顾中，我们能推论选择与积极反馈倾向于信息化，即通常信息化方面最为突出；奖励、限期和监督倾向于控制性，即通常控制方面是最突出的；和消极反馈倾向于无动机，即通常无动机方面是最显著的。

**命题 4**

"Ryan（1982）首次引入了内在信息化和内在控制性管理的概念，假设内在信息化事件促进内在动机，然而内在控制性事件却损害它。通过扩展这个假说，并包括内在无动机事件的概念，我们通过增加第四个命题拓展了认知评价理论。

"人际事件在定性方面的不同，就像外部事件一样具有多样化的功能意义。

内在信息化事件促进自我决定功能，并保持或提高内在动机。内在控制性事件被体验为朝向特定结果的压力并损害内在动机。内在无动机事件造成显著的个人不胜任，也削弱内在动机。"[1]

一系列对人际情境的探索性研究导出了如下结论。"首先，奖励者发出的人际要素能引起权变异表现奖励被体验为信息化或控制性。如果控制性地实施相比于无奖励和无反馈，倾向于损害内在动机；如果信息化地实施（即实施时缺乏压力或控制的传达），比无奖励和无反馈更倾向于提高内在动机。其次，无论什么样的人际情境，权变表现奖励相比于缺乏奖励而给予可比较积极反馈的条件，倾向于损害内在动。除非在被试被评价的情境中给予积极反馈，在这种情况下，权变表现奖励比评价性反馈能引起随后更多的内在动机，因为这个奖励与较少的控制性相关。这导致双重结论，是奖励对于接受者意义而不是奖励本身影响动机，并且特别是与控制和评价问题相关时，人际情境是决定奖励意义的重要因素。"[2]

众多研究结果揭示了反馈类型的不同效果，控制性反馈相对于信息化反馈，无论是自我还是他人决定的，都会削弱活动的内在动机。决定性的类型并没有什么影响。无论胜任力反馈是自我还是他人决定的，如果强迫人们朝向特定的结果似乎就会降低内在动机，而单纯地提供胜任力确认的信息则会提升内在动机。

一些研究指出，沟通者的特征会影响交流的环境是否被体验为主要是信息化还是控制性。这些差异可导致内在动机、自尊、创造力与其他相关变量的不同。一系列研究对性别差异的报告显示，女性倾向更加敏感于口头反馈的控制性方面。当受到表扬时，女性比男性倾向于把交流体验为具有更多的控制性，

［1］ Edward L. Deci and Richard M. Ryan, Intrinsic Motivation and Self-Determination in Human Behavior, Springer Science+Business Media LLC, Originally published by Plenum Press, New York in 1985, p98.

［2］ Edward L. Deci and Richard M. Ryan, Intrinsic Motivation and Self-Determination in Human Behavior, Springer Science+Business Media LLC, Originally published by Plenum Press, New York in 1985, p90、91.

且积极的口头反馈趋向于更加削弱其内在动机与自我决定。

总体来说，研究提示出人际交流中的接受者因素，无论交流提供了有形奖励还是无形的陈述，交流在此扮演了接受和解释的重要角色，迄今为止发现它取决于接受者的性别、控制轨迹与动机性定向。

Deci 和 Ryan 指出，个体通过对社会事件的两个基本认知评价过程可实现事件对于内在动机的影响，即个体的能力知觉和自主感。当社会事件通过个体的能力知觉，即直觉到对外部事件的胜任感，激发其成就感时，就会增强其行为的内在动机；与之相反，行为的内在动机则会降低。个体有成就感体验时，必须同时体验到自主感，即感觉到其行为是自我决定的，在此情境下才能真正地促进内在动机。也就是说，个体的内在动机会随着胜任感和自我决定程度而变化，即高水平的胜任感和自我决定，会增加内在动机，反之内在动机就会减少。

从一系列研究中还能得出推论，单纯观察一些人在无法控制情境的活动会让人感到无助，这个发现一定激活了其内在动力，一系列关于自己的信念，可称为内在无动机。因而认为这些事件的效果会类似于外在于个人的无动机事件的效果，正如内在信息化和内在控制性事件的效果个人外部的信息化和控制性事件的效果相类似一样。

当一个行为通过一个信息化事件被体验为自发或管理时，就会有一种内在因果关系轨迹感，无论这个事件出现在个人内部还是外部。另一方面，当一个行为通过一个控制性事件被发现为自发或管理时，就存在一种外在因果关系轨迹感。无论这个事件出现在个人内部还是外部。这清楚地显示，涉及内在-外在因果关系的区分不是创造的表面界限，取代这个适当界限的是个人的自我感觉。作为一种内在因果关系感受到的活动，是与个人自我感觉一致的或发散的，然而有外在因果关系轨迹感的活动，被看作是通过事件或个人完整的自我感觉外的压力所引起的。这样甚至尽管一个内在控制性事件出现于个人内部，它不受过程的调节就能被认为是内在于个人的自我感觉，因而它不是自我决定的，并且应被描述为外在因果关系轨迹感。

认知评价理论把奖励、报酬等外部事件区分为信息化、控制性和无动机三种类型。外部事件通过对个体的胜任感与因果关系轨迹感产生的不同作用，从而影响其内在动机。信息化事件能为个体提供积极的反馈，能够让个体在可选择的情况下做出自我决定，个体对所从事的活动体验到胜任感，或个体懂得如何更好地胜任该活动。这类事件可促进个体的内部因果关系感，提高其对于活动的胜任感，由此可提高个体的内在动机水平。控制性事件迫使个体按照特定方式思考和行动，个体在被控制感的情况下决定其行为，增强了其外部因果关系感，却使得自主性下降，从而削弱个体的内在动机，导致个体的反抗或表面的顺服。外部报酬、威胁性惩罚、时间限制、监督与强制性目标等都属于控制性事件。无动机事件意味着事件的无效，无动机的个体会产生不胜任的感觉，减少其内在动机。消极反馈就是一种无动机事件。

把控制点作为个体差异变量时研究发现，内在控制点的个体感到其产出在自己的控制之下，外在控制点的个体则认为产出更多地受到超出其控制范围其他力量的影响。内在动机与外在动机可能与不同的控制点有关。内在控制点高的个体更可能把奖赏与交流视为信息化的，而内在控制点低的个体则将其当作是控制性的。如果控制的情形模糊不清，内在控制点的个体会把奖赏看作是信息化的，外在控制点的个体则认为是控制性的。

尽管自我决定是一种应用于行为的描述符号，它是基于区分自我决定与非自我决定行为的心理过程。这可以是同一种行为。为了推断一个行为是否是自我决定的，一个人应该寻找行为的定性方面和它可从中出现的环境条件。自我决定功能的核心特征是灵活性，然而非自我决定功能的核心特征是压力与紧张的体验。通过评估这些行为的定性方面，除了考虑存在或缺乏各种条件性控制，个人开始推断一个行为自我决定的程度。

内在驱动的行为被界定为是自我决定的。个人追随自己的兴趣，个人寻求挑战，和个人进行选择。选择是相关于无冲突的和不自觉的。没有命令或奖励来决定这个行为；个人单纯地从事自己感兴趣的活动和个人希望伴随自发的胜任感。我们还发现，当行为被内在和信息化地管理时，这个行为就是自我决定的。

总之，信息化条件下的奖励与积极反馈可增强内在动机，个体差异对内在动机会产生影响，可能出现信息、控制性和无动机三种结果，个体的内在事件能够发挥调节行为的作用。

# 第四节　有机整合理论的需要思想

有机体整合理论（Organismic Integration Theory）主要探讨外在动机对行为所产生的影响，认为非内在激发的活动主要是经由外在动机的内化与整合而发生作用的。该理论最早由德西和瑞安于 1985 年提出，经瑞安等人的发展，2000年德西和瑞安又运用基本心理需要的概念对其作了进一步的阐述与完善。

有机理论在心理学中围绕着两个核心观念构建起来：行为通过由经验精心制作的内在结构来进行部分管理；并且人类是具有能动性的。在发展领域的假设最具有决定性，它们对理解一些普遍存在的现象是必不可少的，例如，儿童如饥似渴地活动并持续地掌握其内在与外在环境。

术语发展从词源学上讲来自演变或展开的概念，这就意味着个人潜在的过程得到了证明或实现。德西和瑞安认为发展遵循一般的模式，使个体区分内部和外部环境的特定要素，然后将这些要素和谐地引入个体现存的结构，并精心制作和完善这个结构。他们运用术语有机整合来指称这个一般过程。

对发展的解释要求不仅仅是结构性概念；它要求行动概念。通过作用于环境，通过探索、检测、成功和失败，儿童发展他们的能力并构建不断合成和改善的内在结构，它是以未来的行动为基础的。当然，在许多结构理论中，暗示行动被说成结构的属性就是机能，并通过机能而改变自身。然而，我们主张对描述发展的激励来说，纯粹的活动假设是不充足的。在这里，作为活动能量基础的内在动机是直接相关的。简单来说，内在动机作为有机整合过程的激发器，同样在许多情况下，作为提升行为整合的激发器，在发展中扮演了主要角色。

通过设置发展的内在动机，而不仅仅将活动视为结构的固有方面，德西和瑞安处于一个较好的位置，以解释其所相信的发展的核心动因。他们主张在一定程度上，个体发展是为了满足个人需要，而不仅仅是结构的固有功能。他们对自我决定这个人类动因感兴趣，更多地关注于发展的动机而不是发展的结构方面。

保持内在与外在动机间的区分是理解发展问题的关键。德西从内在动机的论断开始，认为个人胜任与自我决定的基本需要是发展（即有机整合）过程的原始激发器。然而，构成投入于发展的行为可能是既有内在又有外在驱动。换言之，一些能力和结构的发展起因于做有趣的事情（即来自内在驱动的活动），但是其他可能是由自身没有趣但却是适应社会的工具行为所造成的（也就是来自外在驱动的活动）。涉及外部驱动行为发展的核心问题是对规则的内化，换句话说，就是整合进个人内在的有组织结构。

该理论假定们天生就具有整合经验的倾向，即个体能够把某些社会规则、价值等整合为自我的组成部分。德西等人提出的内化概念，是指个体试图把社会赞许的价值观、规则、态度与要求转化为其所认同的价值，进而整合为其自我的组成部分，它是一种积极、能动的自我调节过程。通过内化，个体可以将一些外在动机逐渐整合成内在动机。

德西指出，朝向更复杂和统一的内在结构发展，并且越是复杂统一的结构越能提供有效和自主功能的基础。作为双重过程基础的这种运动朝向日益改善的整体结构，正如我们已经说过的，底部结构的分化和它们整合成更大的统一结构。合起来，我们把它们称为有机整合过程（或简单的，整合），我们已断言它自身是内在驱动的。

这样，在很大程度上就把注意力集中在整合过程本身。然而，整合过程的运行与行为相互缠绕在一起，它要求行为给胜任力的发展提供滋养。儿童学习规矩地行事、思考与活动，和整合过程本身一样，都是内在驱动的。

儿童自然的好奇心引导鼓励他们从事宽广范围内的探索、操作与试验行为。学习通常可说成是儿童时代的核心事务。与好奇心密切相关，有积极和自然感觉的行为就是玩耍。儿童为乐趣而玩耍，这个活动却通常会产生胜任力发展的附加益处。

好奇心与玩耍是儿童行为的基本特征。它们涉及 Elkind（1971）所称作的认知成长循环，并且它们是内在驱动行为的典型样例。它们是自主的、从兴趣内在倾向中产生的，并且它们的出现要求没有外在的强制或约束。

讨论好奇心与玩耍和讨论整合过程相互交错，它们实质上是不可分离地贯穿于有机理论家的发展性著作。它是探索、操作，并且玩耍是产生许多分化与整合的活动。我们在这里将它们分开论述，仅仅是为了能展示内在驱动的整合过程是如何也同许多外在驱动行为密切相关的。

认知评价理论认为，提供最适宜挑战、胜任力提升的反馈，与支持自主活动的环境，能够促进内在动机，并同样会相应地促进发展。在一般情况下，儿童会自我调节最佳水平的挑战。如果一个活动缺乏足够的挑战性，儿童就会向更有挑战性的活动转移，而且如果它挑战过度的话，儿童就会移向较为容易的活动。当儿童从事于最佳挑战活动时，胜任感趋向于自然来到，因为他们会体验到成功，伴随协调努力而引起胜任的感觉。似乎儿童的胜任感所必需的许多反馈能直接来自对其环境中任务或人们的响应能力，特定的积极反馈还来自经常且重要的其他因素。

观察人类的发展，可推导出分化与整合过程会自然出现在信息化而不是控制性的人际环境，在此环境中成人避免控制儿童的内在动机。对于儿童的发展性掌握来说，成人不适宜的干预和定向会产生干扰性影响，而且运用奖励、设置期限和控制性交流，无可置疑是有害的。这些影响似乎将儿童从最佳挑战任务及必要的自然发展中移开，并且它们运作在最优水平，也可能会损害儿童的内在动机。

如果所设置的限制包括三种重要的元素，那么，这样设置的限制就会倾向于支持儿童的内在动机。"第一，它需要提供尽可能多的选择，并避免传达不必要的压力——即使压力是用词汇应该来暗示的。限制需要允许儿童尽可能地自我决定。第二，它们需要包括一些提供无评价性反馈、不能认为儿童的自尊有问题的反馈技术。第三，由于设置限制总是表现儿童在他或她想或感受和限制要求间有冲突，重要的是儿童的需要或感受能承认并保持，以便儿童会整合这些似乎冲突的元素。然而，冲突倾向于减少儿童的自尊，并预先阻止自我决定以适应这些限制。"[1]

婴儿对于广泛的新异刺激都是感兴趣的，并且在成长为少儿后，似乎对环

[1] Edward L. Deci and Richard M. Ryan, Intrinsic Motivation and Self-Determination in Human Behavior, Springer Science+Business Media LLC, Originally published by Plenum Press, New York in 1985, p127.

境的所有方面都有兴趣去学习。他们的胜任力和自我决定需要全局性地发挥作用，并且朝向一切类型的输入。然而，他们逐渐发展起偏爱并且更多地进行选择，而且其胜任力的兴盛或衰退，依赖于是否伴随着兴趣。

Deci 等人主张，个人兴趣（换言之，个人内在动机）的发展过程，与所有发展过程是一致的。兴趣一开始是相对未分化的，通过经验的逐步积累变得越来越分化。Deci（1975）把这说成是分化的动机，因为术语动机描述指向与包含个人兴趣与胜任力（即去构建）的个人能量。

能力与环境的相互作用开始于影响个人自我意图的内在能力，引起成功或失败，这反过来会影响个人的胜任感与内在兴趣。而且，能够提供最佳挑战的外界机会对于个人倾向的发展也是重要的。环境可表现出功能可见性，并且儿童会趋近具有最佳挑战性的那个环境。而且，儿童倾向于利用功能可见性的活动来观察其社会性价值。挑战的功能可见性影响内在兴趣的分化，其他显著的影响因素，就是个人与功能可见性相互作用机会的自我决定程度。成人的压力与控制，会疏远即使是天才儿童的兴趣发展。

可见，环境与个人固有能力的相互作用是内在动机发展的核心。个人兴趣的分化同其他发展过程相类似，在环境给予和允许什么的影响下表现或拓展。家长和教育者可能难于提供允许这个自然发展过程中儿童发现内在兴趣的条件，当他们面对提升无内在兴趣行为发展的管理任务时，甚至会遇到更大的困难。如果问题变得更加复杂，就必须利用外在动机来促进发展过程。

儿童适应与发展的一个重要问题，是提升从外部因素调整到以内在因素自我调节的转移。这就是内化的过程，即儿童通过个体化要求的态度、信念或行为规则，日益增多地转化成为个人的价值、目标或结构。内化就是一个通过整合社会环境命令与价值，而促进儿童自身发展的过程。

"在我们看来，内化是一个积极的过程。把外部规则转化成内在的，要求整理个人的能力与倾向，还可能要求转变个人的观点或价值。这样的修正，就像所有的发展性成果，要求积极的工作。当有机体消极或抵抗时，就不可能出现这种修正。因而，我们相信内化是生物 - 环境辩证法一端的积极有机体的一个方面。同样地，内化不是环境作用于有机体，而是有机体积极地适应环境，除非环境压倒有机体。"[1]

内化被认为是建设性的过程，瞄准允许一个人在社会中更能胜任的自我决定，尽管这个特别的行为目标是外部的。自我决定的概念对于内化特别重要，因为胜任自我决定的内在需要在理论上驱动内化过程，并且因为自我决定概念描述了内化过程的理想结果。正如我们在第四章所看到的，并不是所有形式的内在规则都能构成自我决定。例如，自我卷入经常作为管理的基础，它内在于个人，但既不表示自我决定也没有内在的因果关系轨迹。内化造成的重要问题不是简单地把外部驱动行为的规则移动到个人内部，而是把外部动机整合进结构与动机的统一系统，以便内化的外部规则逐渐被体验到是自我决定的。仅仅当文化价值转变成儿童的价值，和平稳、无冲突地实践时，内化才得以完成。

有机整合理论有一个基本假定，就是存在一种从做个人不感兴趣的无监管行为向有效适应行为自我决定监管的发展运动。无监管行为在新生儿中最为清晰明显。在婴儿早期的这几个月中，还缺乏掌握社会指令的必备能力。可能必须跟出现这些掌握相区分的最基本能力是预期，这是一种似乎在儿童一周岁时发展起来的能力。

掌握外部指令的第二种必要能力是控制个人自己的活动和情感，至少采取一种原始的形式。活动的萌生与抑制对所有自愿行为都至关重要，在婴儿出生第一年下半年的发展中，会变得日益卷入于其行为之中。在第一年末，大部分婴儿会发展起构成内化基础的这两种关键能力。

然后，儿童就开始运用内化及其原始能力对外部指令发生反应。最初，这意味着儿童应用发展起的预测和自我控制机能对外部线索进行反应。这样，例如一个男孩早在其出生后第二年，当他向桌子边一个贵重玻璃大象伸手时，可能预料到妈妈会产生愤怒反应，从而抑制这个行为。

这是外部监管的一种早期形式，为外部动机的最基本形式。这个儿童克制

---

[1] Edward L. Deci and Richard M. Ryan, Intrinsic Motivation and Self-Determination in Human Behavior, Springer Science+Business Media LLC, Originally published by Plenum Press, New York in 1985, p130.

自己不去接触这个大象，是为了获得或避免由他人决定的即时结果。这种自我调节的外部形式，在生命的头几年，当儿童变得更能擅长预测结果和控制自己时，甚至当结果距离较远与在即时情境中存在其他潜在分散注意力的刺激时，变得一天比一天改善。

那么，外部监管涉及其他人在儿童的反应上强加外部的权变。"这些因素，如来自他人的表扬、不赞成和尊重，变得日益增多、更加强有力的制裁那些确定然而非自发行为的提升。在这个意义上，外部自我调节是一种原始内化的反映。通过外部支持行为得以保持（不稳定地），但是它们是儿童预测活动结果的事实价值的内化，并且自我调节有关的预测。已经内化的是当它们仍然存在时的外部监管压力的概念。"[1]

根据有机整合理论，超出外部监管的发展运动可被描述为三个过程与三种相应的自我调节类型。在儿童学会面对相关即时外部权变管理自己后，当权变离得越来越远和逐渐移开时，就会发现他们能够做出这些行为的日益增多的证据。这伴随向内投射的过程而出现。

Deci 等人运用术语向内投射来指称凭借规则内化的过程，它在本质上是以规则为原型的。儿童通过参与先前外部因事而异内在代表的关系来监管自己。换句话说，儿童建立起一个本质上与先前外部控制同构的内在代表，也就是一种内部结构，然后就据此已内化的指令来采取行动。于是，视其行动而定，儿童会应用赞成与不认可自己。

向内投射的监管涉及对相矛盾冲动的管理（做还是不做；抑制还是不抑制），并要求认知情感结果的高级支持。当然，向内投射的管理比外部监管更稳定，因为它不要求存在外部或有事项；这个或有事项现在位于儿童内部，并这样持续存在。然而，向内投射的管理分享许多外部监管的特征，最显著冲突的控制者—被控制者（controller-controlled）关系，及其所引起的全部。不过，

---

[ 1 ]    Edward L. Deci and Richard M. Ryan, Intrinsic Motivation and Self-Determination in Human Behavior, Springer Science+Business Media LLC, Originally published by Plenum Press, New York in 1985, p135.

在外部监管中，控制者与被控制者是不同的人，在向内投射管理中是同一个人的不同方面。然而，在两种情况下，都存在被控制的固有版本。

向内投射的自我调节在 Deci 看来并不是自我决定，这是由于它缺少自我决定特征的活动单元。不过，他发现沿着内化连续体的下一个点，儿童就移动到接近有关内化规则的自我决定。渐渐地，当儿童努力掌握社会指令时，就会日益认同行为的结果及产生它们的规则。儿童通过认同将规则作为自己的来接受。这样就会大大地消散冲突，并且在这些自我调节的分化要素间出现整合。

虽然认同可能较好地涉及对另一个人的内在代表，但认同的焦点却是管理及其结果，而不是这个他人，尽管他可能很有名。个人看重这个结果并感觉采取这个产生此结果的行为是重要的。自我决定需要推动着给予这些有社会功用结果的自我调节以价值。

沿着内化连续体走的最后一步，就是使冲突最小化和个人会相对自发地充分自我决定，这涉及将规则整合进个体自我感的发展。当自我调节变得把其他认同整合进一个连贯、无冲突的层次结构时，就正在完成整合过程。在一个管理模式内的认同具有一致性，并且整合在它与其他个人已认同的管理模式间是相容的。这时，个人内部统一的结构不仅增加还会逐渐转化，并且个体自我调节变得充分地自我决定。

根据有机整合理论，整合的自我调节是未被环境影响所阻碍或损害的内化的自然结果。它真实地表现社会化含义，个人不会简单地去做他认为社会价值所指示的事情，由于个人已经将其当成自己的来接受，所以个人行事、感觉与思考的方式跟社会价值是一致的。这个内化连续体可以用图 9-1 来表示。

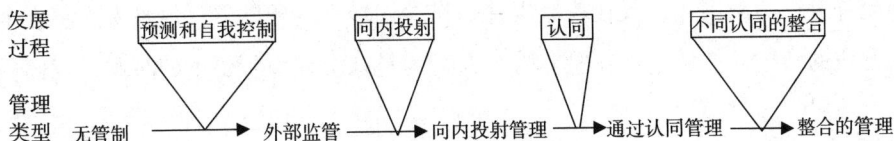

图 9-1 有机整合理论的内化连续体表示从无管制到充分自我决定管理的移动，和涉及转变的发展过程

"总之，我们的理论主张，除婴儿特征性的无管制之外，存在四种非自发的管理行为。第一，涉及外部权变存在的是外部监管；它遵循预测与自我控制的程序。第二，基于内部指示的是向内投射的管理；当外部监管已经向内投射时就会引起它。第三，涉及较少内部冲突的是经由认同的自我调节；当儿童已经认同这个行为结果及其规则时它就会出现。第四，代表充分自我决定的是整合的自我调节；它产生于把认同整合进个人统一的自我感。"[1]

可以反复地看到内在动机与自尊间的正相关，并且发现个人的外部动机越内化，就越能自我决定，越有助于积极的自尊。强大稳定的自尊似乎产生于强大的自我感，意味着内在动机与更多外部动机内化的整合。一般而言，当儿童把非自发行为的管理当作自己的来接受时，就会发展起强大的自我感，他们的行为更加内在地驱动，并且感到自己更有胜任力。

Deci 等人强调朝向整合内化发展过程的结果是三类因素的一种机能，第一个是有关胜任力的，第二个同有机体与行为要求间的冲突有关，第三个是关于情境控制水平的。内化过程会通过积极胜任力的反馈，或帮助个人学习如何做得更好的支持性消极反馈而得到提升。所要求的行为和相应的有机体倾向之间的固有冲突需要被承认与接受，以便儿童可在表面上看来的冲突压力间发展起一种和谐。

外部控制的最极端和不稳定的形式，个人卷入惩罚和值得考虑的不一致，会让儿童消极与无动机。无意图行为的出现会反映无监管。在较少的极端情况下，控制性事件越是持续，尽管仍然是剧烈的，会引起对意外事件的理解与预测，尽管规则并没有倾向于内化，这会导致外部监管。控制性事件越是社会定向的，强调认可与不赞同，可促进向内投射，但是如果过度控制和评价，就不会允许进一步的内化。仅在控制事件的显著性最小的条件下，仅当个人感觉个人自我的肯定，然后允许体验监管个人行为是社会环境所要求的时候，我们更

---

[1]　Edward L. Deci and Richard M. Ryan, Intrinsic Motivation and Self-Determination in Human Behavior, Springer Science+Business Media LLC, Originally published by Plenum Press, New York in 1985, p138～140.

可能发现社会规则的认同与整合。

有机整合理论重点阐述了外在动机如何不断内化或整合的过程，并把内化区分为外部调节、内摄调节、认同调节与整合调节四种水平。

外部调节指的是个体为获得由他人所支配的奖赏或者避免惩罚而采取的行为，这时个体的自主程度最小。类似地，内摄调节是指个体行为仍受奖赏或惩罚驱动，但为展现自身能力或避免失败、消除焦虑等情绪，其行为可相对地部分得到控制。认同调节指的是个体从活动本身利益出发而评估其价值，已能认清事件的重要意义，将其接受为自我的一部分并付诸实践，它包含的自主成分更多一些。整合调节是指随个体出现与其需要和价值观相一致的行为而进行的调节，这时个体既考虑行为价值，又把它整合进自我感之中，变成其信念的一部分而自愿地实施行为，从而是最有自主性的外在动机形式。

Deci 和 Ryan 用如下图表描绘了不同动机类型与所对应的调节风格及过程：

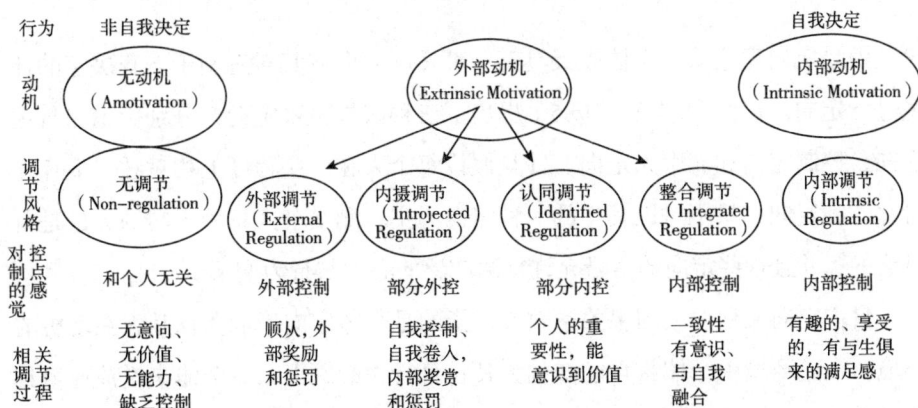

图 9-2　动机连续体上不同的动机类型对应的调节风格、控制点和调节过程[1]

Deci 和 Ryan（1991）进一步指出，依据自我决定的程度把外在动机划分开来，并不意味着外在动机在本质上便是如此发展的连续体，个体未必一定要经历每个调节阶段。个体可能仅仅在此连续体的某一点上加以调节。

---

[1] 张霞英. 自我决定理论［EB/OL］.［2015-11-23］. https://wenku.baidu.com/view/699eea19960590c69fc37652. html.

　　有机整合理论对促进外在动机内化的因素做了进一步阐述。首先，由于个体往往对外在动机激发的行为缺乏内在兴趣，个体采取行动的最初原因通常有榜样行为或他人的促进与重视，个体在活动中体验的归属感具有十分重要的促进外在动机内化的作用。其次，当个体感知到自身胜任力时，更易于采纳相关群体所认同的价值。也就是说，环境中对于胜任感的支持能够促进外在动机的内化。最后，自主调节仅仅在个体感觉到自主性时才会出现。当存在明显的外部奖励或威胁时，即使个体有足够胜任的体验，这也只是外在调节。这时，尽管有参照群体的赞同，让个人能体验到归属感，出现的也仅仅属于内摄调节。这说明胜任感与归属感尚不足以维持内在动机，只有同时感受到胜任感、归属感与自主性的时候，才会促进个体的内在动机与活力。

## 第五节　因果定向理论的需要思想

　　因果定向理论认为个体先天具有一种发展倾向使其对有利于自我决定的环境进行定向。德西和瑞安（1985）提出了三种因果关系定向，分别标识为自主定向、控制定向和非个人定向。并且假设每个人在一些程度上相对独立地存在着每一种定向，只不过以其中的一种定向为主。测量个人每种定向的力量是有可能的，并且这些定向的力量允许预测广泛的心理与行为变量。

　　自主定向又称内在因果关系轨迹，指的是个体定向于能激发其内在动机的环境，在此环境中个体将自己知觉为其自身行为的原因，对个体来说该环境具有挑战性，并可提供信息反馈。控制定向又叫外部因果关系轨迹，是指个体倾向于受报酬、期限、结构、自我卷入及他人指令的控制，在此情境中个体相信其行动是为了获得奖赏或取悦他人，或者是受到外部因素的影响。当个体的因果关系轨迹处于内部而不在外部时，更有可能在内部动机激发下采取行动。非个人定向指的是个体相信要获得满意的结果是其自身所无法控制的，它们在很大程度上是幸运的产物。德西和瑞安的研究发现，自主定向与自尊、自我实现、自我发展及个人幸福正相关，而控制定向正相关于公开的自我意识，非个人定向则与自我贬低及抑郁相关。

## 一、自主定向

自主定向的核心就是选择的体验。在自动定向的时候，个体运用可得到的信息做出选择，并管理自己去追寻自我选择的目标。不管内在驱动还是外在驱动的，基于选择的行为都是自我决定的，并在作为自主定向基础的整合自我感中表现出来。自主定向涉及做出灵活的选择，无论是直觉的还是仔细考虑的，也无论是有意识的还是前意识的。

自主定向还通过个人的有机体意识和整合的需要与情感而特征化。用词汇有机体与整合的来描述个人意识到的需要，也是自主定向的一个重要方面。这意味着宣称仅有一些需要是整合的。整合需要指的是内在的有机体需要，并且是已从中分化出来的需要。换句话说，需要已整合进个人的自我感。例如，自我决定的胜任力内在需要是一种固有的需要，然而弹钢琴的需要可能是一种更特殊的内在需要，已从总体内在需要中分化出来。它们都被认为是有机体的需要（假设弹钢琴的需要已经充分整合，而不仅仅是向内投射）。然而，一些需要被作为没有得到适当满足的有机体需要的替代者而取得；这样就不会被认为是整合的需要，因此它们就不会意味着一种自主定向。例如，表面上看来贪得无厌的吃的需要经常被说成是爱与接受需要不适当满足的替代者。这个对食物的需要就应该是一种替代需要，而不是一种有机体需要，当然，尽管基本的饥饿驱力是一种有机体需要。

自主定向也可以通过选择性调节而被特征化。当积极自主的个体遭遇无反应和不能变化的情境时，不是僵硬地坚持，而是会适应这种情境，从而将其活动朝向会产生反应的情境。选择性调节实际上仅仅是有效地运用信息，信息化的方式来处理环境事件。通过考虑得到什么是可能的现实感，一个人会选择产生最好可能性的目标去满足驱动该行为的需要。整合而不是顺从，就成为选择性调节基础的发展程序。

在行为上，一个强大的自主定向能用一种变化的方式得以显现。它引导人们找到自主的机会，例如，一个人选择一个工作，会认真地考虑这种情境是否允许自主。进而，它会引起人们在这样的情境中启动更多的自主。本质上，这意味着他们把环境解释为信息化的，并运用这个信息做出何时何地起始的明智选择。它也会让人们更有弹力，并不易受影响地在控制环境上失去内在动机和自我决定。如果一个人已整合了外在起始的监管，这个人在出现外部控制时就会更能保持自我决定。

自主定向水平较高的个体倾向于表现出富有创新精神，他们勇于承担责任，善于寻求充满趣味和富有挑战性的活动。自主定向较强的个体会表现出多样化的行为方式。为了获得自主性，他们会想方设法。他们把环境当作信息性的来对待，并根据这些信息选择行动的时间与地点。这样就使得他们具有更大的弹性，即使在控制性的环境中，也很少会损伤内在动机和自我决定性。对一个能够整合外在控制的人来说，在外在控制的情境中，他能够具有或者保持更多的自我决定性。

## 二、控制定向

控制定向以关心于控制为基础，涉及将起始事件体验为表现相应的压力，并体验不到一种真实的选择感。在较大程度上，个人机能为环境中的控制所决定，或被诸如将要、不得不、应该与必需的控制性命令所决定。内在控制是调节的动机性结果是成功后的自我扩大，与失败后的罪疚或羞愧。

在控制定向的中心存在着控制者与被控制者间的冲突或权力斗争。在一些情形中，冲突体现于人际间，个人与组织或机构之间，但是在许多情况下，战斗体现在心灵内部，在同一个人内部的控制者与被控制者之间。在这些情况下，控制会相内投射，并作为一组内在控制事件而行使功能。

控制冲突应是被抑制的，在此情况下，这个人会是顺从的，没有主动体验到冲突感，但也未体验到一种真实的选择感；或它可能是主动意识到的，在此情况下，这个人也可能顺从，并充斥紧张或开放地反抗，做与命令相反的事情。无论这个人原始的反应是顺从还是反抗，都缺乏自由感或者自我决定。这个反抗的人宣称是自由的，进行太多的反抗。之所以较多地表现出控制的反面，是因为他是被控制的，实际上这个人是在对抗控制。在许多事例中，反抗比顺从更健康，因为这是与控制做斗争的自主渴望，但是这种战斗自身意味着控制而不是自我决定。这种行动是非整合的，因而也不是自主的。

对控制定向的觉察也是被限制的，人们以许多与自己受到他人注意一样的方式注意自身，通过观察他人的行为，并用这个行为调整自己的内在状态。它是了解内在个人状态的控制定向的方式，并且是真正觉察的对立面。当采取控制定向时，人们注意与控制有关的内在事件，与像禁止、命令和未满足有机体需要的替代需要有关的事情。

控制定向涉及认知一致性，而不是有机体一致，它是瞄准降低焦虑或不舒服的认知一致。人们注意合理地思考，并用其活动和控制调整思想来减少不一致。但是这样做时，仅仅是其想法被调整，并在某种意义上，通过从意识中堵塞其有机体需要与情感而欺骗自己。在成人中，控制定向可关联于高水平的胜任力，尽管它不是自我决定的胜任力。通过学习如何获得渴望的、以事实为依据而给予的喜爱与赞成，个人会变得胜任与有效力。但这个人的自我价值感典型的取决于持续的好表现，于是这个人变得严重地卷入于表现良好，而这会严重损害内在动机的过程。控制定向并伴随源于自我判断的自我卷入的成就，会典型与以事实为依据分配其喜爱与赞成的重要看护者做出的判断相并列。

对于控制定向，如果我们假设一种顺从的优势而不是反抗，适应显然是无处不在的，但这不是在自动定向中固有的选择性或健康的适应。宁愿它是否认个人自我的适应，并把环境指令置于个人自己的需要与情感之前。处于个人整合的自我感之外，控制定向涉及以指令与控制为依据的管理，而不是根据个人的自我和个人的有机体状况。这个整合的自我是不发达的，并且有机体状况在相当大程度上是抑制的。

控制定向经常引起人们在行为上去寻求并选择控制的情境，并且客观上会倾向于在描述为信息化的情境中发现控制。高控制定向的个体对报酬或他人的控制易于形成依赖性，他们不是按照自身的要求而是更易于同他人的要求取得一致，容易极端看重财富、荣誉及其他一些外部因素。

## 三、非个人定向

非个人定向基于个人处理生活挑战的无能力感。非个人机能是不稳定与无意图的，个人缺乏处理外在与内在压力的必要心理结构。非个人定向涉及相信行为与结果是相互独立的，压力是无法控制的，并且会产生无能力的体验。这种定向支持外部与内部边界的无动机。

"Seligman（1975）研究提升探索非依存性结果无助状态的环境事件，它们通过命运、机会、任性或恶意而实现。以不同的方式来表达，这能被看成是处于外部边界的对力量的不能掌控。这个人不能掌控决定其所渴望结果的力量，发展出个人的无助感，一种不能应付这些世界压力的感觉。在内部边界，非个人定向意味着个人不能学习管理驱力与情感的力量；他或她还没有发展起管理这些力量的结构。然而，自动定向是通过灵活与整合的自我感而特征化的，控制定向的特征化是经由不灵活的向内投射和内部控制的，非个人定向涉及任何一种不充分的结构，因而个人受到环境力量和驱力与情感力量的打击。人们经常变得固定化，可能无意图地表现出被动 - 好斗（深思熟虑或有意图地侵犯，无论它是主动的战斗行为还是被动的怨恨，都是控制而不是非个人定向的特征）。"[1]

在行为上，非个人定向会导致人们表现出无意图。例如，他们可能追寻先例，因为他们还没有学会有目的地采取行动，通常无动机的行为会被无意识的驱力所推动，因而人们可能采取让人上瘾的行为，并在与其关联时感觉无助。一般来说，非个人定向往往会伴随高水平的焦虑。

概括来讲，非个人定向涉及行为的无动机和无监管，起因于无动机环境的经验；控制定向涉及外部反应与内在控制性监管，是由控制性环境的经验造成的；自主定向涉及内在动机与整合的内化规则，起因于信息化的环境。

## 四、总体因果定向量表

Deci 和 Ryan（1985）在因果定向理论的基础上，提出了一般因果关系定向量表（the General Causality Orientations Scale, GCOS），用来测量个体的一

---

[1] Edward L. Deci and Richard M. Ryan, Intrinsic Motivation and Self-Determination in Human Behavior, Springer Science+Business Media LLC, Originally published by Plenum Press, New York in 1985, p159、160.

般因果关系定向水平。他们认为，自主性、控制性和非个人性在内的每种定向都不同程度地存在于每个人的身上。该量表就是由评估个人朝向三种因果关系定向中的每一种水平所构成的。构建起可靠性与内在一致性，并且分量表之间都具有相对的独立性。自主与控制分量表之间是不相关的，然而控制与非个人分量表之间适度地正相关（r=.27），并且自主与非个人分量表间适度地负相关（r=-.25）。这三个分量表组成了总量表，它们的得分之和便显示个体的一般因果关系定向水平。

自主定向量表用来测量个体的自主性程度，高自主性的个体倾向于表现更好的自我，寻求具有乐趣与挑战性的行为，对于自己的行为更加负责。控制定向量表用于测量个体对于受奖励、限定期限、结构、自我卷入、他人指示等外在因素控制的承担。高控制性的个体趋于依赖奖励或控制因素的影响，更倾向于按照他人的要求去做事，而不去做自己想要做的事情。研究显示，高控制性的个体更倾向于专注于财富、名声和其他外的在动机因素。非个人定向量表用来测量个体非个人定向的程度，通过个体对获得奖励或成就源于非控制性因素的观点进行等级评分来进行评估。得高分的个体倾向于无动机行为，表现出墨守成规的行为。

Deci 主张高水平的自主定向（或内在定向）是基于个人兴趣与自我认同价值的行为调节，代表个人原因的典型状态，表明个体内在动机的普遍趋势与整合得较好的外部动机趋势，这样的个体对社会情境的体验是支持性与自我决定的。然而高水平的非个人定向代表的则是非个人原因的典范状态，它没有行为意向，认为无法控制行为的结果和意图，同无动机状态及缺乏有意识行动相关联。控制定向指的是定向于控制和该如何做的直接关系，关联于外部调节和内摄调节，此类个体会体验到社会情境是控制的或被控制的。尽管控制定向涉及作为一个在控制决定行为中调停者的意向性，控制与非个人定向都代表非自我决定。无论个人通过权变与指令或与非个人力量的斗争而感到受控制，这个人似乎都缺乏自我决定感。不存在真正选择的经验来代替个人对压力、紧张与焦虑的体验倾向。甚至控制定向中涉及的意向性也是一种有压力的意向性，而不是有兴趣、放松的。

"自我决定的概念显示出与自我发展的关系，正如 Loevinger（1976a）所讨论的。高水平的自我发展指的是较高的有机统一与自主机能，它是自主定向的特征。与之类似，运用 Loevinger 的测量，我们在自主定向与自我发展间，预测并发现了正相关（r=.43）。另一方面，由于控制定向和非个人定向代表获得足够统一的自我感以提升自我决定机能上的失败，它们预示与自我发展负相关。当然，非个人定向假设比控制定向更不充分，因为控制定向涉及意向活动。这些预测性的关系显示，与控制定向轻微负相关（r=-.22），和非个人定向较强负相关（r=-.32）。这些关系支持这个论点，即高水平的三种因果关系定向能分别依据它们反映自我决定机能的水平去描述。"[1]

## 第六节　供选择方法的需要思想

### 一、操作与归因理论

Deci 等人的研究既不应用操作也不应用认知观点，尽管它是经由每种观点而形成的。相反，他们聚焦于在动机和情感水平而不是行为和认知水平上对有机体的深入分析。这允许在分析中考虑行为与认知，而且还允许探索行为或认知理论所不能恰当处理的各种现象。

### （一）操作理论

本质上操作心理学（Skinner，1953）关心效果率的原始解释与应用（Thorndike，1913）。它详细论述了在呈现和缺乏强化时反应率的变化。"实验发现（例如，Keller，1969）的分数概要地反应在图 9-3 中的反应率曲线上，有四个可区分的阶段。在缺乏强化时，操作行为的出现频率有一个初始水平；把这个水平称之为基线，代表阶段一。引入外部强化，诸如食物或水，会提高反

---

[1] Edward L. Deci and Richard M. Ryan, Intrinsic Motivation and Self-Determination in Human Behavior, Springer Science+Business Media LLC, Originally published by Plenum Press, New York in 1985, p164.

应的比率，假设有机体被剥夺了强化物资足够长的时间，以至于它会有效地强化一个反应。这个增加的反应代表阶段二。当强化终止时，反应率仍然显著地短时增加，然后到达顶点并减弱，明显地回复到强化终止时的反应率。犹如社会有机体试图努力得到奖励，直到明白奖励不会来临。这个阶段在图中标识为阶段三。继续阻挡强化，反应率持续降低，直到达到初始的基线。然后呈现平稳状态保持在那个比率；强化的效果已经消失。这个对基线的回归标识为阶段四。在这个阶段，指的是当消失时应有一个短暂的反应比率暂时增加的自然恢复阶段，好似有机体核实去看一看是否奖励已恢复。"[1]

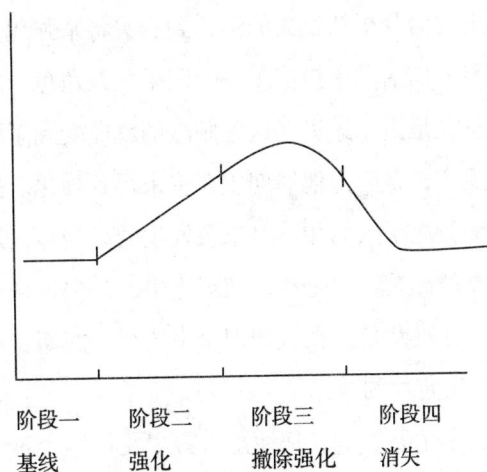

| 阶段一 | 阶段二 | 阶段三 | 阶段四 |
| 基线 | 强化 | 撤除强化 | 消失 |

**图 9-3 反应比率与引入及撤除强化的关系**

Deci 等人已经应用反应比率曲线来展示，如果个人运用操作框架哪里个体看起来内在动机受到损害，并认为所报道的失败于复制的研究频繁地用反应比率序列在错误的位置试图测量内在动机。在强化权变仍然生效的时候，个体就无法推导内在动机，是由于它跟外部动机相互缠结在一起。

一些行为主义者批评内在动机的概念过于模糊，Deci 等人则认为，所谓的模糊是因为事实上内在动机的行为表现可能在不同的情境中有所差异，并且对

---

[1] Edward L. Deci and Richard M. Ryan, Intrinsic Motivation and Self-Determination in Human Behavior, Springer Science+Business Media LLC, Originally published by Plenum Press, New York in 1985, p180、181.

于这个概念与情境的逻辑分析，通常允许个体能够相当精确地预测行为表现。

"个体从应用心理而不是行为概念获得的是一种理论的丰富度，它容许更多理解性理论，并考虑人类的经验与行为。当然，关键是实际上我们的关心与那些行为的或反应比率的理论家有一些不同。我们较少关心反应，而更关心人们的心理（特别是动机性相关）过程及其各种衍生物。行为表现个体关注的地方并做出预测，但是它并不意味着唯一的地方，和没必要是最重要的。"[1]

### （二）认知方法

在动机领域认知观点具有一定的影响力，它是以两种一般的方式施加影响的。第一，它表现出行为分析从过去的强化到有关将来强化期望的转移。人们的想法与期望在解释人们活动中扮演了一个因果关系角色。然而操作理论主张人们对刺激产生反应，是由于过去对这些刺激的反应受到了强化；认知理论主张人们对刺激产生反应，是因为他们期望在将来得到强化。操作方法关注于已经发生的；认知方法关注于人们相信将来会发生的。当然，过去所发生的会对人们的期望产生主要的影响，但是在认知理论中，过去被说成通过影响期望而不是损害行为扮演了一种角色。在认知理论中，个人的期望与决定而不是个人的强化历史，提供了决定性的数据。

认知方法的第二个主要影响，把注意力集中在行为后对个人行为及其原因的自我分析。这个工作通常推断为自我归因，主张跟随人们的行为，人们会分析为什么他们做其所做的。这种分析的结果被说成以一种影响其随后动机、态度和情感的方式进入信息程序系统。

Deci 等人主张做出归因的过程是一个内在驱动的过程，因为它帮助人们掌握其环境并感受胜任与自我决定感。人们做出归因从而能理解这个世界，并有效地与之进行联结。归因部分是学习过程，并且部分是掌握新情境的过程。它允许人们做出预测，无论正确与否。如果其预测是准确的，它就能帮助人们获

---

[1] Edward L. Deci and Richard M. Ryan, Intrinsic Motivation and Self-Determination in Human Behavior, Springer Science+Business Media LLC, Originally published by Plenum Press, New York in 1985, p188、189.

得所渴望的结果。事实上，归因过程在此世界上是这样与学习和有效的机能整合在一起，它是如学习本身一样都是内在驱动的；另外，它也类似于学习可以外在地驱动。如果奖励这样做的话，人们也会做出归因，并且会因为它是获得目标的工具而做出归因。可见，归因是一种基本的自然内在驱动的人类过程，但也经常会外在地驱动。

内在驱动的行为是为奖励个人的内在而采用的。行为者由于兴趣而从事它们，并且感到胜任和自我决定。外部驱动的行为，则是行动者为得到一些外部奖励而表现出来的。在因果关系定向理论中，自主定向被说成是一种内在因果关系轨迹并代表个人原因的典范事例，控制定向具有一种外部因果关系轨迹，而非个人定向则涉及非个人因果关系。控制定向代表外部因果关系，相比于自主定向（即个人因果关系），更密切地与非个人定向（即非个人因果关系）相关。

Deci（1975）所指的内在驱动行为涉及作为个人导致的意图，并且外部驱动行为作为环境导致的意图，作为一种施压的方式，外部驱动行为倾向于为外部奖励所控制。这同样的观点更普遍也更精确地提出，然而 Deci 和 Ryan 当前在自我决定行为与控制决定行为之间做出了区分。并不是所有的内在行为都是自我决定的，因而不能代表单纯的个人因果关系。外部驱动行为经常不是自我决定的（尽管在第五章看到它能变得整合，因而成为自我决定的），因此不能代表单纯的个人因果关系。甚至当个人依据个人相对投射的规则在缺少外部控制时表现为内在的，也倾向于不是单纯的个人因果关系。

Deci、Benware 和 Landy（1974）的研究，探索了一名观察者会对一名行动者进行内在或外在动机归因的条件。研究发现，似乎当人们为大量外部奖励而完成任务时，观察者会感到相比于当他们为较少的外部奖励而完成任务时，有更多的外部驱动和较少的内在驱动。而且当他们完成任务产量高时，相比于产量低时，会感到较多的内在驱动和较少的外部驱动。

Deci 等人（1974）为导出对任务因情况而变和任务非因情况而变情境中动机归因的预测，运用 2×2 实验设计，一个维度用高产出/高奖励和低产出/低奖励，另一个维度是非因情况而变和因情况而变支付。结果显示，在高产出/

高奖励条件下，当支付是任务因情况而变比任务非因情况而变时，被试对执行者归因为较大的外部动机；在低产出／低奖励条件下，当支付是任务因情况而变时相比于任务非因情况而变，对执行者归因为较少的外部动机。而且，在高产出／高奖励条件下，当奖励是任务非因情况而变时相比于任务因情况而变，对执行者归因为较大的内在动机；和在低产出／低奖励条件下，当奖励是非因情况而变时相比于因情况而变，被试归因为较少的内在动机。所有的相互作用都是非常明显的。

自从归因理论引进多年以后，认知定向的社会心理学家，日益增长地运用归因分析研究人们如何感知其自身的内在状态。自我归因方法主张，人们以许多知道他人内在状态的一样的方式知晓其自身的内在状态：通过推理。通过观察他们自身的行为及其出现于其中的环境，据说人们合乎逻辑地导出他们必须感受、向往或相信什么。依据这个方法，感受、动机或信任是个人通过个人自身做出的归因，对个人自身做出归因的规则，据说本质上与对他人做出的归因是一样的。个人为一种行为寻找貌似可信的外部理由，并在缺乏外部原因时注意改善这个行为，个人就会归结为内在原因。

依据 Deci 等人的动机理论，人们的需要对环境功能可见性的感知，引导人们以一种或者内在驱动或者外在驱动的方式从事于一个活动。这意味着"外部事件的效果"，能出现在任务管理之前与之后。例如，单纯的呈现控制性奖励，会转移人们完成任务的动机从内在到朝向控制决定的外部动机，甚至在他们开始从事这个任务之前。然而，如果人们在这个活动上是成功的，他们可能体验到获得奖励是有效的。这个行为后体验可进一步延伸其外在动机，并更加损害其内在动机。

总之，控制性事件和被控制的个人倾向（即控制定向），导致一种对活动的外部管理。这个管理的过程以那种方式加强了个体受控制的倾向；换句话说，它扩展了外部动机并削弱了内在动机。另一方面，信息化的事件和人们把事件解释为信息化的倾向（即自主定向），引起对这个活动的内在管理。这里这个人是自我决定的，在此情况下的成功，甚至奖励，能服务于肯定个人的自我决定。选择的过程是强有力的，并且这个人变得更加内在驱动。

自我归因理论首先看到，外部压力要么促进要么抑制个人的表现。如果这个压力促进行为，内在原因就会受到贬损，而如果他们抑制这个行为，内在原因就会得到增强。然而，这种方法的最初的一个理论问题，是它不能处理内在监管事件性质上的区别。例如，内在控制性监管与内在信息化监管是非常不同的，尽管他们都称作内在原因。内在控制性事件以一种相对独立于外部事件的形式促进行为，但是个人对内在控制活动的管理特性，相比于内在信息化事件始发的管理特性，非常类似于当通过外部事件管理时个人管理的特性。它是控制性始发事件对信息化的事实，而不是个人外部对个人内部的事实，它带来在特性上的更多变化和对个人活动的影响。当然，两种类型的区分都是重要的，所以一个理论必须考虑每一种属性与效果。

把个人自身的行为归因为一种内在原因，据说是建立在基于存在或缺乏貌似可信的外部原因，社会期望的效果，和其他这些非个人化的考虑。这个类型的自我归因理论不允许个人在两个非常不同的过程间做出区分，比如做一些事情因为你感到不得不去做，和如果你不去做它随后就会害怕罪疚与自我控告；和做一些事情是因为它的趣味和挑战，及提供给你的兴奋和刺激。在全部事例中，活动都是在缺乏外部支持性措施的情况下始发与维持的，实际上，这个活动尽管抑制压力也能维持。这样，自我归因理论就会建议个人会做出内在驱动的内在归因和两种情况下的自我决定；但它们都不是内在驱动或自我决定行事的例子。

同样地，自我归因理论也忽视或贬低了意识或个人知识。归因理论当应用于人际认知时是令人满意的，因为观察者不能直接访问行动者的内部状态，因而必须推导它们，但是当它应用于个人内部的感知时让人不太满意，因为人们可以（或至少能获得）访问自己的内在状态。自我归因对"知晓自身"的认识，在通过个人有机条件的意识知道个人所想或感受的是什么，和思考个人所想或感受在那种情境中相信什么是令人满意的之间，制造了一种混乱。

Deci 等人相信自我归因过程的出现；人们通过发现外部来源以指出他们所想或感受的是什么，但是这个归因的过程对个人来说，必须在理论上与指向个人内在状态意识的过程并列放置。自主定向涉及通过个人的知识或直接理解，知晓个人的内在状态；个人体验自己的情感与需要是直接和内在的。然而，控制定向涉及通过推理知晓个人的内在状态；个人所想或感受的是个人认为自己应该想或感受的。在最多的例子中，这个现象可能是涉及阻碍意识的心理防御的一个方面。

Deci 和 Ryan 的动机理论与认知理论的最关键与核心的差异，可能在于有关元理论的考虑。他们开始于同认知心理学家不同的关于人性的哲学假设，并且致力于解释人类自由的可能性与对这个自由限制间的相互作用。认知心理学家不关心这种逻辑论证，因而其理论受损于缺乏重要的上下文。

当在自由与限制性的相互作用的环境中观察自我归因过程时，相比于自由，自我归因更多地能被看成是限制性的伴随物。人们仅仅在对其内在状态的直接意识受到阻碍时，才需要推导其内在状态。Deci 和 Ryan 宣称这表示非自我决定，而不是自我决定。

因此，自我归因可能实际上涉及人们限制其自由的过程。"个人自由的程度是个人行为跟随真正的选择，而不是遵循外部控制和内在控制事件。个人可能在选择如何行事时应用外部或内在事件的信息，在这种情况下，个人应是自我决定的，但是在个人行为的决定转移到控制和离开选择的程度上，个人已失去一些自由。当个人行为更多由控制所决定和较少由选择所决定时，个人很可能较少有对内在状态的意识，所以个人更加有可能通过自我归因推导它们。"[1]

尽管自由获得结果是 Deci 等人所关心的，并在其理论中得以处理，他们还是更关心自由作为心理灵活性的特征。在逆反体验中的无意识反抗或认知歪曲提示认知灵活性的缺乏，实际上不能修复自由，逆反其实制造了紧张。

当然，没有外部压力是普遍渴望的，但是像机器人一样，也就是说，受控于实践个人行为选项的内在描述，或反抗行为选项的失去，并不代表自由。它更多的是内在压力下的受限，而不是自由。个人会受限于外部压力或内部压力。

---

[ 1 ]　Edward L. Deci and Richard M. Ryan, Intrinsic Motivation and Self-Determination in Human Behavior, Springer Science+Business Media LLC, Originally published by Plenum Press, New York in 1985, p209.

认知理论用有关外部压力能处理自由的问题，但是他们忽略了有关内在压力自由的基本问题。

有关控制也可发现一个类似的问题。认知理论家一般谈及人们感受到控制环境的利益。然而，正如我们以前所说的，控制与自我决定是不同的。自我决定涉及选择，并且人们可能选择采取控制或屈服于控制。基本的内在需要不是去控制环境或结果；它是选择，是有关情境或结果的自我决定。当然，获得控制的机会是选择去控制的先决条件，但是它不能保证自我决定。不得不控制仅仅类似于不得不实践自由；它不代表自由或自我决定。另一方面，如果一个人没有机会获得控制，个人就不能选择去控制，但是个人通过做出对缺乏控制的适当（整合）调节，而能实践个人的自我决定。然后，假设个人能发现在别处实践控制的机会。

## 二、自我决定论信息加工模型

Deci（1980）和 Deci 与 Ryan（1980b）利用一个信息加工框架，来展示驱动行为序列的各个方面能被分析性地进行陈述。他们建议有可能把认知理论的重要贡献结合进一个更加完整的动机理论。当在一个行为序列中应用要素描述时，其有机理论会以流程图的形式进行表述。这个框架服务于解释动机各方面关系的一个整合结构，但是它也能在一个连续的形式中与表述一个有机过程有联系的倾向。该框架建立起对驱动行为序列的描述，包括两个路径，一个为自我决定行为，和一个为非自我决定行为。

### （一）信息输入

一个序列开始于来自有机体需要结构和环境的信息输入。术语信息输入并不意味着这个输入是认知评价理论中该术语必要的信息感；一个信息输入可能是信息化的、控制性的或其功能意义上的无动机。贯穿一个驱动行为序列的信息，是以允许自我改正的方式持续进行的过程。"信息能以 Arnold（1960）所称作的直观评价与反映性判断这两种方式持续。当感受到一个刺激时，就立刻会有对其意义的理解，并启动一个反应。例如，当个人开始降落时，个人会瞬间伸出手去抓握一些东西或准备轻易降落。信息是一个瞬间的过程；评价和对刺激的解释是立刻进行的。另一方面，信息是一些审慎思考和反映的过程。在两件古老的家具间进行选择时，个人可能丈量它们的尺寸，衡量每件的正反两方面，并做出相当审慎的判断。"[1]

信息关联于有机体的需要和怎样把这些需要在各种方式下变得可行。可能环境会冲击有机体，或者可能发现有机体对环境的冲击。这一信息可能自发地出现于记忆中，或者有机体会从其记忆中进行搜索。并且它可能有其他的内在来源，无论生理的（例如，非核心神经系统组织不足）或心理的（例如，个人态度）。有机体工作于一个认知陈述的内在与外在环境，并且这个陈述的各种因素会有影响性承载：例如，个人最好朋友的一个形象可能与欢乐相关联，和一个出过事故地方的想象会与恐惧相联系。所有这些信息都涉及行为的始发与监管。

来自环境的信息输入可能是期望的或非期望的，计划的或非计划的，并且它们会试图从记忆中增加输入。例如，如果一个人看了大本钟或金门大桥的照片，个人就可能记起当他最后一次参观伦敦或圣弗朗西斯科时，所出现的一系列事件和感受。这些记忆会输入到行为的启动之中。记忆也可能自发地涌现；然而，在这种情况下未完成的活动倾向于自发地被回忆起来（Rickers-Ovsiankina,1928），并且当个人的思想无目的地漫游时出现自发记忆，当没有紧迫的需要或刺激时更可能出现自发记忆。

最后，信息是由个人需要的结构所提供的，并且这种信息是行为的最初激发器。需要结构的信息来源于非神经系统生理与基本驱力的关联——例如个人的血糖水平和腺活动——并且来自神经系统生理与内在动机的关联。胜任与自我决定的内在需要概念，提供了激励输入，是使该理论为一种真正的积极有机理论的要素，它不仅描述内在驱动行为的激发，而且激发的心理过程涉及自我决定行为。

---

[1] Edward L. Deci and Richard M. Ryan, Intrinsic Motivation and Self-Determination in Human Behavior, Springer Science+Business Media LLC, Originally published by Plenum Press, New York in 1985, p229.

他们并不试图描述需要结构本身，相反，我们单纯地建议存在有机体需要，包括最初的驱力和内在需要；由分化过程或整合的内化所引起的衍生需要；或从对有机体需要的威胁中所产生的替代需要（参见 Deci，1980）。在人们的需要结构中可能有巨大的变异性，衍生和替代需要的发展在人与人之间可能有很大的不同。

### （二）因果关系定向

在 Deci 等人的研究中，他们已建议人们发展起因果关系定向影响其对信息的解释，并代表其人格的一个方面。他们把人特征化地作为具有确定水平的自主、控制和非个人定向。有不同因果关系定向的人们倾向于不同的信息过程，出现于不同的环境，体验不同的情感，并有差异地受到驱动。他们有不同的内在结构，会影响其行为的所有方面。

来自个人需要的不同定向能量，会引起个人较多或较少地活动于满足这个需要，并有差异地进行解释——作为信息化、控制性或无动机的——输入相关信息来满足这个需要。对输入的解释会为因果关系定向所影响，所以个人定向能引起不同的解释。而且个人因果关系定向的模式，与信息输入相互作用，决定是否这个结果的行为会是自我决定或非自我决定的。

"自我决定行为是基于个人有机体需要的意识，并涉及选择打算满足个人需要的行为。然而，非自我决定行为不涉及真正的选择，因而能被说成是自动的。它们受控于外部刺激和未整合的内在因素的相互作用，诸如替代需要、向内投射的规则，或淹没个人结构的驱力和情感。由于自我决定和非自我决定行为功能各异，在模型中在来自个人需要结构的输入点之后，环境与个人因果关系定向模式相互作用是有分歧的。"[1]

### （三）自我决定行为

自我决定序列开始于一个动机，它是对有机体需要的一种意识。我们有时

---

[1] Edward L. Deci and Richard M. Ryan, Intrinsic Motivation and Self-Determination in Human Behavior, Springer Science+Business Media LLC, Originally published by Plenum Press, New York in 1985, p231.

把它称之为"潜在满足的意识"，作为人类需要目的论的成分，是直接朝向个人行为的渴望满足。动机会出现于驱力或其衍生物、内在需要或情感。消极情感诸如恐惧，会驱动行为瞄准降低恐惧的目标，然而，积极情感例如审美乐趣，会推动行为瞄准保持或提高这种体验的目标。

驱力。为构建动机和激发行为的信息，最重要的来源是一套最初的驱力。驱力会作为动机出现，启动自我决定行为，或它们可能作为自动行为的启动器。幼儿哭泣是一个驱力不适的自动反应。逐渐地这个起作用的有机体需要与个人世界自我决定的相互作用，引起这个儿童向内投射或整合这些驱力的规则，从而，允许通过自我控制或更多自我决定、整合结构的调解。

所有驱力（期望避免痛苦）使其区别于其他动机能量最初来源的特征之一——内在动机和情感——是循环操作的。当一个驱力满足时，有机体被说成与那种驱力均衡地相关联。逐渐地，随着时间的过去，有机体移向不均衡，并且在某一时刻有关这种情境的信息作为一个动机冲入意识。这引起保持这个均衡的行为，和持续的循环过程。

内在动机。动机形成的第二个重要的信息来源，是能力与自我决定的内在需要。这个基本的正在进行的动机性倾向是表现激发与指向行为，除非被自我平衡的失调、控制性输入或强烈的情感所打断。内在动机可能引发人们去承受挑战，从混乱中创造秩序，管理其驱力或变得卷入于有趣的活动。

与典型的外部事件相关的驱力，可被鉴定为一种奖励。在 Deci 等人的框架中，所有行为都渴望的实际终极状态是与动机满足相关联的情感体验。与最初驱力相关联的刺激输入能突破正在进行的内在驱动活动，如果它们足够突出地把注意力从这个活动和与之相关联的自发满足中移开。然而，当人们高度感兴趣于这个活动时，他们就会废寝忘食直到任务得以完成。

情感。情感就像驱力和内在需要一样，提供了可引发动机形成和随后目的性行为的信息。例如，可能引起形成一个动机去改变让个人愤怒的环境方面。在动机过程中，情感扮演了行为的前提条件和结果的角色。在自我决定理论中，情感反应是领先于激发行为的信息来源，并且它们是形成满足体验的成功行为或形成挫折体验的非成功行为的结果。

　　在 Deci 等人的理论中，情感能激发自我决定或非自我决定行为。自我决定行为是由情感、渴望未来的满足状态中涌现出的动机所激发的，然而非自我决定的情感性行为是直接由未整合的情感，和似乎作为自动的、表现性反应所激发的。对未来满足状态的预期，能引起人们从事于自我决定的、基于情感的他们所期望的行为，尽管从短期来看是令人不愉快的。例如，人们有时选择去探索漆黑的房间，由于害怕黑暗甚至他们知道会引起恐慌。这个情感的自我决定管理，引发人们用有机整合理论以某种方式来解释这种情感的整合管理。个人可回想起，这个过程是内在驱动的，所以情感的自我监管会获得次级的内在满足。进入这个房间是让人反感的，但是这样做却意图可以帮助克服恐惧——换句话说，去征服这个挑战——因而就会预期通过克服这个恐惧，而感受到能力与自我决定的内在奖励。

　　Deci 等人建议当提示重建情感体验时，当前的情感体验是能引起形成一个动机及行为的信息。这个行为能以信息加工和选择为中介。这实际上是自我决定对非自我决定情感驱动行为的关键点。例如，如果这个行为直接跟随一种情感，由于关联性地结合在一起，这个行为就不是自我决定的。

　　内在需要、驱力、情感。内在动机曾代表一种动力，除非它被一些其他过程所阻塞或打断。人们的早期经验引起因果关系定向的发展，影响其自我决定和内在驱动的程度；然而，不考虑这些个体差异，内在驱动是有机体正在进行的自然状态直到其被打断。行为会被原始驱力所推动，当有一个自我平衡的紧急事件时，打断内在驱动活动并把注意力直接指向满足于这个原始驱力。而且，强烈的情感会突破内在推动的或驱力推动的行为。

　　多样化动机。在一些给定的时间内，一个人可能有许多不同的突出动机。这些动机，潜在满足的意识，提供了目标选择和行为的基础。行为经常以立刻尝试满足几个动机被选择，与同伴去一个好的饭店吃晚餐，能同时满足有关饥饿、口渴、审美乐趣、新奇和友好关系的动机。然而，个人经常不能在一个行为序列中满足所有个人的突出动机。在这种情况下，最突出的动机是个人典型倾向于满足的，除非内在控制性或信息化监管功能终止它们。

　　目标选择。当一个动机或一些动机突出时，人们就基于满足这些动机的期望设置目标的选择。目标意图影响完成一系列行为，通过加工与行为结果关系相关的信息来选择，个人感受到获得可能目标相对应的能力，和其他诸如获得确定目标的成本因素，相关于满足从它们这里自然增长的期望。饥饿是意识到摄取营养物的潜在满足，并且当个人体验到这个意识时，个人就会决定如何去获得渴望的满足。饮水可能预期会产生最小的满足；吃一块糖果为中等程度的满足；吃一顿丰盛营养均衡的膳食为最大限度的满足。这样，这个人可能会吃丰盛的膳食，但是这样做可能会占用其他有趣活动的时间，或者这个人可能甜食特别合他的口味。所有这些因素在选择目标时都会考虑到，也就是说，决定去做什么。期望理论在早期表述中，特别提出了目标选择的问题。

潜在满足的意识是独立于特定行为与目标的一种心理状态。个人没有在一个希腊饭店去进餐的动机，这个动机会满足个人的饥饿感。在一个希腊饭店进餐会是能满足这个动机的一个目标。动机不涉及特定的行为或结果，但它们是评估行为与结果的基础。最喜欢的结果是个人以最小的心理成本获得最大量的动机满足。它们是效价最大的结果。

目标指向的行为。一旦人们选择了目标，他们就从事于自我改正和瞄准目标获得的自我决定行为。在活动中，人们会需要致力于目标和引起他们更接近目标的任何道路。想到人们开始于一个内在标准，在这种情况下他们的目标。他们检验与这个标准相对的当前状态：如果没有他们操作（从事）的一致性，那么就会再次检测；如果有它们存在的一致性，换句话说，它们获得其目标后就终止这个行为。然而，不论这个目标的获得产生所渴望动机的满足会终止这整个的序列，会在后面提出一个不同的问题。

操作质量。人们为自己所设置的目标类型有很大的多样性。它们可以是容易或困难的、模糊或精确的、外在或内在的。相当多的研究已显示，目标的属性影响人们目标指向的行为。

当人们的目标涉及获得一种外部奖励时，似乎他们的部分注意力就会聚焦于奖励，因此如果这个活动要求有意图地集中注意力，这个奖励就会使其分心，并阻碍其表现。

满足和终止。在 Deci 与 Ryan 的理论中，人们因为有潜在满足的意识而从事于自我决定的行为。那么，他们的行为是指向这种满足的终极体验的，当然已获得期望产生这种满足的目标为中介。如果全部运作良好，并且这个目标产生了期望的满足，这个行为就会终止。如果没有，这个人就需要选择一个不同的目标，运用添加的信息可产生这个满足的更高可行性。

经由动机满足的终止，通过第二个 TOTE 技术的操作来控制："这个动机是标准，并且当这个标准适合时就会存在行为序列。这意味着这个理论结构涉及一个 TOTE 单元（与目标相关），整个的在另一个（与动机相关）之内的操作。当一个人体验到一个动机时，他就变成了一个持续存在的标准，直到能符合它（或直到它被打断）。一旦一个动机变得突出，这个人就会选择其所期望的目标，当完成时会产生满足。这个目标选择开始于内在 TOTE 单元的运作，当这个目标获得时就会终止。反过来，这可能或不能终止外在的 TOTE 单元。如果这个人的预期是精确的，满足就会随之而来；如果不精确，满足就不会跟随而至。在后面的这种情况下，这个人会返回到目标选择阶段，并选择一个瞄准渴望满足的新目标。假定会从初次尝试中获得添加的信息，这个新目标就有更大的可能性引起所渴望动机的满足。"[1]

个人能从前面的讨论中看到，终止的问题涉及两个既分离又相关的问题。第一个涉及目标指向行为本身的终止，第二个涉及 Deci 与 Ryan 称之为驱动行为序列的终止。前者操作的终止与目标相关联；后者操作的终止则关联于动机。

考虑到部分或系列行为的终止是目标指向的。行为终止的一个方法就是当目标获得的时候。第二个方法是这个人发现行为的持续不会达到目标，或者目标获得不能产生所渴望的满足。这可能会通过挫折而出现；通往目标的道路受到堵塞，并且这个人看不到绕过这个路障的方法。在这样的情况下，这个人可能产生愤怒和心烦的情感反应，或者这个人可能简单地返回并设置一个瞄准同一动机满足的新目标。Simon（1967）建议两个相关结果涉及急躁或气馁。当

---

[1] Edward L. Deci and Richard M. Ryan, Intrinsic Motivation and Self-Determination in Human Behavior, Springer Science+Business Media LLC, Originally published by Plenum Press, New York in 1985, p237.

个人变得急躁时，例如当这个目标非常困难时，个人可能简单地找个容易的方法和终止行为。或者如果个人尝试并失败，个人可能简单气馁地放弃。在这三种情况下，这个人可能或可能不选择一个新的目标并再次尝试。他或她是否这样做依赖于在那时动机突出的问题。

第三种目标指向行为终止的方法是通过 Simon（1967）所指称的"满意"；这个人甚至在目标还没有充分获得时就停止，因为在这种情境下，它获得的已较为充分。在一个错综复杂的世界里，人们不能总是坚持一个目标直到实现它。例如，当寻找一个新房子时，一对夫妇可能有仅仅得到适当房子的目标。他们寻找了一段时间，并去看他们所喜欢的房子，但却没有适当的房子。这个探索花费了时间和金钱，所以他们会逐渐地停止。他们会接受一个在当时情景下足够好的房子；他们会"满意"，而不是优化。

Deci、Reis、Johnston 和 Smith（1977）发现，当人们的结果不公正地低下时，他们就会体验到不满意和更有力地被驱动，或者他们会通过认识到不一致的减少而关心自己实际上的满足。当有关是否这个结果是适当地存在模棱两可时，人们就倾向于接受它们，并通过减少不一致而变得满意。但是当能清晰地通过明显的标准显示这个结果不公正时，他们就会不满意。因而，可假定会受到更有力的驱动。

Deci 等人假设，每当一个新动机或系列动机的突出，比当前活跃的动机加上需要完成正在进行业务所制造紧张压力的总和还要大时，一个序列就会终止。

实时需要（强烈的情感反应）能闯入任何类型的行为。简而言之，当一个新的动机比控制持续存在行为的动机变得更加足够突出时，内在驱动行为的序列就会终止。

总之，当激发起的动机得到满足时，当它得到部分满足因而比其他动机变得微弱时，或者当其他动机强大到足够闯入这个序列时，一个动机行为的序列就会终止。如果一个序列在动机得到满足前终止，就会存在一个倾向在后来的时间里它会再次涌现，并又开始尝试获得满足（Lewin，1951b；Zeigarnik，1927）。在随后的时间里它们是否出现会依赖于动机的相对突出。

### （四）非自我决定的行为

仅仅描画这个行为序列的轮廓，在图 9-4[1] 中出现在路径顶端的是自我决定行为的序列。由于有机体需要的意识（因此，潜在的满足），这个人就会选择如何去行事。然而，许多行为不是自我决定的。它决定于个人或环境的控制，或者是个人或环境所无法控制的压力。当然，前者是控制决定的行为，而后者是无动机行为。Deci（1980）把它们称之为自动行为，因为它们由不能选择的其他过程所决定，这个过程似乎有自动的功能。在这种情况下，非自我决定行为的序列与略图中的自我决定序列是有差异的。

非自我决定行为全部涉及一些未整合（经常无意识）动机，它们在动机过程中扮演一种角色。在控制决定行为的情况下，这经常涉及赞同或喜爱的需要，它可能是无意识的，并成为顺从的基础。例如，罪疚与羞愧服务于对内在控制行为的惩罚，最初就来源于这些需要。但是也可能有其他未整合的需要，这些需要同样从未得到适当的满足，并引起控制的向内投射或替代需要的发展。当一些有机体需要受到威胁时，替代需要就会发展起来。例如，当一个儿童没有受到适度的喜爱时，他或她就会发展起对食物的需要，它是超越于有机体饥饿需要之上的。因而，它会自动地驱动吃的行为。对食物的替代需要应是能意识到的，但是对喜爱的原初需要会是无意识的，并且是这个行为的真正动力。

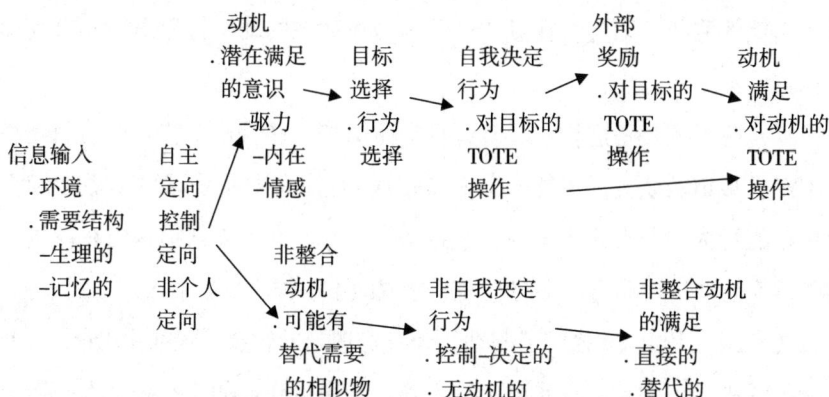

**图 9-4 解释自我决定与非自我行为序列的自我决定理论图示**

[1] Edward L. Deci and Richard M. Ryan, Intrinsic Motivation and Self-Determination in Human Behavior, Springer Science+Business Media LLC, Originally published by Plenum Press, New York in 1985, p240.

最后，个人的驱动行为会与超过个人控制的压力做斗争，这个压力也包括与驱力相关联的无意识动机或不能整合的情感，或者它们可能是与个人的无意识需要相互作用的环境中的压力。后者的一个例子可能是环境中非因情况而异的行为结果与失败的无意识需要相互作用。在这些情况下的未整合动机经常是无意识的；有关这些压力人们感到无助，且不能控制其行为。

有趣的是在这两个非自我决定行为宽泛的类型间记录到差异。在控制决定的行为中，人们体验到一些有关这个行为的意图感。他们有意识地满足于一个替代需要或遵从一个命令，所以"这个人的一部分"想去从事这个行为，甚至尽管它是控制的而不是真正的选择。然而在无动机行为中，人们没有意图感，所以目标甚至没有设置，只是让其单独运作。那么，在非自我决定行为中，这个序列是：一个未整合的动机，行为，和一些直接或替代满足未整合动机的方式。这在图中显示为处于路径的底部。

控制决定的行为在其为非自我决定（即不是真正的选择）时是复杂的，并且这个人还可能做出从事它们的实际决定。例如，在上面所提及的对食物替代需要的情况下，这个人可在比萨与汉堡间做出决定。这样这个行为似乎是选择的，但它不是真正的选择，因为吃（而不是吃什么）的事实是没有选择的。事实上是自动地在吃。那么在某种意义上，控制决定的行为可能在表面上显得遵循自我决定的路径，因为存在意图；但是真正潜在的动机过程遵循非自我决定的路径。

当然，这个事实是进行实验研究复杂而困难，并且这个特有的问题还涉及本书中多次报道的研究。可能 Deci 和 Ryan 所有探索中最重要的实验性贡献是控制决定的行为并非自我决定的；它否认自主性，并潜在地损害内在动机。涉及这些行为的动机性动力经常与它们所显现的不一样。

总之，Deci 和 Ryan 描画了驱动行为有机理论的轮廓，最初由 Deci（1980）运用流程图进行了图示。自我决定行为开始于来自环境的信息和个人的需要结构，它与个人的因果关系定向模式相互作用。这引起动机的形成——对将来满足的意识——它是目标选择和目标指向行为的基础。当一个目标实现时，也就是当这个行为完成并在一些情况下收到外部奖励时，如果目标达到引起所期望动机的满足，这整个序列就会终止。然而，如果这个人的预期是错误的，以至于没有满足相跟随，这个人就会返回并选择一个瞄准同样满足的新目标。当激发起的动机已得到满足，或者当其他动机变得足够突出以打断这个序列时，自我决定行为的整个序列就会终止。

自动的非自我决定行为，可以是控制决定的或无动机的，运行起来是有区别的。它们都涉及未整合（经常无意识的）的动机，它与控制结构或非个人的、无法掌控的压力相互作用，产生不是真正选择的行为。这会是有意图的，正如在控制决定行为的情况下，或者它们可能由淹没个人的压力所引起，抵消了他们的意图。在这些情况下，它们会被一些未整合动机的直接形式或替代满足所终止。

### 三、自我决定理论对需要心理学的贡献与局限

Deci 和 Ryan 在有机辩证元理论的基础上，通过实验不断发展自我决定理论的研究，形成了包括基本心理需要理论、认知评价理论、有机整合理论和因果定向理论在内的四个分支理论。他们还借鉴了操作与归因理论，提出了自我决定的信息加工模型。

Deci 的有机辩证元理论主张是一种积极的生物，生来就有心理发展与自我决定的潜能。自我决定就是个体在充分认识自身需要和环境信息的基础上，对行为进行的自由选择。这种自我决定的潜能可引导个体从事自己感兴趣的有益于其能力发展的行为，由此构成了人类行为的内在动机。这个自我决定的内在动机观，与需要心理学中的自我需要是一致的，只是没有自我需要分析得更系统。

基本心理需要理论阐述了其含义及心理需要与动机、目标定向和幸福感之间的关系，经实证研究，Deci 和 Ryan 鉴别出自主性、胜任力和乐趣三种基本的心理需要。自主需要即自我决定的需要，是指个体在所从事的活动中能够控制自己的行为，可以根据自己的意愿进行选择，由此产生自主感。

他们认为自我决定需要是一种涉及内在动机的重要启动器，与能力需要紧密相连，并且依据自我决定与胜任力需要概念化内在动机。他们把内在动机界

定为基于先天的自我决定与能力的有机体需要，它激励以体验自主与生效为首要奖励的种类繁多的行为和心理过程。

他们将情感看成是相关内在动机的整合，兴趣的情感在内在驱动行为中扮演了一个重要的指导角色，人们自然地接近他们感兴趣的活动。兴趣是一种在较大范围内最佳水平挑战的机能，尽管还有其他因素也会影响到人们兴趣的发展。娱乐与兴奋的情感伴随着能力和自主体验，表现为对内在驱动行为的奖励。这与需要心理学的兴趣概念是有差异的，在需要心理学中，把兴趣视为需要的高级水平，是每种需要都有可能发展到的成熟的高级水平。

他们组织调查了各种始发和管理性事件对内在动机影响的研究，并依据认知评价理论解释了所有结果，指出了自我决定与胜任力是涉及内在动机性过程的基本问题。这个理论依据始发与管理性事件对个人因果关系轨迹感和胜任感的影响，对它们进行了分析，主张事件具有三种不同的功能性意义，并用三个命题加以陈述。诸如选择与积极反馈事件促进自我决定性胜任力，具有信息化意义，并发现提高内在动机。诸如奖励、最后期限和监控事件给人们带来朝向特定结果的压力，具有控制的意义，并发现损害内在动机。他们认为，这些事件倾向于提高外部顺从或反抗。最后，诸如消极反馈和非权变事件预示个人没有能力可靠地获得意图的结果，具有无动机的意义，并也发现潜在地损害内在动机。

在认知评价理论的表述中，他们追溯初次陈述后进行的详细阐述与改进，还讨论了它们与心理反作用的关系和人类幸福感。动机性认知组织与情感变量，如创造、认知灵活性、情绪基调和自尊得到了表述，并由 Ryan 等人（1983）运用权变的分类组织了对权变奖励的研究。竞争性权变奖励被发现最有控制性（并最损害内在动机）；然而，递降的指令、权变表现、权变任务和非权变任务奖励，相比于包括可比较反馈的满意于无奖励的控制组，具有较少的控制性。最后，关于任务属性的探索在理论语境中得到了解释。

他们发现，尽管事件倾向于以一定的方式被体验到，事件所出现的人际情境会影响它被如何体验，并且会影响到动机过程。例如，他们看到，尽管奖励倾向于被体验为控制性，从而降低内在动机，它们能以一种引起信息化体验的方式提供，从而提高内在动机。类似地，积极反馈倾向于被体验为信息化，通过提及接受者的表现如何与应该做到的进行比较，可制造出控制性。

而且，回顾的证据表明，接受者在交流中的变量会影响它如何被解释，从而产生动机性影响。无论确定的事件被体验为信息化、控制性或无动机，性别、控制点和动机性定向都被发现会去调节它们。

Ryan（1982）首次引入了内在信息化和内在控制性管理的概念，假设内在信息化事件促进内在动机，然而内在控制性事件却损害它。通过扩展这个假说，并包括内在无动机事件的概念，经由增加第四个命题拓展了认知评价理论。

最后，他们展现一个扩展的认知评价理论指出行为通过完全在人内部的事件可被监管或影响；这些事件的功能意义可以变化，这样它们就能被多变地体验为信息化、控制性或无动机；并且它们对动机过程的影响就会类似于对其人际对应者的影响。这些理论扩展是讨论内在对外在因果关系和自我决定意义的基础。

有机整合理论主要围绕着两个核心内容展开：一个是基于外来经验影响而形成的内在结构所引发的行为，另一个源于自然动机的表现形式。该理论对出于个体的主观意志和认知的自我决定行为进行了有机整合，通过个体的认知作用这一整合途径，把个体的需要与动机联系起来，对外在动机的类型和促进外在动机内化的条件进行了探讨。

他们概述了人类发展有机整合观的初步形式。发展的意思不仅仅是改变，而宁可是在精巧、灵活与统一方向上转化个人能力结构的分化和整合。这个精巧的结构代表掌握与胜任有关外界客体与内部的驱力和情感。理论上发展的整合过程要求假定内在动机作为整合的能量来源。这样一个概念，暗示没有环境刺激与冲击必要的、朝向分化与整合的自然倾向。当然，不是所有的变化都是内在驱动的，唯一的变化是充分发展，换句话说，变化代表分化与整合活动，无论是关于知识、技能或兴趣。胜任和统一是结构性发展的结果。当能力分化与综合时，倾向于灵活、自发和无冲突。这样，统一的结构就是机能健康的标志。

不但内在动机蓬勃发展，而且结构分化以便内在动机直接朝向分化活动。

这指的是作为内在动机的发展。他们进一步讨论了外部动机的发展，关注于不是自己内在驱动，而是由社会性动因所要求的行为规则的内化。他们概述了一个内化的连续体，从无监管的非自发行为；进步到有即时权变的外部监管；到向内投射的监管，外部监管程序已作为一种控制被吸收，这样保持固有的控制者 - 被控制的分裂与冲突；通过认同规则的目标与价值去监管，在这种情况下，内在的冲突会大量消散；整合的监管，规则自身已变成与其他规则整合进统一的自我感，它是真正自我决定的基础。他们假设内化实际上是内在驱动整合过程的一种机能，并且讨论了促进整合内化的环境条件。他们的焦点是胜任感和最佳挑战，认识到在个人有机倾向与所要求行为之间的固有冲突，和把控制与压力减到最小限度。

人们朝向因果关系的相应持久的定向，可靠地与自我决定、控制决定和无动机这三种行为类型和心理过程相关联。Deci 和 Ryan 把这三种定向描述为：自主、控制和非个人。自主定向涉及选择或把始发与监管事件解释为信息化的倾向，并且理论上与内在驱动的行为和这些基于整合的内化的外部驱动行为相关联。简而言之，高水平的自主定向促进自我决定功能。控制定向描述了选择或把始发与监管事件解释为控制性的倾向，并且假定与控制决定的行为相关联。非个人定向涉及不能掌握的情境体验，与内在和外在边界的无动机相关。

因果关系定向已显示相关于理解成人的发展性概念，诸如自我实现和自我发展，并且它们显示与宽广范围的其他结构相关，例如自我意识、自我损毁、自尊和 A 型冠状倾向的行为模式。这个研究对于 Deci 和 Ryan 自我决定的有机理论特别重要，因为它显示了有机体的特征和始发与监管事件的特征，在人类的动机性相关功能中，扮演了一个重要的决定性角色。

Deci 和 Ryan 简略地通过分析一个反应比率曲线陈述了操作理论。这允许他们指出，如果个人寻找由于强化的"内在动机的变化"，个人会比较强化组的基线反应和消失反应的区别，到有同样差异的令人满意的控制组。他们回顾的研究已报道，失败于通过外部奖励复制对内在动机的损害，并且可看到要么每个人在反应比率曲线上从错误阶段使用数据，要么在运用一个令人满意的控制组上失败。他们回顾的研究还提示对损害效果的行为解释——诸如注意力分散的解释——不能在实验的详细审查下提出。

　　然后他们引入归因理论，并绘制出将其应用于人际感知和自我感知间的区分。内在与外在动机人际归因的研究也得到了评论。然后他们提出，是否自我归因理论能恰当地解释内在动机损害的问题。实验研究证明，自我归因方法不能恰当地解释这种现象，尽管研究已展示自我归因能够影响内在动机。运用自我归因对察觉的动机性解释，类似于人们内在状态出现的变化和他人有关这些变化所做出的归因，也进行了讨论。

　　他们的动机理论与认知理论的最关键与核心的差异，可能在于有关元理论的考虑。他们开始于同认知心理学家不同的关于人性的哲学假设，并且他们致力于解释人类自由的可能性与对这个自由限制间的相互作用。认知心理学家不关心这种逻辑论证，因而其理论受损于缺乏重要的上下文。

　　当在自由与限制性的相互作用的环境中观察自我归因过程时，相比于自由，自我归因更多地能被看成是限制性的伴随物。人们仅仅在对其内在状态的直接意识受到阻碍时，才需要推导其内在状态。他们宣称这表示非自我决定，而不是自我决定。

　　Deci 和 Ryan（1985）用信息加工模型来阐明动机行为序列诸方面的作用方式，在此模型中他们把认知理论的重要成果整合为一个较为完整的动机理论，对动机行为序列的各种成分进行了描述，并用流程图的形式加以表示。

　　综上所述，自我决定认知动机理论既强调内在动机，又关注外在动机对内在动机的影响，有一个比较完整的理论框架，涵盖了较多的动机类型，动态地考察各种动机类型，为动机研究提供了一个新方向。它强调人类行为的自我决定程度，把动机按自我决定程度看作一个连续体。自我决定行为强调个体与环境间的相互作用，重视目标的自主选择，和指向目标实现的自我调节的中介作用。尽管这种理论有一定的局限性，但是它体现了动机研究的趋势，为众多动机理论的整合提供了范例。

# 第十章　预言论的需要思想

美国动机心理学家弗瑞德曼（Friedman M.I.1991）历经二十余年的潜心研究，提出了一种新的动机理论——预言论，该理论假定人类行为有一种最普遍的动机就是提高控制，也就是说人类追求提高对自身行为结果和环境的控制。他依据这个假设得出了一个推论和五个命题，系统地论述了获得控制、扩大控制和控制的障碍等问题。通过剖析理论的形成及各成分间的关系与相互作用，构建了一套完整的理论体系。

## 第一节　预言理论综述

弗瑞德曼首先提出了目的行为的概念。他指出："目的行为是这样一种行为：（1）直接朝向一个结果，（2）基于预言，（3）基于行为→结果记忆，（4）选择的。通过明范畴界定，我们的意思是指定允许人从非成员中区分出成员类别的特质。这种情况下目的行为就是一个行为类型或范畴的词汇标记，我们导出的这四种特质是在范畴中所包含的标准。已经达到这样的界定，我们能指出目的行为比无目的行为对控制的贡献更大，因为当行为是（1）直接指向结果而不是无目标，（2）基于预言而不是后见之明，（3）基于记忆而不是先天行为，（4）基于预先选择而不是预先决定时，会提高控制的获得。另外，通过系统整合目的行为的特质，我们能达到一个目的行为是如何起始于追求控制的动力学描述。我们能指出目的行为起始于人们在其头脑中形成行为→结果记忆，预先考虑这个生成的预言记忆，和选择一个行为→结果记忆去指导能预测提高控制的行为。进一步考虑这些动力，我们能得到一个目的行为的操作性定义以促进这个发现：当人们的行为直接通过行为→结果记忆来选择时，人们就会表现出目的性，因为这种记忆中的行为会预见获得这种结果。"[1]

弗瑞德曼决定把理论限制在目的行为，并且满意于预言对于目的行为具有巨大的贡献，而且把自己的理论称为"预言理论"。他主张："预先的行为选择和结果对获得控制是至关重要的，并且预言允许预先考虑影响控制。"[2]

## 一、提高控制的动机

弗瑞德曼在其预言论中提出了一个基本假设："人类行为是基于朝向提高控制的目的行为。"[3]

### （一）一般性动机

弗瑞德曼在其基本假设中规定了人类所普遍具有的一般性动机，即人类为了提高对自身与环境的控制而采取行动。尽管人们在大多数情况下都必须适应其周围的自然和社会环境，然而人们更愿意去控制环境。人们在动机作用下也倾向于控制其个人的事情。

弗瑞德曼相信，原始人发明和使用工具表现了人类能动性的素质，使得人类比大部分更强壮、更迅速的动物对环境的反应更加敏锐。在出现了农业、动物的驯养和群居生活以及有组织战争，让人想起目的、预言和提高人类对环境的控制这样三个基本的行为原则。目的和预言作为主动变化的先决条件，推动一些的解释系统的产生。首先是迷信，然后是宗教与哲学，最后才出现了科学。当它们作为人类解释目的与预言的基础出现时，很快就变成了人类重要的控制力，不仅仅是对于自然，而且更重要的是对于人类自身。

当人们不能通过自己的操作直接控制环境时，就会寻求外部援助。首先，他们从有关的其他人那里寻求帮助。儿童寻求成人为控制其所控制不了的事情

---

[1] Myles I. Friedman and George H. Lackey, Jr. The psychology of human control: a general theory of purposeful behavior, An imprint of Greenwood Publishing Group, Inc. First published in 1991, p24.

[2] Myles I. Friedman and George H. Lackey, Jr. The psychology of human control: a general theory of purposeful behavior, An imprint of Greenwood Publishing Group, Inc. First published in 1991, p25.

[3] Myles I. Friedman and George H. Lackey, Jr. The psychology of human control: a general theory of purposeful behavior, An imprint of Greenwood Publishing Group, Inc. First published in 1991, p195.

提供帮助。对于我们不能控制的事情，可以从知道如何控制的专业人员那里寻求解决。

"人们发明了社会制度来达到控制的目的。在物质资源和个人的社会活动方面国家规定了较大或较小的控制范围。宗教组织逐步服务于同一种控制功能。学校为个人在将来的控制做准备，作为个人或社会成员。一种社会制度与其他社会制度的斗争都试图去训练控制这个巨大团体的活动。不同文化中社会制度的目标也不同，但是这些制度的目的总是一致的：控制文化的社会和物理环境。这些制度可被理解为有效的程度是能够成功地处于它们的控制下，和压制的程度是个人被限制在通过它们控制个人的和即时的环境。不论国家强调团体或个人目标的成就，确实仅仅是谁控制什么的问题。人类个别地或成群结队地会采取控制的行动是既定模式和事实。"[1]

控制的提高在弗瑞德曼的基本假设中就是人们所追求的结果，即控制本身就是结果，而不是为了得到结果的一种手段。人们采取行动就是为了提高控制这个结果，也就是说，行为才是此结果的手段。人们在提高对自身和环境控制的动机作用下，常常会努力地运用其身心资源来实现这个结果。

提高控制的动机在人们的行为中普遍存在并占据优势，它是最一般的动机，具有最大的概括性。尽管人们的行为是多种多样的，并且经常在发生变化，但是提高对结果的控制是人们在大部分时间里都在努力追求的。

如果提高控制的动机得以实现，人们就会感到满足；否则，就会感到不满足。

**（二）假定中的术语**

在这个基本假定中包含的术语有控制、偏向和人类行为。

1. 控制

可以从本质和特点两个方面来理解控制。

---

[1] Myles I. Friedman and George H. Lackey, Jr. The psychology of human control: a general theory of purposeful behavior, An imprint of Greenwood Publishing Group, Inc. First published in 1991, p13.

（1）控制的本质

控制指的是在事件和活动中通过对其进行操纵或影响而获得所需的状态。事件就是用名词来表示所发生的事情，如事情发生的时间、地点和人物等。活动就是用动词来表示事件的发生，比如转变、运动和行动等。状态指的是事件或活动的条件。例如，有病的男孩是男孩的事件的一种状态，走得快是步行这个活动的一种状态。

诸如磨炼意志、对付伤口、屏住呼吸和在头脑中计数等，都是个体对自身进行控制的例子。控制环境的例子有开车、播种、销售服装和驯狗等。在这些例子中能够看出，控制环境必须要自我控制。比如驯服一条狗时，就要求驯狗者一定要控制好自己的行为，才能把狗训练好。尽管在行动中，既有身体运动又有心理活动，但是直接影响环境的是身体运动。

（2）控制的特点

对事件与活动的控制特点表现在范围、水平和可靠性三个方面。

①控制的范围，即控制的广度，指的是个体能够控制不同事件的多样性与广阔性。在不同范围的控制上存在较大的个体差异，如有些人以种地见长，有些人善于驾驶飞机，有些人则擅长歌唱，等等。

②控制的水平，就是个体对某特殊现象的控制总量，其变化幅度可以从轻微影响到完全支配。在控制程度上也有着较大的个体差异，如有些人自我控制的程度较高，他们会坚定不移地承担自己应负的责任；有些人对环境的控制则较强，能够获得更多的物质、金钱与地位。

③控制的可靠性，就是控制的持续性与一致性，指的是控制能够多次重复施行的稳定程度。在控制的可靠性上，个体的表现也各不相同，如有的篮球运动员的自由投篮命中率要高于其他人，有的棒球队员有着较高的击中平均数，还有的人任职持续的时间会更长。

2.偏向

弗瑞德曼指出，承认提高控制动机的最高概括性和普遍性，并不意味着只有提高控制的动机在对人们发挥作用，而没有其他动机的影响。偏向就是假定人们有控制的嗜好或倾向性，但并不是一种永无停歇的强迫控制。有时人们足以控制特殊的满足，而变得满足于一时。但有时如处在醉酒状态，可能有一种无所不能的错觉，而失去对控制的关心。人们放弃控制的情形还有因疲倦而要歇息和恢复能量的时刻。追求提高控制要求个体的努力和警觉。

3. 人类行为

人类行为指的是人类的所有活动，包括外显的、可直接观察到的身体活动，和内隐的心理活动。正如人们行走、谈话、举重、操作机械和筑堤修坝一样，人们也能体验到内在刺激，能够形成记忆，进行比较和深思熟虑，而且可以推出结论。无论活动简单还是复杂，是主动还是反应的，是能够直接或间接观察到的，人类所有心理的或生理的活动都属于人类行为。

## 二、获得控制

弗瑞德曼通过对目的行为、预言能力和因果学习三个层次的分析来解释控制的获得。

### （一）目的行为

控制的成就主要直接来自目的行为。弗瑞德曼围绕着目的行为的特点、定义及相关推论展开了分析。

1. 目的行为的特点

（1）目的行为直接指向其结果。字典中把"目的"定义为："一个人努力的目标"。[1]也就是说，人们的目的行为必须指向一定的目标、客体或者结果。由此可见，目的行为同无目的、无计划行为是相反的。

弗瑞德曼用行为→结果来代表目的行为及其基本关系，并且认为这种便利、清楚的表示方法富有启发意义。

（2）目的行为以记忆为基础。人们在进行目的行为时是有一个结果在头脑中的，并且努力去实现这个结果。可见，目的行为依据行为→结果记忆而趋向这一结果。记忆一般而言就是大脑中所记录信息的集合体，是经验与学习的产

---

[1]　Myles I. Friedman and George H. Lackey, Jr. The psychology of human control: a general theory of purposeful behavior, An imprint of Greenwood Publishing Group, Inc. First published in 1991, p126.

物。于是，目的行为就可以看作是行为→结果记忆所定向的行为。

（3）目的行为建立在预言的基础之上。这个特点可以从上一特点推断出来。在行为→结果记忆形成于大脑之时，这个联结表明此行为通过执行就能产生记忆中的结果，随之就形成了对这个结果的预言。另外，由于达到的结果能够满足先前的动机，行为→结果记忆经常就可以引出预言。人们往往会选择能满足其动机的结果，而最为常见的就是去追求提高控制的动机。

这个特点表明，人们能够在执行目的行为之前，就预见到某种行为可否达成某种结果，这种结果能否满足其动机。可见，目的行为不是建立在后见之明和当时的念头之上，而是基于预言的。

（4）目的行为具有选择性。目的行为的预言属性为派生出选择性打下了基础。在追求某特殊结果前预言某结果可否满足某动机的能力，为追求所选择的结果提供了机会。同理，预言某行为能否获得某结果的能力，为获得某结果而选择某特殊行为提供了机会。人们可以利用这些机会来满足其动机。在采取行动之前，人们通过预先思考根据行为→结果记忆进行选择。也就是说，经过提前思考，选择某种行为能获得某结果，此结果可以满足其动机。可见，目的行为是基于选择，而不是预先确定的。

2. 目的行为的定义

把目的行为的上述四个特点整合起来，就可以得出其明确的定义：目的行为是直接指向结果、基于记忆与预言的选择性行为。其操作性定义可以这样表达："当人们的行为由于在记忆中预测可获得结果，而选择直接指向这个结果的行为→结果记忆时，表现出目的性。选择这个记忆，隐含着它预测获得这个结果将满足一个普遍的动机。"[1]

换言之，人们选择一种行为→结果记忆来引导行为的时候，会形成一个计划。为满足某动机，人们会计划获取记忆中的结果，并且计划采取记忆中的行动，以获得该结果。可见，在此最基本的形态中，计划就是形成引导行为的行为→结果记忆的过程。

---

[1] Myles I. Friedman and George H. Lackey, Jr. The psychology of human control: a general theory of purposeful behavior, An imprint of Greenwood Publishing Group, Inc. First published in 1991, p127.

弗瑞德曼划定了其理论边界。该理论对随意的、无意图、无目标行为，不基于记忆、预言和选择的行为，以及不定向于控制的行为，都不试图进行解释；仅解释有关控制的目的行为。

3. 推论

弗瑞德曼在其预言论中关注于可控制的目的行为，认为提高控制的获得主要应基于如下几个方面：不是本能与反射而是记忆和学习行为，不是无目标而是结果定向的行为，不是事后思考而是基于预言，不是事先确定而是基于预先考虑选择。这样从基本假定可得出推论："目的行为比无目的行为更可能提高控制。"[1]

（1）分析的基本单元

弗瑞德曼把行为→结果单元作为理解、分析预言论的基本单元，是因为他用行为→结果联结来表示目的行为，而其理论集中论述的正是指向结果的目的行为。

行为→结果作为其分析的基本单元，与刺激—反应范式存在着显著的区别。刺激—反应范式描绘的是人们在条件作用或刺激影响下的行为。按照这种范式，训练者事先决定好要施加影响的行为，然后提供刺激去影响这一行为。根据刺激—反应观点，有机体对刺激进行反应时，其受影响的行为没有目的，却在条件作用下去迎合训练者的目的与意图。实际上，有机体不是代表自己采取行动、控制环境，而是受到了环境的控制。

与之相反，行为→结果范式把行为描述为不是反应性的，而是主动性的。有机体根据行为→结果记忆对行为进行选择，预言其结果，然后有目的地来加以实现。如果不选择某种行为结果，就不去执行这种行为。人们在目的行为中作预言、订计划、慎选择，然后依据选择采取行动，致力于获取所选择的结果。

刺激—反应范式把人和其他动物都看作是一样的，都受到其所处环境的控制。行为→结果范式则强调人是优于其他动物的，可以运用其较为优越的能力，

---

[ 1 ]　Myles I. Friedman and George H. Lackey, Jr. The psychology of human control: a general theory of purposeful behavior, An imprint of Greenwood Publishing Group, Inc. First published in 1991, p128.

有目的地采取行动，去控制环境及其他行为结果。

尽管刺激—反应范式可用来解释严格实验条件下动物的条件作用现象，在心理学史上有着举足轻重的地位。但是，弗瑞德曼指出，对于目的行为的理解，行为→结果范式的理论基础更加有用，实际上可以把刺激—反应范式纳入其理论之中。训练者在条件作用过程中的行为，其实是一种典型的目的行为。训练者有目的地让严格控制条件下的动物受到条件作用，去执行其已事先选择、计划好的特殊行为。提供刺激就是训练者的部分计划，训练者已设想到动物在受到刺激后的反应，实际上这就是训练者所要寻求的结果。因此，训练者在条件作用过程中把刺激强加给动物，所表现出的正是按行为→结果范式进行的典型的目的行为。

（2）预言与行为→结果联结

目的行为是预言论的主要关注点，在目的行为中预言具有十分重要的作用。

目的行为的一个特点就是建立在预言的基础之上，该特点使得显著有利于控制的预见、预谋、选择和计划成为可能。控制为人们所要追求的结果，是其行为的起因。人们根据行为→结果的记忆痕迹进行选择，并选择引导预言控制获得的行为→结果记忆，而避免选择不能预言控制获得的行为→结果记忆。由此可见，只有基于行为→结果联结，预言才能与控制相联系。

（3）认知与行为→结果联结

人们大脑中的行为—结果联结对认知特殊行为执行所得结果具有重要的作用。回顾行为→结果联结能让人们忆起过去特殊行为所产生的结果，感知到导致结果出现的行为能让人们意识到目前特殊行为即将获得的结果。激起一种行为→结果记忆可形成该行为很可能获得记忆中所呈现结果的预言，这种预言让人们认知到执行该行为在将来所能导致什么。

**（二）预言能力**

弗瑞德曼"把预言能力界定为做出有效预测的能力"。[1]他指出，如果说

[1] Myles I. Friedman and George H. Lackey, Jr. The psychology of human control: a general theory of purposeful behavior, An imprint of Greenwood Publishing Group, Inc. First published in 1991, p129.

人类的心理能力是其取得卓越成就的主要源泉的话，那么对这些成就起重要作用、负首要责任的心理因素就是预言能力。由于人类的基本动机就是提高控制，所以预言能力主要用来提高控制而非其他目的。

弗瑞德曼提出了"命题一：预言能力增加目的行为的效力"。[1]该命题显示了预言能力对控制提高的作用，预言能力是通过对提高控制中目的行为的有效性而发挥作用的。预言提供了预先选择行为→结果记忆的基础，此记忆引导追求控制的目的行为。

1. 预言能力、自我控制与环境控制

前文已经述及，要控制环境就必须自我控制。为了达到控制环境的目的，人们必须能够预言其行为控制将产生的环境结果。人们的行为可直接或间接地引出环境结果。如用脚踩死一只虫子，就可直接出现虫子被踩死的环境结果。在间接引起环境结果的情况下，人们控制其行为去操纵环境的一个偶然动因，然后由其产生一种环境效果。如要烧开水，人们必须协调自身动作取水并在炉子上加热，通过对这种环境动因的操作，来达到使水烧沸的环境效果。

虽然预言自我控制的能力并不导致环境的控制，但还是有价值的。首先，人们预言自我服务行为时，自我控制可让其更好地照顾自己。如挠痒或情绪改善等就是在自我控制下进行的。其次，对环境威胁的预言，能让人们在面临还无法控制的环境威胁时利用自我控制来加以躲避，直到能够控制它为止。比如，人们能够预报不能控制的暴风雨的来临，运用自我控制提前预防以降低灾害损失。

2. 作为智力的预言能力

弗瑞德曼把预言能力看作是智力或智力的一个组成部分。由于预言能力对行为结果起主要作用，如果把获取所选择的结果视为智力的首要表现，那么预言能力显然就是智力的主要标志。预言能力能让人们预测其可以控制的对象，预见怎样去进行控制，以及何时刚好从适应进展到控制。通过人们都知道的前

---

[1] Myles I. Friedman and George H. Lackey, Jr. The psychology of human control: a general theory of purposeful behavior, An imprint of Greenwood Publishing Group, Inc. First published in 1991, p129.

提—结果关系可以测量预言能力，告知人们前提条件，然后令其预言该结果。

### （三）原因—效果学习

弗瑞德曼指出行为→结果联结是通过学习而形成的，他把学习看成是获得记忆与习得的结果。并区分出作为活动的学习和作为事件的学习。"作为活动的学习指的是获取记忆的活动，这个活动学习属于学习过程和作为其部分的子过程。……作为事件的学习是指活动学习的结果，也就是记忆。从这个理论观点来看，记忆是信息的主要储藏室。"[1]

1. 原因—效果学习的界定

行为→结果联结的学习，由于在此单元中行为是结果的起因，所以只能是原因—效果学习的一种。所以，从其他原因—效果关系中常常可以推导出行为→结果关系，弗瑞德曼就把他的理论扩展到了所有的原因—效果关系学习。

弗瑞德曼看到人们能够推导出新的行为→结果关系来提高其控制，所以认为人们会感兴趣于各种原因—效果关系的学习。鉴于所有的原因—效果关系都有获得控制的含义，他指出人们具有学习原因—效果关系的倾向。由于行为→结果记忆对控制负有更直接的责任，所以最强的原因—效果关系学习倾向就是学习行为→结果关系。

2. 预言论所关注的记忆类型

弗瑞德曼在预言论中关注于因果记忆，他分析了表示原因—效果关系的三种类型：知觉记忆、类别记忆和原理记忆。

（1）知觉记忆

知觉记忆指的是感知到的原因—效果关系，不仅包括描述自身行为及其效果的知觉，还有对环境中所观察到原因—效果关系的描述。人们在目的行为中，将其行为和结果存入记忆，以期从这些经历中受益。如果人们所追求的结果已经达到，其记忆就可促使这种行为在将来的重复，从而实现一样的结果。如果未能获得所想的结果，其记忆可促进追求行为的重复，以获得该结果。

---

[1] Myles I. Friedman and George H. Lackey, Jr. The psychology of human control: a general theory of purposeful behavior, An imprint of Greenwood Publishing Group, Inc. First published in 1991, p130.

人们倾向于记住其行为和结果，因为这些记忆对于未来获取控制可能是有意义的。知觉记忆代表人们对自身行为与结果的知觉，具有人们对自己生活所观察的独特的自传体特征。人们知觉记忆的总量就仿佛是描绘其个人生活的电影，而其生活的一个插曲就好比是特定的电影片段。

（2）类别记忆

类别记忆是由人们识别与记录已存记忆的共同特征而形成的。换句话说，人们能够在大脑中构建某种类别。人们可在类别记忆中概括出某些成员的共同特征，使不同事物可以传递出一些相似的内容。在类别记忆中可以确定某些原因—效果关系。人们识别类别成员可以根据类别的一些确定的特征，指定成员所具有的效果可依据另外一些特征，还有一些特征则能够详细说明产生类别成员的因素。

弗瑞德曼把类别区分为事件类别和活动类别。用普通名词来表示事件类别，可通过一些确定的特征而得以识别。比如，对于"冰"这个事件类别，识别时可依据科学的划分定义：摄氏零度以下的一氧化二氢；也可以根据它的引发条件来定义：冷冻的水。运用动词可定义活动类别，能通过一些定义特征来识别这种活动。例如，识别"投票"这个活动类别的定义特征为：选举并记录适合某一职位候选人的过程。可见，类别以定义的形式而保持，它无法通过感官直接感受，只有在类别的例子中才能够理解。

（3）原理记忆

原理记忆是指人们在内心建构起的有关类别间原因—效果关系的界定。原理具有相对的稳定性，过去被认为正确的原理，现在是正确的，将来也可能正确。科学规律就包含原理，如万有引力定律。不够规范的原理的例子，如战争导致毁灭，传教激发学习，灾害造成饥荒，工作达到成就，等等。

原理记忆通过相互联系，能够形成更多更加复杂的原因—效果关系。类别间较为复杂的原因—效果关系，可以由科学理论来加以确定，如爱因斯坦的相对论、弗洛伊德的精神分析理论等。

在详细说明行为→结果关系时，运用原理中的原因—效果关系常常可以设计出一种方案。因为说明人们如何采取行动控制某种结果获得的原理就是方案。

如医药处方、建筑蓝图和科学方法都是一种方案。

记忆具有从特殊对象到一般事物各种不同的概括水平。知觉记忆最为特殊，类别和原理记忆则更加普遍，这些记忆随抽象程度的增加而提高其概括水平。

3. 因果学习过程

弗瑞德曼把同预言论有关的学习限定为原因—效果学习，并分析了原因—效果学习过程所包括的如下三个阶段：

（1）阶段1：选择行为→结果记忆

弗瑞德曼在用预言论来解释目的行为时指出，目的行为由人们所选择的行为→结果记忆来加以引导，即通过选择行为→结果记忆可以发动目的行为。

在行为→结果记忆中，人们选择能预言所要结果或最常见控制的行为。在此阶段，人们的选择越适当，证实其预言的可能性就越大。

行为→结果记忆有自动选择、慎重选择和创新选择三种不同的选择形式。自动选择在引导行动时相当固定、不可更改。而慎重选择却非常灵活，在这种选择之前及整个过程中，会对大量的记忆进行评价。创新选择则是通过创新构建出新的行为→结果记忆，从中产生出新的引导行为的选择。

弗瑞德曼有关这三个模型的努力得出它们是互补性的结论："自动选择服务于控制在过去例行控制的结果。因为自动控制已被经常用于控制在较少或不用注意——有时无意识地就能被执行的类似结果。因此，它被运用于控制相似的结果，以便把注意力集中在带来较少类似结果的行为，使其处于控制之下。慎重与创新选择是要求注意力的反应性行为。慎重选择服务于从备选项中选择行为→结果，以使控制能得到提高。创新选择服务于当知道手段不充分时，用心理性建构新的行为→结果记忆以提升控制。在行为已经确定能控制结果，慎重或创新被重复地成功地控制结果时，选择就日益变成了自动化。"[1]

在预言论中，创新选择意义重大。人对环境的支配作用在预言论中进行了新的有意义的解释，这种支配作用主要归功于基于创新选择的预言能力。即对

---

[1] Myles I. Friedman and George H. Lackey, Jr. The psychology of human control: a general theory of purposeful behavior, An imprint of Greenwood Publishing Group, Inc. First published in 1991, p37、38.

先前没有获得过的结果的预言能力的准确性，促进了人们的控制。对没有达到时，人们具有丰富的想象力和创造性。

（2）阶段 2：实施行为→结果记忆

选择好行为→结果记忆之后，人们就采取行动以获得预言的结果。常常要通过一定的中介才能得到预期的结果。比如，人们要挣钱往往通过找到工作才行。

按照所选择的行为→结果记忆采取行动必须依据事先的计划行事，在有目的地获取结果的过程中，所预言的行为效果就不能被验证。如要求在依据行为→结果记忆行动时进行干预，而人们缺乏执行记忆中所指定的干预能力时，就要在尝试获得结果前通过学习来发展该技能。如人们在被认定为医生、律师或教师等之前，都必须经过一个相应的学习过程。

在该阶段有着对预言的基本反馈。在执行所预言的行为→结果记忆中的某种行为时，就得到了预言是否可靠的反馈。在要求干预并有能力进行干预时，即使没有成功的保证，人们也必须坚持执行所计划的行为，冒险有时是有必要的。由懒散所导致的失败是要避免的，可通过学习来提高对未来的控制。

（3）阶段 3：获得因果记忆

为了从原因—效果关系的学习中获益，经验必须保持在记忆之中，便于其及时发挥作用，以提高预言能力。这种记忆可通过知觉和心理建构两种方式得以形成。

人们能够通过知觉学习而获得原因—效果记忆。人们在由行为→结果记忆引导其行为时，就可以知觉到描绘所发生事件新的原因—效果记忆。这种知觉到的新的原因—效果记忆有可能是一种行为→结果记忆，人们所知觉到的起因就是自己的行为，而结果则是其知觉到的行为效果。

人们还可以通过心理建构的学习获得因果记忆。在新记忆通过现存记忆进行心理建构时，要对现存记忆加以提炼，把现存记忆范畴化，并且在现存记忆间建立新的因果联系。

4. 关于原因—效果学习的命题

弗瑞德曼提出了表明原因—效果学习对于控制之作用的命题二：原因—效

果学习有助于预言能力的提高。

由于预言能力可对控制产生重要作用，原因—效果学习就能够通过促进预言能力而帮助提高控制。原因—效果学习包括一个信息过程及其所产生的原因—效果记忆两个方面，都能够对提高预言能力有帮助。

原因—效果学习过程能够促进预言能力的提高。在原因—效果学习过程中，人们学会了如何选择记忆，对于不同的选择方式及其机能、不同的概括水平及其机能都有了掌握。"在阶段1原因—效果学习过程中，适当的记忆选择潜在地有助于预言能力。在阶段2，他们学习准备执行所描述行为，需要估算风险的重要性。在阶段3，他们学习获取和记录所有能提升预言能力的信息。"[1]

产生于原因—效果学习过程的原因—效果记忆能够提高预言能力。这种原因—效果记忆不断增长地存储在大脑之中，就会增强选择准确预言行为→结果联结记忆的潜力。

弗瑞德曼在解释原因—效果学习过程的基础上，概括出获得控制的三个层次："层次1：目的行为直接负责提高控制。层次2：基于行为结果关联的预言能力，决定目的行为中获得控制中的效力。层次3：原因—效果学习是预言能力的基础并使之成为可能。"[2]

## 三、使控制最大化

为了更有效率和效能地提高控制，需要三个层次使控制最大化的方法。

### （一）确定目的行为最有助于控制

鉴于目的行为对于控制来说最为基本，弗瑞德曼从分析目的行为开始，然后探讨怎样组织控制行为，从而能够最大限度地扩大控制。

---

[1] Myles I. Friedman and George H. Lackey, Jr. The psychology of human control: a general theory of purposeful behavior, An imprint of Greenwood Publishing Group, Inc. First published in 1991, p138.

[2] Myles I. Friedman and George H. Lackey, Jr. The psychology of human control: a general theory of purposeful behavior, An imprint of Greenwood Publishing Group, Inc. First published in 1991, p138.

1.导出控制行为

弗瑞德曼分别从规划目标、组织方案、执行方案、评价成就和诊断起因这一系列过程，对人们追求控制的行为加以推导。

（1）规划目标

因为目的行为指向将来要达到的结果，那么控制结果获得的第一步行动，就是要规划目标，以确定将来要实现的结果。通过刺激唤醒，控制动机能够引起特殊的结果记忆。也就是说，人们在与环境交互作用的过程中，当前的刺激可能会唤起达到控制的结果记忆，从而将其视为力图控制的结果。未能得到有效控制的结果记忆也倾向于被再次召回，以便未来可将其置于控制之下。另外，新设想出的达到控制的结果记忆也能够通过创新选择，而得以建构起来。这些结果记忆都能引导人们把获得该结果设定为控制的目标。

（2）组织方案

在把被控制的行为→结果记忆确定为目标后，可引发与该结果记忆相联系的可控制此结果的行为记忆，当行为与可控制的结果联结起来时，就形成了该行为可控制此结果的预言。与此同时，规定控制获得该结果的行动方案就已经被组织起来了。

（3）执行方案

为了实现方案中所制订的效果，就必须按方案中所指定的那样去执行。在执行方案前还要经过演练来避免可能发生的错误，并在实际执行时能更加熟练地进行操作，使得控制行为更为完善。另外，对于演练和实施过程中所犯的错误，还要进行探测并及时加以修正。

（4）评价成就

在实施方案后，为确定目标方案所取得的效果便要对成就进行评价。对于有效的方案可再次使用来实现目标，如果方案无效则必须另行组织新的方案，对于无效方案所出现的结果也要记录下来，以备将来追求该结果时使用。

要根据对实际结果的观察来评价成就，将其与目标加以比较来确定目标实现的程度。如果没有发现偏差，就说明已经实现了这个目标。在评价结果时，回忆起目标并保持在大脑中，以与观察到的结果相比较。在结果中所积累起来的成功，提供了个体在控制获得中所达到的总体效果的指标。

（5）诊断起因

在评价完成就以后，就要对目的行为的起因加以诊断。通过识别结果前所显露的前提条件可以诊断起因，尔后再由前提条件确定引出该结果的行为。对前提条件的回忆可从自己与他人的记忆中得到，也可使用视听装置中的记录。有时可能很容易地确认起因，有时则要进行复杂的分析。可使用参考资料或计算机程序来分析，或者由咨询专家对原因—效果关系加以确定，另外也可经过研究来发现原因—效果关系。

2. 控制行为的区分

上述五种控制行为形成一个共生的序列。在这个共生的行为序列中，似乎按照一种自然的次序，一个行为接一个行为地次第进行，以追求控制的提高。弗瑞德曼在时间上把五种控制行为区分为预言行为和回顾行为。

（1）预言行为

目标规划、方案组织和方案执行把现在与将来相联系，称之为预言行为。作为预言行为的规划行为，人们在规划目标时，在当前建立起将来要达到的目标。方案组织之所以是一种预言行为，是因为人们在当前组织可实现将来目标的方案。方案执行则由于在当前执行事先设想的行为以获得将来目标，也属于一种预言行为。

（2）回顾行为

成就评价和起因诊断把现在与过去联系起来，就叫作回顾行为。人们正在回忆和运用记忆的时候就是在执行回顾行为。在成就评价这种回顾行为中，人们把目前的结果与过去所树立目标的记忆加以比较。在起因诊断这种回顾行为中，人们力图确认对当前结果负有责任的过去行为。

3. 选择行为—结果记忆

弗瑞德曼在描述原因—效果学习过程时曾经指出，在这个过程的阶段1引发了目的行为，并且选择可预言引导行为去实现结果的原因—效果记忆。在这个目的行为的决策阶段，弗瑞德曼论述了自动选择、慎重选择和创新选择三种选择模型，以及知觉记忆、类别记忆和原理记忆三种不同的概括水平，并把它们应用于对每种控制行为的说明。

4. 为使控制最大化而组织控制行为

尽管上述五种控制行为对于扩大控制都是必要的，但仅有它们还不够充分。还必须做出学习被及时执行和利用的规定，即，无论在五种控制行为是否得到执行，都要得到适当的控制，并通过自然增长的学习而使控制最大化。

弗瑞德曼"把发扬和利用原因—效果学习去预测在随后尝试中提高控制的过程，叫作再循环"。[1] 由于提高控制在首次尝试中不可能实现，再循环可通过接近成功而使控制得以提高，因而再循环显得很重要。如果在提高控制的过程中，由于原因—效果学习而增进了五种控制行为的效力，那么在这些行为过程中必须要包括再循环。也就是说，五种控制行为必须通过再循环而联系起来，才能够扩大控制。图 10-1 对五种控制行为的循环作了描绘。

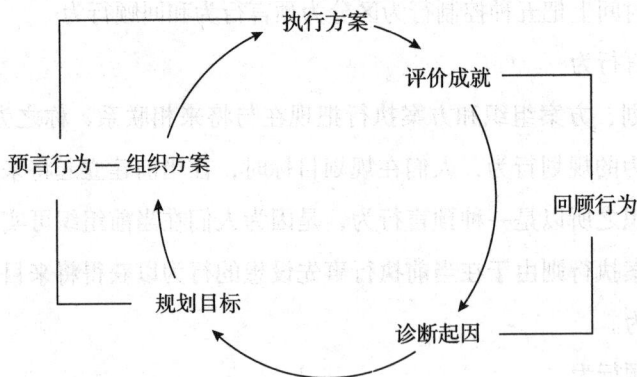

**图 10-1　行为循环**

这种再循环把上述的三种预言行为和两种回顾行为都联系了起来。提高控制的动机引发得到控制的结果记忆，并把这些结果记忆规划为将来的追求目标。在获得目标的预言下，选择与目标获得相联系的行为记忆，组织起行为方案。为了实现目标，执行已制订的方案。然后把观察到的结果与记忆中的目标进行比较，以确定目标是否已达到，即评价所取得的成就。最后，为确定引起结果

[1] Myles I. Friedman and George H. Lackey, Jr. The psychology of human control: a general theory of purposeful behavior, An imprint of Greenwood Publishing Group, Inc. First published in 1991, p142.

的行为，对于前提条件加以重建，即对行为起因进行诊断。

为了提高控制就要求行为的再循环，在重复多次的行为循环中，通过逐步接近成功而获得适当的控制。随着一次次成功的再循环，新信息在下一次循环中的运用更有可能来提高控制。在新循环中通常会有进步，即使没有取得进展，也可促进运用另外的方案。例如，孩子生病，家长就会制订一个医治方案。他们可能根据以往的经验，在症状较轻时给孩子吃一些常用药，如能减轻病症，可继续吃药；如没有明显疗效，则改变原方案，带孩子去医院接受正规治疗。

弗瑞德曼在对行为循环圈进行了说明之后，又提出了命题三："通过协调控制行为的循环可以提高控制。"[1] 在该命题中，行为循环被指定为组织目的行为使控制最大化的途径。为推导出最大化控制的途径，还要对有效实施行为循环的预言能力，和基于预言能力并使之成为可能的原因—效果学习做进一步的确定。

### （二）预言能力与行为循环

预言能力在行为循环的有效运行中，在所有方面都发挥着重要的作用。

人们在规划目标的时候，必须能够对所规划的行为进行选择，这些被选择的行为是能够预言目标实现的，这些目标以促进其实的方式来提高控制。人们组织方案时，必须对所组织的行为可以做出选择，能够预言目标获得方案的组织行为才被选择。人们把方案加以执行的时候，必须能够选择所要执行的行为，被选的行为可以预言方案执行的准确性。人们对成就进行评价时，必须可以选择进行评价的行为，预言所获目标及其方案成效的评价行为可得到选择。人们对起因加以诊断的时候，必须能够对诊断行为做出选择，这些被选择的行为能够预言判断结果起因的准确性。

在行为的再循环过程中，人们必须可以预言在学习基础上的控制提高，而不管目标达到与否。循环中的协调行为，不仅可以根据行为循环的各方面做出准确的预言，还有预言执行循环中的协调行为可促进其结果控制与行为协调的

[1] Myles I. Friedman and George H. Lackey, Jr. The psychology of human control: a general theory of purposeful behavior, An imprint of Greenwood Publishing Group, Inc. First published in 1991, p143.

必要性。

### （三）行为循环与原因—效果学习

原因—效果学习在再循环和协调循环的过程中，对于各个阶段提高控制所必需的预言能力发挥着重要的作用。

#### 1. 目标规划

对特殊规划行为的预言可建立能提高控制的预言，人们必须学会能让其达到目标的规划行为，并且确保行为可以实现其目标。越是得到清晰确定的目标，越易于达到。人们在把目标详细地确定为从当前状态前进到更希望的未来状态的学习过程中，提高了目标定义的清晰性。这样就必须对目前的起点和未来期望的终点都要加以指定，用这种方式来界定目标，能够增强方案的组织与成就的评价。在方案中必须提供从一个特殊起点到一个特殊终点的移动时，这种组织方式是有助益的。取得两种状态间的进步，可有助于成就评价。

#### 2. 方案组织

人们必须学会对能引发所设计有效方案的行为进行组织或计划，才能让所预言的组织行为达到目标。如何确定与实现目标有关的原因—效果行为，和如何评价执行能获得目标的行为可行性，都是要学习的组织行为。虽然执行所确认的行为可能达到目标，但是由于当前的条件限制，这些行为的执行可能行不通，还必须通过学习提高组织行为才可以。

#### 3. 方案执行

为了预言某种实施行为归功于被详细说明的方案，人们还要学会引发正确贯彻方案的执行行为。必须掌握的执行行为有，如何准确地对实际行为加以观察，如何比较实际行为和事先描述的行为，和对两者间出现的偏差怎样进行纠正。在方案较难理解时，还要经过学习和演练使方案的贯彻执行得以完善。

#### 4. 成就评价

人们必须学会对成就进行准确判断的评价程序，才能预言特殊的评价行为将发现得到准确评判的成就。要求学习的评价行为包括，如何对实际结果进行观察，怎样比较目标与实际结果，对目标与实际结果间的关系如何加以解释，和怎样评价负面效果。

### 5. 起因诊断

为了预言所考察的结果起源于所选择的判断行为，人们还必须对确定结果起因的判断程序加以学习。如何识别产生实际结果的前提条件，和怎样从前提条件中确定引发结果的行为，这都是必须要学会的判断行为。

### 6. 再循环

为了预言再循环行为可提高控制，人们还要求掌握再循环程序。对于基于成就和判断资料的五种控制行为的修改方法，都是要学会的再循环行为，从而可以促进随后尝试中的行为控制。

### 7. 循环协调

人们为了预言某种行为可产生顺利与有效的循环操作，必须学会引起有效地协调各成分从一个循环到下一个循环的程序，这样可以保证非正式地接近尝试错误的成功。如何干预循环中的协调行为是必须要掌握的协调行为，它建立在一种行为如何进入这个序列并有利于随后行为的知识基础之上。

## 四、阻碍控制

为了有效、高效地使控制最大化，不仅要懂得如何在适当的条件下提高控制，还必须清楚阻碍控制的因素，以使这些障碍得到及时的清除。常见的控制障碍有厌烦与混乱，和引发控制追求中再定向的因素，以及自信的缺乏。

### （一）厌烦与混乱

厌烦与混乱会影响原因—效果学习，因此不利于预言能力的发展，从而阻止控制的提高。厌烦出现在结果太容易预言，在有太多过于熟悉事件的情况下，没有新内容可以学习，要反复地做出同样的预言、检测和验证。所以原因—效果学习没有提高的空间。混乱是在结果难以预料的情况下发生的，因为事件过于陌生且太容易发生变化，从而较难做出判断来验证预言。由于原因—效果学习要求预言和验证，所以在这种情况下，无法进行原因—效果学习。

弗瑞德曼把厌烦和混乱看作原因—效果学习的重要障碍，并提出了"命题四：厌烦和混乱阻碍预言能力的提高。我们主张原因—效果学习的机会和提高预言能力会出现的条件，是适宜的可预测性，也就是说，足够熟悉与稳定的条件允许做出预测，并且足够的新异可提高原因—效果学习"。[1]

通过引入新异与挑战，可以明显地缓解人们生活中的厌烦，而提供稳定性和类似性则能够消除混乱。显而易见的是，在解除厌烦时，如果过快引入太多新异的内容，就会出现混乱。而为了减轻混乱，如果去掉了太多新异的内容，就会引起厌烦。

### （二）在控制追求中的再定向

影响控制提高的因素还有在控制追求中再定向，主要源于如下三种原因：

1. 一个新结果的控制变得更加可取

在出现紧急事务和满足变得厌腻的情况下，可使新结果的控制变得更为可取。由于紧急事件的突然发生，要求立刻加以关注，更加急迫地要控制新的结果。如家人出现重病时就要迅速应对。而在预计结果达到之前，已经完全满足了获得某种结果的需要时，就会转而去控制新的结果。

2. 没有能力表现控制某结果的行为

因为个人限制和意料外的障碍，使得人们不能执行所要追求的控制行为，而不得不改变方向。个人限制可能是缺乏完成任务所必需的智力、知识或者体力。而出现意料外的障碍则可能会阻止结果的获得。比如，因天降大雨而取消球赛。

3. 要耗费时间来恢复

在追求提高控制的过程中，人们经常要歇息一下，以恢复精力，并运用新的精力来提高控制。人们通常采用休息、娱乐和防御这三种方式，来进行恢复。

## 五、缺乏自信

自信的缺乏是阻碍控制提高的又一个重要因素。自信在弗瑞德曼看来就是

---

[1] Myles I. Friedman and George H. Lackey, Jr. The psychology of human control: a general theory of purposeful behavior, An imprint of Greenwood Publishing Group, Inc. First published in 1991, p145.

预言将来能够提高其控制。累积的成功既可以满足人们的基本控制动机，又能够产生自信。人们证实了其提高控制的预言时，就会变得更加自信，更能够预言未来控制的进一步提高。也就是说，自信对未来控制的提高起到了促进作用。

有自信的人们更能够忍受延迟获得控制，为了提高控制更愿意去冒一定的风险，并更能坚持去追求控制的提高，这一切使得人们更有可能提高控制的范围、程度和可靠性。另外，自信可以增强乐观与希望，这可提高人们对将来控制的预言，从而让人们更加达观与满怀希望。

与之相反，累积的失败会降低人们的信心。人们预言提高控制的失败，会导致在预言未来的控制时更没有信心。这时，人们会因怀疑满足自身动机的能力，而降低其自我价值感。并且人们会变得不愿意尝试过去未能控制的结果，从而影响到未来控制的提高。

弗瑞德曼通过成功与失败所派生的结果，推导出了"命题五：缺乏自信阻碍控制的提高"。[1] 该命题大大超出了自信可促进提高控制的假设，因为自负和过度自信常常会降低努力的程度，而妨碍控制的提高。所以，自信并不是提高控制的常胜法宝，但是缺乏自信却总是控制得以提高的障碍。

## 第二节　预言理论的应用

为了论证预言理论的有用性，在预言理论的语境中，无论一个人在某时关心控制什么样的结果，成功就是提高控制——获得金钱、地位、个人健康、锻炼、配偶、孩子或其他能想象的任何事情。因此，对成功的界定给人们决定现在和将来想去控制什么留出了空间，认为不同的人想去控制不同的事情，并且每个人想在不同的时间控制不同的事情。弗瑞德曼展示了它在成功、工作、教育和追求幸福，这些所有人都深切关心领域的应用。

---

[ 1 ]　Myles I. Friedman and George H. Lackey, Jr. The psychology of human control: a general theory of purposeful behavior, An imprint of Greenwood Publishing Group, Inc. First published in 1991, p147.

### 一、获得成功

弗瑞德曼对成功进行了界定，"在预言理论的语境中，无论一个人在某时关心控制什么样的结果，成功就是提高控制——获得金钱、地位、个人健康、锻炼、配偶、孩子或其他能想象的任何事情。因此，对成功的界定给人们决定现在和将来想去控制什么留出了空间，认为不同的人想去控制不同的事情，并且每个人想在不同的时间控制不同的事情"。[1]

弗瑞德曼描述了成功的四种要素，包括理解控制动机，行为的目的性，做出有效预测的能力，和通过原因—效果学习发展预言能力。

使成功最大化的一般行为，是称作控制行为的五种目的行为的协调性循环，即规划目标、组织方案、执行方案、评估成就和诊断起因。我们为了使成功最大化，必须协调行为循环包括再循环中的行为实施。为此，我们还必须能够预测怎样去执行和协调循环中的控制行为。这反过来又要求我们进一步学习，以能预测怎样实施行为的原因—效果联结。这样原因—效果学习就构成了预言能力的基础，而预言能力为最大化成功控制的行为指明了方向。

自信是成功的副产品，它作为控制累积的伴随物而自然增长。最大化控制和自信之间似乎有一个互惠的关系。控制的最大化能够增强自信，而自信通常使最大化控制更有可能出现。

阻碍成功的心理要素包括厌烦与混乱及缺乏自信。厌烦妨碍成功，是因为当人们厌烦为获得成功必须完成的任务时，就很难集中注意力。思绪容易漂移，必须强迫自己来处理这个任务。而强迫自己时，就会快速消耗过多的能量。其结果就是，明显减少人们成功的机会。混乱干扰成功是因为，当人们混乱时结果就变得不可预测。几乎在所有事情上的成功，重要的就是人们必须能够准确地预测结果。缺乏自信就会减少成功的可能性，这是由于当人们缺乏自信时，就愿意冒险和坚持努力直到成功。并且，人们倾向于习惯失败。人们因缺乏自信而导致预言失败，并且失败通常比获得成功更容易出现，人们从事于确认失

---

[1] Myles I. Friedman and George H. Lackey, Jr. The psychology of human control: a general theory of purposeful behavior, An imprint of Greenwood Publishing Group, Inc. First published in 1991, p49.

败的预言来显示一些控制的残余。因而失败有培育自身的倾向。

## 二、有效地工作

弗瑞德曼把工作看成是一种社会行为，人们间通过相互提供商品与服务，而对劳动利益进行分配的资本化行为。于是，工作就以有目的地供给商品或服务，而同其他活动区分开来。这样，当人们有意图地种植农作物、修筑高速公路、提供服务、销售商品、写作或教授技能和知识等，就都在工作。而看电视、休假、参加婚礼或做其他没有引起商品生产或提供服务的活动，就界定为非工作。

在理解工作动机方面，"预言理论假设大多数工人经常被驱动着去获得控制。尽管时不时会涌现出其他的动机，长期持续牵引人们的奉献就是提高其控制的范围、水平与可靠性。更重要的是，由于最经常地获得要求控制的工作目标，工人控制的动机会在工作场所得到开发利用。也就是说，必须控制商品与服务的成果。简而言之，获得控制是内在地想去工作，和工人会从工作实践的控制中得到满意。虽然工人和工作的组织者会在许多事情上发生冲突，尽管他们有时会在获得彼此目标的最好方式上有不同意见，但是都喜欢工人实践对结果的控制以生产彼此有益的商品和服务。但是这种类型的不一致也会彼此有益，因为它能导致商品与服务的提高。当工人被迫去做挫败其动机的事情时，意见不同经常会出现对生产率的破坏。诚然，所有成熟的人为了得到工作都必须能做他们不愿意做的事情。然而，事与愿违，当他们被迫日复一日地去工作时，就会排除其源于工作的满意"。[1]

如果工人控制的内在愿望能够在工作中得到满足，就没有必要再设计外部奖励。提供工作激励涉及激活与支持提高工作生产率的动机和工作满意度，并减少诸如迟到与缺勤率对于工作的损害。由于工人的行为是基于朝向提高控制的。为了提供工作激励，供应品必须能够为工人期望提高其控制做准备，并且

---

[1]　Myles I. Friedman and George H. Lackey, Jr. The psychology of human control: a general theory of purposeful behavior, An imprint of Greenwood Publishing Group, Inc. First published in 1991, p59.

他们在工作中的实际表现必须能促成其期望的实现。工人必须看到他们在工作中的表现与提高其控制之间的联系，以便能预测其控制的提高。而且当他们工作时，反馈必须能显示其预言是有效的。因此，仅仅告诉工人他们的工作会提高其控制是不充足的。他们必须有信心能够提高其控制。当他们有信心工作经过深思熟虑会提高其对结果的控制时，他们便渴望工作。反过来，这就会明显地防止迟到与缺勤。

工作是一种典型的目的行为。因为，工作是结果定向的，是最经常基于记忆的，大部分工作都要求预测，它是选择性的。而这些都是目的行为的特征，在工作上取得成功，要求工作者必须具备这些目的行为的基本特征。预言理论在解释工作目的方面的一个重要应用，就在于人才选拔。选择合适的申请人去工作，对一些企业来说是成功的关键。

尽管目的行为对工作具有最直接的影响，决定目的行为在获得成功中效果的却是预言能力。工作上的成功要求做出更多、更精确的预测。工人只有精通他们的工作，无论做什么样的工作，他们都能精准预测自己及其随从在工作上的行为效果。

预言能力从两个方面对成功的工作做出了贡献。第一，它有助于预测当获得时会提高控制的结果。工作组织为了成功，必须能够控制顾客对其商品与服务的消费。第二，预言能力有助于预测当实施行为时，会导致结果的获得。为在工作上应用该方法，工作组织必须能预测其所计划的行动，当执行时会产生所意图的商品和服务。

把预言能力成功运用在工作上的基础是学习，是原因—效果关联的学习，特别是指导商品生产与服务所要求的行为→结果关联。理应让工人尽可能多地去学习有关其工作环境中的原因—效果关联，以便他们可以预测怎样去操作因果关系动因来产生效果。

在预言理论中可以收集到对领导的独特解释。"领导的首要品质是目的行为。没有人愿意追随一个行为无目标或无计划的自诩的领导。领导必须是结果定向的。并且他们一定清晰地知道他们所追求的目标，并致力于获得它。而且，领导必须做得比希望获得一个结果还要多；他们一定致力于控制它的获得。他们追求的结果可像赢得一场战斗一样具体，或如来世升入天堂一样遥远。不管他们的目标是什么，他们一定热心地工作去控制它的获得，并一定试图恳求人们为其目标而努力。"[1]领导的行为也是基于记忆的，他们以与其支持者分享原因—效果学习为基础。他们提倡结果及获得它的方法。而且，领导做出预测并与追随者分享其预测。

领导的第二个重要品质是预言能力，领导应能够激发提高控制的希望，并且能做出有效的预测。领导的第三个重要品质就是学习原因—效果关系，来提高预言能力。为了可以持续地做出精确的预言，领导必须能够与时事合拍，并且渴望获得能让其跟上形势的新信息。

依据预言理论，对工作组织、工作障碍、研究发展及退休，都进行了论述，并提出了相应的建议，这里就不再一一叙述。

### 三、为了控制的教育

预言理论为美国的教育问题提出了一个值得考虑的解决方案。它在假设人类行为有目的地朝向控制的基础上，提出如果学生被传授如何去提高对自身及其环境的控制，他们就会对在学校接受教育感兴趣。

根据预言理论的基本假定，建议为了向学生提供学习的激励，必须教导他们如何来提高控制。教育应关注于教导学生去控制结果，并允许不同的人感兴趣于控制不同的结果，而且个人想控制的结果会随时间发生变化。简而言之，教育应关注于提高学生控制的范围、水平与可靠性。当人们掌握基本控制技能后，就能允许在一定时间想去控制特定的结果。

为了推动学生去上学，教学必须提升学生对结果的控制。为推动教师从事教学，必须能让他们控制班级教学。为推动教育管理者采取管理措施，以使学生的学习最大化，必须能使他们控制获得与组织完成工作所必要的资源。适合应用于教育的学习就是学习如何去控制。这个应用首先关心学习如何能够获得

---

[1] Myles I. Friedman and George H. Lackey, Jr. The psychology of human control: a general theory of purposeful behavior, An imprint of Greenwood Publishing Group, Inc. First published in 1991, p67.

控制，其次关心学习怎样使控制最大化。

依据预言理论对获得控制的三个层次方法的解释，对传授如何获得控制提出了建议。即层次 1：传授目的行为，层次 2：教授预言能力，层次 3：教授原因—效果学习程序。

在层次 1：传授目的行为。"激发学生动机的首要任务就是学习有目的地行事。为实现这一目的，学生必须发现目的行为与提高控制间的关系。为引起他们的兴趣，要告诉他们，教授会帮助其获得一些他们想要目标的技能。学习这种技能，会帮助他们得到任何他们想要的。一旦他们学会了这种技能，就能试着去发现它在为他们工作。这个技能就是如何有目的地行事，它涉及做出决定。"[1]

学生必须警觉当有目的地行事时，是在运用洞察力并准备积极地参与塑造自己的命运，而不是对影响自身的事件产生反应。学生在有目的地行事时，更能够适应所选择使其发生的事情。教师与教育管理者都要求有目的的行为。教师所追求的结果就是通过教学达到教育目标。然而，管理者的行为较少直接地为获得教育目标负责。他们致力于取得并组织必要的资源，以提高班级教学。

在层次 2：教授预言能力。首先要传授给学生，预言能力是以原因—效果学习为基本的。在学习原因—效果关系时，要求知觉、概念和原理这三种类型的记忆。学生还必须学习如何保存信息以备在将来可以使用。除了要有基于预测的中肯和精确的原因—效果信息外，预言能力依赖于学习如何使用信息。这涉及学习使用记忆的三种选择模型，即自动、审慎和创新选择，和记忆从特殊到一般的不同概括水平。

学生通过理解原因—效果学习，和运用记忆的适当选择模式及概括水平，可使预言能力得以提升。选择提高控制的结果时，如果学生能够理解忽略、适应与控制事件间的区别，会进一步提高预言能力。当选择行为用来获得结果时，如果学生可以理解怎样在行为与结果间建立原因—效果联系，和限制自身能力

[1]　Myles I. Friedman and George H. Lackey, Jr. The psychology of human control: a general theory of purposeful behavior, An imprint of Greenwood Publishing Group, Inc. First published in 1991, p84.

的表现，预言能力也会进一步得到提升。

在层次 3：教授原因—效果学习程序。在激发学生学习原因—效果学习程序的兴趣之后，就可以开始教导了。要依次传授给学生三个阶段的程序，即阶段 1：选择行为→结果记忆，阶段 2：实施行为→结果记忆，和阶段 3：获得原因—效果记忆。

预言理论鉴定出称之为控制行为的五种目的行为，并指出它们如何自然地相互促进以提高控制。解释了当这五种行为在行为循环中周期性地协调时，就能够使控制最大化。并且推荐利用行为循环以使控制最大化的教育成果。即通过规划→目标、组织→方案、执行→方案、评估→成就和诊断→起因这五种控制行为间的协调，及其再循环，使控制得以提升。

在学生已理解循环是如何运作后，就准备应用它去获得自己的目标，以便会认识到它已为他们所用。并在反复应用它去获得个人目标时，变得擅长应用它。

接下来，学生就能学习运用这个循环去获得在学校中要求获得的教育目标。最重要的就是他们利用循环去学习如何创新。他们简单地创造一种新的方式去控制获得结果的目标，并利用这个循环去获得该目标。

对于教师和教育工作者这个循环同样有益。教师可运用它去获得其课堂目标，和管理者能利用它去达到其行政目标。

## 四、追求幸福

预言理论把幸福解释为控制的副产品，无论什么样的人追求多么不同的快乐，最后幸福都会是个人控制其获得物的结果。也就是说，满足人们控制的动机是幸福的基本组成部分。

但控制的动机并不是人们唯一的动机。人们还被驱动着去获取确定的利益，并被推动着卷入于产生积极情感的活动。"为控制利益的获得和沉浸于引起积极情感的活动，我们要认识到必须训练必要的环境控制和自我控制，以控制和适应环境世界。我们需要学习如何控制从环境中获得利益，学习怎样工作来挣钱和怎样得到食物与衣服。我们需要学习如何沉醉于自己喜欢的活动，不管它是玩游戏或演奏乐器，或仅仅作为一名观众参加游戏和音乐活动。"[1]

不仅控制结果的日积月累可带来持久的幸福；人们对预言控制能力的信心也是必不可少的。人们自然地预期会到来的事情，当最多的预测被证实时，人们就会获得对预测控制能力的信心。这可引发希望，而希望则会带来幸福；并且希望是以人们预测主要部分会成为现实的信心为基础的。如果缺乏对预言能力的信心，就会导致绝望。

人们喜欢待在可适宜预测控制的情境中，而被驱动着去回避或逃避厌烦与混乱的情境。还要理解追求控制中的再定向，以根据时机的变化，适宜地提高控制。还必须有娱乐的时间。应该在必要的停顿时间里，通过休息、放松与睡眠来恢复，以便以后能更加精力旺盛和警觉地重新开始追求更有效的控制。并且经由一定量的娱乐来防止我们变得陈旧，把防御作为一种自动恢复的精神装置来利用，同时防止其扮演鸵鸟的副作用。

为了使幸福的机会最大化，比较自然地就是关注于获得原因—效果信息，应用它去提高预言能力，并运用预言能力去增加目的行为，以提高控制的可能性。在考虑如何使追求幸福的效用最大化时，应更加关注于怎样能应用问题解决策略系统地工作以获得幸福，把人类所保存的成就记录积累起来，并将其利益传递给子孙后代。

## 五、预言理论对需要心理学的贡献及局限

弗瑞德曼在预言理论中，主要探讨和解释了人们在寻求控制的动机作用下，如何获得控制，并使控制最大化，以及有哪些障碍要突破。他通过一个基本假设、一个推论和五个命题，把对这种特殊的人类目的行为的全面分析与深刻论述，综合成一个动态的理论体系。该理论使人们有了对人类提高控制动机的整体认识，强调了控制因素对人类行为的调节作用，可指导人们有意识地提高其控制行为。

---

[1] Myles I. Friedman and George H. Lackey, Jr. The psychology of human control: a general theory of purposeful behavior, An imprint of Greenwood Publishing Group, Inc. First published in 1991, p107.

　　预言论观点明确、逻辑严密，是一种具有代表性的现代动机研究的新成果，为进一步开展动机问题的研究做出了重要贡献。但把控制动机作为其他动机的一个基本动机来看，则过度强调了控制动机，而相应轻视了其他重要的基本动机。

　　弗瑞德曼还分别从取得成功、有效地工作、为了控制的教育和追求幸福四个方面论述了预言理论的应用，并提出了有针对性的具体建议。当然，也局限在围绕控制动机来阐发观点。

# 第十一章　归因理论的需要思想

归因指的是个体对某事件或行为结果原因的知觉，归因研究关注于个体怎样解释原因，和这些解释有什么含义。归因理论最初由美国社会心理学家海德提出，其著作《人际关系心理学》的出版标志着归因理论的诞生，他的人际知觉归因理论成为第一个著名的归因理论。

归因理论代表把人视为科学家的动机隐喻，美国心理学家乔治·凯利为"人是科学家"的最明确的提倡者，提出了个人建构理论。在归因理论的形成与发展过程中，琼斯和戴维斯的一致性推断归因理论，哈罗德·凯利的协变原则归因理论，和伯纳德·韦纳的认知动机归因理论都做出了巨大贡献。

## 第一节　海德的人际知觉归因理论

### 一、海德的人际知觉归因理论

人际知觉（InterpersonalPerception）是个体所形成的对他人的印象，是人际间相互作用的重要基础。个人知觉非常复杂，它与空间知觉有明显的区别。空间知觉主要从生物化学、生物物理及心理物理学的角度，研究人们如何传递对物理现实的知觉，反映有机体感觉器官所提供的有关认知因素与物理因素间的关系。个人知觉关注的是刺激者内在的心理过程：有什么样的感觉？将来作何打算？想给环境施加怎样的影响？为什么要如此来做？事实上，这些问题与感觉机制没有关系，真正与它们有关的是观察者所作的推理或归因。也就是说，个人知觉问题大多数与归因有关。

海德（F. Heider，1896—1989）在他的代表作《人际关系心理学》（1958

年）中集中阐述了他关于社会认知、归因研究的成果，在心理学界，一般把该书的出版作为归因理论诞生的标志。海德指出，个人知觉与物体知觉有三点区别：①人有内部的生活体验，物体是没有的。②人常常是自身行为的第一原因，而物体则不是。责任这个概念表明了人们的行为是有其内部原因的，而不是外界环境影响的结果。③人可以精心操纵和利用知觉者，而无生命的物体是不能这样做的。

重建普通人对他人和自己的信息处理方式是个人知觉研究的一个根本目的。观察者一般都会努力发现刺激者行为的原因。海德关心的是觉察到的人的行为起因，对真正的行为起因并不感兴趣。他注重归因过程的探究，认为确定行为是由个人原因还是环境原因引起的是归因过程的重要部分。

海德指出："行为及其结果能被归因于个人压力与环境压力。个人压力包括尝试与力量。尝试当然是一个动机性概念，并且是由意图和努力所决定的；力量本质上与能力是同义词。环境压力包括对出现行为结果的阻碍，指的是任务的难度与缺乏。它遵循是否人们能引起结果出现，依赖于他们的力量超过障碍物。他们获得一个渴望的结果依赖于两种环境设置之一：要么他们能并且尝试；要么他们是幸运的。第一种环境设置涉及个人因果关系：他们的力量超过障碍物，并且他们试图带来结果。在第二种环境设置中，不论他们有没有力量，或不论他们是否努力尝试都没有区别；环境产生结果。这是非个人因果关系。"[1]

当人们不能带来一种结果，就可能意味着他们的力量对于障碍物来说是不足够的；他们没有尝试；或他们没有运气。第一和第三种情况是非个人因果关系，而第二种情况是个人因果关系。

在个人因果关系中，意图是最关键的因素。依据海德的观点，没有意图就没有真正的个人因果关系，即使失败归于个人缺乏能力（一种个人压力），宁

---

[1] Edward L. Deci and Richard M. Ryan, Intrinsic Motivation and Self-Determination in Human Behavior, Springer Science+Business Media LLC, Originally published by Plenum Press, New York in 1985, p190.

可去超越障碍物（一种环境压力），没有意图，结果就不会是个人因果关系的状态。个人因果关系假定意图产生可观察的效果；也就是说，它涉及个人被驱动着去获得可观察的目标状态。典型的假设人们没有失败的意图。

决定行为的个人原因主要有人格、动机、态度、情绪、心境、能力、努力等因素。情境因素是主要的决定行为的环境原因，诸如运气、任务的难易程度和活动提供的赏罚等。一方面，行为者个人会被看作行为的起因，能够抵制住来自环境方面的冲击。另一方面，环境力量有时会非常强大，足以迫使行为者发生改变。当对行为作个人归因时，行为者自然要为其后果负责；而对行为做环境归因时，行为者则不必为其行为后果负责。关于观察者把行为的原因归因于环境还是个人的规则问题，是在归因领域所做的大部分工作。

海德认为人们有个人归因的偏好，也就是说，在其他情况都相同的前提下，人们通常对行为原因作个人而非环境的解释。海德在分析这一现象时指出，人们之所以倾向于对行为作个人归因，是由于常常难以在行为及其潜在起因之间做出恰当的区分。这种困难促使人们顺应行动与其本人相似的取向，易于从对行为的观察转移到推断个人的原因，而进行个人归因。海德提供的另外一种解释是：人们感性地更加关注行为本身而非周围的环境。行为往往比情境更为显著，更加引人注目，使得人们的注意力一般因对行为的关注而集中于个人，对环境意识则易于忽略，因此倾向于把个人当作行为的起因。海德相信，通过研究个人知觉的人际功能，可以允许观察者预言并且控制其他人的行为。

个体在信息不够完整时，也是可以运用部分证据进行合乎逻辑的原因推理。在这样的情况下，能够引发关于原因与结果的原因图式和普遍法则。原因图式可促使个体根据一些原因的存在或缺乏来预见结果。进一步来说，个体能够依据既定的结果推断主要的原因。海德在分析成就行为规范时，提出了一个补偿图式。"根据这一法则，一个原因可以因为另一个原因的缺失或不足，而做出补偿或修正。海德假定，行动的结果是'能够'（能力与任务难度的关系）和'试图'（实行）之间的函数。行动上显露出是否'能够'依赖于动机，或'试图'依赖于动机。"[1]也就是说，当'能够'不足的时候，'试图'就可以用来补偿。比如能力弱或者任务困难可以由高度努力来做出补偿。

海德区分了现象性与因果关系性感知觉描述。"它假设归因是现象性或即时的，并且在做出归因时不涉及一种详尽的认知过程。它论述道：（在）个人感知觉（观察者）不仅把人们认知为具有确定的空间和物理性质，而且还能通过一些即时理解的形式抓住甚至无形的诸如其愿望、需要和情感。"[2]

## 二、海德对需要心理学的贡献与局限

海德在其代表作《人际关系心理学》（1958年）中集中阐述了有关社会认知、归因研究的成果，在心理学界，一般把该书的出版作为归因理论诞生的标志。他所提出的人际知觉归因理论也就成为第一个著名的归因理论。他对个人知觉与物体知觉进行了区分，并把重建普通人对他人和自己的信息处理方式视为个人知觉研究的一个根本目的。海德关心的是觉察到的人的行为起因，对真正的行为起因并不感兴趣。他注重归因过程的探究，认为确定行为是由个人原因还是环境原因引起的是归因过程的重要部分。

海德认为，决定行为的个人原因主要有人格、动机、态度、情绪、心境、能力、努力等因素，意图在个人因果关系中是最为关键的因素。情境因素则是主要的决定行为的环境原因。从个人与环境两个方面来分析行为原因，与需要心理学三元互动的思想是比较一致的。不过，需要心理学更注重分析个体与环境中需要的作用，及相互间的影响。

他还指出，人们有个人归因的偏好，即在其他情况都相同的前提下，人们通常对行为原因作个人而非环境的解释。他相信，通过研究个人知觉的人际功能，可以允许观察者预言并且控制其他人的行为。但这毕竟只是观察者对他人

[1] ［美］伯纳·德韦纳.人类动机：比喻、理论和研究［M］.孙煜明译.杭州：浙江教育出版社，1999年12月第1版，285页。

[2] Edward L. Deci and Richard M. Ryan, Intrinsic Motivation and Self-Determination in Human Behavior, Springer Science+Business Media LLC, Originally published by Plenum Press, New York in 1985, p190.

行为原因的推断，不能等同于他人行为的实际原因，尚需以他人为主体进行全面分析，才能发现真正的原因。

## 第二节　乔治·凯利个人建构理论的需要思想

乔治·凯利（George Kelly，1905—1967）美国心理学家。1928 年获堪萨斯大学教育社会学硕士学位，1931 年获衣阿华州立大学哲学博士学位。曾任教于堪萨斯福特赫斯州立学院和俄亥俄州立大学。其主要著作是《个人结构心理学》（两卷本，1959 年）。

### 一、凯利的个人建构理论

#### （一）人是科学家

凯利为"人是科学家"的最明确的提倡者，他把人看成是直觉的科学家，用特异的方式来建构世界并且为其赋予意义。他宣称："（1）从历史的侧面来看，人都可以看作是一个初级的科学家；（2）每一个个体的人都以自己的方式创立了结构，并通过这个结构去解释这个由事件组成的世界。作为科学家，他不断地寻求对事件运行过程的预测和控制，他正是借助结构来对事件进行有效的预测的。"[1]

个体通过解释所建构事件的意义，能够预测未来。建构起的个人结构系统并不是一成不变的，个体能够产生复杂的结构，并对其自身的安宁负责。凯利指出："这些有层次的结构组成了系统，而且每一个结构通过检测来评价其实用性，检测的标准是其是否有利于人们对宇宙中事件运行过程的预测，对结构的验证结果决定了这个结构是暂时保存下去，还是进行修正，或者将其替换掉。在一个结构系统中，决定论和自由意志对同一系统都有影响，也就是说，结构

---

[1]［美］乔治·A·凯利. 个人结构心理学（第一卷）［M］. 郑希付译. 杭州：浙江教育出版社，1998年第1版，19页。

是由从属于它的上层结构所决定的，同时对于其下层结构而言，它又是自由的。"[1]

凯利称自己的基本哲学假设为建构选择学说，他宣称，事件的意义并不在于其本身，而是取决于个体如何对其进行建构或者解释。因为意义以变化为条件，所以个体是要对自己的未来负责的。支配个人生活的不是自然，但个体也没有必要成为其传记的牺牲品。

"凯利的个人建构理论能够解释科学工作，他将一般的人看成是具有直觉的，能够预期，有能力理解行为目标的科学家。为了实现这一目标，朴素的个体形成关于世界和自身的假说，并收集资料，以确证或否认这些假说，然后再修正个人的理论以解释新的资料。一般人也像职业科学家那样用同样的方式操作，只是职业科学家可能更精确、更清楚地意识到自身正在努力达到清晰的认识和理解。"[2]

### （二）基本假设与推论

凯利的规范理论包含一个基本假设与11条推论[3]：

a. 基本假设：一个人的过程在心理上是由他预测事件的方式来疏导的。

b. 结构推论：一个人通过解释事件的重复对事件进行预测。

c. 个体推论：在事件的结构上，人与人之间存在个体差异。

d. 组织推论：为了预测事件时的便利性，每一个人都典型地形成了包括互相之间有机联系的结构系统。

e. 二重推论：一个人的结构系统是由有限数量的二重结构组成的。

f. 选择推论：一个人为自己选择了一个二重结构的一极，他据此预测其系统的扩展和确定的巨大可能性。

────────────

[1] ［美］乔治·A·凯利. 个人结构心理学（第一卷）[M]. 郑希付译. 杭州：浙江教育出版社，1998年第1版，50页。

[2] ［美］伯纳·德韦纳. 人类动机：比喻、理论和研究［M］. 孙煜明译. 杭州：浙江教育出版社，1999年12月第1版，266页。

[3] ［美］乔治·A·凯利. 个人结构心理学（第一卷）[M]. 郑希付译. 杭州：浙江教育出版社，1998年第1版，109、110页。

g. 范围推论：一个结构仅仅对有限范围的事件的预测是有益的。

h. 经验推论：随着他相继对事件重复的解释，一个人的结构系统会发生相应的变化。

i. 调节推论：一个人的个人结构系统的变化是受结构的通透性限制的，是在变量出现的结构的益性范围之内发生变化的。

j. 分裂推论：一个人会相继使用一系列理论上相互矛盾的结构下序系统。

k. 共同推论：在一定程度上，当一个人使用的经验结构和另一个人使用的相同时，他的心理过程和另一个人的心理过程也是相同的。

l. 社会推论：在这种程度上，即当一个人对另一个人的结构过程进行解释的时候，他便在包含其他人的社会过程中扮演了一定的角色。

这里主要选择阐明其行为概念的部分推论，有个体推论、二重推论、范围推论和经验推论。

凯利的基本假设为个体的生活过程就是其预料事件的心理途径。这里的意思是说，个体的行为取决于其自己是如何建构世界的，而且建构起的预测能够得到证实，即个体预料将来事件的准确性较高。个体的预测能否达到确证，具有远比奖惩或驱力降低更为重要的心理意义。

个体推论指的是人们在建构事件时存在着个体差异。不同个体以各异的方式感知同一客观刺激，致使他们的行为也随之各有区别。每位个体都有其独特性，因为不存在两个完全精确相似的建构。

二重推论是指所有的个人建构都是两分性的，由一定数量的对立两极性结构组成了个人建构系统。凯利把二重性描述为全人类思维所具有的一种共同特点。如果我们发现某人是诚实的，据此定理推断，我们就会否认这人是虚伪的观念。

范围推论说的是一种建构只能用来预测其适用范围内的事件。益性范围是指一种结构适用于不同现象的广度，而建构可以发挥最大效用的区域称为益性焦点，在此中心含有那些结构得到发展的事件。因此，特定的知识不能适用于所有的事件，比如，高—矮结构可能适于预测篮球比赛的胜负，但对于预测个人的诚实与否可能起不了什么作用。

经验推论是说个体的建构系统在其建构事件的过程中不断发生变化。无论假设得到确认与否，都会推动个体去探索新的经验，从而促使个体去改变已有结构系统的情境，也就是说，这种新经验引起了将来建构的改变。

### （三）个人结构的本质

凯利把结构看成是解释事物间既有相似性又与其他事物区别开来的方式。与传统逻辑不同的是，凯利主张结构与事物有关，这些事物在有差异的同时，还存在相似之处。他认为预测的第一步开始于一个事件，人们经由确认事件的重复这个过程，就可揭示其再次发生的可能性。凯利坚信："一个人所预测的并非是一个赤裸裸的事件本身，而是某些特定的特点的一般交错。如果一个事件的出现和那些描述的特点交错在一起，那么你便可以确定，这就是我们预测的事件。"[1]

凯利认为，可以借助活动的途径来审视这个结构，它是一个为个人提供二重选择的双向结构，不管这个选择是与如何知觉事物有关，还是与其将来怎样活动有关。他把这个由结构系统组成的途径网络称作一个控制系统，而且每个都代表一次二重选择的机会，该选择又是由精确选择原则所控制的。

当考虑适合的结构内容时，凯利发现"自我（self）是一个合适的概念或结构，自我是指一组事件，这些事件在某一个方面是相同的，用同样的方式，这些事件又与其他的事件区分开来。事件相似的这种方式就是自我，它使自我成为一个个体，使它与其他的个体区分开来。作为已经构成这样的一个概念的自我，现在可以是一个数据或一个项目，其范围属于上序结构。自我可以成为三个或三个以上的事物——或者人——中的一个，在这个外延中，至少有两个事物是一样的，并且至少和其他事物中的一个有区别"。[2]

凯利相信，一个人的结构系统控制着其生活中所扮演的角色，只有当他与

[1]［美］乔治·A·凯利. 个人结构心理学（第一卷）[M]. 郑希付译. 杭州：浙江教育出版社，1998年第1版，127页。

[2]［美］乔治·A·凯利. 个人结构心理学（第一卷）[M]. 郑希付译. 杭州：浙江教育出版社，1998年第1版，136、137页。

别人谈话或谈论自己时，才能把这个结构系统揭示出来。这种组成角色的结构为双向或多维度的，其活动的自由度限于自己所解释轨道的两极。这个控制个体的角色结构系统，在某些必要条件下可以产生变化。

凯利把结构看作是为人们的心理空间提供的连续坐标中心，横坐标表示暂时的事件本身，纵坐标表示许多个人特点。在个人构建的坐标方格所在的区域内，其心理空间就具有了多维度的意义。凯利重点分析了五种维度结构，包括通透性结构（permeable construct）、非通透性结构（nonpermeable construct）、先取结构（preemptive construct）、星群结构（constellatory construct）和建议结构（propositional construct）。那种允许其他因素进入的结构就是通透性结构，而那种依赖一个特殊外延的结构为非通透性结构，它不允许其他因素的进入。先取结构指的是那种事先强占其因素作为自己独有领域成员的结构，星群结构则是那种固定其因素所在领域的结构，而不干扰其因素作为其他领域成员的结构就是建议结构。

凯利在设计基本假设时，就注意到有关人类动机这个特殊问题。他主张，个体心理过程经由其预测事件的方式来疏导，其运动方向及由此产生的动机，都是为了理解即将发生的事件。人们致力于使愈来愈多的事件具有预测性，即人们的生活完全就是为了预测事件。个体根据自以为最好的赌值，把赌注压在预测性上。不仅下在就要出现事件的确定性上，还在这个结构系统的特殊确定性与全面性之间达成重要的妥协。

他的基本假设依据的是人们希望从其赌注中付出什么。他使用了术语效度（validation）来表示预测的标准。个体预测事件有效还是无效，取决于这个事件是否发生。"有效代表一个人的预测和他观察到的结果之间的兼容性（compatibility）（主观的解释）。无效代表了一个人的预测和他观察到的结果之间的非兼容性（incompatibility）（主观解释）。"[1]

帕克（Poch）的研究显示，被试在预测无效时，倾向于转到库存的其他结

---

[1]［美］乔治·A·凯利. 个人结构心理学（第一卷）[M]. 郑希付译. 杭州：浙江教育出版社，1998年第1版，163页。

构维度，或者倾向于改变其预测失败的结构系统。凯利发现，效度对结构系统在不同水平上产生着影响，那些与最初预测结构最为接近的结构受到最大来自效度经验的影响。

凯利将心理反应基本上视为解释活动的结果。在此系统中，必须把经验界定为处于人之领地的事实集合，它汇集了一系列个人所解释的事件。研究个人经验便是审视事件，而不管人们对该事件使用的结构正确与否。他把经验看成是人们不断对周围所运行世界的一部分进行的解释。经验的增加不是人们所解释事件杂乱汇集起来的功能，或是认识这些事件时所用的时间功能，而是其系统持续改良的功能，经由改良来提高其效度。所以，经验的分析就变成了对这种事实领域的研究，人们把这些事实区分为有意义的事件；变成了研究解释这些事件的方式；研究这些人们赖以评估预测效度的那些事实；研究不断出现的结构变化；重要的是研究那些包含了整个结构演化的更具通透性与持久性的结构。

凯利发现，个体行为能够通过他人的期望加以陈述，也就是说，可以把群体期望当作个人结构的效度指标进行操作，并且每个人都在使用此方式。"但是有三个特殊的情况：（1）对群体判断的必然接受作为任何结构的效度指标，因为从这些结构本身不能直接获得资料；（2）当一个人企图维持一个状态的时候，内隐的和无法逃避的对群体期望的接受作为效度指标；（3）群体期望控制结构（group expectancy-governing construct）的接受作为一个人自己的角色结构的效度指标。最后一种情况就是个人结构心理学家对待他人的典型方式，因为，根据基本假设，这些心理学家必须寻找理解他人的效度指标，根据这个指标去评价其个人结构系统。个人结构心理学家因此就要寻找为自己构建与他人联系的角色，个人结构理论也可以称之为'角色理论'（role theory）。"[1]

### （四）心理疾病的诊断与治疗

依据个人结构理论，心理疾病的原因主要有结构系统的问题和结构使用过

---

[1]　[美]乔治·A·凯利. 个人结构心理学（第一卷）[M]. 郑希付译. 杭州：浙江教育出版社，1998年第1版，182、183页。

程的问题。前者包括结构缺乏、结构通透性太差、结构老化和结构单一等问题，后者包含惧怕预测结果出现和活动周期的问题。人们的活动周期一般包括审视、先取和控制三个阶段，审视就是从多侧面来分析事物，先取即采取其中一个结构维度，并用其进行专门分析，控制就是在先前结构的支配下付诸行动。易于出现的问题为：缺乏审视阶段而缩短周期冲动行事，或者审视时间过长而缺乏控制优柔寡断。

凯利用个人结构理论解释了一些典型心理问题。当人们发现自己所面对的事件超出其结构的益性范围时就会体验到焦虑，威胁出现于个人意识到其核心结构即将发生变化的时候，恐惧则是由边缘结构的变化所引起的，攻击性是个体主动运用某个结构进行尝试的时候所表现出来的行为，犯罪感产生于个人意识到其行为偏离了某种核心角色之时，个体在实验冒险过程中，不断强取某些资料并用其证明已失败的预测时，就会产生敌对情绪。

心理治疗的目的在凯利看来就是再构咨客的结构系统，治疗者的任务就是与咨客建立和谐的关系，鼓励咨客大胆实验，并能在外界验证自己的假设。

## 二、乔治·凯利对需要心理学的贡献

凯利认为，预期与控制所经历的事件是个体的一种基本目标。他开拓性地提出人格建构理论，强调认知在人格形成与发展中的重要作用，主张个人结构就是个体在解释自身经验时所使用的思想观念，这种个体对世界的独到见解，仿佛一种微型的科学理论，成为个体预期事件的主要工具。这样，他就突显了理论在个人生活中的巨大价值。其个人结构理论体系完整丰富，并且具有自己的理论特色。这与需要心理学强调理论构建与表达在认知需要中的地位之观点是比较一致的。

凯利的个人结构理论始终围绕结构展开，提出了一个基本假设和 11 条推论，并且创立一套新概念，形成了一个完整的临床心理学理论。由于该理论有自身的逻辑和语言，理解起来有较大的难度，限制了它的应用范围与价值。

凯利最早提出了"人是科学家"的宣言，重视预测在人的认识活动中的价值，从而突出了认知所发挥的作用。但是他把理解预测即将发生的事件看成是唯一的动机，在强调预测在认知动机中重要性的同时，却忽略了其他的认知动机，更不要说其他动机了，从而有失偏颇。

凯利将心理反应基本上看成是解释活动的结果，把经验视为人们不断对周围所运行世界的一部分进行的解释。这样在强调解释重要性的同时，也把人的心理反应与经验局限在了解释方面，从而忽略了其他认知活动的作用。

## 第三节　琼斯和戴维斯的一致性推断归因理论

### 一、琼斯和戴维斯的一致性推断归因理论

在行动者与观察者之间往往存在着归因分歧。行动者通常没有法做他们最想做的每一件事，但是他们仍然利用环境中的各种条件争取最佳的结果。他们普遍认为自己的行动受到环境的压制，而做出环境归因。从观察者的角度，由于观察者不如行为者了解自己本身的信息，常常会犯根本的归因错误，即做出不符合行为者本人实际情况的个人归因。

琼斯（Jones E.E.）和戴维斯（Davis K.E.）于 1965 年在其著作《从行动到素质》中提出了一致性推理的归因理论。该理论主张，人们在归因时，会寻找观察到的行为与所推断意图间的对应性，当有较高的对应性时，可以由行动推断行动者的意图与素质，倾向于做出个人归因。他们认为一旦观察者把行为归结为个人原因，就会做出相应的推理。当人们进行个人归因，即行动者可以自主做出行为选择时，就可以依据其选择的行为及其结果推导出行为者的动机和喜好，并将其推断与以往观察到的同一个体的其他行为进行比较。推断的行为意图和动机与所观察到的相应行为及其结果越是一致，越可以从一个人的外部行为推断出其对应的动机和人格、态度等内在特质。而对应性越低，观察者越倾向于作情境归因。

为避免失误，他们规定了两个行为一致性的前提条件：①假定行动者本人可以预见自己的行为后果，其行为服务于一定的意图，从而使得观察者的一致性推理具有可能性。②观察者能够了解到行动者的能力、经验等相关信息，据

此才可以确定行为的真正意图。观察者关于行为及其原因所拥有的信息越多，他对该行为所作推论的对应性就越高。

琼斯和戴维斯关心在什么情况下有可能从行动推导出行动者相应的意图与素质，分析了影响一致性推论正确性的主要条件：

1. 社会期望水平，也叫社会赞许水平，当一个人表现出符合社会期望或社会要求的行动时，是很难推断其真实态度的。当行动者的行为不符合社会要求时，则能提供更多帮助观察者推断其行动意图及内在素质的信息。

观察者推断受社会赞许驱动的行为时，即行动者的行为与社会期望相一致时，倾向于做环境归因。而对不符合社会规范的行为或古怪行为，则倾向于作个人归因，即归结为个人的一致性特征。比如在面试情境中，应聘者描述自己有很高的工作动机时，主试者未必相信，反而认为应聘者是为了获得好印象故意这样说的，即对其符合社会赞许的行为做出了环境归因。

2. 行为效果的普遍性，指的是不同行为产生的效果是否相同，当效果相同时就说行为效果具有普遍性；当效果各不相同时，就说行为效果不具有普遍性或行为效果不普遍。如看书和上学都能导致受教育水平提高，我们就说看书与上学的行为具有普遍性。而看书与聚会则不具有行为效果的普遍性，因为看书的效果是提高教育水平，聚会则促进社会生活。相比于具有普遍效果的行为，独特的效果不普遍的行为能更强地推导出行动者个人的内在素质。比如，你有个朋友想买一辆自行车，他已经看过了三种型号，可以买其中的任意一种型号。如果其中只有是一种豪华型的，而这正是你的朋友所选择的型号，于是你就可能做出这位朋友是一个追求豪华的人的推断。这时你的推理依据的就是行为效果的不普遍性。

按琼斯和戴维斯的话说就是，非共同的对应性提供了行为原因的信息。也就是说，越是异乎寻常的行为，观察者对其原因推论的对应性也就越大。设想一个你正在银行排队的情境。你发现一个男子走到最短的队列，焦急地站着等待。直到这时，你对他做出的归因，其行为效果都没有什么区别，诸如他可能约会迟到了，他停车时可能遇到了麻烦，他的支票可能被拒付了等等。然而，当这个男子掏枪逼着出纳给他钱时，对他的归因就一清二楚了。因为这种独特的非共同效果的行为，其动机太显而易见啦。

3. 与享乐或个人主义的关联性，与享乐相关联指的是行为可以对观察者造成直接影响，如能够引发观察者快乐或痛苦的体验，这时，就会倾向于对行动者做出较强的个人素质归因。即当行动者的行为积极地或消极地影响观察者时，观察者有一种个人归因的强烈倾向。反之，当行为者的行为主要影响其他人而对观察者没有多少影响时，观察者较易于进行环境归因。

与个人主义相关联是指行为会影响到观察者的个人利益，即当观察者从行动者的行为体验到积极或消极效应时，他将验证那些效应是不是专门针对观察者的。一旦观察者确信行为就是指向观察者个人的，他就会更加确切地倾向归因于行动者的内在素质。

4. 行为选择的自由性，如果观察者知道某人的行动是自由选择的，便倾向于认为此行为与这个人的态度是对应的，即倾向于作个人归因。

"他们模型中的因果关系归因是由对一种结果的渴望所决定的。他们宣称，一个观察者会挑选活动的最渴望效果作为这个活动的理由（即作为活动者所意图的结果）。然后这个意图就会被用来推导出一个倾向。效果越独特（即不常见的效果），行为越可能被归因为一种倾向。例如，如果一位女士跑到他的办公室，观察到的效果可能是她按时到达办公室但上气不接下气。可推导为她的意图就是准时到达办公室，因为上气不接下气不是所渴望的，因而不能考虑为意图。依据这个模型，观察者会决定这个效果如何的不常见。如果它是很不寻常的，归因就很强；如果它相当常见，归因就不会这么强。理由是如果一个人做一些很平常和社会所赞许的事情，就不会告诉我们一些有关个人的倾向。另一方面，不常见的行为能说出更多有关个人的倾向。按时到达办公室不是太不寻常的，因而这种倾向的归因就不强。"[1]

---

[1] Edward L. Deci and Richard M. Ryan, Intrinsic Motivation and Self-Determination in Human Behavior, Springer Science+Business Media LLC, Originally published by Plenum Press, New York in 1985, p192.

## 二、琼斯和戴维斯对需要心理学的贡献与局限

琼斯和戴维斯扩展了海德的理论，并把个人归因的成分进一步具体化。他们的一致性推理原则指出了观察者推断行为内在素质起因的特殊化过程，只是这个原则一般仅适用于对行为的单一观察。

他们的理论开始于对个人活动（当然可能有许多效果）的观察，并试图把这个活动归因于一个特定的意图，并随后去部署活动者的特征。他们主张把一种活动归因于活动者的倾向，并且这样就涉及个人因果关系，观察者必须推断活动者的意图部分。这样做观察者必须相信，活动者有能力引出效果，并且知道这个行为会出现这种效果。如果没有能力与知识，就不会有意图，因而琼斯和戴维斯的模型就会是不适用的。那么，他们的模型试图预测，当个人原因显示适当时，归因于个人的原因；它没有意图决定是否会归因于个人因果关系。

## 第四节　哈罗德·凯利的协变原则归因理论

哈罗德·凯利（Harold Kelley，1921—2003）美国心理学家。1948年获麻省理工学院团体心理学博士学位，先后执教于密执安大学和耶鲁大学。其主要著作有：《团体社会心理学》和《人际关系》（1978年，与蒂博合著）、《个人关系》等。

### 一、哈罗德·凯利的协变原则归因理论

凯利（1973）认为人们有控制与之相互作用的环境的需要。为了获得控制，首先要收集信息，并且确定导致特定变化的原因。换言之，"归因就是试图详细说明事件之间的因果关联。"[1]归因常常是几种可能的因果动因交互作用的结果，人们倾向于选择与观察结果最为适合的解释。归因过程其实与科学家检验试验问题的过程类似，都是基于对选择的逻辑排除过程。具体来讲，就是首先

---

[1] ［美］Herbert L.Petri, John M.Govern. 动机心理学（第五版）[M]. 郭本禹等译. 西安：陕西师范大学出版社，2005年10月第1版，263页。

提出一系列关于特殊事件的因果假设，然后经过观察与逻辑思维排除不恰当的选择，最终确认最合乎逻辑的假设作为对事件的因果解释。

凯利归纳了人们在归因决策时的几条指导原则，如折扣原则、扩增原则和协变原则等，为适用于对行动者进行多重观察时的归因法则。

观察者在一般情况下很容易将首要原因当作行为的原因。然而，当有许多其他似是而非的原因并存时，任何一种特殊原因的影响都会大打折扣。这时人们就是在运用折扣原则在进行归因，它很可能导致对环境与个人的双重归因。更何况，与行动者的行为相联系的结果越多，也就可能存在越多似是而非的原因。

扩增原则指的是行动者为保持其行为方式所冒风险的代价越大，观察者把行为归因于个人的可能性也就越大。由此可见，行动者遭受的挫折、磨难、惩罚、痛苦或批评越多，观察者就越有可能把这一行为归因于个人原因。

协变原则是一项用于归因过程的主要原则，它是指跨时间的协变或者相关为人们进行因果判断的重要依据。尽管不是所有的相关都反映因果关系，但是所有的因果关系都相关。而无关的事件间是不可能有因果关系的。通常对于任何一个结果都有几种可能的原因，但只有总与特定结果相关的事件才可能与之具有因果关系。人们对原因与结果间的协变非常敏感，随时间进展，与结果并不总是一致相关的假设会被淘汰，而使得可供选择的假设逐渐减少。

如何应用协变原则进行评价呢？凯利认为，在情况许可时，人们通常会寻找过去的行为模式，以协助进行归因。凯利明确指出了能够帮助人们确定归因的类型，与过去行为密切相关的三个维度，它们分别是区别性、一致性和一贯性。以马丁在互联网游戏中输掉许多钱为例，分别从这三个维度作归因分析。

### （一）区别性

区别性指的是行为的独特性程度。可以分析马丁是否对其他言过其实的广告宣传也有类似的反应，如果答案是肯定的，那么说明马丁的行为具有较低的区别性，即与其他事件没有多少区别。如果给予否定的回答，就说明马丁的行为有较高的区别性，即有明显的独特性。

在其他条件保持不变时，这种区别性低的行为倾向于引起个人归因，我们可能说马丁容易上当受骗。而行为的区别性高倾向于导致环境归因，我们可能认为这个骗局相当高明，马丁尽管不易上当都受了骗。一般来讲，个人反应的区别性越小，观察者就越容易做出个人归因；个人反应的区别性越大，观察者做出环境归因的可能性就越大。

### （二）一致性

一致性表明同一情境中与其他人行为相似的程度。如果一致性低，即一个人的反应与大多数人都不相同，那么观察者就很可能做出个人归因。如果一致性高，即许多人对某一情境的反应都相同，那么环境归因的可能性就非常强。在马丁的例子中，当问及有多少其他人为这一骗局所骗时，如果没有其他人被骗，他的反应就与众不同，则根据这种低的一致性归因成马丁的个人因素。如果很多人都同马丁一样受骗了，那么就可依据这较高的一致性，归因为环境因素。

### （三）一贯性

一贯性反映的是行动者参与所观察具体行为的频率。可以这样考察马丁的事例：马丁在此骗局上花费了很长时间还是仅此一次？如果马丁是第一次受骗，其行为的一贯性就较低，其他因素都保持恒定时，更可能归因为稳定的环境因素。如果马丁已经沉溺于此相当长时间了，其行为就具有较高的一贯性，这时的归因取向还要依据能够获得的其他信息。如果此时没有其他人受骗，即同时具有较低的一致性，就倾向于归因于马丁个人容易上当。如果这时其他人也都受骗了，即一致性也较高时，就可能归因为情境，也就是说，骗术太高明了，以至于所有人都上了当。

由于每种维度都有高、低两种可能的结果，那么三个维度组合起来就有了八种可能。实际上，最直接的归因有如下两种情形。

区别性 ＋ 一致性 ＋ 一贯性 ＝ 归因

低 ＋ 低 ＋ 高 ＝ 个人

高 ＋ 高 ＋ 高 ＝ 环境

图 11-1　凯利协变模型中的归因

凯利（1972）还提出了多重必要和多重充分两条原因法则。"凯利假设，极端的或不正常的事件诱发'多重必要'的原因法则，而适度的或正常的事件诱发'多重充分'的原因的法则。"[1] 可以通过一种结果（Z）与两种原因（X 和 Y）相联系的简单情境，来理解充分与必要的意义。比如，观察到的结果是吃或者不吃，知觉的原因有是否饥饿或者是否有吸引人的食物。当个体认为只要饥饿或食物两个原因中有一个存在，就能够引发吃的行为时，他就是在运用多重充分原因图式。

这说明其中的每个原因都可以产生出所观察到的效果，这种原因关系的联结在语言学上用"或"表示。要产生结果必须同时具备两种原因，就是多重必要的原因图式，用"和"来表示这种原因关系的联结。用这种图式来解释，即认为饥饿和能得到诱人的食物并存时，才能引起吃的行为。这时观察到一个人在吃东西，就可以推测，食物对他来说有吸引力。

个体按照多重充分图式归因时，可能会对第二个原因打折扣或给以忽视。比如，人们完成一项自己感兴趣的任务获得奖赏，当归因于为了奖赏时，会降低其内在的兴趣，因为这样就把兴趣的作用打了折扣。

## 二、哈罗德·凯利对需要心理学的贡献与局限

哈罗德·凯利参考依据归因的共变原则这种分析，并提议所有人应用合意信息（是否所有人喜欢采取这个目标行为），区分信息（是否这种行为更可能出现的情境不是目标情境），和一致性信息（是否这个行为持续出现在目标情境中），以决定什么因素与目标行为共变。

由此可以看出，哈罗德·凯利的模型更具有普遍性，它试图对环境（本质或情境）归因和个人归因做出解释。他还提出了多重必要和多重充分两条原因法则，通过一种结果与两种原因相联系的简单情境，来理解充分与必要的意义。另外，个体按照多重充分图式归因时，可能会对第二个原因打折扣或给以忽视。尽管如此，对于复杂情形的归因，还是与实际有一定的差距。

---

[1]［美］伯纳·德韦纳. 人类动机：比喻、理论和研究［M］. 孙煜明译. 杭州：浙江教育出版社，1999年12月第1版，286页。

## 第五节　韦纳的认知动机归因理论

伯纳德·韦纳（Bernard Weiner，1935— ）是当代美国著名教育心理学家和社会心理学家。他 1952 年就学于芝加哥大学，1957 年获得硕士学位。1959年求学于密西根（Michigan）大学，1963 年获得哲学博士学位。1963 年至1965 年任助教于明尼苏达（Minnesota）大学，1965 年升任洛杉矶加利福尼亚大学心理学教授。1969 年后曾到纽约大学城研究中心和德国波鸿鲁尔（Bochum，Ruhr）大学做过访问教授。另外，还先后到过德国芒内奇"马克斯 - 普朗克研究所"（Munich，Max-Plank-institute）、密西根大学和华盛顿大学做过访问研究工作。他的认知动机归因论把归因理论和成就动机理论有机地结合起来，对人类行为的动因成功地进行了认知解释，是一种目前比较完善的认知动机理论，反映了当前动机研究的新成果，具有广阔的发展前景和巨大的应用价值。其研究成果得到了动机研究者和教育心理学界的广泛重视，其有关论述成为最常被引用的论文之一。1990 年他获得了美国心理学会社会心理学方面的董纳尔德、T·克姆柏尔（Donald，T. Campell）卓越研究贡献奖，1991 年德国比勒费尔德（Biefeld）大学授予他荣誉博士学位。

韦纳的著述颇丰，并具有深远影响。其主要论著有：《归因、行为原因的知觉》（1972 年）、《成就动机和归因理论》（1974 年）、《人类动机的认知观》（1975 年）、《人类动机》（1980 年，译成德文和日文）、《责任的推断：社会行为的理论基础》（1985 年）、《动机和情绪和归因理论》（1986 年，译成中文）、《人类动机：比喻、理论和研究》（1992 年）。

韦纳在《人类动机》中提出了建立一种普遍的动机理论应当遵循的 8 个基本原则：

"（1）动机理论必须建立可靠的（可重复的）经验。（2）动机理论必须建立在普遍法则的基础上，而不是建立在个体差异的基础上。（3）动机理论必须包括自我。（4）动机理论必须包括认知过程的整个领域。（5）动机理论必须包括整个情感领域。（6）动机理论必须包括序列的（历史的）因果关系。（7）动机理论必须能够解释成就追求和交往目标。（8）动机理论必须思考一些附加的常识性概念。"[1]

## 一、认知动机归因理论模式

韦纳的认知动机理论用归因这一认知过程来解释行为的动因，它建立在这样三个基本假设之上：首先寻求理解是激发人类行为的主要因素，是人类动机的主要源泉。他认同人具有理性的观点，认为人们理解环境和自身的需要是相当强烈的。人们力求寻找行为的动因，常常根据相关的信息或线索对所关注的事件或行为结果的原因进行推断。其次归因不是单一维度而是多维度的，行为原因是复杂交错的。归因理论必须对刺激与个体后继行为间的中介过程进行解释。最后个体对先前结果的归因会影响后继行为。个体的信念系统和其对行为原因的认知性分析是影响个体行为的主要因素。韦纳的认知动机归因理论从探索人们怎样理解环境入手，推导自己或他人行为的原因，在此基础上服务于后继行动方案的确定。

韦纳的认知动机归因理论十分强调个体的归因认知过程对后继行为的影响，归因是成就结果与后继行为间的中介认知过程。

韦纳曾提出过一个简明的动机归因模式，如图 11-2 所示：

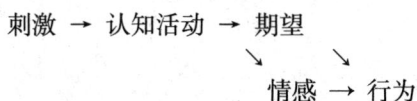

刺激　→　认知活动　→　期望
　　　　　　　　　↘　　　↘
　　　　　　　　情感　→　行为

**图 11-2　认知动机模式**[2]

这个模式强调归因、期望、情感和行为间的动力关系，各种刺激，尤其是与成就相关任务产生的刺激引发个体的思考，个体意识到的成败原因影响个体对未来的期望，并引发特殊的情感反应，后继行为则受到个人情感和预期结果

---

[1]　[美]伯纳·德韦纳.人类动机：比喻、理论和研究［M］.孙煜明译.杭州：浙江教育出版社，1999年12月第1版，431～438页。

[2]　张爱卿.动机论：迈向21世纪的动机心理学研究［M］.武汉：华中师范大学出版社，1999年7月第1版，181页。

的共同影响。也就是说个体归因时，通过其对未来行为的预期及情感反应的协同作用而成为后继行为的动因。比如，个体倘若把自己的失败归因于缺乏能力，就会预期将来还会再次失败，并产生心灰意冷的情感反应，从而丧失进一步努力的意愿。与之相反，如果把其失败归结于他人或环境等外在因素，则对未来的预期会随外部因素的改变而变化，不会太在意偶尔的失利，下次可能更加努力，以通过提高自身因素的参与，降低外部影响，而争取将来的成功。

韦纳综合了一系列归因研究的成果，深化了他前期所提出的动机归因模式，提出更为详细完整的动机和情绪的归因理论（图11-3）。

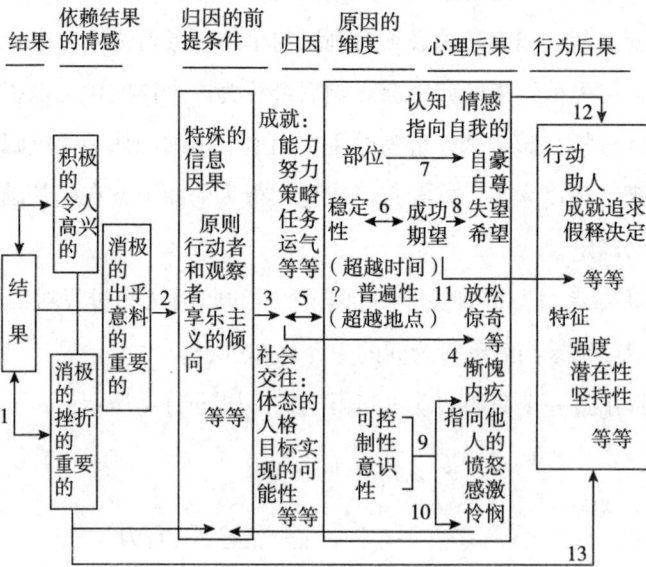

**图11-3 动机和情绪的归因理论**[1]

这一模式表明，随着事件的结果的出现而引致动机的序列发生，特别是在与成就活动有关的成功或失败，及在社会交往中接受或拒绝的结果。这些结果产生了如上图箭头1所示积极和消极的依赖结果的情感，并且会受到这些情感的反作用力的影响，还激发了一系列因果关系寻找过程。图中箭头2表明归因

---

[1] 张爱卿.动机论：迈向21世纪的动机心理学研究［M］.武汉：华中师范大学出版社，1999年7月第1版，191页。

受决定原因选择的前提条件的制约，这些条件有特殊的信息、因果原则、享乐主义倾向等。箭头 3，分别列举了影响成就活动和社会交往的典型归因内容。箭头 4 表示由归因引起的如放松、惊奇等特殊情感反应。双向箭头 5 表示归因的内容与结构分类相互影响。原因的三个主要维度分别是稳定性、部位和控制性，图中列出的普遍性和意识性可能是原因的另外两个维度，不过还没有充分的论据加以证实，所以用问号来表示。双向箭头 6 说明稳定性维度与成功期望相互作用。箭头 7 表示部位维度引发认知和情感的心理后果为指向自我的自豪和自尊。箭头 8 表示期望引起失望和希望。箭头 9 显示可控制性与意识性维度会导致指向自我的认知和情感后果如惭愧和内疚，以及指向他人的愤怒、感激与怜悯等。箭头 10 表明心理后果还能反作用于归因的前提条件。影响后继行为的因素分别有箭头 11 表示的期望，箭头 12 显示的情感和箭头 13 指明的依赖结果的情感。它们共同在助人、成就追求、假释决定等行动方面，和强度、潜在性、坚持性等特征方面影响行为后果。

## 二、归因的前提条件

韦纳认为归因就是行动者或观察者对行为与其结果间关系所作的解释。他发现在现实生活中归因现象普遍存在，人们往往会对自己或所见他人的行为结果进行自发的解释。他在调查研究中还关注到意外的失败的行为结果更容易激发归因的现象。韦纳认为人们的因果推理活动是错综复杂的，受到过去与现在多种因素的影响，并进一步分析了影响归因的前提条件，概括起来主要包括特定的信息线索、个体的因果图式以及个性倾向性。

### （一）特定的信息线索

韦纳（1977 年）指出，归因的前提条件中所包含的特定的信息线索主要包括个体的成败经验、社会行为规范、他人的表现类型以及花在工作上的时间等。这些信息线索引导人们形成不同的对于成败的因果推断。

个体在成就活动中的成功或失败历史，直接影响到他对归因做出的选择。过去持续的成功经历，会促使个体更多地把成功归因于自身能力，而把失败归因于努力不足。与之相反，过去持续的低成就或失败记录，会导致个体把失败归因于自己能力缺乏，而把成功归因为外部的运气。简而言之，个体在成就活动中的成功或失败的经历，提供一种自己能否胜任这项活动任务的信息，这一信息成了个体归因的重要线索。

社会标准与他人行为表现的记录也可以提供关于个体能力的参照信息。在一项他人失败的工作上如果个体获得了成功，他就容易归因于自己有能力；在一项他人成功的工作上失败了的个体，可能会归结为自己缺乏能力。他人在某项工作上的成败比率往往作为判断工作难易的社会参照标准。成功率越高的工作，个体越倾向于把成功归于工作任务的简易；与之相反，失败率越高的工作，个体越倾向于把失败归结为任务过于困难。花在工作上的时间也是归因的一种影响因素，个体常常依据自己在某项工作上所花时间的多少，肌肉紧张与疲劳程度等做出是否努力的判断。如果个体在某项工作任务上花费的时间短、疲劳程度低，他就会认为自己在这项工作中不够努力。

### （二）个体的因果图式

因果图式就是关于因果关系的一般模式，是一种相对稳定的认知结构，代表着个体对事件进行归因的一般性信念，根据这些图式个体就可以做出自己的归因判断。韦纳认同哈罗德·凯利提出的多重充分和多重必要两种因果图式。多重充分因果图式适用于对经常性、普通事情的归因，这种图式认为努力或能力两者之一都会导致成功，然而，既没有能力又不努力，就必然会遭受失败。多重必要因果图式适用于对不经常的、困难任务的结果进行归因，这种图式认为成功是由能力和努力两者共同形成的，倘若两者分离就不可能取得成功。

### （三）个性倾向性

个体自身的某些内在特质也会影响到归因。比如，成就需要高的个体倾向于把成功归结为自己的能力或努力，而成就需要低的个体则易于把成功归因为外部因素。成就需要高者易把初期的失败归因于缺乏努力，而不是能力弱，从而提升完成任务的积极性，因为他们相信只要足够努力就能够获得成功。成就需求低的个体却认为初期的失败是由于缺乏能力，所以更容易放弃努力，不再尝试扭转败局。

研究表明个性差异、性别差异也往往会导致个体的归因偏向，个体的自我信念、自信心等也都是影响归因的重要因素。自信心强的个体多把成就归功于能力，而自信心不足的个体则倾向于把成功归于努力和运气。

## 三、归因的内容

韦纳的归因研究始于对成就活动中成功与失败结果的归因分析，还他收集到大量的相关研究成果，发现了归因的典型内容。在成就领域中，显著的原因只是少数，能力和努力为主要原因，在归因列表中占据支配地位。也就是说成功往往被归因为能力高和工作努力，而失败则被归结为能力低与缺乏努力。几乎在所有的调查报告中，对成功和失败的最经常的解释就是人们如何有能力和怎样试图努力。

韦纳还列举了特赖思迪斯跨文化研究的成果，表明在大多数文化背景中，能力和努力仍然是成就活动中占主要地位的成败归因。这好像是对于归因的一种节约或者简化。另外，这些成就领域中的研究结论还可推广于其他领域中的归因解释。如对富余和贫穷的归因研究，助人行为的归因研究，社会交往中接受与拒绝的归因研究等，都取得了类似的结果。

## 四、归因的结构

作为归因研究中的一个核心课题，归因论者大都对归因结构提出过自己的见解，如海德把归因分为个人和环境因素的单维归因结构观点。韦纳提出了三维归因结构理论，反映了该领域研究的较高成就，他运用逻辑分析区分出归因结构的三个维度即部位、稳定性和控制性，并通过经验分析、试验研究证明了它的合理性。

### （一）部位维度

部位维度是归因结构的第一个维度，它指的是内在—外在的归因维度。最早源于海德（1958 年）所提出的个人和环境的归因维度。罗特完成了心理学中内部—外部的区分工作，他强调控制作用，把行为原因区分为内部控制与外部控制两大类。从此人们就真正把归因结构逻辑地区分为内部—外部维度。

韦纳在海德、罗特的研究基础上，把内部—外部原因维度作为其三维归因结构的第一个维度，认为这种简单的分类促使人们在内部—外部的连续体上，首先考虑哪一处位置能够知觉到原因，从而依据因果关系的定位觉察到这些不同的原因，并对它们进行区分与归类。

**（二）稳定性维度**

韦纳的理论还要求有第二个因果关系维度，因为他发现，同是行为的内部原因，有些是波动、不稳定的，而另一些则保持着相对的稳定性。如海德就曾注意到能力被看作是一种稳定的接受力，而努力和心境这些原因成分被觉察为比较容易发生变化。

在外部原因中也有稳定与不稳定因素的区分，比如一次考试的成功或失败的原因，既可以理解为依赖于阅卷评分的策略，这一稳定的外在标准；又可以归结为考试过程中的运气好坏这一不稳定的原因。同是内部或外部原因，由于某方面存在不同，就需要一种附加的原因成分来抓住这些不同点，增加的这个维度就是稳定性。

韦纳等人提出了一个包含定位与稳定性的分类图式：

| | 内部的 | 外部的 |
|---|---|---|
| 稳定的 | 能力 | 任务难度 |
| | 暂时努力 | 机遇 |
| 不稳定的 | | |

**图11-4　定位与稳定性分类图式**[1]

在定位维度的基础上增加一个稳定性维度，来更细致地区分有关成就活动中的主要原因：即能力、努力、任务难度和机遇。从上图可以明显地看出，能

---

[1]　[美]伯纳·德韦纳.人类动机：比喻、理论和研究［M］.孙煜明译.杭州：浙江教育出版社，1999年12月第1版，301页。

力既是内部的又是稳定的，而努力虽同属内部却具有不稳定的特性。任务难度是外部、稳定的，而机遇虽然也是外部的，但是在稳定性上与前者表现不一，是不稳定的。这样，就避免了罗特内外两分法混淆因果关系稳定性的局面。

### （三）控制性维度

韦纳用与得出稳定性维度同样的演绎推理方法确立了第三个维度，称之为控制性维度，用它代表在行动中意志控制的出现与否。这个维度承认，心境、疲倦和暂时努力等，虽然同属内部、不稳定的原因，但是它们还可以再进行区分。由于个体能够增加或者减少付出努力的程度，所以努力是受到意志控制的。而心境和疲倦在大多数情况下是不能被意志所左右的，即具有不可控制性。

这种同样的区别也能够在内部、稳定的原因中找到，诸如懒惰、勤奋和忍耐等品质特征，经常被知觉为受到意志的控制，而数学才华、艺术天赋与身体协调能力等，虽同属内部、稳定的原因，却并不受到意志的控制。

### （四）归因的三维结构模式

韦纳通过逻辑分析确定了部位、稳定性和控制性这三个原因维度，把每个维度设想为具有两个端点的连续体，分别用内部—外部、稳定—不稳定、可控制—不可控制来标明这些端点。他通过对不同维度的识别与归类，找出了归因过程中的一般规律，从而创立了部位 × 稳定性 × 控制性三维归因结构模式。这三个维度搭配起来可以构成如图 11-5[1] 所示的八种组合：

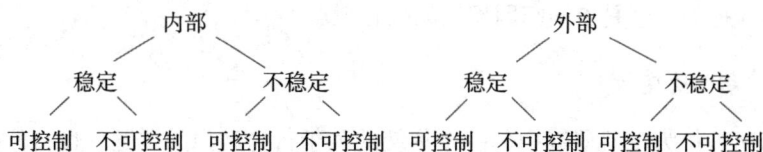

图 11-5　八种不同成分的分类组合

---

[1]　张爱卿. 动机论：迈向21世纪的动机心理学研究［M］. 武汉：华中师范大学出版社，1999年7月第1版，202页。

韦纳提供了以成就失败和社会拒绝为范例的三维归因分析，如表 11-1[1] 所示：

表 11-1　在定位 × 稳定性 × 可控性分类图式的基础上，觉察到成就失败和社会拒绝的原因

| 维度分类 | 动机范围 | |
|---|---|---|
| | 成就 | 社交 |
| 内部的—稳定的—不可控制的 | 天资差 | 体态不吸引人 |
| 内部的—稳定的—可控制的 | 从不学习 | 经常不整洁 |
| 内部的—不稳定的—不可控制的 | 考试那天生病 | 被邀请时咳嗽 |
| 内部的—不稳定的—可控制的 | 考前未复习 | 事前未打电话 |
| 外部的—稳定的—不可控制的 | 学校要求严格 | 宗教限制 |
| 外部的—稳定的—可控制的 | 教师偏见 | 拒绝者总是喜欢晚上学习 |
| 外部的—不稳定的—不可控制的 | 运气差 | 拒绝者那晚必须陪伴患病的母亲 |
| 外部的—不稳定的—可控制的 | 朋友没能提供帮助 | 拒绝者那晚在看电视 |

很明显，由这三个维度组合起的八种原因具有非常直观的意义，以它为参照我们就可以对现实生活中的某些行为结果进行三维的归因分析。因其合理性和应用价值，韦纳的归因三维结构模式已为心理学界和社会学界所广泛接受，并且得到了许多实验研究的证实与支持。

## 五、归因的动机作用

韦纳重视归因后的效果，他认为归因引起期望改变与情感反应，并且由此促动后继的行为。这是韦纳归因理论的核心观点。

### （一）期望改变

目标期望作为动机研究中的一个传统的关于行为动力的课题，也自然吸引了归因理论家们的许多注意力，致力于研究期望随成败结果而变化的特点。韦纳在前人有关研究的基础上，提出了两个假设：一是可以确定有关目标获得的

---

[1]　[美]伯纳·德韦纳.人类动机：比喻、理论和研究［M］.孙煜明译.杭州：浙江教育出版社，1999年12月第1版，305页。

绝对期望的原因变量的影响。二是可以发现期望改变与归因之间的关系，并且能够用此信息来决定归因内容与成功绝对期望间的关系。

经过大量的实验研究韦纳最终发现，决定期望转换的是归因结构中的稳定性。他进而指出，如果期望的条件保持不变，那么过去经历过的结果将会再次出现。在这种情形下取得的成功，就会增强对将来成功的预期，而失败便会增强随后再次失败的信念。然而如果觉察到原因的条件要发生变化，那么就不会再预期现在的结果到将来还会重复出现，对于随后的结果可能难以确定。这时，成功倘若会增加期望的话也是较小的，甚至会降低对于后继成功的期望，然而失败并不必然加强未来还会失败的信念。

韦纳通过大量的实验研究，论证了觉察到的原因稳定性影响成功期望的发现，并扩展到现实生活中的许多应用领域，如在消费、献血等行为中的实际运用。并对罪犯假释决定、归因改变的治疗干预和习得性失助进行了归因理论的分析。最后韦纳又把这一发现提升为包括期望原则及其三个推论在内的基本心理学规律。

"期望原则：随着一次结果之后，觉察到事件原因的稳定性，会影响成功期望的变化。

"这个原则有三个必然的推论：

"推论1：如果把事情的结果归于稳定的原因，那么，必然增强对该结果的预期，或是增强未来的期望。

"推论2：如果把事情的结果归于不稳定的原因，那么，该结果的确定性或期望可能不会变化，而是预料将来可能会与过去有所不同。

"推论3：把结果归于稳定的原因比之将结果归于不稳定的原因，可以预期前者会在更大的程度上使结果重复出现。"[1]

总之，归因的稳定性决定了期望的改变和对成功的期望，目标期望进而影响个体后继的思想与行为。然而目标期望并不构成决定行为的充分因素，还有

---

[1]　[美]伯纳·德韦纳.人类动机：比喻、理论和研究[M].孙煜明译.杭州：浙江教育出版社，1999年12月第1版，312页。

其他因素也在发挥中介作用。

### （二）情感反应

行为的认知及机械的理论确认了另外一些具有动机作用的因素，把它们称之为目标激励。在托尔曼、勒温、阿特金森和罗特等理论家们所提出的期望—价值理论中，认为个体所得到什么样的激励和得到它的可能性（期望）决定了他的动机。尽管客观价值不会由目标为什么达到的主观理由来决定，即人所理解的原因左右不了目标对象的内在特性。不论一百元钱是由于好运气还是努力工作得到的，或者是来自他人的馈赠，一百元钱的价值都是一百元。但是，激励在这里是就行为者达到目标的结果或目标的主观价值而言的，个体宁愿要一百元而不要五十元，就是由于预期的结果使其更满足、更愉快。虽然归因影响不了目标物的客观特性，但是可以决定或引导情绪反应，以及目标达成的主观效果。因为运气好获得一百元能引起惊喜，经过辛勤劳作得到一百元则可能产生自豪感，而从亲人那里接收一百元馈赠可能引发感激。来自朋友的礼物比来自敌人的相同礼物具有截然不同的情感意义。情感不同引起的行为也各不相同，惊喜可能导致守株待兔似的期待，自豪鼓励行为的逐步升级，感激则引发报恩行为。由此可见，归因影响情感反应，而作为中介的情感反应又进而对后继行为具有强大的促动作用。

1. 归因的情绪过程

韦纳在归因理论中假定在一次事件结果之后，一开始会有一种一般的积极或消极的情绪反应，这是基于所觉察到的成功或失败结果进行原始评价而产生的一种原始情绪。这些情绪包括由成功带来的愉快和由失败产生的悲伤情绪，韦纳称之为依赖于结果的情绪，它们与归因无关，因为它们是由实现或没有实现所希望的目标所决定的，而不是形成于结果的起因。

在结果评价及情感反应之后，对行为结果的归因被自然激活。不同的归因又引发一系列相应各异的情绪，韦纳把它们叫作依赖于归因的情绪，因为这些情绪是由觉察到先前行为结果的原因而引起的。比如，成功被觉察为是由好运造成的，会产生惊喜之情，而经过长期不懈的努力获得的成功，则会形成理所当然、坦然受之的平静情感。归因维度在依赖于归因的情绪过程中起着重要的作用，每个原因维度都与一组特定的情感存在着独特的联系。

总之，情绪过程开始于把一件事的结果评价为成功或失败，这种评价引发最初的一般积极或者消极的情绪。倘若结果是重要的、意外的或消极的，就会引起进一步的归因分析。各种归因及其所属维度的基本特性自然产生相应的依赖于归因的情感反应。从而依赖于结果的情绪与依赖于归因的情绪共同存在于对某件事的结果评价所形成的情绪过程之中。

2. 依赖结果的情绪

研究显示行为的结果是情感的决定因素，在成就活动中，无论这个结果的起因是什么，成功都与快乐相关，失败则与挫折感及悲伤相关联。比如，人们在体育比赛获胜后，不管胜利是由于强化训练、好运气，还是对手表现糟糕，他们都会体验到一种快乐的情感。在有关生活质量问题的研究中也发现，满意、不幸福和挫伤等情感都与客观的生活结果直接相关，而并不依赖对结果的归因分析。在人际交往领域也发现并证实了依赖结果的情感。

3. 依赖于归因的情感

研究发现，与原因的部位维度相关的有自豪和自尊的情感，与控制性维度相联系的有愤怒、怜悯、感激、内疚和羞愧等情感，而与原因的稳定性有关的情感则有满怀希望和无望等情感。

（1）自豪和自尊

关于原因定位和自尊间的关系，早已为许多著名哲学家所认识。休谟就认为个体所自豪的必定属于其本人；斯宾诺莎则断言，自豪由对自己优点的认识所组成；康德将部位—自豪作为一个整体来把握，他形象地指出，吃饭时每个人都能享受到食物的美味，而能够体验到自豪的只有烹调这些食物的人。

韦纳在理论分析和大量实验研究的基础上进一步指出，觉察到因果关系的定位，会影响成就实现中的自豪或自尊的情感以及自我价值。由此可以推测，把积极的结果归功于自己时，会体验到自豪与较高的自尊；而把消极的结果归结于自己时，会导致自尊的降低。例如，在考试中当从某个给所有的学生都是"优"等成绩的教师那里得到"优"等成绩时，体验不到自豪感，这是归因于教师仁慈或任务简单等外部原因的缘故。与之相反，从很少给"优"的老师那里获得"优"等成绩，会产生强烈的自豪感，并大大地提高其自尊，这是只能归因于能力强或努力工作的效果。

韦纳指出，由阿特金森所发现的自豪感与任务难度间的关系，是以把成功和失败进行自我归因作为中介的。也就是说，困难任务中的成功产生最大的自尊，而容易任务中的失败则导致最小的自尊。

总之，在成就情境中，由胜利完成任务产生的自豪形成一个积极的动机系统，引导着个体重复相关指向目标的行为，以再次体验这种自豪感；随着目标的成功实现，更顺其自然地增长了指向自我的情感。

在非成就情境中，可以运用定位与自尊间的联系，有意识地影响他人的情感，进而影响其人际交往。个体在社会交往中邀请他人参加约会或聚会，收到邀请的人可能会拒绝，并对邀请者的质疑说明原因。这时，拒绝的内部原因会最大限度地伤害到邀请者，而内部、稳定的原因比内部、不稳定的原因，觉察到的反应会更为强烈。实验发现女性在拒绝时明显表现得比较宽容，出于保护邀请者的自尊心，有三分之二多的女性被试隐瞒了真实原因，而是寻找一个外部的原因来答复。对于邀请者来说属于外部的原因，被试在 99% 的情况下会如实相告。外部归因对邀请者的自尊有缓冲作用，能够让随后不利反馈的消极情绪最小化。

（2）愤怒、怜悯、感激、内疚和羞愧

韦纳研究发现，愤怒、怜悯、感激、内疚和羞愧等情感与控制维度的归因相联系。个体失败的原因被觉察为是由他人控制造成的，就会引起对这个人的愤怒情绪。比如，考试失败是由于邻居不替别人着想扰乱得个体在考前失眠而引起时，这个人就会对邻居产生愤怒之情。对他人的消极结果归结为不可控制的原因则会产生怜悯的情感，如对于自然灾害的遇难者就会心生怜悯。可控制的原因产生对于自己的好结果时会引起感激，例如，个体在接受他人的无偿馈赠时，会由衷地感激的。

内疚与羞愧有许多共同点，它们都含有消极的自我评价，并且都是痛苦、紧张、焦躁与抑郁倾向的。在归因时它们都把失败或消极行为指向内部，所以都与低自尊相关。内疚与羞愧间的差别可以通过分析因果关系的控制性维度来理解。内疚产生于个体觉察到自己本可以控制消极结果的发生，尤其是认为自己对消极结果负有责任时，往往把失败归因于缺乏努力。与内疚有关的情感如悔恨、自责、倒霉等，经常导致趋向行为、报复与改进的动机性活动。羞愧由自我的消极行为结果或自身的不良个性特征所引发，并且是意志所不可控制的，常常把失败归因为自己缺乏能力。失落、困窘与自卑都是与羞愧有关的情感，通常会出现退缩的愿望与行为，导致个体失去控制，感到缺乏动力和动机受到极度抑制，企图遗弃或改变自我，幻想地上现出一个洞，以便钻进去隐藏或逃避，有从众行为、无助行为增多的现象。

（3）无望与满怀希望

由于原因的稳定性维度决定着对于将来的成功与失败的期望，这样与预期有关的情感就很可能会受到原因稳定性的影响，如无望或满怀希望就是涉及对目标获得与否进行预期的情感。研究发现如果把一个消极的结果归于稳定的原因，就会体验到无望，即无望产生于将来和过去同样糟糕的预期；如果预期将来和过去一样稳定成功，则会满怀希望。

总之，无论是依赖于结果的一般情感，还是依赖于归因的特殊情感，都是作为促动后继行为的中介因素而起作用的，其重要功能之一就是成为后继行为的动因。这样，情感反应就和由归因而产生的期望改变一起构成后继行为的动因。

## 六、归因过程中各因素间的相互作用

韦纳发现在归因过程中认知、情感等因素间存在着一种相互作用，他指出任何概念体系必须包括反馈圈和双向的因果联系。例如，个体的态度能够影响行为，而行为也可以反作用于态度；需要影响认知，而认知也能够引发需要；主观的期望能改变需要，更会被需要所改造。

韦纳的动机归因理论模式中各因素间从左到右的作用关系，在上文已详细论述，下面阐述一下韦纳的关于从右到左作用关系的见解。

### （一）情感状态对认知过程的作用

韦纳认为，一般积极和消极的情感状态不仅受到关于成败结果知觉的影响，也会反过来作用于结果的知觉。根据鲍尔和科思（1982年）等人的研究结果，韦纳指出个体处于一种积极心境中时更可能关注积极的事件，对它们的解释也更加积极；与之相反，处于消极心境中的个体更可能觉察到消极的事件，解释它们也较为消极。这主要是由于，个体会有选择地根据其心境来过滤并解释这个世界。

一般的情感状态对归因过程也会产生影响，具体来说就是，情感的积极与否会部分地影响到所觉察到的原因的定位、稳定性和控制性维度。比如，布朗在其1984年的研究中指出，快乐的被试比消极的被试，完成任务后的期望较高，并更多地把结果归结为稳定的原因。情感状态对原因的控制性和定位的影响也得到了一些实验的证明。

### （二）期望对归因的影响

韦纳认为，稳定性归因与成功的期望相互影响。根据前述归因对期望的影响，可以逻辑地推出这些一般性结论：由一次成功伴随的对成功的高期望，会引起对稳定性因素如天资和个性品质等的归因；而由一次失败伴随的对失败的高期望，也导致归因于稳定性因素。而与失败相伴随的对成功的高期望和伴随成功的对成功的低期望，将导致归因于如运气和努力等不稳定的因素。总而言之，在期望与结果相一致，或者一个期望被证实时，归因稳定性因素；相反，当期望与结果不一致时，就引发不稳定性归因。

### （三）情感交流对归因的影响

韦纳认为，个体的归因决定着对他人的情感反应，而来自他人的情感反应也会影响当事人的归因。韦纳举现实生活中的例子来说明，个体可能质问他人："你为什么要对我发怒？我是没有办法的。"这句话隐含的意思是，质问者通过对方的发怒情感，觉察到对方把他的某种过错归结于可控制的原因，而他实际上认为自己的过错是由不可控制因素造成的。再比如，老师对某学生取得的好成绩表示极端惊讶时，会给这位学生一个暗示，即他的好成绩并不是由于能力高。

格雷厄姆（1984 年）的实验证实了他人的情感反应影响行为者的归因。在此研究中，她让大约 12 岁的儿童在一次成就活动中失败，让"教师"对他们的结果表示愤怒或者怜悯，然后让儿童对自己的失败进行归因。研究显示，"教师"表达同情的儿童，他们主要归因于能力低；而"教师"表达愤怒的儿童，其主要归因于缺乏努力。

### （四）归因维度对归因的影响

韦纳认为，人们在归因时，首先确定一种结果的原因，然后在原因维度上发现其位置。反过来，不同维度的原因集中到一起也会影响归因的选择。比如，在一次考试失败后可能推断为自身的原因，然后在自我的各种原因中找到一种适当的归因，这种一般的归因判断从而可以改变成诸如稳定性、控制性等各种归因成分。归因时，也可能是多种维度的原因成分首先被唤起，进而再影响到一般的归因判断。如此归因与原因维度之间就形成了双向的相互作用关系。

## 七、韦纳对需要心理学的贡献与局限

韦纳的认知动机归因理论从探索人们怎样理解环境入手，推导自己或他人行为的原因，在此基础上服务于后继行动方案的确定。韦纳实现了动机研究与归因研究的历史性汇合，他用认知动机归因理论范式统一了这两方面的研究，作为一种独特的认知动机理论在心理学中占有了一席之地。

韦纳的认知动机归因理论十分强调个体的归因认知过程对后继行为的影响，归因是成就结果与后继行为间的中介认知过程。他综合了一系列归因研究的成果，深化了他前期所提出的动机归因模式，提出了更为详细完整的动机和情绪的归因理论。

韦纳认为归因就是行动者或观察者对行为与其结果间关系所作的解释，他发现人们的因果推理活动是普遍而错综复杂的，受到过去与现在多种因素的影响，并进一步分析了影响归因的前提条件，主要包括特定的信息线索、个体的因果图式以及个性倾向性。

　　韦纳提出了三维归因结构理论，反映了该领域研究的较高成就，他运用逻辑分析区分出归因结构的三个维度即部位、稳定性和控制性，并通过经验分析、试验研究证明了它的合理性。因其合理性和应用价值，韦纳的归因三维结构模式已为心理学界和社会学界所广泛接受，并得到了许多实验研究的证实与支持。

　　韦纳重视归因后的效果，他认为归因引起期望改变与情感反应，并且由此促动后继的行为。这是韦纳归因理论的核心观点。在大量研究的基础上，他提出了包括期望原则及其三个推论在内的基本心理学规律。

　　韦纳发现在归因过程中认知、情感等因素间存在着一种相互作用，他指出任何概念体系必须包括反馈圈和双向的因果联系。通过对归因过程中各因素间相互作用关系的论述，他揭示了人类归因复杂过程的实质与规律，进一步扩展和完善了他的理论，具备了辩证思想与更强的说服力。

# 第十二章　现代认知心理学的需要思想

现代认知心理学指的是信息加工认知心理学这种狭义上的认知心理学，它用信息加工的术语来阐明人的认知过程，人对信息的接受、编码、操作、存储、提取与运用的过程为其主要的研究对象，包括感知觉、注意、记忆、表象、思维、言语和问题解决等领域。它于20世纪50年代在西方国家中产生，在60年代快速发展，在70年代之后就已成为当代心理学研究的主流。

现代认知心理学是在反对其他主要流行心理学思潮的极端倾向中发展起来的。它反对行为主义仅研究可观察外部行为的极端偏见，强烈主张要研究人的内部认知。它反对精神分析对潜意识的过分关注，而特别强调意识的主导地位。它反对人本主义只关心个体的成长与人际关系，而重视对认知过程的研究。

美国心理学家乌尔里克·奈塞尔（Ulric Neisser）于1967年撰写《认知心理学》这本为该领域命名的著作，标志着认知心理学已经自成体系，并且在心理学界有了立足之地。他为认知下了定义："'认知'指的是感觉输入所经历的全部加工过程，包括转换、简化、精细加工、存储、提取和应用……诸如感觉、知觉、想象、保持、回忆、问题解决和思维等术语，指的是认知的假设阶段或认知的某些方面。"[1]

他的这部著作包括四部分，第一部分是引入章节，其他三个部分依次为视觉认知、听觉认知和高级心理加工过程。可见，认知在他看来并不局限于高级功能。他在本书的结语部分写道："然而，既然这本书名为《认知心理学》，它的读者就应当有权读到关于思维、概念形成、记忆、问题解决等议题的讨论……

---

［1］［美］格雷戈里·希科克. 神秘的镜像神经元［M］. 李婷燕译. 杭州：浙江人民出版社，2016年12月第1版，119页。

如果这些内容只占到了本书的十分之一，我相信这是因为对于这些议题，我们目前还没有太多可说的内容。"[1]他相信信息是被转换的，人们致力于理解的就是信息转换的结构模式。

现代认知心理学的研究范围涵盖人类认知的各方面，产生主要理论成果的领域有：感知觉与模式识别、注意与意识状态、记忆、知识的表征与组织、语言、思维和人工智能等。

## 第一节　感知觉与模式识别

感觉（sensation）是主体对作用于其身上的物理世界能量的初始探测；知觉（perception）则是主体对来自周围环境及自身内部的感觉刺激进行辨别、组织与理解的一系列高级认知加工过程，是对其所感觉到的事物的解释。二者密切配合，形成主体对周围世界及自身的认识。

对于知觉的研究，出现了许多理论，比较著名的有格式塔理论（Gestalt theories）、自下而上的理论（bottom-up theories）或直接知觉理论（direct perception theories）、自上而下的理论（top-down theories）或建构知觉理论（constructive perception theories）以及知觉的计算理论。

### 一、格式塔理论

格式塔理论的代表人物主要有 Kurt Koffka、Wolfgang Köhler 和 Max Wertheimer 等心理学家，他们创立了形状知觉的格式塔研究方法。整体不等于部分之和为其基本思想，这一研究方法对于个体怎样知觉构成一类的物体，以及如何把物体的部分整合为一个整体，都非常有帮助。依据格式塔趋完形律，人们在知觉任何给定的视觉队列时，易于用稳定并连贯的形式简单地组织这些元素，尽管有的元素可能完全不同，也不把它们看作不可理解、缺乏组织的一

---

[1]［美］格雷戈里·希科克. 神秘的镜像神经元［M］. 李婷燕译. 杭州：浙江人民出版社，2016年12月第1版，120页。

堆混乱感觉。关于形状知觉的一些格式塔原则，包括图像—背景、邻近、相似、连续、闭合和对称原则，如表 12-1、图 12-1、图 12-2 所示[1]：

**表 12-1 视知觉的格式塔原则**

| 格式塔原则 | 原则 | 说明该原则的图像 |
|---|---|---|
| 格式塔的接近原则、相似原则、连续原则、闭合原则和对称原则有助于我们对形状的知觉 ||| 
| 图像—背景 | 在知觉某个视野时，一个物体（图像）看起来突显出来，视野中的其他东西则消退到背景中（背景） | 图12-1表现的是图像—背景花瓶，其中一种知觉图像的方式可以把物体带到面前，另一种方式则把另外一个物体带到面前、把先前的物体推到幕后 |
| 邻近 | 在知觉物体的归类时，易于把相近的物体看成一组 | 图12-2（a）中，我们易于把中间的4个 |
| 相似 | 人们倾向于依据相似性对物体归类 | 图12-2（b）中，我们更容易把它看成4列x和o，而不是4行x和o的组合 |
| 连续 | 人们倾向于知觉连贯或连续流动的形式，而不是断裂的或不连续的形式 | 图12-2（c）画的是两个相交的部分曲线，而我们倾向于把它知觉为平滑的而非分裂的曲线 |
| 闭合 | 人们倾向于闭合或完成并非完整的物体 | 图12-2（d）所显示的只是断裂的线段，而我们易于把它们闭合为三角形和圆圈 |
| 对称 | 人们倾向于把物体知觉为一个崭新两边的对称图 | 例如，在看图12-2（e）中的括号配置时，我们把它们看成4组括号，而不是8个单独的括号，因为我们已经把对称的元素整合为连贯的物体 |

(a)

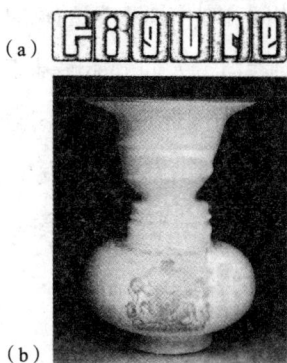

(b)

**图 12-1 图像还是背景**

［1］［美］Robert J. Sternberg. 认知心理学（第三版）［M］. 杨炳钧，陈燕，邹枝玲译. 北京：中国轻工业出版社，2006年1月第1版，93、94页。

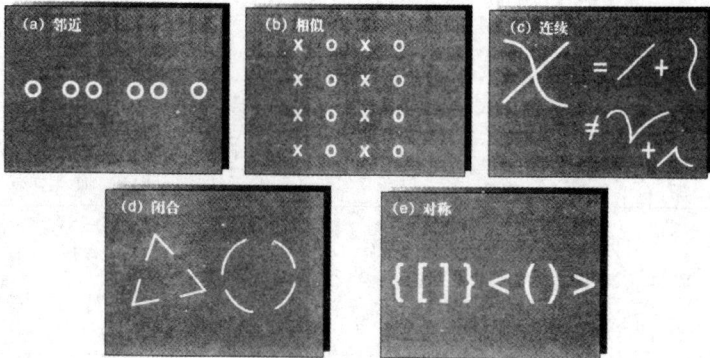

图 12-2　格式塔知觉原则示例

## 二、自下而上的理论

自下而上的理论也叫数据驱动理论，它对知觉的理论解释采取自下而上的方法，强调刺激的特征对识别物体的重要性，感受器受到物理刺激后，将所产生的信息再传递到知觉系统中更高级更复杂的层次。James J. Gibson（1950）提出的直接知觉理论界定了自下而上的研究取向。他相信在现实世界中有足够的不同时期的环境信息能够促成知觉判断，人的生物性决定了人是可以直接利用环境信息的。当人们观察诸如纹理梯度这种具有深度线索的对象时，这些线索可以帮助人们直接觉知物体间和其各部分间的相对接近性及相对距离。无须复杂的思维等高级智力过程的参与，人们就能够基于物体特征与现实世界场景间稳定关系的分析，直接觉知到周围环境。该理论把知觉和智力的角色分开，智力在认知加工中的作用是在知觉加工完成后才发生的。

另外，还有四个主要的自下而上的形状知觉模式，它们分别是模板匹配论、原型匹配论、特征分析论和结构描述论。

### （一）模板匹配论

模板匹配理论（template matching theories）认为，模板是一种内部认知结构，在人们大脑中存储了无数可辨认的各种模式的典型模板，由它们组成了大量的模板集。人们在生活经验中创造了大量的模板，而且每个模板都有其所对应的意义。通过把感觉刺激与这些模板集比较后选择最为匹配的模板，人们就实现了知觉识别。该理论的积极之处在于，它直观地表明要识别某种感觉刺激，必须可以提取一个用来比较的内部模板。也就是说，要识别外部的真实物体，必须能够与长时记忆中的相应存储加以匹配。然而，它的困难之处在于，如果外部物体必须与内部表征百分百匹配才能完成识别，那么对物体的观察角度与模板相比稍有偏离的话，就不能识别出这个物体。该理论还意味着，为了识别不同形状的各种物体，必须有与之一一对应的数不清的模板，这样就不太经济。

### （二）原型匹配论

原型匹配理论（prototype matching theories）提供了另一种关于知觉模式的解释，它认为人们是通过与原型匹配而进行知觉识别的。原型不是具体的特定样式，而是关于一类物体或者模式的最能猜想到的样式，它整合了这类模式的最常见、最为典型的特征。人们不用再与所有模式进行精确、等同的匹配，这样过于笨拙与呆板，只需与这个最具有代表性的原型匹配就能迅速完成识别。有两种解释原型形成的理论模型，一种是认为原型表征的为一组样例的平均数或均值的趋中模型（central-tendency model），一种是认为原型表征的为众数或者最常见特征组合的特征 - 频率模型（attribute-frequency model）。第二种模型中的原型代表一组模式中的最佳样例，它汇集了一系列样例中最常见特征的模式。

### （三）特征分析论

特征分析理论（feature-analysis theories）提出了相对灵活的识别物体的方法，该理论主张视觉刺激由数量有限的几个特征所组成，每个视觉特征都可叫作区别性特征（distinctive feature）。埃莉诺·吉布森（Eleanor Gibson, 1969）做了一个如示例 12-2 的表格，用特征分析理论解释字母的识别。字母表中每个字母的区别性特征不因手写、印刷或打印而变化，它的一系列区别性特征都存储在人们的记忆中。在看到新字母时，视觉系统会发现不同的特征是否出现，从而据此与记忆中每个字母的特征加以比较，而识别出具有同一特征的字母。

表 12-2　特征分析理论[1]

| 特征 | A | E | F | H | I | L | V | W | X | Y | Z | B | C | D | G | J | O | P | R | Q |
|---|---|---|---|---|---|---|---|---|---|---|---|---|---|---|---|---|---|---|---|---|
| **直线** | | | | | | | | | | | | | | | | | | | | |
| 水平线 | + | + | + | + | | + | | | | | + | | | | + | | | | | |
| 垂直线 | | + | + | + | + | + | | | | | | + | | + | | | | + | + | |
| 斜线 / | + | | | | | | + | + | + | + | + | | | | | | | | | |
| 斜线 \ | + | | | | | | + | + | + | + | | | | | | | | | + | + |
| 封闭曲线 | | | | | | | | | | | | + | | + | | | + | + | + | + |
| 交叉 | + | + | + | + | | | | | + | | | + | | | | | | + | + | + |
| 对称性 | + | + | | + | + | | + | + | + | + | | + | + | + | | | + | | | |

资料来源：Gibson, E. J.（1969）. *Principles of perceptual learning and development*. New York: Prentice Hall.

Oliver Selfridge（1959）提出了一个叫作"魔宫"的特征匹配研究范型，这来自一个比喻，刺激的特征由负责特定任务的每个"魔鬼"接受并进行分析，以找出记忆中所存储的特征并相匹配。如下图所示：

---

[1]　［美］Robert J. Sternberg. 认知心理学（第三版）［M］. 杨炳钧，陈燕，邹枝玲译. 北京：中国轻工业出版社，2006年1月第1版，20页。

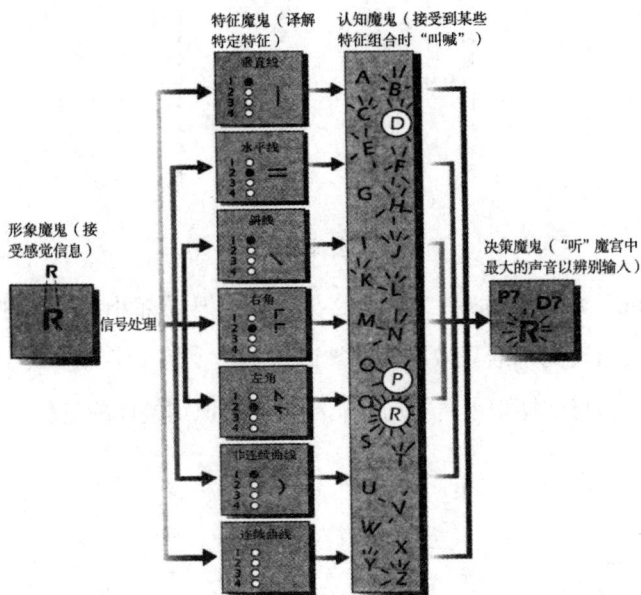

**图 12-3　魔宫**[1]

　　根据 Oliver Selfridge 的特征匹配范型，人们通过把观察到的特征与记忆中储存的特征相匹配的方式来识别模式。

　　David Navon（1977）在实验中对整体特征与局部特征作了区分，整体特征展现的是全部形状，局部特征则是特定模式的小规模或者具体、详细的方面。如下图所示，整体上的大字母 H 分别由小字母 H 和 S 组成。a 中整体与局部特征一致，b 中不一致。局部的小字母紧密排列时，被试会更快地识别出整体而非局部，这种现象被称作整体居先效应。要求被试从整体上辨别刺激时，局部特征与整体匹配与否不影响被试回答的速度；而要求被试从局部层次上识别刺激时，两者匹配的比不匹配的回答得要快。

---

[1]　[美]玛格丽特·马特林. 认知心理学理论、研究和应用（第八版）[M]. 李永娜译. 北京：机械工业出版社，2019年8月第1版，99页。

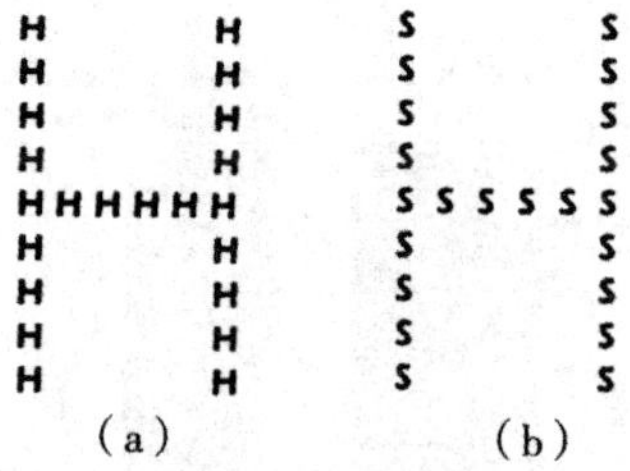

```
H         H         S         S
H         H         S         S
H         H         S         S
H         H         S         S
HHHHHH    HHHHHH    SSSSS     SSSSS
H         H         S         S
H         H         S         S
H         H         S         S
H         H         S         S
    (a)                   (b)
```

**图 12-4　整体居先效应**[1]

M. Martin（1979）发现，如图 12-5 所示，把局部小字母间的间距拉大，效果相反，会出现局部居先效应。即被试识别单个的小字母要快于对整体大字母的识别，因为与整体相矛盾的局部刺激干扰了识别整体的进程。

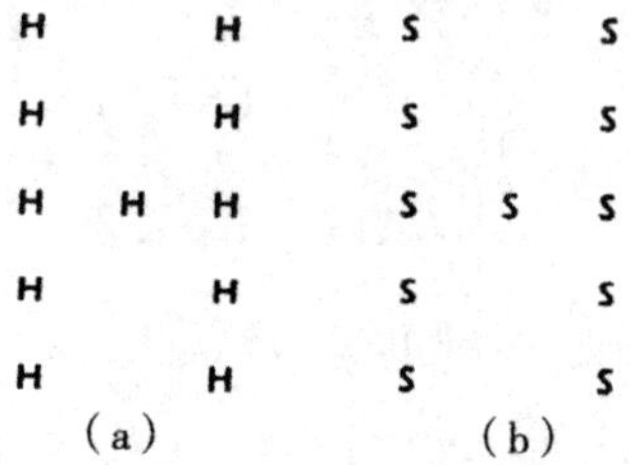

```
H       H       S       S

H       H       S       S

H   H   H       S   S   S

H       H       S       S

H       H       S       S
    (a)             (b)
```

**图 12-5　局部居先效应**[2]

### （四）结构描述论

Irving Biederman（1987）提出了一个关于人们形成三维心理表征的成分辨认理论，在人们头脑中由经验积累起的三维几何离子集，观察物体时人们可以把它分解成常见几何离子的方式很快形成再认。也就是说，物体识别可以由成分识别（recognition by components，简称 RBC）构成，在识别电话机、手提箱及更复杂形状的物体时，都是通过在其中找到简单形状来完成的。有 24 种形状独特的几何离子，它们组成一个系统，可以构造出许多基本形状，乃至数不清的基础物体，还能够重新组合成大量的其他物体。其结构方式如图

［1］［美］Robert J. Sternberg. 认知心理学（第三版）［M］. 杨炳钧，陈燕，邹枝玲译. 北京：中国轻工业出版社，2006年1月第1版，100页。

［2］［美］Robert J. Sternberg. 认知心理学（第三版）［M］. 杨炳钧，陈燕，邹枝玲译. 北京：中国轻工业出版社，2006年1月第1版，100页。

12-6 所示：

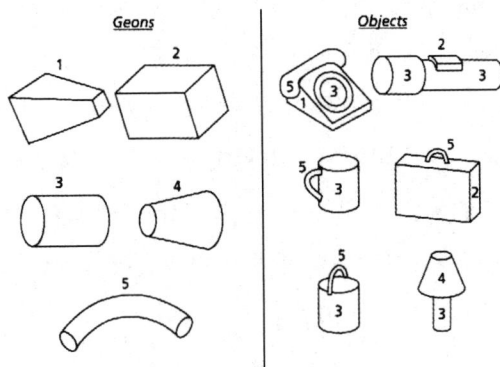

**图 12-6　几何离子与物理**[1]

## 三、自上而下的理论

认 知 心 理 学 家 Jerome Bruner（1957）、Richard Gregory（1980）和 Irvin Rock（1983）等为建构知觉（constructive perception）研究取向的领军人物。建构知觉又称为智能知觉，该理论认为高级思维在知觉形成中发挥着重要作用。知觉者在感知信息时，把感觉信息作为基础，利用其他信息源对一个刺激建立起认知理解，即建构起对它的知觉。

在建构主义心理学家看来，人们在知觉过程中快速形成并且测试关于知觉对象的各种假设，其基础依据有，感觉到的各种信息、感知期望、提取出的包括对环境了解的存储知识和通过高级认知加工所作的推断。人们会无意识地吸收这些不同来源的信息，进行无意识推论，通常能够做出与视感觉相关的正确归因，从而创建起相应的知觉。

自下而上理论难以解释的背景效应，即周围环境对知觉的影响效应，却能很好地证明建构知觉理论。尤其是背景效应中的完整物体优先效应，即人们识别构成三维物体的部分线段要快于对二维物体中不连续线段的识别。

---

[1]［美］罗伯特·L·索尔所，M·金伯利·麦克林，奥托·H·麦克林.认知心理学（第7版）［M］.邵志芳，等译，上海：上海人民出版社，2008年7月第1版，109页。

显然，建构知觉理论是一种自上而下的加工理论，它强调人们的概念、期望与记忆对物体识别的影响。例如，期望就会以自上而下的方式引导人们对视觉刺激进行早期加工，从而有助于快速识别物体。自上而下的加工在刺激不完整或模糊时都是很强的，它还会影响阅读的效率，如句子的语境能够促进对其中词语的识别。字母识别研究中经常出现的词优效应（word superiority effect）就表明了意义的重要作用，一个字母在有意义词语中呈现时，相比于它单独呈现或出现于无意义字母串中，能得到更快更准确的识别（Dahan，2010；Palmer，2002；Wecera，Lee，2010）。

## 四、知觉的计算理论

David Marr（1982）提出了可以详尽地在计算机中进行模拟的知觉范型，被称之为计算理论。他认识到了认知加工在依据原始感觉信息觉知环境的心理表征中的复杂性，并融合了一些诸如深度线索、知觉恒常性和形状知觉的格式塔原则等有关知觉的描述原则。

他指出，来自视网膜的原始感觉信息可以利用边缘、轮廓和相似区间三种特征而组织起来。边缘能够形成物体及其各部分间的界限，轮廓则使得物体的表面有了区别，那些在很大程度上没有区别性特征的区域就是相似区间。

Marr认为人们计算所看到物体的三维知觉时，要经过三个加工步骤。首先，人们根据原始感觉信息创建一个初步的二维草图，以此代表所看到的二维物体。该草图完全依据处在特定位置的观察者的感觉，勾勒光线的强度变化及边缘、轮廓和相似区间等特征。然后，对数据创建一个Marr称之为的二又二分之一维略图，该图考虑观察者相对于物体表面方位的观察角度，还考虑了阴影、纹理梯度、运动以及双眼线索等深度线索。最后，在二又二分之一维略图基础上进一步进行详细描绘，创建一个能够表示三维物体及物体间空间交互关系的三维模型。该模型表示的观察者与物体间的关系，已与观察者所在的位置无关。

## 五、知觉与模式识别研究对需要心理学的贡献与局限

出现了许多知觉理论，比较著名的有格式塔理论、自下而上的理论或直接

知觉理论、自上而下的理论或建构知觉理论和计算理论。

格式塔理论创立了形状知觉的格式塔研究方法。整体不等于部分之和为其基本思想，该研究方法对于个体怎样知觉构成一类的物体，以及如何把物体的部分整合为一个整体，都非常有帮助。格式塔理论提出了趋完形律，即人们在知觉任何给定的视觉队列时，易于用稳定并连贯的形式简单地组织这些元素。关于形状知觉的一些格式塔原则，主要包括图像—背景、邻近、相似、连续、闭合和对称原则。依据一些格式塔原则组织成为完形的规律，及其抽象出的组成整体的倾向，普遍存在于广泛的认知领域。在需要心理学中，将其作为一种重要的认知动力。

自下而上的理论也叫数据驱动理论，它对知觉的理论解释采取自下而上的方法，强调刺激的特征对识别物体的重要性。James J. Gibson 提出的直接知觉理论界定了自下而上的研究取向。另外，还有四个主要的自下而上的形状知觉模式，它们分别是模板匹配论、原型匹配论、特征分析论和结构描述论。前面已对其优劣势进行了分析。

建构知觉理论是一种自上而下的加工理论，它强调人们的概念、期望与记忆对物体识别的影响。自上而下的加工在刺激不完整或模糊时都是很强的，它还会影响阅读的效率，如句子的语境能够促进对其中词语的识别。字母识别研究中经常出现的词优效应就表明了意义的重要作用。

David Marr 提出的计算理论为可详尽地用计算机进行模拟的知觉范型。他发现了认知加工在依据原始感觉信息觉知环境的心理表征中的复杂性，并融合了一些诸如深度线索、知觉恒常性和形状知觉的格式塔原则等有关知觉的描述原则。

## 第二节　注意与意识状态

对于注意（attention），美国著名心理学家威廉·詹姆斯（William James）是这样认识的："它是心灵以清晰和逼真的形式，在那些看上去同时具有可能性的对象或者思想的序列中，占用其中的一个。意识的聚焦和集中就是它的本质所在。它意味着从某些事情中退出来，以有效地处理其他事情，而且，它是一种与在法语中被称之为分心（distraction）、在德语中被称之为精神涣散（zerstreutheit）的困惑、茫然、注意力不集中的状态完全不同的状态。"[1]

对注意比较通用的定义是："心理能量在感觉事件或心理事件上的集中。"[2]

意识（consciousness）是伴随着觉知感的对内外部刺激的觉知，Zeman（2001）提出了构建意识研究框架的一般指导原则："觉醒状态——当我们清醒时，我们可以感知和反应。经验——对此时此刻发生在我们周围的事物的觉知。拥有一种心理状态——信仰、希望、意图、期望等等。自我对自我的再认感，自我知识，感到自己对自己头脑中的想法观点和情感拥有所有权。"[3]

显然，注意与意识存在交集。引起主体注意的刺激，易于为主体所觉知，而进入其意识；主体没有注意到的刺激，也难于为其所意识。然而，两者又各有不同。

## 一、注意

Duncan 等人（1999）把注意看作是通过感觉、已存记忆及其他认知过程对大量现有信息中的部分有限信息进行的积极加工。

### （一）前意识加工、控制加工和自动加工

前意识加工指的是利用不在当前有意觉知内的信息进行的认知加工，前意识信息包括没有在特定时间内使用但可以根据需要随时唤起的已存记忆。可以通过对启动作用（priming）现象的研究来证实前意识加工，优先呈现与某些刺激相同或相似的刺激而使对其加工变得便利起来的现象就是启动作用现象。相关研究发现，尽管特定的前意识信息不能完全为被试所意识，但是仍然可以对

[1]［美］威廉·詹姆斯.心理学原理（上）［M］.田平译.北京：中国城市出版社，261页。
[2]［美］罗伯特·L·索尔所，M·金伯利·麦克林，奥托·H·麦克林.认知心理学（第7版）［M］.
邵志芳，等译，上海：上海人民出版社，2008年7月第1版，75页。
[3]［美］罗伯特·L·索尔所，M·金伯利·麦克林，奥托·H·麦克林.认知心理学（第7版）［M］.
邵志芳，等译，上海：上海人民出版社，2008年7月第1版，130页。

注意加工起到作用。

　　根据加工过程中是否要有意识地控制，认知加工可区分为自动加工和控制加工。无须有意识控制的认知加工就是自动加工（automatic process），而控制加工（controlled process）则是需要有意识控制的认知加工。

表 12-3　控制加工和自动加工<sup>[1]</sup>

| 全控制加工和全自动加工之间可能有认知加工的连续体，以下特点表明了这两极各自的特点。 | | |
|---|---|---|
| 特点 | 控制加工 | 自动加工 |
| 有意努力度 | 需要有意努力 | 不需要或几乎不需要意图或努力（有时有意努力甚至用来避免自动加工） |
| 有意识觉知度 | 需要完全的有意识觉知 | 通常不处在有意识觉知之内，尽管有意识可以利用某些自动加工 |
| 注意资源的使用 | 消耗很多注意资源 | 消耗可以忽略不计的注意资源 |
| 加工类型 | 按序列进行（每次一步） | 并行加工（即，许多操作同时进行，或至少没有特定的顺序） |
| 加工速度 | 与自动加工相比相对费时 | 相对较快 |
| 任务相对新颖性 | 新的没有做过的任务，或任务特点变化较大 | 熟悉且经常做的任务，任务特点很稳定 |
| 加工层次 | 相对比较高层次的认知加工（需要分析与综合） | 相对比较低层次的认知加工（极少需要分析与综合） |
| 任务难度 | 通常困难 | 通常简单，但相对复杂的任务在足够的练习之后也可以被自动化 |
| 获得过程 | 在足够的练习之后，许多例行的或相对稳定的过程会变得自动化，由此高度控制加工可能变得部分或全部自动化。自然，高度复杂的任务的自动化所需的练习量非常大 | |

　　往往是控制加工在前，随着不断练习，逐步转变成自动加工。如学开车阶段，主要是控制加工，系安全带、踩离合器、挂挡、松手刹、踩油门等每一个步骤的掌握都要有意识地进行控制。熟练驾驶阶段，除非有例外情况，一般情况下都属于自动加工。自动化（automatization）就是操作步骤由高度有意识转

————————

[1] ［美］Robert J. Sternberg. 认知心理学（第三版）［M］. 杨炳钧，陈燕，邹枝玲译. 北京：中国轻工业出版社，2006年1月第1版，56页。

向相对自动的过程，也称作程序化。个体经验及研究显示，自动化是练习的自然结果，活动经过高强度训练后会显著提高自动化的程度。

### （二）习惯化和去习惯化

习惯化和去习惯化是支持注意系统的两种相反导向的自动加工，分别影响着人们对熟悉刺激和新异刺激的反应。习惯化（habituation）指的是，随着人们对某个刺激的熟悉，逐步变得越来越引不起人们对它的注意。去习惯化（dishabituation）作为习惯化的对立面，指的是熟悉的刺激发生变化而引起人们对它的再次注意。这两个过程都无须有意识地做出努力就可自动发生，受到刺激相对稳定性和熟悉度的调节。随着对刺激熟悉度的稳定提高，习惯化得以形成；当刺激的稳定性发生变化，即表现出差异或出现新颖的方面而降低熟悉度时，就会促进去习惯化的发生，或使得习惯化难以形成。除了刺激的内部变化外，主体的唤醒状态也是影响习惯化的因素。唤醒（arousal）是个体面对刺激时生理兴奋、响应和动作准备就绪的程度，对应于一定的基线，通过测量唤醒度可以考察发生在生理层次的习惯化，唤醒度的减弱反映着习惯化的形成。

注意的功能除了通过习惯化和去习惯化，关闭熟悉刺激和开启新异刺激外，有意注意还有检测信号、选择注意和分配注意三个功能。

### （三）信号检测

信号检测（signal detection）就是通过警觉或搜索监测到特定目标刺激的出现。信号检测理论（Sibnal-detection theory，SDT）分析了检测目标刺激时出现的四个可能结果：①击中或叫正确肯定信号，即对目标刺激的出现辨别正确；②错误警报或称错误肯定信号，即错误地辨别到并不存在的目标刺激的出现；③未击中，也叫错误否定信号，即错误地漏掉了出现的目标刺激；④正确拒绝，又叫正确否定信号，即正确地辨别到目标刺激不在场。信号检测的判断依据是在某些标准基础之上的非决定性信息，增加击中率的代价是降低标准，从而错误警报数量随之增多。

#### 1. 警觉

警觉（vigilance）指的是个体在较长时间内注意刺激阈的能力，其间个体试图检测到特定目标刺激。在给定目标刺激很少出现而一旦出现就要求立即注意的典型情况下，就需要警觉。个体在警觉时，会集中注意力警惕地等待随时可能出现的特定信号。大量研究表明，视觉注意可大体上比作聚光灯，注意聚焦区就好比是聚光灯所照射的区域，在此区域内的刺激因在光照下而容易被检测到；聚焦区外没有光的照射就不易检测到。而且，注意焦点束如同聚光灯一样，集中于较小的区域或稍微扩大的区域以涵盖较大些的散射区。

2. 搜索

搜索（search）是指在不确定目标刺激是否出现时，通过扫描环境积极地从中寻找到它的认知过程。显然，搜索是积极、主动、熟练地寻找目标刺激，警觉则是被动地等待特定信号的出现。

搜索的策略有特征搜索（feature search）和联合搜索（conjunction search）。当目标刺激具有明显的区别性特征时，比如在颜色、形状、方向以及与类似项目的近似程度、与不同项目间的差距等方面与背景差异显著，就可以根据这些特征对环境进行扫描，直到发现目标刺激。如果目标刺激缺乏独一无二的特征，就只能进行联合搜索，即根据特征的特定组合寻找目标刺激。

（1）特征整合理论

Anne Treisman（1986）提出了可以解释执行特征搜索的相对容易性及执行联合搜索相对困难性的特征整合理论（feature-integration theory）。Treisman 指出，每人都有一个心理图谱来表征出现在视觉范围内刺激的给定特征。每个刺激的特征在图谱中的表征都具有三个特性，即不用额外时间进行额外认知加工的迅即性，同时注意所有特征的同时性，和不必使用焦点注意资源的先注意性。个体在进行特征搜索时，会监测视觉范围内任何激活出现时的相关特征图谱。这一过程能够同时并行执行，所以没有减缓搜索加工的呈现大小效应。然而，个体在联合搜索过程中，却要有一个额外的认知加工阶段。在此阶段中，要求利用注意资源的粘合作用来联结两个或两个以上的特征，从而形成特定位置的对象表征。这个加工必须按照顺序逐个对象进行联结，因此会有呈现大小效应，而使得搜索变慢。

（2）相似性理论

John Duncan 和 Glyn Humphreys（1989，1992）提出了相似性理论，认为难以检测到与干扰高度相似的目标刺激，而易于检测到与干扰差异显著的目标刺激。另外干扰之间的相似性也会促进对目标刺激进行搜索的便利。这样，目标刺激与干扰间的相似程度和干扰项之间的相异程度共同决定了搜索任务的困难程度。

（3）引导式搜索理论

Kyle Cave 和 Jeremy Wolfe（1990）提出了引导式搜索理论，认为所有的搜索都要涉及并行阶段和序列阶段两个连续的过程。在并行阶段，个体依据对目标刺激的每个特征的把握，把所有潜在的目标刺激都同时激活。在序列阶段，个体会根据激活的程度，依次判断每个被激活的元素，从中选择出真正的目标刺激。也就是说，起始于并行阶段的激活过程引导着序列阶段中的判断和选择。

（4）运动过滤理论

Peter Mcleod（1991）提出了一个人们拥有运动过滤机制的假设，认为该机制能够把注意导向具有运动特征的刺激，而不必借助于其他视觉特征。相关研究发现，目标的显著区别性特征如果与运动相结合，就会比单独搜索区别性特征更加容易和快速。然而，运动联合的是更为精细的特征时，则会抑制搜索，使其速度变慢。

**（四）选择性注意**

选择性注意（selective attention）就是注意选中的某些刺激而忽略其他的刺激。

1. 选择性注意的基本研究范式

Colin Cherry（1953）观察到鸡尾酒会常常是选择性注意得以突显的典型环境，从而把面对其他干扰谈话时追踪某个谈话的现象称作鸡尾酒会现象（cocktail party problem）。在此基础上他设计了复述实验来研究选择性注意，就要求被试聆听两个不同的信息，并在听完后尽可能快速地重复其中的一个信息。采用双耳同听（binaural presentation）或双耳分听（dichotic presentation）的形式，双耳同听就是给被试的双耳呈现一或两个信息，双耳分听就是给被试的每只耳朵分别呈现不同的信息。研究发现，双耳同听两个不同信息时要追踪一个信息实际上是不可能的。在双耳分听时能够更有效地复述不同的信息，而且大部分都基本准确。

2.选择性注意的过滤器理论

出现了许多关于选择性注意的理过滤器论模式，其区别在于过滤的机制及其发挥作用的位置。

（1）Broadbent 的过滤器模式

Donald Broadbent（1958）提出了一个注意过滤器理论，他指出刺激信息在感觉层次登记后，便传送到注意的选择性过滤器，在此输入的多通道感觉信息只有一个通道的信息被允许通过，并到达更高层次的知觉加工，在整个加工过程中赋予感觉一定的意义。其他大量信息则无法经由过滤器进入知觉加工层次。

（2）Moray 的选择性过滤模式

Neville Moray（1959）在研究中发现，被试虽然会忽视非注意耳接受的高级层次知觉加工的信息，但是却可以识别出自己的名字。由此 Moray 对 Broadbent 的理论进行了修订，指出虽然许多感觉层次的信息会被过滤机制所阻断，但是那些特别突显、非常强大的信息却能够突破过滤器而进入知觉加工层次。

（3）衰减模式

Treisman（1964）在相关实验研究中发现，被试能够简短地复述从注意耳转到非注意耳的信息，由此她推测有些非注意耳的信息正在被分析。从而提出了自己的衰减模式，即过滤器并非简单地阻止目标刺激外的信息，而是削弱其强度，换句话说，就是弱化了目标刺激外的信息。超强刺激仍然可以穿透这一衰减机制。

该理论把选择性注意区分为三个阶段。第一阶段，预先注意并分析刺激的物理特征，属于并行加工。第二阶段，把目标刺激传送到下一阶段，弱化目标刺激外的刺激。第三阶段，集中注意于这些送达的刺激，按照序列进行评价，并赋予其适当的意义。

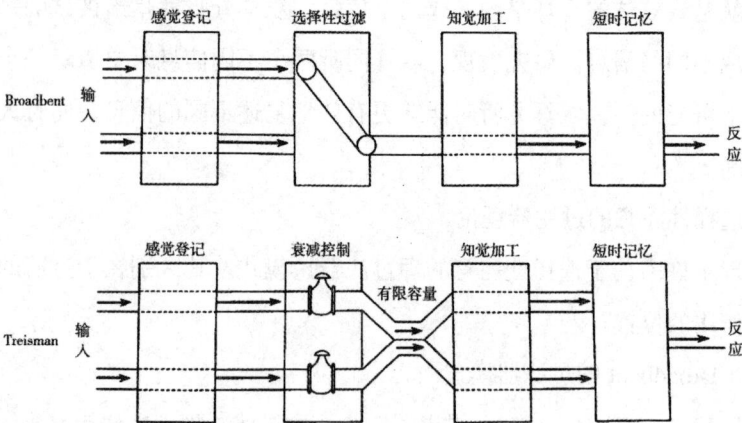

**图12-7　注意的瓶颈理论：早期的过滤机制**[1]

（4）后期过滤模式

J.Anthony Deutsch 和 Diana Deutsch（1963）把信号阻断过滤的位置放在了知觉加工之后，这样就可以解释非注意耳对信息的识别。这一模式同前过滤机制一致的是都只允许单一的信息源通过注意瓶颈。

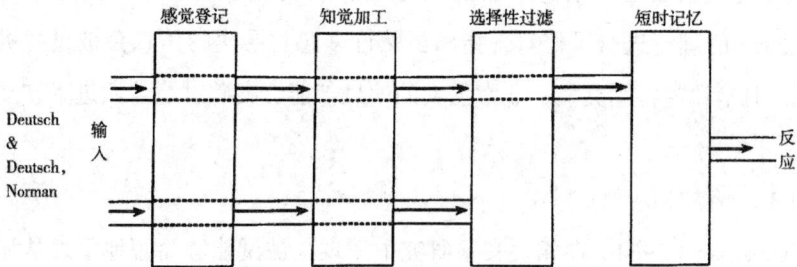

**图12-8　注意瓶颈理论的修订：后期过滤机制**[2]

（5）综合模式

Ulric Neisser（1976）对前过滤和后过滤模式进行了综合，提出了前注意加

［1］［美］Robert J. Sternberg. 认知心理学（第三版）［M］. 杨炳钧，陈燕，邹枝玲译. 北京：中国轻工业出版社，2006年1月第1版，71。

［2］［美］Robert J. Sternberg. 认知心理学（第三版）［M］. 杨炳钧，陈燕，邹枝玲译. 北京：中国轻工业出版社，2006年1月第1版，72页。

工和注意加工对注意的先后调控。前注意加工与自动加工同时快速进行，它们仅能关注非注意信息的物理特征，却无法辨认意义或者相互关系。然后再进行注意和控制加工，这是要耗费时间与注意资源的序列加工，能够考察特征间的关系，并把片段综合成对于物体的心理表征。

3.选择性注意的注意资源理论

注意资源理论假定注意资源是有限的，有一个固定的数量，人们可以根据任务的需要选择分配有限的注意资源。Kahneman（1973）示例了在单一资源库中分配注意给多个任务，Navon 和 Gopher（1979）展示了允许特定通道转移的注意资源模式，可以说明人们在处理不同通道内的竞争性任务时能够更好分配注意的现象。

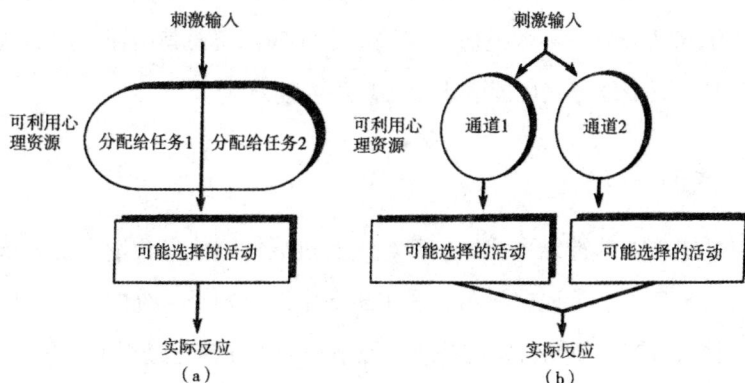

**图 12-9　注意资源理论**[1]

**（五）分配性注意**

分配性注意（divided attention）是指个体慎重地分配现有的注意资源来协调每次一个以上任务的执行。

Elizabeth Spelke、William Hirst 和 Ulric Neisser（1976）研究了同时执行两个活动期间的分配性注意，他们应用双重任务范型，涉及 A 和 B 两个任务，仅

---

[1]　［美］Robert J. Sternberg. 认知心理学（第三版）［M］. 杨炳钧，陈燕，邹枝玲译. 北京：中国轻工业出版社，2006年1月第1版，74页。

任务 A、仅任务 B 以及任务 A 和任务 B 一起三个条件，比较与对照每个条件下执行任务的反应时和准确性。被试在同时执行两个控制加工中的最初表现很糟糕，反应速度与准确性都非常低。然而，经过足够长时间的训练以后，被试执行两个任务的能力都有了明显提高。最后，被试同时执行两个任务的表现能够达到与先前单独执行一个任务时的表现同样的水平。

Harold Pashler（1994）的研究集中于特别简单、要求快速反应的任务，发现被试在执行两个相互重叠的快速任务时，对于一个或者两个任务的反应总是更加缓慢。在第一个任务后很快开始第二个任务时，执行速度常常变慢。这种在同时执行快速任务时结果变慢的现象就称作心理不应期效应。研究显示，人们在对感觉刺激的物理特征进行知觉加工时，能够比较容易地做第二个快速任务。然而，人们在一个以上要求选择一个反应、检索记忆信息、进行其他认知作业时的认知任务时就不太适应。如果两个任务都需要其中任一这类认知作业时，一个或者两个任务就可能表现出心理不应期效应。

## 二、意识

意识可能是人的神经系统适应新异、有挑战性、信息含量丰富事物的一种主要方法，至少有大量证据显示，意识扮演了一个神经系统中的重要角色。组织有序的感知与控制新异自发的行为，似乎是意识在演化过程中的最根本功能。其主要功能包括：定义与设置情境、适应与学习、排序和通达控制、行为的调动与控制、决策与执行、检测错误与编辑、反射与自我监控、优化组织性及灵活性的权衡等。对于意识的探索，产生了三种隐喻和两个理论。

### （一）有关意识的隐喻

#### 1. 新异隐喻

依据新异隐喻，意识总是向新异事物或打破常规事物集中，而打破常规就是期待与现实间出乎意料的一种错误搭配（Mandler，1984）。有充分的证据表明，人与动物都喜欢寻求新异和富含信息的刺激。新异可界定为物理环境上的变化、跟预期不一致、或不符合已习惯的规范。对于把心理资源导入适应新异、突出事物过程中这个意识的核心功能，新异隐喻做了很好的归纳。不过，这种假设不能囊括一切。某些十分重要的事物，即使已习以为常，人们仍然会意识到它们。

2. 聚光灯隐喻

聚光灯隐喻将意识比作是投射到物体上的一束光，从而能对该物体看得更清楚，并理解其意义。这个隐喻不仅含有意识的选择性功能，还形象地说明了意识流涉及知觉、记忆、表象和行为等多个领域。Crick 的神经生物学研究证明了丘脑联合体可以实时把信息输送到大脑皮层的对应部位，就仿佛是从丘脑中射出一束光，直接照射到大脑皮层相对应的某个区域，这样就会产生意识。

**图 12-10  关于选择性注意和意识的聚光灯隐喻**[1]

聚光灯理论提出了两个未解的问题：一是这种特定的聚集怎样进行选择？二是聚光灯所照的事物会发生什么变化？而没有照到的地方正在发生什么？剧场隐喻试图对这些问题做出回答。

3. 剧场隐喻

剧场隐喻将意识经验比作是从黑暗的观众席上看到的为灯光所照亮的舞台。不管在台上正在引出什么，下面的观众和幕后的导言、剧作家、服装设计师及舞台控制师，都是可以看到的。该隐喻对众多专门化系统中告示信息的功能加以强调，正是这些系统组成了剧场里的观众。由于舞台上的事物具有优先权，剧场中的所有观众都会对其有所感知。

---

[1] [美]罗伯特·L·索尔所, M·金伯利·麦克林, 奥托·H·麦克林. 认知心理学（第7版）[M].
邵志芳, 等译, 上海：上海人民出版社, 2008年7月第1版, 139页。

图 12-11　意识的笛卡尔剧院[1]

可以把这三个隐喻组合从一个单独完整的超级隐喻。想象剧院包含阈限以上的可用刺激、聚光灯、新异信息和用来执行的指令。不断丰富这个超级隐喻，使其逐步具备一个理论的特征。

### （二）意识理论

#### 1. Schacter 的 DICE 模型

Schacter 在积累很多有关心理加工过程与意识相分离的神经心理学证据的基础上，提出了自己的 DICE 模型。他认为对有意识辨别和再认加以调节的加工过程，与语言、知觉及其他信息加工的模块系统有明显的区别。在此模型中，加工信息时系统会产生变化，知觉的残余部分也就是某些记忆痕迹便保留了下来。Schacter（1996）把记忆痕迹界定为：某些信息因编码或体验而留在大脑中的短暂或长久的改变。参与编码的神经细胞经由相互间联系的加强，而将事件记录下来。不同的感觉事件是由大脑的不同部位分别进行加工的。

Schacter 的 DICE 模型假定记忆模块间彼此独立，并且对于熟悉的或程序性知识，人们缺乏意识的通达。该模型最初是用来解释功能正常与功能受损大脑间的记忆分离现象的，有力地支持了分离知识源系统中意识能力的观点，特别是对大脑受损病人的内隐知识问题进行了解释。以该模型看来，调节自发活动为意识的首要任务，从而将其纳入执行系统的控制下。但未详细阐述怎样做

---

[1]　［美］罗伯特·L·索尔所，M·金伯利·麦克林，奥托·H·麦克林. 认知心理学（第7版）［M］. 邵志芳，等译，上海：上海人民出版社，2008年7月第1版，140页。

得这一点，也没有论及其他一些功能。

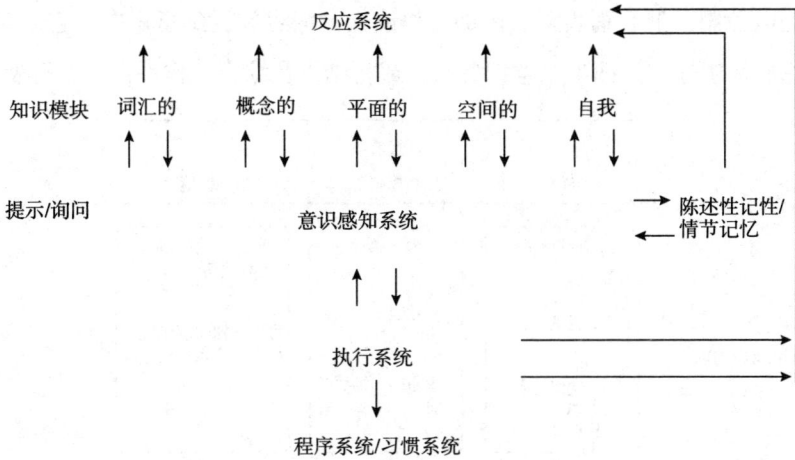

**图 12-12　DICE 模型图解**[1]

### 2. Baars 的综合工作平台理论

Baars（1983，1988）的综合工作平台理论（global workspace theory，简称 GW）可通过剧院比喻得以理解。假设在大脑中广泛传播信息的一个综合广播系统与意识相联系，那么对意识能力的限制，就可能是为将某瞬间出现的信息传递到整个系统，以便于协调与控制而付出的代价。这是由于任一时刻只有一个完整的系统，瞬间容量必然会限制全面传播信息的功能。

Baars 用七个详细的模型来描绘其 GW 体系结构。在该体系中，许多平行、无意识的专家系统经由一系列有意识、内部协调一致的综合工作平台相互间发生作用。该理论以专家加工器、综合加工平台和情境这三个概念为构建的基础。

专家即专门化的无意识加工器，在大脑中有多种不同类型的专家系统。它们有的是单个细胞，有的是完整的神经网络。无意识加工器仿佛人类专家，有时容量是有限度的。它们在有限领域完成任务时效率非常高，既可以独立又能联合起来进行处置。在组成联盟共同完成任务时，就可以突破狭窄意识能力的

［1］［美］罗伯特·L·索尔所，M·金伯利·麦克林，奥托·H·麦克林.认知心理学（第7版）［M］.邵志芳，等译，上海：上海人民出版社，2008年7月第1版，141页。

限制，而能够吸收到较为全面的信息。如果能够动员其他专家，对于知觉加工就可加以控制，把心理表象、内部言语或知觉内容放置到意识中。它们能主动自发完成常规任务，而不用意识参与，或将结果在综合工作平台上进行展示。

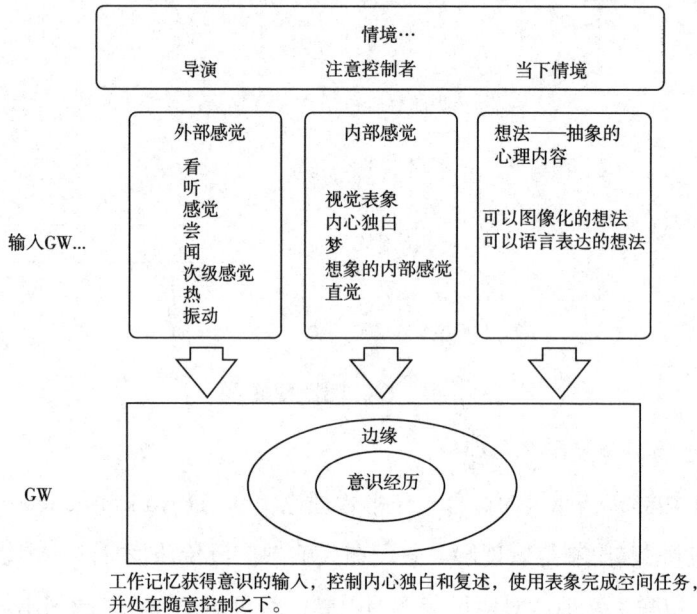

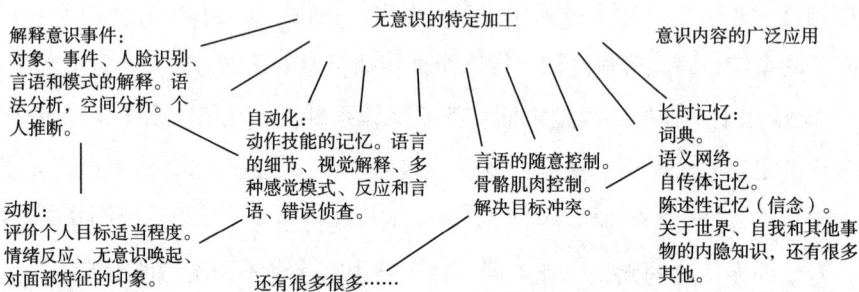

图 12-13　意识和无意识加工的综合工作平台理论[1]

　　综合工作平台为信息在系统范围内整合与传播的结构性能力，它好比是科学会议上的演讲台。一组组专家可能有局部互动，为了扩大影响力，专家们彼

[1]　[美]罗伯特·L·索尔所，M·金伯利·麦克林，奥托·H·麦克林.认知心理学（第7版）[M].
　　邵志芳，等译，上海：上海人民出版社，2008年7月第1版，144页。

此竞争，并可能得到其他专家联盟的支持，以上到演讲台，将综合信息由此处传播开来。专家们经由演讲台加以综合、全面地互动，建立其新的联系，并从中产生新的加工器。讲台允许组建新的专家联盟，来处理原先的专家与专家联盟所解决不了的问题。广泛地将所产生的问题解决方案散布出去，在经过细致审查后进行修改和完善。

情境即为产生心理剧院的幕后导演、编剧和舞台控制者的专家加工器联盟，是心理剧院场景背后的动力。它制约意识内容，本身却意识不到。它是预先设定的专家联盟，引发、塑造并指导综合信息，其自身隐于幕后，并不进入综合工作平台。情境既可以是暂时的，也可以如爱、美丽、人际关系、终身期望一样是长期的。情境会在不被意识到的情形下塑造意识经验，也能够通过有意识的事件建立起来，即意识事件有可能产生出无意识的情境。早期经验就常常会以情境的形式无意识地影响当前的经验。

## 三、注意与意识状态研究对需要心理学的贡献与局限

有关注意的研究首先对注意进行了界定，注意的积极加工说区分出自动加工和控制加工，注意的功能除了通过习惯化和去习惯化，关闭熟悉刺激和开启新异刺激外，有意注意还有检测信号、选择注意和分配注意三个功能。

信号检测理论分析了检测目标刺激时出现的四个可能结果，有关搜索的理论有特征整合理论、相似性理论、引导式搜索理论和运动过滤理论。出现了许多关于选择性注意的理过滤器论模式，其区别在于过滤的机制及其发挥作用的位置。主要有 Broadbent 的过滤器模式、Moray 的选择性过滤模式、衰减模式、后期过滤模式和综合模式。分配性注意的研究采用双重任务范型，发现了分配注意的特点及心理不应期效应。

生存层次的认知需要就是对感知对象的关注，即注意力的集中。注意的研究为认知需要提供了心理机制的解释，尽管众多理论如前所述都各有长处和不足。其实，关联需要、情感需要、自我需要与生理需要的生存层次也都要求注意的参与，只是对象各有不同。

对于意识的探索，产生了三种隐喻和两个理论。三个隐喻分别是新异隐喻、

聚光灯隐喻和剧场隐喻，都各有优缺点，可以把这三个隐喻组合从一个单独完整的超级隐喻。想象剧院包含阈限以上的可用刺激、聚光灯、新异信息和用来执行的指令。不断丰富这个超级隐喻，使其逐步具备一个理论的特征。

两个理论分别是 Schacter 的 DICE 模型和 Baars 的综合工作平台理论。前者不同的感觉事件由大脑的不同部位分别进行加工，并把调节自发活动当作意识的首要任务，从而将其纳入执行系统的控制之下。只是没有详细阐述怎样做得这一点，也未论及其他一些功能。后者较为复杂，需用七个详细的模型来描绘，可通过剧院比喻得以理解。它假设在大脑中广泛传播信息的一个综合广播系统与意识相联系，那么对意识能力的限制，就可能是为将某瞬间出现的信息传递到整个系统，以便于协调与控制而付出的代价。

对于意识的研究，为需要心理学各种需要不同意识状态中的满足提供了理解的心理机制基础，尽管理解起来有一定的难度。而且，不同隐喻和理论模型的相互补充，提示了意识研究的复杂性，特别是各认知功能间是密不可分的，它们相互影响并密切配合，共同为意识功能的发挥而协同运作。

# 第三节　记忆

记忆（memory）是指人类个体存储、提取过去的经验，并把这些信息应用于当前情境的一种认知功能。它包括编码（encoding）、存储（storage）和提取（retrieval）三个动态的认知加工过程。个体把感知信息转换为一种心理表征就是编码，个体把编码后的信息保存在记忆中就是存储，而在提取阶段，个体会提取或者使用记忆中存储的信息。

在记忆研究中，研究者设计了包括回忆记忆与再认记忆、内隐记忆与外显记忆等多项任务，要求被试运用不同的方式记忆给予的一些随意信息。回忆（recall）记忆任务就是要求被试从记忆中再现一个字词、数字、事实或其他内容，再认（recognition）记忆任务就是要求被试必须选择或者以其他方式确认一个其先前学习过的项目。外显记忆（explicit memory）任务诸如从一个预先呈现的刺激序列中再认或回忆字词、事实或者图片等，就是要求被试完成一项需要进行有意识回忆的任务。内隐记忆（implicit memory）任务能够反映出被试先前并没有有意识、有目的努力识记的经验对测验成绩具有明显的帮助。

## 一、传统记忆模型

20 世纪 60 年代中期，Nancy Waugh 和 Donald Norman（1965）提出了两种记忆结构模型，它对首次由 James（1890）提出的两种记忆结构进行了区分，即初级记忆（primary memory）和次级记忆（secondary memory），仅保存当前正在使用中的临时信息的为初级记忆，永久或至少长时间保存信息的是初级记忆。

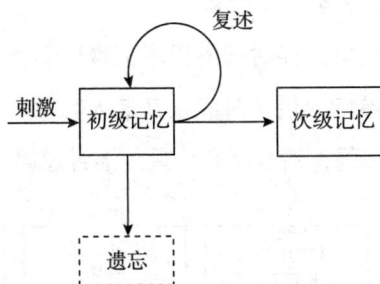

**图 12-14　初级记忆和次级记忆系统模型**[1]

20 世纪 60 年代后期，Richard Atkinson 和 Richard Shiffrin（1968）提出了三重存储模型，运用三种记忆存储来描述记忆：①感觉存储（sensory store），保存时间非常短暂，保存的信息数量相对有限；②短时存储（short-term store），保存时间稍微长些，数量也是有限的；③长时存储（long-term store），可以保存很长时间，甚至终生难忘；容量巨大，近乎无限。他们把记忆结构称为存储，而把存储的信息称作记忆。他们的记忆结构只是假设构念，是为了理解记忆如何工作而设的心理模型，无法直接测量或观察。现在，认知心理学家通常把这三种存储都分别用感觉记忆、短时记忆和长时记忆来进行描述。

George Sperling（1960）最早提出了图像存储，并通过实验发现被试关于

---

[1]　[美]罗伯特·L·索尔所，M·金伯利·麦克林，奥托·H·麦克林.认知心理学（第7版）[M].邵志芳，等译，上海：上海人民出版社，2008年7月第1版，184页。

图像的感觉记忆容量大约为 9 个项目。Averbach & Coriell（1961）的研究显示，图像记忆容量在把输出干扰降到最低时，可以多达 12 个项目。他们还发现了先前呈现刺激被同一位置上的新刺激所代替的后摄视觉掩蔽现象，目标刺激与掩蔽刺激的时间间隔一般在 100 毫秒以上，在 100 毫秒内会出现图像重叠。

短时存储的通常情况是在没有复述时保持大约 30 秒，其存储形式是经由听觉的发音方式，即主要是语音编码。George Miller（1956）在其经典论文中指出，短时记忆的容量大概是 7+2 个项目。可以把一串字符组成一个组块，然后以组块为单位进行记忆，就可以加大短时记忆的容量。任何延迟或干扰因素都会影响短时记忆的容量，Cowan（2001）指出，一般情况下，短时记忆的容量不是 7 个，而是更接近 3 至 5 个组块。

长时记忆的容量极限与保存时间的极限都难以测量，至今都没有确切的证据来说明长时记忆可以保持的最长时间及其最大容量。长时记忆中的信息主要是语义编码，也有视觉编码，甚至还有少量的语音编码。

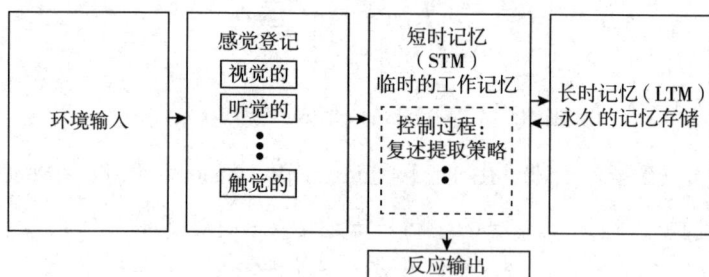

**图 12-15　三重存储记忆模型**[1]

## 二、加工水平模型

加工水平模型（Levels-of-processing framework）由 Fergus Craik 和 Robert Lockhart（1972）首次提出，该理论与三重存储模型针锋相对，认为记忆并没有三种或几种彼此独立的存储系统，与之相反，存储沿着编码深度这一维度是

---

[1]［美］Robert J. Sternberg. 认知心理学（第三版）［M］. 杨炳钧，陈燕，邹枝玲译. 北京：中国轻工业出版社，2006年1月第1版，115页。

连续变化的。也就是说，理论上有着无穷多的加工水平，相邻水平间不存在明显的分界线。该模型的重点是把加工过程看作记忆存储的关键，信息被编码的情况在很大程度上决定了其被存储的水平。Craik & Brown（2000）指出，一般情况下，项目被加工的水平越深，它被提取的可能性也就越大。

Craik 和 Endel Tulving（1975）一同做了一系列证明其观点的实验。呈现给被试一些词汇，每个词汇后面都有一个加工深度分别在字形、发音和语义层次间任一水平的问题。研究结果显示，问题所引起的加工水平越深，对该材料的回忆水平也就越高。

Rogers、Kuiper 和 Kirker（1977）发现了一个对回忆更加有效的诱发线索，称之为自我参照效应。在此效应中，如果要求被试把单词的含义同其自身联系起来，判断这些词汇可否用来描绘自己，被试回忆这些单词的正确率就会非常高。无论这些单词是否真的适合描述自己，只要被试曾经考虑过这些单词的意义是否符合自己，都会有较高的回忆成绩。当然，对真正适合描绘自我的词汇的回忆成绩最高。

为了反映这样一种观察结果，即编码水平顺序可能不如编码时的精细化类型与提取时需要的任务类型间的匹配程度更为重要，人们对加工水平模型进行了修订。有两种对编码进行精细化的策略：1.项目内精细化，指的是仅对某一特定项目的编码是依据其自身特点进一步的精细化，其中可以有不同水平的加工。2.项目间精细化，是指将每一个项目不同加工水平的特征都同记忆中已存信息的特征相联系，从而使得信息编码达到精细化。

## 三、工作记忆模型

非传统记忆观点注重工作记忆（working memory）的作用，把工作记忆看作是长时记忆的一部分，它仅存储长时记忆中刚刚被激活的部分，并让它们进出于短暂的临时记忆存储系统；同时工作记忆还包括一部分为完成任务而识记的短时记忆内容。

Alan Baddeley（1990）提出了把工作记忆模型和加工水平理论结合起来的记忆综合模型，他不是把加工水平理论看作工作记忆模型的替代品，而是视为工作记忆模型的扩展。

"特别地，Baddeley 别有创新地提出，工作记忆包括以下几个部分：①视觉空间画板，它可以暂时保存一些视觉表象；②语音回路，它可以为口语理解和语音复述暂时保存其内部言语（没有它，刺激的读音信息将在 2 秒后消失）；③中央执行器，它对注意中的活动进行调整，同时也控制着行为反应；④可能存在的一些其他'辅助的附属系统'，完成其他的认知或知觉任务。最近，Baddeley（2000a）对工作记忆又增加了一个成分：情景缓冲器（episodic buffer）。这个成分是一个容量有限的系统，可以将辅助系统及长时记忆中的信息合并成一个整体的表征片段；也就是，这个成分将工作记忆各个部分的信息进行综合，此时，信息对我们才有意义。"[1]

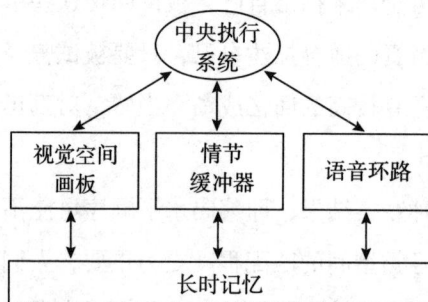

图 12-16　工作记忆模型的简化版[2]

## 四、多种记忆系统模型

Endel Tulving（1972）对语义记忆（semantic memory）和情景记忆（episodic memory）进行了区分，语义记忆是关于一般性社会知识的记忆，没有任何时间标记；情景记忆则是个人经历的事件和情境的记忆，有相关联的时间标记。后 Tulving 于 1985 年又提出了程序性记忆，把这个关于程序性知识的记忆也当作

[1] ［美］Robert J. Sternberg. 认知心理学（第三版）［M］. 杨炳钧，陈燕，邹枝玲译. 北京：中国轻工业出版社，2006年1月第1版，122页。

[2] ［美］玛格丽特·马特林. 认知心理学理论、研究和应用（第八版）［M］. 李永娜译. 北京：机械工业出版社，2019年8月第1版，20页。

了一个独立的记忆系统。

　　Larry Squire（1986，1993）在大量神经心理学研究的基础上，把长时记忆可以区分为外显记忆和内隐记忆两种基本类型。可以用口语或书面语陈述出来的记忆就是外显记忆，也称作陈述性记忆。难以言传的记忆就是内隐记忆，也叫作非陈述性记忆。根据陈述内容的不同，外显记忆又分为情景性或情节性陈述性记忆和语义性陈述性记忆。非陈述性记忆包括程序性记忆、启动效应、简单的经典条件反射、非联想的适应与敏感化以及知觉后效等不同的表现形态。

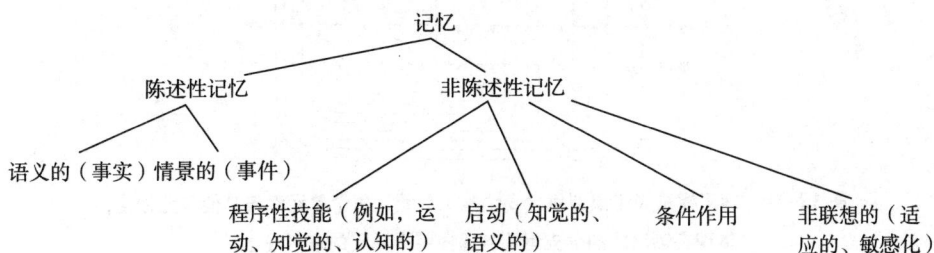

**图 12-17　Squire 的记忆分类**[1]

　　Schacter（2000）则区分出包括情景记忆、语义记忆、程序记忆、工作记忆和根据物体形状与结构进行识别的知觉记忆，共五种记忆系统。

## 五、联结主义模型

　　通常把以网络模型为结构基础的平行分布式加工模型称作联结主义模型。该理论认为知识表征的关键不在于单个结点，而在于不同结点之间的联系。激活一个结点能够引发其相联结点的激活，并且这种激活可以扩散到附近的结点，以促使它们也得到激活。这一模型与工作记忆的观点相吻合，在工作记忆中就包含长时记忆中被激活部分的内容，而且其运行过程中至少有部分平行加工的操作。只要不超出工作记忆的极限，激活就能够在网络内的结点间扩散。启动（prime）指的就是那个造成相联结点激活的结点，而激活的结果就叫作启动效

[1]　[美]Robert J. Sternberg. 认知心理学（第三版）[M].杨炳钧，陈燕，邹枝玲译.北京：中国轻工业出版社，2006年1月第1版，125页。

应（priming effect）。激活扩散伴随着网络内各结点众多联结的平行启动，或者说同时激活。

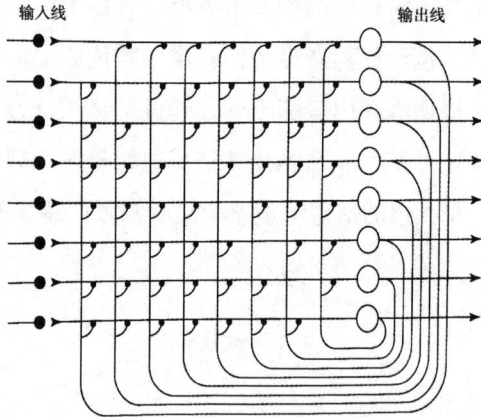

**图 12-18　加工模块简化模型包含 8 个加工单元，每个单元都与其他单元相连，体现在输出线的分支返回到通向每个单元的输入线上**[1]

图 12-18 是对一个简单信息加工模块的描绘，在这个高度简化的表征中，每个单元都经输入线路从左侧的其他模块获取信息，加工处理之后，再由输出线路把信息向右侧的其他模块传递。在该模型中，把信息接受进来，然后扩散开来，并且通过后会留下痕迹，各个单元间联结的强度会因这些痕迹而发生变化。

## 六、记忆过程

认知心理学家一般把记忆过程区分为编码、存储和提取三个常见的操作步骤。编码就是把感觉输入转换成心理表征，存储就是把编码后的信息保持在记忆之中，提取就是获取记忆中的已存信息。

### （一）信息的编码与转移

语音编码是短时存储的主要编码方式，而在长时记忆中，主要是语义编码。

---

[1]　[美]罗伯特·L·索尔所，M·金伯利·麦克林，奥托·H·麦克林.认知心理学（第7版）[M].邵志芳，等译，上海：上海人民出版社，2008年7月第1版，203页。

信息从短时记忆转移到长时记忆的方法取决于信息是陈述性记忆还是非陈述性记忆。

有些非陈述性记忆，如启动和适应等，非常不稳定，衰减得也很快。而诸如程序性记忆和简单条件反射等非陈述性记忆则很容易保持，特别是当这些记忆是重复练习和多次条件反射的结果时。

陈述记忆转移为长时记忆的方法主要有两种，一是有意注意并理解有关的信息，另一是建立新信息与已知道并理解的知识间的联系或联想。这种把新信息融入已有信息现存图式而建立联系的过程叫作巩固（consolidation），这一巩固过程在人类记忆中可以一直持续几年。人们通常要采用多种元记忆（metamemory）策略来保护或增强在巩固阶段的记忆完整性。元记忆策略就是人们借以反应自身记忆过程的策略，它是思考并控制自身的思维以增强思维能力的元认知（metacognition）的一个成分。

1. 复述

为了保持信息的持续激活状态，提高记忆效果，可采用复述（rehearsal）的方法，即重复背诵一项识记的内容。外显的复述是旁观者可以觉察到的出声朗读，内隐的复述通常是只有自己才知道的不出声的、隐蔽的默读。要实现有效的复述，不仅要一遍又一遍地重复读，还要思考材料内容间的相互关系。如果个体仅仅采用维持性复述，也就是简单机械地复述识记的信息，也只是暂时在短时记忆中得以保持，还不足以转移到长时记忆。只有采用精细性复述，才能实现转移成长时记忆的目标。通过对识记内容的精细加工，使得新信息能更有意义地融入个体已存的知识体系之中，或与其他信息之间建立更加紧密的意义联系，从而更易于进入长时记忆。

2. 记忆术

记忆术（mnemonic devices）就是帮助人们记忆一系列单词的特殊技术。其本质就是给一些原本没有意义或任意组合的一组词汇赋予意义。其中使用最为频繁的几种方法有分类组块、交互式想象、替代词系统、轨迹法、首字母缩写、藏头诗和关键词系统。

（1）分类组块，就是个体把一组要识记的项目分成几个类别来组织。如人们购买食物的清单依据水果、蔬菜、谷类、肉类等类别进行组织就比较容易。

（2）交互式想象，就是个体对所识记单词表达的事物，以一种生动、积极的方式把它们间的相互作用进行交互式想象。比如要记住单词树、鸟和面包，可以想象一只鸟从树上飞下来吃放在树下的面包。

（3）替代词系统，就是个体把要识记的每一个单词都与先前已经熟记的顺序联系起来，并且在两个单词之间建立起交互式想象。比如，如果已熟记诸如此类的这样一段话：one is a bun（面包），two is a shoe（鞋），three is a tree（树）。要记住树、鸟和面包这几个单词，就可以想象鸟从树上飞到一个人的鞋前面，吃他掉下来的面包屑。

（4）轨迹法，就是想象自己在一片熟悉且带有许多独特标志物的地方散步，把要识记的项目与各个标志物联系起来。可以想象自己在上学时常经过的两旁有许多大树的林荫道上散步，看到路口的信号灯杆上落来一只鸟，街角的面包状的早点屋前许多人排队买早点，这样就很容易记住了树、鸟和面包这几个单词。

（5）首字母缩写，个体可以创造一个由一组单词的首字母组成的新单词，看到了新单词，就能想起它每个字母所代表的单词。如 U.S.A. 就是由 United Sates America 这三个单词组成的。

（6）藏头诗，就是个体可以构造出一句话来帮助记住新单词。例如，为了记忆高音音符名称 E、G、B、D、F，可以借助于这样一句话"Every Good Boy Does Fine"（好小伙干好活）。

（7）关键词系统，就是个体在记忆外语词汇的发音和语义时，联系自己比较熟悉的单词的发音和语义，形成交互式联想。西班牙语 libro 的意思是书，要记住这个单词，可以联系已经熟悉的单词 liberty（自由），并想象自由女神手上高举的不是火炬，而是一本书。

**（二）提取**

关于短时记忆中信息的提取，Saul Sternberg（1966）进行了一系列针对短时记忆扫描的实验。他设计的基本范式非常简单，给被试一个简短的数字系列，包含 1 到 6 个数字，期望能在被试的短时记忆中得以保存。停顿片刻后，在屏幕上呈现一个数字，让被试判断在其先前记忆的数字串中是否出现过这个数字。认为出现过，就回答"是"；没出现过，就回答"否"。由所有出现过的数字组成肯定集，没有出现过的数字组成否定集。实验者想知道被试在提取项目时，使用的是一次性全部进行的平行加工，还是一个接一个依次进行的系列加工？是不管任务完成与否，所有项目都被提取出来的穷尽式系列加工，还是发现任务可以完成时，马上就停止提取项目的自断式系列加工？

如图 12-19（a）所示，在平行加工中，无论肯定集大还是小，由于比较可以一次性完成，被试的反应时都是相同的。如图 12-19（b）所示，系列加工时，所提取字符个数的增多，反应时也随之变长。如图 12-19（c）所示，在穷尽式系列加工过程中，无论目标数字在字符串的哪个位置，被试都会搜索一遍来完成对它的发现，所以反应时是一样的。如图 12-19（d）所示，被试在自断式系列加工时，仅仅把测试数字同要做出反应的数字进行比较就可以了，反应时随测试数字在肯定集中位置的不同而不同。

实验结果表明，反应时随着数集变大而直线增加，但是系列位置的变化并没有产生什么影响。Sternberg（1969）后来重做的实验，得到了类似的结果，并且，肯定反应与否定反应的平均反应时也基本上是一样的。这样就更加支持了短时记忆提取的穷尽式系列加工模型。

长时记忆的提取在一定程度上依赖于线索，Endel Tulving 和 Zene Pealstone（1966）的实验提供了有力的证明。他们给被试做分类词汇的记忆测验。让被试听到一系列某一范畴内的单词，有时甚至会先给出范畴名称再呈现单词。例如，先让被试听到"服装"这一范畴名称，再给他们听"外套、衬衣、短裙、袜子"等单词，然后分别参加自由回忆和线索回忆测验。自由回忆时，被试按自己选择的任意顺序尽量多地回忆所听到的单词。进行线索回忆时，被试要根据给出的范畴名称，并依其为线索，尽量多地回忆出听到的该范畴内的单词，然后一个范畴一个范畴地完成测验。实验结果表明，线索回忆的平均值比自由回忆要好。自由回忆在很大程度上是因为缺乏线索，造成提取失败，而不是没有存储。

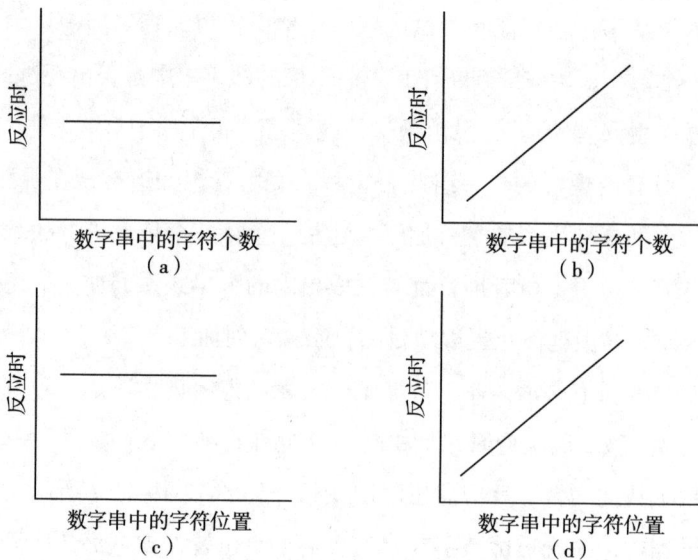

图 12-19　Sternberg 的记忆扫描任务[1]

Gordon Brower 及其同事们（Clark，Lesgold，Winzenz，1969）的研究发现，分类过程能够非常显著地影响记忆的提取。被试学习几组呈现给他们的已经分类的单词，有时可能按随机顺序呈现，有时可能以一种能够表示这些单词的组织性的层级树的形式来呈现。比如"矿物"这个范畴词在最上面，下一个层级则是"金属、石头"等类别。按照随机顺序呈现单词的被试只能回忆出19%，而按照层级进行呈现的被试却能够回忆起 65%，可以明显看出分类过程对于提取的价值。可见，记忆信息的易提取性，即人们从记忆中获得那些可用信息的程度，决定了人们的记忆水平。因为，无法提取的信息，也难以证明其在长时记忆中的客观存在。

### （三）遗忘

试图解释遗忘的两个著名理论是干扰理论（interference theory）和衰减理论（decay theory）。干扰可用于解释相互竞争的信息导致的遗忘，衰减则可解释单纯由于时间的流逝而产生的遗忘。

---

[1]［美］Robert J. Sternberg. 认知心理学（第三版）［M］. 杨炳钧，陈燕，邹枝玲译. 北京：中国轻工业出版社，2006年1月第1版，147页。

John Brown（1958）和 Lloyd 与 Margaret Peterson（1959）创设了一个著名的实验范式，即"Brown- Peterson"范式。他们让被试在不同的时间间隔后回忆呈现的由辅音字母组成的三字母串，测量其正确率。他们虽然没有把回忆量随时间间隔延长而迅速下降的原因归结为干扰，但却为遗忘的干扰理论提供了证据。该理论认为，遗忘之所以出现，是由于新信息干扰并最终取代了短时记忆中的旧信息。

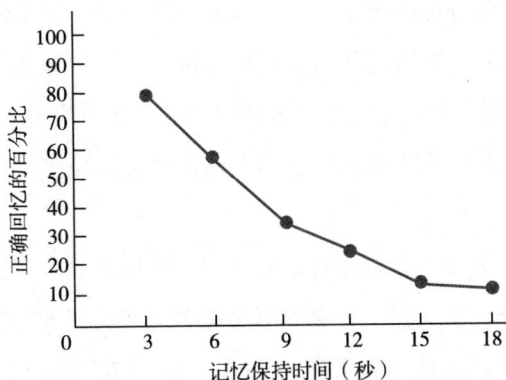

**图 12-20　Brown-Peterson 范式：对三字母串的回忆**[1]

存在后摄干扰（retroactive interference）和前摄干扰（proactive interference）两种不同类型的干扰现象。后摄干扰为那些在个体识记某信息后，回忆该信息前出现的活动所致；前摄干扰是由干扰材料出现在识记材料之前而形成的干扰。两种类型的干扰在"Brown- Peterson"范式中可能都在发挥作用，而且前摄干扰比后摄干扰的作用大。

Frederic Bartlett（1932）关注的是人们对有意义联系的短文的记忆，他给英国被试呈现北美印第安人的传说《鬼魂的战争》，然后让他们回忆这个故事。研究发现，被试的记忆发生了扭曲，使故事变得更易于理解。Bartlett 认为，被试将记忆任务同其已有的图式或组织好的相关知识结构建立起联系，从而对其所识记内容的回忆产生了影响。后来运用"Brown- Peterson"范式进行的实验

---

[1]［美］Robert J. Sternberg. 认知心理学（第三版）[M]. 杨炳钧，陈燕，邹枝玲译. 北京：中国轻工业出版社，2006年1月第1版，149页。

也证实，先前的知识对后期的记忆能够产生极大的影响，有时甚至会干扰或者扭曲后期的记忆。

衰减理论把遗忘看作是记忆痕迹的逐渐消失，除非个体做些什么以保持信息的完整，否则最初识记的信息会一直渐渐衰减下去。要验证衰减理论非常困难，因为一方面难以防止被试的复述行为，另一方面用来防止复述的任务又困难对先前的记忆产生后摄干扰。Judith Reitman（1971，1974）提出了一个试图公正严格地检验衰减理论的技术，一个既能防止复述，又不带来干扰的插在学习和测验之间的任务。她通过耳机呈现给被试一个非常微弱的声音，让被试每听见一个声音就按键一次。这样没有新的学习，又要求投入大量的精力与注意。尽管不能绝对保证没有复述及新信息的进入，在实际操作过程中已基本接近理想状态了。

Reitman（1974）在 2 秒内给被试通过视觉呈现 5 个单词，然后立即进入持续 15 秒的声音检测任务，最后让被试尽可能多地回忆那 5 个单词。她发现回忆成绩在完成 15 秒的插入任务后下降了 24%，这个下降她就解释为衰减的证据。

### （四）记忆的建构本质

记忆不仅是重构性的，而且还是建构性的。重构表现在个体使用诸如寻找线索、做推论等各种策略来提取原始的、关于其经历的记忆痕迹，然后在原始经历的基础上进行重构性提取（Kolodner，1983）。记忆的建构性反映在个体先前的经验会影响其如何回忆，以及回忆的内容（Grant，Ceici，2000）。

#### 1. 自传体记忆

个体对自身历史的记忆就是自传体记忆（Autobiographical memory），它是建构性的。这表现在个体不可能准确地记住客观上所经历的各种事情，但是对于所做事情重构或建构的内容却能够记住。尽管自传体记忆很容易受到扭曲，但人们一般都有很好的自传体记忆。对于不同生活阶段的记忆质量也不尽相同。比如，David Rubin（1982，1996）发现，中年人对于刚刚过去几年事情的记忆常常不如年轻时候和成年早期所经历的事情记得更清楚。

#### 2. 记忆扭曲

个体的记忆常常会受到扭曲，Schacter（2000）概括出七种记忆扭曲的独特方式，称之为"记忆的七宗罪"。

（1）短暂，指记忆消退得很快。如人们可能还记得听说的某件事，但曾经知道从谁那里听到的，只是很快就忘了。

（2）心不在焉，指没注意而没记住做过或想过某事。如人们有时会刷完牙后，待会又刷了一遍；有时打开书橱找一本书，却忘记了要找哪本书。

（3）阻滞，指个体本来认为记得的信息，仿佛就在舌尖上，却回忆不出来。如有时人们偶遇某个自己认识的人，名字就要脱口而出，却怎么也叫不出来。等到对方自报姓名时，马上就叫出这个名字来。

（4）错误归因，指的是因记忆模糊，个体可能会认为看见了其实没有见过的事物，或听到了本没有听过的事情。比如，有时目击者证词是不真实的，就是由于目击者把他所想的事情当成了所见的事情，而事实上并没有看到。

（5）暗示，指个体易于受到暗示的影响，当他人暗示见过某事时，接受暗示的个体可能真的会以为自己见到过那件事。例如，寻问在荷兰的人们是否看过飞机撞公寓大楼的电视片时，许多人会回答看过，而事实上根本就没有这样的影片上映。

（6）偏见，是指人们在回忆时经常会受到局限于个人框架的主观偏见的影响。比如，正经历巨大悲痛的个体更容易回忆过去的痛苦，而目前未经历痛苦的个体就会相对较少地回忆所经历过的痛苦。

（7）连续，指的是个体自以为非常重要的记忆中的事情，从一个更广的角度来看的话，其实并没有那么重要。例如，人们对偶然的一次失败的记忆往往比许多次成功的记忆要深刻得多。

3. 影响信息编码与提取的环境要素

关于记忆建构本质的研究显示，人们编码、存储和提取信息的记忆过程无疑会受到记忆的认知环境的影响。对专家的研究表明了其已有图式如何作为认知环境影响记忆过程的。具体来说，专家在其擅长的领域内，一般都有比新手更加精细的图式（Chase，Simon，1973；Frensch，Sternberg，1989）。专家在其已有图式提供的认知环境下，能够相对比较容易地综合并且组织新信息，在信息不完整甚至是扭曲时也能够填补缺口，能想象到相关信息的各个具体方面，会运用适宜的元认知策略来组织与复述新信息。显而易见，专业知识会增强人们对自己记忆的信心。

人们对经历及其环境感觉的生动且细节丰富的清晰度，也能够增加自己对于记忆的信心。也就是说，人们在回忆时拥有的细节越具体、越丰富，对于其准确性的判断就更加有信心。

闪光灯记忆（flashbulb memory）是一种经常被研究的生动的记忆形式，它是一种对某件事情的强烈记忆，个体能够非常生动地回忆它，就好像它永久地在屏幕上呈现一样（R.Brown，Kulik，1977）。对于一些诸如偷袭珍珠港、911世贸中心撞毁等重大历史事件的亲历或目睹者，可能会对其有闪光灯记忆。人们对自己个人生活中的重要事情也可能产生闪光灯记忆。一些相关研究结果显示，某段经历所激起的情绪强度可能会增加个体回忆这一特定经历的可能性，与回忆其他经历相比更为激动，或许更加准确。或许，经常回忆或思考这些重要经历的复述造成了回忆的生动性，因为复述会增加人们回忆的知觉强度（Bohannon，1988）。Conway（1955）认为，如果某段记忆对于个体来说非常重要，或者非常令人惊讶，给个体造成了较大的情绪影响，那么这段记忆就很有可能会成为闪光灯记忆。其他研究显示，闪光灯记忆或许显得生动形象、细节丰富，而且被试更加相信记忆的准确性，然而，实际上它不一定比其他记忆更为准确、可靠（Neisser，Harsch，1993；Weaver，1993）。闪光灯记忆更有可能成为交谈或反思的主题，很有可能人们在每次回忆这段经历时，都会对其进行组织和构建，从而降低了回忆的准确性，却日渐增强了回忆时的生动性。

人们的心境和意识状态可能会为编码提供一个认知环境，进而对以后语义记忆的提取产生影响。或者可以这样说，人们在某个特定的心境和意识状态下编码语义信息，如再次遇到相同的情形，提取那些信息时就会更加容易（Baddeley，1989；Bower，1983）。

人们身处的外部环境也会对记忆产生影响。人们身处与学习材料时一样的物理环境时，对这些信息的回忆或许会更好（Godden，Baddeley，1975）。Carolyn Rovee-Collier 及其同事研究发现，婴儿也表现出了记忆的环境背景效应。让3个月（Butler，Rovee-Collier，1989）或6个月大（Borovsky，Rovee-

Collier，1990）的婴儿学习踢风铃使其运动的操作性条件反射，在相同环境或不同环境中学习，显示，婴儿在相同环境下踢得更加有力。由此看来这种学习具有高度的环境依存性。然而在多种环境下的同类实验（Rovee-Collier，Dufault，1991；Amabile，Rovee-Collier，1991）发现，婴儿在新的环境中仍然保持了记忆，并且能以更高的速率踢这个风铃。可见，在不同环境下编码某些信息，使得这些信息在各种环境中的提取也显得更为容易，起码在学习环境与新环境间基本没有延迟的情况下是这样表现的。如果在很长的时间间隔后才出现新异环境，婴儿踢腿的频率没有增加，尽管环境相似时可表现出一定的环境依存性（Amabile，Rovee-Collier，1991）。这些背景效应，或许是由编码时的环境与提取这一信息时的环境间交互作用造成的。

大量关于记忆提取的实验结果显示，项目的编码方式对其如何被提取，以及提取的质量，都会产生巨大的影响。Endel Tulving 和 Donald Thomson 把这种关系称作编码特异性（encoding specificity），即什么样的记忆主要取决于如何对其进行的编码。也就是说，如何编码学习时的信息会严重影响到后期对它的提取。

Anthony Greenwald 和 Mahzarin Banaji（1989）研究发现，自我参照效应或许可以用编码与提取间的联系进行解释。当个体能够生成自己的提取线索时，其提取效果要明显优于依靠他人生成线索的提取。自我生成线索这条更为普遍的编码与提取的原则显然就是自我参照效应形成的主要原因，而不是因为自我参照线索的独特属性。由此我们发现了一个提高记忆的最有效方法，就是个体要为以后信息的提取自我生成一些有意义的线索。

### 七、记忆研究对需要心理学的贡献与局限

记忆是指人类个体存储、提取过去的经验，并把这些信息应用于当前情境的一种认知功能。它包括编码、存储和提取三个动态的认知加工过程。出现了多种有关记忆的理论模型，主要包括传统记忆模型、加工水平模型、工作记忆模型、多种记忆系统模型和联结主义模型。都从不同角度对记忆的类型、结构、内容与运作机制做出了相应的贡献，尽管不能尽如人意，但对认知需要特别是

记忆需要的基础心理机制都具有重要价值。只不过，需要心理学更关注的是记忆需要的动力作用及其机制。

有关记忆过程与遗忘及记忆建构本质的研究，更细化与深化了对记忆需要的理解。试图解释遗忘的两个著名理论是干扰理论和衰减理论。干扰可用于解释相互竞争的信息导致的遗忘，衰减则可解释单纯由于时间的流逝而产生的遗忘。其实，遗忘从确保主体记住重要信息、减轻记忆负担和情感包袱的角度，是有其独立存在的价值的。相应地，就存在与记忆需要相反相成的遗忘需要。

自传体记忆的建构本质，突显了自我需要与记忆需要相互作用、协调满足的现象。Schacter 概括出的七种记忆扭曲都能看到其他需要的满足对记忆所产生的影响。尤其是关于记忆建构本质的研究显示，人们编码、存储和提取信息的记忆过程无疑会受到记忆的认知环境的影响。

这说明认知需要满足所积累成的认知环境对记忆发挥的作用更加显著，因为它们本身就是一个密不可分的过程。自我生成线索这条更为普遍的编码与提取的原则显然就是自我参照效应形成的主要原因，个体为以后信息的提取自我生成一些有意义的线索就是一个提高记忆的最有效方法，这恰恰是自我需要与记忆需要和谐共生、相互促进的又一明证。

总之，有关记忆的研究取得了丰富可观的成果，从记忆功能的角度为需要心理学探索提供了翔实的资料；却不能代替致力于记忆动力及其与其他心理因素交互作用研究的需要心理学。也就是说，需要心理学可借助记忆研究的丰硕成果，来加深对记忆动力机制的探讨，在认知需要框架内深钻细挖记忆需要这个宝藏，从而弥补当前记忆研究的不足。

## 第四节　知识的表征与组织

知识表征（knowledge representation）就是对存在于主体头脑外的事物、观念和事件等的一种为其头脑所知的形式。现已区分出陈述性知识（declarative knowledge）和程序性知识（procedural knowledge）两类知识结构，用来回答是什么的能够被表述的事实就是陈述性知识，能够知道怎么做的可以被执行的程序就是程序性知识。

知识的外部表征主要通过图像与字词，内部表征则通过心理意象。图像借助与所表征事物的相似性，更适宜于捕捉具体的和空间性的信息；字词借助于符合来表征事物，在捕捉抽象的和分类性的信息时更为便利。图像表征可以同时传递所有的特征，任何创作或理解图像的规则都和图像及其所表征事物间的相似性大体上相吻合，也保证两者间最大可能的相似性。

字词表征一般按照顺序传递信息，它遵循的是任意原则，也就是说这些原则同字词所表征的事物间没有多大的关系，但是与所用字词的符号系统的结构间的关系却很大。

总之，无论是图像表征，还是字词表征，都能够较好地适用于其特定的目标。意象（imagery）是指对那些不能即时被感觉器官所感知的事物的心理表征。这些对物体、事件和场景等的意象涉及视觉、听觉、嗅觉和味觉等多种感觉形式的心理表征，认知心理学家主要集中对视觉意象进行研究。

## 一、双重编码理论

Allan Paivio（1969，1971）提出了一个表征信息的双重编码理论，认为人们在表征信息时，既使用形象编码，又使用语词编码。另外，他还认为心理意象是针对人们在环境中所观察物体的物理刺激进行的类比编码，即它是一种维持了被表征物主要知觉特征的知识表征。他的实验及许多他人的相关实验都证明了在知识表征中两套编码系统的存在，即一套是使用形象的类比编码，另一套是凭借语词的符号编码。

## 二、命题理论

John Anderson 和 Gordon Bower 提出了命题理论，又叫作概念 - 命题理论。他们认为个体存储心理表征的形式并不是意象，而是更接近于抽象的命题。潜藏于概念的特殊关系下的意义就是所谓的命题。根据该理论，意象只是副现象，是作为其他认知过程的结果而出现的二级现象。尽管他们后来已摒弃了其原本概念化的理论，对于命题是所有心理表征基础的观点已不再相信；但是如

Pylyshyn 的其他人还依然坚持其立场。

为了描述命题的深层含义消除分歧，逻辑学家发明了一种简写法，即谓词演算来表示一种关系的内在意义：（要素间的关系）[（主体要素），（客体要素）]。如图 12-21 所示，猫与桌子间关系的命题表述，在（c）中得以体现，即：在……下面（猫，桌子）。

命题的假设结构得到了认知心理学家的广泛接受。正如表 12-4 所示，命题可以用来描述诸如动作、属性、空间位置好类别从属等各种关系。另外，许多命题还能够组合起来表示更为复杂的关系、意象或者系列字词。例如，一只灰色的小老鼠正在咬一只黑色的躲在桌子底下的大猫的尾巴。

心理表征的命题形式的关键特征既不是字词的，也不是意象的，而是用一种更加抽象的形式来表征知识深层的隐含意义。所以，对于句子来说，命题不用保留字词的听觉或视觉成分；而对于图像而言，命题也用不着保留图片精确的知觉形式（H.H.Clark，Chase，1972）。按照命题理论的观点，形象的和语词陈述的信息都是基于其深层含义而被心理表征的，即都以命题的形式进行编码和存储。而提前命题表征的信息时，个体的大脑会相对精确地再造出形象的或语词的编码。

（a）
（b）猫在桌子下面。
（c）在……下面（猫，桌子）。

**图 12-21　图像、字词和命题**[1]

[1]　[美] Robert J. Sternberg. 认知心理学（第三版）[M]．杨炳钧，陈燕，邹枝玲译．北京：中国轻工业出版社，2006年1月第1版，168页。

**表 12-4　隐含意义的命题性表征**[1]

我们可以用命题来表征各类关系，包括动作、属性、位置、类别从属关系或几乎所有想得到的关系，而将命题结合成复杂的命题性的表征性关系的可能性，使得这类表征的应用具有高度的灵活性和广泛的适用性。

| 关系类型 | 字词性表征 | 命题性表征 | 意象性表征 |
|---|---|---|---|
| 动作 | 一只老鼠在咬一只猫 | 咬（动作）[老鼠（施动者），猫（宾语）] | |
| 属性 | 老鼠有毛 | （外部表面特征）[有毛的（属性），老鼠（客体）] | |
| 空间位置关系 | 猫在桌子底下 | （垂直高度位置比较）（桌子，猫） | |
| 类别从属关系 | 猫是一种动物 | （类别从属关系）[动物（类别），猫（成员）] | |

　　*本表中，命题是以一种广泛用来表述隐含意义的简写法（被称作"谓词演算"）来表示的。这种简写法的目的仅在于使人明白知识的隐含意义可以怎样被表征。我们并不认为这种简写形式是头脑中意义表征的确切形式。总的说来，用来表征命题的简写形式是这样的：（要素间的关系）[（主体要素），（客体要素）]。

## 三、意象的心理操作

　　许多认知心理学家都支持功能对等假设（functional-equivalence hypothesis），即人们在表征与使用视觉意象方面，与相应的实体知觉在功能上是对等的。Ronald Finke（1989）提出了一些视觉意象的原则，以用来指导关于意象的研究。①人们关于意象的心理转换及通过意象的心理运动，都同实体和认知的类

---

[1]　[美]Robert J. Sternberg. 认知心理学（第三版）[M].杨炳钧，陈燕，邹枝玲译.北京：中国轻工业出版社，2006年1月第1版，173页。

似转换与运动相一致。②视觉意象诸要素间的空间关系类似于实物的空间关系。③那些在编码过程中没有被清晰存储的信息可以通过心理意象而产生。④心理意象的建立类似于可视图像的建立。⑤在所使用的视觉系统的过程方面，视觉意象与视知觉是功能对等的。

Roger Shepard 和 Jacqueline Metzler（1971）的心理旋转实验是经典的功能对等假设实验。让被试观察如图所示成对出现的几何图形，这些用二维表现的三维图形分别在平面和纵面上旋转0度到180度。另外，还给出并非原刺激旋转的分心图形。然后让被试判断所给图形是否由原刺激旋转而成。

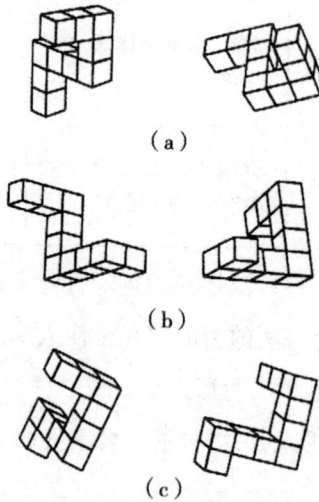

（a）

（b）

（c）

图 12-22　心理旋转：实例[1]

实验结果显示，回答图形旋转问题的反应时与旋转度数成线性函数关系，也就是说，反应时随图形旋转度数的增加而增加。这些发现证实了图形旋转与实体空间旋转的功能对等假设，因为在现实中人们旋转物体时也是角度越大费时越长，而与旋转的方向没有关系。

为了弄清人们是怎样创建和操纵意象的心理表征的，Stephen Kosslyn 带动

---

［1］［美］Robert J. Sternberg. 认知心理学（第三版）［M］. 杨炳钧，陈燕，邹枝玲译. 北京：中国轻工业出版社，2006年1月第1版，177页。

了意象缩放和意象扫描的研究。意象缩放就是与意象大小有关的现象，其研究的核心思想就是心理意象表征与知觉功能上的对等。比如，相比与小件物体来说，人们通常更容易分辨大件物体的特征细节，而且回答关于大件物体的问题也更为快速。如果被试在回答关于意象中大件物体特征问题的速度快于意象中的小件物体时，就能证明意象表征真的与知觉功能对等。

　　鉴于被试在意象大小实验时控制心理意象的形状较为困难，Kosslyn（1975）使用相对大小作为操纵意象大小的方法。他让被试想象四组成对的动物：大象和兔子各一只，兔子和苍蝇各一只，兔子和大象尺寸的苍蝇各一只，以及兔子和苍蝇尺寸的对象各一只。然后向被试提出关于兔子特征的具体问题，并记录其反应时间。正如他所料，描述较小物体的细节比描述较大物体的细节费时要长。他解释这一现象时借用了一个隐喻：在人们视觉意象的心理屏幕上，相比于占据面积较小的物体来说，那些占用更大区域的物体的屏幕分辨率更为细致，质量也更好。

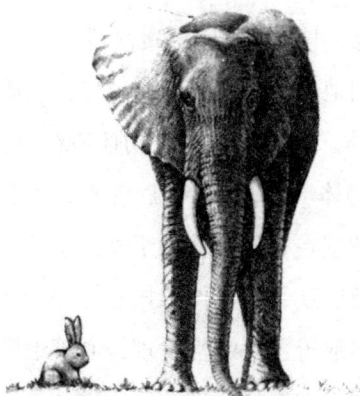

**图 12-23　意象大小：实例**[1]

　　Kosslyn 在其关于心理扫描的实验中找到了意象表征的使用证明。意象扫描研究的关键思路在于，类似于物理空间知觉可以被扫描，意象也是能够被扫描的。而且，二者在扫描时所用的策略也是功能对等的。比较二者在扫描中的

[1]　[美] Robert J. Sternberg. 认知心理学（第三版）[M]. 杨炳钧，陈燕，邹枝玲译. 北京：中国轻工业出版社，2006年1月第1版，181页。

表现，就能够验证二者是否功能对等。

图 12-24 意象扫描[1]

在 Kosslyn 及其同事们的一个实验中（Kosslyn，Ball 和 Reiser，1978），展示给被试一个类似上图的假想岛。此图把岛上的各种物体，诸如树、房屋与湖泊等都呈现给被试。认真研习这幅图，直到被试可以在记忆中精确地再现这幅图，即在误差不超过四分之一英寸的情况下，可以把图中的六个物体放回原位。实验的记忆阶段一旦完成，马上就进入关键阶段。

主试指示被试，听到他念的物体名称，就要在大脑中勾画出原图，然后直接心理扫描以找到该物体，一旦扫描到该物体所在位置就立刻按下一个按钮。接着主试就念出第一个物体名称，5 秒钟后念第二个名称，被试再次扫描并按键。这样重复多次，让被试在心理上移动于不同组的成对物体之间。记录下被试每次按键的反应时，被试从一个物体扫描到另一个物体所用时间的总量就由这些反应时来显示。实验取得了关键性发现，心理地图中连续的成对物体之间的距离与反应时几乎呈现出完美的线性关系。也就是说，被试似乎对地图进行了意象编码，并且实际上在反应过程中对意象进行了扫描。

## 四、Johnson-Laird 的综合心理模型

Philip Johnson-Laird 对文献进行了新的综合，提出心理表征可能采取命题、

---

[1]［美］Robert J. Sternberg. 认知心理学（第三版）［M］. 杨炳钧，陈燕，邹枝玲译. 北京：中国轻工业出版社，2006年1月第1版，181页。

心理模式或意象这三种形式中的任一种。Johnson-Laird 认为命题是用语词加以表达的、对意义完全抽象的心理表征。这一观点明显区别于其他认知心理学家观点的标志为命题是用语词加以表达的。Johnson-Laird 所说的心理模式指的是个体为理解和解释其经验而建构的知识结构。这个心理模式受制于个体关于经验的内隐理论。比如，个体对飞机是怎样飞上天的可能会有一个心理模式，与其说这一模式取决于某些物理规律，还比如说是取决于他对于这些规律的信念。意象则是更为特殊的心理表征。在意象中保留了很多特定物体的知觉性特征，它们是依据已知范例的特定细节，从特定的角度观察得来的。

### 五、认知地图

人们能够仅仅依据同物理环境的物理交互作用及在物理环境里的行进来形成意象地图。人们对于物理环境的这些内部表征，尤其是聚焦于空间关系的心理表征，通常被称作认知地图（cognitive maps）。

Edward Tolman 在 20 世纪 30 年代开展了一些关于认知地图的早期研究，Tolman 及其同事 C.H.Honzik（1930）在实验中让老鼠走如图 12-25 所示的迷津。研究发现，获得食物强化的老鼠能较快地学会不犯错误地走迷津。Tolman 认为这些老鼠学会了对迷津进行内部表征的认知地图。

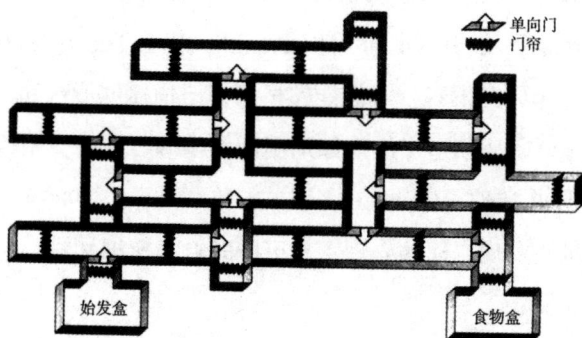

**图 12-25　老鼠迷津**[1]

[1]　[美] Robert J. Sternberg. 认知心理学（第三版）[M].杨炳钧，陈燕，邹枝玲译. 北京：中国轻工业出版社，2006年1月第1版，188页。

　　研究显示，人类在形成与使用认知地图的时候可能涉及三类知识：①地界标知识（Thorndyke，1981），这类信息与位置的特定特征有关，还包含有同时基于意象性表征和命题性表征的信息；②路线—道路知识（Thorndyke，Hayes-Roth，1982），这类信息涉及两个位置间移动的具体路径，以及程序性知识与陈述性知识都基于的信息；③测量知识（Thorndyke，Hayes-Roth，1982），这类信息涉及地界标之间距离的估计，如图测量地图一样，也可以用详细的数字距离来进行意象性和命题性的表征。

　　人们在估计距离时，经常会运用心理捷径，即根据经验来估计的认知策略，又叫作直观推断法。人们在使用上述三类认知地图的知识时，可能会影响到估计距离的认知捷径。比如，人们会随着插入地界标密度的增加，而相应地增加对距离的心理估计。在估计如城市等特定物理位置之间的距离时，路线—道路知识似乎常常获得比测量知识更重的加权，甚至被试看地图形成心理意象的时候也是如此（McNamara，Ratcliff 和 McKoon，1984）。如 Barbara Tversky（1981）所说，至少在人们解决有关意象问题的时候，运用直观推断法操纵认知地图时表明命题性知识对意象性知识有影响。概念性信息在一些情形中似乎会使得心理意象变形。在此情形下，命题性策略比意象性策略能更好地解释人们的反应。这些变形一般来讲似乎反映了一种调整心理地图特征的倾向，其结果使得被表征的角度、线条和形状更趋近于纯粹抽象的几何图形，而不是它真实的形象。

　　Barbara Tversky 及其同事们（Franklin 和 B.Tversky，1990；Taylor 和 B.Tversky，1992）研究发现，人们能够根据言语描述创造认知地图，而且它们与那些看着绘制地图所创造出的认知地图同样精确。有关文本理解的其他研究得到的结果也与此类似（Glenberg，Meyer 和 Lindem，1987）。总之，关于认知地图的诸多研究发现，建构心理意象可能既有类比到知觉的过程，也有依赖命题性表征的过程。

## 六、陈述性知识的组织

　　概念作为符号知识的基本单位，是为了理解世界而提高方法的某种观念。一个单一的概念通常可用一个单词来表达，如"土豆"。每个概念都联系着与它存在关联的许多其他概念，如与土豆相关的概念有"褐色""椭圆形"和"蔬菜"等。对概念进行组织的一种方法就是通过类别的观点。根据其他概念中的共同特征或与原型的相似性来组织或指出其对等的方面，是类别这一概念的主要功能。

### （一）概念与类别

#### 1. 基于特征的类别

一种有关概念类别的经典观点就是把一个概念分解成一系列的特征成分。每一成分单独来说都是必要的，它们全部联合起来就足以给该类别下定义。也就是说，每个特征都是其所属类别的一个基本要素，所有这些特征都合起来就形成了该类别的独一无二的定义。因此，这些组成类别定义的成分就被看作是定义性特征（defining features）。对于某个物体，如果它属于某类别，就必须加以该类别的定义性特征；否则，就不属于这个类别。可见，定义性特征是判断某物是否属于某类别的必要条件。然而，对有些类别进行特征分析并不是一件容易事，如要找出所有游戏的共同特征就非常困难。尽管有些物体的定义性特征看起来比较明确，但是有时违背这些特征时也可能不会改变人们对其先前所定义的类别。例如，人们通常把有翅膀、会飞看作是鸟的定义性特征，但是修剪过翅膀的燕子仍被当作鸟来看；鸵鸟不会飞也仍然是鸟。只不过，在进行典型性评级时，燕子与鸵鸟相比可能更像是鸟类的一个较好实例。

#### 2. 原型理论

原型理论（prototype theory）把代表性特征（characteristic feature）作为构成类别的基础，并用它来描述这一类别的典型模型。在概念的样例中通常能够体现出其代表性特征，但也不一定总是会有体现的。该理论引入了新的基于原型的分类方法，帮助人们理解知识的组织。任何最能表征类别所依据的种类的模型都可能成为原型，它通常能够为建立后继模型提供原始基础。与某类别中每个例子都具有的定义性特征不同，代表性特征是在许多或者大部分例子中具有的特征，有一定的典型性。

心理学家把概念类别区分为经典概念和模糊概念。那些通过定义性特征就能易于定义的类别就是经典概念，而那些不容易定义的类别就是模糊概念，在很大程度上这是因为它所包含的外延是模糊的。经典概念与发明创造近似，模糊概念则与自然演化趋近（E.E.Smith，1988，1995）。经典概念及其标记它们的语词可能构成于定义性特征，模糊概念则围绕着原型而建立。一个与原型相当相似的物体，依据原型论就可以把它归为此类别的一个范例。根据某一物体与原型间所共有的特征数，人们可以认识到它们的相似性。另外，有许多心理学家建议，那些更接近于原型的特征与其他特征相比应占有更大的权重。

有些心理学家（如，Ross 和 Spalding，1994）主张在把某一概念类别化时，用作为这一类别中几个可供选择的典型代表物的多重样例来取代单一原型（Murphy，1993；Ross，2000）。比如，提到鸟类时，不仅应想到原型性的鸣鸟，还要想到捕食类鸟、大体型不能飞的鸟，以及体型中等的水鸟等样例。通过建立规则，然后收集例外物从而构建出类别。所以，类别有一定的稳定性和一致性，在收集例外物时还允许它具有灵活可变性。

3. 基于特征与原型的理论结合

Armstrong 和 Gleitman 等根据典型类别也存在范例典型性上的差异的事实总结到：一套详尽的分类理论应该把定义性特征与代表性特征结合起来进行考虑。人们可能把每个类别看作既有内核又有原型。内核指的就是某一事物之所以归于某个类别的定义性特征，原型则是相对典型但不必要的属性特征。比如，盗贼这个概念，其内核就是指一个未经允许而把他人钱财据为己有的人，其原型就是识别一个人为盗贼的典型性特征。

### （二）语义网络模型

Allan Collins 和 Ross Quillian（1969）提出了一个早期网络模型中最著名的、具有里程碑意义的模型，即知识是通过语义层次网络来表征的，这个网络由各要素相互链接而构成。这些表征概念的要素称作节点，标记关联指的就是这些节点之间的链接，它们有的涉及类别的全体成员，如图 12-26 所示的"鸟"与"动物"的链接，就表示所有的鸟都是一种动物；有的涉及属性特征，如"有翅膀""会飞""有羽毛"就是"鸟"的属性；还有的则涉及其他的一些语义关联。总之，网络提供了一种组织概念的方法，其中的任何一个概念，都是通过与其他概念的相对关系来加以描述的，任何概念的意义都由其他概念与它的联系进行表征。该模型以一种层次树状图的形式来表征有组织的知识，这样，通过存储单一而不是多余的元素，处于较高层次水平的不必重复较低层次水平的信息，用最小的空间来实现信息存储的有效容量的最大化，因而记忆相当高水平的认知经济性。

Allen Collins 和 Elizabeth Loftus（1975）提出了语义加工的激活扩散理论，该模型建立在一个复杂的类型网络基础之上，特定的概念分布在网络空间之中，并与其他相关的概念存在不同程度的联结，用概念间连接线段的长短来表示其相互间联系的强度。如"红"与"火"之间联系紧密，就用短线段来表示；而与"日出"间的长线条则表示较为疏远的联系。激活过程沿连接线在概念之间扩散，或许能够用来解释启动效应。

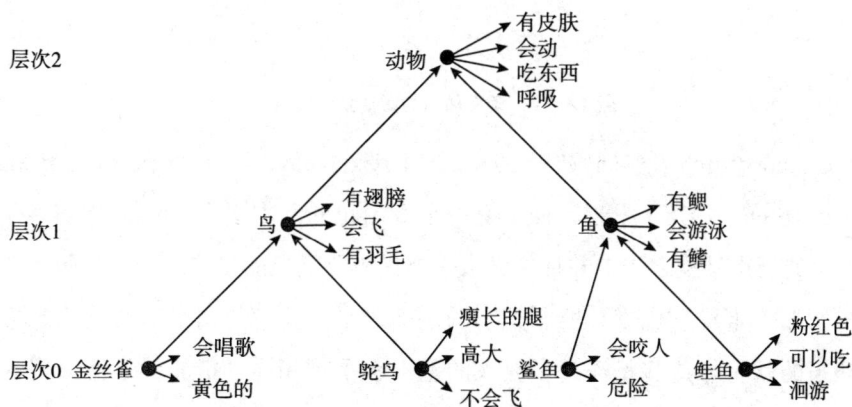

**图 12-26　假想中的三层记忆结构**[1]

---

[1]　[美] 罗伯特·L·索尔所，M·金伯利·麦克林，奥托·H·麦克林. 认知心理学（第7版）[M].
　　邵志芳，等译，上海：上海人民出版社，2008年7月第1版，241页。

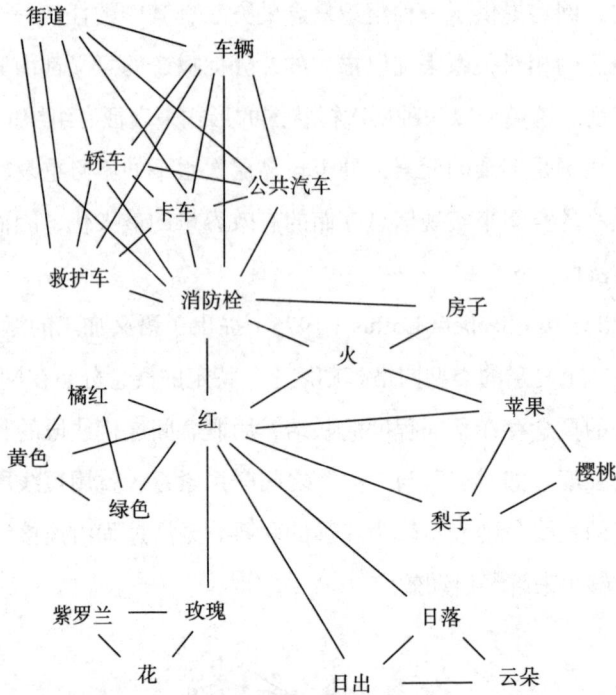

**图 12-27　语义加工的激活扩散理论**[1]

Eleanor Rosch 及其同事们（Rosch，Mervis，Gray，Johnson 和 Boyes-Braem，1976；Rosch，1978）发现，似乎有一个专门化的基本水平（basic level）存在于概念的层次结构之中，并且这一水平要优先于其他的水平。拥有区别性特征最多的那个事物就代表其所属类别的基本水平，让它与同水平的其他概念区分开来的就是靠这些特征。多数人的基本水平都相同，指的就是绝大多数人所发现的有最大区分性的那一水平，但并不是所有人的基本水平都必须一样。Rosch 等发现，给被试显示物体的图画时，他们识别处于基本水平的物体要快于较高或较低水平的物体。

---

[1]　［美］罗伯特·L·索尔所，M·金伯利·麦克林，奥托·H·麦克林.认知心理学（第7版）［M］.邵志芳，等译，上海：上海人民出版社，2008年7月第1版，243页。

### （三）图式表征

图式指的是用来组织知识、创建相关概念意义结构的一种心理框架。图式具有如下三个主要特征：1.一个图式可以包含其他的图式，比如，一个鱼的图式可以包括一个鲨鱼的图式，还有鲑鱼的图式等等。2.图式具有典型性和普遍性，但是两个具体实例之间可以有细微的差异。如，尽管有毛皮是典型哺乳动物的普遍特征，但并不排除毛发较少的人类和刺比毛多的豪猪的存在。3.图式的抽象度可以有所不同。例如，"善良"的图式比"白菜"，甚至"植物"都要抽象得多。这些特点保证了图式在使用中具有广泛的适应性。

Lloyd Komatsu（1992）指出，图式还包括一些有关关系的信息，这些关系主要有概念间的关联，概念所包含的属性，相关概念的有关属性，概念与特定环境的关联，特殊概念与一般背景知识间的关联，特别是因果关系更为受到心理学家的关注，通过图式中的一些基础信息可以对情景做出推断。

Roger Schank 和 Robert Abelson（1977）提出了一个称之为脚本的有关语义表征的概念，脚本被看作是在某个特定背景下对事件按照适当序列来描述的一种结构体。时段及能填充这些时段的必需品一起构成了脚本，这一结构体是个相互连接的整体，一个时段中的事物可能会对另一时段中的事物产生影响。脚本在日常程式化的情境中发挥着操纵作用。脚本的灵活性通常比图式要差，不过，脚本对于场景、小道具要、扮演的角色和人们所期待的事件发生序列直到结果，都有着默认的价值。当人们在一定的背景下要填平明显的交际鸿沟时，脚本提供了一个在特定情境中指导人们行动的心理框架。如果每人在给定情境中都遵循相似脚本行动，那么日常情境中人们的交往与生活都会变得更为顺畅。

## 七、程序性知识的表征

从人工智能和计算机模拟研究发展出一些有关程序性知识表征的早期模型，它们全都涉及了信息的系列加工（serial processing），即信息通过在同一时间仅有一种加工的线性序列加工来进行操作。计算机以成套的规则来管理程序的产生和输出，从而可以表征和组织程序性知识。尤其是，计算机遵循着由一个"如果"从句和一个"那么"从句组成的产生式规则。人们也会使用与计算机完全相同或相近的方式来组织知识。"如果"从句提供了一套落实"那么"从句所要满足的条件，"那么"从句则描述了一个行为或者行为系列。

在每个给定从句中的每个条件都可能会包含一个或者多个变量，而每个变量又可能有一种或者多种可能性。如果把规则进行精确描述，并特别指明所有相应的条件和行为，那么执行的任务尽管非常简单，也会需要数量庞大的规则。它们被组织为包含例行程序与子例行程序的结构，例行程序就是关于完成一项任务的指令，子例行程序在例行程序的统领下完成其中一个子任务的指令。这些程序中的多数都是可以重复使用多次的。完成主产生式所必需的成分性任务与子任务就是由这些各种各样的程序组成的。研究显示，个体在执行一项特定任务或者使用一种特定机能时，其知识表征涉及了一个包含为执行任务或使用机能而建立的一套完整规则的产生式系统（Anderson，1993；Simon，1999）。

## 八、知识表征的综合模型

### （一）思维适应性控制模型

John Anderson（1976，1993）提出了一个有关知识表征与加工的思维适应性控制（adaptive control of thought，简称 ACT）模型，综合了系列信息加工和语义网络模型的一些特点。该模型认为，表征程序性知识是以产生式系统的方式进行的，而陈述性知识的表征则以命题网络的方式进行，只不过，这里的命题被看作是知识的最小单位，能够作为一个独立的陈述而存在（Anderson，1985）。Anderson 延展了其理论模型的应用范围，以便为整个认知结构提供支持作用。他把不同的认知加工看作是一个中心主题的变异，认知的一个潜在系统就由它们反映出来。但由于其本身的局限，促使 Anderson 运用原模型中的大部分内容，又组合出一个新的称为 ACT-R 模型，它是一个综合了程序性知识的产生式系统表征和陈述性知识的网络表征的信息加工模型（J.R. Anderson，1983）。

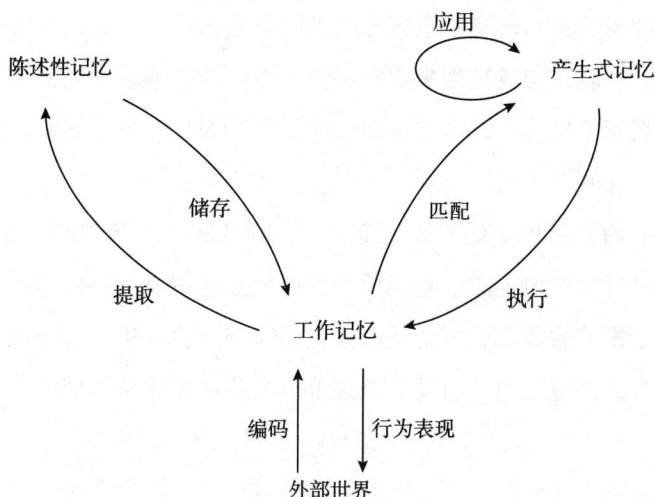

**图 12-28　ACT 模型的大体框架，其中显示了该模型的主要成分及其联系过程**[1]

　　在他的陈述性网络中，既有提取信息的机制，也有存储信息的结构。网络中的各个节点存储着各种各样的概念，他们能够被激活也可以不活动。然而，在任何一段时间内，能够被激活的节点数目有限。这种激活扩散在认知系统整体有限的容量内，沿着给定网络中的一批节点蔓延开来。随着被激活节点的增多，活性扩散的距离越来越远，同时活性也逐步被削弱。活性决定了网络变化的方式，因为使用越频繁的节点间的特殊链接就越牢固，活性更加倾向于沿链接较为频繁的传播路线扩散。所以，作为经常使用语义网络的一个结果，通过加强节点间的连接，就能够学习并且保存下陈述性知识。

　　Anderson 认为程序性知识的表征是以产生式系统来进行的，他假设程序性知识的表征发生在认知、联结和自动化三个阶段。在认知阶段人们会考虑执行程序所需的外显规则；在联结阶段人们常常用高度一致的方式，对这些规则的广泛使用进行练习；到了自动化阶段，人们会自动、内隐地、高度综合和协调地运用这些规则，其速度和正确度都很高。在人们所经历的这三个阶段的进展过程中具有程序化的性质，即人们要把慢速的、知道这是什么的外显程序信

————————

[1]　[美]罗伯特·L·索尔所，M·金伯利·麦克林，奥托·H·麦克林. 认知心理学（第7版）[M]. 邵志芳，等译，上海：上海人民出版社，2008年7月第1版，246页。

息，转换成快速的、知道这要怎么做的内隐程序执行。构成法是进行这种转换的方法之一。人们在构成过程中建立起一个专门的产生式规则，使两个或更多的产生式规则都能包容于其中，从而简化了所需规则的数量并使其执行起来更为流畅。

产生式的调节是程序化的另一个方面，涉及泛化与分辨两个互补的过程。泛化就是把来自特殊情境的信息应用于更加广泛的情境，分辨就是从不相关的数据中辨别出相关的信息。也就是说，人们能够学会泛化已有的规则，并且把它们应用于新的情境之中；而且人们还可以学会从所面对的情境中分辨出新的标准。

### （二）并行加工模型

受人脑同时进行多种操作并对来自众多信息源的信息进行并行加工的启发，James McClelland 和 David Rumelhart 提出了并行分布式加工（parallel distributed processing，简称 PDP）模型。他们认为网络由类似神经元的单元组成，知识的表征不是由特定单元，而是由连接这种模式来进行的。类似于单个字母所携带的信息非常有限，但字母组合却能够提供大量的信息；单个单元的信息量不多，都是单元之间互相联合的模式却能够提供非常大的信息量。

这一模型向人民展示了另一条知识表征的途径，即受大脑启发得到的模型表明，由不同的激活模式来处理不一样的信息加工。大脑中的一个特定神经元在任何一个时刻可能是非活动性的、兴奋的或者抑制的。另外，它所释放的神经介质及神经调节器的数量可能会有所不同，放电的频率也会存在差异，从而影响着突触上其他神经元的活动方式。类似地，这个模型中的单个单元也可以是非活动性的，或传递给其他单元兴奋或抑制信号。单元之间的联结即使当前处于非活动状态，也可以不同程度地加工潜在的兴奋或抑制。越是经常被激活的一个特定联结，其兴奋或抑制时的强度也就越高。

该模型认为，人们无论什么时候使用知识，都会改变对它的表征。也就是说，知识表征并不是真正意义上的终极产物，而是一种加工过程或者甚至仅仅是一种潜在的加工过程。所存储的并不是一种特定的联结模式，而是一种潜在的兴奋或者抑制的联结强度模式。如果有刺激要求个体重新创建给定模式，那么其大脑就会利用这一联结模式来达到目的。来自环境刺激物、记忆或者认知加工的新信息被个体接受时，其激活会增强或者削弱单元间的联结。通过总结推论和归纳总结而创造新信息的能力促使知识表征与操作的多样性有了无限多的可能性。

由于这种多样性使得人类能够接纳不完全的和失真的信息，从而比计算机具有更大程度的适应性。另外，通过这一模型还便于解释认知的动态性、快速性和相对准确性等普遍特征。尽管这个联结主义模型解释了许多知识表征与认知加工的现象，特别是那些可以逐步学习的认知加工，但是对于单个事件的记忆就显得不是那么有效。

McClelland、McNaughton 和 O'Reilly（1997）提出了大脑中存在两个学习系统的模型，试图弥补联结主义的一些缺点。一个系统与联结主义相吻合的方面是抵制变化和有相对的持久性。另一个系统处理新信息的迅速习得，在保存一小段时间后，就把新信息与原联结主义系统中的信息整合起来，使两个系统能够互补。

## 九、知识的表征与组织研究对需要心理学的贡献与局限

知识表征就是对存在于主体头脑外的事物、观念和事件等的一种为其头脑所知的形式。现已区分出陈述性知识和程序性知识两类知识结构。有关陈述性知识表征的理论主要有双重编码理论、命题理论、意象的心理操作、Johnson-Laird 的综合心理模型和认知地图。有关陈述性知识组织方面的理论出现了基于特征的类别、原型理论、基于特征与原型相结合的理论、语义网络模型和图式表征。程序性知识的表征通过计算机模拟的产生式系统得以发现。知识表征的综合模型则包括思维适应性控制模型和并行模型。

这些理论与模型都各有千秋，从不同侧面对知识的表征与组织进行了解释，对认知需要主要的满足目标与成果之一的知识加以分析与说明，为需要心理学提供了丰富的基础资料。不过陈述性知识关心是什么，程序性知识关注如何表征与组织，需要心理学更聚焦于为什么追求知识和怎样得到知识，特别是求知过程中的动力机制。

# 第五节　语言

语言是人际间交流的一种独特的符号性工具，通过使用由单词组合起来的组织方式来与他人进行沟通，或思考当前不能直接感知到的事物和过程。

## 一、语言的属性

尽管语言学家和认知心理学家对语言的认识有所差异，但是，对语言特有的六类属性大家似乎还是达成了一些共识（如，R.Brown，1965；H.H.Clark 和 Clark，1977；Glucksberg 和 Danks，1975）。具体说来，语言是：

"1. 可用于沟通的：语言使我们能够与同一个或多个与我们持相同语言的人进行交流。

"2. 任意的符号：语言在符号与其所指的一种观念、一件东西、一种过程、一种关系或一种描述之间创造了一种任意的关系。

"3. 有规律地建构起来的：语言是有结构的；只有特定的符号排列方式才有意义，而不同的排列就会产生不同的意思。

"4. 在多个水平上建构起来的：可以在多个水平上对语言结构进行分析（例如，从声音、意义单元、词语、短语等层面进行分析）。

"5. 生成的、多产的：在语言学框架的限制内，语言的使用者能产生出新的表达方式，而且对新表达方式的创新在事实上是无限的。

"6. 动态的：语言是在不断地演变着。"[1]

语言从本质上说，包括理解、语言输入的解码和编码、语言输出的产生两个基本方面。从所使用的任何一种符号指示系统中获得意义的过程就是解码，编码就是把信息编成一种能够存储在记忆中的形式，也涉及把头脑中的思想转换成一种能够被语言学输出所表达的形式。

---

[1]　［美］Robert J . Sternberg. 认知心理学（第三版）［M］. 杨炳钧，陈燕，邹枝玲译. 北京：中国轻工业出版社，2006年1月第1版，227页。

语言可以分成不同层次的单元，从音素（phoneme）、词素（morpheme）到句法（syntax）和语篇（discourse）。音素是口语语音中最小的单位，仅仅是一个单音，有的可能属于一个特定语言的语音系统；有的则不属于，如咯咯的一声笑。音位（phoneme）就是在一个给定语言中，能够把两句话区别开来的、最小的口语语音单位。音位由发音器官按照顺序交互开合而产生。英语中的音位由元音和辅音组成，语言不同，所使用的音位和音位组合的数量也各异，北美英语的音位约有 40 种。

词素就是在某种特定语言中表达直接意义的最小语言单位。语言学家把词素区分为实义词素和功能词素两种形式，实义就是那些能够传递大量意义的单词，而功能词素就是那些为实义词素添加细节和有意义上的细微区别或者有助于实义词素与语法背景相适合的词素。在英语中常见的有冠词、连词、前缀和后缀等，公共后缀就是一种经常用到的添加来适合语法背景的功能词素，如动词的时态、名词和动词的数、名词的所有格以及形容词的比较级等。

某一给定语言的整套词素系统或者某一给定个体的言语库，用语言学的术语来说就是词库。说英语的成人人均约拥有 80000 个单词的词汇量（G.A.Miller和 Gildea，1987）。

句法指的是特定语言的使用者把单词组成句子形式的方法，属于比词素更高一个层面的分析，它控制词素组合成短语和句子的规则，在人们理解言语的过程中起着至关重要的作用。一个句子一般由名词短语（noun phrase）和动词短语（verb phrase）两部分组成。名词短语中至少包含一个通常充当句子的主语的名词及其相关的所有修饰语。动词短语由于断言或陈述了主语的某些情况，也称作谓语，通常表示主语的一个动作或属性。一个动词短语包含至少一个动词，有时还可能含有这个动词所作用的对象。

语篇是语言分析的最高层面，它是由两个以上的单句组合而成的大于单句的语言交流单位，比如在对话、演讲、故事、段落、篇章甚至整本书中的语言使用。

## 二、语言理解

理解语言的过程涉及言语知觉和听者如何处理从语言的声音传递来的特征，然后是对语言的语法结构的描述，最后是从宏观水平上进行语篇分析。

### （一）言语知觉

在人际交往中听懂他人的话是至关重要的，人们对于使用得非常流利的语言，每秒能以 50 个音位的惊人速度形成知觉（Foulke 和 Sticht，1969），但是对于非言语性发音，人们仅仅脑每秒知觉三分之二个音素（Warren，Obusek，Farmer 和 Warren，1969）。对此显著差异的一个解释是言语发声中存在发音重叠现象，也就是说，音位在其产生过程中同一时间内有重叠，这就使得一个或更多音位在其他音位尚处在产生过程中就同时开始发音了。

视言语知觉为普通知觉的观点把言语知觉过程等同于其他声音的听知觉过程。这类理论有的强调模板匹配，有的强调特征觉察。它们假定神经系统的加工可以分作明确的阶段，在一个阶段分析言语发音，是把它作各个成分；在另一个阶段分析这些成分的组合形式，并把它与模板或原型进行匹配（如，Kuhl，1991；Massaro，1987；Stevens 和 Blumstein，1981）。在这类理论中有一种语音净化理论（Pisoni，Nushaum，Luce 和 Slowiaczek，1985）。该理论认为，人们从分析听觉开始，继而转换成更高水平的加工，通过逐步减少其记忆里已知各个音位与单词间匹配的可能性来识别单词。

这类理论有一个共同特点，就是在模板匹配或特征觉察的基础上，都要求有决策过程。人们的认知和背景因素会影响到对可感知信号的知觉，从而使得人们所知觉的言语与耳朵接受的言语发音可能会有所不同。总之，这类理论把言语知觉看作是一种普遍的知觉现象，在解释听众对言语的理解时运用的是特征觉察和格式塔心理学中知觉的普遍规则。

言语发音的类别知觉（categorical perception）现象的发现导致了言语知觉这一概念的特殊化。这个现象是说，人们所听到的言语发音尽管在事实上是由一个音波变调的连续体组成的，但是人们所知觉到的言语发音却是不连续的类别。研究显示，在一个音位类别中对于音节的分类差异呈现出较差的分辨力，但是跨音位界限的分辨力则有增强的表现。对于在连续体中出现的间距相同、成对、有差别的标记音，在正常的知觉过程中是应该能够平等地进行区分的，因此，研究结论表明言语是通过一种特殊化的过程来知觉的。

Alvin Liberman 及其同事（Liberman，Cooper，Shankweiler 和 Studdert-Kennedy，1967；Liberman 和 Mattingly，1985）提出了言语知觉的运动理论，他们认为言语知觉取决于人们听到的说话者的发音及人们所推断的说话者打算发出的声音。所以，听者在知觉言语时利用了涉及言语产生的特殊化过程，克服了来自发音重叠现象的背景敏感性，并导致了类别知觉现象。言语知觉通过特殊化过程而形成的证据在所谓的 McGurk 效应中也得到了发现（McGurk 和 MacDonald，1976），这一效应涉及视知觉与听知觉的同步性。比如，人们看电影时，如果电影的音带与说话者的嘴唇动作相一致，就没有任何问题；然而，如果是译制电影，说话者嘴唇动作很难再与音带取得一致，就会遇到较大困难。在日常交谈中，人们也是利用读唇来增强其对于言语的知觉的，特别是背景噪音给言语知觉带来困难时更是如此。

### （二）句法结构

词语的意义在语义学中可以分为直接意义（denotation）和内涵意义（connotations），一个词严格的字典定义就是它的直接意义，而它的内涵意义指的就是一个词的感情色彩、前提假设以及其他一些内在的含义。当人们把单词看作概念时，单词就成了操纵相关信息的经济实用方式，通过一个单词人们能够联想到大量相关的信息。把单词组合起来并排序成有意义的短语和句子的系统方法就是句法结构。它把注意力放在了研究句子结构的规律性上。根据显著的规律性句型对语言进行研究的就是语法。人们在学习一门语言时所学的是规定正确地建构书面语和口语方法的规定语法，更让心理语言学家感兴趣的是描写语法，它试图描述语言中单词的结构、功能以及关系。

语言学家曾使用短语—结构语法（phrase-structure grammars）来研究句法，着眼于发现支配单词序列的短语 - 结构规则。语言学家经常使用树形图来分析一个句子中短语的内部关系。

（a）　S = The girl looked at the boy with the red shirt.

NP = The girl VP = looked at the boy with the red shirt.

| Det | N | V | PP |
| The | girl | looked | at the boy with the red shirt. |

| Det | N | V | P + Det +NP |
| The | girl | looked | at the boy with the red shirt. |

| Det | N | V | P + Det + N + PP |
| The | girl | looked | at the boy with the red shirt. |

| Det | N | V | P + Det + N | P + Det + Adj + N |
| The | girl | looked | at the boy | with the red shirt. |

（b）　S

NP　　VP

Det　N　V　PP

P + Det + NP

N + P + Det + Adj + N

The　girl looked　at　the　boy　with　the　red　shirt.

（c）　S

NP　　VP

Det　N　V　PP

P + Det + NP

N + P + Det + N

The　girl looked　at　the　boy　with　the　telescope.

（d）　S

NP　　VP

Det　N　V　PP　　PP

P + NP

Det + N　P + Det + NP

The　girl looked　at　the　boy　with　the　telescope.

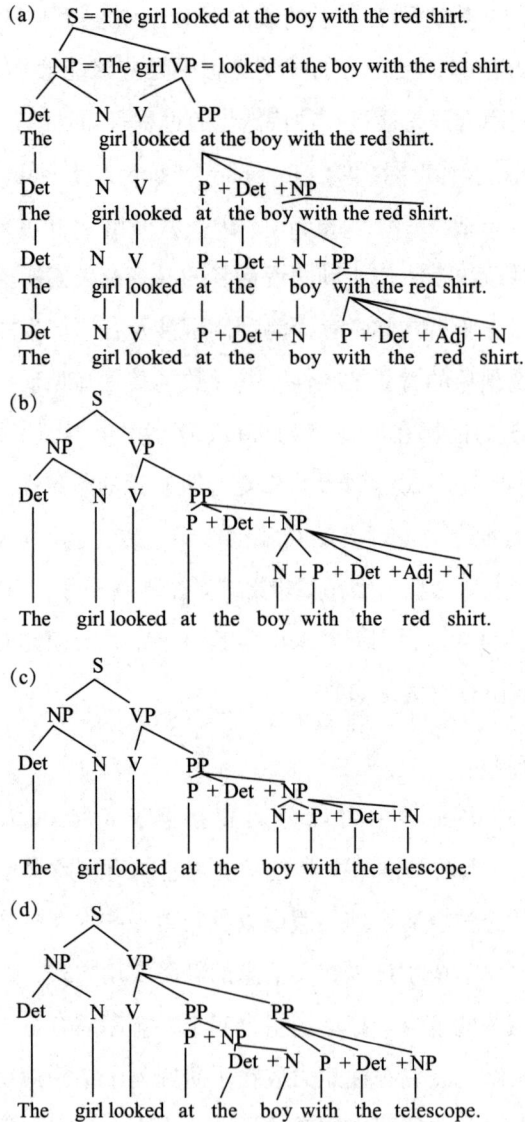

**图 12-29　两个短语结构的树形图[1]**

　　树形图能够帮助人们揭示短语结构中的句法分类。这样的树形图尤其可以显示句子不仅由单词链组成，而且句子内部短语的层次结构也是其组成要素。

---

［1］［美］Robert J. Sternberg. 认知心理学（第三版）［M］. 杨炳钧，陈燕，邹枝玲译. 北京：中国轻工业出版社，2006年1月第1版，239页。

树形图还有助于人们弄清语言的混淆以及使用语言中的一些困难。

Noam Chomsky 于 1957 年对句法结构的研究做了彻底变革。他指出，为了理解句法结构，不仅要分析内部短语之间的内在关系，还要观察句子之间的句法关系。也就是说，他发现特定的关系可由特定的句子及其树形图加以显示，而表层结构相似的句子有可能表达了各不相同的意思。Chomsky 认为，语言学家能够通过研究短语结构间的关系来更深入地理解句法结构，而这些关系还涉及句子里面各个要素之间的转换。他特别指出要研究转换语法（transformation grammar），这种语法涉及转换生成规则，即引导人们重新整理隐含的命题并借以形成各种短语结构的规则。他把那些从转换中得来的各种短语结构称作表层结构，把那些运用各种转换生成规则来连接各种短语结构的潜在句法结构叫作深层结构。

Chomsky 还研究了句法结构与词汇加工间的相互作用，他认为人们的心理词汇的含义比附加在每个词上的语义更为丰富。他指出每个词条还含有许多句法信息，主要包括所属的句法类别、可以使用特定词素的适当的句法上下文以及任何同词素的句法运用相关的特殊信息。这些句法信息虽然增加了心理词汇的复杂性，却能够彻底简化心理句法所需规则的数量和复杂性，从而使得人们能够通过逐步扩展词汇量来为越来越复杂、精巧的语言做准备。

有些桥梁式的模型可以解释心理词汇与句法结构中的各要素如何相互连接的问题（如，Bock，Loehell 和 Morey，1992；Jackendoff，1991）。依据其中某些模型的观点，人们在运用句法类别解析句子的时候，给句中各项划分了位置。词项也包含了其可被放置的各类位置有关的信息，词项所能担当的各类主题角色提供了这些位置得以确立的基础。已经得到确认的主题角色包括发出动作的施动者、直接承受动作的受动者、间接承受动作的受益者、执行动作所借助的工具、动作发生的位置、动作发源的起点和动作去向的终点（Bock，1990；Fromkin，Rodman，1988）。

## 三、语言习得

在习得母语方面，全世界的人们似乎都遵循着相当雷同的顺序和采用几乎相同的方式。

## （一）语言习得的阶段

表 12-5　与语言习得有关的发展变化[1]

| 近似年龄 | 年龄特征 | 信息加工的交互作用 |
|---|---|---|
| 无论孩子们习得的是哪种语言，在同一年龄，全世界的小孩似乎都遵循着相同的发展模式。 | | |
| 出生之前<br>头几个月<br>出生后半岁到1岁期间 | 对人类声音的反映<br>咕咕声，主要由元音构成<br>咿呀语，由可分辨的音位——元音和辅音——构成，这些构成了婴儿最初语言的特征 | 随着声音变得更加有意义，婴儿对这些音的知觉也变得更具选择性；婴儿对这些音的记忆能力也在增强。 |
| 大约1到3岁 | 单字词表达<br>双字词表达<br>电报式言语 | 随着流利程度和理解力的增强，对语言符号的操纵能力也随着概念的发展而增强；当小孩试图将他们有限的词汇应用于各种环境时，外延过宽错误就发生了，但随着小孩词汇的更加专门化，这些错误就发生得越来越少了 |
| 大约3到4岁 | 尽管还是有过度规则化错误的出现，但简单句的出现反映了词汇量的剧增和对句法的非凡熟练理解 | 词汇和概念继续在理解度和流利度两方面得以扩展，而且孩子内化了句法规则；过度规则化错误使我们能够了解孩子们是如何形成语言结构的规则的 |
| 到了4岁左右 | 形成基本的成人句子结构；结构复杂性上的一些增强将持续到整个青春期；尽管速度放慢，但词汇量继续增加。 | 孩子们的语言模式和语言习得策略大多是按对成人进行类似研究所用的方式来进行的；然而，儿童习得词汇的元认知策略在儿童期会趋于完善 |

0～4岁幼儿的语言习得随年龄增长而发展变化的特点概括如表所示。

4岁以后儿童的言语理解和流利能力随年龄增长仍持续有效地增强，他们运用包括理解监控在内的认知策略的能力也在提高，并促进了言语理解和流利能力的提升。

[1]　[美] Robert J. Sternberg. 认知心理学（第三版）[M]. 杨炳钧，陈燕，邹枝玲译. 北京：中国轻工业出版社，2006年1月第1版，245页。

（二）遗传与环境对语言习得的影响

Chomsky（1965，1972）曾指出人类的语言习得受益于先天遗传的语言习得机制（language-acquisition device，LAD），或者可以说，人类似乎在生理上准备好了习得语言的前期配置。有许多支持这一观点的观察。显而易见的是人类的言语知觉相比于对其他声音的听觉处理能力，表现得十分的不同寻常。所有正常的儿童在通常的环境中习得语言的速度都快得令人难以置信。实际上，聋哑儿童能以与听力正常儿童习得口语几乎完全相同的方式和速度习得手语。儿童似乎在习得语言结构规则的内隐理解方面特别有诀窍，并且能够得心应手地把这些规则运用于新的词汇和新的语境。另外，人类拥有几种专用于产生语言的生理结构，以及人类语言有着许多横贯众多序列的普遍特征的观察成果，也是先天因素影响语言习得观点的确切证据。

环境在语言习得过程中的作用也举足轻重，特别是在一些发展的关键期。比如，咕咕声和咿呀语阶段对说母语的人似乎就是一个关键期，此时，儿童的语言环境必须能够提供特定语言中有区分性的音位，才能有助于对这些音位的辨别和产生过程的习得。

模仿、示范和条件作用是三种重要的用于习得语言的环境机制。儿童在模仿时就是看到他人做什么就跟着做什么。模仿别人的语言描述，尤其是父母的语言描述，这是儿童在习得语言时的经常性行为。通过观察言语示范者的行为而习得语言就是示范，特别是儿童导向言语（child-directed speech）的示范更能促进儿童言语的习得。这种独特的用于同儿童交流的成人言语形式又称为母性语言，它通常用高于平时的音高，夸张言语中的元音，并且使用更加简单的句子结构，让儿童适应特定的环境。例如，在各种文化中，父母都运用上扬的语调来吸引孩子的注意；安慰他们时就使用下沉的语调；在警告不能有禁止行为发生时应用间接、不连续的、急速的言语爆发（Fernald et al.，1989）。仿佛是父母先给孩子提供一个其可以借以构建语言大厦的脚手架，在孩子语言发展的过程中，再逐步把脚手架撤走。

言语习得的条件作用是指这样一种过程：儿童把听到的一些表达方法联系于自己环境中的特定事物，也产生出了这些表达，并且受到了具有同样表达方式的方面和其他人的奖励，从而巩固并提高了这一表达。儿童从最初的不完美，经过不断强化，而逐渐接近并达到与成人同样的水平。儿童言语发展的过程，其实就是条件作用不断累积的过程，使得他们从简单联想开始，一步步实现言语的复杂度和精细度与成人趋同的成就。

## 四、阅读中的加工

阅读是一个非常复杂的认知过程，它至少涉及了语言、知觉、记忆、思维和智力。在阅读时，个体要把看到的视觉符号转换成语音，然后给这些语音排序以形成单词，接下来要辨别这个单词并发现其意义，完成这一单词的识别后就转向下一个单词，开始再次重复这个知觉过程。把一句话中的单词都识别后，就形成一个单句并寻找它的意思。这种向后逐渐推移的过程在阅读过程中一直持续。

初学者在学习阅读时，必须逐步掌握词汇加工（lexical processes）和理解加工（comprehension processes）这两类基本的知觉加工。词汇加工是指对字母和单词的辨别，也可用来激活和这些单词有关的记忆中的信息。理解加工是指把文本作为一个整体来把握其所呈现的意义。

人们在阅读文本时，眼睛是以快速连续跳动的方式来移动的。也就是说，人们对文本中连续组块的注视就好像是拍摄了一系列的快照。单词的待遇并非一样，文本中实义词汇吸引了约 80% 的注视时间。读者能够从字符的知觉视窗中提取有用信息的左注视点约有 4 个字符，右注视点则可能包含 14 到 15 个字符。连续注视期间眼跳的平均间距约为 7~9 个字符，所以，读者所提取的一些信息有可能是预备后继的注视（Pollatsek 和 Rayner，1989；Rayner，Sereno，Lesch 和 Pollatsek，1995）。

词汇通达（lexical access）指的是对单词的辨别允许读者获得从记忆中存取单词意义的通道，是一个交互作用的认知过程，可以从多个加工水平对信息进行组合。David Rumelhart 和 James McClelland（1981，1982）提出的交互作用 - 激活模型就假设词汇要素的激活就发生在多个水平上，并且这些不同水平上的激活间存在交互作用。

他们区分从三个紧随视觉输入的加工水平，即字母特征、字母水平及单词水平。该模型假定在记忆中各个水平的信息分开表征，而且不同水平间信息的传递是双向的。或者可以说，自下而上的加工与自上而下的加工并存。自下而上的加工就是从感觉输入开始，逐步演进到更高水平的认知加工。而自上而下的加工则开始于高水平的认知操作，而且同已知文本相关的先前的知识经验包含在这些操作之中。如图 12-30 所示，读者不仅使用了感知到的字母特征帮助其辨别单词，而且还运用了对单词的已知特征来协助辨别字母。

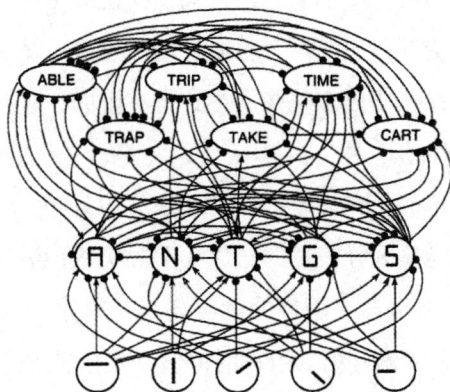

**图 12-30  单词再认的交互作用—激活模型**[1]

James McKeen Cattell（1886）做了词优效应（word-superiority effect）的首例报告，相对于独立的字母或者在不成词的字母堆中的字母，包含在单词里面的字母更容易达到理解，这种现象就称作词优效应。他还注意到了句优效应，即一个有意义的语境有助于读者对其中单词作为刺激时的知觉，并得到了后继研究者的证实（Perfetti，1985；Perfetti 和 Roth，1981）。

## 五、语言和思维

在语言和思维的关系方面，有一种理论叫语言相对论（linguistic relativity），

[1]　［美］Robert J. Sternberg. 认知心理学（第三版）［M］. 杨炳钧，陈燕，邹枝玲译. 北京：中国轻工业出版社，2006年1月第1版，256页。

主张持不同语言的个体间的认知系统也有所不同，并且这些有差异的认知系统还会影响到他们的思考方式。语言相对论有时用两位极力传播它的人的名字称为 Sapir-Whorf 假设。Edward Sapir（1941/1964）指出人们所知觉与经历的主要来自其社会中语言习惯，人们对解读的特定选择就是由这些习惯预先安排好的。Benjamin Lee Whorf（1956）则更强烈地断言人们在解剖自然时依据的就是母语所划的线，人们表征世界用的就是如万花筒般的印象之流，而这些印象主要通过人们大脑中的语言系统进行组织。

较为温和的语言相对论则不认为语言能够决定思维，但是相信思维肯定受到语言的影响。两者交互作用，语言也会有助于思维，甚至对知觉与记忆也会产生影响。因为人们操作非语言映像的方式是有限的，这就值得人们运用语言来促进心理表征及其操作。

对于操两种语言者的研究显示，在心理表征的某些方面，两种语言可以共享；但其他方面则可能是分开表征的。通常学习第二种语言有正向的累加，然而最为有用的学习条件是第二语言的学习环境是对第一语言的追加而不是削减。另外，受益效应是在学好第二语言的情形下才会出现的。

除了理解语言的字面意义外，还要懂得通过隐喻（metaphors）表达的思想。隐喻就是把两个名词并列，肯定地宣称两者相似的地方，而对其差异不予整合。隐喻包含主旨和中介这两个比较的项目，以及基础和张力这两种项目间的关联方式。隐喻的主题就是主旨，中介就是主旨进行描绘时的根据。隐喻的基础就是主旨与中介的相似之处，而隐喻的张力就是两者的不同之处。

对隐喻作用机制的传统理论强调主旨与中介间的相似性和类比关系，而对隐喻破格的理论则突出两者的不同之处，领域 - 交互作用理论整合了前述两种观点，认为隐喻既包含比较，也含有破格，隐喻涉及主旨与中介两个领域间的交互作用。隐喻丰富了人类的语言，运用了字面陈述所无法比拟的方式。理解隐喻时不仅要有比较，还要求主旨与中介间的交互作用。阅读隐喻能让读者在主旨和中介两个领域的知觉都有所改变，并且能够通过字面表达难以传递的方式发挥教育作用。

## 六、社会环境中的语言

在社会环境中，人们为了参与交谈，就会试图与谈话对象达成一些共识，或者构建一些谈话的共同基础。并且在对话环境中，也会运用一些非言语的交流方式。

### （一）言语行为

言语行为（speech acts）的理论探讨的就是用语言能够完成的事情，由哲学家 John Searle 于 1975 年提出。他把所有基于行为目的的言语行为区分为五个基本类别，这也就是人们能够凭借言语完成的五类事情。

1. 描述性功能。人们通过描述这种言语行为表达相信某个命题为真的信念。说话人可以使用支持这一信念的各种信息源，也可以加各种限定词表示其确信程度，不过仍然是在陈述一种不一定可证实的信念。

2. 指示性功能。无论直接还是间接，它描绘的是说话人要听话人去做某事的企图。比如，几乎所有问句都可能有指示作用。任何要引出援助的企图，不管有多么间接，都归入这个类型。

3. 承担性功能。它表达的是说话人在许下承诺，也就是说话人在允诺将来要做什么。构成承担性功能的言语行为包括许诺、发誓、定约、保证和担保等诸如此类的行为。

4. 表达性功能。说话人对其心理状态的陈述就是表达性的言语行为。如见到久别重逢的母亲会激动地说："妈妈，我好想你！"

5. 宣告性功能。又可称作执行功能，它是通过做出声明的言语行为，带来一种预期中的新事务状态。例如，在结婚典礼时，司仪说"我宣布你们结为夫妇"时，就宣告了结婚仪式的正式完成，新郎新娘已经在所有出席典礼的嘉宾心目中成为合法的夫妇。

人们为达到自己的目的，运用转弯抹角的说话方式时，其言语行为就是间接的。一种间接交流的方式就是不直接提出要求，而是通过间接请求（indirect requests）来完成的（Gordon 和 Lakoff，1971；Searle，1975）。间接请求有能力、愿望、将来行为和原因四种基本的方式。比如，在餐馆运用间接请求的不同方式询问洗手间的位置。"你能告诉我在哪儿有洗手间吗？"运用的就是陈述能力的方式。"如果你告诉了我洗手间的位置，我会非常感谢你。"就是在陈述愿望。"你将会告诉我洗手间的位置吗？"陈述的就是将来的行为。"我需要知道在哪儿有洗手间？"就是在运用陈述原因的方式。

### （二）会话准则

事实上，在交谈中，参与者内隐地建立起了一种合作活动。H. P. Grice（1967）就曾提出过谈话中的合作原则（cooperative principle），他认为合作原则是谈话兴旺的基础，人们试图依据这种原则进行各种方式的交流，从而让听话人能够较为容易地理解说话人的意思。他还概括出成功交谈所要遵循的四个准则，即数量准则、质量准则、相关准则以及方式准则。依据数量准则的要求，在谈话中说话人要出一份力，应尽可能地按照要求提供信息，要恰如其分，既不过多，也不过少。按照质量原则，要求在对话中所说的内容都是真实的，并且应该迎合听者的期待提供正确的信息。根据相关原则的要求，在交谈中所说的内容应该和谈话目的相关。方式原则要求谈话人在交谈中，应该避免含糊或有意混淆的表达，而是应该清晰明白地进行表达。Sacks 等人补充了同一时间只有一个人说话的准则，环境性语境和说话者相对的社会地位在此原则下会影响到说话的顺序（Sacks，Schegloff 和 Jefferson，1974）。

### （三）性别与语言

研究发现在对话内容上存在一定的性别差异。与小男孩相比，小女孩更可能求助于他人（Thompson，1999）。年长的青少年和年轻的成人男子，较喜欢谈论政治、个人自豪的资源以及对别人喜欢的地方；而同龄的女子喜欢谈论的是对父母、密友、班级的感情，特别是她们的恐惧（Rubin，Hill，Peplau 和 Dunkel-Schetter，1980）。

Deborah Tannen（1986，1990，1994）对两性间的对话进行过社会语言学方面的广泛研究，并把这种对话看作跨文化交流。儿童通过同性别的朋友在分类的文化环境中学习对话式交流，这种孩提时代形成的对话风格会带到他们成年时两性间的对话中去。

Tannen 认为，两性关于对话目的的不同理解形成的文化差异，导致在交流中使用的对话风格截然不同，从而可能引起误解。如果双方不能试图理解对方，甚至可能会造成谈话破裂。男子一般把世界看作有着分等级的社会秩序，人际间交流的目的就是在这种秩序中得到上层的协助，保持自身的独立，以及避免失败。每个男人都在努力与他人竞争，并且能够把自己置身于他人之上。与之不同的是女子都在试图与对方达成一种联系，认可和支持对方，并且经过沟通形成一致。

女子采用把差异减到最小的对话策略来达到自己的谈话目的，避免表现优越感，而是建立平等的关系。她们肯定对关系的承诺及其关系的重要性，在面对不同意见时通过协商来促成一致。如此就增强了联系，即使没有达成令人满意的一致决定，至少双方都能感觉到其愿望被考虑了进去。

男子在一个性别文化中成长，所以对联系与和谐也都会喜欢。在这种文化中，地位发挥着重要作用。男子为了表明不默从他人的要求，试图在谈话中从对方那里维护自身的独立性。

由于咨询显示从属地位，而知会则显示出权威所授予的更高地位，所以，男子更喜欢知会谈话对象，他们会把其计划知会亲密关系中的同伴；而女性同伴则期待能被问及对其计划的意见。

### （四）话语和阅读理解

话语是一种由单句组成但比单句更大的语言交流单位，它涉及诸如对话、演讲、故事、短文甚至书本中的语言交流，是有着系统性建构的语篇。一般情况下为了理解话语，不仅依赖于话语的结构，还要借助于关于自然、社会或者文化背景的广泛知识。

基于对单词意义理解的语义编码，可以把感官信息转化成人们所能知觉的有意义的表征。如果特定单词的意义已存在于读者的头脑之中，根据字母组合可以在词汇通道识别出该单词，并激活其跟它有关的记忆，把其意义提取出来。如果一个单词的意义没有在记忆中存储，将要采取其他策略，比如借用字典或老师等外部资源搜寻其意义，更经常使用的是根据上下文的线索推导出它的意义。

Walter Kintsch（Kintsch，1990）发展出一个文本理解的命题表征模式，Kintsch 指出，人们在阅读过程中总是力图尽可能多地保留一些信息在工作记忆里，以促进对所读内容的理解。人们不是把读到的具体单词而是试图从单词组中提取出基本观点，并且用一种简单化的表征形式把它们存储在工作记忆之中。这种来自基本观点的表征形式就是命题，它是语言中能够单独被证实或者证伪的最简单的单元。一般来讲，命题要么声称的是一种行为，如"鸽子会飞"陈述就是飞的行为；要么说明的是一种关系，如"鸽子是一种鸟"就是宣称鸽子是鸟这一类别中的一员。

由于工作记忆容量有限，保留大量命题会对上限造成压力，导致文本理解上的困难。不过信息在工作记忆中保留的时间越长，理解文本的效果就越好，越有利于后继的回忆。为提高工作记忆的效率，就要移除一些旧信息，以腾出空间来接受新信息。

Kintsch 把理解文本的主题性的关键命题叫作宏观命题，并把支撑文本段落的主题结构称作宏观结构。研究显示，被试对宏观命题及总体宏观结构的记忆保持的时间明显长于无关的命题。

读者对文本的理解还有赖于所创建的心理表征的模式，它模拟被描述的世界。读者已经对文本理解了的时候，其心理模式可以视为文本所描述环境的内部工作模式。也就是说，读者创建了某种包含文本主要要素的心理表征，而且其创建的方式比文本自身更容易捕获或者至少更为简单和具体。Philip Johnson-Laird（1983，1989）认为，一个已知的文本段落或命题引出的心理模式可能不止一种，相比与可引出多种心理模式的文本段落来说，能够清晰地引出单一心理模式的文本段落更容易理解。

要顺利形成某种心理模式，读者至少要能够对没有明说的意义产生假设性的推论。可以有不同种类的推论，其中最为重要的就是一种称作架桥式的推论（Havilang，Herbert Clark，1974）。这种推论产生于一个句子并不直接顺着前面的句子进行陈述的时候，其实质就是，第二个句子中的新内容与前面句子的已有内容差异非常大，不能一步到位地由前及后地顺着推导，要花更多的加工时间。

总之，理解文本取决于这样几种能力：①不论是来自记忆还是上下文的获取单词意义的能力；②从所读内容推论出要点的能力；③形成模拟文本所描绘环境的心理模式的能力；④运用各种策略从所读文本中提取主要信息的能力。

### 七、语言研究对需要心理学的贡献与局限

语言是人际间交流的一种独特的符号性工具，通过使用由单词组合起来的组织方式来与他人进行沟通，或思考当前不能直接感知到的事物和过程。语言学家和认知心理学家对语言特有的六类属性似乎达成了一些共识。语言从本质上说，包括理解、语言输入的解码和编码、语言输出的产生两个基本方面。语言可以分成不同层次的单元，从音素、词素到句法和语篇。

理解语言的过程涉及言语知觉和听者如何处理从语言的声音传递来的特征，然后是对语言的语法结构的描述，最后是从宏观水平上进行语篇分析。在习得母语方面，全世界的人们似乎都遵循着相当雷同的顺序和采用几乎相同的方式。环境在语言习得过程中的作用也举足轻重，特别是在一些发展的关键期。模仿、示范和条件作用是三种重要的用于习得语言的环境机制。

阅读是一个非常复杂的认知过程，它至少涉及了语言、知觉、记忆、思维和智力。初学者在学习阅读时，必须逐步掌握词汇加工和理解加工这两类基本的知觉加工。在语言和思维的关系方面，有一种理论叫语言相对论，主张持不同语言的个体间的认知系统也有所不同，并且这些有差异的认知系统还会影响到他们的思考方式。

在社会环境中，人们为了参与交谈，就会试图与谈话对象达成一些共识，或者构建一些谈话的共同基础。言语行为的理论探讨的就是用语言能够完成的事情。在交谈中，参与者内隐地建立起了一种合作活动。研究发现在对话内容上存在一定的性别差异。一般情况下为了理解话语，不仅依赖于话语的结构，还要借助于关于自然、社会或者文化背景的广泛知识。

以上有关语言的研究成果，为需要心理学对于人际交流媒介——语言的理解，提供了丰厚的基础知识。关联需要中人际关联依靠的就是人际间思想情感

的交流，认知需要中对文本和他人话语的感知及思想的表达，情感需要中的情感共鸣与表达，甚至认知需要中思维的内在推演，自我需要中的自我意识，都要借助于语言这个媒介。只是在不同情境中，语言所发挥的作用会有细微的差异。这在需要心理学中都要进行深入的探讨。并且在交互作用的人际情境中研究语言的内在机制，是需要心理学是侧重的一个方面。

## 第六节　思维概述

思维是人脑对客观事物内在本质和规律的概括与间接的反映，它是个体在实践活动中，借助于表象，尤其是语言工具，在知识经验的中介作用下得以实现的。根据思维发生、发展的水平，无论是种系还是个体都可以区分出直观行动思维、形象思维和抽象逻辑思维三个阶段。

### 一、思维的类型

#### （一）直观行动思维

直观行动思维是直接同物质活动紧密联系的思维，又叫感知运动思维或感知动作思维。在种系发展上，直观行动思维是人类最初的思维。这时思维还没有从行动中区分出来，人们通过直观行动思维解决眼前活动中所面临的各种具体问题。在个体发展上，直观行动思维也是个体最初的思维。它主要用来协调感知与动作，在直接接触外物时形成直观行动的初步概括，随感知与动作的中断而结束。

#### （二）形象思维

形象思维是以表象为材料的思维，有具体形象思维和言语形象思维的区别。具体形象思维是在言语产生前，或不借助言语，仅仅依靠具体刺激物形成的表象进行的思维。它已经能够脱离动作和面前直接的刺激物，而借助表象进行思考。言语形象思维就是借助言语，通过言语和表象间的转换进行的思维。联想与想象是形象思维的最为常见的主要方式。

1. 表象

表象（presentation）源于感知觉，是感知觉保留形象痕迹的再现，是大脑对当前没作用于感官，而是先前感知过的客观刺激物形象的具体、直观的反映，是感知向思维过渡的桥梁。表象既能够反映客体的个别特点，也能够反映客体的一般特点。它兼具直观性和概括性的特点，在直观性上接近于知觉，在概括性与思维近似。但表象不同于感知觉和思维。

表象一般没有感知觉的明晰性，而显得暗淡；表象也不如感知觉稳定，而易于变化；表象相比于感知觉具有一定的片段性。

表象有个别表象与概括表象的区别，个别表象的对象是个别事物，反映的是个别事物的特点；概括表象则针对的是某一类事物，反映的是许多类似事物共同具有的一般性特点。个别表象经过积累融合可逐步形成概括表象，一般有组合与融合两种方式。表象的组合就是不断积累表象的过程，联想在其中起着重要作用。表象的融合就是多个表象经过创造性改造形成一个新形象的过程。如文学作品中的美人鱼就是人和鱼的融合，埃及的狮身人面像就是狮身与人脸的融合。

由于表象既有图像编码，又有语言编码，图像和语言在一定条件下可以相互转换。因此表象的概括性及往思维的过渡是要借助于语言的，而且语言还能够引起、制约并改造表象。但表象的概括性不论有多大，都离不开形象性这一根本特点，仍然在感性认知的范畴之内，与抽象思维具有本质的不同。

2. 联想

联想就是联结、联合，以表象为主的联想就是由一个表象引起对相关表象的想象。然而，联想不仅限于表象间的联结，是一个广泛的心理联系原则。

古希腊最著名的哲学家、思想家和科学家亚里士多德（Aristotle，384—322 B.C.）提出三大联想律，即相似律、接近律和对比律。相似律指的是在外形和内涵上相似的事物易于产生联想。例如狼与猎狗。接近律指的是在时间或空间上接近的事物易于形成联想。例如港口和轮船。对比律是指在性质或特点上相反的事物容易产生联想。例如黑暗与光明。

大卫·哈特莱（David Hartley，1705—1757）是英国第一位生理心理学家，英国联想主义心理学的建立者，他创建了联想心理学的体系。他主张用联想作为解释所有心理现象的基本原则。他认为，联想的意义在于联合。不仅感觉和感觉、观念和观念之间可以形成联合。比如，观念和动作联合形成意志行动，动作和动作联合形成技能、技巧，感觉、快乐或痛苦和观念的联合则形成情绪。

哈特莱认为，联想有两种：同时性联想和相继性联想。哈特莱力图用神经振动说解释联想的生理机制。他认为，联想是由于原来的神经振动痕迹作用产生的结果。哈特莱对联想的法则进行了整理，将传统的三大联想律归结为一个接近律，并认为接近律是联想的根本规律。

哈特莱还提出联想的副律：①复杂观念的性质不是简单观念性质的算术和，而是具有新的性质，如多种药味合成的药；②由于多次重复的原因，本来有意识的活动，最后可能变成无意识的活动，他称之为"次起的自动化活动"，如说话时的发音；③有些观念的强度和生动性会由于联想传染到与它相连的其他观念。他以为人的同情心、怜悯心以及高尚品质都是由联想形成和发展起来的。

托马斯·布朗（Thomas Brown，1778—1820）是苏格兰学派的杰出代表，联想主义心理学的主要发展者。布朗以提示一词替代联想的概念。布朗认为，提示就是由此及彼，互相引起。即一个思想引起另一个思想，一个观念提示另一个观念。这是精神的主动作用，不是观念间粘合力的连接功能。他认为观念的联合意味着若干经验的合而为一，而实际精神生活并不存在这种复合现象。比如由四想到五,四和五并不由此构成一体。事实上，它们无非是经验的前后相继。

布朗区分出提示有两种：一种为简单提示，也就是一般人所谓的联想，用来解释记忆、想象、情感等的相连。另一种为关系提示，即知觉或设想两个对象时立即觉察到其间的相互关系，用于判断、比较、推理等复杂心理历程的理解。

布朗从人的心灵统一性的观点出发，第一次提出下述 9 条联想副律：

（1）持久性：注意对象的时间越长，记住它的概率便越大。

（2）生动性：原来的感觉越生动，联想便越牢固。

（3）频率：重复次数越多的观念，以后便越容易被引起。

（4）新近性：经验越新近，越容易被回忆起来。

（5）迭代性：迭代项目多时易被冲淡，而迭项目越少越容易想起来。

（6）体质差异：体质不同的个人，易于回忆起的事情因优势感官的不同而不同。

（7）情绪状态：随着人们情绪的即时变化，也会使得联想的情况有所不同。

（8）生理状态：身体健康状况的差异，也引起不一样的联想。

（9）思维习惯：职业背景不同，引起联想的内容也往往有区别。

3. 想象

想象指的是主体在客体的影响下，通过言语的调节，将大脑中已有的表象结合或改造成新表象的过程。从形象的目的性的角度，可以区分想象为有意想象和无意想象。有意想象是在言语参与好调节下的想象，具有预定目的性、自觉性和组织性的特点。无意想象的特点是不自觉产生的、没有预定目的性。

从形象的创造性的角度，可以区分想象为再造想象和创造想象。再造想象是对已有表象的再现，使记忆中的表象在想象中重新鲜明起来，就仿佛又亲眼看到一样。创造想象则有新的创造，形成了新的表象，具有独创性的特色。

### （三）抽象逻辑思维

抽象逻辑思维是正常人类思维的核心形态，它是运用抽象概念这种基本形式，结合判断、推理和问题解决等形式，按照逻辑规律得出某种新推论的高级认知活动。

抽象逻辑思维的表现形式主要有概念、判断、推理、决策和问题解决。

逻辑是探索、阐述和确立有效推理原则的学科，抽象逻辑可区分为形式逻辑与辩证逻辑，前者属于初等逻辑，后者属于高等逻辑。

1. 形式逻辑

形式逻辑（Formal logic）已有两千多年的历史，在19世纪中叶以前的形式逻辑主要是传统逻辑，狭义指演绎逻辑，广义还包括归纳逻辑。19世纪中叶以后发展起来的为现代形式逻辑，通常称作数理逻辑，也叫符号逻辑。

亚里士多德是形式逻辑在欧洲的创始人，他建立了第一个逻辑系统，即三段论理论。继亚里士多德之后，麦加拉 - 斯多阿学派逻辑揭示出命题连接词的一些重要性质，发现了若干与命题连接词有关的推理形式和规律，发展了演绎逻辑。康德首先使用了形式逻辑这一术语。古希腊的哲学家伊壁鸠鲁则认为归纳法是唯一科学的方法。中世纪的一些逻辑学家，丰富并发展了形式逻辑。近代的培根和约翰·缪勒则进一步发展了归纳逻辑。

（1）演绎逻辑

演绎逻辑就是从一般到特殊的逻辑推理，也常被称之为必然性推理，或保真性推理。只要前提真实，遵循演绎逻辑的规则，就必然能够推出真实的结论。演绎逻辑研究演绎推理及其规律，包括对于词项与命题形式逻辑性质的研究、思维结构的研究和必然推出的研究，它提供检验有效推理和非有效推理的标准。演绎逻辑总结了人类思维的经验教训，坚守思维的确定性的核心，运用一系列规则、方法帮助人们正确地思考与表达，是人类认识发展到一定阶段后出现的思维方法，成为人们认识并改造世界的必要工具。

形式逻辑专注于研究思维形式而不研究思维内容，这并不是割离思维形式和内容。与之相反，形式逻辑研究思维形式的目的，恰恰是为了让人们自觉地掌握思维形式的规律，从而更好地把思维形式和内容结合起来以正确地反映客观现实。

形式逻辑的三大基本要素是概念、判断和推理。概念构成判断，判断再构成推理，从总体上说人类思维就是由这三大要素决定的。

（2）归纳逻辑

归纳逻辑就是从特殊到一般的逻辑推理，也常被称之为或然性推理，或扩展性推理。这些都是从归纳逻辑的特点上对其进行定义的，如果按其实质，可以来定义：归纳逻辑指的是人们依据一系列经验事物或知识素材，寻找出其共同遵守的基本规律，并且假设同类事物中的其他事物也一样服从这些规律，从而把这些规律作为预测同类中其他事物基本原理的一种思维方法。

狭义的归纳逻辑研究前提和结论之间具有必然联系的归纳推理；广义的归纳逻辑还包括在进行归纳推理时所使用的科学方法，又称作归纳法。归纳逻辑按其发展的不同阶段，又包括传统归纳逻辑和现代归纳逻辑。

传统归纳逻辑主要包括枚举归纳法、消去归纳法，以及提出和检验假说的方法。

从枚举一类事物中的若干分子具有某种性质得出这类事物的所有分子都具有该性质的逻辑方法，就叫枚举归纳法。其模式为：

S1 是 P

S2 是 P

……

Si 是 P

（S1，S2，……Si 都是 S 类中的全部分子）

所有 S 是 P

枚举归纳法只依靠所枚举的事例的数量，因此，它所得到的结论的可靠程度较低，一旦遇到一个反例，结论就会被推翻。但是，通过枚举归纳法得到的结论可以作为进一步研究的假说。

消去归纳法包括 F. 培根所提出的"三表法"和"排斥法"相结合的归纳法，以及 J・S・密尔提出的求因果联系的契合法、差异法。它们的共同特征是：根据所研究的对象有选择地安排事例或实验，然后通过比较消去某些假说，得到比较可靠的结论。

在应用消去归纳法时，充分条件和必要条件可以相互进行定义。a 出现是 b 出现的必要条件，当且仅当 a 不出现就是 b 不出现的充分条件。例如，水是植物生长的必要条件，没有水就是植物得不到生长的充分条件。在应用消去归纳法确定被研究现象的条件时，利用这种相互关系可以把上述两种方法结合起来进行使用。

假说方法根据一组证据提出一个或一些假说，然后从某一特定的假说演绎出一些结论，这可以写成蕴涵式："A → B"，接着检验这些结论。如果检验的结果是：B 假，根据否定式推理，就要否定这个假说。如果检验的结果是 B 真，就可暂时接受这个假说。这里应用的是以下形式的归纳推理：接受或排除一个假说的过程是很复杂的，往往不能一次完成。有时，一个假说可以解释一些现象，但不能解释另一些现象，在这样的情况下，就不能简单地肯定或否定这个假说。一般说来，在两个或两个以上的假说中，能解释的现象数量较大或最大的假说与不能解释的现象数量之差较大或最大的假说，是可以暂时接受的，它们具有较高程度的可靠性。应用假说方法的过程是一个不断地提出、检验、修改、排除或确定假说的过程。在这个过程中，需要应用归纳，也需要应用演绎。例如，科学史上关于光的本性的两个著名假说"微粒说"和"波动说"，它们都各自能解释一些光的现象，但又不能完全解释另一些光的现象，只具有一定程度的真实性，后来终于被"波粒二象说"所取代。

（3）数理逻辑

现代形式逻辑之所以称作数理逻辑，一方面是由于在研究中广泛地使用了人工的符号语言，并发展为使用一种形式化的公理方法，同时也应用了某些数学的工具和具体的结果；另一方面则是由于现代形式逻辑的发展受到数学基础研究的推动，特别是受到深入研究数学证明的逻辑规律和数学基础研究中提出来的逻辑问题的推动。数理逻辑之所以又被称为符号逻辑，是由于它使用人工的符号语言。数理逻辑的创始人是 G·W·莱布尼兹。莱布尼兹提出建立"普遍的符号语言"、推理演算和思维机械化的思想。

简而言之，数理逻辑就是精确化、数学化的形式逻辑，它是现代计算机技术的基础。命题演算和谓词演算是它的两个最基本的也是最重要的组成部分。

命题演算是研究关于命题如何通过一些逻辑连接词构成更复杂的命题以及逻辑推理的方法。命题是指具有具体意义的又能判断它是真还是假的句子。命题演算是由简单命题组成复合命题的过程，是把命题看作运算的对象，把逻辑连接词看作运算符号，进行逻辑运算的过程。

这样的逻辑运算也同代数运算一样具有一定的性质，满足一定的运算规律。例如满足交换律、结合律、分配律，同时也满足逻辑上的同一律、吸收律、双否定律、狄摩根定律、三段论定律等等。利用这些定律，我们可以进行逻辑推理，可以简化复合命题，可以推证两个复合命题是不是等价，也就是它们的真值表是不是完全相同等等。

逻辑代数是命题演算的一个具体模型就是，又叫开关代数，其基本运算包括逻辑加、逻辑乘和逻辑非，也就是命题演算中的"或""与""非"，运算对象只有两个数 0 和 1，相当于命题演算中的"真"和"假"。

谓词演算也叫命题涵项演算，在谓词演算里，把命题的内部结构分析成具有主词和谓词的逻辑形式，由命题涵项、逻辑连接词和量词构成命题，然后研究这种命题间的逻辑推理关系。

命题涵项就是指除了含有常项以外还含有变项的逻辑公式。常项是指一些确定的对象或者确定的属性和关系；变项是指一定范围内的任何一个，这个范围就是变项的变域。命题涵项不同于命题演算，它无所谓真和假。如果用一定的对象概念来代替变项，命题涵项就成了真的或假的命题。命题涵项加上全称量词或者存在量词，就成了全称命题或者特称命题。

命题演算系统是研究利用命题逻辑公式进行推理的形式系统。这里的推理指的是前提和结论间的逻辑关系，这种形式系统本身并不注重前提本身的正确性，而主要关心是否能从前提有效地推出结论，讨论结论的有效证明是什么。前提本身的正确性要在赋予形式系统一定解释的基础上才能够确定，这种解释也就是形式系统的语义。作为一个形式系统，命题演算系统研究如何从公理，通过有限的规则，来构造有效的证明，这种证明本身没有什么含义，仅仅是符号的改写。

一个形式系统包括符号表、公式、公理、规则及定理，符号表定义形式系统所使用的所有符号。公式是符号表上的字符串，它定义哪些字符串是形式系统所研究的合法对象。公理是构造一切证明的前提，在形式系统中并不关心公理本身的正确性，认为它不证自明。当然在构造形式系统的时候，公理的选择是有一定外在依据的。规则是从公理出发构造形式系统中定理的方法。定理就是从公理出发，使用规则能够构造出有效证明的公式，形式系统就是研究能够得到什么定理的。

（4）概率逻辑

概率逻辑是由于数理逻辑的发展和研究归纳逻辑的需要。概率逻辑从 20 世纪 20 年代开始形成不同的系统，在其发展过程中，R·卡尔纳普做出了重要贡献。卡尔纳普把归纳推理主要分为 5 种。①直接推理。这是从总体到样本的推理。所谓总体是指所考察的一类事物，样本则是从总体中随机抽出的若干个体组成的子类。直接推理的前提是总体中某一性质 M 出现的频率，结论是某个样本中 M 出现的同样频率。②预测的推理。这是从一个样本到另一个不同样本的推理。③类比推理。即根据两个个体之间的相似性从一个个体到另一个个体的推理。④逆推理。这是从一个样本到总体的推理。⑤普遍的推理。这是从样本到具有普遍形式的假设的推理。

卡尔纳普认为，归纳逻辑是关于归纳推理的理论，是以概率的概念为基础的，归纳逻辑就是概率逻辑。概率是一组命题即某些给定的证据和另一个命题即假设之间的关系，也就是证据对假设的确证度，卡尔纳普称之为概率 1，以便与相对频率即概率 2 相区别。设证据为 e，假设为 h，确证度 q=c（h，e），c 称为确证函数或 c 函数。卡尔纳普利用数理逻辑和语义学的方法，构造了一个以研究确证度为对象的概率逻辑系统，并对他所提出的 5 种归纳推理作了概率的处理。

（5）模态逻辑

模态归纳逻辑在概率逻辑发展之后，20 世纪中叶以来，有的学者如美国的 P.J. 科恩用模态逻辑作为处理归纳推理的工具。他所提出的归纳逻辑的研究对象是证据 e 对假设 h 的支持度，用 s（h，e）表示，s 称为支持函数。在他看来，支持度可列为不同的等级，不同等级的支持度，就是证据给予假设不同等级的必然性，一个被证明了的理论就是由较低级的必然性达到较高级的必然性。不同等级的支持度是广义模态逻辑的研究对象。科恩证明了一个广义模态逻辑系统满足他的支持函数的全部要求。

2. 辩证逻辑

辩证逻辑思维是对自然界中对立中的运动的反映，是对客观现实进行反映的辩证法，也就是说运用辩证法进行的思维，它是人类思维发展到的最高形态。

辩证法是"关于自然、社会和思维运动与发展的普遍规律的哲学学说，是科学的世界观和方法论。"[1]辩证法在发展过程中经历了三个基本的历史形态，

---

[1] 心理学百科全书编辑委员会. 心理学百科全书（上卷）［M］. 杭州：浙江教育出版社，1995年8月第1版，21页。

即古代朴素辩证法、德国古典唯心主义辩证法和马克思主义辩证法。

古代的辩证法思想，由于只能整体上对自然界进行总的直接观察，而具有自发的、原始的和朴素的性质，只是对世界一般性变化的描述。但所包含的对立统一，及其相互联系、相互转化的思想为辩证法做出了积极贡献。

德国古典唯心主义辩证法以康德和黑格尔为主要代表。康德第一次指出人类理性思维发生矛盾的必然性，发现人类运用有限的范畴认识世界的本质，认识整体的世界时，陷入自相矛盾是必然的，并称之为二律背反。黑格尔把这看作是近代哲学中最为重要、最为深刻的一种进步，并第一次全面论述了辩证法的一般形式，阐述了辩证法的对立统一、否定之否定和质量互变三大基本规律，提出了本质与现象、原因与结果、可能与现实、必然与偶然等辩证法范畴，构建起了庞大的唯心主义哲学辩证法体系。

马克思主义辩证法是马克思和恩格斯建立在唯物主义基础上的科学的辩证法，联系和发展是其总的特征，坚持运用以整体性为原则的系统方法来观察事物。唯物主义辩证法把整个世界视为各种物质相互联系的总体，一切事物、现象及其内部诸多因素间存在着相互作用与制约。差异能够在中间阶段得以融合，对立可以经过中间环节而相互过渡。事物通过相互联系与作用而产生运动，由小到大、从低级到高级，不断发展完善，使得新陈代谢成为世界普遍的发展规律。

唯物辩证法的三大基本规律构成了它的主体。对立统一规律揭示了事物内部对立双方的斗争与统一，是事物内部及事物之间存在普遍联系的根本内容，是事物变化发展的根本性动力，是唯物辩证法科学体系的实质与核心。否定之否定规律揭示了事物的发展是由矛盾引发并推动的，也就是说肯定 - 否定 - 否定之否定的螺旋式上升运动，形成了事物的发展轨迹。质量互变规律指出了量变与质变为一切事物运动、变化与发展的两种最基本的形态，揭示了两者的内部联系和规律性，即量变达到一定程度必然引发质变。

## 二、概念

### （一）概念综述

概念指的是客观事物的本质属性在人类大脑中的反映，形成于抽象概括，用词的形式进行表达，是思维的最基本单位。概念包括内涵和外延两个方面，概念的内涵就是所概括事物的本质属性，概念的外延就是所概括事物包含的范围。通过下定义的方式可以揭示概念的内涵和外延。

可以从不同的角度对概念进行分类。根据抽象概括的程度可以区分为具体概念和抽象概念，按照事物的指认属性形成的概念就是具体概念，按照事物的内在本质属性形成的概念就是抽象概念。如香蕉就是具体概念，而水果则是抽象概念。从概念形成方式的角度可以分为合取概念、析取概念和关系概念。由一类事物中同时存在的单个或多个相同属性形成的概念就是合取概念，依据不同标准由单个或多个属性结合形成的概念就是析取概念，根据事物间的相互关系形成的概念便是关系概念。根据研究的需要，还可以把概念分为人工概念与自然概念。研究者为便于实验研究而人为设计的概念就是人工概念，它主要在实验室研究中使用。现实生活中的各种概念就是自然概念。

概念是人类认知结构与过程的主要成分，具有重要的分类、推理、联结与系统功能。运用概念的分类功能，可将当前事物归入一定的类别，能提取出相关知识并做出适当反应，而且归类本身就是对同类事物所做的判别。发挥概念的推理功能，能够解释当前的情境，并依据概念间的关系，推断出某概念相关事物的特征。概念的联结功能可通过连贯复合而形成更复杂的概念与概念体系。概念的系统概念让人们可借助概念进行交流，并能够直接使用概念学习知识经验，实现代际传递。

概念掌握指的是对一类事物或对象关键特征的把握，有概念形成与概念同化两种方式。个体形成概念的过程即为概念形成，具体来讲就是个体在接触大量事例的基础上，概括出同类事物或现象的共同特征，并经由正反两方面的事例加以证实。概念同化指的是通过对前人已有概念的学习来掌握概念，借助定义或上下文可以把概念的关键特征直接呈现给被试。这虽然是接受式的学习，新概念要获得意义却必须同认知结构中的观念建立一定的联结，所以是一个积极主动的学习过程。

### （二）概念掌握理论

概念掌握理论主要有假设—检验模型、语义分类模型和基于理论的模型。

#### 1. 假设—检验模型

假设—检验模型是由 Jerome Bruner 等人提出来的，他们认为，个体在概念形成过程中，利用当前获得与已存储的信息主动提出一些可能的假设，对所要掌握的概念会是什么进行设想。由这些可能的假设形成了一个假设库。被试在对所呈现刺激做出反应前，会从其假设库中提取一个或几个假设，然后对其采取相应的反应。即对假设进行检验，知晓反应正确后，就会继续采用该假设。否则就要用新假设来更换，也就是从假设库中再提取其他假设进行检验。这个过程会持续进行，直到概念形成才会停止。

Jerome Bruner 等人做了一个经典的人工概念形成实验，并据此实验提出了概念形成过程及所采取的策略，由此奠定了假设—检验模型的理论基础。被试在概念形成过程中可能会采取的策略有扫描和聚焦，它们又分别包含两个子类别：

"同时性扫描（simultaneous scanning）。被试先提出所有可能的假设，然后排除那些不合理的假设。

"继时性扫描（successive scanning）。被试开始时先提出一个假设，如果该假设成功就保留，如果不成功就根据前面所有的经验换一个假设。

"保守性聚焦（conservative focusing）。被试提出一个假设，选择一个正例作为焦点，然后对假设进行一系列的更改（每次仅改变一个特征），记住每次更改后哪个带来正的结果，哪个带来负的结果。

"赌胜性聚焦（focus gambling）。每次改变一个以上的特征。虽然保守性聚焦技术符合方法论并可能得出正确的概念，但是被试也可能为了更快地检测出概念而改用赌胜性聚焦。"[1]

---

[1]［美］罗伯特·L·索尔所，M·金伯利·麦克林，奥托·H·麦克林.认知心理学（第7版）［M］.
　　邵志芳，等译，上海：上海人民出版社，2008年7月第1版，374页。

在这几种策略中，保守性聚焦可能最为有效，扫描技术只是偶尔会成功。假设—检验模型受到了质疑，就是它假定被试仅持有单一的策略，但事实上，一些被试在整个实验过程中是摇摆不定的，他们会从一个策略转换到另一个策略。

2.语义分类模型

语义分类模型借助有关语义分类的研究成果，来理解概念掌握的过程。较著名的有特征表模型、原型模型和样例比较模型。

（1）特征表模型

L. Bourne 等人于 1979 年提出了特征表模型，主张可以从一类个体是具有的共同重要特征来说明概念。他们认为，定义性特征及整合这些特征的规则构成了概念的表征。可用下面的公式表示概念的形成：

$C=R（X, Y）$

在这里，C 代表概念，X、Y 表示一类个体的定义性特征，R 是概念的规则，由它来确定概念定义性特征的关系。所选取的概念规则有合取、析取、条件、肯定与否定等。

该模型特别重视规则在概念掌握过程中所发挥的作用。概念规则在抽象程度上比定义性特征更高，因而掌握概念规则是一种更高水平的抽象过程。L.Bourne 等人为此将概念学习区分为特征学习与规则学习，并对规则学习开展了实验研究。

经典语义分类模型经 L.Bourne 等人的发展，能够很好地解释人工概念的研究成果，并与一些语义记忆模型相一致。然而，它主要适用于一些规则的逻辑运算，很难解释界定相对模糊的自然概念。

（2）原型模型

E. Rosch 于 1973 年指出，自然概念的刺激维量不独立又非单一，且所有个体并非在同等程度上表征一个概念，所以未必可用独立刺激维量来解释。他主张，概念主要是用其原型即最佳实例加以表征的，通过可最好地说明概念的实例，人们就能够掌握概念。

依据原型模型，原型与范畴成员的代表性程度为概念的组成要素，人们经由将各种特征同原型相匹配而形成概念。一类事物的集中趋势就是原型，此类事物的典型特征都包含于其中。样例拥有此范畴典型特征的多少可以表征出范畴成员的代表性程度，所含特征数目越多的样例，其代表性程度就越大。

E. Rosch 等人用家族相似性来解释原型概念，家族相似性指的是同一家族成员的容貌都很相似，彼此相似的情况又非完全一致。类似地，经由相互重叠的特征网，概念成员联结起来，但并非全体成员都具有共同的特征，而只是一些成员的特征是共有的，相对来说，原型与更多的成员拥有共同的特征。

J. Franks 等人 1971 年设计的原型 - 转换实验支持了原型模型的假设。E. Rosch 等人 1975 年进行的匹配实验，更有力地证明了人们在概念掌握过程中运用原型的心理倾向。该模型重视原型所发挥的作用，具有整体性、综合性的特点，在解释自然概念时，具备较大的灵活性与说服力。但是，它在解释上下文效应时，就表现得无能为力。

（3）样例比较模型

L. Brooks 于 1978 年提出可解释自然概念掌握的样例比较模型。他主张概念掌握为不言自明的非分析过程，是不必依靠分析与抽取共同特征的无意识过程。学会识别概念的某个成员之后，就能以其为样例，通过与它的相似性来辨认其他成员。归类某种事物的所有成员并非利用同一个原型。他假设概念的表征包含许多样例，可运用其中任何一个样例来归类新事物。

D. Medin 等人于 1981 年提出了上下文模型这个样例比较模型的修改版本。他们也相信，可经由与记忆中的样例加以相似性比较来掌握新出现事物的概念。他们更加强调上下文的作用，认为理解与掌握概念的含义依赖于特殊的上下文背景。他们还着重指出，分析新项目会导致已存储的信息产生变化。

样例比较模型与原型模型都是经由将事物与例子匹配进行归类来掌握概念的，由于样例比较模型在表征概念时可利用多个例子，使其在归类事物时仅需利用概念的部分特征而非全部特征，从而在掌握概念时有着更大的灵活性。但是，该模型却难以解释这样的问题，即为何表面上不相似的事物被归为一类而表面上相似的事物却被归为不同的类别？

这三种语义分类模型都是基于相似性的概念掌握模型，又被统称为相似性基础模型。它们大大加快了概念掌握的研究步伐，能够合理地解释许多概念的掌握。但是也有一些不足。对于概念掌握过程中分类的灵活性问题，以及人们如何拥有和为什么拥有这些语义分类的知识与技能，都不能加以解释。

### 3. 基于理论的模型

现实生活中概念的实例、特征及概念实例间关系的知识总和就称作理论，依据基于理论的模型来看，人们要掌握的概念存在于有关世界的知识体系中。概念各种特征间的关系、概念与实例间的关系都包含在这个知识体系之中。概念的掌握即建立在该知识体系的基础之上（Medin，1989）。可见在基于理论的模型中，概念与其运用间联结更加紧密。但这并非意味着所有样例都具有共同特征，而是借助理论性知识的解释将样例联系起来的。该模型强调人们所拥有的知识与当前情境的重要性，其优势之一便是回答了分类问题产生的原因，主张分类体现了人们对情境、知识的理解与掌握的需要。

E. Smith 等人（Osherson，Smith，1982；Cohen，Murphy，1984）在大量研究概念复合的基础上，提出了概念复合的修正模型。该模型主张，通过一系列维度能够表征一个概念的含义，各维度的取值是有差异的。并且，在一个概念中，各维度所起的作用也不同。构成一个复合概念的名词与形容词决定了这个概念的意义，形容词在构建复合词的过程中发挥着指导性作用。

Medin 等人（Medin，Murphy，1985；Medin，Hampson，1987）进一步深入探讨了复合概念。他们发现，构成复合概念的各个词汇的不同维度并非相互独立，借助相互间的关系可形成概念内部的结构关系。确定好一个概念的某个属性值，其他维度值会随之发生变化。在判断概念的代表性时，同样会依赖特定的上下文关系。

依据基于理论的模型，人们能够借助知识及对当前情境的分析而进行分类。把相似的事物判断为同一类别，仅仅是由于唤起了一些理论性知识，然而这种相似性随时会因引出其他有差异的理论观点而被取代。

## 三、判断与决策

判断与决策的目的就在于从许多选项中进行选择或评估机会。

### (一) 判断与命题

判断是对客观事物及其特征进行肯定或否定的一种思维形式，形成于概念的基础之上，表现概念间的关系。判断从质的角度分为肯定判断和否定判断，从量的角度分为全称判断、特称判断和单称判断。康德对判断的分类主要有 4 个方面：①量，包括全称、特称、单称三种判断；②质，包括肯定、否定、无限（所有 S 是非 P）这几种判断；③关系，有直言（两概念间的关系）、假言（两判断间的关系）、选言（若干判断间的关系）判断；④模态，有或（概）然、实然、确然几种判断。康德所谓的模态，是指认识的程度。他认为组成假言判断、选言判断的判断，都是或然的。

逻辑学上把命题看作表达判断的语言形式，是能够判断真假的陈述句，由连接词把主词和宾词联结起来而构成。也就是说，命题不是指判断或陈述本身，而是指其所表达的语义。当不同的判断语义相同时，表达的命题就相同。真命题就是正确的命题，假命题便是错误的命题。命题可以分为原命题、逆命题、否命题以及逆否命题。一个命题的本身就称之为原命题；将原命题的条件和结论进行颠倒后形成的新命题就是逆命题；否命题指的是在不改变条件和结论的顺序的前提下，把原命题的条件和结论全部否定后构成的新命题；逆否命题是指颠倒原命题的条件和结论的顺序，再全部否定条件和结论后形成的新命题。

### (二) 命题的类型

传统逻辑通常把命题分为直言命题、选言命题和假言命题，并且研究这几种命题的形式和推理形式。

1. 直言命题

直言命题是断定事物是否具有某种性质的简单命题，又称作性质命题。直言命题的一般表示为：所有（有的）S 是（不是）P。依据不同标准，直言命题可以划分为不同的种类。按照命题的量，直言命题可划分为单称命题、全称命题和特称命题。按命题的质，直言命题可分作肯定命题和否定命题。按命题的质与量划分，直言命题可区分为单称肯定命题、单称否定命题、全称肯定命题、全称否定命题、特称肯定命题和特称否定命题。单称命题是直言命题中的一类特殊形式，可分为两种：一种是主词是专名，如"柏拉图是哲学家"；另一种是主项为附有限制的普遍概念，如"刚刚从你身边跑过去的那条狗是边牧"。单称命题有肯定和否定的区别，其逻辑形式分别为：这个 S 是 P；这个 S 不是 P。

由于单称命题和全称命题都是判定一个主项外延的全部，通常把单称命题归入全称命题，所以，六种命题就成了四种类型。全称肯定命题反映了主项的所有外延全部具有某种性质，表示形式为：所有 S 是 P，缩写为 SAP，简称 A 命题。全称否定命题反映了主项的所有外延都不具有某种性质，表示形式为：所有 S 不是 P，缩写为 SEP，简称 E 命题。特称肯定命题反映了主项的一部分外延都具有某种性质，表示形式为：有的 S 是 P，缩写为 SIP，简称 I 命题。特称否定命题反映了主项的一部分外延都不具有某种性质，表示形式为：有的 S 不是 P，缩写为 SOP，简称 O 命题。

直言命题一般由主词（主项）、宾词（谓项）、连接词（联项）和量词（量项）四部分构成。主词是指直言命题中指称事物的词项。宾词是指直言命题中指称事物所具有或不具有的性质的词项。连接词又称为直言命题的质，是表示主词与宾词之间逻辑关系的词项，有肯定、否定之分。量词又称为直言命题的量，是表示主项外延数量的词项，有全称、特称之别。

命题连接词指的是把命题联结成更为复杂的命题的词，有"非""且""或"。

对于一个命题 p 如果仅将它的结论否定，就得到一个新命题，记作￢p，读作"非 p"。在命题和他的非命题中，有一个且只有一个是真命题。

用连接词"且"把 p 与 q 联结起来称为一个新命题，记作 $p \wedge q$，读作"p 且 q"。当两个命题 p 和 q 都是真命题时，形成的新命题 p 且 q 就是真命题。如果两个命题 p 和 q 其中有一个是假命题，形成的新命题 p 且 q 就是假命题。

用连接词"或"把 p 与 q 联结起来称为一个新命题，记作 $p \vee q$，读作"p 或 q"。当两个命题 p 和 q 其中有一个是真命题时，形成的新命题 p 或 q 就是真命题。当两个命题 p 和 q 都是假命题时，形成的新命题 p 或 q 就是假命题。

原先不是命题要变成命题，必须对其进行量的规定，这些表示数量的词就是量词，有全称量词和存在量词之分。

"凡是""每一个""一切"等词在逻辑中被称为全称量词，记作"∀"，表示所有的。含有全称量词的命题就叫作全称命题。

"有的""存在一个""至少有一个"等词在逻辑中被称为存在量词，记作"∃"，表示存在。含有存在量词的命题就叫作存在性命题。

主词、宾词相同的 A、E、I、O 四种命题之间有着一定的真假制约关系。逻辑学把这种真假制约关系称作对当关系。A、E、I、O 四种命题有如下所示的对当关系：

A 命题与 E 命题存在反对关系。这种反对关系的特征表现为：一个命题真，另一个命题必假；一个命题假，另一个命题真假不定。也就是说，二者可以同时为假，但不能同时为真。

I 命题与 O 命题之间存在下反对关系。这种下反对关系的特征是：一个命题真，另一个命题真假不定；一个命题假，另一个命题必真，换句话说，二者可以同时为真，但不能同时为假。

A 命题与 O 命题，E 命题与 I 命题之间存在矛盾关系。这种矛盾关系表现在：一个命题真，另一个命题必假；一个命题假，另一个命题必真，这等于说，二者不能同时为假，也不能同时为真。

A 命题与 I 命题，E 命题与 O 命题之间存在差等关系。这种差等关系的特征是：全称命题真，特称命题必真；特称命题真，全称命题不能确定真假；全称命题假，特称命题真假不定；特称命题假，全称命题必假。

2. 选言命题

选言命题又称析取命题，是反映事物的若干种情况或性质至少有一种存在的命题。选言命题由逻辑连接词"或者"连接支命题构成，其支命题就叫作选言支，通常用 p、q 表示。选言命题的逻辑形式可以写成：p 或者 q，记作：p ∨ q 读作"p 或者 q"。∨ 称作析取词。

依据选言支间是否具有并存关系，选言命题可以分作相容选言命题和不相容选言命题。相容选言命题又称作弱析取命题，是反映事物的若干种情况或性质中至少有一种情况存在的命题。相容选言命题与选言支间存在着这样一种真假关系：如果至少有一个选言支是真的，则由它们所组成的选言命题就是真的。

如果选言支都是假的，那么，由它们所组成的选言命题就是假的。

简而言之，一真即真，全假才假。不相容选言命题又称作强析取命题，是反映事物的若干种情况或性质中有且只有一种情况存在的命题。不相容选言命题与选言支间真假关系是这样的：选言支有且只有一个是真的，那么，由它们所组成的不相容选言命题就是真的；如果选言支都是真的或者都是假的，则由它们所组成的不相容选言命题就是假的。

3. 假言命题

假言命题是指形式为"如果 A 则 B"的复合命题，又叫作条件命题。其在前的支命题称为前件，在后的支命题称作后件。假言命题陈述一种事物情况是另一种事物情况的条件。在形式逻辑中，连接词"如果，则"被理解为"前件真而后件假"是假的，即整个复合命题为假，当且仅当 A 真而 B 假；而当 A 假时，整个复合命题总是真的。在现代逻辑中，命题间的这种真假关系就叫实质蕴涵。

逻辑学考察的事物间有三种条件关系：

（1）如果有事物情况 A，则必然有事物情况 B；如果没有事物情况 A 而未必没有事物情况 B，A 就是 B 的充分而不必要的条件，简称充分条件。

（2）如果没有事物情况 A，则必然没有事物情况 B；如果有事物情况 A 而未必有事物情况 B，A 就是 B 的必要而不充分的条件，简称必要条件。

（3）如果有事物情况 A，则必然有事物情况 B；如果没有事物情况 A，则必然没有事物情况 B，A 就是 B 的充分必要条件。

与条件关系相对应，假言命题也有充分条件假言命题、必要条件假言命题和充分必要条件假言命题三种类型。根据这三类假言命题的逻辑性质，就可以相应地区分出三种不同的假言推理。

充分条件假言命题是陈述某一事物情况是另一件事物情况的充分条件的假言命题。"如果，那么"是充分条件假言命题的连接词。用 p 表示前件，用 q 表示后件，充分条件假言命题的命题形式可表示为"如果 p，那么 q"，记作：$p \rightarrow q$，读作"p 蕴涵 q"。构成蕴涵式或条件式命题。

充分条件假言命题与其支命题间的真假关系是：当两个命题 p 和 q 都是真

命题或都是假命题，以及 p 为假命题 q 为真命题时，形成的新命题 p 蕴涵 q 就是真命题。当 p 为真命题 q 是假命题时，形成的新命题 p 蕴涵 q 就是假命题。简而言之，如果前件真而后件假，则该充分条件假言命题才是假的；如果不是"前件真而后件假"，则该充分条件假言命题就是真的。

陈述某一事物情况是另一件事物情况的必要条件的假言命题就是必要条件假言命题。其连接词为"只有，才"，必要条件假言命题的命题形式可表示为"只有 p，才 q"，记作：p ← q，读作"p 逆蕴涵 q"。

必要条件假言命题与其支命题间的真假关系是：如果前件假而后件真，则该必要条件假言命题才是假的；如果不是"前件假而后件真"，则该必要条件假言命题就是真的。

充分必要条件假言命题简称充要条件假言命题，是指断定一命题是另一命题的充分必要条件的假言命题。"当且仅当"为其连接词，充分必要条件假言命题可表示为"p 当且仅当 q"，记作 p ↔ q，读作"p 等值于 q"。构成等值式或双边条件式命题。

充要条件假言命题的真假特征是：当两个命题 p 和 q 都是真命题或都是假命题，形成的新命题 p 等值 q 就是真命题。当 p 或 q 有一个是假命题时，形成的新命题 p 等值 q 就是假命题。简而言之，前件 p 与后件 q 同真且同假。

### （三）决策

传统决策理论把决策看成是在各种方案中做出的选择，从心理学角度将不确定性、复杂性视为界定决策的条件，决策表现为探索、判断、评价乃至最后选择行动目标与手段的全过程。

1.规范性决策模型

规范性决策模型用来说明与决策者的信念、价值观最为一致的行为。也就是说，根据某个目标确定最佳的行动方式。其经典模型为期望效用理论，扩展模型为主观期望效用理论。

（1）期望效用理论

1713 年瑞士藉教授尼古拉斯·伯诺利（Nicolas Bernoulli）提出了圣彼得

堡悖论，即抛硬币游戏，直到有字的正面朝上，而且，第 i 次正面向上，可得到 2i 元的奖励。尽管该游戏的期望值是无限的，但是无人愿意付一大笔钱来玩这个游戏。1738 年，其堂弟丹尼尔．伯诺利（Daniel Bernoulli）对这个悖论用边际效用递减原理做了解释。也就是说，效用或金钱价值随所获金额的增多而递减。

在此基础上，约翰·冯·诺伊曼（John Von Neumann）和奥斯卡·摩根斯坦（Oskar Morgenstern）提出了期望效用理论。他们认为，期望效用理论是一种标准化行为选择理论，即该理论并不描述人们的实际行为，而力图解释人们在满足一定理性决策条件下将怎样表现自己的行为。

该理论的主要目的就是提供一些理性决策的明确的公理。在冯．诺伊曼与摩根斯坦界定好这些公理之后，决策研究者便可以把期望效用理论预测出的结果与决策者在现实中的行为加以比较。如果某一公理无法得到证实，就要修改这一理论并进行新的预测。通过反复比照理论与实际，决策研究者们能够提出许多新学说。

期望效用理论的大多数公式至少含有下列六条原则中的一条：

有序性。决策者能够在任意两个备选方案间加以比较，他们要么对其中的一个有所偏好，要么对任何一个都无所谓。

"占优性。理性的个体永远都不会采取一个被其他策略占优的策略（对于我们来说，采取策略等同于做决策）。如果一项策略与其他相比较，至少在某一方面比其他策略都好（意味着产生更大的效用），而且在其他方面与其他策略一样好，这项策略称之为弱式占优。如果一项策略与其他策略相比较，在所有方面都比其他策略好，这项策略称之为强式占优。……根据期望效用理论，完全理性决策者绝不会选择一个占优策略，即使所选策略是一个弱式占优策略。

"相消性。如果两个有风险的备选方案所可能产生的结果中包含了某些完全相同且具有相同概率的结果，那么在对这两个方案进行选择时，就应该忽略那些结果的效用。也就是说，在进行选择时只需要比较那些不同的结果，而不是比较两种选择都具有的相同结果。相同因素应该相互抵消。

"可传递性。如果一个理性决策者在方案 A 和方案 B 中更偏好方案 A，在方案 B 和方案 C 中更偏好方案 B，那么这个人在方案 A 和方案 C 中肯定更偏好方案 A。"[1]

连续性。对于所出现的任何一组结果，如果最好结果有非常大的概率，决策者并不选择一个中间值，而总是偏好在最好与最坏的结果中进行赌博。

恒定性。该原则意味着决策者不会受备选方案表现方式的影响。例如，对于赌博的复杂或简单，理性决策者是不会产生偏好的。

（2）主观期望效用理论

1954 年，伦纳德·萨维奇（Leonard Savage）提出了主观期望效用理论，在期望效用经典理论使用客观概率的基础上，加以推广，纳入了人们对某个事件可能发生的主观概率。

该模型更多地考虑决策者身上的心理因素，将寻求快乐、避免痛苦看成是人类行为的目标。人们在决策时，总试图追求有最多快乐的积极效益，并把痛苦这种消极效益降到最少。在此过程中，每个决策者都会计算主观效用与主观概率，其中依据个体对效益大小的主观判断，后者以个体估计的可能性为根据。备选项的主观积极效益乘以主观概率，减去主观消极效益与主观概率的乘积，得出期望值，从备选项中选择具有最高期望值的选项。

2. 描述性决策模型

描述性决策模型致力于描述决策者的信念与价值观是什么，和怎样将这些信念与价值观结合到决策过程中。该模型定向于揭示决策者实际上是如何决策的。比较著名的描述性决策模型包括满意原则、前景理论、后悔理论、补偿性策略与非补偿性策略和启发法等。

（1）满意原则

人在决策时并非具有彻底、无限的理性，Herbert Simon 于 1957 年指出，人的理性往往是有限的，从而提出了一种称之为满意原则（satisficing）的决策策略。根据满意原则，人们决策时不必考虑所有选项，也无须选择最优方案。

---

[1]　[美] 斯科特·普劳斯. 决策与判断 [M]. 施俊琦，王星译. 北京：人民邮电出版社，2004年9月第1版，72页。

而只是一个一个地考虑备选项，一旦令人满意或足够好，能够达到可接受的最低水平，就会马上做出选择。这样，仅考虑最少数量的备选项就能够做出一个决定，它足以让决策者相信可满足其最低要求。

（2）前景理论

丹尼尔·卡尼曼与阿莫斯．特韦尔斯基于 1979 年共同提出了前景理论（prospect theory），主张风险决策的实质在于对各种前景的选择。它与期望效用理论相比存在许多差异。它首先用价值取代了效用概念，效用一般是从净财富的角度来界定的，价值则是从收益和损失的方面来定义的。损失的价值函数为凸函数，收益的价值函数是凹函数，而且前者比后者更为陡峭，也就是说，损失相比于收益显得更为突出。这样，在权衡损失与收益时，都会把损失看得更加重要一些。

由于损失某一物品的感觉，比获得它的感觉更加强烈，当某一物品成为人们的禀赋时，其价值就会增加，这就是禀赋效应（endowment effect）。

前景理论与期望效用理论的另一个重要差异在于主张偏好取决于问题的框架。相比于一个参照点，如果某个结果看起来为一种收益，这时的决策者就倾向于规避风险。而如果把某个结果视为一种损失，决策者在这时就会更偏好风险。

前景理论与期望效用理论在处理结果概率的方式上也是有差异的。期望效用理论假定，对决策者来说，客观获胜概率与获胜概率是一样的。但是前景理论却主张，偏好为决策权重的函数，并且这些权重并不总是与概率相对应的。也就是说，前景理论假设，决策权重往往强调小概率事件，而对于一般或高概率事件则有所忽视。

前景理论还因为隐含确定效应，而与期望效用理论区别开来。"确定效应指的是，由同一个因素引起的结果概率减小，在结果最初就确定时所产生的影响要大于在结果最初只是可能时的影响。著名的莫里斯·阿莱斯（1953）期望效用反例是最早关于确定效应现象的描述。另外，经济学家理查德·泽克豪泽（Richard Zeckhauser）也用一个非常生动的例子说明了确定效应是如何起作用的。泽克豪泽发现，与从 4 颗子弹中拿走一颗的情况相比，大多数人愿意出更多的钱拿走俄式轮盘赌中唯一的一颗子弹。虽然拿走一颗子弹后，两种情况下被击中的概率都等量减少了，人们仍然会感觉到 0 颗子弹与 1 颗子弹的差异，比 3 颗子弹和 4 颗子弹的差异要重要得多。前景理论隐含了这一效应，而期望效用理论则没有。"[1]

虚假确定效应（pseudo certainty）十分类似于确定效应，只是所确定的为一种表象，而不是事实真相。比如，营销中的免费服务会比折扣服务更有吸引力，尽管免费服务并非真正意味着在总价上享有更多优惠。

（3）后悔理论

如前景理论所说，通常情况下，决策者以某个参照点为基础来衡量所拥有的备选方案。这个参照点往往会选择最有普遍意义的点，但是，在某些特定情形中，人们衡量某一决策的质量却建立在比较其他不同决策后果的基础上。鉴于这种假想性结果的比较对假设的事件具有依赖性，有时也会称之为反事实推理（counter-factual reasoning）。

在反事实推理的基础上，由戴维·贝尔（David Bell，1982，1985），格雷厄姆·卢姆斯和罗伯特·萨格登（Graham Looms 和 Robert Sugden，1982，1983，1985）分别提出来后悔理论。在卢姆斯和萨格登看来，有两个基本假设成为后悔理论的基础。其一，很多人都有过后悔与欣喜的体验。其二，人们在不确定情况下进行决策时，对这些感觉会有所预期，并视为决策时要考虑的因素。

（4）补偿性策略

决策者在面临多属性选择时，会依据问题的类型而采取不同的策略。在二择一的情况下，决策者往往会采用补偿性策略。用某一标准的高价值弥补另一标准的低价值就是补偿性策略，主要包括线性模型、差异加法模型和理想点模型。

"在线性模型中，是将每一方案的各个标准的值加权，然后在这些方案中

---

[1]　[美]斯科特·普劳斯. 决策与判断［M］. 施俊琦，王星译. 北京：人民邮电出版社，2004年9月第1版，87页。

做出比较；但在差异加法模型中，则先比较每一标准上各个方案的差异，然后对这些差异赋予权重后进行加总。将注意力集中在差异上至少有两个优点——它不仅大大简化了两个备选方案，而且，作为一个决策制定模型，它更接近人们实际的决策行为。"[1]

理想点模型的计算方法类似于线性模型，只是依据不同的原理。在理想点模型中，决策者有一个心目中的理想方案，然后将其所拥有的备选方案在各个标准上与之进行比较，再加权得出的这些差异。

（5）非补偿性策略

决策者在面临多个备选方案的复杂情况下，一般采取非补偿性策略，这些策略与补偿性策略相反，它们不允许不同标准间相互进行协调。关联原则、析取原则、词典式策略与逐步淘汰制为四个著名的非补偿性策略。

按照关联原则（conjuntive rule），对于那些预定范围外的备选方案，决策者是能够排除的。但是，关联原则达不到最优，只能做到满意。

在析取原则（disjuntive rule）下，衡量每一备选方案的标准为该方案所具有的最好属性，而无论其另外的属性多么差。

使用词典式策略（lexicographic strategy）的决策者，"首先甄选出最重要的衡量标准，然后选择在这一标准上最令人满意的方案。如果选出的方案不止一个，那么就甄选出第二重要的衡量标准，再在剩下的方案中进行选择。如此下去，直到最后只剩下一个方案。"[2]

由 Amos Tversky 与 1972 年提出的逐步淘汰制（elimination by aspects, EBA），本质上是词典式策略的一种概率形式。按照这个策略，每一衡量标准被选择的概率与其重要性相当。首先依据所选的衡量标准比较各备选方案，淘汰掉不符合这个标准的次要方案，再选出要比较的第二个方面并制定最低标准，然后依次再淘汰更多的选项，如此类推，直到剩下最后一个方案。

---

[1] ［美］斯科特·普劳斯. 决策与判断［M］. 施俊琦，王星译. 北京：人民邮电出版社，2004年9月第1版，90页。

[2] ［美］斯科特·普劳斯. 决策与判断［M］. 施俊琦，王星译. 北京：人民邮电出版社，2004年9月第1版，91页。

（6）偏见和启发法

Amos Tversky 和 Daniel Kahneman 等人改变了研究决策的维度。他们发现，人们可能依据偏见与启发法来做出决定。运用这些心理捷径能够降低做决定时的认知负荷，却会有更大的概率出现错误。常见的启发法有代表性和可得性启发法。

Kahneman 和 Tversky 认为，人们在估计男孩、女孩的出生顺序时会使用代表性启发法，这时人们判断某个不确定事件的概率依据的是"（1）它和它的来源群体有多相似，或者说它的代表性有多大；（2）它能在多大程度上反映它的产生过程（比如随机产生）的显著特征"。[1]

人们往往会根据某个事件表面看起来是否能代表一系列偶然事件来推理，而并不认真去考虑其出现的真实可能性。这种倾向让人们易于相信魔术师、吹牛者与骗子的诡计，因为他们看起来能预言很多看似非随机事件的出现概率。赌徒谬误为使用代表性启发法的另一个错误，它指的是赌徒错误地相信某一随机事件出现的概率会受到先前随机事件的影响。还有一种谬误是有关篮球"幸运射手"的错误信念，即篮球运动员及球迷都一致认为，投中一球后的运动员，再次投中的可能性要大于前一球未中之时，尽管并没有得到统计学上数据的支持。

Kahneman 和 Tversky 还发现，人们之所以经常使用代表性启发法，是因为错误地相信小样本与其出自的总体样本各方面都是很相似的。换句话说，人们常常显著低估了小样本的特征并不足以代表总体人群特征这一现象发生的可能性。

大多数人都偶尔会使用可得性启发法（availability heuristic）（Kahneman 和 Tversky，1973），这时，人们做判断的基础是在头脑中是否很容易想起那些曾被视为可说明某现象的有关例证（参见 Fischhoff，1999；Sternberg，2000）。

可得性启发法会导致合取谬误，使得个体对易提取事件的子集的估计值大

---

[1]［美］Robert J. Sternberg. 认知心理学（第三版）［M］. 杨炳钧，陈燕，邹枝玲译. 北京：中国轻工业出版社，2006年1月第1版，329页。

于另一个包含该定义子集的更大事件集合的估计值。包含谬误是合取谬误的一种变形，个体会认为某总体范畴中任一成员具有某独特特征的可能性比该总体范畴的子集中任一成员具有该特征的可能性更大。不管怎样，当可得的信息没有出现偏差时，最容易获得的实例往往就是最常见的，一般来说最相关、最有价值，从而使可得性启发法成为一种代价小、方便快捷的心理捷径。

## 四、推理

推理指的是由具体现象归纳出一般规律，或从已知知识根据定理和证据推出新结论的思维活动，是思维的最高形式。两个以上的判断依据某种关系形成推理，表现为几个具有关联的句子。推理的形式主要有演绎推理、归纳推理和类比推理。

### （一）演绎推理

演绎推理（deduction reasoning）就是从一个或多个已知的一般性阐述中得出一个逻辑合理的结论，是一般原理到其在特殊事例中的具体应用的推理，遵循逻辑规律，只要前提真实，由其推出的结论必然真实。演绎推理的基础就是命题（proposition），其本质就是一条或真或假的判断。条件推理（conditional reasoning）和三段论推理（syllogisms reasoning），是常见的演绎推理的主要形式。

#### 1. 条件推理

条件推理就是在"如果 - 那么"这一条件命题的基础上导出结论的一种重要的演绎推理。肯定前者推论和否定后者推论为两种有效的形式，肯定前者推论的组合形式为"如果 p，那么 q。p，所以 q"，记作"p→q,p，∴ q。"。比如"如果你是一个在校学生，那么你有学籍。你是一个在校学生，所以你有学籍"。否定后者推论的组合形式为"如果 p，那么 q。非 p，所以非 q"，记作"p→q。¬q，∴¬p。"。上例就可以这样表述："如果你是一个在校学生，那么你有学籍。你没有学籍，所以你不是一个在校学生。"而否定前者推论和肯定后者推论则都是无效的，否定前者推论的组合形式为"如果 p，那么 q。非

p，所以非 q"，记作"p→q. ﹁p., ∴﹁q"。比如"如果你是一个在校学生，那么你有学籍。你不是一个在校学生，所以你没有学籍"。肯定后者推论的组合形式为"如果 p，那么 q。q，所以 p"，记作"p→q. q, ∴ p."。上例就可以这样表述："如果你是一个在校学生，那么你有学籍。你有学籍，所以你是一个在校学生"。

### 2. 三段论推理

三段论推理是指由两个假定真实的前提和一个由它们得出的与其相关的结论组成的推理，这一结论可能与前提相符，也可能不相符。每个三段论都包含一个大前提、一个小前提和一个结论。只有两个完全真实的前提，按照逻辑原则才能推出一个正确的结论。线性三段论（Linear syllogisms）和直言三段论（categorical syllogisms）是三段论的两种主要类型。

在三段论中，两个项目间的特定关系分别在两个前提中得到了描述，并且至少在两个前提中共有其中的一个项目。

线性三段论是由具有一定关系的判断系列组成的，项目间具有线性关系，包含质或者量的比较。通过比较，可以发现每个项目在特定属性或数量上的差异。如小张比小王的年龄大，小王比小李的年龄大，可以推出小张的年龄一定比小李大。

在解释人们是如何进行线性三段论推理的问题时，出现了几种不同理论。有的研究者主张，人们是通过线性连续体的心理表征以三维空间形式来进行三段论推理的（如，DeSoto，London 和 Handel，1965）。也就是说，人们经常把线性三段论表征成垂直排列的连续体形式，有时也会水平排列。人们在推理时，就会参考这个连续体，根据各个项目在连续体上的正确位置进行直观的比较。如上例就可以形成一个按年龄从大到小垂直排列的表象，小张在上面，小王在中间，小李在下面，这样小张比小李年龄大的结论就一目了然。

还有的研究者提出，人们在解决线性三段论问题时利用了包含命题表征的语义模型（如，H.H.Clark，1969）。如上例的结论"小张的年龄一定比小李大"就可以用命题表征为［年龄大（小张，小李）］，而不是采用表象的形式。

另外的研究者认为，人们是综合采用空间表征和命题表征来解决线性三段论推理问题的（如，R.J.Sternberg，1980）。人们先利用命题来表征每一个前提，然后在此基础上再形成心理表象，进行空间表征。这一观点得到了模型检验结果的支持。

可能三段论中最著名的就是直言三段论了，它的前提描述了与某个项目的范畴成员相关的事情。每个项目都包含两个项目，其中一个为两个前提所共有。通过项目范畴成员关系这两个项目连接起来，即一个项目为另一个项目所代表类别里的成员。

直言三段论的前提命题有四种不同的类型，分别是全称肯定命题、全称否定命题、特称肯定命题和特称否定命题。全称肯定命题描述了第一项的所有成员全部都是第二项的成员，陈述形式为：所有 S 都是 P。具有不可逆性。如：所有鲸鱼都是哺乳动物，不能说，所有哺乳动物都是鲸鱼。全称否定命题描述了第一项的所有成员全部都不是第二项的成员，陈述形式为：所有 S 都不是 P，或没有任何 S 是 P。如：没有一条鲤鱼是哺乳动物，也可以说，没有一个哺乳动物是鲤鱼。特称肯定命题描述了第一项的成员中只有一部分是第二项的成员，陈述形式为：有的 S 是 P。是不可逆的。如：有些鱼是哺乳动物，但是不等价于，有些哺乳动物是鱼。特称否定命题描述了第一项的成员中有一部分不是第二项的成员，陈述形式为：有的 S 不是 P。也是不可逆的。有些鱼不是哺乳动物，但是不等价于，有些哺乳动物不是鱼。

并不是所有类型的三段论都可以推导出逻辑上有效的结论的，两条特称前提或者两条否定前提推出的就是逻辑上无效的结论。如"有些鱼是哺乳动物，有些哺乳动物能够在陆地生活"。根据这两个特称前提，得出的这个结论"有些鱼能够在陆地生活"是无效的。再比如，根据这样两个否定前提"所有鲤鱼都不是哺乳动物，所有哺乳动物都不会飞"，得出的结论"所有鲤鱼都不会飞"是无法在逻辑上证明其有效性的。

最早的一个有关直言三段论推理的理论叫作气氛偏差，由 Roberg Woodworth 和 Saul Sells（1935）最先提出，后来 Lan Begg 和 J.Denny（1969）对该理论作了进一步的细化。其基本思想是，如果至少有一条否定陈述出现在前提中，那么人们就常常会得出否定结论；如果至少有一条特称命题包含在前提之中，那么人们就会倾向于做出特称结论。比如，有这样一个含有否定陈述的前提"没有一个医学专家是儿童"，得出的结论往往具有否定性。和另一个前提"小张是一名儿童"，推出的结论"所以小张不是医学专家"就是否定性的。

Loren Chapman 和 Jean Chapman（1959）提出了一个关注前提转换的理论，他们认为人们往往把某一特定前提项目的逆转形式看作和原始形式同样有效。也就是说，人们倾向于把诸如"如果 p，那么 q"的陈述转换成"如果 q，那么 p"，而对这两种描述其实并不等价没有丝毫的觉察。

Philip Johnson-Laird 和 Mark Steedman（1978）提出了一个能够解释人们大部分推理反应的高度综合的三段论推理理论。他们认为人们在解决三段论问题时，利用的是以心理模型（mental models）为基础的语义加工。作为信息内部表征的心理模型，与当前被表征的信息基本上是对应的。相比而言，某些心理模型更可能得出演绎有效的结论；特别是，在反驳无效结论时，某些心理模型或许是无效的。

Johnson-Laird 及其同事认为，充分表征演绎推理的前提所需心理模型数量与演绎推理中出现的困难有关（Johnson-Laird，Byrne 和 Schaeken，1992）。仅需一个心理模型时可能很快就可得出正确的推论。可是，当推理需要多个可供选择的模型时，由于要占用大量的工作记忆空间，就会比较难于推出一个正确的结论。在此情形下，为了做出一个推论或评价一个结论，必须把每一种模型都保持在工作记忆之中。然而，工作记忆容量的局限就有可能导致推理速度减缓和出现错误。

逻辑学家经常采用圆形图或真值表来表征直言三段论。通过圆形图就是利用同心的、大小不同的叠加或者不相交的圆圈来表征不同范畴的成员。通过真值表能够在每个子命题真实值的基础上表征各种命题组合的真实值。

### （二）归纳推理

归纳推理指的是根据一类事物的部分对象具有某种性质，推出这类事物的所有对象都具有这种性质的推理。归纳推理就是从特殊推出一般结论的过程，即使其前提正确，结论却未必都正确。也就是说，对于基于归纳推理得出的结论，没有一个是可以被完全证实的，可能下一次就会观察到一个例外，而这个例外就足以推翻先前的结论。对于归纳推理，人们能够努力实现的大部分只是得出一个有力或很有可能的结论，人们通过可得的证据在或大或小的程度上来支持这一结论。

传统上，根据前提所考察对象范围的不同，把归纳推理分为完全归纳推理和不完全归纳推理。完全归纳推理考察了某类事物的全部对象，不完全归纳推理则仅仅考察了某类事物的部分对象。现代归纳逻辑则主要研究概率推理和统计推理。

1. 完全归纳推理

完全归纳推理是根据某类事物每个对象都具有某种属性，从而推出该类事物全都具有这种属性的结论。完全归纳推理的特点是：在前提中考察了一类事物的全部对象，结论没有超出其前提所断定的范围，因此，其前提和结论之间具有必然的联系。

2. 不完全归纳推理

不完全归纳推理指的是根据某类事物部分对象都具有某种属性，从而推出该类事物都具有这种属性的结论。根据前提是否揭示对象与其属性间的因果联系，可进一步把不完全归纳推理分为简单枚举归纳推理和科学归纳推理。

简单枚举归纳推理就是，根据已观察到的一类事物中部分对象都具有某种属性，并且没有遇到任何反例，从而推出该类事物都具有这种属性的结论。简单枚举归纳推理的结论是或然的，因为其结论超出了前提所断定的范围，所以不一定能推出正确的结论。

科学归纳推理是根据某类事物中部分对象与某种属性间因果关系的分析，推出该类事物具有这种属性的推理。科学归纳推理的主要特点是考察对象与属性之间的因果联系。科学归纳推理一般包括提出假设和检验假设两个过程。人们通过观察一系列独立样例概括出一些具有因果关系的普遍知识，以此推论作为假设，设计实验或自然观察方案，然后执行，经过多次科学观察，得到的都是验证假设的证据，而且没有发现例外，这时就可以说这些由科学归纳推理得到的结论在目前情况下是正确的。如果发现了例外，先前的假设就被推翻，还要再提出一个能够把例外概括在内的新的假设，再行验证这一新的假设。

3. 概率推理

那种在某种条件下可能出现，也可能不出现的现象，称作随机事件或偶然事件。大量的同类随机事件中存在着一定的规律性，概率就是对大量随机事件所呈现的规律的数量上的刻画。运用概率推理，可以获知某事件的发生有多大的可能性，或者说某事件发生的机会有多大。就此意义来说，概率推理就是关于机会的推断。一般地，计算概率值的定义是：如果有 n 种等可能性，而有利于某事件发生的情形是 m，那么该事件发生的概率是 m/n，不发生的概率是（n-m）/n。在此定义下，如果事件是不可能的，那么概率就是 0/n，即为 0；如果事件是完全确定的，则概率便是 n /n，即为 1。所以，概率值的变化范围为从 0 到 1，即从不可能性到确定性。所谓等可能性，指的就是出现的可能性相同。

4. 统计推理

统计推理（statistical inference）就是根据带随机性的观测数据以及问题的条件和假定，而对未知事物做出的，以概率形式表述推断的过程。统计推理的基本特点是由样本推断总体，其所依据的条件中包含有带随机性的观测数据。统计推理是从总体中抽取部分样本，通过对抽取部分所得到的带有随机性的数据进行合理的分析，从而做出对总体的科学判断，它是伴随着一定概率的推测。统计推理可以分为两大类基本问题：一类是参数估计问题，另一类是假设检验问题。参数估计是指从总体中抽取样本，通过分析样本观察值来估计和推断，即根据样本来推断总体分布的未知参数。参数估计有点估计和区间估计两种基本形式。点估计是指在用样本统计量来估计总体参数时，样本统计量为数轴上某一点值，估计的结果也以一个点的数值来表示。区间估计指的是通过从总体中抽取的样本，根据一定的正确度与精确度的要求，构造出适当的区间，以作为总体的分布参数或参数的函数的真值所在范围的估计。

随机抽样的方法有很多，常用的有简单随机抽样、周期系统抽样、分层抽样法和整群抽样法。

（1）简单随机抽样，是指抽样过程应独立进行并且总体中每个个体被抽到的机会均等。为实现随机化，避免个人好恶的影响，可以采用抽签、掷随机数骰子或查随机数值表等方法。这种抽样办法的优点是抽样误差小，缺点是手续繁杂。在实践中要真正做到每个个体都有相等的机会被抽到是相当不容易的。

（2）周期系统抽样，又叫等距抽样或机械抽样，即将总体按顺序编号，用抽签或查随机数值表的方法确定首件，进而按等距原则依次抽取样本。这种方法特别适用于流水线上取样，操作简便，实施起来不易出现差错。但是抽样起点一经确定，整个样本就完全固定了。对于质量特性含有某种周期性变化的总体来说，当抽样间隔恰好与质量特性变化周期吻合时，有可能会得到一个偏差很大的样本。

（3）分层抽样法，就是把一个总体分成不同层次的子体，按照规定比例从不同层次中随机抽取个体的方法。运用这种抽样方法可以得到代表性比较好的样本，抽样误差较小，缺点是抽样手续较繁，经常应用于产品质量检验。

（4）整群抽样法，就是先将总体按一定方式分成多个群，然后随机地抽取若干群，并且由这些群中的所有个体组成样本。这种抽样方法实施起来比较方便，但是样本来自个别群体而不能均匀分布在总体中，所以代表性差，可能会有较大的抽样误差。

### （三）类比推理

类比推理简称类推、类比，是这样一种推理：根据两个或两类对象有部分属性相同的前提，推出它们的其他属性也相同的结论。人们在运用类比推理时，通过观察第一对项目，归纳出两个项目间的关系，然后把这种假设的关系用于类比的第二部分。

Robert J. Sternberg（1977）通过分解类比推理中各个过程所用时间数量，发现被试在进行简单的文字类比时，在对项目进行编码和做出反应上花费了大部分时间，而仅用一小部分时间对这些编码进行推理操作。当类比问题越来越复杂时，编码的困难也随之增加，从而消耗掉更多的时间。

### 五、思维研究对需要心理学的贡献与局限

思维是人脑对客观事物内在本质和规律的概括与间接的反映，可区分出直观行动思维、形象思维和抽象逻辑思维三个类型，对其特征与内容分别进行了陈述。对抽象逻辑思维的主要表现形式概念、判断、决策和推理又深入地加以分析。

界定了概念，介绍了假设—检验模型、语义分类模型和基于理论的模型这些主要的概念掌握理论。判断是对客观事物及其特征进行肯定或否定的一种思维形式，形成于概念的基础之上，表现概念间的关系。

从心理学角度将不确定性、复杂性视为界定决策的条件，决策表现为探索、判断、评价乃至最后选择行动目标与手段的全过程。规范性决策模型的经典模型为期望效用理论，扩展模型为主观期望效用理论。比较著名的描述性决策模型包括满意原则、前景理论、后悔理论、补偿性策略与非补偿性策略和启发法等。

推理指的是由具体现象归纳出一般规律，或从已知知识根据定理和证据推出新结论的思维活动，是思维的最高形式。推理的形式主要有演绎推理、归纳推理和类比推理。

这直接为需要心理学对认知需要的分析提供了许多基础资料。思维在认知需要中居于核心位置，它以感知的信息为原料，再进行各种内在的深加工，从而得出思维成果，实现认知需要的满足。概念、判断、决策和推理在用抽象思维来满足的认知需要过程中，各有其独立存在的价值，同时还相互促进，统一在完整的认知过程之中。既可用来求知，又可通过认知加工而为其他需要的满足提供信息。

## 第七节　问题解决与创造性

### 一、问题解决

问题解决是这样一种思维活动方式：由一定情景引起，按照一定的目标，

应用各种认知技能，经过一系列认知活动，使问题得以解决的心理过程。解决问题的先决条件是提出问题，有效解决问题是提出问题的目的。

## （一）问题解决的过程

问题解决的过程包括四个相互联系的阶段：发现问题、分析问题、提出假设和验证假设。

1. 发现问题，就是确定问题的存在，是问题解决的第一阶段，是解决问题的前提。我们生活在一个存在着各种各样矛盾的世界，当某个或某些矛盾反映到意识中时，个体就会发现它是一个问题，并要求想方设法去解决它。发现问题不论对学习、生活和工作，还是对创造发明都十分重要，是思维活动积极性和主动性的体现，在促进个体心理发展上具有重要的意义。

2. 分析问题，就是定义并表征这一问题，是问题解决必经的第二个阶段。要解决所发现的问题，必须明确问题的性质，也就是要弄清有哪些矛盾及其方面，它们之间有什么样的关系，以确定所要解决的问题将要达到的结果，所必须具备的条件、它们之间的关系和已经具备了哪些条件，从而找出重要矛盾、关键矛盾之所在，以便提纲挈领、重点突破。

3. 提出假设，是问题解决的关键阶段，就是在分析问题的基础上，提出解决该问题的各种假设，即发现可以采用的多种解决方案，其中包括采取什么原则和具体的途径与方法，拟定一个问题解决的策略。

分析与综合、发散性思维和聚合性思维是一些经常用到的策略。分析就是把问题的复杂整体分解成许多可以处理的组成元素；综合则与之相反，是把各种组成元素集中起来，组合成有意义的整体。发散性思维就是往四面八方拓展思维的空间与范围，从中发现或生成各种类型的问题解决的可能性方案；聚合性思维则是把各种可能性聚合成一个最佳答案，至少是一种问题解决者自以为的最有可能或最先尝试运用的答案。

但是所有这些往往不是简单现成的，要努力探索，需要一定的创造性，而且有着多种多样的可能性。正确的假设能够引导问题顺利得到解决，不正确、不恰当的假设则使问题的解决走弯路或者导向歧途。

4. 验证假设，是问题解决的最后一步，包括组织有关问题的信息、分配资源、监控问题解决的过程并对问题解决的效果进行评估。假设只是提出一些可能的解决方案，还不能保证问题一定能够获得解决，所以还必须对假设进行检验。

通常有两种验证假设的方法：一是通过实践检验，即按照假定的方案实施，如果成功了就证明假设是正确的，同时问题也得到了解决；二是运用心智活动进行推理，即在思维中按照假设进行推论，如果能够合乎逻辑地论证预期的成果，就算问题得到了初步解决。特别是在假设方案一时还不能立即付诸实施时，必须采用心智推演进行验证的方法。必须要指出的是，即使后一种检验证明假设是正确的，问题的真正解决仍然有待实践结果才能够加以证实。不论哪种验证方法，如果没有获得预期的结果，必须重新另提假设，再次进行验证，直到获得正确的结果，问题才算得到了解决。

### （二）问题解决的特点

问题解决具有问题情境性、目标指向性、操作序列性和认知操作性的特点。

1. 问题情境性，是指问题总是由问题情境引起的。问题情境就是在工作、生活或学习中出现在主体面前，使其感到困惑又不能利用经验直接解决的情况。正是这种情境性才能促使主体开动脑筋，进行思考，并采取相应策略去改变这一困境。问题解决的过程其实就是问题情境逐渐消失的过程。当解决了一个问题之后，再遇到类似的情境就不会再感到困惑了。

2. 目标指向性，指的是问题解决是有着明确目标指向的。问题解决的过程就是寻找并且达到目标的过程。解决问题时可以通过直觉与猜测，也可以通过分析和推理，还可以通过联想或想象，但是无论通过哪一种途径，都必须要在目标的指引下进行。

3. 操作序列性，是指问题解决包含一系列的心理操作，而且这些操作是有系统、成序列的。序列如果出现了错误，问题便无从解决。当然采用不同的途径与方法解决同一问题时可能会呈现出不同的序列。选择一种解决问题的途径与方法，实际上就是选择了一种系统和序列。

4. 认知操作性，指的是问题解决活动至少要有认知成分的参与，其活动必须依赖一系列的认知操作才能进行。尽管问题解决常常伴随着情感，也往往要付诸实践活动，但认知操作自始至终都是不可或缺的。因为认知操作是问题解决最基本的成分。

### （三）问题的类型

认知心理学家依据问题的答案明确与否把问题区分为结构良好问题（well-structured problems）和结构不良问题（ill-structured problems）两种类型。结构良好问题就是带有明确解决方案的问题，一般都能找到通往问题答案的明确的路径；而结构不良问题就是没有明确的、现成的解决方案的问题，一般没有结构良好的问题空间，也很难找到合适的心理表征为这些问题及答案建立模型。

在解决要通过艰难、曲折道路的结构不良问题时，往往有顿悟的参与。顿悟就是对一个问题形成独特的、有时貌似突然的理解，能够促进问题的解决。通常情况下，顿悟就是运用一种全新的方式重新构建一个问题的解决方案。它是大量事先思考与努力工作的结果，经常在检测和综合相关新旧信息的基础上，突然显现出一种非常新颖的想法，使得困难重重的问题瞬间迎刃而解。

格式塔心理学家 Max Wertheimer（1954）把顿悟式思维称为产生式思维（productive thinking），认为它与建立在已有知识的现存联想基础上的再现式思维具有根本的区别，它是问题解决者把问题作为一个整体来认识时，突破原有联想边界的顿悟，是用全新的眼光对问题的再思考。

Janet Metcalfe 及其同事发现了顿悟问题与非顿悟问题的区别（1868；Metcalf 和 Wiebe，1987）。问题解决者在解决常规问题做出努力之前就可以非常准确地预言自己有能力获得成功。如果他们面对的是顿悟问题，则在付出任何能力前是很难预测自己的成功与否。如果问题解决者处理的是常规问题，在其离正确答案越来越近的时候，他们所体验到的接近感也随之增强。然而，问题解决者在解决顿悟问题的过程中并没有体会到这种接近感的增加。

Janet Davidson 和 Robert J.Sterberg 根据顿悟所涉及的加工不同而区分出选择性编码、选择性对比和选择性组合三种类型（Davidson 和 Sterberg，1984）。选择性编码顿悟（selective-encoding insights）指的是从无关信息中对相关信息的识别。它通过过滤功能帮助人们从庞杂的信息中选择对其目标至关重要的信息。

选择性对比顿悟（selective-comparison insights）指的就是如何联结新旧信息的新认识，它的一个重要形式就是创造性地运用类比推理，把已有知识与解决当前问题的新知识通过类比关联起来。

选择性组合顿悟（selective-combination insights）就是用一种全新的、创造性的方式，把有选择性地吸收经过编码和对比的相关信息片段组合起来。一般而言，仅有解决问题所需的零散重要信息是不够的，还要找出对这些信息加以综合的方法。

### （四）问题解决的信息加工方法

Newell 和 Herbert Simon 设计出可模拟人类问题解决的计算机程序"逻辑理论家"，把问题解决描述为在问题提出与解决方案之间的搜索。他们把问题分成初始状态、中间状态和目标状态。

问题最初的状态就是初始状态，问题解决时的状态为目标状态，初始状态与目标状态之间的过渡就是中间状态。一个特定问题的初始状态、目标状态及所有可能的中间状态组成了问题空间。让问题从一个状态转变到另一个状态的行动就是算子。

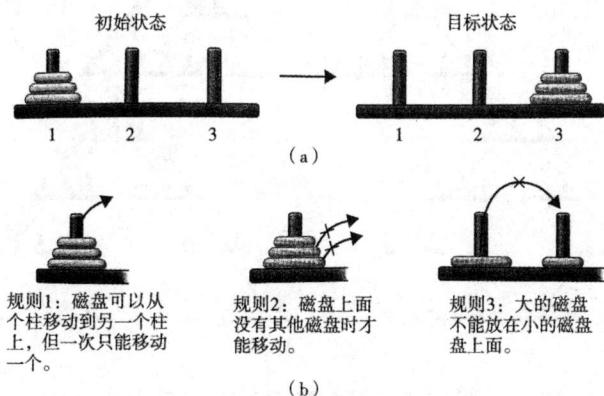

图 12-31 （a）河内塔问题的初始状态和目标状态；（b）解决问题时的行动规则[1]

---

[1]［美］E. Bruce Goldstein. 认知心理学：心智、研究与你的生活（第三版）［M］. 张明等译. 北京：中国轻工业出版社，2015，439页。

在河内塔问题中，问题的初始状态为三个磁盘依次叠放在左侧柱上，目标状态则是三个磁盘依次叠放在右侧柱上，而限制算子的规则有三个（图上已清晰地标明）。

在图 12-32 中，清楚地展示了该问题解决的空间，并指明了经过 2—7 步中间状态的最有效路径。对于问题解决来说，必须搜索问题空间。而采用手段—目的分析的策略是指导搜索的一种有效方式。该策略的首要目标就是缩小初始状态与目标状态间的距离，经由设置属于中间状态的多个子目标可以逐步接近真正的目标。

图 12-33 显示了所分解的子目标。通过设置逐步靠近目标状态的子目标，以及采用如图 12-32 中第 5 到第 6 步的后退程序，经常可以产生有效的问题解决方案。而且，往往能够把这种需要设置子目标的手段—目的分析方法应用到实际生活情境中去。

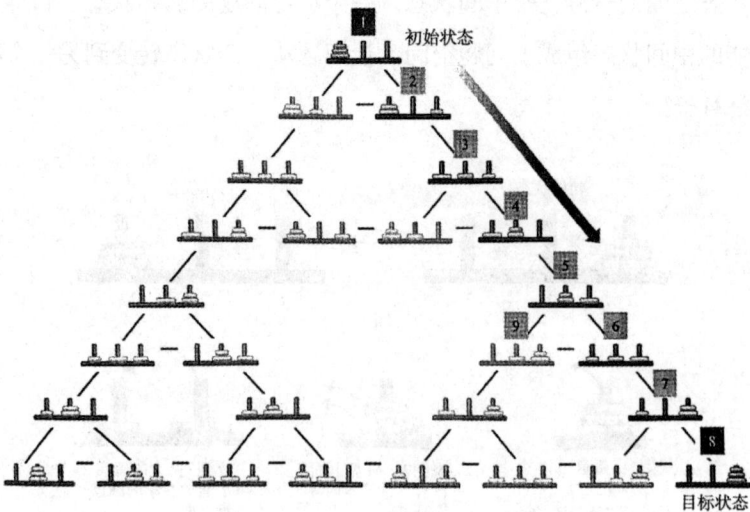

**图 12-32　河内塔问题的问题空间**[1]

[1]　[美] E. Bruce Goldstein. 认知心理学：心智、研究与你的生活（第三版）[M]. 张明等译. 北京：中国轻工业出版社，2015，441页。

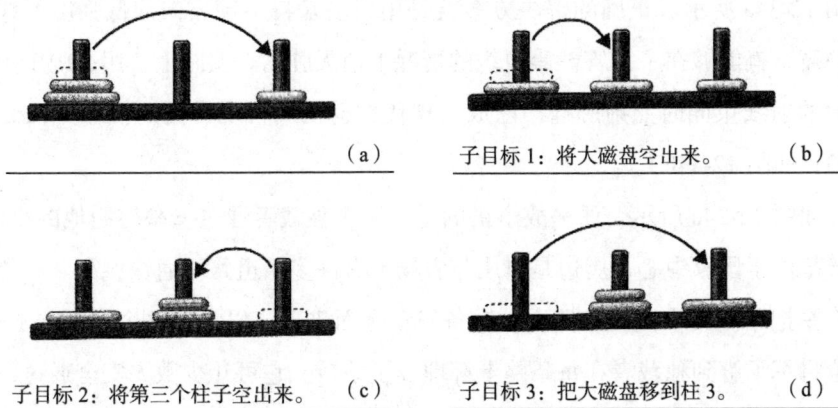

（a）

子目标 1：将大磁盘空出来。 （b）

子目标 2：将第三个柱子空出来。 （c）

子目标 3：把大磁盘移到柱 3。 （d）

图 12-33 解决河内塔问题的初始步骤，显示了问题是怎样分解成子目标的[1]

### （五）应用类比解决问题

人们在解决新问题时，可应用以前曾经解决过的相似问题的解决方案，这种用来指导解决新问题的技术就称为类比问题解决。要研究类比问题解决，首先就要确定人们在多大程度上可以把解决一个问题的经验迁移到另一个相似问题的解决上。类比迁移就是从一个问题到另一个问题的迁移，要求被试去解决的问题为目标问题，为研究类比迁移而同时呈现给被试的与目标问题有某些相似性的问题就是源问题。

在研究类比问题解决时，广泛应用了邓克尔辐射问题。1945 年，邓克尔提出了如下的辐射问题：假设你是一个面对患有胃病恶性肿瘤病人的医生，这个病人已不能再做手术，但不消灭肿瘤的话就会死去。消灭肿瘤可使用多种不同强度的射线。高强度射线能够消灭肿瘤，但也会损害所经过的健康组织。低强度射线虽然无害于健康组织，但也对肿瘤没有什么影响。那么如何才能在不破坏健康组织的前提下消灭肿瘤呢？

邓克尔最初提出辐射问题时，很少有被试能找到解决方案。在 Mary Gick 和 Keith Holyoak（1980，1983）的实验中，只有 10% 的被试发现了解决方案，

---

[1]［美］E. Bruce Goldstein. 认知心理学：心智、研究与你的生活（第三版）［M］. 张明等译. 北京：中国轻工业出版社，2015，442页。

如图 12-34a 所示。正确的解决方案就是用很多来自不同方向的低强度射线照射肿瘤，就能够在不伤害健康组织的情况下消灭肿瘤。实际上，用 201 个不同方向的射线束同时照射肿瘤，已成为现代放射线外科中常用的程序（Tarkan，2003；如图 12-34b）。

如图 12-34c 所示，堡垒故事讲的是：一个独裁者通过堡垒控制他的小国。该堡垒位于国家中心，周边是村庄与农场，有许多条道路可通往堡垒。一位革命将军把军队集中到一条路上，准备发动全面进攻，以占领这个堡垒。不过，这位将军了解到独裁者在每条路上都埋设了地雷。它可让少数人安全通过，以便能够来回运送军队与工人。但是重压会引爆地雷，从而炸毁道路及附近的村庄。显然，占领堡垒似乎是不可能的。

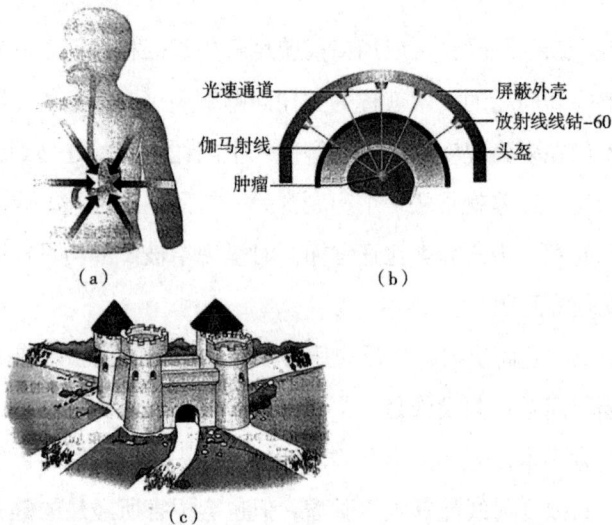

图 12-34 （a）辐射问题的解决方案。用很多来自不同方向的低强度射线射向中间的肿瘤，在消灭肿瘤的同时不伤害射线经过的其他组织。（b）放射外科，一种现代医学技术，采用相同的原则用很多伽马射线束照射脑肿瘤。实际技术采用的是 201 个伽马射线束。（c）将军如何解决碉堡问题。[1]

---

[1]［美］E. Bruce Goldstein. 认知心理学：心智、研究与你的生活（第三版）［M］. 张明等译. 北京：中国轻工业出版社，2015，451页。

但这位将军却想到了一条妙计。他把军队划分为很多小队，然后将各小队分派到不同的道路上。等所有军队都准备妥当后，他宣布发起总攻。各小队都纷纷从所在的道路上向堡垒进攻，整个部队在同一时间汇集到堡垒。一举攻占了堡垒，并推翻了独裁者。

堡垒故事就类似辐射故事，堡垒与肿瘤相对应，分派到各条道路上的小队则对应着从不同方向照射肿瘤的低强度射线。以堡垒故事为源故事，辐射故事为目标故事，Gick 与 Holyoak 在被试读完堡垒故事后，再让他们来解决辐射问题。结果发现，有30%的被试可解决辐射问题，比单独呈现辐射问题时提高了10%以上。可是，仍然有70%的被试在阅读类似的源故事后，还是没有解决目标问题。这说明：即使呈现了可类比的源问题，还有许多人依然没能把源问题与目标问题联系起来，以帮助解决目标问题。

在提示被试想想其读过的故事后，成功率显著提升到75%，居然是先前的两倍多。显然，在被试的记忆中已经储存了类比信息，只是回忆起来并不容易。Gick 与 Holyoak 据此提出了类比问题解决的三个步骤：

1. 主要源故事和目标故事之间的类比关系。这一步对于类比问题解决来说十分关键。然而正如我们所见，很多被试需要提示才能注意到源故事和目标故事之间的联系。Gick 与 Holyoak 认为，注意是三步当中最难完成的。很多实验者都指出，最有效的源故事是与目标故事最相似的。这个相似性使得源问题和目标问题之间的类比关系更容易被注意到，而且有利于完成下一步——映射。

2. 在源问题和目标问题之间形成映射。利用故事来解决问题，被试必须把故事中的相应部分映射到目标问题上，这可以通过在故事的成分（如独裁者的堡垒）和目标问题的成分（肿瘤）之间建立联系来实现。

3. 应用这个图式以产生一个平行的对目标问题的解决方案。如将让多队士兵从不同方向发起进攻，推广到很多来自不同方向的低强度射线射向肿瘤。[1]

---

[1]［美］E. Bruce Goldstein. 认知心理学：心智、研究与你的生活（第三版）［M］. 张明等译. 北京：中国轻工业出版社，2015，452页。

综合许多类比迁移实验的结果发现，使问题的表面特征或结构特征更加相似，都会帮助发生迁移，从而有助于目标问题的解决。

Dedre gentner 和 Susan Goldin-Meadow（2003）认为，人们可运用类比编码技术发现相似的结构特征，这种技术可经由对两个事件的比较来说明一个原则。显然，学习者在比较事件的同时，会更可能认清事件的潜在结构。相关实验结果可导出推论，跟源问题进行比较是一种可让人注意到结构特征的有效方式，并且能够增强人们解决其他问题的能力。

**（六）专家的问题解决**

专家就是在一个领域内投入大量的时间学习与其专业相关的知识、训练相关技能，并且经常应用所学的知识与技能，以至于成为其所在特定领域里公认的、极其有见识或技艺高超的人。

研究发现，专家与新手相比，在解决问题时，速度更快、正确率更高。通过比较专家与新手的绩效和所用的方法，推导出差异背后的机制：专家拥有更多本领域的知识；新手基于表面特征组织知识，而专家则依据问题深层的结构特征来组织知识；专家会在分析问题上花费较多的时间，以更好地理解问题，从而更有效地解决问题。然而，专家仅在其所在的领域具有优势，因为在此领域内，其知识储备组织得更全面、更有效。在此领域之外，专家就失去了优势，变得和新手一样了。

## 二、创造性

创造性很难界定，大多数研究者都同意它包括创造性思维、产生新想法，或在已有观念与创造新事物间构建新的关系。美国国家工程院院士托马斯·L·萨蒂指出："从广义上讲，所有人类的创造性活动都可以被视作解决问题的尝试。创造力指出了方向。它源源不断地提供着新的想法，这些想法都是'自催化'的，它们会为产生或向其他想法延伸营造出良好的氛围。从这个意义上讲，创意就是'怀孕'的想法。"[1]

### （一）创造力

托马斯·L·萨蒂试图给复杂的创造力下一个定义，"创造力是指发现或创作想象中的事物，这些事物往往是有益的，但最重要的，是原创性。"[2]

他对知识与创造力进行了鉴别分析，"知识是已知的东西，向人们传授知识只是同样内容在不同人记忆中的复制，并不会增加人类的潜力。我们需要的是用知识来使人们产生创造力，因为创造力才能增加我们的潜力。知识是一种手段，而创造力是最终目的，因为创造力使我们的大脑不断思考，以迎接解决问题的新挑战，并拓展思路。"[3]

托马斯·L·萨蒂相信，很多人都致力于表达其创造力。起码在可实施有益创造力的领域，给人们提供了展示其原创性的足够多的机会。在每一次创新过程中，都会增强人的心理潜力，从而扩展个体原创性的贡献。创新的目标为创造力提供了必要的动力。

他认为，个体的动机会影响其创造力的表达。如贝多芬对快要失聪的创伤性体验，激发他创作了《英雄交响曲》《欢乐颂》等许多伟大的作品。应急需要的出现和兴奋状态都会引发创造力的明显增强，如急中生智，说的就是这个道理。坚持不懈、刻苦钻研的恒心与毅力可以说就是创造的催生器。

托马斯·L·萨蒂明确指出："创造力的秘诀是，为了生存我们必须勇敢、果断、聪明。为了我们种族未来'永恒'的生存，我们也需要具有谨慎性、灵活性和适应性。这意味着我们的生活应该更多依赖于妥协，更少程度上依赖于我们自己固定的策略。妥协需要创造性地找到我们的道路而不是故步自封。生活在一个新世界也需要灵活性，这个世界总是一直向我们展示新的挑战和机遇，

---

[1] ［美］托马斯·L·萨蒂.创造性思维：改变思维做决策［M］.石勇，李兴森译.北京：机械工业出版社，2017年6月第1版，3页。

[2] ［美］托马斯·L·萨蒂.创造性思维：改变思维做决策［M］.石勇，李兴森译.北京：机械工业出版社，2017年6月第1版，45页。

[3] ［美］托马斯·L·萨蒂.创造性思维：改变思维做决策［M］.石勇，李兴森译.北京：机械工业出版社，2017年6月第1版，6页。

这些挑战和机遇是已有的知识和经验中没有准备的。"[1]

他还总结出几个有关创造的主题：

"创造性思考是感知困难、处理问题的过程，即对一些不足之处（包括障碍、缺失的信息、缺少的元素、偏差）提出假设，评估和测试这些猜测和假设，修改和重新测试，最后评估结果。

"创意在艺术或科学中的表现包括能够从没有出现过的角度来阐述信息，但也是建立在原有模式之上的。

"创意往往包含两个或两个以上物体的连接或类比关系，或以前从未出现的关系形式。

"创造力是一个过程，涉及两个参照系之间的联想和大胆的结合、组织及整合，但两个系统通常是不兼容的。

"创造涉及当下有关的事情或想法，尽管这些想法是不相关的。创造力在解决问题方面的本质是突破习惯和传统的限制，找到解决问题的'新'方案。"[2]

与创造力相关的内部因素主要包括：对新思想保持开放的心态，乐意接受新想法；有一颗勇于质疑的好奇心；善于从新视角进行独立思考；敢于坚持自己的观点；能够承担创新带来的风险；可有条不紊地解决问题；拥有一颗会从尽可能多的角度看待问题的童心；及时捕捉一闪而过的灵感；耐受不确定性，宽容模糊的事物，能于暂时的混乱中发现乐趣；等等。

可激发创造力的外部因素，除鼓励创新的环境、促进创新的任务外，在组织内部主要包含以下因素：鼓励开放地表达独特的想法，对于新奇的观点予以接受，帮助发展新思路，支持谨慎地冒险，有足够的时间让个人付出努力，承认新异想法的价值，对创新努力进行奖励，等等。

---

[1]　［美］托马斯·L·萨蒂.创造性思维：改变思维做决策［M］.石勇，李兴森译.北京：机械工业出版社，2017年6月第1版，14页。

[2]　［美］托马斯·L·萨蒂.创造性思维：改变思维做决策［M］.石勇，李兴森译.北京：机械工业出版社，2017年6月第1版，46页。

### （二）创造性决策

托马斯·L·萨蒂把决策看成是形态分析最好的例子之一。形态分析是一个确保所有与一个问题的解决方案可能相关的信息都经过系统审查的工具，它作为创造力的一个步骤是由瑞士天文学家弗里茨·兹威基（Fritz Zwicky）引进的。把所有可利用的信息都分组为概念的属性，是由于它们都有可能推出可行的替代方案。每个解决方案都可能有不同的形式，从中可以产生解决方案的物质原料、解决方法构建的方式、广泛而有差异的用途等。每个类别都用一个独立的变量来代表，然后组合起来，任何组件都来自其中的这个变量。通过检查这些组合，以确定哪一个最适合来解决问题。

托马斯·L·萨蒂认为，决策"包括生成思想、将思想与一个合适的框架相联系、应用理解和判断来确定其优先级。决策中可以看到创造性的方方面面：头脑风暴以确定标准和对备选方案进行选择；用共同研讨法连接思想使其成为结构的一部分；用形态分析在决策层级或决策网络中安排思路和上述连接；最后，将决策视为一个不断修正的过程，用横向思维来扩展框架或修改以完善决策"。[1]

托马斯·L·萨蒂总结出一个决策方法应具备的特征：

"结构简单；同时适用于个人和团体；忠于我们的直觉和一般思想；鼓励妥协让步和建立共识；不需要过多地专门去掌握和交流。"[2]

人们在做决定时，需要的知识、信息与技术资料包括：所要决策问题的细节、所涉及的人员或角色、追求的目标与采取的策略、影响结果的各要素、时间范围与所处情境及限制性条件。

决策的本质包含可能的结果与选择的可替代性。人们在制定决策框架的过程中，不仅要把那些有相似效果的元素分成组或集群，而且必须合理地将它们

---

[1]　［美］托马斯·L·萨蒂.创造性思维：改变思维做决策［M］.石勇，李兴森译.北京：机械工业出版社，2017年6月第1版，257页。

[2]　［美］托马斯·L·萨蒂.创造性思维：改变思维做决策［M］.石勇，李兴森译.北京：机械工业出版社，2017年6月第1版，258页。

进行排序，以追踪这些影响所产生的结果。一个决策过程可分为如下步骤：

"（1）构造一个典型的问题，显示其关键要素及关系；（2）做出体现知识、感觉或情感的决断；（3）用有意义的数字呈现那些判断；（4）用这些数据来计算等级中各元素的优先级；（5）综合这些结果来确定一个整体的结果；（6）分析判断的变数有多大。"[1]

托马斯·L·萨蒂提出了一个在决策过程中满足以上标准的层次分析法（AHP）。它通过把标准与目标的选择联系起来，然后形成一个总体目标，并据此对问题的解决方案加以构建和优先排序。也就是先分解问题，然后把所有子问题的解决方案都集合起来，从而得出一个结论。

显然，该方法基于人们对各种子问题做出合理判断的能力。它经由把感知觉、记忆与判断组成一个框架来促进决策，这个框架对影响决策的力量进行了展示。在最常见、最简单的情形中，这些力量按照较宽泛、不可控到较具体、可控的顺序加以分配。

层次分析法以计算机程序的形式，已经广泛应用于各种决策与项目规划中。在层次分析法中，理性指的是：

"集中注意力在解决问题这个目标上。对问题充分了解以便构建一个各种相关的关系和影响因素的完整结构。有足够多的知识和经验，并能获取别人的知识和经验来评估影响和支配在结构中的关系间的权重（重要性、偏好或者作为恰当的目标的可能性）。允许观点上的分歧，有能力找到一个最好的折中办法。"[2]

尽力将目标分解为最通用、最易控制的因素是一种构建决策的有益方式。依据最简单的子标准来衡量各种选项，也就是说，它们必须让人满意，并可把子标准聚集成更高级别的标准，直到在这两个层级上关联起来，而且具备可比

---

[1]［美］托马斯·L·萨蒂.创造性思维：改变思维做决策［M］.石勇，李兴森译.北京：机械工业出版社，2017年6月第1版，259页。

[2]［美］托马斯·L·萨蒂.创造性思维：改变思维做决策［M］.石勇，李兴森译.北京：机械工业出版社，2017年6月第1版，259、260页。

性。在设计层次结构方面，托马斯·L·萨蒂提出了如下建议[1]：

（1）确定总目标。你想要实现什么？主要的问题是什么？

（2）确定总目标下的子目标。如果相关，确定影响决定的时间范围。

（3）确定实现子目标必须满足的标准。

（4）确定每个标准下的子标准。注意应明确标准或子标准的参数值的范围或词汇强度，如高、中、低等方面。

（5）确定有关行动者。

（6）确定行动者的目标。

（7）确定行动者的策略。

（8）确定选项或结果。

（9）对于二选一的决策，选择那个最首选的结果，然后比较做这个决定和不做这个决定的利与弊。

（10）用边际值法进行收益/成本分析。因为我们处理的是优势层次结构，了解哪个备选方案能够创造最大收益；对于成本，了解哪个备选方案花费最多；对于风险，了解哪个备选方案是最有风险的；对于机会，了解哪个备选方案最有可能带来机遇。

**（三）创造性问题解决**

创造性问题解决经常与开放式的发散思维相联系，往往是一些界定不良的问题，通常没有唯一正确的答案，却能找到大量潜在的解决方案。

固着效应是问题解决中的常见障碍。为研究创造性设计中的固着效应，David Jansson 和 Steven Smith 让工程设计专业的学生在 45 分钟内提出尽可能多的设计。任务是设计一种便宜的咖啡杯，要具备防溢功能，但又没有吸管或衔口。安排一半的学生在固着组，并给他们呈现如图 12-35a 所示的设计样本。控制组的学生没有看到设计样本。都给予相同的任务与设计说明。

---

[1]　［美］托马斯·L·萨蒂. 创造性思维：改变思维做决策［M］. 石勇，李兴森译. 北京：机械工业出版社，2017年6月第1版，260、261页。

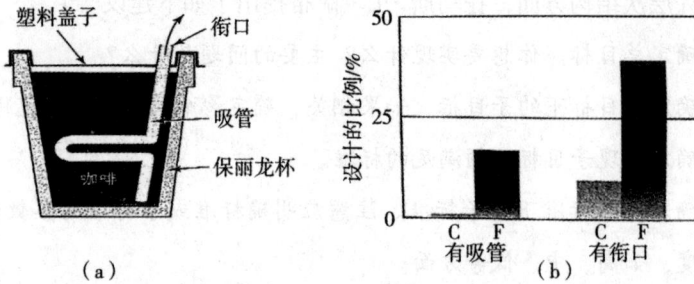

**图 12-35 （a）咖啡杯的样本设计。（b）没有看到样本设计的控制组 C 和
看到样本设计的固着组 F 的带有吸管和衔口的设计的百分比** [1]

结果显示，这两组被试有大致相同的人均设计数量，只是固着组被试设计
了更多包含吸管或衔口的产品（见图 12-35b）。Jansson 和 Smith 把这种明显受
到样本设计影响的现象称为设计固着，它对被试的问题解决产生了抑制作用。

认知心理学家 Ronald Finke 发明了一种训练人们进行创造性思维的技术，
称之为创造性认知技术。通过创造客体的实验可解释这种技术。

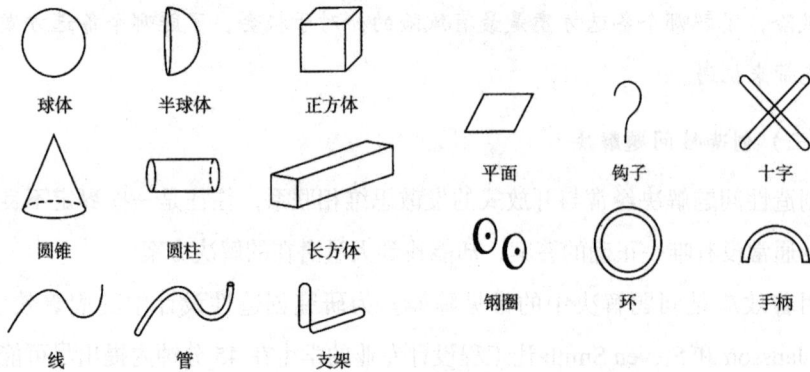

**图 12-36　Finke（1990，1995）使用的客体** [2]

在图 12-36 中，呈现出 15 个客体零件与名称。被试闭上眼睛，随机点触这

---

[1]［美］E. Bruce Goldstein. 认知心理学：心智、研究与你的生活（第三版）[M]. 张明等译. 北
　　京：中国轻工业出版社，2015，461页。

[2]［美］E. Bruce Goldstein. 认知心理学：心智、研究与你的生活（第三版）[M]. 张明等译. 北
　　京：中国轻工业出版社，2015，462页。

个页面 3 次，一次选 1 个零件，共计选出 3 个。被试阅读指导语后，用 1 分钟将此 3 个零件组成 1 个新的客体。它要有趣且可用，并要避免与已有的熟悉客体相同，可不比考虑其具体应用。除可弯曲的线与管之外，在不改变基本形状的情况下，可任意改变零件的大小、位置、方向与材质。被试想好后就可以画下来。

Ronald Finke 应用这个训练，随机从零件中选出 3 个给被试。让被试在创造出 1 个新客体后，从 8 个客体类别（家具、私人物品、科学仪器、电器用具、交通工具、工具和用具、玩具、武器）中选出 1 个类别，并花 1 分钟解释所构成的新客体为何属于该类别。图 12-37 展示了用半球体、线与钩子组成的同一客体依据 8 个类别进行的解释。

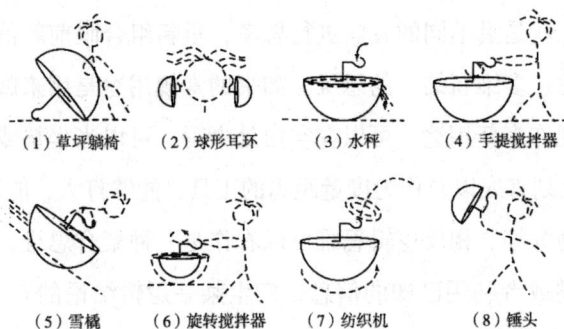

(1) 草坪躺椅　(2) 球形耳环　(3) 水秤　(4) 手提搅拌器

(5) 雪橇　(6) 旋转搅拌器　(7) 纺织机　(8) 锤头

**图 12-37　以半圆、线和钩子构造的前发明形式怎样依据 8 个类别进行的解释**[1]

Ronald Finke 把这些新创造称作前发明形式，因为它们是先于创造性产品问世的创新想法。研究显示，被试所创造的新客体数量高达 360 个之多。裁判组把 120 个列为实用性上获高评价的"实用发明"，65 个列为在实用性与原创性都获高评价的"创造性发明"（Ronald Finke，1990，1995）。特别要提及的是，被试并未经过训练或练习，也并非选自有创造性的人，甚至自己都没有期望是有创造力的。

Ronald Finke 证明了有创造性并不意味着定要成为发明家，还验证了创造

---

[1]　[美] E. Bruce Goldstein. 认知心理学：心智、研究与你的生活（第三版）[M]. 张明等译. 北京：中国轻工业出版社，2015，463页。

性认知中的许多过程都类似于认知心理学其他领域的认知过程。实验中发现，相比于他人组成的客体，被试对自己所创造客体能想出更多的创造性应用，即使在告知不必考虑实际用途时也是这样。

**（四）创造性思维**

创造性思维是一种新颖独特且能带来有价值的首次发现或发明的思维活动，它充分发挥主体的创造能力，产生创造性活动。在思维发展的每一个阶段，都存在这种思维的创造性。

1. 创造性思维的表现形式

创造性思维包括三种常见的表现形式：发散思维、立体思维和直觉思维。

（1）发散思维

发散思维，就是沿不同的方向进行思考，重新组合眼前新信息和已贮存知识，得出独特的、多维新结论的思维。如书的常规用途是用来阅读的，运用发散思维可以发现许多新用途：可以在空白处书写，可以当坐垫或垫板用，可以拿书边用作直尺划直线以及作为度量距离的工具，能够打人，能够撕下来点火，能够散开来盖物等等。相反逻辑思维可以看作是一种聚合思维，就是依据一定规则，解决问题或者利用已知的信息，产生某一逻辑结论的有方向、有范围、有条理的思维形式。

如果把逻辑思维看成纵向思维的话，发散思维就相当于横向思维。纵向思维善于对事物进行合情合理地观察与分析，步步稳健地前移，其进展顺利平坦，利用逻辑原理水到渠成地解决问题。然而每一步都精确无误，必须一成不变地确定一切却也成了纵向思维的局限。横向思维则善于运用多种不同的方法去观察思考，产生许许多多新设想。纵向思维喜欢分门别类地分解思维，横向思维则致力于组合事物。横向思维还长于与纵向思维结合起来，有意运用大脑的这一条理化功能。用横向思维可以把自己置于任一新的位置，然后再回头与起点之间构建起一条逻辑通道，最后运用逻辑原理严格地检验这条通道可行与否。如果切实可行，就处在一个普通纵向思维所难以达到的有利位置。即使发现此路不通，还可以通过调整位置而形成许多有益的新想法。

要很好地运用横向思维，必须识别出主导想法或支配性想法，以突破其对思维的控制；还要放松纵向思维的严密限制，以无拘无束地畅想；努力运用多种多样的方法来观察、思考和解决问题；并充分利用偶然性机遇，产生新设想。横向思维的方法很多，别具一格。例如思想有一种自然倾向，就是接受最可能解释的影响，为摆脱这一倾向，可以事先确定思考问题时要采取方法的数目，然后再有意识地推广应用这些方法。还可以有意识地颠倒关系，即故意把事物翻转过来，以产生新想法。也可以把抽象的情境转化成类似的具体情境，使其变得易于处理。把注意力从事物的一个部位转移到另一个部位，也是一种比较简单的发现新想法的技巧。

总之，"利用横向思维，有意让各种不同的观察事物的方法一个接一个地在脑海里迅速闪过，然后，时间及大脑的概率性将自动地影响到这些不同方法间的相互作用，从而得出良好的答案。"[1]

产生简单、有效、适用的新想法是横向思维的主要目标。"应用横向思维时人们总是在徘徊思索。有些事物可能纯粹是由于人们想看看它的缘故而被注意到。发现以后不要立即做出解释，不要确定其价值，只是去观察了解。如果它能产生想法，那么产生得越多越好，如果不能，也不要强求它产生想法。以后它可能会有用的。但它是以它的纯粹的形式被注意到的，没有因为被赋予重要意义或被纳入某种关系中而被改造过。这样，开放的、广阔的意识将拥抱供给它的每一个想法，无须在每时每刻做出解释、分类或创建。"[2]

（2）立体思维

立体思维，就是从不同角度、不同层次、不同方面，运用多种方法进行综合的多维度联合思维。通过不同维度的纵横延伸，促使问题的广度与深度交叉，形成新的思维体系。

---

[1]［英］爱德华·德波诺. 新型的思维［M］. 鞠雅莲，孙树魁译. 北京：世界图书出版公司，1991年4月第1版，58页。

[2]［英］爱德华·德波诺. 新型的思维［M］. 鞠雅莲，孙树魁译. 北京：世界图书出版公司，1991年4月第1版，69、70页。

（3）直觉思维

直觉思维，就是对客观现象直接领悟的思维，表现在当新事物、新现象或新问题及其关系突然出现在主体面前时，进行迅速地识别、敏锐地洞察、深入本质地直接理解、综合地整体判断。直觉思维体现了概括化、简缩化、语言化或内化的作用，是高度集中地同化或知识迁移的成果。直觉思维具有直接性、快速性、跳跃性、个体性、或然性和信任性的特征，主体对直觉思维得到的结论坚信不疑，这种充分信任是与冲动性言行有明显区别的。

在创造思维过程中，常常会出现灵感状态，即突然产生新形象或新思想的现象。灵感状态表现在注意力高度集中于所创造的对象，意识十分敏锐与清晰，思维极为活跃，工作效率极高。灵感是长期不动寻觅和辛勤劳动的成果，是一种高度积极主动且富有创造性的精神力量。

尽管灵感和直觉思维有一定的联系，但两者是两个不同的概念。"直觉思维是思维的一种方式，而灵感却是解决思维课题时的一种心理准备；直觉思维产生的时间往往很短促，而灵感则要经过一番时间的顽强的探索，有持续时间长短之分；直觉思维是在面对出现于眼前的事物或问题时所给予的迅速理解，灵感的产生常常出现在思考对象不在眼前，或在思考别的对象的时刻；直觉思维出现在神智清楚的状态，灵感可能产生于主体意识清楚的时候，有可能出现在主体意识模糊的时候；直觉思维产生的原因是为了迅速解决当前的课题，灵感则往往在某种偶然因素的启发下，使问题得以顿悟；直觉思维的产生，无所谓突然，也无所谓出乎意料，灵感在出现方式上则有突发性，或出乎意料性；直觉思维的结果是做出直接判断和抉择，灵感的结果则与解决某一问题、突然理解某种关系相联系。"[1]

实际上，创造思维是一个多层次、多结构的动态分配系统，是以上多种思维方式的综合，而且不同的思维方式在创造思维过程中的不同阶段发挥作用的重要程度也不一样。

---

[1] 朱智贤，林崇德.思维发展心理学［M］.北京：北京师范大学出版社，1986年4月第1版，27页。

2. 创造思维的发展阶段

Wallas（1926）把创造的过程概括为准备期、酝酿期、灵感期和验证期四个发展阶段：

准备期（preparation）。表述问题，初步尝试解决。

酝酿期（incubation）。放下问题，考虑别的事情。

灵感期（illumination）。产生解决问题的灵感。

验证期（verification）。检验并 / 或实施问题的解决方法。[1]

（1）准备阶段

准备阶段，重在收集各种思维的材料，集中注意力，调动身心相关方面的积极性，使思维进入尝试解决问题的准备状态。发散思维尤显其长于获取多种材料、更多的假设和新颖的思路。

（2）酝酿阶段

酝酿阶段，围绕问题这个核心，各种材料、想法都在潜意识中混合、发酵。逻辑分析在此阶段中相对较少，而更多的是快速、跳跃和直接的直觉思维，能够促使潜意识勃发，孕育接近问题解决的设想。问题解决过程的暂时打断，反而有利于材料的重组。

（3）灵感阶段

在灵感阶段，多种思维方式协作运行，使思维成果日渐明晰。一旦灵感来临，就会突破思维禁锢，使问题迎刃而解。直觉思维重在筛选信息，缩小解决问题的范围和距离，并及时调整思维方向。立体思维重在营造思维的广度和深度。各种思维方式结合起来，导出一个或若干个看似合理的假设。

（4）验证阶段

验证阶段，对假设进行检验、论证，排除不科学的假设，对合理的假设进行科学论证。直觉思维成果虽然自信无须验证，但如加上聚合思维的科学检验与系统论证，方可深信无疑。立体思维重在多维构建整体化的思维成果。

---

[1]　［美］罗伯特·L·索尔所，M·金伯利·麦克林，奥托·H·麦克林. 认知心理学（第7版）［M］. 邵志芳，等译，上海：上海人民出版社，2008年7月第1版，412页。

由此可见，功能不同、独具特色的各种思维方式构成创造思维过程中不可分割的统一整体，形成相互作用、辩证统一的动态认知系统。创造思维的发展是一个逐步内化的过程，创造思维发展的水平决定了个体创造力的大小。

### 三、问题解决与创造性研究对需要心理学的贡献与局限

问题解决是这样一种思维活动方式：由一定情景引起，按照一定的目标，应用各种认知技能，经过一系列认知活动，使问题得以解决的心理过程。其过程包括四个相互联系的阶段：发现问题、分析问题、提出假设和验证假设。问题解决具有问题情境性、目标指向性、操作序列性和认知操作性的特点。认知心理学家依据问题的答案明确与否把问题区分为结构良好问题和结构不良问题两种类型。Newell 和 Herbert Simon 设计出可模拟人类问题解决的计算机程序"逻辑理论家"，把问题解决描述为在问题提出与解决方案之间的搜索。他们把问题分成初始状态、中间状态和目标状态。在研究类比问题解决时，广泛应用了邓克尔辐射问题。综合许多类比迁移实验的结果发现，使问题的表面特征或结构特征更加相似，都会帮助发生迁移，从而有助于目标问题的解决。专家与新手相比，在解决问题时，速度更快、正确率更高。

有关问题解决的这些研究成果直接有助于需要心理学问题导向的探索，因出现实际问题而引发主体不得不及时解决它，以避免由此所带来的对相关需要满足造成的损害，并提醒主体防备类似问题的再次发生，而采取必要的预防措施。需要心理学将问题看成是对需要正常满足的威胁，而激发相关需要的萌动，促进主体以应对挑战的姿态，积极行动起来解决问题。

创造性很难界定，大多数研究者都同意它包括创造性思维、产生新想法，或在已有观念与创造新事物间构建新的关系。托马斯·L·萨蒂试对复杂的创造力进行了综合分析，包括其定义、相关主题及激发创造力的内外部因素等。创造性决策与创造性问题解决的研究都取得了许多有价值的成果。创造性思维是一种新颖独特且能带来有价值的首次发现或发明的思维活动，它包括三种常见的表现形式：发散思维、立体思维和直觉思维。Wallas（1926）把创造的过程概括为准备期、酝酿期、灵感期和验证期四个发展阶段。

创造性研究对需要心理学创新动力的探索有重要的启发价值。需要心理学把对新异性的追求视为需要的一种基本特征，并具有强大的力量。它可拓展需要满足的对象、方式、途径与内容，为需要心理学具备实用性的一个重点。

## 第八节 人工智能

### 一、人工智能的定义

人工智能（artificial intelligence，简称 AI）也可称为计算机认知，是计算机科学的一个分支，主要致力于研究开发能模拟人类认知功能的计算机和计算机程序。它可泛指所有人类制造的、认为具有智能的、各种计算机产物。人工智能已发展成综合性很强的边缘学科，它要求计算机科学、数理逻辑、控制论、信息论、心理学、神经生理学、语言学等学科彼此结合起来，协同努力以取得有效的成果。

表 12-6 展示了沿两个维度排列的有关人工智能的 8 个定义。关注思维过程与推理的在顶部，强调行为是在底部。依据与人类表现的逼真度来衡量成功与否的定义在左侧，凭借合理性的理想表现量来评估的定义在右侧。

表 12-6　组织成四类的人工智能的若干定义 [1]

| 像人一样思考 | 合理地思考 |
| --- | --- |
| "使计算机思考的令人激动的新成就，……按完整的字面意思就是：有头脑的机器"（Haugeland,1985）<br>"与人类思维相关的活动，诸如决策、问题求解、学习等活动［的自动化］"（Bellman, 1978） | "通过使用计算模型来研究智力"（Chamiak和McDemott, 1985）<br>"使感知、推理和行动成为可能的计算的研究"（Winston, 1992） |

---

[1]［美］Stuart J. Russell，Peter Norvig. 人工智能：一种现代的方法（第3版）［M］. 殷建平，等译. 北京：清华大学出版社，2013年11月第1版，3页。

续表

| 像人一样行动 | 合理地行动 |
|---|---|
| "创造能执行一些功能的机器的技艺，当由人来执行这些功能时需要智能"（Kurzweil, 1990） "研究如何使计算机能做那些目前人比计算机更擅长的事情"（Rich和Knight, 1991） | "计算智能研究智能Agent的设计。"（Poole等人, 1998） "AI……关心人工制品中的智能行为。"（Nisson, 1998） |

## 二、人工智能的起源与发展

### （一）人工智能的起源

在 1956 年的美国达特茂斯学院召开的讨论会上，美国数学家 John McCarthy 命名了"人工智能"这门新学科。本次会议确定了人工智能未来的道路，直接促进了人工智能的迅速发展。

现代计算机科学起源于 20 世纪 40 年代在军事上运用的真空管计算机，因其笨重、效率低，而逐渐让位于体积小、功能强大的电晶体微电子计算机。今天人们普遍使用的计算机类型，以匈牙利数学家 John von Neumann 创设的架构为原型。又称作系列处理器，意味着电子脉冲是系列或序列加工的。把 von Neumann 型计算机与人脑作如表 12-7 所示的比较，可以发现两者间存在巨大的差异。在人工智能领域要取得概念性突破，必须研制结构与加工过程方面与人脑更为相似的计算机上跨出第一步。

表 12-7　计算机与大脑的比较[1]

| | 硅基计算机（von Neumann型） | 硅基大脑（人类的） |
|---|---|---|
| 加工速度 | 十亿分之几秒 | 几毫秒到几秒 |
| 类型 | 系统处理器（大部分） | 平行处理器（大部分） |
| 储存能力 | 容量巨大，储存数字化编码信息 | 容量巨大，储存视觉和语言信息 |
| 物质构成 | 硅和电子供给系统（例如，晶体管，开关和电流） | 神经元和有机供养系统（例如，毛细血管和血液） |
| 合作情况 | 绝对服从（精确地按照指令做） | 通常会合作，但是受到压力时可能会拒绝服从（有自己的思想） |
| 学习能力 | 头脑简单，受规则控制 | 概念化的 |

---

[1]　[美]罗伯特·L·索尔所，M·金伯利·麦克林，奥托·H·麦克林.认知心理学（第7版）[M]. 邵志芳，等译，上海：上海人民出版社，2008年7月第1版，441页。

续表

| 硅基计算机（von Neumann型） | | 硅基大脑（人类的） |
|---|---|---|
| 最大的优势特征 | 在很短的时间内能加工海量的数据而毫无怨言<br>经济高效，服从规则，容易维护，可预知的 | 能毫不费力地做出判断、推理和归纳可变的；有语言、言语、视觉和情感 |
| 最大的劣势特征 | 不能轻松地自我学习；解决复杂的人类认知任务如语言理解和生成有困难；体积大，需要能量来抑制其机动性 | 信息加工和储存的容量有限；容易遗忘；维护成本昂贵，需要饮食、睡眠、氧气、适宜的温度，还有一整套的生物心理需要，如爱、归属感、性、摇滚乐和玩游戏的需要 |

### （二）人工智能的发展

人工智能的研究大致经历了如下三个发展阶段：

### 1.运用启发式搜索策略解决一般问题阶段

此时的代表是 1957 年 Allen Newell、Clifford Shaw 和 Herbert Simon 设计的"通用问题解决者"（GPS），它是他们所设计给数理逻辑定律寻求证据的"逻辑论者"（LT）的后继程序。它使用手段—目的分析法来解决问题，即通过不断减少当前状态与目的状态间的差异来解决问题。它还经常运用启发式搜索（heuristic search）来解决问题，即利用窍门和有关知识的有效解题方法。图 12-38 所示的流程图，就展现了运用手段—目的分析将一个问题状态转换为另一个状态直到解决问题的路径模式。

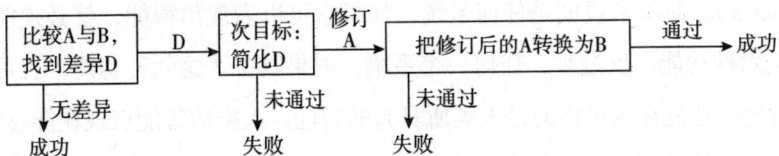

图 12-38 流程图[1]

GPS 中，Allen Newell、Clifford Shaw 和 Herbert Simon 提出一个运用手段—目的分析以达到目标的流程图。

GPS 程序一开始就设计为模仿人类问题求解过程，结果证明，它在处理有

---

[1] ［美］Robert J. Sternberg. 认知心理学（第三版）［M］.杨炳钧，陈燕，邹枝玲译.北京：中国轻工业出版社，2006年1月第1版，168页。

限难题时考虑子目标与可能行动的顺序，与人类处理同样问题的顺序相类似。第一个能体现像人一样思考的程序，或许就是 GPS。

20 世纪 80 年代以前主导的理论范式是符号表征的认知主义，Newell 和 Simon 为其早期代表人物。Simon 把人看成是一个信息加工系统，并将这个信息加工系统称为"符合操作系统"（symbol operation system），或"物理符合系统"（physical symbol system）。符合指的就是模式，它可以与其他模式区分开来。Simon 归纳出一个完善符合系统所应有的六种功能[1]：

（1）输入符号（input）：纸、铅笔加上手的运动，可以给白纸输入符号。

（2）输出符号（output）：纸本身并不能输出符号，但我们的眼睛可以使之输出。当我们阅读时，文字符号就从纸上输出而进入眼睛了。

（3）存储符号（store）。

（4）复制符号（copy）：认出'心理学'三个字，并把这三个字复制出来，存储在某个地方就是复制符号。

（5）建立符号结构（build symbol struture）：通过找到各种符号之间的关系，在符号系统中形成符号结构。

（6）条件性迁移（conditional transfer）：依赖已掌握的符号而继续完成行为。如果在记忆中已经有了一定的符号系统，再加上外界的输入，就可以继续完成这个活动过程。

于是，Simon 提出了一个物理符号系统假设（physical symbol system hypothesis）。简单来说就是任何系统，如果它可以表现出智能，就必须能够执行以上六种功能。反过来，任何一个系统，如果具备了这六种功能，就可以表现出智能。智能在这里指的是人类所具有的智能。人类的智能表现在能够观察、认识事物，接受智力测验，完成考试科目，料理生活事务等。

这个假设还有三个伴随的附带推论。推论一，既然人是有智能的，那它肯定就是一个物理符号系统。人基于其信息加工过程，而可以表现出智能。推论

---

[1]　[美]赫伯特·西蒙著. 认知：人行为背后的思维与智能[M]. 荆其诚，张厚粲译. 北京：中国人民大学出版社，2020年1月第1版，16、17页。

二，既然计算机为一种物理符号系统，它就必定会表现出智能，此为人工智能的基本条件。推论三，既然人与计算机都是一种物理符号系统，就可以运用计算机模拟人的活动。

Simon 总结出模拟人类认知活动系统的四个必需条件[1]：

（1）这个系统必须是一个单线的、进行系列（serial）活动的系统，因为人只能同时想一件事、做一件事。人就是一个单线的系统。

（2）这个系统只能进行有限的计算。人用弓箭去射一个目标时，并不能同时列出箭行进的微分方程。

（3）这个系统必须能够发展多方面的需要。人在生活中有各种需要，不仅有衣、食、住、行等基本的需要，而且还有不断增加的新的物质需要，如自行车、手表等。此外，人还有不断增长的精神和文化的需要。

（4）这个系统必须能够处理突然发生的、没有预料到的事件。

人脑为完成上述四种功能，要利用三种机能：一是通过搜索解决问题；二是不寻求最优解决问题的方法，只要能找到一个满意的方法即可；三是人解决问题时的志向水平可以变化。因此，所设计的认知系统除具备这三种机能外，还要有注意、记忆和运动等信息加工结构。

Simon 指出，信息加工系统进行数学运算的基础是产生式系统。计算机所能执行的一组活动就是产生式系统，其基本原理即一个条件可产生一个活动，也就是 C-A（condition-act）。"所有产生式活动都与短时记忆有关，这包括把信息存入短时记忆，从短时记忆提取信息，以及信息在短时记忆内部的变化和传递。"[2]

认知主义主张符号系统以逻辑和规则为基础。以逻辑为基础的符号系统，能够通过逻辑推理得出结论。而以规则为基础的符号系统就是产生式系统，它经由重复选择一条规则，先满足其条件再执行活动来解释该规则。

符号表征是问题解决的一个中心环节，它既有形象性也具有抽象性。一般

[1]［美］赫伯特·西蒙著.认知：人行为背后的思维与智能［M］.荆其诚，张厚粲译.北京：中国人民大学出版社，2020年1月第1版，25、26页。

[2]［美］赫伯特·西蒙著.认知：人行为背后的思维与智能［M］.荆其诚，张厚粲译.北京：中国人民大学出版社，2020年1月第1版，59页。

而言，符号系统的表征是以联想网络，也叫语义网络的方式来呈现与提取的。联想网络由一系列通过连线彼此联结起的结点所组成，它百科全书式地清晰表征出各概念间相互联系的方式。一个结点的激活，可进一步激活相邻的结点，从而能够把相关的信息提取出来。

2. 专家系统研制阶段

这期间的代表性成果有：1969 年 Ed Feigenbaum、Bruce Buchanan 及 Joshua Lederberg 合作研发的 DENDRAL 程序，和 1974 年 Feigenbaum、Buchanan 和 Edward Shortliffe 医生开发的 MYCIN 系统。

DENDRAL 程序用来解决依据质谱仪提供的信息推断分子结构的问题，其意义在于它是第一个成功的知识密集系统，其专业知识源于大量的专用规则。后来的系统还把知识与推理部件清晰地分离开来。

在 DENDRAL 程序设计的基础上，Feigenbaum 及斯坦福的其他一些人开启了启发式程序设计项目（HPP），来研究新的专家系统方法论可以运用到另外人类专家知识领域的程度。MYCIN 系统就是在医疗诊断领域的研发成果，用来诊断血液传染疾病。MYCIN 包含 450 条规则，表现得明显好于初级医生，能与某些专家同样好。

MYCIN 与 DENDRAL 之间存在两点主要区别。第一，与 DENDRAL 规则不同，没有通用的理论模型能从中演绎出 MYCIN 规则。只能从专家会见大量病人的过程中取得规则，专家还要经由书本、其他专家和案例的直接经验来获得规则。第二，这些规则必须能反映与医疗知识关联的不确定性。MYCIN 吸收了确定性因素的不确定性演算，在当时似乎十分符合医生如何评估诊断证据作用的实际情况。不过，这两个系统都能以某领域专家所具备的丰富知识经验为基础，编制出类似专家的计算机程序，用来解决特定领域的具体问题。

认知主义 80 年代的主要代表是 J.A.Fodor 和 Z.W.Pylyshyn，他们分别提出了思维语言理论和认知渗透性理论。Fodor 把思维语言视为一种与自然语言不同的思维过程所必需的内在语言，计算机的机器语言就与之类似，都通过思维语言来进行计算和表达。Fodor 坚信又称计算主义的认知主义的三个基本命题，即思维就是信息加工，信息加工就是计算，联系心理活动与内外部世界的就是这些符号的语义学。其核心思想即为，无信息表征就无计算，无计算就无模型。尚未形成有关外部世界的模型，认知也就无从谈起。他重视通过研究思维语言的结构与系统，对信息表征、计算、模型及认知评价间的关系进行说明。

Pylyshyn 提出了认知渗透性的概念，以此来阐释计算与认知的关系。他把认知活动区分为三个层次：生物学层次、符号层次和语义层次。一个良好的心理模型包含认知上可渗透的方面和不可渗透的方面。可渗透指的是能接受目标、信念与不可言传知识的影响，不可渗透则是指固定的心理功能。他主张，仅有语义层次不足以决定行为的产生，只有把语义层次的内容渗透到符号层次与生物学层次后才能产生行为。语义表达还必须经由计算来实现，所以，表达与计算过程就出现了认知渗透。

3. 机制学习研制阶段

这是 20 世纪 80 年代以来出现的人工智能研究的新趋势，主要目标是研制可自行矫正错误、获取与产生新知识的计算机程序。至少有 4 个不同的研究组于 80 年代中期重新发明了反传（back-propagation）学习算法，它是由 Bryson 和 Ho 于 1969 年首次建立起来的，在很多计算机科学与心理学中的学习问题方面得到了广泛运用。它们属于智能系统的联结主义模型。

联结主义尝试把人脑看作生物的神经网络，用计算机来模拟人脑加工信息的过程。James McClelland 和 David Rumelhart（1981，1985；Rumelhart 和 McClelland，1982）提出了并行分布式加工（parallel distributed processing，简称 PDP）模型。他们认为网络由类似神经元的单元组成，知识的表征不是由特定单元，而是由连接这种模式来进行的。类似于单个字母所携带的信息非常有限，但字母组合却能够提供大量的信息；单个单元的信息量不多，都是单元之间互相联合的模式却能够提供非常大的信息量。

联结主义网络模型的基本前提，就是个别神经元并不能传递大量符号信息，而是由大量联结起来的同样的认知加工单元同时来计算这些信息的。也就是说，通过平行分布加工，用网络中各单元要素间的相互作用可以解释整体的效果。可见，联结主义的平行分布加工，相比于符号主义的串行加工，从计算机隐喻进展到大脑隐喻，标志着人工智能研究更深入、更接近人脑的现实，表现出更加强大的生命力。

机器学习工具对于人工智能的许多问题都是有效的，研究者们又重新审视完整 Agent 问题。最著名的完整 Agent 结构的例子就是 Allen Newell、John Laird 和 Paul Rosenbloom 在 SOAR 系统上所做的工作。Internet 成为智能 Agent 最重要的环境之一，并且人工智能技术为许多 Internet 工具奠定了基础，如搜索引擎、推荐系统和网站构建系统等。

做事正确的 Agent 就称为理性 Agent，其定义为："对每一个可能的感知序列，根据已知的感知序列提供的证据和 Agent 具有的先验知识，理性 Agent 应该选择能使其性能度量最大化的行动。"[1]

理性 Agent 不仅要求能够收集信息，而且应该是自主的。它应该从其所感知的信息中尽可能多地学习，来弥补不正确或不完整的先验知识。

Agent 设计的第一步，就是尽可能细致完整地说明任务环境。其规范描述包括性能（Performance）、环境（Environment）、执行器（Actuators）与传感器（Sensors），根据英文首字母缩写，又称之为 PEAS 描述。任务环境的性质维度可区分为：完全可观察与部分可观察、单 Agent 与多 Agent、确定与随机、片段与延续、静态与动态、离散与连续、已知与未知。

Agent 的设计包含体系结构与程序，体系结构就是运行 Agent 程序的具备物理传感器与执行器的计算装置。一般来说，体系结构通过传感器为程序提供感知信息，并且运行程序，将程序计算出的行动决策送达执行器。

有四种基本的 Agent 程序，即简单反射 Agent、基于模型的反射 Agent、基于目标的 Agent 和基于效应的 Agent。

如图 12-39 所示，简单反射 Agent 基于当前的感知选择行动。基于模型的 Agent 则将当前感知信息与过去的内部状态结合起来更新当前状态。基于目标的 Agent 除当前状态的描述外，还必须有目标信息来描述想要达到的状况。高品质行为不能仅靠目标来生成，基于效用的 Agent 还需选择使其期望效用最大化的行动。

---

[1]　[美] Stuart J. Russell, Peter Norvig. 人工智能：一种现代的方法（第3版）[M].殷建平，等译.北京：清华大学出版社，2013年11月第1版，35页。

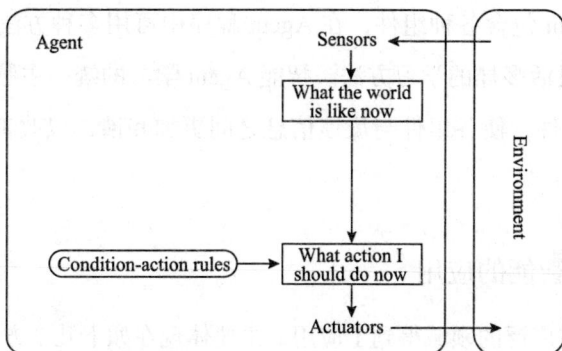

**图 12-39 简单反射 Agent**[1]

学习 Agent 包括四个概念上的组件：性能元件、学习元件、评判元件和问题产生器，性能标准则置于 Agent 之外来考虑，因为不应该修改性能标准以适应 Agent 的行为。性能元件接受感知信息并决策，它负责选择外部行动。学习元件则负责改进提高，它利用来自评判元件的反馈评价，来确定怎样修改性能元件以便将来做得更好。评判元件依据外在固定的性能标准，告诉学习元件 Agent 的运转情况。问题产生器负责新的和有信息的经验的行动提议，其任务就是建议探索性行动。学习 Agent 的通用模型如图 12-40 所示。

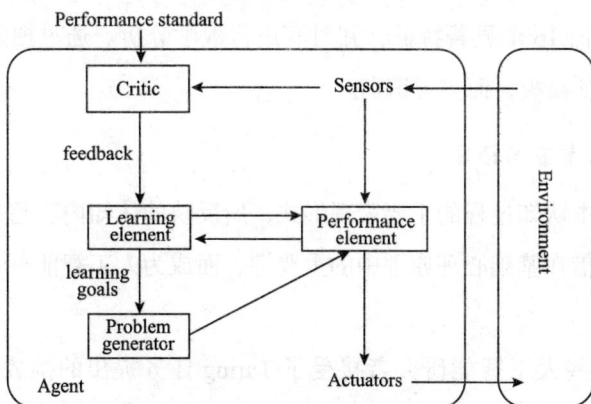

**图 12-40 学习 Agent 的通用模型**[2]

[1] ［美］Stuart J. Russell, Peter Norvig. 人工智能：一种现代的方法（第3版）［M］. 殷建平，等译. 北京：清华大学出版社，2013年11月第1版，44页。

[2] ［美］Stuart J. Russell, Peter Norvig. 人工智能：一种现代的方法（第3版）［M］. 殷建平，等译. 北京：清华大学出版社，2013年11月第1版，49页。

总之，Agent 包含各种组件，在 Agent 程序中可用多种方法来表示这些组件，从而产生灵活多样的学习方法。智能 Agent 学习的统一主题可总结为改进 Agent 的每个组件，使各组件与反馈信息之间更加和谐，以改善 Agent 的总体性能。

## 三、人工智能的应用

人工智能在广泛的领域得到了应用，主要体现在如下几个方面：

### （一）人工智能与知觉

模拟人类知觉的模式，研制出一些计算机模式识别系统。线条分析程序就是利用复杂几何形状由简单形状构成的事实，在计算机内存储大量的小模板，通过搜索与待识别几何体相匹配的模板，可教会计算机经由分析物体局部特征来辨识几何形状。也可以识别字母和单词，如 DYSTAL（Dynamically Stable Associative Learning，动态稳定联想学习）程序就成功学会了按照顺序排列的字母及其顺序。还可应用于复杂形状的识别，如识别三角形或人的面部。麻省理工学院的 Thomas Poggio 和 Roberto Brunelli 就已着手研制面部识别程序。他们从脸部提取出 16 个显著特征，并对其进行数学分析。通过搜索与真人或照片相匹配的特征模板，而实现识别。

### （二）人工智能与语言

语言为基本认知过程的主要表现形式，所反映的认知内容超过任何一种反应形式。它凭借在基础心理原理中的重要性，而成为人工智能科学家的主要兴趣之所在。

早期的一些人工智能研究者接受了 Turing 任务提出的挑战，编写程序，期望它们可用无异于人类的方式来回答真实语言的询问。Joseph Weizenbaum（1966）编写了 ELIZA 对话程序，在 DOCTOR 程序中，ELIZA 扮演类似精神病医生的角色。可按一定套路进行对话，但它缺乏理解力。Colby 及其同事（1972）编写了 PARRY 程序，来模拟一个偏执狂患者。该程序通过了某种形式的 Turing 测试，但对于能生成和理解语言的完善模型来说，仍然是遥不可及的。

Sejnowski 与 Rosenberg（1987）共同开发了基于神经网络的 NETtalk 程序，如图 12-41 所示，可以阅读字母并将它们朗读出来。它包含数百个单元与数千个联结，能通过把输入、输出单元加权联结的隐含单元，将输入层的字母，转换成输出层的音素，而实现朗读。经多次试验，居然读出来的东西相当好理解，且字母发音正确率近乎 92%。

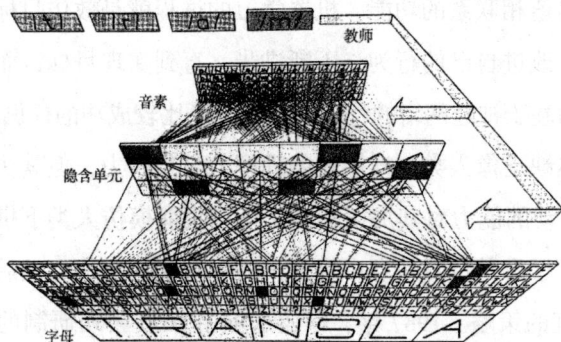

**图 12-41　NETtalk 朗读**[1]

计算机会话尽管能以假乱真，但总体上仍不成功的原因，不是缺少词汇量或字母发音难以为人接受，也不是无力造出有意义的句子，而是缺乏对语言所含意义的理解。采用对应直译的早期计算机翻译程序，也有时会出现令人啼笑皆非的情况。

模拟自然语言的过程，开发出基于语言基础概念的、比较复杂的理解语言的程序。这些系统的构建要同时分析对话内容和语词意义，世俗知识有时也会包含于其中。一个句子最恰当的语法分析和释义，是由句法分析器来决定的。为理解一些生活中的故事，不仅要存储大量的习惯用语，有时还需知晓对话者的信念与态度。为达到人类理解力的程度，还要模仿人类对语言加工过程进行合理推断。为解决自然语言模糊性的问题，在句法和语义规则外，还必须了解

---

[1]　［美］罗伯特·L·索尔所，M·金伯利·麦克林，奥托·H·麦克林. 认知心理学（第7版）［M］. 邵志芳，等译，上海：上海人民出版社，2008年7月第1版，456页。

更多的背景及相关信息。

### （三）人工智能与问题解决及游戏

解决特定问题的计算机设计是很容易的，但难以设计出能解决多种问题的多功能程序。设计一套能解决问题的学习程序，是许多当代人工智能专家所努力的目标。

机器也是通过经验进行学习的，从数学角度来考虑，机器行为就可视为输入值和相应输出值相联系的功能。机器学习的过程就是效仿目标功能，每次更接近目标时就会改进自己的行为，不断进步，直到实现目标，而取得一定的成功。前文述及的基于神经网络的程序，就是一个比较成功的样例。

计算机虽然缺乏像人类一样敏锐的理解力与判断力，但其快速而巨量的数学搜索 - 匹配活动的能力对其加以弥补。计算机能模仿人类下棋，可以发现模式，并快速从棋子及其位置信息中提炼出相对重要的组块，然后针对敏感棋子与棋着使用适宜的策略。1987 年，深蓝这款由 IBM 公司研制的世界最快下象棋计算机，战胜了世界冠军象棋大师卡斯帕洛夫。深蓝不仅每秒可搜索多达 2 亿棋子位置，更重要的是它能预知最好的策略。新一代玩游戏的计算机经过经验学习，可能在很短时间内就可提高性能，演进得如同人类一样行事，不过要更快更好。

### （四）人工智能与艺术

在人类所擅长的艺术领域，也出现了大量人工智能涉足其中的研究工作。在诗歌方面，Kurzweil 开发了一款叫作 Ray Kurzweil 的自动化诗人（RKCP）程序。它以所阅读诗歌的语言模拟技术为基础，依据所提供的诗歌样例，它能够模仿原作者的语言风格、韵律模式与诗歌结构，而创建出一种语言模型，所创作的诗歌几乎能以假乱真。

在模拟音乐旋律方面，人工智能也有出色的表现。俄勒冈州大学音乐教授用计算机创作了"音乐智能实验（EMI）"的音乐，与自己和巴赫的作品各一段，播放给观众听。他的作品并当成计算机制作的，而 EMI 居然被听成典型的 Bach 作品。英国爵士乐萨克斯手 Paul Hodgson 编制了称为即兴演奏者的程序，能够模仿许多著名音乐家不同风格的作品。

计算机辅助图像美术已有了几十年的应用，而计算机辅助设计程序则让人从建筑与工业设计的苦差中获得了解放。Harold Cohen 研制了创造美术的程序，用计算机驱动机器人，配备名为 Aaron 的绘图装置，创作出酷似某位画家真迹的作品。

人工智能在艺术领域的表现，评判其可接受性的最根本标准为人们的判断。当它们创造的作品很像是人创作的时候，就已经具有了审美价值。只是它们通过专家评判的难度还是很大的。当通过计算机可以操作口味、喜好与偏向时，人工智能在艺术领域就会得心应手了。

### （五）机器人

英国科学家 Ross Ashley 和 W. Gray Walter 在机器人技术从神话与科幻小说发展为科学事业方面，做出了开创性贡献。Ashley 设计制造出一款可保持较好动态平衡的电子电路。Walter 增加了动态平衡装置的灵活性，使其能于一定亮度下追寻光线。高于此亮度就会避开光线，如没有光线，则到处转到、搜寻光线。这些具有向性的机器模仿的是低等生物生命早期的属性。后来约翰霍普金斯大学装配的叫作霍普金斯兽的机器人得到了进一步的改造发展，它能依靠自身的能量来移动位置，做到了完全的自给自足。

20 世纪 60 年代，可执行一系列复杂化学分析任务的火星登陆者，在太空探险与开发高度复杂机械装置以完成特定任务需要的促进下应运而生。斯坦福大学人工智能实验室研制出一些太空机器人的早期模型，1968 年研制出的名为 Shakey 的机器人，是一款令人感兴趣的可移动、用无线电控制的运载工具。它能够即时感知与解决问题。后来，取代 Shakey 的是一个叫 Flakey 的新型机器人。它有三英尺高，可以顶着一台摄像机走到。NASA 制造了一些最高级的机器人，作为非常特殊的装置，它们能够搜集并分析邻近行星的土壤样本、维护空间站，或在对人来说过度严酷的环境下从事科学实验与观察。

20 世纪 70 年代，开始于设计全能型机器人的宏伟计划已让位于更加合理的方案，致力于将相对小的类人加工过程加以复制。在许多企业的带头示范作用下，机器人已经可以履行许多艰苦或危险的职能。而名叫 STANLEY 的一款无人驾驶机器人汽车，自从赢得 2005 年 DARPA 挑战大赛以来，更让无人驾驶技术成为交通工具研发的方向。

### 四、人工智能研究对需要心理学的贡献与局限

人工智能也可称为计算机认知，主要致力于研究开发能模拟人类认知功能的计算机和计算机程序。它可泛指所有人类制造的、认为具有智能的、各种计算机产物。人工智能已发展成综合性很强的边缘学科，它要求计算机科学、数理逻辑、控制论、信息论、心理学、神经生理学、语言学等学科彼此结合起来，协同努力以取得有效的成果。

"人工智能"这门新学科自于 1956 年的美国达特茂斯学院召开的讨论会上命名以来，经过了运用启发式搜索策略解决一般问题阶段、专家系统研制阶段和机制学习研制阶段，特别是后期理性 Agent 的发展，人工智能的研究成果已广泛应用在知觉、语言、问题解决及游戏、艺术和机器人等领域。

人工智能近年来的快速发展，主要得益于对人类认知功能的模拟。这充分验证了认知需要的强大功效，随着需要心理学对认知需要动力机制研究得越来越深入，并可将成果应用于人工智能领域的话，定可促进人工智能的升级改造。如再能把有关自我需要、关联需要和情感需要的动力机制，在人工智能机器身上得以应用，将能够开发出具有情感、积极适应环境，并可以自主管理的智人机器。

# 参考文献

［1］车文博.西方心理学史［M］.杭州：浙江教育出版社，1998.

［2］［美］海因兹·科胡特著.自体的分析［M］.刘慧卿，林明雄译.北京：世界图书出版有限公司北京分公司，2017.

［3］［美］海因茨·科胡特.自体的重建［M］.许豪冲译.北京：世界图书出版有限公司北京分公司，2013.

［4］［英］达瑞安·里德尔.拉康［M］.李新雨译.北京：当代中国出版社，2014.

［5］［英］肖恩·霍默.导读拉康［M］.李新雨译.重庆：重庆大学出版社，2014.

［6］［法］雅克·拉康.父亲的姓名［M］.黄作译.北京：商务印书馆出版，2018.

［7］车文博，郭本禹.弗洛伊德主义新论［M］.上海：上海教育出版社，2016.

［8］龚浩然.心理学通史 第五卷 外国心理学流派（下）［M］.济南：山东教育出版社，2000.

［9］［美］欧文·D·亚隆.存在主义心理治疗［M］.黄峥，张怡玲，沈东郁译.北京：商务印书馆，2015.

［10］［美］科克·J·施耐德，罗洛·梅.存在心理学：一种整合的临床观［M］.杨韶刚，程世英，刘春琼译.北京：中国人民大学出版社，2010.

［11］车文博，郭本禹.弗洛伊德主义新论（第三卷）［M］.上海：上海教育出版社有限公司，2016.

［12］［美］科克·施奈德，奥拉·克鲁格.存在—人本主义治疗［M］.郭本禹，余言，马明伟译.合肥：安徽人民出版社，2012.

［13］［美］科克·施奈德.过与不及：理解我们的矛盾本质［M］.高剑婷，吴垠译.合肥：安徽人民出版社，2015.

［14］［美］科克·施奈德.唤醒敬畏［M］.杨韶刚译.北京：机械工业出版社，2016.

［15］［美］Irvin D. Yalom，［加］Molyn Leszcz.团体心理治疗——理论与实践（第五版）［M］.李敏，李鸣译.北京：中国轻工业出版社，2017.

［16］北京大学心理学系.当代西方心理学评述［M］.沈阳：辽宁人民出版社，1991.

［17］张爱卿.动机论：迈向二十一世纪的动机心理学研究［M］.武汉：华中师范大学出版社，1999.

［18］［美］利昂·费斯汀格.认知失调理论［M］.郑全全译.杭州：浙江教育出版社，1999.

［19］［德］勒温.拓扑心理学原理［M］.竺培梁译.杭州：浙江教育出版社，1997.

［20］［美］伯纳·德韦纳.人类动机：比喻、理论和研究［M］.孙煜明译.杭州：浙江教育出版社，1999.

［21］李正云.团体动力学［M］//心理学百科全书编辑委员会.心理学百科全书.杭州：浙江教育出版社，1995.

［22］郑希付.现代西方人格心理学史［M］.郑州：河南大学出版社，1991.

［23］罗伯特·E·弗兰肯.人类动机［M］.郭本禹，崔光辉，朱晓红，王云强，等译.西安：陕西师范大学出版社，2005.

［24］［美］A·班杜拉.思想和行动的社会基础——社会认知论（上册）［M］.林颖，王小明，胡谊，庞维国，等译.上海：华东师范大学出版社，2001.

［25］［美］A·班杜拉.自我效能：控制的实施（上册）［M］.缪小青，李凌，井世洁，张小林译.上海：华东师范大学出版社，2003.

［26］［美］A·班杜拉.思想和行动的社会基础——社会认知论（下册）［M］.林颖，王小明，胡谊，庞维国，等译.上海：华东师范大学出版社，2001.

［27］Edward L. Deci and Richard M. Ryan,Intrinsic Motivation and Self-Determination in Human Behavior, Springer Science+Business Media LLC, Originally published by Plenum Press, New York in 1985.

［28］张霞英.自我决定理论［EB/OL］.［2015-11-23］.https://wenku.baidu.com/view/699eea19960590c69fc37652.html.

［29］Myles I. Friedman and George H. Lackey, Jr. The psychology of human control: a general theory of purposeful behavior, An imprint of Greenwood Publishing Group, Inc. First published in 1991.

［30］［美］乔治·A·凯利.个人结构心理学（第一卷）［M］.郑希付译.杭州：浙江教育出版社，1998.

［31］［美］Herbert L.Petri，John M.Govern.动机心理学（第五版）［M］.郭本禹等译.西安：陕西师范大学出版社，2005.

［32］［美］格雷戈里·希科克.神秘的镜像神经元［M］.李婷燕译.杭州：浙江人民出版社，2016.

［33］［美］Robert J. Sternberg.认知心理学（第三版）［M］.杨炳钧，陈燕，邹枝玲译.北京：中国轻工业出版社，2006.

［34］［美］玛格丽特·马特林.认知心理学理论、研究和应用（第八版）［M］.李永娜译.北京：机械工业出版社，2019.

［35］［美］罗伯特·L·索尔所，M·金伯利·麦克林，奥托·H·麦克林.认知心理学（第7版）［M］.邵志芳，等译，上海：上海人民出版社，2008.

［36］［美］威廉·詹姆斯.心理学原理（上）［M］.田平译.北京：中国城市出版社，2012.

［37］［美］斯科特·普劳斯.决策与判断［M］.施俊琦，王星译.北京：人民邮电出版社，2004.

［38］［美］E. Bruce Goldstein.认知心理学：心智、研究与你的生活（第三版）［M］.张明等译.北京：中国轻工业出版社，2015.

［39］［美］托马斯·L·萨蒂.创造性思维：改变思维做决策［M］.石勇，李兴森译.北京：机械工业出版社，2017.

［40］［英］爱德华·德波诺.新型的思维［M］.鞠雅莲，孙树魁译.北京：世界图书出版公司，1991.

［41］朱智贤，林崇德．思维发展心理学［M］．北京：北京师范大学出版社，1986．

［42］［美］Stuart J. Russell，Peter Norvig．人工智能：一种现代的方法（第 3 版）

　　　［M］．殷建平，等译．北京：清华大学出版社，2013．

# 致　谢

在本书 20 余年的酝酿、准备与创作过程中，有许许多多的人要感谢。在这里我特别要提到的是天津一方职业学校的张桂芳老师，她给予了我认可、鼓励与帮助，让我正式走进了心理学。她还把我引荐给北京大学的高云鹏教授。高教授与中科院心理所的焦书兰研究员给了我支持与鼓励。他们从文章的选题、内容到格式，在耐心阅读草稿的基础上，有针对性地进行了深入细致的指导。

我从积累的有关需要思想的整个史料背景上，选取了 20 世纪动机研究黄金期的需要思想作为研究对象，又经过两年多的修改、补充与完善，完成了这本反映动机研究黄金期成果的著作。期望它能对学界有益，对同道有帮助。还盼望学者和老师们继续关心我，让我能在心理学的学术领域里做出更多有益的工作。

我还要感谢一直理解、鼓励、支持我的各位亲友。东源公司的员工王峰、张红芬和张海霞，她们不辞辛苦把原始素材打印成书稿；爱人曾丽不仅担负全部家务劳动，还伴我学习，帮我打印、校对书稿；热爱音乐的女儿张晓彤从美国伯克利音乐学院毕业后，创建 Mii 音乐工作室和 Neosoul 新声音乐教育平台，在北京独立发展，激励我像年轻人一样追求研究创作的理想。家人让我深切体会到，风雨同舟、甘苦与共在我实现理想的道路上是绝对不可或缺的。

谨以此书作为答谢，献给所有为其写作、出版加以鼓励、认可，提供可贵帮助、支持、建议与指导的人！